# 《先进航空材料与技术丛书》
## 编 委 会

主　任　　戴圣龙

副主任　　王亚军　　益小苏

顾　问　　颜鸣皋　　曹春晓　　赵振业

委　员　　（按姓氏笔划为序）

丁鹤雁　　王志刚　　王惠良　　王景鹤

刘　嘉　　刘大博　　阮中慈　　苏　彬

李　莉　　李宏运　　连建民　　吴学仁

张庆玲　　张国庆　　陆　峰　　陈大明

陈祥宝　　周利珊　　赵希宏　　贾泮江

郭　灵　　唐　斌　　唐定中　　陶春虎

黄　旭　　黄　敏　　韩雅芳　　骞西昌

廖子龙　　熊华平　　颜　悦

"十二五"国家重点出版规划
精品项目

国家出版基金项目

先进航空材料与技术丛书

# 先进航空材料焊接技术

李晓红　熊华平　张学军　等著

国防工业出版社

·北京·

# 内 容 简 介

焊接技术是先进航空材料及其精密、复杂航空构件制造不可缺少的关键技术。本书以北京航空材料研究院成立 55 年以来，特别是"十五"、"十一五"以来关于焊接技术的科研工作及其创新性成果为基础，重点介绍了先进铸造高温合金、变形高温合金、不锈钢和超高强度钢、钛合金、$Ti_3Al$ 基合金、TiAl 金属间化合物、金属基复合材料、铝合金等先进航空材料的焊接技术，航空发动机部件焊接修复技术，航空焊接材料技术，以及相关焊接新技术，基本反映了国内外在这些方向的科研前沿、热点和技术发展水平。

本书内容新颖、技术讨论的深度和广度适中，适合于从事先进结构材料焊接技术与焊接材料技术研究、开发、应用的工程技术人员，以及大专院校的大学生、研究生和教师们阅读和参考。

**图书在版编目(CIP)数据**

先进航空材料焊接技术 / 李晓红等著 . —北京：
国防工业出版社,2012.1
（先进航空材料与技术丛书）
ISBN 978 - 7 - 118 - 07840 - 4

Ⅰ. ①先… Ⅱ. ①李… Ⅲ. ①航空材料 - 焊接
工艺 Ⅳ. ①V261.3

中国版本图书馆 CIP 数据核字(2011)第 280394 号

※

国防工业出版社出版发行
（北京市海淀区紫竹院南路 23 号 邮政编码 100048）
北京嘉恒彩色印刷有限责任公司
新华书店经售
*
开本 710×960 1/16 印张 36½ 字数 760 千字
2012 年 1 月第 1 版第 1 次印刷 印数 1—3000 册 定价 86.00 元

**（本书如有印装错误,我社负责调换）**

国防书店:(010)88540777 发行邮购:(010)88540776
发行传真:(010)88540755 发行业务:(010)88540717

# 序

一部人类文明史从某种意义上说就是一部使用和发展材料的历史。材料技术与信息技术、生物技术、能源技术一起被公认为是当今社会及今后相当长时间内总揽人类发展全局的技术，也是一个国家科技发展和经济建设最重要的物质基础。

航空工业领域从来就是先进材料技术展现风采、争奇斗艳的大舞台，自美国莱特兄弟的第一架飞机问世后的100多年以来，材料与飞机一直在相互推动不断发展，各种新材料的出现和热加工工艺、测试技术的进步，促进了新型飞机设计方案的实现，同时飞机的每一代结构重量系数的降低和寿命的延长，发动机推重比量级的每一次提高，无不强烈地依赖于材料科学技术的进步。"一代材料，一代飞机"就是对材料技术在航空工业发展中所起的先导性和基础性作用的真实写照。

回顾中国航空工业建立60周年的历程，我国航空材料经历了从无到有、从小到大的发展过程，也经历了从跟踪仿制、改进改型到自主创新研制的不同发展阶段。新世纪以来，航空材料科技工作者围绕国防，特别是航空先进装备的需求，通过国家各类基金和项目，开展了大量的先进航空材料应用基础和工程化研究，取得了许多关键性技术的突破和可喜的研究成果，《先进航空材料与技术丛书》就是这些创新性成果的系统展示和总结。

本套丛书的编写是由北京航空材料研究院组织完成的。19个分册

V

从先进航空材料设计与制造、加工成形工艺技术以及材料检测与评价技术三方面入手，使各分册相辅相成，从不同侧面丰富了这套丛书的整体，是一套较为全面系统的大型系列工程技术专著。丛书凝聚了北京航空材料研究院几代专家和科技人员的辛勤劳动和智慧，也是我国航空材料科技进步的结晶。

当前，我国航空工业正处于历史上难得的发展机遇期。应该看到，和国际航空材料先进水平相比，我们尚存在一定的差距。为此，国家提出"探索一代，预研一代，研制一代，生产一代"的划代发展思想，航空材料科学技术作为这四个"一代"发展的技术引领者和技术推动者，应该更加强化创新，超前部署，厚积薄发。衷心希望此套丛书的出版能成为我国航空材料技术进步的助推器。可以相信，随着国民经济的进一步发展，我国航空材料科学技术一定会迎来一个蓬勃发展的春天。

李忠元

2011 年 3 月

# 前　言

　　焊接专业是 1956 年北京航空材料研究院成立时就设立的重点专业之一,焊接专业的战略定位是发展航空材料焊接及先进焊接材料技术,即开展航空工业用钎焊扩散焊技术、航空先进结构材料焊接性和新型材料构件焊接技术的应用基础研究和应用研究,为航空材料及构件的连接提供先进的焊接技术;针对先进航空材料,从事相应焊接材料成分设计、匹配性及其制备技术研究,建立和完善焊接材料体系,成为多品种、多规格、高难度、小批量焊接材料的供应基地。

　　伴随着北京航空材料研究院 55 年的发展历程,焊接专业在航空材料的可焊性研究与相关焊接材料研制及焊接技术研究,航空产品焊接工艺研究,航空发动机部件焊接修复技术,焊接新技术探索研究方面取得丰硕成果,已经发展成为我国武器装备制造技术体系中不可缺少的重要组成部分。

　　作为北京航空材料研究院成立 55 周年的献礼,本书选择了具有我们自主创新或具有自己研究特色的相关研究成果,适当结合国际上最新的研究动态给予介绍。

　　在先进铸造高温合金的钎焊与瞬态液相扩散焊方面,李晓红、毛唯和叶雷首先以航空发动机高温合金叶片研制涉及的核心制造技术之一——焊接技术的应用研究为题(第 1 章),介绍了航空发动机涡轮叶片用铸造高温合金及其对钎焊、扩散焊技术的需求,以及这方面国内外焊接技术发展现状,总结了北京航空材料研究院最近 20 年以来在定向凝固高温合金、定向凝固 $Ni_3Al$ 基高温合金、单晶合金的钎焊与 TLP 扩散焊的创新性研究进展,参与本章部分工作的还有谢永慧、程耀永、周媛、陈波、吴欣等人。在第 2 章里,郭绍庆、郭万林介绍了变形高温合金的焊接技术,包括低膨胀高温合金熔焊技术、氧化物弥散强化(ODS 系列)高温合金钎焊技术、GH4169 变形高温合金的摩擦焊技术,参与本章部分研究工作的还有刘效方、梁海等人。在第 3 章里,程耀永、郭绍庆和袁鸿介绍了航空用不锈钢和超高强度钢的焊接技术,包括不锈钢氩弧焊、钎焊技术,超高强度钢氩弧焊技术。

　　钛合金因为具有密度低、比强度高等优异性能,其发展速度很快,极大地推动了航空、航天技术的发展,在飞机上钛合金的应用比例呈现明显的上升趋势,而且钛合金的焊接技术在飞机、发动机上都得到越来越多的应用。在第 4 章里,袁鸿、王金雪、余槐重点论述了先进航空钛合金焊接技术的研究进展与应用,涉及的钛合金包括中强钛合金、高强钛合金、损伤容限型钛合金和高温钛合金。这里论述的钛合金焊接技术包括氩弧焊、电阻焊和电子束焊接，参与本章部分研究工作的还有郝丽萍、谷卫华等人。

Ti$_3$Al 基合金和 TiAl 金属间化合物是新发展起来的相对于普通钛合金具有更高工作温度的新型钛基高温合金，是未来航空、航天领域理想的高温结构材料，具有良好的应用前景。在第 5 章里，熊华平、陈波、刘卫红、袁鸿和潘晖介绍了"十五"、"十一五"以来关于 Ti$_3$Al 基合金、TiAl 金属间化合物的钎焊、扩散焊技术，包括材料自身的钎焊，以及与异种材料的钎焊，Ti$_3$Al 基合金、TiAl 金属间化合物扩散焊，Ti$_3$Al 基合金氩弧焊和电子束焊，参与本章部分研究工作的还有李晓红、毛唯、程耀永、叶雷、谢永慧、李艳。这方面焊接技术目前仍处于探索研究阶段，可望有所突破，有所创新。

铝合金作为轻质材料在飞机上获得重要应用。针对铝合金的焊接，张学军、程耀永、李艳和马文利在第 6 章里介绍了中高强铝合金、铝锂合金的焊接，铝合金钎焊材料、钎焊工艺，以及铝合金复杂构件的钎焊技术和应用，参与本章部分研究工作的还有李晓红、毛唯、张文扬、李小飞、吴欣等人。另外，近些年来，金属基复合材料因为在航空、航天、电子信息等领域有着应用前景而得到快速研究和发展，李晓红、熊华平、毛唯和郭绍庆在第 7 章里呈现了金属基复合材料焊接技术的实验研究成果，参与本章部分研究工作的还有陈波、黄振隆、唐金蓉。

为满足航空发动机失效部件的翻新修复需求，北京航空材料研究院焊接专业自"九五"以来把航空发动机部件的焊接修复技术列为重要的研究方向，张学军、毛唯、潘晖在第 8 章里论述了航空发动机压气机叶片、涡轮叶片、封严部件、挡圈、导向器的焊接修复，以及航空发动机机匣、壳体的焊接修复技术与实际应用，参与本章部分研究工作的还有叶雷、吴欣、赵海生、熊华平、刘文慧、李小飞等人。

北京航空材料研究院是航空焊接材料(焊条、焊丝、钛基钎料、带状镍基高温钎料等)的定点供货单位，国防用特种焊接材料的设计、制备技术研究亦是焊接专业具有鲜明特色的研究方向。在第 9 章里，郭万林、淮军锋、张学军、潘晖、赵海生、袁鸿、郭绍庆、陈云峰以钛基钎料、镍基粘带钎料、软钎料等钎焊材料，铝合金、高温合金和钢的氩弧焊焊丝以及航空用电焊条为典型代表，介绍了航空焊接材料的制备及应用，参与本章部分研究工作的还有程耀永、毛唯、熊华平、李天文、李艳等人。

新型飞机、高推重比发动机、新一代航天飞行器等新型武器装备对新材料及其焊接技术提出了更高要求，这就要求大力发展焊接新技术，以解决常规焊接方法难以解决的技术问题。在第 10 章里，程耀永、张学军、吴欣、郭绍庆、李艳总结了北京航空材料研究院焊接专业"十五"、"十一五"以来关于焊接新方法探索研究的重要进展,内容包括挤出液相扩散焊、纳米扩散焊、线性摩擦焊、铝合金活性剂氩弧焊以及钛合金焊接过程中细化晶粒新方法。

李晓红、熊华平安排了全书的结构布局,分别通读了全书初稿,并对初稿提出了建设性的修改意见。李晓红、熊华平、张学军最终审校了全书的最后一稿。

在书稿的最后两轮文字修改过程中,吴雪莲参与了校稿和整理工作。

本书的作者们衷心感谢国家科技部、国家科工局、总装对各级项目的大力支持,衷心感谢各类基金项目的资助,衷心感谢有关单位横向协作项目的资助和支持!

北京航空材料研究院焊接技术的发展离不开各相关航空厂与设计所、清华大学、西北工业大学和北京航空航天大学等高校以及其他从事焊接技术研究、生产单位同行们的鼎力协助,愿借此书出版之际,向各单位的同行们致以诚挚的谢意!

衷心感谢国防工业出版社的厚爱与支持!

鉴于本书内容涉及范围较广,技术上可能存在一些问题;而且成书仓促,个中瑕疵在所难免;又由于本书的章节出自不同作者之手,因此写作风格不尽相同。所有这些,诚挚地希望得到读者的批评和指正。

作者
2011 年 10 月

# 目　录

# 第1章 先进铸造高温合金的钎焊与扩散焊

高温合金又称热强合金、耐热合金或超合金,是 20 世纪 40 年代发展起来的新型航空金属材料;它可在 600℃～1100℃ 的氧化和燃气腐蚀条件下,承受复杂应力,能长期可靠地工作。主要用于航空发动机的热端部件,也是航天、能源、交通运输和化学工业的重要材料[1]。

根据合金材料成形方式的不同,高温合金可分为变形高温合金、铸造高温合金和粉末冶金高温合金[2]。目前先进航空发动机上的涡轮叶片一般都采用铸造高温合金。涡轮工作叶片是发动机最关键的部件之一,承受高温、燃气腐蚀、离心力、弯曲应力、热应力、振动和热疲劳的作用。因此除要求材料具有良好的抗氧化性、耐腐蚀能力和足够高的强度外,还应具有良好的机械疲劳、热疲劳性能以及足够的塑性和冲击韧性,无缺口敏感,并应具有良好的工艺性能。涡轮导向叶片是涡轮中热负荷最大的部件,除承受燃气冲刷外,主要承受温度急剧变化所引起的热冲击作用,要求材料具有更好的抗热疲劳强度和抗氧化、耐腐蚀性能[1]。

北京航空材料研究院针对我国先进航空发动机涡轮叶片制造对焊接技术的需求,对我国定向凝固高温合金 DZ22、DZ125,定向凝固 $Ni_3Al$ 基高温合金 IC6、IC10,第一代单晶合金 DD3,第二代单晶合金 DD6 等先进铸造高温合金的钎焊与过渡液相扩散焊(TLP 扩散焊)技术进行了研究。

## 1.1 航空发动机涡轮叶片用铸造高温合金及其对钎焊技术的需求

铸造高温合金的发展始于 20 世纪 40 年代。铸造高温合金是由合金锭重熔后直接浇注成零件的高温合金。铸造高温合金按凝固工艺,可分为普通铸造(等轴晶)合金、定向凝固柱晶合金和定向凝固单晶合金。1943 年美国首次在涡轮喷气发动机 J-33 上选用了铸造钴基高温合金 HS-21 制造涡轮工作叶片,并与原采用的变形合金 Hastelloy-B 的叶片进行比较试车,获得成功。随着航空发动机的发展,对高温合金性能提出了越来越高的要求,为了提高变形高温合金的强度和工作温度,在合金中相继加入了多种合金元素,这又引出了变形加工困难的问题。为此人们越来越重视铸造高温合金的研究与发展。从 20 世纪 50 年代末开始,陆续出现了许多高性能的铸造高温合金,如 IN-100、ЖС6К、B1900、MAR-M200 等。在铸造高温合金发展过程中,熔炼及凝固工艺技术的发展起着极其重要的作用。其中在20世纪50年代末出现的真空熔炼技术和60年代初出现的定向凝固技术使铸造高温合金的研究开发取得突破性进展[1]。

定向凝固高温合金由于消除了垂直于应力轴的横向晶界而使其承温能力比普通铸造等轴晶合金提高约50℃。20世纪70年代,美国已将定向凝固涡轮叶片、导向叶片广泛投入航线使用,例如JT9D采用定向凝固的PWA1422合金使发动机寿命延长9600h以上。定向凝固合金的进一步发展是出现了完全消除了晶界的单晶高温合金。单晶合金是目前性能水平最高的铸造高温合金,从F100-PW-220发动机用第一代单晶合金到EJ200和F119采用的RR3000和CMSX-10(或Rene′N6)第三代单晶合金,使涡轮进口温度提高了近80℃。第一代单晶合金以PWA1480、CMSX-2为代表,其承温能力比定向柱晶合金提高约28℃~50℃,达1040℃左右。在20世纪70年代末就开始用于高涵道比涡扇发动机,如JT9D7R系列、4PW2000系列等发动机。20世纪80年代以来相继出现第二代(如PWA1484、PWA1487、CMSX-4、ЖС36、Rene′N5等)、第三代(如PWA1496、CMSX-10等)和第四代(如RR3010等)单晶合金,每一代单晶合金承温能力的提高幅度约为30℃。因此,20世纪70年代以来铸造高温合金一直占据着航空发动机中温度最高、应力最复杂或者说工作条件最恶劣的位置。从20世纪40年代到90年代,标志合金性能水平的140MPa/100h的承温能力从750℃左右提高到1150℃左右。当前,高性能的单晶合金与先进的冷却技术和优异的防护及隔热涂层相结合,使推重比为10的航空发动机的涡轮前温度高达2000K[1]。

我国从1958年开始研制第一种铸造高温合金K401,作为航空发动机导向叶片材料。迄今已研制了铁—镍基、镍基、钴基和$Ni_3Al$基合金50多个牌号,用于航空发动机和其他工业部门,形成了我国的铸造高温合金系列。例如K417合金是我国第一种用于现役航空发动机涡轮工作叶片的铸造合金,已用于航空发动机涡轮转子叶片的成批生产,还用作涡轮增压器转子叶轮及火药起动机整体涡轮等,是目前应用最多、产量最大的铸造高温合金之一。DZ4是我国第一种用于现役发动机投入航线使用的定向凝固高温合金,已投入大批量生产。DD3是我国第一种用于航空发动机的单晶合金,其性能水平相当于美国第一代单晶合金PWA1480。IC6合金是$Ni_3Al$基定向凝固铸造合金,是国内外首例用在航空发动机的金属间化合物基铸造高温合金,具有高温比强度高、初熔温度高、密度较低和成本较低的特点,已制成涡轮导向叶片,通过试车、试飞试验,并投入生产。近年来研制的DD6单晶合金,其性能水平与国外第二代单晶合金相当,但其所含昂贵的元素Re量比国外同类合金低,成本显著低于国外同类合金,是我国目前性能水平最高的铸造高温合金[1]。

表1-1列出了我国涡轮叶片用铸造高温合金的概况[1,3]。

表 1-1　我国涡轮叶片用铸造高温合金的概况

| 材料牌号 | 铸造高温合金类别 | 用途/使用温度 |
|---|---|---|
| K403 | 等轴晶、镍基 | 工作叶片/900℃，导向叶片/1000℃ |
| K405 | 等轴晶、镍基 | 工作叶片/950℃ |
| K417G | 等轴晶、镍基 | 工作叶片/950℃，导向叶片/950℃ |
| K418 | 等轴晶、镍基 | 工作叶片/900℃，导向叶片/900℃ |
| K423 | 等轴晶、镍基 | 导向叶片/1000℃ |
| K441 | 等轴晶、镍基 | 导向叶片/1050℃ |
| K4002 | 等轴晶、镍基 | 工作叶片/1000℃ |
| K640 | 等轴晶、钴基 | 导向叶片/1000℃ |
| DZ4 | 定向凝固柱晶、镍基 | 工作叶片/1000℃，导向叶片/1050℃ |
| DZ5 | 定向凝固柱晶、镍基 | 工作叶片/1000℃，导向叶片/1000℃ |
| DZ417G | 定向凝固柱晶、镍基 | 工作叶片/980℃，导向叶片/980℃ |
| DZ22 | 定向凝固柱晶、镍基 | 工作叶片/1000℃，导向叶片/1050℃ |
| DZ125 | 定向凝固柱晶、镍基 | 工作叶片/1000℃，导向叶片/1050℃ |
| DZ125L | 定向凝固柱晶、镍基 | 工作叶片/1000℃，导向叶片/1050℃ |
| DD3 | 单晶、镍基 | 工作叶片/1040℃，导向叶片/1100℃ |
| DD4 | 单晶、镍基 | 工作叶片/1000℃，导向叶片/1050℃ |
| DD6 | 单晶、镍基 | 工作叶片/1100℃ |
| IC6(IC6A) | 定向凝固柱晶、$Ni_3Al$ 基 | 导向叶片/1150℃ |
| IC10 | 定向凝固柱晶、$Ni_3Al$ 基 | 导向叶片/1150℃ |

在采用高性能铸造高温合金制造航空发动机涡轮叶片的同时，在叶片设计上采用具有复杂内部冷却通道的空心结构，以提高叶片的冷却效率，从而提高发动机性能。对于这类具有复杂内部冷却通道的空心叶片，单凭铸造技术无法实现其最终结构的完成，焊接是其不可缺少的关键制造技术之一。例如对于涡轮工作叶片，在叶尖通常有铸造工艺孔，有时在叶根也有铸造工艺孔，需要采用焊接方法予以封堵；而涡轮导向叶片通常是由多个零部件组成的焊接组合件。航空发动机涡轮叶片用铸造高温合金中 Al、Ti 含量通常较高，属于难熔焊或者不可熔焊材料，而钎焊和过渡液相扩散焊(TLP 扩散焊)对于这类材料及叶片这种复杂结构件是最可靠实用的焊接方法。

## 1.2　国内外铸造高温合金涡轮叶片钎焊与 TLP 扩散焊技术发展现状

对于铸造高温合金涡轮叶片的钎焊与 TLP 扩散焊，人们进行了较多的研究。钎料有金基钎料、含钯钎料、镍基钎料和钴基钎料，其中研究应用较多的是镍基钎料,主要有 Ni – Cr – Si – B 系、Ni – Si – B 系、Ni – Cr – Si 系、Ni – Cr – P 系以及 Ni – W – Cr – Si – B系等。对高温合金钎焊及 TLP 扩散焊的研究主要涉及钎料和中间层合金的润湿机理,与母材的相互作用,连接工艺及接头显微组织分析,界面相结构分析等,而较少涉及接头的高温持久性能。

目前铸造高温合金涡轮叶片的钎焊与 TLP 扩散焊技术发展最有代表性的是单晶合金及单晶叶片的钎焊与 TLP 扩散焊技术,因此近年来国内外都开展了一系列试验研究。据文献资料报道,国外在单晶合金钎焊及 TLP 扩散焊方面的研究结果主要有:采用 Ni – 15Cr – 3.5B( MBF80) 和 Ni – 7Cr – 3Fe – 4.5Si – 3.2B – 0.06C ( MBF20) 以及一种专利钎料(一种以 B 作为降熔元素的镍基合金,但含 B 量低于上述两种 MBF 钎料)对第二代单晶合金 CMSX – 4 进行扩散钎焊(其性质与 TLP 扩散焊相同),结果表明,采用专利钎料在 1240℃/20min + 1133℃/16h 钎焊的接头可满足 925℃/200MPa 持久寿命不小于 40h 的要求,而采用 MBF20 和 MBF80 钎料钎焊时在 1133℃ 保温 24h ~48h 接头不能满足上述要求[4]。连接部件的晶体取向差对单晶合金钎焊及扩散焊接头的性能影响很大,在保证两连接部件晶体取向差在 10° 以内,采用成分简单的 Ni – 15Cr – 3.5B 渗硼箔带钎料 Niflex 95 钎焊 CMSX –4单晶合金可获得较好的效果,接头在 950℃/150MPa 条件下持久寿命为 191h[5]。采用 MBF80 作为中间层合金 TLP 扩散焊 CMSX – 2 与 CMSX – 4,接头高温拉伸强度及持久性能均与母材相当[6]。在单晶合金钎焊扩散焊技术应用方面,美国 PW 公司在 20 世纪 80 年代初就将 TLP 扩散焊方法用于第一代单晶合金 PWA1480 高能效发动机高压 I 级对开高压涡轮工作叶片和导向叶片的连接,采用的中间层合金是与基体 PWA1480 单晶合金成分接近但渗入了一定量硼的韧性箔带,焊后经母材热处理制度处理,接头在 982℃ 的持久强度和等温低周疲劳性能与 PWA1480 基体相当,焊接的叶片已用于 F100 等航空发动机上[7]。法国 SNECMA 公司用 AM1( Ni – 7.5Cr – 2Mo – 6.5Co – 5.2Al – 1.2Ti – 5.5W – 6.6Ta) 第一代单晶合金制造军用发动机 M88 – 2 的 I级导向叶片,该叶片为扩散钎焊连接的三联结构[4]。瑞士 ALSTOM 公司采用研制的 D – 15( Ni – 15Cr – 10Co – 3.5Al – 3.4Ta – 2.3B)钎料对二代单晶 CMSX – 4 的扩散钎焊(即 TLP 扩散焊,有文献称为 Diffusion Brazing——扩散钎焊)进行了研究,并与传统钎焊接头组织进行了对比。图 1 – 1 为采用 D – 15 钎料钎焊与扩散钎焊 CMSX – 4 单晶的接头组织,可见两种钎焊接头组织有明显的区别。传统的钎焊接头呈现不均匀的组织,由两个区别明显的区域组成:邻近母材相似于基体金属的过渡层和接头中央连续分布的低熔点共晶和脆性化合物组织(见图 1 – 1( a)),共晶和脆性相的存在严重破坏接头的机械完整性,且这些低熔点产物限制了接头的最高工作温度。而图 1 – 1( b) 所示的扩散钎焊接头,组织均匀,钎缝与母材之间无明显的界面,接头中央无含降熔元素的残留相,这种接头的强度高。采用 D – 15 钎料对 CMSX – 4 单晶叶片的裂纹进行扩散钎焊,获得了单晶化的裂纹补焊接头,补焊焊缝的晶体取向与单晶母材一致,如图1-2所示[8]。

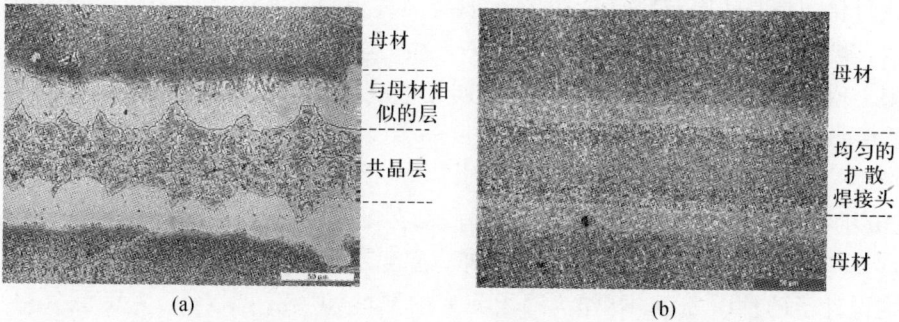

图1-1 D-15钎料钎焊CMSX-4单晶接头的组织[8]

(a)传统钎焊接头,钎焊时间30min;(b)扩散钎焊接头,钎焊时间8h+高温时效。

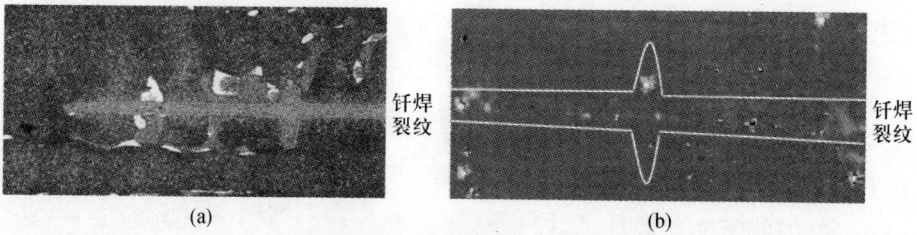

图1-2 CMSX-4单晶裂纹扩散钎焊修复接头[8]

(a)显微组织;(b)电子背散射衍射图。

德国有研究者研制了一种不依靠降熔元素向周围母材扩散的钎焊工艺。与现有以B和/或Si作降熔元素的钎料相比,可在很短时间(约为传统焊料所需时间的1/100)内实现单晶合金裂纹的外延愈合。研制的3种钎料的具体成分为Ni-36.7Mn、Ni-20Mn-2Si、Ni-25Mn-2Si,可用于单晶合金的大间隙钎焊。近期又尝试在Ni-Mn基钎料加入Cr、Al、Ti进行合金化[9,10]。

国内随着我国铸造高温合金材料的发展及在航空发动机涡轮叶片上的应用,对其铸造高温合金的钎焊与TLP扩散焊工艺进行了研究。

关于单晶合金的TLP扩散焊,中国科学院金属研究所采用自行配制的Ni-8Co-16Cr-5W-4Mo-5.3Si-2.0B及Ni-7.3Co-5.8Cr-5.7W-1.3Mo-3.9B中间层合金对第一代单晶合金DD98等的TLP扩散焊工艺进行了研究,获得了接头组织、成分与母材相似的单晶化接头。中国科学院金属研究所还采用Ni-Cr-B系非晶态箔带钎料作为中间层合金,对一种Ni-Cr-Co-W-Mo-Al-Ti-Ta单晶合金进行了TLP扩散焊,对接头微观结构进行了深入分析,并研究了接头的蠕变断裂机理和持久断裂韧性。结果表明,采用Ni-Cr-B系非晶态箔带中间层合金对单晶合金进行TLP扩散焊,并在焊后进行热处理,可获得具有均匀成分和显微组织的

5

接头,其持久寿命与母材相当,但韧性却较母材低得多。由于两连接部件的装配错位或母材中枝晶间原有的取向差,在等温凝固过程中会在连接区产生大量的亚晶界。在蠕变过程中,位错攀移将导致空穴产生,这些空穴向连接区的亚晶界扩散并聚集形成微孔洞,微裂纹将优先在微孔洞处形核,微裂纹的扩展和相互连接导致TLP 接头的最终断裂。连接区内形成的亚晶界以及来自中间层的硼元素的固溶强化作用是导致 TLP 接头韧性低的原因[11-13]。北京航空材料研究院在分别对含Zr、Hf 的高温合金凝固过程进行研究时发现,在凝固后期,枝晶间分别充满了富 Zr和富 Hf 熔体,认为先凝固的 γ 枝晶分别是被富 Zr 和富 Hf 熔体连接起来的,据此分别设计了两种以 Zr 和 Hf 作为降熔元素的焊料 Ni – Zr – Co – Cr – W 和 Ni – Hf – Co – W – Cr,用这两种焊料连接 DD3 合金,均获得了无脆性相、与母材组织类似的接头[14,15]。

# 1.3　定向凝固高温合金的钎焊与 TLP 扩散焊

## 1.3.1　定向凝固高温合金 DZ4 与等轴晶铸造高温合金 K403 的钎焊

　　DZ4 是我国性能水平最高的定向凝固高温合金之一,合金不含 Hf 及其他贵重元素,因此密度较低且成本较低,并具有良好的综合性能和可铸性,该合金已用于我国现役航空发动机涡轮工作叶片和导向叶片的批量生产;K403 则是我国广泛应用的等轴晶铸造镍基高温合金,已用在十余种发动机上作导向叶片,在几种发动机上作涡轮工作叶片,并投入航线使用[1]。在航空发动机涡轮导向叶片组件的制造过程中,有时需实现 DZ4 合金与 K403 合金的连接,因此采用两种含钨粉末钎料 N171( Ni – 12W – 10Cr – 3.5Fe – 3.5Si – 2.5B – 0.4C)和 N300( Co – 21Cr – 17Ni – 10W – 3.25B – 3Si – 0.8C)对 DZ4 与 K403异种铸造高温合金的钎焊工艺进行了试验研究,钎焊规范选择了 1170℃/30min,为了改善钎焊接头组织与性能,对钎焊后的接头在不同温度下进行了一定时间的扩散处理,扩散处理规范采用了两种:一种为 1090℃/24h;另一种是 1090℃/4h +1170℃/20h[16]。

　　1. 0.1mm 间隙下的钎焊接头组织和性能

　　钎焊时液态钎料是依靠毛细作用在钎缝间隙内流动并填充钎缝间隙的,因此对钎焊接头的间隙有一定的要求。采用镍基钎料和钴基钎料钎焊高温合金时,一般要求钎焊接头的间隙不大于 0.20mm。研究了 0.1mm 间隙的 DZ4/K403 钎焊接头的组织和性能。

　　图 1 – 3 是 1170℃/30min 规范下钎焊 DZ4/K403 接头的显微组织。由于所采用的两种钎料中均含有较多的降熔元素 Si、B,因此钎焊接头中形成了较多的化合

物相。结合文献[17]的研究结果进行分析,图 1 - 3(a)所示 N171 钎料钎焊的 DZ4/K403 接头主要由 γ 固溶体(1)、枝状或块状(Cr,W,Mo)B - γ 二元共晶(2)、团状 γ + $Ni_3B$ - $Ni_3Si$ 三元共晶(3)组成。此外,从图 1 - 3(a)还可以看到钎缝中的元素 B 已扩散进入母材中,在近缝区形成黑色的点状硼化物析出带。N300 钎料钎焊的 DZ4/K403 接头组织(图 1 - 3(b))与 N171 钎料钎焊接头(图 3 - 1(a))相比,除前者化合物数量比后者多外,各化合物相的形态区别不大。N300 钎料钎焊接头也是由 γ 固溶体(1)、块状相 - γ 共晶(2)、枝状相 - γ 共晶(3)、团状相(4)组成。元素面分布分析结果表明,块状相中主要富 Cr、Mo,可能为 $(Cr,Mo)_3B_2$ 相,枝状相中除富 Cr、Mo 外,还含有较多的 W,因此可能为(Cr,Mo,W)B 相,另外接头中还存在许多小块状的富 Ti、W 相,可能为 Ti、W 的碳化物相[17,18]。

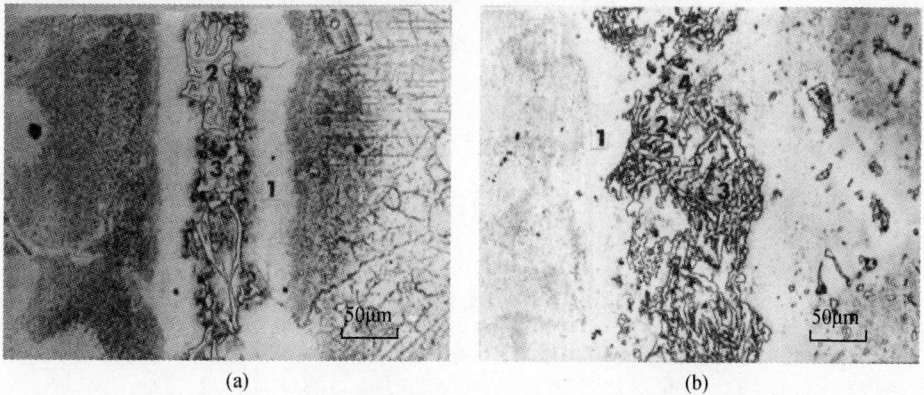

(a)          (b)

图 1 - 3   0.1mm 间隙的 DZ4/K403 钎焊接头组织(1170℃/30min 钎焊)

(a) N171 钎料;(b) N300 钎料。

    图 1 - 3 所示接头经不同焊后扩散处理后的组织见图 1 - 4、图 1 - 5。从中可见,两种钎料钎焊接头组织在焊后扩散处理时的变化趋势是相同的:随扩散保温时间加长以及扩散处理温度的提高,接头中团状共晶相消失,枝状(Cr,W,Mo)B - γ 共晶相逐渐减少,其分布也发生变化,由原来的枝状变为链状分布。这主要是由于扩散处理时元素 B 不断从枝状相向四周 γ 固溶体扩散,进而扩散进入近缝区母材中,使得硼化物相由外向里发生分解,逐渐变小变细,最后变为链状但很难使接头中的化合物相完全消除。即使接头经 1090℃/24h 或 1090℃/4h + 1170℃/20h 扩散处理,接头中仍有一定数量的化合物相。例如对图 1 - 5(c)接头进行 EDS 分析结果表明,该接头中除固溶体基体外,还存在三种相,即富 W、Mo、Si 并含有一定量 Ni、Co、Cr 的条状相(1)、富 W、Mo 的点状相(2)和富 W、Mo、Ti 的小方块相(3)。根据文献[18],图 1 - 5(c)中的相(1)可能为 $(Ni,Co)_2(W,Mo)Si$ 三元硅化物,而相(2)、(3)可能为 W、Mo、Ti 的硼化物或碳化物相。

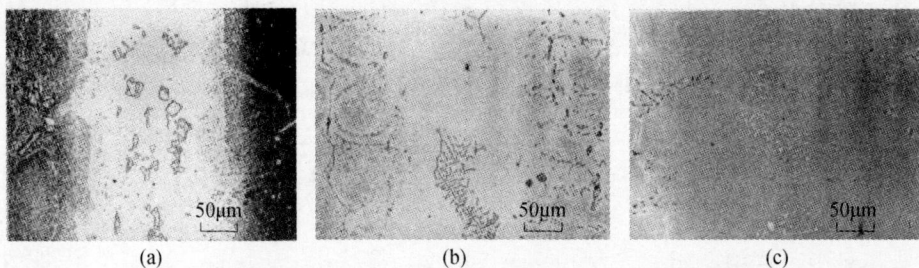

图 1-4 N171 钎料 1170℃/30min 规范钎焊 DZ4/K403 接头组织经不同扩散处理的变化情况
(a) 1090℃/4h 扩散；(b) 1090℃/24h 扩散；(c) 1090℃/4h + 1170℃/20h 扩散。

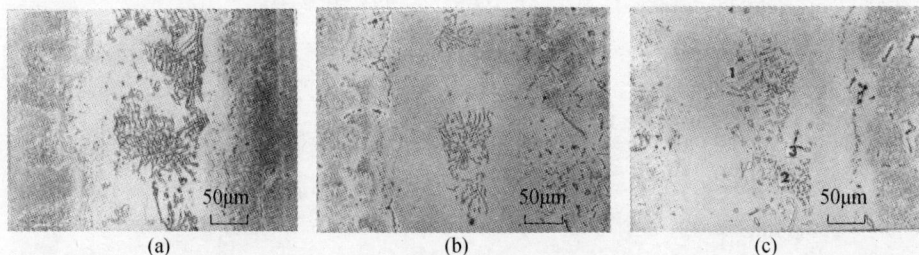

图 1-5 N300 钎料 1170℃/30min 规范钎焊 DZ4/K403 接头组织经不同扩散处理的变化情况
(a) 1090℃/4h 扩散；(b) 1090℃/24h 扩散；(c) 1090℃/4h + 1170℃/20h 扩散。

多数铸造镍基高温合金涡轮叶片在热处理状态下使用,这样的叶片需要进行高温钎焊时,最理想情况是钎焊规范选择与母材的固溶处理规范完全一致,使钎焊与固溶处理在同一热循环中完成,但在一般情况下,由于钎料熔点限制,以及考虑到实际叶片构件补焊的要求,钎焊温度往往低于母材的固溶处理温度,而在钎焊后再按母材热处理制度进行热处理,这就要求钎焊接头在焊后固溶处理过程中不发生严重重熔,进而导致钎料过分溶蚀母材及在接头中出现孔洞等缺陷。为此研究了钎焊接头对母材固溶处理的适应性。根据文献[1],K403 与 DZ4 合金的热处理制度分别为"1210℃,4h,空冷"和"1220℃,4h,空冷 + 870℃,32h,空冷"。图 1-6 显示了图 1-3 所示钎焊接头经 1210℃/2h 模拟固溶处理后的组织,从中可见,模拟固溶处理后,接头中不仅存在团状低熔点共晶相(图 1-6(a),N171 钎料),而且枝状硼化物相在钎缝中也呈连续分布,钎料对母材溶蚀明显,有的部位母材晶粒已被整个溶解下来,钎缝宽度也大大增加。显然采用短时保温的钎焊规范(1170℃/30min)钎焊的接头在焊后进行固溶处理时容易发生较严重的重熔,而通过扩散处理可以提高钎焊接头的重熔温度,进而改善钎焊接头对固溶处理的适应性。图 1-7、图 1-8 显示了经扩散处理的钎焊接头在固溶时效处理后的组织。与图 1-4、图 1-5 比较可以看出,经扩散处理的接头在固溶处理时还是发生重熔,重熔的钎缝凝固时,固溶体首先依附于钎缝两侧的母材形核长大,而将富 Si、B、C 的低熔

8

点相推向钎缝中心，最终整个钎缝凝固结晶后就在钎缝中心生成枝状或小块状化合物相，EDS 分析结果表明，枝状化合物相富 Cr、W、Mo，可能为(Cr,W,Mo)B 化合物，而小块状相中主要富集 Ti，可能是钛的碳化物。从图 1－8 还可看到，固溶处理后接头中枝状相分布更集中，但仍是呈断续分布。

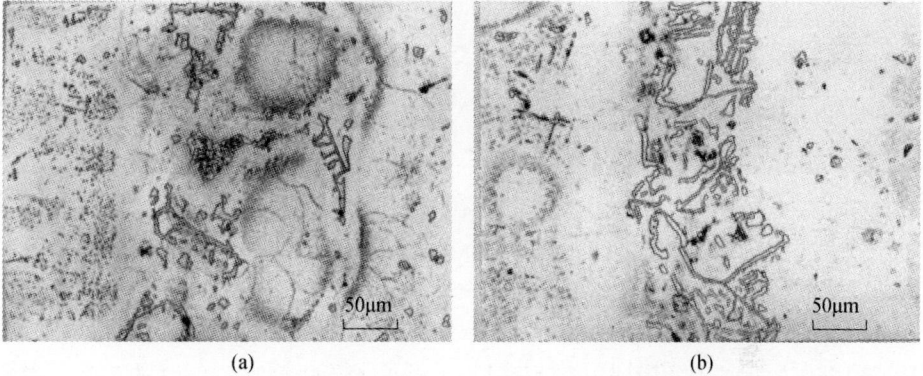

图 1－6　1170℃/30min 规范钎焊的 DZ4/K403 接头经 1210℃/2h 模拟固溶处理后的组织
(a) N171 钎料；(b) N300 钎料。

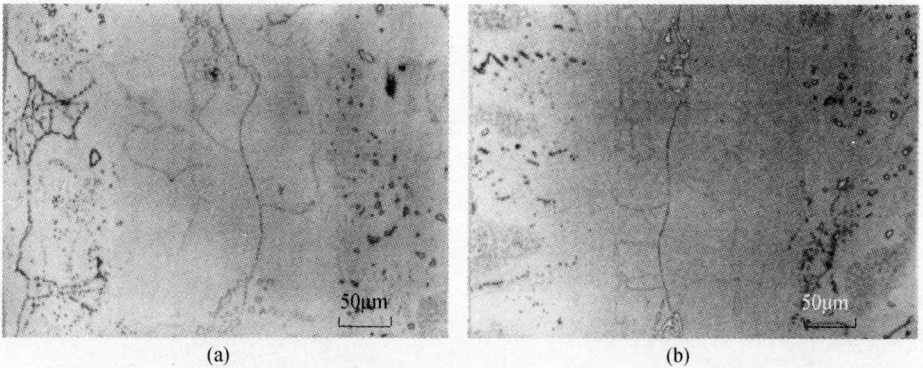

图 1－7　N171 钎料 1170℃/30min 钎焊 DZ4/K403 接头经不同扩散处理后
再经固溶时效(1220℃,4h,空冷＋870℃,32h,空冷)后的组织
(a) 1090℃/24h 扩散；(b) 1090℃/4h＋1170℃/20h 扩散。

表 1－2 列出了 DZ4/K403 钎焊接头持久性能测试结果。从中可见，N171 钎料钎焊的接头，除经固溶时效处理的两个试样持久寿命稍高(分别为 65h45min 和 32h30min)外，其他接头持久寿命均比较短，最长也只有 19h10min。而相同规范下 N300 钎料钎焊接头的持久性能显著优于 N171 钎料钎焊接头，N300 钎料钎焊接头经 1090℃/4h＋1170℃/20h 扩散处理后，980℃/126MPa 持久寿命达 81h35min～117h50min，再经固溶时效处理，钎焊接头 980℃/126MPa 持久寿命进一步提高至

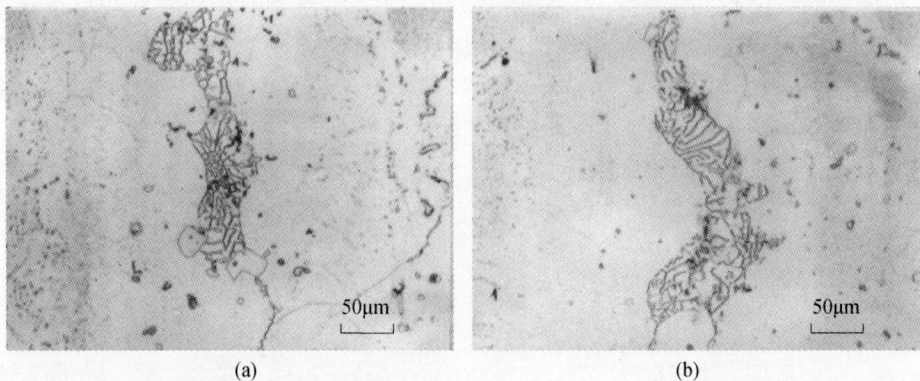

图 1 - 8　N300 钎料 1170℃/30min 钎焊 DZ4/K403 接头经不同扩散处理后
再经固溶时效(1220℃,4h,空冷 + 870℃,32h,空冷)后的组织
(a) 1090℃/24h 扩散；(b) 1090℃/4h + 1170℃/20h 扩散。

145h～188h25min。比较图 1 - 7 与图 1 - 8 可见,N300 钎料钎焊接头中化合物数量比相同规范处理的 N171 钎料钎焊接头中多很多,但前者的持久性能却较后者优(见表 1 - 2)。该试验结果说明,当接头中化合物相呈断续或弥散分布时,接头强度受其影响较小,而主要取决于钎缝固溶体基体的强度。由于 N300 钎料为钴基钎料,因此其钎焊接头的基体为钴—镍基固溶体,而 N171 钎料钎焊接头的基体为镍基固溶体,而且 N300 钎料中的元素 Si 含量比 N171 钎料低,即 N300 钎料钎焊接头固溶体基体中 Si 含量比 N171 钎料钎焊接头中低。此外,EDS 分析结果表明,N300 钎料钎焊接头的固溶体基体中 W、Mo、Cr 等元素含量比 N171 钎料钎焊接头高。当镍基合金中加入一定量的元素 Co,通过降低层错能会使基体明显强化、持久性能提高,固溶强化元素 W、Mo、Cr 的加入将进一步提高镍基合金的强度,而元素 Si 会严重降低高温合金性能[18]。这两方面的作用决定了 N300 钎料钎焊接头的持久性能远远优于 N171 钎料钎焊接头。

表 1 - 2　DZ4/K403 钎焊接头(接头间隙 0.1mm)持久性能测试结果

| 接头处理状态 | 接头 980℃/126MPa 持久寿命 | |
| --- | --- | --- |
| | N171 钎料 | N300 钎料 |
| 1170℃/30min + 1090℃/4h | 0h50min | 4h45min |
| 1170℃/30min + 1090℃/4h + 1170℃/20h | 2h10min,19h10min | 92h30min,81h35min,117h50min |
| 1170℃/30min + 1090℃/4h + 1170℃/20h + 固溶时效处理① | 65h45min | 145h00min,188h25min |
| 1170℃/30min + 1090℃/24h + 固溶时效处理① | 32h30min | |
| ① 固溶时效处理规范:1210℃/4h,空冷 + 870℃/32h,空冷 | | |

10

## 2. 大间隙钎焊接头的组织和性能[16]

在叶片钎焊组合过程中,由于钎焊配合面多为铸造表面,而且结构形状复杂,无法对其精确加工,因此常会出现局部接头间隙大于 0.2mm 的情况,有时甚至高达 1.5mm。对于如此宽的接头间隙,由于毛细作用丧失,采用通常的钎焊方法,熔化的钎料很难保留在间隙中形成完整接头,即使形成接头,也由于其中有大量呈连续分布的脆性相、低熔共晶,使得接头性能(尤其是高温性能)差,重熔温度低,无实用价值。因此采用在接头中预填合金化程度比较高的 FGH95 高温合金粉末[19],对 DZ4 与 K403 铸造高温合金大间隙(间隙 0.5mm)接头进行了钎焊试验研究,并对钎焊接头的组织与性能进行了分析。

图 1 - 9 是采用 N171 钎料钎焊的 DZ4/K403 大间隙钎焊接头组织。从图 1 - 9(a)可以看出,1170℃/30min 规范下接头组织主要为 FGH95 粉颗粒,以粉颗粒和母材表面为晶核结晶出的白色固溶体,以及在固溶体上分布有少量的小白块硼化物,粉颗粒中析出大量弥散分布的小黑点状硼化物。将图 1 - 9(b)、(c)与图 1 - 9(a)进行比较可以看到,经扩散处理后,原钎焊接头中存在的小块状和点状硼化物相大大减少,尤其是经过 1090℃/4h + 1170℃/20h 扩散处理后(见图 1 - 9(c)),钎缝中化合物相数量不仅很少,而且分布很分散,粉颗粒间固溶体已完全连成一片,接头组织大大改善。

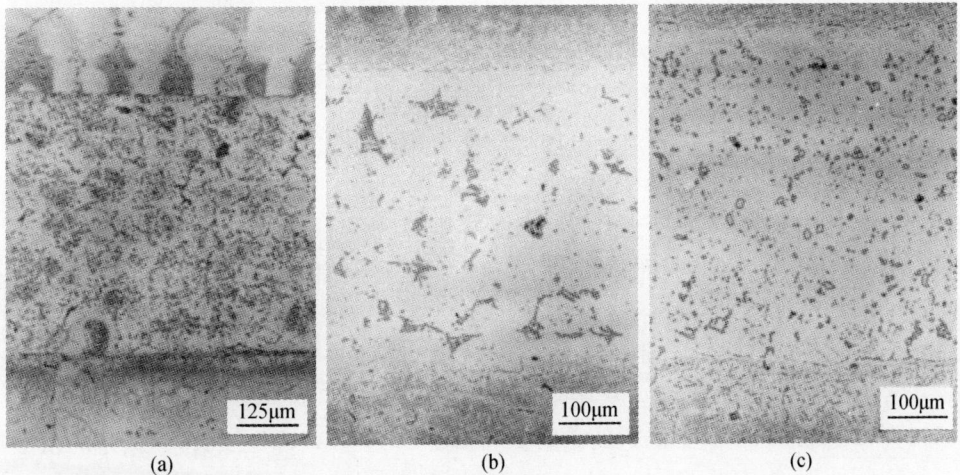

图 1 - 9  N171 钎料钎焊 DZ4/K403 大间隙(间隙 0.5mm,预填 FGH95 粉末)接头的组织
(a) 1170℃/30min 钎焊;(b) 钎焊 + 1090℃/24h 扩散;(c) 钎焊 + (1090℃/4h + 1170℃/20h)扩散。

N300 钎料钎焊的大间隙接头组织以及随扩散处理的变化见图 1 - 10。从中可见,与 N171 钎料相似,不同的是在相同处理条件下,N300 钎料钎焊接头中粉颗粒间化合物相更多,除小白块(W,Mo,Nb,Ti)B 硼化物相外,还存在较多的枝状

（Cr，W，Mo）B 硼化物相。随扩散处理时间增加、温度提高，接头中化合物相逐渐减少，原有的枝状相由于硼向粉及粉颗粒间固溶体扩散而分解，变为呈链状或离散分布。在经 1090℃/4h ＋1170℃/20h 扩散处理的接头中（图 1－10（c））枝状相消失。电子探针分析结果表明，接头中主要有呈离散分布的不规则小白块（Cr，W，Mo）B 相、小圆块（Nb，Ti）C 相、局部呈密集分布的小黑点（Cr，W，Mo）B 相存在。显然，这种组织对提高接头性能是有利的。

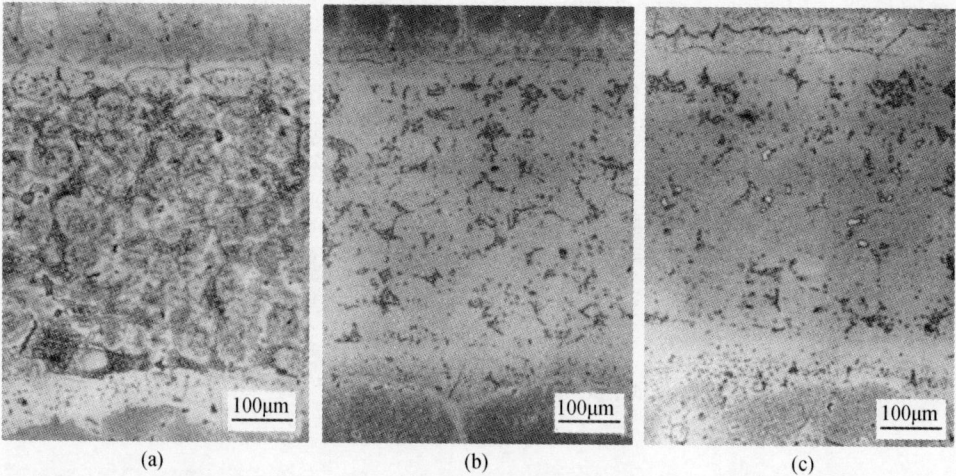

图 1－10 N300 钎料钎焊 DZ4/K403 大间隙（间隙 0.5mm，预填 FGH95 粉末）接头的组织
（a）1170℃/30min 钎焊；（b）钎焊＋1090℃/24h 扩散；（c）钎焊＋（1090℃/4h＋1170℃/20h）扩散。

由此可见，焊后扩散处理可以使大间隙钎焊接头组织得到明显改善。采用较高温度、较长时间的扩散处理规范，具有更好的效果。但为了避免钎焊后直接在 1170℃扩散处理时，高温合金粉被钎料过分溶解，失去大间隙中预填粉的效果，可先在 1090℃进行一定时间的热处理，待接头重熔温度有所提高后再升至高温进行扩散处理。

图 1－11、图 1－12 分别为不同规范下 N171、N300 钎料钎焊的大间隙接头经 1210℃固溶处理后的组织。从中可见，钎焊后未经扩散处理的大间隙接头，经 1210℃/2h 处理后发生了严重的重熔。尤其是 N171 钎料钎焊接头，接头中的粉颗粒在固溶处理过程中已基本上被完全溶解，整个接头与通常不加粉的大间隙钎焊接头一样，化合物在钎缝中连续分布（见图 1－11（a））。N300 钎料钎焊接头中粉颗粒在固溶处理时未完全溶解，基本保持了固溶处理前的接头组织形貌（见图 1－12（a）），但与图 1－10（a）相比，共晶数量明显增加。接头经高温、长时间扩散处理后，由于 B、Si 向粉中及母材的扩散，接头中 B、Si 总量有所减少，分布也进一步均匀化。此时再进行固溶处理，可有效降低接头重熔倾向。从图 1－11（b）、（c）

及图 1 - 12(b)、(c)可见,虽然接头在固溶处理时也发生一定程度的重熔,但其组织与图 1 - 11(a)及图 1 - 12(a)相比有明显改善。

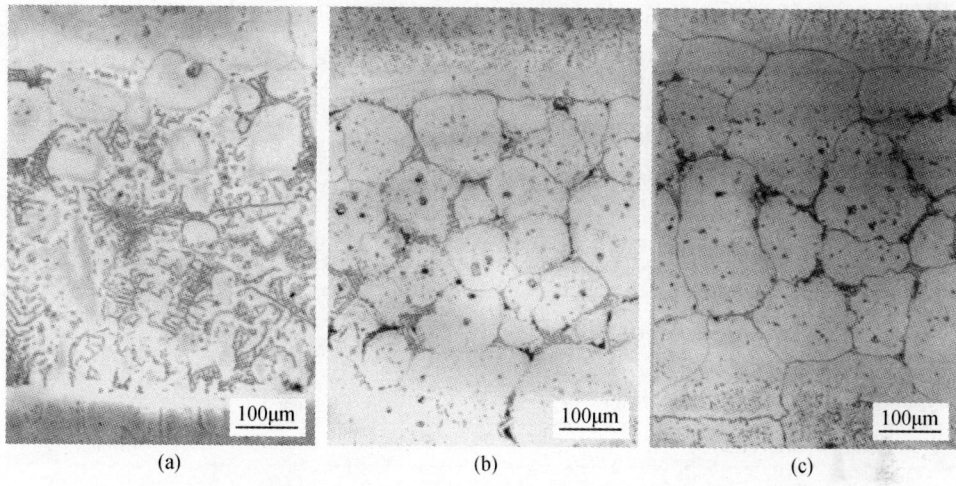

(a)　　　　　　　　　(b)　　　　　　　　　(c)

图 1 - 11　固溶时效处理对 N171 钎料钎焊 DZ4/K403 大间隙接头组织的影响
(固溶时效处理规范:1210℃/4h,空冷 +870℃/32h,空冷)
(a)图 1 - 9(a)接头 +1210℃/2h;(b)图 1 - 9(b)接头 +固溶时效;(c)图 1 - 9(c)接头 +固溶时效。

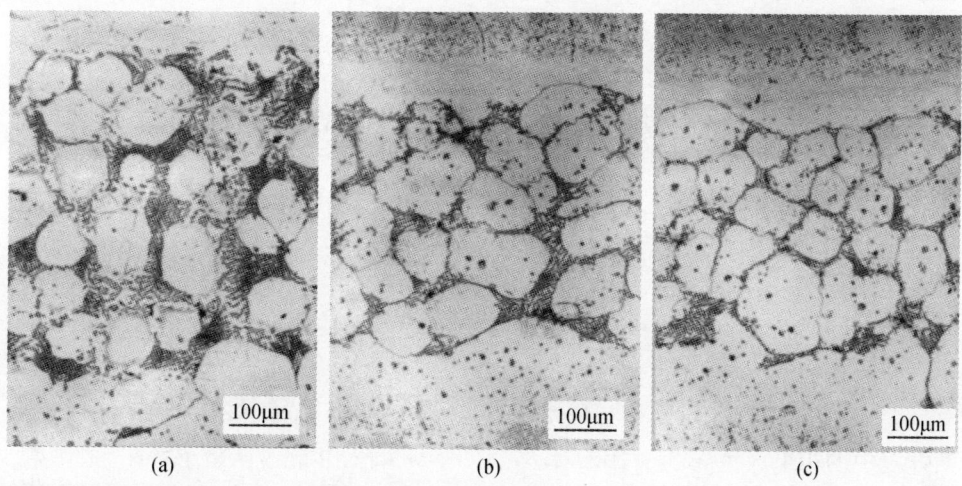

(a)　　　　　　　　　(b)　　　　　　　　　(c)

图 1 - 12　固溶时效处理对 N300 钎料钎焊 DZ4/K403 大间隙接头组织的影响
(固溶时效处理规范:1210℃/4h,空冷 +870℃/32h,空冷)
(a)图 1 - 10(a)接头 +1210℃/2h;(b)图 1 - 10(b)接头 +固溶时效;(c)图 1 - 10(c)接头 +固溶时效。

　　DZ4 与 K403 大间隙钎焊接头高温持久性能试验结果见表 1 - 3。从中可以看出:与前述 0.1mm 间隙钎焊接头的持久性能测试结果类似,N171 钎料钎焊的接头,即使钎焊后经过长时间扩散处理,持久寿命也很低,固溶处理后虽有所提高,但仍不理想。而采用 N300 钎料钎焊接头的持久寿命与同样规范下 N171 钎料钎焊接头的持久寿命相比要高得多。经 1090℃/4h + 1170℃/20h 扩散处理的接头在 980℃、126MPa 应力条件下持久寿命达 135h,固溶处理后持久寿命略有提高。由此可见对 DZ4/K403 预填 FGH95 粉大间隙接头的钎焊,采用 N300 钎料更为合适。

比较表 1 - 2 与表 1 - 3 中钎焊接头持久性能的测试数据可见,排除测试数据分散性的影响,相同规范钎焊及处理的 0.1mm 间隙与 0.5mm 大间隙钎焊接头的持久性能基本相当。

表 1 - 3　DZ4/K403 大间隙钎焊接头(接头间隙 0.5mm)持久性能测试结果

| 接头处理状态 | 接头 980℃/126MPa 持久寿命 | |
|---|---|---|
| | N171 钎料 | N300 钎料 |
| 1170℃/30min + 1090℃/4h | 0h40min | 5h20min |
| 1170℃/30min + 1090℃/24h | | 3h10min |
| 1170℃/30min + 1090℃/24h + 固溶时效处理① | 48h10min | |
| 1170℃/30min + 1090℃/4h + 1170℃/20h | 4h00min,10h45min | 135h30min,135h40min |
| 1170℃/30min + 1090℃/4h + 1170℃/20h + 固溶时效处理① | 28h30min | 106h15min,175h10min |
| ① 固溶时效处理规范:1210℃/4h,空冷 + 870℃/32h,空冷 | | |

## 1.3.2　定向凝固高温合金 DZ22 的钎焊与 TLP 扩散焊

DZ22 是我国性能水平最高的定向凝固镍基高温合金之一,具有良好的中、高温综合性能及优异的热疲劳性能,已用该合金制成多种发动机的涡轮叶片,并成功地进行台架试车和试飞,已成批生产航空发动机涡轮转子叶片,与该合金相当的 PWA1422 合金在国外广泛用于各种航空发动机[1]。

1. DZ22 合金的钎焊[20]

DZ22 合金的钎焊也采用前述两种含 W 钎料 N171、N300 进行了试验,钎焊接头间隙为 0.1mm,钎焊温度则选用了 1180℃。

图 1 - 13 是 N171 钎料钎焊接头的组织。EDS 分析结果并结合文献[21]可判断钎缝中的相组成主要为 γ 固溶体、$Ni_3B$、含 W 的 CrB 和 $γ + Ni_3B - Ni_3Si$ 共晶。1180℃/30min 规范钎焊的接头(图 1 - 13(a))中,脆性化合物数量很多,在钎缝中形成一条很宽的带,其中点状共晶相的比例很高。随钎焊保温时间增长,钎缝中脆性相(特别是共晶相)的数量逐渐减少,分布也渐趋分散(见图 1 - 13(b))。经长时间保温后,钎缝中的共晶相完全消失,只剩下弥散分布的小白块相(见图 1 - 13(c)),EDS 分析结果表明,这种小白块相中富元素 W,可能是一种富 W 的硼化物或碳化物。

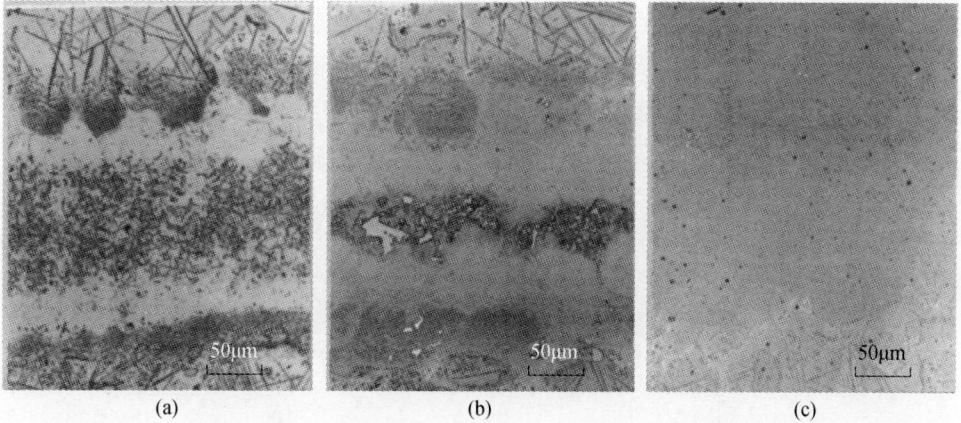

图 1 - 13　N171 钎料 1180℃钎焊 DZ22 合金接头组织(钎焊接头间隙 0.1mm)
(a) 保温 30min；(b) 保温 4h；(c) 保温 24h。

从图 1 - 13 还可以看到钎料中的元素 B 向母材扩散渗入的情况。在钎焊保温时间较短时(图 1 - 13(a))，从钎缝扩散进入到母材中的元素 B 聚集在紧邻钎缝的近缝区，形成明显的点团状硼化物组成的黑色条带，稍远一些的近缝区则析出针状硼化物相。随保温扩散时间的加长，元素 B 逐渐向远离钎缝的母材中扩散，使近缝区元素 B 的浓度逐渐降低，点团状硼化物相数量减少，见图 1 - 13(b)。保温 24h 后，近缝区点团状硼化物相已完全消失，只剩下针状硼化物相，见图 1 - 13(c)，即通过扩散处理，元素 B 的浓度已经比较均匀。

由于 DZ22 合金涡轮叶片通常是在热处理状态下使用，DZ22 合金的固溶时效处理规范为 1210℃/2h，空冷 + 870℃/32h，空冷[1]。为此研究了焊后热处理对钎焊接头组织的影响。N171 钎料钎焊接头经固溶时效处理后的组织见图 1 - 14。从中可见，钎焊保温时间较短的接头，由于钎缝中元素 Si、B 含量较高，在焊后固溶处理时发生了较明显的重熔，如图 1 - 14(a)所示。比较图 1 - 13(b)与图 1 - 14(a)可见，经固溶时效处理后，钎缝中脆性相的数量及分布情况无明显改善，相反由于钎缝发生重熔，将元素 Si、B 推向钎缝中心，在钎缝中心形成了几乎连续分布的低熔点共晶相。但近缝区元素 B 的浓度在固溶处理过程中由于高温扩散而明显降低。经长时间保温扩散的钎焊接头在固溶处理时，只是在晶界部位发生轻微的局部重熔，此外固溶时效处理使钎缝中硼化物相的分布更为细小弥散，如图 1 - 14(b)所示。

采用 EDS 对图 1 - 13(c)和图 1 - 14(b)接头钎缝中固溶体成分进行了分析，结果表明，经固溶时效处理后，钎缝的固溶体基体中元素 Al、Ti、Co、Nb 含量增高，而元素 Si、Fe 含量下降，说明在焊后热处理(主要是在高温固溶)过程中，钎缝与母材的元素进一步相互扩散，使成分更趋于均匀，这对提高接头性能是有利的。

（a）                    （b）

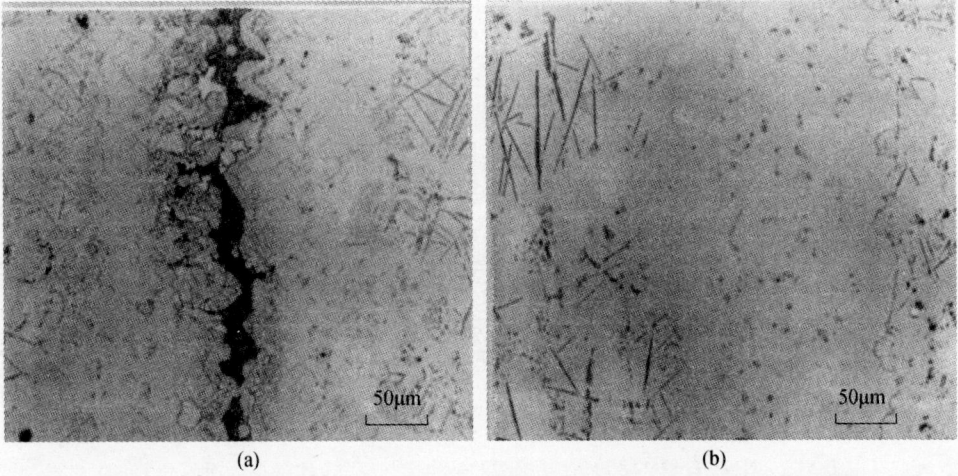

图 1-14　N171 钎料钎焊 DZ22 合金接头经固溶时效处理后的组织
（钎焊接头间隙 0.1mm，固溶时效规范 1210℃/2h，空冷 +870℃/32h，空冷）
（a）1180℃/4h 钎焊；（b）1180℃/24h 钎焊。

图 1-15 为 N300 钎料钎焊 DZ22 合金接头的组织。从中可见，N300 钎料钎焊接头组织随钎焊保温时间增长的变化趋势与 N171 钎料钎焊接头类似。1180℃/2h 规范钎焊接头（图 1-15（a））中，主要有浅灰色枝状相、深黑色枝状相、深灰及浅灰色的块状相和固溶体基体组成。其中浅灰色枝状相富 Cr、W 和 B，可

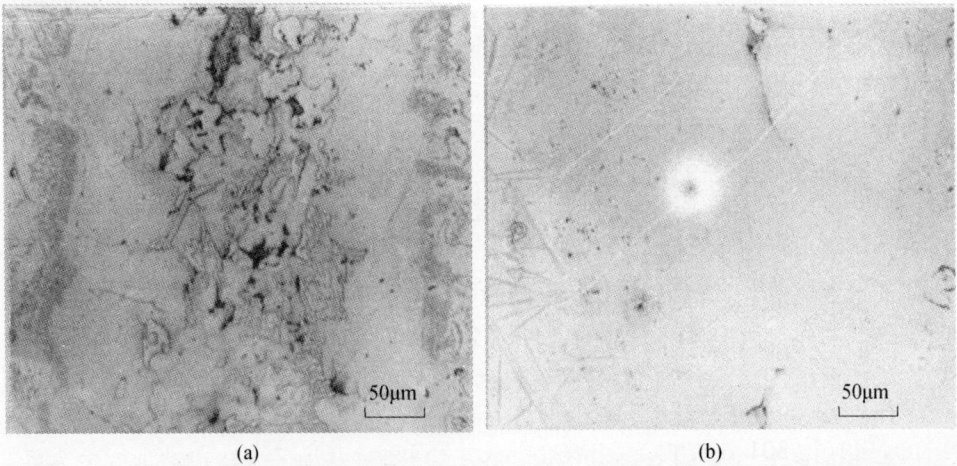

（a）                    （b）

图 1-15　N300 钎料 1180℃钎焊 DZ22 合金接头组织（钎焊接头间隙 0.1mm）
（a）保温 2h；（b）保温 24h。

能为(W,Cr)B 硼化物;而块状相也可能是(W,Cr)B 硼化物,并且颜色不同的块状相中 W、Cr 含量有所差别。此外,在接头中还存在一些细小的富 Nb、Ti 的颗粒。延长保温时间至 24h,接头由单一的固溶体组成,只在晶界上分布少量的块状相,可能为硼化物,如图 1-15(b)所示。

N300 钎料钎焊接头经固溶时效处理后的组织见图 1-16。从中可见,钎焊保温时间较短的接头,在固溶处理时发生了明显重熔(图 1-16(a))。冷却过程中,钎料中的降熔元素 Si、B 被推至最后凝固的钎缝中央,在该区形成了大量的脆性共晶相和化合物相,此外钎缝中还有条状和颗粒状的富 Nb、Ti 相。经过长时间保温扩散的接头再固溶处理时,只在富降熔元素 Si、B 的钎缝中央发生局部重熔,形成黑色的富 Si 共晶相,其两侧则分布着细小的硼化物相,见图 1-16(b)。与 N171 钎料钎焊的接头类似,N300 钎料钎焊的接头,在近缝区也有元素 B 的扩散渗入。

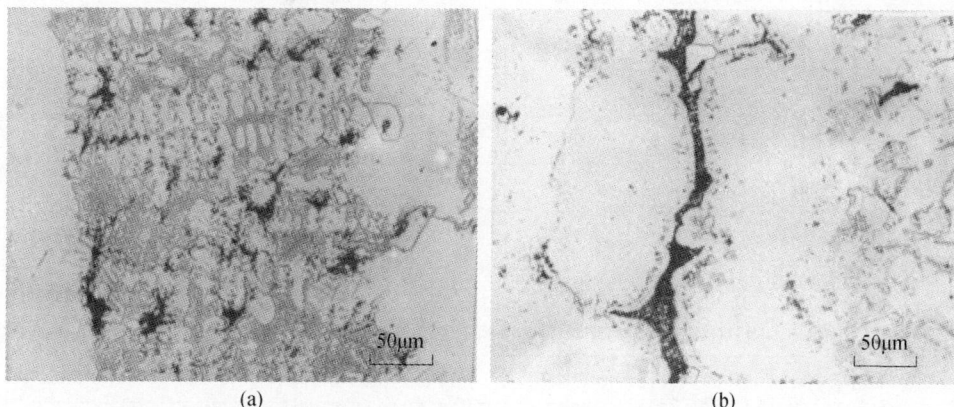

(a)                                    (b)

图 1-16  N300 钎料钎焊 DZ22 合金接头经固溶时效处理后的组织
(钎焊接头间隙 0.1mm,固溶时效规范 1210℃/2h,空冷 +870℃/32h,空冷)
(a) 1180℃/2h 钎焊; (b) 1180℃/24h 钎焊。

表 1-4 列出了 DZ22 合金钎焊接头高温持久性能的测试结果。尽管测试结果具有一定的分散性,但仍可看出以下总的趋势:①同前述 DZ4/K403 钎焊接头一样,N300 钎料钎焊接头的性能明显优于 N171 钎料钎焊的接头。例如 1180℃/2h 规范下,N171 钎料钎焊接头 950℃/180MPa 的持久寿命只有 11.5h(701 试样),而 N300 钎料钎焊接头 950℃/180MPa 的持久寿命则为 26.5h(312 试样) ~116h(301 试样),即 N300 钎焊接头 950℃/100h 的持久强度最高测试值达到 DZ22 母材的 70%(301 试样)。1180℃/24h 规范钎焊接头的持久性能同样如此,N171 钎料钎焊接头 980℃/145MPa 的持久寿命为约 39h(719 试样) ~90.5h(714 试样),即 N171 钎料钎焊接头 980℃持久性能最高测试值(714 试样)

接近 DZ22 母材平均性能的 70%,而 N300 钎料钎焊接头 980℃/145MPa 的持久寿命为约 90h(306 试样)~约 171h(317 试样),即 N300 钎料钎焊接头 980℃持久性能最低测试值(306 试样)接近 DZ22 母材平均性能的 70%,其他测试数据(305、317 试样)则超过了 DZ22 母材平均性能的 70%。另外该规范下 N300 钎料钎焊接头 950℃/153MPa 的持久寿命均超过 223h,即钎焊接头的持久强度远远超过 DZ22 母材的 60%。

表 1-4　DZ22 合金钎焊接头高温持久性能测试结果

| 试样号 | 钎料 | 钎焊规范① | 持久性能测试结果 | | | 说明 |
|---|---|---|---|---|---|---|
| | | | 温度/℃ | 应力②/MPa | 寿命 | |
| 701 | N171 | 1180℃/2h | 950 | 180 | 11h30min | |
| 714 | N171 | 1180℃/24h | 980 | 145 | 90h30min | |
| 717 | N171 | 1180℃/24h | 980 | 145 | 58h55min | |
| 719 | N171 | 1180℃/24h | 980 | 145 | 38h55min | |
| 301 | N300 | 1180℃/2h | 950 | 180 | 116h10min | 100h 后温度升至 980℃ |
| 310 | N300 | 1180℃/2h | 950 | 180 | 32h05min | |
| 312 | N300 | 1180℃/2h | 950 | 180 | 26h30min | |
| 313 | N300 | 1180℃/2h | 980 | 145 | 51h40min | |
| 314 | N300 | 1180℃/2h | 980 | 145 | 15h30min | |
| 305 | N300 | 1180℃/24h | 980 | 145 | 107h55min | |
| 306 | N300 | 1180℃/24h | 980 | 145 | 89h55min | |
| 317 | N300 | 1180℃/24h | 980 | 145 | 170h45min | |
| 318 | N300 | 1180℃/24h | 950 | 153 | 363h55min | 360h 后温度升至 980℃ |
| 319 | N300 | 1180℃/24h | 950 | 153 | 223h10min | 200h 后温度升至 980℃ |

① 所有试样钎焊后按"1210℃/2h,空冷+870℃/32h,空冷"规范进行固溶时效处理;

② 180MPa、153MPa 分别为 DZ22 合金 950℃/100h 持久强度(255MPa[1])的 70% 和 60%。145MPa 为 DZ22 合金 982℃/100h 平均持久强度(207MPa[1])的 70%

2. DZ22 合金的 TLP 扩散焊[22]

采用专为 DZ22 合金研制的两种中间层合金 Z2P、Z2F 对 DZ22 合金进行了 TLP 扩散焊研究。Z2P、Z2F 的成分均是按照 TLP 扩散焊用中间层合金成分设计原则[23],其主要合金元素含量与 DZ22 合金相同,但去除其中的 Al、Ti,再加入 3.0%~5.0% 的元素 B。其中 Z2P 为 -150 目的粉末(使用粉末中间层合金时,接头间隙 0.1mm),Z2F 为 40μm 厚的非晶态箔。

图 1-17、图 1-18 为采用 Z2P 中间层合金,在 1210℃保温 4h、24h、36h 所获得的接头组织,图中各相成分的 EDS 分析结果见表 1-5。从图 1-17 和表 1-5 可见,1210℃/4h 规范扩散焊接头的相组成为 γ+γ′焊缝基体(1)、枝状硼化物(2)、γ(3)和镍硼化合物(4)组成的共晶相。在近缝区有块状硼化物(5)、花边条状硼化物(6)及光滑针状硼化物(7)析出,同时在这些析出相周围形成 γ′包膜(8)。根据 Cr-B、W-B、Co-B 二元相图以及文献[21]对 Ni-Cr-Si-B 钎料钎焊接头组织的分析结果,可以判定枝状相(2)、块状相(5)为(W,Cr)B,相(4)为(Ni,Co)₃B。花边条状相(6)中含有较高的 W、Ti、Hf、Nb 等碳化物形成元素,同时含有一定量的元素 B,可能为 W、Ti、Hf、Nb 的碳硼复合化合物相。光滑针状相(7)则可能为(W,Ni,Cr)₂B。

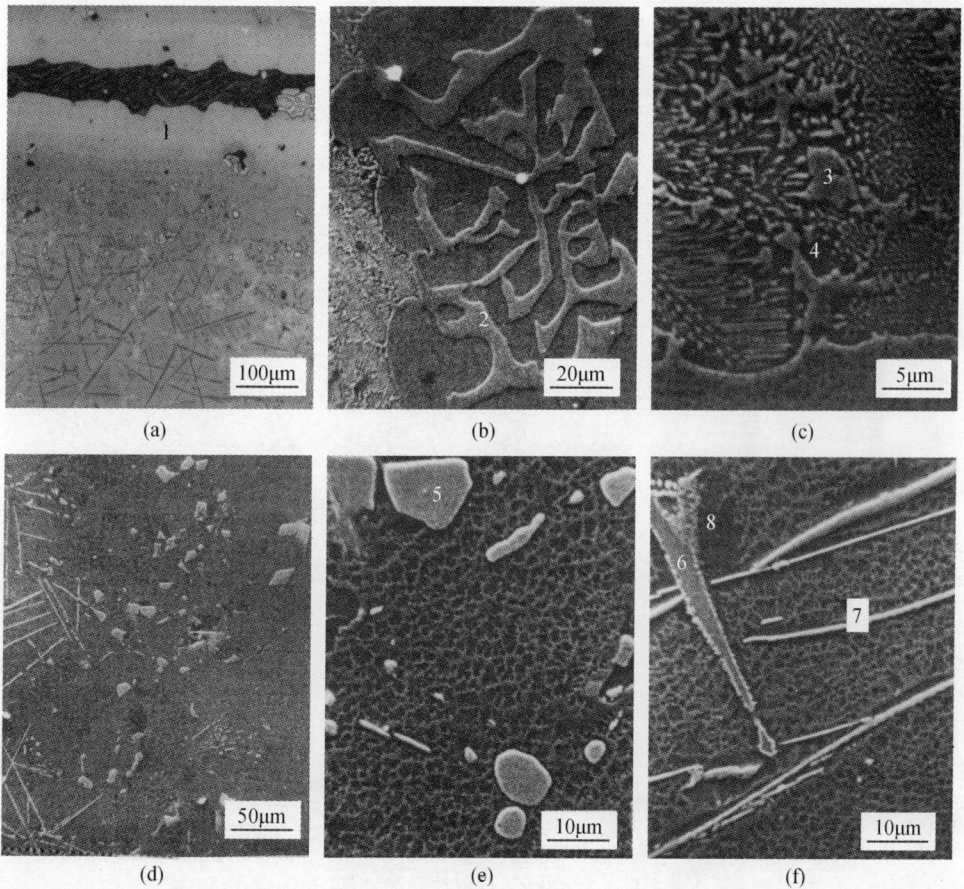

图 1-17　Z2P 中间层合金 TLP 扩散焊 DZ22 合金接头组织(1210℃/4h)

(a) 接头整体形貌;(b) 焊缝中的枝状相;(c) 焊缝中的共晶相;

(d) 近缝区;(e) 近缝区块状相;(f) 近缝区针状相。

表 1-5　Z2P 中间层合金 TLP 扩散焊 DZ22 合金接头中各相成分分析结果

| 图号 | 分析部位 | 成分/%（质量分数） | | | | | | | | | | 可能的相 |
|---|---|---|---|---|---|---|---|---|---|---|---|---|
| | | Ni | Cr | Co | W | Al | Ti | Fe | Hf | Nb | B | |
| 1-17(a) | 焊缝基体 1 | 64.59 | 9.68 | 10.44 | 9.88 | 2.21 | 1.22 | 1.98 | — | — | — | $\gamma + \gamma'$ |
| 1-17(b) | 枝状相 2 | 7.19 | 32.28 | 3.39 | 62.64 | 0.56 | 1.11 | 1.04 | — | — | 4.74 | 硼化物 |
| 1-17(c) | 共晶白相 3 | 66.24 | 13.24 | 10.12 | 2.44 | 2.85 | 1.65 | 2.80 | — | — | — | $\gamma$ |
| 1-17(c) | 共晶黑相 4 | 69.74 | 7.60 | 10.50 | 1.82 | 0.90 | 4.18 | 2.02 | 2.54 | 0.62 | 1.81 | 硼化物 |
| 1-17(e) | 块状相 5 | 5.22 | 18.83 | 2.96 | 70.14 | 0.57 | 1.20 | 0.14 | 0.32 | 0.63 | 4.85 | 硼化物 |
| 1-17(f) | 花边条 6 | 7.95 | 6.65 | 1.40 | 60.12 | 0.59 | 11.55 | — | 4.53 | 7.35 | 2.32 | 碳硼化物 |
| 1-17(f) | 光滑针 7 | 23.35 | 10.02 | 3.47 | 59.44 | 1.58 | 1.34 | 0.01 | 0.65 | 0.15 | 1.43 | 硼化物 |
| 1-17(f) | 黑色包膜 8 | 68.99 | 4.12 | 8.18 | 8.10 | 5.52 | 2.97 | 0.08 | 1.42 | 0.64 | — | $\gamma'$ |
| 1-18(a) | 焊缝基体 | 61.69 | 12.22 | 10.99 | 8.21 | 2.89 | 1.74 | 0.93 | 0.17 | 0.51 | | $\gamma + \gamma'$ |
| 1-18(b) | 焊缝基体 | 61.15 | 10.19 | 10.56 | 12.64 | 2.94 | 1.22 | 0.77 | 0.51 | 0.14 | | $\gamma + \gamma'$ |

随扩散保温时间加长，焊缝中的元素 B 进一步向基体扩散，焊缝中的脆性化合物相消失，扩散保温 24h 后焊缝呈单一的 $\gamma + \gamma'$ 双相组织（见图 1-18(a)），其成分除 Al 含量较低（2.89%）外，其他元素含量和 DZ22 母材成分大体相当（见表 1-5）。继续延长扩散保温时间至 36h，除焊缝中元素 W 含量增加较多外，接头组织（图 1-18(b)）、成分（表 1-5）变化不大。

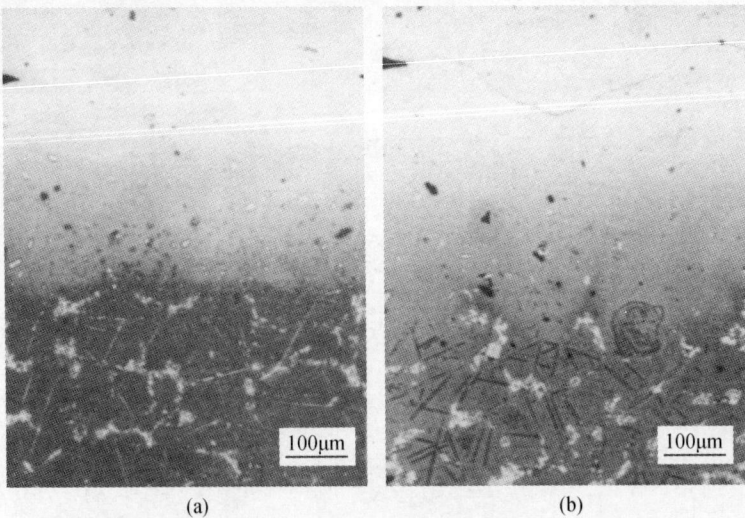

图 1-18　Z2P 中间层合金 TLP 扩散焊 DZ22 合金接头组织
(a) 1210℃/24h；(b) 1210℃/36h。

图 1-19、图 1-20 为采用 Z2F 中间层合金，在 1210℃保温 4h、24h、36h 所获得的接头组织。从图 1-19 可见，1210℃/4h 规范扩散焊接头中已无低熔点共晶

相存在,主要由类似于 DZ22 母材的 γ + γ′焊缝基体(1)和一些白色的带棱角的块状相(2)组成,近缝区由于元素 B 的扩散渗入,析出条状相(3)、针状相(4)和小白块相(5)。表 1 - 6 所列对焊缝中各相成分分析结果表明,此时焊缝中的 γ + γ′组织不仅在形态上,而且在成分上均与 DZ22 母材相似。焊缝中的块状相,近缝区中的条状相、针状相中的元素 B 含量与图 1 - 17 中对应相相比大大降低,这些相均为 $M_2B$ 型硼化物。而近缝区中的小白块相(5)中 W、Cr 含量比较高,未检测到元素 B,可能为 $M_6C$ 型碳化物。保温时间延长,焊缝中硼化物相逐渐减少,形态也由原来带棱角的块状转为圆块状,见图 1 - 20(a)。经过 36h 保温后,焊缝 γ + γ′基体与 DZ22 母材之间已无明显界限,焊缝组织除局部有极少小白块硼化物外,整个焊缝为单一 γ + γ′组织,EDS 分析结果表明,此时焊缝中的元素 Al 含量(为 3.45%)虽稍低于 DZ22 母材,但明显高于同规范下 Z2P 中间层合金扩散焊接头中的 Al 含量(为 2.94%,见表 1 - 5),其他元素含量与 DZ22 母材相当,显然这对于接头性能是有利的。

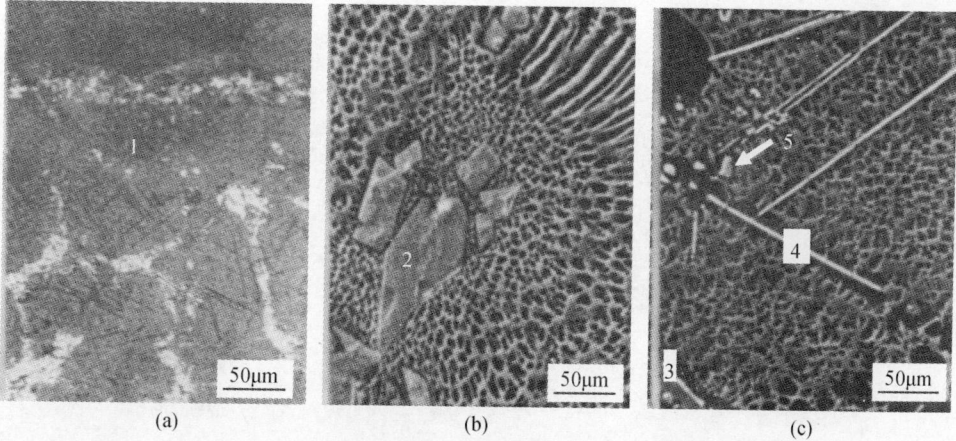

(a)　　　　　　　　　(b)　　　　　　　　　(c)

图 1 - 19　Z2F 中间层合金 TLP 扩散焊 DZ22 合金接头组织(1210℃/4h)

(a) 接头整体形貌;(b) 焊缝;(c) 近缝区。

表 1 - 6　Z2F 中间层合金 TLP 扩散焊 DZ22 合金接头

(图 1 - 19)中各相成分分析结果

| 分析部位 | 成分/%(质量分数) | | | | | | | | | | 可能的相 |
|---|---|---|---|---|---|---|---|---|---|---|---|
| | Ni | Cr | Co | W | Al | Ti | Fe | Hf | Nb | B | |
| 1 焊缝基体 | 61.19 | 10.17 | 10.78 | 10.75 | 3.38 | 1.64 | 0.24 | 1.17 | 0.54 | — | γ + γ′ |
| 2 块状相 | 20.18 | 4.04 | 6.29 | 63.95 | 1.13 | 0.97 | 0.01 | 1.07 | 1.26 | 2.09 | $(W,Ni)_2B$ |
| 3 条状相 | 54.63 | 7.45 | 8.75 | 17.15 | 3.77 | 3.88 | 0.06 | 1.74 | 2.38 | 1.23 | $(Ni,W)_2B$ |
| 4 针状相 | 45.68 | 10.19 | 8.63 | 29.73 | 3.06 | 1.41 | 0.17 | 0.52 | 0.45 | 1.21 | $(Ni,W)_2B$ |
| 5 小白块相 | 5.64 | 14.11 | 2.20 | 73.42 | 0.59 | 1.56 | 0.03 | 0.17 | 1.70 | | 碳化物 |

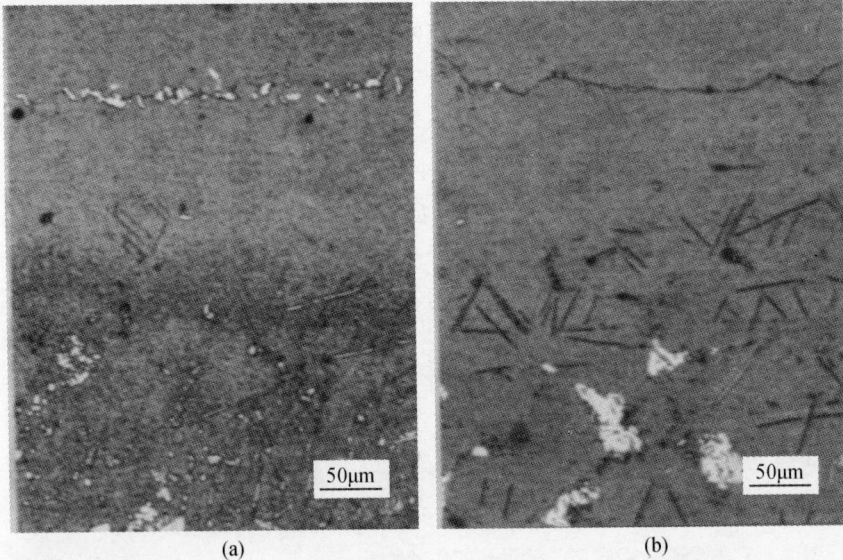

图 1-20　Z2F 中间层合金 TLP 扩散焊 DZ22 合金接头组织

(a) 1210℃/24h；(b) 1210℃/36h。

采用上述两种中间层合金 TLP 扩散焊 DZ22 合金接头持久性能测试结果见表 1-7，从中可以看出：

表 1-7　DZ22 合金 TLP 扩散焊接头持久性能测试结果

| 中间层合金 | 扩散焊规范 | 测试温度/℃ | 应力[①]/MPa | 寿命 | 断裂部位 |
|---|---|---|---|---|---|
| Z2P | 1210℃/24h | 980 | 166 | 44h20min，2h30min | 焊缝 |
| | 1210℃/36h | 980 | 166 | 77h25min，51h10min | 焊缝 |
| Z2F | 1210℃/24h | 980 | 166 | 129h00min，23h00min | 焊缝 |
| | | 980 | 186 | 80h20min，116h40min | 焊缝 |
| | 1210℃/36h | 980 | 186 | 22h40min | 焊缝 |
| | | 980 | 166 | 166h00min | 焊缝 |
| ① 166MPa、186MPa 分别为 DZ22 合金 982℃/100h 平均持久强度（207MPa[1]）的 80% 和 90% | | | | | |

（1）两种中间层合金成分虽然相近，而且 Z2F 的元素 B 含量还高于 Z2P，但采用 Z2F 非晶态箔带中间层合金扩散焊接头的持久性能明显高于相同规范下 Z2P 粉末中间层合金扩散焊的接头，Z2F 扩散焊接头的持久寿命较 Z2P 扩散焊接头高约一倍以上，达 DZ22 母材平均持久强度的 90%。这主要是由非晶态箔材的特点[24]所决定的。首先，与粉末钎料相比，非晶态材料具有化学成分均匀、杂质含量低、纯度高等优点，焊接加热时熔化均匀，某些组元（如 B）扩散进入母材的能力较粉末材料强，扩散深度大，容易形成均匀焊缝。其次非晶态箔带中间层合金在接头

间隙中的精确预置,保证了获得饱满而均匀的焊缝。而且与粉末中间层合金相比,非晶态箔带中间层合金用量相对比较少(2 层厚度 0.08mm),元素 B 的原子向母材扩散路径比较短,大大减少或消除了焊缝中出现脆性相的可能性,从而使最终形成的接头具有比粉末中间层合金扩散焊接头更好的组织、成分和力学性能,图 1 – 17 ~ 图 1 – 20 及表 1 – 5、表 1 – 6、表 1 – 7 的结果也证明了这一点。

(2)扩散保温时间延长,对 Z2P 粉末扩散焊接头持久性能的提高效果比较明显,而对 Z2F 非晶态箔带扩散焊接头持久性能影响不大,保温时间从 24h 增长至 36h,Z2F 扩散焊接头的持久寿命基本相当。这主要是因为在相同规范下,Z2P 粉末扩散焊接头的组织均匀性比 Z2F 箔带扩散焊接头差,焊缝成分与母材成分差别也比较大,因此随保温时间的延长,通过元素扩散使焊缝组织、成分改善的余地也比较大,接头性能随之提高。而 Z2F 箔带中间层扩散焊接头,仅保温 4h,焊缝基体成分除 Al 含量稍低外,其他元素含量已与母材相当(见表 1 – 6),而且 Al 含量(见表 1 – 6)还高于 Z2P 中间层合金保温 36h 扩散焊接头的 Al 含量(见表 1 – 5)。Z2F 中间层合金扩散焊接头经 24h 保温后,焊缝与母材之间成分已经比较均匀,浓度梯度减小,因此再延长保温时间对改善接头性能的效果不像浓度梯度较大时那么明显了。

(3)所有试样均断于焊缝,表明焊缝是整个接头的薄弱区,另一方面也说明近缝区硼化物相的析出对母材性能未造成明显的损害。

由此可见,对于 DZ22 定向凝固高温合金的 TLP 扩散焊,采用与母材成分相近的 Z2F 非晶态箔带中间层合金可获得具有良好持久性能的接头,规范可采用 1210℃/24h。

### 1.3.3　定向凝固高温合金 DZ125 的钎焊[25,26]

DZ125 是我国目前性能水平最高的定向凝固镍基高温合金之一,具有良好的中、高温综合性能及优异的热疲劳性能,已用该合金批量生产某发动机的高压涡轮叶片,并已进行台架试车和试飞考核,与该合金相当的 DS Rene′125 合金在国外已经用于先进航空发动机[1]。

先后采用自行研制的两种钴基粉末钎料 Co50NiCrWB 和 Co45NiCrWB 对 DZ125 合金的真空钎焊工艺进行了试验研究。其中早期研制的 Co50NiCrWB 熔化温度为 1087℃ ~ 1119℃,该钎料对 DZ125 合金钎焊工艺性能良好,采用 1180℃/4h 的钎焊规范,并在焊后按母材热处理制度(1180℃/2h→1230℃/3h,空冷 + 1100℃/4h,空冷 + 870℃/20h,空冷[1])进行固溶时效处理,钎焊接头高温持久性能达母材性能指标的 60%[25]。但由于 DZ125 合金热处理工艺较复杂,钎焊温度选择了 DZ125 合金固溶处理的预处理温度(1180℃),与固溶处理温度相差较大(50℃),钎缝在焊后固溶处理时重熔较严重,用于叶身上带有大量冷却气膜孔的涡轮叶片

23

钎焊时,在焊后固溶处理过程中,重熔的钎料在叶身上流淌,易堵塞冷却气膜孔,造成叶片报废。为此又研制了 Co45NiCrWB,该钎料是以 Co50NiCrWB 钎料为基础研制的,主要是通过调整成分提高钎料熔化温度。Co45NiCrWB 钎料的熔化温度为 1131℃~1203℃[26]。

图 1-21 为采用 Co50NiCrWB 钎料钎焊 DZ125 合金的接头组织。从图 1-21(a)可见钎缝相组成主要由 γ 固溶体基体、分布于钎缝中央的黑色树枝相、分布在整个钎缝基体上块状相以及主要分布在钎缝/母材界面附近的极细小的针状相组成。其中 γ 固溶体基体分为两个层次:钎缝中央为一连续的灰色条带(黑色树枝相分布在该灰色条带上),其两侧则为白色。在近缝区母材中由于钎料中硼的扩散渗入,有粗大的针状相析出。图 1-21(a)中各相成分的 EDS 分析结果见表 1-8。从表 1-8 可见,先凝固的白色固溶体与后凝固的灰色固溶体成分有较大差别;还可见母材中的元素 Ta、Mo、Hf、Al、Ti 等均不同程度扩散进入钎缝,其中 Al 进入钎缝边缘的白色基体中,而 Ta、Mo、Hf、Ti 则主要进入钎缝中心的灰色条带基体及其他各种形态的化合物相中。钎缝中的黑色树枝相为富 Cr 的硼化物相,块状相则为富难熔元素(其中 W 含量最高)的硼化物相。近缝区的针状相与钎缝中的块状相类似,也是富难熔元素(主要是 W)的硼化物相。随钎焊保温时间增加,钎缝中央的灰色条带逐渐变窄、呈断续分布乃至完全消失,钎缝中的脆性化合物相数量也在减少。保温 8h,钎缝中已无灰色条带及黑色枝状相存在,只剩下块状相和细小的针状相分布在钎缝基体上(图 1-21(b))。保温 24h,钎缝由 γ 固溶体基体和分布于其上极少量的块状化合物组成(图 1-21(c))。同时随钎焊保温时间增加,由于硼元素的扩散,近缝区母材中的针状硼化物相变细小、数量减少,并向远离钎缝的母材中迁移。

表 1-8　Co50NiCrWB 钎料钎焊 DZ125 合金接头(图 1-21)中
微区成分 EDS 分析结果

| 图号 | 分析部位 | 元素含量/% | | | | | | | | |
|---|---|---|---|---|---|---|---|---|---|---|
| | | W | Hf | Ta | Mo | Al | Ti | Cr | Co | Ni |
| 1-21(a) | 钎缝中灰色条带 | 3.52 | 2.20 | 1.91 | 0.31 | 0.69 | 0.51 | 15.13 | 45.38 | 28.84 |
| | 钎缝白色基体 | 7.89 | 0.13 | 0.30 | 0.14 | 1.63 | 0.18 | 13.72 | 44.86 | 29.33 |
| | 钎缝中黑色树枝相 | 11.51 | 0.09 | — | 0.05 | — | 0.11 | 62.78 | 20.93 | 3.55 |
| | 钎缝中块状相 | 52.26 | 3.34 | 4.25 | 1.18 | 0.19 | 0.44 | 10.87 | 21.42 | 5.61 |
| | 钎缝中细针相[①] | 38.09 | 0.98 | 10.47 | 2.45 | 1.42 | 0.47 | 5.80 | 15.93 | 23.72 |
| | 近缝区针状相 | 68.83 | 1.55 | 5.46 | 4.39 | | 0.20 | 11.67 | 1.62 | 6.29 |
| 1-21(c) | 钎缝白色基体 | 11.74 | 0.10 | 2.26 | 0.80 | 3.03 | 0.44 | 12.14 | 28.19 | 40.02 |
| ① 由于该相极细小,分析点部分落在钎缝基体上,因此分析结果仅供参考 | | | | | | | | | | |

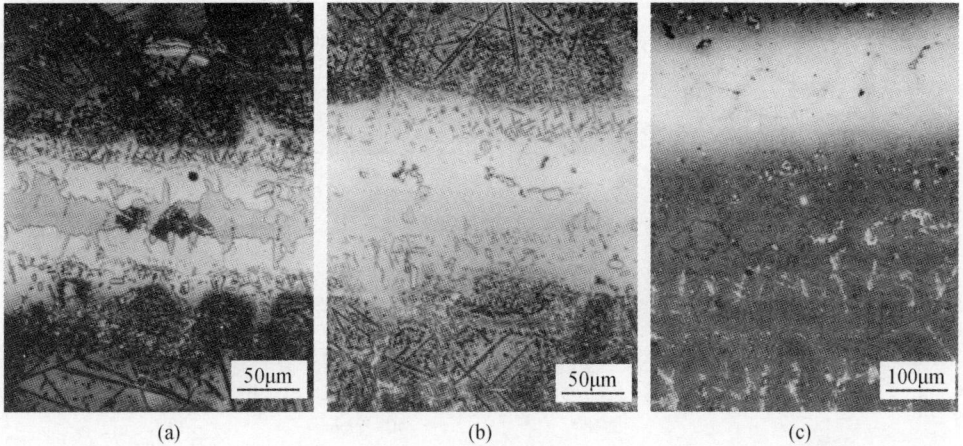

图 1 - 21　Co50NiCrWB 钎料在 1180℃钎焊 DZ125 合金接头(0.1mm 间隙)组织
(a) 保温 2h;(b) 保温 8h;(c) 保温 24h。

图 1 - 22 是 Co50NiCrWB 钎料钎焊 DZ125 合金接头经 1230℃/3h 固溶处理后的接头组织,可见经固溶处理后,钎焊接头发生了局部重熔,重熔发生在钎焊冷却时最后凝固的钎缝中央及晶界处,且钎焊保温时间越短,接头重熔越严重。

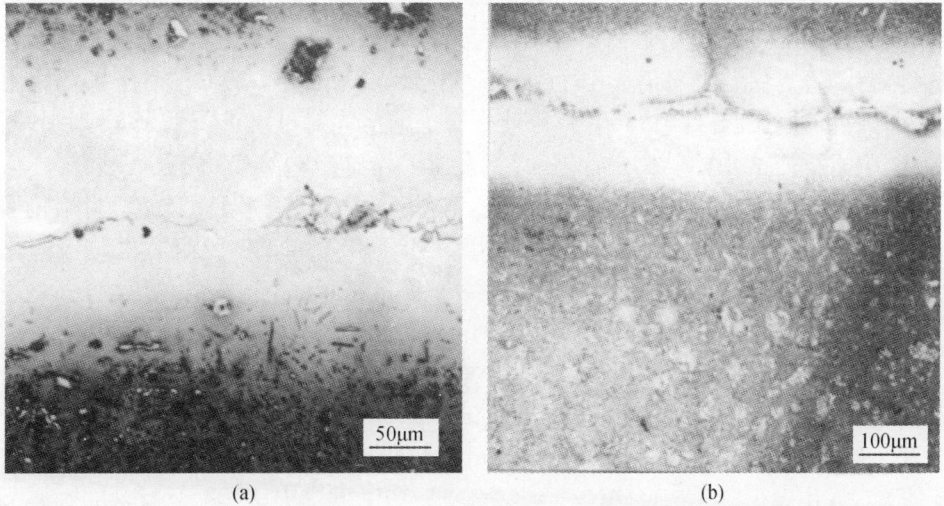

图 1 - 22　Co50NiCrWB 钎料钎焊 DZ125 合金接头经 1230℃/3h 固溶处理后的组织
(a) 1180℃/8h 钎焊;(b) 1180℃/24h 钎焊。

表 1 - 9 为 Co50NiCrWB 钎料在不同规范下钎焊 DZ125 合金接头持久性能测试结果。可见,随钎焊保温时间增长,钎焊接头持久性能提高,1180℃/2h 钎焊接

头的持久性能达到母材性能指标的 60%,1180℃/4h 钎焊接头的持久性能达到母材性能指标的 70%,而 1180℃/22h 钎焊接头的持久性能则达到母材性能指标的 80%。

表 1-9　Co50NiCrWB 钎料钎焊 DZ125 合金接头持久性能测试结果

| 钎焊规范[①] | 持久性能 | | | 说　明 |
|---|---|---|---|---|
| | 温度/℃ | 应力[②]/MPa | 寿命 | |
| 1180℃/2h | 980 | 132 | >120h00min | 120h 停试 |
| 1180℃/4h | 980 | 132 | 132h00min | |
| | | 154 | 77h10min | |
| 1180℃/6h | 980 | 132 | >140h30min | 140.5h 停试 |
| | | 154 | 156h55min | |
| | | 176 | 42h00min,76h20min | |
| 1180℃/22h | 980 | 132 | >200h00min,>258h30min | 分别于 200h,258.5h 停试 |

① 所有试样钎焊后均按规范"1180℃/2h→1230℃/3h,空冷+1100℃/4h,空冷+870℃/20h,空冷"进行热处理;
② 132MPa、154MPa、176MPa 分别为 DZ125 合金 980℃/60h 持久强度技术指标的 60%、70%、80%

　　采用 Co45NiCrWB 钎料钎焊 DZ125 合金时,为与 Co50NiCrWB 钎料钎焊接头进行对比,钎焊保温时间仍选 4h,钎焊温度则为 1200℃~1220℃。由于钎焊温度高于母材的预处理温度(1180℃),因此在钎焊前应先对母材进行 1180℃/2h 的预处理,但这样使工艺复杂。为简化工艺,去掉了焊前 1180℃/2h 的预处理,同时为了避免对母材性能产生不利影响,采用了先升温至 1200℃短时保温使钎料熔化形成焊缝,然后降温至 1180℃保温 2h,再升温至 1200℃~1220℃保温(总的钎焊保温时间约 4h)的工艺规范,焊后按母材热处理制度进行固溶时效处理。

　　图 1-23 为 Co45NiCrWB 钎料钎焊 DZ125 合金接头的组织,表 1-10 为图中部分区域成分能谱分析(EDS)结果。从图 1-23 可见,钎焊接头致密完整,钎缝的组织组成为固溶体基体上分布不同颜色的块状化合物相(见图 1-23(a)、(b)),其中白色块状相(1)为富 W、Mo、Ta 的硼化物;浅灰块(3)为富 Cr(并含 W、Ta)的硼化物相;还有少量深灰块状相(2),富 Ni,且含 Hf、Ta,从其形态及所含的金属元素判断,可能为 $M_6C$ 碳化物。焊后经母材标准热处理制度固溶时效处理,接头组织形态未产生明显变化,即在焊后固溶处理时未产生明显重熔(见图 1-23(c))。此外,从图 1-23(a)还可见,由于 B 元素向母材的扩散渗入,在近缝区析出了针状硼化物相。在焊后进行热处理时,由于硼在母材中的继续扩散,近缝区针状相减少,并向远离钎缝的母材中迁移。

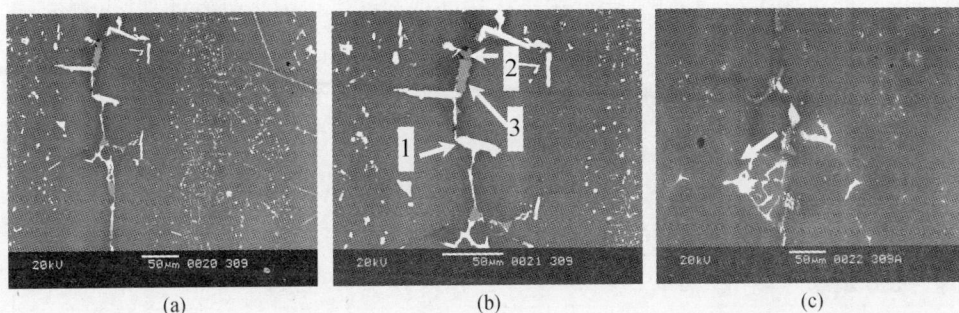

图 1-23    Co45NiCrWB 钎料钎焊 DZ125 合金接头组织

(a) 钎焊态接头组织；(b) 图 1-23(a) 放大；(c) 热处理态接头组织。

表 1-10    图 1-23(b) 中各块状相成分 EDS 分析结果

| 分析部位 | 各元素含量/%（质量分数） | | | | | | | | |
|---|---|---|---|---|---|---|---|---|---|
| | Cr | Co | Ni | Mo | W | Al | Ti | Ta | Hf |
| 1 白块 | 6.45 | 17.23 | 9.92 | 9.10 | 46.03 | — | 0.40 | 10.92 | — |
| 2 深灰块 | 2.78 | 13.35 | 51.79 | 0.27 | 1.62 | 4.72 | 2.06 | 12.07 | 11.20 |
| 3 浅灰块 | 36.46 | 6.17 | 4.37 | 13.16 | 33.80 | — | 0.52 | 3.88 | 1.49 |

表 1-11 列出了 Co45NiCrWB 钎料钎焊 DZ125 合金接头持久性能的测试结果。当试验应力取 DZ125 母材 980℃/60h 持久强度的 60%（132MPa），4 根试样的持久寿命均超过了 100h。说明钎焊接头 980℃ 的持久性能达到并超过 DZ125 母材性能指标的 60%，即 Co45NiCrWB 钎料钎焊接头的持久性能与 Co50NiCrWB 钎料相当，但由于前者熔化温度高，因此其钎焊接头在焊后固溶处理时重熔程度远低于后者。

表 1-11    Co45NiCrWB 钎料钎焊 DZ125 合金接头持久性能测试结果

| 温度/℃ | 应力/MPa | 寿命 | 说明 |
|---|---|---|---|
| 980 | 132 | 107h10min, 109h30min | 100h 后应力增至 154MPa |
| 980 | 132 | 256h45min, 291h15min | |

DZ125 合金在固溶处理前需进行 1180℃/2h 的预处理，目的是通过扩散消除低熔点相，提高合金的初熔温度，从而在较高温度下进行固溶处理。采用 Co45NiCrWB 钎料钎焊 DZ125 合金时，所需的钎焊温度高于 DZ125 合金的预处理温度 1180℃。为了在不损害母材性能的同时简化工艺，设计了先加热到 1200℃ 短时保温，使钎料熔化形成钎缝，然后降温至 1180℃ 保温 2h，再升温至所需温度保温的钎焊工艺规范。为考察这样的钎焊热循环对母材性能的影响，按钎焊热循环对

DZ125 合金试棒进行了处理,随后按母材热处理制度进行固溶时效处理,再测试试棒的性能,以考察钎焊热循环对母材性能的影响,试验结果见表 1 – 12 ~ 表 1 – 14,可见,采用所制定的钎焊规范,对母材性能未产生任何不利影响,各项性能数据均高于技术标准[1]的规定。

表 1 – 12　DZ125 合金铸棒经钎焊热循环及固溶时效后的室温拉伸性能

| 项　目 | $\sigma_b/MPa$ | $\sigma_{0.2}/MPa$ | $\delta_5/\%$ | $\psi/\%$ |
| --- | --- | --- | --- | --- |
| 测试数据 | 1322 | 1018 | 12.6 | 10.7 |
| 技术标准规定[1] | ≥980 | ≥840 | ≥5 | ≥5 |

表 1 – 13　DZ125 合金铸棒经钎焊热循环及固溶时效后的 760℃ 持久性能

| 项目 | 测 试 条 件 | $\delta_5/\%$ |
| --- | --- | --- |
| 测试数据 | 760℃/725MPa 拉伸 48h | 3.60 |
| 技术标准规定[1] | 760℃/725MPa 拉伸 48h | ≤4 |

表 1 – 14　DZ125 合金铸棒经钎焊热循环及固溶时效后的 980℃ 持久性能

| 项目 | 980℃/235MPa 拉伸 20h 的 $\delta_5$ | 980℃/235MPa 的持久寿命 | 980℃/235MPa 破断后的 $\delta_5$ |
| --- | --- | --- | --- |
| 试验数据 | 1.20% | 70h50min | 25.20% |
| 技术标准规定[1] | ≤2% | ≥32h | ≥10% |

## 1.3.4　定向凝固高温合金 DZ406 的钎焊工艺探索

DZ406 是以美国 GE 公司的二代定向合金 Rene'142 为基础,在综合平衡高温强度及铸造性能的同时,对 Al、Ta、C 元素含量进行调整后,得到的新型二代定向凝固高温合金[27],其中含有 3% 的元素 Re,为我国目前性能水平最高的定向凝固镍基高温合金,其典型的性能指标要求为 980℃/260MPa 的持久寿命≥30h。关于二代定向凝固高温合金的钎焊与扩散焊技术研究,目前还未见公开文献报道。北京航空材料研究院对 DZ406 合金的钎焊进行了一些探索研究工作。

主要采用两种钎料对 DZ406 合金的钎焊进行了探索研究,一种是以 B 作为降熔元素,并含有多种合金元素的镍基焊料,代号为 H1/3B,另一种为前述用于 DZ125 合金钎焊的钴基钎料 Co45NiCrWB。钎焊温度主要考虑与 DZ406 合金的固溶处理温度(1260℃ ~1275℃)相匹配,选择了 1250℃,钎焊保温时间则参照前述 DZ125 合金的钎焊,选择了 4h。选用两种钎焊接头间隙(0.1mm 和 1mm)进行了钎焊试验,其中 1mm 间隙的钎焊接头中预填 FGH95 粉末。

图 1 – 24 是 H1/3B 焊料在 1250℃/4h 规范下钎焊 DZ406 合金接头(间隙 0.1mm)的组织,表 1 – 15 为焊缝中各相成分的能谱(EDS)分析结果。

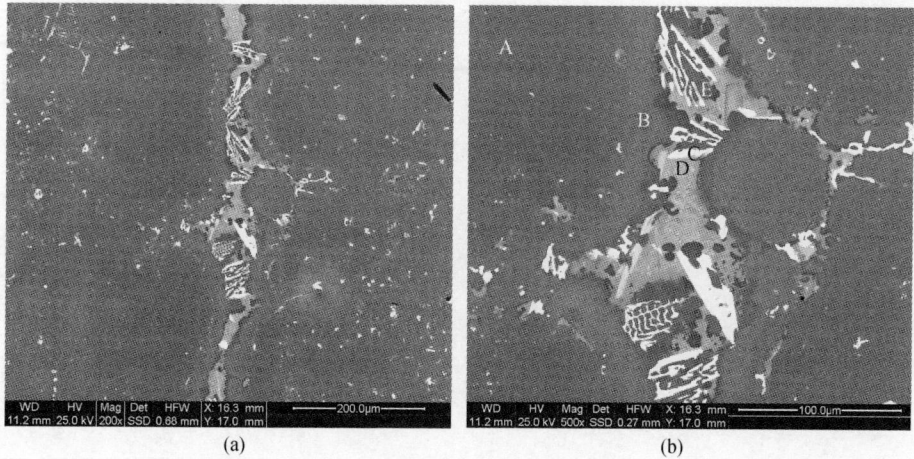

图 1 - 24    H1/3B 焊料在 1250℃/4h 规范下钎焊 DZ406 合金接头(间隙 0.1mm)的组织
(a) 接头全貌；(b) 钎缝局部放大。

表 1 - 15    图 1 - 24(b)中各相或微区成分的 EDS 分析结果

| 分析部位 | 成分/%(质量分数) | | | | | | | | |
|---|---|---|---|---|---|---|---|---|---|
| | Al | Cr | Co | Ni | Mo | Hf | Ta | W | Re |
| A—钎缝两边基体 | 6.74 | 7.45 | 13.25 | 61.42 | 1.24 | 0.13 | 5.51 | 2.87 | 1.38 |
| B—钎缝中心基体 | 7.95 | 3.24 | 8.93 | 63.36 | 0.66 | 1.42 | 10.63 | 2.95 | 0.86 |
| C—钎缝中的白亮条块 | 0.30 | 7.24 | 14.73 | 23.81 | 12.38 | 0.05 | 18.68 | 15.40 | 7.40 |
| D—钎缝中的浅灰两相区 | 0.89 | 5.08 | 14.93 | 54.63 | 0.50 | 18.64 | 4.18 | 0.82 | 0.34 |
| E—黑色条块 | 0.73 | 8.40 | 15.25 | 32.13 | 8.69 | 2.83 | 14.54 | 12.33 | 5.10 |

虽然钎焊温度高达 1250℃,钎焊保温时间长达 4h,但从图 1 - 24 可以看出,在 H1/3B 焊料钎焊接头的中心,脆性化合物相仍呈连续分布,钎焊基体分为两个层次(图 1 - 24(b)中的 A 区和 B 区),结合图 1 - 24 的组织形态及表 1 - 15 中的 EDS 分析结果推断,这两个层次的钎缝基体应为与母材类似的 γ + γ′组织,只是成分有一定差别。钎缝中的白亮条块(图 1 - 24(b)中的 C)应为富难熔元素的硼碳化合物相,黑色条块(图 1 - 24(b)中的 E)则应为以 Ni、Co 为主,并含有 Ta、W、Mo、Cr、Re 等元素的硼碳化合物相,浅灰色两相区(图 1 - 24(b)中的 D)可能为 γ + $Ni_5Hf$。从表 1 - 15 中还可以看出,从母材溶解进入钎缝中的元素 Hf 主要集中在钎缝中心的基体和化合物相中,而从母材溶解进入钎缝中的元素 Re 则在钎缝两个层次基体中的分布相对均匀,但主要进入钎缝中的化合物相中。

图 1 - 25 为 H1/3B 焊料钎焊接头按 DZ406 母材热处理制度固溶时效后的组织,与图 1 - 24 比较可见,焊后热处理过程中,由于钎缝与母材的元素之间进一步扩散,钎缝中的化合物数量减少,并在局部呈断续分布。

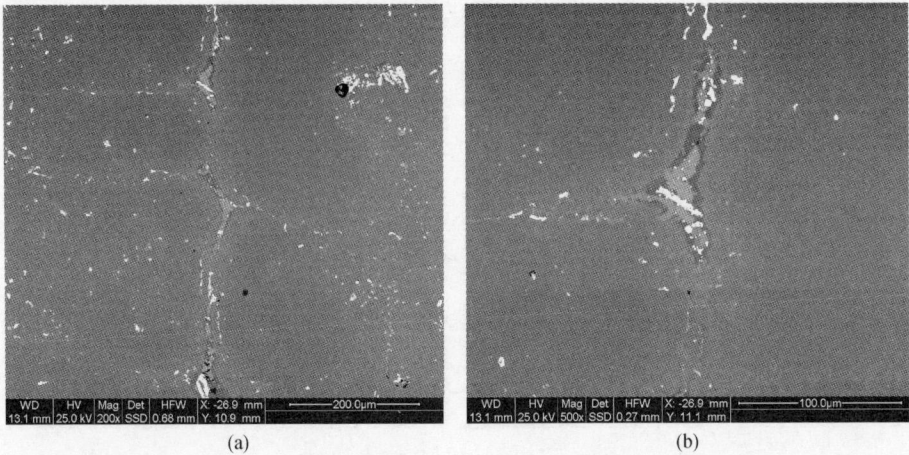

图 1-25　H1/3B 焊料钎焊接头(间隙 0.1mm)经热处理后的组织
(a)接头全貌；(b)钎缝局部放大。

图 1-26 是 H1/3B 焊料在 1250℃/4h 规范下钎焊 DZ406 合金大间隙(间隙 1mm)接头的组织，表 1-16 为焊缝中各相成分的 EDS 分析结果。从图 1-26(a)可以看出，H1/3B 焊料钎焊的 DZ406 合金大间隙接头基本致密，但钎缝内部局部 FGH95 颗粒之间有微孔。图 1-26(b)为钎缝/DZ406 母材界面的局部放大图像，可见，钎缝与 DZ406 母材界面结合良好。图 1-26(c)为靠近钎缝/DZ406 母材界面的颗粒间钎缝局部放大。从表 1-16 可以看出，经过 1250℃/4h 的钎焊热循环，加上 FGH95 与 H1/3B 之间相互作用的面积大，因此 FGH95 粉末颗粒与焊料之间发生了较充分的元素扩散，使 FGH95 颗粒(图 1-26(c)中的 A)的成分发生了较大的变化，其中出现了原来没有的元素 Ta,Al 含量增高，W、Co 含量也略高于原粉末成分的上限；而 Nb、Ti 含量下降(甚至在所分析的颗粒中未测到 Nb，而在钎缝中则出现 Nb 含量很高的化合物相，图 1-26(c)中的 B),Mo 含量也略低于原粉末成分的下限。

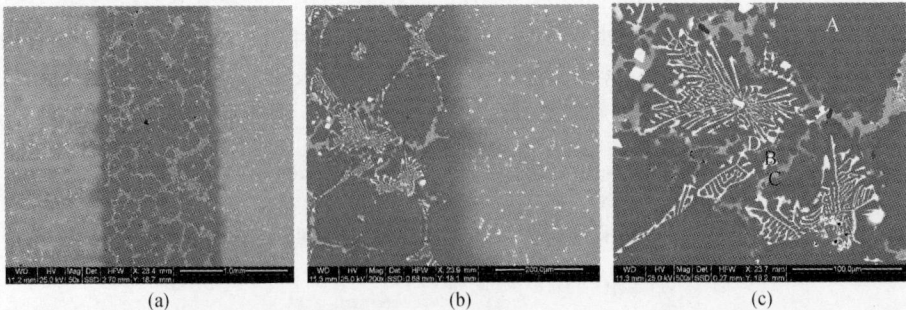

图 1-26　H1/3B 焊料 1250℃/4h 规范钎焊大间隙(1mm)接头的组织
(a)接头全貌；(b)钎缝/DZ406 母材界面放大；(c)FGH95 颗粒间钎缝放大。

表 1 – 16　图 1 – 26(c)中各相或微区成分的 EDS 分析结果

| 分析部位 | 成分/%（质量分数） | | | | | | | | | | | |
|---|---|---|---|---|---|---|---|---|---|---|---|---|
| | Al | Ti | Cr | Fe | Co | Ni | Nb | Hf | Mo | Ta | W | Re |
| A—FGH95 颗粒 | 4.77 | 1.31 | 10.84 | 1.84 | 9.14 | 63.04 | — | — | 2.21 | 3.45 | 3.39 | — |
| B—白亮条块 | — | 12.03 | 0.87 | | | 2.88 | 42.39 | 6.39 | | 32.24 | 3.19 | |
| C—灰色条块 | — | 0.98 | 46.15 | | 4.34 | 7.09 | | | 24.45 | 3.68 | 9.49 | 3.81 |
| D—钎缝基体 | 5.08 | 2.88 | 8.99 | 1.31 | 9.74 | 66.08 | 2.98 | | | 2.94 | | |

从图 1 – 26(c)及表 1 – 16 中还可以看出，与 0.1mm 间隙试样（见图 1 – 25）一样，大间隙钎焊接头中 FGH95 颗粒之间的钎缝也存在大量的化合物相，但受 FGH95 粉末成分的影响，相的种类及成分与 0.1mm 间隙钎焊接头有所不同。在 1mm 大间隙钎焊接头的钎缝中，有 Nb、Ta、Ti、Hf 的硼碳化合物（图 1 – 26(c)中的白亮条块 B）和以 Cr 为主，并含有一定量难熔元素 Mo、W、Re、Ta 的硼碳化合物（图 1 – 26(c)中的灰色条块 C）。从 FGH95 粉末颗粒中溶解进入钎缝的元素 Nb 及 Ti 分布在化合物相（图 1 – 26(c)中的 B）及钎缝基体（图 1 – 26(c)中的 D），而从 DZ406 母材溶解进入钎缝的元素 Hf 和 Re 则主要分布在钎缝中的化合物相（图 1 – 26(c)中的 B 和 C）中。

图 1 – 27 为 H1/3B 钎焊大间隙接头（图 1 – 26 所示接头）经 DZ406 母材热处理制度固溶时效后的组织，与图 1 – 26 比较可见，经焊后热处理过程后，接头中 FGH95 颗粒之间的孔洞增多（见图 1 – 27(a)），这可能是因为在焊后固溶处理时，钎缝一定程度重熔造成的。此外在焊后热处理过程中，由于钎缝与母材的元素之间进一步扩散，钎缝中的化合物数量减少，分布宽度变窄，且焊料中元素 B 扩散渗入深度达到 FGH95 颗粒尺寸，在 FGH95 颗粒整体上都析出了针状硼化物相，见图 1 – 27(b)、(c)。

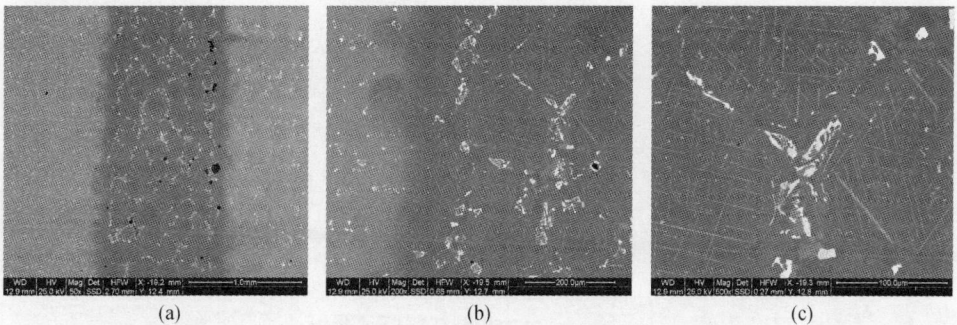

(a)　　　　　　　　　　(b)　　　　　　　　　　(c)

图 1 – 27　H1/3B 焊料钎焊大间隙(1mm)接头经热处理后的组织
(a) 接头全貌；(b) 钎缝/DZ406 母材界面；(c) FGH95 颗粒间钎缝。

以上试验结果表明,采用 H1/3B 焊料钎焊 DZ406 合金时,在 1250℃下保温
4h,钎缝中的脆性化合物数量仍然很多,且呈连续分布,即很难通过扩散完全消除
钎缝中的脆性化合物相。这主要是因为 DZ406 合金含有较多的难熔元素,特别是
含有元素 Re 对元素扩散的阻碍作用大。

图 1-28 是 Co45NiCrWB 钎料在 1250℃/4h 规范下钎焊 DZ406 合金接头的组
织,表 1-17 为焊缝中各相成分的 EDS 分析结果。与图 1-24 比较可见,
Co45NiCrWB 钎料钎焊的接头比同规范 H1/3B 焊料钎焊接头中的脆性化合物数量
更多。从表 1-17 的 EDS 分析结果可以看出,钎料与母材的元素之间发生了强烈
的相互扩散,母材与钎缝之间已无明显的界面。由于钎料中元素的扩散渗入,近缝
区母材(图 1-28(b)中的 A)中的 Co、Cr、W 含量升高。

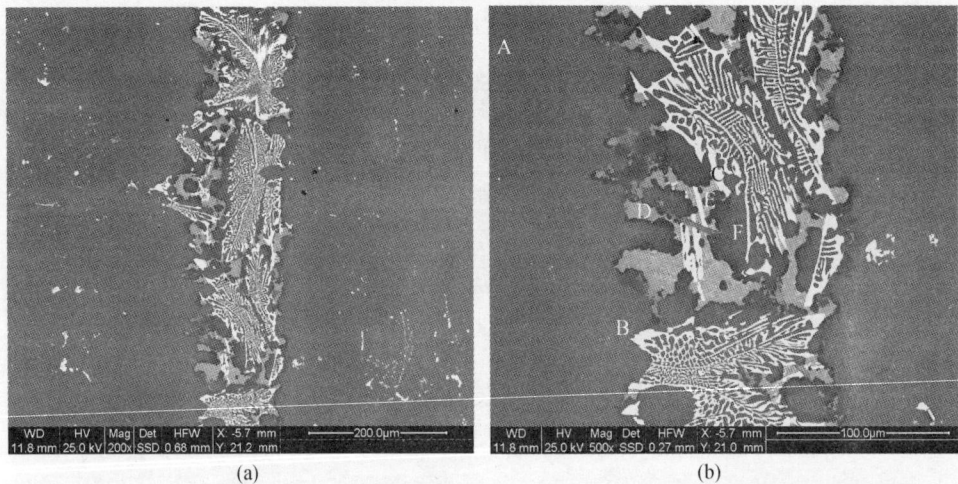

(a)                              (b)

图 1-28    Co45NiCrWB 钎料在 1250℃/4h 规范下钎焊 DZ406 合金接头(0.1mm 间隙)的组织
(a)接头全貌;(b)钎缝局部放大。

表 1-17    图 1-28(b)中各相或微区成分的 EDS 分析结果

| 分析部位 | 成分/%(质量分数) | | | | | | | | |
|---|---|---|---|---|---|---|---|---|---|
| | Al | Cr | Co | Ni | Mo | Hf | Ta | W | Re |
| A—近缝区母材 | 5.18 | 9.46 | 17.88 | 51.97 | 1.79 | 0.41 | 4.60 | 5.76 | 2.95 |
| B—钎缝两边基体 | 4.89 | 9.13 | 17.93 | 51.21 | 1.28 | 0.24 | 4.53 | 7.95 | 2.85 |
| C—白亮条块 | — | 6.31 | 16.92 | 12.93 | 10.14 | 0.54 | 29.18 | 19.33 | 4.65 |
| D—浅灰两相区 | 5.64 | 2.24 | 9.81 | 57.27 | 0.64 | 15.37 | 9.03 | — | — |
| E—化合物相旁的黑色包膜 | 3.76 | 11.87 | 25.89 | 51.96 | 0.62 | 1.49 | 2.74 | 1.19 | 0.48 |
| F—钎缝中心基体 | 4.64 | 10.83 | 18.73 | 53.62 | 0.77 | 0.11 | 5.45 | 3.47 | 2.38 |

钎料原为钴基,由于与母材之间的相互扩散,钎缝基体(图1-28(b)中的B、F)已变为镍基,同时母材中的元素 Al、Re、Ta、Mo 等扩散进入钎缝。比较钎缝边缘和钎缝中心基体(图1-28(b)中的B和F)的成分可见,二者相差不大,只是钎缝中心的 Al、Mo、W 含量低,这可能与在钎缝中心扩散距离较远以及形成较多富难熔元素化合物相有关。

从图1-28和表1-17还可以看出,Co45NiCrWB 钎料钎焊接头也存在与H1/3B 焊料钎焊接头类似的富难熔元素的硼碳化合物相(图1-28(b)中的C)和 γ+Ni$_5$Hf 组织(图1-28(b)中的D)。化合物相旁的黑色包膜(图1-28(b)中的E)可能为钴—镍基固溶体。从表1-17中还可以看出,从母材溶解进入钎缝中的元素 Hf 主要集中在钎缝中的浅灰两相区中,而从母材溶解进入钎缝中的元素 Re、Ta、Mo 则同时进入钎缝基体和钎缝中的化合物相中。

图1-29为 Co45NiCrWB 钎焊接头经固溶时效后的组织,与图1-28比较可见,焊后热处理过程中,钎缝中的脆性化合物数量略有减少,但合并长大。此外,由于钎料中元素 B 的扩散渗入,在近缝区母材析出了针状硼化物相(见图1-29(b))。

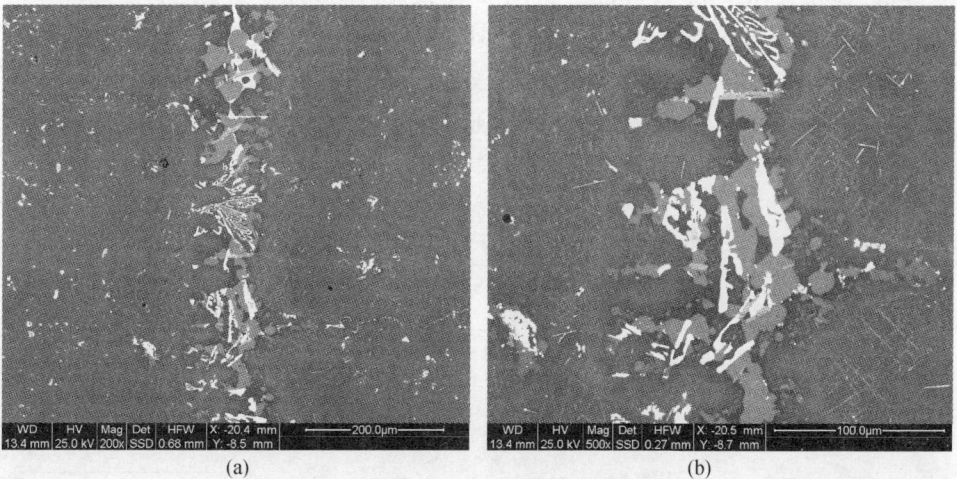

图1-29　Co45NiCrWB 钎料钎焊接头经热处理后的组织
(a) 接头全貌；(b) 钎缝局部放大。

表1-18列出了上述2种钎料钎焊 DZ406 合金接头 980℃持久性能的测试结果,所有试样在钎焊后均按 DZ406 合金的热处理制度进行了固溶时效处理。从表1-18可以看出,采用两种钎料在 1250℃/4h 规范下钎焊 DZ406 合金,并在焊后按母材热处理制度进行固溶时效处理,接头 980℃持久强度可达到母材性能指标的80%,见表1-18中502试样(H1/3B 焊料钎焊)和505试样(Co45NiCrWB 钎料钎焊)的测试结果:两个试样均取母材性能指标的60%(156MPa)开始测试,30h、

60h、90h后应力分别增至母材性能指标的70%（182MPa）、80%（208MPa）、90%（234MPa），两个试样的持久寿命均高于90h，即钎焊接头的持久性能达到母材性能指标的80%，且当应力增至母材性能指标的90%后，两个试样还分别拉伸了2h20min 和 3h25min。

表 1-18　DZ406 合金钎焊接头 980℃ 持久性能测试结果

| 试样号 | 焊料 | 接头间隙 | 持久性能测试结果 | | 说　明 |
|---|---|---|---|---|---|
| | | | 应力/MPa | 寿命/h | |
| 502 | H1/3B | 0.1mm | 156 | 92h20min | 每30h增加应力26MPa |
| 504 | H1/3B | 1mm | 156 | 107h00min | 每30h增加应力26MPa |
| 505 | Co45NiCrWB | 0.1mm | 156 | 93h25min | 每30h增加应力26MPa |
| 506 | Co45NiCrWB | 0.1mm | 156 | 83h45min | 每30h增加应力26MPa |

上述试验结果说明，H1/3B 和 Co45NiCrWB 钎料钎焊 DZ406 合金接头 980℃ 持久强度可达到母材性能指标的80%。从表 1-18 还可以看出，采用 H1/3B 钎料钎焊的大间隙（1mm）接头（表 1-18 中 504 试样）的持久强度也达到了 DZ406 母材性能指标的80%以上。

图 1-30~图 1-32 为钎焊接头持久性能测试试样断口横截面形貌。从图 1-30、图 1-31 可以看出，0.1mm 间隙接头均断于钎缝中脆性化合物相与钎缝基体的界面。从图 1-32 可以看出，大间隙钎焊接头主要断于邻近母材的钎缝中。

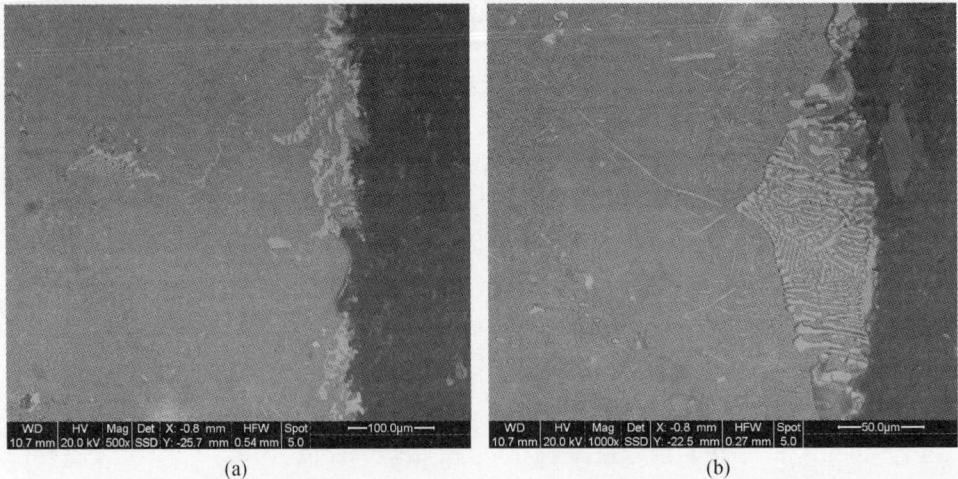

(a)　　　　　　　　　　　　(b)

图 1-30　H1/3B 焊料钎焊接头（表 1-18 中 502 试样）断口横截面组织
（a）部位 1（较低放大倍数）；（b）部位 2（较高放大倍数）。

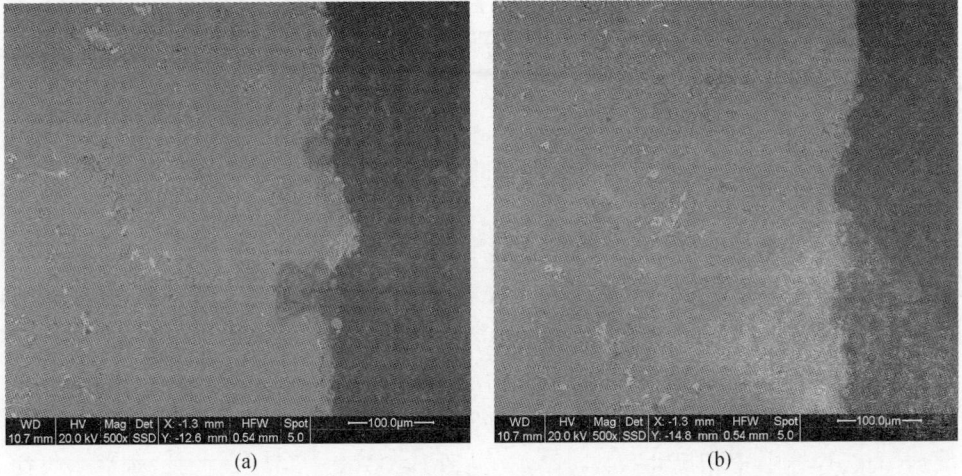

(a)　　　　　　　　　　　(b)

图 1 - 31　Co45NiCrWB 钎料钎焊接头(表 1 - 18 中 505 试样)断口横截面组织
(a) 部位 1;(b) 部位 2。

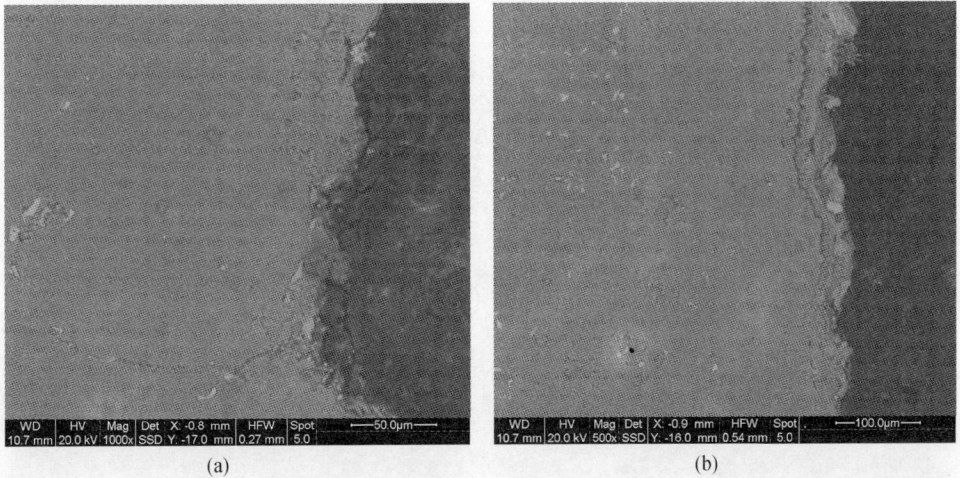

(a)　　　　　　　　　　　(b)

图 1 - 32　H1/3B 焊料钎焊大间隙接头(表 1 - 18 中 504 试样)断口横截面组织
(a) 部位 1;(b) 部位 2。

## 1.4　定向凝固 Ni₃Al 基高温合金的钎焊与 TLP 扩散焊

### 1.4.1　IC6 合金的钎焊与 TLP 扩散焊

IC6 是我国第一种用于航空发动机的金属间化合物 $Ni_3Al$ 基定向凝固高温合

金。该合金成分简单,具有成本低、密度小、强度高等优点,是目前使用温度最高的导向叶片材料之一。该合金被多种先进发动机选用,作为高压涡轮导向叶片材料[1]。

研制了镍基含硼的 Ni – Cr – Mo – B 粉末焊料 I7P,其元素 B 的含量约 3.7%,对 IC6 合金的 TLP 扩散焊和大间隙钎焊进行了试验研究。

1. IC6 合金的 TLP 扩散焊[28 – 31]

为简化问题,配制了简单的 Ni – 20%(原子分数)B 二元合金对 IC6 合金进行了 TLP 扩散焊研究。图 1 – 33 为采用 Ni – 20%(原子分数)B 二元合金在 1220℃ 保温不同时间焊接 IC6 合金获得的接头组织。从中可见,1220℃下保温 4h,等温凝固阶段已经完成,冷却后得到的焊缝中没有残余液相转变得到的共晶,而是由 γ + γ′ 两相组成(图 1 – 33(b))。延长扩散时间,由于中间层合金与母材元素之间的扩散均匀化,焊缝中 γ′相尺寸和数量增加(见图 1 – 33(c)、(d))。此外,焊缝中央往往存在一些比较稳定的化合物相,不容易通过扩散消除。

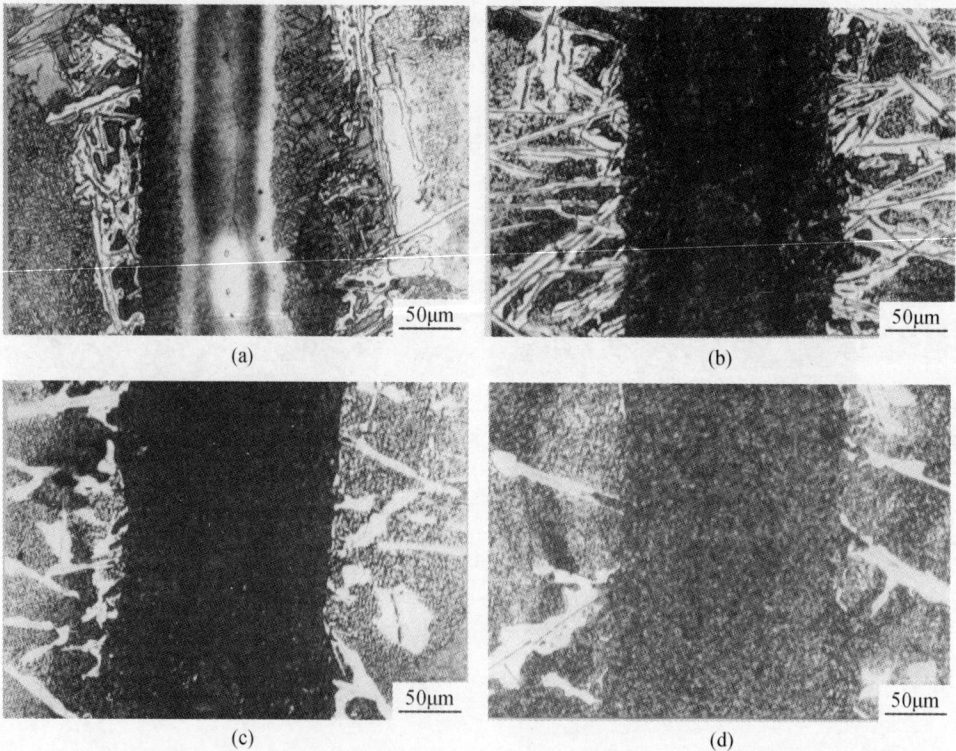

图 1 – 33　Ni – 20%(原子分数)B 二元合金在 1220℃下
保温不同时间 TLP 扩散焊 IC6 合金接头组织
(a) 2h;(b) 4h;(c) 16h;(d) 24h。

同其他高温合金一样,采用含 B 焊料焊接 IC6 合金时,在近缝区也析出了硼化物相,近缝区的硼化物分为两层,靠近焊缝的第一层主要是交叉排列的细针,在其周围没有包膜或包膜很少。离焊缝较远的第二层针或块状硼化物周围包膜区域较大,如图 1-33(a)所示。

透射电镜下近缝区硼化物的形貌及对应选区衍射斑点如图 1-34 所示,可以看到硼化物主要有长针状和块状两种形貌,并且大多数硼化物具有平直晶体学界面。分别对其多个晶带轴的选区衍射斑点进行标定,确定针片及块状化合物均为体心正交结构,点阵常数为 $a = 7.075\text{Å}$, $b = 4.557\text{Å}$, $c = 3.179\text{Å}$,化学式为 $Mo_2NiB_2$。根据硼化物形貌与选区衍射斑点的对应关系,确定出针状硼化物的长边对应(110)面,而四边形块状硼化物的界面分别对应(110)面与$(2\bar{1}1)$面。

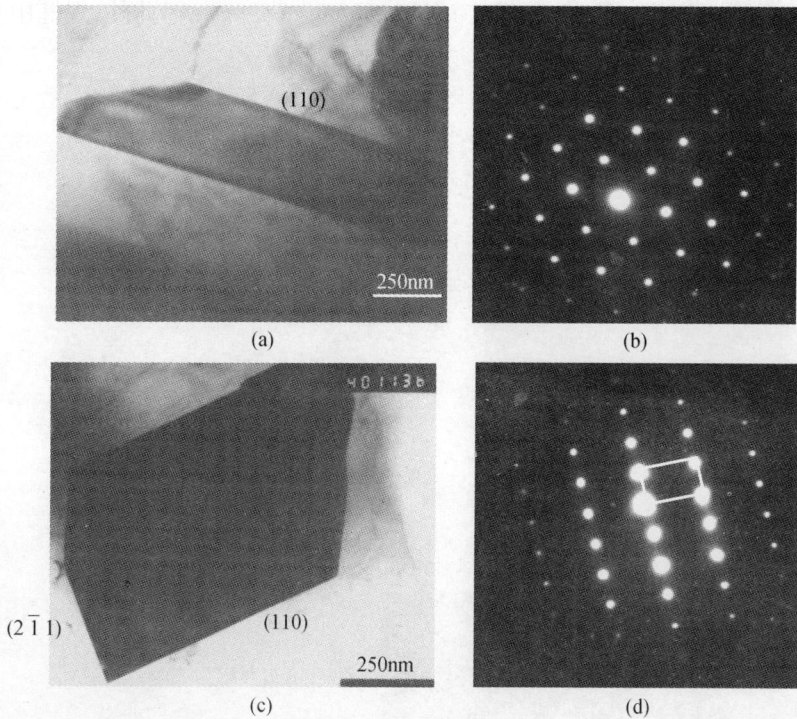

图 1-34 IC6 合金 TLP 扩散焊接头近缝区硼化物的形貌及相应选区衍射斑点
(a) 长针状硼化物及对应衍射斑点,$B = [001]$;(b) 块状硼化物及对应衍射斑点,$B = [1\bar{1}3]$。

针片状硼化物内存在亚结构,如图 1-35 所示,某些片状硼化物中央可以看到中脊存在,有的针片状硼化物中存在{112}孪晶亚结构。孪晶位错运动困难,因此硼化物塑性极低。

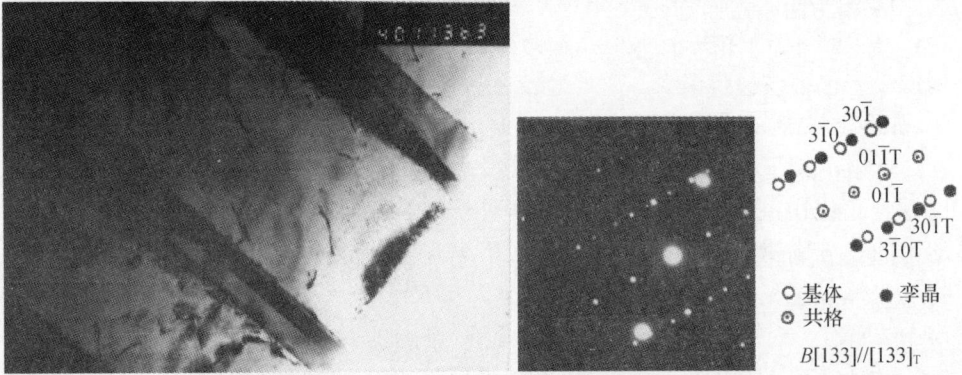

图 1-35 IC6 合金 TLP 扩散焊接头近缝区针片状硼化物中的孪晶及对应选区衍射花样

连接过程中,中间层合金中的元素 B 向母材中扩散。母材由 $\gamma + \gamma'$ 两相组成,由于同一温度下,元素 B 在 $\gamma$ 相中的扩散速度要比在 $\gamma'$ 相中的扩散速度高三个数量级,因此元素 B 优先与母材中的 $\gamma$ 相作用生成硼化物。而且由于硼化物富元素 Mo,几乎不含元素 Al,因此在硼化物周围往往形成 $\gamma'$ 包膜(见图 1-36)。硼化物和基体存在一定的位向关系,标定为 $(2\bar{1}1)_b // (111)_{\gamma'}$,$\langle 1\bar{1}1 \rangle_b // \langle 123 \rangle_{\gamma'}$,如图 1-37 所示。

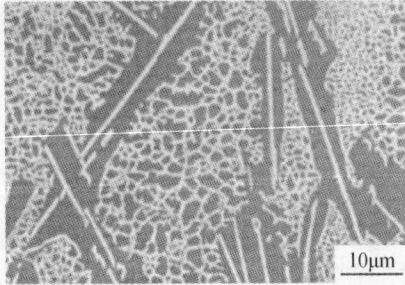

图 1-36 IC6 合金 TLP 扩散焊接头近缝区硼化物及其周围包膜形貌

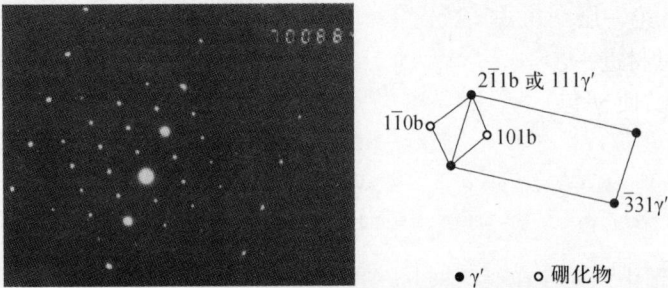

图 1-37 IC6 合金 TLP 扩散焊接头近缝区硼化物与周围基体之间
的位向关系($B_b = \langle 11\bar{1} \rangle$,$B_{\gamma'} = \langle 123 \rangle$)

γ′相为面心立方结构,硼化物相与其成分、结构均不相同。由于新旧相成分不同,因此发生固态相变时必然伴随着传质过程。硼化物的某一晶面和 γ′ 相中与其配合良好的一个晶面平行,这种确定位向关系的存在将使相界面能下降,降低硼化物形核势垒,对硼化物的生长及形态有很大的影响[32]。在浓度梯度的作用下,母材远处的溶质原子(如 Mo 原子)向新相作长程扩散,为新相的不断长大提供了材料,原子长程扩散成为新相生长的重要环节,在多数情况下成为控制新相生长速率的因素。阿朗森指出[32],这类共格或半共格的界面可能不允许原子迅速迁移穿过这些相界面,因为局部的穿越将使匹配良好的界面受到破坏,因而导致这类匹配良好的相界面的移动要通过台阶机制进行。

针片及块状硼化物内都可见明显的台阶,因此硼化物的长大是受到原子长程扩散的台阶机制控制。如图 1-38 所示,当 ab、cd 台阶的侧面 bc、de 向其法线方向移动时,ab、cd、ef 平面上的位错可以沿小箭头所指的方向滑动。结果,整个界面向大箭头所指的方向移动一个台阶厚度,ab 面上的位错移动到了 cd 面上的新位置上,cd 面上的位错移动到了 ef 面上的新位置上,最终结果好像是界面位错在随着界面移动[33]。

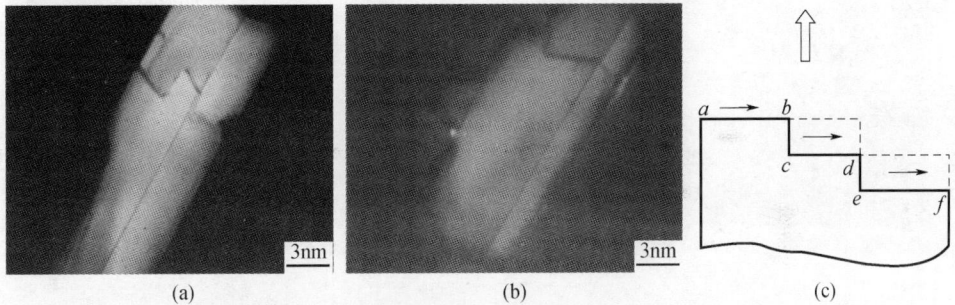

图 1-38 IC6 合金 TLP 扩散焊接头近缝区硼化物内的生长台阶
(a) 针状硼化物内的台阶;(b) 块状硼化物内的台阶;(c) 台阶生长方式示意图。

近缝区第一层硼化物针在连接温度下短时保温就已经形成。保温时间延长,元素 B 向母材进一步扩散,出现第二层硼化物,硼化物聚集长大,周围的溶质原子贫化区增大,使 γ′ 包膜变宽。硼化物周围的包膜起初是相互连通的。随着扩散时间的延长,包膜不再连通,而将硼化物独立地封闭起来,对硼化物的数量增多和继续长大起到"封锁"作用。继续扩散,包膜和硼化物的尺寸将会减小。

IC6 合金 900℃ 的典型拉伸强度为 947MPa,延伸率 4.0%,面缩率 9.9%。采用 Ni-20%(原子分数)B 二元合金和 I7P 中间层合金在不同规范下 TLP 扩散焊 IC6 合金接头 900℃ 拉伸性能测试结果见表 1-19。可以看出,1220℃ 下,在所选的保温扩散时间范围内,接头拉伸强度并未随保温时间延长而不断提高,保温扩散 8h 时接头强度最高,延长保温扩散时间至 16h 和 24h,接头强度反而下降。

表 1 - 19　IC6 合金 TLP 扩散焊接头 900℃拉伸性能测试结果

| 连接规范 | Ni - 20%(原子分数)B 二元合金连接接头性能 | | | I7P 中间层合金连接接头性能 | | |
|---|---|---|---|---|---|---|
| | $\sigma_b$/MPa | $\delta$/% | $\psi$/% | $\sigma_b$/MPa | $\delta$/% | $\psi$/% |
| 1220℃/4h | 227 | 0 | 0 | 342 | 0 | 0 |
| 1220℃/8h | 832 | 1.3 | 7.5 | 765 | 0.7 | 4.9 |
| 1220℃/16h | 483 | 0 | 0 | 576 | 1.5 | 2.0 |
| 1220℃/24h | 378 | 0 | 0 | 700 | 0.7 | 4.9 |
| 1250℃/4h | 567 | 0.4 | 0 | 435,533 | 0.4,0.4 | 0,0 |
| 1250℃/8h | 598 | 0 | 0 | 746 | 0.5 | 0 |
| 1220℃/16h | 924,693 | 1.2,0.8 | 3.4,2.8 | 658,645 | 0.6,0.4 | 0,0 |

保温扩散不同时间对应接头拉伸断口形貌如图 1 - 39 所示。可以看出,断口分为两部分:一部分沿焊缝中的晶界断裂(图 1 - 39 的 A 区);另一部分是沿近缝

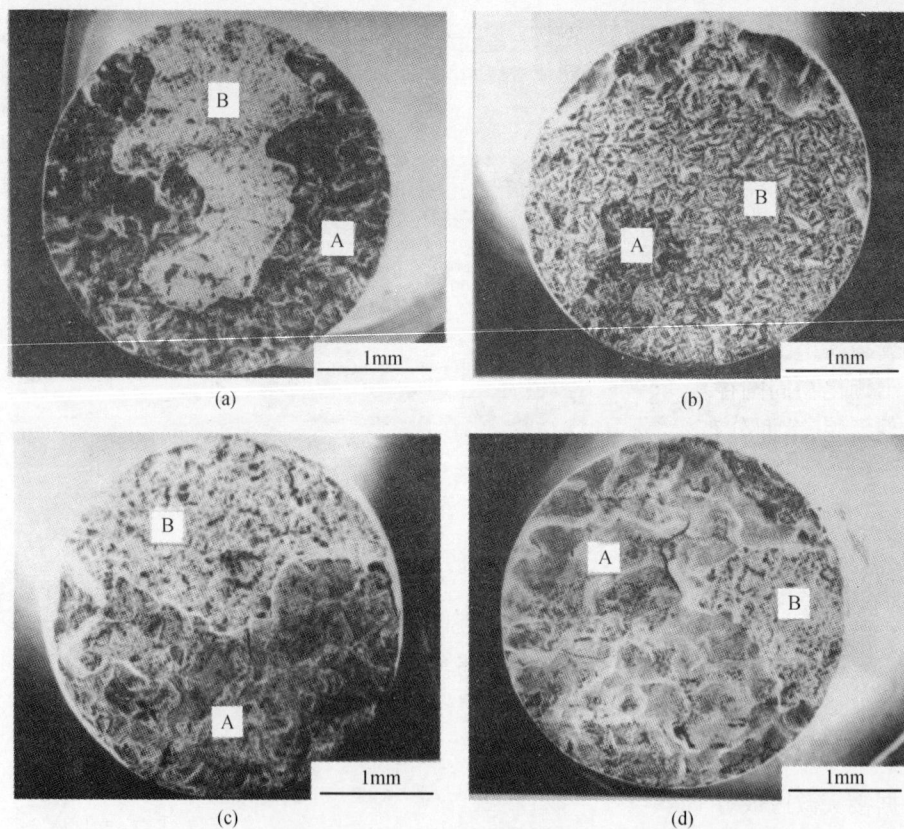

图 1 - 39　Ni - 20%(原子分数)B 二元合金在 1220℃下
保温不同时间 TLP 扩散焊 IC6 合金接头拉伸断口
(a) 4h;(b) 8h;(c) 16h;(d) 24h。

区的硼化物发生断裂(图1-39的B区),两部分不在同一个断裂平面上。

图1-40为拉伸断口上沿焊缝晶界断裂区域的微观形貌。从I7P中间层合金1250℃/4h连接接头上的拉伸断口上可以看到部分晶界上存在不连续的微孔(图1-40(a)),可能是由于晶界上存在一些小颗粒的化合物相,在拉伸应力作用下形成的。而另外一些晶粒则被大块化合物相分离(图1-40(b))。此外,晶界上如果存在低熔点相,在断口上将反应出晶界液化现象,如图1-40(c)所示。

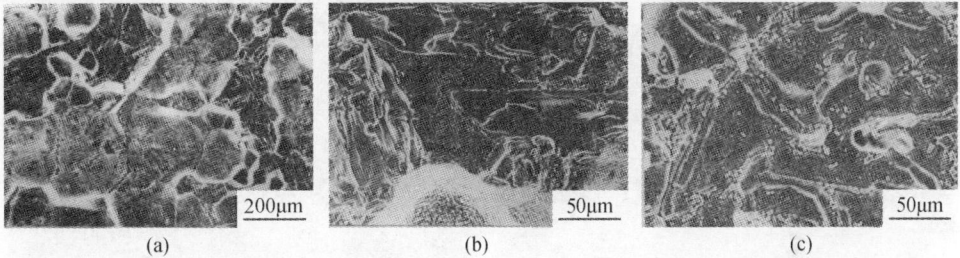

(a)  (b)  (c)

图1-40  IC6合金TLP扩散焊接头拉伸断口上沿焊缝断裂区域的微观形貌
(a)晶界上的微孔(I7P,1250℃/4h);(b)晶界上大块连续的化合物(I7P,1250℃/4h);
(c)晶界低熔点相的液化(Ni-B,1220℃/4h)。

图1-41为沿近缝区硼化物断裂区域的微观形貌。位于近缝区的硼化物由于与周围基体弹塑性性质不同,在拉伸应力作用下,会因为结合力低而从相界面脱开。部分硼化物沿其宽面发生解理,断口上可见很多光滑的剪切小平面,并有撕裂棱分布在小平面和小平面之间。硼化物相的脱开或解理都将形成裂纹。另外可以看出硼化物周围存在着包膜,在拉应力下,有的包膜上有浅韧窝,有的包膜呈现准解理形貌,上面分布有河流花样。在近缝区母材不同高度的平行解理面之间形成了解理台阶,台阶表面通常和硼化物形成的裂纹相连,台阶表面之间的夹角为70.5°,说明台阶表面为基体的{111}面。

从对断口形貌的分析可知,在外加拉伸应力作用下,接头往往沿着焊缝中的晶界和近缝区的硼化物发生断裂,即接头的拉伸性能是由焊缝组织和近缝区组织综合决定的。

为了获得高强度的IC6合金接头,采用I7P粉末中间层合金在IC6合金的固溶处理温度(1260℃)下对IC6合金进行了TLP扩散焊研究。图1-42~图1-44分别为I7P中间层合金在1260℃下保温4h、24h、36h扩散焊IC6合金的接头组织。根据接头微区成分EDS分析结果,1260℃/4h规范TLP扩散焊接头(图1-42)主要由γ固溶体和枝状硼化物相组成。从图1-42(a)可见,近缝区由于I7P中元素Cr、B的扩散渗入以及母材中元素Al向焊缝中扩散,从紧邻焊缝到远离焊缝的母材依次形成深色过渡区(A)、浅色过渡区(B)、棒状及针状相富集区(C)和正常母材四个区域。其中A区是以γ为基的γ+γ′双相组织,B区是在γ+γ′基体上有少

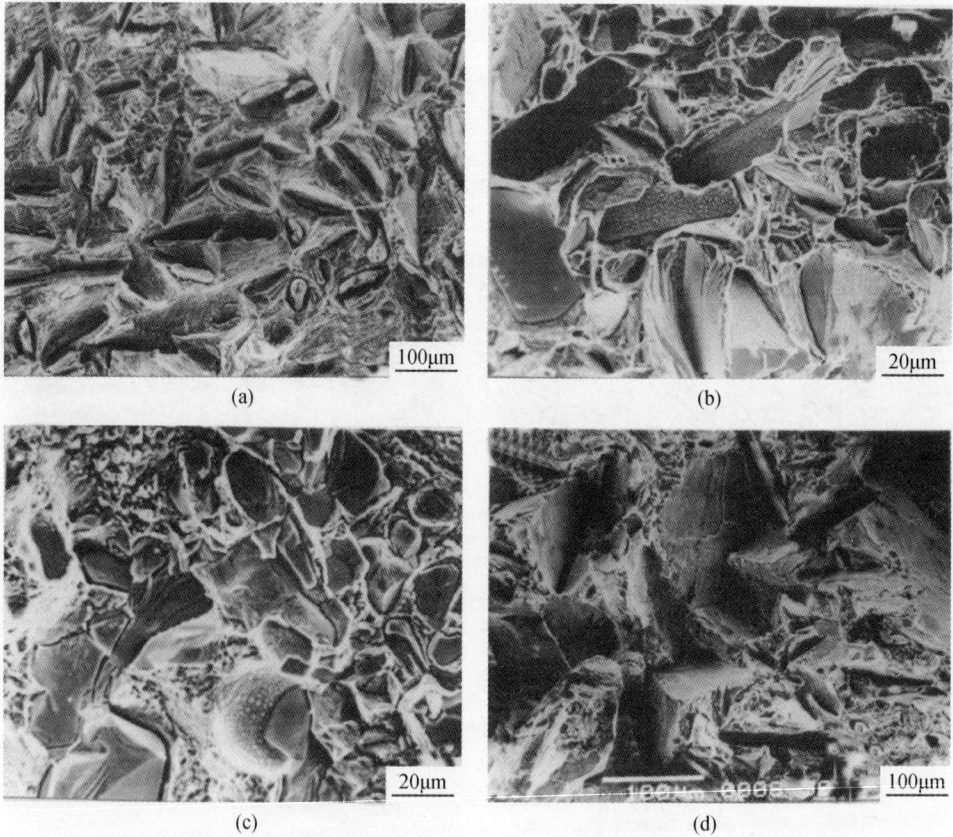

图 1 – 41　IC6 合金 TLP 扩散焊接头拉伸断口沿近缝区硼化物断裂区域的微观形貌

(a) 硼化物在界面处与基体脱开；(b) 硼化物解理小平面；

(c) 硼化物周围的大块 γ′包膜；(d) 解理台阶。

量棒状及针状硼化物相析出，下一个区域(C 区)是 Ni、Mo 硼化物析出相对比较集中的区域。其中近缝区棒状相成分与焊缝中枝状相类似，根据 Ni – Mo 相图、文献[34]以及前面对近缝区硼化物透射电镜的分析结果，可以确定这些棒状相与枝状相为 $Mo_2NiB_2$ 相，而针状相中元素 B 含量较低，有可能为 $(Mo,Ni)_2B$。如前所述，硼化物析出消耗了大量 Mo、Ni，并使其周围区域元素 Al 相对富集，从而在其周边形成黑色 γ′包膜(见图 1 – 42(c))。远离焊缝的母材是以 γ′为基的 γ + γ′组织，局部 γ 相析出不均匀，量相对也小。

经过 24h 保温(图 1 – 43)，由于元素 B 进一步向母材中扩散，使得焊缝中的枝状硼化物相逐渐分解减少，并呈断续分布(图 1 – 43(a))，另焊缝基体成分相对于 1260℃/4h 扩散焊接头焊缝基体元素 Al 含量提高 1.5%，Cr 含量降低 2.7%，表现为细小均匀的以 γ 为基的 γ + γ′双相组织(图 1 – 43(b))。接头近缝区棒状及针

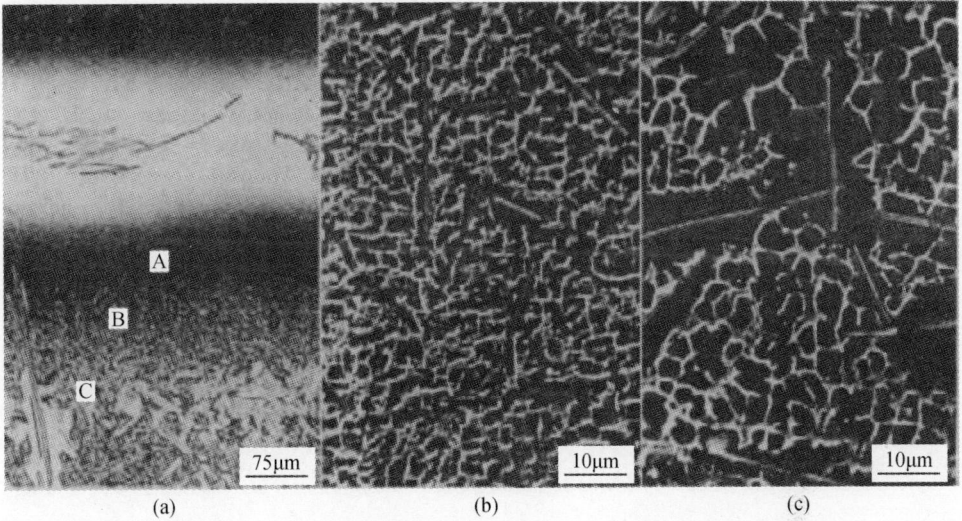

图 1 - 42　I7P 中间层合金 1260℃/4h 扩散焊 IC6 合金接头组织
(a) 接头全貌；(b) 近缝区浅色过渡区(B)；(c) 近缝区析出相富集区(C)。

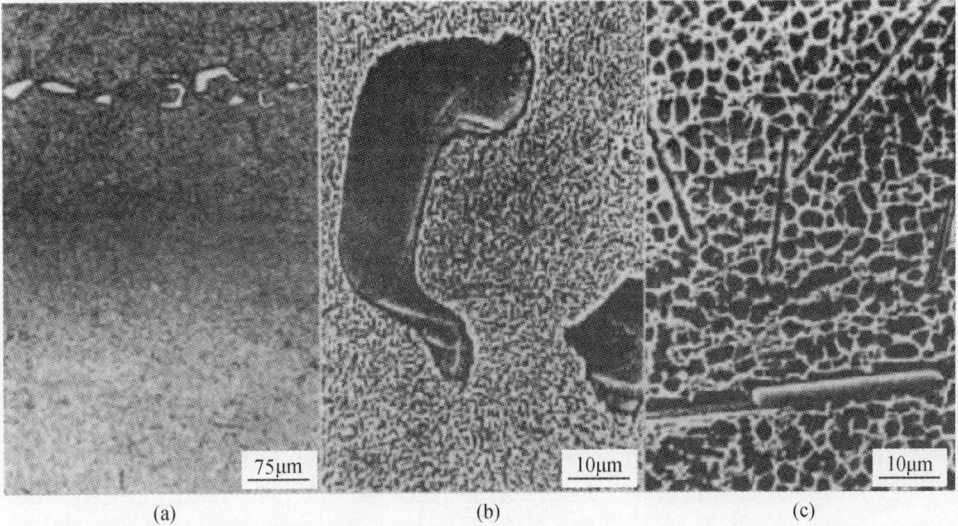

图 1 - 43　I7P 中间层合金 1260℃/24h 扩散焊 IC6 合金接头组织
(a) 接头全貌；(b) 焊缝；(c) 近缝区针状相析出区。

状硼化物相仍然存在，但总量明显减少，分布也更分散。硼化物相周围 γ′ 包膜现象也很少看到。继续延长保温时间至 36h(图 1 - 44)，焊缝及近缝区相组成变化不大，但由于元素扩散进一步进行，焊缝中的元素 Al 含量已由保温 24h 接头的 3.9% 增加到 4.4%，Cr 含量由 3.75% 降至 2.83%，从而使焊缝中 γ′ 相比例有所增

43

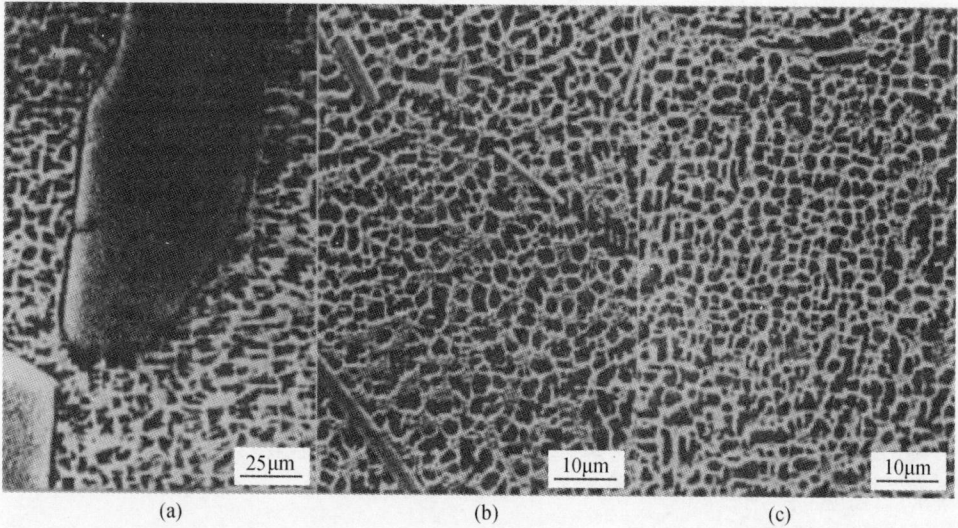

图 1 - 44   I7P 中间层合金 1260℃/36h 扩散焊 IC6 合金接头组织
(a)焊缝;(b)近缝区针状相析出区;(c)正常母材。

加,但仍未达到与母材完全均匀化的程度。

表 1 - 20 列出了 I7P 中间层合金 TLP 扩散焊 IC6 合金接头持久性能测试结果,从中可见:

表 1 - 20   IC6 合金 TLP 扩散焊接头持久性能测试结果

| 扩散焊规范 | 持久性能 | | | 断裂部位 |
|---|---|---|---|---|
| | 温度/℃ | 应力/MPa | 寿命 | |
| 1260℃/24h | 1100 | 50 | 11h10min | 焊缝 |
| 1260℃/24h | 980 | 100 | 1h05min | 焊缝 |
| 1260℃/36h | 980 | 140 | 39h30min | 焊缝 |
| 1260℃/36h | 1100 | 36 | 38h00min | 焊缝 |
| 1260℃/36h | 980 | 100 | 62h35min,213h00min | 焊缝 |
| 1260℃/36h | 900 | 160 | 29h15min | 焊缝 |

(1) I7P 中间层合金在 1260℃/36h 规范下 TLP 扩散焊 IC6 合金接头具有较好的持久性能,可达到母材横向性能水平(980℃/100MPa/100h),但与母材纵向持久性能水平(980℃/200MPa/100h)相差甚远。这主要是因为接头等温凝固时,是以母材连接面为核心进行外延生长的,由于连接面上存在定向凝固柱晶界面以及两配合面晶粒取向的不一致性,因此最终得到的接头也是存在晶界的多晶组织,因此接头性能难以达到母材纵向性能水平。

(2) 延长保温时间可显著提高接头持久性能,如 1260℃/24h 扩散焊接头

44

980℃/100MPa 的持久寿命最高才 1h 左右，而 1260℃/36h 扩散焊接头 980℃/100MPa 的持久寿命最高可达 213h。这主要是由于经长时间保温后，一方面接头组织成分更加均匀，脆性相数量减少，且分布更加离散（比较图 1－42 与图 1－44）；另一方面母材中的强化元素 Al 也扩散进入焊缝中起强化作用，使焊缝由原来 γ 为基的 γ+γ′ 组织转变为 γ′ 为基的 γ+γ′ 双相组织。

对表 1－20 中 1100℃/36MPa/38h 和 900℃/160MPa/29h15min 试样的断口形貌进行了观察，结果表明，在 1100°C/36MPa 下持久断裂发生在焊缝，断口表现为沿晶断，呈典型的"冰糖状"形貌。纵向断口分析表明，裂纹在垂直于应力方向的横向界面形成并扩展，横向裂纹连通导致接头断裂。在横向界面与纵向界面的交汇处，裂纹扩展受到阻挡，会沿纵向界面向焊缝纵深方向扩展。断口形貌及断裂方式如图 1－45 所示。接头在 900°C/160MPa 下与 1100°C/36MPa 下持久断口的形貌有所不同，断裂沿焊缝组织中的晶界及近缝区的硼化物发生，如图 1－46 所示。

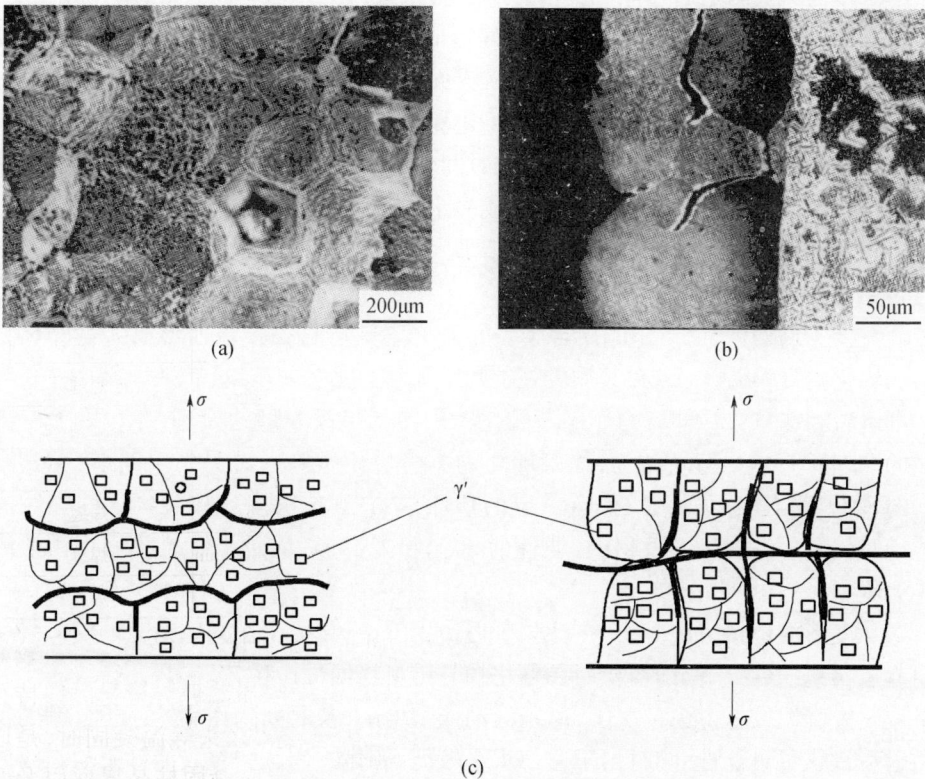

(a)　　　　　　　　　　　　　　　　　(b)

(c)

图 1－45　1100°C/36MPa 下 IC6 合金接头持久断口形貌及裂纹扩展示意图
（a）沿晶断裂；（b）纵向断口形貌；（c）接头沿焊缝晶界持久断裂裂纹扩展示意图。

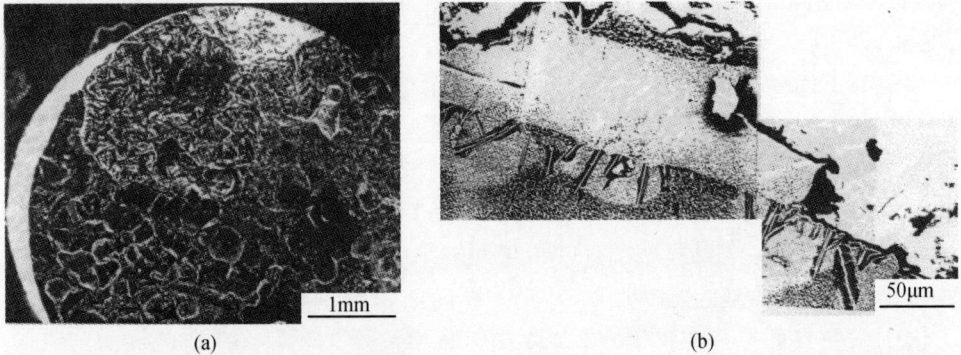

(a)　　　　　　　　　　　　　　　　(b)

图 1 –46　IC6 合金接头在 900°C/160MPa 下接头持久断口形貌
(a) 断口宏观形貌；(b) 断口纵向形貌。

　　分析可知,在高温持久条件下,晶界参与形变,并对总的形变量作出贡献。晶界参与形变的机制是通过晶界的滑移和迁移来进行的。由于晶界滑移和晶内形变不相协调造成应力集中而容易在晶界处形成裂纹[34]。分析 TLP 连接接头的形成过程可知,在连接温度下,焊缝组织是从界面两侧同时向焊缝中央外延生长交汇而形成,在交汇处由于原子排列错乱,不可避免地存在与外加应力方向垂直的横向界面,并且不易通过扩散消除。如果扩散时间较长,仅在焊缝中央形成一个连续横向界面;而扩散时间较短,会在焊缝中形成多个连续的横向界面。此外由于表面张力作用使外延生长的组织胞与胞之间沟槽加大,形成与应力方向平行的纵向界面,成为高温持久条件下裂纹容易萌生的部位。

　　在接头近缝区,由于中间层合金中的 B 元素向母材中扩散而形成大量硼化物相。硼化物富 Mo,贫 Al,在其周围往往形成富 Al 的 $\gamma' - Ni_3Al$ 包膜。从图 1 –47 中可以看到在持久拉伸应力作用下硼化物周围的包膜变形的痕迹,在包膜上有明显的“皱折”形成。分析认为,尽管硼化物本身性质很脆而容易发生断裂,但其周围的 $\gamma'$ 包膜与硼化物相比,具有一定的塑性,一方面能够阻碍硼化物之间裂纹的连通,另一方面,在变形过程中,塑性的 $\gamma'$ 包膜先变形,从而能够缓解硼化物上的应力集中。

　　从变形的位错机制分析,在持久应力作用下,硼化物相作为位错运动的障碍而引起位错塞积,由于位错塞积而在硼化物与母材界面处产生拉应力,使裂纹萌生并扩展。在高温较低应力情况下,原子活动能力增加,长时间的作用给原子移动的扩散过程提供了可能性,同时由于应力水平较低,硼化物周围的包膜能够阻碍裂纹的扩展,因此塞积在硼化物处的位错可以通过原子的扩散攀移到另一滑移面上继续滑移来对变形量做贡献,使位错塞积得以松弛,使得焊缝中的界面成为更薄弱的环节,因此 1100°C/36MPa 下持久断口表现为沿晶断裂形貌。而在 900°C/160MPa

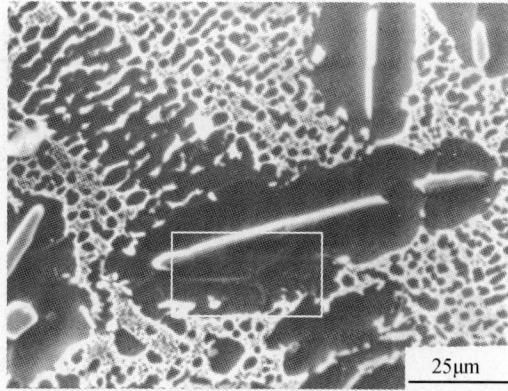

图 1 - 47  硼化物周围 γ′ 包膜的变形

下,由于应力水平高,位错塞积能够产生足够大的拉应力使裂纹穿越包膜而扩展,因此持久断裂的断口表现为沿晶及沿硼化物的断裂。

2. IC6 合金铸造裂纹的补焊——大间隙钎焊工艺研究[35]

在采用 IC6 合金制造整体的导向叶片时,有时会在叶身与缘板转接处出现铸造裂纹,导致叶片报废。为此采用大间隙钎焊工艺对铸造裂纹进行了补焊。即将裂纹完全打磨掉,向打磨沟槽中预填高温合金粉末,再加焊料进行补焊。

图 1 - 48 是采用 I7P 焊料在 1180℃/30min 规范下钎焊的 IC6 合金大间隙接头组织。可见,焊缝由依附于未完全溶解的高温合金粉末颗粒结晶长大的 γ + γ′ 焊缝基体、块状(Mo,W,Cr)B 硼化物相和 γ + Ni₃B 共晶组成(见图 1 - 48(b))。接头中焊缝与母材之间有一过渡区存在,在金相照片(见图 1 - 48(a))上表现为一明显的黑带,其组织为 γ + γ′ 基体上有大量黑色的 $M_3B_2$ 型针状硼化物相析出(见图 1 - 48(c)),这是由于焊缝中元素 B 的扩散渗入造成硼化物相的析出。接头经 20h 扩散处理后,元素 B 进一步向母材中扩散及均匀化,钎缝与母材之间结合良好,除近缝区仍有一些硼化物存在外,钎缝与母材之间无明显过渡区,见图 1 - 49。

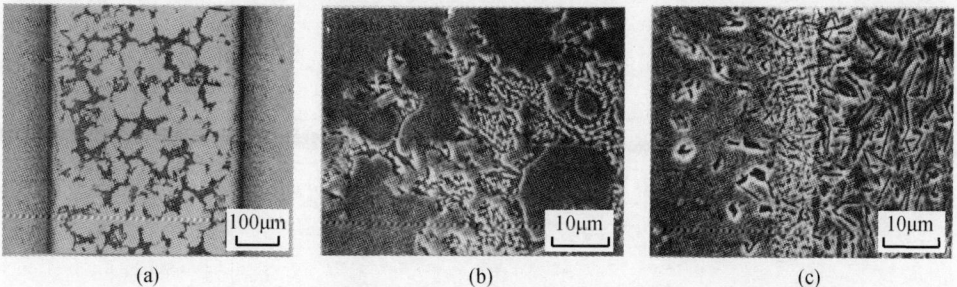

| (a) | (b) | (c) |

图 1 - 48  I7P 焊料 1180℃/30min 规范下钎焊的 IC6 合金大间隙接头组织
(a) 接头全貌;(b) 焊缝放大;(c) 过渡区放大。

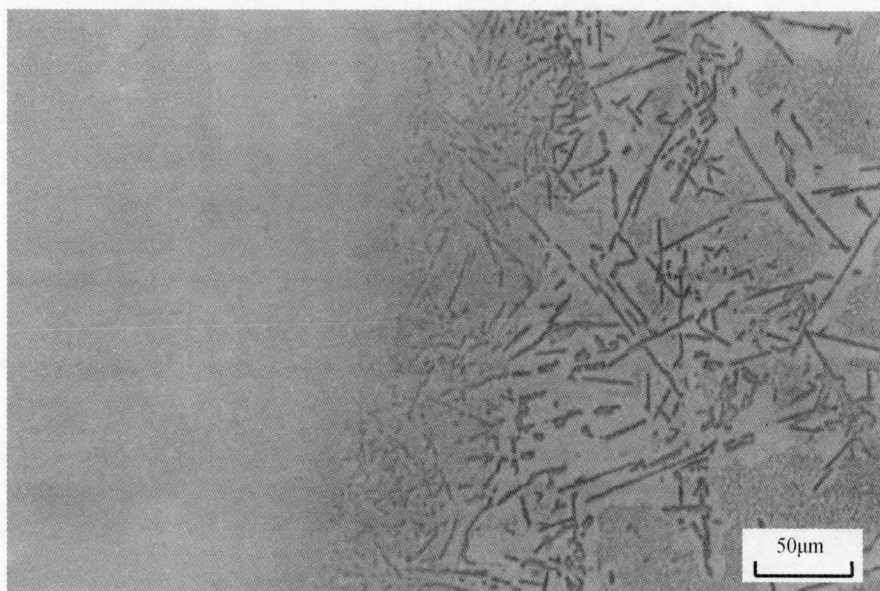

图 1-49 I7P 焊料 1180℃/20h 规范下钎焊的 IC6 合金大间隙接头组织

采用图 1-50 所示型式试样测试了 I7P 焊料补焊 IC6 合金大间隙接头的持久性能,补焊规范为 1190℃/30min + 1145℃/4h + 1170℃/28h。测试结果见表 1-21。可见补焊接头的持久强度超过了 IC6 母材验收标准的 80%,并接近其 90%。

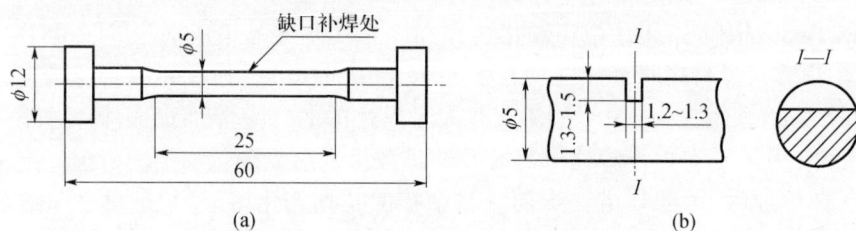

(a)                      (b)

图 1-50   IC6 合金补焊接头持久性能测试试样

(a) 试样型式;(b) 缺口型式。

表 1-21   IC6 合金补焊接头持久性能测试结果

| 试 样 | 持 久 性 能 | | |
|---|---|---|---|
| | 温度/℃ | 应力/MPa | 寿命 |
| IC6 合金补焊接头<br>(见图 1-50) | 980 | 250 | 149h15min,66h45min |
| | 1100 | 72 | 75h50min,41h55min |
| | 1100 | 80 | 40h00min,26h10min |
| IC6 合金验收标准 | 1100 | 90 | ≥30h |

## 1.4.2　IC6A 合金钎焊工艺的探索研究[36]

IC6A 是在 IC6 的基础上发展起来的 $Ni_3Al$ 基定向凝固合金,在保持原合金基本成分不变的前提下,通过添加稀土元素 Y,显著改善合金的高温性能,并使合金的高温持久性能和热疲劳性能得到进一步提高。IC6A 适用于制造 1150℃ 以下工作的燃气涡轮导向叶片和其他高温结构件[1]。

采用自行研制的两种钴基钎料 Co45NiCrWB 和 N300E 对 IC6A 合金进行了真空钎焊试验,结果表明,这两种钎料对 IC6A 合金钎焊工艺性能良好,均可获得致密完整的钎焊接头。图 1 – 51 是 IC6A 合金钎焊接头的组织形貌。从图 1 – 51(a)可见,N300E 钎料钎焊接头的钎缝主要有灰色块状相和枝状相两种化合物相。其中灰色块状相含 C,富 W、Mo(见表 1 – 22),可能为 $M_6C$ 型碳化物相[37],而灰色枝状相不含 C,富 Cr,可能为富 Cr 的 $M_3B_2$ 型硼化物相[37]。经 1180℃ 保温 4h,钎料与母材发生了较强的相互反应,从表 1 – 22 可见钎缝基体从钎料的钴基变为镍 – 钴基。此外由于钎料中降熔元素 B 向母材的扩散渗入,在近缝区析出了一定量的针状硼化物相。

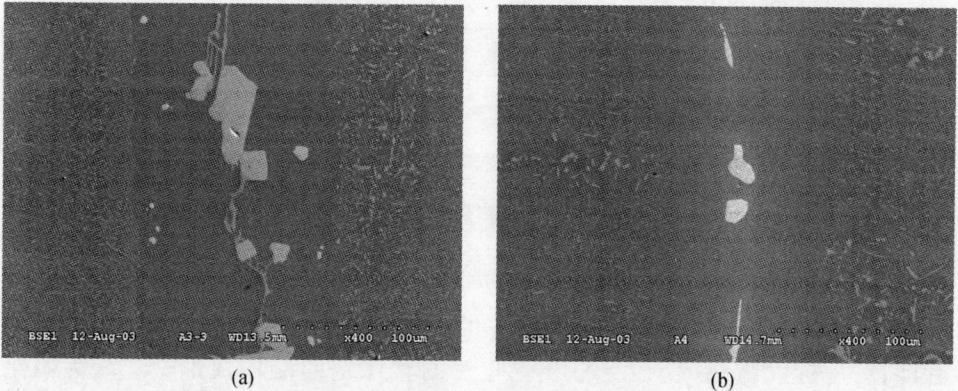

| (a) | (b) |

图 1 – 51　IC6A 合金钎焊接头组织
(a) N300E 钎料,1180℃/4h 钎焊;(b) Co45CrNiWB 钎料,1220℃/4h 钎焊。

表 1 – 22　IC6A 合金钎焊接头成分 EDS 分析结果

| 图号 | 分析部位 | 成分/%(质量分数) | | | | | | | |
|------|----------|------|------|-------|-------|-------|-------|-------|--------|
| | | Al | Si | Cr | Co | Ni | Mo | W | C(定性) |
| 图 1 – 51(a) | 灰色块状相 | — | | 14.51 | 13.79 | 20.57 | 20.77 | 30.35 | 有 |
| | 灰色枝状相 | 0.09 | | 41.49 | 8.77 | 6.56 | 22.90 | 20.18 | 无 |
| | 钎缝基体 | 3.19 | | 11.79 | 26.00 | 52.83 | 2.09 | 4.11 | 无 |
| 图 1 – 51(b) | 白块相 | 0.14 | | 8.02 | 20.59 | 7.77 | 7.32 | 56.17 | 无 |
| | 钎缝基体 | 1.46 | | 14.82 | 30.38 | 39.74 | 4.37 | 9.23 | 无 |

Co45NiCrWB 钎料钎焊接头中化合物数量较 N300E 钎料钎焊接头大大减少，少量白色块状化合物断续分布在钎缝中心(见图 1 – 51(b))。EDS 分析结果(表 1 – 22)表明，钎缝中的白色块状相为富 W 的 $M_3B_2$ 型硼化物相[37]。近缝区的针状硼化物数量与 N300E 钎料钎焊接头相当。

总的来说，两种钎料钎焊接头的微观组织均为含少量 γ′ 相的镍 – 钴基固溶体上分布化合物相，近缝区的母材存在针状硼化物相。其中，N300E 钎料钎焊接头中的化合物数量较多，Co45NiCrWB 钎料钎焊接头中的化合物数量较少。这可能主要是由于温度差别造成的，Co45NiCrWB 钎料的钎焊温度(1220℃)较 N300E 钎料(1180℃)高，高温下保温使元素的扩散更充分，从而使接头中的化合物数量减少，这对接头性能是有利的。

测试了两种钎料钎焊接头在 900℃/160MPa 条件下的持久寿命，结果见表 1 – 23。从中可见，Co45NiCrWB 钎料钎焊接头的持久性能优于 N300E 钎料，Co45NiCrWB 钎料钎焊接头 900℃/160MPa 的持久寿命达 100h 以上，而 N300E 钎料钎焊接头 900℃/160MPa 的持久寿命为 61h～73h。

表 1 – 23　IC6A 合金钎焊接头 900℃/160MPa 的持久寿命测试结果

| 钎料 | 钎焊规范 | 900℃/160MPa 下持久寿命 |
| --- | --- | --- |
| N300E | 1180℃/4h | 61h40min,73h00min |
| Co45NiCrWB | 1220℃/4h | 136h25min,110h15min,142h30min |

### 1.4.3　IC10 合金的钎焊与 TLP 扩散焊

IC10 合金是我国研制的新型定向凝固 $Ni_3Al$ 基涡轮导向叶片用材料，该合金使用温度达到 1100℃，同时具有良好的抗氧化、耐腐蚀性能，以及优异的铸造性能，可进行大缘板、复杂空心导向叶片的整体定向凝固成形[38,39]。为满足 IC10 合金导向叶片的研制要求，对 IC10 合金的钎焊和 TLP 扩散焊工艺进行了试验研究。

1. IC10 与 GH3039 异种高温合金的钎焊工艺研究[40]

采用 IC10 合金制造导向叶片时，有时会涉及 IC10 与 GH3039 异种高温合金的钎焊，同时由于叶片钎焊面可能为铸造面，无法保证均匀一致的钎焊间隙，为此采用 Co50NiCrWB 钎料在 1180℃/30min 规范下对 IC10 与 GH3039 高温合金的真空钎焊(钎焊接头间隙 0.1mm)及大间隙(0.5mm，间隙中预填高温合金粉末)钎焊工艺进行了研究。

图 1 – 52 为 GH3039 + IC10 钎焊接头(间隙 0.1mm)的组织。从中可见，在钎焊缝的固溶体基体与 GH3039 母材之间已无明显的界限，在钎焊缝的固溶体基体(图 1 – 52 中的 1、2)上骨骼状硼化物相(图 1 – 52 中 3)呈连续分布。此外，还有

少量的小黑块相(图 1 - 52 中的 4)。图 1 - 52 中各相成分的能谱(EDS)分析结果
见表 1 - 24。从中可以看出,靠近两种母材的钎焊缝基体(图 1 - 52 中的 1、2),其
成分大致相同,均是以 Ni 为基的固溶体。呈连续分布的骨骼状灰色相(图 1 - 52
中的 3)则是富 Cr 的硼化物相。小黑块相(图 1 - 52 中的 4)主要含 Ti 和 N,可能
为氮化钛。

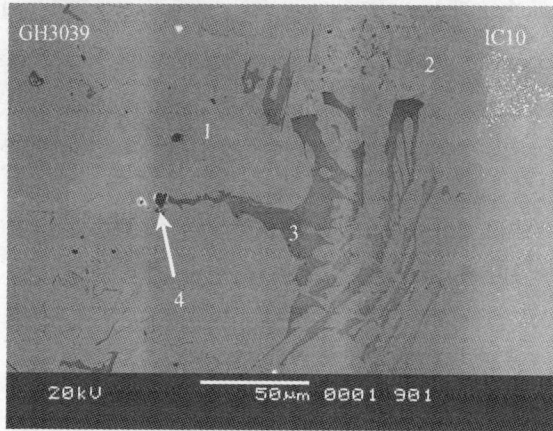

图 1 - 52　GH3039 + IC10 钎焊接头组织

表 1 - 24　图 1 - 52 中各相成分的 EDS 分析结果　%(质量分数)

| 分析部位 | Al | Ti | Cr | Fe | Co | Ni | Nb | Mo | W | N |
|---|---|---|---|---|---|---|---|---|---|---|
| 1 焊缝基体(GH3039 侧) | 0.42 | 0.19 | 20.53 | 0.62 | 13.21 | 58.69 | 0.62 | 1.67 | 4.04 | — |
| 2 焊缝基体(IC10 侧) | 0.41 | 0.24 | 19.38 | 0.46 | 11.12 | 62.11 | 1.36 | 1.75 | 3.16 | — |
| 3 灰色相 | — | — | 69.24 | — | 4.01 | 4.81 | — | 10.09 | 11.85 | — |
| 4 黑块相 | — | 67.83 | 6.94 | — | — | 3.15 | 9.14 | — | — | 12.94 |

图 1 - 53 为 GH3039 + IC10 大间隙钎焊接头的组织。与 0.1mm 间隙钎焊接头
一样,在钎焊缝与 GH3039 母材之间也无明显的界限,高温合金粉颗粒间的焊缝为
固溶体基体上分布大量的骨骼状硼化物相。这些骨骼状的硼化物相分为白色骨骼
相(图 1 - 53 中的 1)和灰色骨骼相(图 1 - 53 中的 4)两种,此外在焊缝中还有一
些灰色块状硼化物(图 1 - 53 中的 3)。表 1 - 25 列出了图 1 - 53 中各相成分的
EDS 分析结果,可见,白色骨骼相(1)为富 W 的硼化物相,而灰色骨骼相(4)与灰
块相(3)成分相同,为富 Cr 的硼化物相。此外,高温合金粉颗粒间的焊缝基体(图
1 - 53 中的 2)为 Ni - Co 基的固溶体。上述试验结果表明,GH3039 + IC10 大间隙
钎焊接头组织的组成较 0.1mm 间隙钎焊接头更复杂,同时虽然钎料与高温合金粉
之间的作用界面面积更大,但二者之间的作用较钎料与 GH3039 及 IC10 合金之间
的作用小,在相同的钎焊规范下,0.1mm 间隙钎焊接头中的焊缝基体是以 Ni 为

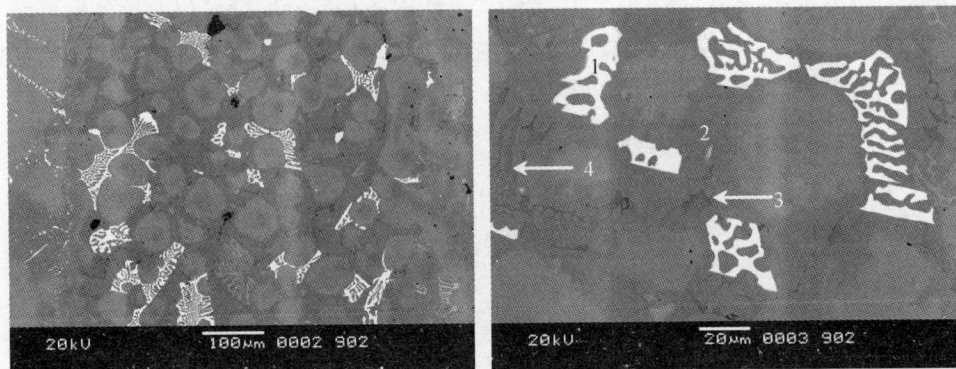

图 1-53 GH3039+IC10 大间隙钎焊接头的组织

基,而大间隙钎焊接头中高温合金粉颗粒间的焊缝基体则为 Ni-Co 基的固溶体。

表 1-25 图 1-53 中各相成分的 EDS 分析结果 %(质量分数)

| 分析部位 | Ti | Cr | Co | Ni | Mo | W | Nb |
|---|---|---|---|---|---|---|---|
| 1 白色骨骼相 | 0.23 | 15.83 | 22.85 | 11.72 | 5.26 | 44.11 | — |
| 2 粉颗粒间的焊缝基体 | 0.52 | 14.81 | 35.94 | 43.12 | — | 3.26 | 2.36 |
| 3 灰块相 | — | 65.52 | 11.72 | 4.10 | 2.51 | 16.15 | |
| 4 灰色骨骼相 | — | 66.27 | 12.51 | 4.36 | 2.30 | 14.57 | |

测试了 GH3039+IC10 钎焊接头 900℃的拉伸性能和持久性能,结果见表 1-26 和表 1-27。从表 1-26 可以看出,0.1mm 间隙和大间隙的 GH3039+IC10 钎焊接头 900℃的拉伸强度均超过 GH3039 母材的性能指标要求(即 161MPa),且除一个试样(903#)断裂在钎焊接头外,其他试样都断裂在 GH3039 母材上(见图 1-54(a))。从表 1-27 可以看出,在 900℃/40MPa 条件下,0.1mm 间隙和大间隙的 GH3039+IC10 钎焊接头的持久寿命均远远超过 100h,且断裂全部发生在 GH3039 母材上(见图 1-54(b))。表 1-26、表 1-27 的测试结果说明,0.1mm 间隙和大间隙的 GH3039+IC10 钎焊接头在 900℃的拉伸强度和持久强度均超过了 GH3039 母材。

表 1-26 GH3039+IC10 钎焊接头 900℃的拉伸性能测试结果

| 试样号 | 间隙/mm | $\sigma_b$/MPa | $\delta_5$/% | 断裂部位 |
|---|---|---|---|---|
| 901 | 0.1 | 185 | 31 | GH3039 |
| 902 | 0.1 | 173 | 21 | GH3039 |
| 903 | 0.1 | 180 | 4.7 | 钎焊缝 |
| 907 | 0.5 | 169 | 58 | GH3039 |
| 908 | 0.5 | 178 | 55 | GH3039 |

表 1-27　GH3039＋IC10 钎焊接头 900℃ 的持久性能测试结果

| 试样号 | 间隙/mm | 应力/MPa | 寿命 | 断裂部位 |
|---|---|---|---|---|
| 904 | 0.1 | 40 | 178h25min | GH3039 |
| 905 | 0.1 | 40 | 159h50min | GH3039 |
| 906 | 0.1 | 40 | 199h45min | GH3039 |
| 909 | 0.5 | 40 | 214h10min | GH3039 |
| 910 | 0.5 | 40 | 215h30min | GH3039 |

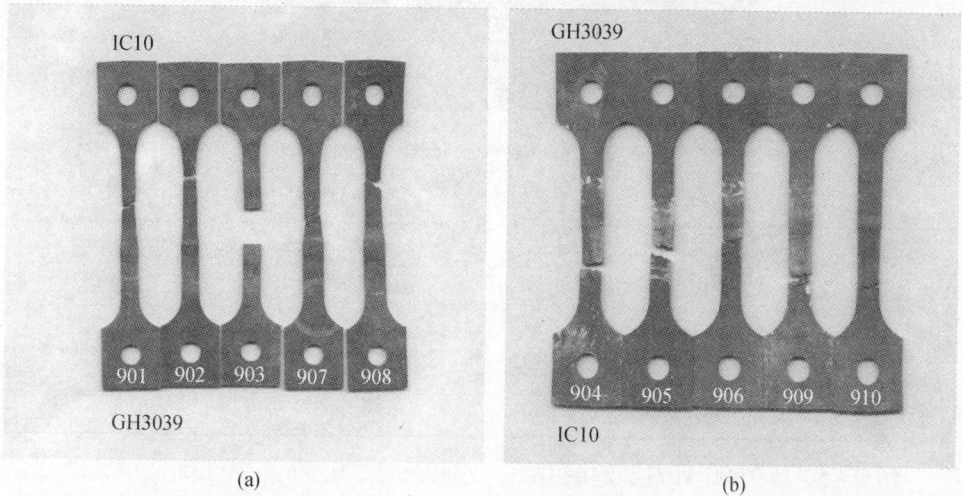

(a)　　　　　　　　　　　　　　(b)

图 1-54　断裂后的 GH3039＋IC10 钎焊接头性能试样
(a) 高温拉伸试样；(b) 高温持久试样。

## 2. IC10 合金钎焊工艺研究

采用多种钎料对 IC10 合金进行了钎焊试验,其中钴基钎料 N300、N300E、Co45NiCrWB 以及一种含有 Nb、Co、W、Cr、Al、Mo、Ti、Si、B 等元素的镍基活性钎料[41,42]取得了较好的效果。

图 1-55 为 N300 钎料钎焊 IC10 合金接头的组织,可见,钎缝组织为 γ 固溶体基体(图 1-55 中的 4)上分布着不同形状的白色(图 1-55 中的 1)、浅灰色(图 1-55 中的 2)、深灰色(图 1-55 中的 3)化合物相。各相成分的能谱(EDS)分析结果见表 1-28。从中可见,钎焊缝基体(图 1-55 中的 4)是以 Ni-Co 为基的固溶体,从母材扩散进入钎缝中的元素 Al、Nb 主要固溶在 Ni-Co 基固溶体,同时,固溶体基体中元素 Si 的含量也较高。白色相(图 1-55 中的 1)富 Ta、Hf,可能为 MC 型碳化物,并且从表 1-28 中可看出,由母材扩散进入钎缝的 Ta、Hf 元素基本上全部进入白色化合物相。浅灰色相(图 1-55 中的 2)为硅化物,而深灰色相(图 1-55 中的 3)则为富 Cr 的硼化物。

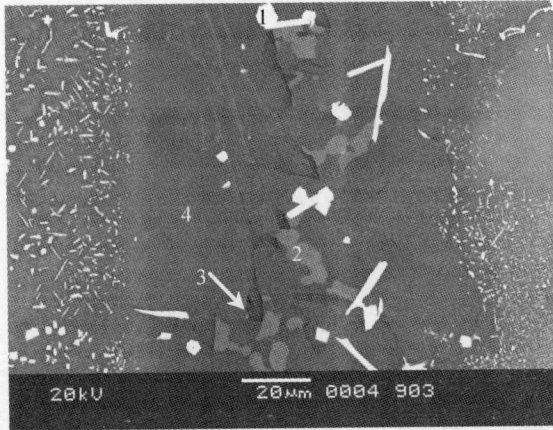

图 1 - 55　N300 钎料钎焊 IC10 合金接头组织

表 1 - 28　图 1 - 55 中各相成分的 EDS 分析结果

| 分析部位 | 百分比 | Al | Si | Cr | Fe | Co | Ni | Nb | Mo | W | Hf | Ta |
|---|---|---|---|---|---|---|---|---|---|---|---|---|
| 1 白块相 | %(质量分数) | — | — | 2.41 | — | 1.63 | 1.99 | — | — | — | 17.81 | 76.16 |
| 2 浅灰块相 | %(质量分数) | 0.99 | 2.03 | 7.87 | — | 42.38 | 46.36 | — | 0.36 | — | — | — |
| 3 深灰块相 | %(质量分数) | — | — | 63.57 | — | 15.78 | 4.42 | — | 2.31 | 13.75 | — | — |
| 4 焊缝基体 | %(质量分数) | 2.62 | 2.94 | 8.28 | 0.39 | 34.72 | 49.00 | 9.14 | — | 2.06 | — | — |

　　图 1 - 56 是 N300 钎料钎焊的 IC10 合金大间隙(0.5mm,接头间隙中预填高温合金粉末)接头的组织。表 1 - 29 为图 1 - 56 中各相成分的 EDS 分析结果。从中可以看出,高温合金粉颗粒与钎料之间发生了较强烈的反应,粉末颗粒间隙的钎缝基体(图 1 - 56(b)中的 2)已由钴基变为镍基,高温合金粉末颗粒中的 Al、Ti、Nb、

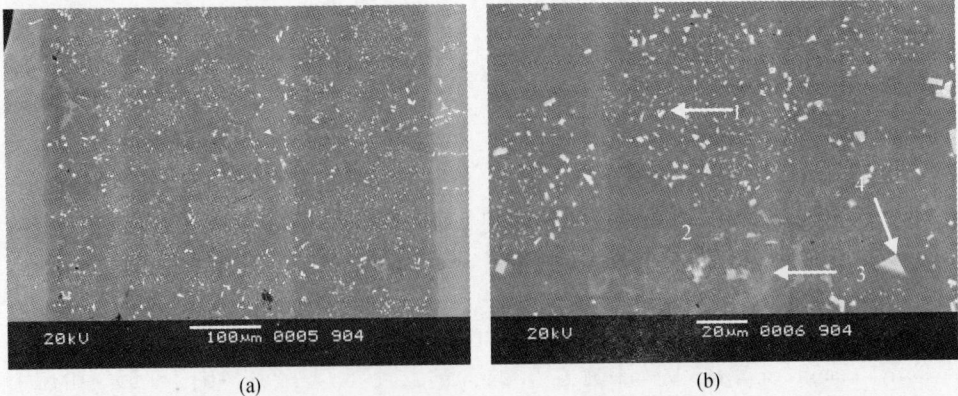

(a)

(b)

图 1 - 56　N300 钎料钎焊 IC10 合金大间隙接头的组织

(a) 接头全貌；(b) 钎缝局部放大。

Mo、Ta 等元素扩散进入钎缝并溶入钎缝的固溶体基体中,同时由于钎料中 B 元素向高温合金粉末颗粒中的扩散渗入,在整个粉末颗粒上均匀析出了细小的白色富 W、Mo 并含 Cr、Nb 的硼化物相(图 1-56(b)中的 1)。在钎缝固溶体基体上分布着两种成分不同的硼化物相,一种是富 Cr、Nb 并含 W、Mo 的灰色相(图 1-56(b)中的 3),另一种是与粉末颗粒上细小白块相成分类似的富 W、Mo 并含 Cr、Nb 的硼化物相(图 1-56(b)中的 4)。

表 1-29 图 1-56(b)中各相成分的 EDS 分析结果

| 分析部位 | 百分比 | Al | Ti | Cr | Co | Ni | Nb | Mo | W | Ta |
|---|---|---|---|---|---|---|---|---|---|---|
| 1 粉颗粒中白块相① | % | 0.86 | 1.37 | 20.70 | 5.84 | 24.07 | 7.33 | 19.30 | 20.53 | — |
| 2 焊缝基体 | % | 2.74 | 1.30 | 13.81 | 13.71 | 59.71 | 2.09 | 1.78 | 3.63 | 1.03 |
| 3 焊缝中灰色相 | % | — | 1.73 | 45.81 | 2.29 | 2.18 | 26.89 | 13.28 | 7.82 | |
| 4 焊缝中白块相 | % | — | 0.92 | 21.50 | 2.79 | 6.52 | 10.26 | 28.74 | 29.28 | — |
| ① 由于该白块相非常细小,成分分析结果可能含有部分粉颗粒基体的成分 | | | | | | | | | | |

测试了 N300 钎料钎焊 IC10 合金接头 900℃的拉伸性能和持久性能,结果见表 1-30 和表 1-31,测试时断裂均发生在钎焊接头。从表 1-30 可以看出,N300 钎料钎焊的 IC10 合金接头,900℃的拉伸强度达 460MPa 以上,大间隙钎焊接头的拉伸强度则达到 510MPa 以上。而对于持久性能,则是 0.1mm 间隙接头优于大间隙接头,前者 900℃/100h 持久强度最高可达 160MPa 以上(表 1-31 中的 915 试样、017 试样);大间隙钎焊接头 900℃/160MPa 下寿命只有 75h(表 1-31 中的 920 试样),其 900℃/100h 持久强度在 120MPa 以上(表 1-31 中的 919 试样)。

表 1-30 N300 钎料钎焊 IC10 合金接头 900℃拉伸性能测试结果

| 试样号 | 接头间隙/mm | $\sigma_b$/MPa | $\delta_5$/% |
|---|---|---|---|
| 911 | 0.1 | 506 | 1.5 |
| 912 | 0.1 | 464 | 1.0 |
| 913 | 0.1 | 495 | — |
| 917 | 0.5 | 510 | 1.5 |
| 918 | 0.5 | 536 | 3.5 |

表 1-31 N300 钎料钎焊 IC10 合金接头 900℃持久性能测试结果

| 试样号 | 接头间隙/mm | 试验应力/MPa | 持续时间 | 备 注 |
|---|---|---|---|---|
| 914 | 0.1 | 80 | 440h00min | 289h 应力增至 100MPa,431h 应力增至 160MPa |
| 915 | 0.1 | 160 | 202h00min | 200h 应力增至 200MPa |
| 017 | 0.1 | 160 | 101h20min | 100h 应力增至 200MPa |
| 919 | 0.5 | 120 | 200h00min | 145.5h 应力增至 140MPa |
| 920 | 0.5 | 160 | 75h00min | |

图 1-57 为 N300E 钎料钎焊 IC10 合金接头的组织,从中可见,钎缝中脆性化合物相数量也较多,并呈连续分布。表 1-32 列出了该接头钎缝(图 1-57)中各微区化学成分的 EDS 分析结果。

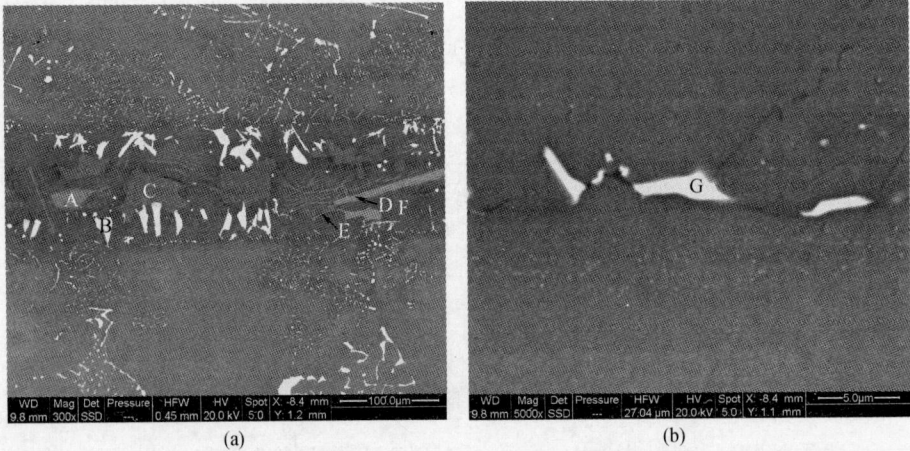

(a)　　　　　　　　　　　　　　　　(b)

图 1-57　N300E 钎料钎焊 IC10 合金接头的组织

(a)接头整体形貌;(b)钎缝 γ 固溶体基体晶界处局部放大。

表 1-32　N300E 钎料钎焊 IC10 合金钎缝(图 1-57)中
各微区成分的 EDS 分析结果

| 分析位置 | 元素含量 | | | | | | |
|---|---|---|---|---|---|---|---|
| | Al | Cr | Co | Ni | Mo | Ta | W |
| A—浅灰色块状相① | — | 57.65 | 9.22 | 2.10 | 0.95 | — | 30.08 |
| B—白色条块相 | | 9.32 | 22.18 | 6.02 | 1.69 | 3.39 | 57.40 |
| C—灰色大块 | 0.25 | 22.66 | 45.59 | 22.74 | 0.53 | 2.74 | 5.48 |
| D—浅灰色长条相 | 0.19 | 54.73 | 8.13 | 2.07 | 1.40 | — | 33.47 |
| E—灰色骨架状相① | — | 59.06 | 10.64 | 2.76 | 1.05 | — | 26.49 |
| F—钎缝基体 | 1.86 | 18.56 | 40.07 | 31.45 | 0.31 | 0.88 | 6.87 |
| G—γ 固溶体基晶界处的白块相 | 0.22 | 5.90 | 18.61 | 10.30 | 4.80 | 9.32 | 50.86 |
| ①的相中含元素 B,EDS 分析结果为(参考数据):A 相中元素 B 含量 14.78%(质量分数);E 相中元素 B 含量 19.89%(质量分数) | | | | | | | |

根据表 1-32 数据,并结合文献[37],N300E 钎料钎焊 IC10 合金,其接头的钎缝(图 1-57)中可能的相组成如下:

A 和 E:浅灰色块状相(A)和灰色骨架状相(E)成分大致相当,元素 B 含量较高,为(Cr,W)$_3$B$_2$ 硼化物,其中含少量的 Co 和 Ni。

B:白色条块状相(B)为(W,Co)$_6$C 碳化物,其中含有一定量的 Cr、Ni 和少量的 Ta、Mo。

C 区与 F 区:为成分不同的 Co – Ni 基 γ 固溶体,即为钎缝的基体。其中在钎缝中央的 C 区元素 Al、Ni 含量低于靠近母材的 F 区。

D:浅灰色长条相未测到元素 B 的存在,为 $(Cr,W)_{23}C_6$ 碳化物,其中还含有少量的 Co、Ni 和 Mo。

另外从图 1 – 57(a)可见钎料中元素 B、C 向近缝区母材的扩散渗入很明显,在近缝区析出了大量的形态各异的化合物相。

表 1 – 33 列出了 N300E 钎料钎焊 IC10 合金接头高温持久性能的测试结果。可见,N300E 钎料钎焊接头的高温持久性能与 N300 钎料钎焊接头基本相当,接头 900℃/100h 的持久强度约 160MPa。另外 N300E 钎料钎焊接头 980℃/124MPa 的持久寿命为 15h(097 试样)。

表 1 – 33　N300E 钎料钎焊 IC10 合金接头的持久性能测试结果

| 试样号 | 测试温度/℃ | 应力/MPa | 持久寿命 | 说　明 |
|---|---|---|---|---|
| 022 | 900 | 160 | 87h30min | |
| 068 | 900 | 160 | 87h10min | |
| 069 | 900 | 160 | 74h10min | |
| 070 | 900 | 160 | 105h30min | 100h 应力增至 200MPa |
| 097 | 980 | 124 | 15h05min | |

图 1 – 58 为表 1 – 33 中 022 试样断口横截面的形貌,可见断裂主要发生在钎缝/基体界面处(图 1 – 58(a))和钎缝基体中(图 1 – 58(b))。

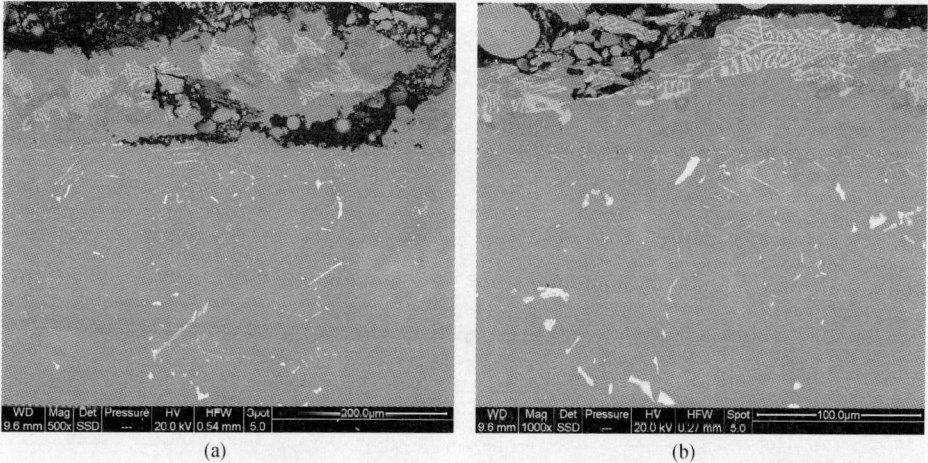

(a)　　　　　　　　　　　　　(b)

图 1 – 58　N300E 钎料钎焊持久试样(表 1 – 33 中 022 试样)断口横截面形貌
(a)断于钎缝/基体界面;(b)断于钎缝基体。

图 1 - 59 为 Co45NiCrWB 钎料钎焊 IC10 合金接头的组织,从中可见,钎缝中脆性化合物相数量也较多,并呈连续分布。表 1 - 34 列出了钎缝(图 1 - 59(b))中各微区化学成分的 EDS 分析结果。

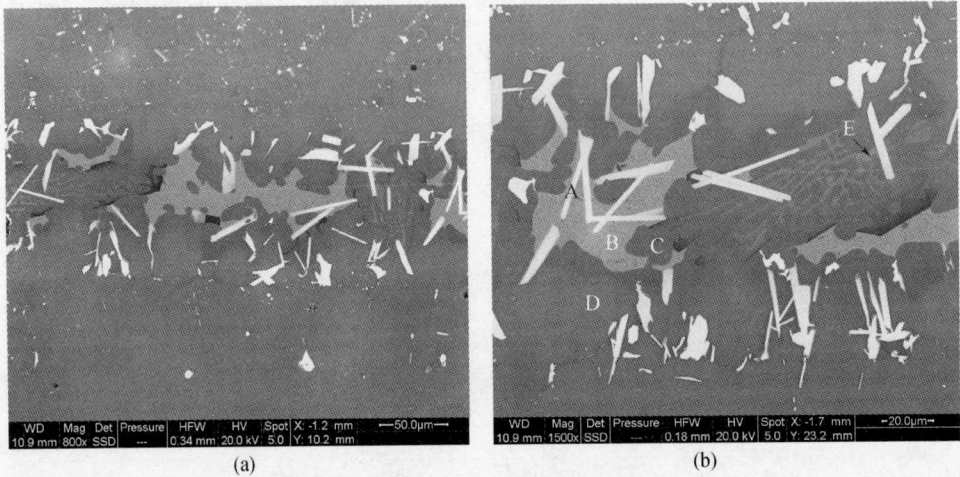

(a)　　　　　　　　　　(b)

图 1 - 59　Co45NiCrWB 钎料钎焊 IC10 合金接头的组织
(a) 接头整体形貌;(b) 钎缝局部放大。

根据表 1 - 34 数据,并结合参考文献[37,43],采用 N300C 钎料钎焊 IC10 合金,其钎缝(图 1 - 59(b))中可能的相组成如下:

A:白色条块状相(A)为 $M_6C$ 型碳化物,其中 M 主要为 W、Co,还含有一定量的 Ni、Cr、Ta 和 Mo。

B 区为双相组织,在浅灰色的基体上分布着深灰色的网状相,应为 $Ni_5Hf$ - $\gamma$ 固溶体共晶。

E:浅灰色骨架状相(E)为 $M_{23}(C,B)_6$ 型碳硼复合化合物,其中 M 主要为 Cr,还有一定量的 W、Co、Ni 和少量的 Mo。

钎缝的基体也分为颜色深浅不同的两个区域 C 和 D,为 Ni - Co 基 $\gamma$ 固溶体。

表 1 - 34　图 1 - 59(b)中各微区成分的 EDS 分析结果

| 分析位置 | 元素含量 | | | | | | | |
|---|---|---|---|---|---|---|---|---|
| | Al | Cr | Co | Ni | Mo | Hf | Ta | W |
| A—白色条块相 | — | 8.03 | 18.63 | 8.53 | 3.48 | 0.59 | 8.31 | 52.43 |
| B—双相区 | 0.69 | 8.13 | 30.02 | 38.25 | 0.48 | 10.56 | 10.09 | 1.79 |
| C—深灰色钎缝基体 | 1.99 | 13.53 | 35.75 | 40.06 | 0.51 | — | 4.03 | 4.13 |
| D—浅灰色钎缝基体 | 2.39 | 15.44 | 33.23 | 37.13 | 0.40 | | 2.13 | 9.28 |
| E—浅灰色骨架状相 | 0.18 | 52.61 | 12.57 | 7.02 | 2.64 | | 0.32 | 24.65 |

从表 1-34 数据还可以看出,在钎焊过程中,母材溶解进入钎缝,钎缝基体已变成 Ni-Co 基。比较表 1-32 与表 1-34 钎缝基体的 Co、Ni 含量可以看出,Co45NiCrWB 钎料对母材的溶解程度大于 N300E 钎料,前者钎缝基体中 Ni 含量已高于 Co 含量,而 N300E 钎料钎焊缝的基体中则是 Co 含量高。这可能是因为 Co45NiCrWB 钎料所采用的钎焊温度高。

表 1-35 列出了 Co45NiCrWB 钎料钎焊 IC10 合金接头高温持久性能的测试结果。可见,Co45NiCrWB 钎料钎焊 IC10 合金,接头 900℃/100h 的持久强度达 160MPa 以上(表 1-35 中 001、002、038、044 试样);980℃/100h 的持久强度达 80MPa(表 1-35 中 039 试样),并接近 96MPa(表 1-35 中 045 试样);980℃/124MPa 条件下,接头的持久寿命为 90h(表 1-35 中 098 试样),1100℃下,应力取母材横向性能指标的 80%(32MPa)时,接头的持久寿命为 14h20min(表 1-35 中 030 试样)。

表 1-35  N300C 钎料钎焊 IC10 合金接头的持久性能测试结果

| 试样号 | 测试温度/℃ | 应力/MPa | 持久寿命 | 说　明 |
| --- | --- | --- | --- | --- |
| 001 | 900 | 160 | 580h25min | 550h 应力增至 200MPa |
| 002 | 900 | 160 | 137h30min | |
| 038 | 900 | 160 | 133h50min | 100h 应力增至 200MPa |
| 044 | 900 | 160 | 132h25min | 100h 应力增至 200MPa |
| 029 | 980 | 80 | 87h25min | |
| 039 | 980 | 80 | 138h40min | 100h 应力增至 96MPa |
| 045 | 980 | 80 | 192h25min | 100h 应力增至 96MPa |
| 098 | 980 | 124 | 90h05min | |
| 030 | 1100 | 32 | 14h20min | |

图 1-60 为表 1-35 中 001 试样断口横截面的形貌,可见断裂基本发生在钎缝基体/脆性化合物的界面处。

图 1-61 为镍基活性钎料钎焊 IC10 合金接头的组织,从中可见,在钎缝中心,脆性化合物相也呈连续分布。表 1-36 列出了图 1-61 中各微区化学成分的 EDS 分析结果。根据表 1-36 数据,并结合文献[21,37],图 1-61 所示钎缝中可能的相组成如下:

A:白色骨架状相(A)为(W,Mo,Nb,Cr)$_3$B$_2$ 硼化物,该 M$_3$B$_2$ 型硼化物中含有少量的 Ni、Co 和 Ta。

B:灰色块状相(B)为(Ni,Nb,Co)$_3$Si 硅化物,该硅化物中含有少量的 Hf、Mo、Ta 和 Cr。

C:白色条状相(C)为 M$_6$C 型碳化物,其中的 M 主要是 W 和 Ni,还有一定量的 Nb、Cr、Co、Mo 和 Ta。

D:为两相区,深灰色的点状相分布在浅灰色的条块状基体上,其中深灰色的点状相可能为 $Ni_3Si$ 型硅化物,而浅灰色的条块状基体则可能为碳硅复合化合物。

E:与 D 区浅灰色的条块状基体一样,可能为碳硅复合化合物。

钎缝的基体分为明暗不同的两个区域 F 和 G,都含有较多 Al,为 $\gamma + \gamma'$ 双相组织。

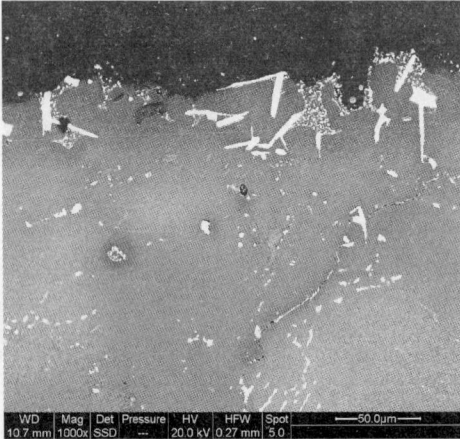

图 1-60  N300C 钎料钎焊持久试样
(表 1-35 中 001 试样)断口横截面形貌

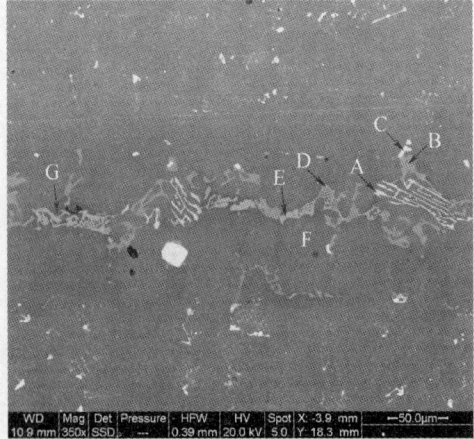

图 1-61  镍基活性钎料钎焊
IC10 合金接头的组织

表 1-36  图 1-61 中各微区成分的 EDS 分析结果

| 分析位置 | 元素含量 | | | | | | | | | | |
|---|---|---|---|---|---|---|---|---|---|---|---|
| | Al | Si | Ti | Cr | Co | Ni | Nb | Mo | Hf | Ta | W |
| A—白色骨架状相[①] | 0.14 | — | 0.31 | 14.54 | 3.16 | 6.22 | 15.12 | 15.64 | — | 2.79 | 42.07 |
| B—灰色块状相 | 0.81 | 11.84 | 0.53 | 1.09 | 8.17 | 44.94 | 25.28 | 1.38 | 3.21 | 2.75 | — |
| C—白色条状相 | 0.68 | 1.95 | — | 4.58 | 4.84 | 18.25 | 12.29 | 7.47 | — | 3.73 | 46.22 |
| D—深灰、浅灰双相区 | 0.38 | 3.03 | 0.41 | 2.10 | 11.43 | 46.47 | 22.84 | 0.52 | 8.28 | 4.53 | — |
| E—浅灰条状相 | 0.37 | 1.99 | 0.58 | 1.79 | 10.57 | 44.70 | 20.51 | 0.96 | 11.88 | 6.64 | — |
| F—灰色焊缝基体 | 5.38 | — | 0.26 | 7.78 | 10.91 | 58.03 | 3.28 | 1.64 | — | 3.60 | 9.12 |
| G—暗色焊缝基体 | 3.11 | 1.82 | 0.70 | 15.11 | 15.59 | 58.35 | 3.84 | 0.72 | — | — | 0.77 |

① 相 A 中含元素 B,EDS 分析为 31.85%(质量分数)(参考数据)

此外,在钎焊过程中,发生了一定程度的固态母材向液态钎缝中的溶解,从母材溶解进入钎缝中的元素 Hf 基本进入硅化物与碳化物中,而元素 Ta 则部分进入钎缝中的各种化合物中,部分进入距各种化合物较远的钎缝基体(图 1-61 中的 F 区)中。

表 1-37 为镍基活性钎料钎焊接头高温持久性能测试结果,可见,接头

60

900℃/100h 的持久强度超过了 200MPa，并接近 240MPa（表 1 - 37 中 040 试样、046 试样）；980℃/100h 持久强度达到 80MPa（表 1 - 37 中 031 试样、041 试样、047 试样）；980℃/124MPa 条件下，接头的持久寿命为 15h50min（表 1 - 37 中 0100 试样）；1100℃/32MPa 下接头的持久寿命为 15.5h（表 1 - 37 中 032 试样）。图 1 - 62 为表 1 - 37 中 003 试样断口横截面的形貌，从中可见，接头断裂于钎缝中脆性化合物相/钎缝基体界面，在钎缝基体中的晶界部位，也发生了开裂，说明这些区域为钎焊接头的薄弱部位，而钎缝基体具有较高的强度。

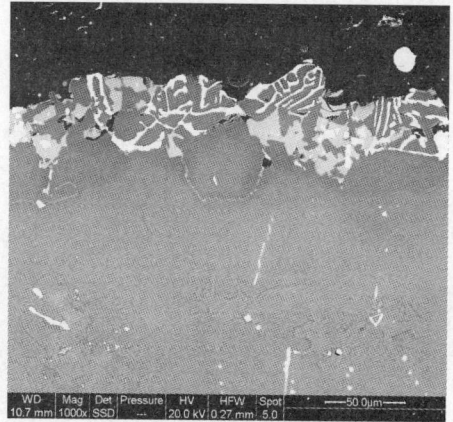

图 1 - 62　镍基活性钎料钎焊持久试样
（表 1 - 37 中 003 试样）断口横截面形貌

表 1 - 37　镍基活性钎料钎焊 IC10 合金接头的持久性能测试结果

| 试样号 | 温度/℃ | 应力/MPa | 寿命 | 说明 |
|---|---|---|---|---|
| 003 | 900 | 160 | 554h20min | 550h 应力增至 200MPa |
| 004 | 900 | 160 | 598h45min | 550h 应力增至 200MPa |
| 040 | 900 | 160 | 297h10min | 100h、200h 应力分别增至 200MPa 与 240MPa |
| 046 | 900 | 160 | 269h05min | 100h、200h 应力分别增至 200MPa 与 240MPa |
| 031 | 980 | 80 | 138h30min | 100h 应力增至 96MPa |
| 041 | 980 | 80 | 143h05min | 100h 应力增至 96MPa |
| 047 | 980 | 80 | 128h30min | 100h 应力增至 96MPa |
| 0100 | 980 | 124 | 15h50min | |
| 032 | 1100 | 32 | 15h30min | |

3. 含 Hf、Zr 钎料及其用于 IC10 合金钎焊的探索研究[44 - 48]

为了研制以 Hf、Zr 作为降熔元素的镍基钎料，首先研究了 Ni - Hf、Ni - Zr 的共晶点。由于理论状态下的二元合金是在极慢的凝固速度下测得的平衡状态下的组织成分，而实际熔炼过程中由于凝固速度不同，造成合金的实际共晶点与理论值有较大偏差。由二元合金相图可知，Ni - Hf 的理论共晶成分为 Ni - 28%（质量分数）Hf，Ni - Zr 理论共晶成分为 Ni 13%（质量分数）Zr。按照表 1 - 38 配制了一系列 Ni - Hf、Ni - Zr 二元合金，并利用差热仪测量其熔化温度区间。图 1 - 63 为采用电弧熔炼方法制备的 6 种二元合金（配制成分见表 1 - 38）的微观组织。根据 EDS 分析，图 1 - 63 中相（1）成分为 83.19% Ni - 16.81% Hf（原子分数），为 $Ni_5Hf$ 相，黑色圆点状相(2)成分为纯 Ni,相(3)成分为 89.06% Ni - 10.94% Zr(原子分数),为 Ni₅ Zr 相。由此可见,表 1 - 38 中的 H1、H2、Z3 均为过共晶合金,Z1 为亚共晶合金,而 H3、Z2 则为共晶合金。从钎料组织和实际测得的熔化温度数据(表1 - 38)看,在采用电弧熔炼小纽扣锭的熔炼条件下,Ni - Hf 二元合金的共晶成分为 Ni - 24% Hf (质量分数),Ni - Zr 二元合金的共晶成分为 Ni - 16% Zr(质量分数)。

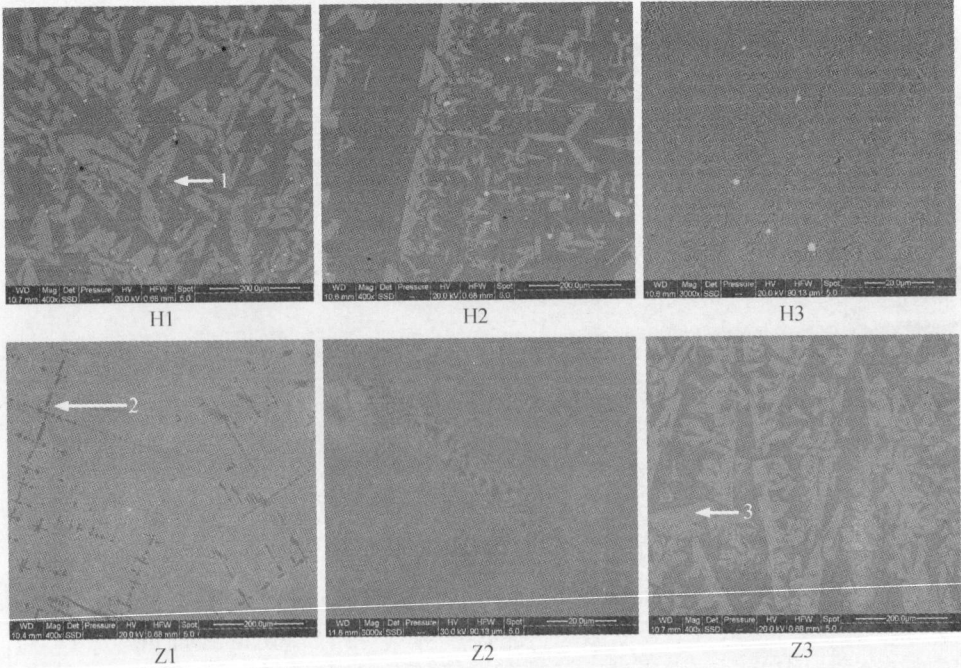

图 1 - 63  电弧熔炼的 Ni - Hf、Ni - Zr 二元合金组扣锭的微观组织

表 1 - 38  配制的 Ni - Hf、Ni - Zr 二元合金的成分及熔化温度区间

| 编号 | 成分/%(质量分数) | | | 熔化温度/℃ | |
|---|---|---|---|---|---|
| | Hf | Zr | Ni | $T_s$ | $T_l$ |
| H1 | 30 | — | 余 | 1183.3 | 1211 |
| H2 | 27 | — | 余 | 1181.7 | 1209 |
| H3 | 24 | — | 余 | 1181.5 | 1191 |
| Z1 | — | 14 | 余 | 1192.7 | 1209 |
| Z2 | — | 16 | 余 | 1192.7 | 1210 |
| Z3 | — | 18 | 余 | 1191.5 | 1203.5 |

以上述研究结果为基础,加上一定量强化元素 Cr、Co、Mo,采用正交设计方法配制了三种分别以 Hf、Zr 及 Hf + Zr 做降熔元素的钎料,其成分、熔化温度、钎料硬

度和 1270℃/10min 在 IC10 母材上的铺展面积见表 1-39,图 1-64 为三种钎料的微观组织。从图 1-64 及钎料的熔化温度可以看出,H4、Z4 为共晶合金,证明 Cr、Co、Mo 的加入并未改变合金的共晶特性。HZ1 中的灰色大块相(图 1-64(c)中的4)成分为(原子分数(%)):$1.94Cr-6.91Co-70.10Ni-6.48Zr-14.56Hf$,分析该相为 $Ni_5(Hf,Zr)$ 相,HZ1 为过共晶合金。从表 1-39 以看出,钎料硬度 H4 < HZ1 < Z4,证明 Hf 降低钎料硬度的能力比 Zr 强,这有利于钎料的制备成形。同样,Hf 对 IC10 母材的润湿铺展能力也要强于 Zr,但含 Zr 钎料的固相线及液相线温度要比含 Hf 钎料低很多。Z4 的固相线温度 $T_s$ 比 H4 低 20℃,液相线温度 $T_l$ 低 15℃。从二元相图上看,$Ni-Ni_5Zr$ 共晶温度为 1170℃,而 $Ni-Ni_5Hf$ 共晶温度为 1190℃,这种 $Ni_5M(Hf、Zr)$ 相在高温合金凝固过程中为低熔点相,并且 Zr 形成 $Ni_5Zr$ 的能力比 Hf 更强,因此 Zr 能够更好地降低钎料熔化温度区间。在含 Hf 钎料中加入一定量的 Zr 以降低熔化温度区间,这对钎料的实际应用具有一定意义。此外,Hf 的价格要远高于 Zr,加入适量的 Zr 且在不显著降低钎料性能的前提下,从而使 Hf 的含量减少以降低成本节约资源,这也是研究 Hf + Zr 联合降熔钎料的目的所在。

表 1-39　三种钎料的化学成分、熔化温度、硬度及铺展面积

| 钎料代号 | 化学成分/%(质量分数) | | | | | | 熔化温度/℃ | | 钎料硬度 /(kg/mm²) | 铺展面积 /mm² |
| --- | --- | --- | --- | --- | --- | --- | --- | --- | --- | --- |
| | Cr | Co | Mo | Hf | Zr | Ni | $T_s$ | $T_l$ | | |
| H4 | 8 | 8 | 4 | 24 | — | 余 | 1233 | 1240 | 385 | 128 |
| Z4 | 8 | 8 | 4 | — | 16 | 余 | 1213 | 1225 | 454 | 104 |
| HZ1 | 8 | 8 | 4 | 22.5 | 5 | 余 | 1228 | 1236 | 406 | 108 |

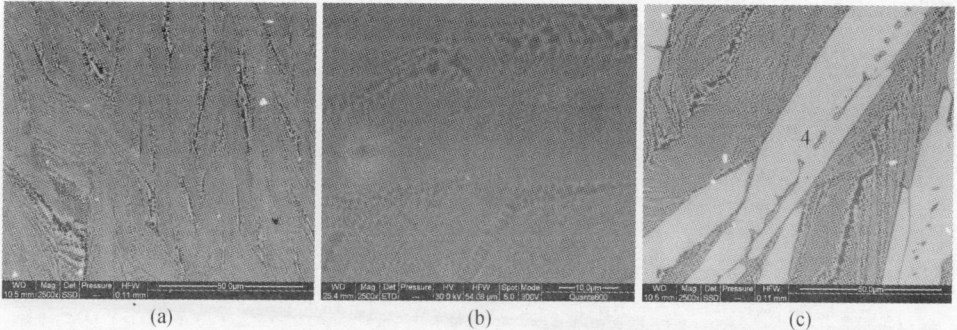

图 1-64　三种钎料的微观组织
(a) H4;(b) Z4;(c) HZ1。

表 1-40 是 1250℃/10min 规范下三种钎料钎焊接头的 900℃拉伸强度。还采用三根相同形式的试样测量 IC10 合金 900℃的拉伸强度,结果为 748MPa、761MPa

和 751MPa,平均值为 753MPa。以 753MPa 作为基值计算,三种钎料接头的 900℃ 拉伸强度均达到了母材的 80% 以上(具体见表 1－40)。由表 1－40 可见,三种钎料钎焊接头的 900℃ 抗拉强度数据中,HZ1 钎料钎焊的接头性能最好,达到了母材同样指标的 90% 以上;H4 略低,接头强度接近母材的 90%;Z4 最低,接头强度接近母材的 80%。Ni－Hf 钎料中加入适量的 Zr 后钎焊接头的高温拉伸性能有所提升,分析原因可能是适当 Zr 的加入降低了钎料的熔化温度区间,使得在钎焊温度下熔化状态下的钎料中的元素能够更充分与母材反应并扩散,从而提高了接头性能。

表 1－40　三种钎料钎焊接头 900℃ 拉伸强度测试结果

| 钎料 | H4 | Z4 | HZ1 |
|---|---|---|---|
| 900℃拉伸强度/MPa | 666 | 591 | 698 |
| 与母材相比 | 88.4% | 78.4% | 92.7% |

以 IC10 合金的成分为基,以元素 Zr 作为降熔元素,配制钎料对 IC10 合金进行了钎焊试验研究。图 1－65 是该含 Zr 钎料在 1270℃ 下分别保温 5min、2h 以及 1240℃ 保温 2h 的钎缝照片。可以看出,焊缝组织主要有花团状的 $\gamma + \gamma'$ 共晶和灰色相。EDS 分析灰色相的成分为(原子分数(%)):66.25Ni－2.57Al－1.75Cr－10.98Co－1.43Ta－17.02Zr,该相应为 $Ni_5Zr$。从图 1－65 还可以看出,保温时间增长时,焊缝中的低熔点相 $Ni_5Zr$ 并没有减少,反而开始变多,焊缝宽度增大。Zr 由于原子半径较大,保温过程中在母材中的扩散速度很慢,并且熔化状态的 $Ni_5Zr$ 还会诱发周围的 $\gamma + \gamma'$ 共晶熔化,使母材更多地溶解到焊缝中,从而使焊缝宽度增加。在图 1－65(b)可以清晰看到 $\gamma + \gamma'$ 共晶边缘有一溶蚀层。比较图 1－65(b)与图 1－65(c)可以发现,降低连接温度,$Ni_5Zr$ 数量减少,$\gamma + \gamma'$ 共晶边缘的溶蚀层也相对没有那么明显。

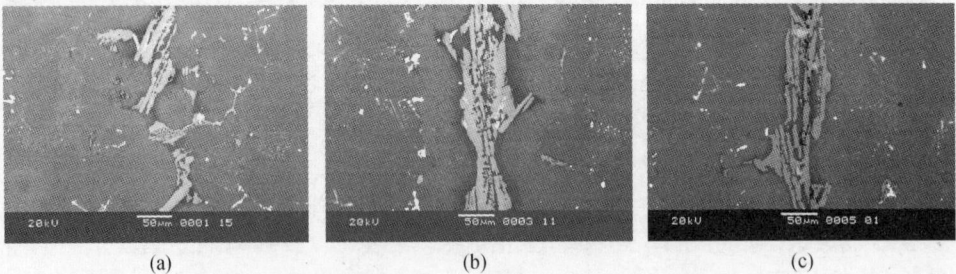

图 1－65　含 Zr 钎料钎焊 IC10 合金接头的组织
(a) 1270℃/5min; (b) 1270℃/2h; (c) 1240℃/2h。

图 1－66 为在含 Zr 钎料钎焊 IC10 合金接头的光学照片。由于 Zr 是一种强 $\gamma'$ 相形成元素,它的加入能够促进形成 $\gamma + \gamma'$ 共晶,同图 1－65 一样,焊缝的两侧是 $\gamma + \gamma'$ 共晶,中央则为 $\gamma + Ni_5Zr$ 共晶及少量的 $Ni_5Zr$ 化合物。焊缝两侧的 $\gamma + \gamma'$ 相形

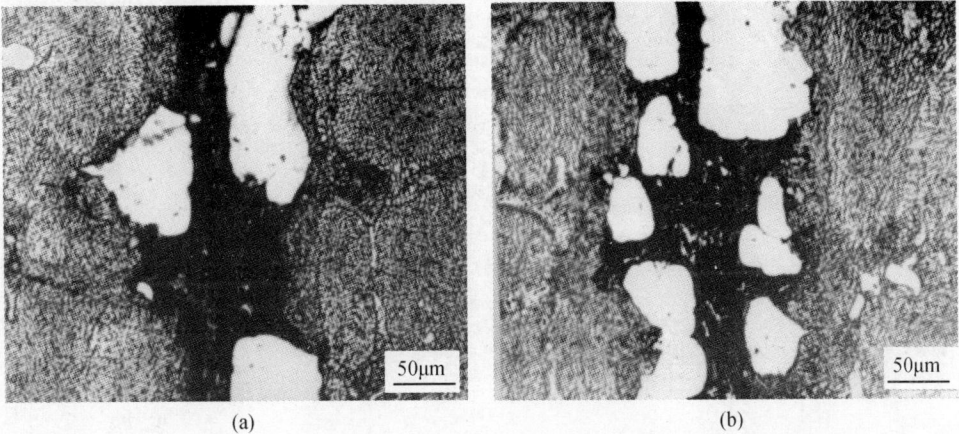

图 1–66　含 Zr 钎料钎焊 IC10 合金接头的光学照片

(a) 1270℃/2h 钎焊；(b) 1270℃/4h 钎焊。

貌几乎为单相 γ′，尺寸较大，呈"光板"形貌。此外，保温时间从 2h 增至 4h，焊缝组织变化不大，只是焊缝两侧呈"光板"形貌的 γ + γ′ 相略变细小。

采用含 Zr 钎料钎焊 IC10 合金接头的高温持久性能见表 1–41。可见，与图 1–66 显示的组织变化相对应，保温时间从 2h 增加至 4h，接头性能也有所提高。此外，两种规范钎焊接头的持久性能均达到母材横向性能指标的 80%（IC10 合金横向性能指标：1100℃/100h 持久强度不低于 40MPa）。

表 1–41　含 Zr 钎料钎焊 IC 合金接头的高温

持久性能测试结果（接头间隙 0.1mm）

| 钎焊规范 | 持久性能 | | |
|---|---|---|---|
| | 温度/℃ | 应力/MPa | 寿命 |
| 1270℃/2h | 1100 | 32 | 96h00min，128h00min |
| 1270℃/4h | 1100 | 32 | 176h30min[①]，276h10min |
| ① 175h 应力升至 40MPa | | | |

4. IC10 合金的 TLP 扩散焊工艺研究

采用 H1/3B 中间层合金对 IC10 合金进行了 TLP 扩散焊研究。为了获得高强度的接头，采用了高温长时间保温扩散的焊接规范。图 1–67 为 IC10 合金 TLP 扩散焊接头的显微组织。从中可以看出，虽然采用了高温长时间保温扩散的焊接规范，但未获得与母材完全均匀一致的接头组织。在焊缝中心，脆性化合物相在局部呈断续分布。此外焊缝中存在一些微孔，造成接头性能测试结果具有一定的分散性，但接头 1100℃/40MPa 的持久寿命均在 200h 以上（见表 1–42），即 IC10 合金 TLP 扩散焊接头 1100℃持久性能远远超过了母材横向性能指标。

(a)

(b)

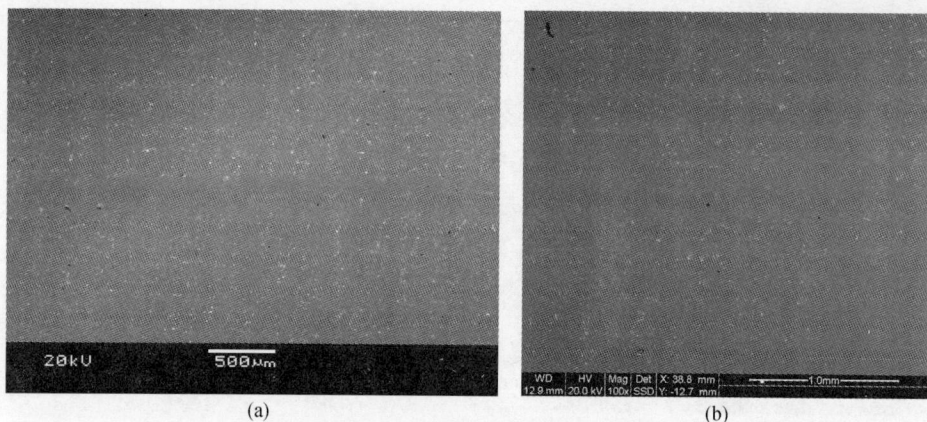

图 1-67　IC10 合金 TLP 扩散焊接头组织

(a) 1250℃/4h→1270℃/12h 焊接；(b) 1270℃/16h 焊接。

表 1-42　IC10 合金 TLP 扩散焊接头 1100℃/40MPa 持久寿命测试结果

| 试 样 号 | 焊 接 规 范 | 1100℃/40MPa 持久寿命 |
|---|---|---|
| 085 | 1250℃/4h→1270℃/12h | 211h05min |
| 090 | 1270℃/16h | 614h55min |
| 091 | 1270℃/16h | 540h10min |
| 092 | 1270℃/16h | 278h40min |

　　图 1-68 为表 1-42 中 2 个试样断口附近横截面的组织,从中可见,无论持久寿命长(090 试样)或相对较短(092 试样),断裂位置是一致的,都是断于相界面或晶界。2 个试样都存在垂直于断面且进入母材内部的纵向裂纹(见图 1-68(a)、(c)、(d)),此外,2 个试样母材中 $\gamma'$ 相的筏排化依其持久寿命的长短而不同,持久寿命长的 090 试样呈现明显的筏排化(图 1-68(b)),而持久寿命相对较短的 092 试样未见筏排化。

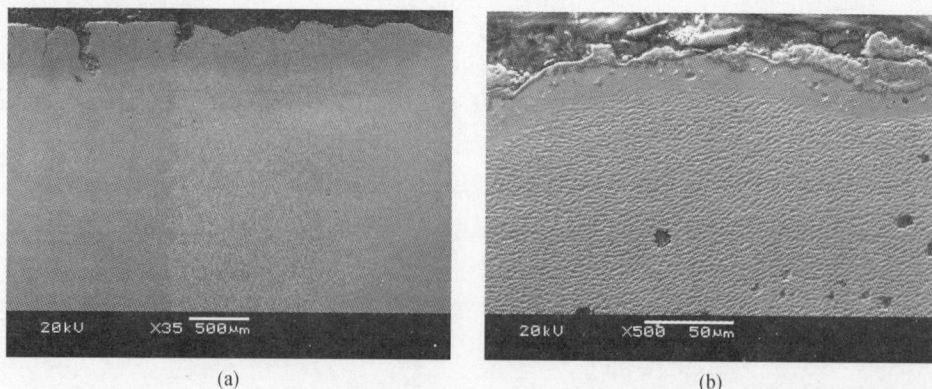

(a)

(b)

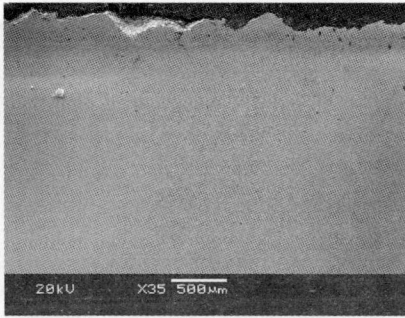

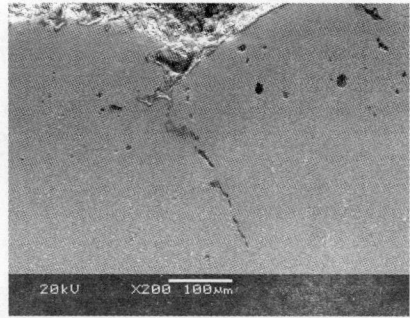

(c)                             (d)

图 1-68　表 1-42 中 2 个试样断口附近横截面显微组织

（a）090 试样；（b）图 1-68(a)局部放大；（c）092 试样；（d）图 1-68(c)纵向裂纹处局部放大。

图 1-69、图 1-70 分别为表 1-42 中 090 试样、092 试样的断口形貌。从中可见与图 1-68 对应的纵向裂纹（见图 1-69(a)、(c)与图 1-70(a)、(b)），此

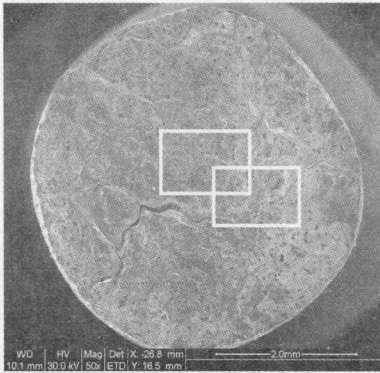

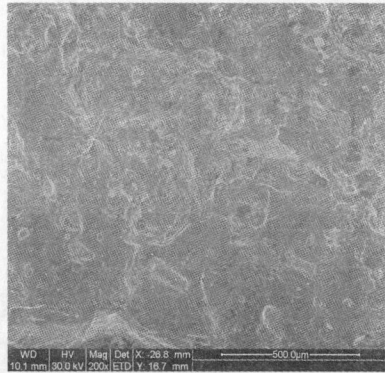

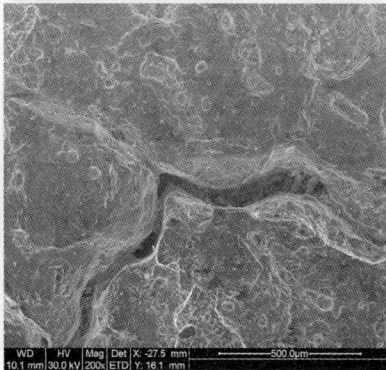

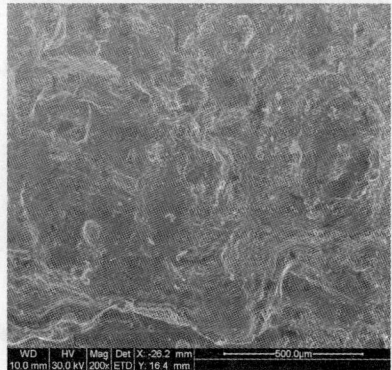

图 1-69　表 1-42 中 090 试样的断口形貌

（a）全貌；（b）图 1-69(a)中左上框局部放大；

（c）图 1-69(a)中裂纹处局部放大；（d）图 1-69(a)中右框局部放大。

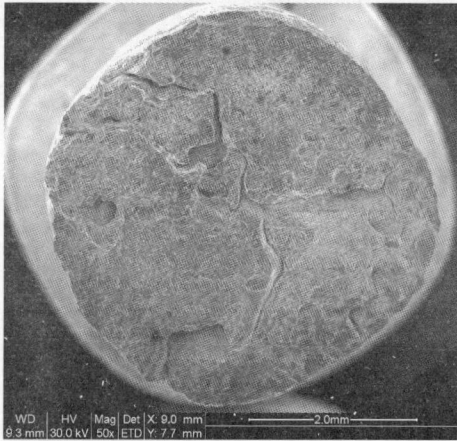
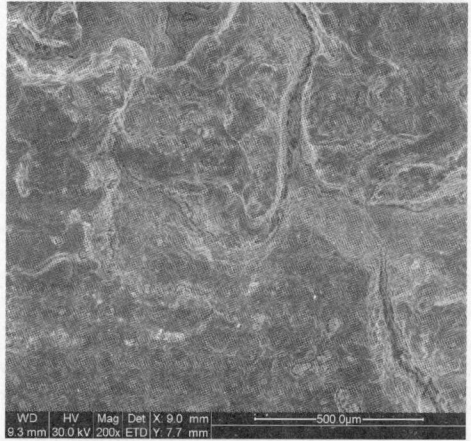

(a)                                        (b)

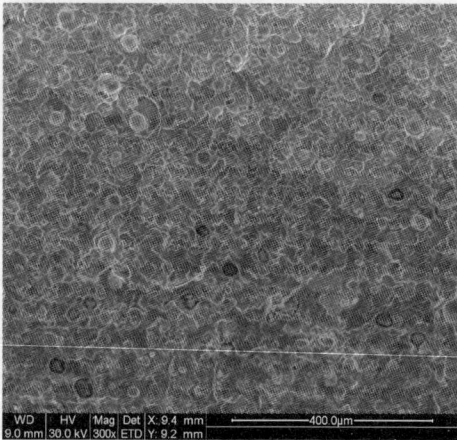
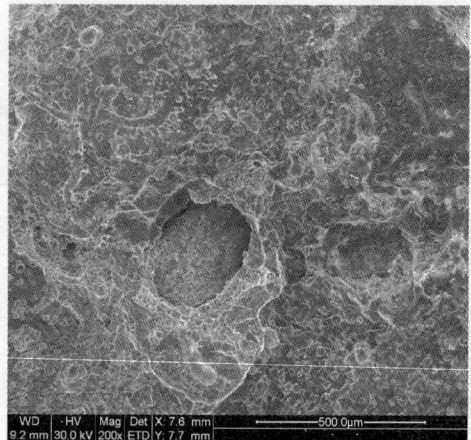

(c)                                        (d)

图 1 – 70　表 1 – 42 中 092 试样的断口形貌

(a) 全貌；(b) 图 1 – 70(a) 中裂纹处局部放大；

(c) 图 1 – 70(a) 中平坦处局部放大；(d) 图 1 – 70(a) 左边局部放大。

外,两个断口均呈韧窝断裂的特征,断口塑性较好,见图 1 – 69(b) ~ (d) 与图 1 – 70(c)、(d)。

## 1.5　单晶高温合金的钎焊与 TLP 扩散焊

### 1.5.1　第一代单晶合金 DD3 的 TLP 扩散焊

DD3 合金是我国研制的第一代单晶合金,其成分较简单,不含稀缺贵重元素,成本较低,中、高温性能良好,用该合金制成了各种类型的实心和空心涡轮叶片[1]。采用专为 DD3 单晶合金设计制备的三种中间层合金(见表 1-43)对 DD3 合金进行了 TLP 扩散焊研究。

表 1-43 DD3 单晶 TLP 扩散焊用中间层合金的使用形式及熔化温度

| 代号 | 成分特点 | 使用形式 | 熔化温度/℃ |
| --- | --- | --- | --- |
| D1P | 以母材成分为基,加入 3.43% 的 B,Al 含量较母材高 | -60 目粉末 | 1118~1191 |
| D1F | 把母材中的 Al、Ti 去掉后再加入 3.8% 的 B | 20μm 厚箔带 | 1049~1133 |
| D3FP | 以母材成分为基,加入约 3% 的 B | -150 目粉末 | 1106~1205 |

1. DD3 单晶 TLP 扩散焊接头的组织与性能[49-51]

图 1-71 是采用 D1P 中间层合金在 1250℃/10min 规范下 TLP 扩散焊 DD3 单晶的接头组织。焊接加热过程中,当加热温度超过 D1P 固相线温度 1118℃ 时,初熔液相会在接头毛细作用下率先流入接头间隙中,并向纵深方向发展,随着温度升高,逐渐增多的熔化相作为初熔相的补充继续向缝中填入,直至填满整个接头间隙。由于加热过程中不同阶段所形成的液相成分不同,再加上等间隙接头液相流入取向的不确定性,因此扩散焊接头中出现组织不均匀现象,接头上部(中间层合金流入处)、中部和下部(中间层合金流出处)焊缝组织明显不同。

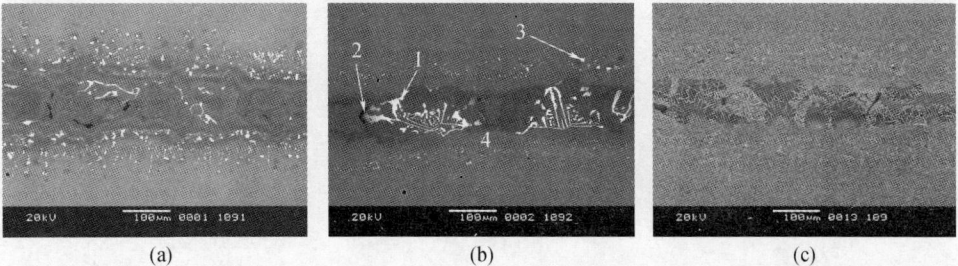

| | | |
| --- | --- | --- |
| (a) | (b) | (c) |

图 1-71 采用 D1P 在 1250℃/10min 规范下扩散连接 DD3 合金接头的组织
(a) 接头上部(焊料流入处);(b) 接头中部;(c) 接头下部(焊料流出处)。

从图 1-71 还可以看到,接头的焊缝两侧为 γ + γ' 双相组织(图 1-71(b)中的 4),同时还有一些沿一定取向排列的细小化合物。焊缝中央为连续的 γ + γ' 花团状共晶,在共晶的周围分布着白亮枝状的化合物相(图 1-71(b)中的 1),还有一些黑色的条状相(图 1-71(b)中的 2)。由于中间层合金中的 B 向母材的扩散,在近缝区有大量小块状化合物(图 1-71(b)中的 3)生成。微区成分 EDS 分析结果(表 1-44)表明:白亮枝状化合物相 1 和白亮小块状化合物相 3 的 Mo、W、Cr 含量均比较高,Ni 含量较低,几乎不含 Al、Ti,推测其为 $(Mo, W, Cr, Ni)_3B_2$ 相。而黑色条状相 2 的 Cr 含量很高,Mo 含量较低,几乎不含 W、Al、Ti,可能为 $(Cr, Mo)_{23}(C, B)_6$ 相。

表 1-44　图 1-71(b)焊缝中各相成分的 EDS 分析结果

| 测试部位 | 化学成分/%（原子分数） | | | | | | |
|---|---|---|---|---|---|---|---|
| | Al | Ti | Cr | Co | Ni | Mo | W |
| 焊缝平均成分 | 12.99 | 1.33 | 5.75 | 5.61 | 70.85 | 1.79 | 1.70 |
| 白亮枝状相 1 | 0.42 | 0.98 | 38.87 | 2.90 | 11.90 | 28.09 | 16.84 |
| 黑色条状相 2 | 0.29 | 0.66 | 66.78 | 7.53 | 14.46 | 9.39 | 0.89 |
| 白亮块状相 3 | — | 2.35 | 30.81 | 1.36 | 7.49 | 35.87 | 22.12 |

对近缝区块状化合物的形貌在 TEM 下进行了观察,其衍射花样见图 1-72,可见图中所示两个块状化合物呈短棒状,宽度约 100nm,长度约 300nm。衍射斑点的计算结果(表 1-45)证实了其为(Mo,W,Cr,Ni)$_3$B$_2$ 相,这种硼化物的点阵常数为 $a=0.572$nm,$c=0.311$nm,为四方结构。它是由于中间层合金中的元素 B 向母材扩散,当 B 在 DD3 母材中的含量超过其极限固溶度时,就会析出硼化物。硼化物与基体的界面高分辨率像如图 1-73 所示,可以看出界面处化合物与基体的晶面间距不同,因此在界面上有错配。

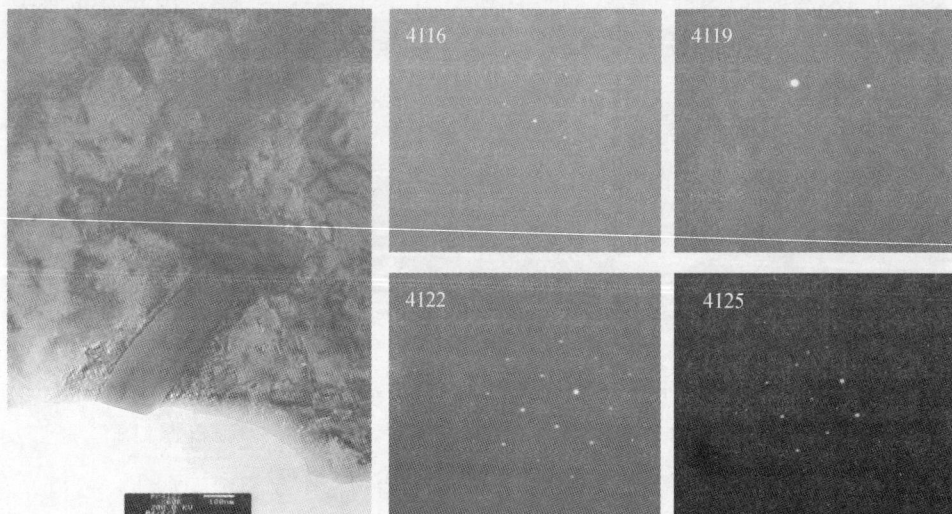

图 1-72　DD3 单晶 TLP 扩散焊接头近缝区化合物形貌(TEM)及其衍射花样

表 1-45　图 1-72 中近缝区硼化物衍射斑点计算结果

| 底片号 | R1 | R2 | θ/(°) | R2/R1 | d1 | 晶带轴指数 |
|---|---|---|---|---|---|---|
| 4116 | 5 | 8.6 | 90 | 1.72 | 3.1 | 130 |
| 4119 | 5.8 | 9.1 | 100 | 1.57 | 2.67 | 235 |
| 4122 | 5 | 5.5 | 90 | 1.1 | 3.1 | 120 |
| 4125 | 6.5 | 7.5 | 78 | 1.21 | 2.37 | 124 |

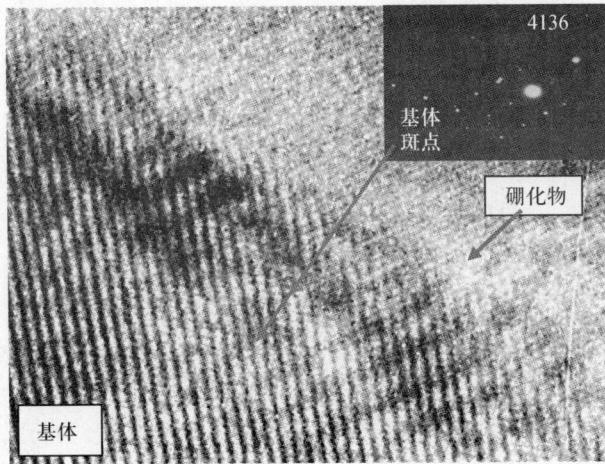

图1-73 DD3单晶TLP扩散焊接头近缝区硼化物与基体的界面高分辨率图像

随保温时间延长,焊缝中央的共晶γ′花团尺寸增大,共晶γ+γ′中的γ相逐渐溶进γ′相中,成为光板状γ′相,而且不同γ′相之间互相聚集,形成连续的大块γ′相;焊缝中的枝状硼化物相(Mo,W,Cr,Ni)$_3$B$_2$和条状硼化物相(Cr,Mo)$_{23}$(C,B)$_6$数量及近缝区的(Mo,W,Cr,Ni)$_3$B$_2$硼化物数量逐渐减少。但焊缝组织的扩散均匀化过程很缓慢,例如扩散保温4h,焊缝组织仍很不均匀:在中间层合金流入端,焊缝宽度约为0.18mm,两侧为大块连续光板γ′相,在其之间是γ+γ′两相组织,在近缝区有很多小块状的化合物相存在;随着距中间层合金流入端距离增大,焊缝宽度变窄,γ′相的尺寸不均匀,有特别细小的γ′,也有尺寸较大的γ′;至接头底部焊缝宽度约为0.11mm,组织趋于均匀,骨架状硼化物相也逐渐减少,近缝区的硼化物相数量也比较少。扩散保温时间延长至24h,在中间层合金流入处的焊缝仍然存在大块光板γ′相共晶(见图1-74(a)),但其余部位焊缝组织已经比较均匀,焊

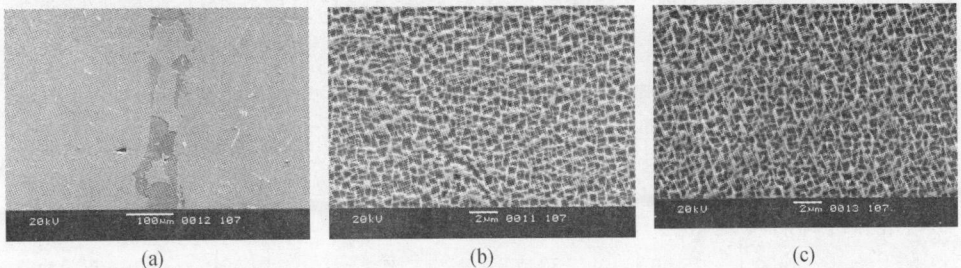

图1-74 采用D1P在1250℃/24h规范下TLP扩散连接DD3合金接头的组织
(a)接头全貌;(b)焊缝中的γ′相;(c)母材中的γ′相。

71

缝中的硼化物已经完全扩散消除,近缝区的硼化物数量很少;此外,通过保温后空冷并时效处理的试样焊缝中析出的 γ′ 相尺寸在 0.5 μm 左右,呈小立方块形貌(见图 1−74(b),与母材中 γ′ 相的尺寸及形貌(见图 1−74(c))相同。

  图 1−75 是采用 D1F 中间层合金在 1250℃ 下保温不同时间扩散焊 DD3 单晶接头的组织。D1F 中间层合金是非晶态箔带形式,扩散连接 DD3 母材时以两层总厚度为 40 μm 夹在待焊试样之间。从图 1−75(a)中可以看出,D1F 扩散焊焊缝组织的组成与 D1P 类似,但焊缝组织均匀,焊缝宽度也较窄。焊缝中央分布着尺寸较小的 γ + γ′ 共晶,共晶两边有一些白亮的枝状或块状(Mo,W,Cr,Ni)$_3$B$_2$ 硼化物,此外焊缝中也有一些含 Cr 量比较高的黑色(Cr,Mo)$_{23}$(C,B)$_6$ 块状化合物相。由于箔带中间层合金的厚度小且加入量易控制,化学成分比较均匀,接头中降熔元素总量少,扩散路径短,因此获得的接头组织也比较容易均匀化。虽然 D1F 中间层合金本身不含 Al,但由于母材向焊缝的溶解及各元素的扩散,保温 10min 焊缝中 Al 的平均含量已达到 10.7%(原子分数)(5.02% 质量分数),Ti 含量达到 1.16%(原子分数)(0.96% 质量分数),已与母材中的 Al、Ti 含量比较接近。

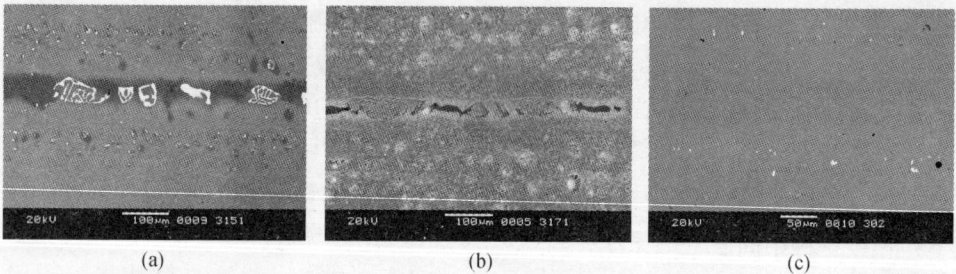

图 1−75 采用 D1F 在 1250℃ 下保温不同时间扩散连接 DD3 单晶接头的组织
(a) 1250℃/10min; (b) 1250℃/1h; (c) 1250℃/8h。

  随保温时间延长,D1F 扩散焊接头组织的变化趋势与前述 D1P 扩散焊接头类似,即随保温时间延长,焊缝中枝状、块状的(Mo,W,Cr,Ni)$_3$B$_2$ 硼化物相和黑色的条状(Cr,Mo)$_{23}$(C,B)$_6$ 碳硼化合物相减少,但与 D1P 扩散焊接头不同的是,焊缝中的 γ + γ′ 共晶也随保温时间延长而明显减少。此外由于 D1F 中间层合金中的降熔元素 B 的含量比 D1P 高,B 向母材的扩散,使近缝区母材局部出现了初熔现象,初熔液相冷却后转变为花团状 γ + γ′ 共晶,在共晶周围个别部位有少量尺寸较小的硼化物相(见图 1−75(b))。近缝区母材的初熔从保温约 30min 起出现,并在保温约 1h 时初熔区最多,随后继续保温时,由于元素扩散逐步减少,至保温 4h 左右近缝区的初熔区消失。此时焊缝中的硼化物相完全扩散消除,但近缝区仍有一些细小的块状硼化物相。保温扩散 8h,焊缝和母材之间已基本扩散均匀,近缝区的硼化物数量进一步减少,见图 1-75(c)。与 D1P 中间层合金相比,D1F 中间层合金焊缝扩散均匀化需要的时间大大缩短。

采用 D3FP 中间层合金连接 DD3 单晶的接头组织见图 1-76。可见,1250℃/10min 规范扩散焊接头的组织与 D1F 中间层合金类似,焊缝中央为花团状 γ + γ′共晶,共晶周围有枝状和条块状硼化物相。近缝区母材出现局部初熔区域,冷却后转变为花团状 γ + γ′共晶,近缝区也有针状及块状的 $M_3B_2$ 型硼化物,见图 1-76(a)。在 1250℃保温 4h 以内的焊缝中始终有花团状 γ + γ′共晶、枝状硼化物和条块状硼化物存在,不同的是在各相的数量上随保温时间的延长逐步减少;近缝区母材局部初熔区域也存在,见图 1-76(b)。1250℃保温 8h,焊缝中共晶相和化合物相消失,整个焊缝组织基本扩散均匀,近缝区有一些零星分布的小块硼化物,如图 1-76(c)所示。

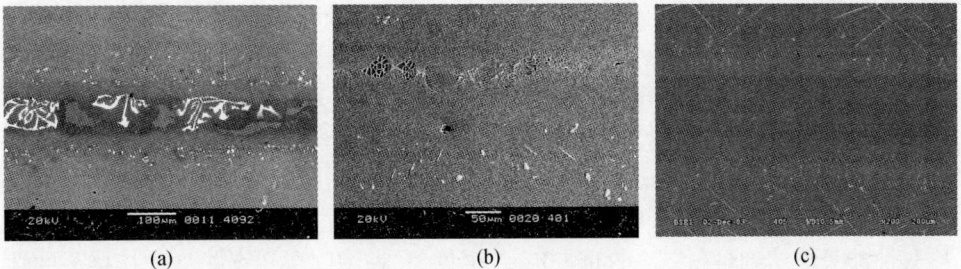

(a)　　　　　　　　(b)　　　　　　　　(c)

图 1-76　采用 D3FP 在 1250℃下保温不同时间扩散连接 DD3 合金接头的组织
(a) 1250℃/10min; (b) 1250℃/4h; (c) 1250℃/8h。

比较三种中间层合金扩散连接接头组织可见:

(1) 扩散时间较短,如 4h,D1F 中间层合金焊接焊缝扩散得最均匀,D3FP 次之,D1P 焊接焊缝中仍存在明显的组织不均匀。

(2) 扩散时间 8h 以上,三种中间层合金焊接焊缝都能扩散得较为均匀。

(3) 三种中间层合金焊接接头组织中,仅在 D1P 对应焊缝中发现中间层合金流入处有大块光板 γ′相存在,而同样在坡口处添加的 D3FP 粉状中间层合金、箔状 D1F 中间层合金焊接接头组织中未发现大块光板 γ′相存在。分析是由于 D1P 铝含量较高且粉末粒度较粗,与其他两种中间层合金相比,存在较大的成分不均匀所造成的。

(4) 三种中间层合金扩散焊头组织中,扩散时间较短(4h),在 D1F 和 D3FP 中间层合金焊接接头中发现近缝区出现母材初熔现象。而 D1P 中间层合金焊接接头没有出现。

表 1-46 列出了采用三种中间层合金扩散焊 DD3 单晶接头 980℃持久性能的测试结果。从中可以看出以下趋势:

（1）当扩散连接规范相同时，D1F 中间层合金扩散连接接头性能最好，D3FP 中间层合金次之，D1P 中间层合金最差。例如 4h 扩散连接时，应力取 DD3 母材的 70%（159MPa），D1F 中间层合金扩散连接接头持久寿命接近 200h，且断裂发生在母材（由于扩散焊时炉冷造成母材性能降低，因此断于母材）；D3FP 中间层合金扩散连接接头持久寿命为 117h ~ 138h；D1P 中间层合金扩散连接接头持久寿命为 79h ~ 147h。D1F 中间层合金 4h 扩散连接接头性能明显优于另两种中间层合金，D3FP 与 D1P 中间层合金扩散连接接头性能基本相当，但前者性能数据较后者更为稳定集中。又如 8h 扩散连接时，D1F 中间层合金扩散连接接头持久强度达到 DD3 母材性能指标的 90% 以上，接近于母材；D3FP 中间层合金扩散连接接头持久强度超过 DD3 母材性能指标的 80%，低于母材性能指标的 90%；而 D1P 中间层合金扩散连接接头持久强度仅超过 DD3 母材性能指标的 70%，持久寿命较 4h 扩散连接接头有所提高，但未达到母材性能指标的 80%。保温 16h D1F 扩散连接 DD3 空冷接头平均持久寿命超过母材性能指标，继续保温，持久性能没有明显改善，说明 16h 保温所获得的接头组织与成分已达到完全与母材相当的水平。而采用粉状中间层合金，保温 16h，D3FP 扩散连接 DD3 空冷试样的接头性能超过母材性能指标的 90%，接近 100%。保温 24h 试样接头性能提高不明显。而对于 D1P 中间层合金经过 24h 保温空冷接头，由于其组织、成分与母材之间仍有比较明显的区别，持久性能只能达到母材持久性能 90%。可见，三种中间层合金扩散连接接头的性能差别是非常明显的。原因主要有两方面：一是三种中间层合金中元素 B 含量及所采用的试样接头间隙不同。采用粉状中间层合金 TLP 扩散连接时，接头间隙固定为 100 μm，比箔状中间层合金厚度 40 μm 大一倍以上，因此即使中间层合金成分相同，粉状中间层合金扩散连接接头中的硼的绝对含量也要比采用箔材高一倍以上；另在保温过程中从接头扩散到基体中的硼还受到接头外最初为了保证填满整个接头间隙而多添加的中间层合金粉中硼的补充（通常粉状中间层合金填加量为接头间隙的一倍）。所以通过扩散要达到与母材均匀化比采用薄的箔材更困难。二是粉状中间层合金在加热熔化过程中初熔相和后熔相成分上存在差别，再加之等间隙接头液相流入取向的不确定性，在接头中经常会出现组织和成分不均匀现象，有时还可能会出现液相包覆形成的空洞缺陷。对于这类接头，不仅存在接头和母材通过扩散成分均匀化问题，而且接头本身均匀化问题也很突出。D3FP 和 D1P 中间层合金相比，D3FP 含元素 B 量低于 D1P，因此前者较后者更易于扩散均匀化。事实上，前面对接头微观组织观察结果也表明，D1P 中间层合金扩散连接接头较难扩散均匀化，经 24h 扩散连接接头中仍存在硼化物相和大块状 γ′相。以上两方面决定了粉状中间层合金扩散连接接头很难达到箔状中间层扩散连接接头组织均匀化程度和性能水平。

（2）总的来说，随扩散保温时间增长，接头性能提高。但当接头达到与母材

(经焊接热循环)等强时,增加保温时间(即增加反复加热至高温的次数),则可能由于B元素的扩散对母材性能产生不利影响,使断于母材的试样性能数据降低,其中随保温时间增长,持久寿命降低者为断于母材,即增加保温时间可能对母材性能产生不利影响。

表1-46　DD3合金扩散连接接头980℃持久性能测试结果

| 扩散焊规范 | 应力/MPa（系数） | 接头持久寿命 | | |
|---|---|---|---|---|
| | | D1P中间层 | D1F中间层 | D3FP中间层 |
| 1250℃/4h+时效 | 159(70%) | 78h50min,147h00min | 181h30min#,194h30min* | 117h20min,138h20min,132h00min |
| 1250℃/4h+固溶时效 | 159(70%) | 179h25min | — | — |
| | 181(80%) | 13h15min,13h00min | 427h35min | 324h05min |
| | 203(90%) | | 174h35min | 34h40min |
| | 226(100%) | | 65h50min | |
| 1250℃/12h+固溶时效 | 181(80%) | 49h25min | — | — |
| | 203(90%) | 8h00min | 157h45min | 157h30min |
| | 226(100%) | | 60h00min* | 72h50min*,103h30min |
| 1250℃/20h+固溶时效 | 203(90%) | 113h05min*,106h25min* | 151h40min* | 168h45min |
| | 226(100%) | | 66h00min*,88h25min* | — |

注:带#者未断,停试;带*者断于DD3母材

2. 较短保温时间TLP扩散焊DD3单晶接头的力学性能[52]

从表1-46可以看出,采用D3FP中间层在1250℃/4h规范下TLP扩散焊DD3单晶,并在焊后按DD3单晶热处理制度(1250℃/4h/空冷+870℃/32h/空冷)进行固溶时效处理后,接头980℃/181MPa下的持久寿命达324h,即接头980℃的持久性能超过DD3单晶母材的80%,这对于实际叶片的焊接具有实用意义,为此测试了这种接头760℃、900℃的拉伸强度和760℃、1040℃下的持久性能,结果见表1-47。可见,扩散焊接头760℃拉伸强度测试值为1087MPa～1119MPa,超过了≥1030MPa的母材性能指标;900℃拉伸强度测试值为866MPa～886MPa,也超过了≥835MPa的母材性能指标;760℃的持久强度达到母材性能指标的90%(706.5MPa应力下持久寿命均在70h以上,母材性能指标为760℃/785MPa寿命≥70h);1040℃持久强度则到母材性能指标的80%(132MPa应力下持久寿命均在70h以上,母材性能指标为1040℃/165MPa寿命≥70h)。

表 1 - 47　　DD3 合金 TLP 扩散焊接头的力学性能测试结果

| 测试温度/℃ | $\sigma_b$/MPa | 持久性能 | | |
|---|---|---|---|---|
| | | 应力/MPa | 寿命 | 说明 |
| 760 | 1087,1119,1106 | 628 | 189h00min,189h30min,186h00min | 70h、140h 应力分别增至706.5MPa 和 785MPa |
| | | 706.5 | 81h40min,97h35min | 70h 应力增至 785MPa |
| 900 | 866,882,881,872,886 | | | |
| 1040 | — | 132 | 93h00min,100h30min | 70h 应力增至 148.5MPa |

　　考察了上述工艺对 DD3 单晶母材组织性能的影响,图 1 - 77 是不同状态下 DD3 合金的组织,可见,DD3 合金经 1250℃/4h、炉冷扩散焊热循环后,$\gamma'$ 相尺寸长大,且形状不规则,边缘圆化(图 1 - 77(a)),焊后再按母材热处理制度进行固溶时效处理,其组织形态(图 1 - 77(b))则与标准热处理状态下 DD3 合金的组织状态(图 1 - 77(c))完全相同,即扩散焊热循环使母材显微组织产生的变化在焊后固溶时效处理过程中得到了完全的恢复。

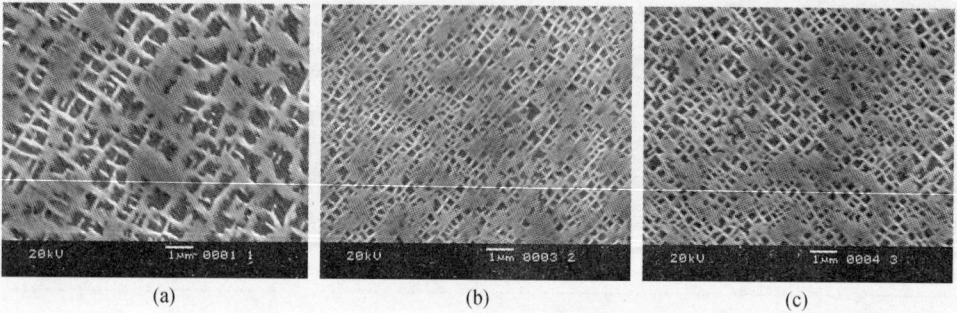

图 1 - 77　DD3 合金的微观组织
(a) 1250℃/4h 焊接;(b) 焊后经热处理;(c) 标准热处理态。

　　测试了 DD3 合金试样经 1250℃/4h、炉冷扩散焊热循环后再按母材热处理制度进行固溶时效处理的力学性能,测试结果见表 1 - 48,可见,其 760℃ 和 900℃ 拉伸强度、760℃ 和 1040℃ 持久性能均达到母材性能指标要求。

表 1 - 48　　DD3 单晶经 1250℃/4h 扩散焊热循环及

焊后固溶时效处理的力学性能测试结果

| 测试温度/℃ | $\sigma_b$/MPa | 持久性能 | |
|---|---|---|---|
| | | 应力/MPa | 寿命 |
| 760 | 1234,1176 | 785 | 164h30min,196h40min |
| 900 | 1047,1079 | — | |
| 1040 | — | 165 | 79h15min,79h10min |

以上试验结果表明,DD3 合金经 1250℃/4h 热循环后,再按母材标准热处理制度进行固溶时效处理,其组织和性能与标准热处理态完全相同。即采用上述扩散焊工艺对 DD3 母材的组织和性能无不利影响。

3. DD3 单晶 TLP 扩散焊等温凝固过程研究[53]

采用 D1F 中间层合金分别在 1150℃、1200℃ 和 1250℃ 保温 5min、10min、30min、1h 和 2h,进行了 DD3 单晶扩散连接等温凝固试验。图 1-78 为不同规范下 TLP 扩散焊 DD3 单晶接头的组织。

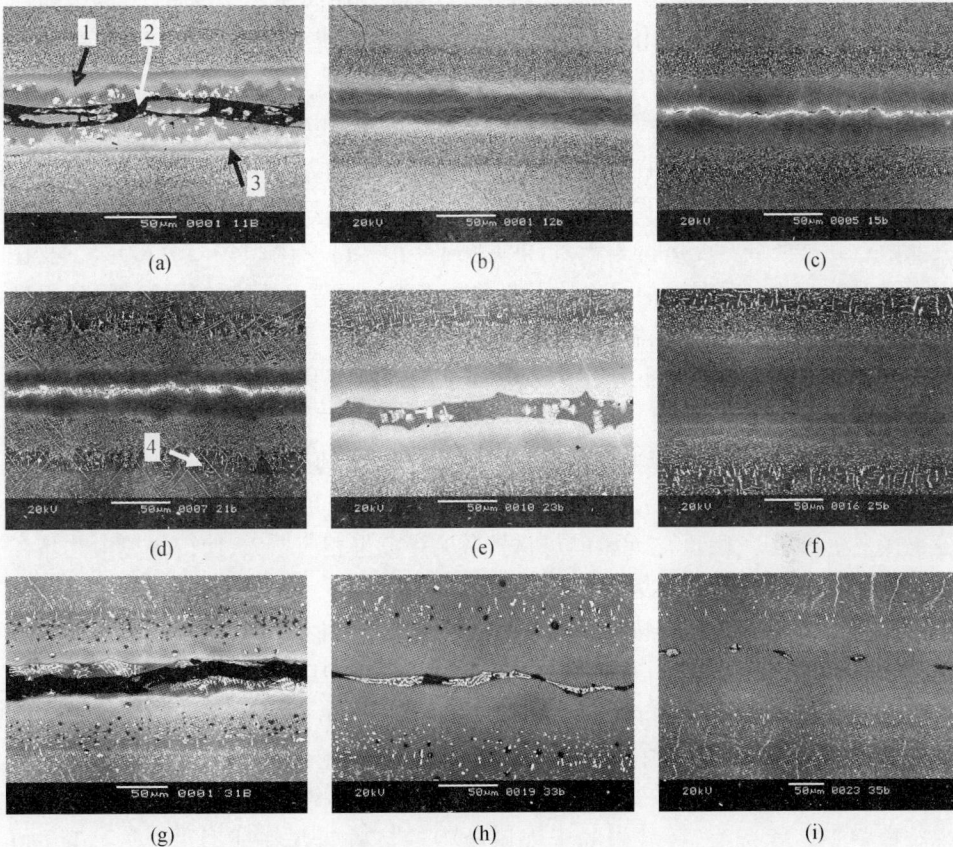

图 1-78　D1F 在不同连接温度下保温不同时间合金 DD3 的接头组织

(a) 1150℃/5min;(b) 1150℃/30min;(c) 1150℃/2h;(d) 1200℃/5min;(e) 1200℃/30min;

(f) 1200℃/2h;(g) 1250℃/5min;(h) 1250℃/30min;(i) 1250℃/2h。

从图 1-78 可见,在 1150℃、1200℃、1250℃ 下保温 5min 时,所有的接头均已开始发生等温凝固,液固界面已向焊缝中心迁移一定距离,在焊缝中形成附生于单晶母材的先结晶固溶体(图 1-78(a)中的 1)和保温结束后残留在中心的液相水淬后形成的低熔点共晶相(图1-78(a)中的2)。在焊缝与母材界面处的基体中生成大量的硼化物(图1-78(a)中的3),尺寸很小,形状多为点、块状。温度升高,保温时间延长,近缝区的硼化物尺寸增大,数量减少,并且有细长的针状硼化物相(图1-78(d)中的4)出现。继续延长保温时间,硼化物的数量减少,距离焊缝中央的距离也越来越远。

等温凝固阶段从原理上讲是焊缝液相中的溶质原子不断向液固界面扩散,进而从液固界面继续向固体中扩散,使液相中溶质原子的浓度降低,当液固界面溶质原子的浓度降低到固相线时,等温凝固开始,液固界面向液相中推进,直到焊缝中所有液相都凝固为固相。由此可见等温凝固过程主要是受溶质原子固相扩散控制的过程。

可以根据焊缝中有无残留低熔点共晶相来判定焊缝等温凝固完成时间,当焊缝中没有低熔点共晶相存在时,可以认为等温凝固阶段已经完成。对在1150℃、1200℃和1250℃下分别保温5min、10min、30min、1h和2h后水淬后的接头组织中央低熔点共晶区域宽度进行测量,结果见图1-79。可见在1150℃、1200℃以及在1250℃保温10min后焊缝中的共晶百分数随保温时间平方根增加而降低,基本呈线性反比关系,且其斜率随温度的升高而增大,由图1-79可以外推确定焊缝等温凝固的完成时间最长分别不超过3h、2h、1h。在1250℃保温初期,焊缝中共晶百分数有一个陡降过程,这主要是由于温度的提高在使B扩散速度加快的同时也使母材的溶解量增加,导致焊缝中液相总量短期快速增加,但此过程不会持续太长,因为B的快速扩散和母材的大量溶解均会导致焊缝中的B含量快速降低,从而使焊缝很快发生等温凝固,降熔元素向母材扩散的距离也相应增大,使得焊缝中共晶百分数陡降过程逐渐趋于平缓。

高温合金的一般凝固特性在一定程度上可用单相合金结晶体系的模式来描述[54]。W. F. Gale等[55]认为可以将固相母材和液相中间层合金看作连续介质。基于此,同时考虑到本研究所用中间层合金成分中除B元素外,其他元素与母材含量大体相当,且刚开始富集着B元素的区域尺寸(中间层合金厚度)与整个被焊试样比较来说相对要小得多,因此可以将这一系统的扩散问题看作为扩散物质集中于宽度为2H区域内的无限系统中的扩散问题来处理[56],如图1-80所示。

设扩散物质在初始宽度$2H = W_0$范围内的浓度为$C_0$,其他区域的浓度为零,坐标原点设在焊缝的中央,故其初始条件为

$$C = 0, x < -H, x > H, t = 0$$

$$C = C_0, -H < x < H, t = 0$$

由此可求得在某一温度恒温扩散一段时间后,扩散物质在该系统中的浓度分

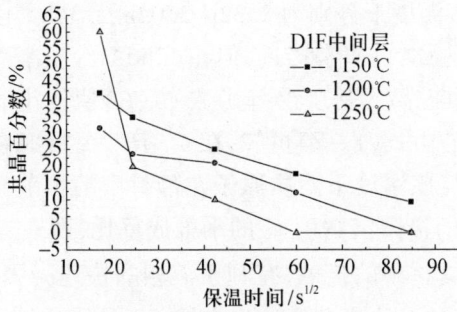

图1-79 DD3焊缝中共晶百分数
随保温时间延长的变化

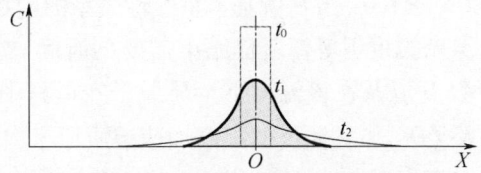

图1-80 扩散物质集中于宽度
为2H区域内的无限系统中的扩散

布。利用误差函数求得的解为

$$C(x,t) = \frac{C_0}{2}\Big[\, \mathrm{erf}\Big(\frac{x+H}{2\sqrt{Dt}}\Big) - \mathrm{erf}\Big(\frac{x-H}{2\sqrt{Dt}}\Big)\Big] \qquad (1-1)$$

其中$C(x,t)$是距焊缝中央距离$x$和时间$t$的函数,$D$是降熔元素在固相母材中的扩散系数。由式(1-1)可以求得等温凝固结束需要的时间$t_{IS}$,即在$x=0$处,中间层合金中降熔元素浓度降至固相线浓度$C_s$时的时间。

$$C_s = C_0\Big[\, \mathrm{erf}\Big(\frac{H}{2\sqrt{Dt_{IS}}}\Big)\Big] \qquad (1-2)$$

根据Ni-B相图(见图1-81),假设其固相线近似为直线,共晶温度时硼在镍中的极限溶解度为0.028%(质量分数)(0.15%原子分数),则可知$C_s = -6.93 \times 10^{-5}T + 0.1007$,1150℃、1200℃、1250℃的$C_S$分别为$C_{s1}$:0.021%(质量分数)、$C_{s2}$:0.017%(质量分数)和$C_{s3}$:0.014%(质量分数)。

文献[6,57]采用含B中间层合金TLP扩散连接单晶合金CMSX-2、CMSX-4。研究表明焊缝等温凝固的表观激活能(对应于降熔元素B的扩散激活能$Q$)为248kJ/mol~266kJ/mol。由$D = D_0\exp^{-Q/RT}$可以得到在不同温度下B在镍中的扩散系数$D_{1150℃} = 6.38 \times 10^{-10}\,\mathrm{m}^2/\mathrm{s}$,$D_{1200℃} = 1.30 \times 10^{-9}\,\mathrm{m}^2/\mathrm{s}$,$D_{1250℃} = 2.53 \times 10^{-9}\,\mathrm{m}^2/\mathrm{s}$,其中$Q = 248\mathrm{kJ/mol}^{[6,57]}$,$D_0 = 0.81\mathrm{m}^2/\mathrm{s}^{[58]}$。根据式(1-2),$C_0$为中间层合金原始B浓度3.8%(质量分数),$H$为单层中间层合金箔厚度20μm,可算出DIF中间层合金TLP连接DD3合金等温凝固结束所需时间在1150℃、1200℃、1250℃三种连接温度下分别为1.86h、1.31h、1.04h,1250℃时与图1-79所显示试验结果相同,但1150℃、1200℃所需具体时间数值均小于由图1-79的外推结果。

假设DD3-B的相图与Ni-B共晶相图形式类似,为图1-82形式,取DD3熔点为1350℃,共晶线以及B在Ni中的极限溶解度基本保持不变。由图1-82取1150℃、1200℃、1250℃下的$C_S$分别为0.019%(质量分数)、0.014%(质量分数)、0.0093%(质量分数),其他值不变,则由式(1-2)可得到等温凝固结束需要的时间在 1150℃、1200℃、1250℃ 三种连接温度下分别为 2.32h、2.02h、2.34h。由此可见在 1150℃、1200℃ 与前面的实际试验结果非常接近,但在 1250℃ 等温凝固结束需要的时间计算值不仅未降低,反而提高。基于误差函数 erf($\beta$) 值较小时(小于 0.1)与 $\beta$ 值基本呈线性关系的前提,由式(1-2)可知,在 $C_0$、$H$ 为常数时在某一温度下等温凝固结束需要的时间 $t_{IS}$ 与该温度下溶质原子在母材中的扩散系数 $D$ 以及在该温度下溶质原子在母材中的极限溶解度 $C_S$ 的平方成反比,即 $t_{IS} = K/(DC_S^2)$。温度的提高加速溶质原子向母材中的扩散,有利于液相的快速凝固,但同时带来 $C_S$ 的降低又会促进母材的溶解,因此当温度的提高使 $DC_S^2$ 增加时,$t_{IS}$ 减少,反之则增加。图 1-82 中 DD3 熔点 1350℃ 比 Ni 的熔点 1453℃ 降低了 103℃,而共晶线以及 B 在 Ni 中的极限溶解度基本保持不变,使固相线的斜率增加,同样温度下对应的 $C_S$ 值减少,这时 1200℃ 的 $DC_S^2$ 值为 $2.55 \times 10^{-13}$,而 1250℃ 的 $DC_S^2$ 值为 $2.19 \times 10^{-13}$,总体上使 $t_{IS}$ 增加。以上说明对某一合金系统,等温凝固完成所需的时间有一个最低值。图 1-83 是根据式(1-2)式并分别利用 Ni-B 相图及 DD3-B 模拟相图计算的连接温度与等温凝固保温时间的关系曲线,由此可以看到:利用 Ni-B 相图计算时,连接温度为 1289℃ 时对应的保温时间最短为 59min,且在 1270~1307℃ 的范围内,保温时间均不超过 60min;而利用 DD3-B 模拟相图计算,连接温度为 1204℃ 时对应的保温时间最短为 121min,且在 1194℃ ~ 1213℃ 的范围内,保温时间均不超过 122min。该结果与 W. D. MacDonald 与 T. W. Eager 在对用 Ni-B 中间层 TLP 扩散连接 Ni 基高温合金时的等温凝固动力学进行研究时所取得的结果是一致的[59],即对于不同的母材与中间层合金连接系统,选择的连接温度不是越高越好,其选择应既促进接头的等温凝固和溶质原子向母材的扩散,同时不会造成液相中间层合金对母材的过分溶解。

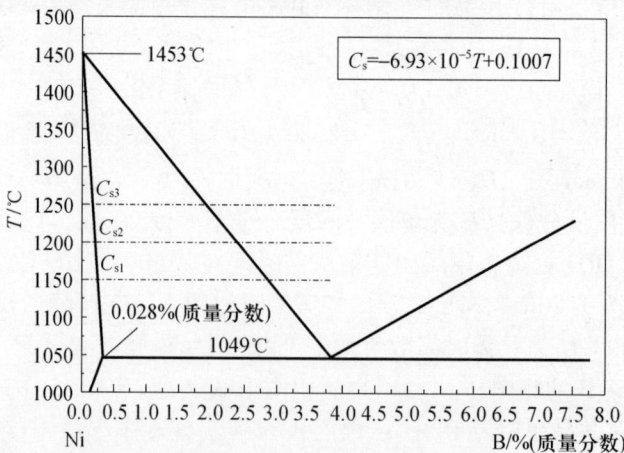

图 1-81 Ni-B 相图

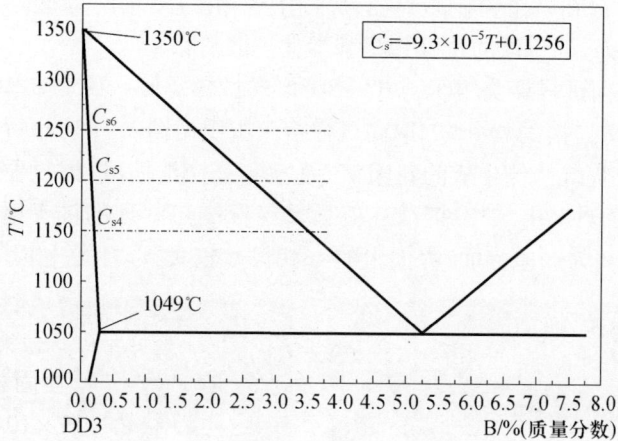

$$C_s = -9.3 \times 10^{-5}T + 0.1256$$

图 1 – 82　DD3 – B 相图

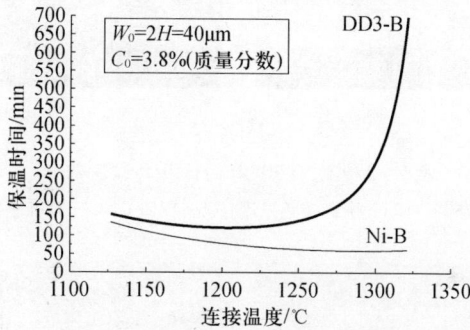

图 1 – 83　连接温度与等温凝固保温时间的计算关系曲线

**4. 不同取向 DD3 单晶 TLP 扩散连接接头组织及性能**[60]

采用 D1F 中间层合金,在 1250℃/10min + 标准热处理、1250℃/4h + 标准热处理两种规范下,对 0°+0°、0°+30°、0°+60°三种不同取向组合的 DD3 单晶试样进行了 TLP 扩散焊试验研究。其中 0°、30°和 60°取向试样的主应力轴与单晶生长方向的夹角分别为 0°、30°和 60°。

图 1 – 84(a)是 0°+30°取向试样经 1250℃/10min 扩散连接 + 标准热处理获得的接头组织,观察可知焊缝中心两侧存在断续分布的小块状硼化物相,但主要还是连续分布的 γ + γ′花团状共晶组织,花团中心区 γ′相较小,而周围的 γ′相较大,被丝状 γ 相分割成放射状。在焊缝中央既有断续分布的块状硼化物相,同时还存在尺寸较大的枝状硼化物相。

0°+30°取向试样经 1250℃/4h 扩散连接 + 标准热处理的焊缝组织见图 1 – 84(b),从中可见经过扩散处理后,焊缝组织已比较均匀,焊缝中央的硼化物已经完全扩散消除,但是仍然存在一个明显的界面,界面上 γ′相的尺寸较大。而母材 γ′相尺寸很小,约 0.25 μm,近缝区的化合物相基本上扩散消除。

　　0°+60°取向试样接头组织与 0°+30°取向试样类似。1250℃/10min+标准热处理规范下扩散连接的 0°+60°取向试样接头组织见图 1-85(a),可见,焊缝存在明显界面,由从焊缝两侧生成的花团状 γ+γ′共晶交汇而成,焊缝中央有少量硼化物相。经过 1250℃/4h,炉冷扩散连接后又经标准热处理的接头组织如图 1-85(b)所示,焊缝仅为一条界面,界面上的 γ′相尺寸较大,母材的 γ′相均匀细小。

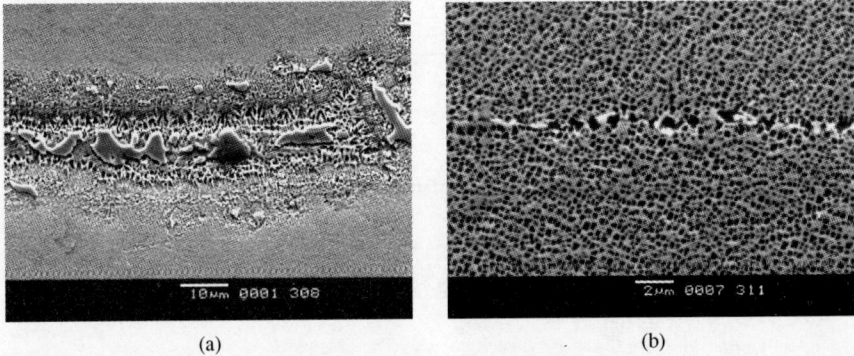

(a)　　　　　　　　　　　　　(b)

图 1-84　0°+30°取向试样的接头组织

(a) 1250℃/10min+标准热处理;(b) 1250℃/4h+标准热处理。

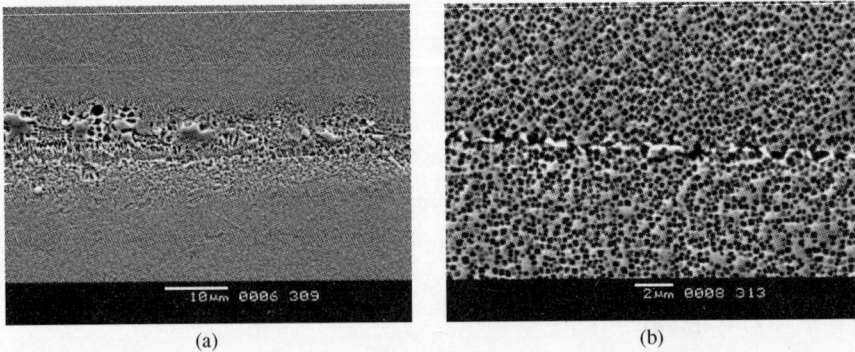

(a)　　　　　　　　　　　　　(b)

图 1-85　0°+60°取向试样的接头组织

(a) 1250℃/10min+标准热处理;(b) 1250℃/4h+标准热处理。

　　表 1-49 是采用 D1F 中间层合金,在 1250℃/4h 规范下 TLP 扩散焊连接(所有试样焊后均按 DD3 母材热处理制度进行固溶时效处理)不同取向组合的 DD3 单晶接头 980℃持久性能测试结果,从中可以看到被焊二母材取向不匹配时,接头性能很低,大大低于同中间层合金、同规范扩散连接的母材取向一致接头的持久性能(见表 1-46),接头断裂均发生在焊缝。

82

表 1-49　D1F 在 1250℃/4h 规范下扩散焊 DD3 单晶

接头 980℃持久性能测试结果

| 取向 | | 试样号 | 强度/MPa(系数) | 寿命 |
|---|---|---|---|---|
| 0°+30° [001] [001] 30° | | 322 | 181(80%) | 0h30min |
| | | 323 | 136(60%) | 24h55min |
| | | 324 | 113(50%) | 10h50min |
| | | 325 | 90(40%) | 6h20min |
| 0°+60° [001] [001] 60° | | 326 | 181(80%) | 3h30min |
| | | 327 | 136(60%) | 2h50min |
| | | 328 | 113(50%) | 21h45min |
| | | 329 | 90(40%) | 41h45min |

**5. DD3 合金 TLP 扩散连接接头的单晶特性**

图 1-86 为采用 D3FP 中间层合金在 1250℃/12h 规范下 TLP 扩散焊 DD3 合金、并在焊后进行固溶时效所获得的接头组织。从图 1-86(a)可见，经过高温长时间的保温扩散，获得了均匀化的焊缝组织，焊缝和母材之间的界面已不明显，在焊缝中无硼化物相存在，只是在近缝区有少量细小的块状和针状硼化物相。在较高放大倍数下观察 γ′相可见(图 1-86(b)、(c))，焊缝及母材中的 γ′相基本相同：均匀细小，尺寸约 0.5μm，而且立方化良好，显然这对性能的提高是有利的，从表 1-46可见，该接头具有优异的高温持久性能，接头持久强度超过母材的 90%，并可达到母材的持久强度。

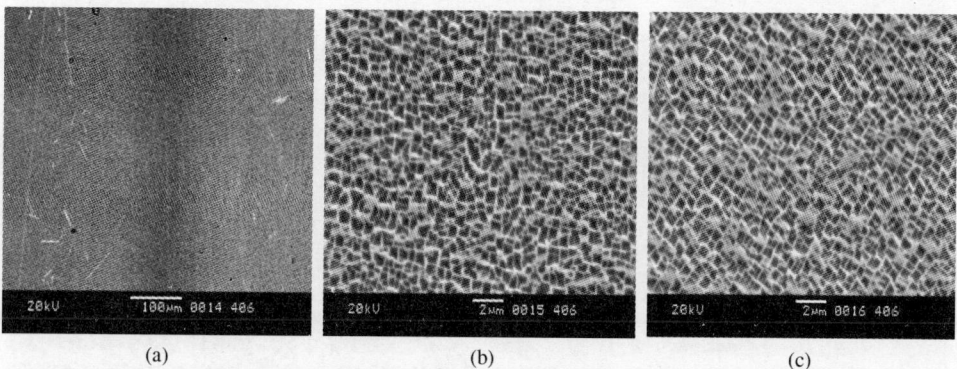

图 1-86　D3FP 中间层合金 TLP 扩散焊 DD3 单晶接头组织与析出 γ′相形貌

(1250℃/12h 扩散焊 + 固溶时效处理)

(a) 焊缝形貌；(b) 焊缝中析出的 γ′相；(c) 母材中的 γ′相。

83

图 1 - 87 是采用 TESCAN 5136XM 扫描电镜的 EBSD(Electron Backscatter Diffraction)系统对图 1 - 86 所示连接试样的取向测定结果。图 1 - 87(a)是对焊缝及近缝区的一个矩形区域进行面扫描分析所获得的取向显微成像图。扫描过程从下到上、从左到右依次逐点进行,共计 200 × 250 点,步长 5 μm。取向显微成像图中色彩代表晶体取向,颜色越接近表示取向差越小。从图 1 - 87(a)中可以看出,焊缝基体与两侧母材已融为一体,分辨不出任何界面,表明取向一致。沿取向显微成像图(图 1 - 87(a))中指定标线方向,从左到右共计 250 点,步长 5 μm 获得的三条标线上各点相对于左侧边界第一点的取向差大小、取向差分布结果分别示于图 1 - 87(b)、(c)、(d)中,从中可以看出,三条标线上各点与第一点之间的取向差总体在 5°以内,其中在标线I上,焊缝中心线两侧凝固基体方向有一定错配度,但不超过 2°(图 1 - 87(b)),标线 Ⅱ、Ⅲ 上的焊缝中心线两侧基体方向错配度仅为 0.5°左右(图 1 - 87(c)、(d))。仔细观察图 1 - 87(a)可以看到标线 Ⅰ 正好在焊缝位置跨过从母材延伸到焊缝的一个弯曲的纵向界面(小角度晶界),因而在焊缝处表现出较标线Ⅱ、Ⅲ大的取向差。另从图 1 - 87(b)、(c)、(d)还可以看到,取向错配度或欧拉

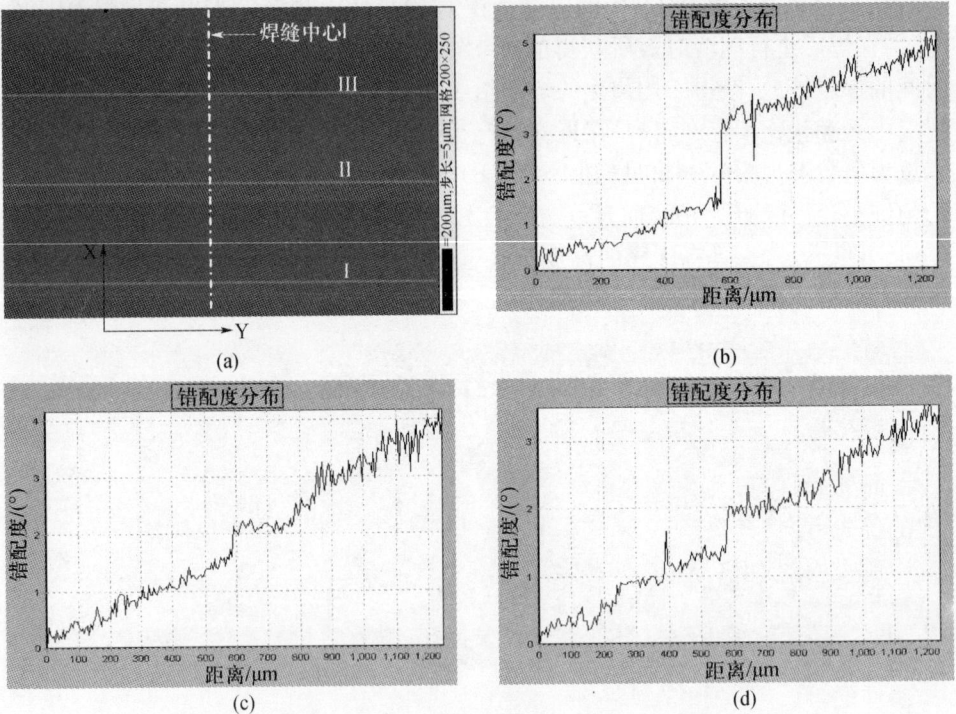

图 1 - 87　图 1 - 86 所示连接试样的取向测定结果

(a)取向显微成像图;(b)沿标线 Ⅰ 相对左侧第一点取向差;

(c)沿标线Ⅱ相对左侧第一点取向差;(d)沿标线Ⅲ相对左侧第一点取向差。

角随扫描线位置的变化是以一定的斜率呈直线上升。这种变化并不代表焊缝中心线两侧晶体取向错配度的实际增加,相反证明两侧晶体取向具有良好的一致性。实际上当凝固条件(如定向热传输的要求)发生变化时母材晶体生长方向相应也会偏移,并不是与[001]晶向完全平行,而是存在一定偏离(图1-87(a)中跨越标线Ⅰ的从母材延伸到焊缝的弯曲纵向界面证明了这一点)。当单晶凝固生长方向偏离[001]晶向时,表观上体现为沿扫描线取向错配度或欧拉角呈线性增大或减小。

上述试验结果说明,D3FP中间层合金TLP连接DD3单晶接头具有良好的组织均匀性及和母材晶体取向的一致性。

众所周知,定向凝固是制备单晶体最有效的方法。为了得到高质量的单晶体,首先要在金属熔体中形成一个单晶核,可通过引入籽晶或自发形核后选晶,而后在晶核熔体界面上不断生长出单晶体;其次,在单晶生长过程中要避免固—液界面不稳定而生长出胞晶或柱晶,因而固—液界面前沿不允许有温度过冷和成分过冷。固—液界面前面的熔体应处于过热状态,结晶过程的潜热只能通过生长着的晶体导出。采用含硼中间层合金TLP连接DD3单晶合金时,由于整个连接系统是在同样温度下,因此接头的等温凝固是一个主要受溶质扩散控制的过程,由于焊缝与母材之间浓度梯度的存在,所形成的溶质原子流方向总是与液固界面垂直,且与母材晶体择优长大方向一致,因此附着于单晶母材晶体表面的焊缝的凝固将沿此方向优先生长,其过程与在结晶前沿具有足够高的正向温度梯度,同时保证单向散热使热流定向流动以避免晶体横向生长条件下的定向凝固柱状晶生长情况相类似。在这种条件下焊缝凝固结晶生长形态宏观上看是平面状,液—固界面推移按"垂直生长"方式进行,若液—固界面上有偶尔凸起而伸入到前方等温液体中,一方面由于结晶而导致前沿溶质的相对富集,使液相露点降低从而促进凸起晶体的重熔;另一方面使降熔元素硼的扩散路径加长,传质减慢,使凝固生长速度减缓,周围部分就会赶上来,使凸起消失,故液—固界面保持稳定的平面形态。

此外,晶体长大的速度还与晶向有关,对立方晶系的金属,[001]为晶体长大的优先方向,其次是[011]晶向,而[111]晶向的晶体长大速度最慢。在本研究中所采用的DD3单晶合金晶体结构为面心立方结构,焊接试样加工时将单晶试棒切断后再按原位置、原方向点焊定位进行扩散焊,同时单晶[001]取向与试样轴向平行,在TLP连接时其优先生长的方向[001]与液固界面垂直,正好与等温条件下溶质扩散所形成的最有利于晶体生长的方向一致,因此在凝固过程中晶体将优先沿此方向生长,直到两端凝固晶体相遇,就如同在焊缝两端的界面上分别预置同取向籽晶使液相合金以与籽晶相同的取向凝固一样,实际上母材界面本身就是最好的籽晶。可见在理想状态下中间层合金熔化后就地润湿母材的表面就是单晶(001)晶面,晶体外延生长方向就是[001]晶向,因此起始于两个固—液界面向焊缝生长的晶体在焊缝中心线上相遇时晶体取向是一致的,从而形成单晶接头。

由于试样加工、焊接装配、定位等误差,很难使两半试样的配对达到理想状态,因此试样准备过程本身有可能使被焊的两半试样间存在取向偏差。但是高温合金的铸造单晶组织不同于纯元素的单晶组织,在镍基高温合金单晶铸态组织中不仅含有大量基体 γ 相和沉淀析出的 γ′强化相,还有共晶析出于枝晶干间。整个铸件虽由一个晶粒组成,但晶粒内有若干柱状枝晶,枝晶横截面是十字花瓣状,纵截面上是互相平行排列的一次枝晶干,这些枝晶干同属一个晶体,不存在晶界,但其间有界面。因此,严格说,这是一种“准单晶”组织,不同于晶体学上严格的单晶。既然是柱晶单晶,在凝固过程中就会产生成分偏析、显微疏松及柱晶间取向差等,从而程度不同地损害晶体的完整性,但是单晶体内的缺陷比多晶粒的柱状晶界对力学性能的影响要小得多,而且经恰当的固溶处理之后,可以得到优良的力学性能[2,61]。由于被焊试样的取向差在焊缝中心线产生的错配度小于单晶母材中的小角度晶界或与之相当,有研究结果表明,这样的小角度晶界对合金性能影响很小,能够接受[62-66]。

基于试验结果与上述分析,并考虑到单晶铸造高温合金本身组织结构特点,可以确定,如果母材基体在焊接过程中没有发生再结晶,则焊缝结晶依附于母材外延生长,所得到的等温凝固接头组织是与母材相类似的单晶组织。尽管焊缝中心线两侧的结晶体取向存在一定的错配,但两者之间结合良好,与母材中柱晶之间的结合相似,取向差处于同一水平,不会对接头的性能产生大的不利影响。此外中间层合金中所含有的硼扩散均匀化后对界面还会产生一定强化作用,也不致使接头明显弱化。因此接头具有优异的力学性能,980℃持久强度超过母材性能的90%,可达到100%。

## 1.5.2　第二代单晶合金 DD6 的钎焊与 TLP 扩散焊

DD6 是我国研制的用于航空发动机涡轮叶片的第二代单晶高温合金,具有良好的综合性能,如良好的抗蠕变性能、铸造工艺性能、抗氧化性能和热机械疲劳性能等。尽管 DD6 的 Re 含量为 2%(质量分数),约为其他单晶高温合金如 PWA1484、CMSX – 4 和 ReneN5 铼含量的 2/3,但是其拉伸性能、持久性能、蠕变性能、疲劳性能、抗热腐蚀性和抗氧化性与世界上广泛应用的其他二代单晶如 PWA1484、SC180、CMSX – 4 和 ReneN5 相当[1,67-70]。为了适应 DD6 单晶叶片的制造需求,对 DD6 单晶的钎焊和 TLP 扩散焊工艺进行了研究。

1. DD6 单晶的钎焊[71]

采用 BNi82CrSiB 粉状钎料对 DD6 单晶合金进行了真空钎焊实验,并对钎焊接头的组织及力学性能进行了研究。

图 1 – 88 为采用 BNi82CrSiB 钎料在 1070℃/15min 规范下钎焊 DD6 单晶的接头组织,对焊缝中各相成分的 EDS 分析结果列于表 1 – 50 中。从图 1 – 88 中可以看出,钎焊接头致密完整,焊缝中央存在多种化合物相。钎焊时,初生 γ – Ni 固溶体相首先依附母材基体凝固,使剩余液态钎料中富含 B、Si 和 Cr。在随后的冷却过程中,Ni – B 化合物 + γ 二元共晶先从液态钎料中析出,剩余液态钎料富含 Cr,进一步冷却析出 Cr – B + γ 二元共晶。在液态钎料凝固临近结束时,液态钎料中富含 Si,析出 γ + Ni – B + Ni – Si 三元共晶[72]。结合 EDS 分析结果推断,图 1 – 88 中靠近母材的焊缝中的灰色相 A 是 γ 固溶体。在焊缝中央有大量粗大树枝状相(图 1 – 88 中的 B、C),可能是 Ni – B 化合物相。这种树枝状相中还存在衬度差异,树枝晶内部(图 1 – 88 中的 B)较亮,末梢(图 1 – 88 中的 C)较暗。这是由于母材元素溶解扩散进入焊缝组织造成的成分偏析,EDS 分析结果显示,较亮的 B 区富 Ta 但不含 Si,较暗的 C 区含 Si 但不含 Ta。图 1 – 88 中呈条块状相 D 可能是 Cr – B 化合物相。结合析出物组织特征[21],图 1 – 88 中 E 相可能是 Ni₃Si 相,点状共晶区 F 可能是 γ + Ni – B + Ni₃Si 三元共晶。母材与钎缝之间发生了一定程度的相互作用,DD6 单晶中的 Nb、Mo、Ta、W、Re 富集在母材与焊缝界面附近,析出大量细小的白色点状物(图 1 – 88 中 G、H)。

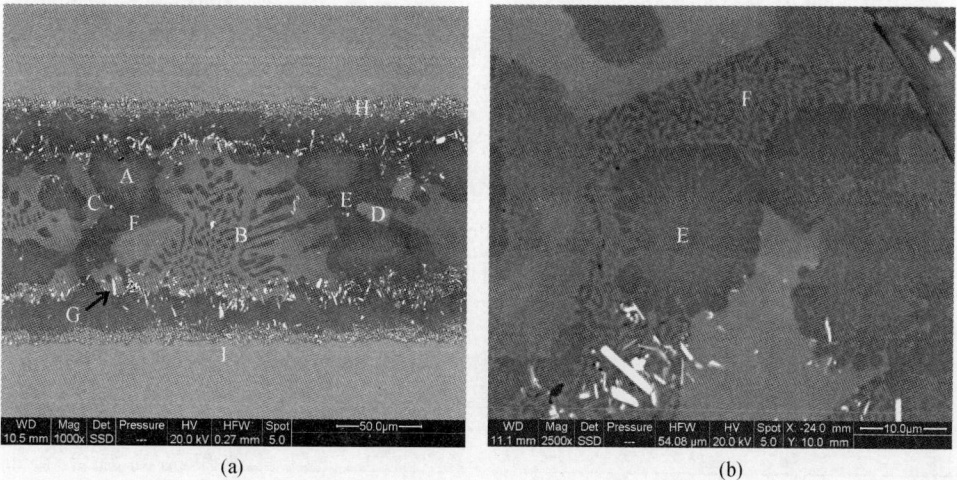

图 1 – 88　BNi82CrSiB 钎料 1070℃/15min 规范下钎焊 DD6 单晶的接头组织
(a) 钎缝整体形貌;(b) 钎缝局部组织。

虽然 B 和 Si 的原子半径较小,扩散速度很快,并且在以其作为降熔元素的 BNi82CrSiB 钎料中的含量也非常高,但是并未发现其扩散进入 DD6 单晶合金中,如图 1 – 88(a) 所示。近缝区母材"I"处的成分也和 DD6 母材是相同的,见表 1 – 50。而在类似低温、短时规范下钎焊 K403 合金的接头组织中却明显可见钎料中的 B 已经扩散进入母材中,沿近缝区母材晶界析出[73]。这种差异可能与母材合金自身成分及结构有关。一方面,单晶合金中没有作为 B 元素快速扩散通道的晶界。另一方面,DD6 单晶合金中富含 Re、Ta 等强烈阻碍扩散的难熔元素。由此可见,在 1070℃/15min 规范下采用 BNi82CrSiB 钎料钎焊 DD6 单晶合金,未发生钎料元素向母材的明显扩散。

表 1-50　BNi82CrSiB 钎焊 DD6 接头中(图 1-88)微区成分 EDS 分析结果

| 分析微区 | 元素含量/%(质量分数) | | | | | | | | | | |
| --- | --- | --- | --- | --- | --- | --- | --- | --- | --- | --- | --- |
| | Al | Si | Cr | Fe | Co | Ni | Nb | Mo | Ta | W | Re |
| A | 2.86 | 4.06 | 5.29 | 3.03 | 3.11 | 79.63 | — | — | — | 2.02 | — |
| B | 2.27 | — | 3.76 | 1.68 | 3.38 | 81.00 | — | — | 7.91 | — | — |
| C | 1.77 | 1.39 | 4.65 | 2.37 | 3.42 | 86.39 | — | — | — | — | — |
| D | — | — | 48.17 | 1.78 | 2.72 | 17.54 | — | 6.03 | — | 11.88 | 11.88 |
| E | 2.14 | 6.28 | 4.91 | 2.46 | 2.47 | 80.47 | — | — | — | 1.28 | — |
| F | — | 6.73 | 3.59 | 1.88 | 2.64 | 85.16 | — | — | — | — | — |
| G | — | — | 7.60 | 0.51 | 2.00 | 22.08 | — | 11.20 | 3.72 | 44.71 | 8.17 |
| H | 0.62 | — | 4.01 | 0.64 | 7.87 | 29.89 | 1.88 | 9.27 | 10.83 | 29.18 | 5.81 |
| I | 5.64 | — | 4.22 | — | 8.97 | 60.47 | 1.21 | 2.17 | 6.44 | 9.40 | 1.47 |
| 母材 | 5.53 | — | 4.20 | — | 9.02 | 59.95 | 0.97 | 2.50 | 7.07 | 9.05 | 1.71 |

根据实际构件的服役环境,测试了 BNi82CrSiB 钎料钎焊 DD6 单晶接头在 750℃下的力学性能,结果列于表 1-51 中。可见接头 750℃拉伸强度约 400MPa,750℃/100h 持久强度达 90MPa 以上,接近 100MPa。

表 1-51　BNi82CrSiB 钎料钎焊 DD6 合金接头 750℃下的力学性能

| 拉伸强度/MPa | | 持 久 性 能 | | |
| --- | --- | --- | --- | --- |
| | | 应力/MPa | 寿命 | 说　明 |
| 404 | 408 | 80 | 119h30min | 100h 后应力增至 90MPa |
| | | 90 | 190h45min | 100h 后应力增至 100MPa |

图 1-89 为 BNi82CrSiB 钎料钎焊 DD6 单晶 750℃拉伸试样的断口形貌。从图中可以看出,试样断口呈现出明显的脆性断裂特征,钎焊接头断于焊缝中间粗大的 Ni-B 化合物相上。在应力作用下,焊缝中央脆性的化合物相因失稳而产生细小裂纹,应力增大时裂纹进一步扩展,最终裂纹彼此连通而发生断裂。从图 1-89(b)中清晰可见 Ni-B 化合物相内部的大量裂纹。

上述试验结果表明,采用 BNi82CrSiB 钎料在 1070℃/15min 规范下钎焊 DD6 单晶,可以获得完整致密、在 750℃具有一定强度的钎焊接头。

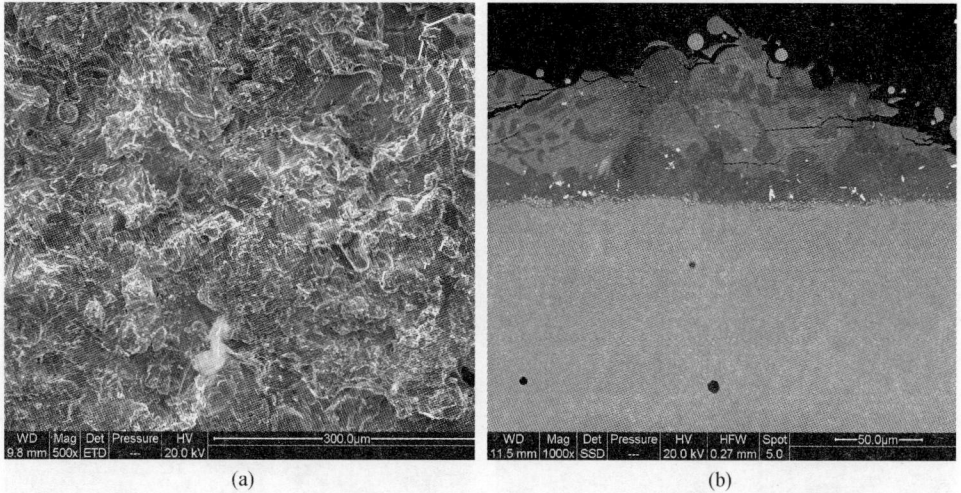

(a)　　　　　　　　　　　　(b)

图 1-89　BNi82CrSiB 钎料钎焊 DD6 单晶 750℃拉伸试样的断口形貌
(a) 断口形貌；(b) 断口截面形貌。

## 2. DD6 单晶的 TLP 扩散焊[74]

采用专为 DD6 单晶配制的中间层合金对 DD6 单晶进行了 TLP 扩散焊,中间层合金的主要成分与 DD6 母材基本一致,加入一定量的 B 作为降熔元素,使用形式为 -150 目的粉末。扩散焊温度采用了与母材固溶处理相匹配的温度,即 1290℃,保温时间为 12h。

图 1-90 ~ 图 1-92 为 1290℃/12h 规范下扩散焊 DD6 合金的接头组织。由图 1-90 可见,接头分为两个区域,A 区在光学显微镜下已与 DD6 母材组织无差

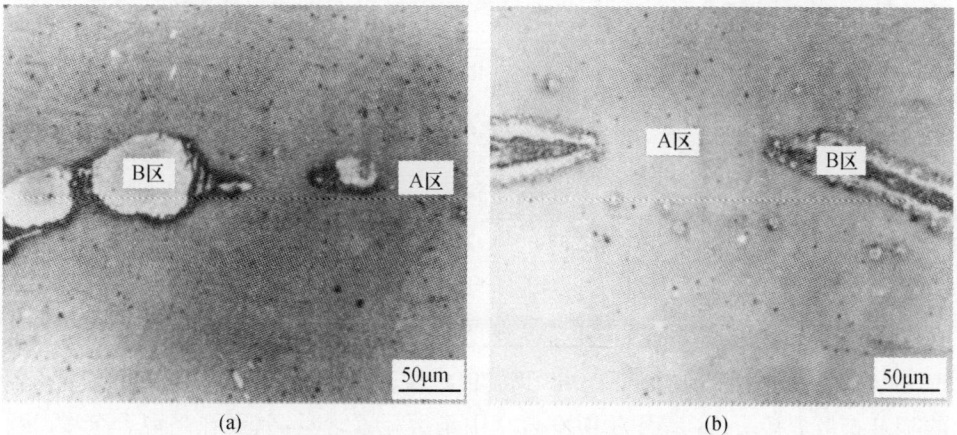

(a)　　　　　　　　　　　　(b)

图 1-90　DD6 单晶扩散焊接头的光学显微镜像
(a) 1290℃/12h 扩散焊；(b) 1290℃/12h 扩散焊 + 标准热处理。

别,在 A 区上断续分布着 B 区。焊后经母材热处理制度处理,B 区减小,并变狭窄(比较图 1-90(a)与图 1-90(b))。图 1-91 为图 1-90(b)中 B 区放大的图像,可见 B 区宽度约为 50μm。此外,与光学显微镜像相对应,B 区分为两个层次:一是焊缝中部的灰色条带,上面均匀分布着黑色颗粒相,中央则密集分布着块状相,进一步放大(图 1-91(b))可以看出,这些块状相分为两种,白亮块和灰白块,白亮块基本上分布在灰白块上面,且在这些块状相周围均存在一层黑色包膜;在灰色条带的两侧,为均匀的单相组织。图 1-91 中各相成分的 EDS 分析结果见表 1-52,两种块状相可能为不同的硼化物,由于硼化物贫 Al,含 Ni 少,因而使其周围富 Al、Ni,形成 γ′包膜。从图 1-92 可见,接头中 A 区的基体为与母材相同的 γ+γ′双相组织,在该 γ+γ′组织分布着一些圆块状 γ+γ′共晶。

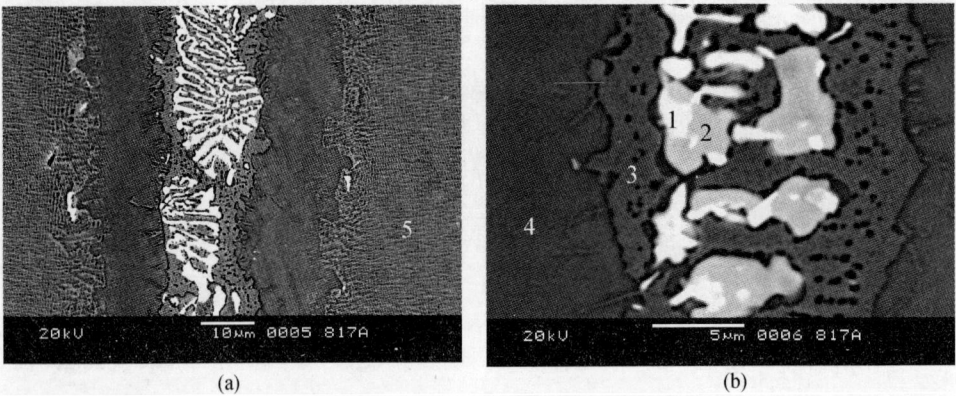

(a)　　　　　　　　　　　　　　(b)

图 1-91　图 1-90(b)中 B 区放大

表 1-52　图 1-91 中各相成分 EDS 分析结果

| 分析部位 | 化学成分/%(质量分数) | | | | | | | | |
|---|---|---|---|---|---|---|---|---|---|
| | Al | Cr | Co | Ni | Nb | Mo | Ta | W | Re |
| 1 白亮块 | 0.30 | 6.04 | 10.31 | 14.77 | 3.97 | 13.38 | 9.04 | 23.30 | 18.67 |
| 2 灰白块 | 0.23 | 2.68 | 13.12 | 16.21 | 9.78 | 17.93 | 14.66 | 22.89 | 1.68 |
| 3 焊缝灰色条带 | 2.50 | 8.76 | 12.48 | 47.65 | 2.99 | 5.07 | 7.05 | 9.33 | 3.96 |
| 4 焊缝基体 | 6.75 | 2.17 | 7.48 | 61.73 | 2.09 | 1.10 | 13.90 | 5.58 | — |
| 5 母材 | 5.11 | 4.31 | 9.73 | 57.54 | 1.03 | 2.60 | 7.21 | 9.49 | 2.69 |

以上试验结果表明,对于 DD6 单晶,很难获得微观组织与 DD6 母材完全一致的 TLP 扩散焊接头,这是因为 DD6 合金中难熔元素含量高,而在高温合金中,W、Mo、Ta、Re、Nb 等难熔元素降低固溶体中元素的扩散速度[1],因此 DD6 单晶合金扩散焊接头成分与组织很难达到与母材完全一致。

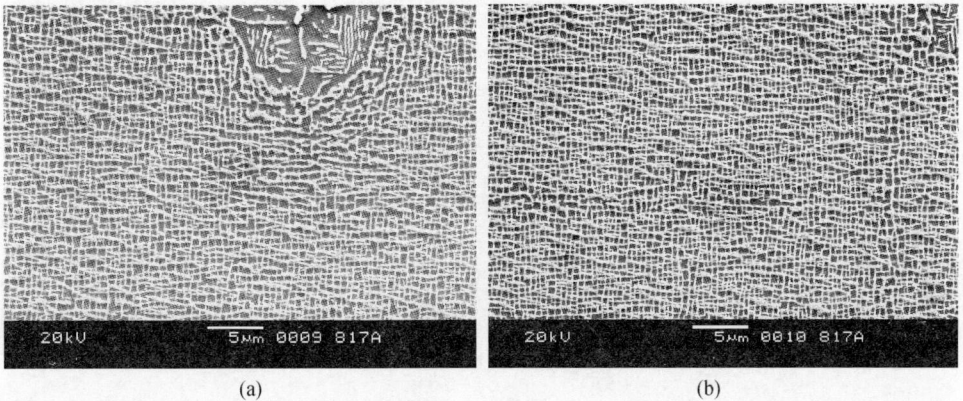

(a)　　　　　　　　　　　　　　　　(b)

图 1 – 92　DD6 单晶 TLP 扩散焊焊缝及母材中的 γ′ 形貌

(a) 图 1 – 90(b) 中 A 区放大；(b) DD6 母材形貌。

表 1 – 53 列出了 DD6 单晶 TLP 扩散焊接头的高温持久性能测试结果，表中所有试样均断于焊缝。从表 1 – 53 可见，接头 980℃ 持久强度达到母材性能指标，1100℃ 持久强度达到母材性能指标的 90%。

表 1 – 53　DD6 单晶合金 TLP 扩散焊接头高温

持久性能测试结果(1290℃/12h + 热处理)

| 试样号 | 温度/℃ | 应力/MPa | 寿命 | 说　明 |
|---|---|---|---|---|
| 640 | 980 | 250 | 129h15min | |
| 641 | 980 | 250 | 185h00min | |
| 658 | 980 | 250 | 173h50min | |
| 659 | 1100 | 126 | 112h05min | 100h 应力增至 140MPa |
| 661 | 1100 | 126 | 113h00min | 100h 应力增至 140MPa |
| 673 | 1100 | 126 | 115h45min | 100h 应力增至 140MPa |

图 1 – 93 为表 1 – 53 中 641 试样的断口形貌，可见该试样呈韧窝断裂，断口塑性较好(见图 1 – 93(a)、(b)、(d))，从图 1 – 93(c) 可见微疏松，左下角可能为断裂源区或最后瞬断区。

图 1 – 94 为表 1 – 53 中 641 试样断口附近横截面的组织形貌，可见试样断于化合物相与焊缝基体的界面(见图 1 – 94(a))及局部形成晶粒处(见图 1 – 94(c))。从图 1 – 94(a)、(b)、(d) 可以看到 DD6 中 γ′ 相的筏排化。此外，在 641 试样的分析截面中，发现一处有晶粒，其最大尺寸约 0.35mm(见图 1 – 94(c))，晶界组织很不均匀，富脆性化合物相(见图 1 – 94(d))，断裂也发生在该晶界(见图 1 – 94(c))。

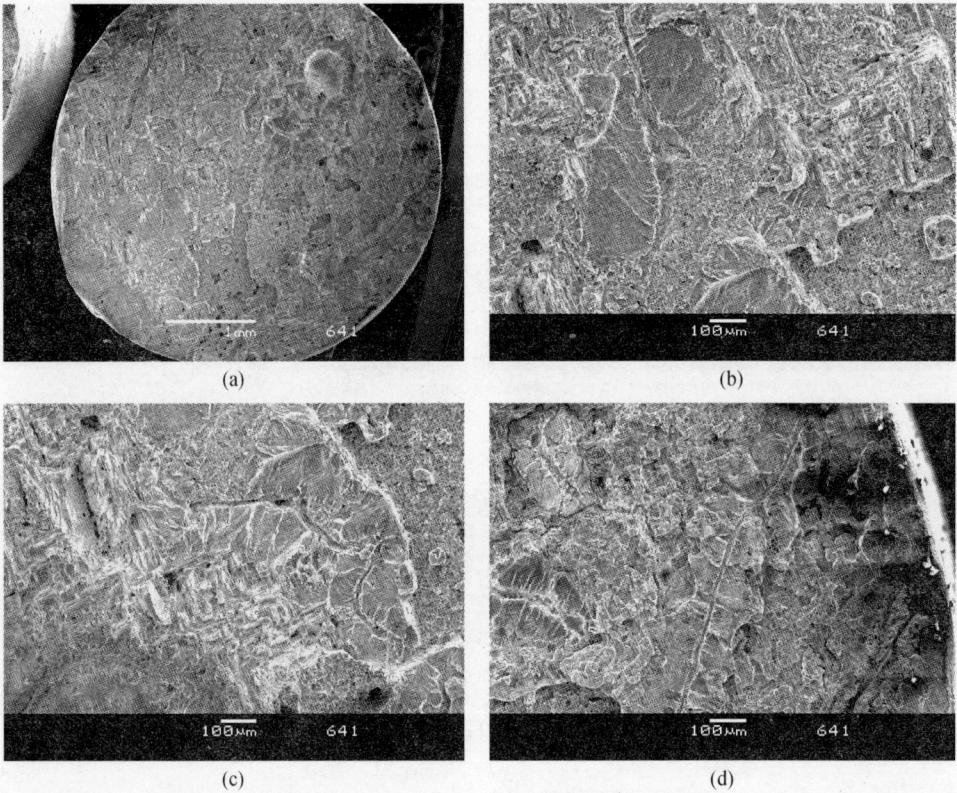

图 1-93　表 1-53 中 641 试样的断口形貌

(a) 全貌；(b) 图 1-93(a)的左中部放大；

(c) 图 1-93(a)的左下部放大；(d) 图 1-93(a)的右中部边缘放大。

正是由于在接头中只是局部形成单晶化组织，而在约 1/2 的部位为不均匀的组织(见图 1-90(b))，且在个别部位还有再结晶晶粒存在(见图 1-94(c))，因此接头未达到与母材等强，而是与母材性能存在差距。从表 1-53 可见，接头 980℃/100h 持久强度达到 DD6 单晶母材性能指标，但低于母材实测数据(DD6 单晶 980℃/250MPa 的持久寿命实测值约 270h[67])，而 1100℃/100h 持久强度只达到 DD6 单晶母材性能指标的 90%。事实上，由于单晶试样本身单晶完整性差、焊前准备工艺不当等原因，一旦在接头及近缝区母材中产生再结晶晶粒，则接头的高温持久性能很差，如图 1-95、图 1-96 所示。

3. DD6 单晶合金试样晶体取向及其匹配性对 TLP 扩散焊接头组织和性能的影响[75]

R. W. Broomfield 报道，对具有不同取向的单晶构件进行连接时，大角度晶界不可避免，进而大幅度降低接头强度。因此需控制连接部件的晶体取向差在 10°

92

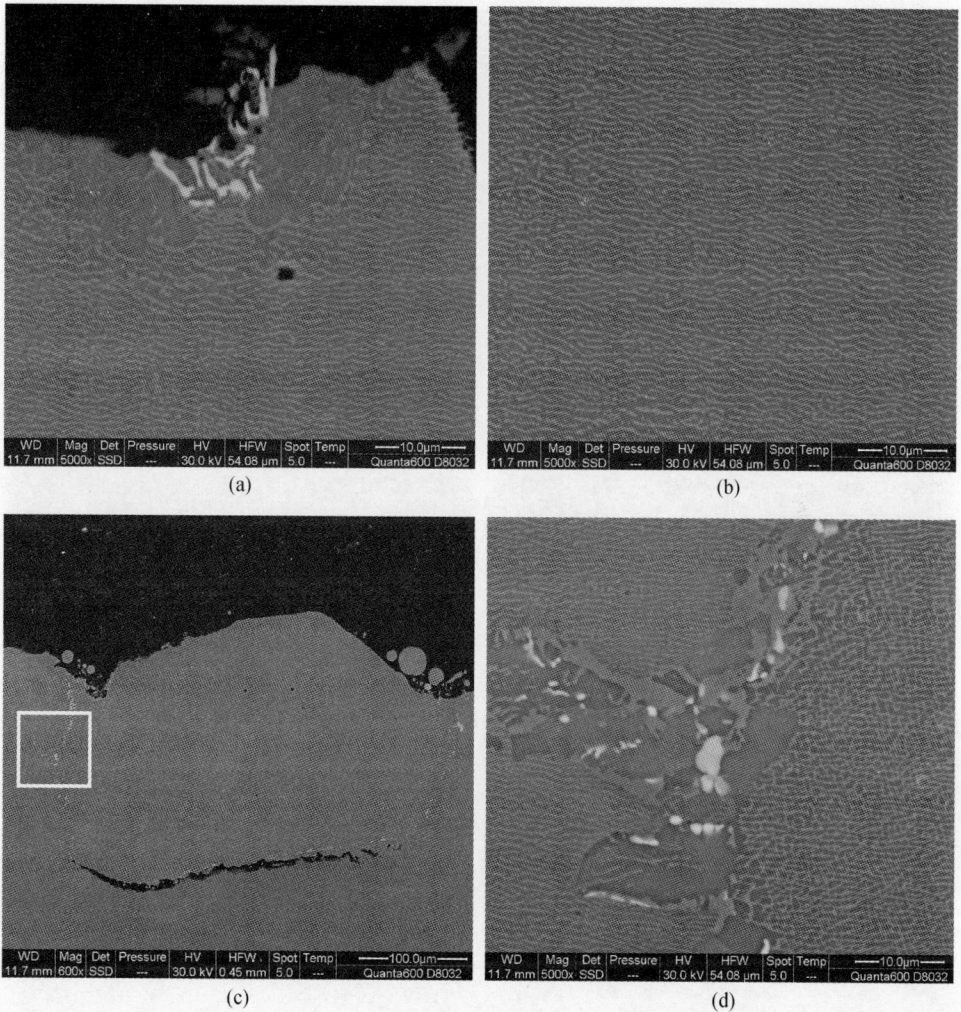

图 1-94 表 1-53 中 641 试样的断口附近横截面形貌

(a) 部位 1;(b) 距断口较远处;(c) 部位 2;(d) 晶界(图 1-94(c)之方框处放大)形貌。

以内,以避免大角度晶界的产生[5]。对具有不同晶体取向组合的 DD6 单晶进行了 TLP 扩散焊,研究了晶体取向及其匹配性对接头 980℃ 持久性能的影响。

对以下 4 种组合的接头进行了 TLP 扩散焊:

Ⅰ型:连接表面垂直于单晶生长方向,将单晶试棒切开后按其原位置定位进行焊接,即两连接试样的取向差几乎为 0。

Ⅱ型:连接表面垂直于单晶生长方向,两连接试样取自不同的 DD6 单晶试棒,即两连接试样之间存在一定的取向差。

Ⅲ型:连接表面平行于单晶生长方向,将单晶试板切开后按其原位置定位进行

93

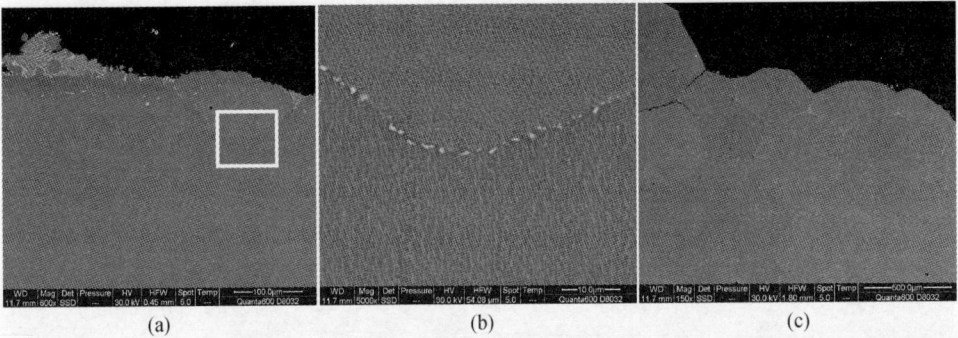

（a）　　　　　　　　　　　　（b）　　　　　　　　　　　　（c）

图1-95　再结晶严重试样(980℃/250MPa的持久寿命3h15min)的断口附近横截面形貌
（a）部位1；（b）晶界(图1-95(a)之方框处放大)；（c）部位2。

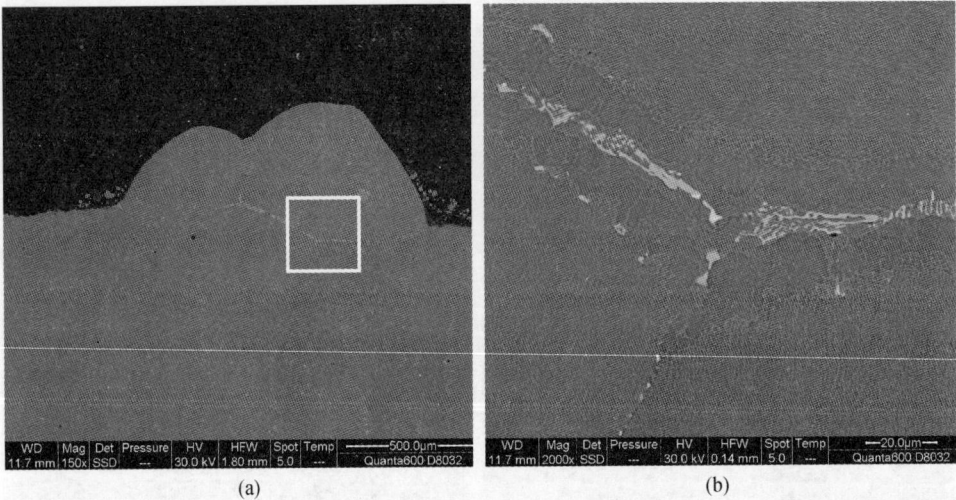

（a）　　　　　　　　　　　　　　　　　　　　（b）

图1-96　再结晶严重试样(1100℃/126MPa的持久寿命1h10min)的断口附近横截面形貌
（a）断口处的再结晶晶粒；（b）晶界(图1-96(a)方框处放大)形貌。

焊接,即两连接试样的取向差几乎为0。

　　Ⅳ型:连接表面平行于单晶生长方向,两连接试样取自不同的DD6单晶试板,即两连接试样之间存在一定的取向差。

　　Ⅱ、Ⅲ、Ⅳ型接头的持久性能测试结果汇总于表1-54(Ⅰ型接头的测试结果见表1-53),所有试样均断于TLP扩散焊焊缝。从表1-53、表1-54可以看出,连接试样的晶体取向完全匹配时,接头具有最佳的持久性能,其中Ⅰ型接头980℃/250MPa的持久寿命为129h~185h,达到了DD6母材的性能指标;Ⅲ型接头980℃的持久强度均超过了母材性能指标的90%。当连接试样的晶体取向不完全匹配时,接头持久性能不同程度地降低,其中纵向连接试样(Ⅱ型接头)980℃/

200MPa 的持久寿命超过 158h,即接头持久性能超过 DD6 母材性能指标的 80%；而横向连接试样(Ⅳ型接头)的持久性能测试结果很分散,有的接头性能与Ⅲ型接头相当,有的接头性能与Ⅱ型接头相当,而有的接头持久性能很差,其 980℃/200MPa 的持久寿命只有 15h~32h。

表 1 -54　不同晶体取向的 DD6 单晶接头 980℃持久性能测试结果

| 接头类型 | 应力/MPa | 寿命 |
|---|---|---|
| Ⅱ | 175① | 231h05min,217h50min |
| Ⅱ | 200② | 158h20min |
| Ⅲ | 200③ | 230h40min,220h10min,222h05min |
| Ⅳ | 200 | 19h30min,32h40min,15h10min,31h05min |
| Ⅳ | 200③ | 238h35min,213h35min |
| Ⅳ | 200② | 142h10min,108h25min |
| ① 100h 和 200h 应力分别升至 200MPa 和 225MPa; | | |
| ② 100h 应力升至 225MPa; | | |
| ③ 100h 和 200h 应力分别升至 225MPa 和 250MPa | | |

从图 1 -90 可见,DD6 单晶 TLP 扩散焊接头组织由交替分布的两个区域(A 区和 B 区)组成,如图 1 -97 所示。其中 A 区的显微组织与 DD6 母材的组织几乎相同(见图 1 -97(a)),在更高放大倍数下可见在 A 区中心,有一些花朵状 γ + γ′共晶和块状硼化物相(见图 1 -97(b)、1 -97(d)),而 B 区的组织是不均匀的,B 区的两个边层是花朵状 γ + γ′共晶,B 区中心的组织则为 γ 固溶体上分布着不同形状的硼化物。

从对接头组织的观察结果,可以对接头的形成过程描述如下:在 TLP 扩散焊过程的等温凝固阶段,液相中间层合金以从两边单晶母材外延生长的方式凝固。在一些区域(A 区),彼此靠近的两个固/液界面相互接触,形成组织与母材类似的焊缝。而在另一些区域(B 区),等温凝固阶段完成时在彼此靠近的两个固/液界面之间仍有一些液相存在,这些液相在冷却过程中凝固。这是因为 DD6 合金难熔元素如 W、Mo、Ta、Re 和 Nb 的含量高,会降低元素在固溶体中的扩散速度,因此很难在整个接头中都实现等温凝固。

对于Ⅰ型和Ⅲ型接头,两个被连接试样取自同一根试棒(Ⅰ型接头)或同一块试板(Ⅲ型接头),在试棒或试板被切开后,再按原位置进行组装焊接。因此,理论上被连接两试样的晶体取向完全相配,从接头两端以外延生长方式凝固的焊缝也具有完全相配的晶体取向(图 1 -97(b) ~(d)),当两个彼此靠近的固/液界面相互接触时(A 区),就形成了理想的无界面单晶接头(图 1 -97(b)、(d))。比较图 1 -97(b)与 1 -97(d)可见,Ⅰ型接头的 A 区组织较Ⅲ型接头更均匀,前者的共晶

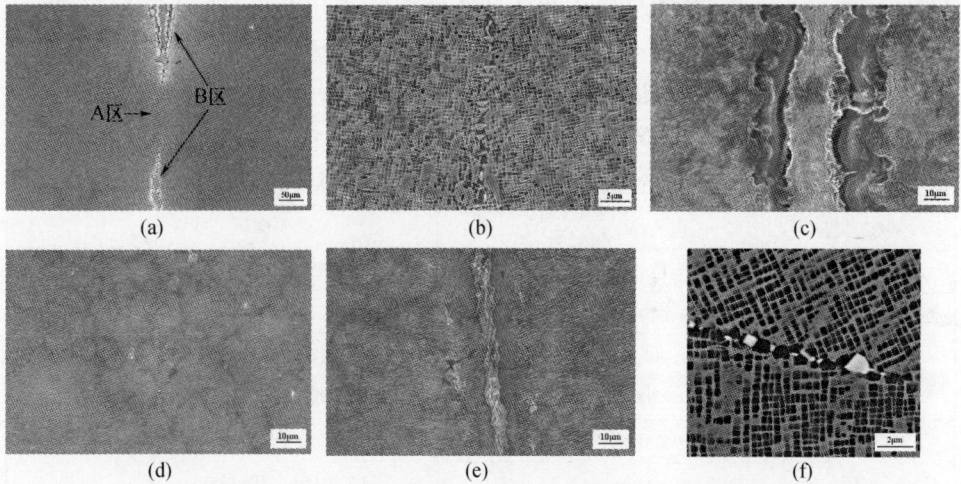

图 1-97　DD6 单晶高温合金 TLP 扩散焊接头组织
(a) Ⅲ型接头；(b) Ⅲ型接头，A 区；(c) Ⅲ型接头，B 区；
(d) Ⅰ型接头，A 区；(e) Ⅱ型接头，B 区；(f) Ⅳ型接头，A 区。

和硼化物相的数量少，尺寸小。对于Ⅱ型和Ⅳ型接头，两个被焊试样的晶体取向不匹配，因此从接头两端以外延生长方式凝固的焊缝的晶体取向也不匹配(见图 1-97(e)、(f))，当两个彼此靠近的固/液界面相互接触时(A 区)，就在接头中心形成明显的界面(见图 1-97(f))。

在所研究的 4 种接头中，Ⅰ型和Ⅲ型接头组织最佳，在其 A 区形成了单晶组织(图 1-97(b)、(d))，断口呈现韧窝断裂的特征(图 1-93(a))，因此具有较优的持久性能，分别达到 DD6 母材性能指标水平或超过母材性能指标的 90%。但是Ⅰ型接头的持久性能还是低于 DD6 合金的实测值，Ⅰ型接头 980℃/250MPa 的持久寿命为 129h~185h(见表 1-53)，而 DD6 合金 980℃/250MPa 持久寿命的实测值约为 270h[70]。这是因为并非整个Ⅰ型接头都是单晶组织，在 DD6 合金 TLP 扩散焊接头中，总是存在非均匀的区域，降低接头性能。在持久拉伸过程中，断裂起始于这些不均匀的区域(图 1-94(a))。一项关于 DD6 横向持久性能研究的结果表明，在 800℃，850℃，900℃ 的温度条件下，与相同条件下的纵向即 [001] 取向持久性能相比，DD6 的横向持久寿命低于纵向持久寿命。但在相对较高温度下，横向持久性能相对提高并接近于纵向持久性能[76]。DD6 单晶 TLP 扩散焊接头测试结果也表明，横向试样(Ⅲ型接头)的持久性能接近纵向试样(Ⅰ型接头)持久性能。

对于Ⅱ、Ⅳ型接头，由于两连接试样的晶体取向之间存在一定的错配，在接头中形成了一些再结晶晶粒，而在未产生再结晶的部位仍呈现韧窝断裂的特征(图 1-98(a))。在更高放大倍数下，可见接头断口上再结晶晶粒晶界处的平台过渡

（图1 -98(b)）。焊缝中局部生产的再结晶降低接头性能,其中Ⅱ型接头的两连接试样取自DD6单晶铸棒,所有铸棒的主应力轴与[001]方向的偏离度都控制在5°以内,取自不同铸棒的两连接试样的晶体取向差不大于10°,因此Ⅲ型接头也具有较好的持久性能,达母材性能指标的80%;而Ⅳ型接头的两连接试样取自DD6单晶铸板,铸板的主应力轴与[001]方向的偏离度较单晶铸棒大,为不大于15°,因此不同试样的晶体取向差有较大的差别,造成接头持久性能测试结果很分散。

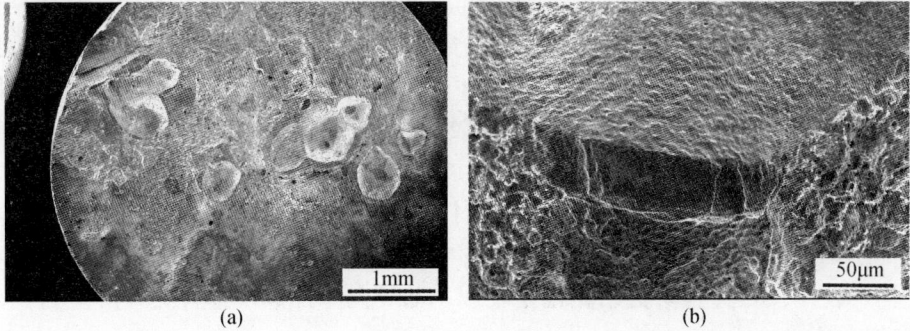

图1 -98　Ⅱ型接头断口形貌

(a) 全貌;(b) 局部放大。

# 1.6　总结与展望

近二十余年来,北京航空材料研究院针对高性能航空发动机高压涡轮工作叶片和导向叶片的设计需求,对定向凝固高温合金、单晶合金和定向凝固$Ni_3Al$基高温合金的钎焊和过渡液相扩散焊(TLP扩散焊)技术进行了深入系统的试验研究,研制了一系列具有自主知识产权的钎料和中间层合金,制定了钎焊或TLP扩散焊工艺,获得了具有良好力学性能高温合金接头。定向凝固高温合金DZ22钎焊980℃持久强度达母材性能指标的70%(见表1 -4),扩散焊接头980℃持久强度达母材性能指标的90%(见表1 -7)。定向凝固高温合金DZ125钎焊接头980℃持久强度达母材性能指标的60%以上(见表1 -9、表1 -11)。二代定向凝固高温合金DZ406钎焊接头980℃持久强度达母材性能指标的80%(见表1 -18)。定向凝固$Ni_3Al$基高温合金IC6扩散焊接头980℃持久性能达到母材横向性能水平,1100℃持久性能达到母材横向性能水平的80%(见表1 -20)。定向凝固$Ni_3Al$基高温合金IC10扩散焊接头1100℃持久性能达到母材横向性能水平(见表1 -42)。第一代单晶合金DD3扩散焊接头980℃持久强度达到母材性能的90%以上(见表1 -46)。第二代单晶合金DD6扩散焊接头980℃、1100℃持久强度分别达到母材性能指标的 100% 和 90%（见表 1 - 53）。研究的钎焊与 TLP 扩散焊工艺已用于多种型号高性能航空发动机高压涡轮叶片的研制和生产[77]。

从目前的发展趋势看,在未来的 10 年 ~ 20 年,航空发动机高压涡轮叶片可能全部采用单晶合金制造。但目前关于单晶合金高强 TLP 扩散焊工艺的研究还存在很大的局限性,即扩散焊均在热处理前采用高温长时间的工艺进行,焊后通过热处理调整母材组织性能。然而对于一些单晶合金构件(例如导向叶片),为了保证各零件之间相互位置的正确以及避免形成组件后一些位置难以进行加工,必须在焊接前对单个零件进行机加工、制冷却孔及型面机械抛修等工序,从而在这些经过机加工、机械抛修的部位储存应变能,随后若加热到高温,就很容易产生再结晶。因此对于这样的构件进行焊接,存在高性能接头的获得与最大限度降低焊接热循环对母材组织性能的影响以及防止经过冷加工的单晶构件在焊接加热过程中再结晶之间存在难以调和的矛盾。应尽快开展适用于单晶导向叶片的组合焊接技术研究,其核心问题是在获得满足服役要求力学性能接头的同时,使焊接热过程不对单晶母材组织性能产生有害影响或影响尽可能小;另外,防止经过冷加工的单晶构件在焊接热过程中再结晶也是实现单晶导向叶片焊接组合必须解决的一个关键问题。

根据国外资料报道,单晶构件连接时,需控制连接部件的晶体取向差在 10° 以内,以避免大角度晶界的产生[5]。国内目前对单晶叶片进行焊接时还未考虑对连接部件的取向差进行控制,亟待开展这方面的试验研究。

对于铸造高温合金叶片缺陷的钎焊修复技术,国外已产业化,有专门从事叶片缺陷钎焊修复的企业,其最有特色的技术是焊前去除裂纹表面氧化膜的氟离子清理(FIC)技术及对宽裂纹的大间隙钎焊(又称粉末冶金钎焊)技术。国外去除裂纹表面氧化膜的 FIC 工艺很成熟,有专门的成套设备。国内只能对有限的一些缺陷进行钎焊修复,在裂纹表面氧化膜的去除上,目前只能去除简单成分合金裂纹表面的氧化膜,或采用机加工方法去除裂纹,FIC 工艺还基本是空白,因此需尽快开展这方面的试验研究。另外国外已经开始开展单晶叶片裂纹焊接修复的探索试验研究[8 - 10],但从文献报道看,试验研究还是初步的,考虑了裂纹钎焊修复接头的单晶化,还未研究钎焊修复热过程对单晶叶片组织性能的影响以及再结晶方面的潜在风险。国内也应尽快开展这方面的试验研究,为我国单晶叶片可能产生服役缺陷的钎焊修复提供技术储备。

从资料报道看,国外三代单晶叶片已用于先进航空发动机[1],采用四代单晶制造的涡轮叶片已经在多种先进发动机上完成了试验评价[78]。从目前国内单晶叶片制造技术的发展看,焊接仍然是单晶叶片不可缺少的制造技术之一,因此应尽快开展三代及以上单晶合金钎焊、TLP 扩散焊工艺的研究,为我国单晶合金的应用和先进航空发动机涡轮叶片的研制提供必要的焊接技术储备。

在对单晶叶片进行钎焊或 TLP 扩散焊时,存在接头强度低、焊接热循环对母材组织性能产生不利影响及再结晶等问题,国外对单晶合金的电子束焊和激光焊进行了研究,研究结果表明,采用电子束焊时,接头中难以避免裂纹的产生(见图1-99),而采用激光焊,当焊接规范合适时,能形成无裂纹的完整接头(见图1-100)[79]。目前还未见有关单晶叶片电子束焊和激光焊的文献报道。但单晶合金的激光粉末熔敷(LPFW)技术已用于单晶叶片的制造和缺陷的修复,见图1-101[80]。而国内关于单晶合金熔焊工艺的研究还几乎是空白,因此应尽快开展这方面的试验研究。

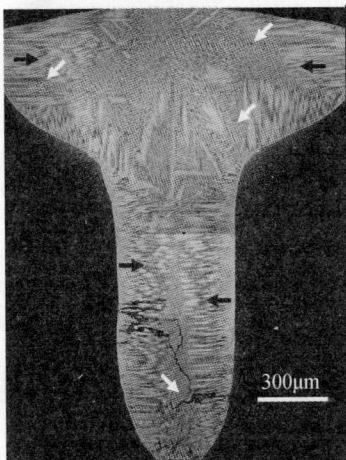

图 1-99  单晶合金
电子束焊接头

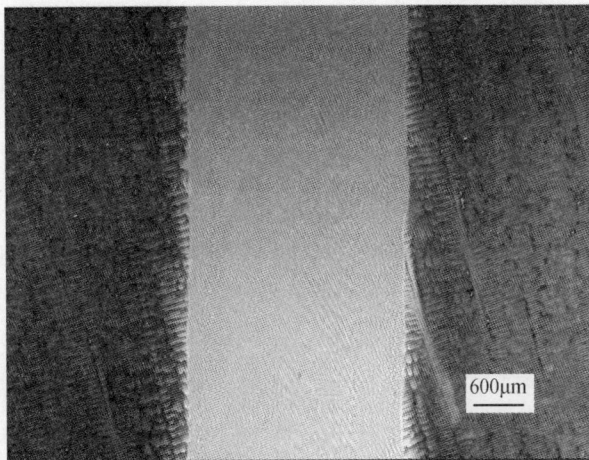

图 1-100  单晶合金激光焊接头

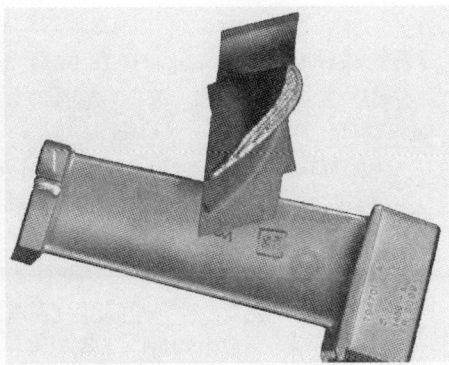

图 1-101  单晶叶片的激光粉末熔敷

# 参 考 文 献

[1] 《中国航空材料手册》编辑委员会. 中国航空材料手册. 第2卷 变形高温合金 铸造高温合金[M]. 第2版. 北京:中国标准出版社,2002.

[2] 黄乾尧,李汉康,等. 高温合金[M]. 北京:冶金工业出版社,2002.

[3] 何玉怀,苏彬. 中国航空发动机涡轮叶片用材料力学性能状况分析[J]. 航空发动机,2005,31(2):51 – 54,58.

[4] Miglietti W M,Pennefather R C. Microstructure,mechnical properties and coatability of diffusion brazed CMSX – 4 single crystal[C]//ASM International. Proceedings from Materials Solutions'97 on Joining and Repair of Gas Turbine Components. Ohio:Materials Park,1997:61 – 77.

[5] Broomfield R W. Development of brazing techniques for the joining of single crystal components[C]//Fifth Internation Charles Parsons Turbine Conference. Cambridge:Cambridge University Press,2000:741 – 754.

[6] Nishimoto,K,Saida,K,Kim,D,et al. Bonding phenomena and joint properties of transient liquid phase bonding of Ni-base single crystal superalloys[J]. Welding in the World,1998,41(2):121 – 131.

[7] Giamei A F,Salkeld R W,Hogers C W. Energy efficient engine high-pressures turbine single crystal vane and blade fabrication technology report,NASA-CR – 165400 [R]. North Berwick:United technologies corporation,Pratt & Whitney aircraft group,Commercial products division,1981.

[8] Schnell A,Stankowski A,deMarcos E. A study of the diffusion brazing process applied to the single crystal superalloy CMSX – 4[C]//Proceedings of GT2006. Barcelona:ASME Turbo Expo 2006,2006:1729 – 1741.

[9] Britta Laux,Sebastian Piegert,Joachim Rösler. Fast epitaxial High temperature brazing of single crystalline nickel based superalloys. Journal of Engineering for Gas Turbines and Power;Transactions of the ASME,2009,131(3):032102 – 1 – 8.

[10] Britta Laux,Sebastian Piegert,Joachim Rösler. Advanced braze alloy for fast epitaxial high-temperature brazing of single-crystalline nickel based superalloys[J]. Journal of Engineering for Gas Turbines and Power;Transactions of the ASME,2010,132(3):032101 – 1 – 7.

[11] Li W,Jin T,Sun X F,et al. Study of Ni – Cr – Co – W – Mo – B interlayer alloy behaviour for a Ni-base single crystal superalloy[J]. Scripta Materialia,48(2003),1283 – 1288.

[12] 李文,金涛,孙晓峰,等. 镍基单晶高温合金 TLP 连接[J]. 金属学报,2001,37(11): 1165 – 1168.

[13] Liu J D,Jin T,Li W,et al. Creep fracture mechanism of TLP joint of a nickel-base single crystal superalloy [J]. Journal of Alloys and Compounds,2008,457(1 – 2):185 – 190.

[14] Zheng Y R,Tangri K. Microstructure and bonding behavior of a new Zr-bearing interlayer alloy for single crystal nickel-base superalloy[C]//TMS. Superalloys 1992. Pennsylvania USA:Warrendale,1992.

[15] 郑运荣,阮中慈. Ni – Hf 合金钎焊料的显微制造和钎接作用[J]. 金属学报,1990,26(2).

[16] 李晓红,钟群鹏,曹春晓. K403 与 DZ4 高温合金的大间隙钎焊[J]. 航空材料学报,2003, 23(4).

[17] 李晓红. 涡轮导向叶片补钎工艺研究[学位论文]. 北京:北京航空航天大学,1986.

[18] 陈国良. 高温合金学[M]. 北京:冶金工业出版社,1988.

[19] 《中国航空材料手册》编辑委员会. 中国航空材料手册. 第5卷. 粉末冶金材料 精密合金与功能材料[M]. 第2版. 北京:中国标准出版社,2002.

[20] 李晓红,毛唯. DZ22 定向凝固合金钎焊接头组织与持久性能研究[C]//第七届全国钎焊与扩散焊技

术交流会论文集. 金华,1994.

[21] 庄鸿寿,E 罗格夏特. 高温钎焊[M]. 北京:国防工业出版社,1989.

[22] Li X H,Mao W,Cheng Y Y,et al. Microstructures and properties of transient liquid phase diffusion bonded joints of DZ22 superalloy[J]. Welding in the World,2005,49(1/2):34 – 38.

[23] Duvall D S,Owczarski W A,Paulonis D F. TLP bonding:a new method for joining heat resistant alloys[J]. Welding Journal,1974,53(4):203 – 214.

[24] 张新平,史耀武,任耀文. 非晶态钎料研究与应用进展[C]//第八届全国钎焊扩散焊技术交流会论文集. 大庸,1995.

[25] 毛唯,李晓红,程耀永. DZ125 高温合金的真空钎焊[C]// 第九届全国焊接学术会议论文集. 天津,1999.

[26] 毛唯,李晓红,程耀永,等. 定向凝固高温合金 DZ125 的钎焊工艺研究[C]// 2004 航空航天焊接国际论坛论文集. 北京:机械工业出版社,2004:406 – 409.

[27] 黄朝晖,贾新云,谭永宁,等. 第二代定向高温合金 DZ6 热处理研究[J]. 航空材料学报,2008,28(6):1 – 4.

[28] 谢永慧,刘效方,毛唯,等. 含硼镍基钎料钎焊 IC6 合金接头显微组织分析[J]. 航空材料学报,2000,20(1):1 – 6.

[29] 谢永慧,刘效方,毛唯,等. TLP 连接接头近缝区一种硼化物的 TEM 研究[J]. 航空材料学报,2000,20(3):89 – 93.

[30] 谢永慧,刘效方,毛唯,等. TLP 连接 IC – 6 合金接头高温拉伸性能与接头组织的关系[J]. 材料工程,2000(6):42 – 44.

[31] LI Xiao-hong,Mao Wei,Cheng Yao-yong. Microstructures and properties of transient liquid phase diffusion bonded joints of Ni$_3$Al-base superalloy[J]. Transactions of Nonferrous Metels Society of China,2001,11(3):405 – 408.

[32] 冯端. 金属物理学. 第二卷. 相变[M]. 北京:机械工业出版社,1989.

[33] 戚正风. 金属热处理原理[M]. 北京:机械工业出版社,1989.

[34] Su C Y,Chou C P. Mater Sci &Technol,1999,15 (3):316.

[35] 李晓红,毛唯,程耀永. IC6 合金铸造裂纹补焊工艺研究[J]. 焊接,1998,(11).

[36] 毛唯,李晓红,叶雷. 定向凝固 Ni$_3$Al 基高温合金 IC6A 的真空钎焊[J]. 航空材料学报,2006,26(3):103 – 106.

[37] 郑运荣,张德堂. 高温合金与钢的彩色金相研究[M]. 北京:国防工业出版社,1999.

[38] 赵希宏,黄朝晖,谭永宁,等. 新型 Ni$_3$Al 基定向高温合金 IC10[J]. 航空材料学报,2006,26(3):20 – 24.

[39] 赵希宏,黄朝晖,谭永宁,等. IC10 高温合金的微观组织[J]. 航空材料学报,2008,28(3):28 – 33.

[40] 毛唯,李晓红,程耀永,等. IC10 与 GH3039 高温合金的真空钎焊[J]. 焊接,2004,(7):17 – 20.

[41] 梁海,毛唯,孙计生. K465 铸造高温合金高温钎焊接头的显微组织[J]. 材料工程,2005,(9):7 – 10,15.

[42] 毛唯,周媛,叶雷,等. 不同钎料钎焊 K465 高温合金接头的组织和性能[J]. 电焊机,2008,38(9):65 – 68.

[43] 叶雷,毛唯,谢永慧,等. 定向凝固高温合金 IC10 瞬态液相(TLP)扩散焊接头组织研究[J]. 材料工程,2004,(3):42 – 44.

[44] 叶雷,毛唯,李晓红. 含 Zr 中间层合金扩散连接 IC10 高温合金焊缝组织分析[C]// 2004 航空航天焊接国际论坛论文集. 北京:机械工业出版社,2004:410 – 412.

[45] 叶雷,李晓红,毛唯,等. 不同中间层合金对 IC10 合金的连接[J]. 航空材料学报,2006,26(3):

319 – 320.

［46］ 叶雷,李晓红,毛唯,等. Hf 与 Zr 为降熔元素镍基钎料对 IC10 合金的钎焊[J]. 焊接学报,2009,30
(2):137 – 140.

［47］ Ye Lei,Li Xiaohong,Mao Wei,et al. Orthogonal design of Ni-based filler metals with Hf and Zr as melting-point
depressants[J]. Rare Metals,2009,28 (Spec. Issue):832 – 834.

［48］ 毛唯,李晓红,谢永慧. 采用含 Zr 钎料钎焊定向凝固 Ni₃Al 基合金 IC10[C]//第十届全国焊接会议论
文集第一册. 黑龙江:黑龙江人民出版社,2001.

［49］ 李晓红,钟群鹏,曹春晓,等. DD3 单晶合金对开叶片 TLP 扩散焊工艺探索研究[J]. 材料工程,2003,
(6):3 – 6.

［50］ 李晓红,钟群鹏,曹春晓. DD3 单晶合金瞬间过渡液相扩散焊接头组织与性能[J]. 航空材料学报,
2003,23(2).

［51］ 李晓红,谢永慧,钟群鹏,等. DD3 单晶合金短时液相扩散焊连接接头组织与性能研究[J]. 材料工
程,2005,(5):3 – 6.

［52］ 毛唯,李晓红,周媛,等. DD3 单晶合金 TLP 扩散焊接头的高温拉伸性能和持久性能[J]. 焊接,2008
(3):28 – 31.

［53］ 李晓红,叶雷,钟群鹏,等. DD3 合金 TLP 扩散焊等温凝固过程研究[J]. 航空材料学报,2011,31(6):
1 – 6.

［54］ M. 麦克莱恩(英). 定向凝固高温材料[M]. 陈石卿,陈荣章,译. 北京:航空工业出版社,1989.

［55］ Gale W F,Wallach E R. Wetting of nickel alloys by nickel based brazes[J]. Materials Science and Technolo-
gy,1990,6(2):170 – 175.

［56］ 夏立芳,张振信. 金属中的扩散[M]. 哈尔滨:哈尔滨工业大学出版社,1989.

［57］ Nishimoto K,Saida K,Kim D,et al. Transient liquid phase bonding of Ni-base single crystal superalloy CMSX – 2
[J]. ISIJ International,1995,35(10):1298 – 1306.

［58］ 张新平,史耀武,任耀文. 镍基非晶态及晶态钎料真空钎焊时母材在钎料中溶解特性的研究[J]. 航空
材料学报,1996,V16(3):50 – 56.

［59］ MacDonald W D,Eagar T W. Isothermal solidification kinetics of diffusion brazing[J]. Metall. Trans ,1998,
29A(1):315 – 325.

［60］ 李晓红,钟群鹏,曹春晓,等. 不同取向 DD3 单晶合金扩散连接接头组织及性能[J]. 材料工程,2011,
(12):1 – 5,9.

［61］ 胡汉起. 金属凝固原理[M]. 北京:机械工业出版社,2000.

［62］ Ross E W,Hara K S O'. René N4:A first generation single crystal turbine airfoil alloy with improved oxida-
tion resistance,low angle boundary strength and superior long time rupture strength[C]. Superalloys 1996, e-
d. Kissinger R D,et al. (Warrendale,PA:TMS,1996),19 – 25.

［63］ Seth B B. Superalloys-the utility gas turbine perspective[C]. Superalloys 2000, ed. T. M. Pollock et al.
(Warrendale,PA:TMS,2000),3 – 16.

［64］ Shah D M,Cetel A. Evaluation of PWA1483 for large intergranular fracture LAB 450 single crystal IGT blade
applications[C]. Superalloys 2000, ed. T. M. Pollock et al. (Warrendale,PA:TMS,2000),295 – 304.

［65］ Harris K,Wahl J B. Improved single crystal superalloys,CMSX – 4 (SLS) [La + Y] and CMSX – 486[C].
Superalloys 2004 ,ed. K. A. Green et al. (Warrendale,PA:TMS,2004),45 – 52.

［66］ Chen Q Z,Jones C N,Knowles D M. The grain boundary microstructures of the base and modified RR 2072
bicrystal superalloys and their effects on the creep properties[J]. Materials Science and Engineering A. 2004,

385:402.
[67] Li J R, Zhong Z G, Tang D Z, et al. A low-cost second generation single crystal superalloy DD6 [C]// TMS. Superalloys 2000. Pennsylvania USA: Warrendale, 2000: 777 - 783.

[68] Li J R, Wang K G, Luo Y S, et al. Creep behavior of single crystal superalloy DD6 at 760℃ and 980℃ [J]. Materials Science Forum, 2007, 539 - 543: 3118 - 3123.

[69] Jin H P, Li J R, Liu S Z. Stress rupture properties of the second generation single crystal superalloy DD6 after high temperature exposure[J]. Materials Science Forum, 2007, 546 - 549: 1249 - 1252.

[70] Li J R, Ji H P, Liu S Z. Stress rupture properties and microstructures of the second generation single crystal superalloy DD6 after long term aging at 980℃ [J]. Rare Metal Material and Engineering, 2007, 36(10): 1784 - 1787.

[71] 周媛, 毛唯, 李晓红. BNi82CrSiB 钎料钎焊 DD6 单晶合金接头组织及力学性能研究[J]. 材料工程, 2007, (5): 3 - 6.

[72] Tung S K, Lim L C, Lai M O. Solidification phenomena in nickel base brazes containing boron and silicon [J]. Scripta Materialia, 1996, 34(5): 763 - 769.

[73] 毛唯, 何剑雄, 等. BNi82CrSiB 钎料钎焊 K403 合金接头的性能[C]//第十一次全国焊接会议论文集 (第1册). 上海: 中国机械工程学会焊接分会, 2005: 38 - 40.

[74] 李晓红, 毛唯, 郭万林, 等. DD6 单晶合金过渡液相扩散焊工艺[J]. 焊接学报, 2005, 26(4): 51 - 54.

[75] 毛唯, 李晓红, 周媛, 叶雷. 取向匹配性对 DD6 单晶接头持久性能的影响[J]. 焊接学报, 2011, 32 (4): 91 - 94.

[76] 赵金乾, 李嘉荣, 刘世忠, 等. 单晶高温合金 DD6 的中温横向持久性能[J]. 材料工程, 2009, (3): 1 - 5.

[77] 李晓红. 先进航空高温结构材料的钎焊与扩散焊技术[J]. 焊接, 2008, (11): 9 - 18.

[78] 孙广华, 李晓欣. 美国研制的第四代单晶合金[J]. 国际航空, 2007, (12): 50 - 51.

[79] Vitek J M, Babu S S, Park J - W, et al. Welding of single crystal nickel-based superalloy[R]. Oak Ridge National Laboratory, Oak Ridge, Tennessee, USA.

[80] Kaser David. Laser powder fusion welding. [EB/OL]. (2010 - 5 - 28). http://www. huffmancorp. com/downloads/white-papers/LPFWcolor-Kaser. pdf.

# 第 2 章　变形高温合金焊接技术

变形高温合金是指可用压力加工方法使毛坯成形的合金。根据最新命名规则,变形高温合金的牌号以"GH"+4 位数字表示。另外以"MGH"表示的机械合金化粉末高温合金,也归类为变形高温合金。

为满足航空或其他发动机热端部件对材料高温力学性能、抗氧化能力以及热膨胀系数等要求,国内先后开展了 GH4169、GH907、GH909、GH783、MGH754 等先进的变形高温合金的研制,并相继在生产中得到应用。由于发动机的零部件结构通常比较复杂,很难通过压力加工和机加工的方法直接完成制造,许多情况下需要采用焊接工艺来降低制造难度和成本。根据各合金在发动机上的应用部位和结构形式,可以选择不同的焊接方法。如 GH4169 主要用于制造机匣、环件和轴,可采用氩弧焊、电子束焊制造机匣、环件,而轴类件采用惯性摩擦焊更具经济性和技术性。低膨胀合金 GH909、GH783 的应用形式多为薄壁环形件,采用氩弧焊和电子束焊比较合适。而 MGH754 主要用于涡轮导向叶片、多空层板高效冷却结构,根据其结构形式和受力状况,选择焊接变形小的钎焊工艺即可满足其使用要求。

变形高温合金为保证高温性能,一般含有较多的 Nb、Al、Ti 等合金元素,因此熔化焊接时存在裂纹倾向,包括焊缝结晶裂纹和热影响区微裂纹,应从焊接材料和焊接工艺两方面采取措施,防止裂纹的产生。采用钎焊工艺的重点在于钎料的设计选择,应考虑其钎焊工艺性、接头使用性能和钎料制备的可操作性。若采用摩擦焊,则工艺参数的匹配选取至为关键。本章围绕变形高温合金的焊接技术关键,在焊接性评价、焊丝和钎料的设计选择以及工艺优化等各方面开展研究,为其最终走向焊接应用提供了技术储备。

## 2.1　低膨胀高温合金熔焊技术

低膨胀高温合金属于变形高温合金中的一类。这类合金以 Fe - Ni - Co 为基,通过添加 Nb、Al、Ti 等元素形成金属间化合物沉淀得到强化,具有高强度、低膨胀系数和稳定的弹性模量[1]。其低的热膨胀系数来源于对铬含量的控制,最初的低膨胀合金,如 Incoloy 903、Incoloy 907、Incoloy 909 合金,均不含铬。为提高合金的抗氧化性,适当地添加了铬,如 GH783 含 3% 的铬,抗氧化温度提高到 800℃。由于低膨胀高温合金具有高强度和低膨胀特性,在航空领域被广泛应用于燃气轮机

104

的密封环、外环、隔热环、机匣、叶片、护罩、紧固件等构件。低膨胀合金用于发动机间隙控制构件,可以实现主动间隙控制,大大降低燃气损失,降低油耗,提高推重比。

## 2.1.1 低膨胀高温合金的焊接性

低膨胀高温合金的应用不可避免要涉及到焊接加工。已有研究表明,这类合金焊接时存在一定的焊缝结晶裂纹和热影响区微裂纹倾向。

低膨胀高温合金的焊缝结晶裂纹敏感性产生于凝固过程中 Nb、Ti、Si 向晶界和凝固亚结构边界的偏析以及终了低熔点共晶的形成。Nb、Ti、Si 的增加水平对终了共晶液相的数量和凝固温度的降低有着重要影响,从而也决定了合金对结晶裂纹的敏感性。Chaturvedi 等研究发现,Incoloy903 焊缝金属以胞状树枝晶方式凝固,Fe 和 Co 偏析于 γ 树枝晶,Nb、Ti、P、Si、C 偏析于树枝晶间区域,凝固终了是 γ/MC 碳化物共晶反应,生成富 Nb 的 MC 碳化物,另外只有痕量 Laves 相生成,焊缝金属中没有出现微裂纹[2-5]。Cieslak 等采用差热分析(DTA)对 Incoloy909 凝固行为的研究则表明,该合金大约在 1198℃凝固结束,凝固终了生成单一的 γ/Laves 类共晶组分。这种凝固终了共晶的差异必然会对焊缝结晶裂纹敏感性造成影响[6]。

Ernst 等对 Incoloy900 系列熔合区显微组织的比较发现,随 Nb、Si 含量的增加(即 909 > 907 > 903),γ/Laves 共晶组分增加。根据 Nb 含量的 EDS 分析数据采用 Scheil 法估算了 Incoloy903、907、909 的共晶液相体积比率,它们依次为 2.9%、4.6% 和 8.5%。Incoloy903 和 907 较高的含 C 量以及凝固过程中富 Nb 碳化物的形成,会进一步降低凝固终了 γ/Laves 共晶组分的形成。但是,900 系列合金的结晶裂纹敏感性与共晶液相的量之间并不是线性关系。存在一晶界恰好完全润湿的临界液相量。低于该临界值,增加液相会促进晶界润湿因而增加裂纹倾向;高于该临界值,增加液相会造成裂纹愈合反而有利。可变拘束试验表明 Nb + Si 含量高的 Incoloy 909 裂纹敏感性大于 903 和 907,这意味着在这些合金中的共晶液相量低于发生裂纹愈合作用的临界值[7]。

晶界上富 Nb、P 和 C 的连续或半连续液膜的形成是产生 HAZ 微裂纹的主要原因。如果液相以离散的形式分布于晶界的孔穴处,则不会造成 HAZ 微裂纹[4,8]。

关于 HAZ 晶界液膜的形成有多种不同的机理:①由偏析引起的局部成分变化造成晶界的熔化;②由初始碳化物、碳氮化物、硼化物、硫化物等的组分液化在晶界形成液膜;③晶界迁移时造成 γ 相晶界溶质的积累;④熔合区重新凝固的富 Nb 晶界上的 Nb 沿熔合区连续通道扩散进入 HAZ;⑤富 Nb 液相沿 γ 相晶界从熔合区向 HAZ 内贯穿[9]。

在上述各机理中组分液化得到了更多的认可与研究。Lin 等人的研究认为,

Incoloy903 中 HAZ 液相的基本来源是富 Nb 碳化物的组分液化,而 Incoloy909 中其来源则是富 Nb 和 Si 的 Laves 相和/或 G – 相的组分液化[10]。Nakkalil 等进一步的研究表明,Incoloy903HAZ 液相主要产生于晶界上已有的初始 MC 碳化物、MNP 磷化物以及细小碳化物的组分液化[11]。HAZ 微裂纹敏感性与 HAZ 晶界液相数量有关,随 Nb + Si 含量增加,液相增加,裂纹敏感性也增加[7]。

Nakkalil 等人的研究发现,晶界上过饱和液膜的凝固方式对微裂纹的形成有重要影响[3,11,12]。当 HAZ 晶界液膜以与熔合区相似的凝固方式凝固时,γ 树枝晶形核长大,然后进行终了 γ/MC 碳化物共晶反应,最终造成大量的微裂纹;当 HAZ 晶界液膜以液膜迁移(LFM)的方式凝固时,液膜溶解处于其前方的 γ 基体并在其后方沉积富 Nb 的 γ 固溶体,通过液膜中的溶质传输减轻过饱和,HAZ LFM 的大量发生减小了总的凝固温度范围,避免了晶界液相的低熔点终了共晶反应,因而减少了微裂纹的发生。

HAZ 微裂纹的形成机理可以归结为:焊接过程快速的热循环能够促进一些合金系中析出物的组分液化,在 HAZ 的固相线下部分形成晶界液膜。快速冷却限制了溶质自晶界液相向基体的扩散程度,因此扩大了它的凝固范围。同时,该液相不能通过液膜迁移(LFM)减轻过饱和并避免在裂纹形成前生成终了低熔共晶液相。当局部热应力变为拉伸应力时还存在晶界液膜,就会在 HAZ 发生液化裂纹。另外,液相吸附磷至晶界,降低固液界面能削弱晶界结合,会加剧微裂纹。直的晶粒边界通道有助于液相铺展和裂纹扩展,降低发生 LFM 的驱动力,增加微裂纹敏感性[3,13]。

热处理制度和初始组织对 HAZ 微裂纹倾向有着重要影响。通常固溶处理有利于杂质的固溶从而减小杂质的晶界积累,而时效处理则正好使杂质溶解度处于最低谷,因此对 HAZ 液化裂纹敏感的材料通常应在固溶状态下焊接。

Liu 等人研究了 Incoloy903 合金初始组织对 HAZ 微裂纹的影响。研究发现,在主要由粗大的温加工晶粒构成的试件中出现大量的微裂纹,而其周围的细小晶粒中只出现极少量的微裂纹。细晶的平均晶界曲率大,有利于 LFM 的发生,因而降低 HAZ 微裂纹倾向。增加粗大温加工晶粒周围细小再结晶晶粒的比例能够减少微裂纹[9]。

为减小 HAZ 微裂纹的发生,Richards 等人研究了电子束焊接参数对 Incoloy903HAZ 微裂纹的影响,并定量确定了微裂纹敏感性同焊接参数及熔池形状的关系[14,15]。

$$C_1 = 0.000394v - 0.0034I - 0.0027U + 0.013(P/W_{mid}) + 0.0016d_w$$

$$(2-1)$$

式中:$C_1$ 为微裂纹敏感性指数;$P/W_{mid}$ 为焊缝深宽比;$d_w$ 为电子束工作距离;$I$ 为电子束电流;$U$ 为加速电压;$v$ 为焊接速度。

Richards 等结合焊接热循环时 HAZ 温度—位置图和温度—时间曲线分析了焊接速度的影响。研究发现,低焊速能够造成液膜厚度减小、LFM 发生量增大、熔池呈椭圆形以及热应力的降低,因而降低微裂纹倾向[15]。

## 2.1.2　GH909 焊接裂纹倾向性研究

采用刚性固定对接裂纹试验、大厚度板焊接和热塑性试验考察了低膨胀高温合金 GH909 的焊接性,结合扫描电镜(SEM)和能谱分析(EDS)讨论了该合金电子束焊焊缝结晶裂纹和近缝区液化裂纹的形成原因和影响因素。研究表明,GH909 大厚度板焊接时在枝晶相对粗大的焊缝上部产生微小结晶裂纹,在焊前经固溶 + 时效试件的近缝区有微裂纹沿晶界形成。晶界或枝晶间 γ/Laves 低熔共晶对焊缝结晶裂纹和近缝区微裂纹形成有重要影响。

大厚度板焊接试验采用的试验规范由表 2 - 1 给出。焊后截取横截面试样,在扫描电镜下观察时发现在各条焊缝的焊缝上半部有长度 $10\mu m$ 左右的微裂纹,微裂纹形核于枝晶间低熔共晶处,与低熔共晶长度相当,见图 2 - 1。该类微裂纹在焊接速度较快时形成数量有所增加。在焊前经固溶 + 时效处理的试件的近缝区,有微裂纹沿晶界形成,并且也无明显扩展,见图 2 - 2。该类裂纹倾向于在高焊速下发生。

表 2 - 1　GH909 大厚度板焊接规范

| 焊缝编号 | 焊 前 状 态 | 焊接速度 $v/mm \cdot s^{-1}$ | 焊接电流 $I/mA$ |
|---|---|---|---|
| R11 | 固溶 | 3.0 | 65.0 |
| R12 | 固溶 | 9.0 | 125.0 |
| R13 | 固溶 | 15.0 | 140.0 |
| R21 | 固溶 + 二级时效 | 3.0 | 65.0 |
| R22 | 固溶 + 二级时效 | 9.0 | 125.0 |
| R23 | 固溶 + 二级时效 | 15.0 | 140.0 |

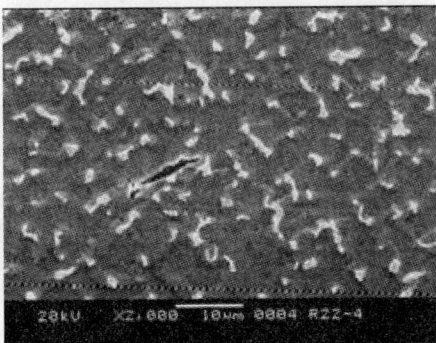

图 2-1　焊缝上部微裂纹(焊前固溶 + 时效,板厚 18mm,焊速 9mm/s)

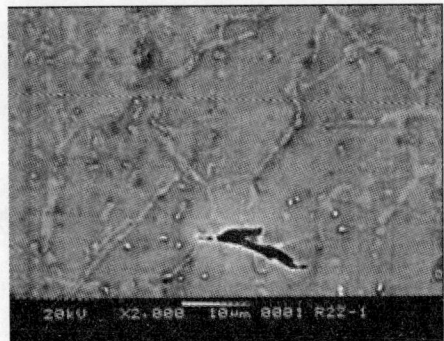

图 2-2　近缝区微裂纹(焊前固溶 + 时效,板厚 18mm,焊速 9mm/s)

热塑性试验结果由图 2-3 给出。可以看出,GH909 不论是处于固溶状态还是固溶+时效状态,其冷却阶段的塑性恢复都非常快,这说明 GH909 具有较好的抗近缝区裂纹的能力。比较两种热处理状态的热塑性曲线,可以发现固溶状态的零塑性温度高于固溶+时效状态,冷却过程中在 1140℃ 以上的低塑性区塑性恢复相对快一些。另外,在 1000℃ 至 950℃ 的中温段未出现塑性下降。因此可以认为 GH909 在固溶状态下发生近缝区裂纹的倾向要低于在固溶+时效状态下的裂纹倾向。

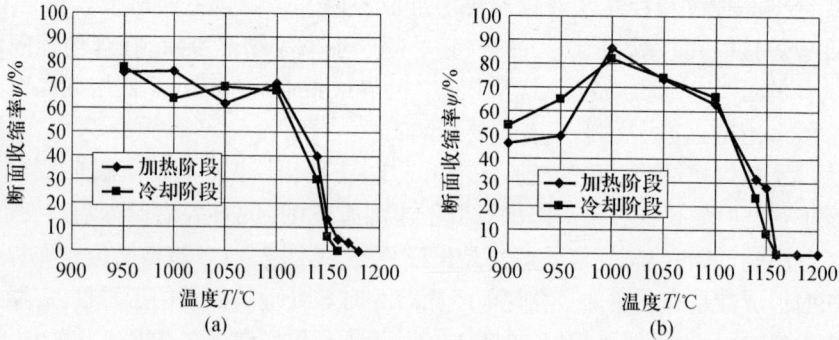

图 2-3　GH909 在加热和冷却过程中的热塑性

（a）固溶状态；（b）固溶+时效状态。

热塑性试验的断口 SEM 分析结果如图 2-4 所示,试样加热至 1200℃ 拉断,断口为典型的沿晶断裂,材料无任何塑性;从断口细节看,晶界上有明显的液化痕迹。试样加热至 1150℃ 拉断,断口虽然是沿晶断口,但晶界上有撕裂痕迹,因此材料具有一定塑性。当材料先加热至 1180℃ 的峰温,再冷却至 1150℃ 拉断时,断口为沿晶断裂,晶界比较光滑,有液化过的痕迹,材料无任何塑性。当材料冷却至 1100℃ 拉断时,断口上出现大而深的韧窝,表明塑性已得到恢复。

电子束焊接造成枝晶发达的焊缝组织,如图 2-5 所示。焊缝金属在凝固过程中要发生溶质的偏析,在枝晶间形成低熔共晶,见图 2-6。能谱分析结果（见表 2-2）显示,Nb、Ti、Si 向枝晶间偏析,促进了 $\gamma$/Laves 低熔共晶的生成,而低熔共晶往往成为热裂纹的发源地。对于同一焊缝,越靠近焊缝上表面,枝晶越粗大,因此低熔共晶的体积增加,发生热裂纹的倾向增大,但是低熔共晶间彼此孤立,难以扩展并连接。而枝晶细小的中下部,低熔共晶虽然互相连通,但由于枝晶间边界的面积增加,低熔共晶在焊缝内呈"弥散"分布,因此发生裂纹的倾向受到较大的抑制。

从母材的影响看,未作均匀化处理材料由于溶质偏析严重,即使经过焊接熔化和凝固也不能完全消除,这就导致局部低熔共晶生成量增加,裂纹发生的倾向随之增大。

(a)

(b)

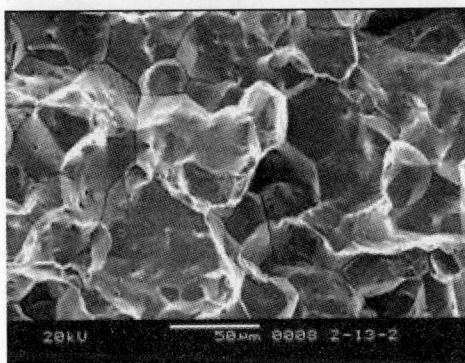

(c)

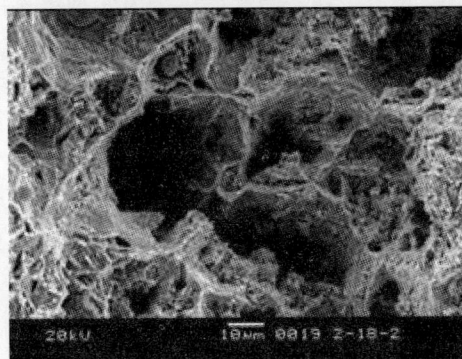

(d)

图 2 - 4　GH909(固溶 + 时效)热塑性试验的断口形貌
(a) 加热至 1200℃；(b) 加热至 1150℃；
(c) 先加热至 1180℃再冷却至 1150℃；(d) 先加热至 1180℃再冷却至 1100℃。

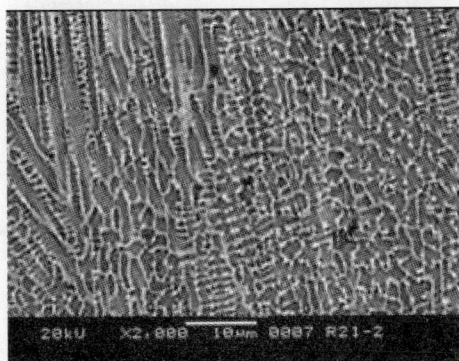

图 2 - 5　GH909 电子束焊缝组织

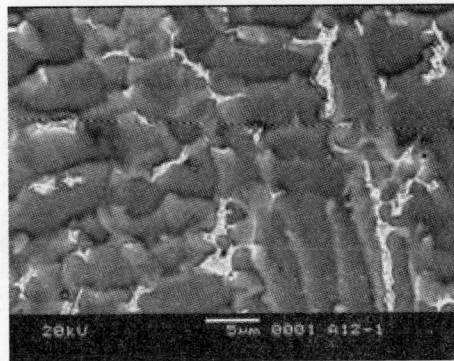

图 2 - 6　GH909 焊缝枝晶间的低熔共晶

表 2-2　焊缝枝晶干和枝晶间 γ/Laves 低熔共晶的化学成分　%（质量分数）

| 元素 | C | Si | Ti | Fe | Co | Ni | Nb |
|------|------|------|------|-------|-------|-------|-------|
| 枝晶干 | 1.22 | 0.53 | 0.91 | 45.12 | 14.13 | 35.71 | 2.39 |
| 枝晶间 γ/Laves | 1.65 | 1.27 | 2.92 | 28.36 | 12.26 | 33.02 | 20.52 |

热影响区靠近焊缝的高温区发生了晶界粗化,见图 2-7。从能谱分析(见表 2-3)看,粗化区与晶界 Laves 相相比(见表 2-2),其 Nb 含量远低于低熔共晶 γ/Laves。这说明晶界 Laves 相在焊接高温下,或通过元素向邻近 γ 基体的扩散而溶解,或与邻近基体发生组分液化,但所形成液相以生成过饱和 γ 固溶体的方式完成凝固,未生成 γ/Laves 低熔共晶。因此晶界粗化(或称晶界迁移[3])不引发近缝区裂纹。热影响区发生的另一现象是出现组分液化形成的低熔共晶,见图2-8。能谱分析表明(见表 2-3),组分液化形成的液相以生成 γ/Laves 低熔共晶的方式凝固。这对形成近缝区微裂纹有重要的促进作用。

表 2-3　GH909 母材和近缝区各区域的化学成分　%（质量分数）

| 元素 | C | Si | Ti | Fe | Co | Ni | Nb |
|------|------|------|------|-------|-------|-------|-------|
| 晶界粗化区 | 5.0 | 0.61 | 1.80 | 37.22 | 12.72 | 34.71 | 7.94 |
| 组分液化产物 | 1.60 | 1.03 | 2.70 | 26.86 | 11.91 | 35.13 | 20.77 |
| 母材白亮区 | 0.49 | 0.41 | 1.52 | 41.78 | 13.18 | 36.78 | 5.84 |
| 母材暗区 | 0.36 | 0.35 | 1.46 | 44.35 | 13.24 | 35.94 | 4.31 |

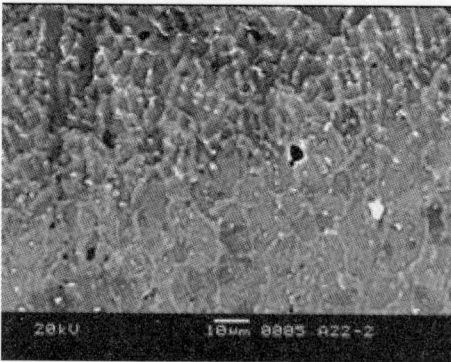

图 2-7　GH909 焊接热影响区
的晶界粗化

图 2-8　近缝区组分液化形成
的 γ/Laves 低熔共晶

近缝区 γ/Laves 低熔共晶的出现可能归因于母材成分的不均匀,见表 2-3。局部 Nb、Ti、Si、C 元素富集促进 Laves、NbC 等析出相的形成,在经受焊接热循环时,发生组分液化并形成低熔共晶。

## 2.1.3　GH783 焊接裂纹倾向性研究

GH783 合金十字搭接裂纹试验的试板尺寸为 100mm（沿轧制方向）×60mm，厚度为 3mm，焊前状态为固溶，填充材料为母材 1.5mm×1.5mm 切条，焊前经化学清洗。将两块试板十字搭接，采用 4 点点焊固定。然后按 Q/6SZ58—76 规定顺序依次焊接四条搭接焊缝，方法为手工氩弧焊，焊接电流 130A，焊接电压 11.6V ~ 12.6V。焊后目视检查测量各条裂纹长度。将试样开裂焊缝沿裂纹撕开，对断口进行 SEM 分析。

除第一道焊缝未发生裂纹外，其余三道焊缝起弧处的正面和背面均出现裂纹，裂纹总长度为 71mm，计算得到的裂纹倾向性 $K_1$ 为 29.6%，其焊接裂纹倾向性评定为 2 级。

图 2-9 为 GH783 合金十字搭接裂纹断口形貌及显微组织。热裂纹断口形貌

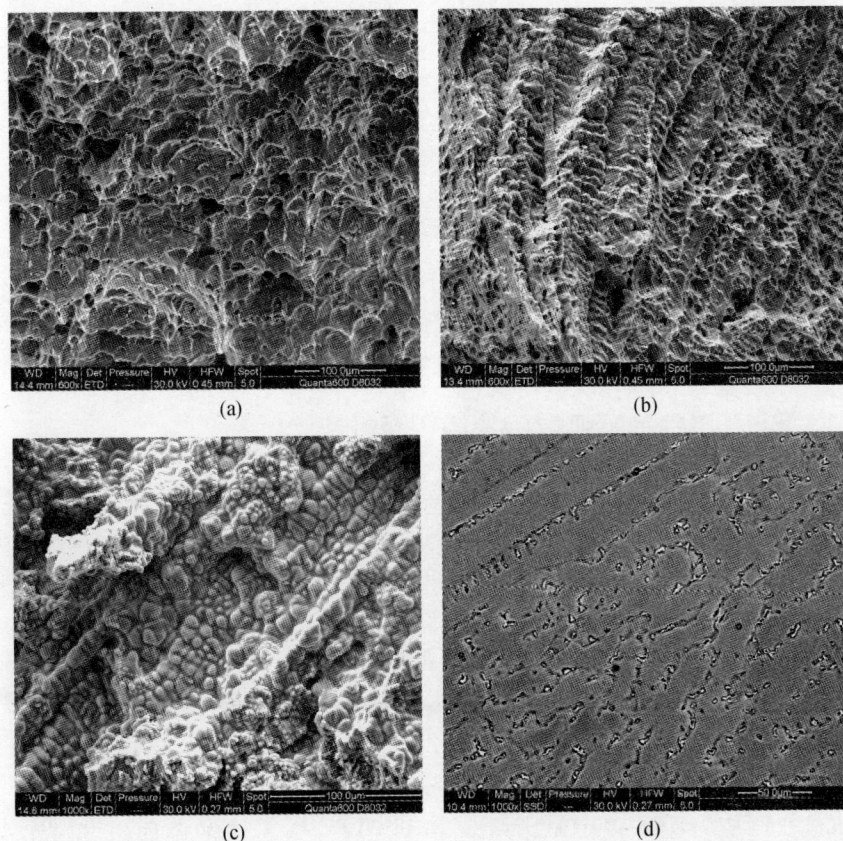

(a)　　　　　　　　　　　　　　(b)

(c)　　　　　　　　　　　　　　(d)

图 2-9　GH783 合金十字搭接裂纹断口形貌及显微组织
（a）室温撕开；（b）热裂纹断口；（c）热裂纹断口；（d）金相组织。

有别于室温撕裂断口,其断裂是在焊接高温凝固过程中沿焊缝柱状枝晶界发生的。由图 2 – 10GH783 合金焊缝枝晶组织不同区域的 EDS 成分比较,可见 Nb 元素向枝晶间发生了显著偏析。因此,可以推断 GH783 合金发达的焊缝枝晶组织及枝晶间低熔点组分的存在是造成其高热裂敏感的主要原因。

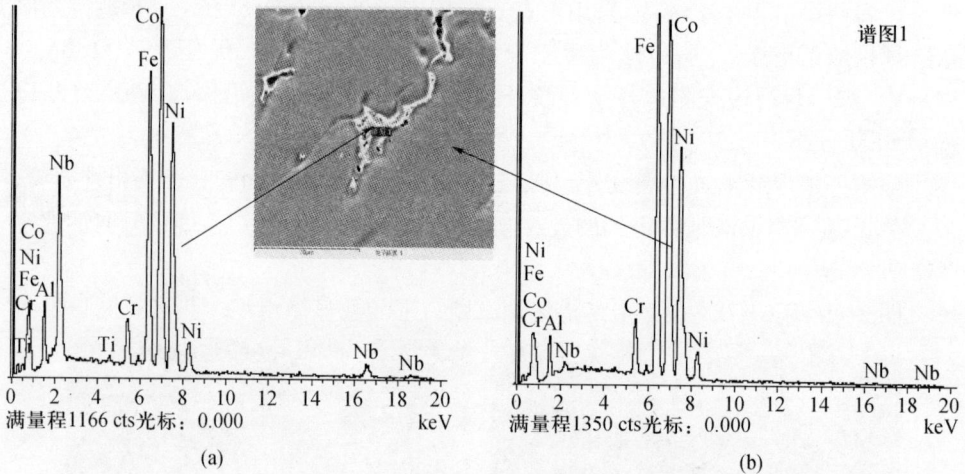

图 2 – 10　GH783 合金焊缝枝晶组织不同区域的 EDS 成分
（a）枝晶间；（b）枝晶核。

为研究 GH783 合金裂纹倾向,采用 $\phi 4 \times 0.5$ 试样进行差热分析。根据测得的初始熔化温度和凝固温度得到 GH783 的凝固温度范围为 86℃。GH783 合金凝固温度区间较宽,必然对应着较大的热裂纹倾向。

## 2.1.4　GH783 合金氩弧焊接头组织及性能

δ3mm 试件焊接方向与轧制方向垂直。不开坡口,双面焊,焊前定位,起焊端间隙 1.0mm,止焊端间隙 1.5mm,在夹具中施焊,填充材料为母材切条,焊接电流 100A,电压 12.0V ~ 12.6V。焊后在空气炉中进行焊后热处理,试样置于充氩砂封箱中,热处理制度为固溶 + β 时效 + γ′时效。

图 2 – 11 为 GH783 合金焊缝及母材组织。焊缝经固溶处理后,枝晶间低熔点共晶组分扩散消失;经 β 时效,沿晶界析出的 β 相形成网络,晶粒内部则析出粒状 β 相;经 γ′时效处理,晶粒内部析出大量的弥散 γ′相。母材中的第二相（β、γ′）数量比焊缝中少,而体积较大。

表 2 – 4 为 GH783 合金氩弧焊室温和 650℃ 接头拉伸性能。母材室温和 650℃抗拉强度以 1365MPa 和 993MPa 计,则 TIG 焊接头室温和 650℃强度系数分别为 92.7% 和 97% 。

112

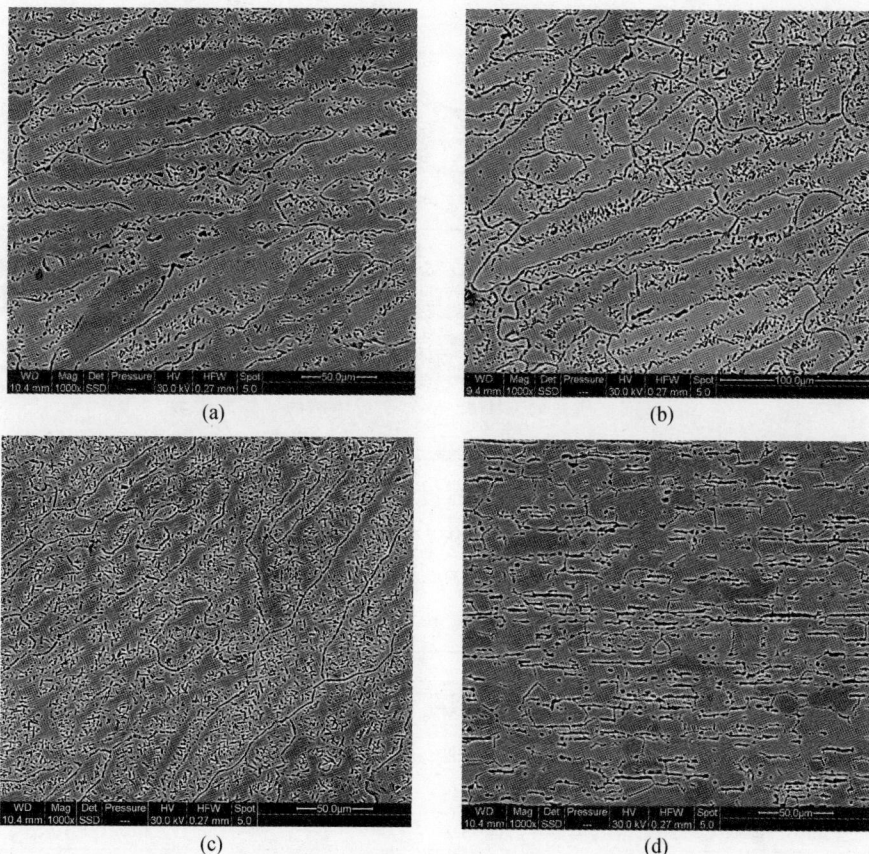

图 2 - 11　GH783 合金焊缝及母材组织

（a）焊缝经固溶处理；（b）焊缝经固溶 - β 时效处理；
（c）焊缝经固溶 - β 时效 - γ′时效处理；（d）母材经固溶 - β 时效 - γ′时效处理。

表 2 - 4　GH783 合金 TIG 焊接头室温和 650℃拉伸性能

| 试验温度 | $\sigma_b$/MPa | $\sigma_{p0.2}$/MPa | $\delta_5$/% |
|---|---|---|---|
| 室温 | 1265 | 896 | 13.4 |
| 650℃ | 963 | — | 9.9 |

　　为降低 GH783 合金焊接裂纹倾向，根据合金元素对焊缝力学性能、裂纹倾向及热膨胀系数的调整作用，专门进行了焊丝成分设计，研制出含 Mo 和稀土元素的 Ni - Co - Fe - Cr - Al - Nb 系合金抗焊接裂纹焊丝。如图 2 - 12 所示，该焊丝线膨胀系数明显低于 Inconel 718，与 GH783 合金的线膨胀系数比较接近，用于 GH783 焊接可减轻因焊缝与母材热膨胀系数差异而造成的热应力，提高构件使用的可靠性。该焊丝使 GH783 合金的焊接裂纹倾向显著降低，十字搭接裂纹试验测得的裂纹倾向性 $K_1$ 仅为 3.5%。

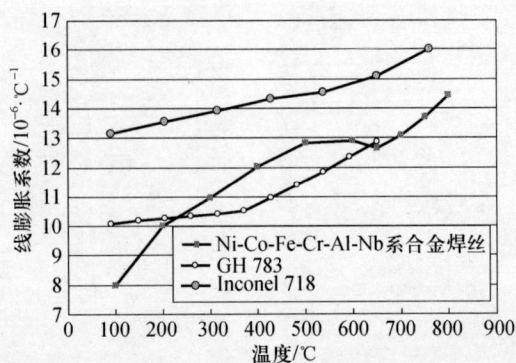

图 2 - 12　研制的 GH783 合金专用焊丝的线膨胀系数

　　采用所研制的焊丝对 δ3.0mmGH783 合金进行自动钨极氩弧焊,焊后进行固溶和 β、γ′时效处理。接头室温、高温强度系数均达到 90% 以上,见表 2 - 5。其650℃、750℃持久性能也达到了设计要求(持续时间≥23h),见表 2 - 6。

表 2 - 5　采用 Ni - Co - Fe - Cr - Al - Nb 系合金焊丝
的 GH783 氩弧焊接头拉伸性能

| 材料 | 性　　能 | | | |
|---|---|---|---|---|
| | 试验温度 | $\sigma_b$/MPa | $\sigma_{p0.2}$/MPa | $\delta_5$/% |
| 母材 | 室温 | 1289 | 895 | 23.7 |
| | 650℃ | 948 | — | 34.3 |
| | 750℃ | 628 | — | 41.5 |
| 接头 | 室温 | 1327 | 804 | 16.3 |
| | 650℃ | 968 | — | 22.7 |
| | 750℃ | 634 | — | 31.7 |

表 2 - 6　采用 Ni - Co - Fe - Cr - Al - Nb 系合金焊丝
的 GH783 氩弧焊接头高温持久性能

| 温　度 | $\sigma$/MPa | $t$ | | 增加应力次数 | |
|---|---|---|---|---|---|
| | | 单值 | 均值 | 单值 | 均值 |
| 650℃ | 527 | 43h10min | 42h42min | 3 | 3 |
| | | 43h55min | | 3 | |
| | | 41h00min | | 3 | |
| 750℃ | 252 | 33h35min | 35h00min | 2 | 2 |
| | | 35h55min | | 2 | |
| | | 35h30min | | 2 | |
| 注:23h 后每 8h 增加应力 34.5MPa | | | | | |

114

低膨胀高温合金的应用经常涉及与其他合金的焊接,为此研究了 GH783/GH4169 异种材料氩弧焊接头的组织性能,焊丝为前述的 Ni – Co – Fe – Cr – Al – Nb 系合金焊丝。接头组织见图 2 – 13,焊缝枝晶间的低熔点共晶经热处理发生均匀化扩散,只保留少许痕迹,母材和热影响区晶粒长大不明显,未造成粗大的组织。接头室温、650℃、750℃抗拉强度分别达到 1180MPa、975MPa 和 649MPa,室温接头强度系数达到 91.5%,650℃、750℃接头强度与母材相当,持久性能也达到设计要求($t \geqslant 23h$),见表 2 – 7 和表 2 – 8。

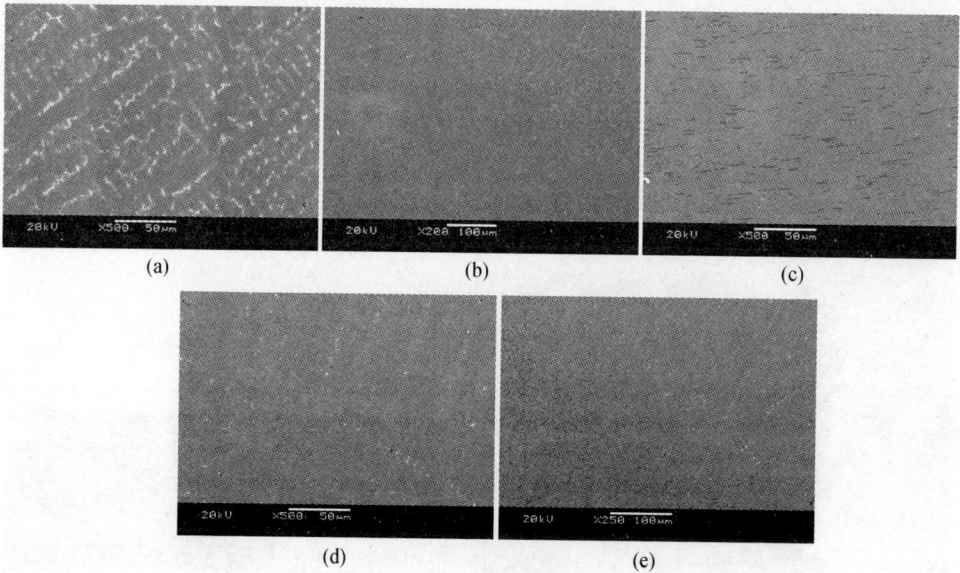

图 2 – 13    GH783/GH4169 接头组织

(a) 焊缝,焊态;(b) HAZ,焊态;(c) 母材,焊态;
(d) 焊缝,完全热处理;(e) HAZ,完全热处理。

表 2 – 7    GH783/GH4169 合金氩弧焊接头拉伸性能

| 温度 | $\sigma_{p0.2}$/MPa | $\sigma_b$/MPa | $\delta_5$/% |
|---|---|---|---|
| 室温 | 849 | 1180 | 8.8 |
| 650℃ | — | 975 | 8.2 |
| 750℃ | — | 649 | 7.6 |

表 2 – 8    GH783/GH4169 合金氩弧焊接头高温持久性能

| 温　度 | $\sigma$/MPa | $t$ | | 增加应力次数 | |
|---|---|---|---|---|---|
| | | 单值 | 均值 | 单值 | 均值 |
| 650℃ | 527 | 33h55min | 29h13min | 2 | 1 |
| | | 24h30min | | 1 | |

| 温 度 | $\sigma$/MPa | $t$ | | 增加应力次数 | |
|---|---|---|---|---|---|
| | | 单值 | 均值 | 单值 | 均值 |
| 750℃ | 252 | 32h30min | 35h49min | 2 | 2 |
| | | 37h10min | | 2 | |
| | | 36h45min | | 2 | |
| | | 36h50min | | 2 | |

注:23h后每8h增加应力34.5MPa

采用自动氩弧焊进行了 $\phi360mm \times \delta3mm$ GH783/GH4169 异种材料模拟环件焊接。图 2-14 为焊接试制的模拟样段,焊后经 X 射线检测,焊缝质量均达到航标一级焊缝要求。由于采用了专门设计的焊接夹具,有效地控制了薄壁环形模拟件的焊接变形,其最大椭圆度仅为 0.38mm。

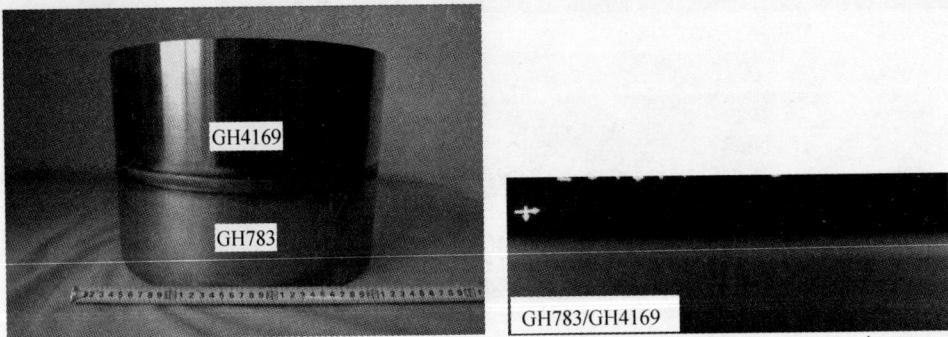

图 2-14　GH783/GH4169 合金环形件和焊缝 X 射线底片

## 2.1.5　低膨胀高温合金焊接性的数值模拟研究

1. 焊缝金属凝固行为的模拟预测

低膨胀高温合金在成分上不同于普通的高温合金。为获得低膨胀系数,该类合金不含铬而含较多的铌。含铌高温合金的 Nb、Si、C 含量的轻微变化会对结晶温度范围、共晶的性质和数量造成显著影响。低膨胀合金焊缝凝固能够生成两种共晶,即 $\gamma$/NbC 和 $\gamma$/Laves。$\gamma$/Laves 共晶的生成温度更低,能扩大结晶温度范围,对结晶裂纹而言十分不利。这些合金的凝固裂纹抗力取决于共晶中 $\gamma$/Laves 和 $\gamma$/NbC 的相对比率。因此揭示 $\gamma$/Laves 和 $\gamma$/NbC 的相对比率同化学成分之间的关系具有重要意义。

基于上述原因,利用改进的 M-F 模型对含 Nb 低膨胀合金焊缝的溶质再分布进行模拟,以预测其焊缝凝固反应顺序及凝固时形成的共晶组分的种类和数量,并

116

为进一步分析该类合金的焊缝结晶裂纹敏感性和进行合金抗裂性成分设计提供依据。

根据对试验确定的多组元低膨胀高温合金凝固反应顺序的分析,可以将其看作是一个三元系来进行凝固行为的模拟。将基体(Fe,Ni,Co)元素合在一起作为溶剂充当 $\gamma$ - Nb - C 伪三元凝固投影图的 $\gamma$ 组元[16]。将初生 $\gamma$、NbC 和 Laves 相区域分隔开的双重饱和线的位置根据显微组织分析确定。图 2 - 15 为 Fe 基 $\gamma$ - Nb - C 伪三元凝固投影图。凝固开始时形成初生 $\gamma$ 枝晶,随 $\gamma$ 枝晶的形成,Nb 和C 被排斥到液相中。随着凝固的进行,枝晶间液相逐渐富集 Nb 和 C,直至共晶反应发生。根据具体成分不同共晶反应可以是 L→($\gamma$ + NbC)或 L→($\gamma$ + Laves)。如果首先发生的是 L→($\gamma$ + NbC),最终会以 L→($\gamma$ + Laves)结束。初始凝固路径通常先会与 $\gamma$ 和 NbC 之间的双重饱和线相交。在该交点,奥氏体基体的 Nb、C 含量达到饱和,液相成分开始沿双重饱和线移动,同时伴随着 L→($\gamma$ + NbC)共晶反应。该过程一直持续到 II 级反应开始,此时停止生成 NbC,代之以 L→($\gamma$ + Laves)共晶反应。

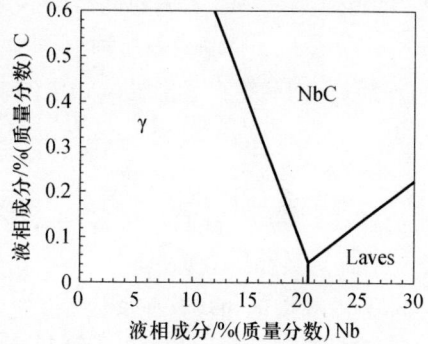

图 2 - 15　$\gamma$ - Nb - C 为三元凝固投影图

溶质再分布模拟采用改进的 M - F 模型[17]。它只忽略了奥氏体中 Nb 的扩散,而认为 C 的扩散无限快,这与忽略奥氏体中 C 扩散的 M - F 模型相比,更符合含 Nb 高温合金的凝固特点。另外它还假定:固/液界面维持热力学平衡,液相中扩散无限快。需要处理两套溶质再分布关系:第一套描述初始相凝固时液相成分的变化,第二套描述沿双重饱和线发生共晶反应时的溶质再分布。

1)初始相凝固

初始 $\gamma$ 凝固时液相比率 $f_1$ 和液相中 Nb 浓度的 $f_1$ - $c_1$ 关系由 Scheil 方程给出:

$$f_1 = \left( \frac{c_{1,\mathrm{Nb}}}{c_{0,\mathrm{Nb}}} \right)^{\frac{1}{(k_{\mathrm{Nb}}-1)}} \qquad (2-2)$$

方程(2 - 2)中 $c_{1,\mathrm{Nb}}$ 为液相中 Nb 含量,$c_{0,\mathrm{Nb}}$ 为材料的名义 Nb 含量,$k_{\mathrm{Nb}}$ 为 Nb 在初始 $\gamma$ 相和液相之间的平衡分布系数。

以杠杆平衡定律取代 Scheil 方程,给出液相比率和液相中 C 浓度的关系:

$$f_1 = \frac{c_{0,\mathrm{C}} - k_{\mathrm{C}} c_{1,\mathrm{C}}}{(1 - k_{\mathrm{C}}) c_{1,\mathrm{C}}} \qquad (2-3)$$

方程(2 - 3)中 $c_{1,\mathrm{C}}$ 为液相中 C 含量,$c_{0,\mathrm{C}}$ 为材料的名义 C 含量,$k_{\mathrm{C}}$ 为 C 在初始 $\gamma$ 相和液相之间的平衡分布系数。

联立方程(2-2)和方程(2-3)(由于 $f_1$ 只能有一个值),求解 $c_{1,\text{Nb}}$ 得到凝固路径:

$$c_{1,\text{Nb}} = c_{0,\text{Nb}} \left[ \frac{c_{0,\text{C}} - k_{\text{C}} c_{1,\text{C}}}{(1 - k_{\text{C}}) c_{1,\text{C}}} \right]^{k_{\text{Nb}} - 1} \qquad (2-4)$$

液相面上的双重饱和线可以用线性方程表示:

$$c_{1,\text{C}} = a + b c_{1,\text{Nb}} \qquad (2-5)$$

当由方程(2-4)确定的液相成分与液相面的双重饱和线相交时,余下的液相部分($f_1$)将转变为一种或多种共晶组分。因此,该点处 $f_1$ 值代表最终组织中共晶组分($\gamma/\text{NbC} + \gamma/\text{Laves}$)的总量。联立方程(2-4)和方程(2-5),可以得到初始凝固路径和双重饱和线交叉点处液相中的 C 含量:

$$\frac{c_{1,\text{C}} - a}{b} = c_{0,\text{Nb}} \left[ \frac{c_{0,\text{C}} - k_{\text{C}} c_{1,\text{C}}}{(1 - k_{\text{C}}) c_{1,\text{C}}} \right]^{k_{\text{Nb}} - 1} \qquad (2-6)$$

相应的 Nb 含量 $c_{1,\text{Nb}}$,通过将 $c_{1,\text{C}}$ 回代入方程(2-4)求得,该 $c_{1,\text{Nb}}$ 值用于通过方程(2-5)计算共晶组分总量。

2)沿双重饱和线共晶反应

当初始凝固路径与分隔 $\gamma$ 和 NbC 的双重饱和线交叉时,凝固反应开始由 L→$\gamma$ 变为 L→($\gamma$ + NbC),两种固相开始从液相中共晶形成。在这种情况下 Nb 的物质平衡为

$$df_\gamma (c_{1,\text{Nb}} - c_{\gamma,\text{Nb}}) + df_{\text{NbC}} (c_{1,\text{Nb}} - c_{\text{NbC},\text{Nb}}) = f_1 dc_{1,\text{Nb}} \qquad (2-7)$$

这里 $c_{i,j}$ 是元素 j 在相 i 中的浓度。

由于 C 在固相中扩散无限快,沿双重饱和线 C 的物质平衡为

$$c_{0,\text{C}} = f_1 c_{1,\text{C}} + f_\gamma c_{\gamma,\text{C}} + f_{\text{NbC}} c_{\text{NbC},\text{C}} \qquad (2-8)$$

经过一系列推导得到 $df_1$ 和 $dc_{1,\text{Nb}}$ 之间的最终关系

$$\frac{df_1}{dc_{1,\text{Nb}}} = - \frac{1}{(1 - k_{\gamma,\text{Nb}})} \frac{f_1}{c_{1,\text{Nb}}} -$$
$$\left[ \frac{(k_{\text{NbC},\text{Nb}} - k_{\gamma,\text{Nb}})}{(1 - k_{\gamma,\text{Nb}})} \right] \left[ \frac{b k_{\gamma,\text{C}} c_{0,\text{C}} - b c_{\text{NbC},\text{C}} [f_1 + k_{\gamma,\text{C}} (1 - f_1)]}{(c_{\text{NbC},\text{C}} - k_{\gamma,\text{C}} c_{1,\text{C}})^2} \right] (2-9)$$

这里 $k_{i,j}$ 是元素 j 在相 i 和液相间的分配系数。

方程(2-9)描述了液相比率随 $\gamma$ 和 NbC 之间的双重饱和线上任意点处液相成分($c_{1,\text{Nb}}$ 和 $c_{1,\text{C}}$)的变化。该关系式可用于计算共晶型 L→($\gamma$ + NbC)反应时的溶质重新分布,计算采用迭代法。$f_1 (= f_e)$,$c_{1,\text{Nb}}$ 和 $c_{1,\text{C}}$ 的最初值可由凝固路径与双重饱和线的交点求得。这些值被用来计算最初的 $(df_1/dc_{1,\text{Nb}})_1$。然后 $(c_{1,\text{Nb}})_1$ 被赋予一个很小的增量,$\Delta c_{1,\text{Nb}}$,沿着双重饱和线到达一个新值 $(c_{1,\text{Nb}})_2 = (c_{1,\text{Nb}})_1 + \Delta c_{1,\text{Nb}}$。相应的 $(c_{1,\text{C}})_2$ 值通过方程(2-5)确定。相应的 $(f_1)_2$ 值由下式求得:

$$(f_1)_2 = (f_1)_1 + \left(\frac{\mathrm{d}f_1}{\mathrm{d}c_{1,\mathrm{Nb}}}\right)_1 \cdot \Delta c_{1,\mathrm{Nb}}. \qquad (2-10)$$

每一步上 $k_{\mathrm{NbC,Nb}}$ 和 $k_{\mathrm{NbC,C}}$ 值由 NbC 和液相成分求得。当 $c_{1,\mathrm{Nb}}$ 和 $c_{1,\mathrm{C}}$ 的值到达 II 级反应时（L→(γ+NbC)转变由 L→(γ+Laves)转变所取代），该点处保留的液相转变为 γ/Laves 共晶组分，凝固完成。

根据上述溶质再分布的数学模型，采用 QBasic 语言自行编制了计算程序。该程序由三部分构成，第一部分的功能是针对初始反应 L→γ，根据该反应过程中 C、Nb 含量遵循的方程，计算其凝固路径与 γ/NbC 双重饱和线的交点，并求得生成共晶组分的总量 $f_e$。第二部分的功能是在求得共晶组分总量的基础上，计算初始反应 L→γ 的凝固路径，即液相中 C、Nb 含量随液相体积比率的变化轨迹。第三部分计算沿 γ/NbC 双重饱和线发生 L→(γ+NbC)共晶反应时液相中的 C、Nb 含量与液相体积比率之间的关系，并确定是否发生 II 级反应 L→(γ+Laves)以及生成 γ/Laves 共晶组分的量。

计算中所采用的凝固参数，可以通过 EPMA 和 DTA 技术测定。本研究引用了 J. N. Dupont 的研究结果，其值由表 2-9 给出[17]。

表 2-9　计算中采用的凝固参数

| 参数 | 值 | 单位 | 参数 | 值 | 单位 |
|---|---|---|---|---|---|
| $k_{\gamma,\mathrm{Nb}}$ | 0.25 | 无量纲 | $a$ | 1.37 | %（质量分数）C |
| $k_{\gamma,\mathrm{C}}$ | 0.21 | 无量纲 | $b$ | −0.065 | %（质量分数）C/%（质量分数）Nb |
| $c_{\mathrm{NbC,Nb}}$ | 90.5 | %（质量分数）Nb | $c_{\mathrm{Nb,L\to(\gamma+Laves)}}$ | 20.4 | %（质量分数）Nb |
| $c_{\mathrm{NbC,C}}$ | 9.5 | %（质量分数）C | $c_{\mathrm{C,L\to(\gamma+Laves)}}$ | 0.04 | %（质量分数）C |

3）三类典型低膨胀高温合金的溶质再分布和组织演变

采用自行编制的计算程序，对三类典型的低膨胀高温合金（GH903，GH907，GH909）焊缝凝固过程进行了模拟[18]。计算所需要的基本化学成分由表 2-10 给出。

三类合金凝固过程中 C、Nb 含量随液相体积比率的变化轨迹由图 2-16 给

表 2-10　计算所需三类典型高温合金<br>的基本化学成分　%（质量分数）

| 合金 | C | Nb |
|---|---|---|
| GH903 | 0.02 | 3.0 |
| GH907 | 0.03 | 4.7 |
| GH909 | 0.01 | 4.7 |

出。可以看出，在初始 L→γ 凝固过程中，液相中 C、Nb 含量随凝固的进行而增加。最终在枝晶间形成富 C 和 Nb 的液相。三类合金的凝固方式有明显不同。对于 GH903、GH907，液相中 Nb、C 含量在凝固过程中的变化出现一转折点，由于此时由初始 L→γ 凝固转变为共晶反应 L→(γ+NbC)，NbC 的生成导致 C 的消耗迅速增加，Nb 的消耗也呈加速趋势，但不及 C 明显。当液相中 Nb、C 含量达到发生 L→

（γ + Laves）反应的成分要求时，仍有液相存在，这些液相随即以次共晶反应凝固。最终的凝固组分由 γ/NbC 和 γ/Laves 两类共晶组分构成。对于 GH909，液相中 Nb、C 含量随液相体积比率降低单调上升，未出现与共晶反应 L→（γ + NbC）相对应的转折点。Nb、C 含量在凝固中直接达到Ⅱ级反应 L→（γ + Laves）的成分要求。因此 GH909 在凝固过程中仅发生Ⅱ级共晶反应，其共晶组分为单一的 γ/Laves 共晶。

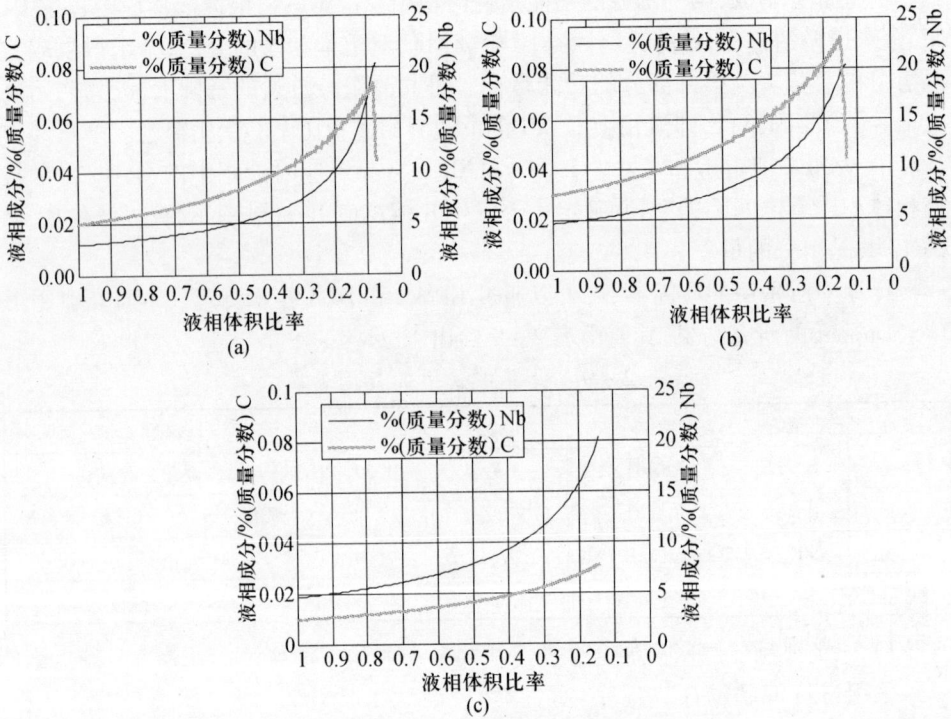

图 2 - 16　低膨胀高温合金凝固时液相成分随液相体积比率的变化
（a）GH903；（b）GH907；（c）GH909。

图 2 - 17 为三种低膨胀高温合金在 γ - Nb - C 凝固投影图上的凝固路径。该图表明，GH903 和 GH907 的初始凝固路径首先与 γ/NbC 双重饱和线相交，然后沿该双重饱和线移动至 L→（γ + Laves）共晶反应点，而 GH909 的初始凝固路径直接与 γ/Laves 双重饱和线相交，因此只生成一种共晶组分。

表 2 - 11 为三种低膨胀高温合金凝固时共晶组分的生成量。该计算结果表明，GH903、GH907 合金虽然能够形成 γ/NbC 共晶组分，但其量只占共晶组分总量的很小一部分。以 γ/Laves 生成量作为衡量焊缝结晶裂纹敏感性的指标，可以定性地为这三种低膨胀高温合金的结晶裂纹敏感性排序：GH903 < GH907 < GH909，即 GH909 的焊接性相对要差一些，这与 S. C. Ernst 的试验研究结论相吻合[7]。另

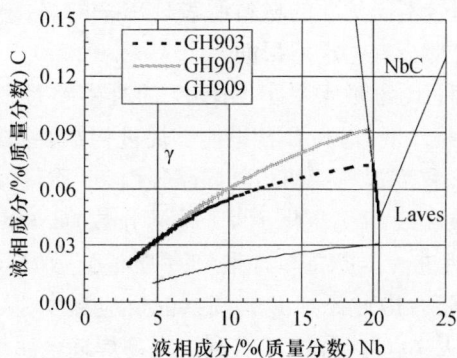

图 2 - 17  低膨胀高温合金的凝固路径

外,S. C. Ernst 对 GH903、GH907、GH909 焊缝显微组织分析发现,在 GH903 和 GH907 的树枝状晶间区出现细小的富 Nb 碳化物,这些碳化物较之 Laves 相更靠近 γ 枝晶核,因此可以断定碳化物的形成温度高于 L→(γ + Laves)共晶反应温度,而在 GH909 中的确未出现碳化物。从这些比较看,所采用的溶质再分布模型能够较好地模拟低膨胀高温合金的组织演变。

表 2 - 11  三种低膨胀高温合金凝固时共晶反应产物的生成量(体积比率)

| 合金 | 共晶组分总量 | γ/NbC | γ/Laves |
|------|------------|-------|---------|
| GH903 | 0.080 | 0.007 | 0.073 |
| GH907 | 0.148 | 0.016 | 0.132 |
| GH909 | 0.141 | — | 0.141 |

根据对实际电子束焊 GH909 焊缝枝晶间偏析能谱分析结果(见表 2 - 12)计算了实际焊缝中 γ/Laves 共晶组分的体积比率。设 γ/Laves 共晶组分体积比率为 $x$,则有下面方程成立:

$$20.52x + 2.39(1 - x) = 4.7 \tag{2 - 11}$$

解方程得 $x = 0.135$。这与模拟求得的结果 0.141 基本吻合,再次证明采用改进的 M - F 模型预测高温合金组织演变具有一定可靠性和准确性。

表 2 - 12  GH909 电子束焊缝 Nb 枝晶间偏析的能谱分析结果

| 位置 | 总量 | 枝晶间(γ/Laves) | γ 枝晶核 |
|------|------|----------------|---------|
| %(质量分数)Nb | 4.7 | 20.52 | 2.39 |

4)C 含量对 GH909 焊缝凝固过程的影响

C 作为 γ - Nb - C 三元系组元之一,其含量高低必然会对合金凝固路径和低熔共晶生成造成影响。在 GH909 的冶金检验标准中 C 含量的许可变化空间相对较大(%(质量分数)C≤0.06),因此考察不同 C 含量水平下合金凝固路径的变化情况,对于理解同一牌号不同炉次的材料所表现出来的焊接性差异及探索提高材料热裂纹抗力的途径,都会有一定的帮助。

本研究计算了三种 C 含量水平下 GH909 的凝固路径,见图 2 – 18。可以看出,在 Nb 含量相同的条件下,提高 C 含量能够促进初始凝固路径向凝固投影图的富 C 侧偏移,液相富 C 程度提高。初始凝固路径由%(质量分数)C = 0.01 时的与 L→(γ + Laves)双重饱和线相交变化为%(质量分数)C = 0.03 时的与 L→(γ + NbC)双重饱和线相交,进一步提高 C 含量(%(质量分数)C = 0.05),相交点发生于更高的 C 含量水平下。因此添加 C 提高共晶反应温度,从而引起初始 L→γ 结晶温度间隔的降低。从这点看,添加 C 有利于提高焊缝金属结晶裂纹抗力。

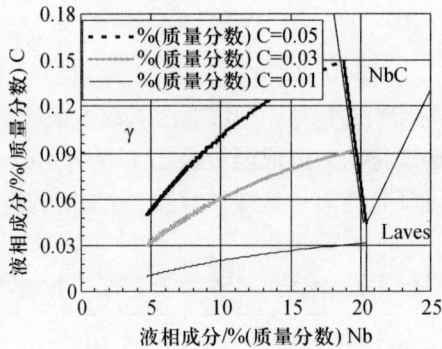

图 2 – 18   不同 C 含量水平下 GH909 的凝固路径

从改变 C 含量对共晶组分的构成和生成量的影响来看(见表 2 – 13),增加 C 含量能够促进 γ/NbC 的生成,抑制 γ/Laves 共晶的生成。但是对于 GH909 而言,为保证优良的综合性能,C 的添加总要受到一定的限制。在许可的范围内提高 C 含量,虽然能够使材料的抗裂性有所改善,但是由于材料本身含 Nb 量较高,γ/Laves 共晶生成量仍维持在较高水平,因此单靠提高 C 含量来改善材料焊接性具有一定的局限性。

表 2 – 13   不同 C 含量水平下 GH909 共晶组分的构成

| %(质量分数)C | γ/NbC | γ/Laves | 共晶组分总量 |
| --- | --- | --- | --- |
| 0.01 | — | 0.141 | 0.141 |
| 0.03 | 0.016 | 0.132 | 0.148 |
| 0.05 | 0.036 | 0.122 | 0.158 |

2. 热影响区液化行为的数值模拟

HAZ 微裂纹的一个主要机理是焊接快速热循环造成的析出相的组分液化[9,19-21]。晶界液相在 HAZ 的低于固相线的部分形成,如果液膜上施加的局部应力为超过临界应力的拉应力,晶粒将被拉断,造成液化裂纹[19]。因此,为预测 HAZ

液化裂纹倾向有必要研究以晶界液化行为为核心的组织演变。

B. Radhakrishnan 提出 HAZ 液化和重新凝固的一维热传导和物质扩散模型，计算了可被视作伪二元系的镍基 718 合金的组织演变。通过模拟计算确定了增加瞬间液膜寿命的因素。他们的工作向焊接液化裂纹敏感性预测迈出了重要的第一步[13]。

许多学者研究了低膨胀合金焊接发生 HAZ 液化和微裂纹的原因。富 Nb 碳化物、MNP 磷化物，富 Nb、Si 的 Laves 相和(或) G 相的组分液化被认为是 HAZ 液相的主要来源[4,7,10,11,22]。但是仍有许多问题需要回答，例如这些第二相是如何液化的？原始组织和工艺参数对其有何影响？除了试验，更细节的研究需要采用数值模拟。

本研究采用 B. Radhakrishnan 等人提出的热流—物质流耦合模型，对低膨胀合金 GH909 的 HAZ 晶界 NbC 析出的组分液化进行模拟。目的是揭示液化的不同阶段的演变特点，预测原始晶粒尺寸、热循环速度和峰值温度等参数对液化行为和HAZ 微裂纹倾向的影响。

1）组分液化模型

根据合金显微组织发生的相变可以将热循环分为三个不同的阶段，如图 2－19 所示[13]。第一阶段，加热阶段。该阶段从室温至共晶温度 $T_E$，发生的相变是第二相在连续加热时的溶解。第二阶段，发生液化的热循环部分，温度从 $T_E$ 到 $T_3$。在析出物和基体间界面上形成亚稳态液相。所对应的范围从析出物—基体界面形成液相延伸至析出物完全消失。第三阶段，热循环曲线的其余部分，温度从 $T_3$ 到 $T_P$ 再下降至 $T_E$。该阶段析出物完全液化，析出物液化造成的亚稳态液相与基体共存。

2）基本假设

为了简化计算，采用一维热传导和物质扩散耦合模型计算热循环时析出物组分液化和随后的晶间液相凝固。计算中采用下列假设：

（1）析出物和液相薄膜有效地钉扎晶界，因此各阶段无晶粒长大。

（2）忽略晶界曲率，假定析出物—基体界面是平直的。

（3）在阶段 3，液相薄膜中的温度梯度为零，因此阶段 3 基体—液相界面保持平面。

（4）相邻两等直径晶粒中心在任意时刻具有相同的温度，其中心连线上的温度分布通过热传导确定。热传导和溶质扩散只沿着该中心连线进行。

3）控制方程

热传导与溶质扩散分别遵循微分方程

$$\alpha_i \delta^2 T_i / \delta X^2 = \delta T_i / \delta t \qquad (2-12)$$

$$D_i \delta^2 C_i / \delta X^2 = \delta C_i / \delta t \qquad (2-13)$$

这里 $\alpha_i$ 和 $D_i$ 分别是相 $i$ 的热扩散率和化学扩散率；$T$ 是温度；$C$ 是溶质浓度。

4）网格划分和边界条件

根据以上假设确立了计算所需的体积元，见图 2 – 20。由于对称只取一半进行分析，体积元为从晶粒中心到析出物的中间厚度的部分。图中还给出了网格划分。

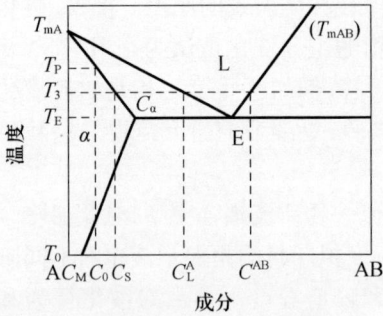

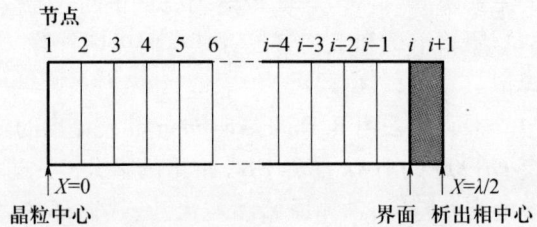

图 2 – 19　成分为 $C_0$ 的合金　　　图 2 – 20　计算中所采用的体积元和网格划分

在相图中的组织演变

晶粒中心以已知的速度加热和冷却。由于温度场的对称性，可以建立热循环三个阶段的远场温度边界条件。根据图 2 – 20，在 $X = \lambda/2$ 处有

$$(\delta T/\delta X)_{t=t} = 0 \quad 在 \quad X = \lambda/2 \qquad (2 - 14)$$

由于溶质扩散场的对称性，可以建立所有阶段的溶质边界条件。在 $X = 0$ 和 $X = \lambda/2$ 处，有

$$(\delta C/\delta X)_{t=t} = 0 \quad 在 \quad X = 0 \quad 和 \quad X = \lambda/2 \qquad (2 - 15)$$

以上边界条件使体积元的平均溶质浓度在热循环过程中保持恒定。

5）初始和界面条件

假定在各种界面处存在平衡，则相应于这些相变的界面边界条件可以借助于相图描述。比如在析出物的加热溶解过程中，基体在界面处的溶质浓度由固相线方程给出：

$$C_S = C_M + (T - T_0)[(C_\alpha - C_M)/(T_E - T_0)] \qquad (2 - 16)$$

根据界面处的物质守恒和热守恒建立包含界面移动速度的界面边界条件，下一阶段的初始条件是上一阶段结束时的浓度和温度轮廓线。

6）计算方法

采用有限差分法求解传热和扩散方程。计算采用的网格划分由图 2 – 20 给出，为简化计算，阶段 1 的析出相和阶段 2、3 的液膜只采用一个网格表示。内部节点温度差分近似为

$$-\lambda_T(i)T'(i-1) + [1 + 2\lambda_T(i)]T'(i) - \lambda_T(i)T'(i+1) = T(i)$$

$$(2 - 17)$$

124

$$\lambda_T(i) = \alpha(i)\Delta t/\Delta x^2 \qquad (2-18)$$

相应的浓度方程为

$$-\lambda_C(i)C'(i-1) + [1+2\lambda_C(i)]C'(i) - \lambda_C(i)C'(i+1) = C(i)$$
$$(2-19)$$

$$\lambda_C(i) = D(i)\Delta t/\Delta x^2 \qquad (2-20)$$

式中：$T'(i)$、$C'(i)$ 为节点 $i$ 的新温度、新浓度；$\alpha(i)$、$D(i)$ 为节点 $i$ 的热扩散、浓度扩散系数；$\Delta t$ 为时间步；$\Delta x$ 为网格长度。

界面开始移动，网格间距就要作相应的调整，节点的位置也要发生偏移。前一时刻的新节点温度和浓度值，需根据 $X$ 坐标插值求得。结合界面边界条件，获得包含新节点新、旧时刻的温度和浓度值的方程组，求解该方程组即可求得新时刻新节点的温度和浓度值。采用 Visual FORTRAN 语言编制了析出物组分液化三个阶段的模拟程序。

3）模拟结果与讨论

对于合金 GH909，可以将 Fe-Ni-Co 基 γ 相看作图 2-19 中的组元 A，而将 NbC 作为第二相 AB。假设 NbC 的溶解受基体中 Nb 的扩散控制。本研究假设 GH909 中 Nb 含量为 4.8%，晶粒直径 $d$ 为 $100\mu m$。经过计算求得晶界析出物 NbC 的有效厚度 $L$ 为 $2.0583\mu m$。于是可以近似地认为晶界析出物的半厚度 $L/2 = 1.0$ $\mu m$，该值可作为图 2-20 中的初始节点间距。热物理数据，如比热容、热传导率、扩散系数均随温度而改变。其他因素，包括 NbC 溶解和基体熔化潜热、热膨胀对密度的影响，都在模型中加以考虑。

采用自行编制的程序计算了晶粒直径 $d = 100\mu m$，析出物厚度 $L = 2\mu m$，热循环峰值温度 $T_P = 1600K$，热循环速度 $v = 100K/s$ 时各阶段体积元中的浓度分布，见图 2-21[23]。

在第一阶段，随着温度的提高，析出物逐渐溶解。在从室温 $T_0$ 到共晶温度 $T_E$ 的前半阶段，析出物溶解速度相对较慢，在后半阶段由于温度提高，Nb 的扩散能力增强，因此析出物的溶解速度显著加快，靠近界面的基体中 Nb 浓度也有所提高。阶段 1 结束时析出物的减薄主要来自于后半阶段的溶解。第二阶段，未溶解的析出物和与其相邻的基体发生了组分液化，形成的液膜厚度数倍于析出物 NbC 的厚度。在第三阶段的加热部分，随着加热的进行，液膜厚度继续增加，而且液相中 Nb 浓度呈降低趋势，但浓度梯度有所增加。液膜厚度的增加一直持续到冷却阶段。随着冷却的继续，液膜厚度减小，这意味着凝固的开始。在温度降至 $T_E$ 之前凝固以液相 L→γ 方式进行，Nb 在 γ 基体中溶解度显著低于液相浓度，于是最终在残余液膜中造成负的浓度梯度。温度降低至共晶温度 $T_E$ 时，残留液膜的厚度为 $3.1\mu m$。残余的液相将在 $T_E$ 以 γ/NbC 共晶形式凝固或在更低温度以 γ/Laves 共晶凝固。

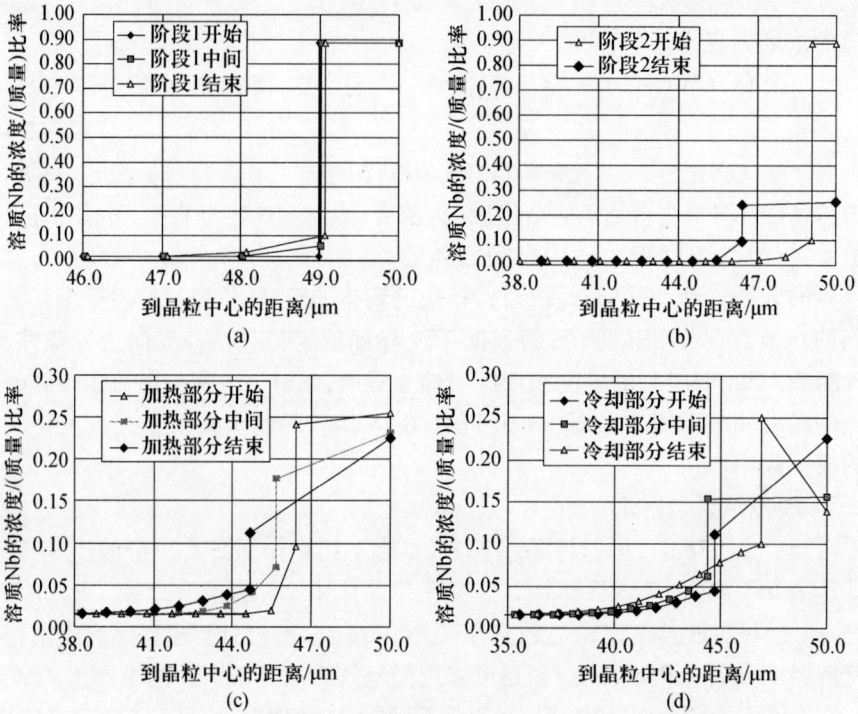

图 2-21 HAZ 晶界析出物 NbC 组分液化各阶段的浓度分布

(a) 阶段1(NbC 溶解减薄)；(b) 阶段2(液膜形成)；(c) 阶段3 加热部分；(d) 阶段3 冷却部分。

根据液化裂纹发生条件，对于热循环速度为 100K/s 的典型氩弧焊，在阶段 3 冷却阶段液相和拉应力的共存将促进液化裂纹的形成。

图 2-22 给出了不同热循环速度下组分液化的第一阶段析出物厚度减薄量随温度的变化情况。可以看出，在 1200K 以下的低温段，析出物的溶解不明显。相

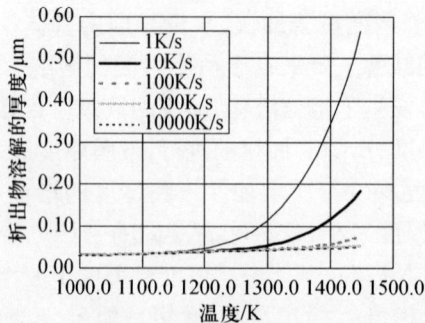

图 2-22  不同热循环速度下晶界析出物在阶段 1 的厚度溶解减薄

应于各热循环速度的高温段,析出物的溶解速度显著加快。热循环速度越慢($v=$ 1K/s),析出物厚度减薄量越大,而且析出物溶解速度明显增加的温度越向低温部分偏移。当热循环速度提高到1000K/s以上时,析出物的溶解受到极大的抑制。从表2-14中的不同热循环速度下组分液化各阶段特征量可以看出,阶段1析出物的厚度减薄量随加热速度的提高而显著降低。图2-22更直观地揭示加热速度对析出物厚度减薄量的影响。

表2-14 不同热循环速度下组分液化各阶段特征量
的计算结果($T_p=1600K$)

| 热循环速率/K·s⁻¹ | 阶段1溶解的 NbC 的厚度/μm | 液化温度 范围 $T_R$/K | 液膜的初始 厚度/μm | 温度降至 $T_E$ 残余 液膜的厚度/μm |
|---|---|---|---|---|
| 1 | 0.56513 | 1.0636 | 3.3783 | 0 |
| 10 | 0.18460 | 3.1892 | 3.5040 | 0.8467 |
| 100 | 0.073966 | 9.8568 | 3.5663 | 3.1127 |
| 1000 | 0.053331 | 30.6146 | 3.6582 | 4.2033 |
| 10000 | 0.050972 | 90.8231 | 3.9064 | 3.9599 |

在发生组分液化的第二阶段,组分液化从共晶温度 $T_E$ 开始,至共晶温度以上某一温度析出物完全消失结束,即组分液化从开始到结束是在一定温度范围($T_R$)内完成的。加热速度对 $T_R$ 的大小也有显著影响。随着热循环速度的提高,析出物完全消失的温度提高,$T_R$ 显著增大。阶段2结束时液化造成的液膜的初始厚度随加热速度提高略有增大。

组分液化形成的液膜进入热循环过程的第三阶段后,其演变随热循环速度的不同表现出很大的差异,见图2-23。热循环速度低($v=$1K/s)时,组分液化形成

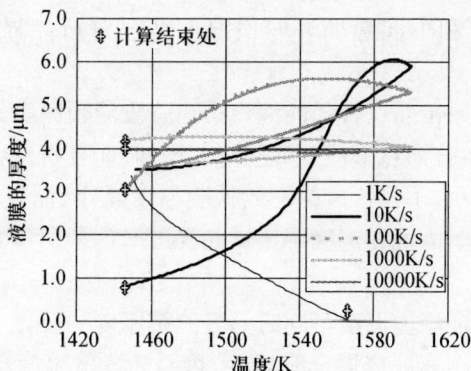

图2-23 不同热循环速度下阶段3液膜厚度的变化

的液膜随着加热的进行逐渐消失。根据组分液化形成的条件，只有在快速热循环条件下远离平衡状态，才能出现组分液化。尽管与焊接热循环相比，1K/s的热循环速度已经非常低，但它与加热速度无限慢、无组分液化的理想平衡加热相比已有质的差别，所以仍然能够造成组分液化，但是组分液化形成的液膜能够通过 Nb 的扩散得以控制并在加热过程中完全消失，在冷却阶段出现拉应力时，将无液膜被撕裂，因此液化裂纹倾向很低。随着热循环速度的提高，如本研究所确定，当热循环速度大于等于 10K/s，组分液化形成的液膜随着加热的进行继续增厚，这意味着此时基体—液相界面附近的扩散和浓度条件仍处于促进组分液化或基体熔化的状态，而且这种状态一直持续到冷却开始后的一段时间。随着冷却的继续，凝固倾向超过液化倾向，液膜开始减薄。冷却至共晶温度时，仍有一定厚度的残余液膜。更高的热循环速度抑制液膜厚度的增加和减小。高的热循环速度会使冷却阶段液膜由增厚至减薄的转折温度降低。由于高的热循环速度对凝固的抑制作用大于对液化的抑制，共晶温度残留液膜的厚度随热循环速度的增大而增大，见表 2 - 14。

有关 NbC 液化的现象可以用 Nb 的扩散来解释。一方面，Nb 的扩散受到抑制，是在基体—析出相界面发生组分液化的必要条件，同时也会影响界面附近有利于发生液化的区域范围 $\Delta X$；另一方面液相中的 Nb 通过扩散进入基体，能够促进液相的凝固。因此提高热循环速度，Nb 的扩散受到限制，促进液化或进一步的熔化，而凝固受到抑制，液膜厚度容易保持。同时由于 Nb 来不及扩散，使得界面附近出现组分液化条件的区域范围变窄，因此液膜厚度的增大或减小都要受到抑制。换而言之，抑制 Nb 扩散会为局部液化造成热力学条件。通过提高热循环速度加强对 Nb 扩散的抑制，会提高热力学条件，但也会从动力学上阻滞反应或液膜发展。

电子束焊接近缝区的热循环速度大约为 $650K/s$[24]。采用该热循环速度，对不同原始晶粒直径和不同热循环峰值温度情况进行晶界析出物组分液化的模拟。

图 2 - 24 为不同原始晶粒直径的液化第三阶段液膜厚度的变化。随着晶粒直径的增大，第二阶段组分液化形成的液膜厚度增加，而且析出物完全液化的完成温度提高。晶粒直径越小，不仅造成的初始液膜厚度减小，而且在随后的热循环中，液膜厚度的减小显著。因此在温度降至共晶温度时的残留液膜厚度可以保持在较低的水平。

图 2 - 25 为热循环峰值温度不同时晶界液膜厚度的变化。不同的峰值温度对应着到焊缝熔合线的距离。离熔合线越近，热循环峰值温度越高。由于热循环速度和原始晶粒相同，初始液膜厚度也相同。随着峰值温度提高，液膜厚度最大值增加，温度降至共晶温度时的残留液膜厚度也随峰值温度的提高而增加。

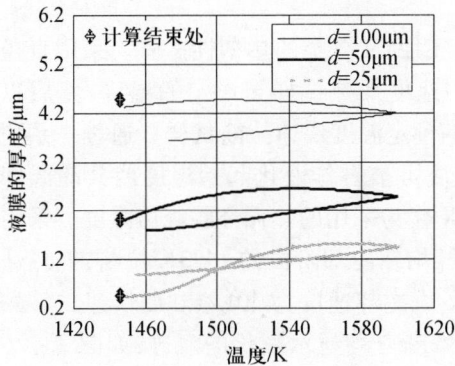

图 2 – 24 　不同晶粒直径下阶段 3 液膜
厚度的变化

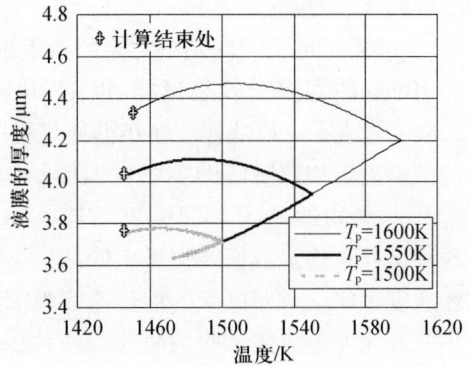

图 2 – 25 　峰值温度对阶段 3 液膜
厚度变化的影响

8）液化裂纹敏感性分析

根据模拟结果,当加热速度足够低(极限为平衡加热)时,析出相将完全溶解而不会发生液化。即使加热速度没有低到防止液化产生的程度,例如 1K/s,液膜也会在热循环的加热阶段凝固消失。进一步增加热循环速度,液膜在加热阶段不能消失,并在冷却阶段继续维持,直至温度降低到 $T_E$。因为拉应力在冷却过程形成,所以考察该阶段液膜的演变非常重要。造成液化裂纹的临界拉应力在很大程度上取决于液膜的厚度,如下边的方程所描述:

$$\sigma = 2\gamma_L / h \qquad\qquad (2 - 21)$$

式中:$h$ 为液膜的厚度;$\gamma_L$ 为液膜晶界的表面张力[25]。

从方程(2 – 21)可以看出,随着液膜厚度的增加临界拉应力 $\sigma$ 降低,而液化裂纹敏感性增加。于是从图 2 – 23 可以推论,当加热和冷却速度小于 10K/s 时发生裂纹的危险很小,随着热循环速度的加快,发生裂纹的危险增加。当热循环速度落在 100K/s ~ 1000K/s 的范围时,发生液化裂纹的倾向很大。不巧的是,包括弧焊和高能束焊的熔化焊的热循环速度恰恰落在这个区间,因此 GH909 焊接通常存在发生 HAZ 微裂纹的危险。

上边的关于热循环速度影响的推断与 N. L. Richards 等对电子束焊 Incoloy903 研究时的发现相吻合[15]。他们的试验表明,对于给定的线能量,降低焊接速度和增加焊接电流将减小热循环速度,使 HAZ 微裂纹减小到最低程度。

焊前显微组织状态,尤其是晶粒尺寸,对组分液化影响很大。原始晶粒尺寸越大,组分液化造成的液膜厚度和最终的残留液膜厚度也越大。因此,液化裂纹敏感性随原始晶粒的直径而增大。另外,越靠近焊缝熔合线,热循环的峰值温度越高,残留液膜的厚度也越大,相应地液化裂纹倾向将增大。

9）试验验证

在 Gleeble – 3500 热—力模拟机上进行 GH909 合金的热塑性试验。采用直径为 10mm 的固溶时效态试样，以 150K/s 的速度加热试样至设定的温度，然后以 30K/s 的速度冷却试样。在热循环过程中的预定温度快速拉断试样。通过一系列的试验确定加热阶段的零塑性温度。该温度可被看作液化起始温度或共晶温度 $T_E$[26]。测得的 $T_E$ 为 1433K，然后选择 1453K 作为采用的热循环的峰值温度。采用两种试验来验证数值模拟得出的结论。试样均在冷却阶段的 1423K 拉断，但热循环速度不同。对照试验的加热速度为 150K/s，冷却速度为 30K/s。而快速试验的热循环速度是对照试验的两倍。两种试验的断口均显示液化的痕迹，如图 2 – 26 所示，意味着在拉断的瞬间存在晶界液膜，并且快速试验的断口液化程度大于对照试验。以断面收缩率表征的塑性测量结果表明，快速试验测得的塑性为 0%，而对照试验测得的塑性为 8.61%。这意味着快速热循环促进液化，抑制凝固，有助于液相维持到更低的温度。这与数值模拟的结论一致。

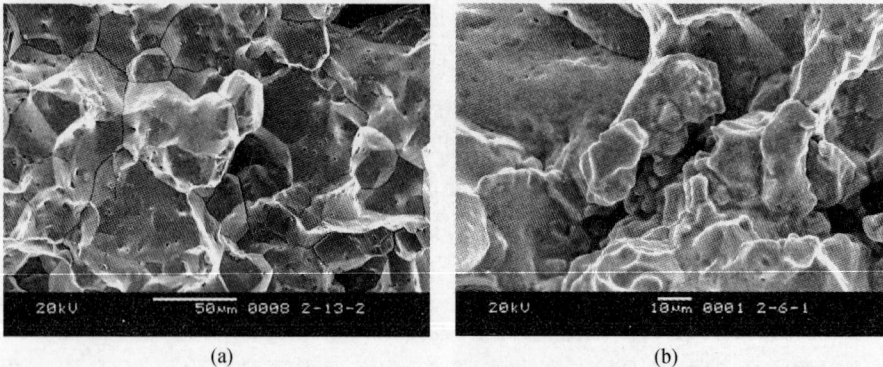

图 2 – 26　热塑性试验冷却至 1423K 拉断试样的断口形貌
（a）对照试验；（b）快速试验。

# 2.2　氧化物粉末强化（ODS 系列）高温合金钎焊技术

采用机械合金化工艺制造的氧化物弥散强化（ODS）高温合金 MGH754 是一种先进的高温合金结构功能材料，具有高温力学性能、高温抗氧化性能、高温抗腐蚀性能等综合性能优异的特点，因此在航空发动机热端零部件的选材方面有突出的优势。目前，该材料已经在一些发达国家的航空、航天以及能源等领域得到应用。如 F101、F404 航空发动机涡轮导向器叶片、环形件以及高效冷却结构——多空层板结构等都有应用。

近年来，我国根据目前尖端领域对新材料、新结构、新工艺、新技术的需求，开展了对 ODS 系列高温合金材料的加工制造工艺和应用技术等方面的研究工作。

ODS 类型的高温合金 GH754 基体材料的化学成分为 Ni – 20Cr – 0.05C – 0.3Al – 0.5Ti – 0.6$Y_2O_3$;其力学性能见表 2 – 15。

表 2 – 15　ODS 高温合金 MGH754 的合金成分与力学性能

| 测 试 条 件 | $\sigma_b$/(N/mm²) | $\sigma_{0.2}$/(N/mm²) | $\delta$/% | $\psi$/% |
|---|---|---|---|---|
| 室温 | 725 | 430 | 36.5 | 51.0 |
| 室温 | 710 | 500 | 37.5 | 52.5 |
| 室温 | 715 | 470 | 34.5 | 47.0 |
| 980℃纵向 | 173 | 162 | 15 | 23.5 |
| 980℃横向 | 173 | 173 | — | — |
| 1093℃纵向 | 137 | 125 | 12 | 27 |
| 1093℃横向 | 137 | 129 | 14 | 26 |
| 1093℃纵向 | 128 | 117 | 15 | 22 |
| 1093℃横向 | 118 | — | — | — |
| 1093℃纵向 | 121 | — | — | — |
| 1093℃横向 | 117 | — | — | — |

根据目前国内外的发展现状及需求,针对氧化物弥散强化(ODS)高温合金 MGH754 开展了连接技术研究工作,并对研究结果进行对比研究,得到了初步的结论。

## 2.2.1　用于 ODS 高温合金材料钎焊的钎料成分设计与制备

传统镍基钎料强度低,扩散处理对接头性能指标的提高不明显,必须走合金化的道路。高温合金钎焊用钎料或中间层合金的成分设计,首先要考虑到降熔元素和强化元素配比,降熔元素如 Si、B 的含量既要满足钎焊温度的要求,又能够通过钎焊和扩散处理联合工艺提高焊缝的重熔温度和使用温度;在此基础上,考虑添加强化元素、高温抗氧化元素和 γ′相稳定元素如 W、Mo、Cr、Al、Ti 等的含量,缩小固液相区间,提高非晶态制备工艺性,研究并确定出理想的钎料成分。

根据技术指标中对高温合金的要求,针对待焊的合金体系分别设计了三个合金钎焊材料候选:①Ni – Cr – Fe – Si – B 系合金钎料;②Ni – Cr – Si – B 系合金钎料;③Ni – Cr – B 系合金钎料。

钎料工艺性能试验研究工作主要围绕两个主要目的开展:①钎料的工艺性能;②钎焊接头力学性能。

通过上述两个方面的试验研究与结果对比分析,从每种基体材料候选的三种合金体系钎料中确定一种最理想的钎料。

针对高温合金要求选定的钎料：Ni－Cr－B 系合金钎料。

淘汰其他两种钎料的原因说明：

（1）Ni－Cr－Fe－Si－B 系合金钎料钎焊温度较低，从钎焊工艺技术指标要求方面来说，是可以满足要求的。但是正是由于其钎焊温度较低，因此造成钎焊接头的高温力学性能达不到技术指标的要求，如果采用延长扩散时间的工艺方法进一步提高钎焊接头的高温性能，一方面，会对基体材料本身固有的优异的高温性能带来不利的影响，得不偿失；另一方面，工艺成本较高，给今后的工程化应用及零部件的批产带来很大的经济负担，因此未被采用。

（2）Ni－Cr－Si－B 系合金钎料钎焊温度合适，但扩散处理的效果较弱，且钎缝较脆，采用扩散处理工艺方法虽然可以在一定程度上提高接头的高温性能，但是由于某些降熔元素含量较多，不易在较短的时间内实现有效的扩散，且工艺成本较高，因此也未被采用。

针对每种设计成分钎料熔炼的小锭坯，采用真空—氩气保护快淬设备（见图 2－27）进行快淬制备，将钎料制备成箔带形式备用。图 2－28 为制备的镍基钎料箔带。

图 2－27　真空—氩气保护快淬设备图　　　　图 2－28　镍基钎料箔带

已经加工制备出部分钎料样品（非晶态箔带及粉末）。钎料非晶态箔带规格：厚度 <0.05mm，宽度 >3mm。

## 2.2.2　钎焊与扩散处理工艺及接头力学性能

根据已有经验与技术积累，在钎料筛选工艺性能确认阶段，通过一系列工艺试验，采用不同钎焊及扩散处理工艺：一方面确认钎料的工艺性能；另一方面确认钎料与性能的关系。

在进一步确定了使用钎料后，采用较优化的钎焊与扩散处理工艺钎焊出力学性能试样，并对钎焊试样进行接头力学性能测试及钎缝组织对比分析，进一步优化及确定钎焊及扩散处理工艺[27]。

高温合金基体材料的钎焊工艺:1100℃~1150℃/60min~120min/1MPa~5MPa。

针对每种基体材料分别进行了两个轮次的钎焊接头力学性能试验研究与测试,测试工作分别在北京航空材料研究院和国家钢铁材料测试中心进行。

高温合拉伸金试样的测试温度分别为室温和930℃。图2-29、图2-30分别是测试前后的试样照片。

图2-29　加工好的试样

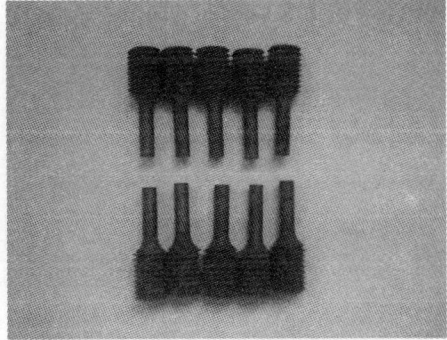

图2-30　测试(拉断)后的试样

其测试结果由表2-16给出。钎焊接头的室温强度系数达到85%,930℃强度系数达到93.5%。

表2-16　ODS-GH754钎焊接头力学性能

| 试样编号 | 测试温度 | 抗拉强度/MPa | | 试样形式 | 钎料体系 |
|---|---|---|---|---|---|
| 1 | 室温(27℃) | 605 | 平均值:610 | 对接形式钎焊及扩散处理试样 | Ni-Cr-B |
| 2 | | 670 | | | |
| 3 | | 570 | | | |
| 4 | | 520 | | | |
| 5 | | 685 | | | |
| 6 | 高温(930℃) | 163 | 平均值:161.8 | | |
| 7 | | 178 | | | |
| 8 | | 160 | | | |
| 9 | | 169 | | | |
| 10 | | 139 | | | |

## 2.2.3　焊缝组织研究

图2-31、图2-32分别是钎焊接头经过化学腐蚀后的光学照片和扫描电镜

133

背散射照片,放大倍数均为 1000 倍。从图中可以看出,经过钎焊和加压扩散处理工艺后,Al、Ti、Si 等元素已经得到了充分的扩散,出现了清晰的、较厚的扩散层,形成了充分的冶金结合,而 Cr 元素由于原子半径较大,较难通过处理得到有效地扩散,这一点可以在后面的能谱图片中得到印证。在扩散层中及其附近出现了小尺寸质点的富集。经过能谱分析,发现这些富集的质点(包括焊缝中不规则分布的黑色相)为富 Cr 相。

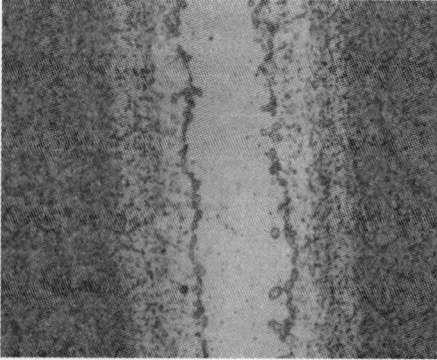

图 2-31  ODS754 钎缝光学金相照片          图 2-32  ODS754 钎缝扫描电镜照片

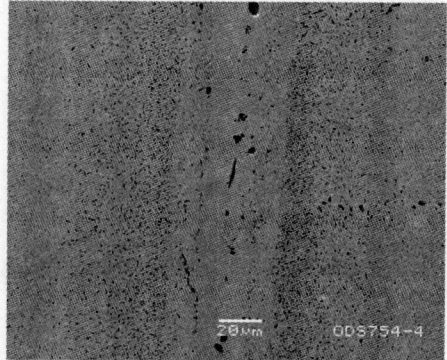

　　采用电子显微能谱分析方法对钎缝中各主要合金元素的分布情况进行了能谱线扫描分析,钎缝线扫描曲线的分布规律及各元素分布情况如图 2-33 所示。由于基体材料和钎焊料的合金体系都是镍基合金,且连接工艺中有扩散过程存在,因此 Ni 元素分布很均匀;基体中的 Al、Ti 元素含量很少,经过扩散处理,钎缝界面及其附近扩散层中的 Al、Ti 元素浓度梯度较小,已经没有明显的"台阶性"变化,取而代之的是缓慢的浓度变化;由于 Cr 原子半径较大,较难通过热运动而扩散,并且钎焊料与基体材料中 Cr 的浓度差比较大,Cr 元素在焊缝与基体的分布中有明显的"台阶"状过渡,基体材料中的 Cr 浓度高一些,钎缝中的 Cr 浓度低一些;Si 原子半径相对比较小,且在钎料与基体材料中的浓度差比较小,经过扩散处理,Si 元素分布也比较均匀,扩散处理的效果比较理想。

　　图 2-34、图 2-35 分别是室温拉伸和高温拉伸试验后接头断口的低倍照片。对比两形貌图发现,室温和高温两种拉伸试验条件下,其断面形态相似。

　　图 2-36 是将图 2-34 中标示出的白色方框内的区域放大 500 倍所得的背散射照片。通过对图 2-34 中的凸起部分、凹下部分和黑色区域进行能谱分析,其凸起和凹下部分的元素含量及分布大体一致,这也证实了钎缝断面均匀地随机分布在钎缝中心面对称的两侧,而黑色区域及两侧断面相互楔合的解理面则成为导致断裂行为的裂纹源。

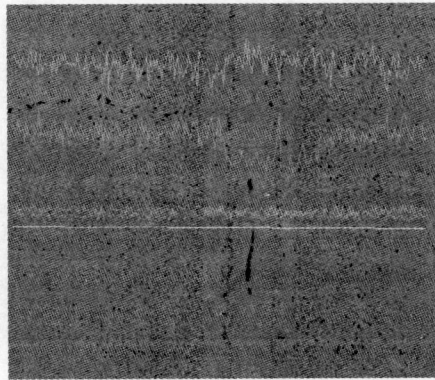

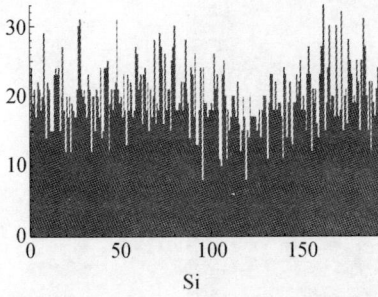

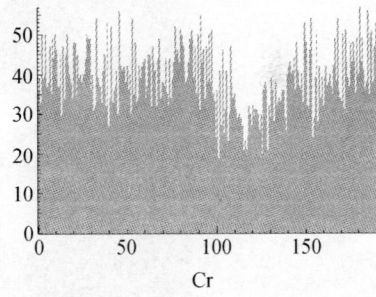

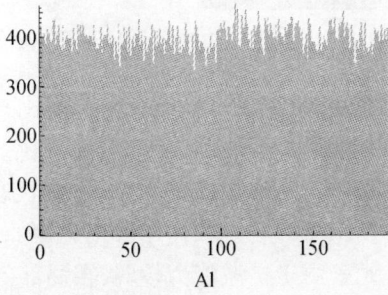

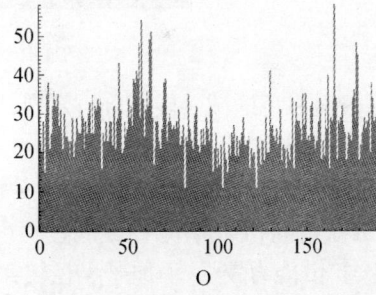

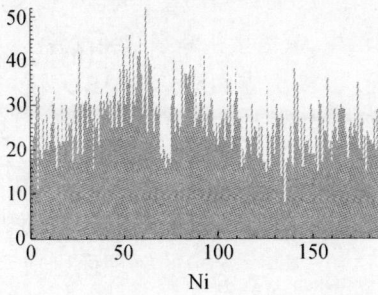

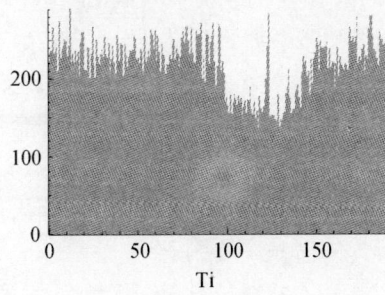

图 2 - 33　ODS754 钎焊接头各合金元素分布图

图 2 - 34  ODS754 钎焊接头室温拉伸断面

图 2 - 35  ODS754 钎焊接头高温拉伸断面

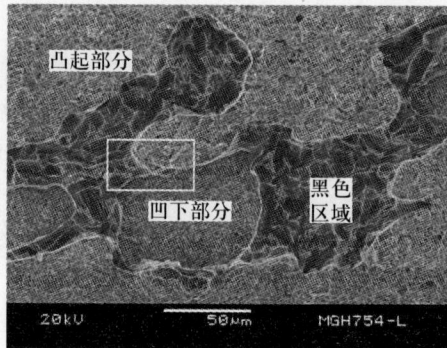

图 2 - 36  ODS754 钎焊接头室温拉伸断面微区形貌

通过对黑色区域的能谱分析发现,该区域为富 Ni、富 Cr 区,Ni/Cr(原子比)接近于 1.28。通过对二元相图的分析,Ni/Cr 过渡界面应该存在 $Ni_2Cr$ 的金属间化合物。由于钎料中降熔元素的存在,在钎焊 + 扩散处理的过程中,在钎缝合金熔融状态下,Ni、Cr 元素之间相互扩散,在凝固过程中形成了 $Ni_2Cr$ 过渡层,由于降熔元素原子半径较小,扩散能力较强,而原子半径较大的 Cr 元素由于扩散能力较弱,在局部(凝固前沿)的浓度会升高,并产生高 Cr 含量相的富集(见图 2 - 37)。由于 $Ni_2Cr$ 与高 Cr 相之间线膨胀系数的差异,导致了残余应力的产生,成为接头断裂的裂纹源。

同时根据文献,由于钎缝的熔化过程导致了接头界面剥落的 $Al_2O_3$ 颗粒和弥散强化相 $Y_2O_3$ 颗粒不能溶解于液态金属中而聚集到了凝固界面的前沿。这些不能重新固溶于钎缝合金的氧化物质点具有了夹渣的特性。冷却过程中,由于氧化物质点与金属之间线膨胀系数的差异,产生了残余应力,是导致钎焊接头拉伸试验断裂行为的另一个原因。

图 2 - 37 分别是对 MGH754 钎焊接头拉伸断裂面的凸起部分、凹下部分、黑色区域和钎缝中黑色相的能谱分析。

136

凸起部分 　　　　　　　　　　　　　凹下部分

黑色区域 　　　　　　　　　　　　　钎缝中黑色相

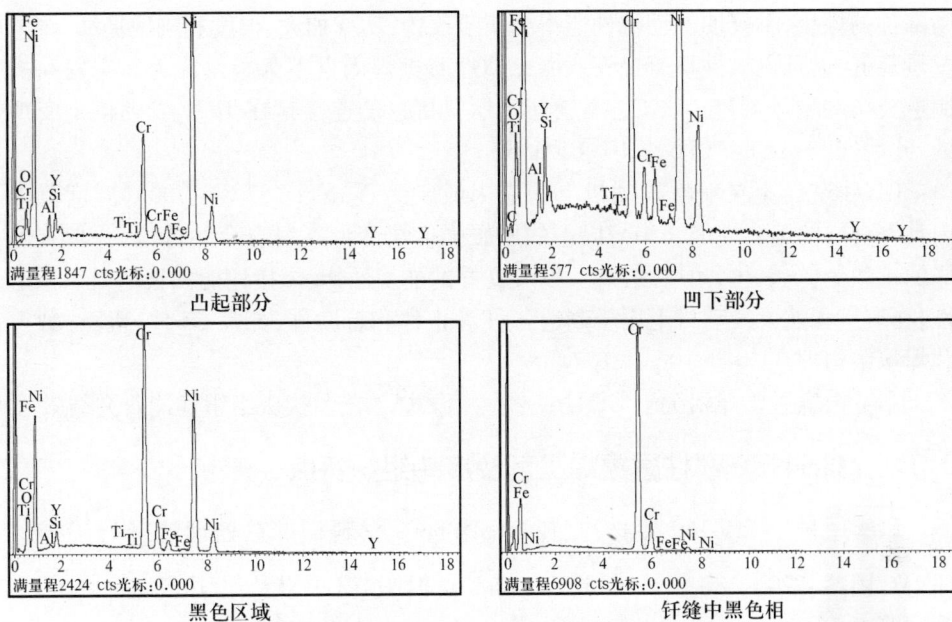

图 2 - 37　ODS754 钎焊接头室温拉伸断面微区探针曲线

　　为了进一步确认断面解理部位的形态,将图 2 - 36 中的白色方框内区域进行了 2500 倍的放大,见图 2 - 38。

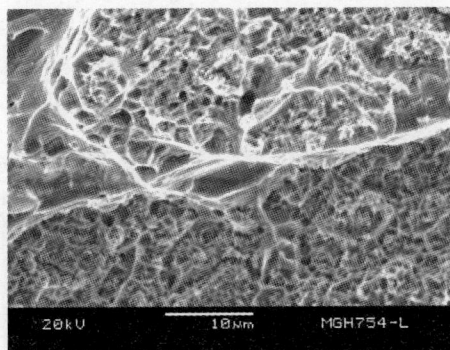

图 2 - 38　ODS754 钎焊接头室温拉伸断面微区形貌

　　从图 2 - 38 中可以看出,照片视野内的黑色相剥落区与纵向解理面是连通的,进一步证实了金属间化合物的边缘是拉伸断裂的裂纹源的结论。

# 2.3　GH4169 高温合金的摩擦焊

　　惯性摩擦焊是一种技术性和经济性均好的固相焊接工艺,用于航空发动机转动部件的焊接,不仅使发动机性能得到明显改善,功率加大,强度和刚度提高,转子重量降低,而且可靠性显著提高。因此惯性摩擦焊问世不久很快成为航空发动机制造公司的主导工艺。该工艺首次用于压气机盘的连接是在 TF39 发动机上实现的,此后推广于 GE4、CF6、F101、CFM56。

GH4169 合金在航空发动机上的应用最广泛,它在 -253℃ ~700℃ 温度范围内具有良好的综合性能,650℃ 以下的屈服强度居变形高温合金的首位,并具有良好的抗疲劳、抗氧化、耐腐蚀性能,以及良好的加工性能、焊接性能和长期组织稳定性,在航空和航天发动机上用于制造各种静止件和转动件,如盘、环件、机匣、轴等和焊接结构件。

本节内容主要介绍关于 GH4169 惯性摩擦焊工艺和接头组织性能研究结果。

## 2.3.1　GH4169 惯性摩擦焊工艺及接头组织特点

试验用料为 GH4169 棒材,直径为 $\phi20mm$。材料标准热处理状态为 970℃/1h/AC 固溶,720℃/8h $\xrightarrow{50℃/h}$ 620℃/8h/AC 时效。DA 状态为热轧态 + 720℃/8h $\xrightarrow{50℃/h}$ 620℃/8h/AC。

试验设备为 MHK -5 摩擦焊机,采用惯性焊方式。

工艺参数及焊接结果由表 2 -17 给出。影响焊接过程稳定性和成形效果的主要工艺参数是焊接压力,对 GH4169 合金而言需要较大的焊接压力。其次是焊接能量(转速和惯量合成),在焊接一定截面积的材料时,必须提供足够的能量并匹配较大的压力才能获得优良的接头,这也是 GH4169 合金惯性摩擦焊工艺参数选取的要点。

表 2 -17　GH4169 合金惯性焊工艺参数及结果

| 规范号 | 规范参数 | | | 焊接过程稳定性 | 烧化长度 /mm | 焊口封闭 /mm | 焊接缺陷 | 焊缝宽度 /mm | 热影响区宽度/mm |
| --- | --- | --- | --- | --- | --- | --- | --- | --- | --- |
| | 转速 N /(r/min) | 转动惯量 J /(kg·m²) | 轴向压力 P /MPa | | | | | | |
| 3 | 2466 | 2.4437 | 260 | 不稳定 | 2.76 | -0.64 | 无 | 1.7 | 1.5 |
| 4 | 1505 | 2.9984 | 355 | 不稳定 | 5.48 | -0.291 | 无 | 0.5 | 0.9 |
| 6 | 1453 | 2.9984 | 474 | 稳定 | 8.82 | 0 | 无 | 0.28 | 0.55 |
| 7 | 1453 | 2.9984 | 534 | 稳定 | 11.44 | +0.046 | 无 | 0.5 | 0.50 |

如图 2 -39 所示,GH4169 合金惯性摩擦焊的焊缝中心为完全再结晶的等轴细晶奥氏体组织,并有随机分布的 NbC。焊缝边缘为不完全再结晶的混晶组织。在焊缝区未见熔化的铸造组织。热影响区为带有摩擦旋转方向的奥氏体组织。

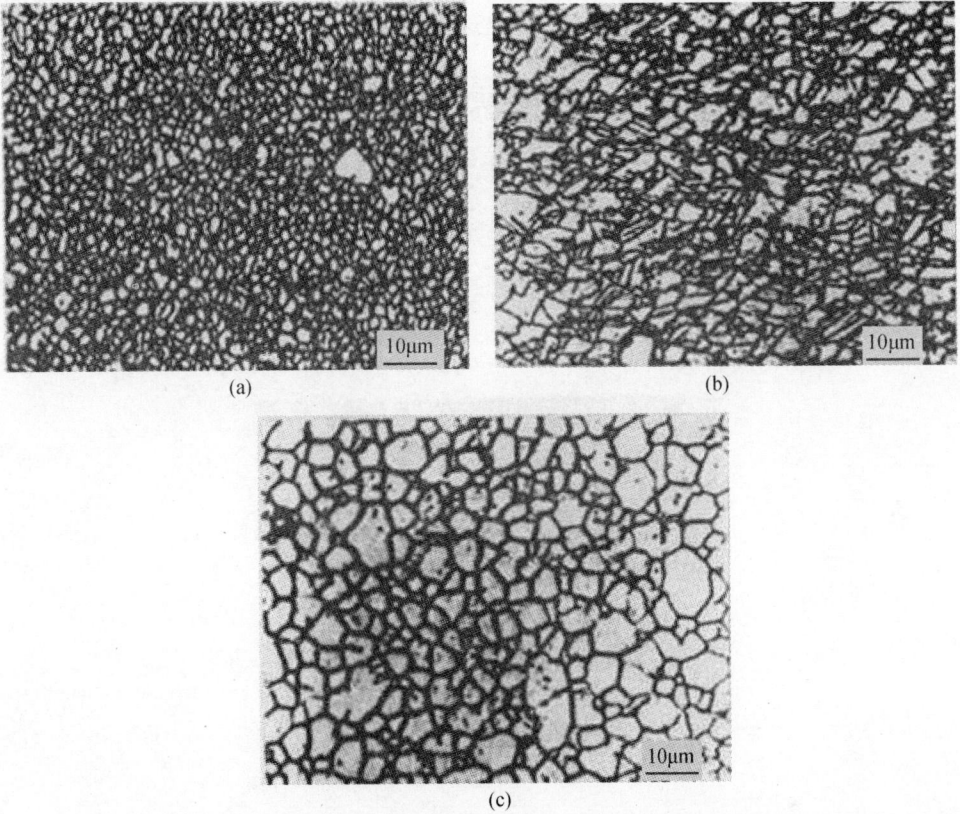

(a)

(b)

(c)

图 2 - 39　GH4169 合金惯性摩擦焊接头组织

(a) 焊缝；(b) 热影响区；(c) 母材。

　　焊缝中心区由于受热温度较高,可以达到固溶温度,金属变形大,因此 γ′相和 γ″相强化相均溶解消失,δ 相也会消失。焊缝边缘由于温度低,高温停留时间短, γ′相、γ″相和 δ 相得以保留。

　　焊后强化相可否保存下来,主要取决于工艺参数。3 号规范的转速高、压力低,摩擦热效率低,必须经过较长时间摩擦,焊接表面才能达到焊接所需的温度,造成热量向母材传递较多,整个接头温度高,高温区宽,所以整个焊接区的强化相消失,见图 2 - 40(a)。6 号规范有足够的能量和大的压力,使金属很快达到焊接所需温度,焊接很快结束,将高温塑性金属挤出变成飞边,较低温度的金属变成焊缝,因此仅焊缝中心部位的 γ′相、γ″相溶解消失,焊缝边缘和热影响区的强化相和 δ 相仍得以保留。当规范参数选择合理时,仅有焊缝中心 0.2mm 左右宽的区域内的强化相回溶,其他区域仍可保留强化相。强化相回溶区域由于 Nb、Al 等元素的溶解,仍有固溶强化作用,而且大量位错存在会起到强化作用,见图 2 - 40(b),因此焊态接头力学性能仍可保持在较高的水平。

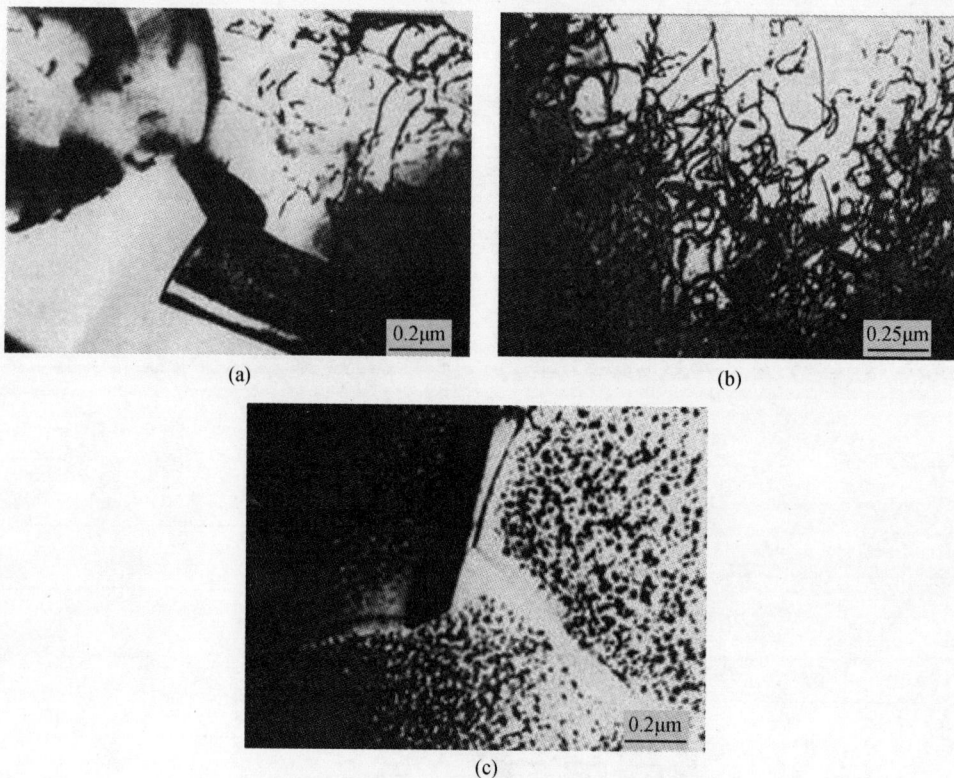

(a)

(b)

(c)

图 2 – 40　GH4169 合金惯性摩擦焊接头的电镜高倍组织

(a) 焊缝中心, δ 相溶解痕迹和碳化物;（b) 焊缝中心
的晶内位错缠结;（c) 热影响区的 γ′、γ″相和 δ 相。

按照 ASME112 标准对接头的晶粒度进行评定, 结果见表 2 – 18。摩擦焊焊缝
区晶粒细化, 由于工艺参数适当, 焊缝区具备再结晶的温度和变形量, 获得 14 级细
小晶粒, 达到与国外同等水平。

表 2 – 18　惯性摩擦焊接头的晶粒度

| 规范号 | 规 范 特 点 | | 母材(级) | 热影响区(级) | 焊缝边缘(级) | 焊缝中心(级) |
|---|---|---|---|---|---|---|
| 3 | 大转速　中惯量 小压力　长时间 | | 11 ~ 12 | 10 ~ 11 | 12 | 12 ~ 12.5 |
| 4 | 中转速　大惯量 中压力　中时间 | | 11 ~ 12 | 11 ~ 12 | 13 ~ 14 | 14 |
| 6 | 中转速　大惯量 大压力　短时间 | | 11 ~ 12 | 11 ~ 12 | 13 ~ 14 | 14 ~ 14.5 |

## 2.3.2 接头力学性能

对三种不同热处理状态的惯性摩擦焊接头的力学性能进行研究,表 2-19 为焊接参数,表 2-20 和表 2-21 分别为接头的拉伸性能和持久性能[28]。

表 2-19 不同热处理状态 GH4169 合金的惯性摩擦焊参数

| 规范号 | 焊前热处理状态 | 棒材直径/mm | 规范参数 | | | |
|---|---|---|---|---|---|---|
| | | | 转速 $N$/(r/min) | 转动惯量 $J$/kg·m² | 轴向压力 $P$/MPa | 保压时间/s |
| 6 | S + A | 20 | 1453 | 2.9986 | 474 | 8 |
| 12 | DA | 18 | 1457 | 1.9125 | 468 | 5 |
| 24 | F | 18 | 1457 | 1.4391 | 460 | 5 |

注:S—固溶,A—时效,DA—直接时效,F—锻造状态

表 2-20 GH4169 合金惯性摩擦焊接头拉伸性能

| 规范号 | 状态 | 室温拉伸 | | | | 650℃ | | | |
|---|---|---|---|---|---|---|---|---|---|
| | | $\sigma_{p0.2}$/MPa | $\sigma_b$/MPa | $\delta_5$/% | $\psi$/% | $\sigma_{p0.2}$/MPa | $\sigma_b$/MPa | $\delta_5$/% | $\psi$/% |
| 6 | S + A + W | 1083 | 1276 | 7.0 | 38.7 | 985 | 1103 | 6.8 | 26.7 |
| 12 | DA + W | 1139 | 1360 | 8.0 | 35.7 | 969 | 1138 | 10.2 | 23.7 |
| 24 | F + W + A | 1302 | 1442 | 18.1 | 45.1 | 1075 | 1224 | 10.2 | 19.8 |
| 技术条件 | S + A | ≥1100 | ≥1345 | ≥10 | ≥15 | — | ≥1240 | — | — |
| | DA | ≥1240 | ≥1450 | ≥12 | ≥15 | — | ≥1170 | — | — |

注:W—惯性摩擦焊

表 2-21 GH4169 合金惯性摩擦焊接头持久性能

| 规范号 | 状态 | 试验温度/℃ | 持久性能 | | |
|---|---|---|---|---|---|
| | | | $\sigma$/MPa | $t$ | $\delta$/% |
| 6 | S + A + W | 650 | 700 | 22h33min | — |
| 12 | DA + W | 650 | 690 | 71h30min | 3.2 |
| | | | 700 | 48h43min | 4.0 |
| 24 | F + W + A | 650 | 700 | 106h07min | 3.6 |
| 技术条件 | S + A | 650 | 690 | ≥25 | — |
| | DA | 650 | 700 | ≥25 | — |

当焊接截面相同时,不同热处理状态的 GH4169 合金所需的工艺参数不同。固溶时效和 DA 状态均需较大的焊接压力。

固溶时效状态焊接、焊后未热处理的接头强度系数达到 94.8%,延伸率达到技术条件的 70%。DA 状态焊接、焊后未热处理的接头强度系数达到 94%。锻态

焊接、焊后时效处理的接头强度系数最高，达到99.5%，塑性也较好，尤其是650℃持久性能超过技术指标的要求，达到100h以上。

# 参 考 文 献

[1] 张绍维. 低膨胀高温合金的发展与应用. 航空制造工程,1994,(9):5-8.

[2] Chaturvedi M C, Richards N L. Microstructure and HAZ cracking of EB welded Incoloy 903. International Journal of Materials and Product Technology,1996,11（3-4）:253-270.

[3] Nakkalil R. Microstructural characterization of Incoloy 903 weldments. Dissertation Abstracts International 54, 1994,(8):292.

[4] Nakkalil R, Chaturvedi M C, Richards N L. Microstructural characterization of Incoloy 903 weldments. Metallurgical Transactions A,1993,24A(5):1169-1179.

[5] Richards N L, Nakkalil R, Chaturvedi M C. Fusion Zone Microstructure of electron beam welded Incoloy 903. Scripta Metallurgica et Materialia 1992,26(4):545-550.

[6] Cieslak M J, Headley T J, Knorovsky G A, Romig Jr A D, Kollie T. A Comparison of the solidification behavior of Incoloy 909 and Inconel 718. Metallurgical Transactions A,1990,21A(2):479-488.

[7] Ernst S C, Baeslack III W A, Lippold J C. Weldability of high-strength, low-expansion superalloys. Welding Journal,1989,68(10):418s-430s.

[8] Nakkalil R, Chaturvedi M C, Richards N L. A study of fusion zone and heat-affected zone microstructures in electron beam welded Incoloy 903. Conference:International Trends in Welding Science and Technology, Gatlinburg, Tennessee, USA,1-5 June 1992..

[9] Liu Y G, Nakkalil R, Richards N L, Chaturvedi M C. The effect of initial microstructure on heat-affected zone microfissuring in Incoloy 903. Materials Science and Engineering A,1995,202(1-2):179-187.

[10] Lin W, Baeslack III W A, Lippold J C. Hot-ductility testing of high-strength low-expansion superalloys. Conference:Recent Trends in Welding Science and Technology, Gatlinburg, Tennessee, USA,14-18 May 1989, 609-614.

[11] Nakkalil R, Chaturvedi M C, Richards N L. The influence of solidification mode on heat-affected zone microfissuring in a nickel-iron base superalloy. ACTA Metallurgia ET Materialia,1992,41(12):3381-3392.

[12] Nakkalil R, Chaturvedi M C, Richards N L. Grain boundary liquid film migration during welding of Incoloy 903. Scripta Metallurgica et Materialia 1992,26(10):1599-1604.

[13] Radhakrishnan B and Thompson R G. A model for the formation and solidification of grain boundary liquid in the heat-affected zone (HAZ) of welds. Metallurgical Transactions A,1992,23(6):1783-1799.

[14] Richards N L, Chaturvedi M C, Liu Y G, Mount K. Optimization of electron beam welding parameters for Incoloy 903. International Journal of Materials and Product Technology,1996,11（3-4）:284-300.

[15] Richards N L, Nakkalil R, Chaturvedi M C. The influence of electron beam welding parameters on heat-affected zone microfissuring in Incoloy 903. Metallurgical and Materials Transactions A, 1994, 25A（8）: 1733-1745.

[16] Dupont J N, Robino C V, Marder A R. Solidification and weldability of Nb-bearing superalloys. Welding Journal,1998,77(10):417s-431s.

[17] Dupont J N, Robino C V, Marder A R. Modeling solute redistribution and microstructural development in fusion welds of Nb-bearing superalloys. Acta Mater. ,1998,46(13):4781－4790.

[18] 郭绍庆,李晓红,袁鸿,等. 低膨胀高温合金焊缝金属凝固行为的模拟预测. 航空材料学报,2004,24(6):1－6.

[19] Pepe J J and Savage W F. Effects of constitutional liquation in 18Ni maraging steel weldments. Welding Journal,1967,46(9):411s－422s.

[20] Genculu S, Thompson R G. Microstructural evolution in the HAZ of Inconel 718 and correlation with the hot ductility test. Welding Journal,1983,62(4):337s－345s.

[21] Baeslack III W A and Nelson D E. Morphology of weld heat-affected zone liquation in cast alloy 718, Metallography,1986,19:371－379.

[22] Baeslack III W A, Lata W P, West S L. A study of heat-affected zone and weld metal liquation cracking in alloy 903. Welding Journal,1988,67(4):77s－87s.

[23] Guo Shaoqing, Li Xiaohong. Numerical simulation of solidification and liquation behavior during welding of low-expansion superalloys. Frontiers of Materials Science,2011,5(2),146－159.

[24] Hemmer H, Grong Φ, Klokkehang S. A Process model for heat-affected zone microstructure evolution in duplex stainless steel weldments. Part Ⅱ, Application to electron beam welding. Metallurgical and Metals Transactions A,2000,31A:1035－1048.

[25] Ojo O A, Richards N L, Chaturvedi M C. Contribution of constitutional liquation of gamma prime precipitate to weld HAZ cracking of cast Inconel 738 superalloy. Scripta Materialia,2004,50(5),641－646.

[26] Lee C H, Lundin C D. Relationship between hot ductility behavior and microstructural changes in TP347 stainless steel. Welding Journal,1998,77(1):29s－37s.

[27] 郭万林,淮军锋,李天文. MGH754 高温合金钎焊工艺、接头组织与力学性能研究. 第十六届全国钎焊及特种连接技术交流会论文集,广西南宁,2008.10,157－161.

[28] 刘效方,梁海. GH4169 合金摩擦焊接接头的高温持久性能. 第八次全国焊接会议论文集,第二册. 北京:机械工业出版社,1997.

# 第3章　航空用不锈钢和超高强度钢焊接技术

不锈钢和超高强度钢为飞机及发动机的重要材料之一,钢铁材料以其优良的性能,相对较低的成本等特点,在航空应用中仍将占据一定比例。航空中用于焊接的不锈钢主要为奥氏体不锈钢、马氏体或沉淀硬化不锈钢。奥氏体不锈钢具有抗氧化、耐腐蚀以及优良的塑性加工性能和焊接性能等,广泛用作飞机、发动机的燃油、液压导管及其他管线系统、散热器、各种钣金、焊接构件。奥氏体不锈钢对晶间腐蚀比较敏感,为消除晶间腐蚀敏感性,近年来普遍采用超低碳钢,为弥补强度损失,采用添加 N 等措施,如 00Cr18Ni10N 等。马氏体不锈钢在具有抗氧化性能的同时具有较高的强度,广泛用作 550℃ 以下工作的发动机及飞机的承力结构,包括航空发动机叶片、盘件、导向器、支架、机匣、支承座以及飞机的顶杆、套筒、衬套等承力结构,除要求较高的强度外,还要求一定的耐温,如 1Cr11Ni2W2MoV、0Cr15Ni5Cu4Nb 钢等。超高强度钢抗拉强度通常在 1600MPa 以上,具有很高的强度和韧性,用于制造飞机的重要承力构件,包括起落架、平尾大轴、黑匣子、直升机旋翼轴等。这类钢除要求较高的强度外,对断裂韧度、缺口敏感度等均具有较高的要求。

与其他材料相比,不锈钢焊接性较好,采用氩弧焊、电子束焊、钎焊等均可以对其成功地焊接。超高强度钢可分为可焊接超高强钢和不推荐焊接的超高强钢两类,可焊接超高强度钢中含有较多的 Ni、Cr、Co 等元素,具有良好的焊接性,采用氩弧焊、电子束焊可以获得性能较好的焊接接头。由于该类材料的服役环境恶劣复杂,航空应用中对焊接接头的综合性能提出很高要求,因此不锈钢和超高强度钢焊接的焊接材料和工艺的研究仍是飞机制造中非常重要的环节。

## 3.1　航空用不锈钢氩弧焊技术

由于力学性能、耐蚀性和加工性能良好,腐蚀防护和服役周期维护费用明显低于其他钢,不锈钢在飞机和航空发动机上的应用仍很广泛。

奥氏体不锈钢在飞机上也是应用广泛的一类材料,西方发达国家制作飞机导管用的材料都是低碳、超低碳奥氏体不锈钢,其中较先进的材料是 21－6－9(Fe－21Cr－6Ni－9Mn－N)和 AISI 304LN(00Cr18Ni10N)。304LN 是在不含氮 18－8 型不锈钢基础上发展的新钢种,它除保留了不含氮钢种的耐蚀性和良好的塑韧性外,因采用氮合金化,还显著地提高了钢的强度和加工硬化倾向。此外,氮的加入,提

144

高了钢中的镍当量,使合金的奥氏体更加稳定,增大了节约钢中镍含量的空间。钢中氮含量的提高使其某些方面的耐蚀性得到进一步改善,在耐点蚀和缝隙腐蚀方面,其改善较为明显。由于氮提高钢的抗敏化能力,耐晶间腐蚀性能亦有明显提高。00Cr18Ni10N 广泛用于替代 0Cr18Ni9、1Cr18Ni9、1Cr18Ni9Ti 等钢用于新型飞机结构。

1Cr11Ni2W2MoV 钢为 12% 铬型马氏体热稳定不锈钢,具有较高的强度、中等耐腐蚀性和高的屈强比。由于钢中加入碳化物形成元素 W、Mo、V,钢在淬火回火处理后,具有优良的综合力学性能和热稳定性。它用于制造 600℃ 以下的承力构件。其室温拉伸强度、持久强度极限及蠕变极限均较高,并具有良好的韧性和抗氧化性能,在淡水和潮湿的空气中有较好的耐蚀性,但不适宜在海水和海洋性大气中使用。

15−5PH 沉淀硬化不锈钢在西方已是成熟牌号材料,美国针对 15−5PH 钢焊接还专门制订了焊丝标准 AMS5826B,并已在军、民机上广泛应用,如 B737 飞机机翼梁、风扇罩内部件、吊舱结构件、MD−82 飞机导向拉杆、驱动拉杆、导向架等零件。与 15−5PH 成分相近的 0Cr15Ni5Cu2Ti 在苏−27 飞机上应用品种也很多,典型零件有输弹口径、止动卡板、限动器挡板、排壳道等焊接结构。

国内 0Cr15Ni5Cu4Nb 钢(15−5PH 钢)和 00Cr18Ni10N(304LN)最先在非航空产品上得到应用。近几年针对航空结构陆续开展了材料研制及焊接技术的应用研究,在焊接材料、焊接工艺和接头性能研究方面取得了重要进展,为最终实现航空应用奠定了基础。

### 3.1.1  00Cr18Ni10N 钢氩弧焊

美国 AISI 304LN 氩弧焊接技术已经得到成熟应用,焊接采用的焊丝为 AWS 5.9 ER308L,为获得良好焊接工艺性和改善焊缝成形,可采用 AWS 5.9 ER308LSi 焊丝。

00Cr18Ni10N 不锈钢在焊接过程中会引起 HAZ 中铬的碳化物沿晶界析出,降低接头耐蚀性。在条件允许的情况下,焊后应重新固溶处理,以恢复接头耐蚀性。如果焊缝中 δ 铁素体数量控制不当,P、S 杂质偏析,焊接过程中还容易发生热裂纹。另外,00Cr18Ni10N 不锈钢的成分特点决定了其铁水流动性及焊道成形能力不够理想。因此通过焊丝成分设计和接头组织调控,使 00Cr18Ni10N 不锈钢焊接工艺性改善、避免焊接热裂纹和接头耐蚀性降低,是该材料焊接技术得到应用必须解决的技术关键。其次,焊接规范对 00Cr18Ni10N 焊缝的结晶方式也有影响,低线能量的熔化极气体保护焊(GMAW)或脉冲 GMAW 焊缝结晶方式为 FA(先生成铁素体 F,再生成奥氏体 A),在焊缝中生成 7% ~8% 左右的 δ 铁素体,对结晶热裂纹的敏感性低于高线能量的埋弧焊,同时焊缝强度和韧性也优于埋弧焊[1]。

针对 00Cr18Ni10N 氩弧焊,在母材成分的基础上对焊丝成分进行设计和调整,研制出了专用焊丝。采用专用焊丝,开展了氩弧焊工艺和接头组织性能研究。

采用 δ1.0、δ2.5 薄板、δ5.0 和 δ30 厚板进行自动氩弧焊接。δ30 板开 40°X 形坡口，手工氩弧焊打底，后续焊道采用自动氩弧焊，焊后进行 1000℃×1h，WC 热处理。δ2.5、δ5.0 板开 70°V 形坡口，钝边 0.5mm，不留间隙焊，δ1.0 板不开坡口，焊后进行 1000℃×1h，AC 热处理。

采用专用焊丝焊缝成形良好，并且未发生焊接裂纹现象。通过一系列焊接工艺试验，确定了 δ2.5 薄板、δ30 厚板的焊接坡口形式和工艺参数，见表 3-1、表 3-2 和表 3-3。

表 3-1　不同厚度板材坡口示意图

| 板厚/mm | 接头形式 | 焊接方式 | 间隙/mm |
|---|---|---|---|
| 1.0 | | 手工<br>自动 | 0~0.5<br>0 |
| 2.5 | | 手工<br>自动 | 0~0.5<br>0~0.3 |
| 5.0 | | 手工<br>自动 | 0~0.5<br>0~0.3 |
| 30.0 | | 手工<br>自动 | 0~0.8<br>0~0.5 |

表 3-2　不同厚度板手工钨极氩弧焊焊接规范参数

| 母材厚度 | 焊丝直径 | 钨极直径 | 焊接道次 | 电流强度 | 氩气流量/(L/min) | | |
|---|---|---|---|---|---|---|---|
| /mm | | | | /A | 正面 | 反面 | 拖罩 |
| 1.0 | 1.0~1.6 | 1.5 | 1 | 20~70 | | | |
| 2.5 | | | 1 | 80~90 | | | |
| 5.0 | 1.6 | 2.5~3.2 | 1 | 80~90 | 10~15 | 5~10 | 20~25 |
| | | | 2~4 | 90~110 | | | |
| 30.0 | | | 1 | 80~90 | | | |
| | | | 2~填满 | 90~110 | | | |

146

表3-3 不同厚度板自动钨极氩弧焊焊接规范参数

| 母材厚度/mm | 焊丝直径/mm | 钨极直径/mm | 焊接道次 | 电流强度/A | 焊接速度/(cm/min) | 送丝速度/(cm/min) | 氩气流量/(L/min) | | |
|---|---|---|---|---|---|---|---|---|---|
| | | | | | | | 正面 | 反面 | 拖罩 |
| 1.0 | 1.0~1.6 | 2.5~3.2 | 1 | 70~80 | 28~32 | 15~20 | 15~20 | 5~10 | 20~25 |
| 2.5 | | | 1 | 160~180 | 22~28 | 55~65 | | | |
| 5.0 | 1.6 | | 1 | 130~150 | 22~28 | 25~30 | | | |
| | | | 2 | 150~170 | 10~12 | 50~60 | | | |
| 30.0 | | | 1 | 130~140 | 25~30 | 15~20 | | | |
| | | | 2~填满 | 180~200 | 11~13 | 50~60 | | | |

图3-1为00Cr18Ni10N钢接头组织的金相照片,经焊后固溶处理,焊缝的枝晶特征减轻,但其粗大的柱状组织特点依然得到保留。

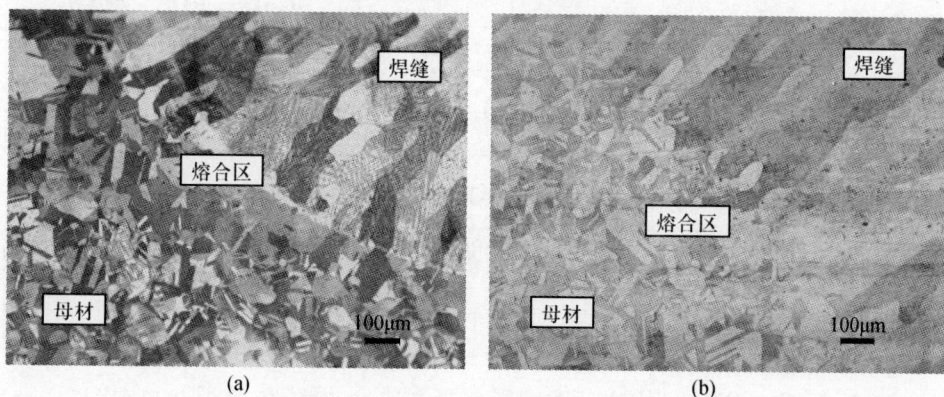

图3-1 00Cr18Ni10N钢接头组织
(a) 焊态;(b) 固溶。

测试的接头性能包括室温和高温拉伸、室温和低温冲击性能,由表3-4~表3-7给出。除δ2.5板焊态接头外,其余规格接头的焊态和焊后固溶热处理的强度系数均大于90%。δ2.5板接头的焊态强度系数达到89.8%,其原因在于δ2.5板的母材实物的抗拉强度高达646MPa,比技术条件($\sigma_b \geq 540$MPa)高106MPa,焊态下焊缝中固溶强化效果降低。专用焊丝焊接00Cr18Ni10N钢的焊缝冲击性能非常好,在-60℃的低温下仍然具有364.6J/cm²的冲击韧度。

表3-4 00Cr18Ni10N钢板材的氩弧焊接头室温拉伸性能

| 母材规格 | 热处理制度 | 温度/℃ | $\sigma_{p0.2}$/MPa | $\sigma_b$/MPa | $\delta_5$/% | 断裂位置 |
|---|---|---|---|---|---|---|
| δ1.0板 | 焊态 | 25 | 323 | 650(95.3%) | 30.7 | 焊缝/母材交界 |
| | 固溶 | | 271 | 616(90.3%) | 43.8 | 焊缝/母材交界 |

147

| 母材规格 | 热处理制度 | 温度/℃ | $\sigma_{p0.2}$/MPa | $\sigma_b$/MPa | $\delta_5$/% | 断裂位置 |
|---|---|---|---|---|---|---|
| $\delta 2.5$ 板 | 焊态 | 25 | 327 | 580(89.8%) | 27.6 | 焊缝 |
| | 固溶 | | 318 | 608(94.1%) | 34.6 | 焊缝 |
| $\delta 5.0$ 板 | 焊态 | 25 | 315 | 577(92.0%) | 25.2 | 焊缝 |
| | 固溶 | | 313 | 585(93.3%) | 28.2 | 焊缝 |

表 3-5   00Cr18Ni10N 钢板材的氩弧焊接头高温拉伸性能

| 母材规格 | 热处理制度 | 温度/℃ | $\sigma_b$/MPa | $\delta_5$/% | 断裂位置 |
|---|---|---|---|---|---|
| $\delta 1.0$ 板 | 焊态 | 300 | 479 | 20.6 | 靠近熔合线 |
| | 固溶 | | 467 | 33.6 | HAZ |
| $\delta 2.5$ 板 | 焊态 | 300 | 385 | 16.6 | 焊缝 |
| | 固溶 | | 353 | 18.6 | 焊缝 |
| $\delta 5.0$ 板 | 焊态 | 300 | 434 | 21.5 | 焊缝 |
| | 固溶 | | 449 | 27.5 | 焊缝 |

表 3-6   00Cr18Ni10N 钢改锻 $\delta 30$mm 板的氩弧焊接头拉伸性能

| 母材规格 | 热处理制度 | 温度/℃ | $\sigma_{p0.2}$/MPa | $\sigma_b$/MPa | $\delta_5$/% | $\psi$/% | 断裂位置 |
|---|---|---|---|---|---|---|---|
| 改锻 $\delta 30$ 板 | 固溶 | 25 | 287 | 581(93.6%) | 43.2 | 74.7 | 焊缝 |
| | 固溶 | 300 | — | 425(90.8%) | 32.9 | 69.0 | 焊缝 |

表 3-7   00Cr18Ni10N 钢的氩弧焊接头冲击性能(改锻 $\delta 30$mm 板)

| 试样编号 | 热处理制度 | 温度/℃ | 冲击吸收功 $A_{ku}$/J | | 冲击韧度 $\alpha_{ku}$/(J/cm²) | |
|---|---|---|---|---|---|---|
| | | | 单个 | 均值 | 单个 | 均值 |
| 9 | | 23 | 327 | 322 | 408.8 | 402.1 |
| 10 | | | 316 | | 395.0 | |
| 11 | | | 322 | | 402.5 | |
| 12 | 固溶 | -20 | 299 | 298 | 373.8 | 371.9 |
| 13 | | | 296 | | 370.0 | |
| 14 | | -60 | 281 | 292 | 351.3 | 364.6 |
| 15 | | | 300 | | 375.0 | |
| 16 | | | 294 | | 367.5 | |

　　按照 GB/T 4334.3—2000 不锈钢 65% 硝酸腐蚀实验方法对焊丝氩弧焊接头的晶间腐蚀性能进行了研究。所用焊丝为专门研制的 1# 和 2# 焊丝,采用的试样取自 $\delta 2.5$ 焊态试板,并以母材作为对照。表 3-8 为 00Cr18Ni10N 钢接头晶间腐蚀

实验结果,图3-2为试样经过腐蚀后的表面形貌照片。由腐蚀失重数据可以看出,采用专门研制的焊丝焊接00Cr18Ni10N钢接头的腐蚀速度低于母材。

表3-8 00Cr18Ni10N钢接头晶间腐蚀实验结果

| 试样 | 腐蚀失重/g | | | | | |
|------|------|------|------|------|------|------|
| | 一周期 | 二周期 | 三周期 | 四周期 | 五周期 | 累积 |
| 母材 | 0.0564 | 0.0565 | 0.0549 | 0.059 | 0.0557 | 0.2825 |
| 1#焊丝 | 0.0547 | 0.0460 | 0.0414 | 0.0439 | 0.0427 | 0.2287 |
| 2#焊丝 | 0.0566 | 0.0462 | 0.0422 | 0.044 | 0.0417 | 0.2307 |

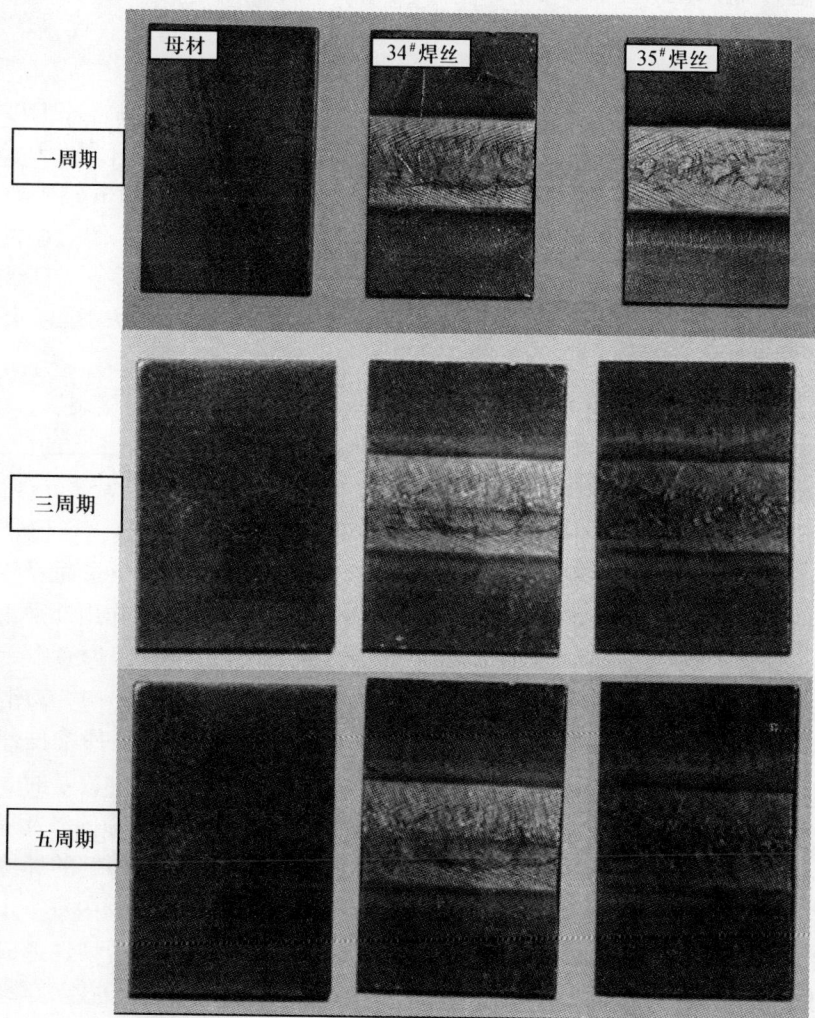

图3-2 00Cr18Ni10N钢接头经过腐蚀后的表面形貌照片

## 3.1.2 0Cr15Ni5Cu4Nb 钢氩弧焊

0Cr15Ni5Cu4Nb(15-5PH)钢是一种典型的马氏体沉淀硬化不锈钢,其成分与0Cr15Ni5Cu2Ti钢相近。该钢种具有较高的强度水平(>1300MPa),最高使用温度为300℃。0Cr15Ni5Cu4Nb钢具有良好的焊接性和耐蚀性以及综合力学性能,广泛应用于飞机焊接结构件和承力件的制造。

0Cr15Ni5Cu4Nb是在17-4PH沉淀硬化马氏体不锈钢基础上通过降低含铬量、略微提高含镍量的成分改进消除δ铁素体而获得的钢种。采用真空电弧重熔减小合金的气体含量,降低和弥散夹杂,减小合金凝固时的偏析。这些因素与δ铁素体的消除综合作用,使0Cr15Ni5Cu4Nb钢相比17-4PH钢具有优异的横向韧性[2]。

这类钢的$M_s$点较高,$M_f$点也在室温以上,所以经过固溶处理后,几乎可以获得全部马氏体组织。同时由于含有在马氏体中固溶度很小的Cu、Al、Mo、Ti、Nb等强化元素,在低温回火后可以达到时效强化的效果。0Cr15Ni5Cu4Nb钢主要靠时效析出的富铜相产生沉淀硬化效果,可以用于制造在大气条件下工作的承力零件以及与燃料接触的在300℃以下工作的零件,如飞机蒙皮、框架、珩条、波形板、油箱等。其最大特点是可以通过调整热处理制度(淬火温度、冷却方式、回火温度等),得到不同的强度和韧性配合,从而可以满足不同零件的需要。

0Cr15Ni5Cu4Nb钢具有良好的焊接性,一般情况下不会产生焊接裂纹,焊接接头中出现的马氏体属于低碳马氏体,对冷裂纹也不敏感。在拘束度不大的情况下,一般不需要焊前预热及缓冷[3]。时效马氏体不锈钢通常采用同质焊丝焊接,如日本Fujita等人采用同质填充丝焊接了高速客船的15-5PH钢水翼[4]。但是由于15-5PH是在17-4PH基础上为提高塑韧性而研制,它降低了铬当量而提高了镍当量,消除了δ铁素体,因此失去了δ铁素体对降低热裂纹的有利作用。采用不填丝方法(如激光焊、电子束焊)和同质填充材料焊接15-5PH时,因焊缝中无δ铁素体形成倾向容易发生热裂纹。不填丝激光焊接15-5PH和HP9-4-20钢时因形成NbC-奥氏体共晶组分而发生热裂纹[5]。目前焊接15-5PH通常推荐采用17-4PH材质焊丝[2],采用这种焊丝焊接15-5PH因焊缝出现一定数量的δ铁素体,对焊接热裂纹有高的抵抗力,但采用这种焊丝存在焊缝韧塑性降低以及焊缝与母材耐蚀性不匹配的缺点。采用17-4PH材质焊丝焊接15-5PH钢的焊缝马氏体组织中会形成一定数量的高Cr含量的δ铁素体,该相在回火过程中进一步分解析出非常脆的富Cr相,恶化焊缝的力学性能,尤其会对焊缝的冲击韧性造成不利影响;同时由于焊缝及热影响区的组织状态与母材存在差异,抗腐蚀能力降低,尤其是抗应力腐蚀能力降低明显。

为了使0Cr15Ni5Cu4Nb钢焊接时既可保持焊缝韧塑性又能提高焊缝热裂纹

抗力,进行了专用焊丝的成分设计和研制。其设计思路是:

(1)通过调整焊丝中的铬当量 $Cr_{eq}$ 和镍当量 $Ni_{eq}$,控制焊缝中的 δ 铁素体数量,使其以较少量和非连续态出现于高温阶段的奥氏体多晶粒交界和晶界处,利用其对 P、S 等杂质的溶解和阻碍偏析液态膜的润湿降低热裂敏感性,利用常温状态下残留的 δ 铁素体提高接头抗晶间腐蚀和抗应力腐蚀能力。$Cr_{eq}$ 提高幅度应有所限制,避免出现富铬 δ 铁素体。适当降低铬当量 $Cr_{eq}$ 和提高镍当量 $Ni_{eq}$ 以避免在马氏体组织中形成铁素体网。

(2)适当提高焊丝的含碳量,使其与碳化物形成元素在焊缝中生成奥氏体与碳化物的双相组织,提高抗热裂性能。同时利用碳含量可显著提高镍当量 $Ni_{eq}$ 的作用调整焊丝的 $Ni_{eq}$。

(3)采用真空自耗重熔提高焊丝纯净度,降低焊丝气体含量和 S、P、Si 含量,降低和弥散焊丝中的夹杂,以此控制焊缝凝固偏析和晶间低熔点液态膜,从而提高焊缝抗热裂纹能力。同时也有利于保持焊缝的韧塑性。

通过试验最终确定的专用焊丝合金成分(% 质量分数)为:C 0.01 ~ 0.09,Si 0.2 ~ 0.6,Mn 0.2 ~ 1.0,P≤0.025,S≤0.025,Cr 14 ~ 17,Ni 4.2 ~ 5.8,Cu 3.0 ~ 4.0,Nb 0.1 ~ 0.5,Mo≤0.75,其余为 Fe。

采用专用焊丝进行 0Cr15Ni5Cu4Nb 钢不同规格母材的焊接工艺和接头力学性能研究,确定了合适的坡口形式和焊接规范,使焊缝的内部质量达到航标一级焊缝的要求。δ4.0mm 及 δ15mm 板材采用单面焊接,δ20mm、δ30mm、δ35mm 板材采用双面交替焊接。不同规格板材的焊接坡口形式如表 3 - 9 所列,推荐的焊接规范参数列于表 3 - 10 和表 3 - 11。

表 3 - 9  0Cr15Ni5Cu4Nb 钢不同厚度板材坡口示意图

| 板厚/mm | 接头形式 | 焊接方式 | 间隙/mm |
|---------|---------|---------|---------|
| 4.0 | | 手工<br>自动 | 0 ~ 0.5<br>0 |
| 15.0 | | 手工<br>自动 | 0 ~ 0.5<br>0 ~ 0.3 |
| 20.0 | | 手工<br>自动 | 0 ~ 0.5<br>0 ~ 0.3 |

| 板厚/mm | 接头形式 | 焊接方式 | 间隙/mm |
|---|---|---|---|
| 30.0 | | 手工<br>自动 | 0~0.8<br>0~0.5 |
| 35.0 | | 手工<br>自动 | 0~0.8<br>0~0.5 |

表 3-10　0Cr15Ni5Cu4Nb 钢不同厚度板手工

钨极氩弧焊焊接规范参数

| 母材厚度<br>/mm | 焊丝直径<br>/mm | 钨极直径<br>/mm | 焊接道次 | 电流强度<br>/A | 氩气流量/（L/min） | | |
|---|---|---|---|---|---|---|---|
| | | | | | 正面 | 反面 | 拖罩 |
| 4.0 | 1.6 | 2.5~3.2 | 1 | 80~90 | 10~15 | 5~10 | 20~25 |
| | | | 2~3 | 90~110 | | | |
| 15~35 | | | 1 | 80~90 | | | |
| | | | 2~填满 | 90~110 | | | |

表 3-11　0Cr15Ni5Cu4Nb 钢不同厚度板自动

钨极氩弧焊焊接规范参数

| 母材厚度<br>/mm | 焊丝直径<br>/mm | 钨极直径<br>/mm | 焊接道次 | 电流强度<br>/A | 焊接速度<br>/（cm/min） | 送丝速度<br>/（cm/min） | 氩气流量/（L/min） | | |
|---|---|---|---|---|---|---|---|---|---|
| | | | | | | | 正面 | 反面 | 拖罩 |
| 4.0 | 1.6 | 2.5~3.2 | 1 | 170~190 | 22~28 | 22~26 | 15~20 | 5~10 | 20~25 |
| | | | 2 | 150~170 | 16~20 | 60~70 | | | |
| 15~35 | | | 1 | 130~140 | 25~30 | 15~20 | | | |
| | | | 2~填满 | 180~200 | 11~13 | 50~60 | | | |

采用 δ4.0、δ15、δ35 试板进行多层自动氩弧焊接，焊后进行 H1025 热处理。焊接工艺研究表明，采用专用焊丝的焊接性良好，能有效防止 0Cr15Ni5Cu4Nb 钢焊接热裂纹的发生。大厚度试板（δ15mm、30mm）在夹具中施焊时造成了较大的拘束度，但在打底焊和后续焊道焊接过程中均无裂纹发生，焊后 X 射线检查也未发现内部裂纹。

图 3-3 为 0Cr15Ni5Cu4Nb 钢接头经 H1025 热处理的金相组织。焊缝为回火马氏体组织,焊缝、熔合区及热影响区的组织与母材非常相似。

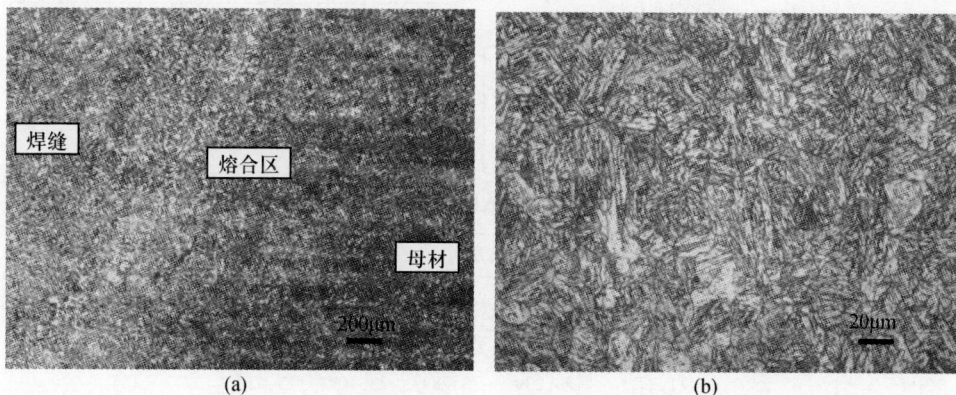

图 3-3　15-5PH 钢焊接接头组织
（a）不同区域；（b）焊缝。

表 3-12~表 3-16 为接头的力学性能测试结果。两种规格试板的接头强度与母材相当,$\delta 4.0$ 和 $\delta 15$ 板材焊接接头的抗拉强度分别为 1137MPa 和 1165MPa;焊缝的冲击性能优良,稳定地达到 200J/cm² 以上;接头的缺口 $\sigma_{bH}/\sigma_b$ 为 1.13,表明接头对缺口的敏感性低。接头的断裂韧度为 220MPa·m$^{1/2}$ 左右,应力腐蚀开裂门槛值为 148MPa·m$^{1/2}$ 左右,接头的断裂韧性和抗应力腐蚀能力仍保持在很高水平。

表 3-12　专用焊丝焊接 0Cr15Ni5Cu4Nb 钢的接头拉伸性能

| 母材规格 | 热处理制度 | 温度/℃ | $\sigma_{p0.2}$/MPa | $\sigma_b$/MPa | $\delta_5$/% | $\psi$/% | 断裂位置 |
|---|---|---|---|---|---|---|---|
| $\delta 4.0$ 板 | H1025 | 25 | 1019 | 1137(100%) | 10.7 | — | 焊缝 |
| $\delta 15.0$ 板 | H1025 | 25 | 1162 | 1165(100%) | 13.1 | 66.6 | 焊缝 |
| | H1025 | 300 | — | 963 | 9.2 | 53.4 | 焊缝 |

表 3-13　专用焊丝焊接 0Cr15Ni5Cu4Nb 钢的
接头冲击性能（$\delta 15.0$mm 板材,H1025）

| 试样编号 | 热处理制度 | 温度/℃ | 冲击值 $\alpha_{ku}$/(J/cm²) | |
|---|---|---|---|---|
| | | | 单个 | 均值 |
| 67 | | | 213.4 | |
| 68 | H1025 | 23 | 201.1 | 206.8 |
| 69 | | | 205.8 | |

153

表 3-14 专用焊丝焊接 0Cr15Ni5Cu4Nb 钢的接头缺口拉伸性能（$\delta$4.0mm 板材，H1025）

| $K_t$ | 温度/℃ | $\sigma_{bH}$/MPa | $\sigma_{bH}/\sigma_b$ |
|---|---|---|---|
| 3 | 25 | 1281 | 1.13 |
| 5 | 25 | 1285 | 1.13 |

表 3-15 专用焊丝焊接 0Cr15Ni5Cu4Nb 钢的接头断裂韧度（H1025）

| 试样编号 | $K_Q$/(MPa·m$^{1/2}$) |
|---|---|
| 615-3 | 219.90 |
| 615-4 | 226.00 |

注：试样厚度不满足试验方法要求，故为 $K_Q$ 值

表 3-16 专用焊丝焊接 0Cr15Ni5Cu4Nb 钢的接头应力腐蚀试验结果（H1025）

| 试样编号 | 试样宽度/mm | 实际张开位移/mm | 断口应力腐蚀裂纹长度/mm | | | | $K_{I_{SCC}}$/(MPa·m$^{1/2}$) |
|---|---|---|---|---|---|---|---|
| | | | $a_1$ | $a_2$ | $a_3$ | 平均 | |
| 615-1 | 65.58 | 1.200 | 23.164 | 22.795 | 22.984 | 23.650 | 141.5 |
| 615-2 | 65.58 | 1.272 | 23.239 | 23.289 | 23.109 | 23.212 | 155.1 |

采用专用焊丝还对 0Cr15Ni5Cu4Nb 钢 $\delta$15.0 板和 $\delta$18 改锻件接头 H900 和 H1150 状态的力学性能进行研究，并且测试了接头低温冲击韧性，结果由表3-17～表3-19 给出。H900 态接头强度与母材相当，缩短 H1150 态接头热处理时间，接头屈服强度有明显提高。

表 3-17 专用焊丝焊接 0Cr15Ni5Cu4Nb 钢的接头室温拉伸性能（H900、H1150）

| 试板规格 | 热处理制度 | $\sigma_{p0.2}$/MPa | $\sigma_b$/MPa | $\delta_5$/% | $\psi$/% | 断裂位置 |
|---|---|---|---|---|---|---|
| $\delta$18 改锻件 | H900 | 1211 | 1344 | 15.1 | 57.8 | 焊缝 |
| $\delta$15 板 | H900 | 1229 | 1349 | 11.7 | 52.7 | 焊缝 |
| $\delta$18 改锻件 | H1150,4h | 695 | 932 | 18.8 | 76.2 | 焊缝 |
| $\delta$15 板 | H1150,短时 | 877 | 972 | 17.2 | 73.8 | 焊缝 |

表 3-18 专用焊丝焊接 0Cr15Ni5Cu4Nb 钢的接头室温冲击性能（H900、H1150）

| 试板规格 | 热处理制度 | 冲击韧度 $\alpha_{ku}$/(J/cm$^2$) | 试板规格 | 热处理制度 | 冲击韧度 $\alpha_{ku}$/(J/cm$^2$) |
|---|---|---|---|---|---|
| $\delta$18 改锻件 | H900 | 91.1 | $\delta$18 改锻件 | H1150 | 350.0 |
| $\delta$15 板 | H900 | 72.5 | $\delta$15 板 | H1150 | 296.8 |

表 3-19 专用焊丝焊接 0Cr15Ni5Cu4Nb 钢的接头 -60℃ 冲击性能

| 试板规格 | 热处理制度 | 冲击吸收功 $A_{ku}$/J | 冲击韧度 $\alpha_{ku}$/(J/cm$^2$) |
|---|---|---|---|
| $\delta$18 改锻件 | 550℃ ×4h,AC | 182 | 227.5 |
| $\delta$18 改锻件 | 480℃ ×1h,AC | 17 | 20.9 |
| $\delta$15 板 | 480℃ ×1h,AC | 12 | 15.4 |
| $\delta$18 改锻件 | 620℃ ×4h,AC | 269 | 335.7 |
| $\delta$15 板 | 620℃,短时,AC | 218.1 | 272.6 |

采用研制的专用焊丝焊接 0Cr15Ni5Cu4Nb 钢,不仅使接头强度得到保持,接头强度系数达到 90% 以上,而且使焊缝韧塑性得到改善,断裂韧度达到母材 75% 以上,同时焊缝具备良好的耐蚀性和抗应力腐蚀性能,应力腐蚀断裂因子 $K_{ISCC}$ 达到母材 75% 以上。

### 3.1.3 1Cr11Ni2W2MoV 钢氩弧焊[6-8]

1Cr11Ni2W2MoV 钢相近于俄制 13X11H2B2MФ 钢(ЭИ961)。1Cr11Ni2W2MoV 钢为 12% 铬型马氏体热稳定不锈钢,具有较高的强度、中等耐腐蚀性和高的屈强比。由于钢中加入碳化物形成元素 W、Mo、V,钢在淬火回火处理后,具有优良的综合力学性能和热稳定性。它用于制造 600℃ 以下的承力构件。其室温拉伸强度、持久强度极限及蠕变极限均较高,并具有良好的韧性和抗氧化性能,在淡水和潮湿的空气中有较好的耐蚀性,但不适宜在海水和海洋性大气中使用。该钢的工艺塑性和焊接性良好,可以制造形状复杂的焊接结构件。

1Cr11Ni2W2MoV 钢在俄罗斯最初是作为发动机材料而研制的,用于高承载发动机零件。1Cr11Ni2W2MoV 钢在飞机上也应用广泛,主要用于顶杆、套筒、衬套、螺栓等,使用部位主要是起落架、液压和冷气系统。

1Cr11Ni2W2MoV 钢通常含有少量的铁素体(含量大于 5% 时,横向力学性能主要是韧性、疲劳性能及蠕变性能等变坏),为减少铁素体含量,对钢的冶炼、加工和热处理都应采取相应的措施。试验用料为 $\phi60mm$ 棒材改轧的板材。棒材的化学成分见表 3-20。

表 3-20 1Cr11Ni2W2MoV 钢 $\phi60mm$ 的棒材化学成分

| C | Si | Mn | Cr | Ni | W | Mo | V | S | P | Fe |
|------|------|------|------|-----|-----|------|------|--------|--------|-----|
| 0.11 | 0.60 | 0.50 | 11.4 | 1.6 | 1.8 | 0.42 | 0.24 | ≤0.018 | ≤0.020 | 余 |

焊接用填充材料为 $\phi1.6mm$ 的 H00Cr12Ni9Mo2Si 焊丝和 $\phi1.6mm$ 的 H0Cr19Ni11Mo3 焊丝,以及 $\phi2.0mm$ H1Cr14Ni8Mo2 焊丝。三种不锈钢焊丝的化学成分见表 3-21。

表 3-21 三种不锈钢焊丝的化学成分

| 焊丝牌号 | 规格/mm | Cr | Ni | Mn | Mo | Si | C | S | P |
|---------|---------|-------|-------|------|------|------|-------|-------|--------|
| H0Cr19Ni11Mo3 | $\phi1.6$ | 18.38 | 11.7 | 1.47 | 2.43 | 0.32 | 0.027 | 0.006 | <0.02 |
| H00Cr12Ni9Mo2Si | $\phi1.6$ | 11.84 | 8.90 | 0.80 | 2.08 | 1.53 | 0.018 | 0.005 | 0.010 |
| H1Cr14Ni8Mo2 | $\phi2.0$ | 13.28 | 7.78 | 0.60 | 1.71 | 0.36 | 0.072 | 0.005 | 0.015 |

试板加工为图 3-4 所示手工焊和自动焊坡口型式对接施焊。采用氩弧焊焊接时单道施焊很难穿透,因而采取多层焊接。焊接时控制层间温度在 100℃ 以内

并严格清理层与层之间的污物。焊接工艺参数见表 3 - 22。对焊接试板分别选用不同的热处理制度,以研究不同热处理状态下 1Cr11Ni2W2MoV 钢钨极氩弧焊接头的组织特征和力学性能。

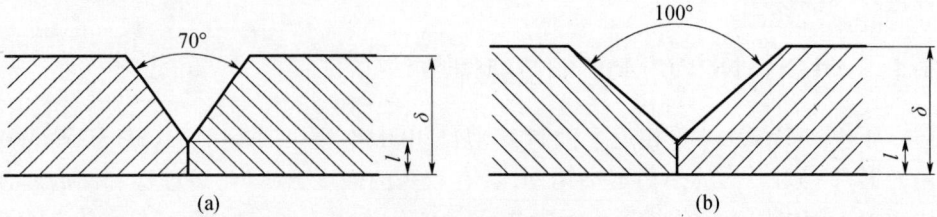

图 3 - 4　氩弧焊接头坡口形式

(a) 手工氩弧焊接头坡口形式;(b) 自动氩弧焊接头坡口形式。

表 3 - 22　1Cr11Ni2W2MoV 钢不锈钢板材钨极氩弧焊焊接工艺参数

| 板厚/mm | 焊接方法 | | 坡口形式 | $I_h$/A | $U_h$/V | $v_h$/(m/min) | $v_f$/(m/min) | Q/(L/min) | $d_w$/mm | $D_z$/mm |
|---|---|---|---|---|---|---|---|---|---|---|
| 4.0 | 手工焊 | | 70° | 110 | 10.9 | — | — | 8/2 | 3.0 | 8.0 |
| | 自动焊 | 1 | 100° | 123 | 11.4 | 0.12 | 0.30 | 10/4 | 3.0 | 8.0 |
| | | 2 | | 230 | 11.0 | 0.16 | 0.48 | 10/4 | 3.0 | 8.0 |

工艺试验表明,采用 H0Cr19Ni11Mo3、H00Cr12Ni9Mo2Si 和 H1Cr14Ni8Mo2 三种焊丝焊接 1Cr11Ni2W2MoV 不锈钢时,焊接过程电弧稳定集中,熔滴过渡均匀,无明显飞溅、跳弧等现象。手工氩弧焊时,采用图 3 - 4(a)70°坡口能获得较好的焊接质量。坡口小,减少了焊丝的填充量和焊接热输入。自动氩弧焊时,采用图 3 - 4(a)所示的坡口形式给打底焊的完全穿透带来困难。由于坡口角度小,电弧能量分散与坡口两边的基体熔化,电弧的穿透力减小,因而出现未焊透缺陷。增加接头的坡口角度,明显改善了打底焊穿透的困难。

1. 采用 H00Cr12Ni9Mo2Si 焊丝焊接

H00Cr12Ni9Mo2Si 钢为马氏体高强度不锈钢,在热态和冷态下可以变形。经860℃空淬后钢具有较高的塑性,冷拉时延伸率可达 60%。其主要被用作强度为1000MPa、工作温度 -196℃ ~300℃ 高强度不锈钢的焊接材料。H00Cr12Ni9Mo2Si钢焊丝丝材常以冷作硬化和热处理两种状态供应。

采用 H00Cr12Ni9Mo2Si 钢焊丝在氩弧焊时必须严格保护金属,氩气保护不良会导致焊缝金属中氮含量的增加,使其性能急剧恶化(木纹断口)并增加热裂纹倾向。

表 3 - 23 为采用 H00Cr12Ni9Mo2Si 焊丝焊接 1Cr11Ni2W2MoV 不锈钢不同热处理制度下的手工钨极氩弧焊接头力学性能。采用 H00Cr12Ni9Mo2Si 焊丝焊接1Cr11Ni2W2MoV 不锈钢,焊接接头与基体接近等强;焊后提高回火温度能够改善

接头的塑性。1Cr11Ni2W2MoV 为典型的热强不锈钢,采用不同于基体材料的焊丝的接头热强性不及母材。

表 3-23　采用 H00Cr12Ni9Mo2Si 焊丝焊接 1Cr11Ni2W2MoV 钢
手工氩弧焊接头力学性能

| 试样编号 | 热处理状态 | 测试温度/℃ | $\sigma_b$/MPa | $\delta_5$/% | 弯曲角 $\alpha$/(°) | 断裂位置 |
|---|---|---|---|---|---|---|
| C301 | | | 1072 | 4.8 | — | 焊缝 |
| C302 | 880℃退火 + TIG + 油淬→ | RT | 1121 | 7.6 | — | 焊缝 |
| C303 | 590℃回火 | | 1144 | 7.5 | — | 焊缝 |
| C404 | | 500 | 635 | 3.2 | — | 焊缝 |
| C405 | | | 642 | 4.9 | — | 焊缝 |
| C1003 | | | 920 | 10.9 | 60 | 基体 |
| C1004 | 880℃退火 + TIG + 油淬→ | RT | 935 | 8.9 | 58 | 焊缝 |
| C1005 | 690℃回火 | | 935 | 10.5 | 63 | 基体 |
| C1501 | 880℃退火 + 油淬→ | | 958 | 10.1 | | 基体 |
| C1502 | 690℃回火 + TIG + | RT | 955 | 11.1 | 27 | 基体 |
| C1503 | 590℃回火 | | 955 | 9.7 | | 基体 |
| C1401 | 880℃退火 + 油淬→ | | 913 | 12.9 | | 基体 |
| C1402 | 690℃回火 + TIG + | RT | 894 | 12.4 | 32.5 | 基体 |
| C1403 | 690℃回火 | | 899 | 11.9 | | 基体 |
| 基体[1] | 油淬→590℃回火 | 500 | 1030 | 12.0 | — | — |
| | | RT | 1175 | 9.0 | — | — |
| | 油淬→690℃回火 | RT | 835 | 17.0 | — | — |

注:非淬硬性弯曲角度(至出现裂纹为止)R6.0mm;所有试样去除焊缝正面和背面余高

2. 采用 H0Cr19Ni11Mo3 焊丝焊接

0Cr19Ni11Mo3 为奥氏体不锈钢,在 850℃以下具有抗氧化特性,热处理状态下塑性很高。H0Cr19Ni11Mo3 不锈钢焊丝常被用作涡轮压气机叶片补焊时的填充材料。采用 H0Cr19Ni11Mo3 焊丝为填充材料的 1Cr11Ni2W2MoV 不锈钢自动氩弧焊接头力学性能如表 3-24 所列。由表可见,采用 H0Cr19Ni11Mo3 焊丝的焊接接头经焊后热处理,接头强度有很大程度的提高,同时还保持着良好的塑性、韧性。室温下,接头的强度系数达到 90% 以上。但 500℃ 的拉伸性能与母材有很大差距,显然 0Cr19Ni11Mo3 钢的热强性不及 1Cr11Ni2W2MoV 不锈钢。

3. 三种焊丝焊接 1Cr11Ni2W2MoV 不锈钢的匹配性

表 3-25 列出了分别选用 H00Cr12Ni9Mo2Si 钢焊丝、H1Cr14Ni8Mo2 钢焊丝和 H0Cr19Ni11Mo3 钢焊丝的 1Cr11Ni2W2MoV 不锈钢手工氩弧焊接头室温力学性能。

表 3 – 24  采用 H0Cr19Ni11Mo3 焊丝焊接 1Cr11Ni2W2MoV 钢
自动氩弧焊接头力学性能

| 试样编号 | 热处理状态 | 测试温度/℃ | $\sigma_b$/MPa | $\delta_5$/% | 弯曲角 $\alpha$/(°) | 断裂位置 |
|---|---|---|---|---|---|---|
| C802 | 预处理 + 焊接 | RT | 891 | 10.4 | — | 焊缝 |
| C803 | | | 783 | 5.4 | — | 焊缝 |
| C804 | | | 892 | 13.0 | — | 母材 |
| C801 | 焊后油淬 + 590℃回火 | RT | 1015 | 7.6 | 114.5 | 熔合线 |
| C501 | | | 1046 | 6.9 | — | 焊缝 |
| C101 | | | 1121 | 10.3 | 90 | 熔合线 |
| C102 | | 500 | 436 | 5.3 | — | 焊缝 |
| C103 | | | 436 | 4.3 | — | 焊缝 |
| C104 | | | 510 | 4.6 | — | 焊缝 |
| 基体[1] | 油淬→590℃回火 | 500 | 1030 | 12.0 | — | — |
| | | RT | 1175 | 9.0 | — | — |

注:非淬硬性弯曲角度(至出现裂纹为止),R4.5mm;
所有试样去除焊缝正面和背面余高

表 3 – 25  1Cr11Ni2W2MoV 不锈钢选用不同焊接
材料手工氩弧焊焊接接头性能

| 试样编号 | 焊丝 | | $\sigma_b$/MPa | $\delta_5$/% | 弯曲角 $\alpha$/(°) | 断裂位置 |
|---|---|---|---|---|---|---|
| | 牌号 | 规格 | | | | |
| C1201 | H00Cr12Ni9Mo2Si | 1.6mm | 1080 | 9.4 | 75 | 焊缝 |
| C1202 | | | 1079 | 9.1 | 91 | 焊缝 |
| C1203 | | | 1071 | 10.6 | 107 | 焊缝 |
| C701 | H0Cr19Ni11Mo3 | 1.6mm | 1072 | 8.6 | 111 | 焊缝 |
| C702 | | | 1060 | 7.9 | 111 | 焊缝 |
| C703 | | | 1057 | 8.1 | 111 | 焊缝 |
| C901 | H1Cr14Ni8Mo2 | 2.0mm | 1046 | 8.0 | 50 | 焊缝 |
| C902 | | | 1050 | 8.3 | 81 | 焊缝 |
| C903 | | | 1032 | 8.6 | 82 | 焊缝 |
| 基体[1] | | | 1150 | 11.0 | — | — |

热处理状态:880℃/2h,AC→TIG→1010℃/40min 油冷→590℃/2h,AC
非淬硬性弯曲角度(至出现裂纹为止),R4.5mm;
所有试样去除焊缝正面和背面余高

显然,三种不同焊丝焊接 1Cr11Ni2W2MoV 钢的接头强度差别不大,但是选用 H0Cr19Ni11Mo3 焊丝的接头韧性要好得多。

1Cr11Ni2W2MoV 钢经最终热处理后组织为马氏体相,并在马氏体基体析出 $M_2X$ 化合物和 $M_{23}C_6$ 碳化物。采用 H0Cr19Ni11Mo3 奥氏体型不锈钢焊丝的 1Cr11Ni2W2MoV 钢焊缝组织应含有部分奥氏体相,因而韧性较好。1Cr11Ni2W2MoV 钢基体组织和用不同焊接材料的接头焊缝组织和硬度分布如图 3 − 5 和图 3 −6 所示。

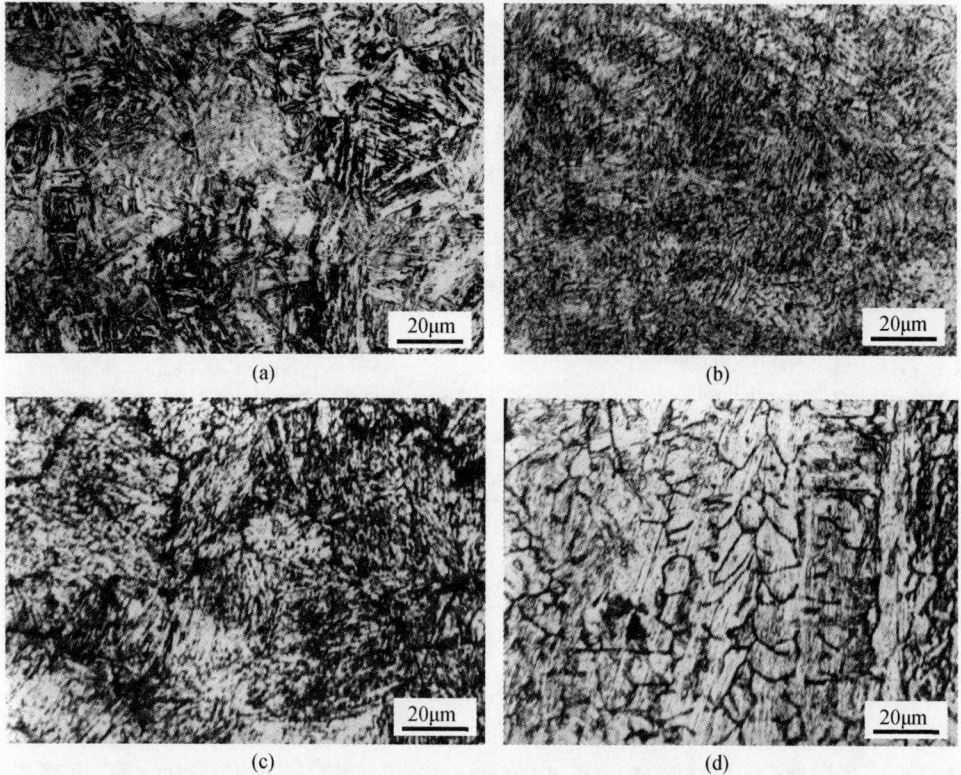

图 3 − 5  1Cr11Ni2W2MoV 钢基体和用不同焊接材料的接头焊缝组织(最终热处理)
(a)基体;(b) H0Cr19Ni11Mo3 焊丝焊缝;
(c) H1Cr14Ni8Mo2 焊丝焊缝;(d) H00Cr12Ni9Mo2Si 焊丝焊缝。

采用在焊缝区域开缺口方法用于测定拉伸条件下材料对缺口的敏感性,衡量在硬性应力状态($\alpha < 0.5$)和应力集中下材料的脆化倾向。表 3 − 26 为分别使用 H0Cr19Ni11Mo3 焊丝和 H00Cr12Ni9Mo2Si 钢焊丝为填充材料的 1Cr11Ni2W2MoV 钢氩弧焊接头的缺口敏感系数 $\sigma_{bH}/\sigma_b > 1$,说明缺口处发生了塑性变形的扩展,比值越大,塑变扩展量越大,脆化倾向越小,表示缺口敏感性小甚至不敏感。由表3 − 26看出,采用 H0Cr19Ni11Mo3 焊丝的 1Cr11Ni2W2MoV 钢氩弧焊接头缺口敏感系数小于采用 H00Cr12Ni9Mo2Si 钢焊丝接头,显然采用 H00Cr12Ni9Mo2Si 焊丝的接头要好些。

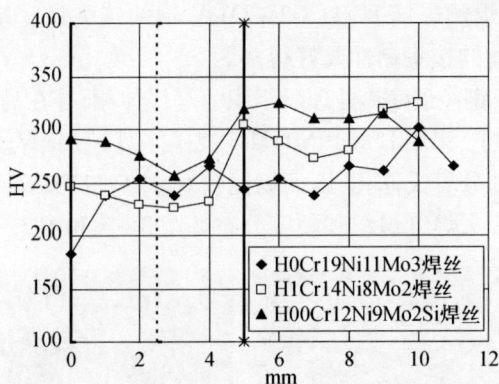

图 3-6 1Cr11Ni2W2MoV 钢用不同焊接材料的接头区域硬度分布

表 3-26 1Cr11Ni2W2MoV 钢氩弧焊接头缺口敏感系数

| 试样编号 | 焊丝 | 热处理状态 | $\sigma_{bH}$/MPa | $\sigma_b$/MPa | $\sigma_{bH}/\sigma_b$ |
|---|---|---|---|---|---|
| C502 | H0Cr19Ni11Mo3 $\phi$1.6mm | 880℃/2h,AC→TIG→ 1010℃/40min 油冷 →590℃/2h,AC | 1159 | 1060 | 1.0 |
| C503 | | | 1014 | | |
| C504 | | | 987 | | |
| C401 | H00Cr12Ni9Mo2Si $\phi$1.6 | | 1296 | 1112 | 1.16 |
| C402 | | | 1278 | | |
| C403 | | | 1292 | | |
| 注:缺口系数:$K_t$=3;试样去除焊缝正面和背面余高 | | | | | |

表 3-27 为采用 H00Cr12Ni9Mo2Si 钢焊丝为填充材料的 1Cr11Ni2W2MoV 钢氩弧焊接头的低温拉伸性能。表 3-28 为采用 H0Cr19Ni11Mo3 焊丝为填充材料的 1Cr11Ni2W2MoV 钢自动氩弧焊接头的 400℃高温持久性能。结果显示,接头 400℃持久强度 $\sigma_{120}$ 约 500MPa,而母材 400℃持久强度 $\sigma_{100}$ 为 815MPa,非热强钢 H0Cr19Ni11Mo3 焊丝的添加使得接头的高温性能较母材有很大程度的降低。

表 3-27 1Cr11Ni2W2MoV 不锈钢手工氩弧焊接头低温性能

| 试样编号 | 热处理状态 | 测试温度/℃ | $\sigma_b$/MPa | $\delta_{10}$/% | 断裂位置 |
|---|---|---|---|---|---|
| C601 | 880℃退火 + TIG + 油淬→ 590℃回火 | -60 | 1234 | 1.6 | 熔合线 |
| C602 | | | 1224 | 4.9 | 焊缝 |
| C603 | | | 1239 | 4.6 | 焊缝 |
| 基体[1] | | -70 | 1195 | 11.2 | — |
| 焊接材料:H00Cr12Ni9Mo2Si,$\phi$1.6mm; 所有试样去除焊缝正面和背面余高 | | | | | |

160

表 3 - 28　1Cr11Ni2W2MoV 钢氩弧焊接头的 400℃ 持久性能

| 试样编号 | 试验应力/MPa | 持续时间 | 备　注 |
|---|---|---|---|
| C1303 | 750 | 0h00min | |
| C1304 | 700 | 0h00min | |
| C1305 | 650 | 0h00min | |
| C1306 | 550 | 0h00min | |
| C1307 | 400 | 122h30min | 停止 |
| C201 | 450 | 120h00min | 停止 |
| C202 | 500 | 120h00min | 停止 |
| C203 | 500 | 120h00min | 停止 |
| C204 | 520 | 120h00min | 停止 |
| C205 | 520 | 0h00min | |

注:热处理状态:880℃/2h,AC→TIG→1010℃/40min 油冷→590℃/2h,AC;
试样去除焊缝正面和背面余高

　　采用国产 H00Cr12Ni9Mo2Si 焊丝的 1Cr11Ni2W2MoV 不锈钢手工钨极氩弧焊焊接接头与母材等强。焊后提高回火温度能够明显改善接头的塑性、韧性。1Cr11Ni2W2MoV 马氏体热强不锈钢非高温环境下工作的焊接结构,允许采用 H00Cr12Ni9Mo2Si 焊丝、H1Cr14Ni8Mo2 焊丝及 H0Cr19Ni11Mo3 焊丝。采用三种焊丝的焊接接头强度、塑性水平相当,其中采用 H0Cr19Ni11Mo3 焊丝的接头韧性最好。

### 3.1.4　0Cr15Ni5Cu2Ti 钢氩弧焊

　　0Cr15Ni5Cu2Ti 钢(俄 08X15H5Д2T)属于马氏体沉淀硬化不锈钢,主要靠回火(时效)时析出富 Cu 相产生沉淀硬化。0Cr15Ni5Cu2Ti 钢可以用于制造在大气条件下工作的承力零件以及与燃料接触的在 300℃ 以下工作的零件,如飞机蒙皮、框架、桁条、波形板、油箱等。其最大特点是可以通过调整热处理制度(淬火温度、冷却方式、回火温度等)得到不同的强度和韧性配合,从而可以满足不同零件的需要。该钢在飞机上应用品种多用量大,材料品种有棒材、板材、锻件和管材等。典型零件有滑块、衬套、顶杆和肋、输弹口径、排链器、止动卡板、支架、限动器挡板、排壳道等焊接结构。

　　0Cr15Ni5Cu2Ti 钢时效强化后使用,有好的耐蚀性,可进行焊接,采用氩弧焊、电阻焊及其他焊接方法进行焊接。通过采用在淬硬状态下焊接,然后对接头进行焊后时效处理,可以获得合适的焊接接头性能。在多数情况下,为了提高焊接接头的强度和减少焊接应力、硬化母材,推荐的办法之一就是进行适宜的焊后热处理。

0Cr15Ni5Cu2Ti 钢化学成分如表 3-29 所列。试验用料为厚度分别为2.0mm、3.0mm 的 0Cr15Ni5Cu2Ti 钢板材。0Cr15Ni5Cu2Ti 不锈钢的热处理制度为：淬火，950℃/50min，AC；时效处理：450℃/1h，AC。

表 3-29　0Cr15Ni5Cu2Ti 钢化学成分[6]

| C | Cr | Ni | Cu | Mn | Ti | Si | S | P |
|---|---|---|---|---|---|---|---|---|
| 0.054 | 14.41 | 5.28 | 2.24 | 0.49 | 0.27 | 0.44 | 0.002 | 0.015 |

0Cr15Ni5Cu2Ti 不锈钢的钨极氩弧焊分别采用 H00Cr12Ni9Mo2Si 和 H1Cr14Ni8Mo2 两种马氏体不锈钢焊丝，表 3-30 为两种不锈钢焊丝的化学成分。

表 3-30　两种不锈钢焊丝的化学成分

| 焊丝牌号 | Cr | Ni | Mn | Mo | Si | C | S | P |
|---|---|---|---|---|---|---|---|---|
| H00Cr12Ni9Mo2Si | 11.84 | 8.90 | 0.80 | 2.08 | 1.53 | 0.018 | 0.005 | 0.010 |
| H1Cr14Ni8Mo2 | 13.28 | 7.86 | 0.48 | 1.78 | 0.32 | 0.066 | 0.006 | <0.02 |

对经不同焊前及焊后热处理的0Cr15Ni5Cu2Ti 不锈钢板材的氩弧焊接头进行了分析研究。焊前对试板表面吹砂处理，待焊坡口和表面 20mm 宽度区域机械打磨抛光。手工氩弧焊和自动氩弧焊工艺参数见表 3-31。

表 3-31　0Cr15Ni5Cu2Ti 不锈钢板材钨极氩弧焊焊接工艺参数

| 板厚 /mm | 焊接方法 | | 坡口 形式 | $I_h$/A | $U_h$/V | $V_h$ /(m/min) | $V_f$ /(m/min) | $Q$ /(L/min) | $d_w$ /mm | $D_z$ /mm |
|---|---|---|---|---|---|---|---|---|---|---|
| 2.0 | 手工焊 | | I | 60 | 10.5 | — | — | 8/2 | 2.4 | 8.0 |
| | 自动焊 | | I | 160 | 10.8 | 0.17 | 0.35 | 10/4 | 2.4 | 8.0 |
| 3.0 | 手工焊 | | V | 110 | 10.9 | — | — | 8/2 | 3.0 | 8.0 |
| | 自动焊 | 1 层 | V | 123 | 11.4 | 0.12 | 0.30 | 10/4 | 3.0 | 8.0 |
| | | 2 层 | | 220 | 11.0 | 0.16 | 0.48 | 10/4 | 3.0 | 8.0 |

0Cr15Ni5Cu2Ti 不锈钢2.0mm 的板材不开坡口焊接时，无论是手工焊还是自动焊，焊接过程电弧稳定集中，熔滴过渡均匀，无明显飞溅、跳弧等现象；而且施焊一次熔透，焊缝正面、背面成形良好。3.0mm 厚的 0Cr15Ni5Cu2Ti 不锈钢必须开坡口焊接采用图 3-4(a)70°坡口，手工氩弧焊能获得较好的焊接质量。由于坡口小，减少了焊丝的填充量和焊接热输入，对接头脆化和弱化影响减小。自动氩弧焊采用图 3-4(a)所示的坡口形式给打底焊的完全穿透带来困难，坡口角度小，电弧能量分散与坡口两边的基体熔化，使得电弧的穿透力减小，因而出现未焊透缺陷。增加接头的坡口角度如图 3-4(b)所示100°左右，电弧垂直穿透的能力增强，焊缝横截面形状得到明显改善。

### 3. 采用 H00Cr12Ni9Mo2Si 焊丝焊接

H00Cr12Ni9Mo2Si 钢为马氏体高强度不锈钢,在真空感应炉内熔炼。该钢在热态和冷态下可以变形,经 860℃ 空淬后钢具有较高的塑性,冷拉时延伸率可达 60%。其主要被用作强度为 1000MPa、工作温度 −196℃ ~300℃ 高强度不锈钢的焊接材料。H00Cr12Ni9Mo2Si 钢焊丝丝材常以冷作硬化和热处理两种状态供应。

表 3−32 为采用 H00Cr12Ni9Mo2Si、$\phi$2.0 焊丝手工钨极氩弧焊焊接 2.0mm 0Cr15Ni5Cu2Ti 不锈钢板材接头的常规力学性能。从表 3−32 可以看出,采用国产 H00Cr12Ni9Mo2Si 焊丝,0Cr15Ni5Cu2Ti 不锈钢手工氩弧焊的接头强度达到相同热处理状态基体的 90% 以上;因手工焊的高热输入导致焊缝枝晶的充分长大,接头的塑性和韧性有较大程度的降低。另外,焊接接头经一次补焊后,接头的综合性能变化不明显。

表 3−32 2.0mm 厚 0Cr15Ni5Cu2Ti 不锈钢手工氩弧焊焊接接头力学性能

| 试样编号 | 焊丝牌号 | 热处理状态 | $\sigma_b$/MPa | $\delta_5$/% | 弯曲角 $\alpha$/(°) | 断裂位置 |
|---|---|---|---|---|---|---|
| A1501 | | 焊后淬火时效 | 1131 | 6.3 | 50 | 熔合线 |
| A1502 | | | 1199 | 7.2 | 45 | 热影响区 |
| A1503 | | | 1097 | 3.7 | 29 | 热影响区 |
| A3001 | | 焊前淬火时效 | 966 | 5.7 | 91 | 热影响区 |
| A3002 | | | 965 | 5.7 | 78 | 热影响区 |
| A3003 | H00Cr12Ni9Mo2Si $\phi$2.0 | | 967 | 4.7 | 125 | 热影响区 |
| A3101 | | 焊前淬火 焊后时效 | 1138 | 4.7 | 55 | 热影响区 |
| A3102 | | | 1247 | 6.3 | 41 | 基体 |
| A3103 | | | 1171 | 6.3 | 57 | 热影响区 |
| A1701 | | 补焊 焊后时效 | 1223 | 5.3 | 45 | 基体 |
| A1702 | | | 1181 | 4.7 | 51 | 基体 |
| A1703 | | | 1247 | 8.0 | 40 | 热影响区 |
| 基体 | — | 淬火时效 | 1278 | 11.4 | | |

注:热处理制度:淬火 950℃/50min,AC;时效 450℃/1h,AC;

非淬硬性弯曲角度(至出现裂纹为止),R4.0mm;

试样去除焊缝正面和背面余高

表 3−32 也列出了 0Cr15Ni5Cu2Ti 不锈钢手工钨极氩弧焊三种不同的热处理状态,如焊前淬火时效、焊后淬火时效、焊前淬火的接头力学性能。结果表明,接头经焊后时效处理产生沉淀硬化和组织转变,强度增加,塑性有所改善,但韧性不及焊前时效状态。

0Cr15Ni5Cu2Ti 不锈钢氩弧焊焊态下为熔融状态快速冷却过程中由奥氏体转

变生成的粗大的马氏体和少量的奥氏体组织,如图 3 - 7(a)所示;由于0Cr15Ni5Cu2Ti 不锈钢碳含量较低,接头焊缝区域较软。经 450℃ 时效,焊缝区析出碳化物和富铜相粒子而产生沉淀硬化,因此具有很高的强度和综合力学性能,组织组成为回火马氏体和残余奥氏体,如图 3 - 7(b)、图 3 - 7(c)所示。经焊后时效处理焊缝硬度增加,如图 3 - 8 所示。

图 3 - 7　0Cr15Ni5Cu2Ti 不锈钢基体和采用 H00Cr12Ni9Mo2Si 焊丝接头焊缝组织

(a)淬火 + 时效 + 焊接,焊缝;(b)淬火 + 焊接 + 时效,焊缝;(c)淬火 + 时效,基体。

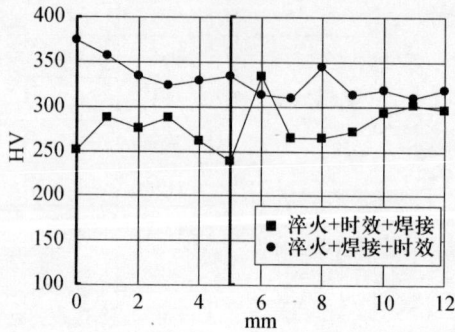

图 3 - 8　采用 H00Cr12Ni9Mo2Si 焊丝焊接 0Cr15Ni5Cu2Ti 接头的硬度分布

使用 H00Cr12Ni9Mo2Si 钢焊丝的 0Cr15Ni5Cu2Ti 不锈钢氩弧焊接头高低温拉伸性能、疲劳强度极限和缺口敏感系数分别列于表 3 - 33、表 3 - 34、表 3 - 35。接头 300℃ 高温性能和 - 70℃ 低温性能均不低于母材的 90%。采用在焊缝区域开缺口方法用于测定拉伸条件下材料对缺口的敏感性,衡量在硬性应力状态($\alpha < 0.5$)和应力集中下材料的脆化倾向。$\sigma_{bH}/\sigma_b > 1$,说明缺口处发生了塑性变形的扩展,比值越大,塑变扩展量越大,脆化倾向越小,表示缺口敏感性小甚至不敏感。

对采用 H00Cr12Ni9Mo2Si,$\phi2.0$ 焊丝焊接 0Cr15Ni5Cu2Ti 不锈钢氩弧焊接头400℃ 持久强度进行了测试,焊后时效接头 400℃ 持久强度 $\sigma_{120}$ 为 790MPa,焊前时效接头 400℃ 持久强度 $\sigma_{120}$ 为 840MPa。

164

表 3 – 33　0Cr15Ni5Cu2Ti 不锈钢手工氩弧焊接头高低温拉伸性能

| 试样编号 | 板厚/mm | 焊丝规格 | 试验温度 | 热处理状态 | $\sigma_b$/MPa | $\delta_5$/% |
|---|---|---|---|---|---|---|
| A601 | 3.0 | H00Cr12Ni9Mo2Si $\phi$1.2 | 300℃ | 焊后时效 | 986 | 10 |
| A602 | | | | | 966 | 10 |
| A13 | 2.0 | H00Cr12Ni9Mo2Si $\phi$1.6 | | 焊前时效 | 849 | 4.3 |
| A14 | | | | | 950 | 7.7 |
| 基体[2] | 2.0~6.0 | — | | 淬火时效 | 1078 | 9.0 |
| A11 | 2.0 | H00Cr12Ni9Mo2Si $\phi$1.6 | −70℃ | 焊前时效 | 1143 | 5.8 |
| A12 | | | | | 1125 | 6.8 |
| 基体 | 1.2 | | −196℃ | 淬火时效 | | |

注:热处理制度:淬火 950℃/50min,AC;时效 450℃/1h,AC;
　试样去除焊缝正面和背面余高

表 3 – 34　0Cr15Ni5Cu2Ti 不锈钢自动氩弧焊接头疲劳强度

| 类型 | $\sigma_{max}$/MPa | 疲劳寿命 N/(×1000) | |
|---|---|---|---|
| | | $K_t = 1$　$R = 0.1$　$f = 160$ | |
| 升降法 | 350 | 921 | 指定寿命 $N = 1 \times 10^7$ 疲劳极限 = 326.67MPa |
| | 340 | >10000,1100 | |
| | 330 | 313,>10000,809 | |
| | 320 | 1085,>10000,>10000,503 | |
| | 310 | >10000,>10000 | |

焊丝牌号规格:H00Cr12Ni9Mo2Si,$\phi$2.0mm;板厚:2.0mm
热处理状态:950℃/50min,AC→TIG→450℃/1h,AC;
试样去除焊缝正面和背面余高

表 3 – 35　3.0mm 厚 0Cr15Ni5Cu2Ti 不锈钢板材手工
氩弧焊接头缺口敏感系数

| 试样编号 | 焊丝规格 | 热处理状态 | 缺口系数 $K_t$ | $\sigma_{bH}$/MPa | $\sigma_b$/MPa | $\sigma_{bH}/\sigma_b$ |
|---|---|---|---|---|---|---|
| A801 | H00Cr12Ni9Mo2Si $\phi$1.2 | 焊后时效 | 3 | 1473 | 1265 | 1.12 |
| A802 | | | | 1360 | | |
| A803 | | | | 1417 | | |

### 4. 采用 H1Cr14Ni8Mo2 焊丝焊接

开展了 H1Cr14Ni8Mo2 焊丝和 H00Cr12Ni9Mo2Si 焊丝对 0Cr15Ni5Cu2Ti 不锈钢的应用对比。表 3 – 36 为分别采用两种国产焊丝的焊接接头在不同热处理状态下的力学性能。结果表明,采用两种焊丝的接头经焊后时效处理均具有较好的综合性能。但焊后不做热处理的零件焊接建议使用 H1Cr14Ni8Mo2 焊丝,其接头强度水平略高。

表 3 - 36　0Cr15Ni5Cu2Ti 不锈钢手工钨极氩弧焊接头力学性能

| 试样编号 | 焊丝牌号 | 热处理状态 | $\sigma_b$/MPa | $\delta_5$/% | 弯曲角 $\alpha$/(°) | 断裂位置 |
|---|---|---|---|---|---|---|
| A1101 | | | 1132 | 5.2 | 54 | 熔合线 |
| A1102 | | 焊后时效 | 1179 | 9.2 | 51 | 焊缝 |
| A1103 | H1Cr14Ni8Mo2 | | 1139 | 8.9 | 52 | 焊缝 |
| A31 | $\phi$2.0mm | | 1029 | 5.3 | 67 | 热影响区 |
| A32 | | 焊前时效 | 1034 | 6.0 | 65 | 热影响区 |
| A33 | | | 1024 | 5.0 | 93 | 热影响区 |
| A1501 | | | 1131 | 6.3 | 50 | 熔合线 |
| A1502 | | 焊后时效 | 1199 | 7.2 | 45 | 热影响区 |
| A1503 | H00Cr12Ni9Mo2Si | | 1097 | 3.7 | 29 | 热影响区 |
| A3001 | $\phi$2.0 | | 966 | 5.7 | 91 | 焊缝 |
| A3002 | | 焊前时效 | 965 | 5.7 | 78 | 焊缝 |
| A3003 | | | 967 | 4.7 | 125 | 焊缝 |
| 基体 | — | 淬火时效 | 1278 | 11.4 | — | — |

热处理状态:淬火 950℃/50min,AC;时效 450℃/1h,AC;
非淬硬性弯曲角度(至出现裂纹为止),R4.5mm;
板材厚度:2.0mm

采用 H1Cr14Ni8Mo2 焊丝的 0Cr15Ni5Cu2Ti 钢接头焊缝组织如图 3 - 9 所示。同图 3 - 7(c)所示 0Cr15Ni5Cu2Ti 钢基体组织相比,因异种成分焊丝的加

图 3 - 9　采用 H1Cr14Ni8Mo2 焊丝焊接 0Cr15Ni5Cu2Ti 钢接头焊缝组织

入、焊缝组织中富铜相粒子的相对减少和枝晶的形成是接头综合性能降低的主要原因。

采用 H1Cr14Ni8Mo2 焊丝焊接 0Cr15Ni5Cu2Ti 钢的缺口敏感系数、接头高低温性能分别列于表 3-37、表 3-38，图 3-10 给出了接头的疲劳曲线。可见其高低温性能、缺口敏感系数及持久性能与使用 H00Cr12Ni9Mo2Si 焊丝的水平相当。采用 H1Cr14Ni8Mo2 焊丝，固溶 + 焊接 + 时效后 0Cr15Ni5Cu2Ti 的接头 400℃持久强度 $\sigma_{120}$ 为 800MPa，$10^7$ 疲劳极限 201.67MPa。

表 3-37  0Cr15Ni5Cu2Ti 钢自动钨极氩弧焊焊接接头焊缝缺口敏感系数

| 试样编号 | 焊丝 | 热处理状态 | $\sigma_{bH}$/MPa | $\sigma_b$/MPa | $\sigma_{bH}/\sigma_b$ |
|---|---|---|---|---|---|
| A1213 | H1Cr14Ni8Mo2 $\phi2.0$mm | 950℃/50min，AC→ TIG→450℃/1h，AC | 1348 | 1210 | 1.13 |
| A1214 | | | 1387 | | |
| A1215 | | | 1353 | | |

注：缺口系数 $K_t = 3$；试样去除焊缝正面和背面余高

表 3-38  0Cr15Ni5Cu2Ti 钢焊接接头的高低温性能

| 试样编号 | 焊丝牌号 | 焊接方法 | 测试温度/℃ | 热处理状态 | $\sigma_b$/MPa | $\delta_5$/% |
|---|---|---|---|---|---|---|
| 基体 | — | — | 300 | 淬火时效 | 1078 | 9.0 |
| A1207 | H1Cr14Ni8Mo2 $\phi2.0$mm | 自动 TIG 焊 | 300 | 焊后时效 | 967 | 5.0 |
| A1208 | | | | | 1032 | 5.0 |
| A1209 | | | | | 939 | 3.8 |
| A1204 | | | -70 | | 1250 | 1.9 |
| A1205 | | | | | 1330 | 2.8 |
| A1206 | | | | | 1213 | 5.0 |

注：热处理状态：淬火 950℃/50min，AC；时效 450℃/1h，AC；
　　板材厚度：2.0mm；
　　试样去除焊缝正面和背面余高

0Cr15Ni5Cu2Ti 马氏体沉淀硬化不锈钢具有优良的焊接性和使用焊接性。采用 H00Cr12Ni9Mo2Si 焊丝和 H1Cr14Ni8Mo2 焊丝的接头强度系数能够达到 90% 以上，接头具有良好的综合性能。经过焊后热处理，0Cr15Ni5Cu2Ti 不锈钢氩弧焊接头得到强化，同时保持良好的塑、韧性。相对 H00Cr12Ni9Mo2Si 焊丝，采用 H1Cr14Ni8Mo2 焊丝的 0Cr15Ni5Cu2Ti 不锈钢经过焊前时效的接头性能较好。

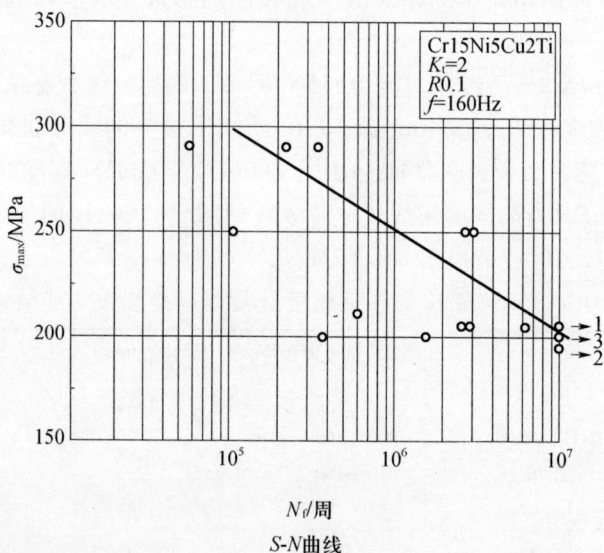

图 3 – 10　0Cr15Ni5Cu2Ti 焊接接头 $S$ – $N$ 曲线

## 3.2　不锈钢的钎焊

不锈钢的钎焊工艺比较成熟,钎焊时主要针对结构的技术要求、材料的热处理制度及构件的结构特征选择工艺,其技术问题主要集中在针对新材料的钎焊研究以及大量的针对具体结构的钎焊技术方面。

### 3.2.1　00Cr18Ni10N 不锈钢的钎焊

00Cr18Ni10N 具有与普通奥氏体不锈钢相类似的钎焊工艺性,可以在其固溶处理的温度范围内采用真空钎焊、感应钎焊等方法钎焊,采用的钎料包括镍基钎料、铜基钎料等。

采用超低碳不锈钢替代用 Ti 稳定的不锈钢制造航空导管,可明显改善管材的表面质量,提高管材的使用安全、可靠性,对于有高耐压要求的液压管尤为重要,西方国家多年来用不含 Ti 的不锈钢作导管。00Cr18Ni10N 为国外应用较成熟的超低碳不锈钢,具有较好的综合性能,广泛用于航空结构的制造。00Cr18Ni10N 不锈钢在飞机上大量用于导管系统的制造,其中导管系统的连接可以采用钎焊连接,采用无钎剂的感应钎焊工艺。

00Cr18Ni10N 钢的化学成分见表 3 – 39[6]。热处理一般采用固溶处理,固溶处理温度 1050℃ ~1100℃,水冷或空冷。

表 3 -39　　00Cr18Ni10N 钢的化学成分　　　%（质量分数）

| C | Mn | Si | S | P | Cr | Ni | N |
|---|---|---|---|---|---|---|---|
| ≤0.03 | ≤2.00 | ≤1.00 | ≤0.030 | ≤0.035 | 17.00 ~ 19.00 | 8.00 ~ 12.00 | 0.12 ~ 0.22 |

### 1. 00Cr18Ni10N 的感应钎焊

可用于 00Cr18Ni10N 不锈钢的钎料有多种选择，钎料的选择需结合性能要求，以及采用的工艺等因素综合考虑。现代飞机导管的钎焊多采用感应钎焊技术，为获得高的钎焊质量和外观，倾向采用惰性气体保护下的无钎剂感应钎焊技术，钎料的选择需适应采用的工艺技术。导管感应钎焊时钎料需采用丝、片等制成环状添加，因此，钎料需具有一定的塑性，可以加工成环状使用，脆性的镍基钎料无法使用。适合于不锈钢导管感应钎焊的钎料包括 Ag 基、Au 基以及 Cu 基钎料等。其中 Au 基钎料具有良好的力学性能和工艺性能，其缺点是成本很高。Ag 基钎料通常也可满足接头性能要求，工作温度稍低，适合于工作温度不高的场合，除自钎剂钎料外（如 Ag - Cu - Li 等），一般 Ag 基钎料钎焊不锈钢时须采用表面镀镍措施。高温 Cu 基钎料钎焊不锈钢时接头具有较好的强度，接头耐温也较高，含有 Ni 等元素的 Cu 基钎料同时具有满意的抗腐蚀能力，但高温 Cu 基钎料加工工艺性能稍差。综合考虑成本、性能要求及工艺要求，选择 Cu - Ni - Mn 体系钎料用于 00Cr18Ni10N 不锈钢的钎焊。

钎料的选择以俄罗斯 BΠp4 钎料为基础（见表 3 - 40），通过调整微量元素 P、B 设计钎料成分（见表 3 - 41），并进行了工艺性对比试验和接头性能对比试验。

表 3 - 40　　俄罗斯 BΠp4 钎料的化学成分

| 元素 | Cu | Ni | Mn | Si | Fe | Co | P | B | 杂质 |
|---|---|---|---|---|---|---|---|---|---|
| 质量分数/% | 余 | 28 ~ 30 | 27 ~ 30 | 0.8 ~ 1.2 | 1.0 ~ 1.5 | 4.0 ~ 6.0 | 0.1 ~ 0.2 | 0.15 ~ 0.25 | ≤0.5 |

表 3 - 41　　设计的钎料成分　　　　　　%

| | Cu | Mn | Ni | Fe | Si | Co | B | P |
|---|---|---|---|---|---|---|---|---|
| BΠp4 | 余量 | 30 | 29 | 1.2 | 1.0 | 5 | 0.15 | 0.15 |
| P0 | 余量 | 30 | 29 | 1.2 | 1.0 | 5 | 0.25 | — |
| P1 | 余量 | 30 | 29 | 1.2 | 1.0 | 5 | 0.25 | 0.3 |
| B0 | 余量 | 30 | 29 | 1.2 | 1.0 | 5 | 0.1 | 0.15 |
| B1 | 余量 | 30 | 29 | 1.2 | 1.0 | 5 | 0.35 | 0.15 |

采用差热分析仪对钎料的熔化温度范围进行了分析（见图 3 - 11），钎料的液相线温度在 1000℃附近，在无 B 或无 P 的情况下，都会使钎料的熔化温度略微升高。

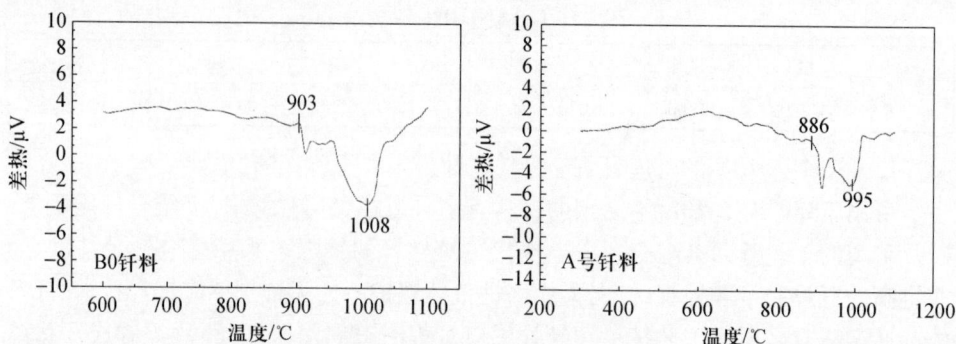

图 3-11 钎料的典型差热分析(DTA)曲线

由于钎料最终用于导管接头的感应钎焊,钎料添加时合适的添加方式为制备成开口的环状进行添加,为此须将钎料弯制成钎料环。由于 Cu - Ni - Mn 钎料合金化程度很高,钎料塑性较差,轧制状态下钎料非常脆硬,无法弯制成合适的环状,为此必须进行软化的热处理。固溶处理后,钎料可以得到合适的硬度和塑性,可以弯制成适合于 6mm 以上的导管钎焊用钎料环。不同微量元素含量对钎料的塑性也有影响,当钎料中含 P 量 0.3% 时,其塑性明显偏差,厚度为 0.6mm 时,以 $R2$ 曲率弯 90° 出现开裂,而无 P 钎料则无开裂出现。可见,降低 P 含量有利于提高钎料的塑性。

对钎料中的关键微量元素 B 和 P 对接头性能的影响进行了试验研究。为准确得出钎焊接头的接头性能,采用了剪切性能试样。即采用棒材套接形剪切性能试样进行了钎焊工艺试验(参考 GB/T 8619 中的标准剪切性能试验方法)。加工成外径 $\phi 12mm$,$\phi 6mm$ 孔的管状试样,进行了钎焊工艺试验,钎焊前试样表面进行了镀镍,钎焊前后试样形貌见图 3-12。钎焊后加工成剪切试样进行性能测试,得到钎缝剪切性能见表 3-42。

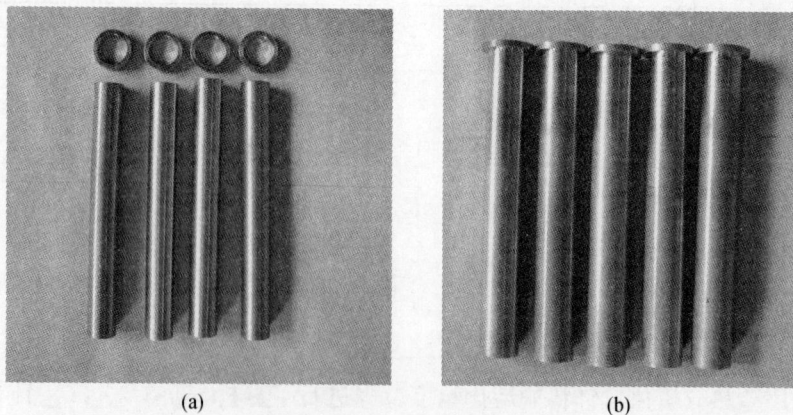

(a)  (b)

图 3-12 采用的剪切试样形式
(a) 钎焊前;(b) 钎焊并加工后。

表 3 -42　不同钎料的接头性能

| 组别 | 剪切强度/MPa | 平均强度/MPa |
|------|------------|------------|
| ВПр4 | 162.15,164.97,164.60,120.73,225.08,192.94 | 171 |
| B0 | 185.43,152.55,165.21,153.53,134.05 | 158 |
| B1 | 151.82,188.57,156.49,213.40,244.53 | 191 |
| P0 | 200.58,182.10,192.37,181.24,181.01 | 187.5 |
| P1 | 150.22,140.10,159.81,130.71,138.26 | 143.8 |

结果表明,钎料工艺性能满足钎焊试验要求,接头剪切性能约在 140MPa ~ 190MPa 之间。适当降低 P 含量和增加 B 含量有利于接头强度的提高。工艺试验表明,在感应钎焊的工艺条件下,采用不含 P 钎料钎焊时,钎料的润湿、填缝性能并没有明显变差。因此为获得较高的接头性能,可以采用不含 P 的钎料。

图 3 -13 为 ВПр4 钎料感应钎焊 00Cr18Ni10N 的典型接头组织(背散射图像)形貌。钎缝中主要含灰色及白色基底两种相,对两种相成分进行了能谱分析,结果见表 3 -43。可见钎缝中间灰色区域富含 Mn、Ni、Co、Si,而 Cu 含量相对较低,白色

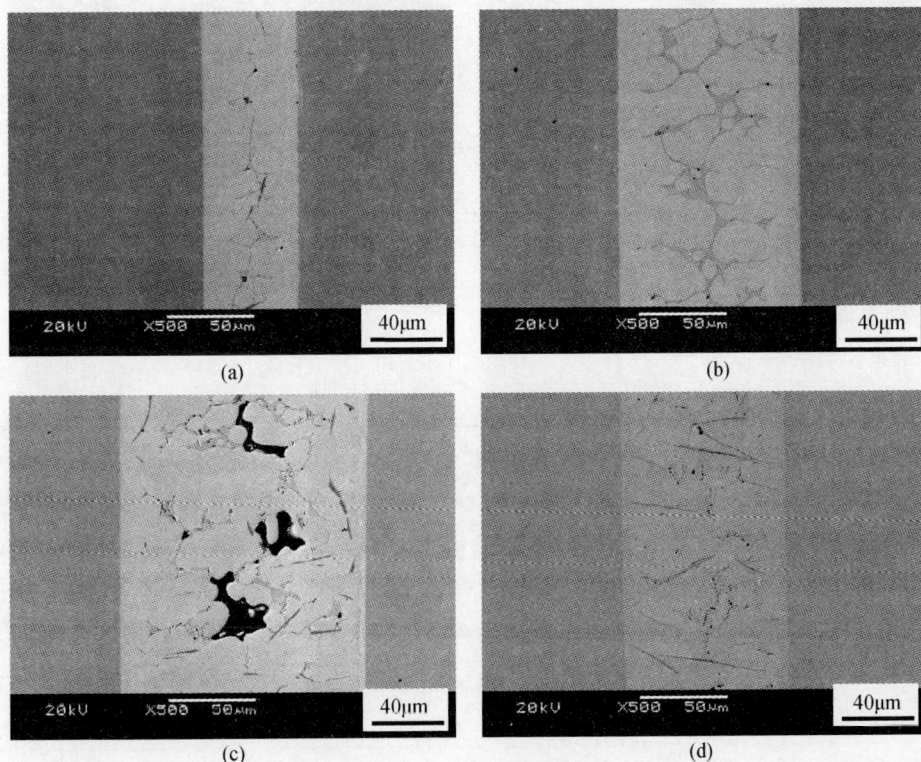

图 3 -13　得到的典型接头组织形貌

(a) 间隙较小处;(b) 间隙较大处;(c) 含有空洞缺陷;(d) 含有针状相。

基底中 Cu 含量较高,更接近于钎料成分。钎缝中有时还会出现一种针状相(见图 3-13(d)),该针状相与 B、P 的含量均无关系,受所用电镜能谱精度的限制,尚未对该相的成分及组成进行详细分析。试验中发现,采用该钎料钎焊不锈钢时,钎缝中有时会出现空洞或疏松缺陷(见图 3-14),有时甚至会形成裂纹。这是由于钎料的固有性质决定的,钎料的熔化温度区间总体偏大,加上钎料合金的膨胀系数较大,冷却收缩时易形成疏松或裂纹。为降低裂纹出现的概率,需要在接头形式设计上特别注意,采用薄壁搭接结构,避免采用对接及其他拘束度较大的结构形式。

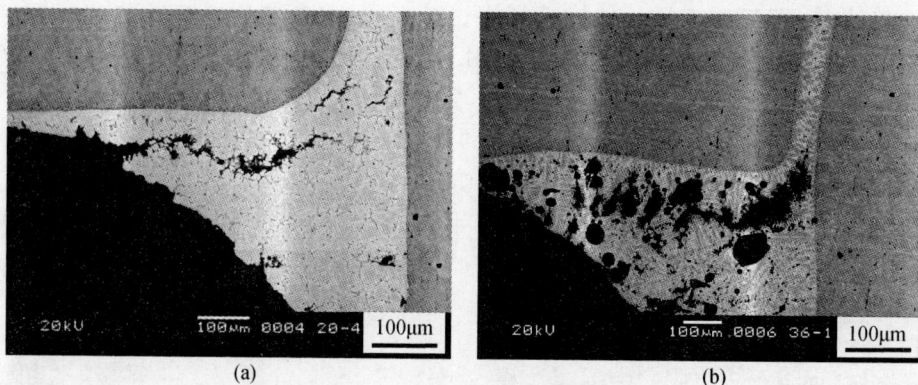

图 3-14　BΠp4 钎料钎焊接头钎角处的缺陷

表 3-43　钎缝中各相能谱分析结果　　　　　%(原子分数)

| 相 | Si | P | Mn | Fe | Co | Ni | Cu |
|---|---|---|---|---|---|---|---|
| 灰色相 1 | 4.64 | 0.75 | 32.03 | 1.72 | 16.10 | 30.67 | 14.10 |
| 灰色相 2 | 4.70 | 1.06 | 29.03 | 1.83 | 16.80 | 35.93 | 10.65 |
| 白色基底 1 | 0.58 | — | 32.10 | 1.10 | 4.15 | 27.15 | 34.92 |
| 白色基底 2 | 1.24 | — | 28.40 | 1.45 | 4.26 | 29.52 | 35.13 |

采用 BΠp4 钎料和不含 P 的 P0 钎料,对工艺因素对接头性能的影响进行了对比试验。试验时采用的接头形式为棒状套接剪切接头。采用不同钎焊间隙,钎焊前不同的表面处理工艺,包括镀镍与不镀镍、镀镍前是否进行吹砂处理等因素,分别钎焊接头后进行了性能测试,得到的结果见表 3-44。

表 3-44　不同工艺条件下的得到的接头性能

| 工艺条件 | 剪切强度/MPa | 平均强度/MPa |
|---|---|---|
| BΠp4,正常间隙,未吹砂,镀镍 | 162.15,164.97,164.60,120.73,225.08,192.94 | 171 |
| BΠp4,大间隙,未吹砂,镀镍 | 172.8,157.5,172.2,194.9,155.0 | 170.5 |
| BΠp4,无镀层,正常间隙 | 137.4,165.3,170.1,171.4,126.4 | 154.1 |
| BΠp4,小间隙,未吹砂,镀镍 | 129.8,142.6,103.9,122.9,138.6 | 127.6 |

| 工艺条件 | 剪切强度/MPa | 平均强度/MPa |
|---|---|---|
| ВПр4,吹砂,正常间隙,镀镍 | 96.6,111.9,113.6,96.1,134.4 | 110.5 |
| P0 钎料,镀镍,正常间隙 | 206.1,163.5,169.1,167.0,154.0 | 171.94 |
| P0 钎料小间隙,镀镍 | 206.8,168.8,173.8,129.0,184.2 | 172.5 |
| P0 钎料大间隙,镀镍 | 180.3,145.9,157.7,189.1,183.0 | 171.2 |

表 3-44 中结果表明,采用 ВПр4 钎料时在小间隙和吹砂处理工艺条件下,接头性能较差,可见镀镍前吹砂处理对接头性能的提高没有明显效果。采用 P0 钎料对不同间隙的重复试验结果表明,在 0.02mm ~ 0.15mm 范围内变化时,间隙的大小对接头性能没有明显影响。ВПр4 钎料试验时,小间隙接头强度偏低可能与钎焊保温不充分等其他因素有关。试验时还发现,镀镍后,接头钎焊工艺性明显改善,对形成完整接头有利。

不同测试温度下的 00Cr18Ni10N 感应钎焊的接头剪切性能结果列于表 3-45 和表 3-46,强度变化趋势见图 3-15。结果表明,ВПр4 钎料钎焊 00Cr18Ni10N 接头在 -60℃ 强度比室温有所升高,在 -40℃ ~300℃ 间强度均在 140MPa 以上,强度变化不大,400℃ 时强度有所降低,平均剪切强度 135MPa。P0 钎料接头剪切强度比 ВПр4 钎料的要高,接头在 400℃ 时仍有 190MPa 的剪切强度。

表 3-45　不同温度下 ВПр4 钎料钎焊接头剪切性能

| 测试温度/℃ | 剪切强度/MPa | 平均剪切强度/MPa |
|---|---|---|
| -60 | 143.7,265.3,275.4,196.4,154.7 | 207.1 |
| -40 | 171.7,157.8,146.4,145.5,169.1 | 158.1 |
| -20 | 156.7,150.3,216.7,148.5,154.0 | 165.2 |
| 20 | 172.8,157.5,172.2,194.9,155.0 | 170.5 |
| 100 | 173.9,213.1,155.1,137.6,129.2 | 161.8 |
| 200 | 150.3,143.7,157.3,118.4,159.4 | 145.8 |
| 300 | 167.4,151.4,151.2,193.5,170.8 | 166.9 |
| 400 | 151.8,136.3,104.3,163.0,121.7 | 135.4 |

表 3-46　不同温度下 P0 钎料钎焊 00Cr18Ni10N 接头的剪切强度

| 组别 | 剪切强度/MPa | 平均剪切强度/MPa |
|---|---|---|
| P0 钎料,100℃ | 253.5,215.9,229.7,164.3 | 215.9 |
| P0 钎料,200℃ | 229.7,226.7,174.7,216.1,214.4 | 212.3 |
| P0 钎料,300℃ | 198.8,165.6,174.0,201.9,190.6 | 186.2 |
| P0 钎料,400℃ | 172.2,192.6,220.2,183.9,196.1 | 193.0 |

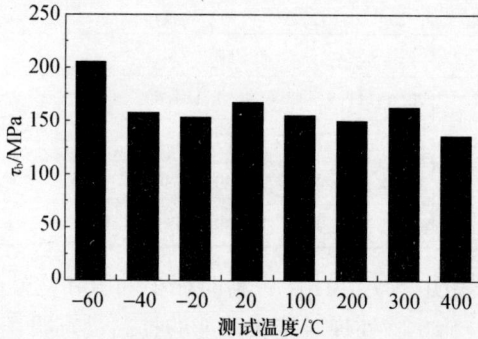

图 3 – 15　ВПр4 钎焊接头不同测试温度下接头性能(中值平均)

　　对 6 种规格导管接头进行了钎焊试验和接头的拉伸性能测试。6 种规格导管分别是 $\phi6 \times 0.6mm$,$\phi8 \times 0.65mm$,$\phi10 \times 0.75mm$,$\phi12 \times 0.9mm$,$\phi15 \times 1.1mm$,$\phi20 \times 1.3mm$。接头采用套接方式,套筒结构按照 HB8165、8166 ~ 8167—2002 的标准接头,$\phi10mm$ 以下采用光滑直套筒,$\phi12mm$ 及其以上采用带槽直套筒结构,导管套筒的结构形式见图 3 – 16。采用光滑直套筒的小直径导管接头钎焊时钎料装于导管对接的空隙内,而对于直径稍大的带槽直套筒的结构,钎料则装于钎料槽内(见图 3 – 17)。

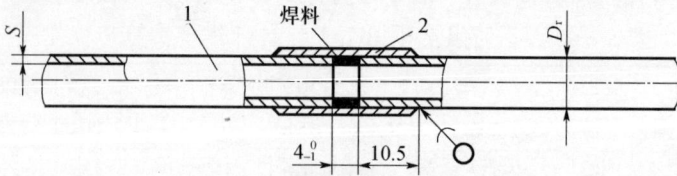

图 3 – 16　光滑直套筒导管接头结构

1—导管;2—直通管接头。

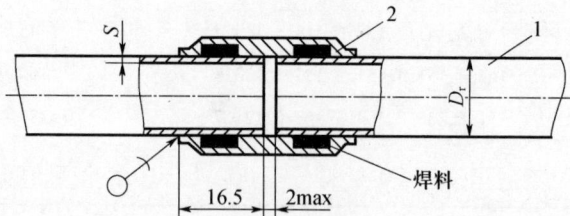

图 3 – 17　带槽直套筒导管接头结构

1—导管;2—钎焊直通管接头(按 HB 8166 ~ 8167—2002)。

　　图 3 – 18 为得到的典型导管接头形貌,图 3 – 19 为钎焊的不同规格导管形貌及其拉断后的形貌。结果表明,导管接头成形良好,外观漂亮,拉断时断于导管基

174

体或呈现混合型(断于钎缝和基体)断裂形貌,接头强度(折算成导管截面)600MPa 以上,与导管强度相当。

图 3 - 18　典型导管接头形貌

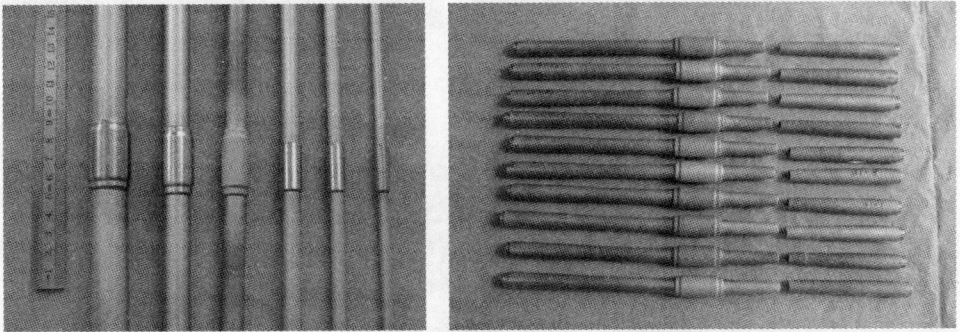

图 3 - 19　不同规格导管接头及拉断后形貌

　　由于钎焊接头中的缺陷通常为单位尺寸非常小的面型缺陷,其无损检测一直存在一定的问题,但对于导管接头这类结构,采用 X 射线进行无损检测仍然有其必要性。试验结果表明,对于导管接头的较小间隙的未钎透缺陷,X 射线分辨较困难,但对于大部分缺陷,通过严格控制照射参数,X 射线可以分辨。同时 X 射线可以发现装配等其他问题,因此,生产中可以采用 X 射线法结合其他方法对导管接头的钎焊质量进行良好控制。不同规格导管接头 X 射线照片形貌见图 3 - 20。

　　由于难以解决夹持问题,导管的轴向拉伸疲劳性能测试一直是材料性能测试的难点,导管接头在试图进行轴向拉伸疲劳性能测试时也遇到同样问题。对导管接头进行轴向拉伸疲劳性能测试,采用了钎焊夹持头的方法。如图 3 - 21 所示,导管钎焊后再根据疲劳试验机夹持机构的要求在导管两端钎焊带螺纹的夹持头,夹持头的钎焊采用局部加热的感应钎焊工艺,为避免从夹持头处断裂,夹持头的钎焊采用了接头强度更好的金基钎料。为保证夹持头与试样的同轴度要求,工艺上需采取工装对中、合理安排加工顺序、预留工艺基准等一些列措施。

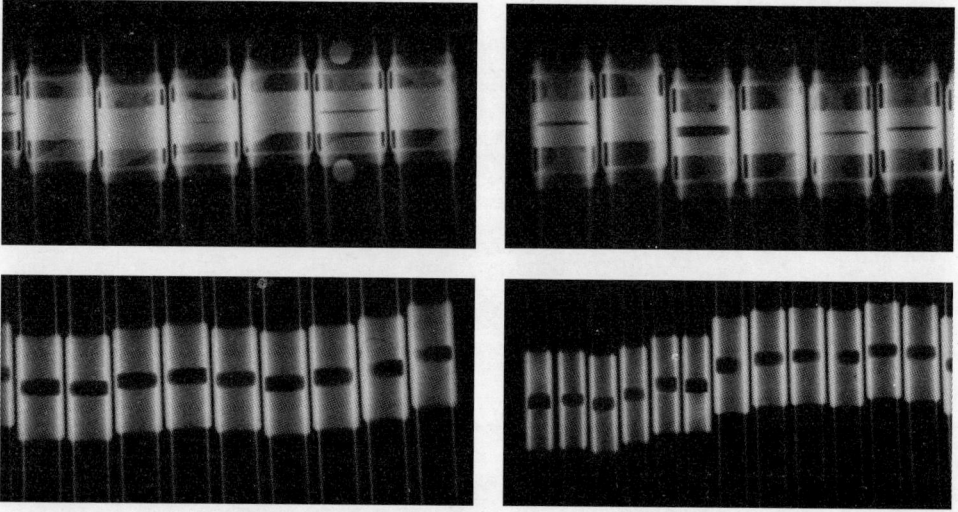

图 3-20 不同规格导管接头 X 射线照片形貌

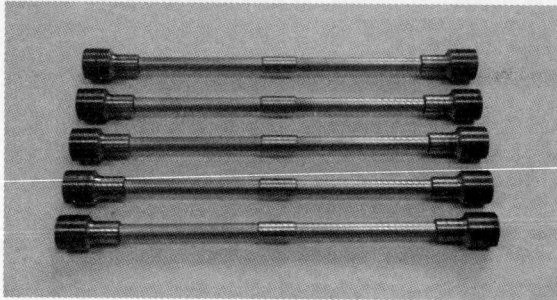

图 3-21 制作的导管接头轴向疲劳性能试样

采用此方法对采用 P0 钎料钎焊直径 10mm 的 00Cr18Ni10N 导管接头的轴向疲劳性能进行了测试,应力因子为 0.06,根据导管的实际壁厚施加应力,分别采用应力 100MPa 和 150MPa 进行了高周轴向疲劳性能测试,结果表明,经 $10^7$ 次循环后,导管接头保持完好,未出现任何变化。

2. 其他钎料钎焊 00Cr18Ni10N 钢的接头性能

采用镍基钎料、真空钎焊工艺钎焊试样,对接头性能进行了测试。试验用基体材料为厚 2.0mm 的板材,试样采用对接形式,预置间隙为 0.1mm。选用两种钎料进行了试验,分别为 BNi82CrSiB 钎料,-150 目粉末;B-Ni74CrSiB-40Ni 钎料,-150 目粉末。

采用镍基钎料真空钎焊 00Cr18Ni10N 时具有与其他奥氏体不锈钢类似的工艺

性能,所选钎料对 00Cr18Ni10N 母材均具有较好的铺展和填缝性能。图 3 - 22 为得到的采用镍基钎料钎焊 00Cr18Ni10N 的典型接头组织,其组织形态为典型的镍基钎料钎焊不锈钢钎缝组织,钎料对基体有一定的扩散渗入,钎缝中的扩散区存在一定的化合物相。

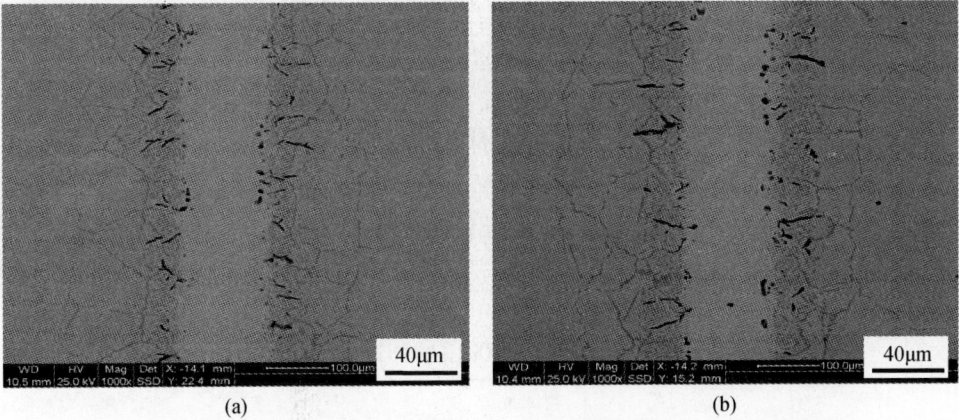

(a)                                         (b)

图 3 - 22　采用 BNi82CrSiB 钎料真空钎焊 00Cr18Ni10N 的接头组织
(a) 1100℃/20min; (b) 1070℃/1h。

表 3 - 47 ~ 表 3 - 49 给出了 00Cr18Ni10N 真空钎焊的接头性能,可见采用 BNi82CrSiB 钎料钎焊 00Cr18Ni10N 接头强度在 300MPa 左右。由于该钢相对于其他奥氏体不锈钢强度较高,因此,性能测试时易在接头处产生应力集中,接头数据有一定的分散性。适当提高钎焊温度和延长保温时间有利于接头强度的提高。

表 3 - 47　00Cr18Ni10N 不锈钢真空钎焊接头室温强度

| 钎料 | 钎焊规范 | 测试温度 | $\sigma_b$/MPa | 平均值/MPa |
|---|---|---|---|---|
| BNi82CrSiB | 1070℃/20min | 25℃ | 254,221,312,293,356 | 287 |
| | 1070℃/1h | 25℃ | 361,373,393,389,372 | 378 |
| | 1100℃/20min | 25℃ | 385,368,302 | 352 |
| BNi74CrSiB - 40Ni | 1100℃/20min | 25℃ | 380,403,152,440,312 | 337 |

表 3 - 48　00Cr18Ni10N 不锈钢真空钎焊接头高温强度

| 钎料 | 钎焊规范 | 测试温度 | $\sigma_b$/MPa | 平均值/MPa |
|---|---|---|---|---|
| BNi82CrSiB | 1070℃/20min | 400℃ | 115,199,116,117,114 | 132 |
| | 1070℃/1h | 200℃ | 163,233,163,246,253 | 212 |
| | | 300℃ | 226,238,223,218,216 | 224 |
| | | 400℃ | 149,206,231,216,216 | 204 |
| | | 500℃ | 179,189,204,127,119 | 164 |

表 3 –49　00Cr18Ni10N 不锈钢真空钎焊接头低温强度

| 钎料 | 钎焊规范 | 测试温度 | $\sigma_b$/MPa | 平均值/MPa |
|---|---|---|---|---|
| BNi82CrSiB | 1070℃/1h | –20℃ | 319,341,398,383,309 | 350 |
| | | –40℃ | 435,368,408,356,393 | 392 |
| | | –60℃ | 446,391,464,389,431 | 424 |

　　采用金基钎料(Au – Ni18),惰性气体保护的感应钎焊工艺对 00Cr18Ni10N 进行了钎焊,接头性能测试采用与 Cu – Ni – Mn 钎料同样的套接式剪切性能试样。金基钎焊 00Cr18Ni10N 具有良好的工艺性能,表面镀镍与不镀镍均可形成完整接头。接头性能也明显优于 Cu – Ni – Mn 钎料钎焊的接头,得到的剪切性能数据见表 3 –50。图 3 –23 为采用 Au – Ni18 钎料感应钎焊工艺钎焊 00Cr18Ni10N 不锈钢的典型接头组织,可见钎缝呈致密的固溶体组织,钎缝内成分分布也呈较均匀的形态。

表 3 –50　采用金基钎料钎焊 00Cr18Ni10N 不锈钢的接头强度

| 钎料 | 钎焊规范 | 测试温度 | $\tau_b$/MPa | $\tau_b$平均值/MPa |
|---|---|---|---|---|
| Au – Ni18 | 感应钎焊 | 25℃ | 278,318,286,251,169 | 280 |

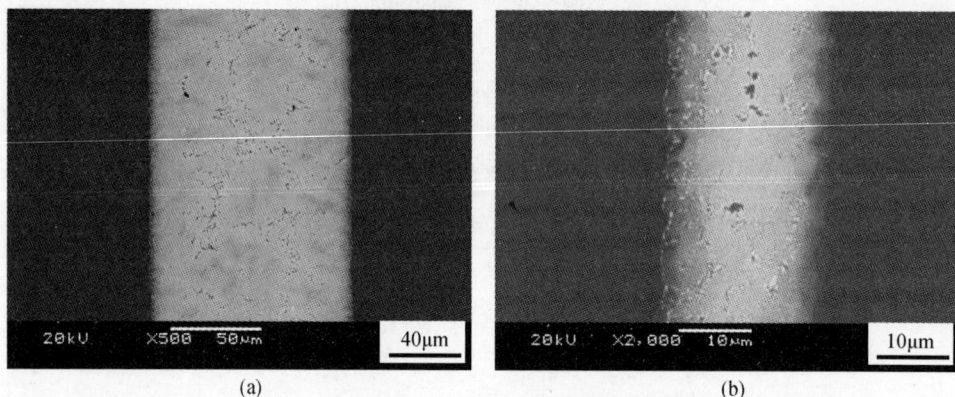

(a)　　　　　　　　　　　　　　　　(b)

图 3 –23　采用 Au – Ni18 钎料感应钎焊 00Cr18Ni10N 不锈钢典型接头组织

## 3.2.2　不锈钢结构的钎焊应用实例

　　由于钎焊工艺的特点,钎焊接头大量用于结构复杂的功能结构件,其中以不锈钢结构居多。不锈钢真空钎焊具有良好的工艺性,采用镍基钎料时不仅可以粉末、膏、粘带等形式添加,还可以采用非晶态箔带的形式添加,良好的工艺性便于钎焊结构的精确控制,因此工业应用中不乏结构复杂而精细的不锈钢钎焊结构的例子。

1. 不锈钢列管式热交换器芯体的钎焊

列管式热交换器为航空发动机滑油冷却的重要部件,根据不同用途,其大小、形状略有区别,但其结构基本类似,由端板、持板、不锈钢管等组成。采用真空钎焊工艺可将几百甚至上千个零件同时钎焊,同时保证其气密性和不变形的技术要求。图 3 – 24 为钎焊的最大结构的列管式热交换器芯体,总体为方形结构,由 2538 根直径 2mm,壁厚 0.2mm 的 1Cr18Ni9Ti 不锈钢管与上下端板及中间持板经钎焊而成。该结构的特点是需钎焊的接头多,不锈钢管壁薄,控制不当易溶蚀。

图 3 – 24  不锈钢列管式热交换器芯体结构

选择 BNi82CrSiB 钎料作为列管式热交换器芯体的钎焊材料,钎料以粉末的形式使用,采用真空钎焊工艺和通用的真空钎焊设备。

不锈钢管及端板等工件钎焊前经去油剂超声波清洗干净,清水冲洗后于 100℃烘干。将不锈钢管、端板、持板按图纸要求装配起来,将钎料均匀添加在不锈钢管与端板接头附近,控制好钎料用量,用粘结剂将钎料固定。装配完一端后用专用陶瓷垫块垫起再装另一端。装配完毕后连同垫块一起入炉,一次完成两端钎焊。

钎焊升温速度(8 ~ 10)℃/min,在粘结剂挥发温度(400℃ ~ 550℃)保温,真空度回升后继续升温,至 950℃保温 20min ~ 30min,至 1050℃ ~ 1070℃保温 5min ~ 10min,停止加热,随炉降温。200℃以下取出工件,目视检查钎缝成形并进行气密性试验。

2. 不锈钢毛细管喷丝头结构的钎焊

不锈钢毛细管喷丝头为熔喷方法制造无纺布或过滤材料设备的关键易损部件,其结构基本特征为要在不锈钢壳体上加工出一排直径约 0.3mm 的喷丝小孔,因技术所限,采用机械加工、电火花加工、激光加工等方法难以加工出内壁光滑且长径比大的小孔,为此采用钎焊方法制造。基本思路为:将内径为 0.3mm 左右的不锈钢毛细管采用钎焊的方法钎焊到不锈钢壳体上,靠毛细管的内径形成质量优良的喷丝小孔。把不锈钢壳体沿需打孔的中心线对分,并加工出与毛细管外径相配合的间隙,将毛细管排在间隙内施加钎料一次钎焊形成喷丝小孔,实际钎焊形成的小孔数一般在 200~1000 个之间。

不锈钢毛细管喷丝头结构示意图如图 3-25 所示。不锈钢壳体及毛细管材料均为 1Cr18Ni9Ti,毛细管内径 0.3mm,外径 0.6mm。毛细管钎焊长度 10mm~12mm。要求钎焊接头能承受 400℃、6MPa 的工作压力。选用真空钎焊工艺,通用真空钎焊设备,采用 Ni80CrBSi 镍基钎料,钎料采用粘带形式添加。钎焊升温速度(6~10)℃/min,在 400℃~500℃左右保温以使粘带钎料的粘结剂充分挥发,真空度回升后继续升温,在 950℃保温 30min,快速升温到钎焊温度(1120℃~1140℃)保温,停止加热后随炉降温。升温及钎焊保温过程保持真空度不低于 $2 \times 10^{-2}$ Pa。

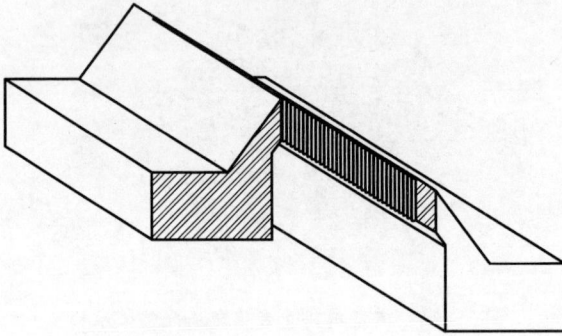

图 3-25　不锈钢毛细管喷丝头结构示意图

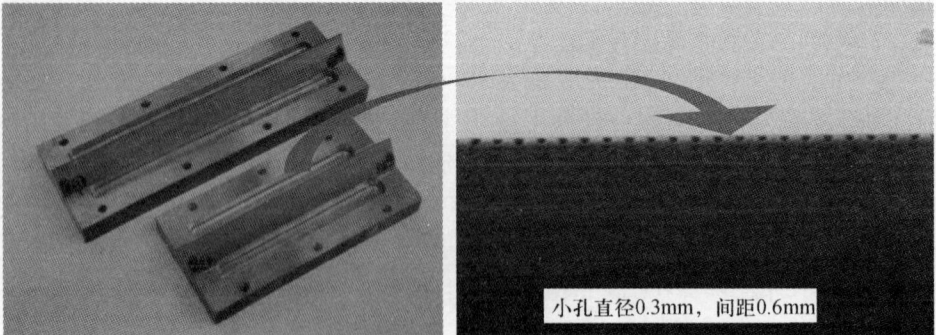

小孔直径0.3mm,间距0.6mm

图 3-26　不锈钢毛细管喷丝头实际结构

200℃以下出炉,出炉后采用超声波清洗去除残余的阻流剂。检查钎焊质量和小孔堵塞情况,应形成连续均匀的钎焊圆角,堵孔数不超过总孔数的 1%,且相邻孔不得连续堵塞。钎焊后采用机械加工的方法加工成最终的尺寸。由于毛细管直径只有 0.3mm,恰恰是易发生毛细作用的尺度,因此喷丝头钎焊时,防止毛细管的堵塞是工艺的难点。同时由于毛细管数量多、管壁薄,如何实现众多毛细管的同时装配定位及防止产生溶蚀的措施也是喷丝头钎焊必须考虑的重要因素。此产品成功解决毛细管钎焊问题,在我国无纺布、滤芯行业应用 20 年,质量得到用户的广泛认可。

3. 不锈钢板翅式热交换器的钎焊

板翅式热交换器是应用最为广泛的热交换器类型之一,主要分为不锈钢热交换器和铝合金热交换器两大类,用于空分、车辆、船舶等军用和民用领域。板翅式热交换器从结构上主要分为包裹翅片型和隔板—翅片型两类,其中包裹翅片型多采用紫铜作为钎料,工艺上已经成熟,我国具有很强的该类热交换器生产能力,每年有大量的该类热交换器用于出口。隔板—翅片型热交换器可以得到更高的效率,但钎焊工艺上更为复杂,由于耐温、耐腐蚀等特殊要求,紫铜钎料已不能满足要求,有时需要采用耐温、耐腐蚀性能更好的镍基钎料钎焊。

图 3-27 为典型的隔板—翅片型板翅式热交换器芯体结构,由面板及 40 余层的隔板、翅片、封条等组成,钎焊后形成热边与冷变交替排列的液体—液体热交换器。由于镍基钎料通常为脆性钎料,不能用常规轧制的工艺加工成箔带形式,钎料的添加可以采用两种形式:一是采用粘带钎料;第二是采用非晶态箔带钎料。粘带钎料是将粉末钎料通过与粘结剂混合,通过轧制的方法制成带状钎料以方便钎料的添加,粘带钎料可以加粉末钎料以带状的形式添加,而且用量可方便地进行调整,已批量用于不锈钢板翅式热交换器的钎焊生产。非晶态箔带是采用急冷的方法,将脆性的镍基钎料制成非晶体的箔带,以方便钎料的添加。图 3-27 中不锈钢板翅式热交换器钎焊时采用了非晶态箔带钎料牌号为 BNi82CrSiB。

图 3-27 典型不锈钢板翅式热交换器形貌

零件的装配在专门设计的工装中进行,钎焊工装的设计须保证装配完成后必要的预紧力,同时应尽可能使钎料熔化后的下榻量得到有效的补偿,最好采用随动的加压机构,也可采用重力加压方式,但重力加压会带来加温负载的增加。不均匀的升温将造成隔板的变形,最终形成未焊合缺陷,因此,适当降低升温速度,获得相对均匀温升非常重要。同时,翅片的结构刚度对获得无缺陷产品也起到非常重要的作用,过弱、过薄的翅片可能在焊接升温中发生变形,从而不能起到必要的支撑作用,造成隔板与封条不能紧密贴合,最终形成缺陷。封头的焊接也非常重要,由于钎焊缝具有一定的脆性,加上不锈钢热膨胀系数较大等原因,封头焊接时极易出现钎焊缝开裂问题,可以采用钎焊、熔焊相结合的方法解决封头焊接钎焊缝开裂问题。

## 3.3 超高强度钢氩弧焊技术

20 世纪 60 年代中期美国研制成功潜艇壳体用钢 HY180,创制了第一个高钴－镍合金钢,70 年代中期又将 HY180 钢改型,发展了 AF1410 钢。为进一步提高强度,Carpenter 技术公司在 AF1410 钢的基础上提高碳含量并同时调整主要化学成分 Ni、Cr、Co、Mo,使新钢种 AerMet100 的强度大大提高而并不使韧—脆转变温度上升太高。美国研究与发展杂志(R&D)将 AerMet100 钢评为 1991 年美国 100 项重大发明之一。自问世以来,钴－镍超高强度钢 AF1410 和 AerMet100 特别得到航空工业界的青睐,在飞机转轴、起落架等关键重要承力结构上屡屡得以重用。

低碳钴—镍高合金二次硬化超高强度钢主要依靠合金碳化物析出强化,即基于马氏体基体高温回火析出非常细小的合金碳化物强化,也称二次硬化。这种类型的钢具有最好的强韧性配合及良好的应力腐蚀开裂阻力。与其他超高强度钢相比,钴—镍超高强度钢具有较高的强度和韧性,同时具备优良的焊接性。这种钢最为突出的优越性是焊接裂纹倾向低,焊前不需要预热[6]。而之前已获得广泛应用的同强度级别的 30CrMnSiNi2A 钢,由于缺口敏感性较大,对应力集中比较敏感,当焊缝中氢含量过高时,焊缝或热影响区容易产生氢致延迟裂纹。为防止裂纹的产生,焊前零件必须预热到 250℃～350℃,焊后必须立即加热到 650℃～680℃进行高温回火。同时要采用低氢类焊条施焊,焊前坡口清理更苛刻[3]。焊前预热限制了高质量自动钨极氩弧焊在 30CrMnSiNi2A 钢零件制造中的应用,重要零件焊接仍要依赖手工焊。由于焊接工况恶劣,且手工焊受人为因素影响大,焊接质量难以保证,气孔、夹渣缺陷时有发生,零件的焊接返修率、废品率居高不下。因此国内在国外钴—镍钢研究和应用的基础上,自行开发了 16Co14Ni10Cr2Mo(对应国外AF1410)和 AerMet100 钢,以取代 30CrMnSiNi2A 和 300M 钢用于制造飞机的重要承力结构件。

### 3.3.1 16Co14Ni10Cr2Mo 钢氩弧焊技术

16Co14Ni10Cr2Mo 钢具有强度高($\sigma_b \geq 1620\text{MPa}$)、韧性好($K_{IC} \geq 143\text{MPa} \cdot \text{m}^{1/2}$)、工艺焊接性和使用焊接性优异以及抗应力腐蚀性能优良等突出优点。但作

182

为一种新钢种,对其焊接工艺和焊接性报道极少,有许多新特点需要去认识。因此在 16Co14Ni10Cr2Mo 钢应用之前,有必要首先对它的自动钨极氩弧焊工艺进行试验研究,研究工艺规范对焊缝成形和接头性能的影响,探索合理的焊接规范,为焊接接头全面性能研究和飞机承力结构件的焊接试制提供基础。

1. 多层自动氩弧焊工艺优化及接头性能保证

16Co14Ni10Cr2Mo 钢自动钨极氩弧焊工艺参数主要包括焊接电流 $I$、电弧电压 $U$、焊接速度 $v_焊$、送丝速度 $v_丝$ 和保护气流量 $Q$。这些参数的选择必须匹配,才能使焊接过程稳定,焊缝成形美观,避免产生未焊透、未熔合以及气孔等缺陷。为减小坡口尺寸、保证焊缝熔透、控制变形量和提高焊接效率,根据试板和零件焊接厚度选择设计圆角半径为 $R4$ 的 V 形坡口,如图 3-28 所示。

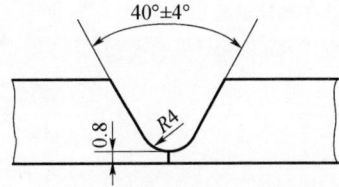

图 3-28 设计选择的 V 形焊接坡口

根据焊道在坡口中的具体位置调整各规范参数。打底焊时为避免焊漏采用较大焊接速度和较小焊接电流,送丝速度和焊接电压也要相应降低。随焊道层数增加,坡口内焊缝宽度增大,为保证焊缝熔宽并避免未熔合,应增大焊接电流和电弧电压。

由于 16Co14Ni10Cr2Mo 钢主要用于飞机重要承力构件,对接头强度、韧性和疲劳性能等都有较高要求。自动氩弧焊可调节的工艺参数多、各参数可调节的范围大,加之需要多层焊,接头性能的影响因素多而复杂。经综合分析,确定多层焊层间温度、焊接线能量及焊后热处理为主要因素,它们对接头组织有直接影响并进而决定接头性能。为使接头性能充分恢复,焊后应采用完全热处理,为消除焊缝枝晶组织影响并改善接头部位机加工性,在完全热处理之前进行焊后预备热处理(900℃ ±10℃ ,1h,AC;680℃ ±10℃ ,6h,AC)。为研究层间温度、焊接线能量的影响,设计了三种工艺参数组合,见表 3-51。

表 3-51 三种焊接工艺参数组合

| 试件 | 层间温度/℃ | 焊接电流 $I$/A | 电弧电压 $U$/V | 焊接速度 $v_焊$ /(cm/min) | 送丝速度 $v_丝$ /(cm/min) | 线能量 $E$ (kJ/mm) |
|------|-----------|----------------|----------------|---------------------------|---------------------------|---------------------|
| 06 | 不控制,≥200 | 295 | 12.5 | 24.0 | 78 | 0.78 |
| 14 | 控制,≤70 | 300 | 12.5 | 24.9 | 82 | 0.77 |
| 25 | 控制,≤70 | 290 | 12 | 13.0 | 40 | 1.37 |

接头室温和低温拉伸性能测试结果由表 3-52 和表 3-53 给出。控制层间温度(≤70℃)使接头室温屈服强度和抗拉强度提高,塑性改善,接头强度系数达到 96.9%;降低焊接线能量,进一步提高室温强度和改善室温塑性。接头低温抗拉强

183

度高于室温抗拉强度,但低温塑性显著降低。控制层间温度可提高接头低温抗拉强度,但是对低温塑性无明显改善;增加焊接线能量,接头低温塑性降低。

表3-52　焊接接头室温拉伸测试结果(试验室焊接)

| 工艺特点 | 试件编号 | $\sigma_{0.2}/MPa$ | $\sigma_b/MPa$ | $\delta_5/\%$ | $\psi/\%$ |
|---|---|---|---|---|---|
| 1. 不控制层间温度≥200℃<br>线能量0.78kJ/mm | 0601 | 1590 | 1659 | 7.2 | 34.7 |
| | 0602 | 1600 | 1669 | 5.4 | 20.8 |
| | 0603 | 1575 | 1641 | 3.4 | 15.7 |
| | 平均值 | 1588 | 1656 | 5.3 | 23.7 |
| 2. 层间温度≤70℃线能量<br>0.77kJ/mm | 1404 | 1605 | 1696 | 12.8 | 61.9 |
| | 1402 | 1623 | 1699 | 9.8 | 52.3 |
| | 1403 | 1597 | 1693 | 11.6 | 66.2 |
| | 平均值 | 1608 | 1696 | 11.4 | 60.1 |
| 3. 层间温度≤70℃线能量<br>1.37kJ/mm | 2501 | 1573 | 1608 | 4.8 | 33.0 |
| | 2502 | 1598 | 1659 | 2.4 | 17.2 |
| | 2503 | 1631 | 1730 | 13.2 | 73.1 |
| | 平均值 | 1601 | 1666 | 6.8 | 41.1 |

表3-53　焊接接头低温拉伸(-60℃)测试结果(试验室焊接)

| 工艺特点 | 试件编号 | $\sigma_b/MPa$ | $\delta_5/\%$ | $\psi/\%$ |
|---|---|---|---|---|
| 1. 不控制层间温度≥200℃<br>线能量0.78kJ/mm | 0604 | 1762 | 2.8 | 13.7 |
| | 0605 | 1772 | 3.2 | 12.9 |
| | 0606 | 1725 | 3.4 | 18.6 |
| | 平均值 | 1753 | 3.1 | 15.1 |
| 2. 层间温度≤70℃线能量<br>0.77kJ/mm | 1401 | 1735 | 4.0 | 15.3 |
| | 1402 | 1816 | 2.6 | 13.1 |
| | 平均值 | 1776 | 3.3 | 14.2 |
| 3. 层间温度≤70℃线能量<br>1.37kJ/mm | 2503 | 1812 | 1.8 | 11.4 |
| | 2504 | 1742 | 2.8 | 6.9 |
| | 平均值 | 1777 | 2.3 | 9.2 |

接头冲击韧度测试结果由表3-54给出。不控制层间温度时,层间温度过高,必然会导致焊缝组织晶粒粗大,降低室温冲击韧性[9]。断口扫描电镜分析表明,层间温度不做控制时,裂纹沿粗大晶粒的晶界扩展,表现沿晶断裂特征,见图3-29,晶界上的韧窝小而浅。当控制层间温度(≤70℃)时冲击韧性提高。断口分析表明,此时冲击断口表现为纤维状特征,韧窝大而深,见图3-30。在控制层间温度的同时,采用低线能量焊接各层焊道,冲击韧性反而有所降低,造成这种现象的

原因可能是线能量低使得多层焊道之间以及焊道与母材之间的熔合不够充分。从焊缝组织看,如图3-31所示,不控制层间温度时,由于初始柱状晶粗大,焊后热处理不能消除柱状晶特征,控制层间温度(低于70℃),初始柱状晶细小,柱状晶特征经焊后热处理容易消除。

表3-54 焊缝室温冲击性能(试验室焊接)

| 工艺特点 | 试件编号 | $\alpha_{ku}/(J/cm^2)$ | 平均值 |
|---|---|---|---|
| 1. 不控制层间温度≥200℃<br>线能量0.78kJ/mm | 0607 | 40.6 | 39.9 |
| | 0608 | 39.1 | |
| | 0609 | 40.0 | |
| 2. 层间温度≤70℃线能量<br>0.77kJ/mm | 1407 | 66.6 | 90.4 |
| | 1409 | 114.2 | |
| 3. 层间温度≤70℃线能量<br>1.37kJ/mm | 2507 | 123.0 | 110.8 |
| | 2508 | 114.6 | |
| | 2509 | 94.8 | |

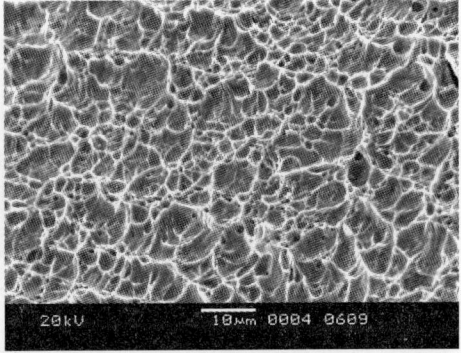

图3-29 层间温度不做控制时的冲击断口(放射区)形貌

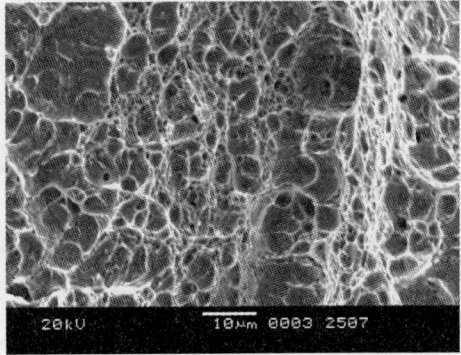

图3-30 层间温度低于70℃时的冲击断口(放射区)形貌

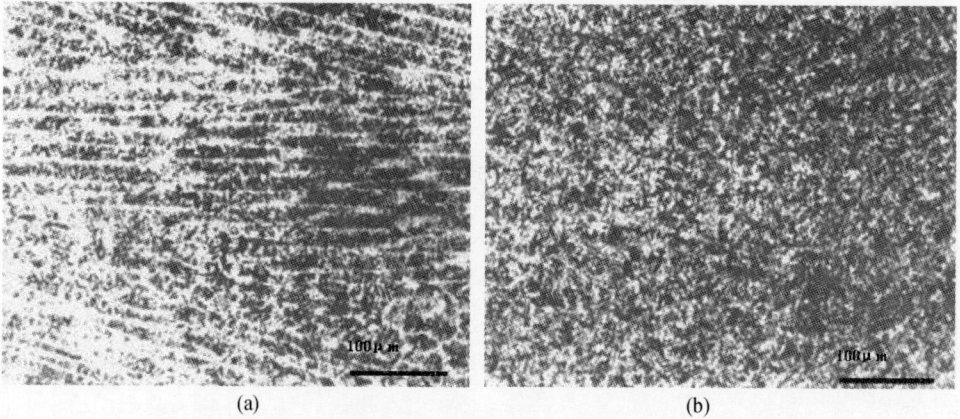

图 3-31 控制层间温度对焊缝组织的影响

(a) 不控制层间温度的次四层焊道；(b) 控制层间温度的次三层焊道。

根据工艺试验阶段研究结果，兼顾焊缝成形和接头性能，推荐采用焊接规范：层间温度低于 70℃；线能量适中；电流 $I$ 在 160A～300A，电压 $U$ 在 9.0V～13V，焊接速度 $v_{焊}$ 在 10cm/min～20cm/min，送丝速度 $v_{丝}$ 在 20cm/min～50cm/min。在该范围内焊接时，可以获得合格的焊缝。表 3-55 给出了试板多层焊的推荐工艺参数。

表 3-55　16Co14Ni10Cr2Mo 钢试板多层焊推荐工艺参数

| 焊道层数 | 焊接电流 $I$/A | 电弧电压 $U$/V | 焊接速度 $v_{焊}$/(cm/min) | 送丝速度 $v_{丝}$/(cm/min) |
|---|---|---|---|---|
| 1 | 100 | 10.0 | 18.0 | 20.0 |
| 2 | 160 | 11.0 | 15.0 | 25.0 |
| 3 | 180 | 11.5 | 15.0 | 35.0 |
| 4 | 200 | 11.5 | 15.0 | 40.0 |
| 5 | 240 | 12.0 | 14.0 | 45.0 |
| 6 | 240 | 12.0 | 14.0 | 45.0 |
| 7 | 250 | 12.5 | 12.0 | 45.0 |
| 8 | 270 | 13.0 | 12.0 | 45.0 |
| 9 | 280 | 13.0 | 11.0 | 45.0 |
| 注：以后各层采用焊道 9 的规范至填满焊缝 | | | | |

2. 接头全面性能研究

接头全面性能研究用焊接试板在工厂完成焊接，采用的焊机与零件焊接试制所用焊机为同一焊机。采用表 3-55 工艺参数焊接，层间温度低于 70℃。

186

接头室温和低温拉伸性能由表 3-56 给出。焊缝的室温抗拉强度达到 1781MPa，明显高于对母材的强度要求（$\sigma_b \geqslant 1620$MPa）；室温塑性（延伸率和断面收缩率）也非常好。与室温拉伸性能相比，焊缝低温（-60℃）抗拉强度有所提高，塑性略有下降，但仍保持在较高的水平。

表 3-56　焊接接头室温和低温（-60℃）拉伸性能

| 试验温度 | $\sigma_{0.2}$/MPa | $\sigma_b$/MPa | $\delta_5$/% | $\psi$/% | 试样断裂位置 |
|---|---|---|---|---|---|
| 室温 | 1646 | 1781 | 12.5 | 67.1 | 热影响区或焊缝 |
| -60℃ | — | 1897 | 10.9 | 60.6 | 热影响区或焊缝 |

表 3-57 给出了接头焊缝和热影响区的室温与低温冲击韧性。焊缝的低温冲击韧性低于室温冲击韧性，二者相差 16.5J/cm²。热影响区的冲击韧性比焊缝好，该区低温冲击韧性也低于室温冲击韧性。

表 3-57　焊接接头室温、低温冲击性能

| 测试位置 | 室温冲击 $\alpha_{ku}$/(J/cm²) | 低温（-60℃）冲击 $\alpha_{ku}$/(J/cm²) |
|---|---|---|
| 焊缝 | 96.9 | 80.4 |
| 热影响区 | 131.3 | 122.1 |

缺口强度测试结果由表 3-58 给出。焊缝缺口敏感性极低，这与焊缝优良的塑性有关。不同 $K_t$ 值和应力比的轴向加载焊接接头疲劳极限见表 3-59，中值疲劳 $S-N$ 曲线见图 3-32。接头疲劳性能数据为焊接结构的疲劳设计提供了依据。

表 3-58　焊缝缺口强度（$K_t = 3$）

| 试样编号 | 缺口强度 $\sigma_{bN}$/MPa | 缺口敏感系数 $\sigma_{bN}/\sigma_b$ | 平均值 |
|---|---|---|---|
| 301 | 2779 | 1.56 | |
| 302 | 2779 | 1.56 | |
| 303 | 2749 | 1.54 | 1.55 |
| 304 | 2760 | 1.55 | |
| 305 | 2739 | 1.54 | |

表 3-59　焊接接头疲劳极限

| 加载方式 | $K_t$ | $R$ | $\sigma_N$/MPa（$N = 10^7$周） |
|---|---|---|---|
| 轴向加载 | 1 | 0.5 | 1505 |
| | | 0.06 | 935 |
| | | -1 | 590 |
| | 2 | 0.06 | 678 |
| | | -1 | 442 |

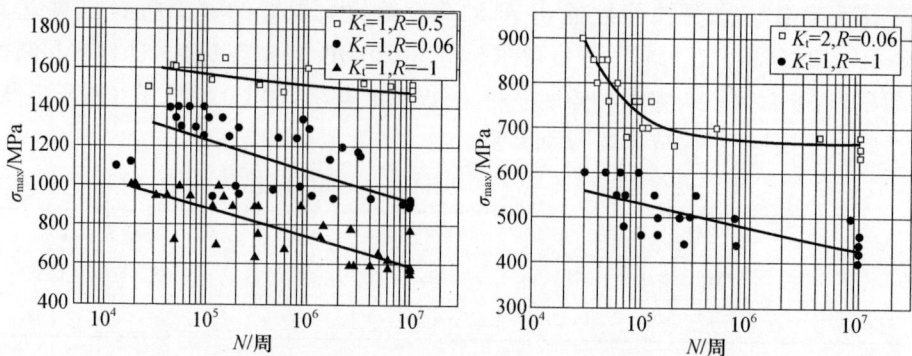

图 3-32 接头光滑（$K_t = 1$）和缺口（$K_t = 2$）疲劳 $S-N$ 曲线

此外还研究了补焊和盐水腐蚀对接头性能的影响。从接头强度和冲击韧度测试结果看，经补焊和盐水腐蚀后，接头性能无明显变化，说明接头具有良好的补焊和耐蚀性。

3. 圆筒类零件焊接变形控制

由于圆筒类零件最终要和其他部件进行装配连接，因此其轴向必须满足零件后续装配精度要求。由于除焊缝外其余部位尺寸基本加工到位，加工余量小，对径向跳动度要求严，如超标则需进行冷校形。因此需要对轴向缩短和径向跳动度进行控制。由于焊接厚度较大，需要多层焊，这必然造成较大的轴向缩短和径向跳动，使焊接变形控制难度大为增加。

1) 径向跳动度控制

圆筒零件环缝焊接时，温度场和应力场在整个圆周上并非严格对称，由此造成的残余应力和变形将使零件发生弯曲，因此零件筒身各个部位会出现一定的跳动量。如果经焊后热处理跳动量仍然超标，则必须进行校形，以确保精加工时有必要的尺寸余量。由于校形属冷校形，变形量过大有可能在零件内引起新的缺陷，因此应尽可能减小焊接造成的残余变形，避免采取冷校形。

由于采用多层焊，后续焊道引起的变形可能与前面焊道引起的变形互相抵销，也可能互相叠加。因此通过选择合理的焊道起弧相位（起焊点）布置，可以达到控制焊接变形的目的。为此，在零件焊接时根据定位焊后跳动量测量结果，对起焊点采取两种设置，如图 3-33 所示，从最高点起焊或者从最高点前 100mm 处（A 点）起焊，第二道焊缝从 180°（相对于第一道焊缝起焊点）处（B 点）起焊，第三道焊缝从 90°处（C 点）起焊，

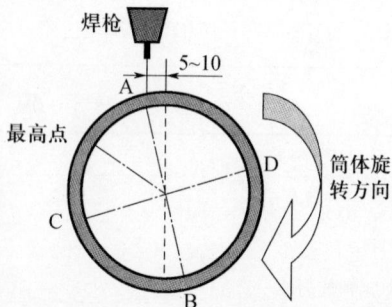

图 3-33 圆筒件多层焊起焊点布置

188

第四道焊缝从270°处(D点)起焊,依此类推。双环缝圆筒试件的跳动量测量结果由表3-60给出。

表3-60 轴类零件跳动量测量结果

| 试件编号 | 起焊位置 | 测量位置 | 跳动量/mm | | |
|---|---|---|---|---|---|
| | | | 焊缝1端 | 中间 | 焊缝2端 |
| 2# | 最高点前100mm处 | 定位焊后 | 0.55 | — | 0.3 |
| | | 焊满后 | 0.45 | 0.25 | 0.2 |
| | | 预备热处理后 | 0.5 | 0.5 | 0.58 |
| 3# | 最高点处起焊 | 定位焊后 | 0.3 | — | 0.1 |
| | | 打底焊后 | 0.3 | — | 0.3 |
| | | 焊满后 | 0.55 | 0.5 | 0.35 |
| | | 预备热处理后 | 0.75 | 0.9 | 0.9 |
| 4# | 最高点前100mm处 | 定位焊后 | 0.55 | — | 0.2 |
| | | 焊满后 | 0.4 | 0.45 | 0.55 |
| | | 预备热处理后 | 0.3 | 0.4 | 0.55 |
| 5# | 最高点前100mm处 | 定位焊后 | 0.25 | — | 0.6 |
| | | 打底焊后 | 0.25 | — | 0.3 |
| | | 焊满后 | 0.5 | 0.3 | 0.2 |
| | | 预备热处理后 | 0.5 | 0.7 | 0.75 |
| 6# | 最高点前100mm处 | 定位焊后 | 0.3 | — | 0.3 |
| | | 焊满后 | 0.45 | 0.45 | 0.45 |
| | | 预备热处理后 | 0.45 | 0.45 | 0.4 |

从最高点起焊和从最高点前100mm处起焊,对打底焊后跳动量影响较大。比较3#和5#零件,从最高点前100mm处起焊,打底焊后跳动量有所降低,而从最高点起焊,跳动量略有增加。两种起焊位置的焊缝焊满后跳动量均未超标,从最高点前100mm处起焊更有利于减小跳动量。焊后热处理对跳动量的影响较大,其原因是圆筒件在热处理时发生焊接残余应力的应力松弛。

根据上述试验确定了圆筒类零件径向跳动度控制要点:①零件在专用夹具上装配,以保证装配精度,定位焊点沿圆周均匀分布,减小定位焊造成的初始跳动度;②定位焊后测量跳动度并找到最高点,从最高点前100mm处起焊,抵消定位焊后部分跳动量;③后续焊道依次按180°→90°→270°→0°顺序布置起焊点;④焊后热处理使零件处于竖直姿态,避免热处理引起附加弯曲。

按照径向跳动度控制要点施焊,零件跳动量得到有效控制,焊满后的跳动量均稳定地控制在 0.5mm 以下,经预备热处理后的跳动量也不超过 0.6mm,彻底避免了冷校形和由此追加的对冷校形引发缺陷的无损检测。这对缩短生产周期和降低制造成本起到积极作用。

2)轴向缩短控制

根据轴向缩短试验研究结果,确定了圆筒类零件轴向缩短控制要点:①采取适中的坡口间隙(0.5mm ~ 1.0mm),控制焊缝横截面;②考虑焊后热处理造成的收缩和精加工尺寸余量;③坯料尺寸比零件设计尺寸放长 2mm ~ 4mm,预留出收缩量;④重新打底焊的工件切开,重新加工坡口,避免收缩累积。

按确定的轴向缩短控制技术施焊,圆筒类零件的轴向缩短得到有效控制,焊接生产的零件均满足后续装配精度要求。

### 3.3.2 AerMet100 钢氩弧焊技术

以 AerMet100 钢为代表的 Co – Ni 超高强度钢具有超高强度、优良的断裂韧度和抗应力腐蚀开裂能力以及良好的焊接性,是飞机重要承力构件(如起落架外筒及活塞杆、作动筒及活塞杆)最具竞争力的候选材料[10-12]。由于采用超高强度钢制造的构件尺寸较大,形状比较复杂,在锻造、机加工和检测方面存在较大的困难。另外,对于某些结构,焊接则是必选工艺。因此,为推动 AerMet100 钢等超高强度钢在飞机上的应用,应该尽快突破焊接技术的关键,形成高效高强的弧焊技术,确保获得强度、韧度及抗环境破坏能力与母材相匹配的弧焊接头,将焊接工艺可靠地应用于超高强度钢重要构件的制造。

从 AerMet100 钢焊接研究的水平看,国外研究起步早,从 1995 年就开始有研究结果发表。Carpenter 公司和 Sandia 国家实验室合作开展了 AerMet100 钢气体保护钨极弧焊(GTAW)研究。他们的研究包括焊接工艺参数(焊接线能量、焊接速度、焊接电流),焊前与焊后热处理制度对接头强度、塑性和冲击韧度的影响[13]。其研究非常系统,从焊接工艺到焊前和焊后热处理,从力学性能的测试到焊接冶金过程的分析,不仅积累了丰富的接头性能数据,而且研究了接头性能变化的内在原因,建立了焊缝及 HAZ 显微组织和性能演变的理论模型,具备了初步的预测能力。据了解,美国已形成了 AerMet100 钢 GTA 焊接和焊丝加工标准。在应用方面,据称美国已经将焊接用于舰载机 F/A18、四代机 F – 22 和 JSF – 35 飞机起落架的制造。

相比之下,国内研究起步晚,研究内容单一,对焊接规范和焊前焊后热处理的影响研究不足,接头性能水平与母材相比仍有一定差距。因此为推动国内 AerMet100 钢的焊接应用,围绕焊接材料、焊接工艺及接头性能开展了一系列研究。

1. 焊接裂纹倾向性

进行 AerMet100 钢十字搭接裂纹倾向试验。十字搭接裂纹试板尺寸为 100mm

（沿轧制方向）×60mm，厚度为 $\delta 3mm$。将两块试板十字搭接，采用 4 点点焊固定。然后按 Q/6SZ58—76 规定顺序依次焊接四条搭接焊缝，采用手工氩弧焊。焊后目视检查测量各条裂纹长度。焊前材料状态为轧制退火，填充材料为母材 $3.0 \times 3.0$ 切条，焊接电流 135A，焊接电压 12.0V～13.4V。

AerMet100 钢十字搭接裂纹试验试样（见图 3－34）第一道、第二道焊缝未发生裂纹，第三道、第四道焊缝起弧处的正面和背面均出现裂纹，裂纹总长度为5.0mm，计算得到的裂纹倾向性 $K_1$ 为 2.08%，其焊接裂纹倾向性评定为 1 级。

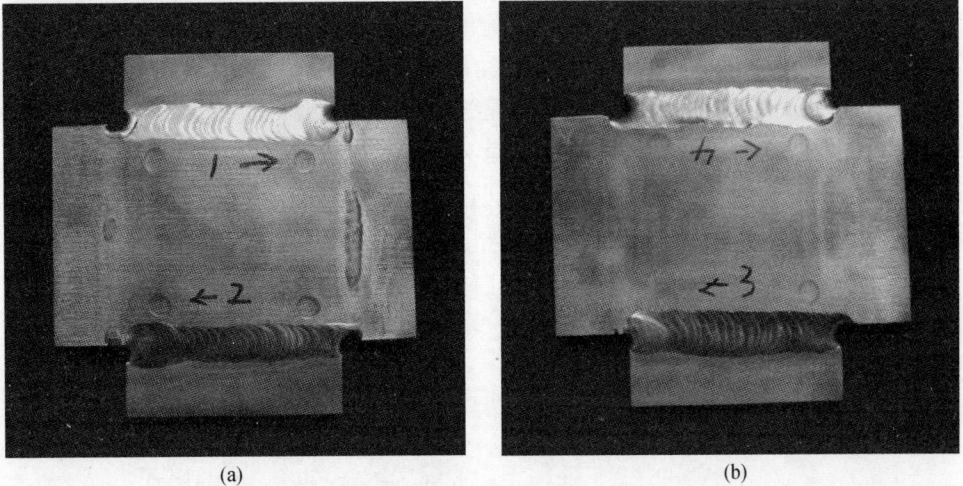

(a)　　　　　　　　　　　　　　　(b)

图 3－34　GH783 合金十字搭接裂纹试验试样照片

(a) 第一、第二道焊缝；(b) 第三、第四道焊缝。

## 2. 焊接工艺及接头组织性能

氩弧焊用试板尺寸为 161mm×53.5mm（沿锻造流线）×16mm，焊接方向与锻造流线方向垂直。焊前状态为锻造＋预备热处理。氩弧焊为手工氩弧焊，填充材料为同质 2.5mm×2.5mm 棒，试板开有 V 形坡口。焊接间隙 1mm，首先在焊缝两端及中心 3 点定位焊，定位焊时预先给一反变形。然后分多层焊满，打底焊后在夹具中焊接。层间温度控制在 70℃ 以下。

各个规范参数的选择应根据焊道在坡口中的具体位置做适当调整。如进行试板打底焊时，为避免焊漏应采用较大焊接速度和较小焊接电流，填丝速度和焊接电压也要相应降低。随焊道层数增加，坡口内焊缝宽度增大，为保证焊缝熔宽并避免未熔合，应增大焊接电流和电弧电压。

试验表明，对于厚度 $\delta = 16mm$ 的 V 形坡口试板，采用表 3－61 的焊接规范能够获得成形优良的氩弧焊接头。焊后先进行正火＋高温回火的预备热处理，再进行加淬火—冰冷—时效的最终热处理。

191

表 3 -61    AerMet100 钢手工氩弧焊焊接规范

| 焊道层数 | 焊接电流 $I/A$ | 电弧电压 $U/V$ | 焊接速度 $v_{焊}/(cm/min)$ | 焊接线能量/(kJ/mm) |
|---|---|---|---|---|
| 打底焊 | 74 | — | 7 | — |
| 2 ~ 16 层 | 180 (100 ~ 190, 逐层增加) | 15.4 (14.6 ~ 16.1) | 8.78 ~ 10.2 | 1.77 (1.64 ~ 1.89) |

接头室温拉伸试验在型号为 Instron4507 的试验机上进行,检测标准为 HB5143—96。冲击韧性测试在 HB5 试验机上进行,检测标准为 HB5144—96。

图 3 -35 给出了 AerMet100 钢焊缝经最终热处理后的组织。焊缝柱状树枝晶特征隐约可见,马氏体得到显著细化。焊缝和母材组织都为回火马氏体,两者差别不明显,说明各区组织经焊后热处理已趋于均匀一致。

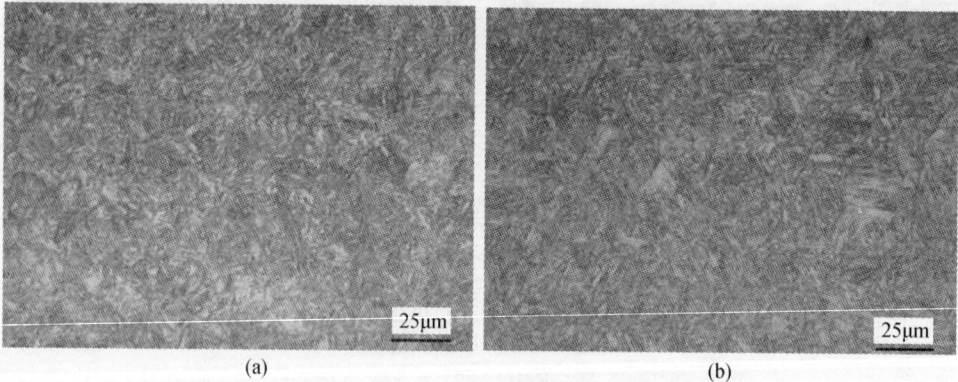

25μm                                    25μm

(a)                                      (b)

图 3 -35    AerMet100 钢氩弧焊焊后热处理组织
(a) 焊缝上部;(b) 母材。

表 3 -62 为 AerMet100 钢氩弧焊接头室温拉伸性能。AerMet100 钢氩弧焊接头强度系数为 100%(母材抗拉强度按 1951MPa 计)。氩弧焊接头断于焊缝,说明其接头的组织和性能存在一定的不均匀性,颈缩容易发生于焊缝部位。

表 3 -62    AerMet100 钢氩弧焊接头室温拉伸性能

| 试样编号 | 拉 伸 性 能 | | | | | | | | 断裂位置 |
|---|---|---|---|---|---|---|---|---|---|
| | $\sigma_{0.2}/MPa$ | | $\sigma_b/MPa$ | | $\delta_5/\%$ | | $\Psi/\%$ | | |
| 1 | 1752 | | 1961 | | 10.7 | | 54.6 | | 焊缝 |
| 2 | 1766 | 1749 | 1977 | 1969 | 11.7 | 10.5 | 60.0 | 56.1 | 焊缝 |
| 3 | 1728 | | 1969 | | 9.2 | | 53.8 | | 焊缝 |

韧性测试结果由表 3 – 63 给出。氩弧焊焊缝的冲击韧度为 $70.7J/cm^2$，与母材（$88.3J/cm^2$）相比，有 20% 损失，并且波动范围（$14.8J/cm^2$）大，这说明氩弧焊焊缝在成分、组织和性能上存在较大的不均匀性，必须对焊缝成分进行调整并严格控制焊接质量。焊缝断裂韧度为 $78.59MPa \cdot m^{1/2}$，达到母材断裂韧度的 67%（母材 $K_{IC}$ 按 $117.4MPa \cdot m^{1/2}$ 计）。

表 3 – 63　AerMet100 钢焊缝室温冲击韧度和断裂韧度

| 试样编号 | 冲击韧度 $\alpha_{ku}/(J/cm^2)$ | | 试样编号 | 断裂韧度 $K_{IC}/(MPa \cdot m^{1/2})$ | |
| --- | --- | --- | --- | --- | --- |
| 1 | 61.7 | | 1 | 80.06 | |
| 2 | 74.0 | 70.7 | 2 | 77.12 | 78.59 |
| 3 | 76.5 | | — | — | |

图 3 – 36、图 3 – 37 分别为焊缝冲击韧度和 $K_{IC}$ 试样断口 SEM 形貌照片。焊缝枝晶组织特征在断口上依然有所反映。另外焊接造成的冶金缺陷，如微小气孔、夹杂，在断口也有发现。焊接引入的这些因素导致焊缝韧度与母材相比明显降低[13,14]。

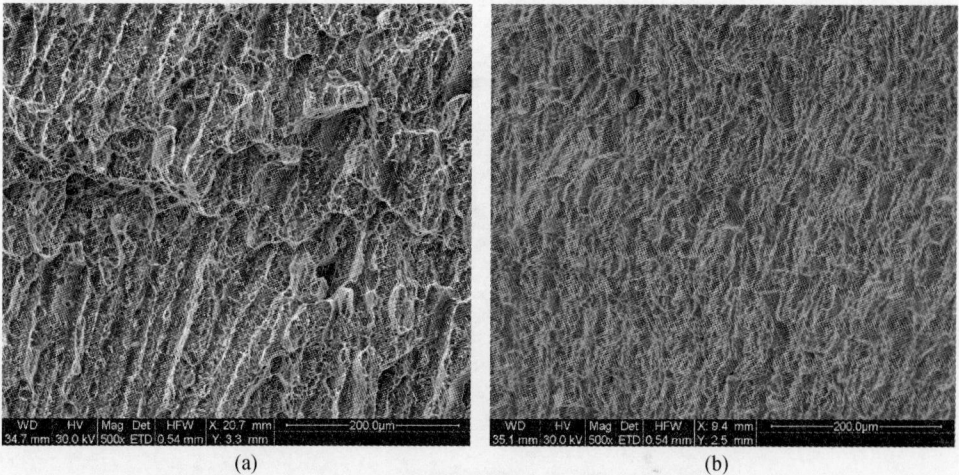

(a)　　　　　　　　　　　　(b)

图 3 – 36　焊缝冲击韧度试样扩展区断口 SEM 形貌
(a) $\alpha_{ku}=61.7(J/cm^2)$；(b) $\alpha_{ku}=76.5(J/cm^2)$。

采用母材填充丝焊接 AerMet100 钢的接头冲击韧度和断裂韧度较母材有较大的损失，为改善焊缝韧性，根据各元素对超高强度钢强度和韧性的影响，进行了高韧性焊丝的成分设计和调整，研制出了 AerMet100 钢专用焊丝。

采用十字抗裂试验对自行研制的专用焊丝的抗裂性进行评定，采用其焊接 AerMet100 钢未产生裂纹，即其裂纹倾向性 $K_1$ 为 0.0%，抗裂性优于母材填充丝。

采用自制专用焊丝进行 AerMet100 钢手工氩弧焊的接头性能研究，接头性能

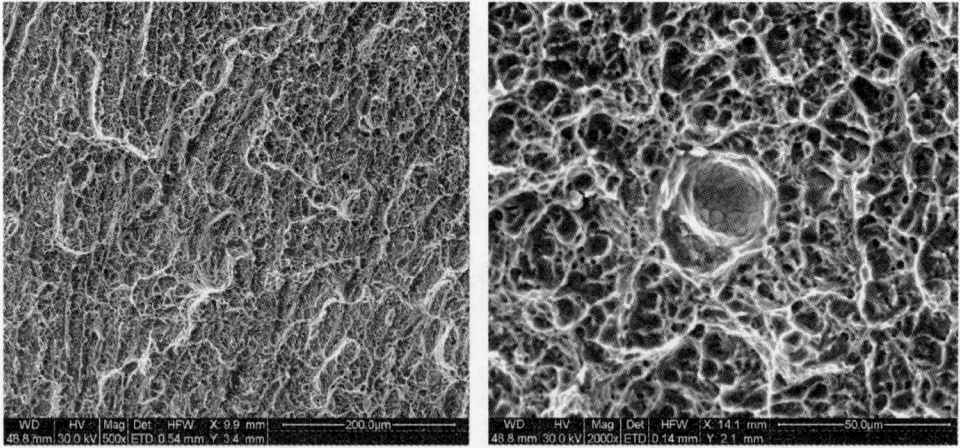

图 3 - 37　焊缝断裂韧度试样扩展区断口 SEM 形貌

试样照片见图 3 - 38,接头性能见表 3 - 64 和表 3 - 65。采用自制专用焊丝的接头强度系数达到 94.4%,试样均断裂于焊缝;接头的断裂韧度和冲击韧度均达到与母材相当的水平。

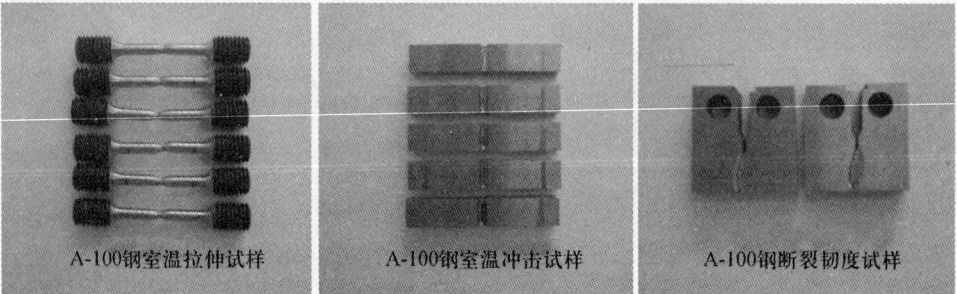

图 3 - 38　接头性能试样照片

表 3 - 64　采用自制焊丝氩弧焊接头的室温拉伸性能

| 焊丝 | $\sigma_{0.2}$/MPa | $\sigma_b$/MPa | $\delta_5$/% | $\psi$/% |
|---|---|---|---|---|
| 自制 | 1669 | 1842 (94.4%) | 10.2 | 64.0 |

表 3 - 65　AerMet100 钢焊缝室温冲击韧度和断裂韧度

| 焊丝 | 冲击韧度 $\alpha_{ku}$/(J/cm$^2$) | 断裂韧度 $K_{IC}$/(MPa·m$^{1/2}$) |
|---|---|---|
| 自制 | 88.7 | 124.17 |

194

然后采用自制焊丝研究自动氩弧焊 AerMet100 钢的工艺和接头性能。接头性能由表 3-66 和表 3-67 给出。接头强度系数达到 100%，接头的断裂韧度和冲击韧度分别达到母材的 85.1% 和 100%。

表 3-66　采用自制焊丝自动氩弧焊接 AerMet100 钢接头拉伸性能

| 焊丝 | $\sigma_{0.2}$/MPa | $\sigma_b$/MPa | $\delta_5$/% | $\psi$/% |
|---|---|---|---|---|
| 自制 | 1744 | 1955 (100%) | 11.9 | 59.7 |

表 3-67　采用自制焊丝自动氩弧焊接 AerMet100 钢的焊缝韧度

| 焊丝 | 冲击韧度 $\alpha_{ku}$/(J/cm²) | 断裂韧度 $K_{IC}$/(MPa·m$^{1/2}$) |
|---|---|---|
| 自制 | 88.3 (100%) | 99.93 (85.1%) |

为验证焊丝的工艺性能和所确定的焊接工艺的适应性，开展了 AerMet100 钢厚壁筒模拟样段的焊接试制。焊接时进行环焊缝对接，对多层焊各焊道的起弧相位进行控制，并用弧长调节器精确控制电弧长度和电压，由于样段焊接厚度大，不采用焊接夹具。

图 3-39 为焊接试制的模拟样段，焊后经 X 射线检测，焊缝质量均达到航标一级焊缝要求。这表明北京航空材料研究院研制的焊丝和所确定的焊接工艺适合于 AerMet100 钢厚壁筒的焊接。

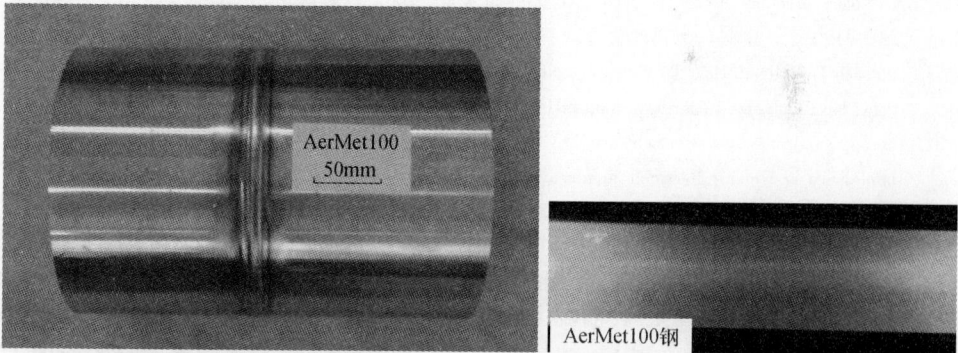

图 3-39　焊接试制的 AerMet100 钢厚壁模拟样段和焊缝 X 射线底片

对 AerMet100 钢厚壁筒模拟样段的焊接变形进行了研究。经对比，焊接后发生了轴向收缩，平均收缩量为 1.48mm，最大的收缩量为：2# 位对应的轴向距离收缩量最大 1.51mm。

焊后采用百分表测量厚壁圆筒的跳动度，测量位置及结果如图 3-40 所示。焊接厚壁筒的跳动度控制在 +0.23mm ~ -0.27mm，表明 AerMet100 钢厚壁筒样段的焊接变形得到有效控制。

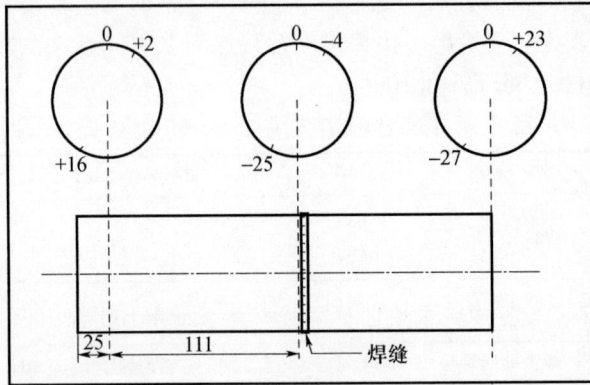

图 3 - 40　AerMet100 钢焊接厚壁筒跳动度的测量位置及结果

# 参 考 文 献

［1］ Shrirang KULKARNI,Prakriti Kumar GHOSH and S. RAY. Improvement of weld characteristics by variation in welding processes and parameters in joining of thick wall 304LN stainless steel pipe. ISIJ International, Vol. 48 (2008), No. 11,1560 - 1569.

［2］ Aerospace Structural Metals Handbook,40th Edition, Vol. 2,2007.

［3］ 美国焊接学会. 焊接手册,第四卷,第7版. 北京:机械工业出版社,1991.

［4］ Akitsugu Fujita et al. Heat Treatment of weld part in 15 - 5PH stainless steel and manufacturing of actual hydrofoil for a high speed passenger craft. ISIJ International,1998,38(8):866 - 874.

［5］ Cieslak M J. Hot - cracking mechanism in $CO_2$ laser beam welds of dissimilar metals involving PH martensitic stainless steels. Welding Research Supplement. 1987,Feb. ,57s - 60s.

［6］ 《中国航空材料手册》编辑委员会. 中国航空材料手册. 第二版. 第一卷. 北京:中国标准出版社,2002.

［7］ 《航空制造工程手册》编委会. 航空制造工程手册. 焊接分册. 北京:航空工业出版社,1996.

［8］ 《航空制造工程手册》编委会. 航空制造工程手册. 热处理分册. 北京:航空工业出版社,1996.

［9］ 中国机械工程学会焊接学会. 焊接手册(第二版). 第2卷. 材料的焊接. 北京:机械工业出版社,2001.

［10］ CINDAS LLC. Aerospace Structural Metals Handbook, Vol. 1,40th Edition,2007. Code 1229, AerMet 100.

［11］ 万翰如. AerMet100—极好综合性能的超高强度钢. 北京航空航天大学学报,1996,22(6),639 - 644.

［12］ 赵振业,等. 探索强韧化机理,创新超高强度高韧性不锈钢. 中国有色金属学报,2004,14(S1),202 - 206.

［13］ Chales V. Robino et al. Fusion welding of AerMet 100 Alloy. SANDIA REPORT,1999,SAND99 - 1833.

［14］ Li Jie et al. Influence of sizes of inclusions and voids on fracture toughness of ultra - high strength steel AerMet100. Proceedings of Sino - Swedish Structural Materials Symposium 2007,254 - 258.

# 第4章　先进航空钛合金焊接技术

钛合金作为一种轻金属合金材料,具有高比强度、高比模量、高韧性、耐腐蚀以及易加工等优良的综合性能,广泛应用于航空航天及其发动机结构中。钛合金在飞机以及发动机上的使用量也成为衡量其先进性的重要指标之一。从当今世界各发达国家先进飞机的用材上可以明显地看出,随着飞机工业的不断发展,钛合金用量和所占比例不断增大,而这些钛合金在飞机上的应用,很多情况下都要涉及到本身或与其他材料的连接问题,而焊接作为一种优质、高效的连接手段是首选。

钛合金焊接的特点是不仅要保护熔池和背面金属,而且要保护热影响区,甚至是近缝区受热金属不被空气氧化。因为钛在350℃以上就会与空气中的氧和水蒸气发生剧烈的化学反应,O、N、H的进入,将急剧降低焊接接头的塑性和疲劳性能。因此,焊接钛合金最理想的方式是在真空条件或惰性气体保护工作室内完成。

## 4.1　中强钛合金焊接

中强钛合金的强度极限通常在750MPa～1000MPa范围内,属于这类合金的牌号主要有 TA15、TC1、TC4、TC6、BT5 – 1、CT5 等。所有中强度钛合金都有良好的焊接性和热稳定性。这些钛合金主要是在 α 相组织的基础上加入了极少量的 β 相(平衡状态下 β 相占2%～7%)。这类钛合金适于制造各种焊接结构件和部件。

### 4.1.1　TA15 钛合金焊接技术

TA15 钛合金是以钛 – 铝 – 锆 – 钼 – 钒系为基的合金,其名义成分为 Ti – 6.5 Al – 2Zr – 1Mo – 1V。该合金主要强化机制是通过 α 稳定元素 Al 的固溶强化,加入中性元素 Zr 和 β 稳定元素 Mo、V,可以改善工艺性能。TA15 钛合金可以在500℃条件下长时间(3000h)工作而具有较好的高温强度,在450℃以下工作时,寿命可达 6000h[1]。目前,TA15 钛合金已经大量用于制造飞机和发动机承力结构件,尤其是焊接的承力构件。

TA15 钛合金具有优良的焊接性能,可以用各种焊接方式进行焊接,并可以与各种变形钛合金和铸造钛合金相焊接。本节着重介绍 TA15 钛合金氩弧焊(TIG 焊)和电子束焊接两种方法。

#### 4.1.1.1 TA15 钛合金氩弧焊

1. TA15 钛合金氩弧焊焊接工艺

1）焊丝材料

选用 TA15 钛合金板材进行真空充氩手工 TIG 焊及自动 TIG 焊焊接工艺试验,所采用的焊丝为 TA15 – 1 和 TA15 – 2,其中 TA15 钛合金 5.0mm 厚板材的 TIG 焊丝为 TA15 – 1;TA15 钛合金 8.0mm 厚板材的 TIG 焊丝为 TA15 – 2。对焊接工艺、接头气体含量、组织与力学性能等进行研究。

TA15 钛合金板材和 TIG 焊焊丝均为退火状态,焊丝化学成分见表 4 – 1。

表 4 – 1  焊丝化学成分      %（质量分数）

| 焊丝牌号及 规格 | 主 要 元 素 | | | | | 杂 质 | | | | | |
|---|---|---|---|---|---|---|---|---|---|---|---|
| | Ti | Al | Mo | V | Zr | C | Fe | Si | O | N | H |
| TA15 – 1$\phi$2.0 | 基 | 2.39 | 0.90 | 0.90 | 1.39 | 0.014 | <0.15 | <0.15 | 0.11 | 0.011 | 0.0007 |
| TA15 – 2$\phi$3.0 | 基 | 4.04 | 1.00 | 0.98 | 1.47 | 0.010 | <0.15 | <0.15 | 0.08 | 0.018 | 0.0004 |

2）接头形式

对于真空充氩手工 TIG 焊用的厚度 5.0mm TA15 板材开 45°V 形坡口;对于真空充氩手工 TIG 焊用的厚度 8.0mm TA15 板材开 45°双 V 形坡口;对于自动焊用的厚度 5.0mm TA15 板材不开坡口。坡口形状见表 4 – 2。焊前对板材及焊丝进行严格的清理。

表 4 – 2  TA15 钛合金氩弧焊接头形式、坡口形状及间隙

| 名称 | 焊接方法 | 横截面状态 | 尺 寸 | | | |
|---|---|---|---|---|---|---|
| | | | $\delta$/mm | $b$/mm | $p$/mm | $\alpha$ |
| 无坡口 对接 | 对接焊 | | 5 | 0 ~ 0.1 | — | — |
| 单面 V 形 坡口对接 | 手工对接焊 | | 5 | 1.2 ~ 1.5 | 1.5 ~ 2.0 | 45° |
| 双面 V 形 坡口对接 | 手工对接焊 | | 8 | 1.8 ~ 2.2 | 1.5 ~ 2.0 | 45° |

3）焊接工艺参数

真空充氩手工 TIG 焊在真空充氩箱中进行,焊接前焊箱先抽真空达到 1.33Pa,再通入氩气至 $1.03 \times 10^5$ Pa,然后进行焊接。自动焊为局部保护氩弧焊,焊接时从工艺垫板上引弧和收弧,收弧时采用了衰减焊接电流,以填满弧坑。在熔池未凝固和凝固后 3min 内继续提供保护气。真空充氩手工 TIG 焊所选用的焊接规范参数见表 4-3,自动 TIG 焊工艺试验选用的焊接工艺规范见表 4-4。

表 4-3　TA15 钛合金真空充氩手工 TIG 焊工艺规范

| 材料 | 厚度/mm | 焊丝 | 焊丝直径/mm | 装配间隙/mm | 坡口型式及尺寸 | 层数 | 焊接电流/A |
|---|---|---|---|---|---|---|---|
| TA15 | 5.0 | TA15-1 | 2.0 | 1.8~2.2 | $\alpha = 45°$ | 1 | 100 |
| | | | | | | 2 | 110~130 |
| | 8.0 | TA15-2 | 3.0 | 1.8~2.2 | 双面 $\alpha = 45°$ | 1 | 100 |
| | | | | | | 2 | 120 |
| | | | | | | 3 | 120 |
| | | | | | | 4 | 120 |

表 4-4　TA15 钛合金无坡口对接接头自动 TIG 焊规范

| 材料 | 厚度/mm | 焊丝 | 焊丝直径/mm | 装配间隙/mm | 焊接电流/A | 钨极直径/mm | 焊接速度/(m/h) | 电弧电压/V | 氩气流量/(L/min) | | |
|---|---|---|---|---|---|---|---|---|---|---|---|
| | | | | | | | | | 夹具 | 焊枪 | 垫板 |
| TA15 | 5.0 | TA15-1 | 2.0 | 0 | 320~350 | 4.0 | 12.6 | 12 | 60 | 105 | 43 |

4）焊缝尺寸

在真空充氩手工 TIG 焊和自动焊过程中未见飞溅,熔池流动性较好,焊缝成形良好。焊后测量了其焊缝尺寸,结果见表 4-5。

表 4-5　TA15 钛合金 TIG 焊焊缝尺寸

| 焊接方法 | 材料厚度/mm | 焊丝 | 焊缝正面宽度/mm | 焊缝背面宽度/mm | 焊缝正面余高/mm | 焊缝背面余高/mm |
|---|---|---|---|---|---|---|
| 手工 TIG 焊 | 8.0 | TA15-2 | 8.2~9.9 | 7.9~8.4 | 1.1~1.4 | 1.07~1.1 |
| | 5.0 | TA15-1 | 9.2~9.8 | 5.6~6.0 | 0.6~1.0 | 0.5~0.6 |
| 自动 TIG 焊 | 5.0 | TA15-1 | 9.4~9.8 | 4.2~5.3 | 1.2~1.3 | 0.66~0.9 |
| 标准号 Q/J 11-3054—2002 | | | ≤10 | ≤10 | 1±0.5 | 1±0.5 |

5）接头气体含量

氢的污染会使接头塑性下降,带来不利影响,焊丝对氢含量的要求十分严格,必须测试接头的气体含量。焊接接头的氢、氧、氮含量测试结果见表 4 - 6。由表 4 - 6可以看出,接头气体含量均满足技术条件的要求,即未超出母材对气体含量的要求。

表 4 - 6    TA15 钛合金氩弧焊接头气体含量

| 板材厚度 /mm | 焊接方法 | 焊  丝 | 气体含量  /% | | |
|---|---|---|---|---|---|
| | | | H | O | N |
| 8.0 | 手工 TIG 焊 | TA15 - 2 | 0.0024 | 0.058 | 0.008 |
| 5.0 | 手工 TIG 焊 | TA15 - 1 | 0.0028 | 0.085 | 0.011 |
| 5.0 | 自动 TIG 焊 | TA15 - 1 | 0.0026 | 0.068 | 0.006 |
| 标准号 11 - CL - 044A | | | ≤0.015 | ≤0.15 | ≤0.05 |

2. TA15 钛合金氩弧焊焊接接头性能

对于厚度 5.0mmTA15 钛合金真空充氩手工 TIG 焊和自动 TIG 焊焊接件,焊后进行真空去应力退火处理,退火处理制度为 625℃ ±10℃,保温 60min,FC,真空压强 <1×10^{-2}Pa;对于厚度 8.0mmTA15 钛合金真空充氩手工 TIG 焊焊接件,焊后进行真空去应力退火处理,退火处理制度为 625℃ ±10℃,保温 90min,FC,真空压强 <1×10^{-2}Pa。

焊接试件进行焊后热处理后,进行焊接接头力学性能的测试,测试结果见表 4 -7。

表 4 -7    TA15 钛合金 TIG 焊拉伸性能

| 方法 | 厚度 /mm | 焊丝 | 取样方向 | 试验温度 | $\sigma_b$ /MPa | $\delta_5$ /% | 断口位置 |
|---|---|---|---|---|---|---|---|
| 手工 TIG 焊 | 5.0 | TA15 - 1 | 45° | 室温 | 918 ~ 929 | 8.5 ~ 12.3 | 基体 |
| | | | T | 500℃ | 565 ~ 592 | 4.6 ~ 6.8 | 基体 |
| | 8.0 | TA15 - 2 | L | 室温 | 981 ~ 985 | 9.2 ~ 16.4 | 基体 |
| | | | T | | 932 ~ 944 | 5.6 ~ 6.7 | 基体 |
| | | | 45° | | 924 ~ 941 | 9.3 ~ 12.7 | 基体 |
| | | | L | 500℃ | 610 ~ 651 | 7.6 ~ 10.9 | 基体 |
| | | | T | | 588 ~ 625 | 9.3 ~ 12.0 | 基体 |
| 自动 TIG 焊 | 5.0 | TA15 - 1 | 45° | 室温 | 881 ~ 896 | 13.6 ~ 14.2 | |
| | | | L | | 972 ~ 985 | 4.6 ~ 6.2 | |
| | | | T | | 1036 ~ 1054 | 4.4 ~ 5.5 | |
| | | | T | -70℃ | 1207 ~ 1217 | 11.1 ~ 12.5 | |
| | | | T | 500℃ | 785 ~ 792 | 7.8 ~ 12.6 | |

### 3. TA15 钛合金氩弧焊焊接接头组织

TA15 钛合金 5.0mm 厚板材选取 TA15-1 焊丝作为填充材料的真空充氩手工氩弧焊焊接接头，退火后进行显微组织分析，见图 4-1。接头的组织均为针状组织。一般情况下焊后进行热处理，以稳定组织，改善接头性能。

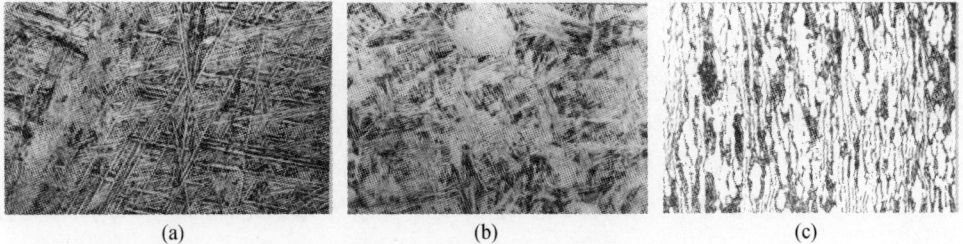

图 4-1　TA15 钛合金 5mm 厚板材 TIG 焊接头显微组织×500

（a）焊缝中心区；（b）过渡区；（c）母材组织。

## 4.1.1.2　TA15 钛合金电子束焊接

### 1. TA15 钛合金电子束焊焊接工艺

选取 24mm（厚）×52mm（宽）×L（长）和 64mm（厚）×52mm（宽）×L（长）两种规格的 TA15 钛合金锻棒进行电子束焊工艺试验。接头型式采用等厚度矩形截面型式，焊后再加工成"工"或"Π"字形。焊接时采用导引块（起弧和收弧）和工艺垫块，导引块和工艺垫块采用与母材同种材料、同批次、同状态的 TA15 钛合金材料。

钛合金锻棒的焊接，较易出现气孔、裂纹（锻棒拘束度过大可能产生）等缺陷，同时由于锻棒焊接时热输入较大，可能对基体有不良影响而降低接头性能，因而钛合金锻棒焊接接头冶金质量的控制是非常关键和重要的。保证焊接接头的冶金质量，首先应获得满足质量检验标准的焊缝，在此基础上再保证焊缝及热影响区的组织为正常组织，并尽量加以改善，以获得性能优良的接头。

TA15 钛合金电子束焊接工艺参数见表 4-8。

表 4-8　TA15 钛合金锻棒电子束焊接工艺参数

| 材料厚度 /mm | 功率 /kW | 焊接速度 /(mm/s) | 工作距离 /mm | 聚焦位置 |
| --- | --- | --- | --- | --- |
| 24 | 8.4 | 5 | 130 | 零件表面以下 12mm 处 |
| 64 | 12.6 | 4 | 120 | 零件表面以下 40mm 处 |

众所周知，钛合金焊接过程中最容易产生的缺陷是气孔和氧化，由于电子束焊是在真空室内进行，因此只要进行严格的焊前准备，氧化问题比较容易解决；而当

焊接厚度较大的钛合金材料时,由于熔池内气体不易充分逸出,容易产生气孔。因此需要在防止接头氧化的基础上,控制焊接接头中气孔的产生,主要从以下几方面着手:

(1)原材料中的氢、氧含量应符合相关技术标准要求。

(2)焊前对锻棒进行严格的清理,尤其是待焊端面。锻棒焊前一般先进行机加工,表面粗糙度达到 $Ra \leqslant 3.2$ 的要求;然后进行酸洗(如果机加工到焊接的时间较短,允许不进行酸洗),再用丙酮或汽油等擦拭,最后使零件待焊接边缘无裂纹、毛刺、划伤等缺陷及油污等脏物。

(3)严格控制清理到酸洗的时间。焊前准备好的零件应采用密封容器、包装纸、聚乙烯薄膜或其他材料包装以防止污染。在封闭形式下的贮存时间不超过5天。

(4)采取一定的焊接工艺措施,以控制气孔的产生。进行电子束焊接时,采用电子束摆动使熔池内气体尽可能充分逸出,以减轻或消除气孔等。

电子束焊接后,对24mm和64mm厚的TA15钛合金锻棒基体和焊缝分别测试H、O、N含量,结果见表4-9。

表4-9  TA15钛合金锻棒电子束焊接接头气体含量

| 规格<br>/mm | 类别 | 质量含量/% | | |
|---|---|---|---|---|
| | | H | O | N |
| 24 | 焊缝 | 0.0032 | 0.12 | 0.010 |
| 64 | | 0.0015 | 0.091 | 0.009 |
| 24 | 基体 | 0.0024 | 0.12 | 0.010 |
| 64 | | 0.0028 | 0.10 | 0.011 |
| 技术条件(11-CL-045) | | ≤0.015 | ≤0.15 | ≤0.05 |

由表4-9可以看出,24mm和64mm厚的TA15钛合金锻棒基体和真空电子束焊缝的H、O、N含量均低于技术条件要求,接头气体含量均满足技术条件的要求。

2. TA15钛合金电子束焊接接头性能

1)24mm厚TA15钛合金锻棒电子束焊接接头性能

接头性能是在退火+焊接+退火状态下测试的。对于厚度为24mm的TA15钛合金电子束焊接接头,主要测试接头的室温、高温拉伸性能,室温冲击韧性,测试结果分别见表4-10、表4-11。

表4-10 24mm厚TA15钛合金锻棒电子束焊接接头室温、高温拉伸性能

| 试验温度 | | $\sigma_{0.2}$/MPa | $\sigma_b$/MPa | | 接头强度系数% | $\delta_5$/% | | $\psi$/% | | 断裂位置 |
|---|---|---|---|---|---|---|---|---|---|---|
| | | | 接头 | 基体 | | 接头 | 基体 | 接头 | 基体 | |
| 室温 | 最大值 | 981 | 1062 | 1010 | | 11.4 | 16.6 | 44.3 | 50.3 | 母材 |
| | 最小值 | 996 | 1029 | 991 | 100% | 10.6 | 15.0 | 40.5 | 45.9 | |
| | 平均值 | 978 | 1040 | 999 | | 11.1 | 15.6 | 42.2 | 47.8 | |
| 300℃ | 最大值 | — | 809 | | | 13 | | 59 | | 母材 |
| | 最小值 | — | 794 | | | 12 | | 55 | | |
| | 平均值 | — | 799.3 | | | 12.3 | | 56.7 | | |

由表4-10可以看出,24mm厚TA15钛合金锻棒电子束焊接接头的室温、高温拉伸试样均断于母材,且随着温度的升高,接头强度减小,但接头延伸率和断面收缩率增大,室温接头强度系数均大于90%。

表4-11 24mm厚TA15钛合金锻棒电子束焊接接头室温冲击韧性

| 试验温度 | | 状 态 | 试样尺寸/mm | $\alpha_{ku}$/(J/cm$^2$) | |
|---|---|---|---|---|---|
| | | | | 接头 | 基体 |
| 室温 | 最大值 | 退火+焊接+退火 | 10×10×55 | 32.5 | 53.1 |
| | 最小值 | | | 29.5 | 50.2 |
| | 平均值 | | | 30.6 | 51.7 |

由表4-11可以看出,真空电子束焊接头室温冲击韧性约为基体材料的60%左右,分析可能由于真空电子束焊接时,直接熔化TA15基体材料,无其他填充金属,且焊后采用不完全退火处理,焊缝晶粒长大,故其冲击韧性偏低。

2) 64mm厚TA15钛合金锻棒电子束焊接接头性能

接头性能是在退火+焊接+退火状态下测试的。对于厚度为64mm的钛合金电子束焊接接头,主要测试接头的室温、高温拉伸性能,室温冲击韧性,室温光滑、缺口疲劳曲线及250℃光滑、缺口疲劳极限。测试结果分别见表4-12~表4-18及图4-2、图4-3。

表4-12 64mm厚TA15钛合金锻棒电子束焊接接头室温、高温拉伸性能

| 试验温度 | | $\sigma_{0.2}$/MPa | $\sigma_b$/MPa | | 接头强度系数/% | $\delta_5$/% | | $\psi$/% | | 断裂位置 |
|---|---|---|---|---|---|---|---|---|---|---|
| | | | 接头 | 基体 | | 接头 | 基体 | 接头 | 基体 | |
| 室温 | 最大值 | 993 | 1060 | 994 | | 10.4 | 13.8 | 39.5 | 41.3 | 母材 |
| | 最小值 | 972 | 1015 | 979 | 100% | 10.2 | 13.6 | 38.8 | 39.7 | |
| | 平均值 | 984.7 | 1038 | 985 | | 10.3 | 13.7 | 39.1 | 40.3 | |

| 试验温度 | | $\sigma_{0.2}$/MPa | $\sigma_b$/MPa | | 接头强度系数/% | $\delta_5$/% | | $\psi$/% | | 断裂位置 |
|---|---|---|---|---|---|---|---|---|---|---|
| | | | 接头 | 基体 | | 接头 | 基体 | 接头 | 基体 | |
| 300℃ | 最大值 | — | 835 | | | 11 | | 44 | | 母材 |
| | 最小值 | — | 775 | | — | 11 | | 44 | | |
| | 平均值 | | 795 | | | 11 | | 44 | | |

（1）室温、高温拉伸性能。由表4-12以看出，64mm厚TA15钛合金锻棒电子束焊接接头的室温、高温拉伸试样均断于母材，且随着温度的升高，接头强度减小，但接头延伸率和断面收缩率增大，室温接头强度系数均大于90%。

（2）室温冲击韧性。

由表4-13可以看出，真空电子束焊接头室温冲击韧性约为基体材料的50%左右，分析可能由于真空电子束焊焊后采用不完全退火处理，焊缝晶粒严重长大，故其冲击韧性偏低。

表4-13　64mm厚TA15钛合金锻棒电子束焊接头室温冲击韧性

| 厚度/mm | 试验温度 | | 状　态 | 试样尺寸/mm | $\alpha_{ku}$/(J/cm²) | |
|---|---|---|---|---|---|---|
| | | | | | 接头 | 基体 |
| 64 | 室温 | 最大值 | 退火+焊接+退火 | 10×10×55 | 29.4 | 58.9 |
| | | 最小值 | | | 27.0 | 52.2 |
| | | 平均值 | | | 28.2 | 55.6 |

（3）疲劳性能。64mm厚TA15钛合金锻棒电子束焊接头疲劳极限、室温光滑疲劳、250℃光滑疲劳、室温缺口疲劳、250℃缺口疲劳见表4-14～表4-18。64mm厚TA15钛合金锻棒EBW接头室温、250℃缺口疲劳曲线见图4-3。

表4-14　64mm厚TA15钛合金锻棒电子束焊接头疲劳极限

| 试验温度 | 厚度/mm | 状　态 | $K_t$ | $F$/Hz | $R$ | $N$/周 | $\sigma_D$/MPa |
|---|---|---|---|---|---|---|---|
| 室温 | 64 | 退火+焊接+退火 | 1 | 115 | 0.06 | $10^7$ | 604.3 |
| 250℃ | | | | | | | 562 |
| 室温 | 64 | 退火+焊接+退火 | 3 | 115 | 0.06 | $10^7$ | 270 |
| 250℃ | | | | | | | 294 |

表 4 – 15　64mm 厚 TA15 钛合金锻棒电子束焊接接头室温光滑疲劳性能

| | $\sigma_{max}$ /MPa | 寿命 N /千周 | 寿命对数 平均值 X | 标准差 S | 平均寿命 N /千周 |
|---|---|---|---|---|---|
| | | $K_t = 1, R = 0.06, f = 115\text{Hz}$ | | | |
| 成组法 | 850 | 82　45　51　65 | 4.7719 | 0.1155 | 59.143 |
| | 800 | 48　51　105 | 4.8033 | 0.1891 | 63.577 |
| | 700 | 212　284 | 5.3898 | 0.0898 | 245.36 |
| 升降法 | 660 | 359 | | | |
| | 640 | >10000　461 | | | |
| | 620 | 3131　>10000 | 指定寿命:$N = 10^7$ | | |
| | 600 | >10000　1459　183　409 | 疲劳极限:604.3MPa | | |
| | 580 | >10000　>10000　3912　>10000 | | | |
| | 560 | >10000 | | | |

表 4 – 16　64mm 厚 TA15 钛合金锻棒电子束焊接头 250℃ 光滑疲劳性能

| | $\sigma_{max}$ /MPa | 寿命 N /千周 | 寿命对数 平均值 X | 标准差 S | 平均寿命 N /千周 |
|---|---|---|---|---|---|
| | | $K_t = 1, R = 0.06, f = 115\text{Hz}$ | | | |
| 成组法 | 850 | 24　11 | 4.2108 | 0.2396 | 16.248 |
| | 800 | 50　37　61 | 4.6842 | 0.1093 | 48.328 |
| | 750 | 33　45　53 | 4.6320 | 0.1045 | 42.855 |
| 升降法 | 600 | 942 | | | |
| | 580 | >10000　2340 | 指定寿命:$N = 10^7$ | | |
| | 560 | 3663　>10000　290　3843 | 疲劳极限:562MPa | | |
| | 540 | >10000　>10000　>10000 | | | |

表 4 – 17　64mm 厚 TA15 钛合金锻棒电子束焊接接头室温缺口疲劳性能

| | $\sigma_{max}$ /MPa | 寿命 N /千周 | 寿命对数 平均值 X | 标准差 S | 平均寿命 N /千周 |
|---|---|---|---|---|---|
| | | $K_t = 1, R = 0.06, f = 115\text{Hz}$ | | | |
| 成组法 | 400 | 36　37　52　35 | 4.5961 | 0.0805 | 39.454 |
| | 375 | 38　52　57　49　47 | 4.6828 | 0.0656 | 48.172 |
| | 350 | 74　74　96　78 | 4.9032 | 0.0538 | 80.020 |
| | 300 | 111　111　241 | 5.1576 | 0.1944 | 143.747 |
| 升降法 | 280 | 261　106 | | | |
| | 270 | 199　>10000　147　>10000 | 指定寿命:$N = 10^7$ | | |
| | 260 | >10000　>10000 | 疲劳极限:270MPa | | |

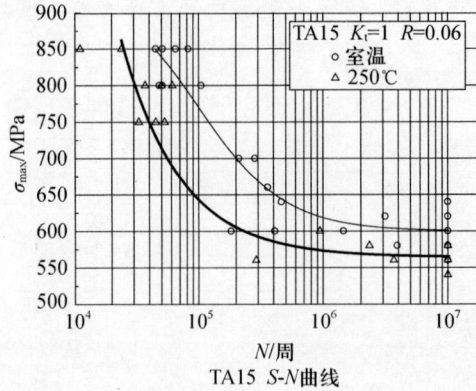

TA15 S-N曲线

图 4-2  64mm 厚 TA15 钛合金锻棒 EBW 接头室温、250℃光滑疲劳曲线

表 4-18  64mm 厚 TA15 钛合金锻棒电子束焊接接头 250℃缺口疲劳性能

| | $\sigma_{max}$ /MPa | 寿命 N /千周 | | | | 寿命对数 平均值 X | 标准差 S | 平均寿命 N/千周 |
|---|---|---|---|---|---|---|---|---|
| | | $K_t = 1, R = 0.06, f = 115\,Hz$ | | | | | | |
| | 400 | 33 | 37 | 59 | 104 | 4.7186 | 0.2269 | 52.324 |
| | 350 | 62 | 59 | 69 | 112 | 4.8628 | 0.1274 | 72.912 |
| 升降法 | 320 | 148 | | | | 指定寿命:$N = 10^7$ 疲劳极限:294MPa | | |
| | 300 | 2059 | >10000 | 166 | 151  313 | | | |
| | 280 | > 10000 >10000 | > 10000 | > 10000 | | | | |

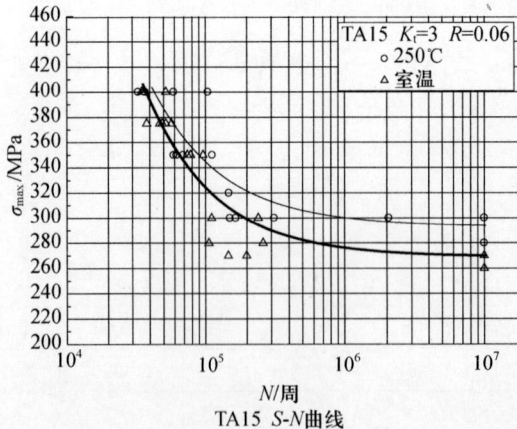

TA15 S-N曲线

图 4-3  64mm 厚 TA15 钛合金锻棒 EBW 接头室温、250℃缺口疲劳曲线

### 3. TA15 钛合金电子束焊接接头组织

由图 4 - 4 可以看出,TA15 钛合金电子束焊接接头全部焊透且未出现焊偏现象,接头成形状况良好。

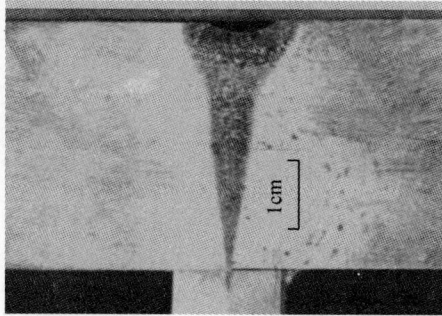

图 4 - 4　TA15 钛合金锻棒电子束焊接头全貌

64mm 厚 TA15 钛合金锻棒电子束焊接头焊缝中心、热影响区及基体组织分别见图 4 - 5(a) ~ (i)。由图 4 - 5 可以看出,焊缝中无气孔存在。焊缝为针状 α 组织,厚度 64mm 的上、中、下层组织变化不大,热影响区由于受热,晶粒相对基体来讲有所长大。

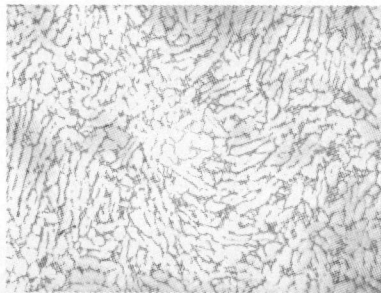

(a)

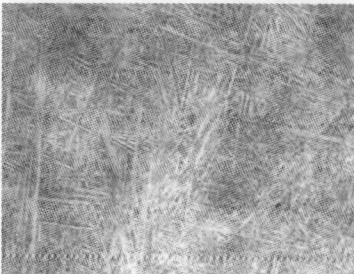

(b)

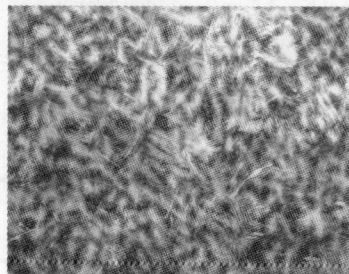

(c)

(d)

(e)

(f)

(g)

(h)

(i)

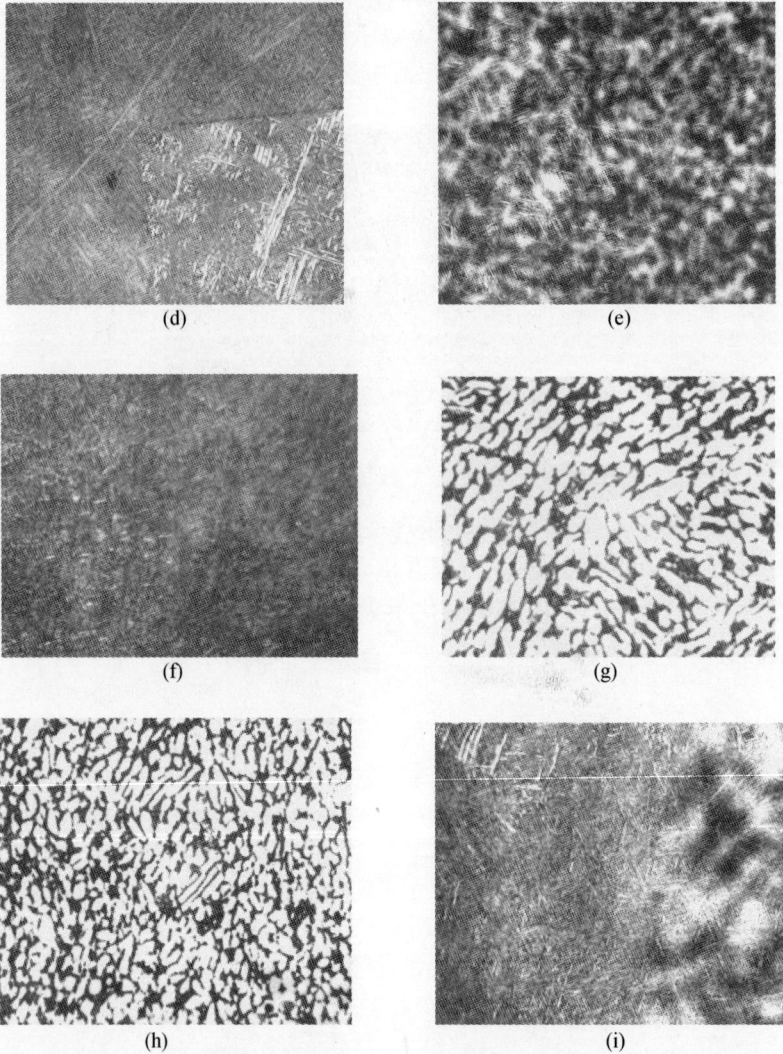

图 4 - 5  64mm 厚 TA15 钛合金锻棒 EBW 接头及基体组织  ×500

(a) TA15 钛合金锻棒退火态基体组织;(b) 焊缝中心  上层;(c) 热影响区  上层;
(d) 焊缝中心  中层;(e) 热影响区  中层;(f) 焊缝中心  下层;(g) 热影响区  下层;
(h) 热影响区与基体交界处中层;(i) 热影响区与焊缝交界处下层。

### 4.1.1.3  TA15 钛合金板材电阻点焊

TA15 钛合金具有良好的焊接性能,它不仅可以用各种方式实现自身的焊接,而且可以与各种板材钛合金(TC2、BT1 - 00、BT1 - 0、BT5 - 1、BT6、BT14、BT22)和铸造钛合金(BT5、BT20)相焊接。目前,在飞机电阻焊上,TA15 钛合金主要与 TC2 钛合金进行不同厚度的电阻点焊互焊。选用 TA15 和 TC2 板材进行了电阻点焊互焊焊接工艺试验,对焊接工艺、接头气体含量、组织与常规力学性能进行研究,验证两种合金的电阻点焊互焊性。

1. TA15 与 TC2 钛合金电阻点焊互焊焊接规范

对厚度为 1.5mmTC2 和 TA15 板材,厚度分别为 2.0mm 和 1.5mm 的 TC2 和 TA15 板材进行了电阻点焊互焊试验,焊接规范见表 4 – 19。TC2(厚度为 1.5mm 和 2.0mm)、TA15(厚度 1.5mm)钛合金母材焊前均为退火状态。

表 4 – 19　TA15 + TC2 钛合金点焊参考规范

| 板厚 /mm | 电极球面半径 /mm | 预压时间 /周 | 通电时间 /周 | 维持时间 /周 | 电极压力 /kN | 相位 | 焊接电流 /kA |
|---|---|---|---|---|---|---|---|
| 1.5 + 1.5 | 50 | 18 | 7 | 15 | 3 | 350‰ | 8.5 ~ 8.9 |
| 1.5 + 2.0 | 50 | 18 | 7 | 15 | 3 | 375‰ | 8.7 ~ 9.0 |

2. TA15 与 TC2 钛合金电阻点焊互焊焊接性能

焊点熔核尺寸测量见表 4 – 20,可以看出两种规格的 TC2 + TA15 钛合金材料的电阻点焊的熔核直径和焊点焊透率均满足技术条件的要求,这说明此两种材料的电阻点焊性能良好。

表 4 – 20　TC2 + TA15 钛合金电阻点焊互焊焊点熔核尺寸

| 组　合 | 规格/mm | 熔核直径/mm | 焊透率/% | |
|---|---|---|---|---|
| TC2 + TA15 | 1.5 + 1.5 | 7.0 | 78.7 | 92.7 |
| | | 7.1 | 82.7 | 90 |
| | | 6.0 | 93 | 83 |
| | | 6.3 | 93 | 83 |
| | 2.0 + 1.5 | 6.5 | 83(TA15 一侧) | 95(TC2 一侧) |
| 技术条件 | | ≥6 | 20% ~95% | |

表 4 – 21 为 TC2 + TA15 钛合金电阻点焊互焊单点抗剪力测试结果。可以看出,两种规格的 TC2 + TA15 钛合金材料的电阻点焊互焊的单点抗剪力和静态剪切稳定性系数均满足技术条件的要求,这说明此两种材料的电阻点焊互焊接头静态抗剪性能良好。

表 4-21　TC2+TA15 钛合金电阻点焊互焊单点抗剪力

| 组合及规格 | 单点抗剪力/kN | | | 静态剪切稳定性系数 |
|---|---|---|---|---|
| | | | 平均值 | |
| TA15(1.5)+TC2(1.5) | 16.8 | 17.4 | | |
| | 17.9 | 17.1 | | |
| | 17.1 | 17.4 | 17.23 | 0.06 |
| | 16.8 | 17.1 | | |
| | 17.5 | 17.2 | | |
| | 17.9 | 18.9 | | |
| | 18.1 | 18.2 | | |
| | 17.6 | 17.4 | 17.93 | 0.08 |
| | 16.9 | 17.5 | | |
| | 18.9 | 17.9 | | |
| TA15(1.5)+TC2(2.0) | 18.9 | 19.2 | | |
| | 18.8 | 18.9 | | |
| | 19.3 | 19.3 | 19.0 | 0.04 |
| | 19.4 | 19.3 | | |
| | 18.7 | 18.6 | | |
| | 18.9 | 19.2 | | |
| | 18.8 | 18.9 | | |
| | 19.3 | 19.3 | 19.04 | 0.04 |
| | 19.4 | 18.6 | | |
| | 18.7 | 19.3 | | |
| 技术要求 | | | ≥15.35 | ≤0.30 |

3. TA15 与 TC2 钛合金电阻点焊互焊焊接接头形貌及组织

图 4-6 为 TC2+TA15 钛合金的电阻点焊互焊焊接接头低倍及高倍显微组织。可以看出,TA15+TC2 电阻点焊互焊焊点低倍为柱状组织,焊缝为针状 α 组织,焊缝中无气孔、裂纹等缺陷存在。

综上,TA15 和 TC2 钛合金进行电阻点焊互焊时,其焊点熔核直径及焊透率均满足相关技术条件要求,且接头单点抗剪强度也达到了 15.35kN 以上,静态剪切稳定性系数远小于 0.30,均满足技术条件要求,说明这两种材料具有较好的电阻点焊互焊性。

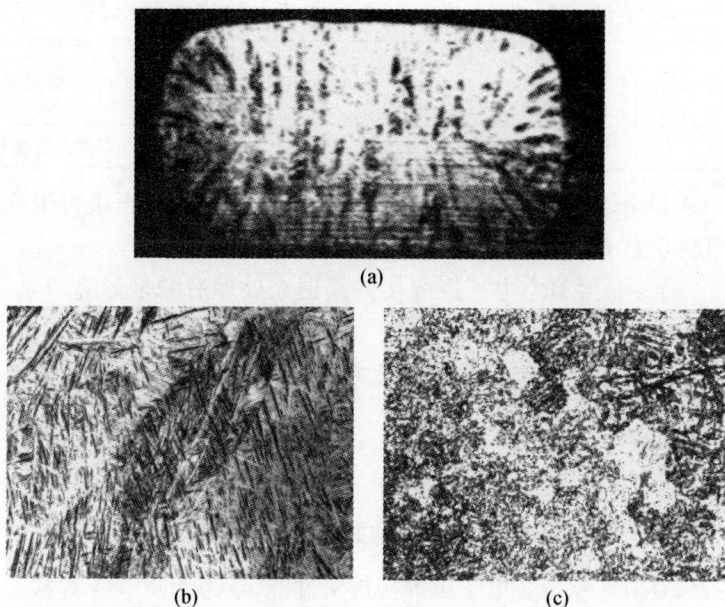

图 4 - 6 TA15 + TC2 钛合金电阻点焊互焊接头形貌及组织

(a) 焊点低倍 ×10；(b) 焊缝 ×200；(c) 热影响区 ×200。

## 4.1.2 TC4 钛合金焊接技术

TC4(Ti - 6Al - 4V)合金是国际上应用最广、用量最大的 α + β 型钛合金，它具有中等强度和良好的塑性，广泛应用于航空、航天工业。TC4 钛合金的焊接性能良好，各种焊接方法都适用于 TC4 钛合金。焊接后必须进行热处理，以消除焊接残余应力和恢复接头的塑性。

TC4 作为一种通用的钛合金，其焊接工艺及性能的试验研究及应用已比较成熟，但其厚板的焊接工艺、接头全面焊接性能的研究还很不充分。特别是 TC4 厚板用于重要的焊接承力框在国内尚无先例，因此这里介绍 TC4 厚板电子束焊接。

### 4.1.2.1 TC4 钛合金电子束焊接工艺

选用厚度为 38mm 的 TC4 厚板，其化学成分见表 4 - 22。焊接前先将焊件表面进行清理。TC4 钛合金电子束焊接工艺参数见表 4 - 23。

表 4 - 22 TC4 厚板化学成分 %（质量分数）

| Ti | 合金元素 | | 杂质，不大于 | | | | |
|----|------|------|------|------|------|------|------|
| | Al | V | Fe | C | N | H | O |
| 基 | 5.97 | 4.04 | 0.08 | 0.019 | 0.013 | 0.0026 | 0.16 |
| 基 | 5.5 ~6.8 | 3.5 ~4.5 | ≤0.30 | ≤0.10 | ≤0.05 | ≤0.0125 | ≤0.20 |

211

表4-23　TC4钛合金厚板电子束焊接工艺参数

| 材料厚度/mm | 功率/kW | 焊接速度/(mm/s) | 工作距离/mm | 聚焦位置 |
|---|---|---|---|---|
| 38 | 8.4 | 5 | 130 | 零件表面以下20mm处 |

对于TC4钛合金,一般为退火状态使用,因此焊接后需再进行退火处理。焊后退火处理制度为:600℃~650℃,保温1h~2h,空冷。

TC4钛合金厚板经真空电子束焊接并经退火处理后测量焊缝中氢含量,结果见表4-24。

表4-24　TC4钛合金电子束焊接焊缝氢含量

| 状态 | 焊缝中 | 焊前基体中 | 基体技术要求 |
|---|---|---|---|
| [H]/%(质量分数) | 0.0037 | 0.0026 | ≤0.0125 |

### 4.1.2.2　TC4钛合金电子束焊接接头性能[2]

表4-25为TC4钛合金电子束焊接接头性能,状态为退火+焊接+退火。研究表明,TC4钛合金退火状态下真空电子束焊接接头力学性能与基体相当。表4-26、表4-27以及图4-7、图4-8分别为TC4钛合金38mm厚板电子束焊接接头光滑和缺口疲劳性能数据以及对应的$S-N$曲线图。

1. 力学性能

表4-25　TC4钛合金38mm厚板电子束焊接接头性能

| 试验温度/℃ | $\sigma_{0.2}$/MPa | $\sigma_b$/MPa | $\delta_5$/% | $\psi$/% | $\tau$/MPa | $\sigma_{bH}$/MPa | $\alpha_{kU}$/(J/cm$^2$) | $\sigma_{100h}$/MPa |
|---|---|---|---|---|---|---|---|---|
| 室温 | 902 | 951 | 8.5 | 36.2 | 745.7 | 1513 | 35.6 | 560 |
| 400 | — | 625 | 9.6 | 53.8 | — | 1096 | — | — |

2. 疲劳性能

表4-26　TC4钛合金38mm厚板电子束焊接光滑疲劳性能

| | $\sigma_{max}$/MPa | 寿命 N/千周 | | 寿命对数平均值 X | 标准差 S | 平均寿命 N/千周 |
|---|---|---|---|---|---|---|
| | | $K_t=1, R=0.1, f=140\text{Hz}$ | | | | |
| 成组法 | 520 | 1968　1184　4584　3458　4229 | | 6.439 | 0.250 | 2746.2 |
| | 550 | 101　60　1344　2212　1226　3239　2279 | | 6.286 | 0.175 | 1931.8 |
| | 580 | 1932　1628　591　1781　48　215 | | 6.130 | 0.241 | 1348.9 |
| | 650 | 36　240　120　47　549　410　1061 | | 5.453 | 0.290 | 283.8 |
| | 700 | 102　89　133　108　45 | | 4.954 | 0.179 | 89.9 |

| | $\sigma_{max}$/MPa | 寿命 $N$/千周 | 寿命对数平均值 $X$ | 标准差 $S$ | 平均寿命 $N$/千周 |
|---|---|---|---|---|---|
| | | $K_t = 1, R = 0.1, f = 140\mathrm{Hz}$ | | | |
| 升降法 | 500 | 192 | | | |
| | 400 | >10000 | | | |
| | 460 | 1780　238　1352　>10000　275 | 指定寿命 $N = 10^7$ | | |
| | 420 | >10000　>10000 | $\sigma_D = 455.7\mathrm{MPa}$ | | |
| | 440 | >10000　2014　>10000　>10000　>10000 | | | |
| | 480 | 241　1261　>10000 | | | |

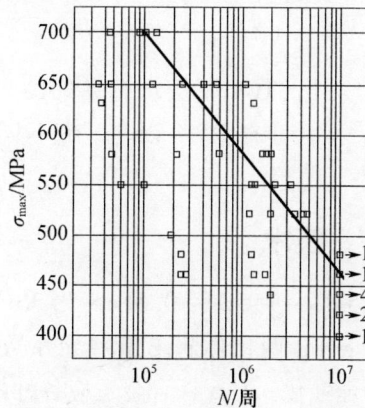

图 4 - 7　TC4 钛合金 38mm 厚板电子束焊接室温轴向加载
光滑试样 $(K_t = 1)$ 的 $S - N$ 曲线图

表 4 - 27　TC4 钛合金 38mm 厚板电子束焊接缺口疲劳性能

| | $\sigma_{max}$/MPa | 寿命 $N$/千周 | 寿命对数平均值 $X$ | 标准差 $S$ | 平均寿命 $N$/千周 |
|---|---|---|---|---|---|
| | | $K_t = 3, R = 0.1, f = 130\mathrm{Hz}$ | | | |
| 成组法 | 400 | 42　55　48　64　62 | 4.7287 | 0.0768 | 53.54 |
| | 380 | 40　72　74　73　70　84 | 4.8269 | 0.1135 | 67.13 |
| | 360 | 56　108　148　96　141 | 5.0167 | 0.1693 | 103.92 |
| 升降法 | 340 | 214　118　5828　416 | 指定寿命 $N = 10^7$ | | |
| | 330 | >10000　>10000　216　>10000　>10000 | $\sigma_D = 333\mathrm{MPa}$ | | |
| | 320 | >10000 | | | |

213

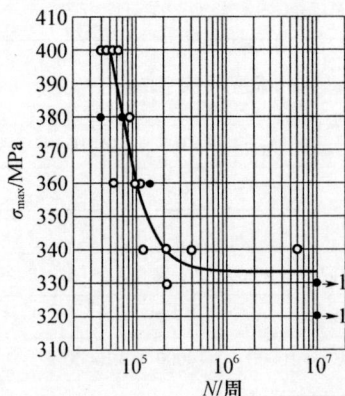

图 4-8　TC4 钛合金 38mm 厚板电子束焊接室温轴向加载

缺口试样($K_t=3$)的 $S-N$ 曲线

从以上试验结果可以看出,TC4 厚板具有良好的焊接性能,其电子束焊接接头室温拉伸性能可以达到母材 95% 以上,在不同厚度方向的力学性能相当。

## 4.1.3　TC6 钛合金焊接技术

TC6(Ti-6.0Al-2.5Mo-1.5Cr-0.5Fe-0.3Si)钛合金,相应俄牌号为 BT3-1。TC6 钛合金属于 $\alpha+\beta$ 两相合金,$\beta$ 相稳定系数 $K_\beta=0.8$,这种钛合金可通过淬火和时效进行热处理强化。TC6 钛合金适应各种焊接方法。如果采用氩弧焊焊接工艺方法,焊接后必须通过退火使接头得到稳定的组织和塑性。可采用 TC6 钛合金制造飞机和发动机温度在 400℃~450℃ 时工作的叶盘、叶片、环及其他零部件,但是焊接后必须进行退火。

TC6 钛合金具有优良的热加工工艺性能,变形抗力小,塑性高;可以采用所有用于钛合金焊接的方法满意地焊接,具有较好的工艺焊接性。无论是在氩气保护下的熔化焊或者是在真空条件下的电子束焊接,其接头强度与母材相比并没有明显降低。但是,焊接接头的塑性、韧性的显著降低是钛合金焊接面临的共同难题。

钨极氩弧焊是 TC6 钛合金最常用的焊接方法,加长拖斗或真空箱的惰性气氛能够很好地保护熔池、焊缝根部及近缝区金属不与大气发生相互反应。

### 4.1.3.1　TC6 钛合金氩弧焊焊接工艺

1. 焊接材料

焊接工艺试验的基体材料采用 150mm×110mm×5.5mm 的 TC6 钛合金板材,其化学成分见表 4-28。锻造温度 950℃,后经 850℃、2h、AC 退火处理。

表 4 - 28　TC6 钛合金板材化学成分　　　%（质量分数）

| 主 要 元 素 | | | | | | 杂质, 不大于 | | | | | |
|---|---|---|---|---|---|---|---|---|---|---|---|
| Ti | Al | Mo | Cr | Si | Fe | C | Zr | O | N | H |
| 余 | 6.42 | 2.76 | 1.45 | 0.29 | 0.40 | 0.012 | <0.5 | 0.11 | 0.0089 | 0.0040 |

所用填充材料为宝鸡有色金属加工厂研制生产的 TA20 焊丝,规格为 $\phi$2mm。提供形式为 $\phi$400mm 的盘卷,共 5.0kg。对该批 TA20 焊丝进行表面质量、化学成分、力学性能等项目的复验。焊丝化学成分和力学性能测试结果分别见表 4 - 29 和表 4 - 30。

表 4 - 29　TA20 焊丝的化学成分　　　%（质量分数）

| 牌号 | 规格 /mm | 主 要 元 素 | | | | 杂 质 元 素 | | | | | |
|---|---|---|---|---|---|---|---|---|---|---|---|
| | | Ti | Al | V | Zr | Fe | Si | C | N | O | H |
| TA20 | $\phi$2.0 | 基 | 4.08 | 2.95 | 1.52 | ≤0.10 | 0.04 | 0.01 | 0.014 | 0.078 | 0.0016 |

表 4 - 30　TA20 焊丝供应状态的力学性能

| 焊丝规格 | 试样编号 | $\sigma_b$/MPa | $\delta$/% ($L_0 = 100$mm) | $\psi$/% |
|---|---|---|---|---|
| $\phi$2.0mm | 01 | 752 | 10.9 | 50.9 |
| | 02 | 751 | 10.3 | 50.2 |
| | 03 | 758 | 10.6 | 50.4 |

焊接前,对待焊的接缝区域和所使用焊丝采用机械刮削、机械打磨的方法去除其表面氧化层。

2. 接头坡口形式

厚度为 5.5mm 的 TC6 钛合金焊接试板选用 I 形和 U 形坡口。I 形坡口一次焊透,而 U 形坡口为 3 层焊道完成。图 4 - 9 为 U 形坡口结构形式。

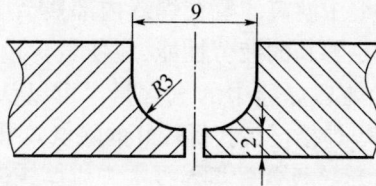

图 4 - 9　TC6 钛合金焊接 U 形坡口型式

3. 热处理制度

TC6 钛合金焊接试板机械加工前经退火处理,焊后采用真空热处理。热处理制度分别为:

焊接前:850℃,2h,AC;

焊接后:800℃~810℃,2h(真空度为 $2 \times 10^{-3}$ Pa),FC(810℃→650℃的冷却速度约为1℃/s)。

4. 焊接工艺参数

在俄制钛合金局部保护专用钨极氩弧焊焊机上开展 TC6 钛合金板材的自动氩弧焊试验。俄制氩弧焊机具有很好的电源外特性和电弧穿透力,焊机的气动工装和局部保护装置能够很好地控制焊接变形和接头区域的防氧化。表 4-31 为TC6 钛合金自动氩弧焊焊接工艺参数。

表 4-31 TC6 钛合金自动钨极氩弧焊焊接工艺参数

| 材料厚度 /mm | 坡口形式 | 焊接电流 /A | 焊丝直径 /mm | 钨极直径 /mm | 焊接速度 /(mm/s) | 送丝速度 /(mm/s) | 焊接层数 |
|---|---|---|---|---|---|---|---|
| 5.5 | U 或 V | 180~350 | 1.6 | 3.0 | 2.0~3.0 | 2.0~8.0 | 1~3 |

采用在真空箱内真空充氩保护条件下开展手工氩弧焊工艺研究。箱内压强小于 $1.33 \times 10^{-1}$ Pa 时充入 $1 \times 10^5$ Pa 的氩气。手工焊工艺采用图 4-9 所示的 U 形坡口,焊前对试板接缝区域经过严格的刮削加工。TC6 钛合金手工氩弧焊焊接工艺参数见表 4-32。

表 4-32 TC6 钛合金手工钨极氩弧焊焊接工艺参数

| 焊丝规格 /mm | 板厚 /mm | 装配间隙 /mm | 焊接电流 /A | 钨丝直径 /mm | 刚伸长度 /mm | 施焊层数 $n$ |
|---|---|---|---|---|---|---|
| φ2.0 | 5.5 | 0.4~0.6 | 90~130 | 2.0 | 8.0 | 3 |

5. 焊缝中的氢含量

熔敷金属中氢的存在会在焊缝中形成气孔,尤其是近表层的气孔,会急剧降低接头的疲劳强度。同时焊缝中游离的氢在焊缝内部残余应力的作用下,容易诱发氢脆。所以为使接头保留足够高的疲劳性能,应使氢含量尽可能小。表 4-33 为TC6 钛合金焊后经真空热处理焊缝中的氢含量。可以认为,经过真空热处理使TC6 钛合金自动钨极氩弧焊焊接接头获得较好的除氢效果。

表 4-33 TC6 钛合金自动钨极氩弧焊焊接接头的焊缝氢含量　　　%(质量分数)

| | N | H | O |
|---|---|---|---|
| 焊缝 | 0.008 | 0.0023 | 0.092 |
| 母材 TC6 | 0.0089 | 0.0040 | 0.11 |
| 焊丝 TA20 | 0.014 | 0.0016 | 0.078 |

216

#### 4.1.3.2 TC6 钛合金氩弧焊焊接接头性能

1. 低温、高温拉伸性能

TC6 钛合金自动钨极氩弧焊焊接接头的低温和高温拉伸性能分别见表 4 - 34 和表 4 - 35。

表 4 - 34　TC6 钛合金自动钨极氩弧焊焊接接头低温性能

| 试样编号 | 热处理状态 | 施焊层数 | 测试温度 /℃ | $\sigma_b$ /MPa | $\delta_5$ /% | 断裂位置 |
|---|---|---|---|---|---|---|
| T2401 | 850℃/2h,AC | | | 1161 | — | 基体 |
| T2402 | →TIG→ | 3 | -60 | 1171 | 7.8 | 基体 |
| T2403 | 800℃/1.5h, FC | | | 1168 | 7.0 | 基体 |
| 母材 | 800℃/1.5h, AC | — | -70 | 1227 | 14.3 | — |

注:焊后去除焊缝正面和背面余高,试样加工成为 4.5mm 厚的标准板材试样

表 4 - 35　TC6 钛合金自动钨极氩弧焊焊接接头高温性能

| 试样编号 | 热处理状态 | 施焊层数 | 测试温度 /℃ | $\sigma_{0.2}$ /MPa | $\sigma_b$ /MPa | $\delta_5$ /% |
|---|---|---|---|---|---|---|
| T221 | 850℃/2h,AC | | | 505 | 755 | 14.3 |
| T222 | →TIG→ | 3 | 400 | 499 | 749 | 12.5 |
| T223 | 800℃/1.5h, FC | | | 470 | 736 | 12.9 |
| 母材 | 800℃/1.5h, AC | — | 400 | 656 | 812 | 15.6 |

注:焊后去除焊缝正面和背面余高,试样加工成为 4.5mm 厚的标准板材试样

2. 室温冲击性能

TC6 钛合金自动钨极氩弧焊焊接接头的室温冲击性能见表 4 - 36。

表 4 - 36　TC6 钛合金自动钨极氩弧焊焊接接头冲击性能

| 试样编号 | 热处理状态 | 施焊层数 | 测试温度 | $\alpha_{KU}$ /(J/cm$^2$) |
|---|---|---|---|---|
| T214 | 850℃/2h,AC | | | 38.9 |
| T215 | →TIG→ | 3 | 20℃ | 39.3 |
| T216 | 800℃/1.5h, FC | | | 42.7 |
| 母材 | 800℃/1.5h, AC | — | 20℃ | 55.1 |

注:1. 焊后去除焊缝正面和背面余高,试样加工成为 5mm×5mm×40mm 的 U 形缺口试样;

2. 焊缝位于试样中心,缺口开在焊缝中央

3. 缺口敏感系数

采用在焊缝区域开缺口方法用于测定拉伸条件下材料对缺口的敏感性,衡量

在硬性应力状态($\alpha < 0.50$)和应力集中下材料的脆化倾向。TC6 钛合金自动钨极氩弧焊焊接接头缺口敏感系数见表 4 – 37。

表 4 – 37　TC6 钛合金自动钨极氩弧焊焊接接头缺口敏感系数

| 试样编号 | 焊　丝 | 热处理状态 | $K_t$ | $\sigma_{bH}$ /MPa | $\sigma_b$ /MPa | $\sigma_{bH}/\sigma_b$ |
|---|---|---|---|---|---|---|
| T2201 | TA20 $\phi2.0mm$ | 850℃/2h,AC →TIG→ 800℃/1.5h, FC | 3 | 1216 | 1035 | 1.15 |
| T2202 | | | | 1250 | | |
| T2203 | | | | 1239 | | |

注:焊后去除焊缝正面和背面余高,试样加工成4.5mm厚的标准板材试样

$\sigma_{bH}/\sigma_b > 1$,说明缺口处发生了塑性变形的扩展,比值越大,塑变扩展量越大,脆化倾向越小,表示缺口敏感性小甚至不敏感。

4. 抗腐蚀性能

表 4 – 38 为 TC6 钛合金自动钨极氩弧焊焊接接头在 3.5% 的 NaCl 溶液中全浸 50h 后的力学性能。

表 4 – 38　TC6 钛合金自动钨极氩弧焊焊接接头抗腐蚀性能

| 试样编号 | 焊丝牌号 | 热处理状态 | 试验条件 | $\sigma_b$ /MPa | $\delta_{10}$ /% | 断裂位置 |
|---|---|---|---|---|---|---|
| T14 | TA20 $\phi2.0mm$ | 850℃/2h,AC →TIG→ 800℃/1.5h, FC | 室温 | 1051 | 8.1 | 焊缝 |
| T15 | | | 3.5% NaCl 溶液 50 h | 1044 | 8.2 | 焊缝 |
| T16 | | | | 1052 | 8.2 | 焊缝 |

注:1. 试样取自 $\phi70mm$ 的管材对接模拟试件;
　　2. 焊后去除焊缝正面和背面余高,试样加工成4.5mm厚的标准管材试样

5. 疲劳性能

TC6 钛合金自动钨极氩弧焊焊接接头的光滑试样和缺口试样的疲劳性能分别见表 4 – 39、表 4 – 40 和图 4 – 10。

表 4 – 39　TC6 钛合金自动钨极氩弧焊焊接接头光滑疲劳性能

| 试验类型 | $\sigma_{max}$/MPa | 疲劳寿命 $N$ /千周 | | |
|---|---|---|---|---|
| | | $K_t = 1$, $R = 0.1$, $f = 160$ Hz | | |
| 升降法 | 410 | 7076　　3073 | | 指定寿命 $N = 10^7$ 接头 $\sigma_D = 390MPa$ 母材 $\sigma_D = 719$ MPa |
| | 395 | >10000　3844　　833 195　　>10000　514 | | |
| | 380 | >10000　164　　>10000 >10000　>10000 | | |
| | 365 | >10000 | | |

注:焊后去除焊缝正面和背面余高,试样加工成4.5mm厚的标准板材试样

表 4 -40  TC6 钛合金自动钨极氩弧焊焊接接头缺口疲劳性能

| 试验类型 | $\sigma_{max}$ /MPa | 疲劳寿命 $N$/千周 | | | | 寿命对数 平均值 $X$ | 标准差 $S$ | 平均寿命 $N$/千周 |
|---|---|---|---|---|---|---|---|---|
| | | $K_t = 3$ , $R = 0.1$ , $f = 160$ Hz | | | | | | |
| 成组法 | 350 | 51 | 30 | 42 | 57 | 4.6410 | 0.1222 | 43.75 |
| | 320 | 59 | 47 | 45 | 38 | 4.6690 | 0.0787 | 46.67 |
| 升降法 | 290 | 162 | | | | 指定寿命 $N = 10^7$ 接头 $\sigma_D = 267$MPa 母材 $\sigma_D = 335$MPa | | |
| | 280 | >10000 | 929 | | | | | |
| | 270 | >10000 | 1620 | 45 | | | | |
| | 260 | >10000 8010 | >10000 196 | | | | | |
| | 250 | >10000 | >10000 | | | | | |

注:焊后去除焊缝正面和背面余高,试样加工成4.5mm厚的标准板材试样

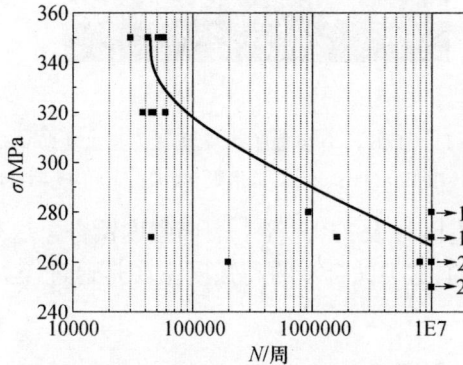

图 4 - 10   TC6 钛合金自动钨极氩弧焊
焊接接头室温缺口疲劳的 $S - N$ 曲线

#### 4.1.3.3  TC6 钛合金氩弧焊焊接接头组织特征

所用 TC6 钛合金母材为两相区锻造的等轴组织,见图 4 - 11( a )。采用 TA20 钛合金焊丝作为填充料,经焊接后,焊缝呈现为明显的针状组织,见图 4 - 11( b )。经退火去除应力后,可保持一定的强度和塑性的配合。图 4 - 11( c )为 TC6 钛合金氩弧焊焊接接头的断口形貌。

## 4.2   高强钛合金焊接

高强度钛合金一般指抗拉强度在 1000MP 以上的钛合金。目前代表国际先进水平并在飞机上获得实际应用的高强度钛合金主要有 β 型钛合金 TB5、TB6、TB8,

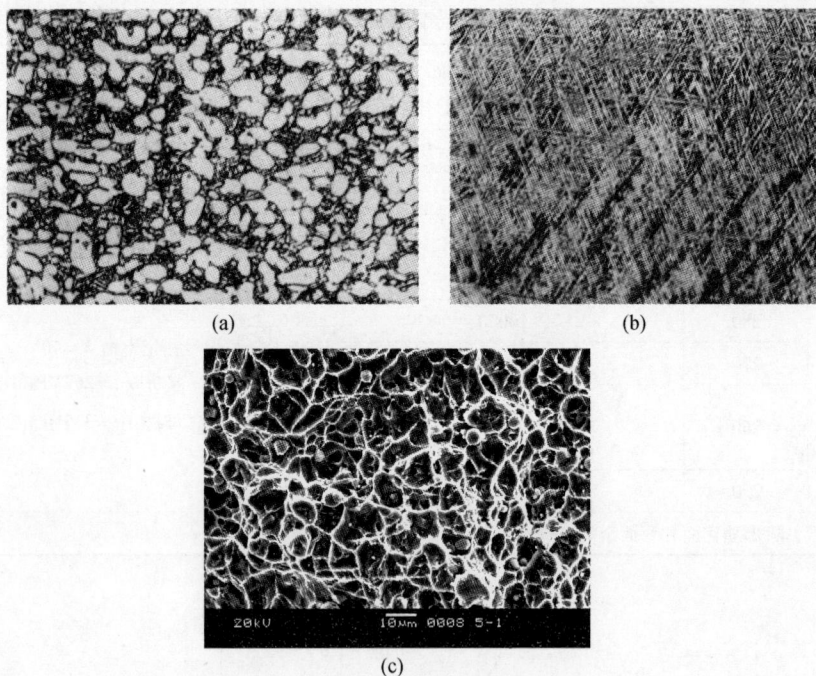

图 4-11　TC6 钛合金氩弧焊焊接接头组织及断口形貌

(a) 基体组织 ×500；(b) 焊缝组织 ×500；(c) 接头断口形貌。

α + β 型两相钛合金 TC18 以及 TB10 等[2]。高强度钛合金基本上是由可进行热处理强化钛合金所组成的,这类钛合金的高强度主要是通过淬火和时效工艺方法实现的。

## 4.2.1　TC18 钛合金焊接技术

TC18(BT22)钛合金是一种具有"临界"成分,即马氏体转变温度接近室温,合金化元素含量较高的合金,$K_\beta = 1.1$。TC18 钛合金的焊接性能良好,适用于各种熔化焊、接触焊(滚焊和电焊)、电子束焊接方法。为了使焊接接头获得良好的塑性,通常需要对接头进行退火处理,但不宜进行热处理强化处理。目前,TC18 钛合金广泛使用在航空制造业,主要用于制造高承力零件和结构件,包括起落架部件、发动机风扇、低压压气机的叶盘和叶片、发动机固定支撑结构及其他承力构件等。

### 4.2.1.1　TC18 钛合金氩弧焊焊接

1. TC18 钛合金氩弧焊焊接工艺

手工多层氩弧焊试验用料为上钢五钢自由锻饼和二重万航模锻厂提供的模锻件经机械加工成的 18mm、12mm、8mm 和 4mm 四种厚度的试板。试验用填充材料为 $\phi$2.0mm 的 TA20 钛合金焊丝,焊丝化学成分见表 4-41。经试验确定待焊接头为"UV"复合型坡口形式,如图4-12所示。手工氩弧焊多层焊工艺试验在真空充氩保护箱内进行。

表4-41 TA20焊丝成分 %(质量分数)

| 规格 | Ti | Al | V | Zr | Fe | Si | C | N | O | H |
|------|-----|------|------|------|-------|------|------|-------|-------|--------|
| φ2.0mm | 基 | 4.08 | 2.95 | 1.52 | ≤0.10 | 0.04 | 0.01 | 0.014 | 0.078 | 0.0016 |

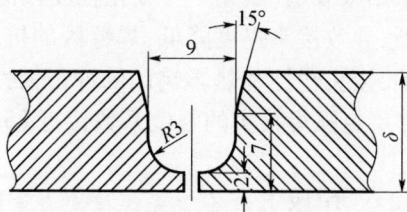

图4-12 TC18钛合金手工多层氩弧焊坡口形式

为保证焊缝内部质量,焊前对试板及焊丝进行严格的表面清理,焊接过程中严格控制焊丝熔敷速度及层间温度,尽量减小焊接线能量、降低热输入,避免因多次热输入的积累导致接头热影响区的增大和接头综合性能的降低。工艺试验确定的手工多层氩弧焊焊接工艺参数见表4-42。工艺试验结果表明,采用TA20焊丝焊接TC18钛合金,焊接过程中电弧稳定集中,熔滴过渡均匀,多次施焊后焊缝正、反面成形良好。为控制焊接质量,对打底焊焊缝、2道~3道层间焊后分别进行X射线检测,及时排除焊接缺陷以减小补焊对接头组织性能的影响。图4-13为18mm厚度的TC18钛合金手工钨极氩弧焊多层焊焊缝形貌。焊后对工艺试板进行X射线无损检测结果表明,焊接接头质量符合航标一级焊缝质量要求。

表4-42 TC18钛合金手工钨极氩弧焊多层焊工艺参数

| 施焊层 | 焊丝规格 /mm | 装配间隙 /mm | 焊接电流 /A | 钨丝直径 /mm | 干伸长度 /mm |
|--------|------------|------------|-----------|------------|------------|
| 打底 | φ2.0 | 2.5 | 90~110 | 2.0 | 10.0 |
| 2层~10层 | φ2.0 | — | 140~220 | 3.0 | 8.0~10.0 |

图4-13 TC18钛合金多层氩弧焊焊缝形貌

## 2. TC18 钛合金氩弧焊焊接接头性能

### 1）力学性能

TC18 钛合金氩弧焊试板焊前均经过一级退火热处理,焊后分别进行了双重退火和真空双重退火热处理,并将焊接接头加工成标准的力学性能试样,对其拉伸强度和冲击韧性进行了测试,接头拉伸均断裂在焊缝区,测试结果分别见表 4-43。表 4-43 中力学性能测试结果表明,填充了合金化程度较低的 TA20 焊丝后,使得焊缝合金化程度明显降低,导致接头强度降低,焊缝区的抗冲击性能增强;而且由于多次焊接热循环的影响,接头塑性和热影响区的冲击韧性显著降低。与同状态的母材相比,TC18 合金多层氩弧焊接头的强度系数接近 85%,焊缝区的冲击韧性与母材相当。

表 4-43 TC18 钛合金氩弧焊接头力学性能

| 热处理状态 | 规格 /mm | $\sigma_{p0.2}$ /MPa | $\sigma_b$ /MPa | $\delta_5$ /% | $\psi$ /% | $\alpha_{KU}$ /(J/cm²) |
|---|---|---|---|---|---|---|
| 一级退火 + 氩弧焊 + 双重退火（真空） | 12 | 809 | 847 | 3.8 | 15.9 | 77.1 |
| | 8 | 831 | 869 | 4.8 | 27.1 | — |
| 一级退火 + 氩弧焊 + 双重退火 | 12 | 867 | 910 | 4.1 | 17.3 | 56.6(焊缝) |
| | | | | | | 25.8(HAZ) |
| 一级退火 + 氩弧焊 + 双重退火 | 4 | 951 | 1017 | 4.3 | — | — |
| 母材（双重退火） | — | 1055 | 1105 | 16.5 | 50.6 | 62.2 |

### 2）疲劳性能

对 18mm 厚度的 TC18 钛合金手工氩弧焊多层焊接头,经双重退火热处理后测试了接头的光滑疲劳性能和 $S-N$ 曲线,测试结果见表 4-44 和图 4-14。接头在 $K_t = 1$、$R = 0.06$、$f = 110$Hz 和 $N = 10^7$ 的测试条件下疲劳强度极限为 557.5MPa,表明 TC18 手工多层氩弧焊经焊前一次退火,焊后双重退火热处理,焊接接头具有优良的疲劳性能。

表 4-44 TC18 钛合金多层氩弧焊接头光滑疲劳性能

| | $\sigma_{max}$ /MPa | 寿命 $N$ /千周 | 寿命对数平均值 $X$ | 标准差 $S$ | 平均寿命 $N$/千周 |
|---|---|---|---|---|---|
| | | $K_t = 1$, $R = 0.06$, $f = 110$Hz  RT | | | |
| 成组法 | 800 | 26  24  29  20 | 4.3897 | 0.0680 | 24.53 |
| | 750 | 64  31  26  48  27 | 4.5650 | 0.1714 | 36.73 |
| | 670 | 104  673  105  82  94 | 5.1506 | 0.3811 | 141.45 |

| | $\sigma_{max}$ /MPa | 寿命 $N$ /千周 | | | | 寿命对数平均值 $X$ | 标准差 $S$ | 平均寿命 $N$/千周 |
|---|---|---|---|---|---|---|---|---|
| 升降法 | 700 | 59 | | | | | | |
| | 650 | 228 | 6096 | | | | | |
| | 600 | 3080 | 350 | | | 指定寿命：$N=10^7$ | | |
| | 575 | 197 | 3510 | >10000 | 1670 | 疲劳极限：557.5MPa | | |
| | 550 | 31 | 5 | >10000 | >10000 | | | |
| | 525 | >10000 | >10000 | | | | | |

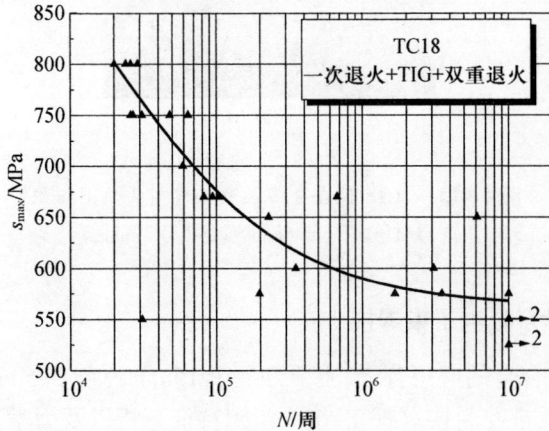

图 4 – 14　TC18 钛合金氩弧焊接头室温光滑疲劳 $S – N$ 曲线

### 3. TC18 钛合金氩弧焊接头组织

TC18 钛合金手工氩弧焊多层焊接头的显微组织如图 4 – 15 所示。经双重退火的母材组织接近网篮组织，β 基体上分布着初生 α 相及少量的次生 α 相，见图 4 – 15(a)，属于具有良好综合性能的平衡组织。多层氩弧焊接头热影响区组织见图 4 – 15(b)，焊热影响区的显微组织表现为魏氏组织，粗大的 β 晶粒内分布着细小的 α 片束域，且不同晶粒内 α 相取向不同，晶界处 α 相明显且连续，因此热影响区室温塑性和韧性较低。多层施焊过量的热输入使得经重新合金化后的焊缝组织为 β 基体上分布着片状的 α 组织，且各 α 片取向不同，见图 4 – 15(c)，此种粗大的层片状 α 组织使得接头的强度降低，但具有较好的抗冲击性能[3]。

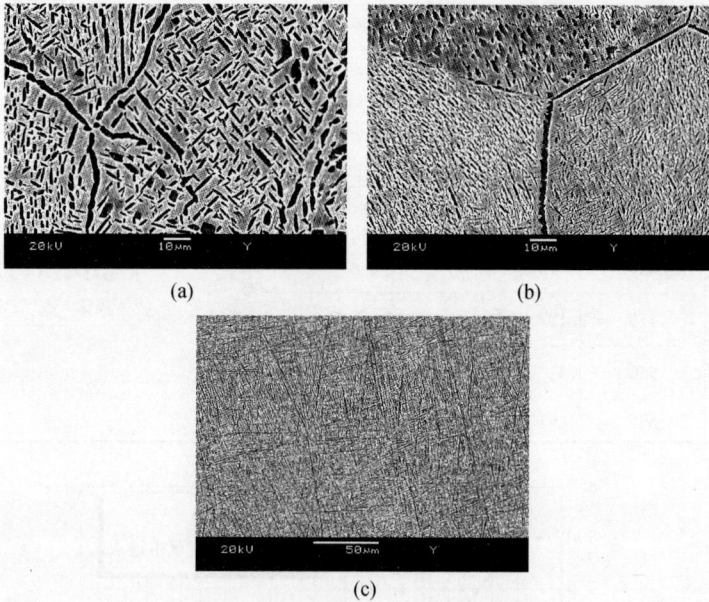

(a)

(b)

(c)

图 4 - 15   TC18 钛合金多层氩弧焊接头显微组织

(a) 母材组织；(b) 热影响区；(c) 焊缝区。

#### 4.2.1.2  TC18 钛合金电子束焊接

针对 TC18 钛合金的应用背景,主要开展了 15mm 厚度和 60mm 厚度的电子束焊接工艺与焊缝质量控制技术研究、接头组织特征分析以及力学性能测试。

1. 15mm 厚度 TC18 钛合金电子束焊接

1) 焊接工艺

试验用料为锻件经机械加工成为 15mm 厚度的试板。试板焊前采用一级退火热处理(ST),并对接缝表面及邻近区域进行严格的表面清理。接头型式为"I"型平口对接,焊前采用氩弧焊定位,焊缝起始端和收尾端均有与试板同批次、同状态的同种材料作为工艺引导块,工艺试验采用完全穿透焊、单面焊双面成形。TC18钛合金的电子束焊接工艺参数见表 4 - 45。

表 4 - 45   TC18 钛合金电子束焊接工艺参数

| 板厚<br>/mm | 焊接速度<br>/(mm/s) | 焊接束流<br>/mA | 加速电压<br>/kV | 聚焦电流<br>/mA | 扫描幅值<br>/mm | 扫描频率<br>/Hz |
|---|---|---|---|---|---|---|
| 15 | 25 | 170 ~ 150 | 60 | 866/830 | 3.0 | 300 |

224

按照表 4-45 中所列的焊接工艺参数进行焊接,整个焊接过程稳定,无飞溅,观察焊缝表面无明显咬边,焊缝正面及背面成形光滑。图 4-16 为 15mm 厚度 TC18 合金电子束焊接接头焊缝横截面形貌。焊缝横截面均呈稍微 V 字形,这种接近平行的焊缝横截面对组织性能的均匀性及焊接变形的控制非常有利。焊后对工艺试板进行 X 射线无损检测,结果表明焊接接头质量符合航标一级焊缝质量要求。

图 4-16　TC18 钛合金电子束焊缝横截面形貌

2) 接头性能

（1）力学性能。试验试板的焊前状态为一级退火(ST)热处理状态,焊后对 TC18 钛合金电子束焊接接头分别进行双重退火、真空双重退火以及普通退火等不同的热处理,并测试了接头和相应母材的力学性能,测试结果见表 4-46。

表 4-46　TC18 钛合金电子束焊接接头及母材力学性能

| 热处理制度 | $\sigma_{p0.2}$ /MPa | $\sigma_b$ /MPa | $\delta_5$ /% | $\psi$ /% | $\alpha_{KU}$ /(J/cm$^2$) |
|---|---|---|---|---|---|
| 一级退火 + EBW + 双重退火 | 1075 | 1108 | 6.0 | 20.1 | 34.7 |
| | 1068 | 1100 | 4.9 | 19.2 | 41.7 |
| 一级退火 + EBW + 双重退火(真空) | 972 | 1021 | 6.3 | 30.7 | 40.5 |
| 一级退火 + EBW + 720℃/2h,FC | 963 | 994 | 17.9 | 60.1 | 32.4 |
| 母材 | 1055 | 1105 | 16.5 | 50.6 | 62.2 |

表 4-46 数据表明:TC18 钛合金电子束焊接接头强度水平与同热处理状态的母材相当,但塑性降低,冲击韧性接近母材的 60%。焊后普通退火,接头强度降低,但塑性较高。焊后采用真空双重退火热处理,接头强度和塑性较低,但冲击韧性较高。综合考虑以上性能数据,认为采用焊前一级退火、焊后双重退火的热处理制度,接头的强度、塑性和韧性等性能匹配最佳。

（2）疲劳性能。表 4-47、表 4-48、表 4-49 和图 4-17、图 4-18 分别为三种不同焊后热处理制度下接头的疲劳性能与对应的 $S-N$ 曲线。结果显示:焊后经双重退火的接头疲劳性能较好。因此对于 TC18 钛合金电子束焊接,焊前一级退火、焊后经双重退火热处理,接头具有较好的综合力学性能。

225

表4-47　TC18钛合金EBW接头(ST+EBW+双重退火)室温光滑疲劳性能

| | $\sigma_{max}$ /MPa | 寿命 N/千周 | 寿命对数平均值 X | 标准差 S | 平均寿命 N/千周 |
|---|---|---|---|---|---|
| | | $K_t = 1, R = 0.06, RT$ | | | |
| 成组法 | 800 | 50　65　46 | 4.7249 | 0.0784 | 53.08 |
| | 760 | 50　53　52　5370　6060 | 5.5017 | 1.0821 | 317.47 |
| 升降法 | 750 | 33　48　3860　263　83　76 | | | |
| | 725 | >10000　3060　>10000　>10000 >10000 | 指定寿命:$N = 10^7$ 疲劳极限:733MPa | | |
| | 700 | >10000 | | | |

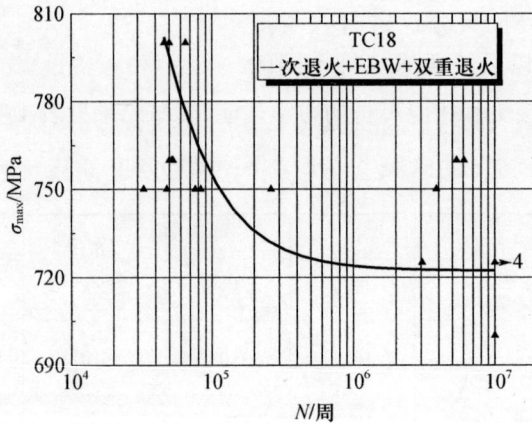

图4-17　TC18钛合金EBW接头(ST+EBW+双重退火)光滑疲劳 S-N 曲线

表4-48　TC18钛合金EBW接头(ST+EBW+真空双重退火)室温光滑疲劳性能

| | $\sigma_{max}$ /MPa | 寿命 N/千周 | 寿命对数平均值 X | 标准差 S | 平均寿命 N/千周 |
|---|---|---|---|---|---|
| | | $K_t = 1, R = 0.06, RT$ | | | |
| 成组法 | 740 | 34　60　37　47　29 | 4.6025 | 0.1240 | 40.041 |
| | 690 | 64　54　67　>10000　23　57　139 | 5.0893 | 0.8728 | 122.829 |
| | 660 | 37　48　>10000　55　>10000　55 75　41　38　63 | 5.1597 | 0.9747 | 144.444 |
| 升降法 | 680 | 30　46 | | | |
| | 650 | >10000　31　4482 | 指定寿命:$N = 10^7$ 疲劳极限:629MPa | | |
| | 620 | 70　>10000　66　>10000 | | | |
| | 590 | >10000　>10000 | | | |

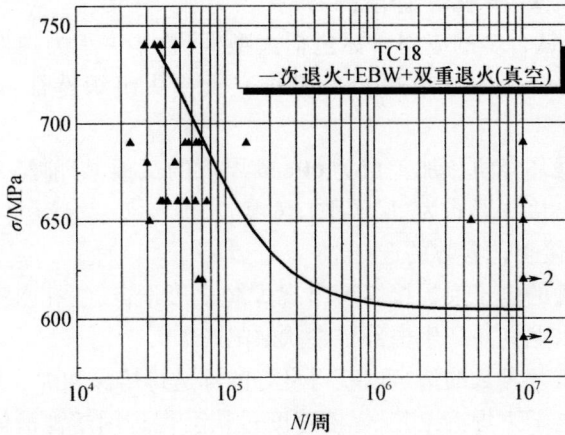

图 4 – 18　TC18 钛合金 EBW 接头(ST + EBW + 真空双重退火)光滑疲劳 $S - N$ 曲线

表 4 – 49　TC18 钛合金 EBW 接头(ST + EBW + 普通退火)室温光滑疲劳性能

| | $\sigma_{max}$ /MPa | 寿命 $N$/千周 | | | | 疲 劳 极 限 |
|---|---|---|---|---|---|---|
| | | $K_t = 1, R = 0.06$　RT | | | | |
| 升降法 | 690 | 246　6220 | | | | 指定寿命: $N = 10^7$ 疲劳极限:645MPa |
| | 660 | 232　70　>10000　5140 | | | | |
| | 630 | >10000　>10000　>10000　312 | | | | |
| | 600 | >10000 | | | | |

3）接头组织特征

图 4 – 19 为 TC18 钛合金电子束焊接接头焊缝及热影响区组织。焊缝组织为粗大的树枝状 β 晶粒,晶界 α 相明显且连续,晶内分布着细小的短片状 α 相集束。热影响区组织为粗大的 β 晶粒,由于焊接热循环的影响,有再结晶过程发生,晶界 α 相断续分布,晶内分布着短片状的 α 相集束。这种细小的 α 相集束有利于提高接头的强度和疲劳性能,而粗大的 β 晶粒使得接头的塑性和韧性有不同程度的降低。

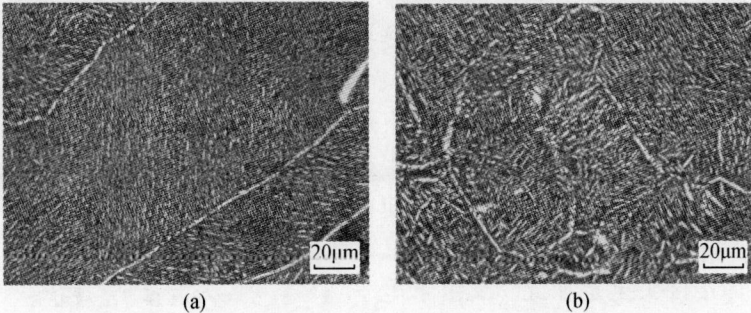

图 4 – 19　15mm 厚度 TC18 钛合金电子束焊接接头组织

(a) 焊缝;(b) 热影响区。

227

## 2. 60mm 厚度 TC18 钛合金电子束焊接

考虑到 TC18 钛合金的应用目标包括大型框、梁等主承力构件,开展了 60mm 左右厚度的 TC18 合金电子束焊接工艺研究及接头组织特征分析和全面性能测试。

试验用料为锻坯经机械加工成为 60mm 厚度的试板,焊前经一级退火热处理并进行表面清理。接头形式为"I"形平口对接。

### 1) 电子束焊接工艺参数的选择

大厚度结构件的电子束焊接容易出现焊缝成形不良、气孔密集、空洞、焊偏未熔合、焊瘤等缺陷,尤其易产生根部钉尖状缺陷。

电子束焊接工艺参数的选定以获得良好的穿透焊熔深和焊缝成形为前提。大厚度结构钛合金电子束焊接工艺,焊接速度过快会促进因熔池液体金属停留时间短和熔池气体来不及溢出而导致焊缝内部出现气孔、空洞及表面成形不均匀等缺陷。因此,焊接速度的选择裕度较小,线能量的调节辅助以电子束焦点和束斑直径。

针对 60mm 厚度的 TC18 钛合金,确定了如表 4 - 50 所示的电子束焊接工艺参数。

表 4 - 50  60mm 厚度的 TC18 钛合金电子束焊接工艺参数

| 板厚/mm | 焊接速度/(mm/s) | 焊接束流/mA | 加速电压/kV | 聚焦电流/mA | 扫描频率/Hz | 工作真空度/Pa |
|---|---|---|---|---|---|---|
| 60 | 6 | 315 ~ 285 | 60 | 890/855 | 300 | $6.65 \times 10^{-2}$ |

按照表 4 - 50 的工艺参数和辅助以合理的工艺措施,能够获得良好的接头质量。焊后对接头进行了解剖分析,焊缝内部质量符合标准要求。图 4 - 20 为 60mm 厚度 TC18 钛合金电子束焊缝横截面形状。可以看出,TC18 钛合金的电子束焊缝形状为颈部细长的高脚杯状,其中部窄而均匀,下部略有收缩,整个焊缝以对接接头中心线对称分布。若以焊缝中间宽度计算,其深度比可达 20:1 以上,体现了电子束焊接深宽比大的特点。这是由于电子束焊接能量密度高,焊接速度快,加热效率高使得形成的电子束焊缝呈细长的条柱状,尤其对于大厚度焊接接头更是如此。又由于电子束为非线性点热源与线热源叠加,沿焊件厚

图 4 - 20  60mm 厚度 TC18 钛合金
电子束焊焊缝横截面

度方向形成了上高下低的温度场分布特征,这样就形成了上宽下窄的杯口形状的

228

焊缝特征。TC18 钛合金的焊缝横截面呈现为良好特征的平行焊缝,这对组织性能的均匀性、焊接变形控制非常有利[4]。

2)接头力学性能

为了对比焊前、焊后热处理状态对大厚度 TC18 钛合金电子束焊接接头性能的影响,试验分别选择了焊前锻态和一级退火热处理(ST)、焊后真空和空气条件下的双重退火处理。接头拉伸性能、韧性和疲劳性能及裂纹扩展速率($da/dN$ 曲线)等测试结果分别见表 4 – 51、表 4 – 52 和表 4 – 53 以及图 4 – 21 和图 4 – 22。

(1)力学性能。

表 4 – 51　60mm 厚度 TC18 钛合金电子束焊接接头拉伸性能

| 热处理状态 | $\sigma_{p0.2}$ / MPa | $\sigma_b$/ MPa | $\delta_5$ / % | $\psi$ / % | 断裂位置 |
|---|---|---|---|---|---|
| ST + EBW + 双重退火 | 1063 | 1101 | 5.1 | 23.1 | 焊缝 |
| ST + EBW + 双重退火（真空） | 985 | 1028 | 6.7 | 31.3 | 焊缝 |
| 锻态 + EBW + 双重退火 | 1092 | 1144 | 3.9 | 15.3 | 焊缝 |

表 4 – 52　60mm 厚度 TC18 钛合金电子束焊接接头冲击韧性和断裂韧性

| 热处理状态 | $a_{ku}/(\text{J/cm}^2)$ | 缺口位置 | $K_{IC}/(\text{MPa} \cdot \text{m}^{1/2})$ | 备注 |
|---|---|---|---|---|
| 一级退火 + EBW + 双重退火 | 36.4 | 焊缝中心 | 88.4 | |
| 一级退火 + EBW + 双重退火(真空) | 42.8 | 焊缝中心 | 121.0 | KQ 值 |
| 锻态 + EBW + 双重退火 | 26.1 | 焊缝中心 | 90.2 | |

表 4 – 51 和表 4 – 52 所列的测试结果表明,TC18 钛合金焊前经一级退火、焊后双重退火,大厚度结构电子束焊接接头具有最好的强度、塑性及韧性等综合性能匹配。焊后真空条件下的双重退火,接头强度较低,但塑性和断裂韧性最佳。锻态下经电子束焊接,接头强度最高,塑性和抗冲击性能最差。

(2)疲劳性能。表 4 – 53 展示了 TC18 钛合金大厚度结构电子束焊接接头经真空条件下的双重退火热处理后具有良好的疲劳性能。图 4 – 21 为对应的 $S$ – $N$ 曲线。

表 4 – 53　TC18 钛合金 EBW 接头(ST + EBW + 真空双重退火)室温疲劳性能

| | $\sigma_{max}$ /MPa | 寿命 N/千周 | 寿命对数平均值 X | 标准差 S | 平均寿命 N/千周 |
|---|---|---|---|---|---|
| | | $K_t = 1, R = 0.06, f = 110\text{Hz}, \text{RT}$ | | | |
| 成组法 | 740 | 34　60　37　47　29 | 4.6025 | 0.1240 | 40.041 |
| | 690 | 64　54　67　>10000　23　57　139 | 5.0893 | 0.8728 | 122.829 |
| | 660 | 37　48　>10000　55　>10000　55　75　41　38　63 | 5.1597 | 0.9747 | 144.444 |

| | $\sigma_{max}$ /MPa | 寿命 N/千周 | | | | 寿命对数 平均值 X | 标准差 S | 平均寿命 N/千周 |
|---|---|---|---|---|---|---|---|---|
| 升降法 | 680 | 30 | 46 | | | | | |
| | 650 | >10000 | 31 | 4482 | | 指定寿命：$N=10^7$ | | |
| | 620 | 70 | >10000 | 66 | >10000 | 疲劳极限：629MPa | | |
| | 590 | >10000 | >10000 | | | | | |

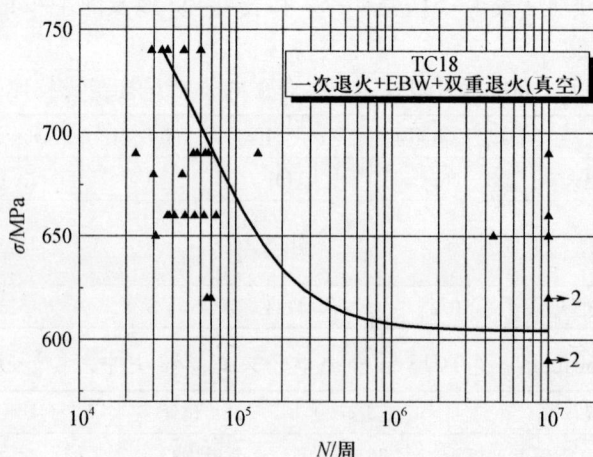

图 4-21 TC18 钛合金 EBW 接头(ST+EBW+真空双重退火)S-N 曲线

（3）裂纹扩展速率。图 4-22 为 TC18 钛合金 60mm 大厚度结构 3 种不同热处理状态的电子束焊接接头裂纹扩展速率测试结果。可见 3 种状态的接头均具有较好的裂纹扩展抗力。

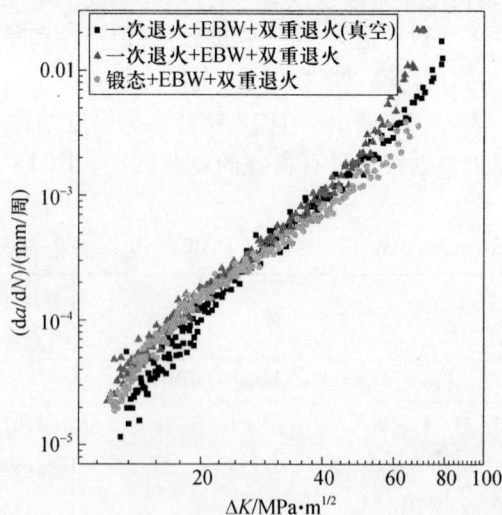

图 4-22 TC18 钛合金 EBW 接头 3 种热处理室温 da/dN 曲线

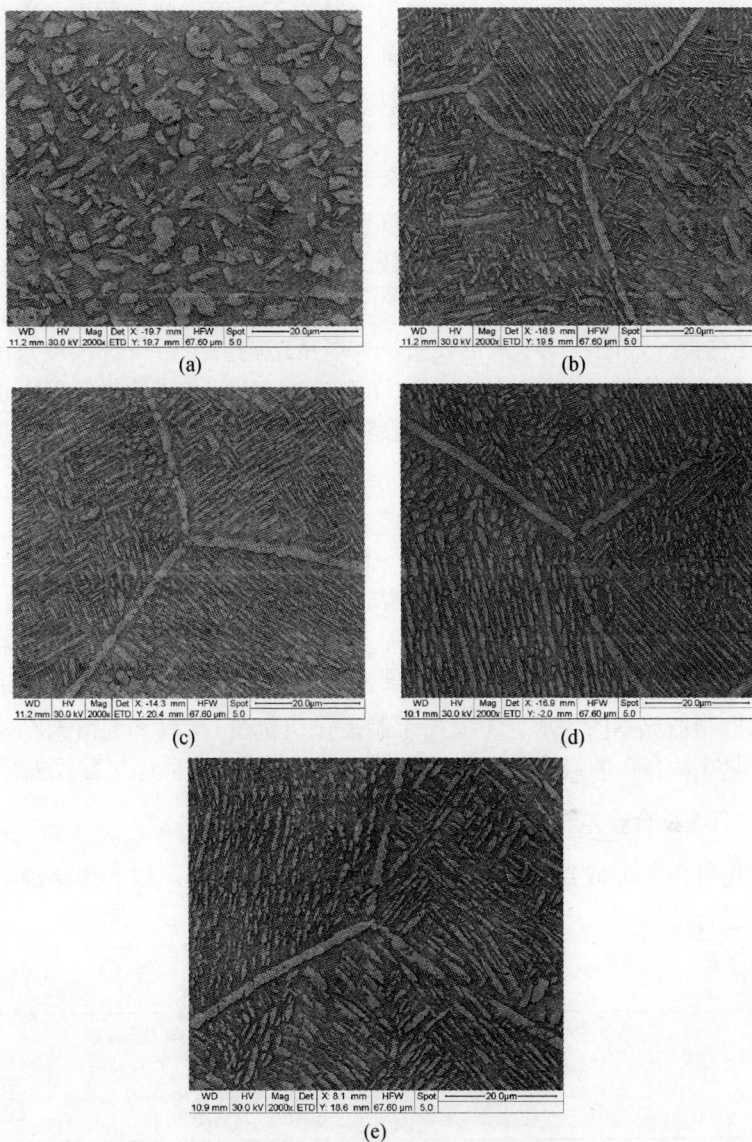

图 4 - 23　60mm 厚度 TC18 钛合金电子束焊缝不同熔深处的组织
（a）母材；（b）热影响区；（c）焊缝上部（ST + EBW + 真空双重退火）；
（d）焊缝中部（ST + EBW + 真空双重退火）；（e）焊缝下部（ST + EBW + 真空双重退火）。

### 3）接头组织特征

通常对大厚度结构电子束焊接，高能量密度电子束沿熔深方向不同厚度的功率密度和效率因子不同，会导致熔深不同层面处的热输入不同。加之沿熔深方向不同位置的散热情况的影响,会促使大厚度结构不同深度位置的电子束焊接热循环过程形成差异,体现在热输入后的冷却速度等方面。因此对热输入敏感的钛合金,必须合理选择工艺参数,否则在焊缝熔深不同层面的位置,组织结构和力学性能将形成明显差异。

图 4-23 为 60mm 厚度 TC18 钛合金焊缝不同熔深处的组织特征。可以看出,尽管焊缝熔深位置不同,焊缝组织晶粒度及组织组成没有明显差异。所以对于大厚度结构电子束焊接,合理选择工艺参数配以特殊的工艺辅助措施至关重要。焊缝组织有再结晶,晶内为集束的 α 片状组织,沿晶界有 α 镶边。片层组织晶粒粗大,室温塑性低。性能测试结果也表明该大厚度结构的电子束焊接接头沿熔深方向力学性能基本均匀。沿厚度方向因电子束功率密度、结构散热等因素形成的焊接热输入的不同并没有导致接头在不同层面力学性能的明显差异。

## 4.2.2 TB6 钛合金焊接技术

TB6 钛合金属于高强度钛合金,是一种典型的近 β 型钛合金,其名义成分为 Ti-10V-2Fe-3Al,含有 3% α 稳定元素 Al,10% 同晶型 β 稳定元素 V 和 2% 共析型 β 稳定元素 Fe。该合金具有比强度高、断裂韧性好、各向异性小、锻造温度低和抗应力腐蚀能力强等一系列优点,能够满足损伤容限设计的需要和高结构效益、高可靠性及低制造成本的要求。主要用于制造飞机机身、机翼和起落架结构中的锻造零件。TB6 钛合金的最高工作温度是 320℃。可采用多种焊接方式进行焊接。

### 4.2.2.1 TB6 钛合金电子束焊接工艺[5]

试验用材料为 TB6 钛合金锻件,具体化学成分见表 4-54。焊接前去掉表面氧化层并进行清洗。

表 4-54 TB6 钛合金化学成分 %(质量分数)

| Ti | 合 金 元 素 | | | 杂 质 元 素 | | | |
|---|---|---|---|---|---|---|---|
| | Al | V | Fe | C | N | H | O |
| 基 | 2.90 | 10.20 | 1.84 | 0.018 | 0.017 | — | 0.099 |

1. 焊接工艺参数

为了得到外观及内部检验符合要求的焊接接头,采用不同的参数进行了电子束焊接试验,确定 TB6 钛合金电子束焊接工艺参数见表 4-55。

表 4-55 TB6 钛合金锻件电子束焊接工艺参数

| 材料厚度 /mm | 功率 /kW | 焊接速度 /(mm/s) | 工作距离 /mm | 聚焦位置 |
|---|---|---|---|---|
| 60 | 12 | 5 | 130 | 零件表面以下 30mm 处 |

## 2. 焊接与热处理工序

TB6 钛合金一般经固溶 + 时效处理使用,其焊接与热处理的顺序较为复杂。研究了焊接与热处理的固溶处理和时效处理工序的不同组合,方案如下:

(1) 热锻 + 电子束焊 + 固溶 + 时效;

(2) 热锻 + 氩弧焊 + 固溶 + 时效;

(3) 固溶 + 电子束焊 + 时效;

(4) 固溶 + 时效 + 电子束焊;

(5) 固溶 + 电子束焊。

其中,固溶制度为 760℃,2h,AC;

时效采用两种制度分别为:

时效制度 1:510℃,8h,AC:

时效制度 2:525℃,8h,AC。

为了对比,研究了两种厚度的 TB6 合金试块的焊接性能,并用 15mm 厚度的试块做了手工氩弧焊焊接对比试验。TB6 钛合金不同热处理状态下接头力学性能见表 4 – 56。

表 4 – 56    TB6 钛合金不同热处理状态下接头力学性能

| 厚度 /mm | 热处理及焊接状态 | $\sigma_b$ /MPa | $\sigma_{0.2}$ /MPa | $\delta_5$ /% | $\psi$ /% |
|---|---|---|---|---|---|
| 15 | 热锻 + 电子束焊 + 固溶 + 时效 1 | 1050.7 | 1119.5 | 0.6 | 3.1 |
| | 热锻 + 电子束焊 + 固溶 + 时效 2 | 1055.7 | 1017 | 5.9 | 17.7 |
| | 热锻 + 氩弧焊 + 固溶 + 时效 1 | 1166.3 | 1095.7 | 3.1 | 6.6 |
| | 热锻 + 电子束焊 + 固溶 + 时效 1 | 1241.5 | 1176.3 | 4.4 | 15 |
| | 基体 (固溶 + 时效 1) | 1231 | 1153.3 | 7.2 | 20.3 |
| 60 | 固溶 + 电子束焊 | 811.3 | — | 0.7 | 2.4 |
| | 固溶 + 电子束焊 + 时效 1 | 1042 | 988.7 | 12.9 | 63.7 |
| | 固溶 + 时效 1 + 电子束焊 | 802 | | 1.1 | 4.6 |
| 基体材料标准,横/纵 | | ≥1100 | ≥1100 | ≥6/8 | ≥10/15 |

3. 接头氢含量测定

由于钛合金在酸洗或高温环境里有严重的吸氢现象,并影响材料的性能,因而钛合金结构件对氢含量有严格限制,必须进行接头氢含量的检验。采用化学分析方法测定了固溶＋电子束焊＋时效处理后的 TB6 钛合金试块的接头氢含量,测试结果见表 4 - 57。

表 4 - 57　TB6 钛合金电子束焊接接头氢含量　　　　　（%）

| 材　料 | 焊　缝 | 基　体 | 基体技术要求 |
|---|---|---|---|
| TB6 | 0.0024 | 0.0017 | ≤0.015 |

4. 接头不同部位室温拉伸性能

大厚度零件焊接时,由于沿厚度方向受热不均匀,可能造成各部位力学性能不同。为了真实地反映大厚度制件焊接接头的力学性能,对 TB6 钛合金试块电子束焊接接头的上、中、下不同位置切取拉伸试样测试性能。测试结果见表 4 - 58,可以看出接头不同部位的室温拉伸性能相当。

表 4 - 58　大厚度 TB6 钛合金 EBW 接头不同部位的力学性能

| 材料厚度 | 取样部位 | 室温力学性能 | | | |
|---|---|---|---|---|---|
| | | $\sigma_{0.2}$/MPa | $\sigma_b$/MPa | $\delta_5$/% | $\psi$/% |
| 60mm | 上 | 1048.4 | 1103.6 | 8 | 38.3 |
| | 中 | 1037.8 | 1091.6 | 7.4 | 36.8 |
| | 下 | 1041.6 | 1084.8 | 10.0 | 37.8 |

#### 4.2.2.2　TB6 钛合金电子束焊接接头性能

为了更全面地反应大厚度 TB6 钛合金焊接接头的力学性能,在焊接工艺及热处理方式确定后,测试了接头的力学性能。主要测试项目包括接头的室温拉伸、缺口室温拉伸、缺口高温拉伸、室温冲击韧性、高温持久性能及拉 - 拉疲劳性能等,结果见表 4 - 59 ~ 表 4 - 63。疲劳曲线见图 4 - 24。

1. 室温拉伸

表 4 - 59　TB6 钛合金锻件与电子束焊接接头室温拉伸性能

| 材　料 | 规格/mm | $\sigma_b$/MPa | $\sigma_{0.2}$/MPa | $\delta$/% | $\psi$/% |
|---|---|---|---|---|---|
| 电子束焊接头 | 60 | 1093.7 | 1074 | 9.0 | 51.9 |
| 电子束焊要求 | | ≥990 | — | — | — |
| 锻件(纵向) | Ti - 2 | 1140 | 1085 | 12.5 | 52.5 |
| 锻件标准(纵向) | | 1100 | 1035 | 8 | 15 |

从表 4 - 59 可以看出,TB6 钛合金电子束焊接接头室温拉伸性能满足设计要求,且达到母材的 90%。

## 2. 缺口室温拉伸

表 4 – 60　TB6 钛合金电子束焊接接头室温缺口拉伸性能

| 材 料 | 实验温度 | $d$/mm | $K_t$ | $\sigma_{bH}$/MPa | $\sigma_{bH}/\sigma_b$ |
|---|---|---|---|---|---|
| TB6,60mm | 室温 | $D=7,d=5$ | 3 | 1683.7 | 1.54 |

## 3. 室温冲击韧性

表 4 – 61　TB6 钛合金电子束焊接接头室温冲击韧性

| 材 料 | 热处理及焊接状态 | 试样尺寸/mm | $\alpha_{kU}/(J/cm^2)$ |
|---|---|---|---|
| TB6,60mm | 固溶 + 焊接 + 时效 | $10 \times 10 \times 55$ | 17.6 |
| | | | 22.2 |
| | | | 19.1 |

## 4. 高温持久性能

表 4 – 62　TB6 钛合金电子束焊焊接接头 400℃高温持久性能

| 试样编号 | 试验应力/MPa | 持续时间/h | 说 明 |
|---|---|---|---|
| 1 | 700 | 19:20 | 断于母材 |
| 2 | 650 | 59:00 | 断于母材 |
| 3 | 600 | 120:00 | 试样未断 |
| 4 | 620 | 62:00 | 断于母材 |
| 5 | 600 | 75:00 | 断于母材 |
| 6 | 580 | 86:20 | 断于母材 |
| 7 | 550 | 163:55 | 断于母材 |
| 8 | 565 | 117:00 | 试样未断 |
| 9 | 565 | 120:00 | 试样未断 |
| 10 | 565 | 105:00 | 试样未断 |
| 11 | 565 | 105:00 | 试样未断 |
| 12 | 565 | 105:00 | 试样未断 |

　　由表 4 – 62 可以看出,TB6 钛合金电子束焊焊接接头 400℃/100h 持久性能为 565MPa。

## 5. 拉 – 拉疲劳性能

表 4 – 63　TB6 钛合金电子束焊接缺口疲劳性能

| | $\sigma_{max}$ /MPa | 寿命 $N$/千周 | | | | | 寿命对数 平均值 $X$ | 标准差 $S$ | 平均寿命 $N$/千周 |
|---|---|---|---|---|---|---|---|---|---|
| | | $K_t=3,R=0.1,f=140Hz$ | | | | | | | |
| 成组法 | 400 | 39 | 24 | 32 | 35 | 32 | 4.5051 | 0.0783 | 32.00 |
| | 360 | 37 | 74 | 41 | 55 | 45 | 4.6888 | 0.1192 | 48.84 |
| | 330 | 43 | 102 | 45 | 105 | 151　74 | 4.8941 | 0.2177 | 78.36 |
| 升降法 | 310 | 51 | 89 | 99 | | | 指定寿命:$N=10^7$ 疲劳极限:295MPa | | |
| | 295 | 74 | 10000 | >10000 | >10000　153 | | | | |
| | 280 | >10000 | >10000 | >10000 | | | | | |

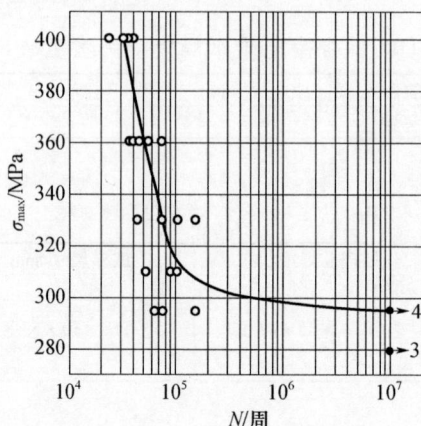

图 4 - 24  TB6 钛合金锻件电子束焊室温轴向加载缺口

试样($K_t$ = 3)的 $S - N$ 曲线

从以上试验结果可以看出,TB6 钛合金锻件具有良好的焊接性能,其电子束焊接接头室温拉伸性能可以达到母材的 90% 以上,在不同厚度方向的力学性能相当。选取固溶 + 焊接 + 时效的焊接与热处理顺序,接头的性能最好。采用 510℃,8h,AC 的时效制度与采用 525℃,8h,AC 的时效制度,二者相比较,前者的强度高于后者,但前者的延伸率和断面收缩率不如后者,故综合考虑选用了 525℃,8h,AC 的时效制度。

## 4.2.3 TB8 钛合金焊接技术

TB8 钛合金系美国 Timet 公司于 20 世纪 80 年代末期最先研制的 β - 21S 钛合金(Ti - 15Mo - 2.7Nb - 3Al - 0.2Si)。该合金是一种亚稳态 β 型钛合金,可用作制造有温度要求的飞机结构件或发动机结构件、蜂窝、紧固件和液压管材等,还可以用作金属基复合材料的基体、铸件等[6]。填补了抗氧化、抗腐蚀的高强度钛合金的空白,引起了航空航天和其他工业领域的广泛关注。

试验材料为 0.35mm、1.5mm 和 2.0mm 厚的 TB8 钛合金板材,其化学成分见表 4 - 64。

表 4 - 64  TB8 钛合金化学成分　　　　　　　　%(质量分数)

| Mo | Al | Nb | Si | O | N | H | Ti |
|---|---|---|---|---|---|---|---|
| 14 ~ 16 | 2.5 ~ 3.5 | 2.2 ~ 3.2 | 0.15 ~ 0.25 | ≤0.17 | ≤0.03 | ≤0.015 | 余 |

材料的热处理状态如下:

(1) 固溶处理(ST) + 焊接;

(2) 固溶处理(ST) + 焊接 + 时效处理(A);

（3）固溶时效处理（STA）+焊接。

固溶处理制度为：845℃，10min，AC；

时效处理制度为：670℃，8h，FC，真空度不低于 $1 \times 10^{-2}$Pa。

### 4.2.3.1 TB8 钛合金电阻焊

1. TB8 钛合金电阻点焊

1）TB8 钛合金点焊工艺参数

钛合金具有比奥氏体不锈钢更高的电阻率和更小的热传导率，所以熔核几何尺寸对点焊参数不敏感，因而参数可调范围宽。再者，钛合金的高温强度低于奥氏体不锈钢的高温强度，焊接时可采用比点焊相同厚度奥氏体不锈钢时更低的电极电压。虽然钛合金在高温时易大量吸收氧、氮、氢而脆化，但点焊时熔化金属处于塑性壳内与大气隔绝，故焊接性甚好，一般不需要保护气体[7]。

对 0.35mm 和 1.5mm 规格的 TB8 钛合金板材先后在 SCIAKY 和 MTΠ-200 交流点焊机上进行点焊工艺试验。大量的工艺试验说明，TB8 钛合金采用合适的工艺程序及焊接规范参数，可以进行电阻点焊。其点焊规范参数适应范围比较宽。确定的 TB8 钛合金点焊参考工艺规范见表 4-65。焊后点焊接头经外观、低倍检验及 X 射线探伤，未发现缺陷，点焊焊点质量较好。

表 4-65　TB8 钛合金点焊工艺规范

| 板 厚 /mm | 电极球面半径/mm | 焊接电流 /kA | 焊接时间 /s | 电极压力 /N |
|---|---|---|---|---|
| 0.30～0.40 | 50～75 | 3500～4500 | 0.06～0.10 | 980～1760 |
| 1.50+1.50 | 75～100 | 7282～8696 | 0.12～0.24 | 3510～5394 |

2）TB8 钛合金点焊接头性能

对 TB8 钛合金板材不同热处理状态的点焊焊接接头性能作了测试。表 4-66 为两种不同规格的 TB8 钛合金不同热处理状态下的点焊接头的核心尺寸和单点抗剪切力。

表 4-66　TB8 钛合金不同热处理状态下的点焊接头力学性能

| 规格 /mm | 热处理状态 焊前/焊后 | 焊接电流 /A | 电极压力 /N | 焊接时间 /s | 熔核直径 /mm | 单点剪切力 /kN | 断裂形式 |
|---|---|---|---|---|---|---|---|
| 0.35+ 0.35 | ST/A | 4480 | 1783 | 0.08 | 3.0 | 2.480 | 撕破 |
|  |  | 3940 |  |  | 2.9 | 2.376 |  |
|  |  | 3600 |  |  | 2.7 | 2.270 |  |
|  | STA/ | 4520 |  |  | 3.0 | 2.022 |  |
|  |  | 4060 |  |  | 2.8 | 1.947 |  |
|  |  | 3500 |  |  | 2.7 | 1.754 |  |

| 规格<br>/mm | 热处理状态<br>焊前/焊后 | 焊接电流<br>/A | 电极压力<br>/N | 焊接时间<br>/s | 熔核直径<br>/mm | 单点剪切力<br>/kN | 断裂<br>形式 |
|---|---|---|---|---|---|---|---|
| 1.5 +<br>1.5 | ST/A | 8696 | 4508 | 0.16 | 6.0 | 17.65 | 剪切 |
| | | 7924 | | | 5.6 | 15.77 | |
| | | 7282 | | | 5.0 | 12.71 | |
| | STA/ | 8132 | | | 5.7 | 18.82 | |

从表 4 - 66 可看出,0.35mm 厚的薄板点焊接头单点抗剪力焊后时效处理明显好于焊前时效状态;而对于 1.5mm 的板材而言,焊前时效的焊点抗剪力却优于焊后处理状态。试验中 0.35mm 焊点焊着率 80%,1.5mm 板材的焊着率约 60%。可以分析为,在接受点焊瞬间大热量作用时,薄板的导热效果明显要好,晶粒长大的趋势要弱,加之焊后时效强化相的析出,因而焊后时效的作用突出。反之,1.5mm 的板材受热作用强烈,时间短;晶粒长大明显且在瞬间内向 β 相的转变不完全,使得焊后时效的作用不突出。

对 1.5mm 厚的 TB8 钛合金板材点焊接头还作了室温疲劳性能测试,点焊接头疲劳性能试验结果见表 4 - 67。

表 4 - 67　TB8 钛合金点焊接头疲劳性能

| $\sigma_{max}$<br>/MPa | 寿命 N/千周 | 寿命对数<br>平均值 X | 标准差<br>S | 平均寿命<br>N/千周 |
|---|---|---|---|---|
| 轴向载荷,$R = 0.06$,$f = 15Hz$ | | | | |
| 260 | 2.122 | | | |
| 200 | 5.225 | | | |
| 166 | 8.317, 8.370, 8.620 | 3.9261 | 0.0088 | 8.435 |
| 150 | 10.411 | | | |
| 110 | 22.878, 20.937, 22.714, 20.521 | 4.3372 | 0.0241 | 21.737 |
| 100 | 30.148 | | | |
| 60 | 155.44, 155.811, 106.118, 178.369 | 5.1653 | 0.0188 | 146.318 |
| 47 | 368.716, 443.884, 481.145, 510.506 | 5.6511 | 0.0615 | 447.816 |
| 注:疲劳寿命 N 以断裂计 | | | | |

2. TB8 钛合金电阻缝焊

1) TB8 钛合金电阻缝焊工艺规范

对 0.35mm 和 1.5mm 规格的 TB8 钛合金板材进行缝焊,确定了两种规格板材的缝焊工艺规范的参考范围,见表 4 - 68。TB8 钛合金缝焊规范参数适应范围比较宽。焊后接头按照航标经外观、低倍检验及 X 射线探伤,未发现缺陷。缝焊接头质量较好。

表 4 - 68　TB8 钛合金缝焊参考工艺规范

| 板厚 /mm | 滚轮球面 半径/mm | 焊接电流 /kA | 脉冲时间 /s | 间歇时间 /s | 电极压力 /kN | 焊接速度 /(m/min) |
|---|---|---|---|---|---|---|
| 0.35 + 0.35 | 30 ~ 50 | 4 ~ 5 | 0.04 ~ 0.08 | 0.06 ~ 0.08 | 2 ~ 2.7 | 0.60 ~ 0.70 |
| 1.5 + 1.5 | 75 ~ 100 | 8.4 ~ 9.6 | 0.18 ~ 0.20 | 0.26 ~ 0.30 | 4.4 ~ 5.4 | 0.40 ~ 0.50 |

2）TB8 钛合金缝焊接头性能

（1）接头强度。对 TB8 钛合金缝焊接头进行了焊缝宽度和力学性能的测试，结果见表 4 - 69。

表 4 - 69　TB8 钛合金缝焊工艺规范及接头性能

| 规格 /mm | 热处理状态 焊前/焊后 | 焊接 电流 /A | 电极 压力 /N | 工作时间 焊接/休止 /s | 焊缝 宽度 /mm | 接头 强度 /MPa | 断裂 部位 |
|---|---|---|---|---|---|---|---|
| 0.35 + 0.35 | ST/A | 4000 | 2173 | 0.06/0.10 | 3.0 | 978 | 熔合线 或基体 |
| | STA/ | | | | 3.0 | 932 | |
| 1.5 + 1.5 | ST/A | 9600 | 5107 | 0.06/0.16 | 6.1 | 1021 | HAZ |
| | | 8800 | | | 5.6 | 1004 | |
| | | 8400 | | | 5.0 | 973 | |
| | STA | 8200 | | | 5.6 | 745 | 熔合线 |

经焊后时效的缝焊接头强度明显高于焊前时效处理的状态。缝焊时，焊接区域同点焊一样受大量热效应的作用。但缝焊为连续焊接，焊缝和近缝区相对长的时间内处于高温状态，焊后属于空冷，在一定程度内起到相变点以上的固溶作用。随后的时效，使焊缝和近缝区得到强化，因而接头强度显著提高。

（2）高温拉伸性能。1.5mm 规格的 TB8 钛合金缝焊接头高温拉伸性能见表4 - 70。

表 4 - 70　TB8 钛合金缝焊接头高温拉伸性能

| 温度 /℃ | 热处理状态 焊前/焊后 | 焊接 电流 /A | 电极 压力 /N | 工作时间 焊接/休止 /s | 焊缝 宽度 /mm | 接头 强度 /MPa | 断裂 部位 |
|---|---|---|---|---|---|---|---|
| 400 | ST/A | 8800 | 5107 | 0.06/0.16 | 5.6 | 818 | HAZ |

（3）接头持久力学性能。TB8 钛合金缝焊接头 400℃ 持久力学性能见表4 - 71。

表 4 - 71　TB8 钛合金缝焊接头 400℃持久力学性能

| 序号 | 温度 /℃ | $\sigma_b$/MPa | 时间 /h | 备注 |
|------|---------|-------------|---------|------|
| 221 | 400 | 600 | 1h 45min | |
| 222 | 400 | 600 | 1h 50min | |
| 223 | 400 | 600 | 7h 40min | |
| 224 | 400 | 600 | 100h 00min | 停止 |
| 225 | 400 | 620 | 36h 50min | |
| 226 | 400 | 630 | 23h 20min | |
| 227 | 400 | 650 | 0h 30min | |
| 228 | 400 | 650 | 69h 30min | |

### 4.2.3.2　TB8 钛合金手工钨极氩弧焊

1. TB8 钛合金手工钨极氩弧焊焊接工艺

钛合金焊接工艺的主要问题在于防止焊缝和热影响区的氧化和各种杂质的污染。因此,钛合金的手工氩弧焊必须采取良好的保护措施或者是在真空充氩箱内进行。采用真空充氩箱内 TIG 焊对 2.0mm 厚的 TB8 钛合金板材按固溶 + 焊接 + 时效、固溶 + 时效 + 焊接及固溶 + 焊接三种状态进行实验。选取与母材同成分同状态的合金作填充材料。接头形式为对接,焊接工艺参数见表 4 - 72。

表 4 - 72　TB8 钛合金 TIG 焊焊接工艺参数

| 板厚 /mm | 热处理状态 焊前/焊后 | 电压 /V | 电流 /A | 焊速 /(mm/s) | 内部质量 |
|----------|---------------------|---------|---------|-------------|----------|
| 2.0 | ST/ | 70 | 68 | 2.4 | 焊缝无气孔 |
| 2.0 | ST/A | 70 | 70 | 2.6 | 焊缝无气孔 |
| 2.0 | STA/ | 70 | 66 | 2.3 | 焊缝无气孔 |

2. TB8 钛合金手工钨极氩弧焊接头性能

TB8 钛合金手工钨极氩弧焊接头性能见表 4 - 73,手工氩弧焊焊接接头经时效后强度接近于基体,但塑性有较大程度降低。

表 4 - 73　TB8 钛合金 2mm 厚板材手工氩弧焊接头力学性能

| 试样 序号 | 热处理状态 焊前/焊后 | $\sigma_b$ /MPa | $\delta_5$ /% | 断裂位置 |
|----------|---------------------|--------------|-----------|----------|
| 011 | | 993 | 7.0 | HAZ |
| 012 | STA/ | 990 | 7.8 | HAZ |
| 013 | | 996 | 7.8 | HAZ |

| 试样序号 | 热处理状态<br>焊前/焊后 | $\sigma_b$<br>/MPa | $\delta_5$<br>/% | 断裂位置 |
|---|---|---|---|---|
| 014 | | 952 | 7.9 | HAZ |
| 021 | | 984 | 9.0 | BM |
| 022 | | 997 | 6.1 | HAZ |
| 023 | | 1009 | 6.1 | 近缝区 |
| 024 | | 981 | 6.9 | HAZ |
| 11 | | 938 | 13.1 | HAZ |
| 12 | ST/ | 940 | 11.5 | HAZ |
| 13 | | 941 | 11.5 | BM |
| 14 | | 930 | 10.3 | HAZ |
| 21 | | 1042 | 9.4 | BM |
| 22 | ST/A | 1058 | 10.5 | HAZ |
| 23 | | 1058 | 11.1 | HAZ |
| 24 | | 1033 | 11.5 | HAZ |

#### 4.2.3.3 TB8 钛合金电子束焊接

1. TB8 钛合金薄板电子束焊接

1）焊接工艺参数

电子束焊接接头质量除了受材料本身的冶金质量、清洁程度和供应状态等因素影响外,主要受电子束焊接参数的影响。加速电压、束流、焊接速度、工作距离及焦点位置决定焊接线能量和有效的焊接热输入。工作距离和焦点位置影响电子束的功率密度和焊缝横截面形状,也就影响接头焊缝宽度和平行性以及基体受热影响的程度。真空电子束焊接接头质量是其他传统的焊接方法所不能比拟的。由于是在真空条件下焊接,对钛合金焊接来说是最为理想。真空电子束焊接对钛合金表面状况和接缝间隙要求比较严格。

开展了2mm厚TB8钛合金板材的真空电子束焊接工艺研究,焊接工艺参数见表4-74。

表 4-74　2mm 厚 TB8 钛合金真空电子束焊接工艺参数

| 板厚<br>/mm | 加速电压<br>/kV | 焊接束流<br>/mA | 焊接速度<br>/(mm/s) | 聚焦电流<br>mA | 工作真空<br>度/Pa | 工作距离<br>/mm |
|---|---|---|---|---|---|---|
| 2.0 | 60 | 18 | 15 | 866 | $2.66 \times 10^{-2}$ | 120 |

2) 接头性能

2mm 厚 TB8 钛合金电子束焊接接头性能见表 4 – 75 所列。TB8 钛合金电子束焊接接头强度几乎与基体等强，但塑性降低。与手工氩弧焊焊接接头相比，电子束焊接接头的塑性较好。这是因为电子束功率密度大、能量集中，熔融区域小，热作用时间短。电子束焊缝和热影响区较窄，容易得到组织细小的焊接接头，对提高接头的塑性十分有利。

表 4 – 75　2mm 厚 TB8 钛合金板材的电子束焊接接头性能

| 试样序号 | 热处理状态 | $\sigma_b$ /MPa | $\sigma_{0.2}$ /MPa | $\delta_5$ /% | 备注 |
|---|---|---|---|---|---|
| 11 | ST + EBW + A | 1060 | 1052 | 12.3 | BM |
| 12 | | 1080 | 1047 | 11.8 | BM |
| 13 | | 1076 | 1041 | 12.0 | BM |
| 14 | | 1051 | 1032 | 13.5 | BM |
| 15 | ST + EBW | 890 | 863 | 11.7 | BM |
| 16 | | 857 | 835 | 12.6 | WM 断 |
| 基体 | STA | 1053 | 1013 | 14.6 | — |
| | ST | 893 | 843 | 18 | — |

2. TB8 钛合金厚板电子束焊接

1) 焊接工艺

试验用料为 TB8 钛合金锻坯经 800℃、1.5h～2.0h、AC 的固溶处理后，机械加工成厚 50mm 的锻件。锻件固溶和时效处理的工艺规范如下：

(1) 固溶(ST)：800℃，1.5h～2.0h，WQ；

(2) 时效处理(A)：560℃～580℃，8h，AC。

大厚度的钛合金电子束焊接，容易在焊缝根部形成缺陷，主要为气孔。这是由于瞬时高密度的热输入作用在熔池，熔池中的气体来不及溢出，在焊缝中间形成气孔甚至是空洞等缺陷。另外，极其容易在不穿透或临界穿透的焊缝根部出现气孔和锯齿状缺陷。

合理地选择焊接速度、电子束流、聚焦状态及电子束扫描的轨迹、频率和幅度等工艺参数，结合必要的工艺措施能获得比较理想的大厚度钛合金电子束焊接接头质量。

50mm 厚 TB8 钛合金电子束焊接工艺参数见表 4 – 76。电子束扫描频率为200Hz，幅值为 1mm，扫描轨迹为圆形。焊后 20min 小束流对焊缝表面散焦修饰焊。

表 4-76　50mm 厚 TB8 钛合金电子束焊接工艺参数

| 加速电压<br>/kV | 电子束流<br>/mA | 焊接速度<br>/(mm/s) | 聚焦电流<br>/mA | 工作距离<br>/mm | 工作真空度<br>/Pa |
|---|---|---|---|---|---|
| 60 | 180~172 | 4 | 865/828 | 120 | $1.33 \times 10^{-2}$ |

2）焊缝中的氢含量

决定焊接接头疲劳强度的条件之一是减少焊缝中的气孔数量和尺寸。电子束焊接接头产生气孔的主要原因是接缝表面的氧化膜未彻底清理或是吸附了一定的水气以及合金中的氢含量所致。试验对电子束焊接接头的氢含量进行了化学分析，结果见表 4-77。

表 4-77　50mm 厚 TB8 钛合金电子束焊接接头的氢含量　　%（质量分数）

| 取样部位 | 热处理状态及条件 | 焊后与时效间隔 | 氢含量 /% |
|---|---|---|---|
| 基 体 | 固溶、AC；空气炉 | — | 0.0030 |
| 焊 缝 | 固溶 + EBW | 焊后 2 个月测试 | 0.0032 |
| 焊 缝 | 固溶 + EBW + 真空时效，空冷 | 焊后 1 个月内时效 | 0.0025 |

结果表明，真空电子束焊接使得焊缝中的氢含量没有明显的变化，而真空时效处理后焊缝中氢含量有所降低。

3）接头性能

（1）拉伸性能。针对不同热处理状态，测试了 50mm 厚的 TB8 钛合金电子束焊接接头拉伸性能，测试结果见表 4-78。

表 4-78　50mm 厚 TB8 钛合金不同热处理状态下 EBW 接头力学性能

| 热处理状态 | $\sigma_{0.2}$<br>/MPa | $\sigma_b$<br>/MPa | $\delta_5$<br>/% | $\psi$<br>/% | 断裂位置 |
|---|---|---|---|---|---|
| 固溶 + EBW | 922 | 952 | 6.5 | 18 | 近缝区 |
| 固溶 + EBW + 时效 | — | 1298 | 4.8 | 12.7 | 基体和热影响区 |
| 固溶 + 时效 + EBW | 925 | 940 | 5.3 | 11.0 | 焊缝 |
| 固溶 + 时效 + EBW<br>+ 时效 | 1200 | 1253 | 3.2 | 7.8 | 焊缝 |
| 母材<br>固溶 + 时效 | 1225 | 1300 | 9.6 | 20.0 | — |

与母材相比，固溶 + EBW + 时效状态下接头的室温强度最好，试样普遍断裂在离熔合线远一点的基体部位。焊态下接头的塑性较好。

（2）室温冲击性能 见表 4-79。

表 4-79　50mm 厚 TB8 钛合金电子束焊接接头室温冲击性能

| 接头厚度 | 取样方向 | 热处理状态 | 试样编号 | 缺口部位 | $\alpha_{ku}/(J/cm^2)$ |
|---|---|---|---|---|---|
| 50 mm | T | 固溶 + EBW + 时效 | 611-1 | 焊缝 | 7.6 |
| | | | 612 | | 11.3 |
| | | | 613-1 | | 11.7 |
| | | | 611 | | 10.9 |
| | | | 616 | | 11.7 |
| | | | 612-1 | 热影响区 | 11.3 |
| | | | 617 | | 10.9 |
| | | | 618 | | 12.9 |

（3）热稳定性能见表 4-80。

表 4-80　50mm 厚 TB8 钛合金电子束焊接接头热稳定性能

| 热暴露条件 | | | | 400℃ / 500h | | |
|---|---|---|---|---|---|---|
| 接头厚度 | 热处理状态 | 取样方向 | 试样编号 | 室温拉伸性能 | | |
| | | | | $\sigma_b$ /MPa | $\delta_5$ /% | $\psi$ /% |
| 50 mm | 固溶 + EBW + 时效 | T | 101 | 1139 | 0.6 | 4.3 |
| | | | 102 | 1263 | 1.6 | 4.7 |
| | | | 103 | 1431 | 0.8 | 2.0 |
| | | | 104 | 1124 | 0.9 | 3.5 |
| | | | 105 | 1256 | 1.8 | 5.1 |

（4）高温持久性能见表 4-81。

表 4-81　50mm 厚 TB8 钛合金电子束焊接接头高温持久性能

| 序号 | 温度 /℃ | $\sigma_b$ /MPa | 时间 | 备注 |
|---|---|---|---|---|
| 311 | 400 | 900 | 105h 00min | 停止 |
| 312 | | 970 | 8h 00min | |
| 313 | | 930 | 53h 00min | |
| 314 | | 910 | 105h 00min | 停止 |
| 315 | | 920 | 21h 30min | |
| 316 | | 910 | 105h 20min | 停止 |
| 317 | | 910 | 65h 35min | |

（5）缺口敏感性见表 4 - 82。

表 4 - 82　50mm 厚 TB8 钛合金电子束焊接接头缺口敏感性

| 接头厚度 | 热处理状态 | 试验温度 | 试样编号 | 缺口敏感系数 | $\sigma_{Bh}$ /MPa |
|---|---|---|---|---|---|
| 50 mm | 固溶 + EBW + 时效 | 20℃ | 711 | $K_t = 3$　$R = 0.25$ | 1379 |
| | | | 712 | | 1589 |
| | | | 713 | | 1567 |
| | | | 714 | | 1432 |

（6）剪切性能见表 4 - 83。

表 4 - 83　　50mm 厚 TB8 钛合金电子束焊接接头剪切性能

| 取样方向 | 热处理状态 | 试验温度 | 试样编号 | $\tau_b$/MPa |
|---|---|---|---|---|
| T | 固溶 + EBW + 时效 | 20℃ | 511 | 782 |
| | | | 512 | 811 |
| | | | 513 | 809 |
| | | | 514 | 777 |
| | | | 515 | 816 |
| | | | 516 | 777 |
| | | | 517 | 748 |

4）接头的显微组织特征

焊接接头的组织取决于焊接加热循环和接头区以一定速度冷却时被焊合金发生的转变。电子束焊接时温度分布的特点是：焊缝横向，特别是束前的温度梯度很大。在距焊缝中心线 5mm，10mm，20mm，30mm 处的最高温度分别可以达到 1200℃，650℃，180℃，100℃。500℃ ~ 1200℃ 的加热速度达 1000℃/s。在相变温度区间，冷却速度能够达到 400℃/s ~ 500℃/s。对于焊缝横截面呈平行或接近于平行的焊缝，可以认为被焊金属深处的温度分布与表面测得的温度相近。

电子束焊缝的近缝区很窄，近缝区的组织与再远一点的基体组织差异较大。且近缝区往往是焊接接头最薄弱的部位。

如图 4 - 25(a)50mm 大厚度 TB8 钛合金焊缝为粗大的枝状铸造组织，且有很强的方向性。这是受电子束瞬间高能量密度热作用的结果。在热作用的瞬间，再结晶过程非常快地发生，而且迅速长大，如图 4 - 25(c)和(d)所示。焊态下的焊缝和近缝区组织类似超过 β 相区的固溶组织，以 β 相为主和少量的 ω 相及极少量的 $Ti_5Si_3$。因而接头焊缝和近缝区的拉伸强度和屈服强度下降，塑性也比基体显著降低。

经时效处理的焊缝沿晶界和亚晶界有析出物。时效过程使焊缝和近缝区亚稳态的 β 分解，形成均匀、弥散、细小的次生 α 相，如图 4 - 25(d)所示。塑性降低，强度、硬度显著提高。拉伸断口位于基体部位，沿晶界断裂，如图 4 - 25(f)所示。

固溶时效后焊接的焊缝组织一样呈粗大的枝状晶，由于热作用时间短，弥散相的溶解不够充分，如图 4 - 25(e)所示。焊缝强度和塑性都较低。再次经过时效处理后强度可恢复。

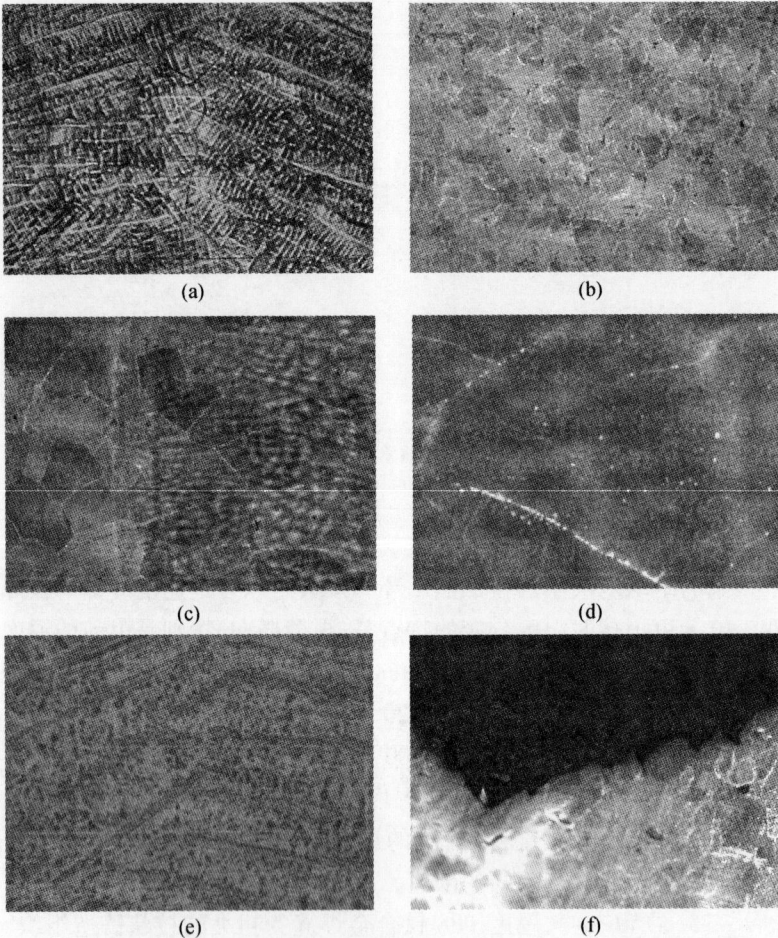

图 4 - 25　50mm 厚 TB8 钛合金电子束焊接接头组织

(a) 焊缝组织(固溶 + 焊接) ×250；(b) 基体组织(固溶 + 焊接 + 时效) ×250；

(c) 热影响区组织(固溶 + 焊接 + 时效) ×250；(d) 焊缝组织(固溶 + 焊接 + 时效) ×1250；

(e) 焊缝组织(固溶 + 时效 + 焊接) ×1250；(f) 断口(固溶 + 焊接 + 时效) ×250。

5）不同深度接头组织和性能

如图4-26所示在焊缝不同深度方向取力学性能试样，测试结果见表4-84。

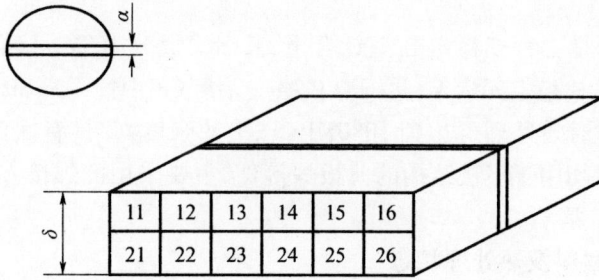

图4-26　接头取样位置示意图

表4-84　50mm 厚 TB8 钛合金 EBW 焊缝不同深度的力学性能

| 试样编号 | 热处理状态 | 部位 | $\sigma_{0.2}$/MPa | $\sigma_b$/MPa | $\delta_5$/% | $\psi$/% |
|---|---|---|---|---|---|---|
| 12 | | | 1120 | 1160 | 5.6 | 15.8 |
| 14 | | 焊缝上层 | 1154 | 1190 | 3.4 | 9.9 |
| 16 | 固溶 + EBW + 时效 | | 1167 | 1200 | 4.2 | 8.6 |
| 22 | | | 1240 | 1283 | 5.4 | 18.4 |
| 24 | | 焊缝下层 | 1220 | 1266 | 4.0 | 18.2 |
| 26 | | | 1212 | 1253 | 8.0 | 15.7 |

从表4-84中可以看出，时效处理后位于焊缝下层区域的拉伸强度高于上层区域，达到与母材等强。其焊缝及热影响区晶粒十分细小，如图4-27所示。

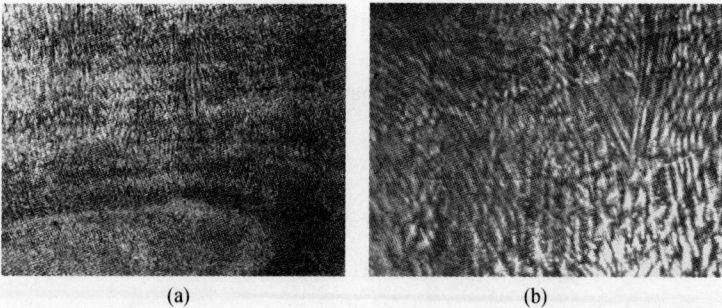

(a)　　　　　　　　　　　　　(b)

图4-27　50mm 厚 TB8 钛合金不同深度的
焊缝及热影响区组织
(a) 上层焊缝及热影响区组织 ×70；(b) 下层焊缝及热影响区组织 ×70。

导致这种现象的原因是由于焊缝下层区域电子束热输入量小于上层区域，形成熔池金属少，合金化的程度更高，且高温停留时间短，冷却速度要快。以致于在

247

焊缝和热影响区晶粒来不及长大,结晶晶粒细小,因此表现为该区域强度略高。

### 4.2.4  TB5 钛合金焊接技术

TB5 钛合金是一种亚稳定 β 型钛合金,其名义成分为 Ti – 15V – 3Cr – 3Sn – 3Al,含有同晶型 β 稳定元素 V、共析型 β 稳定元素 Cr、中性元素 Sn 和 α 稳定元素 Al。该合金通过时效处理可达到 1080MPa 以上的强度,并具有优良的焊接性能。这种钛合金已成功用于飞机结构的薄板焊接件,主要采用的焊接方法是电阻点焊和真空充氩 TIG 焊。

#### 4.2.4.1  焊接材料及热处理状态

1. 焊接材料

研究所用材料为 TB5 钛合金板材,其化学成分见表 4 – 85。

表 4 – 85  TB5 钛合金化学成分　　　　　%(质量分数)

| 炉号 | 板厚/mm | V | Cr | Sn | Al | Fe | C | N | O | H | Ti |
|------|---------|-----|------|------|------|------|-------|-------|-------|--------|------|
| H7394 | 1.4 | 15.69 | 3.00 | 3.14 | 2.79 | 0.12 | 0.033 | 0.012 | 0.14 | 0.0042 | 余量 |
| B2079 | 1.0,1.2, 1.5,1.7 | 15.14 | 2.88 | 3.21 | 3.16 | 0.15 | 0.044 | 0.015 | 0.15 | 0.0049 | 余量 |
| B2061 | 0.8,1.2, 1.5,2.0 | 15.25 | 2.80 | 3.03 | 2.98 | 0.09 | 0.010 | 0.010 | 0.117 | 0.0024 | 余量 |
| G7792 | 1.6 | 14.94 | 2.80 | 3.17 | 3.30 | 0.17 | 0.016 | 0.011 | 0.12 | 0.004 | 余量 |
| 注:G7792 炉为美国料 | | | | | | | | | | | |

2. **材料的热处理制度**

(1) 固溶处理(ST) + 焊接;

(2) 固溶处理(ST) + 焊接 + 时效处理(A);

(3) 固溶时效处理(STA) + 焊接。

固溶处理制度为:800℃,8h,AC。

时效处理制度为:①540℃,8h,FC,真空室压力小于 $1 \times 10^{-2}$ Pa;

②520℃,10h,FC,真空室压力小于 $1 \times 10^{-2}$ Pa;

#### 4.2.4.2  TB5 钛合金点焊

1. TB5 钛合金点焊规范参数

点焊接头的质量要求,首先体现在对被焊材料的焊接适应性的力学性能测试,而接头的力学性能又与选择的规范参数、熔核尺寸(直径和焊透率)、熔核及其周围热影响区的金属显微组织及缺陷情况密切相关。

采用 H7394 炉和 B2079 炉的五种规格板材分别在 SCIAKY、P26CC 点焊机和

MTII-200 交流点焊机上进行点焊工艺试验。试验用电极材料为铬锆铜合金，上、下电极均为球面端头，采用内部水冷却电极方式。TB5 钛合金点焊时可采用范围较大的规范参数，并可获得良好的接头质量，TB5 钛合金点焊规范参数见表4-86。

表4-86　TB5 钛合金点焊规范参数

| 板厚 /mm | 热处理状态 焊前/焊后 | 焊接规范参数 | | |
|---|---|---|---|---|
| | | $I$ /A | $t$ /s | $P$ /kN |
| 0.8 | STA/未处理 | 4420~6480 | 0.14~0.18 | 2.55~3.53 |
| 1.2 | STA/未处理 | 5100~7150 | 0.20~0.24 | 2.94~4.41 |
| 1.2 | ST/未处理 | 5050~7370 | 0.20~0.24 | 3.14~4.41 |
| 1.5 | STA/未处理 | 5000~8200 | 0.24~0.28 | 3.97~6.03 |
| 1.5 | ST/未处理 | 5420~7490 | 0.24~0.28 | 3.97~5.00 |
| 2.0 | STA/未处理 | 7180~9140 | 0.26~0.30 | 5.00~6.42 |
| 1.6 | STA/未处理 | 5300~7330 | 0.24~0.28 | 3.97~5.00 |

2. TB5 钛合金点焊接头力学性能

1）不同板厚接头力学性能

TB5 钛合金不同板厚点焊接头力学性能见表4-87。由表4-87可以看出，当熔核直径基本相同时，对于同一厚度板材，焊前为固溶时效状态的接头抗剪强度要比焊前为固溶状态的大一些。而正拉强度则前者比后者小一些。

表4-87　TB5 钛合金点焊接头力学性能

| 板厚 /mm | 焊前 热处理状态 | 试验 温度 | 熔核直径 $d$ /mm | 抗剪强度 $P_\tau$ /(kN/点) | 正拉强度 $P_b$ /(kN/点) | $P_b/P_\tau$ /% |
|---|---|---|---|---|---|---|
| 0.8 | STA | | 3.5 | 6.6 | — | — |
| | | | 4.4 | 8.9 | — | — |
| | | | 4.9 | 9.6 | — | — |
| 1.2 | STA | | 4.9 | 13.0 | 5.5 | 42.3 |
| | | | 5.7 | 14.9 | 7.2 | 48.3 |
| | | | 6.4 | 17.1 | — | — |
| 1.2 | ST | 室温 | 4.9 | 13.5 | 8.1 | 60.0 |
| | | | 5.6 | 14.5 | 8.1 | 55.9 |
| | | | 6.3 | 16.3 | 9.9 | 60.7 |
| 1.5 | STA | | 6.0 | 19.0 | 9.5 | 50.0 |
| | | | 6.5 | 21.6 | 9.3 | 43.1 |
| | | | 7.1 | 23.5 | 9.1 | 38.7 |
| 2.0 | STA | | 6.5 | 27.4 | — | — |
| | | | 7.2 | 30.1 | — | — |
| | | | 7.8 | 30.5 | — | — |

（续）

| 板厚<br>/mm | 焊前<br>热处理状态 | 试验<br>温度 | 熔核直径 $d$<br>/mm | 抗剪强度 $P_\tau$<br>/(kN/点) | 正拉强度 $P_b$<br>/(kN/点) | $P_b/P_\tau$<br>/% |
|---|---|---|---|---|---|---|
| 1.5 | STA | 100℃ | 6.5 | 20.1 | 11.9 | 59.2 |
| | | 200℃ | | 18.6 | 10.7 | 57.5 |
| | | 300℃ | | 17.8 | 10.2 | 57.3 |

对于同一厚度、同一状态的接头,其抗剪强度随着熔核直径的增大而增大。正拉强度与抗剪强度之比为 40% ~ 60%。这说明 TB5 钛合金点焊接头具有较高的延性比。

由资料得知,板厚为 1.5mm 的 TC4 钛合金,当其熔核直径为 7.0mm 时,其抗剪强度为 16.6kN/点,正拉强度为 4.3 kN/点,与表 4 - 88 中的数据相比可知,TB5 钛合金的抗剪强度相对 TC4 而言,提高了 25% ~ 40%,正拉强度提高约一倍。可见 TB5 钛合金具有较高的抗剪强度和正拉强度。

2）两种板材的工艺及性能比较

表 4 - 88 为 TB5 钛合金两种材料工艺及性能比较。由表 4 - 88 可看出,当焊接规范参数相同时,同为固溶时效处理的试样,国产料与美国料相比,具有相同的熔核直径和同等水平的抗剪强度和正拉强度。正拉试验时,二者均断在母材上。表明国内研制板材的点焊性能达到了美国材料的水平。

表 4 - 88 TB5 钛合金两种材料工艺及性能比较

| 炉号及<br>板厚/mm | 焊前<br>状态 | 焊接规范参数 | | | 熔核直径<br>d/mm | 接头力学性能 | | 正拉破<br>断位置 |
|---|---|---|---|---|---|---|---|---|
| | | $I$/A | $t$/s | $P$/kN | | $P_\tau$/(kN/点) | $P_b$/(kN/点) | |
| B206<br><br>11.5 | STA | 6700 ~ 7200 | 0.26 | 5.00 | 6.5 | 21.6 | 9.3 | 母材 |
| | | 7100 ~ 7300 | 0.28 | 5.00 | 6.7 | 21.9 | — | |
| | | 5200 ~ 5600 | 0.24 | 3.97 | 5.4 | 16.1 | — | |
| | | 5000 ~ 5300 | 0.24 | 4.61 | 5.4 | 15.4 | 9.2 | 母材 |
| G7792<br><br>1.6 | STA | 7000 ~ 7200 | 0.26 | 5.00 | 6.7 | 23.1 | 9.3 | 母材 |
| | | 7000 ~ 7300 | 0.28 | 5.00 | 6.6 | 22.9 | — | |
| | | 5300 ~ 5500 | 0.24 | 3.97 | 5.0 | 16.3 | 7.4 | 母材 |

3）硬度测定

选取焊前为固溶和固溶时效两种状态的试样,测其接头各部位的硬度值,结果如表 4 - 89 所列。

250

表 4 - 89　TB5 钛合金接头横截面维氏硬度( HV,MPa)

| 焊前状态 | 熔核中心 | 过渡区 | 母材 |
|---|---|---|---|
| ST | 223 | 214 | 2214.8 |
| STA | 234 | 232 | 3136 |
| 注:板厚均为 1.5mm,焊后均未作处理 | | | |

由表 4 - 89 可见,对同一接头横截面,焊前为固溶状态时,其熔核中心及过渡区硬度值与母材的相近,过渡区无明显软化现象。而焊前为固溶时效状态时,其熔核中心及过渡区硬度值均明显低于母材硬度值。因为焊前无论是固溶状态还是时效状态,经点焊后其熔核中心及过渡区由于熔化或加热均为固溶状态。

3. TB5 钛合金点焊后金相与断口形貌分析

1) 金相分析

焊前为固溶和固溶时效状态,焊后均未处理的焊接接头,其熔核中心组织相同,均为粗大的单相 β 组织,而过渡区也均为长大的 β 晶粒组织,见图 4 - 28。

(a)　　　　　　　　　　　　(b)

图 4 - 28　TB5 钛合金点焊接头熔核中心及过渡区组织 ×100

焊前 STA,焊后未处理

(a) 焊核中心;(b) 过渡区。

2) 断口形貌分析

对正拉试样和剪切试样进行断口分析,断口形貌如图 4 - 29 所示。

由图 4 - 29 可见,断口均为韧性断裂,表现了较好的塑性。断口受拉应力作用时,形成等轴韧窝;断口受切应力作用时,形成拉长韧窝。

### 4.2.4.3　TB5 钛合金真空充氩 TIG 焊

1. TB5 钛合金真空充氩 TIG 焊工艺参数

采用 B2061 炉板材进行真空充氩 TIG 焊,并用 G7792 炉 1.6mm 板材进行比较。板材焊前为固溶状态,焊后真空时效处理制度为:520℃,10h,FC。焊箱先抽真空达到 1.33Pa,然后通入氩气至 $1.03 \times 10^5$Pa,再进行焊接试验。填充丝采用与被焊材料同质的材料,由 1.5mm 和 1.6mm 两种规格板材切成宽度约 1.5mm 的方

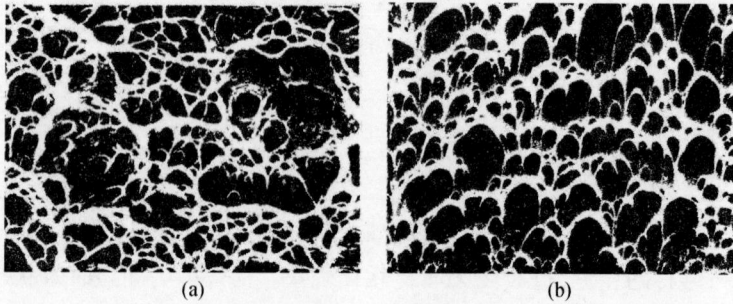

图 4 - 29　TB5 钛合金点焊正拉试样和剪切试样断口形貌
焊前 STA,焊后未处理

（a）正拉试样 ×500;（b）剪切试样 ×1000。

条。焊前经酸洗。被焊板材采用不开坡口的对接形式,接头间隙为 0.5mm。TB5
钛合金 TIG 焊工艺参数见表 4 - 90。

表 4 - 90　TB5 钛合金 TIG 焊工艺参数

| 板厚<br>/mm | 热处理状态<br>焊前/焊后 | 坡口<br>形式 | 焊接<br>层数 | 钨极直径<br>/mm | 焊丝直径<br>/mm | 焊接电流<br>/A | 焊接电压<br>/V |
|---|---|---|---|---|---|---|---|
| 1.2 | ST/A | I | 1 | 2.0 | 1.5 | 35 | 9.0 |
| 1.5 | ST/A | I | 1 | 2.0 | 1.5 | 45 ~ 80 | 9.0 ~ 10 |
| 1.5 | ST/未处理 | I | 1 | 2.0 | 1.5 | 60 | 9.0 ~ 10 |
| 1.6 | ST/A | I | 1 | 2.0 | 1.5 | 60 | 9.0 |
| 2.0 | ST/A | I | 1 | 2.0,2.4 | 1.5 | 60 ~ 100 | 9.0 |
| 2.0 | ST/未处理 | I | 1 | 2.4 | 1.5 | 100 | 9.5 |

### 2. TB5 钛合金真空充氩 TIG 焊接头力学性能

#### 1）室温拉伸性能

由表 4 - 91 可以看出,焊前均为固溶状态的试样,焊后进行时效处理后其抗拉
强度远大于焊后未处理的试样,而延伸率则前者远低于后者。国产材料与美国材
料相比,抗拉强度前者略低于后者,而延伸率则前者要高于后者。接头强度系数均
达 97% 以上,说明研制板材的真空充氩 TIG 焊性能达到了美国材料的水平。

表 4 - 91　TB5 钛合金 TIG 焊接头力学性能与母材力学性能

| 板厚<br>/mm | 热处理状态 | | 母材力学性能 | | 接头力学性能 | | 接头强度<br>系数/% |
|---|---|---|---|---|---|---|---|
| | 母材 | 接头 | $\sigma_b$/MPa | $\delta_5$/% | $\sigma_b$/MPa | $\delta_5$/% | |
| 1.2 | STA | ST/A | 1209 | 15.7 | 1245 | 7.2 | 100 |
| 1.5 | STA | ST/A | 1204 | 16.2 | 1212 | 8.14 | 100 |
| 1.5 | ST | ST/未处理 | 818 | 26.1 | 795 | 21.4 | 97 |
| 1.6 | STA | ST/A | 1262 | 13.6 | 1262 | 7.2 | 100 |
| 2.0 | STA | ST/A | 1218 | 12.8 | 1248 | 8.2 | 100 |
| 2.0 | ST | ST/未处理 | 819 | 27.0 | 804 | 18.9 | 98 |

2）室温弯曲性能

采用不同规格、不同状态的试样进行了室温弯曲试验,结果见表4-92。

表4-92 TB5钛合金TIG焊接头室温弯曲角

| 板厚<br>/mm | 热处理状态<br>焊前/焊后 | 弯曲半径<br>R/mm | 弯曲角[1]<br>（α/°） |
|---|---|---|---|
| 1.5 | ST/A | 1.5 | 11.3 |
| 1.6 | ST/A | 1.5 | 5.5 |
| 2.0 | ST/A | 2.0 | 18.0 |
| 2.0 | ST/未处理 | 2.0 | 180[2] |

注:[1] α 为刚出现裂纹时的弯曲角;

[2]弯曲180°未出现裂纹

由表4-92可以看出,固溶状态的氩弧焊接头具有很好的弯曲性能。

3）高温拉伸和持久性能

采用1.5mm厚的板材进行了高温拉伸和高温持久试验,结果见表4-93。

表4-93 TB5钛合金TIG焊接头高温拉伸和持久性能

| 板厚<br>/mm | 热处理状态<br>焊前/焊后 | 试验温度<br>t/℃ | 拉伸性能 | | 持久强度极限<br>$\sigma_{100}$/MPa |
|---|---|---|---|---|---|
| | | | $\sigma_b$/MPa | 断口位置 | |
| 1.5 | ST/A | 100 | 1157 | 母材 | |
| | | 300 | 1060 | 母材 | 1050 |
| | STA 母材 | 100 | 1136 | | |
| | | 300 | 1045 | | 1050 |

由表4-93可知,焊前为固溶状态,焊后时效的焊接接头,300℃时的高温拉伸强度达到1060MPa,而100h持久强度极限则达到1050MPa,与母材相同,说明真空充氩TIG焊接头具有极好的高温强度和高温持久性能。

4）硬度

选取焊前为固溶状态、焊后分别为时效状态和未处理状态的试样,测定接头各部位的硬度值,结果见表4-94。

表4-94 TB5钛合金TIG焊接头横截面维氏硬度(HV,MPa)

| 热处理状态 | 焊缝 | 过渡区 | 母材 |
|---|---|---|---|
| ST/未处理 | 213 | 210 | 2077.6 |
| ST/A | 348 | 318 | 3077.2 |

由表4-94可见,焊前固溶、焊后未处理的接头各部位的显微硬度基本一致,而焊前固溶、焊后时效的接头,焊缝硬度值稍大于过渡区和母材的硬度值。

## 4.3 损伤容限型钛合金焊接

为了适应损伤容限设计的要求,国际上十分重视发展具有很高断裂韧性和很慢裂纹扩展速率的中强或高强钛合金,即高损伤容限钛合金(或称损伤容限型钛合金)。

随着飞机设计理念逐渐由过去的单纯静强度转变到安全 – 寿命、破损 – 安全,直至现代的损伤容限设计理念,先进钛合金材料也逐步向具有高断裂韧性和低裂纹扩展速率的损伤容限型钛合金发展。目前,国外发达国家已经在新型损伤容限型钛合金材料研制和在先进飞机上的应用方面走在了前列,特别是像中强度的 Ti – 6Al – 4V ELI 和高强度的 Ti – 6 – 22 – 22S 等,已经成功地应用在了美国 F – 22、F – 35 和 C – 17 等新一代飞机中,大大地提高了飞机的使用寿命和战斗力。随着飞机设计理念的发展,钛合金结构的损伤容限设计思路在我国也开始得到关注。在国家有关部门的大力支持下,我国先后自主创新开发了 TC4 – DT 中强度损伤容限型钛合金和 TC21 高强度损伤容限型钛合金,并已经在飞机的相关关键承力构件中得到了应用[8]。损伤容限型钛合金是提高飞机寿命、实现高减重和降低设计使用成本的重要基础。

### 4.3.1 TC4 – DT 钛合金焊接技术

TC4 – DT(Ti6Al4V – EL1)钛合金是我国结合纯净化熔炼和新型 β 热处理工艺技术而研发的中强度高损伤容限型钛合金,该合金具有中强($R_m \geq$ 860MPa)、高韧($K_{IC} \geq 90MPa \cdot m^{1/2}$)、高可焊(焊接接头综合性能与母材相当)、高损伤容限和高疲劳寿命等综合性能,特别适合制造飞机大型整体框、梁、接头等关键承力构件。

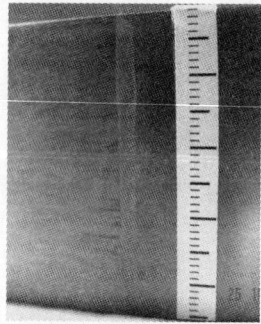

图 4 – 30 　TC4 – DT 钛合金
电子束焊缝横截面

具有高损伤容限性能的 TC4 – DT 钛合金是未来飞行器主承力零件的首选结构材料之一,而电子束焊接也将成为 TC4 – DT 钛合金主承力构件整体制造的关键技术。这里主要就 TC4 – DT 钛合金的电子束焊接工艺特性和包括损伤容限性能在内的接头力学性能进行介绍。

#### 4.3.1.1 TC4 – DT 钛合金电子束焊接工艺特征

实验材料为经相变点以下锻造工艺获得的约 50mm 厚度 TC4 – DT 钛合金锻坯,经两相区退火处理,并机加工成厚 45mm、长 200mm 和宽 60mm 的焊接试板。电子束焊接在 ELA – 30 型真空电子束焊机上进行,采用"I"形对接接头形式,对接间隙不大于 0.15mm。焊后对接头进行 600℃/3.5h 的去应力退火处理。

对 45mm 厚度的 TC4 – DT 钛合金采取电子束下聚焦方式焊接,通过选择合理的焊接速度、电子束流和聚焦电流等工艺参数及适宜的辅助工艺措施如电子束导引块、垫板、电子束扫描摆动等并确定焊接工艺。整个焊接过程,熔池形成稳定,无明显飞溅,工艺性优良。焊后无损检测结果表明,接头质量符合 GJB 1718A 一级焊缝质量的要求。焊缝横截面呈现为平行焊缝,如图 4 – 30 所示[9]。

### 4.3.1.2　TC4 – DT 钛合金电子束焊接接头力学性能

按照标准力学性能试样测试了经焊后退火热处理的 45mm 厚度 TC4 – DT 钛合金电子束焊接接头的常规拉伸和韧性性能,焊缝位于试样中心,韧性试样和裂纹扩展试样的缺口均开在焊缝中心。

1. TC4 – DT 钛合金电子束焊接接头拉伸及韧性性能

接头拉伸及韧性性能测试结果见表 4 – 95 和表 4 – 96。

表 4 – 95　TC4 – DT 钛合金电子束焊接接头拉伸性能

|  | $\sigma_b$ /MPa | $\sigma_{0.2}$ /MPa | $\delta_5$/% | $\psi$/% | 断裂位置 |
|---|---|---|---|---|---|
| 接头 | 928 | 849 | 13.5 | 48.6 | 基体 |
| 母材 | 929 | 878 | 15.9 | 49.7 | – |

表 4 – 96　TC4 – DT 钛合金电子束焊接接头韧性性能

|  | $\alpha_{kU}/(\text{J/cm}^2)$ | $K_{IC}/(\text{MPa}\cdot\text{m}^{1/2})$ |
|---|---|---|
| 接头 | 58.0 | 91.9 |
| 母材 | 58.3 | 82.9 |

表 4 – 95 和表 4 – 96 显示,TC4 – DT 钛合金电子束焊接接头的强度和冲击韧性均达到了与母材相当的水平;塑性比母材略有降低,也达到了母材的 80%;断裂韧性值还高于母材。图 4 – 3 内 TC4 – DT 钛合金电子束焊接接头性能试样,测试断宏观形貌。拉伸试样断裂在基体部位,断裂性裂纹扩展途径经过焊缝区。

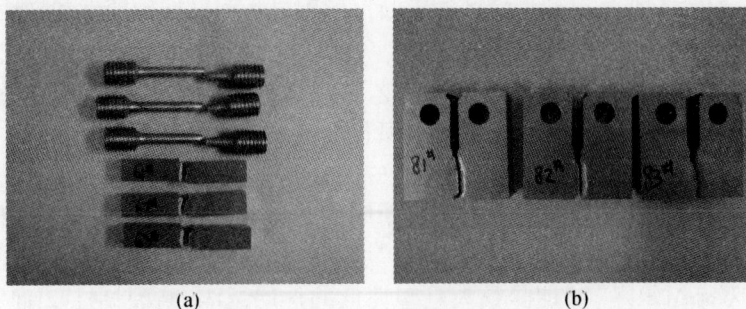

(a) 　　　　　　　　　　　　　　(b)

图 4 – 31　TC4 – DT 钛合金电子束焊接接头性能试样断裂宏观形貌
(a) 拉伸和冲击试样;(b) 断裂韧性试样。

### 2. TC4 – DT 钛合金电子束焊接接头疲劳性能

电子束焊接接头与母材的疲劳性能和疲劳裂纹扩展速率($da/dN$)对比分别如图 4 – 32 和图 4 – 33 所示。从图 4 – 32 看出，针对光滑试样（$K_t = 1$）的高周（130Hz）疲劳实验，在平均应力约 520MPa 以下时 TC4 – DT 钛合金电子束焊接接头的疲劳寿命明显高于母材。

图 4 – 33 可见，在 $\Delta K \geqslant 11$ MPaMPa·$m^{1/2}$ 以上区域（$R = 0.1$），接头的 $da/dN$ 值小于母材，表明在这一区域 TC4 – DT 合金电子束焊接接头具有比母材更高的疲劳裂纹扩展抗力。

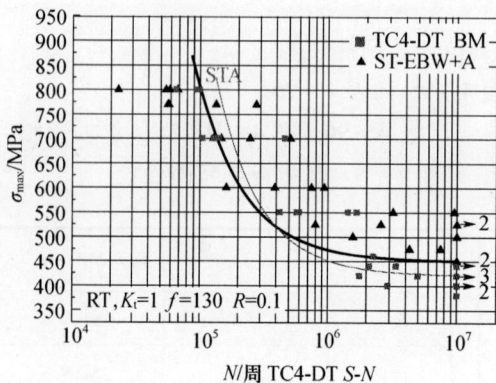

图 4 – 32　TC4 – DT 钛合金 EBW 接头
与母材的疲劳性能

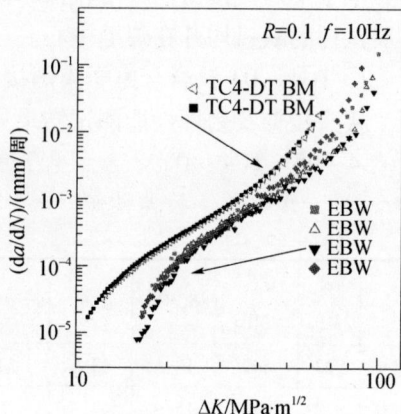

图 4 – 33　TC4 – DT 钛合金 EBW 接头与
母材的疲劳裂纹扩展速率

### 4.3.1.3　TC4 – DT 钛合金电子束焊接接头组织分析和断口特征

TC4 – DT 钛合金母材为含有一定量的块状 α 相的网篮组织，而电子束焊缝组织为粗大的铸态片状组织，如图 4 – 34（a）和图 4 – 34（b）所示。接头静力拉伸断裂于基体部位，拉伸断口和焊缝区冲击断口形貌显示为良好的塑性和韧性断裂，如图 4 – 34（c）和图 4 – 34（d）所示。

近 α 型和 α – β 型钛合金因变形工艺和热处理工艺不同可以获得四种类型显微组织，即等轴组织、双态组织、网篮组织和片状或魏氏组织。

对钛合金而言，断裂韧性和疲劳裂纹扩展速率取决于合金的组织形态[10]。等轴组织具有较高的塑性和疲劳性能，但断裂韧性和裂纹扩展抗力不高；相对而言，片状组织塑性较低，而断裂韧性和裂纹扩展抗力则比较高。片状组织断裂韧性高于等轴或双态组织[11,12]，即晶粒大且塑性低的片层组织，断裂韧性反而高。组织形态对疲劳裂纹扩展速率的影响规律与断裂韧性基本相同[13]。

TC4 – DT 钛合金经相变点以下锻造并在两相区退火处理后获得含有一定数量块 α 相的网篮组织，而电子束焊缝为粗大的铸态片状组织。对焊缝区域的片状

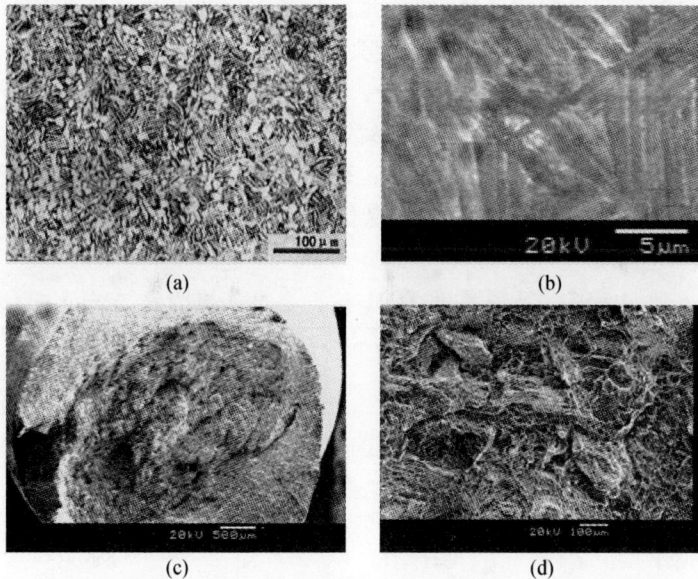

(a)    (b)

(c)    (d)

图 4-34 TC4-DT 钛合金电子束焊接接头组织和断口特征
(a) 母材组织；(b) 焊缝组织；
(c) 拉伸断口；(d) 焊缝冲击断口。

组织,原始 β 晶粒的粗化以及 α 片在一定范围内的加厚,使断裂韧性增加和疲劳裂纹扩展速率降低[14]。因此,TC4-DT 钛合金电子束焊接接头断裂韧性和疲劳裂纹扩展抗力要优于母材。图 2 所示的断裂韧性试样断口宏观表明,断裂裂纹扩展途径经过焊缝区,证实了焊缝断裂韧性与组织的对应关系。

有研究表明[15,16],在高周疲劳实验中包括 Ti6Al4V 合金在内的近 α 和 α+β 合金对平均应力的变化非常敏感。当合金承受低的平均拉伸应力时,双态组织的室温疲劳性能明显低于片状组织。这种对平均应力的反常敏感性是由裂纹萌生所控制[15]。对 TC4-DT 钛合金而言在约 520MPa 的平均应力以下时,具有片状组织的电子束焊接接头的疲劳寿命明显高于母材。

## 4.3.2 TC21 钛合金焊接技术

TC21 钛合金是我国自主研发的新型飞机结构用钛合金,属于具有高强($R_m \geq$ 1100MPa)、高韧($K_{IC} \geq 70MPa \cdot m^{1/2}$)、高可焊(焊接接头综合性能与母材相当)、损伤容限型(较低的疲劳裂纹扩展速率 $da/dN$ 值和较高的疲劳裂纹扩展门槛值 $\Delta K_{th}$)和优异的抗疲劳能力等高综合性能的钛合金[17]。该合金具有优良的强度、塑性、韧性和低的裂纹扩展速率匹配。与在美国 F-22 飞机得到应用的 Ti-6-22-22S(美国)和苏-27 系列飞机广泛应用的 BT20(俄罗斯)钛合金相比,其综合力学性能更加优异,特别是其具有非常优异的电子束焊接性能,适合制造大型整体框、发动机附近挂架、梁、接头、起落架部件等重要承力构件。

#### 4.3.2.1 TC21 钛合金电子束焊接工艺

1. TC21 钛合金电子束焊接工艺参数

针对飞机实际使用的 44mm、54mm、64mm、76mm 四种厚度,确定了相应的电子束焊接工艺规范。表 4-97 为获得良好焊接接头质量的不同厚度 TC21 钛合金电子束焊接工艺参数。

表 4-97　不同厚度 TC21 钛合金电子束焊接工艺规范

| 板厚<br>/mm | 焊接速度<br>/(mm/s) | 焊接束流<br>/mA | 加速电压<br>/kV | 聚焦电流<br>/mA | 扫描频率<br>/Hz |
|---|---|---|---|---|---|
| 44 | 6 | 260~230 | 60 | 890/870 | 300 |
| 54 | 6 | 288~252 | 60 | 890/860 | 300 |
| 64 | 6 | 315~285 | 60 | 890/855 | 300 |
| 76 | 6 | 345~310 | 60 | 890/852 | 300 |

图 4-35 为具有良好质量的 TC21 钛合金电子束焊接接头焊缝横截面形状。焊缝横截面呈现为良好特征的平行焊缝。

2. 焊接残余应力及消除措施

金属材料在焊接时,焊缝及其附近局部区域的金属在热循环作用下,产生了复杂的拘束和压缩塑性变形,在随后的冷却过程中难以恢复。当冷却到室温后,可能有一部分热应力被保留在接头中成为残余应力,同时也可能伴随着产生收缩和弯曲等残余变形。电子束焊接大厚度钛合金结构,往往出现相当大的残余应力。残余应力的存在导致了焊接结构件工作能力和可靠性的降低,并导致零件变形。

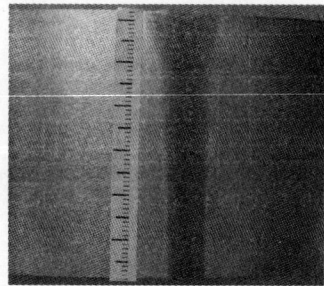

图 4-35　TC21 钛合金电子束焊接焊缝横截面

俄罗斯曾对 75mm 厚度的 вт6ч(Ti6Al4V)电子束焊接接头焊后残余应力研究表明[18],焊后焊缝中心的纵向应力最大,最大达到合金的屈服强度水平,在距离焊缝中心 5mm 和 15mm 的近缝区也达到次最大值;横向应力于焊缝中心最小,在距离焊缝中心 15mm 处最大。

减小残余应力的主要方法是焊后及时对焊接零件进行退火[7,19]。焊接结束与退火的时间间隔,随合金、对接接头的厚度和特征而定,但一般不应超过 20~60 昼夜。在生产实践中,焊接和退火间这样短的时间间隔也会带来一定的困难,尤其是在制造大型飞机的焊接结构时。延长焊接和退火时间间隔的一种方法是完成电子

258

束焊接工序后对焊缝及近缝区施行散焦电子束局部热处理,以局部地消除焊接残余应力。

由于以散焦电子束对包含焊缝在内的局部区域进行加热,对构件的整体性能影响很小,且在一次真空循环中可以同时完成零件的焊接和局部热处理,因此电子束局部热处理是对整体热处理的一种有效补充。由于电子束局部热处理具有处理时间短、节能、清洁等特点,对于无法进行整体热处理的复杂构件来说,这将是一种理想的选择。

试验对象为 76mm 厚度的 TC21 钛合金电子束焊接接头。分别测试了焊态下和经焊后 590℃/4h 真空退火热处理后接头的残余应力水平。

受试验条件所限,无法测试焊接接头沿厚度方向的应力水平。因此,试验测试了接头表面二维坐标内的残余应力。

表面残余应力的选择测试点如图 4 - 36 所示。测试点分别为沿焊接方向(X方向)电子束焊缝中心位置、垂直焊缝(Y)及热影响区与基体分布。

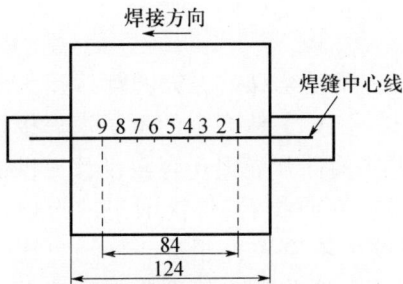

图 4 - 36  TC21 钛合金表面残余
应力的选择测试点分布

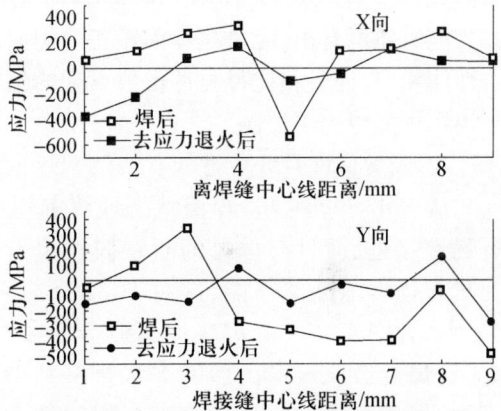

图 4 - 37  TC21 钛合金退火前后沿焊缝
中心线残余应力的分布

沿焊缝中心线残余应力的测试结果如图 4 - 37 所示。焊态下,其残余应力无明显分布规律,极大值已接近 600MPa。经 590℃/4h 真空退火后应力显著降低,趋近于零。表明残余应力基本消除。

### 4.3.2.2  TC21 钛合金电子束焊接接头性能

1. 焊前状态对 TC21 钛合金电子束焊接接头性能的影响

为了对比焊前状态对 TC21 钛合金电子束焊接接头性能的影响,试验分别选择了焊前锻态和焊前经过 900℃/2h,AC 一次退火的焊接坯料,厚度选为 64mm,焊后均采用了双重退火热处理。接头的拉伸、韧性和疲劳等性能及 da/dN 曲线等测试结果分别见表4-98和表4-99以及图4-41、图4-42。

1）拉伸及冲击性能

从表4-98可知,焊前锻态和一次退火态对焊后经双重退火的焊接接头拉伸力学性能影响不大,焊接接头强度系数水平均达到0.95以上(与母材等强度),接头塑性达到母材塑性指标。

表4-98　TC21钛合金焊前不同热处理状态的EBW接头性能

| 热处理状态 | $\sigma_{p0.2}$ /MPa | $\sigma_b$ /MPa | $\delta_5$ /% | $\psi$ /% | $a_{ku}$ /(J/cm) | 断裂位置 |
|---|---|---|---|---|---|---|
| 900℃/2h,AC +EBW+双重退火 | 1051 | 1138 | 8.3 | 20.8 | 29.8 | 焊缝 |
| 锻态+EBW +双重退火 | 1052 | 1135 | 11.8 | 21.2 | 32.5 | 焊缝 |
| 母材 +双重退火 | 1019 | 1119 | 13.7 | 36.4 | 51.4 | — |

同时还可看出,无论是焊前锻态或焊前退火态,焊后经双重退火的焊接接头冲击性能相当,而且相比母材冲击值下降的幅度不大,说明经焊后双重退火的焊接接头组织性能得到了控制。

2）断裂韧性及疲劳性能

从表4-99可知,焊前锻态或焊前退火态,焊后经双重退火的焊接接头断裂韧性接近,而且与母材的断裂韧性相当。说明TC21钛合金的电子束焊接接头具有优良的断裂性能,这对TC21钛合金焊接构件开展损伤容限设计提供依据。结合图4-38的焊接接头疲劳裂纹扩展速率曲线看,焊前锻态或焊前退火态,焊后经双重退火后的焊接接头疲劳裂纹扩展速率也相近。仔细对比还可知,焊前退火态的焊接接头断裂韧性和$da/dN$等断裂和损伤容限性能稍优于焊前锻态的焊接接头。

表4-99　TC21钛合金焊前不同热处理状态EBW接头断裂韧性

| 热处理状态 | $K_{IC}$/(MPa·m$^{1/2}$) | 备注 |
|---|---|---|
| 锻态 +EBW+双重退火 | 84.57 | L-S向 |
| 900℃/2h,AC +EBW+双重退火 | 88.59 | L-S向 |
| 母材双重退火 | 95.81 | L-S向 |

从图4-39的疲劳数据进一步看出,焊前锻态或焊前退火态,焊后经双重退火的焊接接头疲劳极限都达到了与母材相当的水平。母材疲劳极限为653MPa。说明TC21钛合金的电子束焊接接头疲劳性能优异。

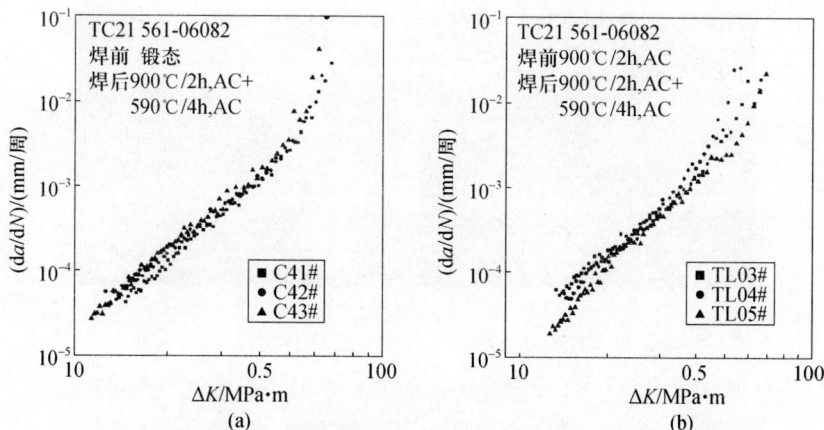

图4-38 TC21钛合金焊前不同热处理状态EBW接头 da/dN 曲线

（a）锻态+EBW+双重退火；（b）900℃/2h,AC+EBW+双重退火。

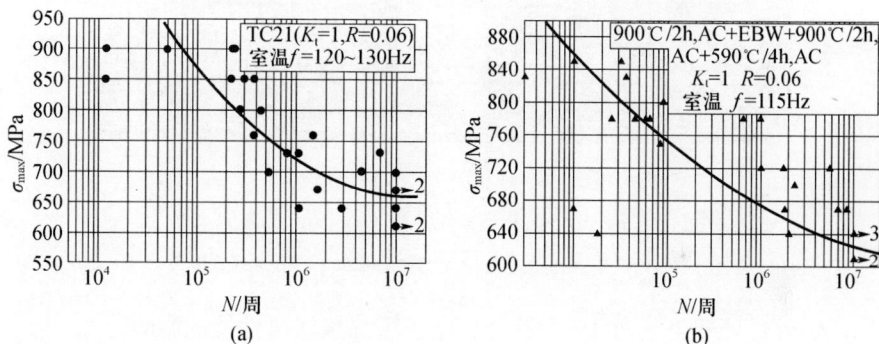

图4-39 TC21钛合金焊前不同热处理状态EBW接头疲劳性能

（a）锻态+EBW+双重退火疲劳极限 $\sigma_D$:665MPa；（b）900℃/2h,AC+EBW+双重退火疲劳极限 $\sigma_D$:643MPa。

3）焊前不同热处理状态的接头组织分析

焊前两种不同热处理状态的接头性能测试结果显示，TC21钛合金电子束焊接接头综合性能良好，拉伸强度、断裂韧性及疲劳强度均达到了与双重退火母材相当的水平。其中，焊前为锻态的接头塑性、冲击韧性及疲劳性能稍好于焊前经900℃一次退火的焊接接头。这是因为经焊前900℃一次退火，锻态组织因回复和再结晶过程得到均匀化，网篮片层组织得到一定的粗化长大（焊前两种不同热处理状态的电子束接头焊缝组织见图4-40和图4-41），因此经电子束焊接后接头的断裂韧性和抗裂纹扩展能力等损伤容限性能略好于锻态接头，但接头塑性、冲击韧性及疲劳性能稍比退火态的低些（实测数据在同一数量级）。

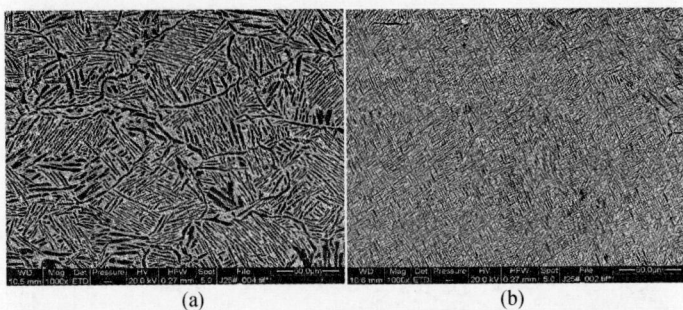

图4-40　TC21钛合金焊前900℃退火的EBW接头组织

（a）母材900℃/2h,AC＋双重退火；（b）焊缝900℃/2h,AC＋EBW＋双重退火。

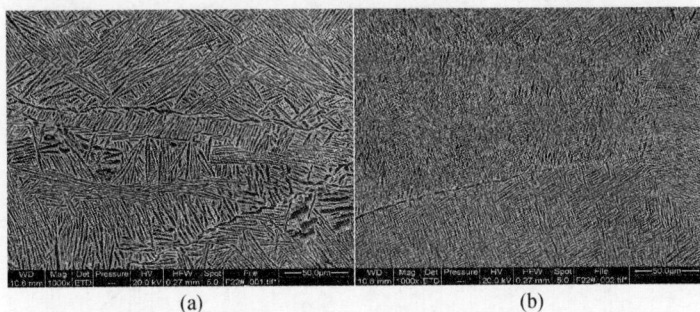

图4-41　TC21钛合金焊前锻态的EBW接头组织

（a）母材锻态＋双重退火；（b）焊缝锻态＋EBW＋双重退火。

2. 焊后热处理工艺对TC21钛合金电子束焊接接头性能的影响

对焊前经900℃/2h,AC一次退火处理,并机械加工成为64mm厚度的对接试板,焊后分别进行了双重退火和简单退火热处理,进一步确定焊后的热处理制度,以获得组织和综合性能优异的焊接接头。

1）拉伸、冲击性能

表4-100、表4-101分别为两种焊后热处理状态的接头拉伸、冲击性能测试结果。

表4-100　TC21钛合金EBW焊后不同热处理状态的接头拉伸性能

| 热处理状态 | $\sigma_{p0.2}$ /MPa | $\sigma_b$ /MPa | $\delta_5$ /% | $\psi$ /% | 断裂位置 |
|---|---|---|---|---|---|
| 900℃/2h,AC＋EBW ＋简单退火 | 1072 | 1152 | 7.5 | 26.7 | 基体 |
| 900℃/2h,AC＋EBW ＋双重退火 | 1051 | 1138 | 8.3 | 20.8 | 焊缝 |

| 热处理状态 | $\sigma_{p0.2}$ /MPa | $\sigma_b$ /MPa | $\delta_5$ /% | $\psi$ /% | 断裂位置 |
|---|---|---|---|---|---|
| 母材 双重退火 | 1019 | 1119 | 13.7 | 36.4 | — |
| 母材(900℃)一级退火+ 双重退火 | 1083 | 1174 | 11.3 | 20.0 | — |

表 4 – 101　TC21 钛合金 EBW 焊后不同热处理状态的接头冲击性能

| 热处理状态 | $a_{ku}$(J/cm$^2$) | 热处理状态 | $a_{ku}$(J/cm$^2$) |
|---|---|---|---|
| 900℃/2h,AC + EBW + 590℃/4h,AC | 10.1 | 母材 双重退火 | 51.4 |
| 900℃/2h,AC + EBW + 双重退火 | 29.8 | 母材 一级退火(900℃) + 双重退火 | 51.5 |

2）断裂韧性及疲劳性能

表 4 – 102 及图 4 – 42、图 4 – 43 分别为两种焊后热处理状态的断裂韧性和疲劳等性能及 $da/dN$ 曲线等测试结果。

表 4 – 102　TC21 钛合金 EBW 焊后不同热处理状态的接头断裂韧性

| 热处理状态 | $K_{IC}$/(MPa · m$^{1/2}$) | 取向 |
|---|---|---|
| 900℃/2h,AC + EBW + 一次退火 | 30.03 | L – S 向 |
| | 32.78 | L – T 向 |
| 900℃/2h,AC + EBW + 双重退火 | 88.59 | L – S 向 |
| | 65.06 | L – T 向 |
| 母材 双重退火 | 95.81 | L – S 向 |

从性能数据可知，焊后经双重退火相对简单退火，接头焊缝组织得到进一步的均匀化，同时接头的残余应力得到比较完全的消除，其拉伸性能、冲击性能、断裂韧性、疲劳性能、疲劳裂纹扩展速率等力学性能均得到明显的改善和提高，均使之达到了与母材相当的水平[20]。

3）接头组织分析

图 4 – 44 为焊后经 590℃简单退火处理的接头组织，与图 4 – 40 和图 4 – 41 的焊后经双重退火相比，焊后经 590℃简单退火处理的接头组织较细小，所以其塑性、断裂性能和疲劳性能相对降低。

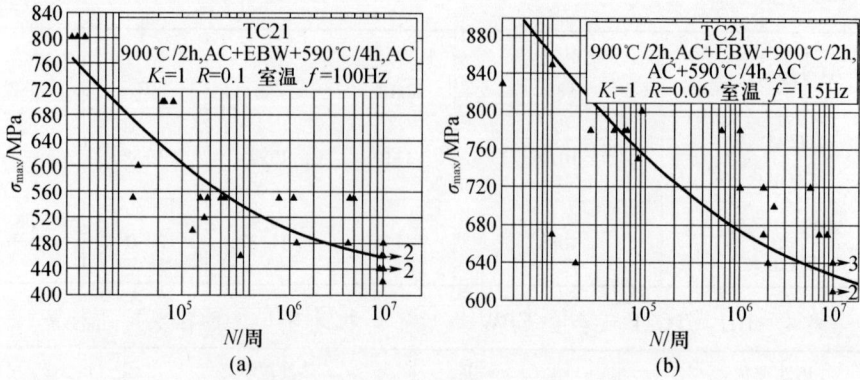

图 4 - 42　TC21 钛合金 EBW 焊后不同热处理状态的接头疲劳性能

（a）900℃/2h,AC + EBW + 一次退火 590℃/4h,AC 疲劳极限 $\sigma_D$:460MPa;母材　双重退火

（b）900℃/2h,AC + EBW + 双重退火　疲劳极限 $\sigma_D$:643MPa。疲劳极限:653MPa

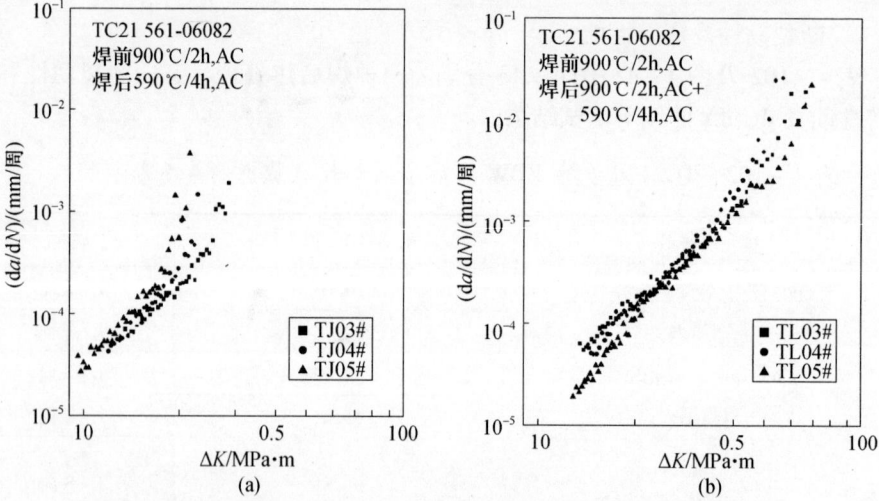

图 4 - 43　TC21 钛合金 EBW 焊后不同热处理状态的接头 da/dN 曲线

（a）900℃/2h,AC + EBW + 590℃/4h,AC ；（b）900℃/2h,AC + EBW + 双重退火。

## 3. 不同厚度 TC21 钛合金电子束焊接接头性能

对厚度分别为 44mm、64mm、72mm、76mm 的 TC21 钛合金,焊前状态分别为锻态、一次退火和双重退火;焊后分别进行了简单退火和双重退火热处理的电子束焊接接头综合性能进行了测试。表 4 - 103 ~ 表 4 - 106 及图 4 - 45 分别列出了不同炉批次供料在系统焊接工艺条件下的拉伸性能、冲击性能和断裂韧性以及疲劳强度、da/dN 曲线。

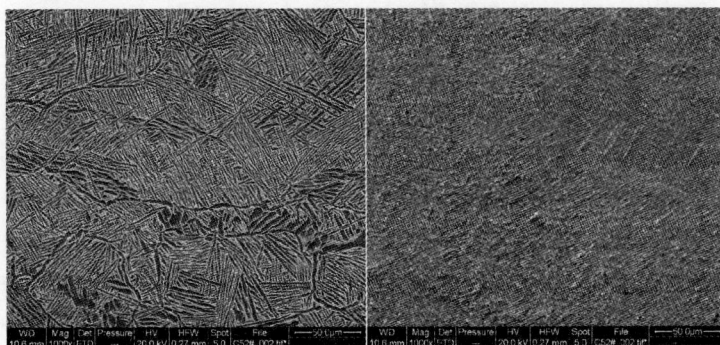

(a)              (b)

图 4 - 44   TC21 钛合金 EBW 焊后 590℃退火的接头组织

（a）母材 900℃/2h，AC + 590℃/4h，AC；（b）焊缝 900℃/2h，AC + EBW + 590℃/4h，AC。

### 1）拉伸性能

表 4 - 103   不同炉批次 TC21 合金 EBW 接头拉伸性能

| 炉号 | 规格<br>/mm | 热处理状态 | $\sigma_{p0.2}$<br>/MPa | $\sigma_b$<br>/MPa | $\delta_5$<br>/% | $\psi$<br>/% |
|---|---|---|---|---|---|---|
| 561 - 06082 | 64 | 900℃/2h，AC + EBW + 590℃/4h，AC | 1072 | 1152 | 7.5 | 26.7 |
| | | 900℃/2h，AC + EBW + 双重退火 | 1051 | 1138 | 8.3 | 20.8 |
| | | 锻态 + EBW + 双重退火 | 1052 | 1135 | 11.8 | 21.2 |
| | | 母材 + 一级退火 + 双重退火 | 1083 | 1174 | 11.3 | 20.0 |
| 561 - 06104 | 76 | 900℃/2h，AC + EBW + 590℃/4h，AC | 1019 | 1089 | 10.5 | 34.5 |
| | 64 | 900℃/2h，AC + EBW + 双重退火 | 1046 | 1126 | 7.0 | 20.9 |
| | 72 | 双重退火 + EBW + 590℃/4h，AC | 1029 | 1118 | 6.6 | 19.6 |
| | | 双重退火 + EBW + 双重退火 | 1013 | 1097 | 10.8 | 23.5 |
| | 64 | 母材 + 一级退火 + 双重退火 | 1031 | 1116 | 13.4 | 28.9 |

### 2）冲击性能

表 4 - 104   不同炉批次 TC21 合金 EBW 接头冲击性能

| 炉号 | 规格/mm | 状态及热处理制度 | $\alpha_{ku}/(\text{J/cm}^2)$ |
|---|---|---|---|
| 561 - 06082 | 64 | 900℃/2h，AC + EBW + 590℃/4h，AC | 10.1 |
| | | 900℃/2h，AC + EBW + 双重退火 | 29.8 |
| | | 锻态 + EBW + 双重退火 | 32.5 |
| | | 母材 + 一级退火 + 双重退火 | 51.5 |

| 炉号 | 规格/mm | 状态及热处理制度 | $\alpha_{ku}/(J/cm^2)$ |
|---|---|---|---|
| 561 – 06104 | 76 | 900℃/2h,AC + EBW + 590℃/4h,AC | 18.1 |
| | 64 | 900℃/2h,AC + EBW + 双重退火 | 32.3 |
| | 72 | 双重退火 + EBW + 590℃/4h,AC | 12.1 |
| | | 双重退火 + EBW + 双重退火 | 38.2 |
| | 64 | 母材 + 一级退火 + 双重退火 | 57.7 |

3）断裂韧性

表 4 – 105　不同炉批次 TC21 合金 EBW 接头断裂韧性

| 炉号 | 规格/mm | 热处理状态 | $K_{IC}/(MPa \cdot m^{1/2})$ |
|---|---|---|---|
| 561 – 06006 | 64 | 900℃/2h,AC + EBW + 590℃/4h,AC | 32.26 |
| 561 – 06082 | 64 | 900℃/2h,AC + EBW + 590℃/4h,AC | 30.03 |
| | | 900℃/2h,AC + EBW + 双重退火 | 88.59 |
| | | 锻态 + EBW + 双重退火 | 84.57 |
| 561 – 06104 | 76 | 双重退火 + EBW + 590℃/4h,AC | 33.59 |
| | | 双重退火 + EBW + 双重退火 | 97.85 |
| | | 900℃/2h,AC + EBW + 590℃/4h,AC | 31.87 |
| | 64 | 900℃/2h,AC + EBW + 双重退火 | 83.70 |

4）疲劳性能

表 4 – 106　不同炉批次 TC21 合金 EBW 接头疲劳性能

| 炉号 | 厚度/mm | 状态 | $K_t$ | $R$ | $f$/Hz | $N$/周 | $\sigma_D$/MPa |
|---|---|---|---|---|---|---|---|
| 561 – 06006 | 64 | 900 ℃/2h,AC + EBW +590 ℃/4h,AC | 1 | 0.1 | 150 | $10^7$ | 439.5 |
| 561 – 06082 | | 母材 + 双重退火 | 1 | 0.06 | 100 | $10^7$ | 653 |
| | 44 | 900 ℃/2h,AC + EBW +590 ℃/4h,AC | 1 | 0.06 | 100 | $10^7$ | 460 |
| | 64 | 900 ℃/2h,AC + EBW +双重退火 | 1 | 0.06 | 100 | $10^7$ | 643 |
| | 64 | 锻态 + EBW + 双重退火 | 1 | 0.06 | 100 | $10^7$ | 668 |
| | | | 3 | 0.06 | 100 | $10^7$ | 331 |
| 561 – 06104 | 64 | 900 ℃/2h,AC + EBW +双重退火 | 1 | 0.06 | 100 | $10^7$ | 627.5 |
| | | | 3 | 0.06 | 100 | $10^7$ | 315 |
| | 72 | 双重退火 + EBW + 双重退火 | 1 | 0.06 | 100 | $10^7$ | 565 |
| | | 双重退火 + EBW +590 ℃/4h,AC | 1 | 0.06 | 100 | $10^7$ | 572.5 |

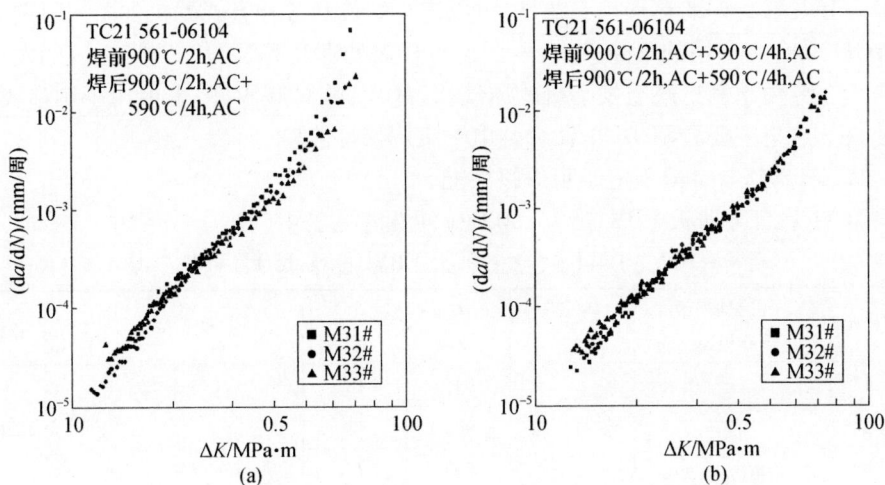

图 4-45 561-06104 炉批次 TC21 钛合金电子束焊接接头 da/dN 曲线

(a) 900℃/2h,AC + EBW + 双重退火;(b) 双重退火 + EBW + 双重退火。

表 4-103 ~ 表 4-106 及图 4-45 的结果表明,561-06006、561-06104 和 561-06082 不同炉批次 TC21 钛合金在相同的电子束焊接工艺和热处理条件下的接头性能相吻合,尤其是在 TC21 钛合金电子束焊接主导工艺条件下,焊接工艺和接头全面力学性能具有良好的重复性,这说明确定的 TC21 钛合金电子束焊接主导工艺稳定性和接头性能稳定性均较好。

# 4.4 高温钛合金的焊接

高温钛合金以其优良的热强性和高比强度,在航空发动机上获得了广泛的应用。在高性能航空发动机发展的引领下,高温钛合金的使用温度进一步提高,已经由 20 世纪 50 年代的 400℃ 提高到 21 世纪初的 600℃。目前,代表国际先进水平的高温钛合金有美国的 Ti-6242S,Ti-1100,英国的 IMI834,俄罗斯的 BT36 以及中国的 Ti60。

该类型的钛合金包括含有 α 和 α + β 固溶体钛合金或其含有化合物相的钛合金,其中的化合物相是提高钛合金高温强度的重要因素。选择高温钛合金时,最为重要的是钛合金的"热稳定性",也就是钛合金零件在高温和长时间加热,或存在应力条件下工作时,钛合金仍保持物理性能和力学性能不变的能力。

## 4.4.1 TC11 钛合金焊接技术

TC11 钛合金是一种综合性能良好的 α + β 型钛合金,名义成分是 Ti-6.5 Al-3.5Mo-1.5Zr-0.3Si。在 500℃ 下有优异的热强性能,且具有较高室温强度。

该合金还具有良好的热加工工艺性,可以进行焊接和各种方式的机加工。目前,随着 TC11 钛合金应用的不断扩大,该合金的 β 热处理及等温锻已获得迅速的发展。该合金主要用于制造航空发动机的压气盘、叶片、鼓筒等零件,也可用于制造飞机结构件。这里主要介绍 TC11 钛合金电子束焊接性能。

1. TC11 钛合金薄板电子束焊接性能

TC11 钛合金薄板 EBW 接头 150℃ 拉伸性能见表 4 - 107。

表 4 - 107  TC11 钛合金薄板 EBW 接头 150℃ 拉伸性能

| 试样编号 | 机械加工后试样板厚/mm | 热处理状态 | $\sigma_b$ /MPa | $\delta_5$ /% | 断裂位置 | 备注 |
|---|---|---|---|---|---|---|
| 1# | | | 935 | 18 | — | |
| 2# | 3.9 | 供料状态 | 920 | 18 | — | 母材 |
| 3# | | | 890 | 17 | — | |
| A11 | | 焊后 590℃ /4h,FC | 955 | 13 | 离焊缝中心 12mm 母材 | |
| A12 | 2.4 | | 935 | 12 | 离焊缝中心 11mm 母材 | 接头 |
| A13 | | | 950 | 12 | 离焊缝中心 11mm 母材 | |

2. 12mm 厚 TC11 钛合金电子束焊接接头性能

1）拉伸性能

12mm 厚 TC11 钛合金 EBW 接头 150℃ 拉伸性能见表 4 - 108。

表 4 - 108  12mm 厚 TC11 钛合金 EBW 接头 150℃ 拉伸性能

| 试样编号 | 试样尺寸 /mm | 热处理状态 | $\sigma_b$ /MPa | $\delta_5$ /% | $\Psi$ /% | 断裂位置 |
|---|---|---|---|---|---|---|
| J9 | | | 842 | 9.3 | 48.9 | 离焊缝中心 10mm 母材 |
| J10 | M12×96,工作区 50mm | 焊后 590℃/4h,FC | 845 | 8.6 | 51.4 | 离焊缝中心 9mm 母材 |
| J11 | | | 849 | 9.3 | 52.2 | 离焊缝中心 13mm 母材、 |

2）室温冲击性能

12mm 厚 TC11 钛合金 EBW 接头室温冲击性能见表 4 - 109。

表 4 - 109  12mm 厚 TC11 钛合金 EBW 接头室温冲击性能

| 试样编号 | 试样尺寸/mm | 热处理状态 | $\alpha_{ku}$/(J/cm$^2$) | 备注 |
|---|---|---|---|---|
| C1# | | | 49.3 | |
| C2# | | 供料状态 | 57.9 | 母材 |
| C3# | 10×10×55 | | 48.7 | |
| J6 | | | 19.8 | |
| J7 | | 焊后 590℃/4h,FC | 19.1 | EBW |
| J8 | | | 22.2 | |

### 4.4.2　TC25 钛合金焊接技术

TC25（BT25）钛合金是俄罗斯（苏联）在 20 世纪 70 年代研制的可以在 500℃ ~550℃ 温度条件下使用的热强合金。同美、英等国在 300℃ ~500℃ 使用的 IMI679、IMI685、IMI829 和 Ti – 6246、Ti – 662 等高温钛合金相比，BT25 钛合金不仅具有较好的室温、高温强度，而且热稳定性高，重要的是其持久性能和抗蠕变性能明显好于其他合金，是制造发动机部件的理想材料。俄罗斯 PД – 33 加力式涡扇发动机等机型压气机盘、压气机叶片及机匣壳体等许多部件采用了 BT25 钛合金、BT25y 钛合金及其电子束焊接结构。

我国某型号发动机压气机盘等部件也选用了 BT25 热强合金，并在前鼓筒Ⅰ-Ⅱ级压气机盘、中间鼓筒部件 BT25 钛合金Ⅳ - Ⅵ级压气机盘、三号机匣壳体等连接部位采用真空电子束焊接。因此这里主要介绍 TC25 钛合金的电子束焊接。

1. TC25 钛合金化学成分

表4 – 110 为 TC25 高温钛合金化学成分，从元素合金化与合金组织性能来看，TC25 热强钛合金由于合金中加入 W、Sn 等元素，延缓了合金元素在 α 和 β 之间的再分配过程，因而能够提高热稳定性，其热强性遥遥领先。其典型特征为：500℃ 保温 9000h，其高温塑性只损失 20% ~40%。合金在 500℃ 的工作寿命为 6000h，550℃ 为 3000h。

表4 – 110　TC25 高温钛合金化学成分　　　%（质量分数）

| Ti | Al | Mo | Zr | Sn | W | Si |
|---|---|---|---|---|---|---|
| 基 | 6.2 ~7.2 | 1.5 ~2.5 | 0.8 ~2.5 | 0.8 ~2.5 | 0.5 ~1.5 | 0.15 ~0.4 |
| Cr | Fe | C | O | N | H | Re | 其他杂质总和 |
| 不大于 | | | | | | | |
| 0.5 | 0.15 | 0.06 | 0.15 | 0.04 | 0.005 | 0.10 | 0.30 |

2. TC25 钛合金电子束焊接接头性能

1）室温、550℃ 高温拉伸性能和热暴露性能

TC25 钛合金电子束焊接接头经焊后不同热处理状态拉伸和热暴露性能见表 4 – 111。表4 – 112 为 TC25 钛合金电子束焊接接头高温拉伸性能。

表4 – 111　TC25 钛合金电子束焊接接头室温拉伸和热暴露性能（板厚 16mm）

| 热处理状态 | 试验温度 | $\sigma_{p0.2}$ /MPa | $\sigma_b$ /MPa | $\delta_5$ /% | $\Psi$ /% | 断裂位置 |
|---|---|---|---|---|---|---|
| 双重退火 + EBW | 25℃ | 937 | 1063 | 10.7 | 22.0 | 基体 |
| 双重退火 + EBW + 900℃/2h，风冷 | 25℃ | 923 | 1018 | 12.5 | 25.5 | 基体 |

| 热处理状态 | 试验温度 | $\sigma_{p0.2}$ /MPa | $\sigma_b$ /MPa | $\delta_5$ /% | $\Psi$ /% | 断裂位置 |
|---|---|---|---|---|---|---|
| 双重退火 + EBW + 900℃/2h,风冷 | 25℃ | 943 | 998 | 13.2 | 29.3 | 基体 |
| 双重退火 + EBW + 900℃/2h,风冷机加后热暴露 | 25℃ | 1033 | 1074 | 8.1 | 16.7 | 基体 |
| 双重退火 + 900℃/2h,风冷 | 25℃ | 925 | 1015 | 13.6 | 21.6 | 母材 |
| 注:热暴露温度及时间:550℃/100h | | | | | | |

表 4 – 112 TC25 钛合金电子束焊接接头 550℃ 高温拉伸性能(板厚 16mm)

| 热处理状态 | 试验温度 | $\sigma_{p0.2}$ /MPa | $\sigma_b$ /MPa | $\delta_5$ /% | $\Psi$ /% | 断裂位置 |
|---|---|---|---|---|---|---|
| 双重退火 + EBW + 900℃/2h,风冷 | 500℃ | 566 | 750 | 13.3 | 38.3 | 基体 |
| 双重退火 + EBW + 900℃/2h,风冷 | 550℃ | 551 | 730 | 15.6 | 48.6 | 基体 |
| 双重退火 + 900℃/2h,风冷 | 550℃ | — | 743 | 13.2 | 37.8 | 母材 |

2）室温冲击性能

TC25 钛合金电子束焊接接头不同热处理状态的冲击性能见表 4 – 113。

表 4 – 113 TC25 钛合金电子束焊接接头冲击性能(板厚 16mm)

| 热处理制度 | $\alpha_{ku}/(J/cm^2)$ | 缺口位置 | 热处理制度 | $\alpha_{ku}/(J/cm^2)$ | 缺口位置 |
|---|---|---|---|---|---|
| 双重退火 + EBW | 25.3 | 焊缝中心 | 双重退火 + EBW + 900℃/2h,风冷 | 35.6 | 焊缝中心 |
| | | | | 42.5 | 热影响区 |
| 双重退火 + EBW + 900℃/2h,风冷 + 机加工后热暴露 | 25.6 | 焊缝中心 | 双重退火 + 900℃/2h,风冷 | 53.0 | — |
| 注:900℃/2h,风冷,随炉升温 | | | | | |

270

3) 缺口拉伸性能

TC25 钛合金电子束焊接接头缺口拉伸性能见表 4-114。

表 4-114 TC25 钛合金电子束焊接接头缺口拉伸性能(板厚 16mm)

| 试验温度 | 热处理制度 | $\sigma_{Bh}$ /MPa |
|---|---|---|
| 25℃ | 双重退火 + EBW + 900℃/2h,风冷 | 1557 |
| 550℃ | | 1150 |

4) 接头高温持久性能

TC25 钛合金电子束焊接接头高温持久性能见表 4-115。

表 4-115　TC25 钛合金电子束焊接接头高温持久性能(板厚 16mm)

| 试样编号 | 热处理制度 | 试验温度 /℃ | 试验应力 /MPa | 持续时间 /h | 说明 |
|---|---|---|---|---|---|
| 414 | 双重退火(来料) + EBW + 900℃/2h,风冷 | 550 | 400 | 120h 00min | 停 |
| 415 | | | 440 | 120h 00min | 停 |
| 820 | | | 480 | 110h 20min | |
| 1127 | | | 520 | 14h 30min | |
| 1128 | | | 480 | 41h 20min | |
| 1129 | | | 470 | 120h 00min | 停 |
| 1120 | | | 480 | 40h 50min | |

5) 接头旋转弯曲疲劳性能

TC25 电子束焊接接头室温、550℃ 旋转弯曲疲劳分别见表 4-116 和表 4-117,相应的 S-N 曲线见图 4-46、图 4-47。

表 4-116　TC25 钛合金电子束焊接接头室温旋转弯曲疲劳性能 ($K_t = 1$)

| | $\sigma_{max}$ /MPa | 寿命 N/千周 | 寿命对数平均值 X | 标准差 S | 平均寿命 N/千周 |
|---|---|---|---|---|---|
| 成组法 | 600 | 55　75　65 | 4.8094 | 0.0674 | 64.48 |
| | 550 | 255　230　1170　140.　150 | 5.4317 | 0.3733 | 270.21 |
| | 520 | 215　165　645　8480　>10100 | 6.0584 | 0.8584 | 1143.93 |
| 升降法 | 500 | 110 | 指定寿命:$N = 2 \times 10^7$ 疲劳极限:455.7MPa | | |
| | 480 | >25100　605 | | | |
| | 460 | 235　7320　>20100　720　2440 | | | |
| | 440 | >22700　1200　>20200　>20000 >20100 | | | |
| | 420 | >20200 | | | |

271

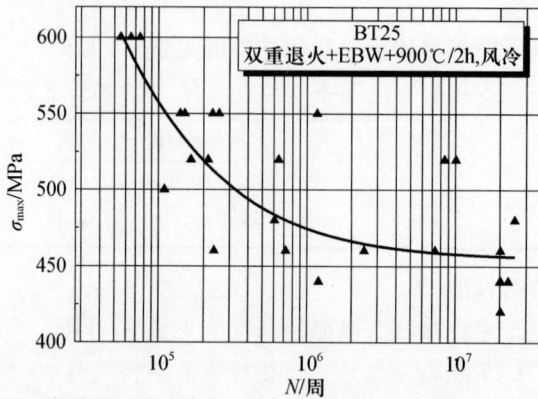

图 4 – 46  TC25 钛合金 EBW 接头室温旋转弯曲疲劳 S – N 曲线

表 4 – 117  TC25 钛合金电子束焊接接头 550℃旋转弯曲疲劳性能($K_t = 1$)

| | $\sigma_{max}$ /MPa | 寿命 N/千周 | | 寿命对数平均值 X | 标准差 S | 平均寿命 N/千周 |
|---|---|---|---|---|---|---|
| 成组法 | 620 | 25 | | — | — | — |
| | 600 | 10 | | — | — | — |
| | 560 | 50  15  20 | | 1.3920 | 0.2731 | 24.66 |
| | 520 | 25  2700  420 | | 2.4842 | 1.0238 | 304.93 |
| | 480 | 25  30  13000  580 | | 2.4381 | 1.2806 | 274.22 |
| | 460 | 1650  350  12100  75 | | 2.9298 | 0.9440 | 850.75 |
| 升降法 | 450 | 19700  >20200  175  135  3380 | | 指定寿命：$N = 2 \times 10^7$ 疲劳极限:440MPa | | |
| | 440 | >20100  >20100  >20100  475 | | | | |
| | 430 | 625  >20000 | | | | |
| | 420 | >20100 | | | | |

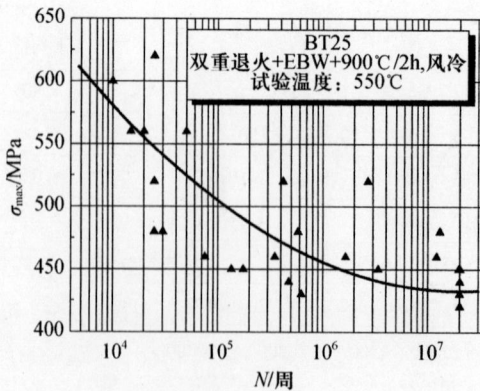

图 4 – 47  TC25 钛合金 EBW 接头 550℃旋转弯曲疲劳 S – N 曲线

272

## 4.4.3　Ti60 钛合金焊接技术

Ti60 是由北京航空材料研究院研制出来的新型 600℃高温钛合金,有较好的综合性能。该合金在 600℃温度下具有优异的蠕变抗力、疲劳强度和损伤容限性能,与原 Ti60X(含稀土 Nd)合金相比,在力学性能水平上有了较大幅度的提高,有望成为高推重比发动机压气机、导弹舵芯、舱段等关键部件上使用的材料。在某发动机上,Ti60 钛合金用于高压压气机的第 3 级和第 4 级整体叶盘,由于 Ti60 钛合金整体叶盘先把外缘的叶片加工好,然后再经电子束焊接方法连接,因此对焊接变形及焊接质量要求很严。电子束焊接是保证 Ti60 钛合金能否在发动机上成功应用的关键技术和环节之一。

1. Ti60 钛合金电子束焊接工艺

1)试验材料

试验用材料为采用 α + β 区近等温模锻工艺制备的 Ti60 钛合金盘模锻件,化学成分见表 4 – 118。

表 4 – 118　Ti60 钛合金名义化学成分

| | 合金元素 /%(质量分数) | | | | | | | 杂质元素/%(质量分数) | | |
| --- | --- | --- | --- | --- | --- | --- | --- | --- | --- | --- |
| | Ti | Al | Sn | Zr | Nb | Ta | Si | C | Fe | N | O |
| 名义成分 | 基 | 5.8 | 4.0 | 4.0 | 0.7 | 1.5 | 0.4 | 0.06 | — | — | — |

2)热处理制度

采用线切割下料,焊前经 1030℃/2h,AC 固溶热处理。焊接后试板在空气炉中进行热处理,热处理制度有以下四种:

R1:焊态;

R2:简单退火;

R3:双重退火;

R4:600℃/100h 热暴露。

3)电子束焊接工艺及特征

试验材料为经过一次固溶处理的 Ti60 钛合金盘锻件经机械加工成 15mm 厚度的焊接试板,并对接缝表面及邻近区域进行严格的表面清理。采用"I"形对接接头形式,焊前进行氩弧焊定位装配。工艺试验确定完全穿透焊、双面良好成形及最优化焊缝横截面形貌的焊接工艺参数及辅助工艺措施。表 4 – 119 为 15mm 厚度的 Ti60 钛合金确定优选的工艺参数。

表 4-119 15mm 厚度 Ti60 钛合金电子束焊接工艺参数

| 板厚<br>/mm | 焊接速度<br>/(mm/s) | 加速电压<br>/kV | 焊接束流<br>/mA | 聚焦电流<br>$(I_{f0}/I_f)$/mA | 扫描频率<br>/Hz |
|---|---|---|---|---|---|
| 15 | 20 | 60 | 175~165 | 860/850 | 300 |

焊前经小束流对试板进行预热,然后再进行大束流焊接,焊接过程中辅助以电子束扫描摆动,对熔池有搅拌作用,有助于熔池气体的溢出和改善焊缝成形。焊接过程中观察到熔池形状稳定,无飞溅。焊后所形成的焊缝表面进行外观检测及焊缝内部质量检测,结果表明:无明显咬边缺陷,焊缝正面、背面成形光滑,未发现表面裂纹;对工艺试板进行 X 射线无损检测,焊接接头质量符合航标一级焊缝质量的要求。

图 4-48 为 15mm 厚度 Ti60 钛合金电子束焊接试板焊缝横截面,可见表 4-119 所列的焊接工艺参数组合能够获得具有良好的焊缝成形,其接近平行横截面的焊缝形状有利于控制焊接变形。

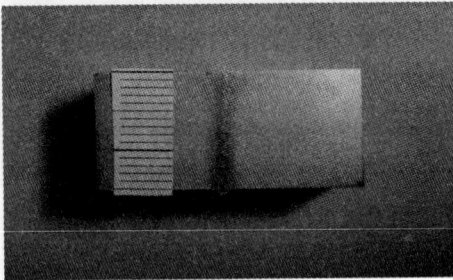

图 4-48 Ti60 钛合金(15mm 厚度)
电子束焊接试板焊缝横截面

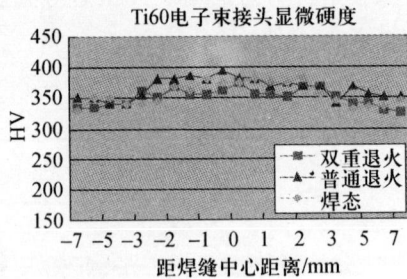

图 4-49 Ti60 钛合金 EBW 接头
不同热处理下的显微硬度

2. 不同热处理制度对 Ti60 钛合金电子束焊接接头组织、性能的影响

1) 不同热处理焊接接头显微硬度分布

Ti60 钛合金焊接接头不同热处理下显微硬度的分布如图 4-49 所示,三种热处理状态下焊接接头的显微硬度分布情况较为接近,总体来说焊缝与母材的硬度值相差不大。随着距焊缝中心位置的距离缩短,硬度值逐渐上升,焊缝区位置达到峰值,焊缝中心位置的硬度稍有回落。经普通退火接头的硬度值相对来说比其他两种略高一些,其接头焊缝硬度最大值达到 393HV,而双重退火与焊态焊缝硬度最大值分别为 374 HV、380 HV。三种状态母材位置的硬度值在 330 HV ~ 360 HV,整条曲线基本是左右对称的。

2) 不同热处理状态下焊接接头的性能

表 4-120 为 Ti60 钛合金不同热处理状态下电子束焊接接头的拉伸、冲击性能,结果表明:焊接接头拉伸试样均断裂在近缝区的基体部位,其静强度值都达到

了母材的95%以上,塑性与母材也相当,三种状态下的接头强度、延伸率、断面收缩率也接近。有文献表明,对于近α钛合金的 Ti60 钛合金而言,合金中稳定状态下的β相含量极少,可热处理强化效果相应也较小,这与试验结果是一致的。焊态下接头的冲击值要比其他两种状态下的高近一倍。

表 4-120 Ti60 钛合金不同热处理状态下 EBW 接头室温力学性能

| 热处理状态 | $\sigma_{p0.2}$ /MPa | $\sigma_b$ /MPa | $\delta_5$ /% | $\Psi$ /% | 断裂位置 | $\alpha_{ku}$ /(J/cm²) |
|---|---|---|---|---|---|---|
| R1 | 923 | 1019 | 12.6 | 27.5 | 基体 | 34.5 |
| R2 | 911 | 991 | 11.2 | 25.4 | 基体 | 18.8 |
| R3 | 913 | 1008 | 14.2 | 25.8 | 基体 | 18.2 |
| R3 (母材) | 944 | 1038 | 12.8 | 21.7 | — | — |

3) 不同热处理状态焊接接头显微组织

图 4-50、图 4-51 及图 4-52 为不同热处理状态下 Ti60 钛合金电子束焊接接头的显微组织,可以得出,焊态和经普通退火接头的焊缝组织及母材组织形态相近,焊缝组织为针状的马氏体组织,母材为双态组织;经双重退火接头的焊缝有编织状的网篮组织特点,母材基本为双态组织,双态组织之间伴有β相析出的并列排列束状α组织的特点。

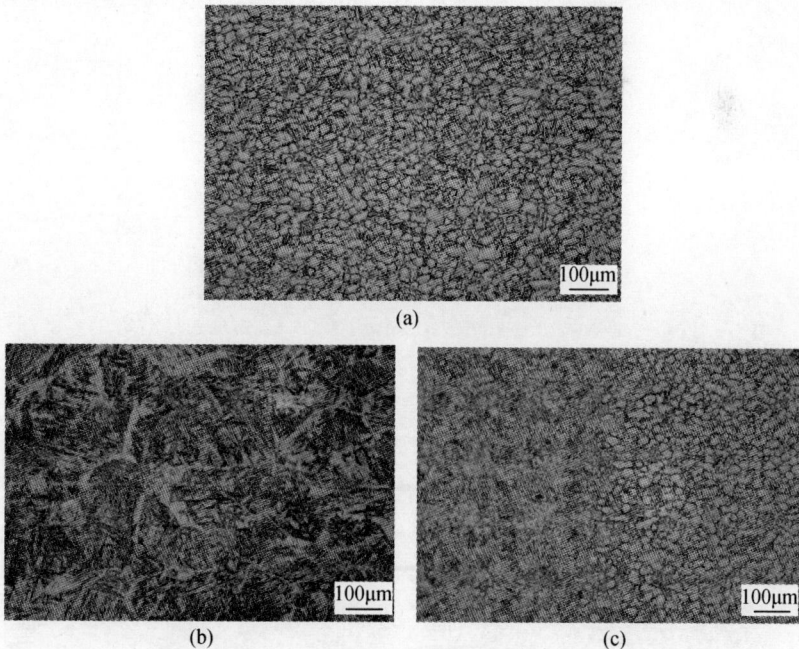

(a)

(b)          (c)

图 4-50 Ti60 钛合金电子束焊接接头焊态组织
(a) 母材组织;(b) 焊缝组织;(c) 热影响区与母材组织。

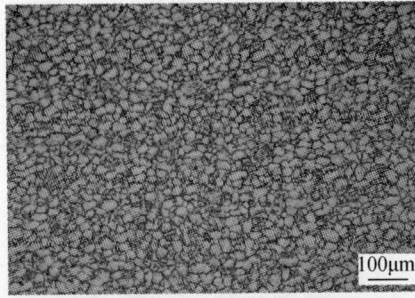

(a)

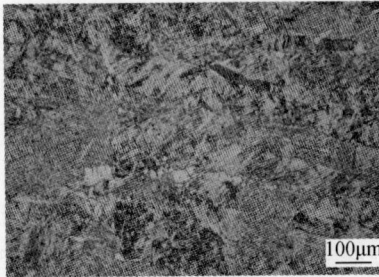

(b)

(c)

图 4 - 51　Ti60 钛合金电子束焊接接头普通退火组织

（a）母材组织；（b）焊缝组织；（c）焊缝、热影响区、母材组织。

(a)

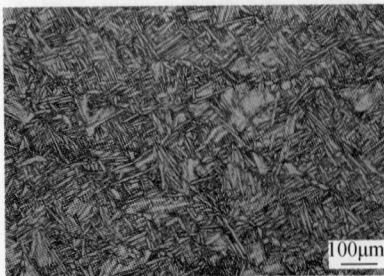

(b)

(c)

图 4 - 52　Ti60 钛合金电子束焊接接头双重退火组织

（a）母材组织；（b）焊缝组织；（c）焊缝与热影响区组织。

276

4）不同热处理状态下焊接接头断口分析

图4-53、图4-54及图4-55为Ti60钛合金不同热处理状态下焊接接头的断口形貌,可以看出,焊态下接头的冲击断口有韧窝特征,而其他两种状态下接头的冲击断口为沿晶断裂为主,伴有穿晶断裂的混合断裂特征,因此焊态接头的冲击韧性比经双重退火和普通退火都要高。拉伸由于都断裂于基体位置,电子束焊缝区很窄,在外加载荷的作用下,母材区先于焊缝区发生塑性变形,并且由于焊缝自身几乎不发生塑性变形(拉伸断裂后试样呈现纺锤形,焊缝区未发生明显的颈缩现象)。断口实际为母材的拉伸断口形貌,拉伸断口经观察表明,都有韧窝特点并且韧窝分布相近,拉伸的塑性都很接近。

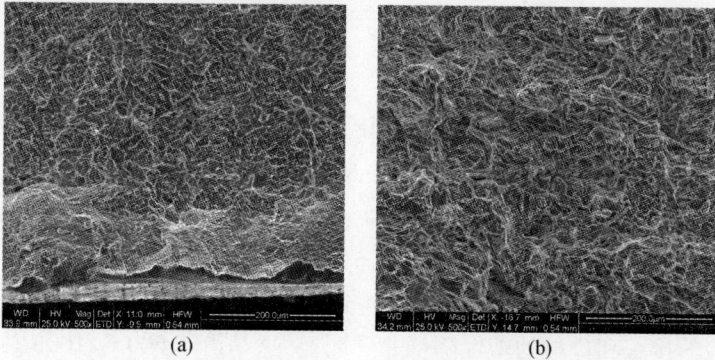

(a)　　　　　　　　　　　　　(b)

图4-53　Ti60钛合金电子束焊接接头焊态断口形貌

(a)冲击断口;(b)拉伸断口。

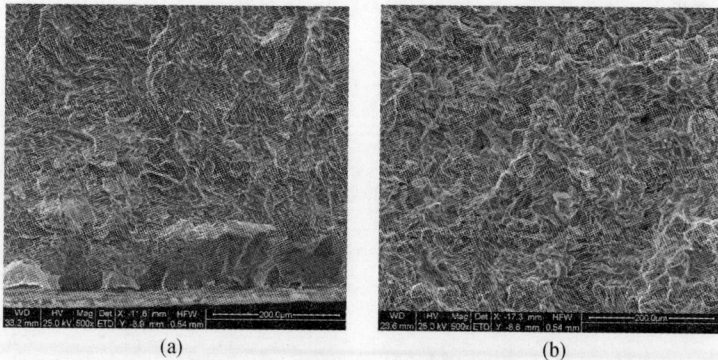

(a)　　　　　　　　　　　　　(b)

图4-54　Ti60钛合金电子束焊接接头普通退火断口形貌

(a)冲击断口;(b)拉伸断口。

3. Ti60钛合金电子束焊接接头全面力学性能与组织分析

对15mm厚度的Ti60钛合金电子束焊接接头进行了全面力学性能的测试分析及组织分析,包括接头的室温和高温拉伸性能、缺口敏感性、室温冲击性能、室温及高温旋弯疲劳等。

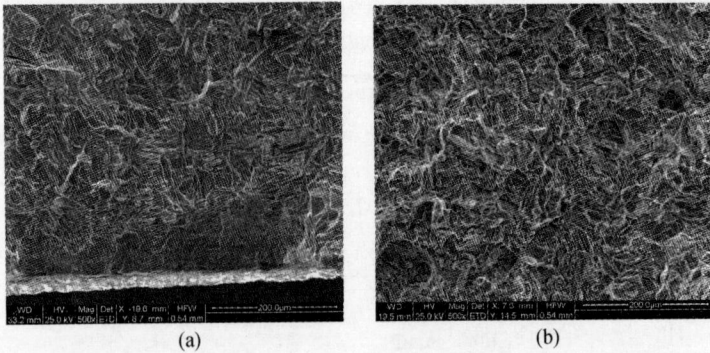

(a)                (b)

图 4 - 55   Ti60 钛合金电子束焊接接头双重退火断口形貌

(a) 冲击断口；(b) 拉伸断口。

1）拉伸性能

15mm 厚度 Ti60 钛合金电子束焊接接头、母材拉伸性能见表 4 – 121。可以看出：电子束焊接试样无论室温还是高温均断裂在近缝区的基体位置，室温下接头强度达到母材的 95.7%，延伸率达到 87.5%，断面收缩率是母材的 117%；600℃下接头强度达到母材 91.7%，延伸率达到 91.5%，断面收缩率达到 92.8%。热稳定性测试结果表明：试样热稳定的接头强度达到母材的 97.6%，塑性远优于母材。经热稳定试验的接头和母材的塑性降低非常明显，这是由于 600℃/100h 热暴露过程中接头和母材的 α 相中析出与 α 共格有序的 α$_2$ 相，从而导致接头和母材的塑性降低。

表 4 – 121   Ti60 钛合金电子束焊接接头及母材拉伸性能

| 热处理<br>状态 | 类别 | 试验<br>温度 | $\sigma_{p0.2}$<br>/MPa | $\sigma_b$<br>/MPa | $\delta_5$<br>/% | $\Psi$<br>/% | 断裂<br>位置 |
|---|---|---|---|---|---|---|---|
| R2 | 接头 | 25℃ | 911 | 991 | 11.2 | 25.4 | 基体 |
| | | 600℃ | 480 | 616 | 12.9 | 33.5 | 基体 |
| | 母材 | 25℃ | 944 | 1038 | 12.8 | 21.7 | — |
| | | 600℃ | 519 | 672 | 14.1 | 36.1 | — |
| R4<br>试样热稳定性 | 接头 | 25℃ | 1010 | 1043 | 4.6 | 7.2 | 基体 |
| | 母材 | 25℃ | 1030 | 1069 | 0.7 | 1.1 | — |

2）冲击性能

15mm 厚度 Ti60 钛合金电子束焊接接头冲击性能如表 4 – 122 所列，结果表明：冲击缺口开在热影响区的冲击韧性要比缺口开在焊缝中心高，由于焊缝横截面呈 V 形（见图 4 – 48），在热影响区开冲击缺口时缺口局部位于基体位置，相对来说就稍高一些；缺口开在焊缝中心热稳定试样的冲击韧性要比未进行热暴露试验的低很多,试样热稳定与未进行热稳定试验相比为50%。

表4-122　Ti60 钛合金电子束焊接接头冲击性能

| 热处理状态 | $\alpha_{ku}/(J/cm^2)$ | | | | 缺口位置 |
|---|---|---|---|---|---|
| R2 | 24.1 | 23.5 | 24.7 | 24.1 | 热影响区 |
| | 17.1 | 19.5 | 19.8 | 18.8 | 焊缝中心 |
| R4 | 9.7 | 8.7 | 9.7 | 9.4 | 焊缝中心 |
| 试样热稳定性 | 12.4 | 12.0 | 13.9 | 12.8 | 热影响区 |

3) 缺口敏感性

15mm 厚度 Ti60 钛合金电子束焊接接头缺口拉伸性能见表4-123。采用在焊缝区域开缺口方法用于测定拉伸条件下材料对缺口的敏感性,衡量在硬性应力状态($\alpha < 0.50$)和应力集中下材料的脆化倾向。$\sigma_{bH}/\sigma_b > 1$,说明缺口处发生了塑性变形的扩展,比值越大,塑变扩展量越大,脆化倾向越小,表示缺口敏感性小甚至不敏感。两种试验温度下的焊接接头的缺口拉伸强度相差很大,$K_t = 1$ 的接头室温和高温拉伸强度分别为 1455MPa 和 998MPa。经计算其接头的缺口敏感系数 $\sigma_{bH}/\sigma_b$ 分别为 1.47 和 1.62,表明 Ti60 钛合金电子束焊接接头缺口敏感性很低。

表4-123　Ti60 钛合金电子束焊接接头缺口拉伸性能

| 试验温度 | 热处理状态 | $\sigma_{bH}$ /MPa | $\sigma_b$ /MPa | 缺口敏感系数 $\sigma_{bH}/\sigma_b$ | 备注 |
|---|---|---|---|---|---|
| 25℃ | R2 | 1455 | 991 | 1.47 | $K_t = 3$ |
| 600℃ | | 998 | 616 | 1.62 | 缺口根部半径 0.25mm |

4) 高温持久性能

15mm 厚度 Ti60 钛合金电子束焊接接头高温持久性能见表4-124,数据表明在 600℃下承受 310MPa 应力,接头持续的时间达到了母材的 80% 以上;600℃下能够持续 100h 的应力为 300MPa,达到母材应力的 97% 左右。

表4-124　Ti60 钛合金电子束焊接接头高温持久性能

| 试样编号 | 热处理状态 | 试验温度 /℃ | 试验应力 /MPa | 持续时间 | 说明 |
|---|---|---|---|---|---|
| F07 | | | 310 | 108h　00min | 100h 后增加应力 40 MPa |
| F08 | | | 310 | 94h　20min | — |
| F09 | | | 310 | 82h　05min | — |
| F10 | R2 | 600 | 310 | 82h　50min | — |
| N01 | | | 290 | 120h　00min | 停 |
| N02 | | | 290 | 120h　00min | 停 |
| N03 | | | 290 | 120h　00min | 停 |

| 试样编号 | 热处理状态 | 试验温度/℃ | 试验应力/MPa | 持续时间 | 说明 |
|---|---|---|---|---|---|
| N04 | | | 300 | 110h 30min | — |
| N05 | | | 300 | 120h 00min | 停 |
| N06 | | | 300 | 120h 00min | 停 |
| N07 | R2 | 600 | 300 | 118h 45min | — |
| N08 | | | 310 | 104h 30min | 停 |
| N09 | | | 310 | 101h 40min | — |
| 357# | | | 310 | 113h 05min | 母材 |
| 358# | | | 310 | 111h 25min | 母材 |

5）疲劳性能

表 4-125 和图 4-56 为 Ti60 钛合金电子束焊接接头旋转弯曲的疲劳极限及疲劳 $S-N$ 曲线，由于 Ti60 钛合金是用于发动机压气机整体叶盘部位，旋转弯曲疲劳是叶盘受力的关键力，Ti60 钛合金焊接接头的旋转弯曲疲劳试验按照置信水平 90%、存活率为 50% 的要求进行，循环基数 $N = 2 \times 10^7$，经计算得出 Ti60 钛合金电子束焊接接头的旋转弯曲疲劳极限为 $\sigma_{-1} = 427.3\text{MPa}$。

表 4-125 Ti60 钛合金电子束焊接接头室温旋转弯曲疲劳性能（$K_t = 1$）

| | $\sigma_{max}$/MPa | 寿命 $N$/千周 | 寿命对数平均值 $X$ | 标准差 $S$ | 平均寿命 $N$/千周 |
|---|---|---|---|---|---|
| 成组法 | 600 | 101 46 58 38 | 4.7526 | 0.1839 | 56.57 |
| | 540 | 96 62 151 415 | 5.1429 | 0.3539 | 138.96 |
| | 500 | 62 293 591 111 436 113 | 5.2948 | 0.3870 | 197.15 |
| | 460 | 296 507 562 1350 8550 7220 | 6.1411 | 0.6217 | 1383.88 |
| 升降法 | 440 | 540 234 998 17100 861 | 循环基数：$N = 2 \times 10^7$ 疲劳极限：427.3MPa | | |
| | 420 | >21000 >21400 >20200 >22200 | | | |
| | 400 | >21000 | | | |

表 4-126 为 Ti60 钛合金电子束焊接接头 600℃ 旋转弯曲疲劳试验结果，通过计算 600℃ 旋转弯疲劳极限约为 $\sigma_{-1} = 393\text{MPa}$。

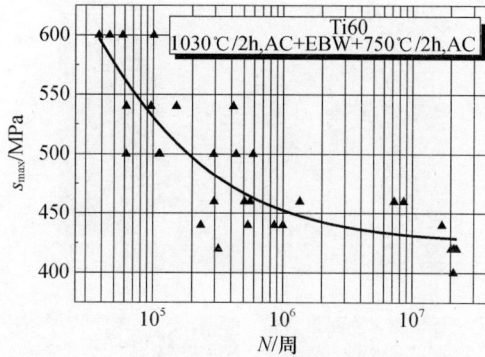

图 4-56　Ti60 钛合金 EBW 接头室温旋转弯曲疲劳 $S-N$ 曲线

表 4-126　Ti60 钛合金 EBW 接头 600℃ 旋转弯曲疲劳性能　$(K_t = 1)$

| 试样编号 | 热处理状态 | 应力/MPa | 循 环 次 数 |
|---|---|---|---|
| G33 | | 460 | $5.0 \times 10^4$ |
| G20 | | 440 | $5.7 \times 10^6$ |
| G24 | | 440 | $2.82 \times 10^6$ |
| G36 | | 420 | $5.5 \times 10^4$ |
| G27 | R2 | 420 | $1.50 \times 10^5$ |
| G04 | | 420 | $1.57 \times 10^7$ |
| G07 | | 400 | $2.00 \times 10^7$ |
| G11 | | 400 | $2.01 \times 10^7$ |
| G15 | | 300 | $2.01 \times 10^7$ |

6）组织特征

图 4-57 为 Ti60 钛合金电子束焊接接头普通退火显微组织。普通退火接头焊缝组织为针状的马氏体组织 α′ 相，该组织是影响焊缝接头韧塑性下降的本质原因，可以通过热处理调整改善接头的韧塑性，母材为双态组织。无论是焊缝还是母材组织，由于 600℃/100h 空气炉处理过程中接头和母材的 α 相中会析出与 α 共格有序的 α₂ 相，双态组织之间伴有 β 相析出的并列排列束状 α 组织的特点。

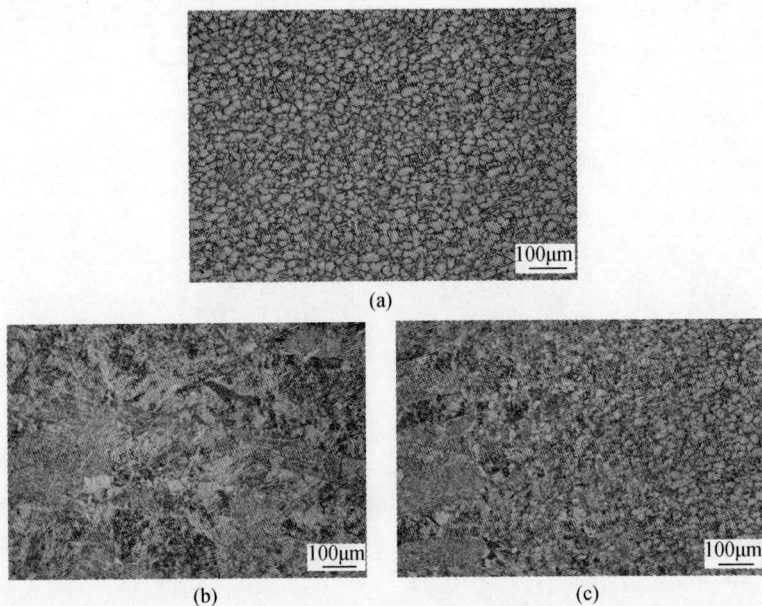

图 4 - 57　Ti60 钛合金电子束焊接接头普通退火组织

(a) 母材组织；(b) 焊缝组织；(c) 焊缝、热影响区、母材组织。

# 参 考 文 献

[1]　《中国航空材料手册》编辑委员会.中国航空材料手册,第4卷,钛合金、铜合金(第2版)[M].北京:中国标准出版社,2001.

[2]　付艳艳,宋月清,惠松骁,等.航空用钛合金的研究与应用进展[J].稀有金属,2006,30(6):850—856.

[3]　王金雪,袁鸿,余槐.TC4 钛合金手工 TIG 焊与电子束焊焊接接头的组织与性能对比[J].焊接,2010
(3):33—35.

[4]　王金雪,袁鸿,余槐,等.冷却速度对 TC18 钛合金焊接热模拟均温区组织和性能的影响[J].航空制造
技术,2008(3):19—21.

[5]　郝丽萍,袁鸿.大厚度钛合金电子束焊接工艺及性能研究[J].新型钛合金综合应用技术研究文集,
2003:91—107.

[6]　Boyer R R. Aerospace Applications of Beta Titanium Alloys. Jom,1994(7):20.

[7]　[德]皮特尔斯 M 莱恩斯,C. 钛与钛合金[M].陈振华,等译.北京:化学工业出版社,2005.

[8]　朱知寿,王新南,童路,等.航空用损伤容限型钛合金研究与应用[J].中国材料进展,2010,29
(5):14 - 17.

[9]　袁鸿,余槐,王金雪,等.TC4 - DT 钛合金电子束焊接接头的损伤容限性能[J].材料工程,2007(8):
17—19.

[10]　BOWEN P,CHAVE R A,JAMES A W. Cyclic crack growth in titanium aluminides[J]. Materials Science
and Engineering,1995,A192/193:443—456.

[11] FILP R,KUBIAK K,ZIAJIA W ,et al. The effect of mircostructrue on mechanical properties of two-phase titanium alloys [J]. Materials Processing Technology, 2003,133:84—89.

[12] DING R GUO Z X. Microstructural evolution of Ti – 6Al – 4V alloy during b – phase processing[J]. Materials Science and Engineering,2004,A365:172—179.

[13] LUTJERING G. Influence of processing on microstructure and mechanical properties of α + β titanium alloys [J]. Materials Science and Engineering,1998,A243:32—45.

[14] E. A. 鲍利索娃,等. 钛合金金相学[M].陈石卿,译. 北京:国防工业出版社,1986.

[15] J. LINDERMANN, L. WAGNER. Mean stress sensitivity in fatigue of α,(α + β)and β titanium alloys [J]. Materials Science and Engineering,1997,A234 – 236:1118—1121.

[16] RITCHIE R O,DAVIDSON DL,BOYCE BL,CAMPBELL J P. ,et al. High-cycle fatigue of Ti-6 Al – 4V [J]. Fatigue & Fracture of Engineering Materials & Structure,1999,vol 22:8—19.

[17] 余槐,袁鸿,王金雪.三重退火对 TC21 钛合金电子束焊接接头组织性能的影响[J].航空制造技术, 2007,(2):33—35.

[18] [俄]勃拉图辛 АГ,柯拉契夫 БА,等.飞机钛合金结构制造技术[M].李香波,等译.北京航空工艺研究所,1998.

[19] Powers D,Schubert G. Electron beam welding:A useful tool for automotive industry[J]. Welding Journal, 2000,(2):35—38.

[20] 余槐,袁鸿,王金雪.双重退火对 TC21 钛合金电子束焊接接头组织性能的影响[J].焊接,2010(4): 17—19.

# 第 5 章  Ti₃Al 基合金及 TiAl 金属间化合物焊接技术

Ti₃Al 基和 TiAl 金属间化合物具有比强度高、比刚度大、高温力学性能好、抗氧化性能好等优点而被认为是理想的、具有广泛应用前景的轻质耐高温结构材料[1-3]。Ti - Al 系金属间化合物密度小,用于航空发动机结构减重效果明显,Ti₃Al 基合金代替镍基高温合金就可使构件减轻约 40%;另外,现有先进的高温钛合金在 600℃ 以上抗氧化性能、蠕变性能急剧降低,难以满足 600℃ 以上结构应用的需要,而 Ti₃Al 基合金的工作温度可达 650℃ ~ 700℃,代替钛合金可提高结构的使用温度,TiAl 基合金甚至可在 760℃ ~ 800℃ 温度下长期工作,比如用它们可制作航空航天用蜂窝结构、航空发动机压气机机匣、低压涡轮导叶内环以及高速飞行器的启动推进器零件等耐热部件。但是,Ti₃Al 和 TiAl 新材料的工程应用离不开焊接等热加工制造技术。

总体上讲,Ti₃Al 基和 TiAl 基合金属于较难焊接的新材料,伴随着 Ti₃Al 和 TiAl 基合金本身的研制进展,国内外自 20 世纪 90 年代以来,也陆续开展了有关 Ti - Al 基合金的连接技术研究,连接的工艺方法包括氩弧焊[4]、高能束焊[5-7]等熔焊方法和摩擦焊[8-10]、扩散焊[11-13]、自蔓延反应合成焊接[14]等固态焊接方法,以及钎焊方法[15-23]。

相关焊接技术的应用研究也不断取得进展。美国 NASA 兰勒研究中心利用瞬态液相扩散连接方法制成 Ti - 14Al - 21Nb 合金蜂窝面板结构;瑞士 Asea Brown Boveri 公司制成一种高温钛合金叶片,钛合金叶根与 γ - TiAl 叶身通过热压扩散方法连接而成。扩散焊接虽然可以获得与母材接近的接头强度,但由于其结构和焊接条件的局限性而使其应用受到一定程度的限制。日本还采用摩擦焊方法成功焊出 TiAl 涡轮转子,当然对于摩擦焊而言,接头形式也往往受到限制,如不能连接形状复杂的构件及中空内部焊缝,不易加中间层,使接头质量难以控制,只在一些特殊的情况下应用。国外对 Ti₃Al 基合金、TiAl 基合金熔焊方法(氩弧焊、电子束焊、激光焊等)的研究也取得较大进展,比如美国已经将 Ti₃Al 用于制造喷气涡轮发动机上的尾喷燃烧器、高压压气机机匣、高压涡轮支撑环,解决了 Ti₃Al 合金焊接裂纹问题。另外,英国 RR Derby 公司通过焊接方法制造出了 TiAl 合金薄板排气喷嘴锥体。

总之，上述这些针对 $Ti_3Al$ 基合金、$TiAl$ 金属间化合物的连接技术研究相继取得了一系列结果，有的技术获得应用，或者正在获得试用，但有的离实用要求还存在一些差距。

本章将重点介绍北京航空材料研究院在"十五"和"十一五"期间针对 $Ti_3Al$ 基合金和 $TiAl$ 金属间化合物材料开展的焊接技术研究的进展。

# 5.1  $Ti_3Al$ 基合金自身及其与异种材料的钎焊

## 5.1.1  概述

$Ti_3Al$ 钎焊可采用镍基、钛基、银基及铜基等钎料进行钎焊[15, 24]。C·H·Cadden 等人[25]采用 Ti – Cu – Ni 系钎料，施压条件下，获得的合金元素充分扩散无钎料残余的均匀的板条状组织的接头，室温拉伸强度与母材相似，649℃接头强度最高可达 485 MPa，但此种方法属于真空扩散钎焊，需施加压力达到较小钎焊间隙才能实现，很多钎焊接头由于其结构的复杂性，难以加压，因此应用范围较窄。哈尔滨工业大学的何鹏等人[16, 26]分别采用 NiCrSiB、TiZrNiCu 钎料钎焊 $Ti_3Al$ 基合金，获得最大剪切强度分别为 240MPa ~ 250 MPa 和 250MPa ~ 260 MPa。北京矿冶研究总院周恒等人[27]采用 AgCuZn 钎料 1173K/5min 获得最高剪切强度为 125.4 MPa。

本节主要介绍我们采用几种钎料钎焊 $Ti_3Al$ 自身以及 $Ti_3Al$/GH536 接头的组织与性能。被焊母材采用牌号为 TD3 的 $Ti_3Al$ 基合金，名义成分 Ti – 24Al – 15Nb – 1Mo（原子分数 %），锻造状态。选用的钎料包括 Ti – 15Cu – 15Ni（原子分数 %）、AgCuTi、BNi – 2、Ti – 13Zr – 21Cu – 9Ni（原子分数 %）。

## 5.1.2  $Ti_3Al$ 基合金自身的钎焊

1. 采用 Ti – 15Cu – 15Ni 钎焊 $Ti_3Al$[28,29]

Ti – 15Cu – 15Ni 钎料 980℃保温 10min 钎焊 $Ti_3Al$ 基合金接头组织见图 5 – 1，从中可以看出，接头由母材、反应层和钎缝中央共晶组织组成。图 5 – 1(a)各相成分分析结果见表 5 – 1。由图 5 – 1(c)可见，反应层由近母材的白色层和近钎缝的黑色层构成，白色层是由于钎焊时母材中 Nb、Al 向钎缝中扩散同时钎缝中 Ni、Cu 向母材扩散（见表 5 – 1A），β 相稳定元素增多，α 相稳定元素减少，因此近缝区母材发生相转变，生成 β 相（由图 5 – 2(b)衍射斑点确定）；黑色层是由于钎焊时钎缝金属中的 Ni、Cu 向母材扩散（见表 5 – 1B），使得熔点升高，高熔点相沿着母材表面直接结晶生成 β 相（由图 5 – 2(c)衍射斑点确定）。钎缝中央的共晶组织是残余液态钎缝金属在钎焊冷却时凝固生成，由片层状 β 转变组织和块状化合物相构成(见图5-1(a)、(b)、其成分见表5-1D、C),钎缝中央的块状相有灰色和白色两种(见图5-1(c)),化合物的透射电子像见图5-2(a),其成分分析结果见表5-1中E、F,由 $Ti_2Ni$ 和 $Ti_2Cu$ 化合物相构成。总之,980℃/10min钎焊接头组织由 $Ti_3Al/Ti(\beta 相)/Ti_2Ni(Cu) + Ti_2Cu(Ni) + Ti(\beta 相)/Ti(\beta 相)/Ti_3Al$ 构成。

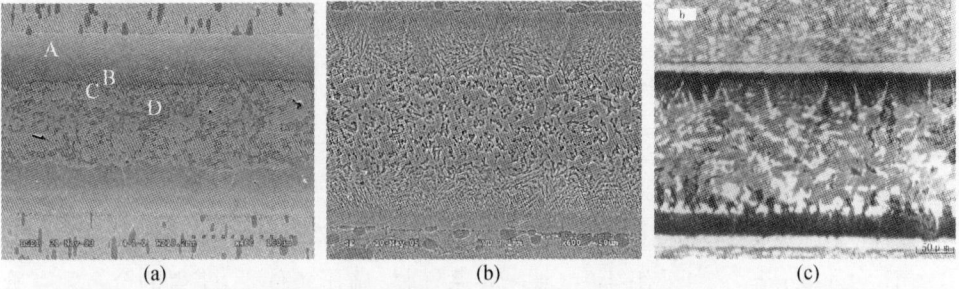

(a)                          (b)                          (c)

图5-1　Ti-15Cu-15Ni 钎焊 $Ti_3Al$ 接头组织

(a)背散射像;(b)二次电子像;(c)光学像。

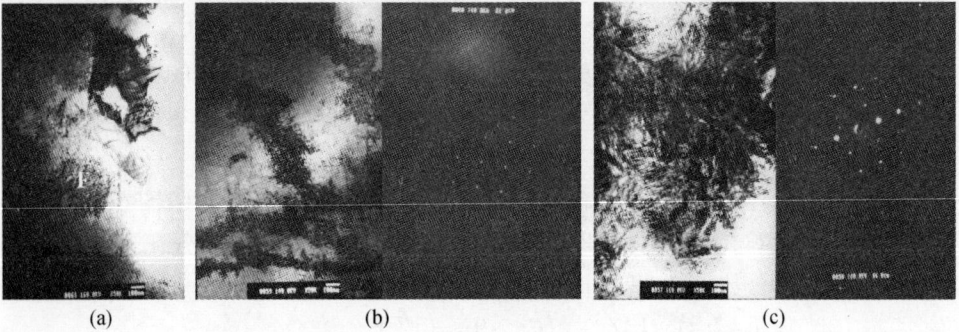

(a)                          (b)                          (c)

图5-2　钎焊接头中不同区域透射电子像与衍射斑点

(a)钎缝中的化合物相;(b)近母材反应层;(c)近钎缝区反应层。

表5-1　钎焊接头各相化学成分　　　　　　　　　　　　(%)

| 位置 | Ti | Cu | Ni | Nb | Al | 主要物相 |
|------|------|------|------|------|------|---------|
| A | 65.51 | 6.16 | 3.86 | 18.34 | 6.14 | β |
| B | 70.59 | 8.44 | 12.51 | 5.54 | 2.93 | β |
| C | 61.93 | 12.94 | 24.39 | — | 0.75 | $Ti_2Ni(Cu) + Ti_2Cu(Ni)$ |
| D | 75.62 | 9.38 | 6.18 | 5.06 | 3.76 | β |
| E | 55.30 | 9.90 | 30.37 | 3.12 | 1.31 | $Ti_2Ni(Cu)$ |
| F | 56.84 | 24.15 | 14.05 | 3.38 | 1.58 | $Ti_2Cu(Ni)$ |

　　不同钎焊工艺下获得钎焊接头的650℃拉伸剪切强度见表5-2,980℃/10min钎焊接头性能最高,随钎焊温度提高、保温时间延长,接头性能下降。

286

表 5 - 2　Ti$_3$Al 基合金钎焊接头 650℃ 剪切强度

| 钎 焊 规 范 | 剪切强度/ MPa | | | | 平均值/ MPa |
|---|---|---|---|---|---|
| 980℃/10min | 330 | 364 | 361 | 311 | 341.5 |
| 1015℃/10min | 197 | 257 | 280 | | 244.7 |
| 1050℃/10min | 238 | 269 | 121 | | 209.3 |
| 980℃/30min | 288 | 293 | 320 | 260 | 290.3 |
| 980℃/60min | 308 | 179 | 278 | 255 | 255.0 |
| 1010℃/60min | 255 | 192 | 226 | | 224.0 |

　　Ti - 15Cu - 15Ni 钎料钎焊 Ti$_3$Al 基合金接头组织由 Ti$_3$Al/Ti(β 相)/Ti$_2$Ni(Cu) + Ti$_2$Cu(Ni) + Ti(β 相)/Ti(β 相)/Ti$_3$Al 构成,可见钎缝中心的共晶组织[Ti$_2$Ni(Cu) + Ti$_2$Cu(Ni) + Ti(β 相)]由于含有脆性化合物相成为薄弱环节,决定了接头的性能。三组钎焊工艺(980℃/10min、1010℃/60min 和 1050℃/10min)下获得的 Ti$_3$Al 基合金的接头,拉伸后断口均断于钎缝中央,此结果充分说明 Ti$_3$Al 钎焊接头薄弱环节为钎缝区。

　　980℃/10min、1050℃/10min 和 980℃/60min 三种钎焊工艺下获得的钎焊接头组织见图 5 - 3,随钎焊温度的升高和钎焊保温时间的延长,由于元素不断扩散,钎缝区灰色化合物相减少甚至消失,白色块状化合物相减少,未完全消失。同时发现化合物相颗粒长大,分布区域变窄,逐渐变为单层近似连续的化合物相,失去韧性好的 β 相基分布小块状相的组织形态,导致性能降低(见表 5 - 2),说明了在不能消除化合物相时,增强钎焊工艺规范对性能是不利的。

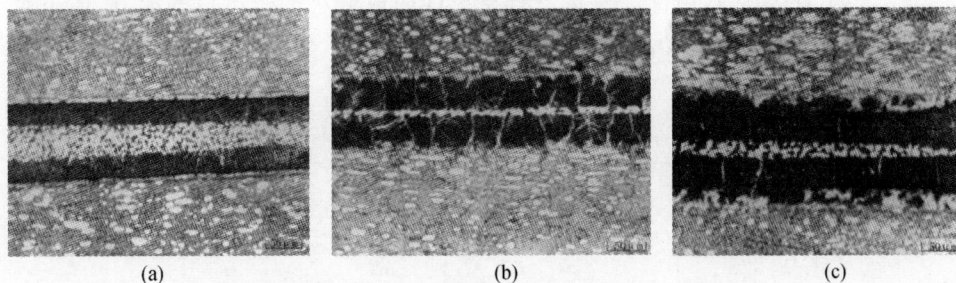

(a)　　　　　　　　(b)　　　　　　　　(c)

图 5 - 3　不同钎焊工艺下的接头组织
(a) 980℃/10min;(b) 1050℃/10min;(c) 980℃/60min。

### 2. 采用 AgCuTi 钎焊 Ti$_3$Al[30]

　　采用 AgCuTi 钎料(单层,成分(Ag - 27.4Cu - 4.4Ti(质量分数%))钎焊 Ti$_3$Al,选择的钎焊工艺为 880℃/10min。图 5 - 4 为钎缝的背散射照片。从图中可以看出,接头整体良好,缺陷很少,钎料与母材发生作用,相互扩散,形成灰白色过渡层。

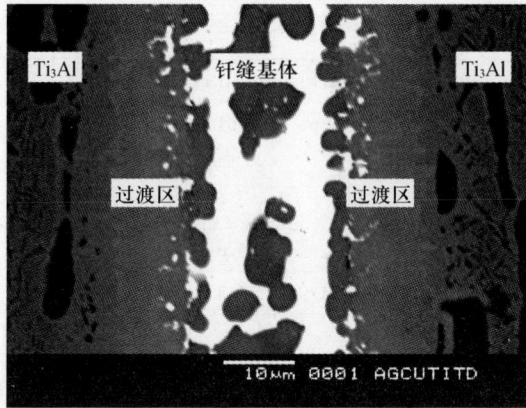

图 5 - 4    880℃/10min 条件下采用 AgCuTi 钎料的 Ti₃Al 接头钎缝组织

钎缝主要由两个区组成,一个是位于钎缝中心的钎缝基体区,该区由连续分布的明亮白色网状组织及分布于其中和周边的黑色块状物组成;另一个是钎料与母材发生作用形成的过渡区,该区显示为灰白色,与母材交界呈现为锯齿状。

表 5 - 3 给出了钎缝特征区域的成分分布。其中钎缝中心亮白色网状组织主要为银基固溶体以及包含在它中间的 Ag - Cu 共晶。由于钎料本身向固态母材基体中扩散较慢,加上钎料中银的聚集,导致了在银基固溶体的空隙形成了以 Cu 为基的合金相,Cu 与扩散过来的 Ti 形成了 Ti - Cu 相,其中还有少量的 Al 扩散过来形成了 Ti - Cu - Al 等相,剩余的 Cu 和 Ag 形成 Ag 基固溶体。钎缝灰色过渡区中主要是母材扩散的 Ti 与钎料中的 Cu 形成的 Ti - Cu 相以及 Ti - Cu - Al 等相,还有一定量的 Nb 固溶在里面。靠近母材灰黑区的成分接近于母材的成分,但是有一部分 Cu 和少量的 Ag 扩散过来,Cu 与 Ti 形成了 Ti - Cu 相,Ti 和 Al 以 Ti₃Al 的形式存在。

表 5 - 3    880℃/10min 条件下采用 AgCuTi 钎料的接头特征区的成分分析结果

| 位　置 | | 元　素 | | | | |
|---|---|---|---|---|---|---|
| | | Al | Ti | Cu | Nb | Ag |
| 1 | 原子分数/% | 0 | 0 | 6.23 | 0 | 93.22 |
| 2 | 原子分数/% | 11.68 | 28.36 | 57.58 | 0 | 2.38 |
| 3 | 原子分数/% | 12.51 | 40.73 | 35.00 | 10.30 | 1.46 |
| 4 | 原子分数/% | 13.35 | 60.40 | 9.21 | 15.05 | 1.99 |

注:1 钎缝中心亮区,2 钎缝中心黑色块状区,3 钎缝灰色过渡区,4 靠近母材的灰黑区

表 5 - 4 给出了 880℃/10min 规范下 Ti₃Al 接头的力学性能,从表中可以看出,接头性能比较稳定,其平均值达到了 166.7 MPa。

表 5 − 4　AgCuTi 钎料对应的 Ti₃Al 钎焊接头(880℃/10min)室温剪切强度

| 测试值/MPa | 平均值/MPa |
|---|---|
| 160.6,153.6,167.4,185.4 | 166.7 |

## 5.1.3　Ti₃Al 基合金与 GH536 高温合金的钎焊

### 1. 采用 BNi − 2 钎焊 Ti₃Al/GH536[31]

选用 BNi − 2 钎料( Ni − (6 ~8) Cr − (2.75 ~3.5) B − (4 ~5) Si − (2.5 ~3.5) Fe − C0.06(质量分数% ))分别在 1010℃/20min 和 1050℃/5min 两种规范下对 Ti₃Al 进行了钎焊,试验结果显示接头的强度平均值分别为96.5 MPa 和84.3 MPa。从接头宏观照片上可以看到钎料与 Ti₃Al 的界面上出现了连续的裂纹,如图 5 −5 所示。

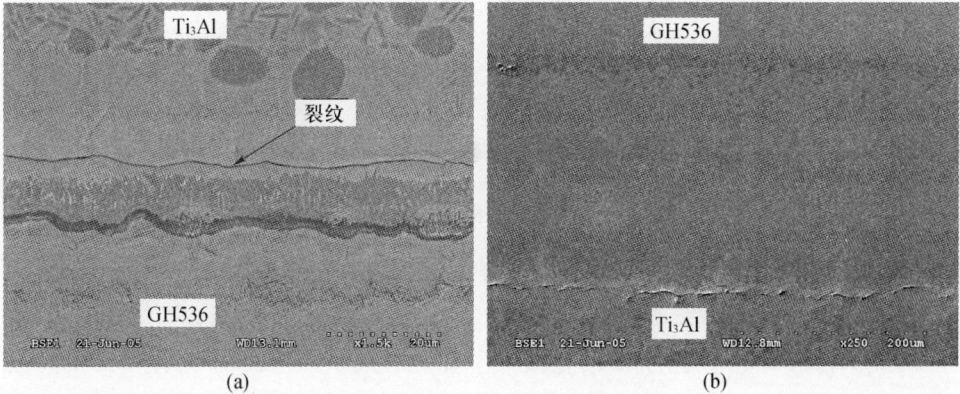

图 5 − 5　使用 BNi − 2 钎料获得 Ti₃Al/ GH536 钎焊接头组织背散射电子像
(a) 1010℃/20min; (b) 1050℃/5min。

为了减少加热温度及保温时间对 Ti₃Al 母材组织及性能的影响,采用 BNi − 2钎料钎焊 Ti₃Al/GH536 的工艺参数选择为 1010℃/10min,对应接头的背散射照片如图 5 − 6 所示。从图中可以看出,Ti₃Al 与钎缝的界面上也出现了连续的长裂纹,该裂纹的存在严重影响接头的性能。

另外,针对 Ti₃Al/GH536 接头还选用了规范 1050℃/5min,图 5 − 7 为接头的背散射照片。从图中可以看出,在 Ti₃Al 与钎缝的界面上出现了连续的长裂纹,该裂纹的存在会严重削弱接头的性能;GH536 与钎缝之间形成了较均匀的过渡区,但是过渡区与母材界面界线明显;钎缝的基体主要是由黑白相间的组织组成,具体形态表现为亮白色组织从 Ti$_3$Al 一侧向 GH536 一侧逐渐减少。

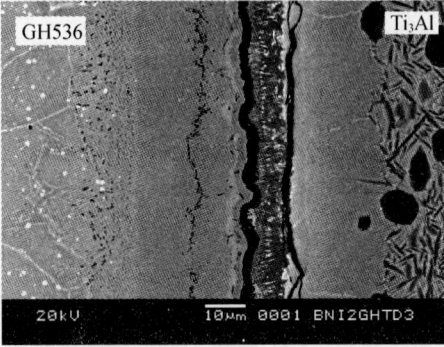

图 5-6 采用 BNi-2 钎料获得的 Ti$_3$Al/GH536
钎焊接头的背散射电子像（1010℃/10min）

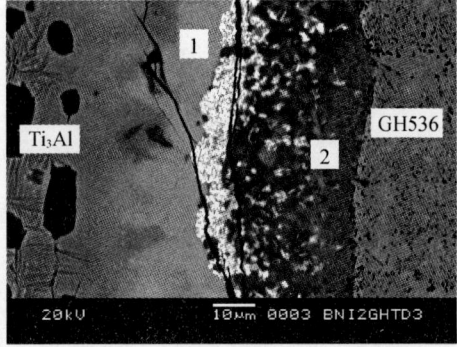

图 5-7 BNi-2 钎料钎焊 Ti$_3$Al/GH536
接头组织背散射电子像（1050℃/5min）

表 5-5 给出了图 5-7 中特征区域的成分。从表中可以看出,1 区组织主要由 Ti、Nb 和 Ni 组成,Nb 的含量相对较高,含有少量的 Ni,Al 含量很低。2 区中主要由 Ti、Ni 组成,Al 和 Fe 含量有所升高。

表 5-5 图 5-7 中两个微区的能谱分析结果

| 位置 | | 元 素 | | | | | | | |
| --- | --- | --- | --- | --- | --- | --- | --- | --- | --- |
| | | Al | Ti | Fe | Ni | Nb | Mo | Cr | Si |
| 1 | 原子分数/% | 3.45 | 39.22 | 1.56 | 15.27 | 26.80 | 2.55 | 2.26 | 8.90 |
| 2 | 原子分数/% | 13.13 | 32.44 | 2.45 | 47.38 | 2.27 | 0.33 | 0.35 | 1.65 |

可见,随着钎焊温度的升高,在接头中心区形成了以 Ni-Ti 化合物为主的脆性相的区域明显加宽,这进一步恶化了钎焊接头的性能。1050℃/5min 钎焊条件下 Ti$_3$Al/GH536 接头剪切强度为 84.3 MPa。

2. 采用 Ti-13Zr-21Cu-9Ni 钎焊 Ti$_3$Al/GH536

采用 Ti-13Zr-21Cu-9Ni 钎料（对应俄罗斯牌号为 BПp16）钎焊 Ti$_3$Al/GH536,选择的工艺参数为 960℃/20min。从图 5-8 中给出的钎缝组织形貌来看,在钎缝与 Ti$_3$Al 的界面上出现了连续的裂纹,在钎缝中心也有少量裂纹存在。钎缝基体主要由块状组织组成,表现为黑色块状物镶嵌在钎缝的灰白色基体中。靠近 GH536 一侧出现白色的扩散层与细黑色扩散层相平行的条状过渡区,在白色扩散层中还存在一条黑色细线。

从图 5-8 中特征区域的成分分布来看（见表 5-6）,由于 1 区靠近 Ti$_3$Al 很近,黑块的成分主要由 Ti 组成,其中分布少量的 Al 和 Cr。钎缝的灰白色基体中各种元素分布比较均匀,Ti 的含量相对于周围的黑块明显减少,Cu、Ni、Zr 和 Al 的含量有所提高。在靠近 GH536 附近的黑块中的 Cu、Ni 含量明显提高,与 Ti 形成了相应的金属间化合物。GH536 边上的白色扩散层的成分更接近于 GH536 母材,Cr、Mo、Fe 和 Ni 的含量急剧上升,Ti 含量下降很多。

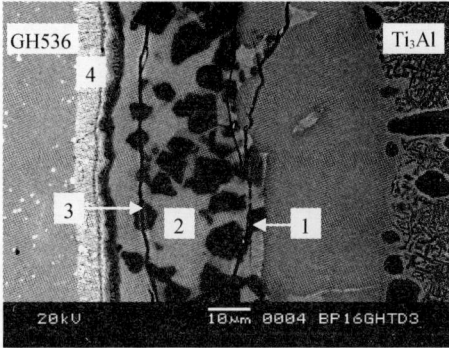

图 5-8  采用 Ti-13Zr-21Cu-9Ni 钎料获得的 Ti₃Al/GH536 接头组织的背散射电子像

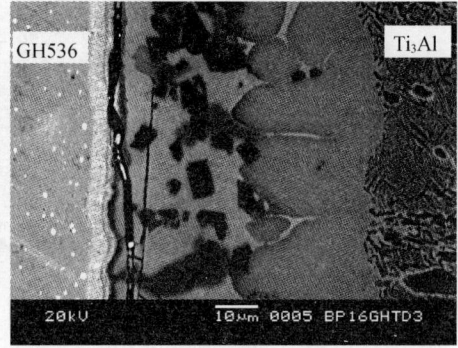

图 5-9  960℃/5min 规范下采用 Ti-13Zr-21Cu-9Ni 钎焊获得 GH536/TD3 接头组织的背散射电子像

表 5-6  图 5-8 中特征区的能谱分析结果

| 位 置 | | 元 素 | | | | | | | | |
|---|---|---|---|---|---|---|---|---|---|---|
| | | Al | Ti | Cu | Ni | Nb | Zr | Cr | Mo | Fe |
| 1 | 原子分数/% | 4.69 | 92.07 | 0 | 0 | 0 | 0 | 3.23 | 0 | 0 |
| 2 | 原子分数/% | 12.20 | 43.47 | 11.78 | 18.04 | 4.06 | 7.10 | 3.35 | 0 | 0 |
| 3 | 原子分数/% | 3.73 | 63.95 | 5.96 | 21.25 | 1.74 | 1.77 | 1.58 | 0 | 0 |
| 4 | 原子分数/% | 0.52 | 8.62 | 0.54 | 29.64 | 0 | 0 | 34.53 | 7.72 | 18.43 |

使用 Ti-13Zr-21Cu-9Ni 钎料,在 960℃/20min 钎焊 Ti₃Al/GH536,接头平均剪切强度为 95.8 MPa。

另外,还选用了 960℃/5min 的钎焊规范对 Ti₃Al/GH536 进行了钎焊连接,观察保温时间缩短对接头组织的影响。从图 5-9 中的钎缝组织照片来看,比较类似于 960℃/20min 规范下的组织,但是也有细微差别,表现为钎缝基体中的黑色块状物尺寸变大,并且钎缝中有白色条状物向 Ti₃Al 方向的扩散层中延伸生长。

使用 Ti-13Zr-21Cu-9Ni 钎料在 960℃/5min 钎焊 Ti₃Al/GH536,接头平均剪切强度为 86.4 MPa。

3. 采用 Ti-15Cu-15Ni 钎焊 Ti₃Al/GH536

采用 Ti-15Cu-15Ni 钎料钎焊 Ti₃Al/GH536,选择的工艺参数为 980℃/10min。从图 5-10 中可以看出,在靠近 Ti₃Al 一侧出现了灰色的扩散层,在靠近 GH536 一侧出现白色的扩散层,在扩散层中间还存在一条黑色线状组织,钎缝基体主要由尺寸较大的黑色块状物组成。

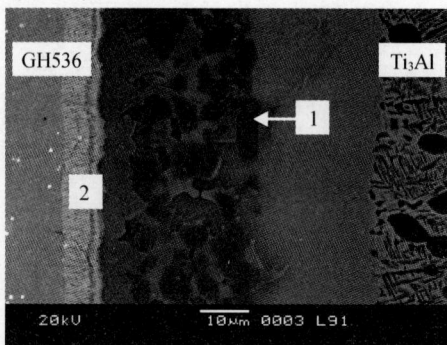

图5-10  采用Ti-15Cu-15Ni钎料获得的Ti₃Al/GH536接头组织的背散射电子像

从钎缝特征区域的成分分布来看(见表5-7),钎缝中心黑块主要以Ti和Ni为基,其中分布少量的Fe和Cu,靠近GH536的灰黑色扩散层也是以Ti和Ni为基,但是Cu的含量上升很多,Fe和Al的含量有所提高。

表5-7  图5-10中特征区域的能谱分析结果

| 位置 | | 元素 | | | | | | |
|------|------|------|------|------|------|------|------|------|
| | | Al | Ti | Cr | Fe | Ni | Cu | Nb |
| 1 | 原子分数/% | 1.77 | 65.35 | 1.62 | 3.73 | 22.18 | 4.66 | 0.68 |
| 2 | 原子分数/% | 4.71 | 50.08 | 2.72 | 6.73 | 25.42 | 10.35 | 0 |

使用Ti-15Cu-15Ni钎料在980℃/10min钎焊Ti₃Al/GH536,接头平均剪切强度为67.8 MPa。

4. Ti₃Al基合金环与GH536蜂窝组合模拟件的钎焊

适应于工程上对TiAl金属间化合物构件的制造需求,从"十五"期间开始,我们持续开展了对Ti₃Al基合金的焊接技术研究,并且完成了对TiAl/TC4钛合金、TiAl/42CrMo钢、Ti₃Al/GH3536高温合金等异种组合接头的钎焊工艺研究,其中Ti₃Al/GH3536高温合金组合接头的钎焊工艺在航空发动机领域最具有应用潜力,其连接技术难度也最大。

通过研究,我们取得了关于Ti₃Al基合金与GH536蜂窝组合结构的焊接工艺研究阶段成果:Ti₃Al/GH3536异种材料钎焊接头试样的界面无裂纹,异种材料钎焊接头的室温剪切强度达到125 MPa,接头在500℃测试温度下的剪切强度为108 MPa。图5-11给出了我们于2005年成功钎焊的Ti₃Al/GH3536异种材料组合蜂窝模拟焊接件的局部图片。经检查,GH536高温合金蜂窝芯格之间的表面焊接质量良好,高温合金蜂窝与Ti₃Al基合金环形件之间的界面冶金结合质量良好,钎缝成形美观,钎料表现出良好的润湿性能。

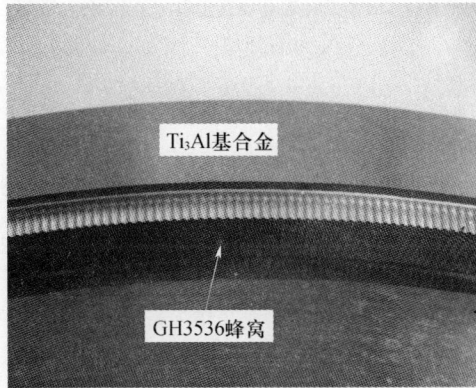

图 5 - 11　钎焊的 $Ti_3Al/GH3536$ 异种材料组合蜂窝模拟件的局部图片

# 5.2　TiAl 金属间化合物自身及其与异种材料的钎焊

## 5.2.1　概述

关于 TiAl 金属间化合物连接技术的研究报告日益增多。这种材料的连接方法主要包括氩弧焊、电子束焊、激光焊、摩擦焊、自蔓延高温合成反应焊、钎焊、扩散焊等。TiAl 熔焊时存在两个较突出的问题:一是焊接热裂倾向严重;二是连接区与经过热机械处理等工艺得到的基体的组织不同,表现出较低的力学性能。从现有的研究结果来看,TiAl 用熔焊工艺连接,焊前要预热,焊后进行均匀化热处理等措施,这样才能保证其连接后的性能,工艺复杂。相比较而言,采用钎焊方法及固态焊接方法能够避免上述熔焊工艺存在的问题,显示出良好的应用前景。

扩散连接技术是进行 TiAl 金属间化合物连接的一种有效方法,尤其是它与超塑性成形技术结合起来,为难热加工塑性变形的 TiAl 基合金提供了可行的制造加工方法。国内外学者针对 TiAl 扩散焊进行了较为全面的研究工作[11-13],研究结果表明,扩散焊接头的强度主要受焊接工艺参数(温度、压力、时间)和显微组织的影响,在工艺参数选择合理的情况下,接头强度接近于母材。但是,该方法受零件形状和尺寸的限制,对设备条件要求较高。

关于 TiAl 的钎焊,国内外学者进行了较多的研究,选用的钎料为 Ti 基钎料[17,18]、Ag 基钎料[19]和 Al 基钎料[20]等。我们采用相关钎料,针对 TiAl 开展了钎焊工艺、钎焊接头组织与强度的对比研究。

本节(5.2 节)内容共涉及到五种钎料,分别是 Ti - 15Cu - 15Ni、Ti - 13Zr - 21Cu - 9Ni、Al、Ag - 35.2Cu - 1.8Ti 和 Ag - 27.4Cu - 4.4Ti(均为质量分数%)。其中 Ti - 15Cu - 15Ni 是由 Ti、Cu 和 Ni 三种纯金属粉混合而成,粒度在

200 目左右；Ti – 13Zr – 21Cu – 9Ni 为非晶态箔带钎料，厚度为 50μm 左右；Ag – 35.2Cu – 1.8Ti 和 Ag – 27.4Cu – 4.4Ti 为轧制箔材，厚度为 50μm，这两种 Ag 基钎料主要用于钎焊 TiAl/42CrMo。

## 5.2.2　TiAl/TiAl 的钎焊

本节所用 TiAl 金属间化合物母材名义化学成分为 Ti – 48Al – 2Cr – 2Nb（原子分数%），实际成分如表 5 – 8 所列。该母材经真空自耗炉三次熔炼，然后 1200℃/150MPa/4h 热等静压得来，尺寸为 $\phi$145 × 400mm。该材料为铸态组织，晶粒尺寸较大，如图 5 – 12 所示，其平均尺寸大于 500μm。材料主要由层片状的 $\gamma + \alpha_2$ 组织组成，在它晶粒周围分布少量小的黑色 $\gamma$ 块和白色 $\alpha_2$ 块。另外，还选择商用 TC4 和 42CrMo 钢两种合金作为被焊材料，用于与 TiAl 的异种接头组合连接。

表 5 – 8　Ti – 48Al – 2Cr – 2Nb 的化学成分

| 合金元素/%（质量分数） | | | | 杂质/ %（质量分数），不大于 | | | | |
|---|---|---|---|---|---|---|---|---|
| Al | Cr | Nb | Ti | Fe | C | O | N | H |
| 31.55 | 2.63 | 4.85 | 余量 | 0.11 | 0.010 | 0.070 | 0.008 | 0.014 |

图 5 – 12　Ti – 48Al – 2Cr – 2Nb 铸态组织

将被焊母材切成小的试片，用于焊接金相试样。钎焊的性能试样主要为片状对接，试片尺寸为 18mm × 16mm × 2mm，焊后的试样加工成两种形式进行拉伸试验，这两种形式如图 5 – 13 和图 5 – 14 所示。金相及性能试样被连接面焊前依次经 200#、600# 和 1000# 砂纸打磨，去除表面氧化物，增加表面宏观平面度，之后经丙酮超声波清洗，去除表面油污及杂物，以备焊接使用。

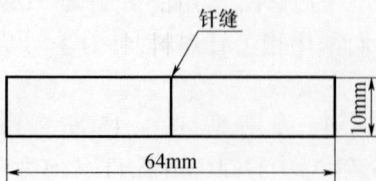

图 5 – 13　矩形条状对接试样图

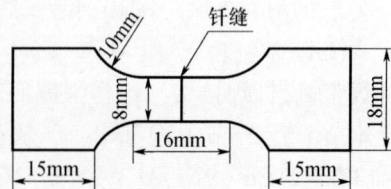

图 5 – 14　哑铃状对接试样图

不同钎料形态采用不同的填加方式:对于粉状钎料 Ti – 15Cu – 15Ni 和 Al 粉,填加方式如图 5 – 15 所示,试片间使用 50μm 钛箔预定间隙,然后经氩弧焊将两试样定位,粉加在坡口中,在钎焊温度下熔融利用毛细作用流入试样间缝隙;对于箔状钎料,直接将钎料置于试片间,氩弧焊点焊定位。

针对 TiAl/TiAl 的钎焊,试验中采用了三种钎料,分别是 Ti – 15Cu – 15Ni、Ti – 13Zr – 21Cu – 9Ni 和铝粉。使用前两种钎料时采用的工艺规范为 1000℃/3min、1040℃/3min 和 1080℃/3min;并且,由于 Ti – 13Zr – 21Cu – 9Ni 钎料熔点较低,试验中增加了 960℃/3min 规范,通过改变连接温度来观察几种钎料对 TiAl 基合金的连接情况,从而选择合适的工艺钎焊性能试样。此外,对于铝粉钎料,采用了 700℃、800℃、900℃和 1000℃四种钎焊温度。

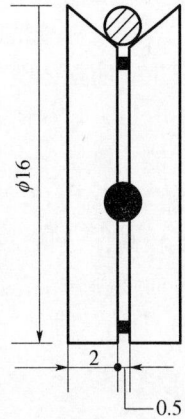

图 5 – 15　粉状钎料填加示意图

1. 采用 Ti – 15Cu – 15Ni 钎料钎焊 TiAl

Ti – 15Cu – 15Ni 是钎焊 Ti 合金常用钎料,图 5 – 16 给出了不同钎焊规范下的试样连接界面的二次电子图像。可以看出,钎焊界面结合良好,随着温度的升高,接头界面显微组织有所变化,由于钎缝两侧母材相同,钎缝组织基本呈对称分布。接头界面由多层组织组成,并且加热温度对组织的演变有着重要影响。图中白亮区为 Cu 和 Ni 富集区,主要集中在焊缝中心区,并且这种集中程度从焊缝中心到边缘逐渐减小。

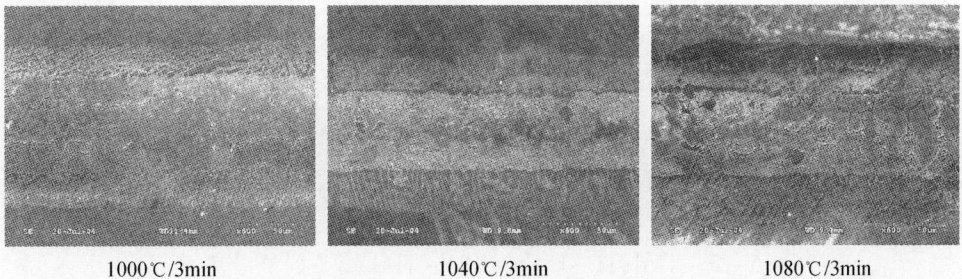

1000℃/3min　　　　　　1040℃/3min　　　　　　1080℃/3min

图 5 – 16　不同种钎焊规范下 TiAl/Ti – 15Cu – 15Ni/TiAl 接头的显微组织

从图 5 – 16 中还可以看出,钎缝间隙均大于预制间隙(50μm),说明钎焊过程中钎料与母材发生反应,母材溶解入钎料,同时钎料向母材扩散,通过能谱测得的钎缝中 Al 的含量及过渡反应层 Cu、Ni 含量可以说明这一点。由于母材为板条状组织,近缝区板条的方向对钎缝过渡反应层的结晶方向有很大的影响,晶粒会顺着母材的板条生长。随钎焊温度升高钎缝中心区的厚度会变小,且钎缝过渡反应层的条状区逐渐变窄且碎化,相同区域的成分也在一定程度上变得均匀。

焊后试样分别进行了900℃/1h和900℃/2h的热处理,经过扩散处理,钎缝组织发生了明显的变化。每个区中的Cu、Ni含量高的白色组织碎化,弥散分布在基体中。靠近母材的扩散反应层中的层片结构和临近该层的网状区演变成致密的黑色基体中镶嵌白点的结构,$\alpha_2$层变得不连续,残余钎料区也由于扩散而变小且不连续,如图5-17所示。从图中还可以看到,热处理时间在1h时候,钎缝组织碎化程度较高,时间增加到2h,随着热处理时间延长,Cu、Ni含量高的区域由于进一步扩散而逐渐缩小,合金元素较低且弥散分布的黑色区域个别长大,说明了成分进一步均匀化,这种情况在1000℃/3min+900℃/2h表现明显。

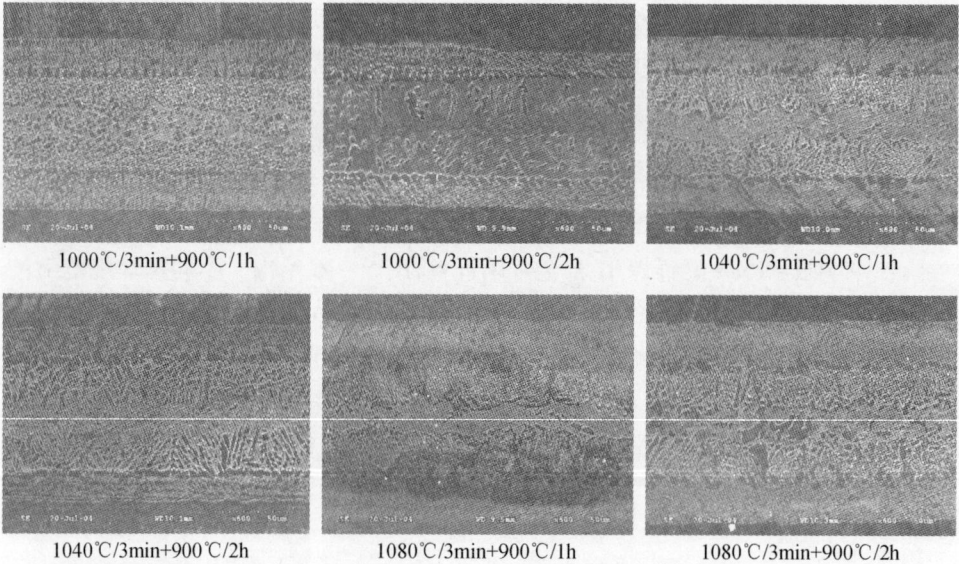

| 1000℃/3min+900℃/1h | 1000℃/3min+900℃/2h | 1040℃/3min+900℃/1h |

| 1040℃/3min+900℃/2h | 1080℃/3min+900℃/1h | 1080℃/3min+900℃/2h |

图5-17　TiAl/Ti-15Cu-15Ni/TiAl接头热处理后的显微组织

焊后针对1040℃/3min规范下的试样进行了力学性能测试,测试结果如表5-9所列。从表中可以看到,试样均断裂在钎缝处,抗拉强度的平均值为170.5 MPa。

表5-9　TiAl/Ti-15Cu-15Ni/TiAl接头的抗拉强度

| 试样编号 | 钎焊规范 | 抗拉强度/MPa | 平均值/MPa |
|---|---|---|---|
| 1# | | 130.7 | |
| 2# | 1040℃/3min | 183.9 | 170.5 |
| 3# | | 196.9 | |

2. 采用Ti-13Zr-21Cu-9Ni钎料钎焊TiAl

Ti-13Zr-21Cu-9Ni在俄罗斯的牌号为ВПр16,是在Ti-Cu-Ni系钎料的

296

基础上通过填加 Zr 使得钎料熔点降低,以满足更广泛的使用要求。图 5-18 给出了试样四种钎焊规范下的连接界面二次电子图像。这些接头组织差别不大,大致分为三个区:靠近母材的层片状过渡反应层区、钎缝中心区和介于两者之间的网状不连续析出区。在每种规范下钎缝的三个区均可以明显识别出来。过渡反应层区层片方向与母材层片方向一致,钎料沿着母材层片方向结晶生长,由于合金元素在不同母材层片中扩散速度不同,导致结晶区元素扩散程度不均匀,从而出现层片状形貌。从图中还可以看出,随着钎焊温度的升高,柱状层片中的白色条变稀,并且在靠近钎缝中心部位生长成以白色基体为主的细网状区,在其附近的不连续析出区中的组织也逐渐变小,这在温度较高的钎缝组织中表现尤为明显。能谱分析结果表明,图中白亮处为 Cu、Ni 富集区,可以观察到,Cu、Ni 主要分布在焊缝中心和靠近母材的区域,分布不均匀。

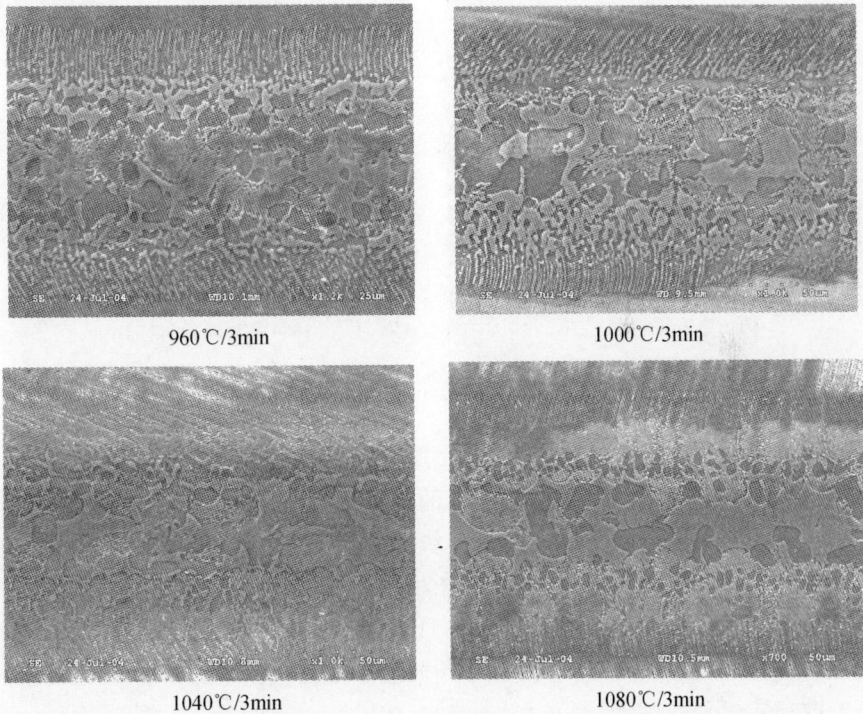

960℃/3min      1000℃/3min

1040℃/3min      1080℃/3min

图 5-18　不同种钎焊规范下 TiAl/Ti-13Zr-21Cu-9Ni/TiAl 接头的显微组织

为了消除钎缝组织的不均匀性,对焊后的试样进行了 900℃/1h 的扩散处理。结果表明:各个区均发生了变化,层片状过渡层中层片缩短碎化;网状不连续析出区中白色物分裂成白点;中心区转变成网状结构,有些部位出现了碎屑状组织。这些变化说明通过均匀化热处理可以使焊缝组织形貌改变,同时促进了元素的进一步扩散。热处理后的组织如图 5 - 19 所示。

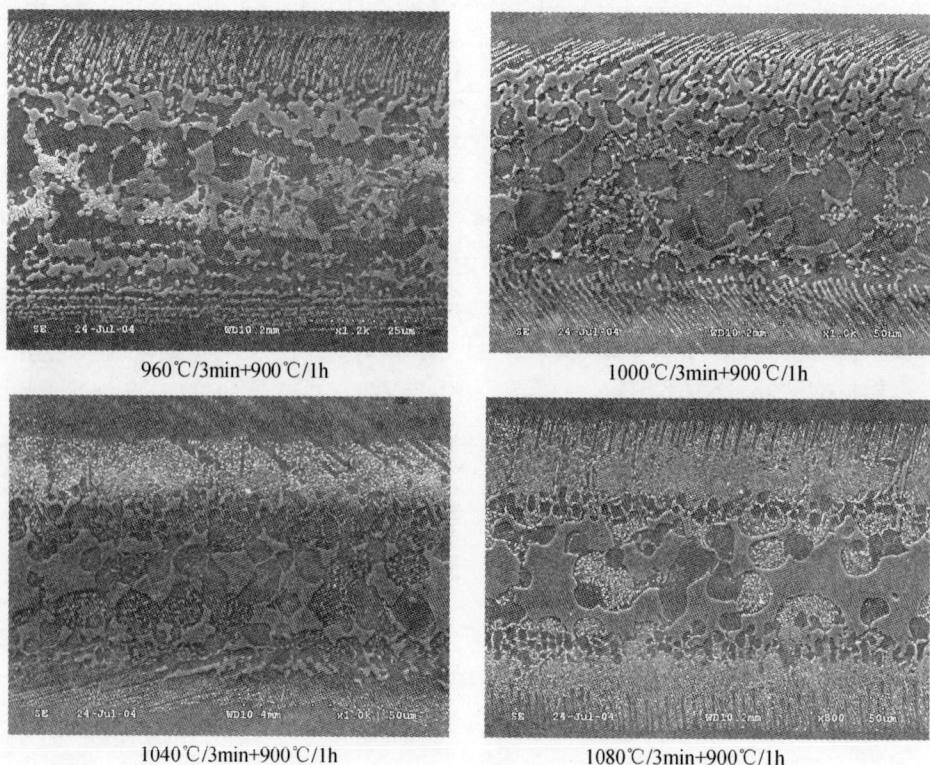

960℃/3min+900℃/1h

1000℃/3min+900℃/1h

1040℃/3min+900℃/1h

1080℃/3min+900℃/1h

图 5 - 19　TiAl/Ti - 13Zr - 21Cu - 9Ni/TiAl 接头热处理后的显微组织

焊后针对 1040℃/3min 规范下的试样进行了力学性能测试,测试结果如表 5 - 10所列。从表中可以看到,拉伸强度的两个原始数据数值不分散,平均值达到 221 MPa。该数据与 Ti - 15Cu - 15Ni 钎料的性能数据相比钎缝性能明显提高,说明了在钎焊 TiAl 时该钎料在同等工艺条件下的冶金性能比 Ti - 15Cu - 15Ni 好。从钎缝组织比较来看,含 Zr 钎料形成的钎缝组织均匀化程度较 Ti - 15Cu - 15Ni 有所提高,并且 1040℃/3min 规范下与母材间的过渡反应层也变得细化,这在一定程度上改善了接头的性能。

表 5 - 10　TiAl/ Ti - 13Zr - 21Cu - 9Ni/TiAl 接头的抗拉强度

| 试样编号 | 钎焊规范 | 抗拉强度/MPa | 平均值/MPa |
|---|---|---|---|
| 1# | | 211.3 | |
| 2# | 1040℃/3min | 230.7 | 221 |

### 3. 采用铝粉钎焊 TiAl[32]

以纯铝粉作为钎料,尝试在不同温度下对 TiAl 进行钎焊连接。试验中采用从 700℃到 1000℃每隔 100℃一个规范来钎焊 TiAl,观察以纯 Al 粉作为钎料时其熔化润湿情况,以及与 TiAl 母材发生反应相互扩散情况。焊后 800℃/10min 和 900℃/10min 的试样直接裂开,700℃/10min 对应的接头只有很少的部分形成连接 (见图 5 - 20),1000℃/10min 规范下整条钎缝实现连接,但钎缝组织疏松,存在较多孔洞(见图 5 - 21)。

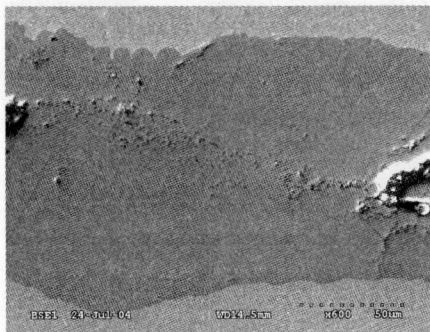

图 5 - 20　700℃/10min 规范下
的 TiAl/铝粉/TiAl 接头组织

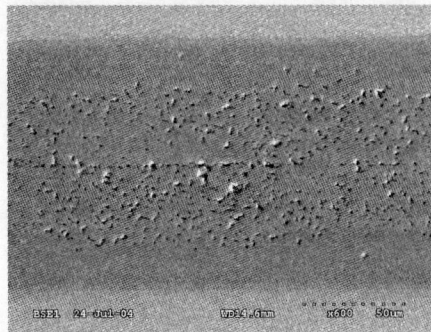

图 5 - 21　1000℃/10min 规范下
的 TiAl/铝粉/TiAl 接头组织

## 5.2.3　TiAl/TC4 的钎焊

针对 TiAl/TC4 的钎焊,试验中选用两种钎料,分别是 Ti - 15Cu - 15Ni 和 Ti - 13Zr - 21Cu - 9Ni。

### 1. 采用 Ti - 15Cu - 15Ni 钎料钎焊 TiAl/TC4[33]

图 5 - 22 给出了 980℃/10min 钎焊规范下 TiAl/Ti - 15Cu - 15Ni/TC4 接头组织的二次电子相。从图中可以看出钎焊界面结合良好,接头连接紧密无缺陷。从钎缝整体来看,组织均匀,除了钎缝与 TiAl 基合金母材间的过渡区外,没有特殊组织形成,并且过渡区的层片方向平行于 TiAl 母材的板条方向。钎缝宽度变化很大,在 $80\mu m \sim 100\mu m$ 左右,为焊前预制间隙的 1.6 倍~2 倍,说明钎缝与母材发生反应相互扩散。根据能谱分析结果,Ti 和 Al 两种元素基本上是按照两边母材成分呈平缓过渡分布趋势,Cu 和 Ni 的分布表现为从钎缝中心向两边母材平滑递减趋势。

钎焊接头经过 900℃/2h 扩散处理后在钎缝基体中有白色区域析出(见图 5 -23),该白色区域 Cu、Ni 含量较高。在钎缝与 TiAl 形成的板条组织下方形成了宽约 $10\mu m \sim 15\mu m$ 的 $Ti_3Al$ 带,此带较热处理前宽得多。钎缝与 TC4 一侧出现了

长针状的 α-Ti 组织,该组织是在 TC4 母材中的 α-Ti 组织基础上生长起来的,这些说明在热处理条件下钎缝与母材间的扩散持续进行,并且对钎缝组织演变产生很大的影响。

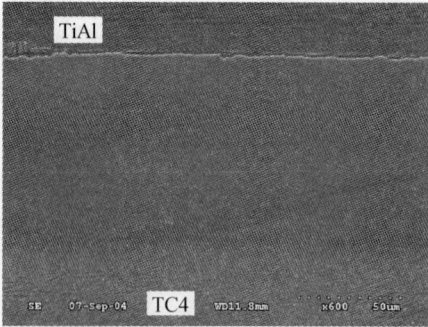

图 5-22 TiAl/Ti-15Cu-15Ni/TC4 接头显微组织

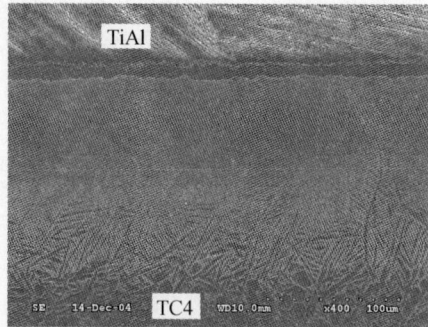

图 5-23 TiAl/Ti-15Cu-15Ni/TC4 接头热处理后的显微组织

对 980℃/10min 规范下的试样进行拉伸实验(见表 5-11),实验数据较为分散,最低抗拉强度只有 73.5MPa。由于 Ti-15Cu-15Ni 钎料的液相线温度接近 980℃,所以在 980℃钎焊时钎料的熔化状态不好。为了确保钎料充分熔化且尽量降低对 TC4 合金组织的不利影响(TC4 的固溶温度为 980℃),将钎焊温度提高至 1000℃,保温时间缩短为 5min,从焊后接头性能数据来看抗拉强度虽然提升幅度不大,但数据分散度减小。

表 5-11 TiAl/Ti-15Cu-15Ni/TC4 接头的抗拉强度

| 试样编号 | 钎焊规范 | 抗拉强度/MPa | 平均值/MPa |
|---|---|---|---|
| 1# | 980℃/10min | 146.6 | 110.1 |
| 2# | | 73.5 | |
| 3# | 1000℃/5min | 156.9 | 130.4 |
| 4# | | 103.8 | |

2. 采用 Ti-13Zr-21Cu-9Ni 钎料钎焊 TiAl/TC4[33]

图 5-24 给出了 930℃/10min 和 960℃/10min 两种钎焊规范下 TiAl/Ti-13Zr-21Cu-9Ni/TC4 接头组织的二次电子图像。从图中可以看出钎焊界面结合良好。930℃/10min 规范的接头中心区出现带状组织,该组织主要由残余钎料组成,随着钎焊温度的提高,各元素扩散速度会加快,当钎焊温度提升到 960℃时,残余钎料区消失。

300

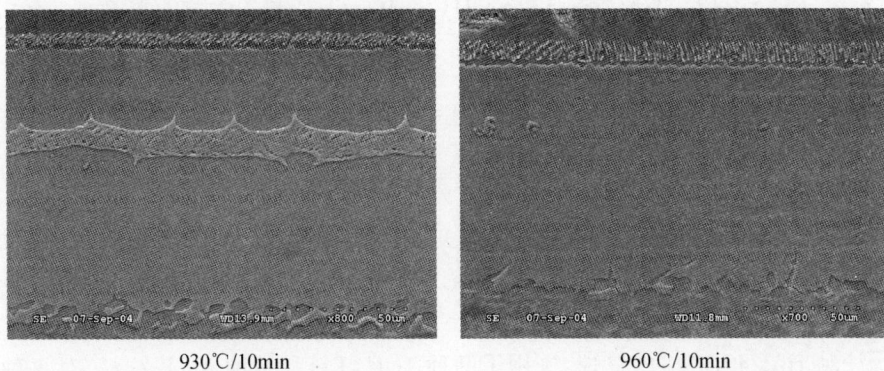

930℃/10min          960℃/10min

图 5 - 24　不同种钎焊规范下 TiAl/Ti - 13Zr - 21Cu - 9Ni/TC4 接头的显微组织

钎焊过程中母材与钎料间发生反应相互扩散,母材大量溶解入钎缝,由于钎料主要以 Ti 为基,加之 TC4 中的 Ti 含量很高,所以整个钎缝形成了以 Ti 为基的组织。钎缝经过 900℃/2h 的扩散处理之后,可以看到 Cu、Ni 含量较高的白色相析出(见图 5 - 25),在热处理前位于钎缝中心的残余钎料区消失。热处理后钎缝组织的另一个特征是在钎缝与 TC4 一侧出现了针状组织的 α - Ti,该组织沿着 TC4 母材的 α - Ti 晶粒形核并生长,个别较长,甚至生长到钎缝中心。

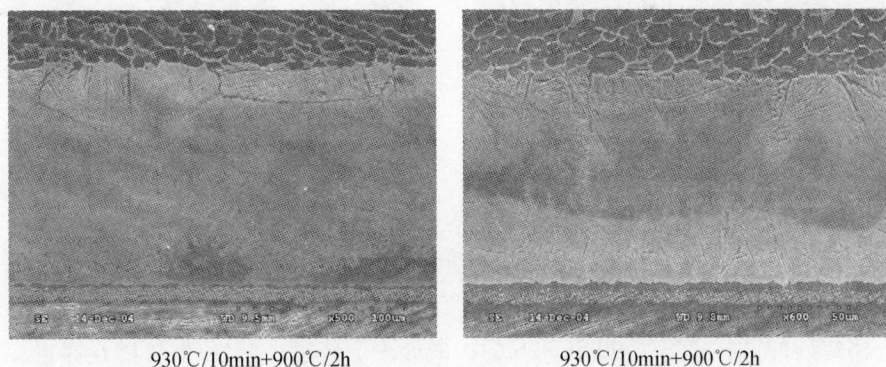

930℃/10min+900℃/2h          930℃/10min+900℃/2h

图 5 - 25　TiAl/Ti - 13Zr - 21Cu - 9Ni/TC4 接头热处理后的显微组织

焊后对 960℃/10min 的规范下的试样进行力学性能测试,试验结果如表 5 - 12 所列。从表中抗拉强度的原始数值来看,数值分布较分散,最低的在 152.2 MPa,而最高的达到了 231.3 MPa,平均值为 183.5 MPa,较使用该钎料钎焊 TiAl/TiAl 时的性能略低。

表 5 - 12　TiAl/Ti - 13Zr - 21Cu - 9Ni/TC4 接头的抗拉强度

| 试样编号 | 钎焊规范 | 抗拉强度/MPa | 平均值/MPa |
|---|---|---|---|
| 1# | | 184.0 | |
| 2# | 960℃/10min | 231.3 | 183.5 |
| 3# | | 166.3 | |
| 4# | | 152.2 | |

## 5.2.4　TiAl/42CrMo 的钎焊

针对 TiAl/42CrMo 的钎焊,选用了两种 Ti 基钎料和两种 Ag 基钎料,对每种钎料及规范下的组织进行了详细的描述以及做了必要的接头强度测试。

1. 采用 Ti - 15Cu - 15Ni 钎料钎焊 TiAl/42CrMo[34]

图 5 - 26 给出了 1000℃/10min 规范下的 TiAl/Ti - 15Cu - 15Ni/42CrMo 接头显微组织的二次电子像。从图中可以看到,钎缝宽度较预制间隙变宽,约为 $85\mu m \sim 90\mu m$。钎缝靠近 TiAl 的一侧组织较为单一,靠近42CrMo 一侧则出现了枝状晶形貌,说明两侧成分的差异导致组织形貌产生差异。

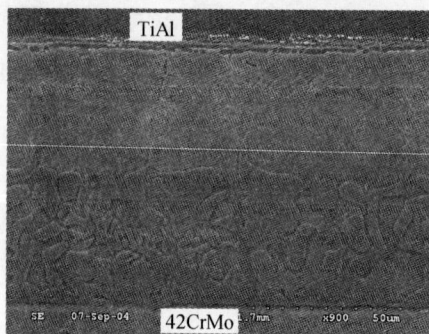

图 5 - 26　TiAl/Ti - 15Cu - 15Ni/42CrMo
接头的显微组织

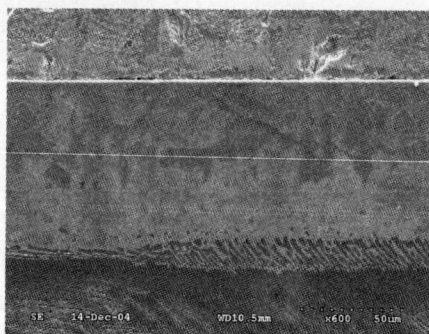

图 5 - 27　TiAl/Ti - 15Cu - 15Ni/42CrMo
接头热处理后的显微组织

将焊后的试样进行了 900℃/2h 的扩散处理。经过扩散处理,钎缝在靠近 TiAl 一侧大部分呈现白色(见图 5 - 27),这是由于钎缝组织 Cu 和 Ni 进一步扩散,Cu 和 Ni 的化合物弥散的在基体中以网状形式析出所造成的。钎缝靠近 42CrMo 一侧枝状组织不明显,更趋近于岛状分布。

选用1000℃/5min 的规范钎焊性能试样,结果抗拉强度平均值只有 95.1 MPa(见表 5 - 13),性能相对较低,说明基于 Ti - 15Cu - 15Ni 钎料本身特性来说并不适合于钎焊 TiAl/42CrMo。从钎缝组织来看,由于钎缝基体中含有大量的枝状晶组织,该组织中含有少量的 Ti - Fe,使得组织变脆,这也在一定程度上削弱了钎缝的强度。

表 5 – 13　TiAl/Ti – 15Cu – 15Ni/42CrMo 接头的抗拉强度

| 试样编号 | 钎焊规范 | 抗拉强度/MPa | 平均值/MPa |
|---|---|---|---|
| 1# | 1000℃/5min | 99.4 | 95.1 |
| 2# | | 90.7 | |

2. 采用 Ti – 13Zr – 21Cu – 9Ni 钎料钎焊 TiAl/42CrMo[32]

图 5 –28 分别给出了 930℃/10min 和 960℃/10min 两种工艺下 TiAl/Ti – 13 Zr – 21Cu – 9Ni/42CrMo 接头组织的二次电子像。从图中可以看出钎料与 TiAl 一侧界面结合良好，并且形成了过渡层，但 960℃/10min 条件下接头靠近 42CrMo 一侧有少许缺陷。为了分析方便，把钎缝可以分成两个区：一个是靠近 TiAl 母材的层片状过渡反应层；另一个是钎缝基体区，该区由凹凸相间的块状组织组成。从图中还可以看出，930℃/10min 和 960℃/10min 两种钎焊规范下钎缝基体区块状组织尺寸差别较大，过渡反应层的宽度也有很大差别。930℃/10min 的接头总体宽度为 50μm ~ 55μm 左右，比焊前略宽，过渡反应层宽度 4μm ~ 6μm，层片连续；基体块状区凹凸不平，层次感很强，并且有大量的碎块分布在钎缝中心位置，块之间尺寸差别也很大。960℃/10min 的接头总体宽度为 65μm ~ 70μm 左右，为焊前 1.3 倍 ~ 1.5 倍，过渡反应层宽度 12μm ~ 15μm，且该层中白片碎化，接近于网状；基体的块状区连续且只有两层，块的尺寸差别减小。两种规范下，过渡反应层都沿着 TiAl 母材层片方向生长，但两钎缝组织形貌差别很大，说明钎焊温度对钎缝组织有很大的影响，通过提高钎焊温度可以使得焊缝组织均匀化。

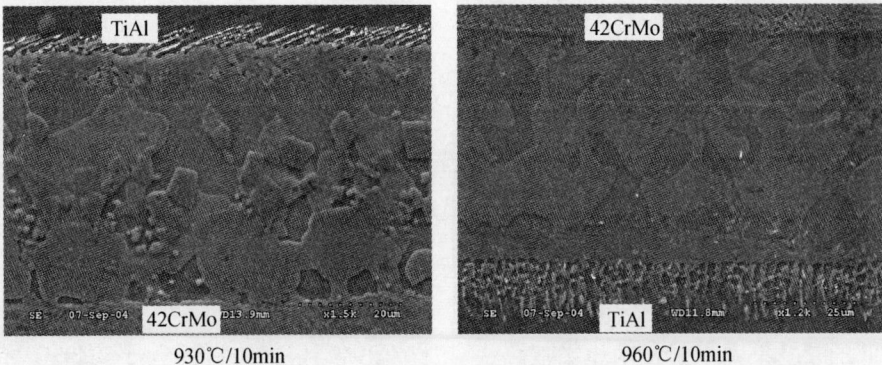

930℃/10min　　　　　　　　　　960℃/10min

图 5 –28　不同种钎焊规范下 TiAl/Ti – 13Zr – 21Cu – 9Ni/42CrMo 接头的显微组织

对 930℃/10min 规范下的试样进行拉伸试验（见表 5 – 14），结果抗拉强度平均值为 132.9 MPa。通过接头金相组织分析认为，在钎料与 42CrMo 母材的界面上存在少量缺陷，这将影响接头的力学性能。

表 5 – 14  TiAl/Ti – 13Zr – 21Cu – 9Ni/42CrMo 接头的抗拉强度

| 试样编号 | 钎焊规范 | 抗拉强度/MPa | 平均值/MPa |
|---|---|---|---|
| 1# | | 138.6 | |
| 2# | 930℃/10min | 117.0 | 132.9 |
| 3# | | 143.8 | |

3. 采用两种 Ag 基钎料钎焊 TiAl/42CrMo[32]

试验中选用两种 Ag 钎料 Ag – 35.2Cu – 1.8Ti 和 Ag – 27.4Cu – 4.4Ti 对 TiAl 与 42CrMo 进行钎焊,采用 870℃/10min 和 910℃/10min 两种钎焊规范,得到的钎缝组织如图 5 – 29 和图 5 – 30 所示。从图中可以看出接头结合良好,钎料与母材发生反应,相互扩散,钎缝较预制间隙变宽。钎缝可以分成四个区:Ⅰ、TiAl 与钎缝基体间的过渡反应层;Ⅱ、钎缝基体黑色块状区;Ⅲ、钎缝白色基体区;Ⅳ、42CrMo 与钎缝基体间的过渡白条区。除此以外,Ⅰ区靠近 TiAl 母材的部位还存在层片状组织,并且层片方向与母材板条方向一致。

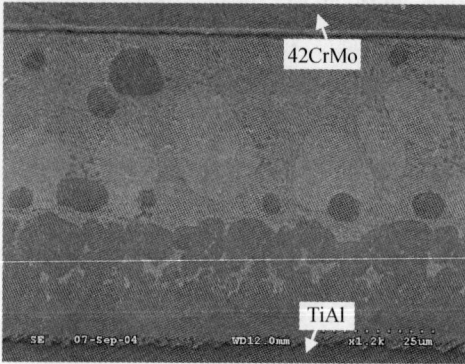

870℃/10min下的钎缝　　　　　　　　910℃/10min下的钎缝

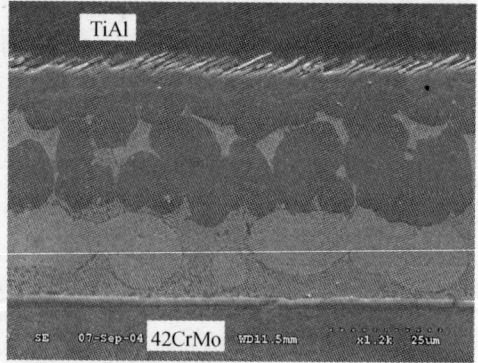

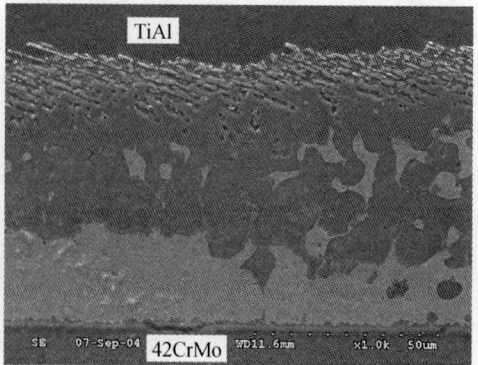

图 5 – 29  使用 Ag – 35.2Cu – 1.8Ti 钎缝显微组织

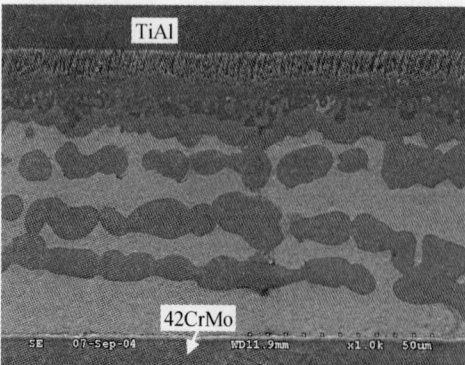

870℃/10min下的钎缝　　　　　　　　910℃/10min下的钎缝

图 5 – 30  使用 Ag – 27.4Cu – 4.4Ti 钎缝微观组织

对于使用 Ag-35.2Cu-1.8Ti 钎料得到的钎缝白色基体中出现了球状高含银区,主要为 Ag 基固溶体,其周围被银铜共晶包裹,银铜共晶中白色基体为 Ag,细针状条为析出的 Cu。870℃/10min 和 910℃/10min 两种规范下的钎缝组织形貌差别较大,870℃/10min 规范下基体黑色块状区较窄,块尺寸较小,主要位于并贴近 TiAl 一侧,有个别黑块脱离并进入白色基体区中;以 Ag 基固溶体为主要成分的白球主要分布在钎缝中心部位,大小比较均匀,个别带有分裂状形态。910℃/10min 规范下基体黑色块状区变宽,块尺寸变大而且集中,很少有黑块逃逸到白色基体内,并且黑块占据了钎缝的一半多;由于黑块区变大,使得 Ag 基固溶体白球向 42CrMo 母材一侧偏移,白球与白球之间临近处合并,有成长为带状趋势;黑块的长大,白球尺寸变化不大,使得银铜共晶区域的尺寸缩小,说明钎焊温度控制着该区域的大小。从图 5-30 可以看到,使用 Ag-27.4Cu-4.4Ti 钎料的钎缝白色基体主要是含有较低量合金元素的 Ag 基固溶体,没有银铜共晶存在。870℃/10min 规范下基体黑色块状区变得连续而且分为几层,显现出带状分布趋势,并且占据了多半个钎缝截面;910℃/10min 规范下基体黑色块状区呈连续分布,占据整个钎缝的大部分,白色 Ag 基固溶体以小岛状分布其中,说明温度提高有利于黑色块状区组织均匀化。

从表 5-15 和表 5-16 中的拉伸强度原始数值可以看到,数值比较集中,能够反应真实的接头强度。从强度平均值比较来看,选用钎料 Ag-35.2Cu-1.8Ti 的抗拉强度较选用钎料 Ag-27.4Cu-4.4Ti 的值高出了近 100MPa,说明前者较后者更适合于钎焊 TiAl/42CrMo。从组织方面来看,使用钎料 Ag-35.2Cu-1.8Ti 的钎缝中含 Cu 量高的黑色块状组织占据钎缝 1/3 左右,另外 2/3 钎缝基体中含有大量的 Ag-Cu 共晶,而使用钎料 Ag-35.2Cu-1.8Ti 的钎缝中含 Cu 量高的黑色块状组织占据钎缝一半,另一半基体中不存在 Ag-Cu 共晶,只有 Ag 基固溶体,所以从这方面的差别来看可能是造成两者性能差别大的重要原因。钎料本身含 Ti 量的差别也在一定程度上影响了强度。

表 5-15　使用 Ag-35.2Cu-1.8Ti 接头力学性能测试结果

| 试样编号 | 钎焊规范 | 抗拉强度/MPa | 平均值/MPa |
|---|---|---|---|
| 1# | 870℃/10min | 282.5 | 286.0 |
| 2# | | 289.4 | |

表 5-16　使用 Ag-27.4Cu-4.4Ti 接头力学性能测试结果

| 试样编号 | 钎焊规范 | 抗拉强度/MPa | 平均值/MPa |
|---|---|---|---|
| 1# | 910℃/10min | 198.2 | 189.1 |
| 2# | | 180.0 | |

## 5.3 $Ti_3Al$、$TiAl$ 扩散焊

### 5.3.1 概述

采用固态焊接方法能够避免 Ti – Al 基合金熔焊工艺存在的问题,显示出较好的应用前景。Yan 等[11]研究了采用不同中间层材料的 Ti – 18Al 以及 Ti – 45Al 扩散连接界面区组织与性能之间的关系,结果表明,连接过程中,中间层与母材之间仅有局部扩散出现,界面呈现不连续,组织与母材完全不同,接头强度很低,但通过扩散热处理以后,连接界面组织接近母材组织,且接头性能基本与母材等强。Ti – Al 基合金扩散焊研究,优化扩散焊工艺并简化扩散焊条件一直是本领域的研究方向,而且目前关于扩散焊接头的高温性能数据报道还较少。

本章主要介绍 TiAl 基合金和 $Ti_3Al$ 基合金进行真空扩散焊工艺参数对焊缝组织的影响,以及接头室温及高温力学性能。

### 5.3.2 TiAl 金属间化合物的扩散焊[35]

实验中所用 TiAl 金属间化合物名义成分为 Ti – 48Al – 2Cr – 2Nb(原子分数%),该母材经真空自耗炉三次熔炼,之后 1200℃/150MPa/4h 热等静压处理,将其中一部分 TiAl 进行锻压处理,制备成细晶组织母材。

图 5 – 31 给出了三种规范下铸态 Ti – 48Al – 2Cr – 2Nb 的扩散焊接头显微组织照片,从图中可以看出,这三种接头均实现了无缺陷连接,并且在连接线上出现了再结晶区,其尺寸比母材组织小得多,此区由黑白相间的小块状组织组成,白色块为 $\alpha_2$ – $Ti_3Al$,黑色块为 $\gamma$ – TiAl。通过对连接面再结晶晶粒尺寸比较可以发现,1000℃/1h/20 MPa 条件下的再结晶晶粒尺寸最小(见图 5 – 31(a)),随着扩散焊温度的提高,再结晶晶粒尺寸逐渐增大,甚至在 1150℃/1h/20 MPa 规范下的再结晶晶粒中看到了板条组织形貌(见图 5 – 31(c))。再结晶晶粒尺寸的不同说明连接温度控制晶粒长大的程度,温度高晶粒尺寸大,温度低则尺寸小。在连接界面形成过程中,由于连接面受到较大压应力作用,使得两母材之间紧密接触,弹性畸变能很大,在高温的作用下,发生形核。在晶核长大过程中,两母材间的接触面积逐渐增大,使得该面上应力变小,弹性畸变能变小,这时晶粒长大的能量主要来自于热量,所以中间层晶粒不会长的很大,而且受温度影响明显。

采用了 1150℃/1h/20 MPa 规范制备了接头力学性能试样,确保接头在较高连接温度达到紧密结合。力学性能测试结果如表 5 – 17 所列,室温拉伸强度平均值

306

达到了 409 MPa,760℃高温的拉伸强度平均值达到 369 MPa。试样室温拉伸断裂于母材,说明其室温性能已经达到了母材水平,但高温试样断裂于焊缝。分析认为,如果焊后对试样进行均匀化热处理,使接头处充分扩散,接头的力学性能特别是高温性能可能会进一步改善。

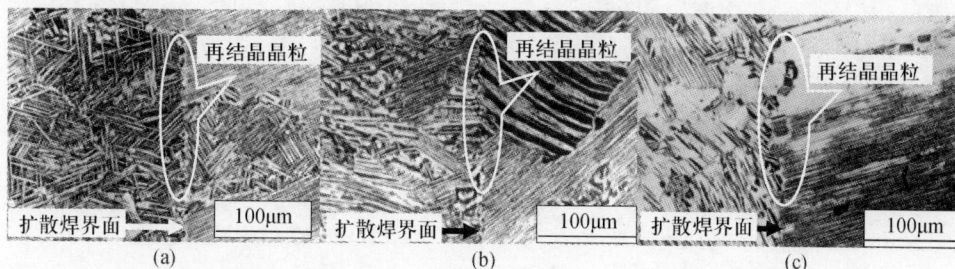

图 5-31　三种工艺下 TiAl/TiAl 的扩散焊接头组织
(a) 1000℃/1h/20MPa; (b) 1075℃/1h/20MPa; (c) 1150℃/1h/20MPa。

表 5-17　Ti-48Al-2Cr-2Nb 扩散焊接头的拉伸强度测试结果

| 测 试 温 度 | 拉伸强度/MPa | 平均值/MPa |
|---|---|---|
| 室温 | 402 | 409 |
| | 415 | |
| 760℃ | 373 | 369 |
| | 365 | |

图 5-32 和图 5-33 分别给出了采用锻态细晶 TiAl 的扩散焊接头和铸态 TiAl/锻态 TiAl/铸态 TiAl 扩散焊接头的显微组织照片。由图 5-32 可见,界面的连接线已经变得不明显。锻态母材晶粒细小,满足了超塑性扩散焊的要求,在焊接过程中,接触面处发生塑性变形,形成了均匀的连接界面,在这一过程中,屈服和蠕变行为起着关键作用。随后保温过程中,在连接面两侧晶粒群通过晶界扩散蠕变机理进行晶界迁移,塑性变形作用越来越小,此时连接界面上的孔洞已基本消除,形成了完整的接头。

从图 5-33 中给出的细晶 TiAl 作为中间层的扩散焊接头组织可以看到,细晶层与板条母材界面处出现了再结晶晶粒,两表面之间实现了较好的扩散连接。但由于两种组织晶粒尺寸及形貌差别很大,连接部位很难形成一种过渡的组织把这两种组织串连起来,这种连接面可能将成为接头较薄弱的区域。该接头可通过焊后热处理使得连接界面组织均匀化,使得板条母材及细晶母材形成共同晶粒,在一定程度上可以提高接头性能。

图 5 - 32　锻态 TiAl/锻态 TiAl
扩散焊接头的组织照片

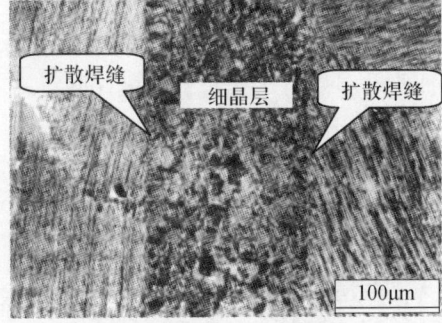

图 5 - 33　铸态 TiAl/锻态 TiAl/铸态
TiAl 扩散焊接头的组织照片

### 5.3.3　Ti₃Al 基合金扩散焊[36]

Ti₃Al 基合金选用北京航空材料研究院研制的新一代合金,牌号为 TD3,名义成分为 Ti - 24Al - 15Nb - 1Mo(原子分数%)。

图 5 - 34 和图 5 - 35 给出了 950℃/1h/10MPa、980℃/30min/10MPa 和 980℃/1h/10MPa 三种规范以及 980℃/3h/10MPa 和 1010℃/1h/10MPa 两种规范下的 Ti₃Al 接头显微组织照片。从图中可以看出,不同焊接规范下的母材及接头组织差别较大。以温度作为参数时,950℃/1h/10MPa 规范下 TD3 母材中 β 转变组织 $\alpha_2$ +O 相板条细小,焊缝处生成了细小的 $\alpha_2$ 相(见图 5 - 34(a));随着温度的提高,980℃/1h/10MPa 规范下的 TD3 母材 $\alpha_2$ +O 相板条组织明显长大,且焊缝处生成的 $\alpha_2$ 相尺寸也显著长大(见图 5 - 34(b));当采用 1010℃/1h/10MPa 规范时,温度已经超过了 TD3 固溶处理温度(通常为980℃),母材及焊缝处组织长大更为明显,且焊缝处形成了分布较为连续的 $\alpha_2$ 相(见图 5 - 34(c))。当以保温时间作为参数时,从图 5 - 35(a)、图 5 - 34(b) 和图 5 - 35(b)中可以看出,在相同温度(980℃)下,随着保温时间的延长,TD3 母材中 $\alpha_2$ +O 相板条尺寸随之长大,连接界面形成的 $\alpha_2$ 相尺寸也明显长大且愈加趋于连续分布。另外,无论随着温度的提高还是保温时间的延长,母材的 $\alpha_2$ 相均有体积长大、数量增多的趋势。

将一部分焊后试样进行固溶 + 时效处理,处理后的接头显微组织照片如图 5 -36和图 5 - 37 所示,可以看出,热处理前后接头组织差别较大,母材的 $\alpha_2$ +O 相板条组织中,$\alpha_2$ 相与 O 相各自长大,板条的间距明显增加,另外,连接界面附近的 $\alpha_2$ 相不断长大,个别贯穿于整个连接界面。比较不同焊接规范试样热处理后的组织可以发现,与热处理前类似,随着保温时间的延长或焊接温度的提高,TD3 母材中的 $\alpha_2$ +O 相板条尺寸和接头界面的 $\alpha_2$ 相尺寸均长大。

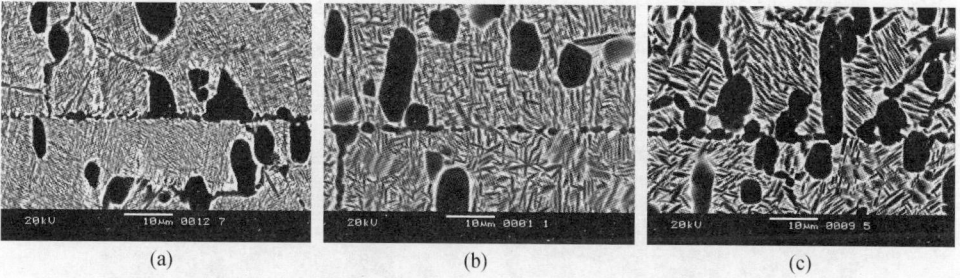

(a)　　　　　　　　　　(b)　　　　　　　　　　(c)

图 5 - 34　不同扩散焊温度(保温时间 1h,压力 10 MPa)条件下对应的
Ti₃Al/Ti₃Al 扩散焊接头组织

(a) 950℃/1h/10MPa; (b) 980℃/1h/10MPa; (c) 1010℃/1h/10MPa。

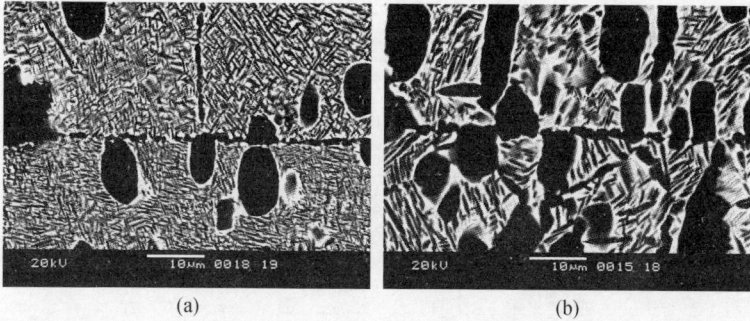

(a)　　　　　　　　　　(b)

图 5 - 35　不同扩散焊时间(温度 980℃,压力 10 MPa)条件下 Ti₃Al/Ti₃Al 扩散焊接头组织
(a) 980℃/30min/10MPa; (b) 980℃/3h/10MPa。

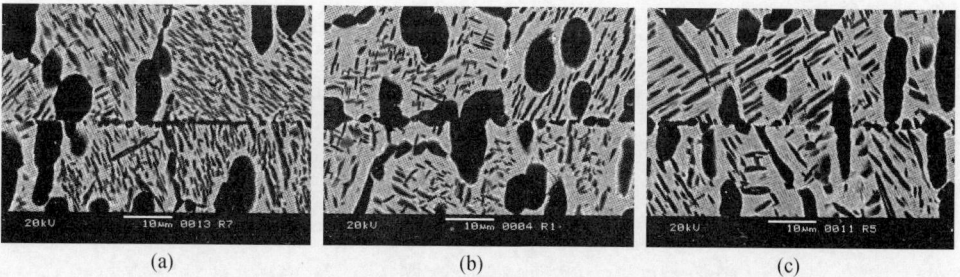

(a)　　　　　　　　　　(b)　　　　　　　　　　(c)

图 5 - 36　不同扩散焊温度(保温时间 1h,压力 10 MPa)条件下对应的
Ti₃Al/Ti₃Al 接头固溶 + 时效后的组织

(a) 950℃/1h/10MPa; (b) 980℃/1h/10MPa;(c) 1010℃/1h/10MPa。

　　结合以上组织分析结果,选择了 980℃/1h/10MPa 的规范作为性能试样的焊接规范,表 5 - 18 给出了该规范下试样分别在室温及 650℃下的拉伸强度。可以看出,扩散焊接后的试样室温拉伸强度值为 729 MPa,650℃高温拉伸强度值为 436

MPa；扩散焊接头经过固溶＋时效热处理以后，接头的室温强度下降至 576 MPa，但 650℃高温拉伸强度有所提高，达到 484 MPa。可见，热处理使得接头室温强度下降，高温强度提高。

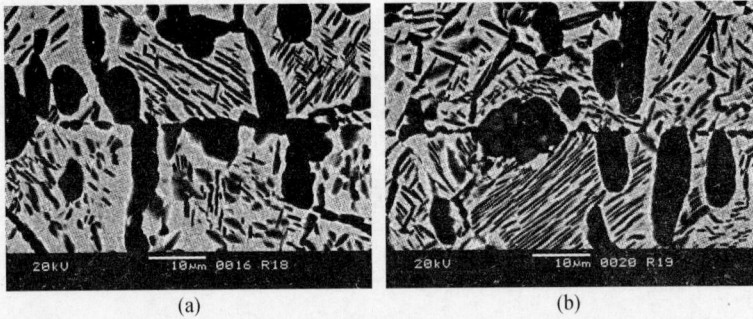

图 5 - 37 不同扩散焊时间（温度 980℃，压力 10 MPa）条件下
$Ti_3Al/Ti_3Al$ 接头固溶＋时效后的组织
(a) 980℃/3h/10MPa；(b) 980℃/30min/10MPa。

表 5 - 18 $Ti_3Al/Ti_3Al$ 扩散焊接头拉伸强度测试结果

| 试样处理状态 | 室温下 $\sigma_b$ /MPa | 平均值 /MPa | 650℃ $\sigma_b$ /MPa | 平均值 /MPa |
|---|---|---|---|---|
| 扩散焊后 | 733 | 729 | 433 | 436 |
| | 725 | | 438 | |
| 扩散焊＋热处理 | 600 | 576 | 450 | 484 |
| | 552 | | 517 | |

## 5.3.4 分别以 Al、Ti 和 Al/Ti/Al 为中间层的 TiAl 扩散焊

图 5 - 38 给出了采用 20μm 厚度 Al 箔作为中间层的 TiAl/Al/TiAl 扩散焊接头的背散射照片，从照片中可以看出，热处理前后（图 5 - 38(a)为热处理前，图 5 - 38(b)为热处理后）接头组织差别很大。热处理前的接头中心灰黑色区域（见图5 - 38(a)中"3"和"4"所在区域）明显保留原始 Al 箔形貌，且其厚度与焊前 Al 箔厚度相当，对该区的能谱分析结果表明，该区域的 Ti 和 Al 比例约为 1：2（见表 5 - 19 中"3"和"4"），主要分布着 $TiAl_2$ 相；TiAl 母材与接头中心灰黑区之间为厚度约为 10μm 的过渡反应层（见图 5 - 38(a)中"1"和"2"所在区域），根据 Ti 和 Al 所占比例，该过渡层中主要为 $TiAl + TiAl_2$ 的混合相。热处理后接头组织变得均匀（见图 5 - 38(b)），且 Ti 大量扩散入接头中（见图 5 - 38(b)中"5"，"6"，"7"和"8"），由母材边缘到接头中心的化合物相依次为：TiAl 相（见图 5 - 38(b)中"5"，

"6")/TiAl + TiAl$_2$相(见图5-38(b)中"7"和"8")。

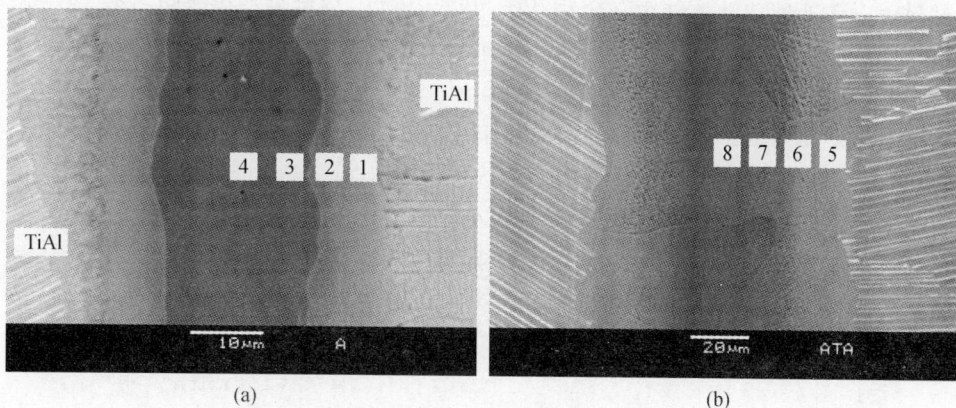

(a)                              (b)

图5-38   TiAl/Al/TiAl扩散焊接头的背散射照片
(a) 热处理前;(b) 热处理后。

表5-19   TiAl/Al/TiAl扩散焊接头特征区域成分

| 元素 | 各区域对应的成分含量/%(原子分数) | | | | | | | |
|------|-------|-------|-------|-------|-------|-------|-------|-------|
| | 1 | 2 | 3 | 4 | 5 | 6 | 7 | 8 |
| Al | 52.30 | 58.58 | 62.48 | 62.91 | 49.07 | 51.95 | 53.50 | 53.97 |
| Ti | 44.21 | 38.34 | 34.99 | 34.04 | 46.93 | 44.23 | 43.11 | 42.73 |
| Cr | 1.42 | 1.55 | 1.17 | 1.45 | 1.45 | 1.59 | 1.99 | 2.11 |
| Nb | 2.06 | 1.53 | 1.36 | 1.60 | 2.54 | 2.23 | 1.40 | 1.18 |

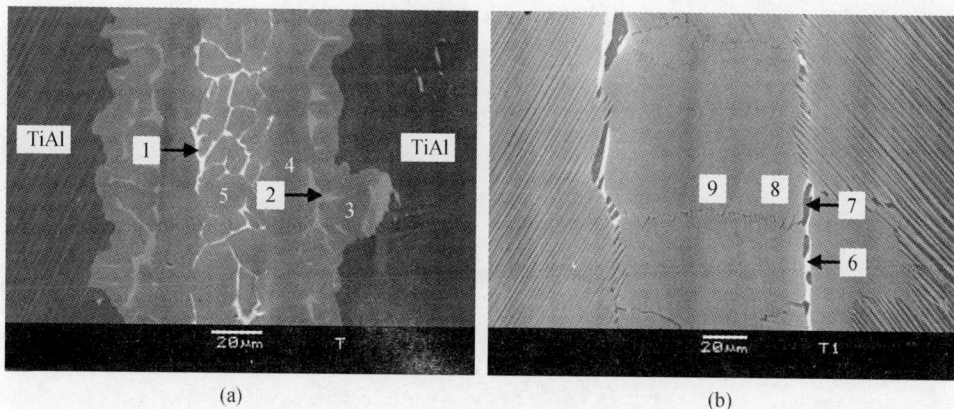

(a)                              (b)

图5-39   TiAl/Ti/TiAl扩散焊接头的背散射照片
(a) 热处理前;(b) 热处理后。

图 5-39 为采用 50μm 厚 Ti 箔作为中间层的 TiAl/Ti/TiAl 扩散焊接头的背散射照片。热处理前的焊缝由灰色块状组织组成,其中分布着少量浅灰色条,焊缝中心分布着网格状的白色组织(见图 5-39(a))。网格状白色组织中富 Ti,其中含有少量的 $Ti_3Al$ 和 $Cr-Ti$ 相(见表 5-20 中 1);根据合金元素成分分布,浅灰色条主要由 TiAl 和 $Ti_2Al$ 组成(见表 5-20 中 2);焊缝灰色块状基体主要相为 $Ti_2Al$(见表 5-20 中 3,4 和 5)。热处理后的焊缝基体生成了均匀的细板条状组织(见图 5-39(b)),其中分布着 TiAl、$Ti_2Al$ 等相。

对于 TiAl/Al/Ti/Al/TiAl 的接头,热处理前和热处理后的组织差别很大,热处理前的焊缝仍然保持 Al 箔和 Ti 箔原始的形貌,元素成分呈现过渡分布,由母材到焊缝中心依次为(见表 5-21):TiAl(图 5-40 中 2)/TiAl + $TiAl_2$(图 5-40 中 3)/ TiAl(图 5-40 中 4)/$Ti_2Al$(图 5-40 中 5)/$Ti_3Al$(图 5-40 中 6),焊缝中心还分布着白色细条状的 $Ti_3Al$ 相(图 5-40 中 1)。热处理后的焊缝组织接近母材组织,主要由 TiAl 和 $Ti_2Al$ 等相组成,分析认为,两种组织形貌相近对提高接头强度有利。

表 5-20  TiAl/Ti/TiAl 扩散焊接头特征区域成分

| 元素 | 各区域对应的成分含量/ %(原子分数) | | | | | | | | |
| --- | --- | --- | --- | --- | --- | --- | --- | --- | --- |
|  | 1 | 2 | 3 | 4 | 5 | 6 | 7 | 8 | 9 |
| Al | 11.38 | 37.31 | 33.09 | 29.68 | 23.67 | 33.82 | 43.45 | 37.75 | 37.20 |
| Ti | 78.82 | 59.48 | 58.93 | 68.78 | 75.30 | 59.66 | 50.58 | 58.51 | 59.66 |
| Cr | 7.90 | 1.51 | 5.13 | 0.68 | 0.43 | 3.52 | 2.71 | 1.62 | 1.53 |
| Nb | 1.91 | 1.69 | 2.85 | 0.87 | 0.60 | 3.00 | 3.26 | 2.12 | 1.61 |

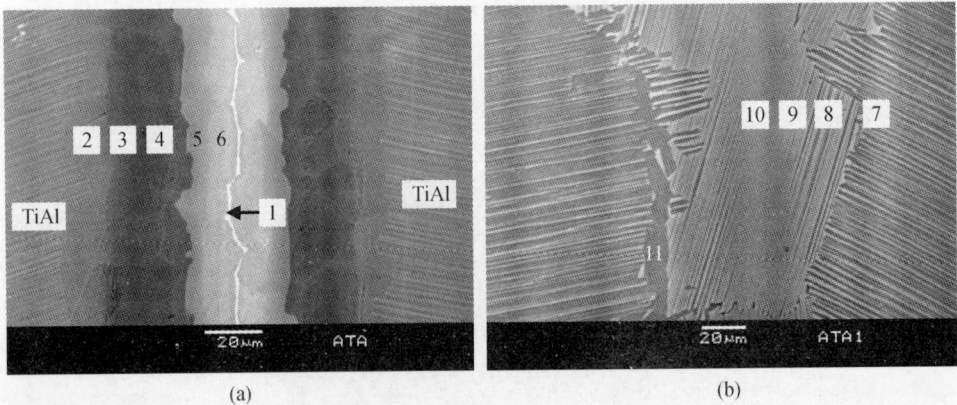

(a)                                    (b)

图 5-40  TiAl/Al/Ti/Al/TiAl 扩散焊接头的背散射照片

(a)热处理前;(b)热处理后。

表 5 – 21　TiAl/Al/Ti/Al/TiAl 扩散焊接头特征区域成分

| 元素 | 各区域对应的成分含量/ %（原子分数） | | | | | | | | | | |
|---|---|---|---|---|---|---|---|---|---|---|---|
| | 1 | 2 | 3 | 4 | 5 | 6 | 7 | 8 | 9 | 10 | 11 |
| Al | 20.04 | 46.15 | 54.34 | 49.78 | 32.99 | 20.52 | 41.72 | 40.90 | 37.66 | 36.82 | 46.95 |
| Ti | 78.89 | 49.51 | 43.31 | 48.48 | 66.66 | 78.95 | 54.64 | 55.92 | 60.40 | 62.07 | 49.23 |
| Cr | 1.07 | 1.85 | 0.86 | 0.45 | 0.34 | 0.52 | 1.33 | 1.30 | 0.91 | 0.78 | 1.22 |
| Nb | — | 2.49 | 1.49 | 1.28 | | | 2.31 | 1.88 | 1.03 | 0.34 | 2.59 |

图 5 – 41 给出了不加中间层的 TiAl/TiAl 扩散焊接头组织照片。从图中可以看到,三种规范下的试样都实现了无缺陷连接,在连接界面上出现了再结晶区,其尺寸比母材组织小,该区由黑白相间的小块状组织组成,经分析白色块为 $Ti_3Al$,黑色块为 TiAl。比较连接界面再结晶晶粒尺寸可以发现,1000℃/1h/20MPa 条件下的再结晶晶粒尺寸最小,随着扩散焊温度的提高,再结晶晶粒尺寸逐渐增大,在1150℃/1h/20MPa 规范下的再结晶晶粒中出现了板条组织形貌。再结晶晶粒尺寸的不同说明连接温度控制着晶粒长大的程度,温度高晶粒尺寸大,温度低则尺寸小。

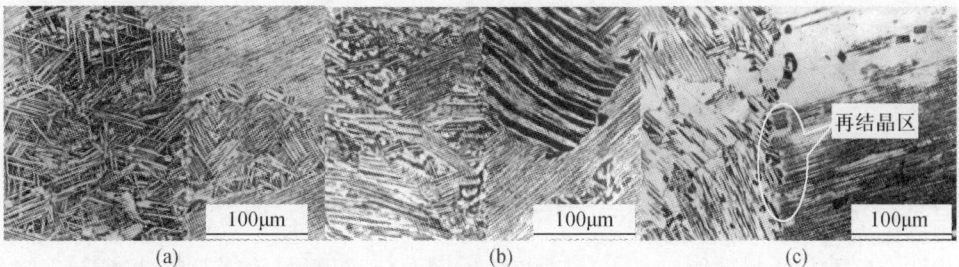

图 5 – 41　不同规范下未加中间层的 TiAl/TiAl 扩散焊接头照片
(a) 1000℃/1h/20MPa 下的焊缝；(b) 1075℃/1h/20MPa 下的焊缝；(c) 1150℃/1h/20MPa 下的焊缝。

## 5.3.5　关于 TiAl 金属间化合物扩散焊接的其他进展[37,38]

TiAl 基合金本身的扩散激活能高,塑性变形的流变应力值较大,实现扩散焊需要的温度高(一般达到 1000℃ ~ 1200℃)、时间长(1h ~ 5h)[12,39-41]。通过不同的方式细化晶粒,利用 TiAl 基合金的超塑性特性进行扩散焊,可以降低和缩短扩散焊所需的温度和时间[42-44]。最近国外还提出用 Ti/Al 交替变化的微米厚度薄膜作为中间层进行 TiAl 的扩散焊研究[45-47],以达到在较低的扩散焊温度下通过较短的时间实现扩散连接。葡萄牙 Minho 大学还分别采用 Ti 箔、Ti/Ni/Ti 箔、Ni/Al 纳米叠层材料进行 TiAl/TiAl 的扩散焊研究,通过工艺优化和接头强度试验,在800℃/10MPa/60min 条件下接头剪切强度为 226 MPa,而在 900℃/5MPa/60min 条件下可获得最高剪切强度可达 314MPa[48]；还探讨了采用 Me/Al 纳米叠层材料（Me = Ti, Ni）进行 TiAl 材料自身以及与异种材料（高温合金、钢）连接的可能性[49]。连接过程中，多层膜将转变成具有金属间化合物相的纳米结构中间层。多层膜的周期厚度影响接头的质量和接头强度。此外，他们认为适宜的薄层可以使由于热膨胀系数不同导致的异种材料连接残余应力降至最低。

另外，目前已通过扩散焊实现了 γ – TiAl 与钛合金、钢等异种材料的连接。Glatz 和 Clemens[50] 对 Ti – 47Al – 2Cr – 0.2Si（原子分数%）/Ti – 6Al – 4V（质量分数%）组合进行扩散焊连接。这一研究旨在初步探索 γ – TiAl 合金与传统航空用钛合金连接的可能性。经 1000℃/20MPa/3h 扩散焊，获得了完好接头，且接头的室温和 700℃ 拉伸强度较高。Ti – 33Al – 2Fe – 1.8B（质量分数%）（γ – TiAl 基合金）与 Ti – 6Al – 4V（质量分数%）分别进行 900℃, 940℃ 和 980℃, 200 MPa, 1h 热等静压（HIP）扩散连接[51,52]，得到了无孔洞和裂纹的完好接头，根据 HIP 温度不同连接区宽度为 6μm ~ 12 μm。EDS 分析发现，在垂直钎缝方向 Al 元素由 γ – TiAl 向 Ti 合金扩散，Ti 元素则沿反方向进行扩散。拉伸测试表明，室温至 600℃ 之间的接头强度与 γ – TiAl 基体接近，断裂发生在 γ – TiAl 基体或接头处。蠕变试验表明，大部分的蠕变延伸都发生在 Ti 合金侧，但是断裂开始于接头处。何鹏等人[53,54] 对 TiAl 与不锈钢的扩散连接进行了较系统的研究。最初他们在 TiAl 与不锈钢之间不加中间层，焊后组织依次为 TiAl 基体/$Ti_3Al$ + FeAl + $FeAl_2$ 反应层/TiC 层/脱碳层/钢基体，接头的最大拉伸强度为 170MPa ~ 185 MPa；之后他们在 TiAl 与不锈钢之间加入 V/Cu 中间层，在 TiAl 与 V 之间的组织依次是含 V 的 $Ti_3Al$ 层/$V_5Al_8$ 反应层/V 一侧的 Ti – V 固溶体层，接头的抗拉强度达到 200 MPa，高于不加中间层的情况；最近他们又采用 Ti/V/Cu 作为中间层来连接 TiAl 与不锈钢，结果表明，在 TiAl/Ti 界面形成 $\alpha_2 + \gamma$ 层和 Ti 的固溶体，可以强化接头的性能，接头的抗拉强度达到 420 MPa，接近于 TiAl 母材。

# 5.4  $Ti_3Al$ 基合金电子束焊接

本节研究旨在分析冷却速度对 Ti – 24Al – 15Nb – 1Mo（原子分数%）合金的电子束焊接接头组织、性能的影响及作用机理，解决该合金焊接接头常温下塑性不足等问题，掌握合金电子束焊接关键技术，为实现 Ti – 24Al – 15Nb – 1Mo（原子分数%）合金压气机等零部件的电子束焊接制造奠定基础。

## 5.4.1  实验材料和方法

本章研究所用的 $Ti_3Al$ 基合金为采用真空自耗电炉与真空凝壳炉相结合的工艺（CS）熔炼的 Ti – 24Al – 15Nb – 1Mo（原子分数%）合金铸锭经 1050℃ 两相区锻

造后得到的坯材。对锻坯进行 1000℃/1h,AC 的固溶处理后,机械加工成为 90mm ×40mm ×14mm 规格的焊接试验用料。焊前试板在 HF – HNO₃ – H₂O 为 5:25:70 的混合溶液中去除表面氧化膜,并采用手工钨极氩弧焊方法定位焊对接。

电子束焊接工艺试验在北京航空材料研究院 ELA – 30 型真空电子束焊机上进行,如图 5 – 42 所示。设备特点为 60kV 的加速电压,可以改变电子枪移动速度(焊接速度)、束流大小(焊接电流)和电子束聚焦位置等主要工艺因子来改变电子束焊接热输入情况。

图 5 – 42　工艺试验用 ELA – 30 电子束焊机

## 5.4.2　Ti₃Al 基合金电子束焊接工艺特征分析

工艺试验确定了针对不同焊接速度的焊接工艺参数组合(主要为焊接速度与焊接电流的匹配)。试验确定的 14mm 厚的 Ti₃Al 基合金真空电子束工艺参数见表 5 – 22。

表 5 – 22　14mm 厚的 Ti₃Al 基合金真空电子束焊接工艺参数

| 工艺条件 | 焊接速度 /(mm/s) | 焊接束流 /mA | 聚焦电流 /mA | 加速电压 /kV | 焊接线能量 /(kJ·s/mm) | 真空度 /mPa | 工作距离 /mm |
|---|---|---|---|---|---|---|---|
| 1 | 4 | 80 | 852/825 | 60 | 1.20η | 26.7 | 160 |
| 2 | 8 | 100 | 852/825 | 60 | 0.75η | 26.7 | 160 |
| 3 | 14 | 130 | 852/825 | 60 | 0.56η | 26.7 | 160 |

焊接工艺试验结果表明,三组工艺参数均能获得良好的焊缝成形和接头内部质量,焊态下焊缝和热影响区没有发现裂纹产生。图 5 – 43 为分别采用焊接速度 4mm/s、8mm/s 和 14mm/s 不同焊接工艺参数组合焊接得到的焊缝横截面形状。可见,随着焊接速度的增加,焊接热输入和线能量减小,焊缝金属高温熔融停留时间短,冷却速度快,接头焊缝和热影响区宽度也随之变窄,深宽比增加。表 5 – 23

为不同焊接特征参数获得的焊缝几何形状特征。

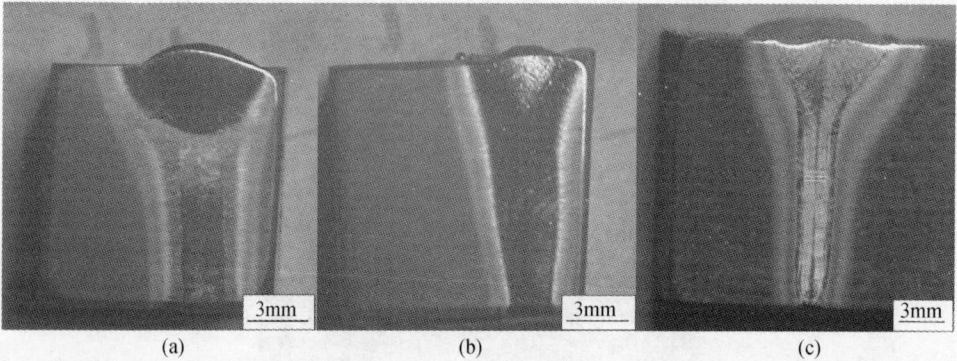

图 5-43　三种不同焊接速度获得的焊缝横截面形状

(a) $v=4\mathrm{mm/s}$；(b) $v=8\mathrm{mm/s}$；(c) $v=14\mathrm{mm/s}$。

表 5-23　不同焊接特征参数获得的焊缝几何形状特征

| 焊接速度 | 4mm/s | 8mm/s | 14mm/s |
|---|---|---|---|
| 焊缝表面宽度/mm | 7.2 | 6.6 | 6.0 |
| 焊缝深宽比① | 3.68 | 4.0 | 5.4 |
| ①焊缝深宽比焊缝宽度为1/2熔深处测量值 | | | |

## 5.4.3　电子束焊接线能量对接头力学性能的影响[55]

焊后对不同工艺条件的接头截取力学性能试样(每组数据取样不少于 3 个)进行机械加工和性能测试,并与固溶热处理条件下的 $Ti_3Al$ 基合金母材性能进行对比。三种焊接速度对应不同电子束焊接线能量的接头常规力学性能测试结果见表 5-24。

表 5-24　不同电子束焊接线能量作用下的接头焊态下的常规力学性能

| 工艺特征 | $\sigma_b$/MPa | $\delta_5$% | $\psi$% | 拉伸断裂位置 | $\alpha_{ku}$/(J/cm²) |
|---|---|---|---|---|---|
| $v=14\mathrm{mm/s}$　$E=0.56\eta$ | 1045 | 3.6 | 7.7 | 近缝区 | 6.0 |
| $v=8\mathrm{mm/s}$　$E=0.75\eta$ | 917 | 1.2 | 0.6 | 焊缝 | 3.7 |
| $v=4\mathrm{mm/s}$　$E=1.20\eta$ | 971 | 0.1 | 0.2 | 焊缝 | 3.5 |
| 母材 | 1108 | 6.3 | 12.2 | — | 7.0 |

$Ti_3Al$ 基合金电子束焊接接头力学性能测试结果表明,焊接速度为 14mm/s 的接头综合力学性能明显好于 8mm/s 和 4mm/s 的接头。焊接速度为 14mm/s 的接头与母材相比,不仅拉伸强度接近,而且具有比较满意的塑性和韧性。图 5-44 的硬度分布显示,焊接速度为 14mm/s 的焊缝硬化最明显。

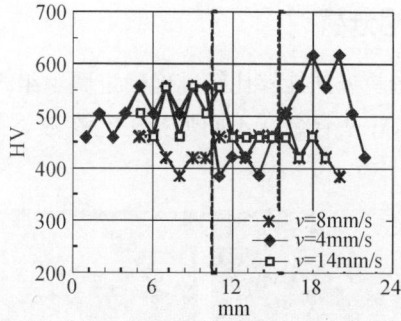

图 5 - 44　不同焊接速度获得的接头焊态下硬度分布

不同焊接速度的接头力学性能差异,说明了 $Ti_3Al$ 基合金对电子束焊接热输入的敏感性,焊接热作用时间和冷却速度是导致接头性能差异的主要原因。提高焊接速度,表现为有改善 $Ti_3Al$ 基合金电子束焊接接头综合性能的趋势。可以认为,进一步提高焊接速度,减少焊接线能量和焊接热输入,接头的性能将进一步改善。

图 5 - 45 和图 5 - 46 分别为不同焊接速度下获得的焊缝组织晶粒特征形貌和柱状晶晶粒宽度尺寸对比。可见,焊速在 4mm/s 条件下焊缝柱状晶长大最明显,因此接头塑性、韧性降低明显。表明低速焊接时焊接热输入大,枝状晶发达,是接头脆化的一个原因。

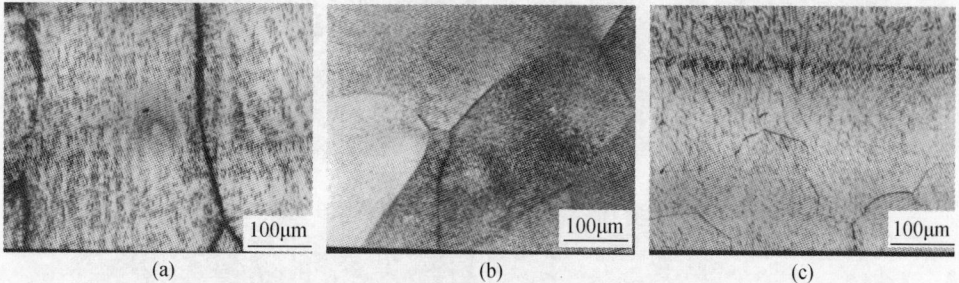

图 5 - 45　不同焊接速度获得的焊缝晶粒形貌

（a）$v = 4mm/s$；（b）$v = 8mm/s$；（c）$v = 14mm/s$。

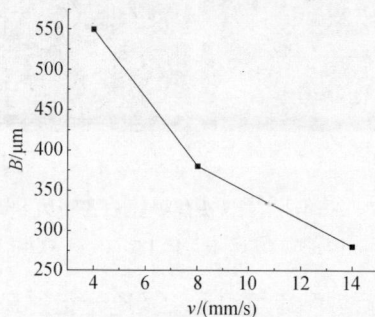

图 5 - 46　不同焊接速度的焊缝组织柱状晶晶粒宽度尺寸（$B$）对比

## 5.4.4  接头组织的相分析[55]

透射电镜电子衍射分析方法能够比较准确确定微观组织的相组成。图5-47~图5-49分别给出了Ti₃Al基合金在不同焊接工艺参数下获得的焊缝组织的TEM形貌及各组成相的衍射图谱。

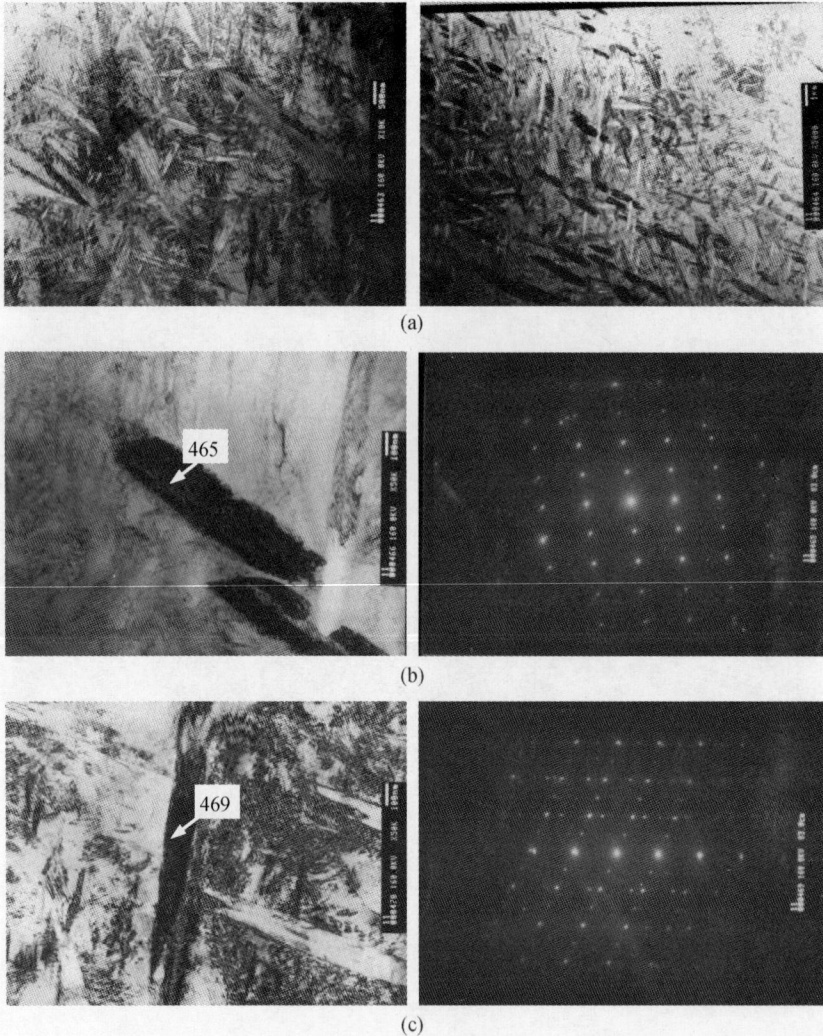

图5-47  v=4mm/s接头焊缝组织形貌及衍射花样

(a)焊缝组织形貌；(b)α₂相[132]；(c)O相[142]。

焊速为4mm/s的焊缝的TEM组织形貌及电子衍射斑点如图5-47所示。通过计算证明焊缝中片状相为α₂′相(次生α₂)和O相。图5-47(b)中的片状组织

318

其衍射斑点经计算为 $\alpha_2'$ 相;图 5-47(c)所示黑针的衍射斑点,从斑点的强弱及分布考虑,其中有超点阵斑点,同时还存在一些孪晶衍射斑点,且由孪晶衍射斑点的分布可知入射电子束和孪晶面不平行。通过对其计算分析,可以判断其为与 $\alpha_2$ 相存在共格关系的正交相 O 相。O 相的形貌也表现为片状组织,与 $\alpha_2'$ 相的形貌相似,只不过其片状组织更细小一些。

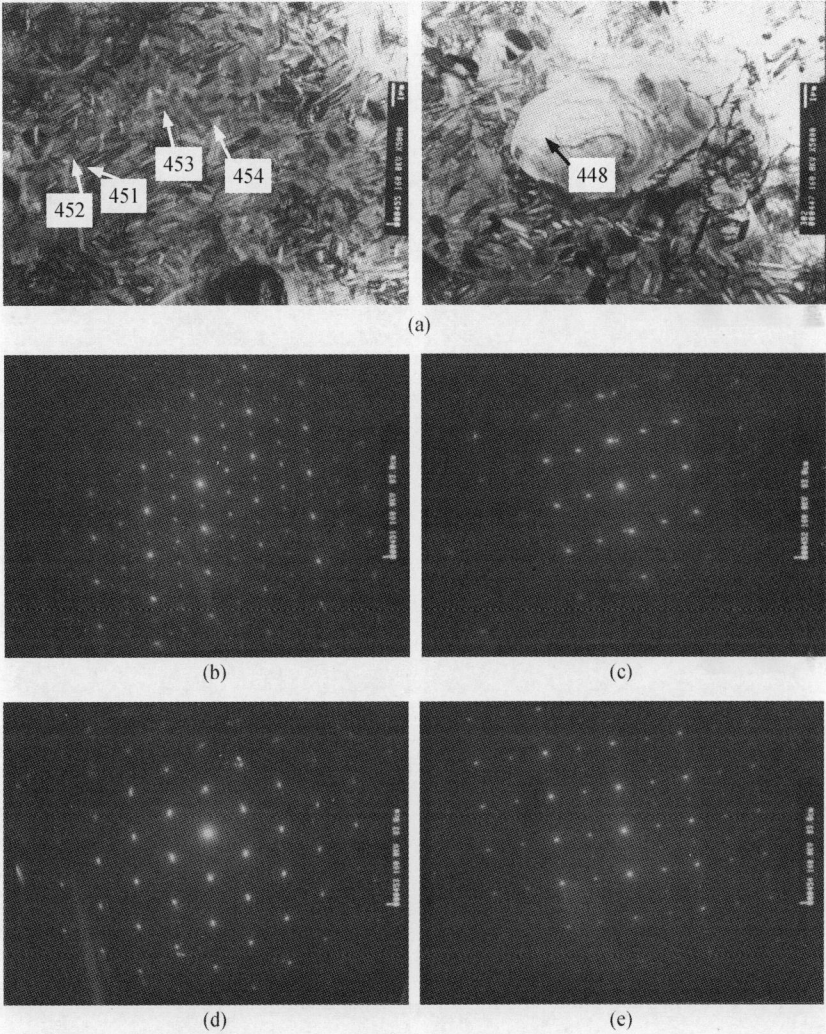

图 5-48　$v=8\text{mm/s}$ 接头焊缝组织形貌及衍射花样

(a) 焊缝组织形貌及衍射位置;(b) 451 $\omega$ 相 [-122];(c) 452 $\alpha_2$ 相 [124];

(d) 453 $\beta$ 相 [-111];(e) 454 B2 相 [564]。

319

图 5 - 48 为 $v = 8\text{mm/s}$ 的焊缝 TEM 组织形貌及电子衍射斑点,证明焊缝中 β 转变组织除包含 B2 相、残留 β 及次生的 $\alpha_2$ 外,还存在针状的 ω 相。图 5 - 48(a) 中大的块状组织的衍射斑点,通过计算与标定分析为初生 $\alpha_2$ 相;图 5 - 48(d) 和图 5 - 48(e) 为位于片状组织之间相的衍射斑点,通过计算可知分别为 β 相和 B2 相。对形貌中的针状组织的衍射斑点进行计算的结果表明,其为 ω 相与 $\alpha_2'$ 相的混合组织,如图 5 - 48(b) 和图 5 - 48(c) 所示。

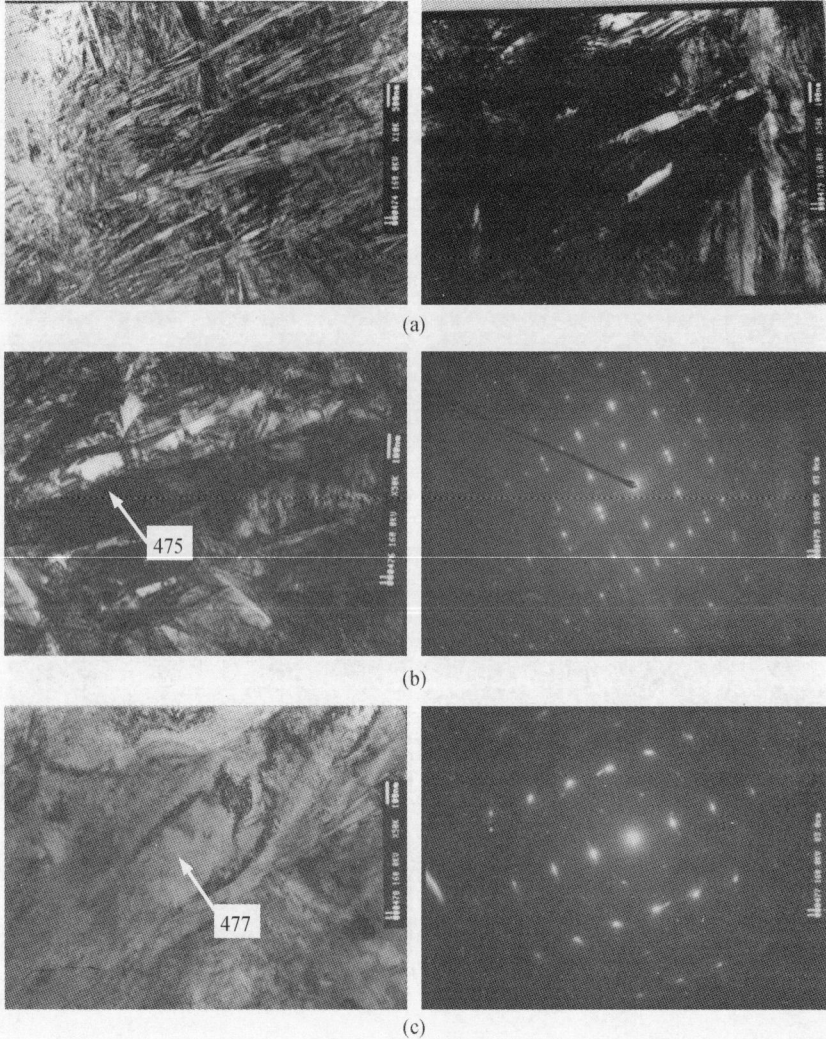

(a)

(b)

(c)

图 5 - 49   $v = 14\text{mm/s}$ 接头焊缝组织形貌及衍射花样

(a) 焊缝组织形貌;(b) 475 O 相[153];(c) 477 ω 相[133]。

在焊速为 14mm/s 的接头焊缝 TEM 组织中进一步证明了 O 相和 ω 相的存在。图 5－49(b) 的衍射斑点也存在超点阵与孪晶斑点,通过分析计算,其可能为 O 相的衍射斑点图。图 5－49(c) 为针状的 ω 相。另外,相对于以上两种焊接速度的焊缝组织,焊速 14mm/s 的接头焊缝中 $\alpha_2$/O 片状相更加细小,如图 5－49(a) 所示。因此认为,焊接线能量越低,片状相长大程度越小,接头的塑性、韧性越好。

## 5.4.5　不同焊接线能量作用下接头微观组织特征和断口形貌[56]

试验所用 Ti₃Al 基合金材料为在 $\alpha+\beta$ 两相区锻造并经 1000℃ 固溶处理,其微观组织见图 5－50,初生 $\alpha_2$ 相球化好,并且没有未破碎的晶界。其微观组织呈现为双态组织,即初生 $\alpha_2$ 相分布于 $\beta$ 转变组织的基体上的组织形态。其中 $\beta$ 转变组织由次生 $\alpha_2$ 相、$\beta$/B2 相和片状相组成。

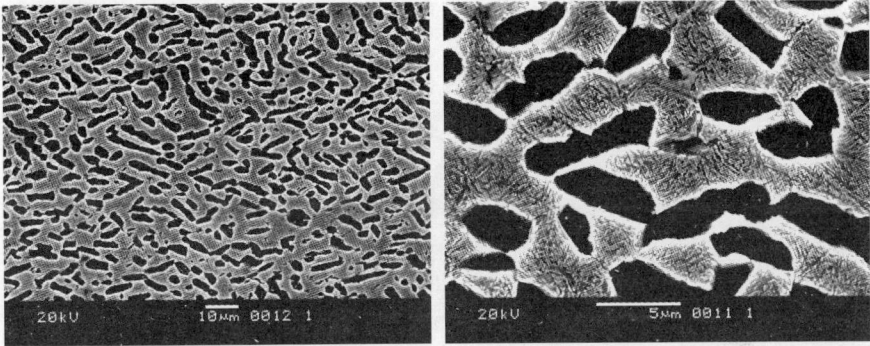

图 5－50　Ti₃Al 母材固溶组织(1000℃/1h,AC)

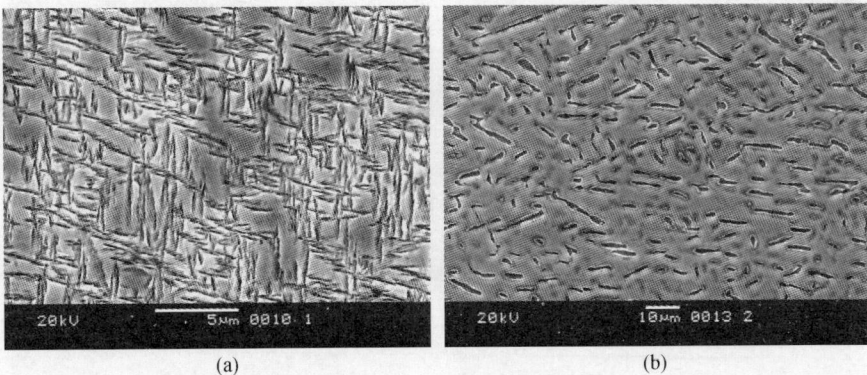

(a)　　　　　　　　　　　　　(b)

图 5－51　$v$＝4mm/s ($E$＝1.20η kJ·s/mm) 下 Ti₃Al 电子束焊接头组织
(a) 接头焊缝;(b) 和热影响区组织。

图 5-51、图 5-52 和图 5-53 分别为 Ti₃Al 基合金真空电子束焊接时在不同焊接线能量作用下获得的接头的微观组织,可见,电子束焊缝组织均呈现为发达的柱状晶组织,焊缝金属从熔融状态到凝固停留时间短,高温单相区内冷却速度极快。焊缝金属中等轴初生 α₂ 相消失,高温存在的 β→B2 + α₂ 和 β→B2 有序化进程受到抑制,焊缝中保留了大量的残留 β 相组织。另外,不同焊接速度获得的焊缝组织中残留 β 相和 β 转变产物各组分的体积分数以及次生的 α₂/O 相集束长大程度也不相同。

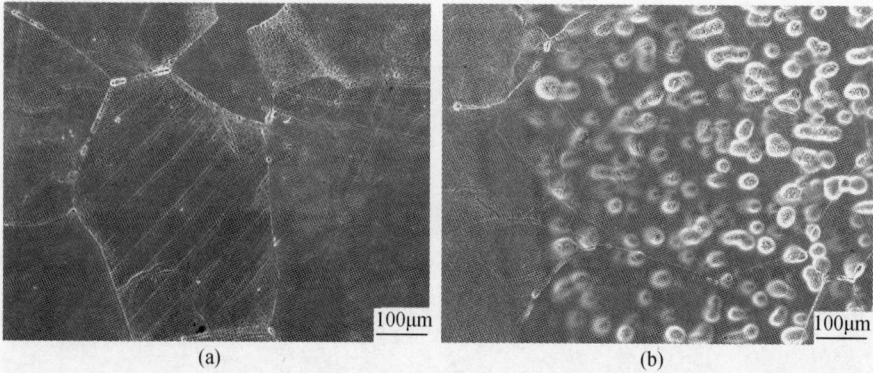

图 5-52  $v = 8\text{mm/s}$ ($E = 0.75\eta$ kJ·s/mm)下 Ti₃Al 电子束焊接头组织

(a) 接头焊缝;(b) 热影响区组织。

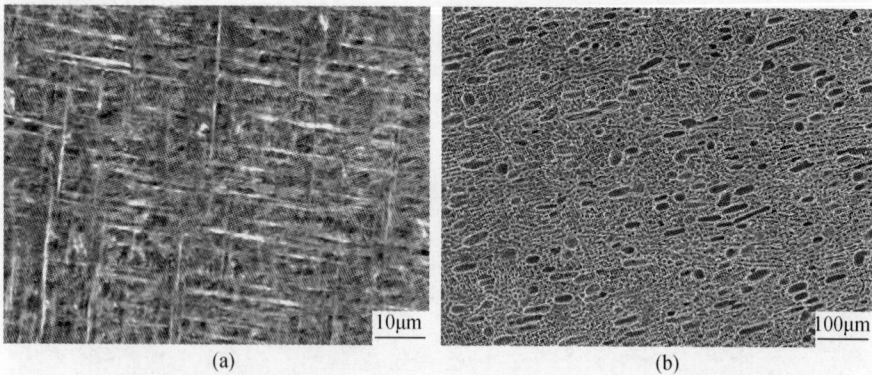

图 5-53  $v = 14\text{mm/s}$ ($E = 0.56\eta$ kJ·s/mm)下 Ti₃Al 电子束焊接头组织

(a) 接头焊缝;(b) 热影响区远端组织。

对接头热影响区 SEM 观察显示,热影响区远端区受焊接热循环作用小,合金元素的扩散还未完全进行,晶界内有条状的 O 相和次生 α₂ 析出,如图 5-51(b)、

图 5 – 52(b)和图 5 – 53(b)所示。

综上所述,可以看出不同焊接速度下的焊缝金属冷却速度不同,焊缝组织晶粒长大程度、残留 β 相和 β 转变产物各组分的体积分数以及次生的 $\alpha_2/O$ 相集束长大情况也不相同,存在的差异导致了接头综合性能的差异。分析认为,提高焊接速度,焊缝晶粒粗化减弱,组织中残留 β 相增加,B2 向 O + B2 转变增强而向转变 $\alpha_2$ 减弱,因此接头强度高,塑性和韧性要好。

图 5 – 54 ~ 图 5 – 60 为 $Ti_3Al$ 基合金母材固溶状态和电子束焊接接头的断口形貌。母材固溶态的拉伸断口有纤维区存在,断面存在一定的韧窝,沿着 β 相有撕裂棱,如图 5 – 54 所示。表明具有塑性的准解理断裂。冲击断口有较多的塑性特征,如图 5 – 55 所示。

$v = 4mm/s$ 接头拉断于熔合线,断口为脆性断裂,断面平整光滑,二次裂纹沿晶界扩展,此断口为解理与沿晶的混合断口,如图 5 – 56 所示。而 $v = 8mm/s$ 接头拉伸断裂在焊缝区,断口为典型的解理断裂,其冲击断口以脆断为主,如图 5 – 57 和 5 – 58 所示。$v = 14mm/s$ 的接头拉伸断口宏观形貌中放射区占了较大比例,如图 5 – 59 所示。纤维区及剪切唇面积很小或没有,表现出快速不稳定扩展的特征。其断裂机理以解理断裂为主,间或有沿晶断裂和小孔聚集型断裂机理。拉伸断口中还可见许多小韧窝和二次裂纹,二次裂纹为解理断裂特征,韧窝为小孔聚集型断口特征,说明在断口中已有一些韧性断裂特征。在其冲击断口中,尽管为脆性断裂,但是还表现出了一定程度的塑变特征,如图 5 – 60 所示。

图 5 – 54　母材固溶空冷拉伸断口宏观形貌和裂纹扩展区
(a)拉伸断口宏观形貌; (b)裂纹扩展区。

综上所述,随着焊接速度的提高,焊接线能量和焊接热输入减少,接头的拉伸和冲击断口逐步呈现出一定程度的韧性断裂的特征。

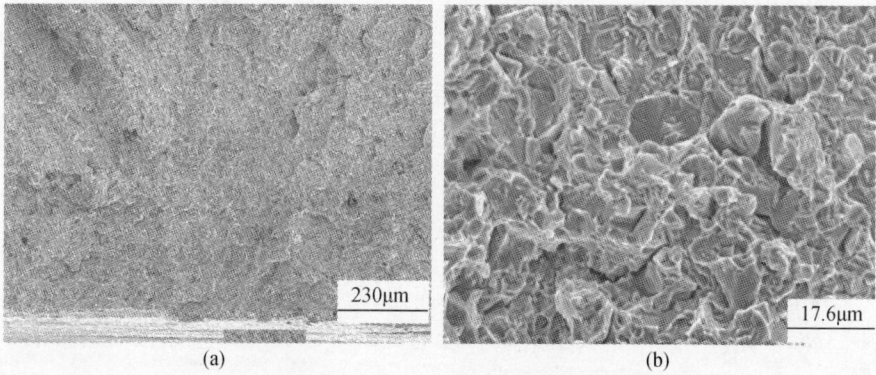

图 5-55 母材固溶空冷冲击断口宏观形貌和扩展区
（a）冲击断口宏观形貌；（b）裂纹扩展区。

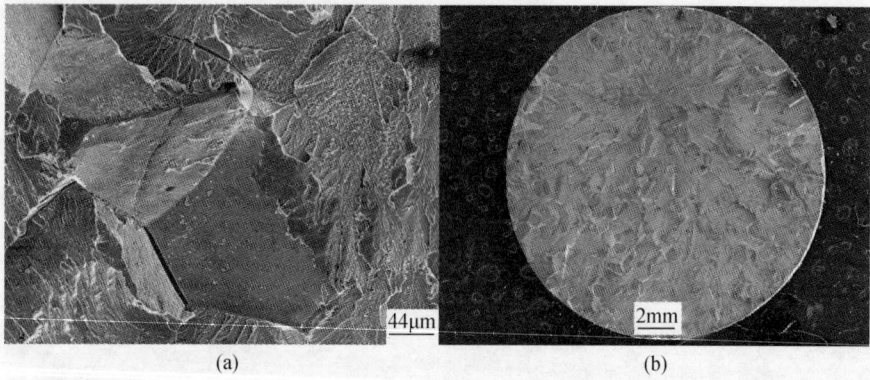

图 5-56 $v=4\text{mm/s}$ 拉伸断口宏观形貌和起裂区
（a）拉伸断口宏观形貌；（b）裂纹扩展区。

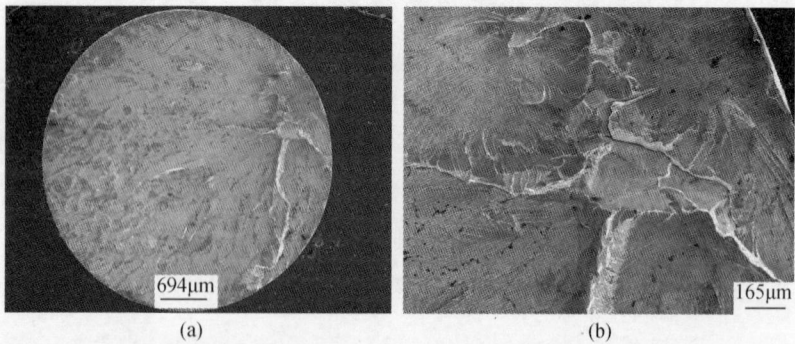

图 5-57 $v=8\text{mm/s}$ 拉伸断口宏观形貌和裂纹起裂源
（a）拉伸断口宏观形貌；（b）裂纹扩展区。

（a） 600μm     （b） 132μm

图 5 - 58 v = 8mm/s 冲击断口宏观形貌和起裂源

（a）冲击断口宏观形貌；（b）裂纹扩展区。

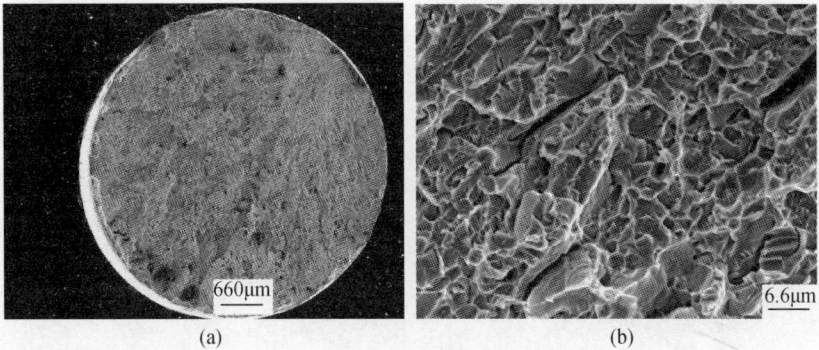

（a） 660μm     （b） 6.6μm

图 5 - 59 v = 14mm/s 拉伸断口宏观形貌和二次裂纹区

（a）拉伸断口宏观形貌；（b）裂纹扩展区。

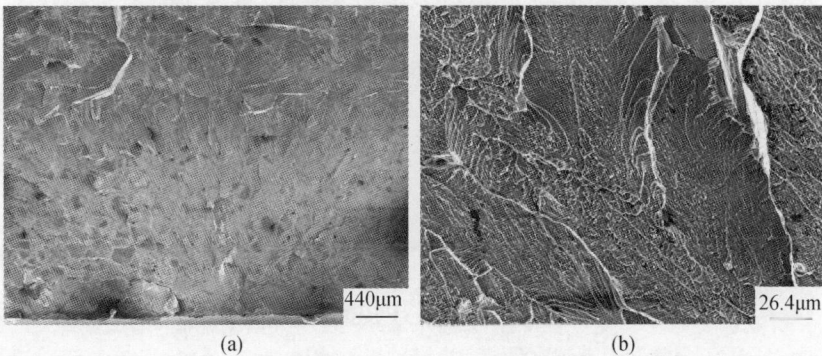

（a） 440μm     （b） 26.4μm

图 5 - 60 v = 14mm/s 冲击断口形貌和裂纹扩展区

（a）冲击断口宏观形貌；（b）裂纹扩展区。

## 5.5　Ti₃Al 基合金氩弧焊

氩弧焊是一种通用的焊接方法,工艺操作灵活,尤为适合制备复杂结构。如果这种方法能够被运用到 Ti₃Al 基合金加工之中,必将提高其设计的灵活性。焊接时,可根据需要另外添加填充金属,使接头增韧、增塑、增强,提高材料的焊接性。下面介绍该接头的典型显微结构与力学性能特点,并分析热工艺的影响。

### 5.5.1　Ti₃Al 基合金氩弧焊接头的典型显微结构[4,57-59]

母材仍选用北京航空材料研究院研制的 TD3 合金,名义成分为 Ti - 24Al - 15Nb - 1Mo(原子分数%),用真空自耗电弧炉与真空铸造凝壳炉相结合的 CS 工艺熔炼、铸锭 β 相区开坯、$\alpha_2$ + β/B2 区反复镦拔、980℃ ×1h、空冷(AC)固溶处理后机械加工成 2.0mm 厚的板材。为便于叙述,将 TD3 合金状态标记作 M × ×,第一位数字表示热加工工艺,1,2 分别代表锻制、环轧(厚度 50mm),第二位数字表示焊前热处理工艺,0 代表未进行焊前固溶处理,1、2 代表采用不同焊前固溶处理制度,分别为 980℃ ×1h、空冷(AC)(称作固溶处理Ⅰ)和 950℃ ×1h、AC(称作固溶Ⅱ处理)。M11 的背散射电子图像(BEI)示于图 5 -61。图中显示,它主要由 $\alpha_2$ 相(最暗色)、O 相(灰色)和残留 β/B2 相(最亮色),片状相中大部分为 O 相。室温下拉伸性能测试结果显示,无明显的方向性,不仅具有较高强度($\sigma_b \geq 1040$ MPa),还具有较好的塑性($\delta_5 \geq 5.0\%$)和冲击韧性($a_{ku} \geq 10.5$ J/cm²)。

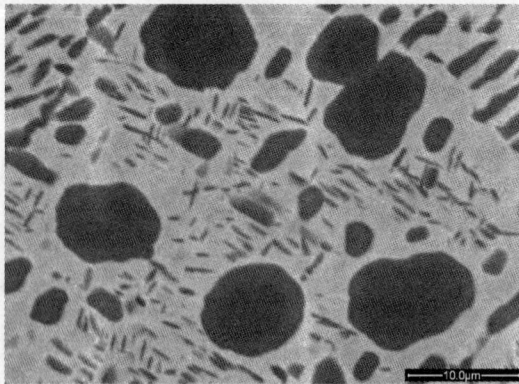

图 5 -61　TD3 合金(M11)显微结构(BEI)

填充金属使用高 Nb 的 Ti - Al - Nb 基合金[60]。采用 ZH -5 型真空自耗电弧炉重熔二次,铸成 $\phi$50.0mm 的圆棒。将铸锭用机械加工方法制成截面尺寸为 2.5mm ×2.5mm 的方条。

在充氩箱中进行手工氩弧焊（焊接电源 PANA—TIG WP300，焊接电流
60A～70A，焊接速度1.7mm/s～1.9mm/s），接头形式采用对接接头，坡口形
式为 Y 形（坡口角度90°，钝边高度1.0mm），根部间隙1.0mm 单面焊双面
成形。

焊缝 X 射线探伤检验合格后在箱式电阻炉（氩气保护）内进行焊后热处理。
焊后热处理工艺分为焊后时效处理和焊后固溶＋时效处理。其中，焊后固溶处理
制度与焊前固溶处理制度相同，即980℃×1h、AC（固溶Ⅰ处理）；时效工艺采用双
级时效，由"高温/低温"时效序列组成，具体工艺制度如下：815℃ × 1h、
AC＋700℃×8h、AC。

用母材和接头的室、高温（650℃）抗拉强度（$\sigma_b$）、延伸率（$\delta_5$）和冲击韧性
（$a_{ku}$）作为评价指标。拉伸试验依据标准 HB 5143—96（室温）和 HB 5195—96（高
温）在 Instron－4507 试验机上进行，冲击试验依据标准 HB 5144—96 在 HB 5 试验
机上进行，冲击试验依据标准 HB 5144—96 在 HB 5 试验机上进行。拉伸断口位
置通过目测被浸蚀的拉断试样确定。

1. 未焊后热处理

未焊后热处理条件下 TD3 合金（M11）氩弧焊接头显微结构见图
5－62～图5－64。由图5－62可以看到，接头由热影响区（HAZ）和焊缝区
组成；热影响区又可分为远热影响区（Far－HAZ）和近热影响区
（Near－HAZ）。在 Far－HAZ，由母材（BM）至熔合线方向显微结构的主要
特点是片状相迅速溶解、等轴 $\alpha_2$ 相逐渐溶解，基体未见其他细节。邻近母材
侧的 Far－HAZ，主要发生了片状相溶解及等轴 $\alpha_2$ 相边缘圆滑，见图
5－63（a）和图5－63（b）；随着至熔合线距离的减少，等轴 $\alpha_2$ 相（与基体相
比，等轴 $\alpha_2$ 相中 Nb、Mo 元素含量较低）尺寸逐渐减小，它的溶解逐渐增多
（图5－63（c））；当邻近 Near－HAZ 时，等轴 $\alpha_2$ 相所在位置处的合金元素成
分分布与其周围基体成分分布趋于一致（图5－63（d）），这意味等轴 $\alpha_2$ 相
被溶解却没有来得及扩散。随着至熔合线距离的减少，晶界逐渐消失，已被
溶解的等轴 $\alpha_2$ 相逐渐消失。在 Near－HAZ，光学显微镜下（图5－62）和扫
描电镜下晶界近乎不可见，也观察不到任何细节特征，等轴 $\alpha_2$ 相已被完全溶
解，晶粒长大，邻近熔合线处直径约300μm～400μm。在焊缝区，枝晶明显，
为粗大的柱状晶，且垂直于熔合线向焊缝中心生长（图5－62）；能谱分析焊
缝区中心主要合金元素含量为10.7%（质量分数）Al、35.7%（质量分数）
Nb、1.2%（质量分数）Mo，与母材相比，Al 和 Mo 含量降低、Nb 含量增加。
Near－HAZ 和焊缝区主要由 β/B2 相组成（图5－64（a））。TEM 分析结果
（图5－64（b）和（c））显示，焊缝区明场像具有"tweed"特征，选区电子衍射
花样具有明显的超结构特征，进一步证实了焊缝区主要为 B2 相。

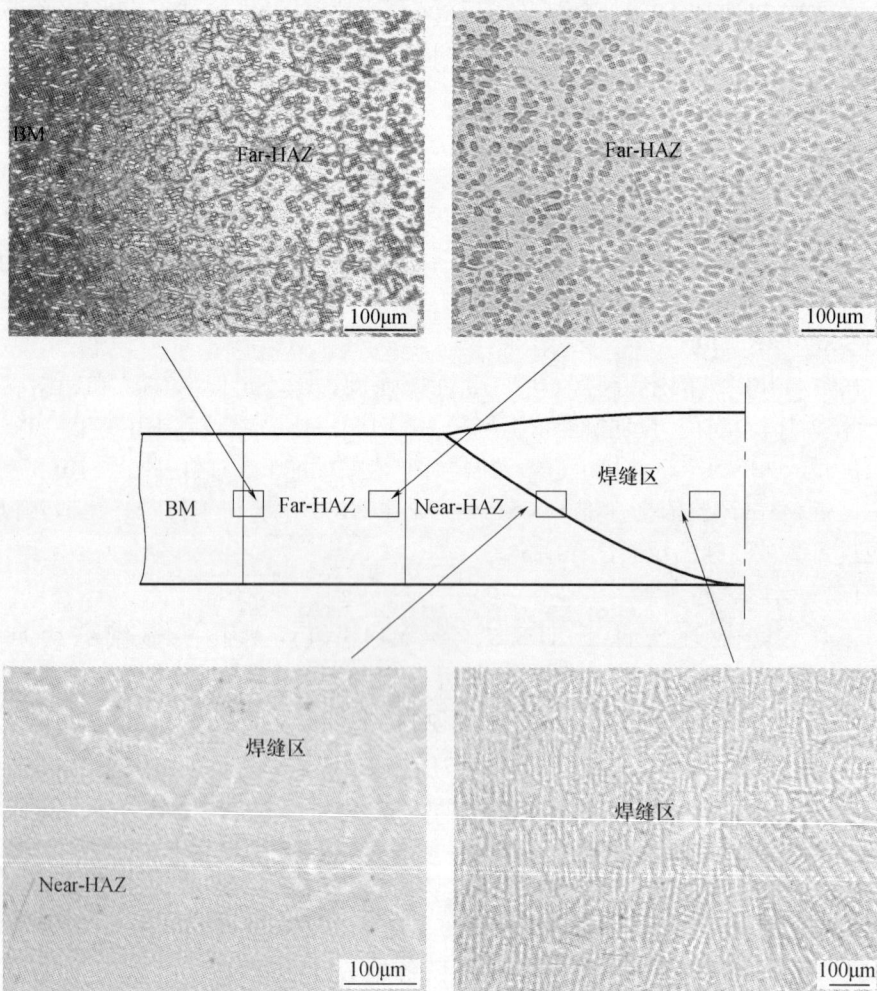

图 5 -62  未焊后热处理条件下 TD3 合金(M11)氩弧焊接头显微结构(OM)

M11 状态母材氩弧焊接头中,热影响区基体未有细节特征,各区域显微结构因所经历的热循环不同而不同。根据显微结构特点,将热影响区进一步分为Far - HAZ和 Near - HAZ。与 M11 状态母材显微结构相比,Far - HAZ 是片状相完全溶解与等轴 $\alpha_2$ 相形态、数量和分布等发生变化的区域,Near - HAZ 是片状相和等轴 $\alpha_2$ 相完全溶解的区域。众所周知,$Ti_3Al$ 基合金存在 β 相转变,冷却速度影响显微结构。升温过程中,当峰值温度超过 β 相转变温度时,将发生 $\alpha_2 \rightarrow \beta$ 转变;峰值温度越高,β 相转变温度以上停留时间越长,$\alpha_2$ 相被溶解得越多。$\alpha_2$ 相、β/B2 相和 O 相的溶解顺序与原始组织形成过程中各相的析出顺序相反。合金中等轴 $\alpha_2$ 相形成于 $\alpha_2 + \beta/B2$ 区锻造、轧制过程,片状相多产生于固溶处理过程中且大部分为 O 相。由 Ti - 25Al -

328

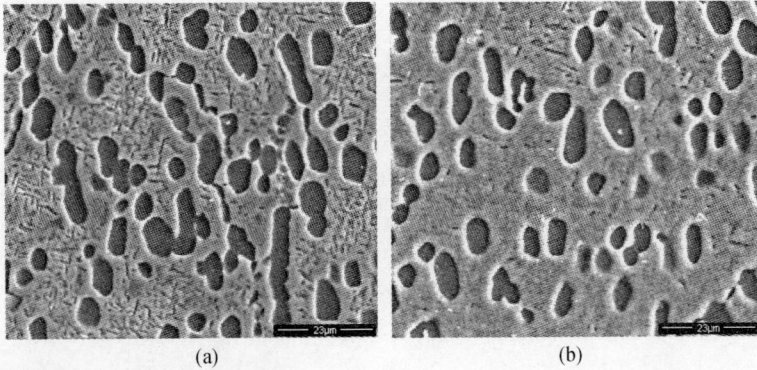

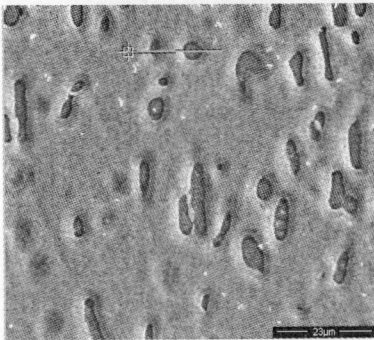

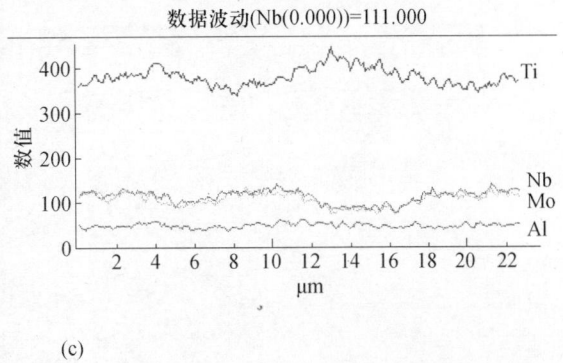

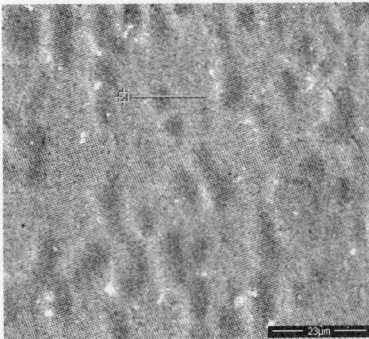

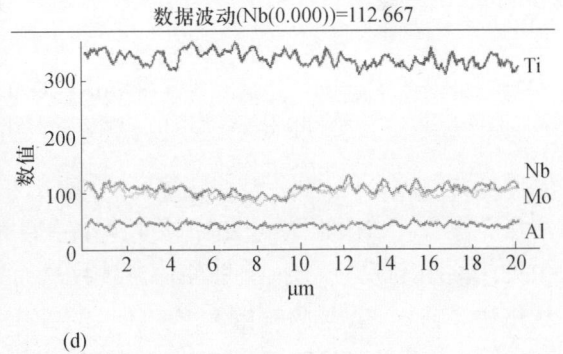

(a)

(b)

数据波动(Nb(0.000))=111.000

(c)

数据波动(Nb(0.000))=112.667

(d)

图 5-63　未焊后热处理条件下 TD3 合金(M11)氩弧焊

接头 Far-HAZ 显微结构及成分分析(SEM)

(a) 邻近母材区的 Far-HAZ；(b) 邻近图 (a) 的 Far-HAZ；

(c) 邻近图(b)的 Far-HAZ 及合金元素线扫描；(d) 邻近图(c)的 Far-HAZ 及合金元素线扫描。

Nb 相图可知，$\alpha_2$ 相较 O 相更稳定。同时，相的溶解也一定程度上受自身尺寸影响，体积越小，溶解速度越快。与等轴 $\alpha_2$ 相相比，片状 $\alpha_2$ 相尺寸较小。因此，片状相在

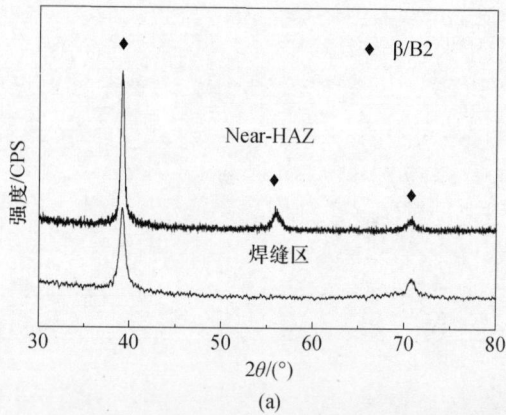

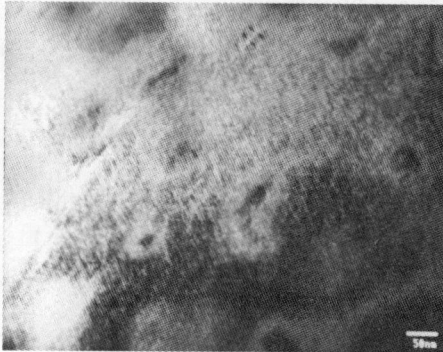

图 5 – 64　未焊后热处理条件下 TD3 合金（M11）

氢弧焊接头 XRD 和 TEM 分析结果

（a）XRD 分析结果；（b）焊缝区显微结构；（c）电子衍射花样。

邻近母材侧的 Far – HAZ 被快速溶解，等轴 $\alpha_2$ 相在 Far – HAZ 逐渐被溶解。当等轴 $\alpha_2$ 相完全溶入基体时，合金组织转变为单一 β 相，等轴 $\alpha_2$ 相抑制晶粒长大的作用消失，β 相晶粒尺寸增加，且随峰值温度提高而增大。所以，Near – HAZ 不含有片状相和等轴 $\alpha_2$ 相，且晶粒粗大。在随后的冷却过程中，β 相因冷却速度较快来不及分解而转变为 β/B2 相，故热影响区基体主要为β/B2相。

焊缝区是由熔化的母材金属和填充金属混合而成。Ti – Al – Nb 基合金填充材料中含 Nb 量高于母材的含 Nb 量（15% 原子分数），因而焊缝区中含 Nb 量增加。Nb 是 β 稳定元素，$Ti_3Al$ 基合金中 Nb 含量越高，越容易得到 B2 相。因此，在随后的冷却过程中，β 相因冷却速度较快来不及分解而转变为 B2 相，焊缝区主要由 B2 相组成。

2. 焊后时效处理

图 5 –65 ~ 图 5 –67 给出了焊后时效处理条件下 TD3 合金（M11）母材氢弧焊

接头及其母材区显微结构与 XRD 分析结果。

与焊态(图 5 - 62)相比,浸蚀后的接头在光学显微镜下仅可见晶界(图 5 - 65),未观察到晶粒内部有其他细节,即便在扫描电镜下也如此。焊缝区与 Near - HAZ 的相组成相近(图 5 - 66),主要为 $\alpha_2$ 相、O 相和 $\beta$/B2 相,且 O 相居多。这预示其中存在次生的 $\alpha_2$ 相和 O 相。

焊后时效处理过程中母材区显微结构发生了显著变化(参考图 5 - 61)。高温时效序列过程中,析出大量片状($\alpha_2$/O)相,且灰色相居多(图 5 - 67(a))。低温时效序列过程中,片状相继续析出,它们的数量、尺寸无显著变化(图 5 - 67(b))。进一步证实了 Near - HAZ 中含有 $\alpha_2$ 相和 O 相。

HAZ 是母材受焊接热循环作用组织与性能发生变化的区域,焊后热处理过程中组织转变与 M11 状态母材相近。焊后时效处理过程中,M11 状态母材中片状相主要形成于保温过程中,有的由原有的 $\alpha_2$ 相、O 相长大,有的从剩余的 B2 相中析出、长大,其尺寸因热处理温度较低而较小;冷却过程中,从剩余的 B2 相中进一步析出次生 $\alpha_2$ 相、次生 O 相。

所以,焊后时效处理状态下 Near - HAZ 由 $\alpha_2$ 相、O 相和 $\beta$/B2 组成。与母材相比,焊缝区化学成分的特点是含 Nb 量较高。Nb 含量增加,相变动力变慢、O 相稳定区的温度上限提高。因而,焊后时效处理过程中焊缝区也有 $\alpha_2$ 相和 O 相析出,它也由 $\alpha_2$ 相、O 相和 $\beta$/B2 相组成。但是,Near - HAZ 和焊缝区中析出的 $\alpha_2$ 相和 O 相极其细小,在光学显微镜和扫描电镜下难以分辨。

3. 焊后固溶 + 时效处理

图 5 - 68 ~ 图 5 - 70 为焊后固溶 I + 时效处理条件下 TD3 合金(M11)氩弧焊接头及其母材区显微结构。

焊后固溶 I + 时效处理后,接头显微结构发生了明显变化(图 5 - 68 和图 5 - 69)。Near - HAZ 和焊缝区也主要由 $\alpha_2$ + O + $\beta$/B2 组成(图 5 - 70),但各个区域具有自身的显微结构特点。邻近母材区的远热影响区(Far - HAZ)由部分溶解的等轴 $\alpha_2$ 相、片状 $\alpha_2$/O 相和基体组成(图 5 - 68(a)和图 5 - 69(a));邻近 Near - HAZ 的 Far - HAZ 为具有网篮排列图案的层片组织(网篮组织)上存在一定数量未来得及完全溶入基体的等轴 $\alpha_2$ 相(图 5 - 68(b)和图 5 - 69(b))。随着至 Near - HAZ 距离越近,网篮组织中集束(在一定区域内形成同向排列)越大,未来得及完全溶入基体的等轴 $\alpha_2$ 相逐渐消失。Near - HAZ(图 5 - 68(c)和图 5 - 69(c))和焊缝区(图 5 - 68(c)和图 5 - 69(d))均为网篮组织,且集束大,焊缝区尤为显著。母材中片状 $\alpha_2$/O 相尺寸(图 5 - 69(e))增大。

固溶温度 980℃,母材区和焊缝区处于 $\alpha_2$ + O + $\beta$/B2 平衡区。焊后固溶处理时母材区、HAZ 和焊缝区有 $\alpha_2$ 相和 O 相析出,它们在接头中各个区域的形态与相应的未焊后热处理条件下显微结构有关。在母材区,片状相有的由原有的 $\alpha_2$ 相、O

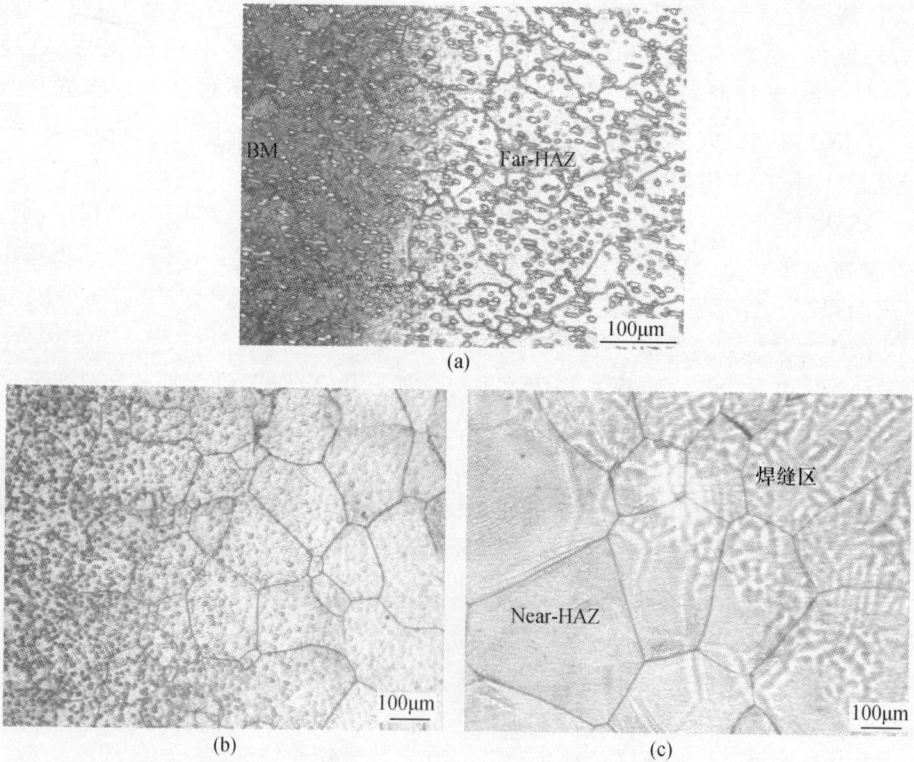

(a)

(b)

(c)

图 5 - 65　焊后时效处理条件下 TD3 合金(M11)氢弧焊接头显微结构(OM)

(a) BM + Far - HAZ；(b) Far - HAZ；(c) Near - HAZ + 焊缝区。

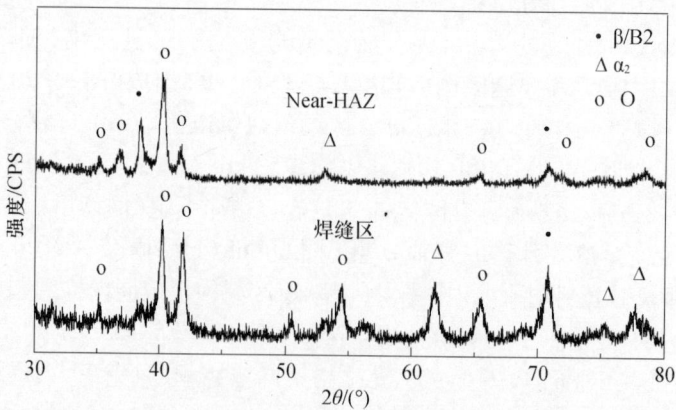

图 5 - 66　焊后时效处理条件下 TD3 合金(M11)氢弧焊接头 XRD 分析结果

相长大,有的从剩余的 B2 相中析出、长大,它的尺寸因固溶温度较高而明显增大。在 Far - HAZ 邻近母材区侧,焊接时峰值温度低于单相区,片状相被快速溶解、等

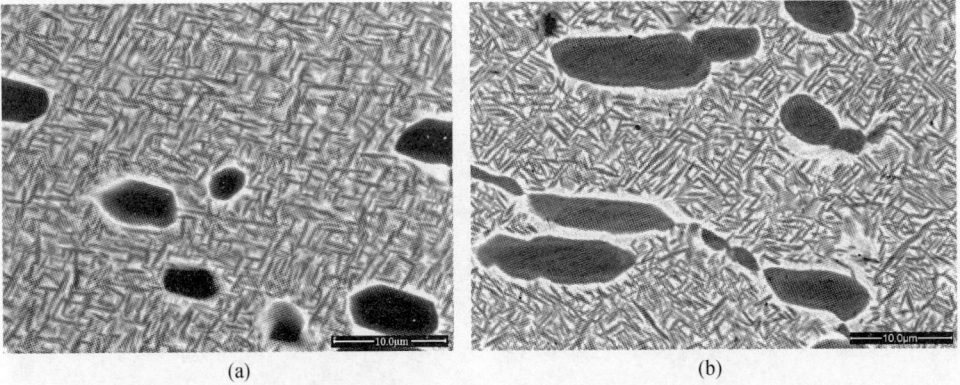

(a)                 (b)

图 5 – 67　焊后时效处理过程中 TD3 合金(M11)母材区显微结构(BEI)

(a) 815℃ ×1h,AC；(b) 815℃ ×1h,AC +700℃ ×8h,AC。

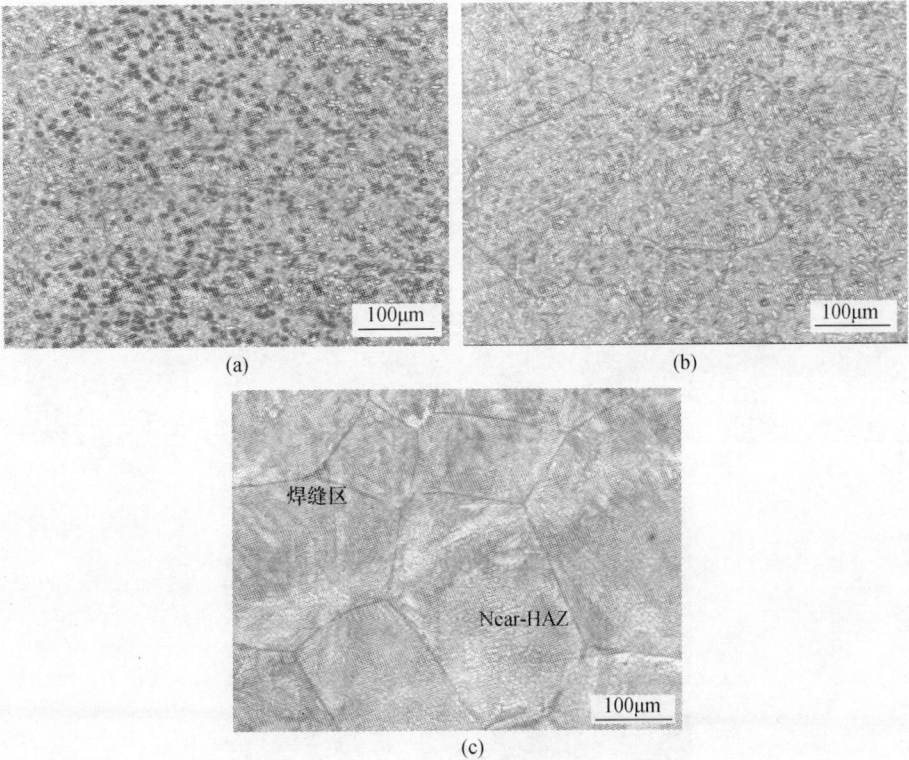

图 5 – 68　焊后固溶Ⅰ+时效处理条件下 TD3 合金(M11)氩弧焊接头显微结构(OM)

(a) Far – HAZ 邻近母材区侧；(b) Far – HAZ 邻近 Near – HAZ 侧；(c) Near – HAZ 和焊缝区。

轴 $\alpha_2$ 相逐渐被溶解。再固溶处理后,此区可见片状 $\alpha_2/O$ 相。在 Far – HAZ 邻近 Near – HAZ 侧,焊接时峰值温度已进入单相区,等轴 $\alpha_2$ 相已被溶解,但还没有来得及完全溶入基体,与其基体成分存在一定差异。所以,再固溶处理后,此区可见层片状 $\alpha_2/O$ 相。在 Near – HAZ,片状相与等轴 $\alpha_2$ 相完全溶入基体,晶粒长大。焊缝区则为铸造组织。因此,焊后固溶处理时这两个区域也可见层片状 $\alpha_2/O$ 相,集束随晶粒尺寸提高而增大,焊缝区尤为显著。随后时效处理过程如前所述,各个区域继续发生相应的转变,得到图 5 – 68 和图 5 – 69 所示显微结构。

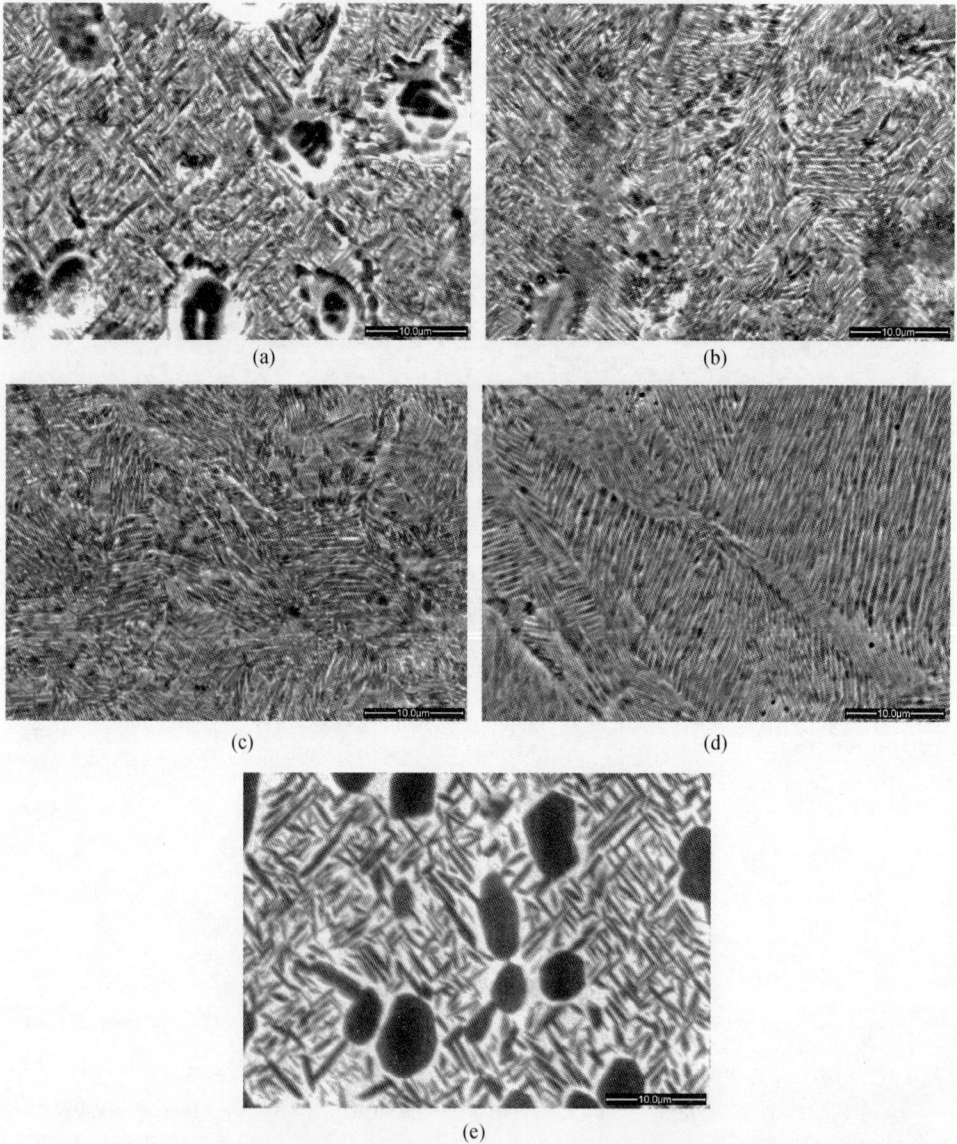

图 5 – 69　焊后固溶 I + 时效处理条件下 TD3 合金(M11)氩弧焊接头显微结构(SEM)

(a) Far – HAZ 邻近母材区侧;(b) Far – HAZ 邻近 Near – HAZ 侧;(c) Near – HAZ;(d) 焊缝区;(e) 母材区。

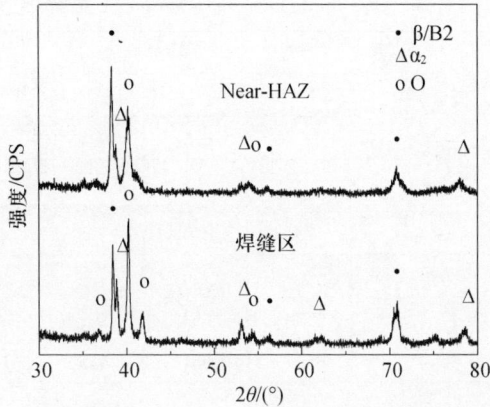

图 5 – 70　焊后固溶 I ＋时效处理条件下 TD3 合金（M11）氩弧焊接头 XRD 分析结果

## 5.5.2　Ti₃Al 基合金氩弧焊接头力学性能

不同焊后热处理条件下 M11 状态母材氩弧焊接头力学性能归纳于表 5 – 25 中,拉伸试样断口形貌示于图 5 – 71。表中数据显示,焊态下 TD3 合金氩弧焊接头抗拉强度为 912MPa ~ 927MPa,低于母材抗拉强度;延伸率为 2.5% ~ 3.7%,达到母材延伸率的 1/2;焊缝冲击韧性为 4.7J/cm² ~ 10.4J/cm²,接近母材冲击韧性的 50%。拉伸断裂多在 Near – HAZ,微观下断口表面具有河流花样（图 5 – 71(a)）,还有少量沿晶断裂。这表明用 Ti – Al – Nb 基（高 Nb）合金作填充材料氩弧焊 TD3 合金能够获得具有较高力学性能（室温）的接头,Near – HAZ 是该接头力学性能的薄弱区域。焊后时效处理状态下,室温时接头抗拉强度 755MPa、接头延伸率 1.5%、焊缝冲击韧性 3.9J/cm²,明显低于相应状态下母材力学性能。拉伸断裂大部分也在 Near – HAZ,断口表面多为解理断裂（图 5 – 71(b)）。焊后固溶 ＋ 时效处理状态下,室温时,接头抗拉强度 934MPa,略低于母材抗拉强度;接头延伸率 2.1%,接近母材延伸率的 1/2;焊缝冲击韧性 8.0J/cm²,高于母材冲击韧性。拉伸断裂多在 Near – HAZ,也主要为解理断裂（图 5 – 71(c)）。高温（650℃）时,接头抗拉强度 534MPa,达到了母材抗拉强度的 80%;接头延伸率 4.5%,低于母材延伸率。拉伸断裂均在 Far – HAZ,断口附近可见较明显的塑性变形。可见,接头进行焊后固溶 ＋ 时效处理相对较合理,它的室、高温力学性能较高,Near – HAZ、Far – HAZ 分别是其接头力学性能的薄弱区域。减小接头力学性能薄弱区域,适当调整焊前/后固溶处理工艺规范尽可能恢复母材力学性能,是进一步提高接头力学性能的有效途径之一。

表 5-25 不同焊后热处理条件下 TD3 合金(M11)氩弧焊接头及其母材力学性能

| 热处理状态 | 温度/℃ | 拉伸性能 | | | | 冲击性能 | |
| | | $\sigma_b$/MPa | | $\delta_5$/% | | $\alpha_{ku}$/J·cm$^{-2}$ | |
| | | 接头 | 母材 | 接头 | 母材 | 接头 | 母材 |
| 未焊后热处理 | 室温 | 919 | ≥1040 | 3.1 | ≥5.0% | 7.6 | ≥10.5 |
| 焊后时效处理 | 室温 | 755 | 1014 | 1.5 | 5.0 | 3.9 | 6.0 |
| | 650 | | 770 | | 13.8 | | |
| 焊后固溶 I +时效处理 | 室温 | 934 | 953 | 2.1 | 4.5 | 8.0 | 5.5 |
| | 650 | 534 | 661 | 4.5 | 10.7 | | |

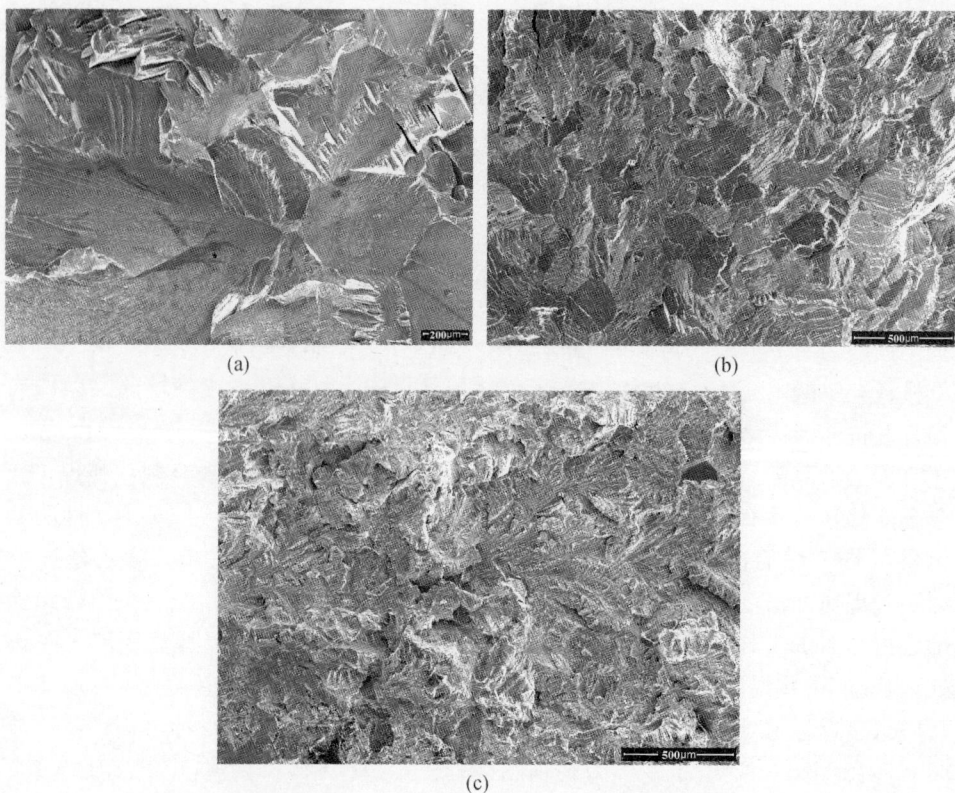

(a)

(b)

(c)

图 5-71 不同焊后热处理条件下 TD3 合金(M11)氩弧焊接头拉伸试样断口形貌
(a) 未焊后热处理;(b) 焊后时效处理;(c) 焊后固溶 I +时效处理。

    Ti$_3$Al 基合金力学性能取决于其显微结构。它有四种典型组织:魏氏组织、网篮组织、双态组织和等轴组织。魏氏组织,室温塑性非常低,不具有工程意义;网篮组织,高温蠕变、持久性能较好,室温塑性、断裂韧性较差;等轴组织、室温塑性、断裂韧性较佳,高温蠕变、持久性能略为逊色;双态组织,具有较优综合性能。同时,每一种显微组织中相的尺寸、含量、形态等对其力学性能也有影响[60]。焊后时效处理状态下,Near – HAZ 合金力学性能降低,导致了接头力学性能下降。焊后固溶 + 时效处理状态下,母材、Far – HAZ 邻近母材侧为双态组织;Far – HAZ 邻近 Near – HAZ 侧、Near – HAZ 和 Far – HAZ 为网篮组织。因此,接头具有较好的室温、高温力学性能,Near – HAZ 是接头室温力学性能的薄弱区域。高温拉伸时,焊缝金属屈服强度较低,接头塑性变形主要产生于焊缝,故断裂在于 Far – HAZ。

焊后固溶 I +时效处理状态下母材力学性能降低主要归咎于合金中片状相粗化。考虑到母材焊前热处理,固溶处理工艺规范等效于 980℃ 温度条件下保温120min,不利于改善母材力学性能。需合理调整焊前/后固溶工艺,以改善母材区显微结构和力学性能。

图 5 – 72 和表 5 – 26 给出了环轧成形的 TD3 合金及其接头显微结构与力学性能。其中,Y 为主变形方向,X 为垂直于主变形方向。由图可见,焊前,材料内片状相数量较多(相对图 5 – 71),并在一定区域内同向排列(集束);晶界上可见断续的 $\alpha_2$ 相;晶粒呈扁平状,沿主变形方向(Y 向)被拉长。此外,M22 状态母材内的片状相尺寸略大。力学性能测试结果显示(表 5 – 26),M21 和 M22 状态母材拉伸性能具有各向异性,Y 方向明显优于 X 方向,特别是延伸率。与热加工过程中各向变形均匀的 M11 状态母材相比(表 5 – 25),M2 × 状态母材 Y 方向的延伸率大大地提高,分别达到了 10.1% 和 9.7%;X 方向的延伸率急剧下降,仅有 2.3% 和 3.8%。使用相同卡具、相同夹紧力、沿垂直于主变形方向手工钨极氩弧焊结果显示,在焊接或焊后放置过程中,M21/M22 状态母材接头上会时而发生宏观裂纹,裂纹多出现在焊后冷却过程中,个别是在拆卸卡具过程中,均起源于接头并垂直于焊缝向两侧母材扩展,开裂时伴有清脆的声音。然而,M11 状态母材接头上均未检测到任何裂纹。可见,热加工过程中变形充分的 TD3 合金具有相对较高的抗裂性。未焊后热处理时 M2 × 状态母材接头延伸率(见表 5 – 26)低于 M11 状态母材接头延伸率,也证明了这一点。

表 5 – 26　未焊后热处理时 TD3 合金以及钨极氩弧焊接头拉伸性能(室温)

| 热工艺 | 固溶处理 | 方向 | $\sigma_b$/MPa | | $\delta_5$/% | |
| --- | --- | --- | --- | --- | --- | --- |
| | | | 母材 | 接头 | 母材 | 接头 |
| M21 | 980℃ ×1h、AC | Y | 975 | 962 | 10.1 | 1.2 |
| | | X | 921 | | 2.3 | |
| M22 | 950℃ ×1h、AC | Y | 984 | 890 | 9.7 | 1.1 |
| | | X | 1064 | | 3.8 | |

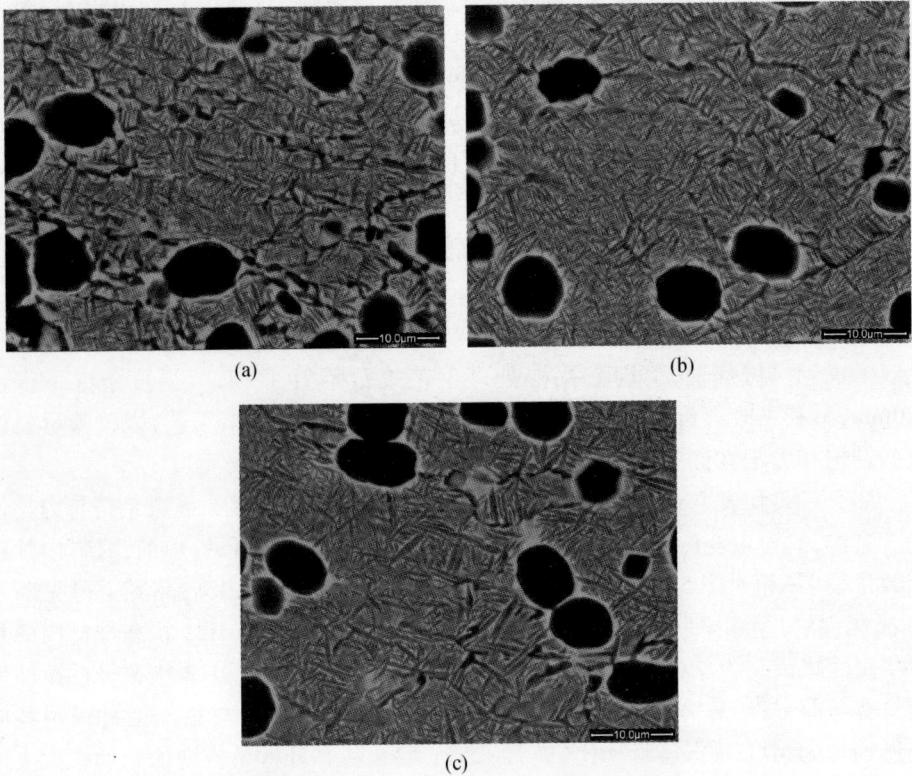

图 5 - 72  焊前固溶处理状态下 TD3 合金(环轧)背散射电子图像
(a) M21,Y 方向;(b) M21,X 方向;(c) M22。

　　晶界上不存在连续的或断续的 $\alpha_2$ 相是变形充分的 TD3 合金具有较低裂纹敏感性的主要原因。同时,$Ti_3Al$ 基合金塑性还取决于等轴 $\alpha_2$ 相、片状相和 $\beta$ 转变组织的含量等,只有它们比例适宜时,才具有最佳值。TD3 合金的固溶温度 950℃、980℃处在 $\alpha_2$ + O + B2 相区。同时,随温度升高,平衡相依次为 O + B2、$\alpha_2$ + O + B2 和 $\alpha_2$ + B2。这表明低的固溶温度有利于 O 相形成。因此,未焊后热处理时 M22 状态母材的塑性较好。进一步分析(图 5 - 73 和表5 - 27)证实,它也有助于焊后固溶 + 时效处理条件下母材显微结构与力学性能的恢复。

表 5 - 27  焊后固溶 + 时效处理条件下 TD3 合金(环轧)拉伸性能

| 热处理状态 | $\sigma_b$/MPa | | $\delta_5$/% | |
| --- | --- | --- | --- | --- |
| | 室温 | 650℃ | 室温 | 650℃ |
| M21 | 1015 | 734 | 8.8 | 13.3 |
| M22 | 907 | 691 | 7.5 | 15.6 |

338

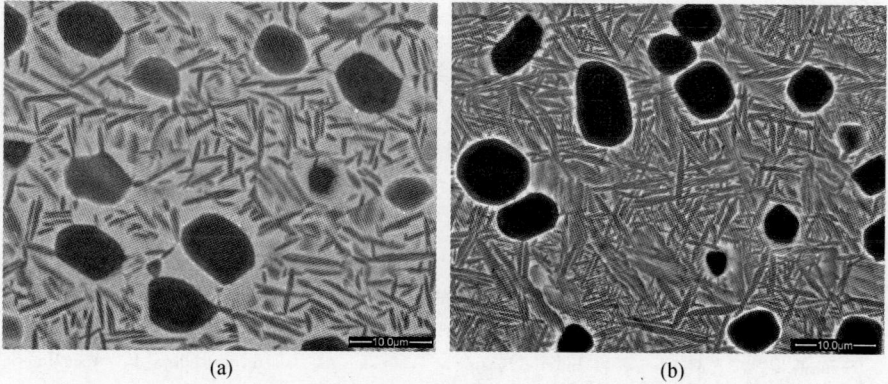

图 5 - 73　焊后固溶 + 时效处理条件下 TD3 合金(环轧)背散射电子图像

(a) M21；(b) M22。

# 参 考 文 献

[1]　张永刚，韩雅芳，陈国良，等. 金属间化合物结构材料. 北京：国防工业出版社，2001.

[2]　Dimiduk D M , Miracle D B , Ward C H . Development of intermetallic materials for aerospace systems[J]. Materials Science and Technology, 1992, 8(4): 367 - 375.

[3]　Lipsitt H A . Titanium aluminides-future turbine materials. In: Nicholas J. Grant Symposium, eds. Advanced High Temperature Alloys. ASM, 1986. 157 - 164.

[4]　刘卫红，李艳，毛唯，等. Ti - 24Al - 15Nb - 1Mo 合金氩弧焊[J]. 航空材料学报，2006，26(3)：111 - 115.

[5]　R A Patterson, P L Martin, B K Damkroger and L Christodoulou. Titanium aluminide - electron beam weldability[J]. Welding Journal, 1990, 69(1): 39 - 44.

[6]　崔约贤，甄良，杨德庄，等. Ti23Al14Nb3V 合金电子束焊接接头的显微组织及其力学性能[J]. 焊接学报，1998，19(6)：134 - 139.

[7]　吴爱萍，邹贵生，张红军，等. Ti - 24Al - 17Nb 合金的激光焊接[J]. 宇航材料工艺，2001，31(6)：58 - 62.

[8]　Baeslack W A . Inertia friction welding gamma titanium aluminide[J]. Materials Characterization, 1994, 33: 357 - 360.

[9]　Hou K N , Juhas M C , Baeslack W A , et al. An Electron Microscope study of inertia friction welds in Ti - 48Al - 2Cr - 2Nb gamma titanium aluminide. Proc Gatlinburg Conference, 1992: 1135 - 1137.

[10]　Horn H . Investigation of friction welding Ti aluminides. Proc Euro. Srasbourg, France, 1991: 441 - 448.

[11]　Yan P, Wallach E R . Diffusion - bonding of TiAl[J]. Intermetallics, 1993, 1: 83 - 97.

[12]　Yoshikuni M, Kenji S ,Masahiko H . Diffusion bonding of intermetallic compound TiAl[J]. ISIJ International, 1991, 31(10): 1260 - 1266.

[13]　Ridley N. Superplastic behavior and diffusion of a titanium aluminide alloy. In: Proc. Int. Confo. High temperature intermetallics, London, Institute Metals, 1991, 198 - 200.

［14］ Uenishi K, Sumi H , Kobayashi K F. Joining of the intermetallic compound using SHS reaction［J］. Z. Metallkd, 1995, 86(1): 64 – 68.

［15］ 许鹏, 康惠, 曲平. $Ti_3Al$ 基合金钎焊技术的研究［J］. 热加工工艺技术与装备, 2006,（8）: 82 – 84.

［16］ He P, Feng J C ,Zhou H . Microstructure and strength of brazed joints of $Ti_3Al$ – base alloy with NiCrSiB ［J］. Materails Characterization, 2004, 52: 309 – 318.

［17］ Lee S J,Wu S K. Infrared Joining Strength and Interfacial Microstructures of Ti – 48Al – 2Nb – 2Cr intermetallics using Ti – 15Cu – 15Ni foil［J］. Intermetallics, 1999, 7: 11 – 21.

［18］ 韩明,康慧, 曲平. Ti – 15Cu – 15Ni 真空钎焊 TiAl 合金［J］. 航天制造技术, 2004, 4: 22 – 24.

［19］ Shiue R K, Wu S K ,Chen S Y. Infrared brazing of TiAl intermetallic using BAg – 8 braze alloy［J］. Acta Materialia, 1991, 51:1991 – 2004.

［20］ Shiue R K, Wu S K ,Chen S Y. Infrared brazing of TiAl using Al – based braze alloys［J］. Acta Materialia, 2003, 11: 661 – 671.

［21］ 秦川. 高温用 $\gamma$ – TiAl 合金的钎焊［J］. 稀有金属与硬质合金, 2003, 31: 52 – 54.

［22］ 刘景峰, 朱颖, 康慧, 等. 不同钎料对 TiAl 基合金与 40Cr 钎焊接头强度的影响. 焊接,2004（2）: 34 – 36.

［23］ H J Liu, J C Feng. Vacuum brazing TiAl – based alloy to 40Cr steel using Ag – Cu – Zn filler metal. Joural of Materals Science Letters, 2002, 21: 9 – 10.

［24］ 吴爱萍, 邹贵生, 任家烈. $Ti_3Al$ 基合金的发展现状及其连接技术［J］. 航空制造技术, 2007,（6）: 30 – 35.

［25］ Cadden C H , Yang N Y C ,Headley T H . Microstructural evolution and mechanical properties of braze joints in Ti – 13.4Al – 21.2Nb［J］. Welding Research Supplement, 1997,（8）: 316 – 325.

［26］ He P, Feng J C, Zhou H . Microstructure and strength of brazed joints of $Ti_3Al$ – base alloy with TiZrNiCu filler metal［J］. Materials Science and Engineering. A, Structural Materials, 2005, A392(1/2): 81 – 86.

［27］ 周恒, 李宏伟, 冯吉才. $Ti_3Al$ 基合金的真空钎焊［J］. 有色金属, 2005, 57(2): 11 – 14.

［28］ 潘晖. $Ti_3Al$ 基合金钎焊技术研究. 清华大学工程硕士学位论文, 2005,9.

［29］ 陈波, 熊华平, 毛唯, 等. 采用 Ti – 15Cu – 15Ni 真空钎焊 $Ti_3Al$ 基合金［J］. 电焊机, 2008, 38（9）: 73 – 75.

［30］ 陈波, 熊华平, 毛唯, 等. AgCu 基钎料钎焊 $Ti_3Al$ 基合金的接头组织与性能［J］. 焊接, 2010,（10）: 29 – 32.

［31］ 陈波, 熊华平, 毛唯, 等. 采用 Ti – Zr – Cu – Ni 真空钎焊 $Ti_3Al$ / $Ti_3Al$ 和 $Ti_3Al$ /GH536 接头组织及性能［J］. 航空材料学报, 2010, 30（5）: 35 – 38.

［32］ 陈波. TiAl 基合金钎焊、扩散焊工艺及连接机理. 北京航空材料研究院硕士学位论文, 2005,1.

［33］ 陈波, 熊华平, 毛唯. TiAl 基合金与 TC4 合金钎焊界面组织及形成机理. 第十一次全国焊接会议论文集, 第 1 册, 2005: 49 – 51.

［34］ 陈波, 熊华平, 毛唯, 等. 采用 Ti – 15Cu – 15Ni 钎料的 TiAl/42CrMo 钢接头组织及形成机理［J］. 航空材料学报, 2006, 26(3): 317 – 318.

［35］ 熊华平, 陈波, 毛唯, 等. Ti – Al 基合金的扩散焊研究［J］. 材料科学与工艺, 2009, 17（Sup. 1）: 16 – 20.

［36］ 陈波, 熊华平, 毛唯, 等. Ti – Al 基合金的扩散焊研究. 第十七届全国钎焊及特种连接技术交流会论文集,2009: 418 – 422.

［37］ 熊华平, 毛唯, 陈波, 等. TiAl 基合金连接技术的研究进展［J］. 航空焊接技术年度论坛, 航空制造

技术, 2008, 25: 108 - 112.

[38] 熊华平, 李红, 毛唯, 等. 国际钎焊技术最新进展[J]. 焊接学报, 2011, 32(5): 108 - 112.

[39] Cam G, Kocak M. Diffusion bonding of investment cast γ - TiAl[J]. Journal of Materials Science, 1999, 34: 3345 - 3354.

[40] Cam G, Clemens H, Gerling R, et al. Diffusion bonding of fine grained γ - TiAl sheet[J]. Z. Metallkd, 1999, 90(4): 284 - 288.

[41] 王彬, 贺跃辉, 黄伯云, 等. TiAl 基合金固态焊接的研究现状[J]. 材料导报, 1998, 12(5): 16 - 18.

[42] 贺跃辉, 黄伯云, 王彬, 等. TiAl 基合金固态焊接[J]. 金属学报, 1998, 34(11): 1167 - 1172.

[43] 林建国, 吴国清, 魏浩岩, 等. γ - TiAl 基合金超塑扩散焊接[J]. 金属学报, 2001, 37 (2): 221 - 224.

[44] Guo Y. Interface structure of diffusion bonding TiAl alloys. Mater Sci. Technol, 1993, 9: 273 - 289.

[45] Duarte L I, Ramos A S, Vieira M F, et al. Solid - state diffusion bonding of gamma - TiAl alloys using Ti/Al thin films as interlayers[J]. Intermetallics, 2006, 14: 1151 - 1156.

[46] Ramos A S, Vieira M T, Duarte L I, et al. Nanometric multilayers: A new approach for joining TiAl[J]. Intermetallics, 2006, 14: 1157 - 1162.

[47] Ustinov A I, Falchenko Yu V, Ishchenko A Ya, et al. Diffusion welding of γ - TiAl based alloys through nano - layered foil of Ti/Al system[J]. Intermetallics, 2008, 16: 1043 - 1045.

[48] Simoes S, Viana F. Solid - state diffusion bonding of TiAl by nanostructured materials, Session 6: Advanced Materials and Consumables - II, Proceedings of the International Conference on Advances in Welding Science & Technology for Construction, Energy & Transportation, AWST - 2010, IIW2010, Istanbul/Turkey. 331 - 336.

[49] Viera M F, Vieira M T, Ramos A S, et al. Developments in diffusion bonding and brazing of advanced materials, Session 6: Advanced Materials and Consumables - II, Proceedings of the International Conference on Advances in Welding Science & Technology for Construction, Energy & Transportation, AWST - 2010, IIW2010, Istanbul/Turkey. 317 - 323.

[50] Glatz W, Clemens H. Diffusion bonding of intermetallic Ti - 47Al - 2Cr - 0.2Si sheet material and mechanical properties of joints at room temperature and elevated temperatures [J]. Intermetallics, 1997, 5: 415 - 423.

[51] Holmquist M, Recina R, Ockborn J, et al Hot isostatic diffusion bonding of titanium alloy Ti - 6Al - 4V to gamma titanium aluminide IHI alloy 01A[J]. Scripta Mater, 1998, 39: 1101 - 1106.

[52] Holmquist M, Recina V, Pettersson B. Tensile and creep properties of diffusion bonded titanium alloy IMI 834 to Gamma titanium aluminide IHI alloy 01A[J]. Acta Mater, 1999, 47: 1791 - 1799.

[53] He P, Feng J C, Qian Y Y, Zhang B G. Microstructure and strength of TiAl/40Cr joint diffusion bonded with vanadium - copper filler metal [J]. Transactions of Nonferrous Metals Society of China, 2002, 12: 811 - 813.

[54] He P, Feng J C, Zhang B G. A new technology for diffusion bonding intermetallic TiAl to steel with composite barrier layers[J]. Materials Characterization, 2003, 50: 87 - 92

[55] 袁鸿, 谷卫华, 余槐, 等. 电子束焊接线能量对 Ti - 24Al - 15Nb - 1Mo 合金接头组织性能的影响 [J]. 航空材料学报, 2006, 26(5): 35 - 40.

[56] 袁鸿. Ti - 24Al - 15Nb - 1Mo (Ti₃Al 基) 合金电子束焊接技术. 清华大学工程硕士学位论文, 2004, 6.

［57］ 刘卫红. Ti₃Al 基合金氩弧焊技术研究. 北京航空材料研究院博士后研究工作报告，2007,5.

［58］ 刘卫红，曹春晓，李艳，等. 热处理对 TD3 合金显微结构与力学性能的影响[J]. 焊接，2008, 4: 26 - 29.

［59］ 刘卫红，曹春晓，李艳，等. 焊后热处理工艺对 TD3 合金钨极氩弧焊接头显微结构与力学性能的影响[J]. 材料工程，2008, 1: 68 - 72.

［60］ 李艳,刘卫红,袁鸿,等. Ti₃Al 基合金熔化焊用填充材料：中国，200610055865.3［P］. 2010 - 09 - 08.

［61］ 曹京霞，孙福生，曹春晓，等. Ti₃Al 基合金研究进展[J]. 材料工程，2001，增刊: 90 - 92.

# 第6章 铝合金焊接

## 6.1 概述

铝合金具有密度小、比强度和比刚度高、加工性能好、成本低等优点,是飞机主要结构材料之一,一般占机体结构重量50%以上。航空变形铝合金常用有2000系列中强铝合金、7000系列高强铝合金、以5000系列为主的防锈铝合金,基于减重需要近些年正在发展密度更低的铝锂合金。

2000系列中强铝合金主要是Al-Cu-Mg系合金,部分牌号还添加了Si、Fe、Ni等合金元素。该系列合金可进行热处理强化,强度处于400MPa~500MPa之间,主要用于飞机的蒙皮、翼梁、壁板、隔板、压气机叶片等零部件。可采用电阻焊、氩弧焊、电子束焊、激光焊、摩擦焊等方法焊接。采用熔焊方法焊接2000系列铝合金,主要焊接问题是焊接热裂纹和焊接接头软化,接头强度系数为60%~70%。

7000系列高强铝合金主要是Al-Zn-Mg-Cu系可热处理强化铝合金,使用时需要进行固溶和时效处理,室温强度多在460MPa~630MPa之间。主要用于飞机蒙皮、壁板、隔框、大梁、地板等。7000系列铝合金大多焊接性不好,熔焊易产生焊接裂纹,接头软化严重,因此承力部件一般不采用焊接结构。但采用电阻焊、摩擦焊,通过工艺控制能获得良好的焊接接头。

防锈铝合金主要有Al-Mg、Al-Mn系合金,不能热处理强化,在退火或冷作硬化状态下具有低强度、高塑性、耐腐蚀特点,室温强度多在400MPa以下。主要用于飞机油箱、导管等零部件。该类合金焊接性好,可以采用电阻焊、氩弧焊、电子束焊、激光焊、摩擦焊、钎焊等方法焊接。

铝锂合金中有代表性的是5A90、2195,分别是Al-Mg-Li、Al-Cu-Li系合金。铝锂合金由于密度小、比强度高等性能特点而广泛应用于航空航天领域,同普通铝合金相比可减重10%~20%,所以铝锂合金,特别是可焊铝锂合金对航空航天界有巨大的吸引力。铝锂合金焊接主要存在气孔、裂纹和接头软化三类问题。

本章重点介绍北京航空材料研究院在铝合金电阻焊、氩弧焊以及钎焊方面的研究进展与应用实例。

## 6.2 铝合金电阻焊接

### 6.2.1 铝合金电阻点焊

电阻点焊是一种用于制造不要求气密,焊接变形小的搭接结构焊接方法,特别适用于钣金件或钣金件与挤压型材组成的加强结构,在航空领域主要用于飞机机舱口盖、框、壁板、整流罩等构件的焊接。铝合金物理化学特性与碳钢类材料差别较大,电阻点焊一般也较碳钢类材料困难。铝合金电导率和热导率高,点焊时必须采用很大电流才能以足够的电阻热形成熔核,同时还要防止过热避免电极粘附。铝合金线膨胀系数大,熔核凝固时收缩应力大,易引起裂纹。不同系列铝合金裂纹倾向不同,对于 2000、7000 系列中、高强铝合金,更容易出现焊接裂纹。铝合金表面易生产 $Al_2O_3$ 氧化膜,点焊时易引起飞溅,熔核成形不良,焊点强度低[1]。

厚度接近的防锈铝合金电阻点焊相对容易实现,在实际工程应用中常常会遇到高强铝合金点焊、不同厚度高强铝合金点焊、涂底漆点焊、异种铝合金点焊、三层板点焊等,均各有特点和难点。

(1) 高强铝合金点焊。高强铝合金点焊难度较大。由于高强铝合金含有一定量的铜元素,铜与铝可形成金属间化合物,分布于晶界上。在熔核冷却结晶阶段,如果缺乏足够的电极压力,则形成较大收缩变形和应力,使熔核产生裂纹。焊机的加压机构随动性越不好,产生裂纹倾向越大。高强硬铝合金点焊时极易产生飞溅,破坏焊点表面,导致电极粘附。另外,由于铝为活性元素,易氧化,如果焊前表面清理不彻底,焊接时熔核中易产生孔洞、夹渣。

(2) 不同厚度高强铝合金点焊。不同厚度零件点焊时,由于上下电流分布不对称,结合面与两电极的距离不同,因而两板产热、散热条件不同,致使温度场分布不均匀,熔核偏向厚板,致使结合面上熔核尺寸小于熔核最大直径。在工程应用中经常会遇到厚度比介于 1.0~5.0 之间的不同厚度板材点焊,厚度比越大,形成良好焊点难度越大。

大厚度比零件一般采用贮能点焊进行焊接。电容贮能点焊时由于电容瞬间放电,焊接电流增长速度很快,结合面处会迅速生产电阻热并熔化两侧合金形成熔核,故常用作大厚度比合金焊接。采用直流点焊机焊接大厚度比零件,则需要选择适尺寸和形状的电极,调整焊接规范和焊接工艺,改善焊点核心的偏移,也能获得良好的焊点。

(3) 涂底漆点焊。涂底漆点焊与胶接点焊不完全相同。涂底漆点焊目的是提高连接部位的抗腐蚀性能,一般不能提高结构强度,要先涂底漆后施焊。胶接点焊目的是提高焊接结构的静强度、疲劳强度和结构刚度,减小焊缝危险截面上的应力集中,防止壁板蒙皮的局部失稳。胶接点焊根据胶的特点可以先涂胶后点焊,也可以先点焊后涂胶。

一般中、高强度铝合金抗腐蚀及应力腐蚀能力较差,使用时一般要求有包铝层。采用常规点焊,焊前清理破坏了包铝保护层,导致焊点附近金属抗腐蚀能力降低,而采用先涂底漆再点焊的方法就可使焊点缝隙处的金属得到保护,避免腐蚀。

涂底漆点焊应当注意以下问题:底漆涂抹的方式、厚薄、底漆黏度、存放时间均影响点焊质量;零件表面清理、表面质量以及零件间隙均有较高要求;焊接程序与一般点焊程序不同,需添加预压力步骤,以排除焊点位置底漆,避免焊接时产生飞溅和夹渣;焊接规范与一般点焊不同。

另外,在工程应用中还会遇到异种铝合金组合点焊、三层板点焊。异种铝合金点焊,由于合金成分不同,材料的导电导热性能不同,导致焊点核心偏移。三层板点焊,要求在两个接触面上同时形成焊点,具有一定的难度。焊接规范不合适,两接触面上的焊点熔合到一起,形成一个穿透中间层的焊点,力学性能和防腐蚀性能均大大下降。

针对铝合金电阻焊的特点,在设备和工艺上应采取以下措施:焊接设备宜选用大功率直流焊机、直流脉冲焊机或电容贮能焊机,这样可以有效地克服铝合金高导电、高导热给点焊带来的困难,有效地形成熔化核心。在工艺上除采用大电流短时间的硬规范外,还应配合合适的顶锻力,即在熔化焊点凝固的后期施加一较大顶锻力以促使裂纹闭合,同时采用球面电极避免裂纹的出现和产生过深的压痕。氧化膜对接触电阻值影响很大,因此铝合金点焊前必须进行严格的表面清洗,以去除氧化膜,获得小于 $120\mu\Omega$ 的表面接触电阻。

### 6.2.1.1　铝合金点焊工艺

1. 铝合金点焊程序

铝合金一般点焊程序适用于铝合金不涂底漆点焊,分 6 个步骤,如图 6 - 1 所示。该压力曲线为阶梯形,可以有效地控制裂纹的生成。

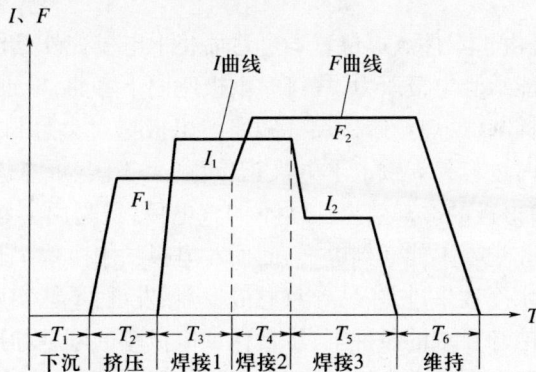

图 6 - 1　铝合金常规点焊循环示意图

涂底漆点焊程序分7个步骤,压力曲线为马鞍形,在焊接前增加了预挤压过程,可将底漆排出待焊位置以避免飞溅及夹渣。其示意图如图6-2所示。

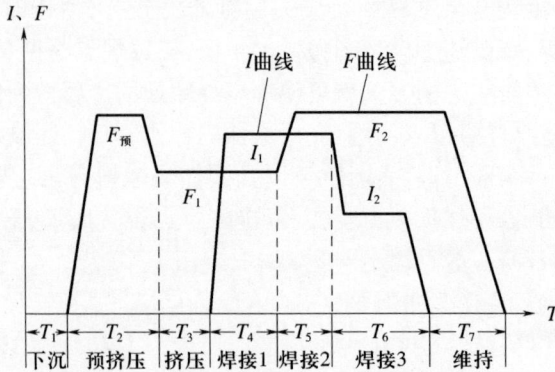

图6-2　铝合金涂底漆点焊循环示意图

## 2. 电极材料和结构

电极材料的选择是保证点焊接头质量的重要环节,因此正确选择电极材料是保证点焊接头质量的必要条件。适用铝合金点焊的电极材料有纯铜、镉铜、锆铌铜等[2]。试验证明,采用通用的铬锆铜作为电极材料点焊高强铝合金不理想,铬锆铜虽然具有高强度、高导电性、综合性能优良等特点,但由于铝合金散热快,点焊时需采用大电流进行焊接,其导电性、导热性并不能完全满足铝合金点焊需要。而采用具有更好导电性、导热性的镉铜作电极材料,能降低电极发热,可以实施连续、有效的焊接。

电极的结构必须有足够的强度和刚度,以及充分的冷却条件。由于零件结构形式多样,采用标准电极往往不能实施焊接,故需根据零件的结构特点设计特形电极或特形电极座。特形电极及特形电极座的材料、冷却效果、结构刚度等方面对点焊质量均有影响。

特形电极座是由于零件点焊位置不可达而将下电极往外延伸的辅助机构。如果电极座单薄,不能承受电极压力,焊接时电极座向下弯曲,导致上下电极错位,易产生飞溅、焊点呈椭圆形,焊点熔核尺寸减小。电极座过大过长,则下电极支臂承受的力矩大,焊接时也容易导致上下电极错位,产生飞溅、焊点熔核尺寸减小等缺陷。特形电极座对电极的冷却效果往往不如直电极,这是由于特形电极座往往结构复杂,通水冷却孔受限不能通到电极,因而对电极的水冷效果较差。如果通水冷却孔离电极过远,水冷效果过差,易导致电极发热、发烫,不能实施连续的焊接。一般情况下,在满足冷却要求的条件下,尽量保证电极座的刚度和挠度等要求。对于铝合金点焊,电极部分选用导电性、导热性良好的镉铜,而电极座一般选择导电、导热性好且强度高的铬锆铜。实践证明,这样的组合不但能满足要求,电极部分还可以拆卸更换,节省电极材料。

### 3. 表面清洗

铝合金的表面准备是保证点焊接头质量的先决条件。由于铝合金表面易生成氧化膜,极易引起飞溅和熔核成形不良,使焊点强度下降,因此焊前必须严格清理。

焊前先进行除油处理,可采用磷酸钠、碳酸钠、硅酸钠等水溶液,在适当的温度下浸泡除油,再采用硫酸、氟化钠水溶液腐蚀去除表面氧化膜,最后采用硝酸溶液进行光亮处理。清洗后的铝合金表面应呈光亮的乳白色,没有划伤和过腐蚀现象,接触电阻应小于 $120\mu\Omega$。如果表面有包铝层的应采用 NaOH 溶液去掉待焊表面包铝层。

### 4. 点焊规范参数

如图 6-1 所示点焊循环,基本规范参数有焊接电流、焊接时间、电极压力,此外还有电极尺寸。电极尺寸主要是电极直径和电极工作表面形状,电极表面形状常加工成平面和球面,电极尺寸和表面形状根据被点焊零件的尺寸、结构来选择,电极一旦选定,则影响点焊质量的主要参数为焊接电流、焊接时间、电极压力。

下面以瑞士 SCHLATTER 公司 Schlatter GP-AERO 46/300/350 点焊机点焊 $5A06(\delta1.5mm)+2A06(\delta2.5mm)$ 为例,按照图 6-1 点焊循环曲线焊接,说明焊接电流、焊接时间、电极压力对点焊质量的影响。

$I_1$ 是焊接电流,为熔核形成提供热量,对熔核尺寸影响明显,调节范围较窄。当焊接电流超过 640‰,易产生飞溅;当焊接电流小于 600‰,焊点核心明显减小。焊接电流的可调节范围为 600‰ ~ 620‰。

$I_2$ 是后热电流,主要对熔核起缓冷作用,在一定程度上能防止裂纹产生,一般为焊接电流的 60% ~ 70% 左右。

$F_1$ 是焊接压力,不能过低。焊接压力 $F_1 \geqslant 6kN$,若 $F_1 < 6kN$,焊接过程中产生裂纹、飞溅。

$F_2$ 是锻压力,也不能过低。锻压力 $F_2 \geqslant 14kN$,若 $F_2 < 14kN$,焊点中有裂纹、孔洞产生,甚至产生飞溅。但锻压力过大,可引起表面压痕过深,熔核直径减小,甚至引起未焊透缺陷。

当焊接电流减小时,若焊接压力和锻压力保持不变,则熔核直径减小。如果要保持熔核直径不变,可略微降低焊接压力和锻压力。但降低过多,则易产生孔洞、裂纹、飞溅。

$T_3 + T_4$ 是焊接时间,在正常焊接规范参数下延长焊接时间易导致焊点中产生裂纹,延长焊接时间越长,焊接裂纹越明显。以 $5A06(\delta = 1.5) + 2A06(\delta = 2.5)$ 点焊为例,当焊接时间 $T_3 + T_4$ 由 0.10s→0.12s→0.14s→0.16s 时,焊点由无裂纹变为个别焊点产生裂纹、多数焊点产生裂纹、继续延长焊接时间焊点中心则全部产生放射状裂纹,可见焊接时间对焊点的质量有明显影响。

$T_5$ 是后热时间,对裂纹影响较小。当后热时间由 0.06s 增加到 0.16s,焊点中均无裂纹产生,增加到 0.2s 时,焊点中偶有裂纹产生。延长后热时间,焊点核心增大,但熔透率变化不明显。

### 6.2.1.2 弯板点焊

实际工程应用中,往往点焊位置并不是一个平面,而是带有一定弧度的曲面,这给获得良好的焊点带来了困难。曲面点焊与平板点焊不同,平板由于没有弯曲面,曲率为零,不会与电极球面曲率发生干涉。而曲面的曲率一旦与电极球面曲率发生干涉,即电极球面的曲率小于与之接触的曲面的曲率,则极易产生裂纹、飞溅,且焊接过程很不稳定。图 6-3 是曲面点焊电极不同组合方式。

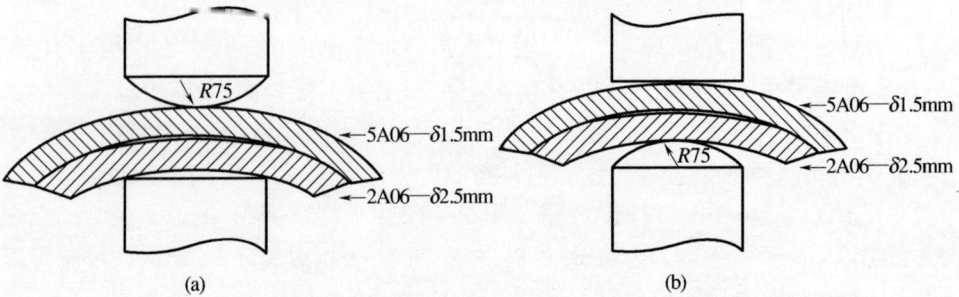

图 6-3　曲面点焊电极不同组合方式
(a) 不合适的组合;(b) 较理想的组合。

图 6-3(a) 组合弯曲面与球面电极不匹配,点焊时上电极下压,零件在压力作用下,先发生与其弯曲面相反的变形,通电焊接时电流会在焊点周围形成一个环形带,电流密度很大,这时环形带首先熔化并形成环形焊点,在电阻热、电极压力作用下,这种形状的焊点极易形成飞溅。随后在电极压力和电阻热作用下形成熔核,由于电极形状与曲面不匹配,存在较大应力应变,焊点容易开裂。因此这样的电极和零件的组合几乎不可能实现焊接。将上述组合改成图 6-3(b) 形式,就能避免由于电极不匹配产生的飞溅、裂纹缺陷。

在同样规范下,试样的曲率越大,熔核直径越小。也就是说,在相同条件下为获得同样的熔核尺寸,曲面零件所需的焊接电流要大于平板零件。这是因为曲面零件与电极的接触面积大,电流密度小所致。图 6-4 是相同规范下平板试样和弯板试样熔核尺寸,弯板试样熔核直径(5.1mm)明显小于平板试样直径(6.3mm)。因此,点焊同一个零件具有不同曲率的不同位置的点时,应根据曲率的变化适当调整焊接规范,以获得均匀一致的焊点。

另外,待焊的两个零件在焊点处曲率不一致,结合面贴合不好,也影响焊接质量的稳定性;零件弯板过程中形成的应力容易引起飞溅、裂纹。

348

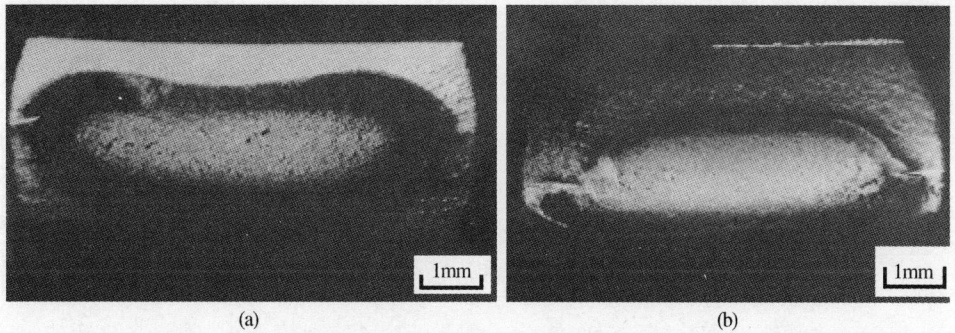

图6-4 相同规范下平板试样与弯板试样熔核尺寸对比×10
(a)平板试样；(b)弯板试样。

### 6.2.1.3 涂底漆点焊

底漆不同，涂底漆点焊的焊前准备和焊接过程略有不同。下面以 ФЛ-086 底漆为例加以说明。

**1. 底漆的配置与涂漆**

ФЛ-086 底漆是在酚醛树脂改性的油基清漆中添加颜料和填料的悬浮液。底漆的配置和使用的环境温度一般 10℃~35℃ 之间，相对湿度 30%~80% 之间。底漆必须现配现用，使用前加入二甲苯溶剂充分搅拌、过滤，控制黏度。焊前在待焊部位搭接面均匀涂抹底漆，底漆用量一般为 $40g/m^2$~$80g/m^2$，涂底漆操作应尽快完成。涂好底漆后，应在规定时间内点焊完毕。.

**2. 焊接程序特点**

涂底漆点焊由于焊前在待焊表面均匀涂抹一层底漆，而底漆不导电，故需在通电焊接前施加一个预压力将底漆从待焊点处彻底排开，施加的预压力一般为焊接压力的 2 倍~2.5 倍，压力曲线为马鞍形，如图6-2所示。另外，为了使零件与零件的接触面上的底漆更彻底挤出，应降低加压速度。由于底漆在一定程度上增加了表面接触电阻，焊接电流一般小于同样条件下的不涂底漆点焊。

**3. 焊接质量影响因素**

（1）同不涂底漆点焊一样，焊前表面清理非常重要。若清理不干净，在焊接过程中易产生夹杂、空洞、飞溅等焊接缺陷。焊前要求接触电阻不大于 $120\mu\Omega$。涂底漆前待焊表面粗糙度要求 $R_z \leqslant 20\mu m$。表面微观几何状态不合格或局部存在刮痕，涂上底漆后，底漆滞留在深浅不一的小凹坑或槽里，即使施加大的预压力也不易将底漆从小凹坑或槽里挤出。若该处位于焊点内，则成为非金属夹杂，且易导致裂纹产生。若未排除的底漆多，由于底漆受热膨胀，焊点中易产生孔洞，严重时可导致飞溅，甚至烧穿，所以应尽量避免零件表面刮伤。表6-1 是 2A06、5A06 两种合金采用不同清理方法清理后的表面粗糙度，因此涂底漆点焊推荐采用化学方法清理表面。

表6-1 焊前表面清理方法对表面粗糙度的影响

| 试样号 | 清理方法 | 表面粗糙度/μm |
|---|---|---|
| 2A06 | 化学清洗 | 2.7 |
| 2A06 | 化学清洗 + 铜丝刷高速旋转打磨 | 10.6 |
| 5A06 | 化学清洗 | 4.9 |
| 5A06 | 化学清洗 + 铜丝刷高速旋转打磨 | 8.6 |

（2）底漆黏度和涂抹质量的影响。配制的底漆有黏度要求，既要适合涂抹，又要保证底漆在涂漆、装配到焊接前不固化，因此配制的底漆黏度在要求范围内取较低值，但不能过低，过低对铝合金的保护能力下降。底漆涂抹不均匀，底漆厚薄不一，会引起焊接质量不稳定。涂抹量少，底漆薄，固化时间短，焊接时易引起夹杂、飞溅、裂纹，甚至烧穿。而涂抹量多，底漆过厚，则在焊接时底漆四处喷溅，热的底漆既易烫伤操作人员，也污染零件表面。涂抹底漆时，底漆直接暴露在大气中，溶剂挥发快，黏度上升快，因此涂抹底漆要求迅速，防止焊前固化。

（3）零件的配合间隙要求高。零件装配贴合紧密，底漆被封闭在零件之间，溶剂挥发慢，底漆黏度上升慢，飞溅和未焊合缺陷少。如果零件待焊表面不能很好贴合，甚至完全不能贴合，溶剂快速挥发而使底漆固化，因此在零件点焊过程中易发生连续飞溅、未焊合、裂纹等焊接缺陷。

（4）焊接操作过程要求短。从涂底漆到点焊过程中应控制时间，零件间贴合不好，间隙过大，溶剂挥发造成底漆黏度上升。如果能在底黏黏度上升超过规定黏度之前点焊完毕，则焊接质量良好。反之，则增加焊接缺陷。

4. 涂底漆点焊的焊接缺陷

（1）非金属夹杂。焊接过程中少量底漆未排除干净，即形成夹杂，如图6-5所示。

（2）裂纹。结合面上底漆排除不干净，易产生结合线伸入。而结合线伸入过长，穿过柱状晶区域直达熔核内部，则形成裂纹。

（3）飞溅及烧穿。当焊接时底漆已部分或全部固化时，底漆不能排除，受电阻热作用，底漆迅速发热、气化、膨胀，强大的内压力击穿金属，形成严重飞溅。

（4）未焊透。底漆完全固化，就形成一层绝缘层。如果焊接电流小、焊接时间短，不足以击穿该绝缘层时，形成的焊点只是一个塑性变形区域，而未实现焊接。

### 6.2.1.4 大厚度比零件点焊

大厚度比组合点焊的主要问题是核心偏移。由于厚板电阻大，析热多，析热中心远离电极而散热缓慢。薄板情况正好相反，造成焊点核心偏向厚板一侧，薄板一侧的熔透率较低。一般采用硬规范和不同尺寸的电极等措施来克服熔核的偏移。

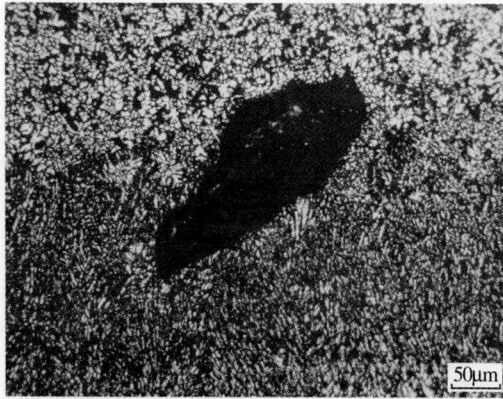

图 6-5 涂底漆点焊熔核内夹杂

电极尺寸对焊点质量的影响包括电极直径和电极球面半径对焊点质量的影响。一般应在薄件一侧采用小直径电极,增大焊接电流密度,减小热损失;而厚件一侧选用大直径电极,减小焊接电流密度,增加热损失。

以 2A06 合金,$\delta 0.6mm$ 和 $\delta 2.5mm$ 组合为例说明电极尺寸的影响。上电极为 $\phi 12mm$,$R$ 为 75mm,$\delta 0.6mm$ 板位于上电极,下电极为 $\phi 14mm$,$R$ 分别为 150mm、175mm、200mm,$\delta 2.5mm$ 板位于下电极,焊接程序和规范相同,熔核直径和薄板熔透率见表 6-2。

表 6-2 电极球面尺寸对熔核直径和薄板熔透率的影响

| 下电极球面半径 $R$/mm | 熔核直径/mm | 薄板熔透率/% |
| --- | --- | --- |
| 150 | 3.7 ~ 3.8 | 15 ~ 20 |
| 175 | 4.0 | 30 |
| 200 | 4.2 | 40 ~ 50 |

可见,更改电极球面半径,对焊点熔核直径和熔透率均有非常明显的影响。随着下电极球面半径的增大,下电极与厚板的接触面积增大,降低厚板中的电流密度,增强热损失,使焊点核心向薄板方向偏移。随着焊点核心向薄板方向偏移,焊点熔核直径增大,薄板侧的熔透率也增大。增大厚板侧电极的球面半径对熔核纠偏的作用原理与增大电极直径相同。

采用大电流、短时间的焊接规范点焊,热损失减小,散热的影响相对减小,也可以纠正大厚度比零件熔核偏移,因此对大厚度比零件的点焊一般选择瞬时放电的贮能点焊设备,或者强焊接规范。

同样是上述材料组合,上电极为 $\phi 14mm$,$R$ 为 75mm,下电极 $\phi 16mm$,平电极。分别采用表 6-3 中的强、弱规范点焊,形成的焊点见图 6-6。可见弱规范焊接的熔核不仅核心严重偏移,且熔核中心产生严重偏析。这是由于长时间加热,散热的影响增大,且熔核液态存在时间长,合金中的铜等合金元素向晶界偏析造成的。

表6-3  强、弱规范焊接对比

| 规范参数 | $I/‰$ | | $T_3/s$ | $T_4/s$ | $T_5/s$ | $F_1/kN$ | $F_2/kN$ |
|---|---|---|---|---|---|---|---|
| | $I_1$ | $I_2$ | | | | | |
| 强规范 | 660 | 500 | 0.04 | 0.02 | 0.1 | 3 | 6 |
| 弱规范 | 630 | 400 | 0.08 | 0.02 | 0.12 | 3 | 6 |

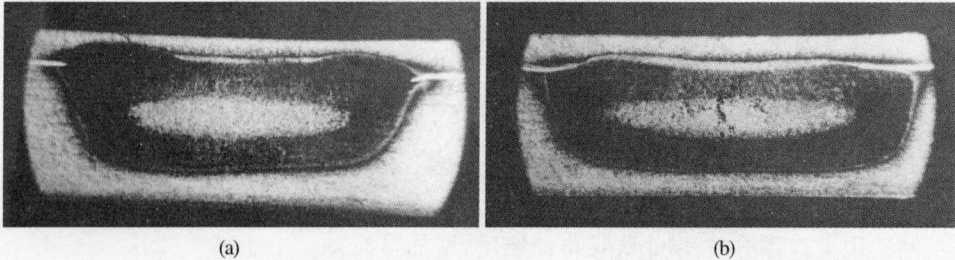

(a)                                    (b)

图6-6   点焊大厚度比($\delta0.6mm$ 和 $\delta2.5mm$)零件强、弱规范对熔核尺寸的影响
(a)强规范;(b)弱规范。

## 6.2.1.5  不同材料组合点焊

不同材料点焊时,导电性差的材料电阻大析热多,导电性好的材料电阻小析热少,在材料热导率和散热条件相当的情况下,温度场中心将向导电性差的材料偏移,从而造成熔核的相应偏移。表6-4是一些铝合金电阻率和热导率。

表6-4   一些铝合金电阻率和热导率

| 材料牌号及状态 | $\rho/(10^6\Omega \cdot cm)$ | 不同温度下热导率 $\lambda/(W/(m \cdot ℃))$ | | | | |
|---|---|---|---|---|---|---|
| | | 温度/℃ | | | | |
| | | 20 | 100 | 200 | 300 | 400 |
| 3A21 | 3.45 | 180 | 180 | 180 | 184 | 189 |
| 5A06 | 6.73 | 117 | 122 | 126 | 130 | 138 |
| 2024 | 5.7 | 117 | 130 | 147 | 163 | — |
| 2A06 | 6.1 | — | 138 | 151 | 152 | — |
| 7A04 | 4.2 | 155 | 159 | 163 | 163 | 159 |
| 5A90 | 10.5 | 47.5 | 74.5 | 81.8 | 84 | — |

表6-4中5A90铝锂合金的电阻率较大、热导率较低,2A06合金电阻率较小、热导率较高。由于5A90合金的热导率仅为2A06合金的1/3~1/2,电阻率又较大,采用常规点焊工艺焊点熔核必然移向5A90合金一侧,如果5A90合金厚度大

于与之组合的 2A06 合金,焊点熔核偏移将更加严重。试验发现,即使 5A90 合金厚度稍小于 2A06 合金,焊点熔核仍向 5A90 合金一侧偏移。

通过调整上、下电极的尺寸来调节电流密度和零件的散热速度,可有效控制焊点熔核的偏移。对于 5A90 合金厚度为 2A60 合金厚度 2 倍的接头组合,除采用大电流短时间焊接规范,同时还需将 5A90 合金一侧电极的尺寸增大,以增加该侧电极的冷却效果,降低电流密度,使熔核的几何中心移向 2A06 合金,可避免焊点核心偏移。图 6 - 7 为 5A90 合金一侧不同尺寸电极对熔核偏移的影响。

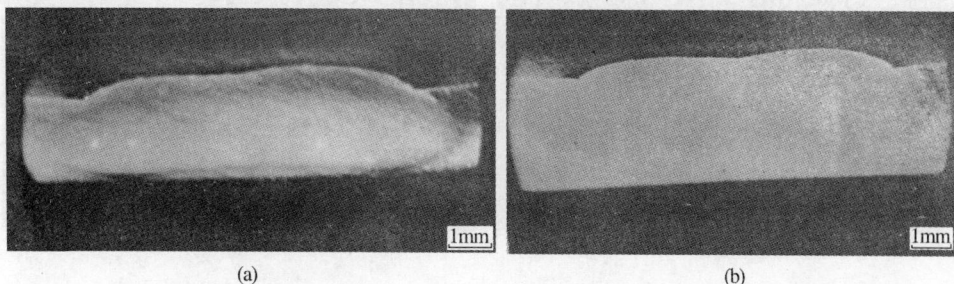

(a)                                                         (b)

图 6 - 7　不同尺寸电极对 5A90、2A06 合金点焊核心偏移的影响

（a）φ16mm,平电极；（b）φ25mm,平电极。

### 6.2.1.6　典型组合的焊点性能

航空工业常用的中、高强铝合金薄板点焊焊点剪切强度见表 6 - 5。

表 6 - 5　常用铝合金点焊剪切强度

| 序号 | 材料、状态组合 | 厚度组合/mm | 平均剪切强度 N/点 | 标准单点最小抗剪强度 N/点 |
|---|---|---|---|---|
| 1 | 2A12 - O/2A12 - O | 1.0 + 1.0 | 1960 | 1127 |
| 2 | 2A12 - T4/2A12 - T4 | 1.5 + 1.5 | 5439 | 2450 |
| 3 | 7A04 - T6 + 7A04 - T6 | 1.5 + 1.5 | 4292.4 | 2450 |
| 4 | 7A04 - T6 + 7A04 - T6 | 2.0 + 2.0 | 5605.6 | 3526 |
| 5 | 2024 - T3/2024 - T3 | 0.8 + 0.8 | 1705.2 | 931 |
| 6 | 2024 - T3/2024 - T3 | 1.2 + 1.2 | 3381 | 1519 |
| 7 | 2A12 - T4/2A12 - T6 | 1.5 + 1.5 | 4537.4 | 2450 |
| 8 | 2A12 - O/7A04 - T6 | 1.0 + 1.5 | 3077.2 | 1127 |
| 9 | 2A12 - O/7A04 - T6 | 1.0 + 2.0 | 2940 | 1127 |
| 10 | 2A12 - T4/7A04 - T6 | 1.5 + 2.0 | 4606 | 2450 |
| 11 | 2A12 - O/2024 - T3 | 1.0 + 0.8 | 1862 | 931 |
| 12 | 2A12 - O/2024 - T3 | 1.0 + 1.2 | 2577.4 | 1225 |
| 13 | 2024 - T3/7A04 - T6 | 0.8 + 1.5 | 3420.2 | 931 |
| 14 | 2024 - T3/7A04 - T6 | 1.2 + 1.5 | 4027.8 | 1519 |

### 6.2.1.7 点焊金相组织

**1. 低倍组织**

从图 6-8(a)中可见,焊点中心为等轴晶,向外依次为呈放射状的柱状晶、热影响区的等轴晶。在两板厚度相等或相差不大时,焊核中心基本位于两板结合面,焊点不偏移;而两板厚度相差较大时,焊点仍发生严重偏移,如图 6-8(b)所示。

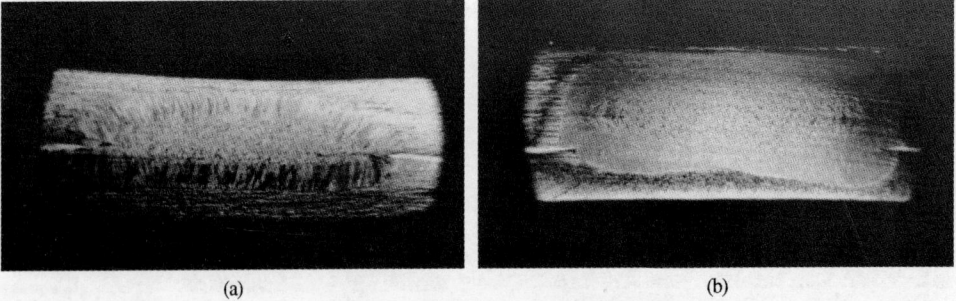

(a)           (b)

图 6-8 点焊熔核低倍组织

(a) $2A12 + 2A12(\delta = 1.5 + 1.5)$;(b) $2A12 + 7A04(\delta = 1.0 + 2.0)$。

**2. 高倍组织**

从图 6-9(a)中可以看出焊点核心组织为细小均匀的 $\alpha(Al)$ 固溶体,其间分布着多元共晶相。这是由于成分过冷,合金元素在最后结晶区域相对集中所致。

在焊点核心外侧,由于点焊冷速快,柱状晶得到充分发展,尤其是板较薄时,柱状晶更加发达,如图 6-9(b)所示。

在塑性变形区(见图 6-9(c)),由于压力和热的共同作用,熔合区发生再结晶和晶粒长大,由母材细长的轧制组织变为接近等轴的较大晶粒,其间有析出相分布于晶界。

铝合金点焊时常出现结合线伸入,如图 6-10(a)。所谓结合线伸入就是在焊点熔核边缘存在沿焊件贴合面伸入的连续条状夹杂物或未熔合的缝隙。它的出现与焊前材料的表面状态有很大关系。表面清洗不干净,表面仍存在油污、氧化物等往往妨碍焊点边缘的结合,形成沿贴合面伸入的夹杂物或未熔合的缝隙。图 6-10 中的结合线伸入属包覆层形式的结合线伸入。

由于中强和高强铝合金的合金元素含量较高,而点焊的焊接速度和冷却速度都很快,往往导致局部区域发生偏析,如图 6-10 所示。

## 6.2.2 铝合金缝焊

缝焊是用一对滚轮电极作相对运动,一个一个焊点熔核相互搭叠从而形成密

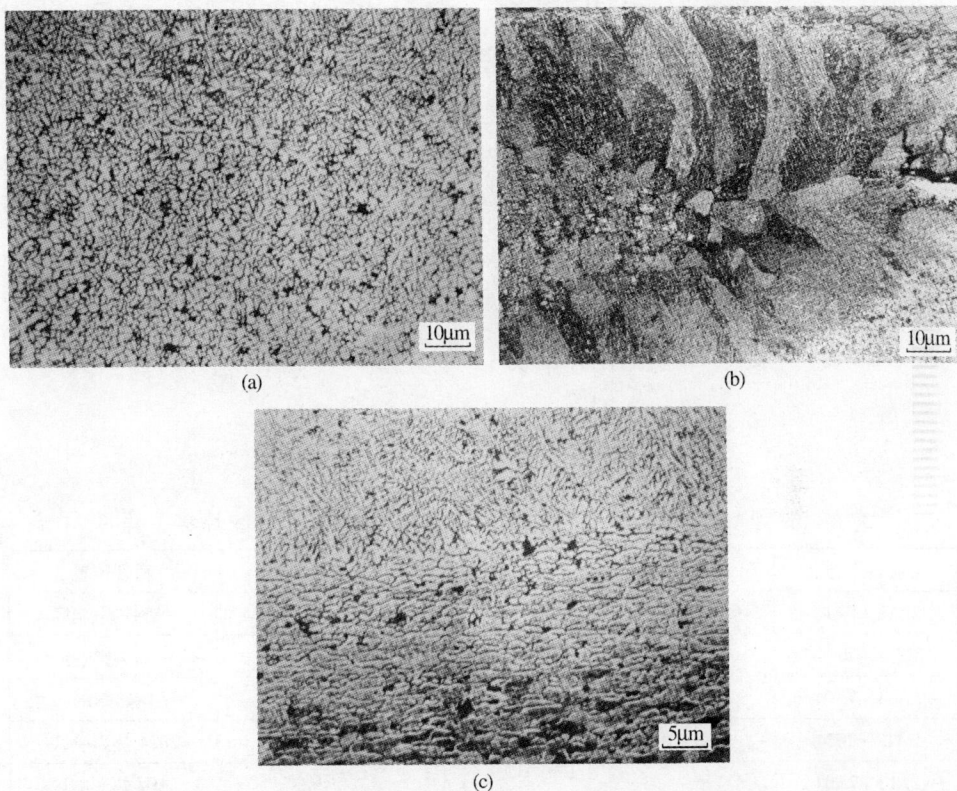

图 6-9　焊点各部位典型组织

（a）焊点核心等轴晶 2A12 + 7A04（$\delta = 1.0 + 1.5$）；（b）粗大柱状晶 2A12 + 2024（$\delta = 1.0 + 0.8$）；

（c）塑性变形区 7A04 + 7A04（$\delta = 2.0 + 2.0$）。

封焊缝。缝焊有连续缝焊、断续缝焊、步进缝焊三种。连续缝焊,滚轮连续通电,易使零件表面过热,电极磨损严重,应用较少。断续缝焊,滚轮连续转动,电流断续导通,焊缝热影响区和变形小,电极磨损小。步进缝焊,滚轮断续转动,电流在滚轮不动时导通,可改善散热和压实条件,焊缝质量好,电极寿命长[1]

  铝合金缝焊时通常采用断续缝焊,焊接高强铝合金时推荐采用步进缝焊。由于焊点分流的影响,铝合金缝焊焊接电流比点焊大 15% ~ 50%,电极压力提高5% ~ 10%,采用圆弧形端面的滚轮,外部必须强制水冷。

  防锈铝具有良好的缝焊焊接性能,容易获得质量良好的焊缝,中强铝合金和高强铝合金缝焊焊接性略差,但在表面清理干净的情况下,也很容易获得质量满意的焊缝,焊缝质量稳定,接头强度系数也较高。表 6 - 6 是 2A12 - T4、2024 - T3、7A04 - T6 三种铝合金缝焊接头强度,强度系数分别达到了 68.7%、58.1%、59.5%;三种铝合金相互之间的缝焊接头也表现出较好的接头强度。

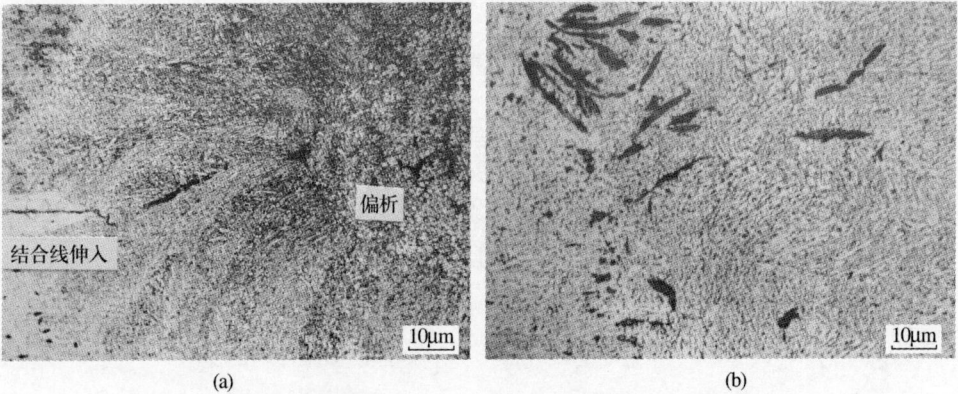

(a)             (b)

图 6 - 10　结合线伸入与偏析

(a) 结合线伸入与偏析；(b) 偏析。

表 6 - 6　2A12 - T4、2024 - T3、7A04 - T6 三种铝合金缝焊接头强度

| 材料组合 | 板厚/mm | $\sigma_b$/MPa | 强度系数/% | 断裂位置 |
|---|---|---|---|---|
| 2A12 + 2A12 | 1.5 + 1.5 | 312 | 68.7 | 一侧热影响区 |
| 2024 + 2024 | 1.2 + 1.2 | 269 | 58.1 | 一侧热影响区 |
| 7A04 + 7A04 | 1.5 + 1.5 | 318 | 59.5 | 一侧热影响区 |
| 2A12 + 2024 | 1.5 + 1.2 | 267 | 57.4 | 2024 热影响区 |
| 2A12 + 7A04 | 1.5 + 1.5 | 283 | 49.3 | 7A04 热影响区 |
| 7A04 + 2024 | 1.5 + 1.2 | 297 | 64.0 | 2024 热影响区 |

　　缝焊与点焊组织相似，但又不完全相同。缝焊单个焊点的金相组织同点焊一样，也可分为三个区域，即外层是塑性变形区（热影响区）、中间是柱状晶区、核心是等轴晶区。图 6 - 11 为单个焊点的典型组织。缝焊毕竟不是简单的点焊的重复，在焊点交界的不同区域往往具有不同的组织特征。图 6 - 12 为纵剖焊点时两焊点的交界处，两焊点核心的等轴晶间由于重复加热并未形成明显的柱状晶。

　　缝焊焊接缺陷同点焊大致相同，主要表现为飞溅、偏析、疏松、裂纹。由于铝合金自身的导热性及线膨胀系数大，而电阻焊时瞬间热输入大，因此断电后熔核的收缩速度很快，极易引起成分偏析、疏松和裂纹。图 6 - 13(a)、(b) 是 2A12 + 7A04组合焊缝中的偏析和疏松。轻微的疏松对接头的静载强度影响不大，而对冲击和疲劳载荷影响较大。

　　缝焊和点焊存在特殊形貌的组织，如胡须组织、晶间加粗。所谓胡须组织是指在熔核（焊缝）的边缘及热影响区，出现由熔核向热影响区延伸的细长微弯曲的填满铸造组织的不均匀组织。胡须组织常在三个部位出现：焊缝熔核内部胡须；由熔

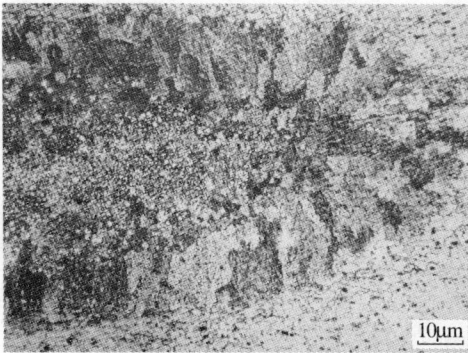

图 6-11　缝焊焊点的典型组织

图 6-12　缝焊两焊点交界处组织

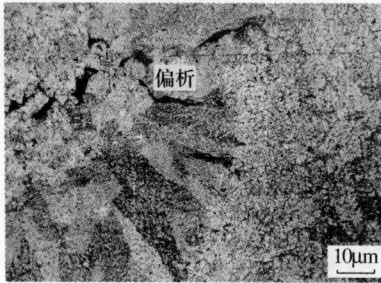

(a)

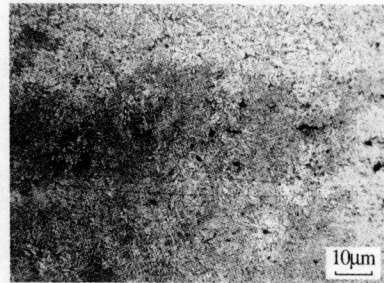

(b)

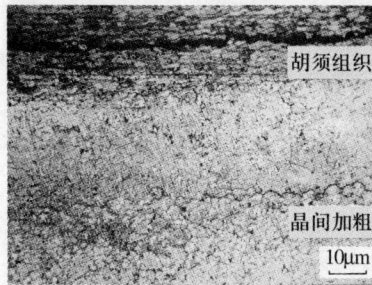

(c)

图 6-13　2A12+7A04 缝焊缺陷和特殊形貌组织

(a)偏析；(b)疏松；(c)胡须组织和晶间加粗。

核边缘向热影响区延伸的胡须;稍离熔核、独立存在于热影响区的胡须。图 6-13
(c)是位于熔核边缘独立于热影响区的胡须组织。一般认为胡须组织的形成是低
熔点共晶所至,低熔共晶分布于晶界,当点焊或缝焊加热时,晶界上的低熔共晶首
先融化,在高电极压力挤压下,熔核中的液态金属被强力挤入热影响区中的晶界边
界,并将其填满,冷却后形成胡须。电阻焊接 2A12、2024、7A04 这些含较多铜、镁、
锌等合金元素的合金时,往往产生低熔点共晶,因而常有胡须组织存在。

晶间加粗也比较常见,如图 6-13(c)所示。晶间加粗是由于熔核金属发生选择性结晶,合金成分较高的液态金属推向枝晶前沿,合金成分较低的部分先结晶,合金成分较高的(共晶)的部分后结晶,结果形成树枝状偏析。其实质就是熔核结晶过程中产生区域性成分偏析。

## 6.3　中、高强铝合金氩弧焊接

中、高强铝合金具有高的比强度和满意的塑性,是飞机的主要结构材料。但是中、高强铝合金焊接性较差,焊接接头软化和焊接裂纹问题突出,限制焊接结构的应用。

2A12、2024、7A04 是三种常用高强铝合金,2A12、2024 是 Al-Cu-Mg 系可热处理强化铝合金,化学成分相近,经固溶处理、自然时效或人工时效后具有较高强度。7A04 是 Al-Zn-Mg-Cu 系热处理强化铝合金,强度更高,但塑性较低,对应力集中作用敏感。三种铝合金板材力学性能实测值见表 6-7。

表 6-7　铝合金板材力学性能

| 材料状态/规格/mm | $\sigma_{0.2}$/MPa | $\sigma_b$/MPa | $\delta_{10}$/% |
|---|---|---|---|
| 2A12-T4/1.5 | 326 | 454 | 20 |
| 2024-T3/1.5 | 330 | 464 | 24 |
| 7A04-T6/1.5 | 502 | 534 | 11 |

采用自动钨极氩弧焊方法填加 Al-Si、Al-Mg 焊丝焊接,不同组合焊接接头焊态下抗拉强度见表 6-8,表中材料状态为 2A12-T4、2024-T3、7A04-T6,规格 1.5mm。

表 6-8　不同组合焊接接头焊态下抗拉强度

| 组合 | 焊丝 | $\sigma_b$/MPa | 强度系数/% | 断裂部位 |
|---|---|---|---|---|
| 2A12+2A12 | Al-Si | 332 | 73.1 | 熔合线 |
| 7A04+7A04 | Al-Mg | 341 | 63.9 | 焊缝边缘—熔合线 |
| 2024+2024 | Al-Mg | 351 | 75.6 | 熔合线 |
| 2A12+7A04 | Al-Si | 312 | 68.7 | 熔合线 |
| 2A12+2024 | Al-Si | 408 | 86.2 | 熔合线 |
| 7A04+2024 | Al-Si | 403 | 86.9 | 焊缝边缘—熔合线 |

可见焊态下 7A04、2A12、2024 接头强度系数分别达到了 63.9%、73.1%、75.6% 的较高水平,明显高于资料报道的强度值。主要原因是板材厚度薄,焊接热输入小,热影响区窄,软化程度轻。另外,不同牌号的铝合金之间焊接,接头强度不

仅没有因母材的差异下降,反而有所提高,且焊接性无明显差异。焊态下接头的强度系数 2A12 + 7A04、2A12 + 2024、7A04 + 2024 分别达到 68.7%、86.2%、86.9%,明显高于同种铝合金焊接的接头强度系数。铝合金焊接接头一般断于焊缝边缘和熔合线区域,这是因为在焊接过程中熔合区处于液固共存区,存在着成分、组织、性能的不均匀性,是焊接接头的薄弱部位。另外,焊缝有余高,接头截面积在此发生突变,应力集中系数大。

由于飞机结构中,中、高强铝合金较少采用氩弧焊,这里就不再赘述。

## 6.4 铝锂合金氩弧焊接

铝锂合金由于密度小、比强度高等性能特点而广泛应用于航空航天领域,同普通铝合金相比可减重 10% ~ 20%,所以铝锂合金,特别可焊铝锂合金对航空航天界有巨大的吸引力[3,4]。

焊接是铝锂合金应用中的一个关键技术,铝锂合金可以采用氩弧焊、电子束焊、激光焊、搅拌摩擦焊方法进行焊接。用激光焊、电子束焊、搅拌摩擦焊焊接铝锂合金比用氩弧焊焊接可以获得力学性能更好的焊接接头[5,6],但由于受到构件尺寸、壁厚、形状、成本等因素影响,这些方法应用受到了限制,相比之下氩弧焊具有低成本、通用性好等优点,被广泛应用于铝锂合金焊接。国内外对 1420、1460、2195、8090 等铝锂合金的焊接工艺及性能研究较多,铝锂合金焊接主要存在气孔、裂纹和接头软化三类问题。

### 6.4.1 气孔

铝锂合金焊接时容易产生气孔,这是由合金本身成分特点决定的。铝及其合金的化学活性很强,焊接时焊缝中常出现气孔。而在可比温度范围内,铝锂合金的氧化速度比其他铝合金高 1 ~ 2 个数量级,并且形成的氧化膜疏松,易吸潮,更增大了焊缝中产生气孔的可能性[7]。相比较而言,Al – Mg – Li 系铝锂合金由于其中的 Mg 也具有很高的活性,因而产生焊接气孔的倾向性较 Al – Cu – Li 铝锂合金更大。

#### 6.4.1.1 合金表面氧化膜分析

一般而言,焊缝中气孔的产生与其表面的氧化膜密切相关。Al – Mg – Li 系铝锂合金的典型代表为 5A90 合金。采用扫描电镜观察该合金在大气中加热(400℃ ~ 500℃,1h)生成的表面氧化膜见图 6 – 14(a),可见表面氧化膜不连续,结构疏松且多有裂缝产生,同时氧化膜还呈"蜂窝"状或"冰糖块"状,如图 6 – 14(b)、(c)所示,这样的结构不能有效阻止内部活性元素 Al、Mg、Li 吸收空气中的水气,从而进一步氧化。通过对氧化膜的 X 射线衍射分析,其氧化产物主要是 $Li_2CO_3$、$LiOH$、$Al_2O_3 \cdot MgO$、$MgCO_3$ 等。

(a)

(b)

(c)

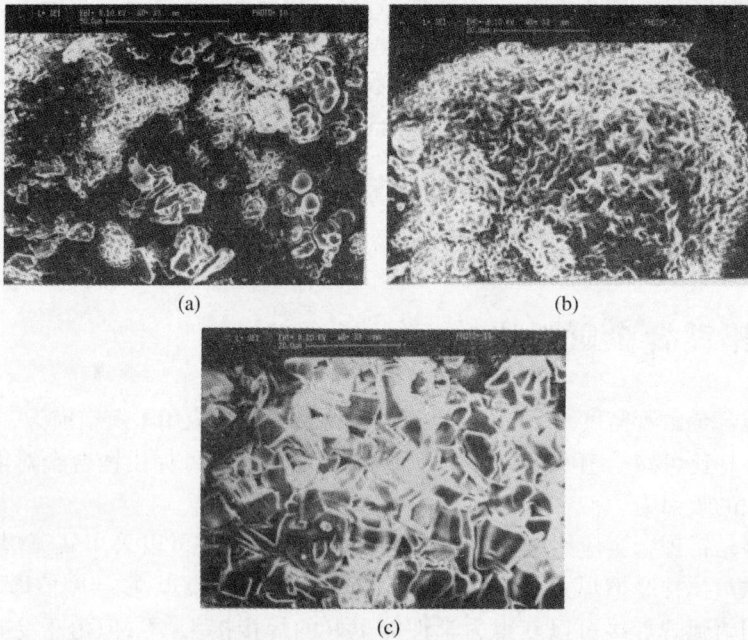

图 6 – 14    5A90 合金表面生成的氧化膜形貌

　　为进一步了解表面氧化膜的构成情况,将 5A90 合金的原始表面去除不同厚度后,采用光电子能谱仪分析表面氧化膜的成分和结构。结果见图 6 – 15。从图 6 – 15 可以看出,表面层中富积了 Li、Mg 而使 Al 的相对含量降低。随着往氧化膜内层推进,Li、Mg 含量降低,而 Al 明显增加。相对而言,Mg 含量的变化较小,但仍存在表面富积现象,尤其在 0.05mm 深处,这是因为 Mg 向表面扩散的能力弱于 Li。另外,从图 6 – 15 还可看出,Li、Mg 的富积厚度一般约为 0.075mm,到 0.1mm 深度以及更深处,各元素的比值基本不变。结合表面氧化膜随深度变化的形貌观察结果,可以判定 5A90 合金的原始表面氧化膜厚度约为 0.05mm ~ 0.075mm。

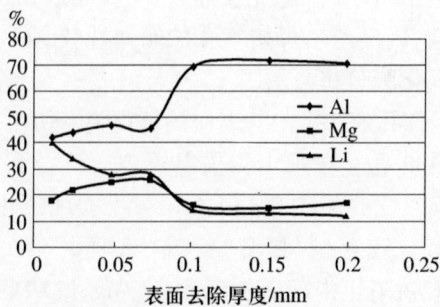

图 6 – 15    各原子比随深度变化曲线

## 6.4.1.2 氧化膜与焊接气孔的关系

气孔的产生与焊接方法、焊接规范、焊接材料等有密切关系,但最主要的是焊接接头附近的表面氧化膜。从分析可知,氧化膜的主要成分为 $Al_2O_3$、$MgO$、$Li_2CO_3$、$LiOH$、$MgCO_3$,同时也吸附有水汽。如氧化膜进入焊接区,在焊接电弧热的作用下,一些化合物容易发生分解产生气体,如:

$$Li_2CO_3 \Longrightarrow Li_2O + CO_2 \qquad\qquad (6-1)$$

$$MgCO_3 \Longrightarrow MgO + CO_2 \qquad\qquad (6-2)$$

$$2LiOH \Longrightarrow Li_2O + H_2O \qquad\qquad (6-3)$$

$$2H_2O \Longrightarrow 2H_2 + O_2 \qquad\qquad (6-4)$$

反应生成的气体进入焊缝,如未排出焊接熔池,则熔池凝固后形成气孔。

从图 6-16 可见,焊缝中气孔与表面氧化膜密切相关。随着表面氧化膜去除厚度增加,焊缝中气孔减少,当去除量达到 0.15mm 时,焊缝中基本无气孔。另外,由图 6-16 还可以看出,焊前热处理温度升高,焊缝气孔量也增多。因此在保证焊接接头性能的前提下应尽量降低热处理温度。

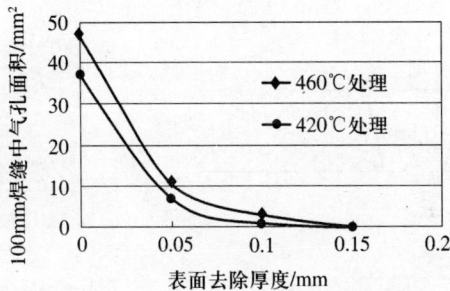

图 6-16 焊缝气孔面积与表面氧化膜去除厚度关系

另外,焊接区氧化膜可分为三个部分:正面氧化膜、背面氧化膜、端面氧化膜。而较之正面和背面,端面氧化膜一般较薄,但对焊缝污染较大。氧化膜或污染物的位置不同,对焊缝中气孔产生的贡献不同。从表 6-9 中的试验结果看出,在排除其他影响因素外,正面氧化膜基本不导致焊缝产生气孔;端面氧化膜、污染物导致大气孔产生,且气孔基本分布在焊缝中心;背面氧化膜导致产生的气孔一般分布在背面两侧熔合线及焊趾处,气孔尺寸不大,呈链状分布。这是由于正面存在电弧的阴极斑点清理作用,且正面氧化膜产生的进入熔池的气体由于熔池压力小、上浮溢出距离短,易长大溢出熔池;而端面氧化膜和污染物能直接进入熔池,被分解产生的气体来不及溢出而在焊缝中心形成大气孔;背面氧化膜生产的进入熔池的气体由于熔池存在时间短、熔池压力大、上浮距离大,因而在熔合线附近形成大量小气孔。可见,焊接时更应仔细清理焊缝背面、端面,且在装配过程中防止被污染。

表6-9　背面氧化膜位置对气孔的影响

| 表面清理情况 | 气孔分布情况 | 气孔平均直径 | 100mm 焊缝中气孔面积/mm² |
|---|---|---|---|
| 背面刮去 0.2mm | 主要为焊缝中心不规则大气孔 | 2.7 | 23.5 |
| 端面刮亮配合；背面刮去 0.2mm | 无气孔 | — | — |
| 正面刮 0.2mm；端面刮亮配合 | 两侧熔合线密集气孔，焊缝中心无气孔 | 0.3 | 17 |

### 6.4.1.3　气孔在焊缝中的分布

焊缝中气孔的产生除了与表面生成的氧化膜、污染物有关外，还与焊接方法、焊接规范、焊接保护方式、焊前热处理等密切相关。实践表明，5A90 合金极易产生焊接气孔，气孔主要在两侧熔合线近焊缝正、背表面呈链状分布。选取一典型焊缝，测量计算不同位置的气孔个数及面积，其典型分布情况见图6-17。

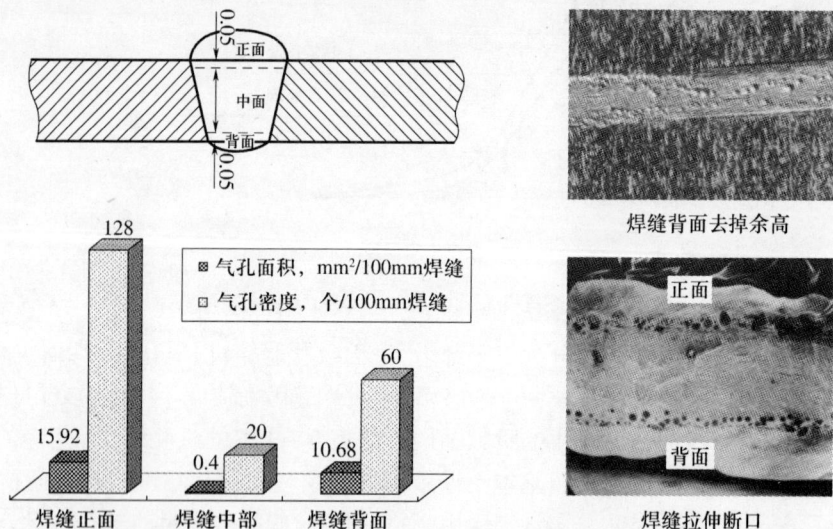

焊缝背面去掉余高

焊缝拉伸断口

图6-17　气孔在焊缝中的典型分布

### 6.4.1.4　气孔的防止

由于铝锂合金焊接气孔的产生与该合金本身表面的氧化膜密切相关，因此要防止焊接气孔的产生，首先焊接区合金表面的氧化膜在焊前必须彻底去除，即焊接区正背面 0.05mm 厚度范围必须采用化学清洗方法清洗去除，尤其注意焊接区背面的清洗。

另外,焊接区域在焊前装配过程中容易被污染,而焊接端面的污染往往不易清理,因此在焊前装配过程中应注意防止污染,特别是焊接端面区域应保持洁净。

最后,要获得符合要求的焊缝,还应采用洁净的焊接材料、合适的焊接规范和保护措施进行焊接,并严格控制操作环境的湿度。

## 6.4.2 裂纹

铝锂合金比常规铝合金焊接热裂纹敏感性大,特别在拘束度较大的构件焊接时,更容易出现焊接热裂纹,这对铝锂合金应用造成一定影响。铝锂合金焊接时易出现焊接热裂纹,合金成分是影响热裂敏感性的主要因素。资料报道,Al – Li 二元合金的热裂敏感性随 Li 含量变化而变化,当 Li 含量在 26% 时产生峰值裂纹,并随焊接热输入量增加而增加[4,8]。

一般情况下,Al – Mg – Li 系合金热裂纹敏感性低于 Al – Cu – Li 系、Al – Li – Cu – Mg 系、Al – Cu – Mg – Li 系合金,即 1420 合金、5A90 合金的热裂纹敏感性低于 2090、2195、8090、1460、1440 合金。

### 6.4.2.1 裂纹的评价

焊接裂纹评价有多种已经成熟的方法。由于铝锂合金薄板应用比较广泛,因此针对 Al – Mg – Li 系 5A90 合金、Al – Cu – Li 系 2195 合金薄板,采用横向可变拘束试验方法评价两者裂纹的敏感性。试验中的焊接方向均垂直于板材的轧制方向。

5A90 合金和 2195 合金不添加焊丝的横向可变拘束试验结果见表 6 – 10,可见在试验条件基本相同的情况下,2195 合金的裂纹总长和裂纹最大长度均约为 5A90 合金的 3 倍。其中 5A90 合金焊缝中仅有一条起裂于焊缝正面中心的裂纹;2195 合金的主裂纹起裂于正面焊缝中心,沿结晶方向斜向扩展,至熔合区后沿熔合线的方向继续扩展,终止于热影响区(HAZ),弧坑裂纹呈星形分布。可见 2195 合金的焊接裂纹敏感远高于 5A90 合金。

表 6 – 10  两种合金热裂纹敏感性试验结果

| 材料 | 厚度/mm | $R$/mm | $\varepsilon$/% | 裂纹总长/mm | 裂纹最大长度/mm |
|------|---------|--------|-----------------|-------------|-----------------|
| 5A90 | 2.2 | 100 | 1.1 | 8.5 | 8.5 |
| 2195 | 1.9 | 100 | 0.95 | 28.5 | 20.5 |

### 6.4.2.2 焊接裂纹敏感性的改善

1. 5A90 合金

焊接裂纹的敏感性虽然受众多因素的影响,但合金成分及焊接区的显微组织结构是其根本原因。从裂纹的评估试验结果可见,5A90 合金主裂纹为起源于焊缝中心的结晶裂纹,因此可以预见改善焊缝组织一定可以改善焊缝的裂纹敏感性,而通过添加焊接材料改善焊缝成分及组织是首选。

研究表明,添加微量 Sc 可显著提高该合金焊接接头性能,也可改善焊缝的热裂敏感性。从表 6 – 11 试验结果可见,焊丝中仅添加 0.31% Sc,即可大幅度降低焊接热裂敏感性。

表 6 – 11    不同焊丝焊接 5A90 合金的抗裂试验结果

| 焊丝 | $R$/mm | $\varepsilon$/% | 典型裂纹情况 |
|---|---|---|---|
| 0% Sc | 100 | 1.1 | 多条裂纹同时起裂,从焊缝中心向熔合区和热影响区扩展,裂纹总长约 35.7mm |
| 0.1% Sc | 100 | 1.1 | 裂纹在焊缝内扩展,裂纹总长 14.7mm |
| 0.31% Sc | 100 | 1.1 | 裂纹在焊缝中起裂,部分为浅表裂纹。在焊缝中扩展和向熔合区扩展,裂纹总长 10.4mm |

焊接热裂纹是一种应变控制的高温晶间断裂现象,其最根本的原因是由于金属所承受的拉伸应变超过了该温度下的金属所具有的塑性值所致。焊缝中心表面的金属是焊缝的后结晶区,该区域的过冷度较大,晶间液膜较厚;而焊缝中心表面为最高点,承受的应变量最大,因此一般均从焊缝中心表面开裂。

由试验结果可知,三种焊丝的焊接接头中的主裂纹均为结晶裂纹。理论分析可知,结晶裂纹敏感性的高低,取决于脆性温度区间($\Delta T_B$)、最小塑性值($P_{min}$)和应变增长率$\left(\dfrac{\mathrm{d}\varepsilon}{\mathrm{d}T}\right)$的综合作用。差热分析结果表明添加 Sc 焊丝的结晶温度区间变动范围未超出 3℃,因此在上述试验条件下影响焊接热裂纹的主要因素是 $P_{min}$。一般情况下,$P_{min}$ 的影响因素有焊缝金属的化学成分、晶间杂质的偏析情况、晶粒的尺寸和形状、液相的分布等。

对焊缝区裂纹断面观察结果见图 6 – 18,表明不含 Sc 焊丝焊缝主要为胞状晶,未发现有明显的枝晶特征;而 0.1% Sc 焊丝的枝晶组织明显,0.31% Sc 虽然也可见枝晶组织的特征,但枝晶组织明显细小,接近等轴枝晶组织。

三种焊缝金属中 0% Sc 焊丝的焊缝金属中合金元素相对较少,0.1% Sc 焊丝居中,0.3% Sc 焊丝最多。对焊缝组织的分析结果表明,0.1% Sc 焊丝的焊缝中很难发现 $Al_3(Sc_xZr_{1-x})$ 复合粒子,而在 0.31% Sc 焊丝的焊缝中,却有较多的 $Al_3(Sc_xZr_{1-x})$ 复合粒子,说明在凝固时,熔池中易析出 $Al_3(Sc_xZr_{1-x})$ 复合粒子,熔池金属易形核结晶,组织细化,晶粒尺寸减小;另一方面,由凝固理论可知随液态金属中溶质元素的增多,结晶前沿的成分过冷度增大,且熔池的结晶速度较快,进一步加大了成分过冷,易获得等轴状的枝晶,与图 6 – 18(c)的观察结果吻合。组织的细化和等轴枝晶的形成均使晶界面积增加,最终使在晶界上分布低熔共晶的密

0%Sc 焊丝

0.1%Sc 焊丝

0.31%Sc 焊丝

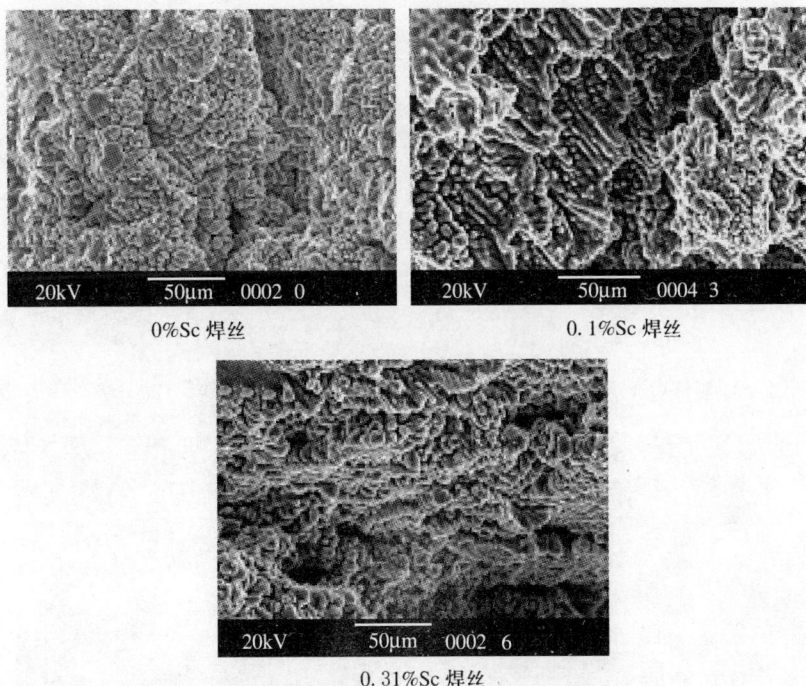

图 6 - 18    不同 Sc 含量焊丝接头的裂纹表面形貌

度减小,从而提高了焊缝金属的抗裂性。

2. 2195 合金

与 5A90 合金相比,2195 合金具有更高的裂纹敏感性,图 6 - 19 为该合金横向可变拘束试验结果。对该合金焊接裂纹敏感性机理的研究结果表明:由于焊缝为非平衡凝固,在焊缝与母材局部熔化区之间由于非均匀形核产生了精细等轴晶区(EQZ),见图 6 - 20,低熔共晶相沿这些晶界分布,增大了该区的开裂倾向;其次由于 Cu、Li 等元素的偏析,在后结晶的枝晶间或晶界这些元素富集见图 6 - 21,从而在这些区域产生二元或三元共晶,进一步增大了结晶温度区间,增大了裂纹敏感性;并且由于晶界共晶液相量少,这些共晶液相只能以液膜形式铺展润湿晶界而无"愈合"效应,在应力作用下,在枝晶间和晶界很容易产生裂纹并沿晶界扩展。扩展至 EQZ 的裂纹将发生偏转,当 EQZ 区域较大时,裂纹主要沿 EQZ 扩展而不能向HAZ 扩展。

调整焊接参数对 2195 合金焊接裂纹敏感性的改善有一定好处。对 2mm 冷轧2195 板材的焊接试验结果表明,采用普通的交流氩弧焊和脉冲氩弧焊的裂纹敏感性相当,但如果脉冲氩弧焊的规范选择不好,虽然能获得良好的焊缝成形,但裂纹敏感性却大幅上升。

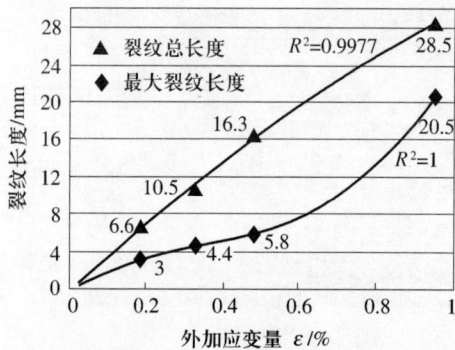

图 6-19 横向可变拘束试验

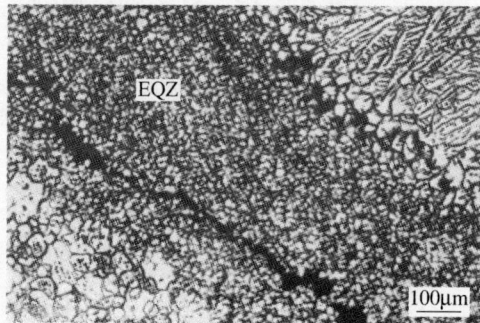

图 6-20 焊缝边缘细晶层产生裂纹并扩展

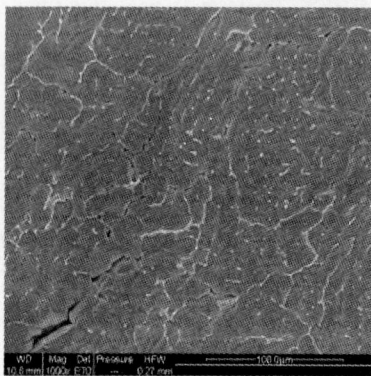

(a)

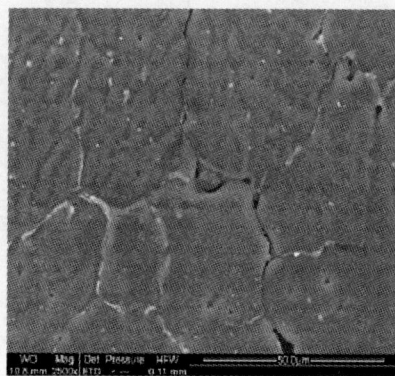

(b)

图 6-21 残余液相沿晶界分布形貌

为降低焊接裂纹敏感性,调整焊接材料成分进行试验。焊丝分三大类:含 Sc、低 Mn 焊丝;含 Mg、Ag 合金化焊丝;含 Si 焊丝。三类焊丝中筛选的典型代表(3#、6#、8#)的横向可变拘束试验结果见表 6-12。无论是最大裂纹长度和裂纹总长度,3# 和 6# 焊丝均比 8# 焊丝略小,表明 3#、6# 焊丝的抗裂性较 8# 焊丝好;但不同焊丝数据差异并不十分明显。

表 6-12 不同焊接材料的拘束试验

| 焊丝成分特征 | $\varepsilon$/% | 裂纹数目 | 最大裂纹长度/mm | 裂纹总长度/mm | 备注 |
|---|---|---|---|---|---|
| 含 Sc、低 Mn(3#) | 0.5 | 2 | 6.7 | 11.1 | 裂纹在焊缝边缘产生后向熔合区扩展,并平行于熔合线继续扩展,在另一侧熔合区也产生裂纹并扩展 |
| Mg、Ag 合金化(6#) | 0.5 | 2 | 7 | 12.7 | |
| 含 Si(8#) | 0.5 | 2 | 8.4 | 13.4 | 沿焊缝两侧熔合区产生裂纹并扩展 |

与未添加焊丝的外加应变量 $\varepsilon=0.5\%$ 的拘束试样开裂结果比较,添加焊丝显著降低了焊缝中心的结晶裂纹敏感性,但增大了近焊缝区产生热裂纹的倾向性。试验中效果较好的 $3^{\#}$ 焊丝的最大裂纹长度为 6.7mm,大于不添加焊丝拘束试样的最大裂纹长度 5.8mm,但裂纹总长度前者小于后者。添加焊丝后,由于焊缝正面焊道增高和背面焊漏增加,实际应变量大于 0.5%。元素的合金化作用使焊缝的强度和塑性改善,同时由于焊缝区域的厚度变化,增大了焊缝与母材过渡处熔合区应力集中程度。在外加应变作用下该区域承受的实际应变比不添加焊丝时大得多,因此熔合区代替焊缝中心成为接头中的薄弱区域。在外加应变和焊接收缩应变的共同作用下,沿熔合区产生裂纹,使应变松弛而避免了焊缝中心产生裂纹。添加焊丝不能改变熔合区成分和组织形貌,因而不能改变熔合区开裂倾向性,不同焊丝在该区域表现出相似的开裂倾向。

不同填充焊丝拘束试样横截面金相组织如图 6-22 所示。其中 $3^{\#}$ 焊丝的焊缝组织为等轴晶;$6^{\#}$ 焊丝的焊缝组织为枝晶;$8^{\#}$ 焊丝的焊缝组织为胞状枝晶。比较三种焊丝的接头组织,$3^{\#}$ 和 $6^{\#}$ 焊丝的 EQZ 宽度明显大于 $8^{\#}$ 焊丝对应区域的宽度。

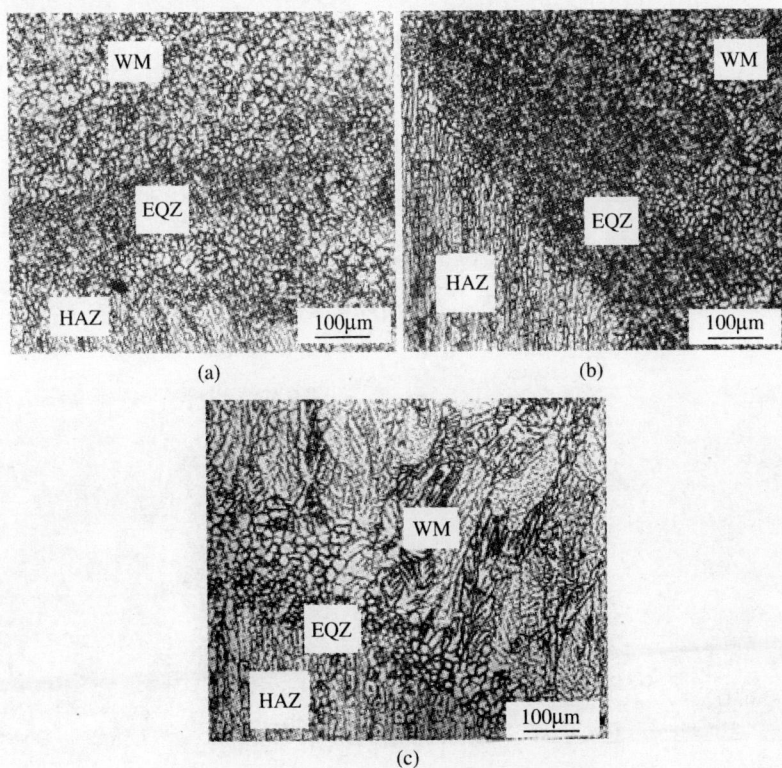

图 6-22　不同焊丝的拘束试样接头组织

(a) 填加 $3^{\#}$ 焊丝; (b) 填加 $6^{\#}$ 焊丝; (c) 填加 $8^{\#}$ 焊丝。

3#和6#焊丝含有较多的合金元素 Ti、Zr、Sc 等,这些元素能形成更多的非均匀形核质心,可以增大形核数目,从而增大了 EQZ 的宽度。而8#焊丝则由于合金化程度低,仅表现为很薄的 EQZ 晶层。正是由于图6-22接头组织的差异造成3种焊丝焊接裂纹倾向性的不同。

焊接过程中外加纵向电磁场(又称为同轴磁场),它可以促使电弧弧柱旋转并改变电弧弧柱等离子流力和电流密度的径向分布,搅拌焊接熔池,从而改变焊缝的结晶状况进而影响焊接开裂倾向。图6-23为外加纵向电磁场的电磁作用原理图。纵向磁场对焊接电弧的作用使得焊接熔池产生旋转的搅拌力,当旋转的搅拌力交替作用时,焊缝晶粒得到了细化,见图6-24。表6-13为外加电磁场作用对焊接热裂纹的影响结果。可见在电磁搅拌作用下,2195合金的焊接热裂纹敏感性降低,表现为同样应变量 $\varepsilon$ 下,最大裂纹长度和裂纹总长度均有所减小,裂纹平均降低约25%。这是因为外加纵向磁场可以明显改变焊缝组织结晶方向,细化晶粒,降低了焊缝的偏析程度,增大了裂纹扩展的阻力,从而降低结晶裂纹敏感性。

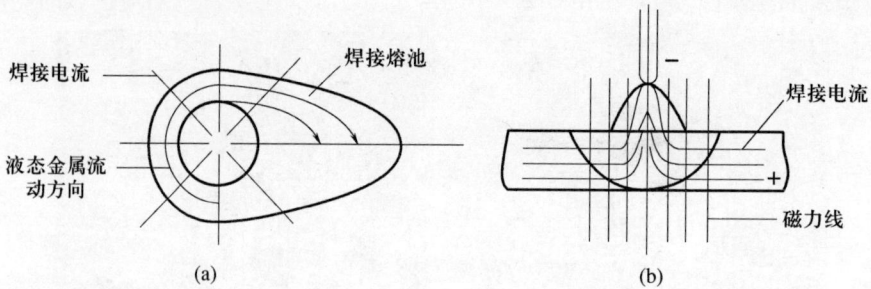

图6-23 外加电磁作用原理图
(a)俯视;(b)正视。

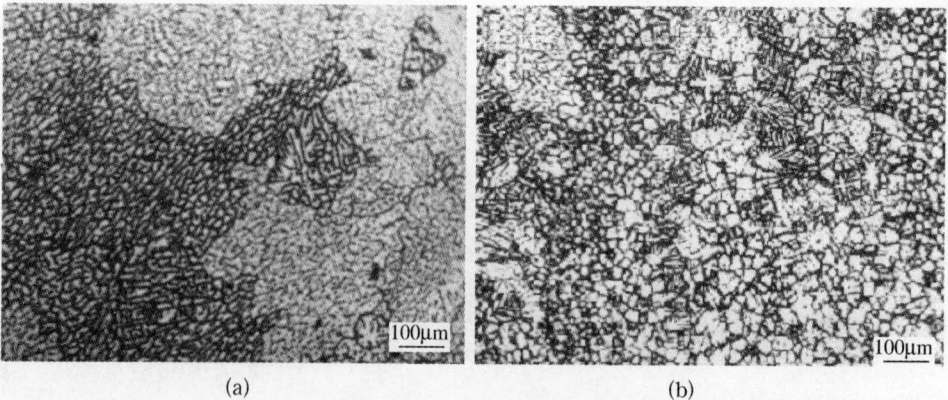

图6-24 外加电磁场对焊缝组织的影响
(a)未加磁搅拌;(b)加电磁搅拌。

表 6-13　外加电磁搅拌对焊接热裂纹的影响

| 曲率半径 R/mm | 拉伸应变量 ε/% | 裂纹数目 | 最大裂纹长度/mm | 裂纹总长度/mm | 裂纹降低百分率/% | 外加磁场 |
|---|---|---|---|---|---|---|
| 200 | 0.48 | 4 | 5.8 | 16.3 | 16 | 无 |
| | | 5 | 5.0 | 13.7 | | 有 |
| 300 | 0.33 | 3 | 4.4 | 10.5 | 24 | 无 |
| | | 3 | 3.1 | 8.0 | | 有 |
| 500 | 0.19 | 4 | 3.0 | 6.6 | 35 | 无 |
| | | 2 | 2.7 | 4.3 | | 有 |

## 6.4.3　接头软化

铝锂合金是典型的沉淀强化型铝合金,采用普通的熔焊工艺方法焊接存在明显的接头软化问题,强度越高,接头软化问题越突出。只有通过选择先进焊接方法、或者合适的填充材料和合理的工艺参数才能达到改善接头性能的目的。

### 6.4.3.1　5A90 铝锂合金接头性能改善

1. 焊丝 Sc 含量对接头性能改善

与其他铝锂合金相比较,5A90 铝锂合金的接头软化问题相对较轻,接头的强度系数可以达到 70% 以上。焊接过程中焊接热输入使再结晶区变宽,晶粒粗化等,控制焊接热输入、选择热输入小的焊接方法对提高接头强度有利,如采用电子束焊接,可以使接头强度系数达到 80% 以上。但由于工程实际应用的限制,往往采用氩弧焊焊接。而采用氩弧焊接,焊接材料不同,接头的软化程度也不同。当采用含有 Zr、Mn、Ti、Sc 等的填充金属焊接时,能细化焊缝组织,提高焊缝强度。试验证明,添加稀土元素 Sc,可形成 $Al_3(Sc_xZr_{1-x})$ 粒子,该复合粒子与 Al 符合点阵匹配原理,是良好的形核剂,可细化组织,能明显提高焊接接头强度。

对 $\delta = 2.5mm$ 的 5A90 铝锂合金固溶处理,经焊前清理后,采用不同 Sc 含量的焊丝进行 TIG 焊接。焊后部分试样进行热处理。去除焊缝余高与母材基体平齐,测试焊态和焊后热处理的接头性能,以考核焊丝中 Sc 含量对接头性能的影响。

图 6-25 为焊丝 Sc 含量与接头的抗拉强度 $\sigma_b$ 的关系。由于去除焊缝余高与母材基体平齐,焊缝成为接头中的薄弱区域,焊态下试样均剪切断于焊缝;而焊后热处理,随着 Sc 含量的增加,当 Sc 含量达到 0.3% 以上,断裂方式由剪切逐渐过渡为正断,断裂区域由焊缝逐渐过渡到熔合区。因此测试结果基本反映了焊缝金属与焊丝 Sc 含量的关系。从图 6-25 中可见,当焊丝中 Sc 含量为 0% ~0.48% 时,焊缝金属强度随焊丝中 Sc 含量的增加呈线性增加,且经焊后固溶、时效处理后的焊缝金属强度提高明显高于焊态。分析认为,Sc 对焊缝金属产生了细晶强化和析

出强化作用。随着 Sc 含量的增多强化作用更加明显,因此焊态下的焊缝金属强度随 Sc 含量的增加而增大。但由于焊态下熔池快速冷却,合金元素大部分固溶于铝基体中,析出相少,且焊缝组织和微区成分不均匀,因此强化作用有限。经焊后固溶、时效处理后,焊缝微区成分和组织的不均匀性得到改善,且固溶在铝基体中的 Sc 和其他合金元素弥散析出,可大幅度提高焊缝金属强度,因此焊缝金属强度提高幅度明显高于焊态。

图 6-26 为焊缝金属延伸率 $\delta_5$ 和焊丝 Sc 含量关系。从图 6-26 中可见,焊丝中 Sc 含量的增加,焊态下焊接接头的延伸率有小幅度增加。焊后固溶时效,接头延伸率和焊丝 Sc 含量基本符合二次多项式的关系($P=0.047$)。当焊丝 Sc 含量低于 0.34% 时,随着 Sc 含量增加,焊接接头延伸率略有上升趋势;随后再增加焊丝 Sc 含量,延伸率缓慢降低。分析认为,当焊缝中 Sc 含量低时,焊缝金属的强度低于母材,断裂一般发生在焊缝中心,而 Sc 的加入可细化焊缝组织,提高金属的塑性变形能力。随着 Sc 含量的增加,焊缝组织析出强化作用增强,焊缝金属强度提高,同时塑性变形抗力提高,熔合区逐渐成为整个接头的薄弱区域,而熔合区由于其组织的不均匀性和组织相对粗大,一般塑性变形能力较差,因而表现为整个接头的塑性略有下降。

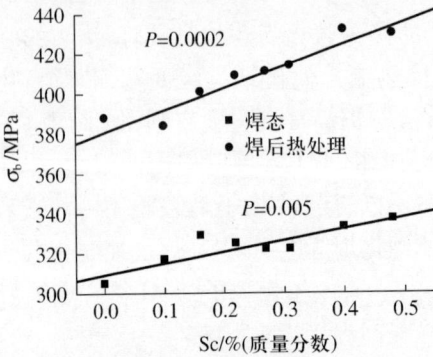

图 6-25 焊缝金属强度与
焊丝 Sc 含量的关系

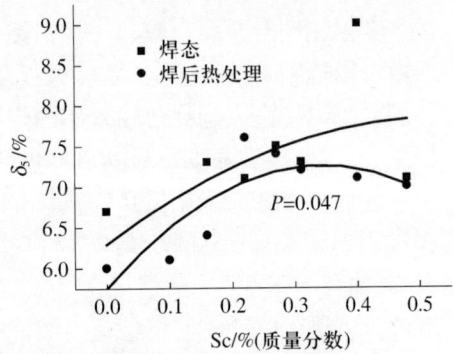

图 6-26 接头延伸率和
焊丝 Sc 含量关系

图 6-27 为焊缝金属的缺口拉伸强度与焊丝 Sc 含量的关系。从图 6-27 中可见焊态下焊缝金属缺口拉伸强度波动性较大,与焊丝中 Sc 含量相关性不强。而经焊后热处理,除细晶强化、析出强化作用外,焊缝成分的均匀性明显提高,使析出的 $Al_3Sc$、$Al_3Zr$ 二次粒子分布均匀,而 $Al_3Sc$、$Al_3Zr$ 以及两者的复合粒子均与铝基固溶体共格,可有效阻碍位错的扩展,从而提高裂纹的扩展抗力,降低缺口敏感性。对比焊态和焊后热处理的分析结果可见,焊缝组织的均匀性对缺口拉伸性能影响较大。

图 6 - 28 为焊缝金属冲击韧性与焊丝 Sc 含量的关系。从图 6 - 28 中可以看出,焊缝金属的冲击韧性和焊丝中的 Sc 含量符合二次多项式的关系。在低 Sc 含量水平时,焊态和焊后热处理状态下,焊缝金属的冲击韧性均随 Sc 含量的增加迅速提高;焊态下当焊丝中 Sc 含量达到 0.29% 时,焊后热处理状态下当焊丝中 Sc 含量达到 0.25% 时,焊缝金属冲击韧性达到最大值;随后再增加焊丝中的 Sc 含量,焊缝金属的冲击韧性逐渐降低。

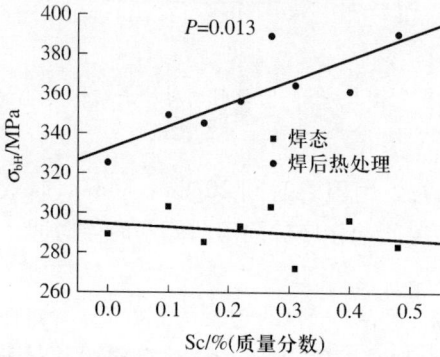

图 6 - 27　焊缝金属缺口拉伸强度
与焊丝 Sc 含量的关系

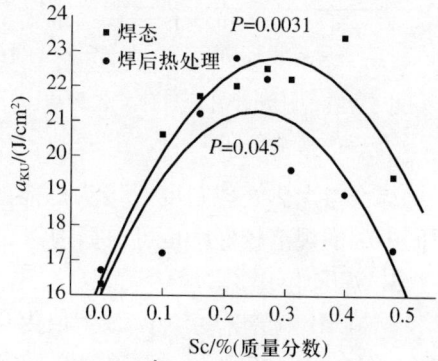

图 6 - 28　焊缝冲击韧性和焊丝 Sc 含量关系

综合考虑焊接接头的各项性能,可见焊丝中 Sc 含量的较佳范围为0.2% ~0.4%。

2. 焊后热处理对接头性能改善

焊后固溶处理时间和时效时间对接头性能的影响见图 6 - 29 ~ 图 6 - 32。可见延长固溶时间可在基本不降低焊缝抗拉强度的情况下,提高焊缝的缺口拉伸强度、延伸率、冲击韧性和弯曲角;而延长时效时间,可提高焊缝的抗拉强度和缺口拉伸强度,但却降低了焊缝的延伸率、冲击韧性和弯曲角。

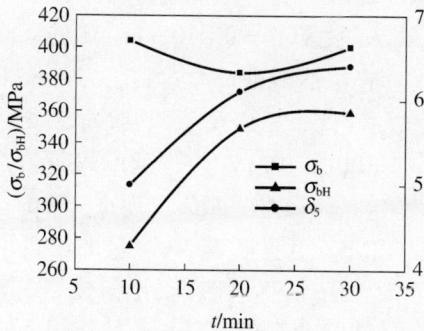

图 6 - 29　固溶时间对拉伸性能影响
(焊丝含 0.1% Sc)

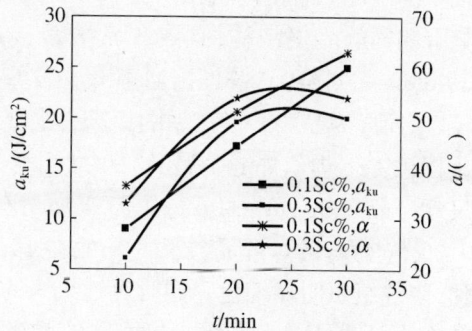

图 6 - 30　固溶时间对冲击韧性
和弯曲角的影响

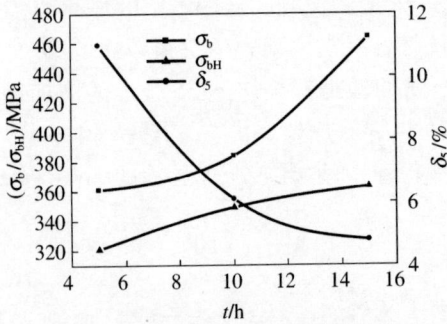

图 6-31　时效时间对拉伸性能影响
（焊丝含 0.1% Sc）

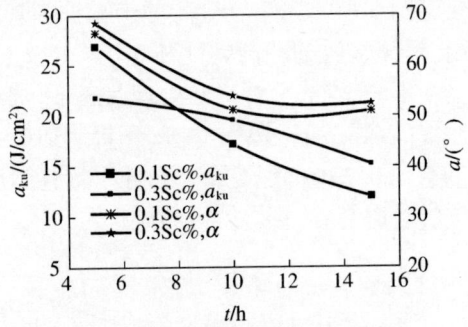

图 6-32　时效时间对冲击韧性
和弯曲角的影响

综合考虑热处理制度对接头性能的影响，采用固溶时间 20min ~ 30min、时效时间 10h 的规范较好。也可根据构件受力情况匹配相应的固溶时间和时效时间。

3. 焊缝组织

Sc 在 Al 中溶解度较小，最大值为 0.35%，共晶时 Sc 的含量为 0.55%。Sc 在铝合金中具有固溶强化、细晶强化、析出强化、弥散强化、亚结构强化等作用。对于焊接接头而言，焊态下主要是固溶强化、细晶强化，固溶时效状态下具有焊态下强化方式同时还存在析出强化。事实上在铸造 Al-Sc 二元合金中 Sc 达到 0.01% ~ 0.015% 浓度时，结晶时就会首先析出大量的 $Al_3Sc$ 粒子，起到变质剂作用，细化晶粒[9,10]。经对焊缝中 Sc 含量的化学成分分析结果表明，焊缝中 Sc 含量约为焊丝 Sc 含量的 25%，即当焊丝中 Sc 含量分别为 0.1%、0.31%、0.4% 时，其焊缝金属中的平均 Sc 含量分别为 0.025%、0.078% 和 0.1%，均大于文献[9]指出的析出一次 $Al_3Sc$ 粒子 Sc 的临界值 0.01% ~ 0.015%；另外熔池处于不均匀状态，熔池的浓度起伏大；再者熔池内还含有较多的 Zr、Mg、Mn，大大降低了 Sc 在 Al 中的溶解度，在较小的浓度下就可以析出一次 $Al_3Sc$ 粒子。由于 $Al_3Sc$ 或 $Al_3(Sc_{1-x}Zr_x)$ 粒子与 Al 具有相同的晶格结构，且点阵常数很接近（$Al_3Sc$ 粒子 $a = 0.4105nm$，Al 的 $a = 0.405nm$），符合"点阵匹配原理"，在较小的能量起伏下即可长大达到临界晶核半径，从而成为晶核。形核率的提高必定会细化焊缝组织，见图 6-33。经综合测量分析，0% Sc 焊丝焊缝金属晶粒尺寸约为 $50\mu m ~ 100\mu m$，0.1% Sc 焊丝的焊缝晶粒尺寸一般在 $30\mu m ~ 80\mu m$；0.31% Sc 焊丝的焊缝晶粒尺寸一般在 $10\mu m ~ 50\mu m$；0.4% Sc 焊丝的焊缝晶粒尺寸一般在 $10\mu m ~ 40\mu m$。可见随着 Sc 含量的少量增加，焊缝组织明显细化。同时焊缝组织的结晶形态也逐渐发生变化，由树枝晶逐渐转变为等轴晶。从图 6-34 可见，当焊丝中的 Sc 含量达到 0.4% 时，焊缝组织为明显的等轴晶。晶内及晶界均有大量弥散分布的大小颗粒，特别是时效以后，析出相颗粒明显增多。对其中部分球状或块状相进行成分分析，主要是 Al、Sc、Zr 元素组

372

成,为 $Al_3Zr$ 或 $Al_3(Sc_x、Zr_{1-x})$ 复合粒子,如图 6-35 所示。焊缝组织的变化与焊缝性能测试结果一致。

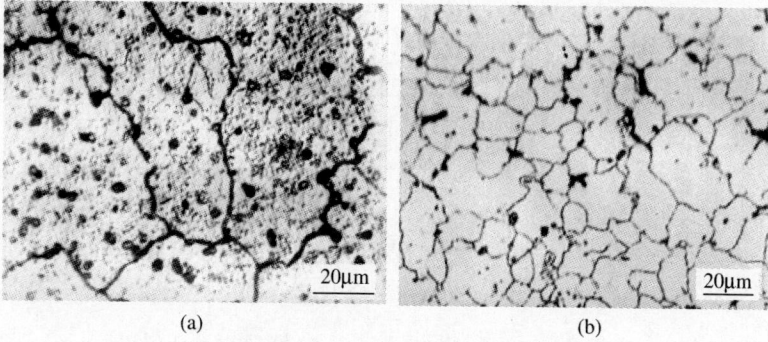

图 6-33　焊缝中心典型金相组织
(a) 0%Sc 焊丝; (b) 0.4%Sc 焊丝。

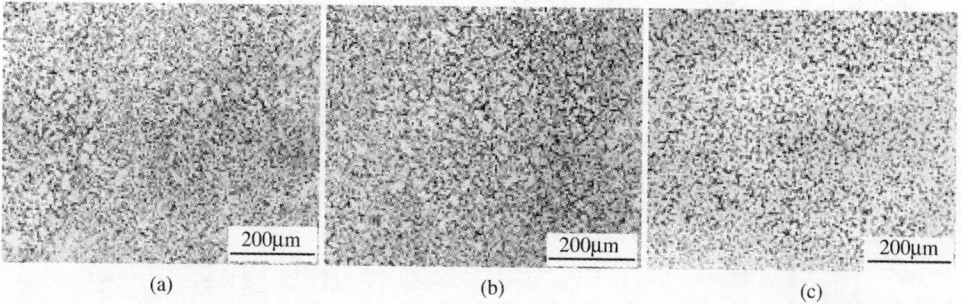

图 6-34　不同 Sc 含量焊丝的焊态焊缝组织
(a) 0.1%Sc 焊丝; (b) 0.31%Sc 焊丝; (c) 0.4%Sc 焊丝。

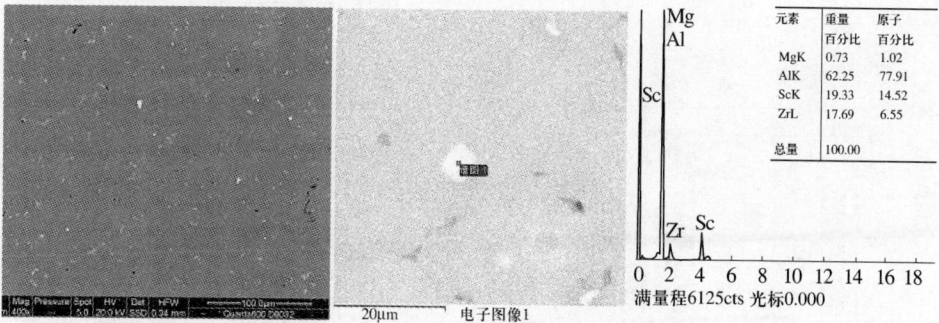

| 元素 | 重量百分比 | 原子百分比 |
|---|---|---|
| MgK | 0.73 | 1.02 |
| AlK | 62.25 | 77.91 |
| ScK | 19.33 | 14.52 |
| ZrL | 17.69 | 6.55 |
| 总量 | 100.00 | |

图 6-35　焊缝中的析出相及粒子成分分析(0.1%Sc)

### 6.4.3.2　2195 铝锂合金的接头性能改善

2195 合金焊接的首要问题是焊接裂纹,因此为解决焊接裂纹问题,往往选择强度相对低而抗裂性较好的 Al – Si 焊丝,或 Al – Si – Cu、Al – Mg 焊丝等焊接,接头强度系数往往达不到 60%。另外,由于焊接裂纹往往是由于焊接热输入过多造成,因此减少热输入一般可提高裂纹抗裂性的同时提高接头强度。

1. 焊接材料对接头性能的影响

采用自动钨极氩弧焊焊接 $\delta2.0mm$ 的 2195 试板,对比了 7 种焊接材料的接头性能。其中 $2^#$ ~ $7^#$ 焊丝为在 ER2319 的基础上自行调整微量元素,$8^#$ 为商用 ER4043 焊丝。$2^#$ ~ $4^#$ 主要添加了 $0.5\%$ ~ $1.0\%$ Sc,$5^#$ 焊丝主要添加了微量的 Cr,$6^#$、$7^#$ 为 Mg、Ag 合金化焊丝。

不同焊丝的焊接接头的性能如图 6 – 36 所示。由图 6 – 36 可见,不同合金化体系的焊丝焊接接头性能有明显不同。合金化程度低的 $5^#$ 焊丝焊缝强度最低,只有 306MPa 左右,含 Ag、Mg 元素的 $6^#$ 和 $7^#$ 焊丝的焊缝强度稍有提高为 309MPa,且 Ag、Mg 含量变化对强度提高影响不大。含 Sc 的 2 号 ~ 4 号焊丝焊缝强度较其他焊丝焊缝强度高,达到 317MPa 以上。但冲击值低于 $15J/cm^2$,其他研制焊丝对应性能达到 $16J/cm^2$ 以上。$8^#$ 商用焊丝具有较高强度 $\sigma_b$ 为 312.5MPa,但焊缝塑韧性很低,冲击韧度 $a_{ku}$ 为 $2.2J/cm^2$。不同研制焊丝的延伸率变化不大,$\delta_5$ 为 $5\%$ ~ $6\%$ 之间,均高于 $8^#$ 商用焊丝延伸率 $2.8\%$ 的性能水平。整体来说,微量 Sc 可较明显提高焊缝的强度(如 $3^#$ 与 $8^#$ 相比,提高了约 20MPa),同时具有较好的综合性能。

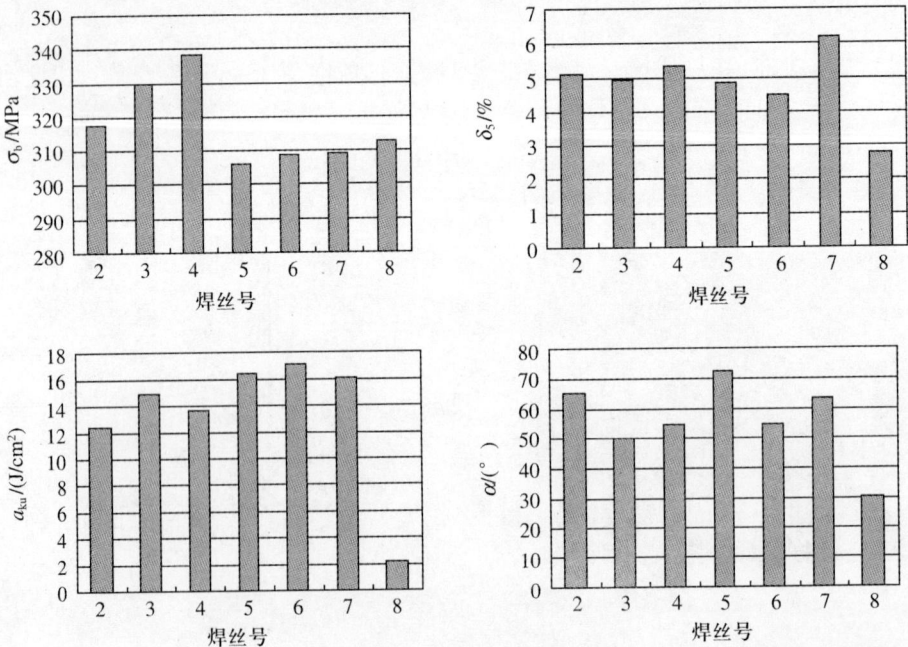

图 6 – 36 不同焊丝的接头性能

不同焊丝的焊接接头组织如图 6－37 所示。不同的合金元素对焊缝组织影响不同，从而对接头性能影响也不同。含 Sc 元素的焊丝焊缝中心主要为等轴晶，如图 6－37(a)～(c)所示；含 Ag 焊缝表现出胞状枝晶组织，如图 6－37(d)所示；含 Si 焊丝焊缝组织主要为枝晶组织，如图 6－37(e)所示。可见 Sc 合金化的焊丝($2^{\#}$～$4^{\#}$)接头的焊缝主要为等轴细晶，晶内和晶界均有很多析出相。且随 Sc 含量提高，焊缝组织更细小均匀，同时晶界析出相增多；用 Mg、Ag 合金化的焊丝焊缝为

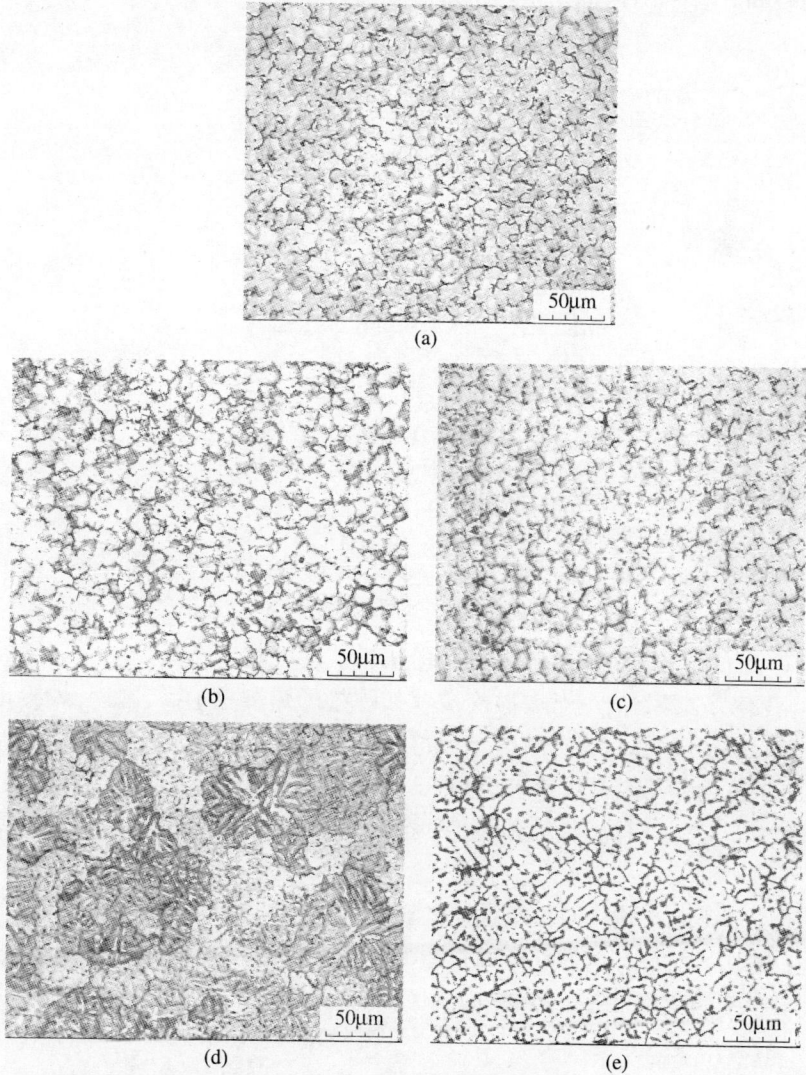

图 6－37　不同焊丝接头的焊缝中心组织

(a) 0.58% Sc；(b) 0.76% Sc；(c) 0.92% Sc；(d) 0.22% Ag；(e) 5% Si。

明显的胞状枝晶组织,且组织不均匀,晶内为短棒状析出相,而晶界为连续共晶组织;用 Si 合金化的焊丝焊缝为枝晶组织,枝晶间和亚晶界有很多共晶组织。

采用背散射电子对焊缝组织的微区相成分进行定性分析,含 Sc 焊缝主要为晶内和晶界分布的 Al – Sc – Zr 或 Al – Sc – Ti – Zr 复合粒子,且随 Sc 含量提高,粒子尺寸增大,晶界析出相增多,局部有 Al – Cu – Sc 相产生。试验中对 3# 焊丝焊缝进行了 X 射线衍射物相分析,在图 6 – 38 试验结果中可以看出,3# 焊丝焊缝中存在 $\theta'(Al_2Cu)$ 和 $Al_3Sc$ 相,因此 3# 焊丝焊缝有较高的强度。

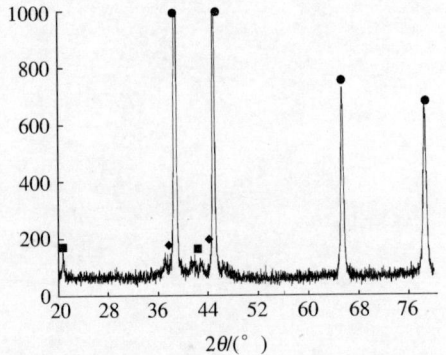

图 6 – 38　3# 焊丝焊缝 X 射线衍射物相分析

●—$\alpha(Al)$;■—$\theta'(Al_2Cu)$;◆—$Al_3Sc$。

### 2. 焊接工艺对接头性能的影响

由于 2195 合金熔化焊时对焊接热输入和焊接裂纹非常敏感,因此可以推断降低焊接热输入对接头性能有利。试验结果也证明了这一点。

对 T8 态的 $\delta = 2.5mm$ 的试板在同样状态下进行交流氩弧焊和交流脉冲氩弧焊。对比发现,交流脉冲氩弧焊较交流氩弧焊接的焊缝更饱满、圆润,焊缝鱼鳞纹清晰整齐,而交流氩弧焊接的焊缝铺展得相对较宽。为在同样条件下测试性能,将焊缝余高去除至与母材基体平齐后,测试接头性能。试样均剪切断裂于焊缝,脉冲焊接的焊缝抗拉强度较交流氩弧焊接的高约 20MPa。因此,2195 合金应采用脉冲焊接。

为进一步考察热输入对接头性能的影响,特设计加工了带全面强制冷却的焊接卡具。对比一般冷却条件和全面强制冷却条件的接头性能,接头强度提高了约20MPa,接头强度系数由 61.7% 提高到了 64.7%,这对接头软化问题十分突出的2195 合金而言,具有重要意义。

对 2195 合金焊接采用特殊焊接材料,如焊剂,对接头性能的改善也具有非常明显的效果。焊剂可提高电弧的穿透力,可以采用较小的规范获得窄而深的焊缝,同时细化焊缝组织,获得综合性能良好的接头。试验结果表明,仅采用自行研制的焊剂焊接即可使接头强度提高 45MPa 以上,同时接头的延伸率也由 4.5% 左右提高至 5.5% 左右,可见焊剂对改善接头的软化问题及获得较好综合性能的焊接接头具有非常重要的作用。

## 6.5　铝合金钎焊技术

钎焊是连接铝合金最有效的手段之一,随着铝合金应用的日益增多,其钎焊技术也越来越重要。在汽车行业,以铝代钢代铜是汽车制造的方向之一,铝合金钎焊技术在汽车制造中也得到越来越广泛的应用,文献[11]指出,高质量的铝钎焊是未来汽车制造的关键技术。以铝代钢可以大大提高汽车的可操纵性,降低油耗。铝合金钎焊技术已经广泛用于汽车的热交换器,油冷器,液压和燃油管路的制造。

铝合金钎焊结构的另一个应用重点方向为微波器件。铝合金因其高导电性和低密度被广泛用于军事雷达天线系统的制造,机载、弹载、舰载雷达天线及馈电波导是极其复杂的精密构件,采用铝合金钎焊技术制造的缝阵天线具有重量轻,转动惯量小,动作灵活,效率高等特点,是机载雷达及导弹导引头雷达天线优先选用的形式。我国已经采用真空钎焊技术对导弹导引头天线等进行了成功的钎焊。

此外,在军事领域,铝合金钎焊技术还可以用来制造高效散热的电子设备机箱、涡轮增压器、高效燃料泵等器件。

由于铝合金表面总被致密的氧化膜所覆盖,铝合金的钎焊工艺性比结构钢、不锈钢、铜合金及镍基合金要差。铝合金的钎焊性与其合金元素、熔化温度等特征有关。铝合金中只有纯铝及个别牌号的铝合金的钎焊性属于优良,而很多可热处理强化的铝合金钎焊性非常差,甚至不能钎焊。其原因主要与铝合金的固相线温度及合金的化学成分有关。已经标准化的成熟钎料的钎焊温度大部分在 580℃ 以上,如此高的钎焊温度已经超过很多铝合金母材的固相线温度,钎焊时必然会造成铝合金母材的过烧,严重削弱母材的性能,或者产生不可接受的溶蚀。还有,合金中 Mg、Si、Zn 等元素含量较高会造成钎料难以润湿、与钎料中合金元素反应产生强烈溶蚀,以及高蒸气压元素的挥发等,使钎焊过程难以进行。因此钎焊手册中均把这些合金列为难以钎焊的范畴。也有个别含 Cu 钎料的熔点较低,但这些钎料脆性都比较大;难以加工成适用的形式,钎焊接头的抗蚀性差,其应用仍受到很大限制。

由于普遍认为大多数可热处理强化铝合金不可钎焊的原因是因为没有熔点合适且性能好的钎料,因此中低温铝合金钎料的研究成为铝合金钎焊技术研究的热点之一。现有的 Al – Si – Cu 钎料如 BAl67CuSi 钎料因铜含量很高使接头的抗腐蚀性变差,降低 Cu 含量,提高接头工艺性成为铝合金中温钎料研究的方向之一。如 D. M. Jacobson 等研究一种 Al – Si – Cu – Ni 钎料[12],液相线温度 538℃,可用于可热处理强化铝合金的钎焊,接头具有较好的抗腐蚀性。但用于铝合金真空钎焊的中温钎料均存在抗腐蚀性差、加工性能差、工艺性不好等缺点,尚无一种钎料得到广泛应用。

铝合金的钎焊性除了与母材的化学成分、钎料性能有关外,还与所采用的钎焊工艺方法密切相关。铝合金常用的硬钎焊方法主要有火焰钎焊、盐浴钎焊、感应钎焊、炉中钎焊和真空钎焊等几种。除了真空钎焊外,其余的钎焊方法一般需要使用钎剂。钎剂的作用是保护母材和钎料不被氧化,同时去除母材和钎料表面的氧化膜,促进钎料对母材的润湿、流动从而形成钎缝。无腐蚀的 Nocolok 钎剂及熔化温度较低的改进型 Nocolok 钎剂,可以用于大气中的炉中钎焊和保护气氛的炉中钎焊,近年来也得到广泛应用。但采用钎剂的钎焊总体上还是存在钎剂清除困难、存在腐蚀隐患等技术问题。真空钎焊不需要钎剂,钎缝成形美观,焊后不需清洗,洁净环保,已成为铝合金钎焊的最重要的方法之一,特别是真空钎焊因其高质量的特点被广泛用于军事领域。

本节介绍北京航空材料研究院近十五年来有关可热处理强化铝合金真空钎焊的研究结果,以及铝合金平板缝隙阵天线等复杂构件的钎焊技术。

## 6.5.1　BAl67CuSi 钎料的试验研究

BAl67CuSi 是一种比较古老的钎料,相关技术标准中早已将该钎料收入其中[13]。但由于钎料制备困难等原因,钎料一直未获得成功的应用。为满足相关钎焊任务需求,对钎料细棒制造工艺及其钎焊工艺进行了研究。由于该材料脆性大,无法用机加工或其他方法成形。而铸造 $\phi2mm$、$\phi3mm$ 小直径、大长度的铸棒工艺难度大,目前国内尚不能生产此类细长脆性钎料棒,因此须对其制备工艺进行研究,同时对该钎料的应用工艺进行系统研究,从而满足实际工程的需要。

采用铸造和挤压两种方法制造了钎料细棒。由于该材料为 Al – Cu – Si 的三元共晶合金,脆性大,难于用挤压、拉拔等方法成形,因而首先尝试采用铸造方法制造。对于直径仅为 $\phi2mm$、$\phi3mm$ 铸棒,其铸造工艺难度较大。主要技术难点有:铸棒成形困难,普通铸造方法难以成形;材料脆性大,在铸造过程中易发生断裂;小直径铸棒的致密性难以保证。

由于存在上述难点,铸造细长 BAl67CuSi 钎料铸棒十分困难。若采用普通金属型等温浇注,钎料内部质量难以保证,同时在取模时,铸棒易断裂,故等温浇注不可取。为此采用了熔模铸造 + 真空吸铸方法研制 BAl67CuSi 钎料细长铸棒。

BAl67CuSi 钎料的化学成分见表 6 – 14[13]。

由于钎料铸棒直径很小,在压制成蜡模时易断,同时蜡模在涂料和型壳烧结过程中也易断裂,故设计模具时充分考虑了防止其断裂的加固措施。将蜡模组成一组进行真空吸铸。

表 6 – 14    BAl67CuSi 钎料的化学成分

| 标准 | 化学成分/%(质量分数) | | | | | | | 其他元素总量 |
|------|------|------|------|------|------|------|------|------|
| | Al | Si | Cu | Zn | Fe | Cr | Mn | |
| GB/T 13815—92 | 余 | 5.5~6.5 | 27~29 | <0.2 | <0.8 | <0.15 | <0.10 | ≤0.15 |
| 实测 | 余 | 5.82 | 27 | Fe:0.12;Sn:0.03;Mn,Mg,Sb,Ni 每种<0.05 | | | | |

钎料合金熔化后,经精炼、模壳预热、模壳入罐、抽真空后,铝液在压力差的作用下,快速而平缓地充填铸型,然后经加压补缩,冷却,完成铸造过程。

型壳的清理为获得的细小铸棒的重要环节。由于铸棒细小,而且脆性较大。故不能用普通的清理方法来清理。采用了采用高压水枪清洗的方法,但仍存在清理困难、铸棒易断等问题。研制的钎料铸棒如图 6 – 39 所示。

研制的铸造钎料规格尺寸为 φ2mm×150mm、φ3mm×150mm,铸棒表面光亮、清洁,无铸疤、外来夹杂和裂纹,满足相关技术条件要求。

为进一步提高钎料棒质量,适用于工程化应用,对钎料细棒的挤压制备技术进行了研究。

铸锭经均匀化处理、扒皮后,进行热挤压加工。通过合理控制预热温度、加工率等工艺参数,可避免钎料在热挤压过程中断裂、开裂、变形等问题,挤压出表面质量合格的 φ2.0×450;φ2.5×450;φ3.0×450 三种规格的 B – Al67CuSi 钎料丝,图 6 – 40 为采用热挤压成形工艺制备的钎料丝。研制的热挤压成形钎料钎料表面白亮光洁,无外来夹杂和裂纹等缺陷,化学成分满足相关技术条件要求。

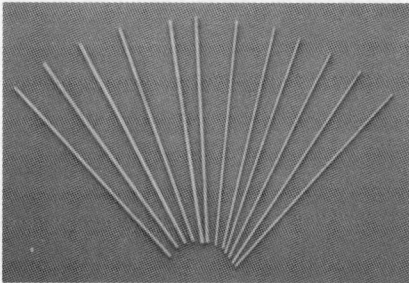

图 6 – 39    真空吸铸工艺制备的钎料铸棒

图 6 – 40    采用热挤压成形工艺制备的钎料丝

采用 DTA 差热分析法测定了钎料的固液相线温度,见表 6 – 15。可以看出,采用两种不同工艺方法制备钎料的熔化温度范围接近。

表 6 – 15    钎料熔化温度测试结果

| 钎料 | 规格/mm | 固相线/℃ | 液相线/℃ |
|------|------|------|------|
| 铸造 B – Al67CuSi | φ2 | 528.1 | 530.6 |
| 热挤 B – Al67CuSi | φ3 | 531.4 | 535.6 |
| 热挤 B – Al67CuSi | φ2 | 529.9 | 534.8 |

钎焊工艺试验结果表明,在氧气—乙炔火焰下,钎剂活性降低,钎料的熔化和对母材的润湿性较差。在空气电阻炉和汽油—空气火焰下钎剂 QJ - 201 与所制得钎料 B - Al67CuSi 工艺匹配性良好,可保证钎料能充分熔化并良好润湿 3A21 母材。

在箱式电阻炉中对钎料的润湿性、流动性和填缝性按 GB 11364—89 规定的方法进行了工艺试验[14]。结果表明,所制得的铸造和挤压钎料棒在其熔化温度液相线以上,在母材 3A21 上具有较好的流动性和填缝能力。流动性和填缝能力结果见表 6 - 16。

表 6 - 16　钎料的流动性和填缝能力(保温 10min)

| 试验钎料 | 流动长度 $L_{max}$/mm | | | 最大填充间隙 $C_{max}$/mm | | |
| --- | --- | --- | --- | --- | --- | --- |
| | 530℃ | 540℃ | 550℃ | 530℃ | 540℃ | 550℃ |
| 铸造钎料 | 71.3 | 78.1 | >100 | 0.41 | 0.55 | 0.68 |
| 挤压钎料 | 70.8 | >100 | >100 | 0.49 | 0.68 | 0.80 |

钎料在不同温度下对母材的溶蚀性倾向是获得可靠接头的重要因素。为考察钎料在不同温度下与母材的相互作用情况,在箱式空气炉中进行了工艺试验。图 6 - 41 是在不同钎焊规范下所获得的接头组织。

由图 6 - 41 可看出,接头组织对钎焊规范的变化极为敏感,钎焊温度由 540℃升高至 550℃,则钎缝明显变宽,物相组织急剧粗化,见图 6 - 41(a)、(b)。

由图 6 - 41 可以发现,在相同的钎焊规范下,钎料对不同厚度的母材所表现出的溶蚀性影响不同。同样于 540℃/10min 的规范下,在母材板厚为 1.0mm 的钎焊接头中,母材组分向钎缝中溶入,钎缝变宽,由焊前 0.08mm 的装配间隙变为 0.14mm;在母材板厚为 0.5mm 的钎焊接头,一方面母材组分向钎缝中溶入,同时钎料还明显向近钎缝的母材中沿晶界渗透,见图 6 - 41(c)、(d)和图 6 - 42。因此在实际零件气体火焰钎焊时,须在保证形成可靠连接的前提下,尽可能减少焊接热输入量,以使钎料对母材的不利影响控制在最小程度内。

分别采用研制的铸造、热挤压成形钎料对 3A21 板材(三种板厚 0.5mm、1.0mm、2.0mm)进行了对接、搭接试样钎焊,钎焊后加工成力学性能试样进行室温力学性能测试,典型结果见表 6 - 17。

可以看出,除母材厚度为 2.0mm 的四个试样断于钎缝处外,其他试样均断于钎缝附近的母材上,其破断载荷分散性不大,而剪切强度数值表现出一定的分散性,是由于在试片的手工火焰钎焊时,接头搭接量无法准确控制。

在上述研究基础上,对信号传感器浮子进行了钎焊,其母材为厚度 0.5mm 的 3A21 铝合金薄板,钎焊方法为汽油—空气混合气体火焰钎焊,使用钎料铸棒。

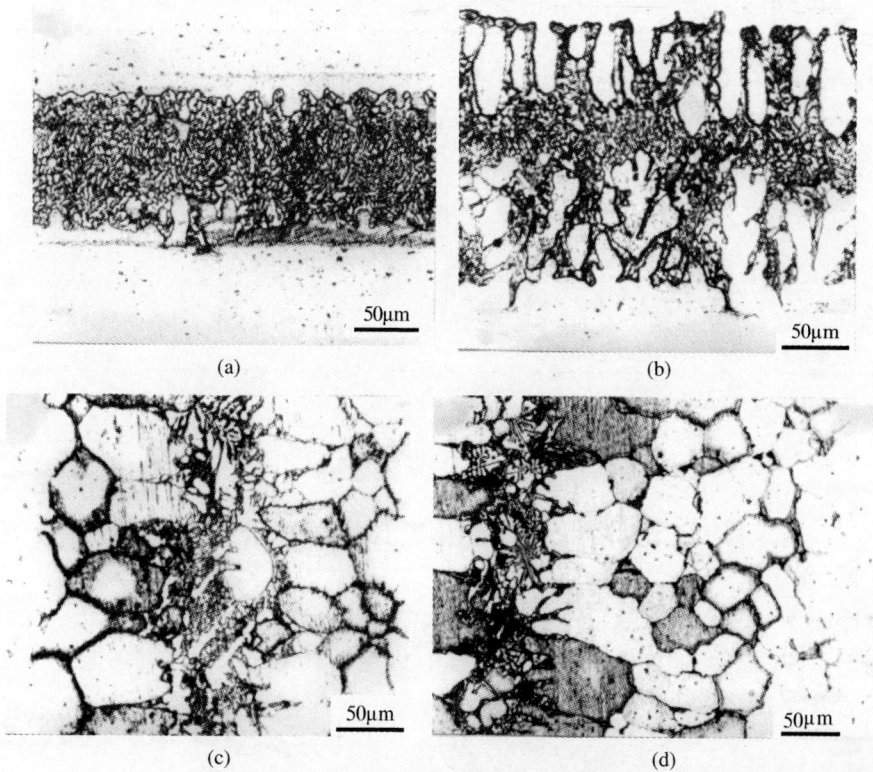

(a)                              (b)

(c)                              (d)

图 6-41 不同钎焊规范下的接头组织

（a）母材板厚 1.0mm，钎焊规范:540℃/10min；（b）母材板厚 1.0mm，钎焊规范:550℃/10min；
（c）母材板厚 0.5mm，钎焊规范:540℃/10min；（d）母材板厚 0.5mm，钎焊规范:550℃/10min。

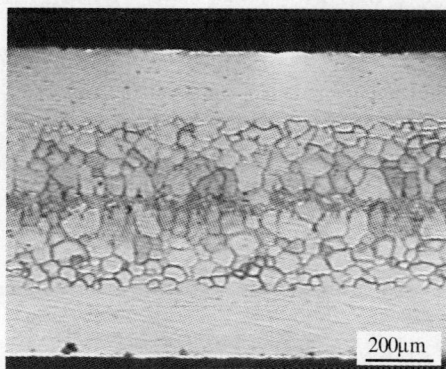

图 6-42 钎焊组织低倍形貌

母材板厚 0.5mm，钎焊规范:540℃/10min。

表 6-17　钎焊搭接接头室温性能(空气—汽油喷枪火焰钎焊)

| 母材板厚/mm | 焊丝规格/mm | 剪切强度/MPa | 母材板厚/mm | 焊丝规格/mm | 剪切强度/MPa |
|---|---|---|---|---|---|
| 2.0 | 铸造 $\phi$3 | >82.4 | 0.5 | 铸造 $\phi$3 | >44.0 |
| | 铸造 $\phi$2 | >90.3 | | 铸造 $\phi$2 | >44.4 |
| | 挤压 $\phi$2 | >76.8 | | 挤压 $\phi$2 | >40.3 |
| | 挤压 $\phi$3 | >84.6 | | 挤压 $\phi$2 | >43.6 |
| | | | | 挤压 $\phi$3 | >39.9 |

注:因受搭接长度限制,大部分试样断于母材

典型件功能考核的具体内容主要包括:

(1) 气密性试验:球浮在 200℃ ±10℃甘油中保持 3min,浮子表面应无气泡冒出;

(2) 耐压强度试验:在 0.8MPa 的压力下,球浮在水中承压,应无变形现象(凹、凸、裂纹现象);

(3) 浮力试验:浮子在 20℃ ±5℃的水中,其浮出不小于 19mm。

典型件钎焊接头中未见粗大物相组织,母材无过烧现象。首批功能考核合格率为 75%。最终成品典型件见图 6-43。

图 6-43　成品典型件宏观形貌

## 6.5.2　Al-Cu-Si-Ni 钎料的试验研究

研究目的是实现 6061、2A50 等可热处理强化铝合金的钎焊。6061、2A50 铝合金过烧温度较高(高于 560℃),而且不含高蒸气压元素 Zn。两种合金的化学成分见表 6-18 和表 6-19[15,16]。6061 挤压棒材 T6 状态抗拉强度不小于 260MPa[17],2A50 小直径挤压棒材 T6 状态抗拉强度不小于 350MPa[15]。

表 6 – 18　6061 合金的化学成分[15]　　　　　（质量分数%）

| Si | Fe | Cu | Mn | Cr | Mg | Zn | Ti | 其他 | | Al |
| --- | --- | --- | --- | --- | --- | --- | --- | --- | --- | --- |
| | | | | | | | | 单个 | 合计 | |
| 0. 40 ~ 0. 8 | 0. 7 | 0. 15 ~ 0. 40 | 0. 15 | 0. 04 ~ 0. 35 | 0. 8 ~ 1. 2 | 0. 25 | 0. 15 | 0. 05 | 0. 15 | 余 |

表 6 – 19　2A50 合金的化学成分[16]　　　　　（质量分数%）

| Si | Fe | Cu | Mn | Mg | Ni | Zn | Fe + Ni | Ti | 其他 | | Al |
| --- | --- | --- | --- | --- | --- | --- | --- | --- | --- | --- | --- |
| | | | | | | | | | 单个 | 合计 | |
| 0. 7 ~ 1. 2 | 0. 7 | 1. 8 ~ 2. 6 | 0. 40 ~ 0. 8 | 0. 40 ~ 0. 8 | 0. 10 | 0. 30 | 0. 7 | 0. 15 | 0. 05 | 0. 10 | 余 |

　　6061 合金的固溶处理制度为:510℃ ~ 530℃,水冷;人工时效制度:150℃ ~ 165℃,8h ~ 15h[17]。2A50 合金的固溶处理制度为:505℃ ~ 525℃,水冷;人工时效制度:150℃ ~ 160℃,6h ~ 15h,固溶处理与人工时效热处理之间的时间间隔小于 6h[15]。按照手册数据,6061 的熔化温度范围为 652℃ ~ 582℃,即 6061 的过烧温度应在 582℃[17]。而手册中没有给出 2A50 的熔化温度范围数据,采用差热分析对试验用的 6061、2A50 材料的熔化温度区间进行了实际测试,结果见图 6 – 44,可见 6061 的固相线温度在 580℃附近,而 2A50 的固相线温度在 570℃附近。

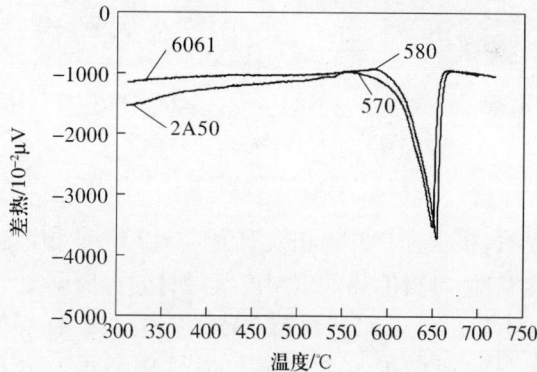

图 6 – 44　6061 和 2A50 合金的差热分析曲线

　　根据被钎焊基体材料的特点,钎焊温度应当选择在材料过烧温度以下进行,钎料的液相线温度应在此以下,并应低约 30℃,以留出必要的钎焊温度区间。同时,考虑钎焊后的合金需经过固溶处理,钎料在固溶处理时不应产生熔化,即钎料的固相线温度应在固溶处理温度以上,至少液相线温度应在固溶处理温度以上。综合考虑两方面因素,钎料的熔化温度应在 520℃ ~ 550℃ 范围内。

　　文献[12]提出了一种成分为 73Al – 20Cu – 2Ni – 5Si（质量分数%）的钎料,熔化温度范围为518℃~538℃。钎焊3003合金的剪切强度在75MPa以上,其初步的盐雾试验结果表明,接头具有满意的抗蚀性。

从初步试验以及资料报道的试验结果看,认为资料报道的73Al-20Cu-2Ni-5Si综合性能较好,适合于6061合金和2A50合金的真空钎焊,因此首先选择该钎料用于6061合金和2A50合金的钎焊工艺研究。下面的论述中,将该钎料记作1#钎料。

利用真空—氩气保护快淬设备,采用快速凝固技术对钎料进行了的箔带制备。

对1#钎料箔带进行了X射线衍射分析,结果表明钎料在制备凝固时均发生了结晶,而不是非晶状态。图6-45表明,相对于铸锭钎料,制备的钎料箔带晶粒非常细小,因此钎料箔带仍然表现出比铸锭状态好得多的韧性,使得钎料箔带可以弯曲和裁剪,基本可以满足钎焊试验要求。

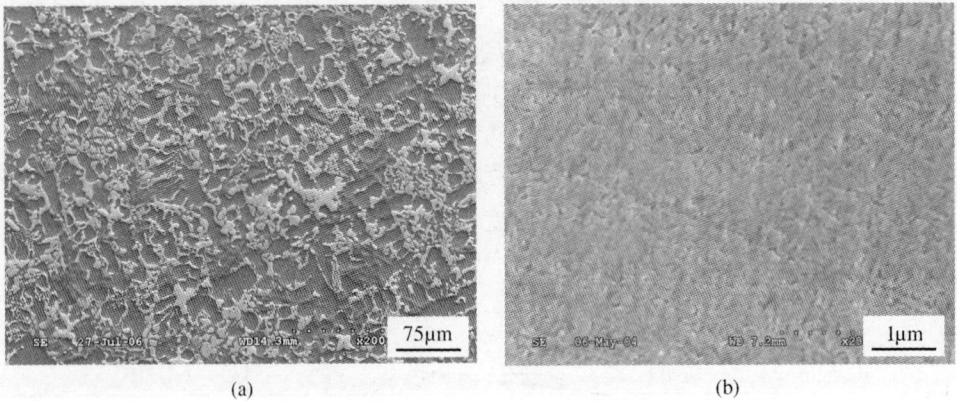

(a)                    (b)

图6-45　1#钎料的组织形貌
(a) 铸锭;(b) 急冷箔带。

差热分析结果表明,块状钎料的固相线温度为512℃,液相线温度为538℃。

由于受钎料熔化温度、母材的热处理温度及母材的过烧温度所限,因此钎焊温度可以变化的区间并不大。对于1#钎料与2A50母材组合,钎焊温度变化范围为530℃~560℃。钎焊保温时间根据实际最可能采用的工艺参数选择10min~60min的变化范围。

图6-46为1#块状钎料钎焊2A50母材的接头成形情况,表6-20列出了不同温度下的钎焊试验结果,表中填缝率为外观已形成,钎角占应形成钎角的长度比率。可见,530℃钎焊时,钎料熔化不完全,钎料填充钎缝能力差。在选定的温度范围内,随着温度的升高,填缝的比率增大,至550℃可以形成完整钎缝。钎焊圆角随温度的升高而有减小趋势,低于540℃时,钎角大而不完整,至550℃,钎角成形美观,大小适中。在560℃钎焊时略有溶蚀,其他均未出现溶蚀。在

560℃钎焊时,母材表面局部有发亮痕迹,可能已经达到过烧温度,因此钎焊温度不应继续提高。

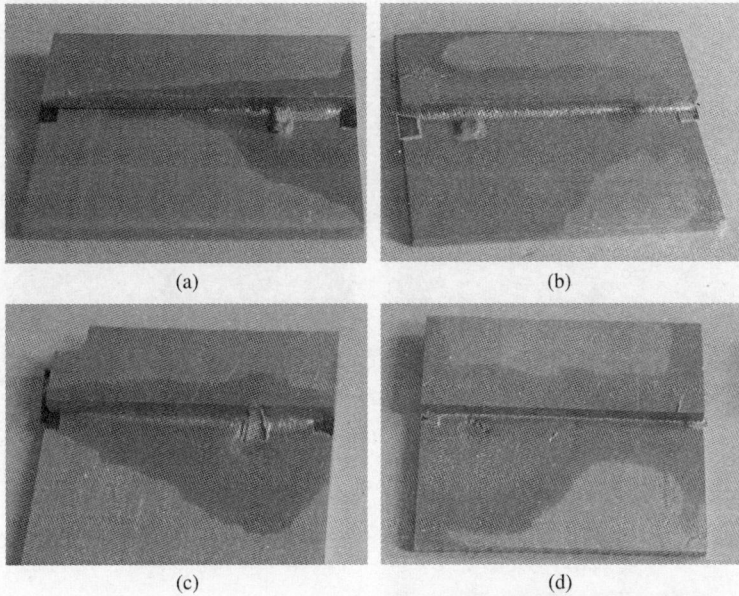

图 6 – 46　1#块状钎料不同温度钎焊 2A50 合金搭接试样接头成形情况
(a) 530℃,10min;(b) 540℃,10min;(c) 550℃,10min;(d) 560℃,10min。

表 6 – 20　1#块状钎料不同钎焊温度下钎焊 2A50 合金搭接试样成形情况

| 钎焊温度/℃ | 填缝率 | 钎 角 | 溶 蚀 | 铺展流布 | 其 他 |
|---|---|---|---|---|---|
| 530 | 50% | 钎角大 | 无 | 弱 | 有残余钎料 |
| 540 | 90% | 钎角大 | 无 | 较弱 | 钎料未完全熔化 |
| 550 | 100% | 约 R2 | 无 | 中等 | — |
| 560 | 100% | 钎角小 R0.5 | 略有溶蚀 | 严重 | 母材表面有过烧痕迹 |

表 6 – 21 给出了 1#块状钎料不同钎焊温度下钎焊 2A50 合金的接头剪切性能数据,可以看出,在合适规范条件下,接头的平均剪切强度在 80MPa ~ 90MPa 之间。540℃钎焊时,由于钎焊温度偏低接头成形不稳定,有些试样未能得出性能数据。随着温度的升高,接头剪切性能稍有升高。钎焊保温时间对接头剪切性能的影响不明显。

表 6 – 21　1#块状钎料钎焊
2A50 合金的接头性能

| 钎焊规范 | 平均剪切强度/MPa |
|---|---|
| 540℃,10min | 77.55 |
| 550℃,10min | 84.56 |
| 560℃,10min | 91.12 |
| 550℃,20min | 82.0 |
| 550℃,60min | 80.25 |

385

图 6 - 47 为 1# 块状钎料不同规范下钎焊 2A50 合金的接头组织。能谱分析结果表明,1# 块状钎料钎焊 2A50 合金钎缝中存在有 Al 固溶体、富 Si 相、$Al_2Cu$、$Cu(MgSi)_3Al_x$ 相,以及同时含有 Al、Cu、Si、Mn、Fe、Mg 的复杂多元相。钎缝中大量的白块状相为 $Al_2Cu$,其中可能含有一部分 Ni,为 $Al_2Cu(Ni)$ 相。灰色的基底为 Al 固溶体和含有富 Si 相的 Al - Si 共晶组织。另一种钎缝中常见相为 Al、Cu、Si、Mg 四元相,在钎缝中呈灰块状或稍长的灰块状分布,Si、Mg 的原子比均约为 Cu 的三倍,Al 的比例在 Cu 的三倍上下变化,按其成分比例可将该相描述为 $Cu(MgSi)_3Al_x$ 相。含有 Mn、Fe 的复杂多元相并不多见,有时会呈块状分布于钎缝中。

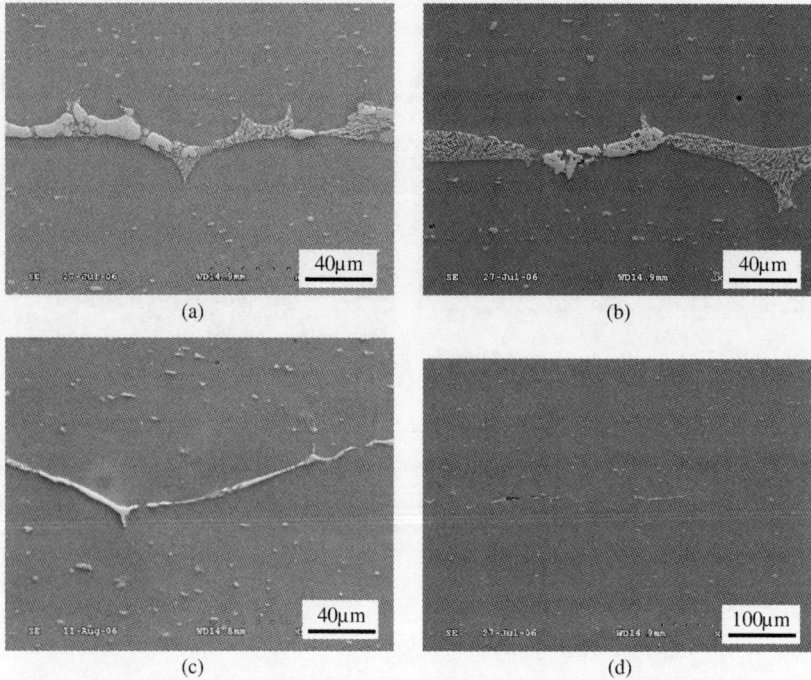

图 6 - 47  1# 块状钎料不同温度钎焊 2A50 的接头组织
(a) 530℃ ; (b) 540℃ ; (c) 550℃ ; (d)560℃。

从不同温度的组织形貌可看出,随着钎焊温度的升高,钎缝中化合物相区域变窄,560℃钎焊时,钎缝中有些地方化合物相已消失,但在某些区域仍保留很窄的化合物相,这时化合物相为 $Al_2Cu$ 和含有 Mn、Fe 的复杂的多元相。温度升高时钎缝中化合物相的减少与在高温下元素的扩散速度较快有关,化合物相的减少有助于接头性能的提高,因此随着钎焊温度的升高,接头强度表现出略有升高的规律。

图 6 - 48 为 1# 块状钎料延长保温时间的接头组织,可见延长保温时间可以有效地减小接头中化合物的含量。20min 钎焊时接头中化合物呈断续分布,而 60min

386

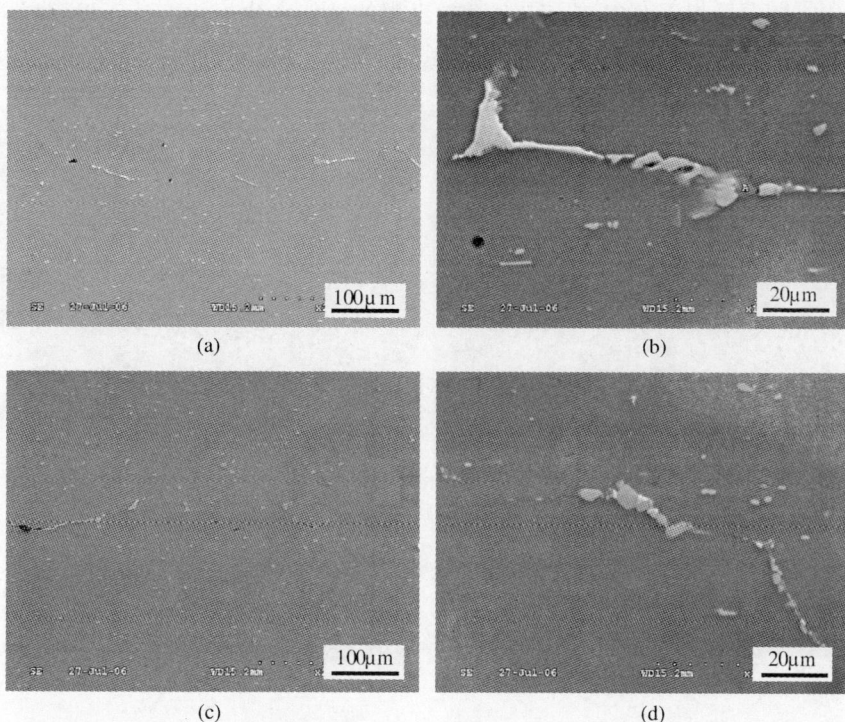

(a)                               (b)

(c)                               (d)

图 6 - 48   1#钎料钎焊 2A50 合金接头接头中组织随保温时间变化

(a),(b) 550℃,20min; (c),(d) 550℃,60min。

钎焊时接头中化合物的量则更少。此时接头中化合物相为白块状的 $Al_2Cu$ 相和灰块状的 $Cu(MgSi)_3Al_x$ 相。可见延长保温时间对接头组织的均匀化具有明显作用。

根据对 1#块状钎料接头成形和组织、性能的研究结果,550℃时可以获得较好的接头成形,适当提高钎焊温度和保温时间,可以使接头的组织更加均匀化,提高钎焊温度时接头性能还可有些提高,在选择钎焊规范时因根据具体结构和功能要求进行合理选择。对接头强度要求不高的一般结构应侧重于获得完整接头,并减少结构的变形,防止基体材料的过烧,可采用 550℃,10min ~ 20min 的钎焊规范;为提高接头强度可以提高钎焊温度,并适当延长保温时间。

断口分析还发现,接头中存在较多未结合缺陷,图 6 - 49 为典型的缺陷形貌。虽然钎焊接头外观均形成了良好的圆角,但接头中具有很多缺陷。接头中的缺陷主要有两种形貌:集中型缺陷和分散型缺陷。图 6 - 49(a)中右半部,图 6 - 49(c)为集中型缺陷形貌;图 6 - 49(a)中左下部,图(b)、(d)为分散型缺陷的形貌。缺陷处均为未结合的自由表面,一些试样以集中型缺陷为主,而另一些分散型缺陷较多,缺陷的面积也不同,缺陷较多时甚至占据应焊接面积的 50% 以上。缺陷所占面积的不同直接影响到接头的实际承力面积,因此会造成性能数据的分散性,同时也掩盖了随着钎焊工艺参数不同而可能出现的性能变化规律。从所焊试样来看，接头中的缺陷情况具有一定的普遍性，因此铝合金中温钎焊时接头的缺陷成为必须重点考虑的重要因素。

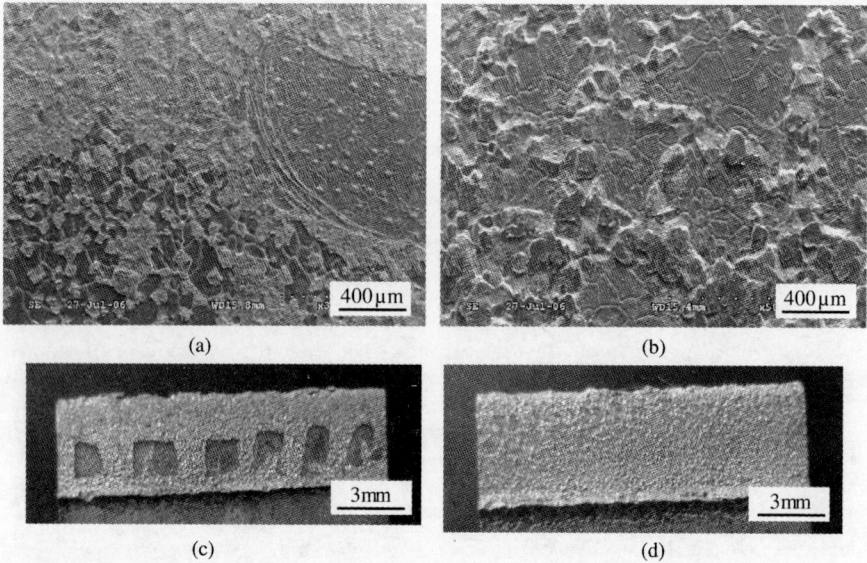

图6-49 1#钎料钎焊2A50接头断口中典型的缺陷形貌

(a) 550℃,10min,SEM图像；(b) 550℃,20min,SEM图像；

(c) 集中缺陷光学照片；(d) 分散缺陷光学照片。

钎料使用形式对接头的形成也有影响。实际使用中，块状钎料只适合于简单接头的钎焊，对于复杂的实际结构，块状钎料往往不能满足钎料的可靠添加要求，因此需要采用箔状钎料。

图6-50为不同的钎料形式540℃钎焊2A50时钎缝成形情况对比试验情况。

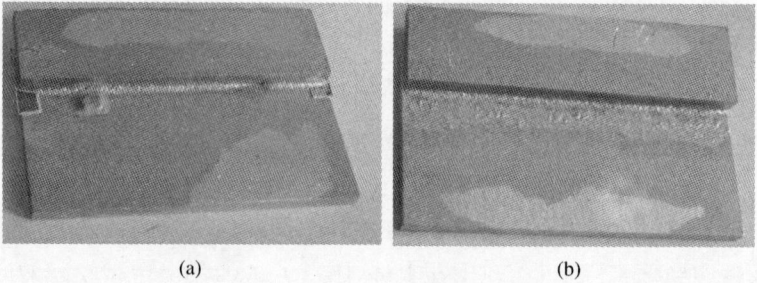

图6-50 块状钎料与箔带状钎料钎焊2A50合金在540℃的钎缝成形情况

(a) 1#块状钎料；(b) 1#箔状钎料。

从外观看,1#箔带钎料在540℃钎焊时可以形成完整的接头,钎料完全熔化。而在同样温度下,块状钎料虽然也勉强可以形成接头,但其熔化情况并不理想,存在未完全熔化的剩余钎料,形成缺陷的概率也较大。可见与块状钎料相比,箔状钎料的钎焊温度可以更低。

图6-51为2A50合金采用不同钎料形式钎焊接头拉伸试验的结果对比图,钎焊工艺参数为550℃,10min。可见,箔状钎料的平均接头剪切强度明显低于块状钎料,但箔状钎料接头性能的分散度要比块状钎料的小些。

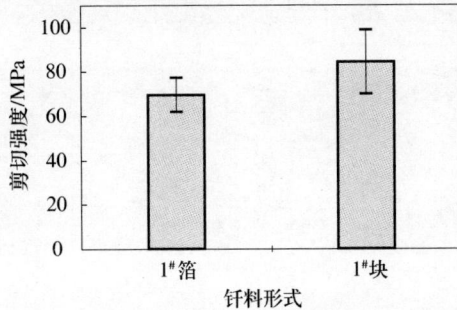

图6-51 2A50合金不同钎料形式钎焊接头的剪切强度对比

金相检查发现采用块状和箔状钎料在同种工艺条件钎焊2A50合金接头的组织状态并没有明显区别。箔状钎料接头性能低的原因与钎缝中的缺陷有关,图6-52为箔状钎料典型接头的断口形貌,可见在钎缝中分散分布着未结合缺陷,断口扫描电镜图像表现出较圆滑的自由表面形貌,宏观上表现出亮度较暗的斑纹。图6-53为采用1#箔状钎料钎焊6061合金接头的光学金相组织中缺陷的典型形貌。从断口和金相组织均可以看出,箔状钎料钎焊接头中存在很多分散小缺陷,使接头的实际承力面积减少,因而表现出较低的强度性能。

箔状钎料接头中分散缺陷的形成与钎料及母材表面的氧化膜有关,由于箔状钎料的厚度只有约0.04mm,采用单层钎料时,钎料量不足,因而需采用两层钎料。箔状钎料添加时夹在钎缝中间,在钎缝中,钎料加上母材本身共有6个表面,由于铝合金的固有性质,6个表面均带有一定厚度的氧化膜。钎料熔化后氧化膜未能顺利排出,氧化膜阻止了钎料与母材的结合,在接头中形成多处分散未结合缺陷,甚至形成氧化膜夹杂。

资料报道的铝合金中温钎焊有些采用了加压的工艺,为了对比加压与否的效果,对加压情况下的钎焊接头的组织和性能进行了对比试验。试验采用对接的接头形式,未加压接头采用厚度2mm的6061板材,采用1#箔状钎料两层,夹于钎缝中间,用夹具固定后钎焊。对于加压的接头,考虑加压后试样的稳定性,采用直径为14mm的棒状试样,采用1#箔状钎料两层,夹于钎缝中间。压力由夹具实现,采

(a)

(b)

(c)

(d)

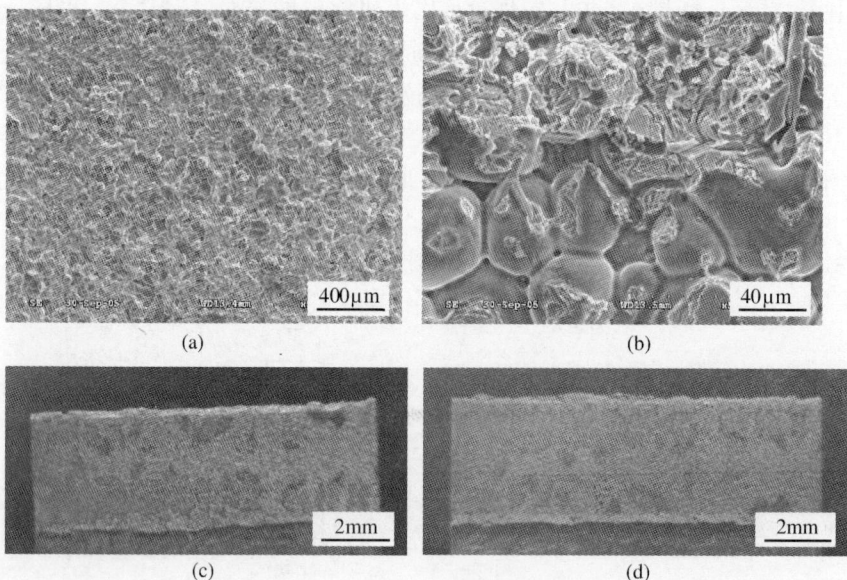

图6-52　箔状钎料典型断口形貌
(a),(b) 断口 SEM 图像;(c),(d) 断后宏观形貌。

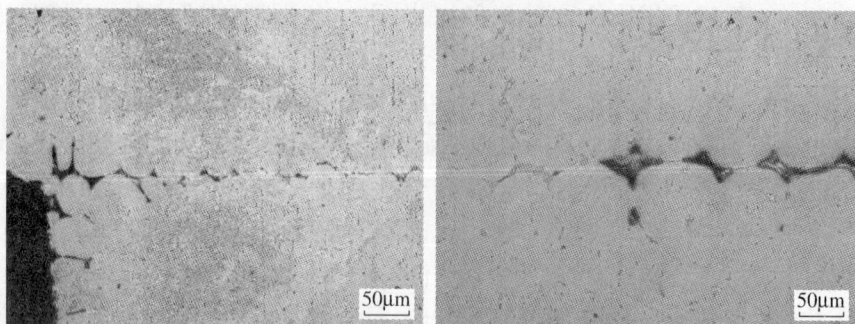

图6-53　箔状钎料钎焊接头中缺陷典型形貌

用刚度较大的不锈钢夹具,利用铝合金与不锈钢膨胀系数的差异,在升温过程中产生对铝合金试样的压力。接头在540℃,20min规范下钎焊,钎焊后进行了 T6 热处理,加工成性能试样进行强度测试。

图6-54 给出了接头的强度测试结果对比情况。在未加压条件下,接头平均强度101.5MPa,数据分散度也较大;而在加压条件下,钎焊的接头平均抗拉强度达到了293.8MPa,可见加压条件下钎焊,可以明显提高接头的强度。

图6-55 为加压条件下钎焊的 6061 接头组织形貌,可见接头中化合物相基本消失,钎缝中的 Cu、Si 等元素已经扩散至基体中,在钎缝处形成较均匀的组织形态。但局部也有缺陷存在,这也是接头性能分散的主要原因。图6-56

390

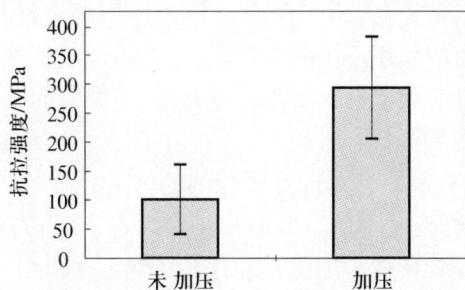

图 6-54 钎焊加压与否接头强度对比

为加压条件下钎焊的 6061 接头断口典型形貌,断口呈现出的韧性断裂的韧窝形貌。

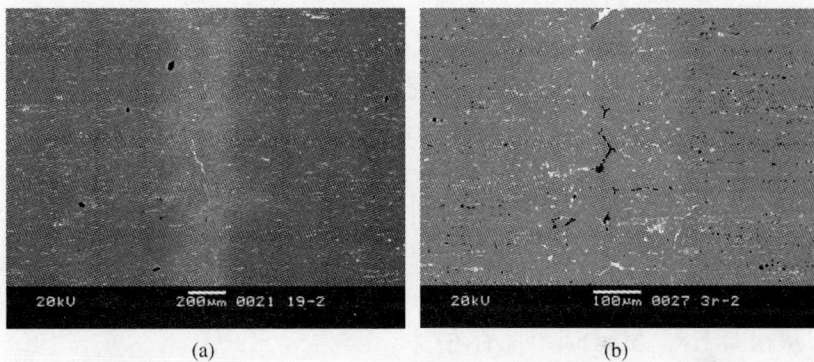

(a)　　　　　　　　　　　　(b)

图 6-55　1#钎料加压条件下钎焊的 6061 接头的背散射图像

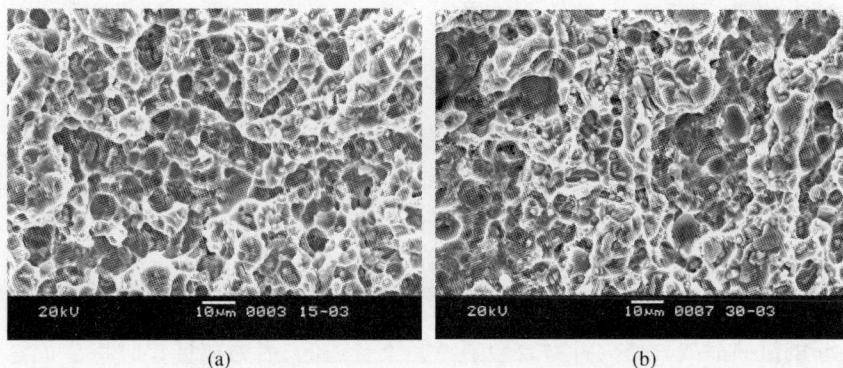

(a)　　　　　　　　　　　　(b)

图 6-56　加压条件下 6061 接头断口典型形貌

(a) 540℃/20min; (b) 540℃/10min。

钎焊过程中,钎料熔化后,由于压力的作用使原固体钎料占据的间隙产生闭合,熔化的钎料在压力的作用下被部分挤出,氧化膜也随被挤出的钎料一起排出钎缝,同时压力的作用也有利于钎料对母材的润湿,使缺陷的面积相对减少。部分钎料被挤出后,钎缝中残余钎料总量减少,同时由于压力作用使钎缝间隙变窄,因此钎缝中的 Cu、Si 等元素很容易扩散降到较低的水平,因而在钎缝中形成了较均匀的组织形貌。但由于钎料及基体表面的氧化膜存在,在压力作用条件下仍然不能保证氧化膜的全部排出,在接头中仍可能存在结合不良缺陷。

### 6.5.3　Al – Cu – Si – Mn 钎料的研究[22]

现有的 Al – Si – Cu 钎料如 BAl67CuSi 钎料因铜含量很高使接头的抗腐蚀性变差,降低 Cu 含量,提高接头工艺性成为铝合金中温钎料研究的方向之一。如 D. M. Jacobson 等研究了一种 Al – Si – Cu – Ni 钎料[12]等。但此前用于铝合金真空钎焊的中温钎料均存在抗腐蚀性差、加工性能差、工艺形不好等缺点,尚无一种钎料得到广泛应用。本部分针对可热处理强化铝合金,如 6061、2A50 设计了一种 Al – Si – Cu – Mn 钎料,对其特性进行了研究。

研究目的是实现 6061、2A50 等可热处理强化铝合金的钎焊。根据被钎焊基体材料的特点,钎焊温度应当选择在材料过烧温度以下进行。同时,考虑钎焊后的合金需经过固溶处理,钎料的熔化温度范围应在 520℃ ~550℃ 范围内。

图 6 – 57 为 Al – Si – Cu 三元相图[19],从相图上看,Al – Si – Cu 存在一个三元共晶反应,共晶反应为液体—Al + Al₂Cu + Si₂,共晶温度为 524℃,共晶成分为 27% 的 Cu 和 5% 的 Si[19]。在共晶成分已形成标准钎料,但该钎料存在 Cu 含量过高,存在接头脆性大和接头抗腐蚀能力差的缺点,因此应尽可能降低钎料中 Cu 的含量。

从 Al – Si – Cu 三元相图可看出,其825K 液相线等温线基本构成一个三角形

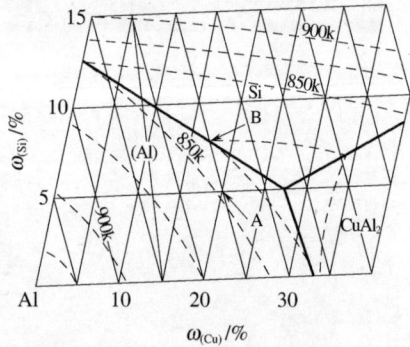

图 6 – 57　Al – Si – Cu 三元相图

区域,可在此三角形区域内选择对应的成分点作为钎料的成分。三角形区域富 Cu 或富 Si 的过共晶成分作为钎料合金显然是不合适的,因为在钎焊时将会很容易产生对母材的强烈溶蚀,因此钎料成分应落在三角区域的左下分三角区内。图中 B 点含铜量18%左右,含 Si 约 7.5%,既可以降低 Cu 的含量,又可以将液相线温度控制在825K 以下。因此选择 B 点对应的成分作为设计钎料的基本合金体系。

铝合金中加入 Mn 可以提高强度,并且,在从液态快速冷却时,Mn 可以溶解在

Al 中形成过饱和固溶体,并抑制三元化合物的形成,同时 Mn 可以减缓 Cu 的扩散速度[19]。此外,锰的加入可显著提高铝合金的抗蚀性,并对于 Al - Cu 合金具有一定的提高抗腐蚀能力的作用[19]。文献[20]的研究结果也证明,在 Al - Zn - Cu - Si 系钎料中加入 Mn,可以使钎料的熔化温度降低,并使其熔化铺展特性、接头性能和抗腐蚀性能均得到改善,并指出合适的 Mn 的加入量应在 1% 左右。

综合以上因素设计了成分为 Al - 18Cu - 7.5Si - 1Mn 的基本钎料成分。

钎料成分选定后,将钎料炼成小锭分割成块状颗粒用于试验。同时采用快速凝固工艺制备厚度约 0.05mm 的箔带。试验用基体材料主要采用厚度为 2.0mm 的 2A50 合金板材。

抗腐蚀性试验包括钎料自身的电极电位测试和接头的盐雾腐蚀两部分,钎料自身的抗腐蚀性能试验,将钎料及对比用合金加工成尺寸一致的小片,在 3.5% 的 NaCl 溶液中测试其电极电位(自腐蚀电位)、腐蚀电流密度,以判定钎料的腐蚀倾向和腐蚀速度。试验的材料还包括 BAl67CuSi 钎料、2A50 母材用作对比。盐雾腐蚀试验按照 GB6458—86 标准进行,试验溶液为 NaCl 水溶液,溶液浓度为 50g/L,溶液 pH 值为 6.5 ~ 7.2。喷雾箱内的温度为 35℃ ±2℃。试验时间 200h。随后接头又在 3.5% NaCl 溶液中,室温(约 28℃)浸泡 200h。钎焊接头试样经上述环境腐蚀后进行外观观察、拉伸性能测试和组织分析。

差热分析结果表明,Al - Cu - Si - Mn 钎料的熔化温度范围在 501℃ ~ 540℃ 之间,图 6 - 58 为 Al - Cu - Si - Mn 块状钎料在 2A50 母材上的润湿情况和钎焊 2A50 合金的搭接试样 T 接头等间隙(0.05mm)填缝试样的外观形貌。从外观成形看,块状钎料在 550℃,10min 条件下,能够对 2A50 母材很好地润湿,润湿角接近 0°。同时该钎料具有较满意的填缝性能,钎料可以 100% 填充等间隙填缝试样钎缝,钎角均匀光滑。

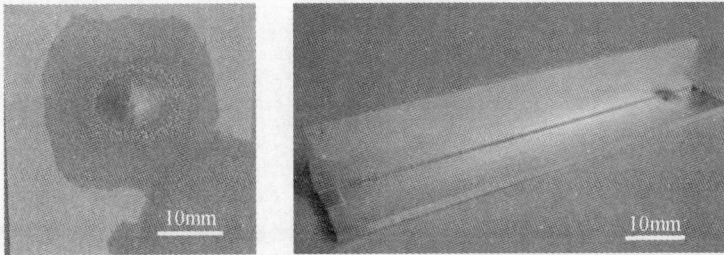

图 6 - 58  钎料在 2A50 母材上的润湿和填缝情况

表 6 - 22 给出了 Al - Cu - Si - Mn 钎料钎焊 2A50 合金的接头性能数据,可以看出,采用块状钎料在 550℃,10min 工艺条件下,接头 T6 热处理后的平均剪切强度在 80MPa 左右,钎焊温度升高至 560℃,钎焊接头的剪切强度变化不大。块状钎料对接接头强度分散性很大,可能与钎焊缺陷不同或钎焊间隙不一致有关。箔状

钎料搭接接头剪切强度明显低于块状钎料。

表 6 - 22　Al - Cu - Si - Mn 块状钎料钎焊 2A50 合金的接头性能

| 钎焊规范 | 强度平均值/MPa | 钎焊规范 | 强度平均值/MPa |
|---|---|---|---|
| 550℃/10min + T6 块状钎料,搭接 | 80.9 | 540℃/10min + T6 箔状钎料,搭接 | 62.6 |
| 560℃/10min + T6 块状钎料,搭接 | 80.9 | 550℃/20min + T6 箔状钎料,对接 | 99.8 |
| 550℃/20min + T6 块状钎料,对接 | 148.3 | | |
| 注:搭接为剪切强度,对接试样为抗拉强度 | | | |

图 6 - 59 为 Al - Cu - Si - Mn 块状钎料钎焊 2A50 合金的典型接头组织形貌。在较低钎焊温度下,钎缝中钎料与母材扩散较弱,钎缝内保留较多种该钎料—母材组合可能出现的相,能谱分析结果表明,钎缝中主要有五种相:Al 固溶体相、$Al_2Cu$ 相,Al - Cu - Si - Mg 四元相,$Cu(MgSi)_3Al_x$ 相,以及含有 Mn、Fe 的多元化合物相。随着钎焊温度的升高,钎缝中化合物相条带的宽度变窄,化合物相的量减少。但接头性能并未表现出随温度升高而升高的趋势,这可能是钎缝中缺陷的影响所致。

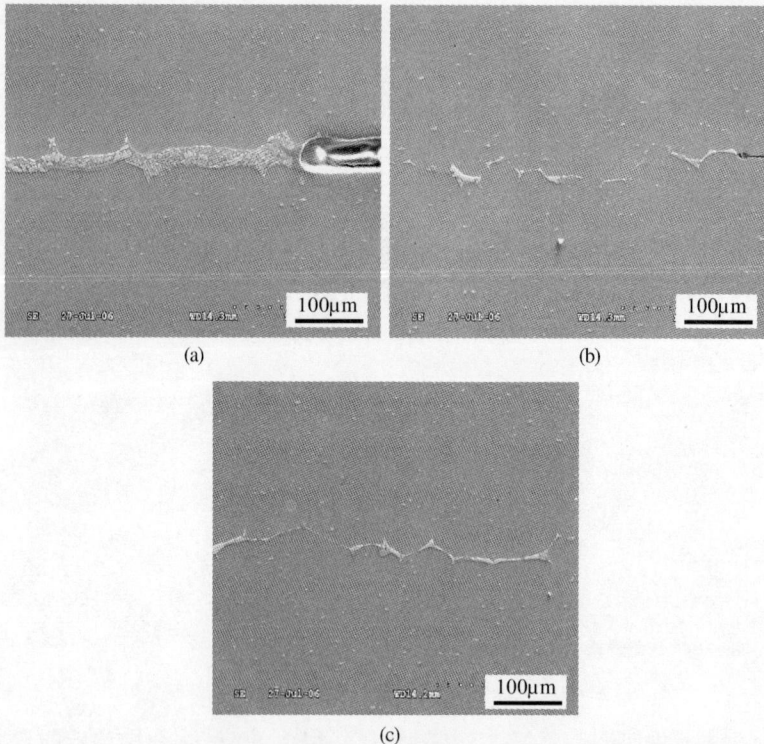

图 6 - 59　Al - Cu - Si - Mn 块状钎料钎焊 2A50 接头组织随温度变化情况
(a) 540℃,10min; (b) 550℃,10min; (c) 560℃,10min。

394

图 6 – 60(d)为 Al – Cu – Si – Mn 钎料钎焊 2A50 合金接头的典型断口形貌，可见接头为准解理断裂，具有一定的脆性。断口分析还发现，接头中存在较多未结合缺陷，图 6 – 60(a)、(b)为典型的缺陷形貌。虽然钎焊接头外观均形成了良好的圆角，但接头中具有较多缺陷。接头中的缺陷主要有两种形貌：集中型缺陷和分散型缺陷。图 6 – 60(a)中为集中型缺陷形貌，表现为较大块面积的未结合。图 6 – 60(b)、(c)为分散型缺陷的形貌。缺陷所占面积的比例不同，缺陷较多时甚至占据应焊接面积的 50% 以上。缺陷所占面积直接影响到接头的实际承力面积，因此会造成性能数据的分散性，同时也掩盖了随着钎焊工艺参数不同而可能出现的性能变化规律。

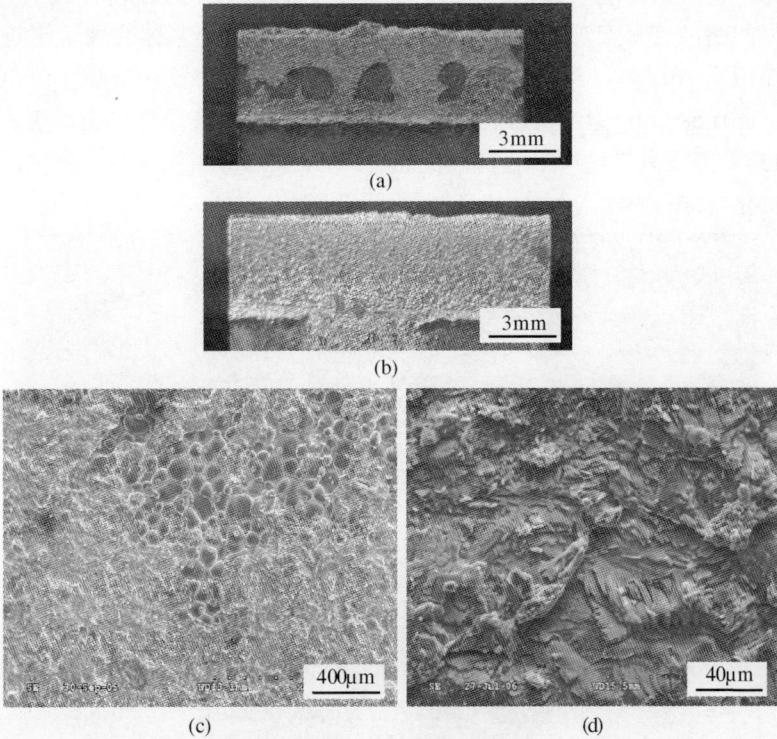

图 6 – 60　Al – Cu – Si – Mn 钎料钎焊接头断口中典型缺陷形貌
(a)、(b)断口宏观照片形貌；(c)、(d)断口 SEM 典型图像。

表 6 – 23 为钎料及对比母材所得电极电位、腐蚀电流测试结果，可见，Al – Cu – Si – Mn 钎料的自腐蚀电位高于 2A50 母材，及对比用的标准 BAl67CuSi 钎料。Al – Cu – Si – Mn 钎料的腐蚀电流密度显著低于 BAl67CuSi 钎料，与 2A50 母材相当。此试验表明，Al – Cu – Si – Mn 钎料具有较高的电极电位，组成接头后不易被作为阳极优先腐蚀。与传统 BAl67CuSi 钎料相比，在 NaCl 溶液中具有较缓慢的腐蚀速

度。因此,就钎料本身而言,Al – Cu – Si – Mn 钎料均较传统 BAl67CuSi 钎料具有更好的抗腐蚀能力。

表 6 – 23　钎料的电极电位、腐蚀电流测试结果

| 试样 | 自腐蚀电位平均值/mV | 腐蚀电流密度平均值/A·cm⁻² |
|---|---|---|
| Al – Cu – Si – Mn 钎料 | – 662 | 4. 39 |
| BAl67CuSi 钎料 | – 673 | 10. 22 |
| 2A50 母材 | – 708 | 4. 58 |

经盐雾腐蚀后试样的外观表面发生了腐蚀,钎缝处颜色较暗,试样表面附着有白色腐蚀产物。试样基本保持较完整的外观,母材表面多处发生腐蚀小坑,钎缝处没有明显的腐蚀坑等宏观尺寸变化。经盐雾腐蚀后 2A50 基体腐蚀坑附近典型组织形貌见图 6 – 61(a)。可见 2A50 合金发生一定程度的腐蚀,有些部位出现裂纹状组织。图 6 – 61(b)为经盐雾腐蚀后 2A50 接头暴露面钎角处组织形貌。与基体相比,钎角处并没有发生明显选择性优先腐蚀,接头内部组织形貌与腐蚀前相比没有明显变化(图 6 – 61(c))。

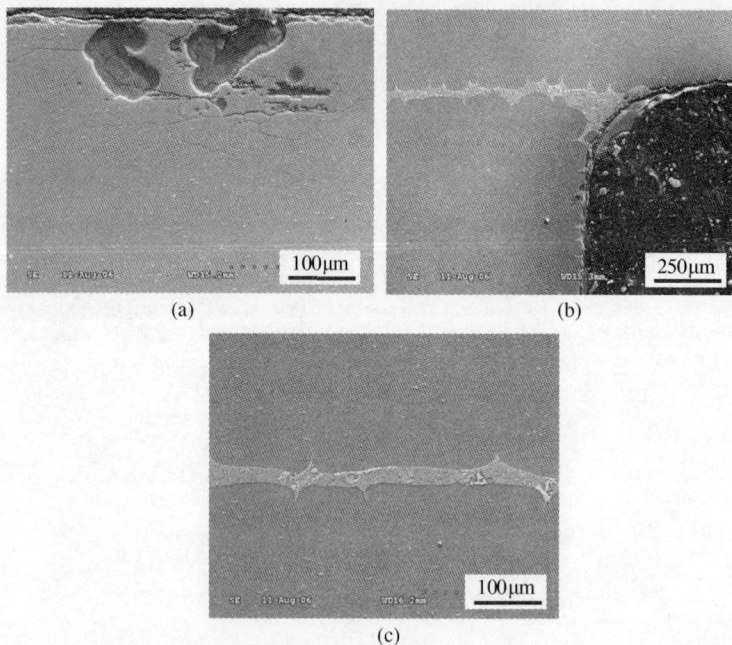

图 6 – 61　经 200h 盐雾腐蚀后 2A50 母材表面及接头的典型组织
(a) 2A50 母材;(b) 接头暴露面钎角处;(c) 接头内部。

经 200h 盐雾腐蚀,并经 200h 盐水浸泡后接头性能测试结果表明,接头剪切强度平均为 78.9MPa,与腐蚀前 80.9MPa 相比没有明显降低。其原因是由于钎料的

电极电位略高于所钎焊 2A50 母材的电极电位,钎焊组合成接头后,钎缝区域没有成为主要腐蚀对象,因此未发生优先腐蚀,加上钎料自身耐腐蚀性较好,因而接头性能没有明显降低。

### 6.5.4 Al – Cu – Si 复合钎料的研究

为解决铝合金中温钎焊技术,不少学者致力于铝合金中温钎焊的钎料研究,如文献[12]报道的 Al – Cu – Si – Ni 钎料,文献[21]报道的 Al – Ge – Si – Mg 钎料,还有作者近期进行的 Al – Si – Cu – Mn 钎料的研究[22]等。但是,当我们试图将这些技术用于实际结构的钎焊时,却发现因为不能够制备出工艺性良好的钎料形式(丝、薄带等)而使具体结构的钎焊仍然无法实施。虽然可将具有较大脆性的中温铝基钎料通过快速凝固的方法制备成非晶或准非晶态箔带使用,但仍存在箔带厚度太薄、钎料难以精确裁剪、以及没有合适的化学清洗工艺以保证钎料良好的表面状态等实际困难,最终还是难以用于实际结构的钎焊。为此研究了一种复合钎料薄带,钎料在具有较低的钎焊温度的同时保持了与普通 Al – Si 钎料一样的塑性和同样的化学清洗工艺性,可用于实际结构的钎焊制造。

由于研究目的是实现 6A02、2A50 等可热处理强化铝合金的钎焊,钎料及钎焊工艺的选择需围绕合金的特点进行。这些合金为 Al – Cu – Si – Mg 或 Al – Si – Mg 体系,不含真空中易于挥发的 Zn 元素,Mg 元素的含量也不高,而这些合金的过烧温度相对较高,在 570℃ ~580℃ 附近,是最有希望实现真空钎焊的可热处理强化合金。综合考虑母材过烧温度及钎焊后的热处理两方面因素,钎料的熔化温度应在 520℃ ~550℃ 范围内。

前面图 6 –57 为 Al – Si – Cu 三元相图富 Al 角[23],图中 B 点含铜量 18% 左右,含 Si 约 7.5%,既可以降低 Cu 的含量,又可以将液相线温度控制在 825K 以下。因此选择 B 点对应的成分作为设计钎料的成分点,设计钎料成分为 Al – 18Cu – 7.5Si。

以前的研究结果表明,采用 Al – Si – Cu 系非晶态箔带钎料钎焊铝合金时存在钎料偏薄、钎料化学清洗时表面发黑等问题,难以寻求合适的化学清洗工艺,钎焊时由于钎料表面氧化膜的存在使接头性能不高,钎缝成形不好。而且钎料偏脆,难以精确裁剪定位。为此,提出复合钎料技术,即把 Al – Si – Cu 系钎料分解为 Al – Si 合金和 Cu,二者均有足够的塑性,可以变形加工,将二者叠层复合起来可以形成具有塑性的复合薄带。而用于 Al – Si 合金化学清洗的工艺已经成熟,为便于钎料的化学清洗,将钎料设计为三明治结构,即两面均为 Al – Si 合金,中间夹芯为 Cu。

采用轧制的 Al – Si 板和 Cu 箔进行钎料的复合制造,Al – Si 板和 Cu 箔均经化学清洗后采用特殊工艺将其复合到一起,然后再经多道轧制制成厚度 0.10mm ~0.20mm 的薄带。图 6 –62 为制备出的复合钎料薄带的外观形貌,可见钎料表面平整,无分层、起泡等缺陷,与普通 Al – Si 钎料外观完全相同。对钎料的多处断面结构进行了观察,钎料典型断面金相见图6-63,结果表明,Al-Si合金和Cu结合良好,形成了典型三明治结构。

图6-62 制备的复合钎料外观形貌

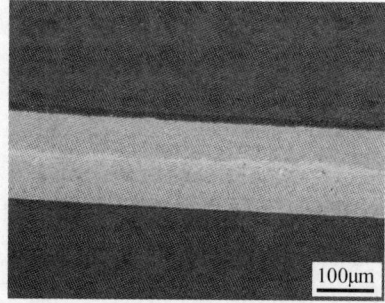

图6-63 复合钎料断面金相

图6-64为复合钎料的差热分析(DTA)曲线,试验时升温速度10℃/min,采用Ar气保护。图中可看出,研制的复合钎料具有与常规铝基钎料基本相同的熔化性质,钎料固相线温度518℃,液相线温度541℃。

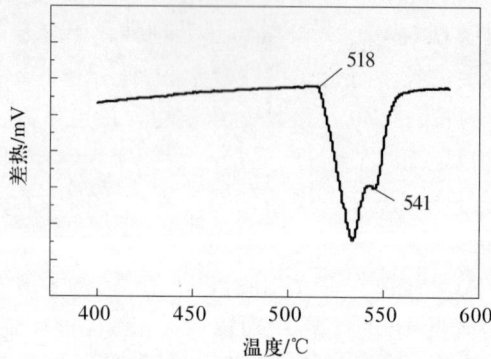

图6-64 复合钎料的DTA曲线

采用530℃~570℃之间五个不同钎焊温度进行了钎焊试验,结果表明,研制的复合钎料具有极好的钎焊工艺性能,在540℃~570℃温度区间内均能形成良好的接头,钎缝成形美观,钎角圆滑适中,不同温度钎焊的搭接试样局部形貌见图6-65。钎焊温度至570℃时,母材表面出现类似润湿环的灰色斑点,表明此钎焊温度下母材可能已出现过烧。

图6-66为复合钎料550℃钎焊2A50母材的典型组织,图6-66(b)为局部放大的组织形貌。能谱分析结果表明,钎缝中形成了五种主要相,黑色基底(A)为Al固溶体,白色块状相(B)为$Al_2Cu$,边缘不清的灰色相(C)为Al-Cu-Si-Mg四元相,按原子比例称其为$Cu(MgSiAl)_4$相;有棱角的灰块(D)为含有Al、Si、Mg、Mn、Fe的五元化合物相,另外$Al_2Cu$中间(E)还分布着富Si相。由于钎料与基体

398

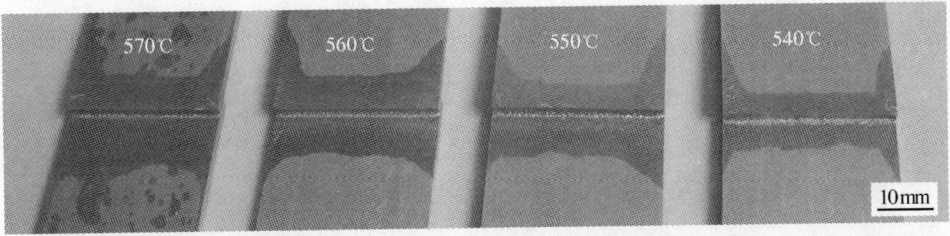

图 6-65　不同温度钎焊的搭接试样局部形貌

在钎焊温度下扩散作用较强,化合物相分布不均,并随着扩散的增强逐渐消失,钎缝较窄处化合物相已完全消失,形成了完全固溶体组织。对不同钎焊温度接头组织观察结果表明,随着钎焊温度的升高,钎缝中化合物相逐渐减少,并趋于断续分布。因此可以判定,适当升高钎焊温度,或延长保温时间,或施加压力使钎缝变窄等措施均有利于消除 $Al_2Cu$ 等化合物相,获得均匀的固溶体组织。

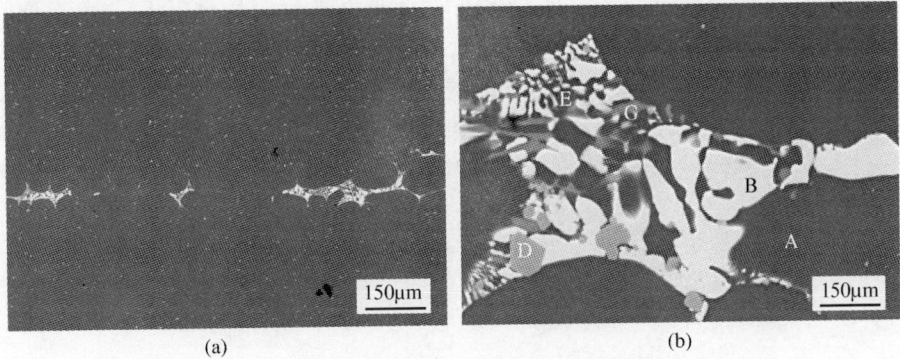

图 6-66　复合钎料 550℃ 下钎焊 2A50 合金的典型组织
(a) 低倍;(b) 局部放大。

接头剪切性能测试结果列于表 6-24,可见接头达到了较高的性能水平,平均剪切强度 172MPa。特别需要说明的是,每个试样的性能接近,数据分散度不大,这在铝合金中温钎焊中较为难得,数据分散度较低也从另一个侧面说明制备的钎料钎焊工艺性较好,可以保证较好的接头质量一致性。

表 6-24　2A50 钎焊接头的剪切性能

| 试样编号 | 剪切强度/MPa | 平均剪切强度/MPa | 试样编号 | 剪切强度/MPa | 平均剪切强度/MPa |
|---|---|---|---|---|---|
| 506 | 172 | 172 | 509 | 162 | |
| 507 | 169 | | 402 | 182 | |
| 508 | 186 | | 304 | 162 | |

但是,对接头的断口分析表明,钎缝中仍然存在一些缺陷,缺陷分布情况见图 6-67(a),缺陷被分隔成分立或连续的小块,分布在钎缝搭接面较中部的位置,缺

陷面积约占钎焊总面积的 10% ~20% 之间。对所拉断的 30 个试样的断口观察表明,钎缝中的缺陷具有普遍性,缺陷的形态与分布也基本类似。与块状钎料钎焊接头(见图 6 -67(b))相比,复合钎料不同钎焊接头内缺陷分布的一致性要强一些,而且单块缺陷面积较小,因此接头强度数据的分散性相应要小一些。

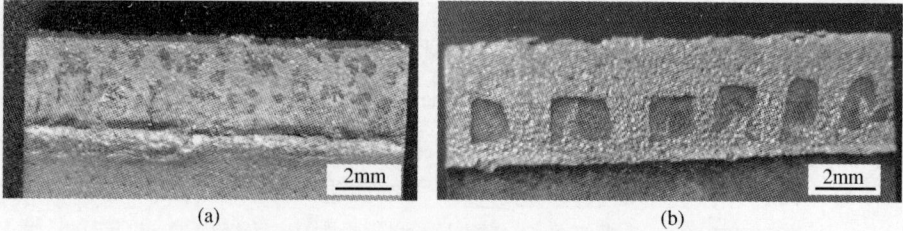

图 6 -67  2A50 搭接试样的断口形貌
(a) 复合钎料接头断口;(b) 块状钎料接头断口。

最后,采用研制的复合钎料对 2A50 铝合金叶轮实际结构进行了钎焊,叶轮钎焊前后形貌见图 6 -68。钎焊面为叶轮漩涡状筋条与另一半壳体相配合的表面。先把钎料裁剪成与叶轮筋条形状一致且宽度稍宽的条状,定位于筋条钎焊面上,然后将两壳体对合,装入弹性夹具中在真空钎焊炉内钎焊。结果表明,叶轮钎焊达到了很好的效果,钎缝成形美观连续,完全达到了设计技术要求。

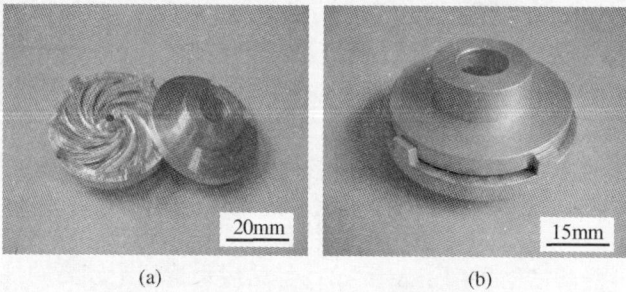

图 6 -68  2A50 铝合金叶轮实际构件形貌
(a) 钎焊前;(b) 钎焊后。

## 6.6  母材对铝合金中温钎焊的影响及钎焊机理

以往的研究结果表明,若要成功解决铝合金的中温真空钎焊问题,不仅仅在于研制熔化温度合适的钎料,能否形成良好的钎缝成形也是铝合金的中温真空钎焊必须解决的突出问题。试验过程中发现,铝合金中温钎焊时接头的形成不仅与钎料、钎焊工艺参数、采取的工艺措施有关,而且对于不同的铝合金母材,钎焊工艺性表现出了很大的差异。母材对钎焊工艺性的影响不仅仅体现在其过烧温度的高低和对钎焊温度的适应性上,由于其化学成分的差异及表面氧化膜状态不同等因素,使得不同铝合金母材在中温真空钎焊时表现出完全不同的性质,对钎焊接头的成形影响很大。

我们采用三种材料,即3A21、6061、2A50,不同试样对钎料的铺展性能、填缝和性能进行了考察。采用俄歇电子能谱分析对母材表面元素情况进行了分析。采用X射线衍射方法对经真空钎焊加热过的铝合金母材表面的氧化膜结构进行了分析。试验用钎料采用1#钎料,为资料报道的 Al – Cu – Si – Ni 钎料[12],其名义化学成分为 Al – 20Cu – 5Si – 2Ni,采用块状钎料进行试验。

## 6.6.1 不同母材上钎料润湿、铺展和钎缝成形情况

图6-69为1#钎料在550℃/10min规范下,在不同母材上的润湿铺展状态形貌。可将润湿铺展试样表面分成三个区域:主体钎料润湿区、润湿环区和未润湿区。钎料在不同母材上的润湿铺展面积明显不同,在3A21最小,在6061母材最大,而在2A50母材上介于两者之间。钎料在三种母材上的润湿铺展状态也不同,在6061母材上虽然总的润湿铺展面积最大,但大部分面积为没有宏观厚度的润湿环区,主体钎料铺展并不理想,表现出钎料沿表面流散的现象。而在3A21、2A50母材上润湿环区并未过分增大,表现出较正常的润湿铺展状态。试验时还发现,钎料在6061、2A50母材上更容易熔化铺展,而在3A21母材上需要更高的温度才能达到同样的熔化铺展效果。

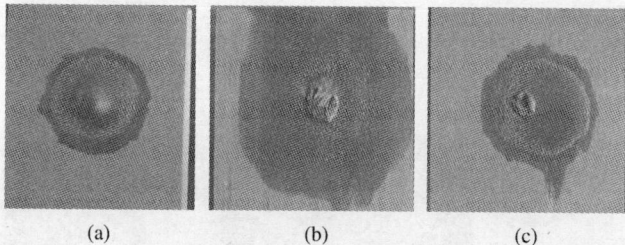

图6-69 1#钎料在不同母材上的润湿铺展状态(规范:550℃/10min)

(a) 3A21母材;(b) 6061母材;(c) 2A50母材。

图6-70为1#钎料在三种母材上的填缝试样形貌,可见在所用的规范下(550℃/10min),1#钎料在3A21上的填缝长度仅为40mm,约40%,钎角大。在2A50母材上的填缝长度达到100mm以上,达到100%,成形美观,钎角适中(约$R0.5mm \sim 1.0mm$)。而在6061母材上,虽然宏观填缝长度也基本上达到了100%,但钎料沿表面流失严重,钎缝圆角小而不致密,沿钎角有不致密或裂缝现象(见局部放大图)。图6-71为填缝试样横截面低倍组织形貌,可见对于3A21、2A50母材均形成了致密钎缝,而对于6061母材却出现不致密甚至未形成钎缝。

(a)

(b)

(c)

图 6 - 70 1#钎料在不同母材上的填缝试验结果

(a) 3A21；(b) 6061；(c) 2A50。

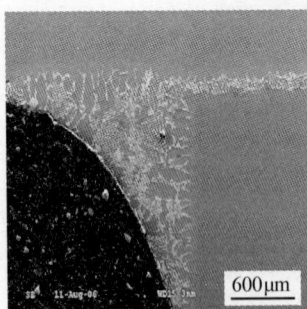

(a)　　　　　　　　　　　(b)　　　　　　　　　　　(c)

图 6 - 71 不同母材的 T 形接头截面低倍形貌

(a) 3A21 接头；(b) 2A50 接头；(c) 6061 接头。

　　以上试验可看出,在采用 1#钎料进行真空钎焊时,对于不同的母材,表现出不同的工艺性能,在所选的钎焊温度下,钎料钎焊 3A21 母材时流动性及填缝性能均

402

较差,钎角大;而对于 6061 母材,钎料在母材表面润湿环区域过大,钎料沿表面流失严重,而钎料主体形成完整接头的性能较差,钎角小而不致密,在钎角处有裂缝情况出现;而对于 2A50 母材,1#钎料表现出较好的钎焊工艺性,形成的钎焊接头完整美观,钎料填缝能力强,钎角适中。

## 6.6.2　不同母材钎焊接头的组织和性能

对不同母材接头的组织形态进行了观察,典型接头组织形貌见图 6 - 72。可见对于 2A50 和 6061 母材的完整接头组织,接头组织形态类似,接头中存在 Al 固溶体、富 Si 相、$Al_2Cu$、及 $Cu(MgSi)_3Al_x$ 四元相等主要相。但由于 6061 基体中原始 Cu 含量较少,钎缝中的 Cu 在其中扩散较快,因此其接头中 $Al_2Cu$ 相的数量相对较少。图 6 - 72(c)为钎缝内存在缺陷的组织形貌。6061 合金接头钎角处多存在缺陷,内部缺陷以小尺寸断续未结合缺陷为主。2A50 合金钎角处很少出现缺陷,缺陷出现在内部,以集中缺陷为主;6061 接头钎角不致密现象与前面钎缝成形试验的结果相对应。

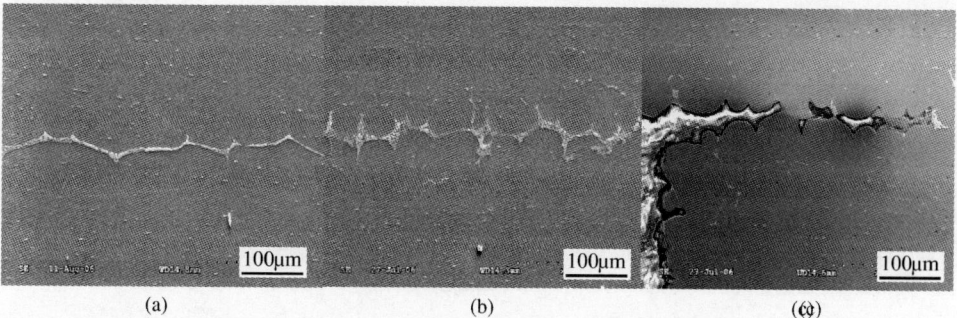

图 6 - 72　550℃钎焊的不同母材的接头组织
(a) 2A50 母材;(b) 6061 母材;(c) 6061 接头缺陷。

虽然 6061 合金钎焊时形成完整接头的能力较差,但一旦形成完整接头,其剪切强度并不比 2A50 合金接头的低。在 550℃/10min 规范下,6061 合金接头平均剪切强度达到 88MPa,而 2A50 合金接头平均剪切强度为 84.5MPa。6061 合金接头强度较高可能与接头中 Cu 元素易于扩散而使钎缝中 Cu 相对于 2A50 中含量更低,$Al_2Cu$ 化合物相含量较少有关。

## 6.6.3　钎料在不同母材上的润湿、铺展机理分析

对钎焊后 6061、2A50 表面进行了俄歇电子能谱分析和 X 射线衍射分析。为提高表面的分辨精度,前 10min 采用了较慢的溅射剥离速率,约 1nm/min,10min 后提高溅射速率。

图 6-73 为不同母材经 550℃/10min 钎焊热循环后表面的俄歇电子能谱的分析结果。图 6-74 为 6061 合金化学清洗后,没有经过钎焊加热试样表面的俄歇分析结果。

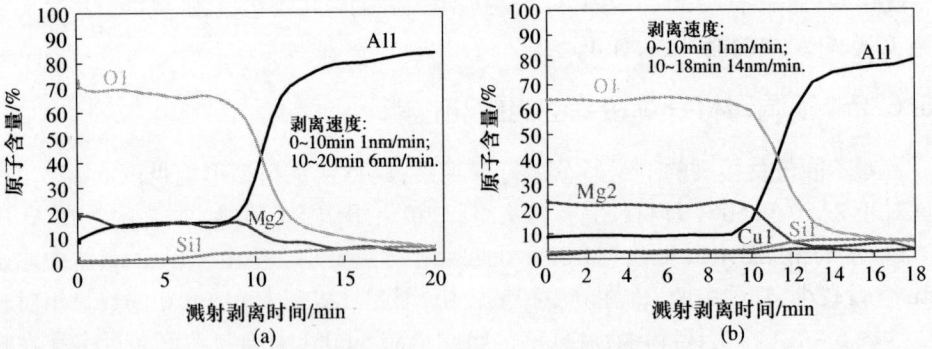

图 6-73　经钎焊热循环后母材表面元素沿深度分布

(a) 6061 合金表面; (b) 2A50 合金表面。

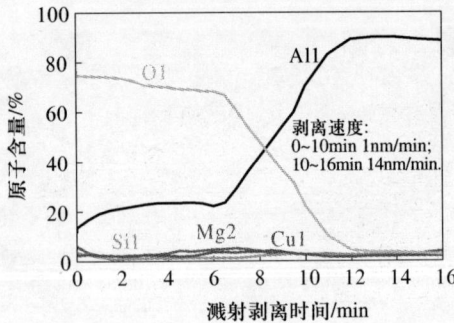

图 6-74　6061 合金化学清洗后表面元素沿深度分布

　　俄歇分析结果表明,6061 和 2A50 表面的氧化膜按元素所占比例不同主要有三种组成情况,第一种以铝的氧化膜为主,Al 的原子比例约为 20% ,O 约为 70% 。第二种为 Al、Mg 的复合氧化膜,其中 Mg 原子比例高于 Al 的比例,大致的原子比例为 22% Mg,8% Al,64% 的 O。第三种也为 Al、Mg 的复合氧化膜,这种氧化膜中 Mg 原子比例与 Al 的大致相等,即 Al、Mg 各占 15% ,O 占 70% 。

　　6061 合金钎焊加热前表面以铝的氧化膜为主,为前述的第一种氧化膜,氧化膜的厚度在约 8nm 之内。经钎焊加热后,6061 表面的氧化膜变为镁和铝的复合氧化膜,最表层为第二种氧化膜,镁所占比例高于铝的比例,分布在厚度约 1nm ~ 2nm 的表面。再往深层,其氧化膜变为第三种情况,为 Al、Mg 原子比例基本相等的复合氧化膜,厚度约 9nm。2A50 合金经钎焊加热后表面的氧化膜状态与 6061 合金明显不同,图 6-73(b)表明,2A50 合金表面的氧化膜为第二种情况,以高 Mg 含量的 Al、Mg 的复合氧化膜,第三种氧化膜在 2A50 合金表面并没有出现。

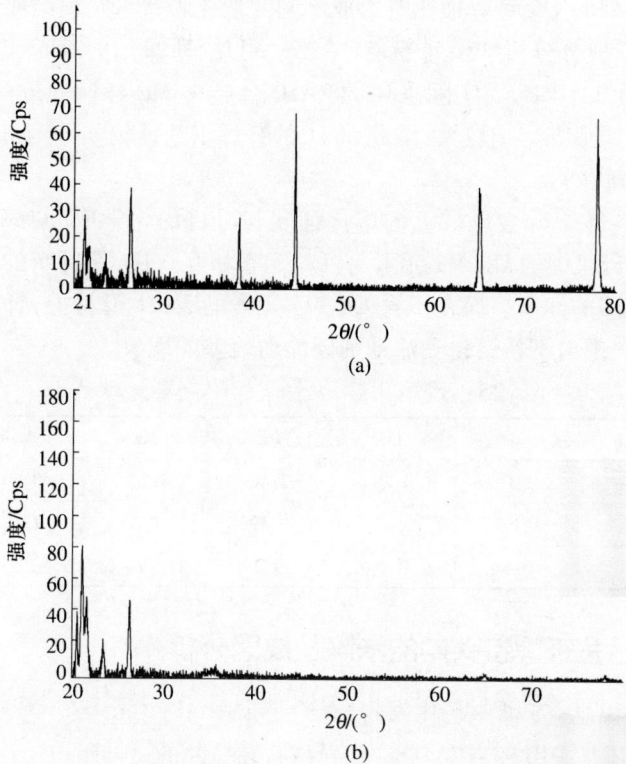

图 6-75 经钎焊热循环后 6061 和 2A50 母材表面氧化膜的 X 射线衍射图
(a) 6061 合金表面；(b) 2A50 合金表面。

对钎焊热循环后 6061 和 2A50 母材表面氧化膜的 X 射线衍射分析结果表明，经钎焊热循环后 6061 和 2A50 母材表面氧化膜存在不同结构。6061 合金 X 射线衍射谱线出现晶化峰，氧化膜为结晶态结构，可能存在 $MgO$、$Al_2O_3$、$MgAl_2O_4$ 等相。而 2A50 合金中，没有表现出明显的氧化物晶体衍射峰，可能与钎焊加热中 2A50 表面的氧化膜被破坏，变成松散非晶结构有关。

分析认为，$Al-Cu-Si$ 中温钎料真空钎焊时，对于 6061 和 2A50 合金表现出完全不同的填缝工艺性，与钎焊过程中表面形成的氧化膜状态不同有关。6061 合金表面钎焊加热前后氧化膜成分不同，表明对钎焊工艺过程有影响的氧化膜是在钎焊加热过程中形成的。第二种富镁的氧化膜可能具有相对较松散的结构，钎焊时液态钎料流动时可以冲开氧化膜，形成致密钎缝。第三种氧化膜相对致密，并与母材结合较紧密，液态钎料不能形成冲开氧化膜而流动填缝的过程，而只能在氧化膜缝隙间或下面渗透，形成类似润湿环的形貌，而钎料主体难以形成宏观的有效流动，因此 6061 合金钎焊时表现出填缝性能较差，而出现大部分钎料沿母材表面流失的现象。

405

6061 和 2A50 合金钎焊加热时形成不同的氧化膜状态归根结底与合金的化学成分有关,化学成分分析结果列于表 6 - 25。可见,所采用的 6061 合金中实际 Mg 含量较高,约为 1.10% ,为实际采用的 2A50 合金中 Mg 含量的近两倍。由于 Mg 元素对氧化膜的形态影响较大,因此 6061 的钎焊工艺性较差可能与实际采用的材料 Mg 含量较高有关。

另外,钎料在铝合金母材上的熔化铺展与母材的化学成分有关。在 6061 和 2A50 母材上,母材中的 Cu、Mg 元素与钎料元素相互作用,使钎料的表现出宏观上更易于熔化铺展的性质。而在不含 Cu、Mg 元素的 3A21 母材上,钎料的熔化铺展均有所滞后,表现出不易熔化和流动铺展能力较差的现象。

表 6 - 25　试验用铝合金母材的主要化学成分　%(质量分数)

| 元素 | Si | Fe | Cu | Mn | Mg | Al |
|---|---|---|---|---|---|---|
| 2A50 样品 | 0.84 | 0.20 | 2.16 | 0.52 | 0.60 | 余 |
| 6061 样品 | 0.66 | 0.42 | 0.19 | 0.11 | 1.10 | 余 |
| 3A21 技术条件 | 0.6 | 0.7 | 0.2 | 1.0 ~ 1.6 | 0.05 | 余 |

## 6.6.4　铝合金钎焊接头中的缺陷及成因分析

铝合金中温真空钎焊试验中发现,无论是采用 Al - Cu - Si - Ni 钎料、Al - Cu - Si - Mn 钎料,还是采用 Al - Cu - Si 复合钎料,在拉断的试样断口上均可发现明显的内部钎焊缺陷。图 6 - 76 为采用不同的钎料形式在 550℃ 钎焊 2A50 合金接头搭接试样断口形貌,缺陷约占钎焊总面积的 10% ~40% 之间。作者所作的一百余个接头中,均存在不同程度的内部缺陷,外观成形美观完整的接头也不例外。由此看来,采用 Al - Cu - Si 系钎料在较低温度真空钎焊可热处理强化铝合金时,内部缺陷的存在具有一定的普遍性。内部缺陷的存在掩盖了随着工艺参数的变化可能出现的性能变化规律,也是接头性能分散度较大的原因。相对而言,采用复合箔带钎料钎焊的接头缺陷的分布一致性更好,因此采用复合箔带钎料性能数据的分散度相对较小。

接头中缺陷的形态和分布具有一定的规律性,通过对断口的观察分析,提出了两种搭接接头块状钎料填缝过程模型,其过程示意图见图 6 - 77 和图 6 - 79。中部矩形区域为两个片状试样形成的搭接钎缝区,块状钎料置于紧靠钎缝的一边。第一种填缝过程描述如下:钎料熔化后首先沿搭接钎角流动,随后钎料填入钎焊间隙沿搭接面流动,钎料流动过程中将氧化膜排开,氧化膜在钎料流动前沿逐渐堆积,流动局部受阻,未受阻钎料继续向前流动,至另一端钎角处沿钎角横向流动形成钎角并汇集在一起,将流动受阻区域包括在钎缝内形成封闭区域,最终形成集中封闭缺陷。在第一种填缝过程中,钎料主要靠钎缝的毛细作用和宏观的流动实现填缝过程。图 6 - 78 为第一种填缝过程形成的接头断口形貌,与模型非常吻合。

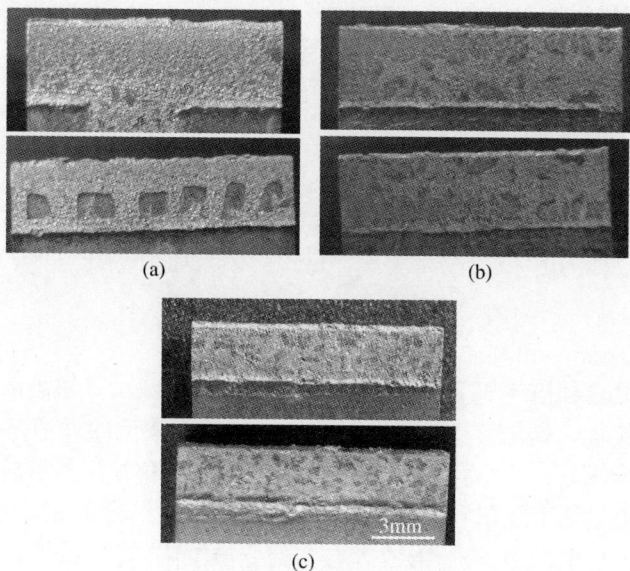

图 6-76　不同钎料形式钎焊 2A50 合金接头断口形貌

（a）块状钎料；（b）非晶态箔状钎料；（c）复合箔带钎料。

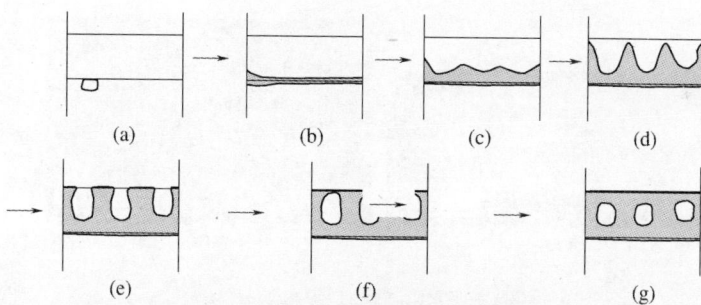

图 6-77　第一种填缝过程示意图

图 6-78　第一种填缝过程形成的接头断口

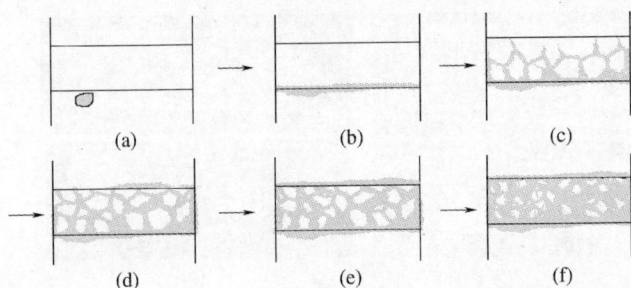

图 6 - 79   第二种填缝过程示意图

第二种填缝过程描述如下:钎料熔化后首先沿钎角流动并填满前沿钎角区域,随后钎料在晶粒状的氧化膜片的交界间隙处形成优先渗流的通道,钎料沿此通道润湿两面母材形成晶界状结合区;继续扩展至另一端钎角处汇集形成钎角,同时在钎料不断的渗流补充下加粗和形成新的分支,逐渐扩大结合面积并将未结合区分割成多处细小的分散区域,最后形成含有多处分散缺陷的接头。第二种钎缝成形过程钎料基本未表现出宏观流动,钎料沿氧化膜片的边沿间隙或下面渗流,形成的缺陷为分散型缺陷。图 6 - 80 为第二种填缝过程形成的接头断口,也与模型相吻合。

图 6 - 80   第二种填缝过程形成的接头断口
(a) 正常断口;(b) 未进行完整的接头断口。

铝合金中温真空钎焊时缺陷的形成最终还是与氧化膜能否去除或排出有关,块状钎料钎焊时有时也存在两种填缝过程同时进行的现象,形成混合型缺陷。

# 6.7   铝合金平板缝阵天线精密钎焊技术的应用

随着电子战信息战时代的到来,机载、弹载武器的雷达性能的优劣直接决定着武器装备的技战术性能,其中天线是雷达的最关键的精密部件之一,是雷达的眼睛。与传统的抛物面天线或卡赛格伦式天线相比,铝合金波导缝阵天线具有效率高、结构紧凑、体积小、重量轻、抗干扰能力强等优点,安装在扫描活动支座上后转

408

动惯量小,扫描灵活,同时也可降低扫描支座的结构重量,因此波导平面缝阵天线是机械扫描天线中的先进结构形式,广泛地被第三代战斗机和新一代先进主动雷达制导导弹所采用。如美国著名雷达 AN/AWG - 9、AN/APG - 65 及用于 F15 战斗机的 AN/APG - 70(63)、用于 F16 战斗机的 AN/APG - 66 及其改进型等均采用了波导平板缝阵天线。决定雷达性能的关键部件之一的天线,总的趋势是采用高效平板化的结构。随着制导精度及抗干扰能力等性能的提高,雷达工作频率日益增高,缝阵天线已发展到设计加工精度要求更高的毫米波段,制造技术难度大。

本部分简述我们针对铝合金雷达缝阵天线及铝合金波导等精密功能器件的精密钎焊技术。

## 6.7.1　钎焊工艺的选择

国外平板缝阵天线的钎焊大多采用盐浴钎焊,20 世纪 70 年代以后美国的平板缝阵天线雷达的大量装备表明其铝合金平板缝阵钎焊技术已相对成熟。

盐浴钎焊具有温度控制均匀,对零件的清洁度和焊前清理要求低,易于形成焊缝等优点;但盐浴钎焊也有运行耗能、污染环境、工艺复杂、结构设计时必须考虑熔盐的流入、流出通道,结构设计限制较多,以及焊后清洗繁琐、存在腐蚀隐患等很多缺点,且焊后零件的外观质量也较差,随着铝合金真空钎焊技术的不断完善,盐浴钎焊有逐渐被高效清洁、设计灵活、无腐蚀、无污染的真空钎焊取代的趋势。对于铝合金缝阵天线的钎焊,我国盐浴钎焊和真空钎焊的技术基础相当,研究结果表明,采用真空钎焊工艺可以满足小型铝合金缝阵天线的技术要求,因此选择真空钎焊工艺用于天线的钎焊。

对于由 3A21 铝合金制成的天线结构,采用 Al - Si - Mg 钎料可以满足技术要求。因此,天线钎焊时仍选用 Al - Si - Mg 钎料,其中以含有少量 Bi 的钎料的工艺性能较好,以前的研究结果表明,该钎料具有良好的工艺性,钎焊 3A21 铝合金接头的强度为 90MPa ~ 110MPa,与基体的强度相当,另此钎料具有满意的抗蚀性,接头可经受随后的阳极氧化处理,用此钎料钎焊的接头完全可满足天线的工作要求。

铝合金缝阵天线真空钎焊时,由于多层钎焊时技术难度较大,因此可以考虑采用分步钎焊的工艺,但若采用分步钎焊工艺,第一步钎焊后组合件的表面清洗,钎焊后组合件与后续零件的装配配合等会出现一些列技术问题,不利于天线的质量控制,为此选用一次钎焊完成的工艺方案。对天线这类复杂薄壁结构,机械加工也是制造的关键工艺之一,由于壁薄,及残余应力等原因,天线零件并不能保证在自由状态下具有图样要求的平面度,因此天线的总体尺寸需靠钎焊后合适的工装来保证。考虑到钎料装配时占据的空间(钎焊装配缝隙)在钎焊时应闭合,因此要求工装必须具有可以跟随的保持一定压力的弹性功能。

## 6.7.2 铝合金缝阵天线等结构的钎焊

我们确定铝合金天线钎焊的基本工艺,其基本工艺流程如下:

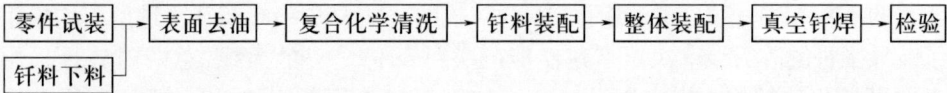

零件试装／钎料下料 → 表面去油 → 复合化学清洗 → 钎料装配 → 整体装配 → 真空钎焊 → 检验

对多至7层的各式平板缝阵天线进行了钎焊,钎焊后波导焊着率基本达到100%,钎焊圆角可以控制在 $R0.3mm$ 以下,辐射面平面度典型值 $0.1mm$,满足多种雷达天线的研制需求。典型平板缝阵天线形貌见图6-81。

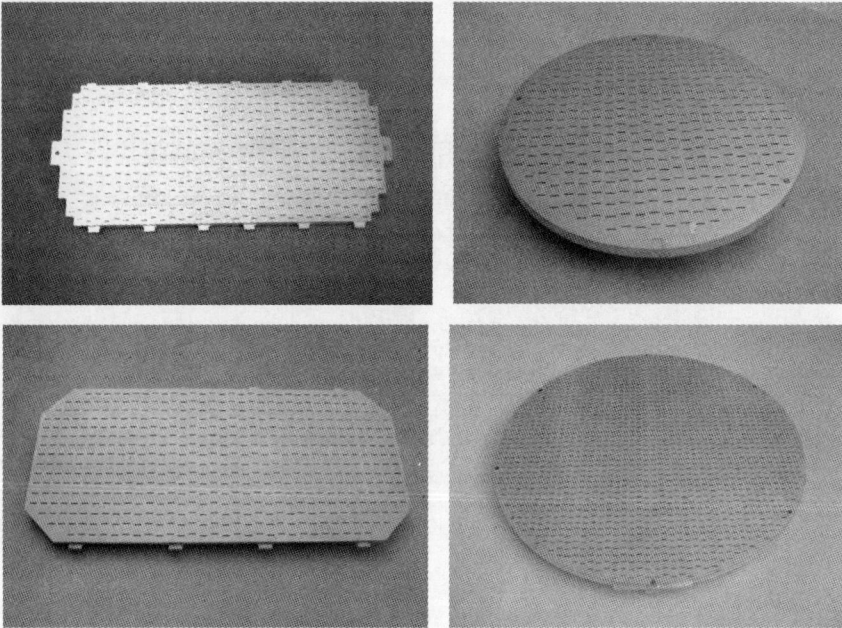

图6-81　典型缝阵天线形貌(背面)

## 6.7.3 铝合金天线钎缝的无损检测技术

由于天线为复杂的多层结构,天线钎焊质量的无损检测问题一直是困扰世界专家的技术难题,天线钎焊后外露钎缝基本可以通过目视检查判定钎焊质量,而对于内部钎缝,希望能有可靠的无损检测方法对其检测。本项目采用超声波C扫描的方法对天线钎缝的焊接质量进行了试验,到目前为止,对于天线结构平板后的第一层钎缝进行可靠的检测。

对天线结构缝隙阵列与波导阵列相连的第一层焊缝的焊接质量进行了彩色C扫描无损检测测试,结果表明,C扫描对第一层焊缝表现出了满意的检测效果,图

6 - 82(a)为焊接良好的天线的 C 扫描图像,可见红色部分(深灰)与绿色部分(浅灰)清洗清洗可变。而图 6 - 82(b)为焊接不良的天线的第一层钎缝的 C 扫描图像,可见局部区域红色(深灰)与绿色部分(浅灰)无法分辨出明显的界限。可见天线的缝隙阵列与波导阵列的钎焊质量可以用 C 扫描的方法进行无损检测。

由于天线焊接及加工质量好坏的最好的检测方法是对该天线进行电性能的综合测试,实际应用中,缝阵天线的检测也只是通过电性能测试的方法来完成,而无损检测只是用于判断电性能不满足设计要求时的原因,因此天线的无损检测变得并不十分必要。

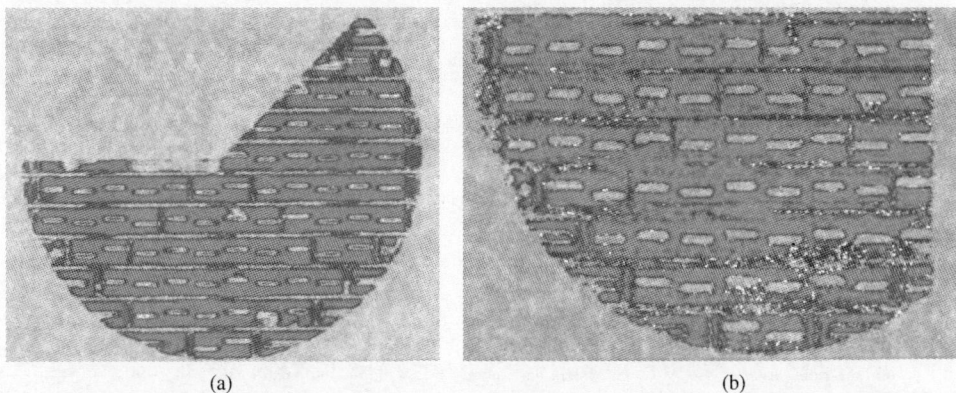

(a)          (b)

图 6 - 82   平板缝阵天线焊接面 C 扫描图像

(a)焊接完好的情况;(b)局部存在缺陷的情况。

# 参 考 文 献

[1] 中国工程机械学会焊接学会. 焊接手册. 材料的焊接(第 3 版). 北京:机械工业出版社,2007.

[2] 中国工程机械学会焊接学会. 焊接手册. 焊接方法及设备(第 3 版). 北京:机械工业出版社,2007.

[3] 周自强. 铝锂合金的研究进展和发展动向. 第三届全国铝锂合金研讨会论文集,北京,1996,7 - 14.

[4] 夏德顺. 前苏联和美国铝锂合金的焊接[J]. 宇航材料工艺,1993,(4):46 - 49.

[5] 梁赞采夫 B N. 全焊接铝合金客机装配—焊接的工艺方法. 许贵芝,译. 北京,航空精密制造技术,2002,24 - 27.

[6] 3ахаров B B,等. 钪对铝合金组织与性能的影响. 宋忠明,译. 国外机车车辆工艺,2005,5 - 11.

[7] V V Ovchinnikov,V V Redchits,Two machanisms of form ation of nuctei of gasbubbles in welding lithium-alloyedalloys,wetding International,1993,7(2):150 - 153.

[8] 林 WE,贝斯奈克 WA,斯亚伯 A. 铝锂合金焊接裂纹敏感性. 夏德顺,译. 导弹与航天运载技术,1996,53 - 60.

[9] 3ахаров B B,等. 钪对铝合金组织与性能的影响. 宋忠明,译. 国外机车车辆工艺,2005,5 - 11.

[10] 王生,李周,尹志民,等. 钪锆微合金化焊丝焊接接头的组织与性能[J]. 兵器材料科学与工程,2005,

28(3):26 – 29.

[11] 龙伟民. 高质量的铝钎焊是未来汽车制造的关键技术. 第十二届全国钎焊及特种焊技术交流会论文集,2002,青岛. 51 – 57.

[12] D. M. Jacobson, G. Humpston, and S. P. S. Sangha. A new low-melting-point aluminum braze[J]. Welding Journal,1996(8). 243 – 250.

[13] GB/T 13813 – 92 铝基钎料.

[14] GB/T 11364 – 1989 钎料铺展性及填缝性试验方法.

[15] 中国航空材料手册编辑委员会. 中国航空材料手册,第三卷. 北京:中国标准出版社,2002.

[16] GB/T 3190 – 1996,中华人民共和国国家标准—变形铝基铝合金化学成分.

[17] 中国材料工程大典编委会. 中国材料工程大典,第四卷. 北京:化工工业出版社,2006.

[18] 王祝堂,田荣璋. 铝合金及其加工手册. 长沙:中南大学出版社. 2005.

[19] [美]蒙多尔福 L F. 铝合金的组织与性能. 王祝堂,张振录,郑璇,等译. 北京:冶金工业出版社. 1988.

[20] 董仕节,匡一心,史耀武,周文东. Mn、Sr 对低温铝基钎料性能影响的研究[J]. 汽车研究与开发. 1996(6). 38 – 40.

[21] Kayamoto T,Onzawa T. Development of low melting temperature fillers for aluminum alloys[J]. Welding International,1996 10(5). 363 – 369.

[22] 程耀永,吴欣,陈云峰,等. 一种用于铝合金中温真空钎焊的新型钎料研究[J]. 焊接,2008 增刊1. 84 – 88.

[23] Grabellini O. Palacio H,Biloni H. Correlation between fluidity and solidification-microsttuctures at the aluminium-rich corner of the Al-Cu-Si system cast metals[J]. Welding Journal,1990(2). 82 – 90.

# 第7章　金属基复合材料焊接技术

在航空航天高温结构中,金属基复合材料(Metal Matrix Composites,MMCs)因其一系列优异的性能而倍受关注。MMCs 由金属基体(如铝、镁、钛等)与增强材料(如 C 纤维、B 纤维、SiC 纤维、晶须或颗粒等)复合而成。与通常的金属材料相比,它具有高比强度、高比模量、耐高温、耐磨损、热膨胀系数小等优点。而与树脂基复合材料相比,它又具有防燃、抗老化、耐高温、导热与导电等特点,因此除用于航空航天等国防领域外,MMCs 还广泛应用于汽车、运输、桥梁、民用建筑等诸多领域。

金属基复合材料在航空航天领域具有十分广阔的应用前景,例如美国 1987 年发射的"哥伦比亚号"航天飞机上的货舱桁架使用了硼纤维增强铝基复合材料[1];NASA 公司使用 Cr/Al 复合材料制造卫星波导管,其导电性好,热膨胀系数小,比原来使用的石墨/环氧树脂波导管轻 30% 左右[1];俄罗斯全俄航空材料研究院将 B/Al 复合材料用于安 –28 飞机机体结构上,零件减重 25% 左右[1];美国 PW F119 发动机的扩散式喷管汽缸内使用了长约 30cm、杆径 5cm、头部直径 10cm 的钛基复合材料活塞,其重量约比原不锈钢活塞轻 40%;GE 公司用 SCS –6/Ti –6 –4 钛基复合材料制造低压涡轮轴,并进行了试验,据称,如果 F110 的低压涡轮轴采用这种复合材料制造,发动机可以减重 68kg,其中轴本身减重 9kg[2];英国罗·罗公司成功地研制了复合材料的宽弦空心风扇叶片[2]。

除了航空航天领域,金属基复合材料在民用工业领域的应用也十分广泛。在汽车、运输领域,金属基复合材料可用于制造活塞、连杆、刹车盘、飞轮等构件。例如日本本田汽车公司在汽缸体活塞上应用了 $Al_2O_3$ 短纤维增强铝基复合材料,并实现了大规模工业化生产;日产汽车公司采用金属基复合材料使汽车重量减轻 40% 左右;英国 AE 公司采用金属基复合材料制造柴油发动机缸套,减小了机械变形和热变形,从而使缸套的冷却效率提高,活塞的磨损减小,油耗降低。其他方面,金属基复合材料还用于制造高尔夫球杆头,自行车链轮以及医疗上的假肢等。在电力行业,法国 EDF 公司和美国 3M 公司联合研制了一种新型纤维增强铝基复合材料导线,因其导电性好、环境适应性好、耐腐蚀等优点,在电力传输方面应用前景良好[1]。

任何一种材料在用于实际构件以及功能元器件的制造过程中,往往会涉及到这种材料自身及与其他材料之间的连接问题,因此人们对金属基复合材料的连接技术进行了较多的研究,根据组成复合材料的金属基体和增强相的成分及构件、元器件的连接要求,可采用不同的方法实现金属基复合材料自身及其与其他材料之间的连接,包括机械连接、胶接、熔焊、钎焊、扩散焊、电阻焊等。北京航空材料研究院在国家"863"、航空基金等项目的资助下,对一些铝基复合材料、钛基复合材料的焊接技术进行了探索研究,本章主要介绍获得的一些研究结果。

## 7.1 纤维增强铝基复合材料及其与钛合金的焊接

在金属基复合材料中,纤维增强铝基复合材料以其高的比强度、比刚度、轴向拉伸强度和耐磨性,优异的高温性能和低的热膨胀系数,良好的导电、导热性、抗疲劳性和潮湿或辐射环境下良好的尺寸稳定性等优点,在航空、航天、兵器等国防工业领域作为高强度耐高温材料,显示出巨大的应用潜力。在航天领域,除前述的航天飞机货舱架及卫星上的波导管外,碳纤维增强铝基复合材料还可用于制造导航系统和航天天线,如用 C/Al 复合材料制成的卫星抛物面天线骨架,热膨胀系数低,导热性好,可在较大范围内保持其尺寸稳定性,使抛物面天线的增益效率提高 4 倍[3]。在航空领域,美国 NASA 的 Lewis 研究中心用 B/Al 复合材料制造的发动机风扇叶片与钛合金叶片相比,质量轻,刚性高,工作时的离心力小,叶尖速度高,改善了发动机的气动效率,在 F-100 发动机上通过了试验[3]。纤维增强铝基复合材料因其良好的综合性能,在兵器中的应用越来越广,美国陆军早在 20 世纪 70 年代末期就对 $Al_2O_3$/A206 复合材料制造履带板进行了研究,采用复合材料制造履带板可使其质量从铸钢的 544kg~680kg 下降到 272kg~362kg,减重近 50%;用碳化硅纤维增强铝合金复合材料制成的跨度为 30m 的舟桥,质量只有 5t,刚度比铝合金的高 30%[3]。

在纤维增强铝基复合材料构件的制造过程中,钎焊、扩散焊以及电阻焊是较多采用的连接方法。

硼纤维增强铝基复合材料软钎焊的一个应用实例是采用 3.8mm 厚的 B/Al 复合材料板材制造 T 型结构件,钎焊前在连接表面化学镀镍,使用 Cd-Ag 钎料,这种 T 型结构中钎焊接头在室温和 93℃时的拉伸和剪切强度完全相等:横向拉伸强度为 38MPa,剪切强度为 75MPa[4];软钎焊的另一个应用实例是用于 OV1 卫星发射的长和宽为 0.76m,高为 2.04m 的支架,该支架由 B/Al 管构成,其中共有 32 个 B/Al 接头,采用 Sn-Ag 钎料钎焊[4]。

硼纤维增强铝基复合材料的硬钎焊方法主要有浸沾钎焊和真空钎焊,这两种钎焊方法都可用于复合材料型材的制造。采用浸沾钎焊工艺钎焊的一个由 1mm 厚的复合材料组成的 T 型构件,其失稳失效载荷值为设计值的 141%[4]。马赫数为 3 的 NASA YF-12 飞机机翼蒙皮采用了真空钎焊的 Borsic/Al(带有 SiC 涂层的硼纤维增强铝基复合材料)-钛合金复合结构,它由 Borsic/Al 上下面板、Ti-3Al-2.5V

钛合金蜂窝芯、Ti−6Al−4V 钛合金框架和加强板四部分组成，采用二步钎焊，第一步用 Al−Mn 钎料将钛合金蜂窝芯、加强板钎焊到钛合金框架上，第二步采用 Al−Si 钎料将 Borsic/Al 面板钎焊到蜂窝—框架组件上，该蒙皮结构满足设计要求，在 149℃ 及 316℃ 长期暴露 10000h，性能没有明显降低，其重量比 YF−12 原采用的钛合金结构减轻 33%[5,6]。真空钎焊的 Borsic/Al−钛合金复合结构的另一个例子是钛包覆 Borsic/Al 蒙皮—桁条板结构，它由表面包覆有钛的 Borsic/Al 蒙皮和帽、Ti−6Al−4V 隔板、Ti−3Al−2.5V 蜂窝芯四部分组成，也是采用二步钎焊，首先将蜂窝芯与表面包覆有钛的 Borsic/Al 帽钎焊起来，并加工至所需要的宽度，第二次钎焊时再将蜂窝芯−帽组件与钛隔板一起钎焊到 Borsic/Al 面板上[5,7]。

扩散连接主要用来制造 B/Al 复合材料型材，例如将复合材料箔带一层层叠放在具有不同型面的成型模，然后装入热压炉中扩散连接起来就可以制成所要求的型材。一种 B/Al 无缝管，是由四层纤维取向与管轴向一致 B/Al 箔带热压扩散连接而成，其具有极高的轴向承载能力，可承受高达 1303MPa 的压缩应力，采用浸沾钎焊工艺很容易实现这种无缝管与端部配件的连接，用于卫星发射支架中[4]。

B/Al 复合材料的电阻焊主要有电阻钎焊（包括电阻点钎焊）、电阻扩散连接以及电阻点焊和缝焊。电阻钎焊是利用常规电阻焊机高速简单的优点来实现复合材料板钎焊的一种工艺，主要用于单向 B/Al、多向 B/Al 以及横向不锈钢增强 B/Al 各种接头组合的连接，钎料为 Al−Si 合金，其钎焊面积满足将尺寸较大的加强平板连接到蒙皮或舱壁板上的多数应用场合要求[8]。电阻点钎焊是在比电阻点焊压力低、热输入小的条件下连接 B/Al−Ti 的一种工艺，焊接前在连接表面镀铜，以形成钎焊合金，用这种方法钎焊的 B/Al−Ti 接头剪切强度为 69MPa，接头失效于复合材料基体中，ϕ9mm 的接头可承受 500kg 载荷[8]。电阻点焊主要用于 B/Al−B/Al、B/Al−Al、B/Al−Ti 的连接，电阻缝焊则用于 B/Al−B/Al 的连接，这两种接头的强度分别可达到复合材料基体的 80% 与 50% 以上[9]。电阻扩散连接是在电阻点焊基础上发展起来的一种 B/Al−Ti 连接工艺，其原理是：集中于钛中的焊点核心将热传递到复合材料的铝基体中对其加热，使温度接近但低于铝的熔点，此时在 B/Al−Ti 之间发生扩散，形成具有微小扩散区的接头。电阻扩散连接的一个应用实例是 B/Al−Ti 承压板的制造，它是将许多帽状 B/Al 桁条电阻扩散连接到钛板上构成的，在 21℃ ~316℃ 温度范围内对这种板进行失效试验，4000 多个焊点无一发生破坏[7]。

北京航空材料研究院针对 B/Al 复合材料构件制造可能的需求，对 B/Al、SiC/Al 复合材料自身及其与钛合金的钎焊、扩散焊以及电阻焊进行了探索研究，焊接的母材有硼纤维增强纯铝（B/Al）或锻铝（B/6A02）、SiC 纤维增强纯铝（SiC/Al）三种铝基复合材料板材和 TC4 钛合金板材，其主要特性见表 7−1。本节将介绍所获得的主要研究结果。

表 7 − 1　焊接的纤维增强铝基复合材料及钛合金板材的主要特性

| 材料牌号 | 主要成分 | 密度/(g/cm³) | 线膨胀系数/10⁻⁶/℃ | 主要力学性能 | | |
|---|---|---|---|---|---|---|
| | | | | $\sigma_b$/MPa | $\tau_b$/MPa | $\delta$/% |
| SiC/Al | Al − 40SiC(体积分数%) | 2.6 | 3.72(50℃ ~500℃) | 700 | 27 ~ 52 | |
| B/Al | Al − 50B(体积分数%) | 2.6 | 4.0( −195℃ ~20℃) | 1200 | | |
| B/6A02 | 6A02 − 50B(体积分数%) | 2.6 | 4.0( −195℃ ~20℃) | 1200 | | |
| TC4 | Ti − 6Al − 4V(质量分数%) | 4.5 | 10.0(20℃ ~600℃) | 925 | 880 | 10 ~ 12 |

## 7.1.1　钎焊

B/Al、SiC/Al 金属基复合材料的钎焊连接主要是复合材料基体铝的连接。这是因为在对这种强度主要取决于纤维增强效果的材料进行钎焊时,若采用对接接头,由于纤维不连续,只能用于低应力场合,因此只涉及到基体连接的搭接接头是复合材料钎焊的主要接头形式,接头强度可以通过改变搭接长度得到调整。在钎焊时还必须考虑以下因素的影响:①B 或 SiC 纤维与铝之间的热膨胀系数相差较大,加热条件不当会使复合材料中产生热应力;②钎焊温度不能太高:540℃以上温度停留时,硼纤维会与铝基体发生反应生成脆化层,降低纤维本身的强度或纤维/基体界面强度,碳化硅纤维和带有碳化硅或碳化硼涂层的硼纤维,可以使反应开始温度推迟到 590℃ ~608℃;③钎焊时钎料会与复合材料基体发生反应,从而影响基体性能。

钎焊的 B/Al 和 B/6A02 板材厚度为 1.0mm,SiC/Al 板材厚度为 1.3mm ~ 1.4mm。TC4 板材厚度为 1.0mm、1.5mm。采用的钎料为自制的 Al − Si − Mg − Bi 箔带,其熔化温度范围为 554℃ ~572℃,厚度为 0.08mm ~ 0.10mm。

图 7 − 1 为采用 Al − Si − Mg − Bi 钎料在 580℃ ~590℃/5min ~ 15min 规范下钎焊的纤维增强铝基复合材料与 TC4 钛合金及 SiC/Al 复合材料自身的接头显微组织。从中可以看出,三种复合材料与 TC4 钛合金钎焊良好,接头中无明显缺陷。B/Al + TC4(图 7 − 1(b))、B/6A02 + TC4(图 7 − 1(c))接头组织由白色的铝基固溶体基体和灰色条状富硅相组成,B/6A02 + TC4 接头中富硅相稍多;而 SiC/Al + TC4 接头(图 7 − 1(a))中已无富硅存在。另从图 7 − 1 中还可以看到,在这三种接头的钎缝与 TC4 界面均存在金属间化合物层,电子探针分析结果表明,该界面层主要成分为 Al、Si、Ti。其厚度随钎焊温度提高、保温时间加长而逐渐增加,结构也发生变化。钎焊温度为 580℃时,界面层主要是由高硅的 Al、Ti、Si 化合物组成,而钎焊温度为 590℃时界面层分为两个高硅层和一个低硅层三个层次。高硅层的相组成可能为 $Ti_7Al_5Si_{12}$,低硅层可能为 $Ti_9Al_{23}$[10,11]。在 SiC/Al + SiC/Al 接头

（图7-1（d））中,富硅相连续分布于钎缝中心,这对于接头性能不利。通过减少钎料用量、提高钎焊温度、延长钎焊保温时间可以使钎缝中的硅向基体扩散渗入,从而使钎缝中的富硅相减少并呈断续分布。

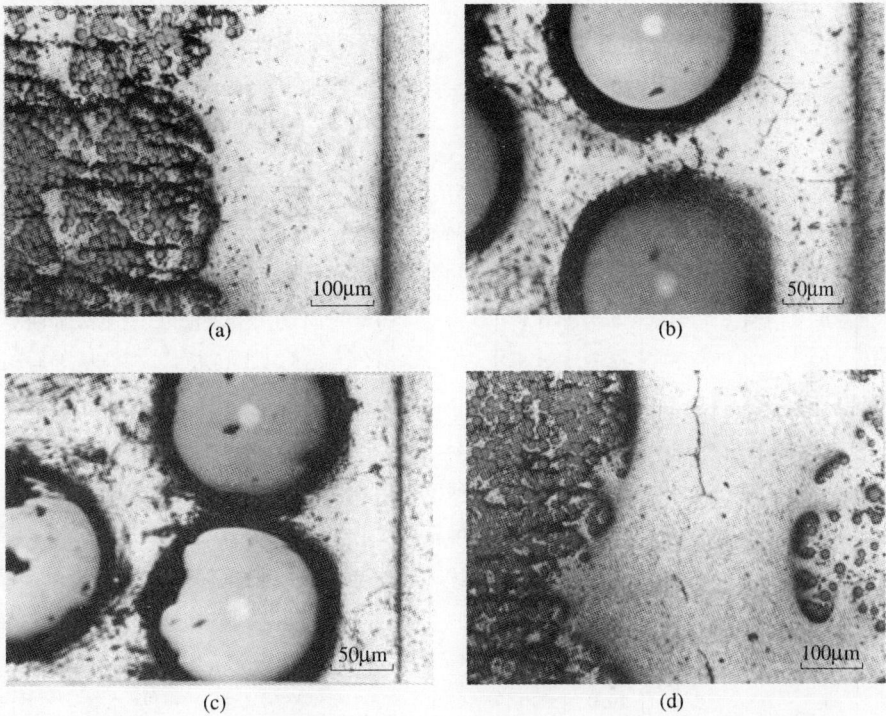

图 7-1　纤维增强铝基复合材料与 TC4 及其自身钎焊接头组织

（a）SiC/Al + TC4；（b）B/Al + TC4；（c）B/6A02 + TC4；（d）SiC/Al + SiC/Al。

采用图7-2所示的单搭剪切接头（Ⅰ）、单面搭接接头（Ⅱ）、双面搭接接头（Ⅲ）、双面叉板搭接接头（Ⅳ）四种形式的试样测试了接头强度,结果见表7-2。

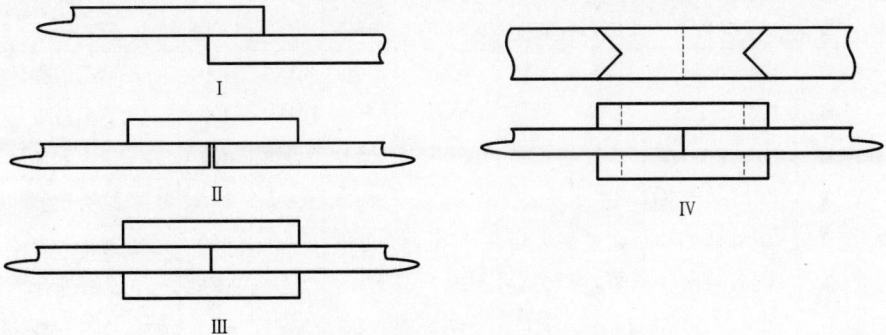

图 7-2　接头强度测试试样形式

417

表中接头强度系数 $E$ 按式(7-1)进行计算。

$$E = P \cdot 100/(\sigma \cdot A) \qquad (7-1)$$

式中:$E$ 为接头强度系数;$P$ 为接头可承受的最大载荷;$\sigma$ 为基体材料的平均拉伸强度;$A$ 为基体的原始横截面积。

表7-2 纤维增强铝基复合材料与 TC4 及其自身钎焊接头强度测试结果

| 试样号 | 接头型式 | 接头组合 | 搭接尺寸/mm | | $\tau^{①}$/MPa | $\sigma^{①}$/MPa | | $E^{②}$/% | 断裂部位及方式 |
|---|---|---|---|---|---|---|---|---|---|
| | | | 长 | 宽 | | 复材 | TC4 | | |
| 316 | I | TC4 + SiC/Al | 6.5 | 9.2 | 57.6 | 286.0 | 371.8 | 40.2 | 复材,拉断 |
| 302 | II | TC4 + SiC/Al | 5.0 | 8.9 | 30.8 | 118.4 | 153.9 | 16.6 | 复材,拉断 |
| 301 | II | TC4 + SiC/Al | 5.3 | 9.0 | 30.0 | 122.2 | 158.9 | 17.2 | 复材,拉断 |
| 315 | II | TC4 + SiC/Al | 6.3 | 8.8 | 25.1 | 121.5 | 157.9 | 17.1 | 复材,拉断 |
| 303 | II | TC4 + SiC/Al | 7.7 | 8.8 | 20.2 | 119.3 | 155.7 | 16.8 | 复材,拉断 |
| 305 | II | TC4 + SiC/Al | 10.4 | 8.9 | 16.4 | 119.3 | 155.1 | 16.8 | 复材,拉断 |
| 401 | II | TC4 + B/Al | 5.4 | 9.2 | 33.2 | 179.3 | 179.3 | 19.4 | 复材,拉断 |
| 313 | III | TC4 + SiC/Al | 3.0 | 8.8 | 68.0 | 204.0 | 408.0 | 44.1 | 复材,拉断—剪断混合 |
| 321 | III | TC4 + SiC/Al | 4.1 | 9.0 | 68.7 | 215.7 | 560.8 | 60.6 | 复材,拉断—剪断混合 |
| 320 | III | TC4 + SiC/Al | 5.8 | 8.4 | 50.8 | 226.6 | 589.3 | 63.7 | 复材,拉断—剪断混合 |
| 329 | III | TC4 + SiC/Al | 6.4 | 9.0 | 48.7 | 239.7 | 623.3 | 67.4 | 复材,拉断—剪断混合 |
| 318 | III | TC4 + SiC/Al | 9.0 | 8.9 | 42.2 | 292.1 | 759.6 | 82.1 | 复材,拉断 |
| 325 | III | TC4 + SiC/Al | 10.0 | 9.0 | 37.8 | 290.6 | 755.6 | 81.7 | 复材,拉断—剪断混合 |
| 323 | III | TC4 + SiC/Al | 10.0 | 9.1 | 50.4 | 388.8 | 1011.0 | 100 | TC4,拉断 |
| 324 | III | TC4 + SiC/Al | 10.0 | 9.1 | 51.1 | 393.1 | 1022.0 | 100 | TC4,拉断 |
| 402 | III | TC4 + B/Al | 4.0 | 9.1 | 84.2 | 336.8 | 673.6 | 72.8 | 复材,拉断—剪断混合 |
| 404 | III | TC4 + B/Al | 8.0 | 9.0 | 65.3 | 522.4 | 1044.4 | 100 | TC4,拉断 |
| 405 | III | TC4 + B/Al | 8.0 | 9.3 | 65.9 | 526.9 | 1053.8 | 100 | TC4,拉断 |
| 406 | III | TC4 + B/Al | 8.0 | 9.0 | 64.5 | 516.7 | 1033.3 | 100 | TC4,拉断 |
| 602 | III | TC4 + B/6A02 | 8.0 | 8.9 | 64.6 | 516.9 | 1033.7 | 100 | TC4,拉断 |
| 603 | III | TC4 + B/6A02 | 8.0 | 9.2 | 65.2 | 521.7 | 1043.5 | 100 | TC4,拉断 |
| 604 | III | TC4 + B/6A02 | 8.0 | 9.0 | 61.1 | 488.9 | 977.8 | 100 | 复材,拉断 |
| 504 | III | SiC/Al + SiC/Al | 4.7 | 9.5 | 52.6 | 380.6 | — | 54.3 | 复材,拉断—剪断混合 |
| 501 | III | SiC/Al + SiC/Al | 8.0 | 9.8 | 31.6 | 392.5 | — | 56.1 | 复材,拉断 |
| 502 | III | SiC/Al + SiC/Al | 8.4 | 9.3 | 29.1 | 376.3 | — | 53.8 | 复材,剪断 |
| 503 | III | SiC/Al + SiC/Al | 8.0 | 9.4 | 37.2 | 458.3 | — | 65.5 | 复材,拉断—剪断混合 |
| 327 | III | TC4 + SiC/Al | 6.0 | 9.2 | 32.8 | 151.2 | 393.0 | 42.5 | 复材,拉断—剪断混合 |

| 试样号 | 接头型式 | 接头组合 | 搭接尺寸/mm 长 | 搭接尺寸/mm 宽 | $\tau^{①}$/MPa | $\sigma^{①}$/MPa 复材 | $\sigma^{①}$/MPa TC4 | $E^{②}$/% | 断裂部位及方式 |
|---|---|---|---|---|---|---|---|---|---|
| 330③ | Ⅳ | TC4 + SiC/Al | 6.0 | 8.6 | 63.0 | 150.2 | 390.6 | 42.2 | 复材,剪断 |
| 329③ | Ⅳ | TC4 + SiC/Al | 6.0 | 8.8 | 55.8 | 170.8 | 444.1 | 48.0 | 复材,拉断—剪断混合 |

① 指试样断裂时钎焊接头中的剪切应力 $\tau$ 和母材中的拉伸应力 $\sigma$；
② 表中 501～504 号试样接头强度系数基于 SiC/Al 复材计算,其余试样基于 TC4 计算；
③ 330 号试样叉形夹角 $\theta$ 为 90°,329 号试样叉形夹角为 120°

从表 7-2 中可以看出,对于 SiC/Al + TC4 接头,当搭接面积相同时(如表 7-2 中 316、315、313 号试样),Ⅱ型接头(315 号试样)强度系数最低(17.1%),Ⅲ型接头(313 号试样)强度系数最高(44.1%),Ⅰ型接头(316 号试样)强度系数居中(40.2%)。Ⅰ、Ⅱ型接头均断于 TC4 板端部的 SiC/Al 复合材料中(见图 7-3(a)),而Ⅲ型接头则呈拉伸—剪切混合断裂方式,即一面从与主应力平行方向的复合材料中剪断,另一面在 TC4 板端部的 SiC/Al 复合材料中拉断,见图 7-3(b)中上部的两根试样。

在搭接接头的端部,由于截面突变,均存在应力集中现象。此外,Ⅰ、Ⅱ型接头由于承载结构的不对称性,在接头端部还承受附加的弯曲应力,使其应力集中进一步加剧,因此作为承受拉力的构件接头是不合适的。而采用结构对称的双面搭接接头(Ⅲ型接头)可以避免附加弯曲应力的产生,使接头受力状况得到明显改善。从表 7-2 可以看出:对于 SiC/Al + TC4、B/Al + TC4 的Ⅲ型接头,搭接长度大于 4mm 时,接头强度系数可分别达到 60.6%(321 号试样)和 72.8%(402 号试样)。随搭接长度增加,接头强度系数继续提高,断裂部位也逐渐由接头处复合材料中向 TC4 基体过渡,如图 7-3(b)所示。当这两种接头搭接长度分别为 10mm 和 8mm 时,接头强度系数达到 100%,断裂发生在 TC4 基体,见图 7-3(b)中最下部的试样与图 7-4(a)。

SiC/Al + SiC/Al 钎焊接头性能测试结果与 SiC/Al + TC4、B/Al + TC4 接头不同,其接头强度系数随搭接长度增加并没有明显的提高,断裂方式除 501 号试样是

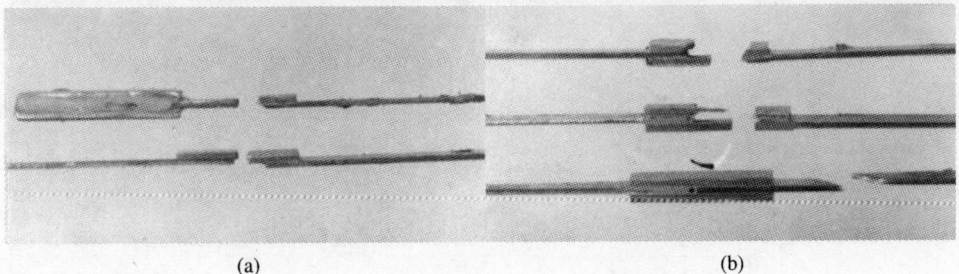

(a)           (b)

图 7-3 SiC/Al + TC4 接头的断裂部位
(a) Ⅰ、Ⅱ型接头；(b) 搭接长度不同的Ⅲ型接头。

从复合材料基体中拉断外,其他试样均从近缝区的复合材料中剪断,并伴随有纤维束的撕出,如图 7-4(b)所示。这可能主要是由于 SiC/Al 复合材料本身剪切强度(27MPa~52MPa)较低所致。

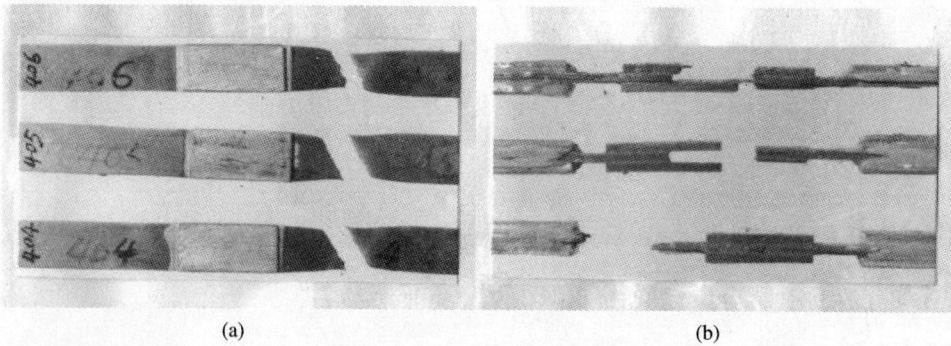

(a)　　　　　　　　　　　　　　(b)

图 7-4　Ⅲ型接头的断裂部位

(a) B/Al + TC4 接头;(b) SiC/Al + SiC/Al 接头。

有文献[4]报道,采用双面叉板搭接接头可以减小接头的应力集中,提高接头强度系数。因此采用相同规范钎焊了搭接长度为 6mm 的双面搭接Ⅲ型接头、以及叉板夹角分别为 90°和 120°的Ⅳ接头,接头组合为 SiC/Al + TC4(表 7-2 中的 327号、330 号和 329 号试样)。接头性能测试结果表明,双面叉板搭接形式对接头强度系数的提高没有明显的效果,$\theta$ 为 90°时(330 号试样)接头强度系数与无叉口接头(327 号试样)相当,$\theta$ 为 120°时(329 号试样)接头强度系数的增加也不明显。

总之,在对纤维增强金属基复合材料进行连接时,为了充分发挥复合材料单向增强的效果,获得高强接头,在进行接头设计时应尽可能避免使复合材料承受弯曲应力。

从表 7-2 可见,复合材料自身及与 TC4 钛合金钎焊接头的断裂主要有四种方式:复合材料拉断、剪断或者两者混合方式,以及 TC4 拉断。复合材料的典型断口见图 7-5~

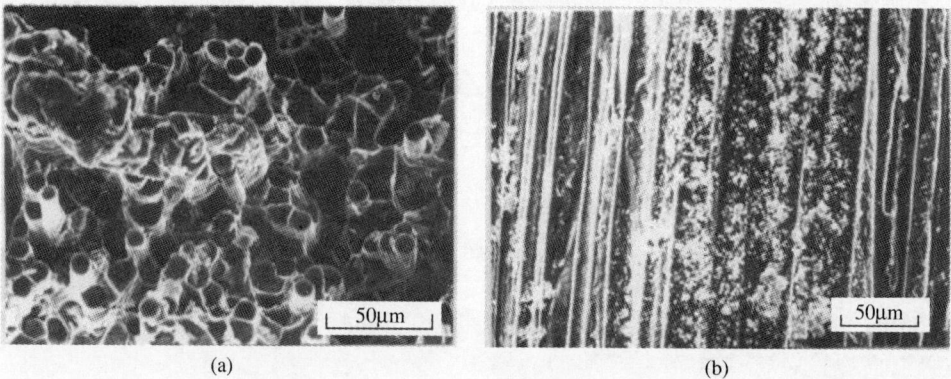

(a)　　　　　　　　　　　　　　(b)

图 7-5　SiC/Al + TC4 钎焊试样断口形貌

(a) SiC/Al 拉断断口;(b) SiC/Al 剪断断口。

420

图 7-7,从中可以看到复合材料断裂时纤维从复合材料基体中拔出的现象。

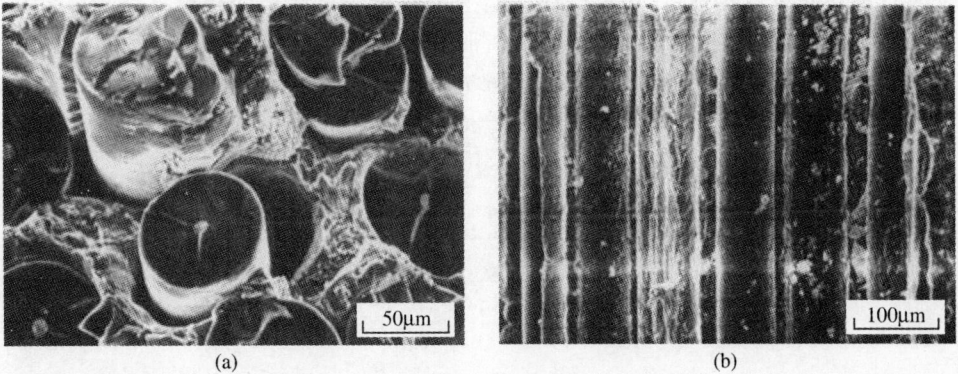

(a)

(b)

图 7-6　B/Al+TC4 钎焊试样断口形貌

(a) B/Al 拉断断口；(b) B/Al 剪断断口。

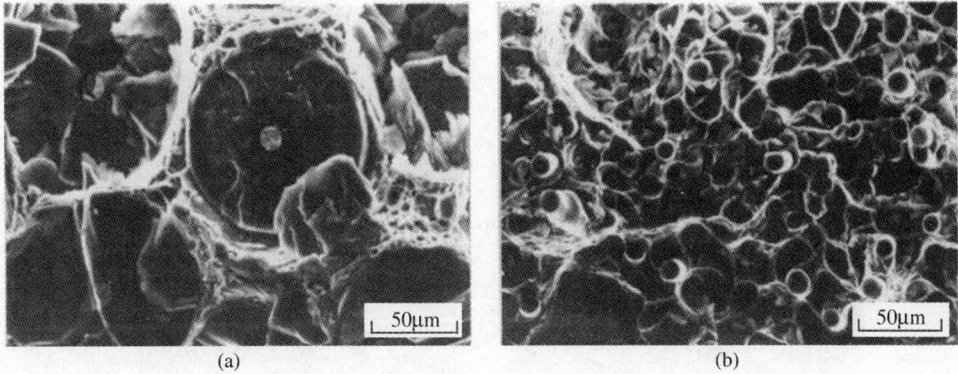

(a)

(b)

图 7-7　复合材料自身钎焊试样拉断断口形貌

(a) B/6A02；(b) SiC/Al。

## 7.1.2　固相扩散焊

B/Al、SiC/Al 金属基复合材料与 TC4 钛合金的扩散焊也采用搭接接头形式，因此连接也主要是复合材料基体铝的连接。扩散焊的规范参数主要有温度、压力和保温时间。扩散焊温度主要考虑避免硼纤维与铝基体发生反应生成脆化层，降低纤维本身的强度或纤维/基体界面强度，因此选择了 520℃~540℃。扩散焊压力则采用了随温度升高而减低压力的变压力加压方式，即室温下施加较大的压力（20MPa~30MPa），使被焊表面的微观凸凹产生变形，同时使被焊表面的氧化膜被挤碎，而焊接保温时压力降至 4MPa~8MPa，以避免复合材料的铝基体发生过大的塑性变形或损坏纤维。保温时间为 1h。采用图 7-2 所示的单面搭接（Ⅱ型接头）和双面搭接（Ⅲ型接头）的试样测试了接头的强度，测试结果见表 7-3。从中可以看出,所有试样(搭接长度约 10mm)均断于母材(复合材料或 TC4,见图 7-8),由于复合材料质量不够稳定,多数试样在低于 TC4 板材可承担的载荷下断于复合材料母材,使接头强度系数未达到 100%,断于复合材料的断口与钎焊试样的断口(图 7-5、图 7-6)类似,也可以看到纤维从铝基体拔出的现象。另外,从表 7-3 还可见,单面搭接的试样(9051 试样)在拉伸时,由于附加的弯曲应力大,使得刚性大的复合材料在很低的载荷(5.20kN)下就发生了断裂。

表 7-3　纤维增强铝基复合材料与 TC4 扩散焊接头强度测试结果

| 试样号 | 接头型式 | 接头组合 | 材料厚度/mm | | 搭接尺寸/mm | | 破断载荷/kN | $E^*$/% | 断裂部位 |
|---|---|---|---|---|---|---|---|---|---|
| | | | TC4 | 复材 | 长 | 宽 | | | |
| 9063 | Ⅲ | TC4 + SiC/Al | 1.0 | 1.3 | 10.0 | 20 | 18.95 | 100 | 断于 TC4 |
| 9064 | Ⅲ | TC4 + SiC/Al | 1.0 | 1.3 | 10.0 | 20.2 | 9.20 | 49.2 | 断于复材 |
| 9065 | Ⅲ | TC4 + SiC/Al | 1.0 | 1.3 | 10.5 | 19.3 | 13.05 | 73.1 | 断于复材 |
| 9066 | Ⅲ | TC4 + SiC/Al | 1.0 | 1.3 | 9.0 | 19.5 | 16.15 | 89.5 | 断于复材 |
| 9067 | Ⅲ | TC4 + SiC/Al | 1.0 | 1.3 | 9.4 | 19.0 | 16.80 | 95.6 | 断于复材 |
| 9068 | Ⅲ | TC4 + SiC/Al | 1.0 | 1.3 | 9.5 | 19.5 | 17.70 | 98.1 | 断于复材 |
| 9051 | Ⅱ | TC4 + SiC/Al | 1.0 | 1.3 | 10 | 20 | 5.20 | 28.1 | 断于复材 |
| 90610 | Ⅲ | TC4 + B/Al | 1.0 | 1.1 | 9.7 | 10.0 | 10.30 | 100 | 断于 TC4 |
| 90611 | Ⅲ | TC4 + B/Al | 1.0 | 1.1 | 10.0 | 10.0 | 8.95 | 96.8 | 断于复材 |
| 90612 | Ⅲ | TC4 + B/Al | 1.0 | 1.1 | 8.9 | 10.0 | 9.00 | 97.3 | 断于复材 |
| 90613 | Ⅲ | TC4 + B/Al | 1.0 | 1.1 | 9.0 | 10.0 | 9.70 | 100 | 断于 TC4 |

注:* $E$——接头强度系数,基于 TC4 计算

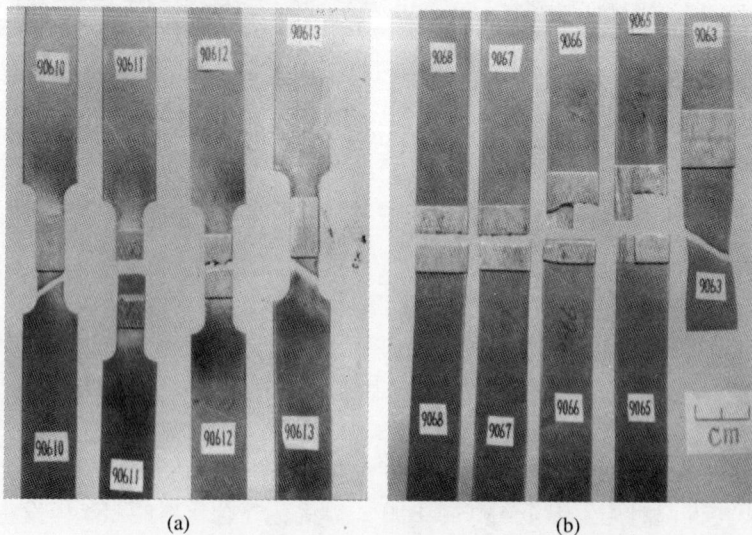

图 7-8　复合材料 + TC4 扩散焊接头的断裂部位
(a) B/Al + TC4;(b) SiC/Al + TC4。

从表7-2、表7-3所列的接头性能测试数据看,在对于强度比较高、刚性比较好的复合材料进行钎焊和扩散焊时,不宜采用结构不对称的单面搭接接头(图7-2中的Ⅰ、Ⅱ型接头),而应采用具有对称结构的双面搭接接头(图7-2中的Ⅲ型接头)。

图7-9、图7-10为复合材料与TC4合金扩散焊接头的显微组织,可见,复合材料的铝基体与TC4合金界面结合良好,未见任何明显的焊接缺陷,同时还可清楚地看到,B纤维和SiC纤维均未受到任何损伤。

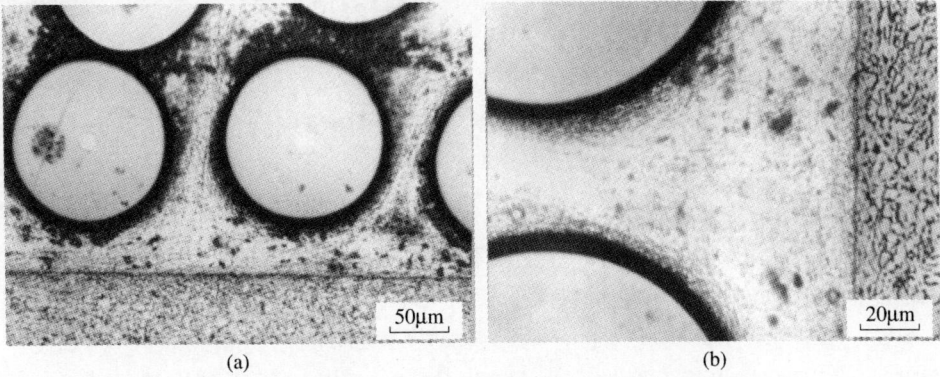

(a)    (b)

图7-9 B/Al+TC4扩散焊接头金相组织
(a)较低放大倍数;(b)较高放大倍数。

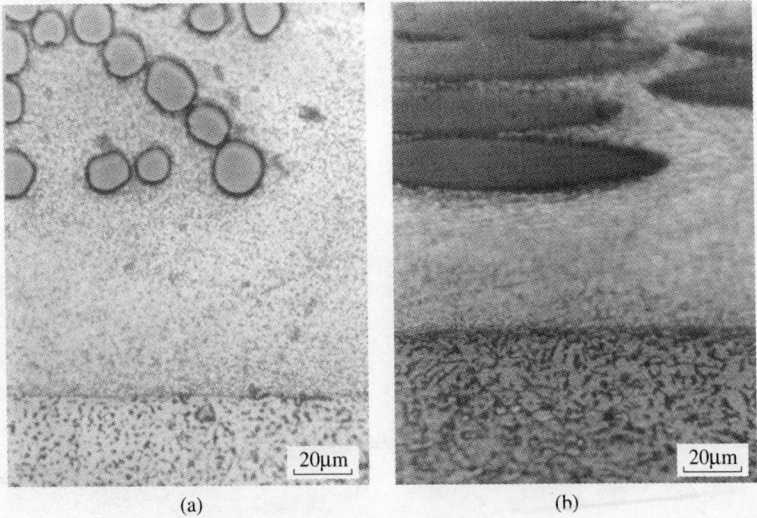

(a)    (h)

图7-10 SiC/Al+TC4扩散焊接头金相组织
(a)横向;(b)纵向。

## 7.1.3 电阻点焊

与前述钎焊、扩散焊类似，复合材料与钛合金的电阻点焊，实际上也是复合材料中铝基体与 TC4 钛合金的连接。采用两种不同的工艺对复合材料与 TC4 钛合金的电阻点焊进行了试验研究：一种是采用较硬的焊接规范，在工艺上使焊接热量集中于复合材料板材的一侧，并使结合界面处达到实现连接所需的温度。此时复合材料的铝基体有较大的熔化核心，而结合界面的钛合金板不熔化，形成熔化的铝与不熔化的 TC4 连接接头，即所谓的电阻点连接。第二种是采用较软的焊接规范，在工艺上使热量集中在钛合金板上，而在复合材料一侧形成较大的温度梯度，使连接界面的温度接近或刚超过铝的熔点，尽量减少复合材料铝基体的熔化或使其不熔化，实现两个板材的连接，在复合材料上没有明显的铸造核心，即所谓的电阻扩散连接。

典型的复合材料与 TC4 合金电阻点焊接头组织见图 7-11。从图 7-11(a)可见，电阻点连接接头的结合界面，钛没有熔化而铝熔化，形成熔化的铝与固态的钛相连接的接头；电阻扩散连接接头的特点与电阻点连接接头不同。由于热量集中于钛合金板，复合材料板材上的热传导很快，因此复合材料存在较大的温度梯度，在结合界面，钛仍然不熔化，SiC/Al 复合材料上几乎也看不到铝熔化形成的树枝状组织(见图 7-11(b))，而 B/Al 板上有时可见到少量铝的等轴晶。在沿结合界面剪开破坏的断口上，有时可观察到焊合在钛合金板上铝的小晶粒，如图 7-12所示。说明即使在电阻扩散连接时，结合界面的区域有时也会超过铝的熔点，使复合材料铝基体轻微熔化，但熔深很浅。

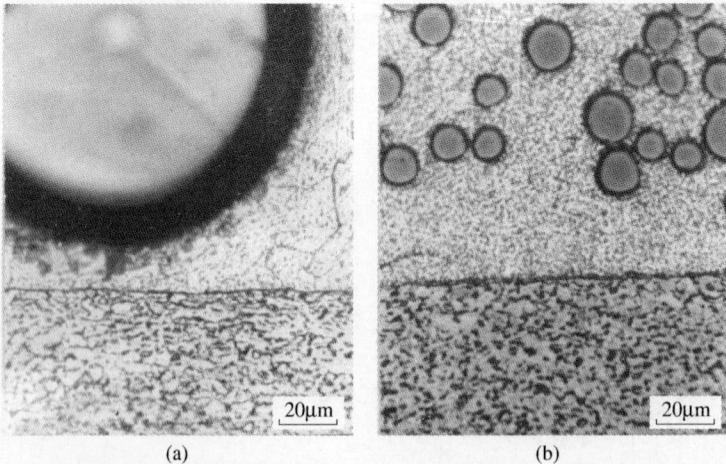

图 7-11　复合材料与 TC4 合金电阻点焊接头金相组织

(a) B/Al+TC4 电阻点连接接头；(b) SiC/Al+TC4 电阻扩散连接接头。

在对复合材料与 TC4 钛合金进行电阻点焊时遇到的最突出问题是飞溅和在复合材料焊点周围沿纤维方向的开裂。光学显微镜下观察表明,SiC/Al 的开裂主要沿纤维束间界面(见图 7 - 13),B/Al 则沿纤维间的铝基体,裂纹在复合材料中横向扩展,这与单向增强的复合材料横向强度较低有关。

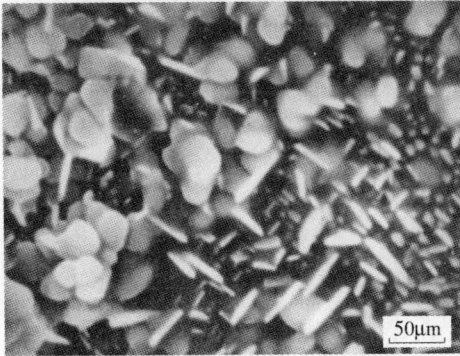

图 7 - 12　焊合在 TC4 板上的铝枝晶及晶芽

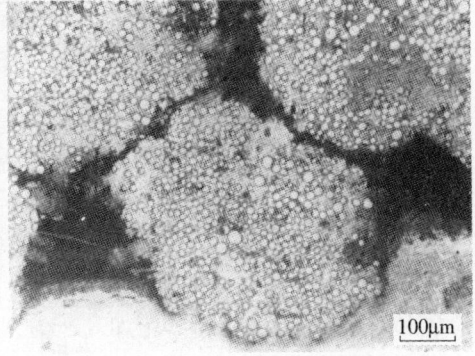

图 7 - 13　SiC/Al 复合材料沿纤维束间界面的开裂

采用电阻点连接工艺连接复合材料与钛合金时,由于在复合材料上有较大的熔化核心,在电极压力作用下,很容易从结合界面挤出产生飞溅;此外,熔化核心的液态金属在加热和冷却时,使焊点周围的基体承受较大的应力,因此电阻点连接工艺比电阻扩散连接更易产生飞溅和复合材料开裂。同时,电阻点连接还有使复合材料上有较深的压坑、电极寿命较低等缺点,因此复合材料与 TC4 的电阻点焊最好采用电阻扩散连接工艺。

电极压力对电阻点焊接头质量有明显的影响。为此采用图 7 - 14 所示的三种压力曲线进行了工艺试验。结果表明,采用 A 压力曲线焊接时,受复合材料原材料质量的影响,易在焊核内产生疏松缺陷;采用 C 压力曲线焊接时开始就施加较大压力,易在复合材料内产生开裂缺陷;B 压力曲线综合了 A、C 曲线的优点而避免了其不足。采用 B 压力曲线焊接时,在焊接通电时施加低压力,复合材料不易

P - 电极压力
I - 焊接电流
t - 焊接时间

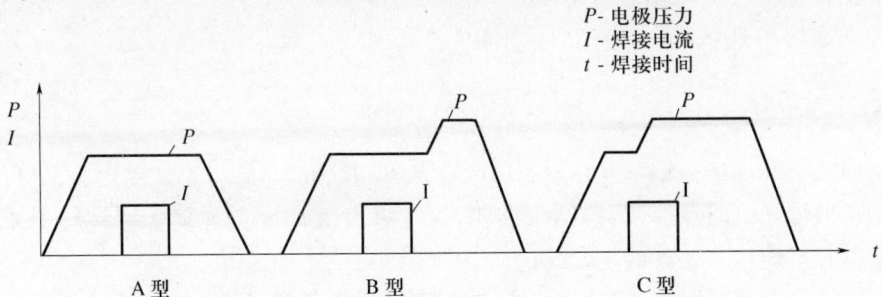

图 7 - 14　复合材料与 TC4 合金电阻点焊工艺曲线示意图

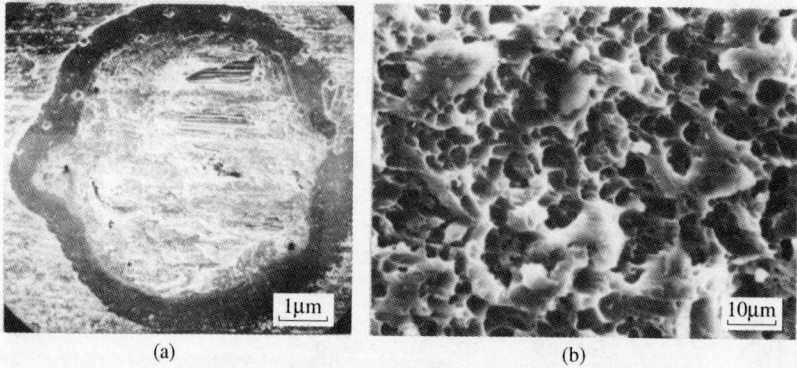

图7-15 复合材料与TC4合金电阻点焊接头剪断面断口形貌
(a) 剪断面断口全貌;(b) 断口铝基体上的韧窝。

产生开裂,而通电终止后即施加高压力,弥补了焊接压力的不足,焊缝致密,而且在焊点周围形成呈现金属光泽的致密塑性环,使飞溅大为减轻。图7-15 示出了采用B压力曲线焊接的焊点剪断面的断口形貌。图7-15(a)中,外圈为塑性环,中部沿铝基体剪开,断口呈细密的韧窝,见图7-15(b)。

表7-4 列出了复合材料与TC4电阻点焊接头室温抗剪试验测试结果。接头典型的断裂方式是在复合材料上撕槽孔,焊核留在TC4板上(见图7-16之55试样),少量试样沿结合界面剪开(见图7-16之49试样)。

表7-4 中接头强度系数 $\eta$ 按式(7-2)计算:

$$H = (P_\tau \cdot 100)/(d \cdot h \cdot \sigma) \quad (7-2)$$

式中:$h$ 为TC4 板厚,0.8mm;$\sigma$ 为TC4 的拉伸强度,925MPa;$d$ 为焊点直径;$P_\tau$ 为接头室温抗剪总负荷。

从表7-4 中数据可见,在合适的焊接规范下,三种复合材料与TC4 钛合金电阻点焊接头的接头强度系数均在70%以上,最高可达100%。

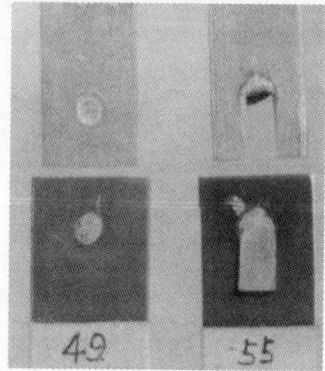

图7-16 SiC/Al + TC4
抗剪试样断裂型式

## 7.1.4 小结

研究了纤维增强铝基复合材料(B/Al、B/6A02、SiC/Al)与TC4 钛合金的钎焊、固相扩散焊和电阻点焊,试验结果表明,这三种方法均可实现复合材料与TC4 钛合金的良好连接。获得的主要结论如下:

(1)复合材料钎焊、扩散焊接头,应尽可能避免使其承受弯曲应力。单面搭接接头由于存在严重应力集中,因此不宜采用,而应采用双面搭接接头。

426

表 7 - 4　复合材料 + TC4 电阻电焊接头室温抗剪试样测试结果

| 材料组合及厚度 /mm | 主要焊接参数 | | | | 试样号 | 焊点直径 /mm | 抗剪总负荷 /kN | 接头强度系数 /% | 破坏型式 |
| | 脉冲次数 | 加热周波/周 | 压力曲线 | 电流 /kA | | | | | |
|---|---|---|---|---|---|---|---|---|---|
| SiC/Al + TC4 1.3 + 0.8 | 14 | 8 | A | 3.67 | 51 | 6.9 | 5.60 | 100 | 撕槽孔 |
| | | | | 3.69 | 54 | 7.1 | 5.00 | 95.2 | |
| | | | | 3.79 | 59 | 6.5 | 6.15 | 100 | |
| | | | | 3.70 | 60 | 6.7 | 5.75 | 100 | 剪开 |
| | 14 | 8 | B | 4.30 | 93 | 8.5 | 6.10 | 97.0 | 撕槽孔 |
| | | | | 4.10 | 94 | 9.0 | 5.65 | 84.8 | |
| | | | | 4.10 | 95 | 7.5 | 4.75 | 85.6 | |
| B/6A02 + TC4 1.1 + 0.8 | 14 | 8 | B | 3.10 | 76 | 5.5 | 2.90 | 71.3 | 撕槽孔，有分层 |
| | 18 | 8 | B | 3.00 | 78 | 6.5 | 4.30 | 89.4 | |
| B/Al + TC4 1.1 + 0.8 | 18 | 8 | B | 2.00 | 83 | 4.5 | 3.00 | 90.1 | 撕槽孔，有分层 |
| | | | | 3.20 | 84 | 6.3 | 4.20 | 90.8 | |

（2）采用 Al – Si – Mg – Bi 钎料在合适的规范下钎焊复合材料,可获得高强度的钎焊接头。

（3）采用双面搭接的钎焊接头形式,对于 SiC/Al + TC4 接头,当搭接长度为 10mm 时,接头强度系数为 81.7% ~ 100%;而对于 B/Al + TC4、B/6A02 + TC4 接头,搭接长度为 8mm 时,接头强度系数达 100%。

（4）SiC/Al + SiC/Al 双面搭接钎焊接头,当搭接长度为 4.7mm 时,接头强度系数为 54.3%。搭接长度继续增加,接头强度系数没有明显提高。

（5）采用双面搭接的固相扩散焊接头形式,当搭接长度为 10mm 时,SiC/Al + TC4 接头强度系为 89% ~ 98%;B/Al + TC4 接头强度系数为 90% ~ 100%。

（6）复合材料与 TC4 钛合金电阻扩散,连接接头抗剪试验时,典型的断裂方式是在复合材料上撕槽孔,焊核留在钛合金板上。接头室温抗剪强度系数可达到 50% 以上。

# 7.2　SiCp/Al 复合材料的电子束焊技术

铝基复合材料(Al – MMCs)将铝合金基体的塑性和韧性同低密度陶瓷增强体的刚性相结合,具有高比强度和比刚度,是航空航天领域极具应用前景的结构材料和功能材料。其中碳化硅颗粒增强铝基复合材料($SiC_p$/Al)因制造成本相对较低并具有各向同性的特点,正日益受到重视[12]。该类材料可用于机翼蒙皮、导弹壳体、精密仪器底座等制造,还可用于电子封装。SiC$_p$/Al 在实际构件中的应用,往往受到诸如焊接等二次加工工艺性能的限制[13]。尤其在大型件和复杂件制造时,采用一次性制备技术工艺难度较大,能否实现优质焊接成为材料应用与否的关键。

## 7.2.1　SiCp/Al 复合材料的焊接性分析

1. 焊缝成形困难且易于形成非增强区

SiC$_p$/Al 熔化焊时,基体被加热到熔点以上,而增强体仍为固体,导致熔池粘度过高,母材与填充金属难以充分熔合。采用富 Si 铝焊丝能够提高 SiC 颗粒在铝基体中的润湿性,促进母材与填充金属的熔合,但是凝固时 SiC 颗粒容易遭受排斥形成无 SiC 颗粒的非增强区[13]。SiC 颗粒与液态铝之间的润湿性差是造成初生 α 相排斥陶瓷颗粒的主要原因。Stefanescu 等人提出了凝固界面临界推移速度 $v_c$,认为当凝固界面推移速度 $v_s$ 大于 $v_c$ 时,颗粒会被凝固界面捕捉,反之颗粒会被推移[14]。张坤等人对 SiC$_p$/A356 的激光重熔研究表明,激光重熔的扫描速度和凝固速度分别达到 30mm/s ~ 60mm/s 和 15mm/s ~ 30mm/s,均远大于临界速度,故颗粒不会被推移而保持重熔前的状态[15]。P. P. Lean 等人采用 Al – 5Mg 和 Al – 5Si 对 AA6082 与 AA6092/SiC/25p 进行脉冲 MIG 焊异种连接时发现,富 Mg 焊丝能提供 SiC 颗粒与液态铝之间合适的润湿性[16]。R. Y. Huang 等对 Al – 6061/SiC 的焊接研究发现,随着 SiC 含量由 0% 增加到 20%,焊缝成形困难增加,容易形成 V 形缺口[17]。

2. 生成 Al$_4$C$_3$ 脆性相

提高熔池温度可以增加熔池的流动性,但这会引起增强体和基体间的有害反应。Al 和 SiC 反应生成 Al$_4$C$_3$ 片状析出,同时容易生成块状 Si。片状 Al$_4$C$_3$ 脆,会降低焊缝断裂韧性,而且在湿环境中极易腐蚀,会显著降低接头的使用寿命。

焊接时 Al 和 SiC 之间发生置换反应:

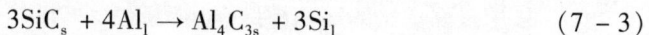

$$3SiC_s + 4Al_l \rightarrow Al_4C_{3s} + 3Si_l \qquad (7-3)$$

该反应的自由能变化为

$$G(J \cdot mol^{-1}) = 113900 - 12.06T\ln T + 8.92 \times 10^{-3}T^2 +$$
$$7.53 \times 10^{-4}T^{-1} + 21.5T + 3RT\ln a_{[Si]} \qquad (7-4)$$

这里 $a_{[Si]}$ 为液态 Al 中 Si 的活度;$R$ 为气体常数;$T$ 为绝对温度。

根据该关系式,直到温度超过 727℃ 自由能才变为负值,因此焊接 SiC$_p$/Al 的关键是减小焊接过热和 Al 与 SiC 之间的接触时间。

在一定温度下,随熔池中 Si 含量增加,其活度 $a_{[Si]}$ 提高,反应(7-3)减缓。通过填充金属或基体材料向熔池填加 Si 到饱和状态,可以抑制 Al/SiC 界面上 Al$_4$C$_3$ 的生成水平[13]。

3. 焊接气孔问题严重

对于粉末冶金制备的 SiC$_p$/Al,在熔化焊温度下闭塞气体的含量很高,极易造

428

成气孔和裂纹[13]。M. B. D. Ellis 等认为气孔是由氢引起的,对 MMCs 真空脱气能使气孔减少。在制备 MMCs 前对粉末进行脱气也能减少焊接气孔。

R. Y. Huang 将 6061/20pctSiC 电子束焊和激光焊熔合区和部分熔化 HAZ 的球形气孔和伸长气孔的生成归因于 Mg 元素的挥发[17]。

W. B. Busch 将电子束焊接时气孔的形成归因于增强体的分解,认为电子束与陶瓷间的相互作用使增强体分解从而导致焊缝凝固时形成气孔。采用非增强中间层可减少气孔的生成[18]。

### 7.2.2　SiCp/Al 高能束焊的特点

激光焊和电子束焊,具有快速热循环和低热输入的特点,对母材造成的影响较小,且有助于减轻熔化焊所引发的缺陷。

激光焊熔合区展示出三个不同的区域:上部中心区、部分反应区(PRZ)和未反应区(URZ)[19]。

上部中心区在铝合金基体中含有大量 $Al_4C_3$ 和 Si,只有少量 SiC 保留下来。该区呈尖钉状,占焊缝截面积的 25% 以下。该区 $Al_4C_3$ 较长,并且与任何 SiC 都不连续。针状 $Al_4C_3$ 有一定弯曲,且取向随机。这意味着该区 $Al_4C_3$ 是在冷却过程中从液体中形核长大的。随着到焊缝上表面距离的增大,针状 $Al_4C_3$ 数目减少、尺寸减小。该区结晶方式为过共晶,有块状 Si 在 $Al_4C_3$ 片上形核。

PRZ 很窄,在上部中心区外围,有部分 SiC 按置换反应(7-3)生成 $Al_4C_3$ 和 Si。该区不含有块状单质 Si,基体凝固是 Al-Si 合金亚共晶,Si 含量略高于基体名义成分。细小的 $Al_4C_3$ 很明显是从 SiC 上形核长大的,这些 $Al_4C_3$ 直而短,并且与 SiC 有一定的取向关系。

URZ 是指 SiC 未反应区,它在 PRZ 外围,占焊缝总体积的 70% 左右,由于没有因 SiC 分解或溶解而生成额外的 Si,该区按基体 Si 含量发生亚共晶。

电子束焊没有像激光焊那样展示出不同的区域。所有的电子束焊缝都含有一定量的 $Al_4C_3$,并且这些 $Al_4C_3$ 主要局限于熔合区的上部中心区,焊缝外围的大部分区域无 $Al_4C_3$。单独的针状 $Al_4C_3$ 的数目和尺寸随着到焊缝上部中心距离的增大而减小。

聚焦方式和焊接速度对电子束焊缝 $Al_4C_3$ 生成有影响。锐聚焦电子束焊缝的熔合区为细胞状凝固子结构,$Al_4C_3$ 极少。胞间为富 Si 共晶和未反应的 SiC 颗粒。$Al_4C_3$ 呈非常细小的针状,周围 SiC 颗粒溶解极少。$Al_4C_3$ 总体积很小,并且未形成相互联结的网络。

散焦电子束焊 $Al_4C_3$ 生成增加,单独的针状 $Al_4C_3$ 的数目和尺寸随焦点扩散而增大。降低焊接速度,锐聚焦焊缝中 $Al_4C_3$ 的生成也增加。

$SiC_p/Al$ 激光焊和电子束焊焊缝组织的不同归因于基体材料对能量吸收机理的差异[19]。

激光焊上部中心区的 SiC 颗粒优先吸收激光束能。行进中的小孔周围的液态铝合金由于反射只吸收少量激光能，而小孔气/液相界面处的 SiC 颗粒优先吸收了大部分的激光能。于是 SiC 被快速加热，温度高于铝基体，热量则通过界面传向基体。由于 SiC/Al 界面局部温度很高，根据三元相图足够使 SiC 溶解，于是在小孔周围形成 Al、Si、C 的均匀液态溶体。在随后的冷却过程析出 $Al_4C_3$ 和游离 Si。

PRZ 和 URZ 离开小孔一定距离，没有激光束的直接加热，有更多的 SiC 保留下来。该区域主要导热方式是热传导，发生 SiC 置换反应生成 $Al_4C_3$ 的程度取决于其在临界反应温度以上的驻留时间。PRZ 经受的热循环促使 $Al_4C_3$ 生成，而 URZ 所经受的热循环不足以促使 $Al_4C_3$ 生成。

激光焊时 $Al_4C_3$ 有两种生成机理，上部中心区 $Al_4C_3$ 由 SiC 饱和液态溶液冷却析出，而 PRZ 的 $Al_4C_3$ 由 SiC 按置换反应形核长大。通过控制连续和脉冲 $CO_2$ 激光器的占空比与热输入，可以控制 $Al_4C_3$ 的生成量[20]。

在 $SiC_pAl$ – MMCs 电子束焊接时，能量不会被铝合金基体或 SiC 选择吸收，因此加热比激光焊均匀。由于铝基体的体积比远大于 SiC，到达 MMCs 的大部分能量用于加热铝基体。电子束焊热循环快，SiC/Al 界面高温停留时间短，因此 SiC 的溶解和分解都受到限制。电子束焊整个熔池的传热方式与激光焊中 PRZ 和 URZ 相似，受热传导控制。于是热量由作用区迅速传到熔池的其他部位，$Al_4C_3$ 生成的程度主要取决于温度和驻留时间。锐聚焦高焊速焊缝只在上部中心区有少量 $Al_4C_3$ 生成。减小焊接速度，焊接热循环慢，在 SiC 溶解温度以上的驻留时间增加，因此 $Al_4C_3$ 生成增多。散焦焊束斑有效尺寸增大，焊缝在 SiC 溶解温度以上的驻留时间增加，$Al_4C_3$ 生成也要增多。

### 7.2.3　解决措施

为解决 $SiC_p/Al$ 焊接成形、气孔和脆性相生成问题，还可借助特殊的辅助工艺。

1. 采用非增强中间层

Busch 等认为，电子束焊接 $SiC_p/Al$ 的关键是使材料熔化但不能使陶瓷相分解。可采用非增强的中间层，通过熔化该中间层来间接熔化增强材料的边缘，借此实现熔合连接。该过程中会有颗粒增强物进入熔池中，提高焊缝的强度。为获得足够高的力学性能应尽可能减少中间层厚度[18]。

2. 原位焊接—合金化

H. M. Wang 等采用钛作合金化元素进行 $SiC_p/6061Al$ 原位激光焊接—合金化，使针状 $Al_4C_3$ 完全消除，而焊缝因含有快速凝固形成的 TiC、$Ti_5Si_3$ 和 $Al_3Ti$ 而得到强化[21]。

高于 800℃ 时 TiC 的生成自由能远比 $Al_4C_3$ 低，即 Ti 对 C 的亲和力更大。因此在原位合金化焊接熔池的凝固过程中 TiC 优先形成，完全抑制了焊缝中心区 $Al_4C_3$

的生成。但焊缝熔合区和部分熔化区之间的过渡区,Ti 元素含量较低,仍有少量 $Al_4SiC_4$ 生成。

陈彦宾等采用高强钛合金作为原位合金化元素,对 $SiC_p$/6063Al 进行脉冲激光焊,不仅完全抑制了焊缝中心区的 $Al_4C_3$ 生成,使焊缝得到 TiC 等相的原位强化,而且明显改善了熔池的流动性,减少了焊缝中孔洞、气孔、未熔合等缺陷[22]。

陈永来等还研究了合金化填充材料 Ni 对 $SiC_p$/6061Al 激光焊缝显微组织的影响,发现采用 Ni 片进行焊缝原位合金化,可以部分地抑制 $Al_4C_3$ 的形成,并获得以 $Al_3Ni$ 等相为增强相的焊缝组织[23]。

3. 对 $SiC_p$ 和 Al 基体改性控制界面行为

SiC/Al 界面行为从两个方面对 $SiC_p$/Al 焊接过程和接头性能造成影响:液态铝基体对 SiC 的润湿性显著影响焊缝成形和接头强度,SiC/Al 界面生成脆性相 $Al_4C_3$ 的反应严重降低接头力学性能。因此研究 SiC/Al 界面行为的控制因素,能为焊接性改善和填充材料研发提供借鉴。

向 Al 中添加 Mg、Ca、Ti 或 Zr 能够降低液态金属表面张力、减小液态金属的固—液界面能或者通过化学反应引起润湿转变,从而提高润湿性。在 SiC 表面制备可润湿的金属涂层,如 Ni、Cu 以及 Ag - Cu - Cr 涂层,尤其是 Ni 涂层可以获得良好的润湿[24]。在 SiC 表面沉积 Si 薄层也能促进液态铝在 SiC 基片上的铺展[25]。对 SiC 氧化或在 SiC 表面制备 $Al_2O_3$、$TiO_2$、MgO 涂层,也能改善液态铝对 SiC 的润湿[26]。

抑制 $Al_4C_3$ 反应生成的方法包括向铝基体中添加 Si、在 SiC 表面制备涂层以及对 SiC 进行钝化氧化。对 SiC 的钝化氧化导致 SiC 上 $SiO_2$ 非晶层的形成。$SiO_2$ 层通过与 Al 基体中的 Mg 反应,转变成 MgO 或 $MgAl_2O_4$,这种界面足以使 SiC 和 Al 基体分开,于是避免 $Al_4C_3$ 的生成[27]。

除熔化焊方法外,闫久春等提出了超声波振动扩散钎焊方法,利用其易破除氧化膜和促进液态钎料在增强相表面润湿等优点,实现了铝基复合材料的优质焊接[28]。

## 7.2.4　采用非增强中间层电子束焊接 $SiC_p$/Al[29]

试验材料为采用搅拌复合工艺制得的 ZL101A/$SiC_p$/20p,试件厚度为 4mm。制备了两种成分的铝合金箔带作为中间层材料:AlSi12(11.7% Si - Al)和 AlSi7(6.69% Si - Al),厚度为 0.2mm。

焊前试件进行化学清洗,在夹具上装卡固定后送入真空室焊接。采用 ELA - 30 真空电子束焊机,其加速电压为 60kV。

采用非增强中间层的电子束焊接工艺如图 7 - 17 所示,将一定厚度的中间层嵌入待焊复合材料之间,中间层的厚度可通过改变箔片的层数调节。焊接时电子束直接作用于中间层。

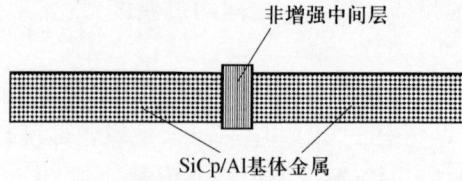

非增强中间层

SiCp/Al基体金属

图 7 - 17　采用非增强中间层焊接 $SiC_p/Al$ 工艺示意图

力学性能测试采用板形拉伸试样,在 Instron4507 试验机上测试。分析用的金相试样采用 $Al_2O_3$ 研磨加机械抛光的方法获得,试样不需腐蚀处理。

研究发现,$ZL101A/SiC_p/20p$ 直接电子束焊焊缝成形非常困难。如图 7 - 18(a)所示,在不加填充材料焊接时,由于电子束冲击严重,熔化的焊缝金属被排斥到焊缝两侧,而熔融金属因含有未熔化的 SiC 颗粒导致黏度增加,流动性变差,不能及时回填到焊缝中,因此焊缝根本无法成形,试件从头至尾形成通长刻槽。同时还可以发现,焊缝金属中的 SiC 颗粒与铝基体发生了分离现象,导致局部因 SiC 颗粒少而呈白亮色,局部因 SiC 颗粒聚集而颜色变暗。

由于 $SiC_p/Al$ 复合材料增强体与铝基体之间的热物理特性差别显著,很难选择兼顾二者要求的电子束焊工艺。已有研究表明,随 SiC 增强体的体积分数提高,焊缝成形难度增加。SiC 体积分数达到 15% 以后,采用电子束焊基本不能获得焊接成形。提高熔池温度会使熔池金属粘度降低、流动性改善,对成形有利,但是会加剧增强体与铝基体界面反应及其自身溶解,造成脆性相 $Al_4C_3$,恶化焊缝力学性能[19]。

本研究中采用非增强中间层,通过熔化中间层间接熔化两侧 $SiC_p/Al$,使 $SiC_p$ 体积分数高达 20% 的 $ZL101A/SiC_p/20p$ 获得了较理想焊接成形。如图 7 - 18(b)所示。因为中间层材料为非增强合金,致使焊缝中部增强体 SiC 颗粒少,颜色较热影响区和母材白亮。

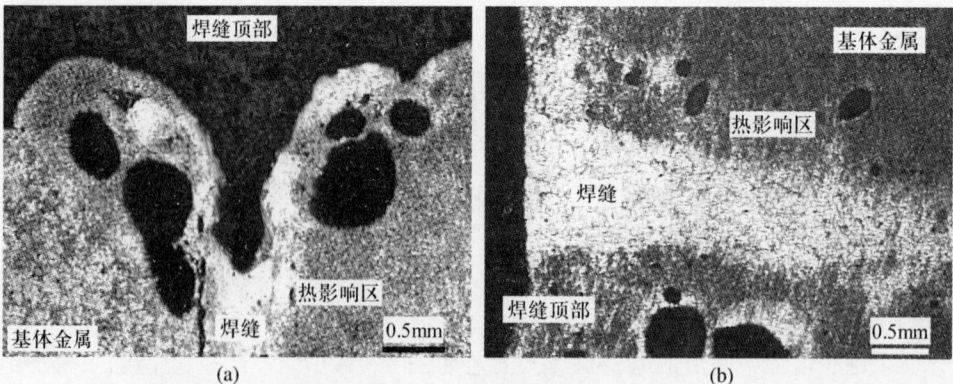

图 7 - 18　焊缝横截面低倍照片

(a) 直接焊接；(b) 采用中间层。

432

表 7 – 5 给出了不同工艺规范的焊缝成形。由表 7 – 5 中数据可以看出,在所选焊接速度范围内($v = 8\text{mm/s} \sim 18\text{mm/s}$),只要中间层厚度和其他参数选择恰当,均可以获得较大的焊缝成形长度。在焊接速度一定的条件下,加大焊接电流,容易造成热影响区过热严重,铝基体熔化,复合材料发生半固态变形,出现试件背面上凹和上表面近缝区隆起的现象。在聚焦电流 $I_{f0}$ 相同(即工作距离相同)时,使焦点恰好位于试件表面($I_f = I_{f0}$),比焦点位于试件上方($I_f > I_{f0}$,亦称散焦)更倾向于获得良好的焊缝成形。

增大工作距离(即聚焦电流 $I_{f0}$ 降低),在电子束向工件入射的方向上焦点发散减轻,束斑直径更趋恒定(亦称锐聚焦),从而可以避免电子束对 $SiCp/Al$ 的直接冲击,获得更好的焊缝成形,试件 7 成形长度的明显增加表明了这一点。

采用 AlSi12 中间层的焊缝成形比采用 AlSi7 中间层的焊缝成形好。这主要归因于 AlSi12 为共晶合金,流动性好,同时 Si 含量高,对 SiC 颗粒的润湿性好,有利于焊缝成形。

从上述试验结果看,焊接规范对采用中间层 $SiC_p/Al$ 电子束焊缝成形有较大影响,为获得良好焊缝成形,宜采用较中低焊速($8\text{mm/s} \sim 18\text{mm/s}$)、较低焊接电流和表面锐聚焦。

图 7 – 19 给出了母材和未采用中间层的电子束焊缝组织。图像分析表明,焊缝区 SiC 面积比仅为 4.5%,远低于母材区 47.3% 的 SiC 面积比。该区 $Al_4C_3$ 在铝基体中呈针状分布,见图 7 – 19(b)。$Al_4C_3$ 较长,与任何 SiC 都不连续,取向随机,并且有一定弯曲,应是在冷却过程中从液体中形核长大的[19]。随着到焊缝上表面距离的增大,针状 $Al_4C_3$ 数目减少、尺寸减小。该区结晶方式为过共晶,有块状 Si 在 $Al_4C_3$ 片上形核。

表 7 – 5    不同工艺规范 $ZL101A/SiC_p/20p$ 焊缝成形

| 试件 | 焊接速度 $/(\text{mm} \cdot \text{s}^{-1})$ | 焊接电流 /mA | 中间层厚度 /mm | 聚焦电流 $I_{f0}/I_f$② /mA | 焊缝成形长 /mm | 焊缝外观描述 |
|---|---|---|---|---|---|---|
| 1 | 15 | 22 ~ 20 | No | 870/870 | 0[70]③ | 通长刻槽 |
| 3 | 8 | 30 ~ 28 | 0.6 | 850/870 | 27[50] | 背面上凹,上表面近缝区隆起 |
| 4 | 8 | 30 ~ 28 | 0.6 | 835/846 | 39[70] | 背面上凹 |
| 5 | 8 | 28 ~ 25 | 0.6 | 835/846 | 43[70] | 头尾未成形 |
| 6 | 12 | 35 ~ 33 | 0.6 | 835/846 | 39[70] | 头尾未成形 |
| 7 | 15 | 30 | 0.8 | 835/835 | 49[60] | 背面焊透 |
| 2 | 18 | 42 ~ 38 | 0.4 | 840/855 | 20[70] | 尾部成形下凹,前部未成形 |
| 8 | 18 | 30 ~ 28 | 0.8 | 825/825 | 55[60] | 背面焊透 |
| 9 | 8 | 22 ~ 21 | 0.6① | 835/846 | 20[60] | 成形效果不理想 |

①中间层为 AlSi7,其余为 AlSi12;②$I_{f0}$—试件表面聚焦电流,$I_f$—焊接时聚焦电流;③试件总长度

433

图 7 – 20 为采用中间层 AlSi12 的电子束焊缝组织。为确定焊缝物相构成,对母材及采用 AlSi12 中间层的电子束焊缝进行了 XRD 物相分析,结果由图 7 – 21 给出。与母材不同,焊缝中的确有 $Al_4C_3$ 生成;同时焊缝中含有一定量的 SiC。由图7 – 20可以看到,从母材到焊缝的过渡区中 SiC 颗粒发生一定程度分解,在熔池的加热和冲刷作用下有少量 SiC 颗粒从母材脱落进入焊缝。由于采用了中间层材料,电子束直接对非增强的中间层进行轰击加热,而两侧 SiC 和铝基体间接受热,过热度轻,而且中间层中 Si 含量较高,有效地抑制了 Al 和 SiC 之间的反应,焊缝边缘区域未发现置换反应生成 $Al_4C_3$。由于熔池内导热性良好的液态铝居于主导地位,能够进行对流换热,因此熔池的过热程度得到有效控制,在焊缝中部及下部无 $Al_4C_3$ 生成,只是在焊缝上部由于直接受电子束加热,过热较重,会有少量 SiC 溶入液态铝基体,在随后凝固时析出 $Al_4C_3$,见图 7 – 20(b)。在大气中存放,焊缝中 $Al_4C_3$ 与水蒸气接触反应生成乙炔,留下针片状刻痕。电流密度和聚焦形式对 $Al_4C_3$ 的生成有重要影响。在高焊速下,必须采用较大电流,使熔池上部过热加重,促进 SiC 溶解和 $Al_4C_3$ 析出。锐聚焦提高熔池过热程度,也会增加

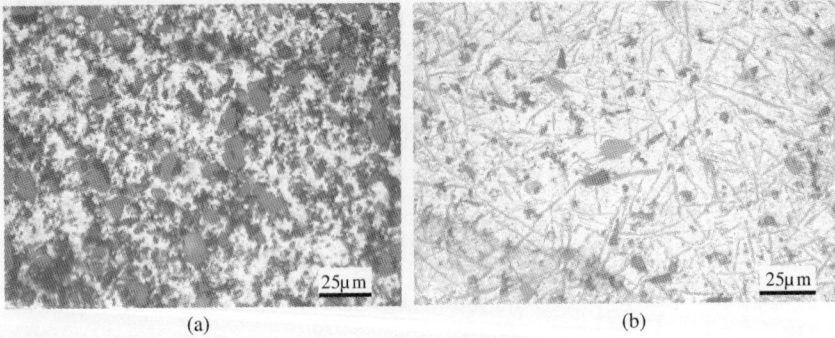

(a) 25μm          (b) 25μm

图 7 – 19  未采用中间层的电子束焊缝组织

(a) 母材;(b) 焊缝。

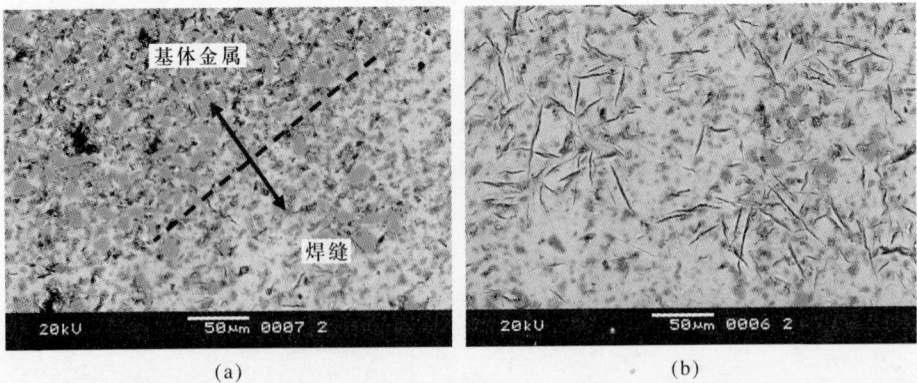

(a)          (b)

图 7 – 20  采用中间层 AlSi12 的电子束焊缝组织

(a) 母材/焊缝过渡区;(b) 焊缝中心。

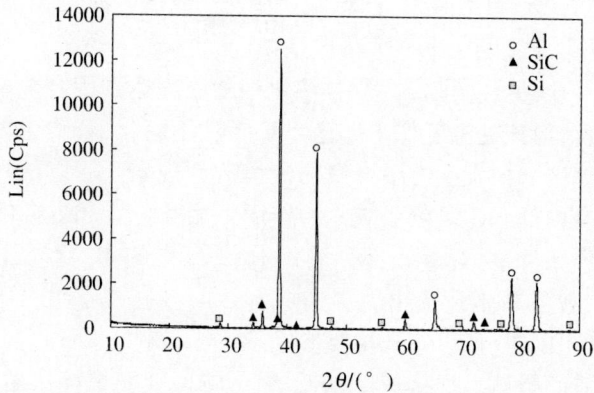

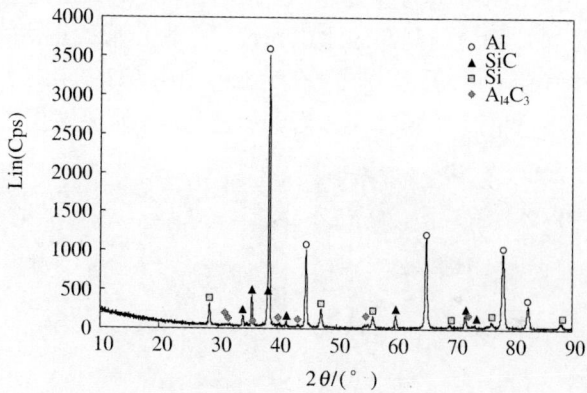

图 7 - 21　母材与采用中间层 AlSi12 焊缝的 XRD 分析结果

(a) 母材；(b) 采用中间层 AlSi12 的焊缝。

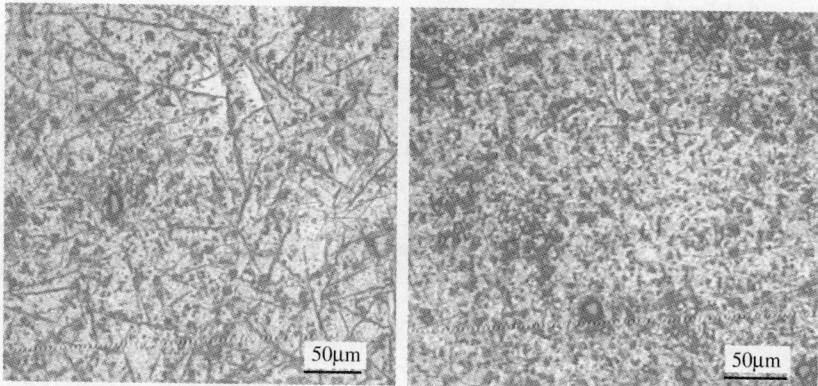

图 7 - 22　采用不同焊速和聚焦形式 ZL101A/SiC$_p$/20p 电子束焊缝 Al$_4$C$_3$ 生成比较

(a) 中间层 AlSi12, $v$ = 10mm/s, $I$ = 32mA, 锐聚焦；(b) 中间层 AlSi7, $v$ = 8mm/s, $I$ = 22mA, 散焦。

$Al_4C_3$生成。由图 7 – 22 可以看出，低焊速、小电流、散焦可抑制 $Al_4C_3$ 生成。

SiCp/Al 电子束焊缝的一个显著特点是在近缝区，或者称部分液化 HAZ 区，出现球形或伸长的气孔，见图 7 – 23。部分液化区的温度达到铝合金基体的熔点，铝合金基体部分熔化，但该处温度低于焊缝，SiC 颗粒不熔化，分解也较轻，因此部分液化区不能像焊缝区那样发生熔融金属的液体流动现象。所以从外观看，该区域以固态存在。但其内部 SiC 颗粒在应力的作用下相互位置和方向能够进行调整。在焊接高温和真空条件下，焊缝及部分液化 HAZ 区中的 Mg、Zn 元素发生显著的蒸发，其金属蒸气如果来不及逸出就会造成封闭的气孔[17]。由于部分液化 HAZ 区黏度大，气体逸出困难，所以气孔主要形成于该热影响区。

气孔对焊接速度敏感。焊接速度越低，热影响区经受焊接热循环的加热越充分，形成气孔倾向越大。增大焊接速度，会缩短部分液化 HAZ 区处于高温的时间，减轻 Mg 元素的挥发，减小形成的气孔的体积和数目。聚焦形式也对气孔形成有明显影响。锐聚焦减少气孔生成，散焦增加气孔生成。图 7 – 23 给出了采用两种焊速和聚焦形式获得的焊缝低倍照片，从中可以看到焊速和聚焦形式对生成气孔的影响。

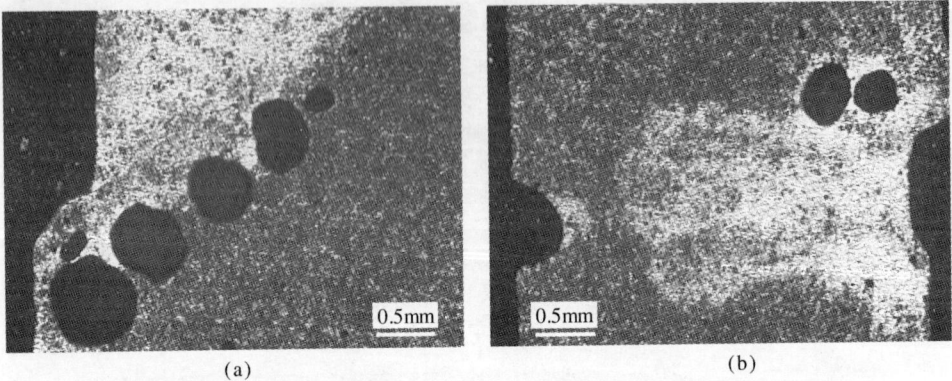

图 7 – 23  采用不同焊速和聚焦形式 ZL101A/SiC$_p$/20p 电子束焊缝气孔生成比较

(a) 中间层 AlSi7，$v = 8mm/s$，$I = 22mA$，锐聚焦；(b) 中间层 AlSi12，$v = 10mm/s$，$I = 32mA$，散焦。

从焊缝成形、气孔和脆性相生成多方面综合考虑，推荐采用规范：中间层厚度 0.6mm，焊接速度 8mm/s ~ 12mm/s，线能量 150J/mm ~ 170J/mm，表面锐聚焦。

测量了采用中间层的 ZL101A/SiC$_p$/20p 电子束焊接头室温拉伸强度。试验结果由表 7 – 6 给出。气孔数目和大小对接头强度有重要影响，气孔数量越多，尺寸越大，接头有效承载面积越小，测得的接头强度越低。而气孔生成受焊接速度的影响较大，焊接速度低时，焊缝及热影响区经受焊接高温热循环的时间长，增加母材中易挥发元素的挥发，因此气孔多且大。增大焊接速度，虽然电流也要增加，但焊缝及热影响区焊接热循环加快，易挥发元素挥发受到抑制，气孔来不及形成和长大。因此低焊速($v = 8mm/s$)试样 2#、10# 测得的接头强度最低。

试件焊前热处理状态对接头强度也有影响,焊前固溶时效能够使接头强度有所提高。增加中间层厚度对接头强度无明显影响,随中间层厚度增加,焊缝中掺入的 SiC 增强体颗粒密度减小,反而会使接头强度降低。4#、5#、6#试样焊接速度较 3#大,但强度有所降低,可能是由于中间层厚度过大的缘故。

接头主要断裂于发生气孔并部分液化的 HAZ,而非断裂于焊缝本身。说明此时接头的薄弱环节在近缝区及焊缝/母材界面,只有使气孔问题得到有效解决,才能使接头强度得到充分恢复。在气孔问题未消除以前,即使焊缝本身得到强化,也未必能提高接头的强度。

表 7 - 6  采用中间层的 ZL101A/SiC$_p$/20p 电子束焊接头室温拉伸强度

| 试件 | 焊前状态 | 中间层厚度 /mm | 焊接参数 | | 抗拉强度 /MPa | 断裂部位 |
| --- | --- | --- | --- | --- | --- | --- |
| | | | $v$/mm·s$^{-1}$ | $I$/mA | | |
| 1 | 铸态 | AlSi12/0.6 | 8 | 28~25 | 79 | 母材 |
| 2 | 铸态 | AlSi12/0.6 | 8 | 28~25 | 装夹时断裂 | 部分液化 HAZ 区,该处有多个气孔 |
| 3 | 铸态 | AlSi12/0.6 | 12 | 42~38 | 143 | 母材 |
| 4 | 铸态 | AlSi12/0.8 | 15 | 25~22 | 113 | 焊缝母材交界处,气孔大内腔变黑 |
| 5 | 铸态 | AlSi12/0.8 | 18 | 30~28 | 111 | 焊缝母材交界处,气孔数目多,但直径小 |
| 6 | 铸态 | AlSi12/0.8 | 18 | 30~28 | 125 | 焊缝母材交界处,气孔数目多,直径更小 |
| 7 | T5 | AlSi12/0.6 | 10 | 32 | 144 | 焊缝母材交界处,气孔直径小 |
| 8 | T5 | AlSi12/0.6 | 10 | 32 | 142 | 焊缝母材交界处,气孔稍多,直径稍大 |
| 9 | T5 | AlSi12/0.6 | 10 | 32 | 161 | 焊缝母材交界处,气孔数目少,直径更小 |
| 10 | T5 | AlSi7/0.6 | 8 | 22~21 | 74 | 焊缝母材交界处,气孔多,且直径大 |

## 7.2.5  小结

(1)采用富 Si 非增强中间层较好地解决了 ZL101A/SiCP/20p 的电子束焊接成形问题。为确保焊缝成形,宜采用中低焊速(8mm/s~18mm/s)、较低焊接电流和表面锐聚焦。

(2)采用富 Si 非增强中间层焊接 SiC$_p$/Al 时,可减轻熔池两侧铝基体与 SiC 界面过热程度,提高熔池的 Si 活度,有效抑制置换反应生成的 Al$_4$C$_3$。

(3)采用非增强中间层焊接 SiC$_p$/Al 的气孔主要发生于部分熔化的热影响区,其形成与该区黏度大、易挥发元素形成的金属蒸气逸出困难有关。快速焊接和锐聚焦有利于抑制气孔的生成。

(4)采用 AlSi12 中间层焊接 ZL101A/SiC$_p$/20p,部分 SiC 颗粒从两侧 SiC$_p$/Al 母材中脱落进入熔池,起到强化焊缝作用。接头强度达到 161MPa,其损失与部分熔化区的气孔数目和大小有关。

（5）从焊缝成形、气孔和脆性相生成多方面综合考虑,推荐采用规范:中间层厚度 0.6mm,焊接速度 8mm/s ~ 12mm/s,线能量 150J/mm ~ 170J/mm,表面锐聚焦。

## 7.3　钛基复合材料钎焊扩散焊

### 7.3.1　国外对钛基复合材料焊接技术的研究概况

SiC 连续纤维增强钛基复合材料(SiC$_f$/Ti 复合材料)使用了具有最高比强度的钛合金作为基体材料,而 SiC 纤维不仅具有很高的强度和模量,同时还具有很高的热稳定性和高温抗氧化性,因此 SiC 连续纤维增强钛基复合材料具有一系列良好的综合性能,如高比强度、高比刚度、良好的耐高温及抗蠕变、抗疲劳性能,它是理想的适用于中高温(600℃ ~ 800℃)的结构材料[30],在航空、航天领域具有广泛的应用前景,比如在现代航天飞行器、高推重比涡轮发动机中,利用 SiC$_f$/Ti 复合材料制造服役温度不超过 600℃ ~ 800℃的结构件,并采用与之相对应的结构设计,可使减重效果达 15% ~ 50%,同时由于其良好的高温性能,可使发动机的推重比大大提高[31-33]。

国外从 20 世纪 90 年代起就开始了对 SiC 纤维增强钛基复合材料的焊接研究工作,研究要解决的关键问题是避免焊接过程对 SiC 纤维的损伤而引起 SiC 纤维与基体的过渡界面反应。就纤维增强钛基复合材料而言,由于熔化焊时造成严重的纤维损伤,因而阻碍了熔化焊的使用。

美国率先开展了对 SCS - 6SiC 连续纤维增强 β21S(Ti - 15Mo - 2.7Nb - 3Al - 0.2Si)钛基复合材料的钎焊工艺研究,E. K. Hoffman 等选取了 Ti - Cu - Ni 系钎料,研究了钎焊工艺对板材微观结构和拉伸性能的影响[34],但选用的钎焊材料和钎焊工艺还有待优化。

不产生熔化和结晶的固相焊方法是替代熔化焊连接纤维增强钛基复合材料的一种焊接方法,比如扩散焊已经用于制造 SiC 纤维增强 Ti - 6Al - 4V 波形板[35,36]。其他固相焊方法如摩擦焊,尽管在连接不连续纤维增强复合材料如 TiC 颗粒增强 Ti - 6Al - 4V 可获得满意效果[37],但在连接 SiC 纤维增强钛基复合材料时,由于摩擦焊产生较大的塑性变形,在界面处会引起大量的纤维偏移和损伤。

电容储能电阻点焊是一种有潜力连接连续纤维增强钛基复合材料的焊接方法。美国俄亥俄州立大学与几家公司曾共同对 SiC 纤维增强 Ti - 6Al - 4V 的电容储能电阻点焊进行了研究[38]。电容储能电阻点焊同一般的电阻焊方法相比,其点焊热循环时间相当短(一般≤10ms ~ 20ms),而且冷却速度也相当快,因此降低了对焊点周围金属的热影响,在纤维损伤最小化方面也具有明显的优点,但该方法热循环快,在快速冷却过程中易形成强度高、塑性低的马氏体组织,接头的断裂发生在热影响区而不是焊接界面。

美国橡树岭国家实验室还研究了一种可用于焊接钛金属复合材料的快速红外焊接法,它是通过快速的辐射加热来提供材料加工所需的能量,只需几分钟就可焊接完毕,接头的显微组织均匀。据报道这种焊接工艺对基体材料力学性能的影响很小,连接接头件在650℃大气中使用时可保持完好[39]。

根据以上所述的国际上这十多年来的研究进展,可以认为钎焊、扩散焊和短时焊接方法(如电容储能电阻点焊和快速红外焊接法)是最有前途的可用于SiC纤维增强钛基复合材料的方法。

国内关于对钛基复合材料焊接技术的研究还非常少。北京航空材料研究院在"十一五"期间开展了对钛基复合材料钎焊、扩散焊技术的探索研究。研究中选用的被焊基体材料为北京航空材料研究院复合材料国防科技重点实验室提供的 $SiC_f/$ β21S(Ti – 15Mo – 2.7Nb – 3Al – 0.2Si)钛基复合材料,该材料采用物理气相沉积(PVD)法制得,显微组织见图7 –24,性能见表7 –7。宏观照片如图7 –25所示。

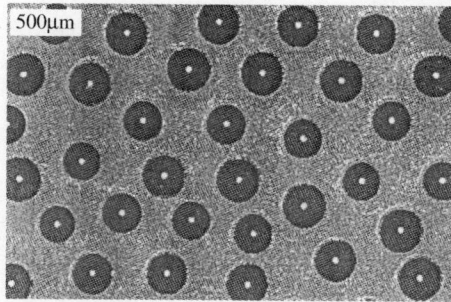

图7 –24  物理气相沉积(PVD)法制备的 $SiC_f/Ti$ 复合材料金相照片

图7 –25  $SiC_f/$β21S复合材料宏观照片

表7 –7  北京航空材料研究院研制的有涂层 SiC 纤维增强钛基复合材料的性能

| 材  料 | 平均拉伸模量/GPa | 最高拉伸模量/GPa | 平均抗拉强度/MPa | 最高抗拉强度/MPa |
|---|---|---|---|---|
| $SiC_f/$β21S 钛基复合材料 | 184.4 | 201.8 | 1293.3 | 1606 |

## 7.3.2 钛基复合材料的钎焊技术研究

对 SiC 纤维增强 Ti 基复合材料的钎焊实验中,选取成熟的 Ti – 15Cu – 15Ni 钎料和俄罗斯牌号 BПp16(Ti – Cu – Zr – Ni 系)钎料,钎料的成分见表 7 – 8,钎料形式为急冷态箔带。

表 7 – 8  Ti – 15Cu – 15Ni 和 BПp16 两种钎料的化学成分

| 钎料名称 | 名义成分/%(质量分数) | | | |
|---|---|---|---|---|
| | Ti | Cu | Ni | Zr |
| Ti – 15Cu – 15Ni | 余量 | 15 | 15 | — |
| BПp16 | 余量 | 21 | 9 | 13 |

首先研究了 Ti – 15Cu – 15Ni 和 BПp16 两种钎料在 $SiC_f/\beta21S$ 复合材料上的润湿性,规范选为 960℃/10min。图 7 – 26 给出了这两种钎料润湿的照片,从中可以看出,Ti – 15Cu – 15Ni 钎料熔化后基本保持原有钎料形状,向母材周边扩散量较少,但从图中容易观察到其润湿角较小,未凝集成球,说明该钎料能够对复合材料母材形成润湿,该钎料向外围铺展的面积相对较小,这可能是由于其熔化温度相对较高而润湿性试验中加热温度相对较低所致。BПp16 钎料的铺展性很好,部分区域已经铺展到试样边缘,良好的流动性有利于较宽焊缝的钎焊。

(a)                    (b)

图 7 – 26  Ti – 15Cu – 15Ni(a)和 BПp16(b)钎料在 $SiC_f/\beta21S$ 复合材料上的
润湿照片(960℃/10min)

1. 使用 BПp16 钎料获得 $SiC_f/\beta21S$ 钛基复合材料钎焊接头的组织与性能[40]

图 7 – 27 给出了 960℃/10min 条件下采用单层 BПp16 获得的 $SiC_f/\beta21S$ 钛基复合材料接头显微组织。从图中可以看出,在未焊合缺陷几乎贯穿了整个钎缝,焊合的区域很短且断续。分析认为焊接试样边缘位置缺陷相对较多,而试样被观察面取到了焊接试样的边缘所致。试样未经过腐蚀,抛光后即在扫描电镜下观察,结果接头中未出现常规 Ti 合金钎焊接头中的明显的层状或块状复杂组织形貌,而是

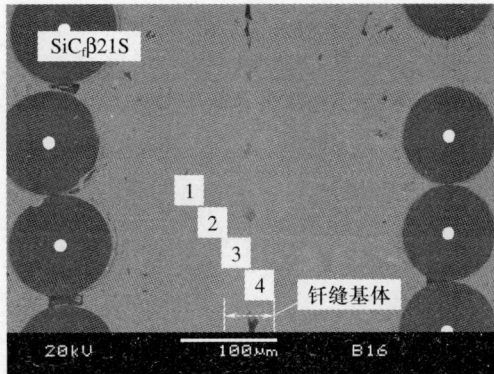

图 7-27 ВПр16 钎料 960℃/10min 条件下
获得 SiC$_f$/β21S 钛基复合材料接头的组织

与 Ti 合金母材相近的单一组织。

从表 7-9 给出的 960℃/10min 条件下 SiC$_f$/β21S 钎焊接头特征区域元素含量可以看出,图 7-27 中"1"、"2"为母材,"3"为扩散反应层,这三个区域各元素的含量基本相近。"4"区为钎缝基体区,Al、Ti 含量相对于母材略有减少,Mo 减少量相对较多,Ni、Cu 由于扩散较为充分,即使在钎缝基体中含量也较低,Zr 主要分布在钎缝基体中。

表 7-9 ВПр16 钎料对应的 SiC$_f$/β21S 钎焊接头特征区域能谱分析结果

| 位置 | 元素含量/%(质量分数) | | | | | | |
|---|---|---|---|---|---|---|---|
| | Al | Si | Ti | Ni | Cu | Zr | Mo |
| 1 | 2.73 | 0.60 | 79.84 | 0.75 | 0.63 | — | 15.44 |
| 2 | 2.81 | 0.32 | 80.28 | 0.35 | 0.49 | — | 15.76 |
| 3 | 2.52 | — | 79.06 | 1.14 | 1.04 | 0.81 | 15.43 |
| 4 | 1.59 | | 74.01 | 1.59 | 2.98 | 13.14 | 6.70 |

图 7-28 给出了 ВПр16 钎焊 SiC$_f$/β21S 接头的元素面分布,可见 Ni 和 Cu 在整个接头中分布均匀,无明显富集区域;Ti 和 Al 在接头中分布较多,在钎缝基体位置略有减少,但减少量不如 Mo 明显;Zr 主要分布在钎缝基体区域,但在纤维根部出现较明显富集,分析认为是试样制备过程中导致了 Zr 的富集;Si 由于在高温下基本未参与反应,所以钎缝中含量很低。

表 7-10 给出了 960℃/10min 条件下 ВПр16 钎焊 SiC$_f$/β21S 接头剪切强度,可以看出,纤维平行于剪切力方向的 B1 和 B2 试样均断裂于母材中钛合金基体与纤维界面,接头平均剪切强度为 90.1MPa;纤维垂直于剪切力方向的 B3

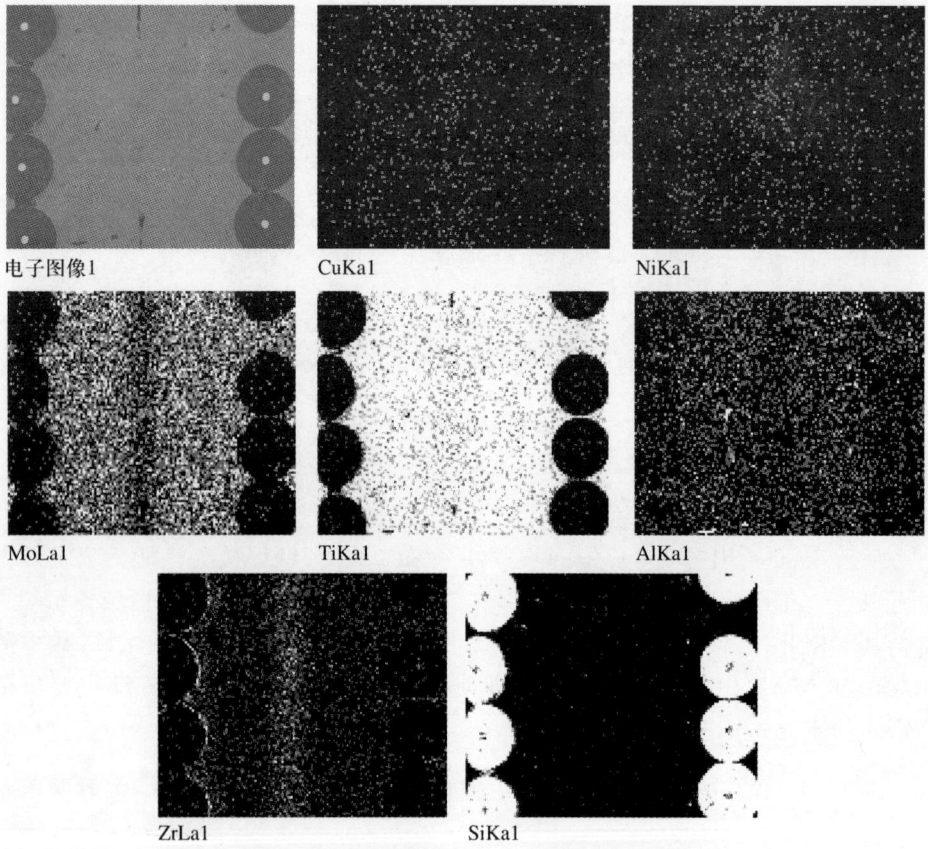

图 7 - 28　BΠp16 钎料获得的 SiC$_f$/β21S 接头中元素面分布

和 B4 试样均断裂于连接面,接头平均剪切强度为 40.3MPa,正是由于纤维与母材难以很好连接导致接头性能下降。由于 B1、B2 试样均断裂于母材中钛合金基体与纤维界面,在实验中还采用 β21S 钛合金的剪切接头替代 SiC$_f$/β21S 复合材料接头,接头剪切强度为 97.9MPa(B11 和 B12 试样)。这种替代方案具有合理性,因为在 Ti 基复合材料连接中绝大多数为搭接结构,在这种结构中搭接面为复合材料基体,所以钎焊只是针对基体的可焊性,而且最终的接头也是基体材料之间的接头,这在一定程度上可以用复合材料中钛合金基体材料来替代复合材料完成性能试样的焊接,这样的性能试样其接头强度基本代表着钛基复合材料接头的强度。

表 7 - 10 中性能对比数据还说明,在既含有钎料与钛合金基体又包含钎料与纤维结合的界面(如试样 B3、B4),其界面连接强度总是低于复合材料中单一的钛合金基体与钎料结合的界面(如试样 B1、B2、B11、B12),即钎料与纤维的结合界面仍然是连接界面中相对薄弱的区域。

表 7 – 10　BΠp16 钎料在 960℃/10min 条件下获得 SiC$_f$/β21S 接头的剪切强度

| 试样编号 | 试 样 类 型 | 剪切强度/MPa | 平均值/MPa | 备注 |
|---|---|---|---|---|
| B1 | 纤维方向 | 82.0 | 90.1 | 断裂于母材中钛合金基体与纤维界面 |
| B2 | | 98.2 | | 断裂于母材中钛合金基体与纤维界面 |
| B3 | 纤维方向 | 47.4 | 40.3 | 断裂于连接界面 |
| B4 | | 33.2 | | 断裂于连接界面 |
| B11 | β21S | 106 | 97.9 | 断裂于连接界面 |
| B12 | | 89.7 | | 断裂于连接界面 |

2. 使用 Ti – 15Cu – 15Ni 钎料获得 SiC$_f$/β21S 钎焊接头的组织与性能

图 7 – 29 给出了 960℃/10min 条件下采用单层 Ti – 15Cu – 15Ni 获得的 SiC$_f$/β21S/Ti – 15Cu – 15Ni/SiC$_f$/β21S 接头显微组织。从图中可以看出,钎缝中缺陷较少,钎缝基体与母材已无明显边界,呈现与母材组织相近的单一组织形貌。

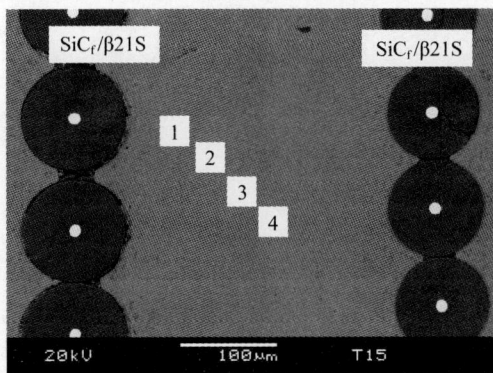

图 7 – 29　Ti – 15Cu – 15Ni 钎料 960℃/10min 条件下获得的 SiC$_f$/β21S 接头的组织

由于钎缝与母材界面难以区分,所以测试成分点选择为从 SiC$_f$/β21S 复合材料母材依次至钎缝中心。表 7 – 11 给出了 SiC$_f$/β21S 接头特征区域元素含量, 从

表 7 – 11　Ti – 15Cu – 15Ni 钎料获得的 SiC$_f$/β21S 接头特征区域能谱分析结果

| 位置 | 元素含量/%(质量分数) | | | | | |
|---|---|---|---|---|---|---|
| | Al | Si | Ti | Ni | Cu | Mo |
| 1 | 2.90 | 0.19 | 80.72 | 0.77 | — | 15.42 |
| 2 | 3.06 | — | 79.61 | 1.64 | 0.54 | 15.16 |
| 3 | 2.18 | — | 76.42 | 3.62 | 3.81 | 13.98 |
| 4 | 1.51 | 0.31 | 80.43 | 4.94 | 6.23 | 6.58 |

中可以看出"1"、"2"为母材,"3"中 Ni、Cu 含量增加,为扩散反应层,"4"区为钎缝基体区,Al 含量相对于母材略有减少,Ti 含量基本不变,Mo 减少量相对较多,Ni、Cu 由于扩散较为充分,即使在钎缝基体中含量也较低。

表 7 - 12 给出了 Ti - 15Cu - 15Ni 钎料 960℃/10min 条件下获得 $SiC_f/\beta 21S$ 复合材料接头的剪切强度,从表中可以看出,纤维平行于剪切力方向的 15 - 1 和 15 -2试样均断裂于母材中钛合金基体与纤维界面,接头平均剪切强度为 86.5MPa;纤维垂直于剪切力方向的 15 - 3 和 15 - 4 试样均断裂于连接面,接头平均剪切强度为 57.7MPa。

可见,使用 Ti - 15Cu - 15Ni 钎料钎焊纤维增强钛基复合材料,其接头强度与 BПp16 钎料基本处于同一水平。

表 7 - 12 Ti - 15Cu - 15Ni 钎料在 960℃/10min 条件下<br>获得 $SiC_f/\beta 21S$ 接头的剪切强度

| 试样编号 | 试 样 类 型 | 剪切强度/MPa | 平均值/MPa | 备 注 |
|---|---|---|---|---|
| 15 - 1 | β21S  SiC$_f$β21S | 103.8 | 86.5 | 断裂于母材中钛合金基体与纤维界面 |
| 15 - 2 | | 69.1 | | 断裂于母材中钛合金基体与纤维界面 |
| 15 - 3 | β21S  SiC$_f$β21S | 64.3 | 57.7 | 断裂于连接界面 |
| 15 - 4 | | 51.1 | | 断裂于连接界面 |

3. 界面添加 SiC 纤维的 $SiC_f/\beta 21S$ 钛合金复合材料接头的组织

根据两种钛基钎料的润湿铺展结果,BПp16 钎料在 $SiC_f/\beta 21S$ 基体上的润湿铺展性最好,所以在添加 SiC 纤维的 $SiC_f/\beta 21S$ 接头中选用了该钎料,另外,该钎料成带性好,且具有一定韧性,实验中更易于操作。

图 7 - 30 给出了 960℃/10min 条件下添加 SiC 纤维的 $SiC_f/\beta 21S$ 接头显微组织。从图中可以看出,SiC 纤维在钎料的作用下与 $SiC_f/\beta 21S$ 母材之间形成了完好接头,接头中不存在气孔、未焊合等缺陷。钎缝宽度与 SiC 纤维直径相当,在 100μm 左右。该钎缝中共存在三个界面,即 BПp16 与 $SiC_f/\beta 21S$ 母材、BПp16 与 SiC 纤维以及 SiC 纤维与 $SiC_f/\beta 21S$ 母材,三个界面均结合良好,其中 SiC 纤维与 $SiC_f/\beta 21S$ 母材界面的形成是由于少量 BПp16 流入的结果。从钎缝的形貌来看,钎料基体区表现为白色和灰色条状物相间的组织特征。

结合表 7 - 13 给出的图 7 - 30 中特征区域的成分分布来看,"1"区为 $SiC_f/\beta 21S$ 中 β21S 基体,该区成分与 β21S 母材相差不大;靠近该区的位置"2"颜色稍浅,呈现浅灰色,有少量的 Ni、Cu、Zr 元素扩散入(见表 7 - 13 中"2");"3"区靠近 SiC 纤维边缘,为钎料与母材的扩散反应区,该区中 Mo 含量

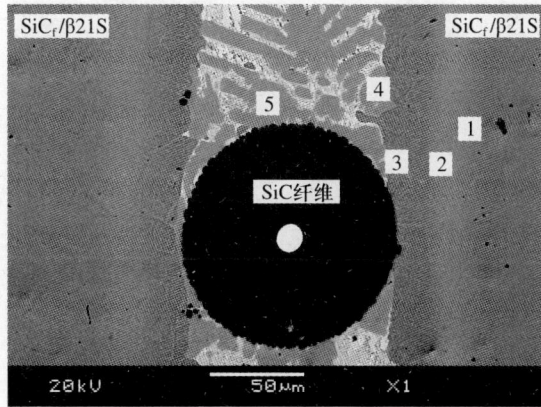

图 7 - 30 使用 BⅡp16 钎料在 960℃/10min 规范下
SiC$_f$/β21S 接头组织背散射电子像

大大减少(见表 7 - 13 中"3"),Ni、Cu、Zr 的含量有所增加;钎料基体区中白亮区"4"中 Ni 和 Zr 在此富集(见表 7 - 13 中"4"),Ti 含量相对较低;而在钎料基体区中的灰色区"5"中主要富集 Cu 和 Ti(见表 7 - 13 中"5"),形成了相应的 Cu - Ti 化合物相。

表 7 - 13    添加 SiC 纤维的 SiC$_f$/β21S 接头特征区域成分

| 位置 | 元素含量/%(质量分数) | | | | | | | |
|---|---|---|---|---|---|---|---|---|
| | Al | Si | Ti | Ni | Cu | Zr | Nb | Mo |
| 1 | 2.75 | 0.22 | 78.14 | — | — | | 2.65 | 16.23 |
| 2 | 1.50 | 0.15 | 72.57 | 2.19 | 5.90 | 3.80 | 1.85 | 12.04 |
| 3 | 0.85 | 0.30 | 72.81 | 3.98 | 9.23 | 7.58 | 0.86 | 4.39 |
| 4 | 0.80 | 0.50 | 37.90 | 14.54 | 15.28 | 30.99 | — | — |
| 5 | — | — | 57.05 | 7.20 | 29.66 | 6.10 | | |

为了优化接头组织达到提高接头性能的目的,把界面添加 SiC 纤维的 SiC$_f$/β21S 接头进行了 900℃/2h 扩散处理,处理后的接头显微组织如图 7 - 31 所示。从图中可以看出,热处理前后钎缝组织发生了明显的变化,经过热处理的钎缝基体区变窄,由原来的 100μm 左右变为 50μm ~ 90μm 不等宽,且靠近 SiC 纤维区域略窄。纤维周围呈现出深灰色小而圆的组织形貌特征,分析认为该组织的产生是钎料基体与 SiC 纤维之间元素扩散所导致。钎料基体区由原来较大块状的白色组织变为碎小的白色组织,说明了各元素在 900℃/2h 规范下进一步扩散,导致局部组织发生了转变。组织越细小、分布越弥散,这会在一定程度上改善接头的力学性能,所以可以制定合理的热处理制度来优化接头强度。

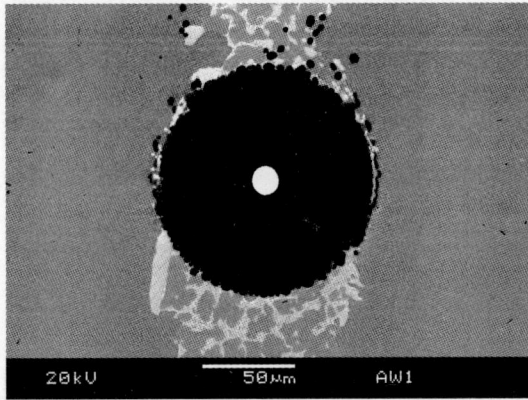

图 7 – 31　经 900℃/2h 扩散处理的添加 SiC 纤维的 SiC$_f$/β21S 接头微观组织

## 7.3.3　SiC$_f$/β21S 钛基复合材料的扩散焊

在 SiC$_f$/β21S 钛基复合材料的扩散焊研究中,分别选用了不添加中间层、添加钛箔以及添加三种钛基钎料(添加钎料的同时对试样施加压力,将部分钎料挤出)来实现试样的扩散焊连接。

1. SiC$_f$/β21S 钛基复合材料扩散焊的接头组织与性能

在 SiC$_f$/β21S 复合材料的扩散焊研究中,采用了直接扩散焊以及添加钛箔中间层两种形式,接头扩散焊规范为 900℃/1h/15MPa。

图 7 – 32 给出了在 900℃/1h/15MPa 规范下 SiC$_f$/β21S 自身直接扩散焊接头的显微组织,从图中可以看出,在两试片的连接区域存在较明显的溶合线,溶合线基本贯穿整个焊缝,其存在可能在一定程度上降低接头的力学性能。但是,溶合线不能作为缺陷看待,从图 7 – 32 中可以清楚看到,溶合线一部分生长成母材晶粒的

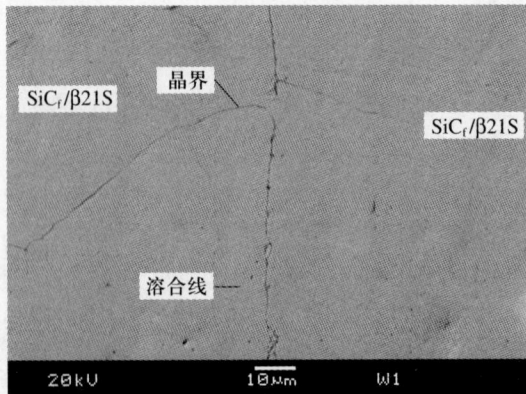

图 7 – 32　SiC$_f$/β21S 复合材料自身直接扩散焊(900℃/1h/15MPa)接头的组织

446

晶界,与母材之间形成了统一的整体。

表 7 – 14 给出了 900℃/1h/15MPa 规范下 SiC$_f$/β21S/SiC$_f$/β21S 扩散焊接头的剪切强度,从表中可以看出,扩散焊接头平均剪切强度达到了 225.3MPa。

表 7 – 14　SiC$_f$/β21S 自身直接扩散焊接头剪切强度

| 试样编号 | 试 样 类 型 | 剪切强度/MPa | 平均值/MPa | 备　注 |
|---|---|---|---|---|
| W1 | | 237.7 | | 断裂于连接界面 |
| W2 | β21S | 224.6 | 225.3 | 断裂于连接界面 |
| W3 | | 213.6 | | 断裂于连接界面 |

在 900℃/1h/15MPa 规范下,以 Ti 箔作为中间层也实现了 SiC$_f$/β21S/Ti 箔/SiC$_f$/β21S 钛基复合材料接头的扩散连接。图 7 – 33 给出了扩散焊接头的组织。从图中可以看出,β21S 与 Ti 箔连接界面完整、无缺陷,说明 β21S 与 Ti 箔之间在高温下发生了扩散,溶合区附近出现了颜色略深于 β21S 母材的扩散层。表 7 – 15 给出了 900℃/1h/15MPa 规范下 SiC$_f$/β21S/Ti 箔/SiC$_f$/β21S 扩散焊接头的剪切强度(3 个试样的平均值为 153.2MPa)。纯钛箔的强度明显低于 β21S 钛合金的强度,这是使用 Ti 箔作为扩散焊中间层时的接头强度低于复合材料直接扩散焊接头强度的重要原因之一。

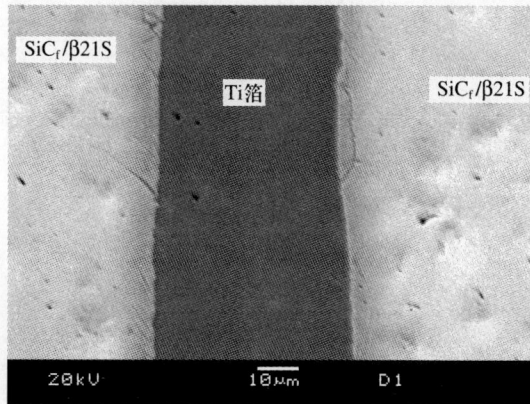

图 7 – 33　SiC$_f$/β21S/Ti 箔/SiC$_f$/β21S 扩散焊接头组织

表 7 – 15　SiC$_f$/β21S/Ti 箔/SiC$_f$/β21S 扩散焊接头的剪切强度

| 试样编号 | 试 样 类 型 | 剪切强度/MPa | 平均值/MPa | 备　注 |
|---|---|---|---|---|
| Y1 | | 166.2 | | 断裂于连接界面 |
| Y2 | β21S | 127.1 | 153.2 | 断裂于连接界面 |
| Y3 | | 166.3 | | 断裂于连接界面 |

**2. 添加 BΠp16 钎料作为中间层的 $SiC_f/\beta21S$ 扩散焊接头组织与性能**

研究添加钎料作为中间层的 $SiC_f/\beta21S$ 钛基复合材料扩散焊接头,选用了焊接规范 960℃/30min/5MPa,这相对于钛合金常规的扩散焊工艺来讲提高了温度而降低了压力,其目的在于提高焊接温度能够确保钎料发生熔化,熔化的钎料可以在较低的压力条件下被挤出连接界面,保证接头中残余钎料尽可能减少,即尽量消除钎料中一些元素对接头性能可能产生的不利影响。

在 960℃/30min/5MPa 规范下采用 BΠp16 钎料对 $SiC_f/\beta21S$ 进行了扩散焊,图 7-34 给出了 $SiC_f/\beta21S/BΠp16/SiC_f/\beta21S$ 扩散焊接头组织,从图中可以看出,焊缝经过较大压力挤压后,厚度仅为 20μm 左右,较钎料原始厚度少了近 1/2。焊缝中出现了黑色点状物,且弥散分布,基体区基本保持共晶组织形貌。

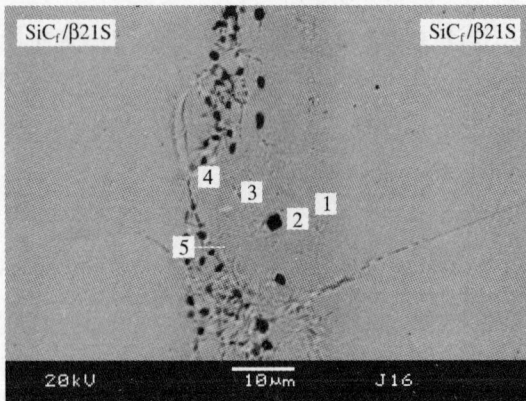

图 7-34 $SiC_f/\beta21S/BΠp16/SiC_f/\beta21S$ 扩散焊接头组织

从表 7-16 中给出的 $SiC_f/\beta21S/BΠp16/SiC_f/\beta21S$ 扩散焊接头特征区域元素含量来看,由于扩散时间相对较长,β21S 钛合金基体中的 Al、Si、Mo、Nb 分布基本为从母材到焊缝中心含量依次减少,Ti、Cu、Ni、Zr 等元素在整个焊缝中分布较为均匀。

表 7-16 $SiC_f/\beta21S/BΠp16/SiC_f/\beta21S$ 扩散焊接头特征区域元素含量

| 位置 | 元素含量/%(质量分数) | | | | | | | |
|---|---|---|---|---|---|---|---|---|
| | Al | Si | Ti | Ni | Cu | Zr | Nb | Mo |
| 1 | 1.86 | 0.19 | 74.75 | 1.77 | 4.80 | 2.59 | 2.00 | 12.04 |
| 2 | 1.65 | 0.13 | 75.21 | 1.71 | 6.43 | 3.21 | 1.73 | 9.92 |
| 3 | 1.62 | 0.19 | 75.95 | 2.02 | 5.94 | 3.73 | 1.59 | 8.96 |
| 4 | 1.79 | 0.13 | 75.50 | 1.86 | 6.38 | 3.60 | 1.86 | 8.88 |
| 5 | 0.19 | — | 93.19 | 0.18 | 0.92 | 3.80 | 0.52 | 1.20 |

检查 $SiC_f/\beta21S/B\Pi p16/SiC_f/\beta21S$ 钛基复合材料接头中各元素面分布的结果表明,各元素均表现为均匀分布状态,这主要是由于各元素得到了较为均匀扩散所致。

表 7-17 给出了 960℃/30min/5MPa 规范下 $SiC_f/\beta21S/B\Pi p16/SiC_f/\beta21S$ 接头剪切强度,接头平均剪切强度达到303.7MPa。

表 7-17 960℃/30min/5MPa 规范下 BΠp16
钎焊复合材料接头的剪切强度

| 试样编号 | 试 样 类 型 | 剪切强度/MPa | 平均值/MPa | 备 注 |
|---|---|---|---|---|
| 16-11 |  | 297.0 |  | 断裂于连接界面 |
| 16-12 | β21S | 276.2 | 303.7 | 断裂于连接界面 |
| 16-13 |  | 338.0 |  | 断裂于连接界面 |

为了更好说明添加常规钎料后施加压力对焊缝组织的影响,实验中还测试了不施加压力的规范为 960℃/30min 的接头组织,图 7-35 给出了接头组织。从图中可以看出,钎缝基本为共晶组织,钎缝中心出现较大的枝状晶,钎缝基体主要为白色和灰色相间的细条状组织。钎缝宽度与原始钎料宽度相差不大,但明显大于施加压力的接头宽度。

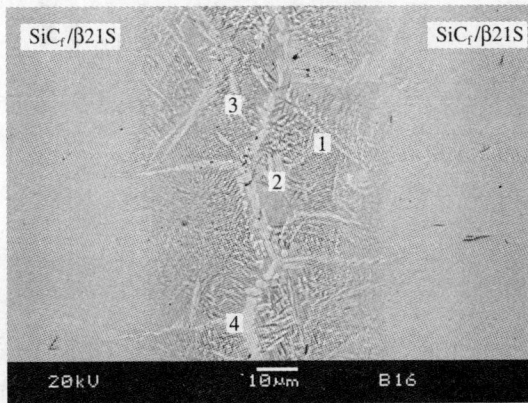

图 7-35 960℃/30min 未加压力的
$SiC_f/\beta21S/B\Pi p16/SiC_f/\beta21S$ 复合材料接头的组织

表 7-18 给出了 960℃/30min 未加压力的 $SiC_f/\beta21S/B\Pi p16/SiC_f/\beta21S$ 扩散焊接头特征区域元素含量,从表中可以看出 Al、Si、Nb 含量基本呈现平缓过渡趋势;Mo 含量从母材到钎缝中心呈现阶梯状减少;Ni、Cu、Zr 在钎缝基体中的分布较为均匀,而且含量较低,但在钎缝中心的枝状晶中含量相对较高;Ti 在接头中含量较高,但在枝状晶区域含量略有减少。

表7-18 960℃/30min 未加压力下采用 BПp16 钎焊复合材料
扩散焊接头特征区域元素含量

| 位置 | 元素含量/%（质量分数） | | | | | | | |
|------|------|------|------|------|------|------|------|------|
| | Al | Si | Ti | Ni | Cu | Zr | Nb | Mo |
| 1 | 1.74 | 0.23 | 71.79 | 2.15 | 5.51 | 2.92 | 2.42 | 13.24 |
| 2 | 1.52 | 0.03 | 71.03 | 2.59 | 7.92 | 5.91 | 1.87 | 9.12 |
| 3 | 1.44 | 0.20 | 74.12 | 2.52 | 5.47 | 8.86 | 1.14 | 6.26 |
| 4 | 0.41 | — | 54.72 | 5.36 | 28.85 | 10.02 | 0.34 | 0.31 |

3. 添加 Ti-15Cu-15Ni 钎料作为中间层的 SiC$_f$/β21S 扩散焊接头组织与性能

在 960℃/30min/5MPa 规定下,采用 Ti-15Cu-15Ni 钎料对 SiC$_f$/β21S 钛基复合材料进行了扩散焊,图 7-36 给出了 SiC$_f$/β21S/Ti-15Cu-15Ni/SiC$_f$/β21S 扩散焊接头组织,从图中可以看出,焊缝经过较大压力挤压后,厚度变为 30μm~40μm 左右,较钎料原始厚度小。焊缝中出现了明显的共晶组织形貌,表现为黑白条状物交替弥散分布。钎缝个别区域表现出晶界特征。

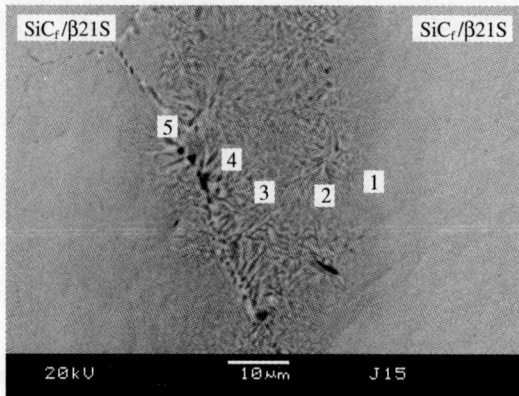

图 7-36 SiC$_f$/β21S/Ti-15Cu-15Ni/SiC$_f$/β21S 扩散焊接头组织

表 7-19 给出了 960℃/30min/5MPa 规范下 SiC$_f$/β21S/Ti-15Cu-15Ni/SiC$_f$/β21S 扩散焊接头特征区域元素含量,可见,除 Mo 外,Al、Si、Ti、Ni、Cu、Nb 元素含量在整个接头中较均匀分布,变化趋势不明显,说明钎料受到挤压后大部分已经被排挤到试样外,剩余部分通过扩散后变得更加均匀化。

SiC$_f$/β21S/Ti-15Cu-15Ni/SiC$_f$/β21S 钛基复合材料接头中各元素面分布的结果表明,各元素均表现为均匀分布状态,说明这些元素得到了较为均匀的扩散。

表 7-20 给出了 960℃/30min/5MPa 规范下 SiC$_f$/β21S/Ti-15Cu-15Ni/SiC$_f$/β21S 接头剪切强度,接头平均剪切强度达到 341.4MPa。

表 7 – 19　SiC$_f$/β21S/Ti – 15Cu – 15Ni/SiC$_f$/β21S 扩散焊接头特征区域元素含量

| 位置 | 元素含量/%（质量分数） | | | | | | |
|---|---|---|---|---|---|---|---|
| | Al | Si | Ti | Ni | Cu | Nb | Mo |
| 1 | 2.13 | 0.12 | 76.77 | 2.47 | 2.97 | 1.78 | 13.74 |
| 2 | 1.75 | 0.20 | 76.68 | 3.44 | 4.70 | 1.75 | 11.49 |
| 3 | 1.72 | 0.30 | 78.75 | 4.29 | 5.33 | 1.39 | 8.23 |
| 4 | 1.69 | 0.24 | 79.63 | 4.65 | 5.93 | 1.20 | 6.65 |
| 5 | 1.50 | 0.18 | 79.92 | 4.63 | 6.29 | 0.95 | 6.53 |

表 7 – 20　960℃/30min/5MPa 规范下 SiC$_f$/β21S/Ti – 15Cu – 15Ni/SiC$_f$/β21S
接头的剪切性能

| 试样编号 | 试样类型 | 剪切强度/MPa | 平均值/MPa | 备注 |
|---|---|---|---|---|
| 15 – 11 | | 335.4 | | 断裂于连接界面 |
| 15 – 12 | β21S | 344.4 | 341.4 | 断裂于连接界面 |
| 15 – 13 | | 344.4 | | 断裂于连接界面 |

图 7 – 37 给出了不施加压力的焊接规范 960℃/30min 条件下 SiC$_f$/β21S 钛基复合材料的接头组织,钎缝基本为共晶组织,钎缝中心出现连续的块状物,钎缝基体主要为白色和灰色相间的细碎条状组织。钎缝宽度与原始钎料宽度相差不大,但明显高于施加压力的接头宽度。

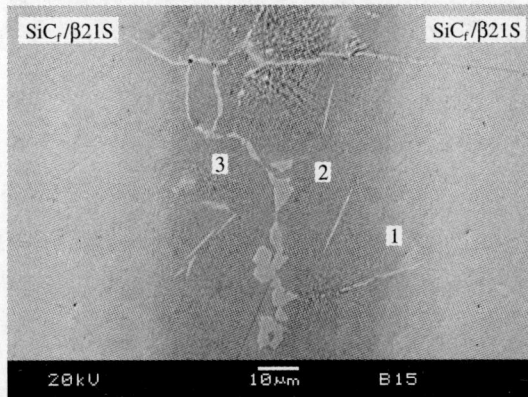

图 7 – 37　960℃/30min 未加压力的 SiC$_f$/β21S/Ti – 15Cu – 15Ni/SiC$_f$/β21S 接头组织

表 7 – 21 给出了 960℃/30min 未加压力的 SiC$_f$/β21S/Ti – 15Cu – 15Ni/SiC$_f$/β21S 扩散焊接头特征区域元素含量,从表中可以看出 Al、Si、Nb 含量基本呈现平缓过渡趋势;Mo 含量从母材到钎缝中心呈现阶梯状减少;Ni、Cu 在钎缝基体中的分布较为均匀,而且含量较低,但在钎缝中心的块状区中含量相对较高;Ti 在接头中含量较高,但在块状区域含量略有减少。

接头特征区域元素含量

| 位置 | 元素含量/%（质量分数） | | | | | | |
|---|---|---|---|---|---|---|---|
| | Al | Si | Ti | Ni | Cu | Nb | Mo |
| 1 | 1.83 | 0.21 | 75.35 | 3.62 | 4.28 | 1.75 | 12.96 |
| 2 | 1.36 | 0.37 | 78.50 | 4.80 | 6.24 | 1.20 | 7.53 |
| 3 | 1.52 | 0.33 | 80.20 | 4.22 | 6.28 | 1.16 | 6.27 |
| 4 | 0.27 | 0.22 | 63.95 | 24.06 | 11.01 | 0.35 | 0.14 |

图 7-38 给出了 $Ti-15Cu-15Ni$ 钎料 960℃/30min/5MPa +900℃/2h 处理后的 $SiC_f/\beta21S$ 复合材料扩散焊接头组织，从图中可以看出，经过扩散处理后，接头组织更加均匀化，呈现单一的灰色组织，焊缝中心明显可以观察到晶界的存在，由于焊缝中各元素扩散充分，导致整个接头区域变宽，接头宽度达到 $100\mu m$ 左右。

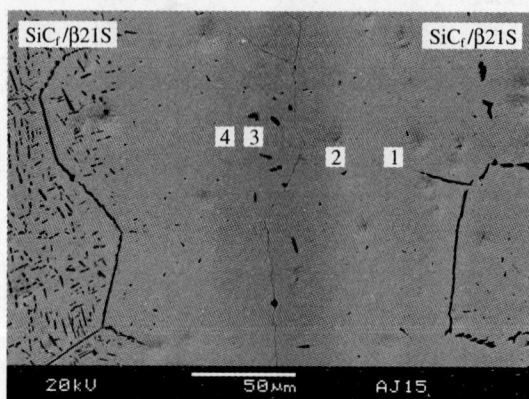

图 7-38　热处理后的 $SiC_f/\beta21S/Ti-15Cu-15Ni/SiC_f/\beta21S$ 扩散焊接头组织

表 7-22 给出了热处理后的 $SiC_f/\beta21S/Ti-15Cu-15Ni/SiC_f/\beta21S$ 扩散焊接头特征区域元素含量，从表中可以看出，由于各元素扩散充分，均表现为均匀分布的趋势。

表 7-22　热处理后的 $SiC_f/\beta21S/Ti-15Cu-15Ni/SiC_f/\beta21S$
扩散焊接头特征区域元素含量

| 位置 | 元素含量/%（质量分数） | | | | | | |
|---|---|---|---|---|---|---|---|
| | Al | Si | Ti | Ni | Cu | Nb | Mo |
| 1 | 2.68 | 0.24 | 76.22 | 1.36 | 1.13 | 2.57 | 15.80 |
| 2 | 2.40 | 0.19 | 75.40 | 1.66 | 2.22 | 2.71 | 15.43 |
| 3 | 2.13 | 0.35 | 78.64 | 2.28 | 3.12 | 2.22 | 11.26 |
| 4 | 2.19 | 0.29 | 79.79 | 2.63 | 3.02 | 1.89 | 10.18 |

### 7.3.4　小结

（1）在 960℃/10min 加热条件下，Ti – 15Cu – 15Ni 和 BПp16 两种钎料对 SiC$_f$/β21S 钛基复合材料均具有较好的润湿性，而 BПp16 钎料的润湿性更优。

（2）采用单层 BПp16 钎料 960℃/10min 连接 SiC$_f$/β21S 钛基复合材料，接头整个钎缝中贯穿着未焊合缺陷，纤维平行于剪切力方向的钎焊接头平均剪切强度为 90.1MPa，试样均断裂于母材中钛合金基体与纤维界面；而纤维垂直于剪切力方向的接头平均剪切强度降低为 40.3MPa，试样均断裂于连接面。钎料与纤维的结合界面是连接界面中相对薄弱的区域。

（3）960℃/10min 条件下采用单层 Ti – 15Cu – 15Ni 获得的 SiC$_f$/β21S/Ti – 15Cu – 15Ni/SiC$_f$/β21S 接头，虽然钎缝中缺陷较少，但纤维平行于剪切力方向的接头，其平均剪切强度也仅为 86.5MPa。

（4）尝试在 BПp16 钎料获得的 SiC$_f$/β21S 钛基复合材料钎焊接头中添加 SiC 纤维，可以形成了完好接头，接头中不存在气孔、未焊合等缺陷，而且钎缝中三个界面（钎料与 SiC$_f$/β21S 钛基母材、钎料与 SiC 纤维、SiC 纤维与 SiC$_f$/β21S 钛基母材）均结合良好。

（5）900℃/1h/15MPa 规范下不添加任何中间层的 SiC$_f$/β21S 钛基复合材料扩散焊接头的平均剪切强度为 225.3MPa，同样焊接规范下选用 Ti 箔作为扩散焊中间层，接头的剪切强度的平均值为 153.2MPa。

（6）分别选用 BПp16 钎料和 Ti – 15Cu – 15Ni 钎料作为扩散焊中间层，在 960℃/30min/5MPa 规范下 SiC$_f$/β21S 钛基复合材料扩散焊接头的平均剪切强度分别提高至 303.7MPa 和 341.4MPa。

## 参 考 文 献

［1］　宋伟.金属基复合材料的发展与应用[J].铸造设备研究,2004,(5):48 – 50.

［2］　卿华,江和甫.纤维增强金属基复合材料及其在航空发动机上的应用[J].燃气涡轮试验与研究,2001, 14(1):33 – 37.

［3］　刘连涛,孙勇.纤维增强铝基复合材料研究进展[J].铝加工,2008,(5):9 – 13.

［4］　Robertson A R,Miller M F,Maikish C R. Soldering and brazing of advanced metal – matrix structures[J]. Welding Journal,1993,52(10).

［5］　Hoffman E L,Bales T T. Fabrication research for supersonic cruise aircraft[C]. The Enigma of the Eighties: Environment,Economics,Energy,Vol. 1;232 – 251,SAMPE 1979.

［6］　Bales T T,Ross W H,Royster D M. Brazed Borsic/aluminum structural panel[R]. NASA TM X – 3432.

［7］　Royster D M,Ross W H,Bales T T. Effects of fabrication and joining process on compressive strength of boron/aluminum and Borsic/aluminum structural panels[R]. NASA TP – 1121.

[8] Hersh M S. The versatility of resistance welding machines for joining boron/aluminum composite[J]. Welding Journal,1972,51(9):626-632.

[9] 李晓红,毛唯.纤维增强金属基复合材料连接技术[J].航空科学技术,1992,(2):23-25.

[10] Metzger G E. Joining of metal-matrix fiber-reinforced composite materials[J]. WRC Bulletin,1975,207(7).

[11] TAKEMOTO Tadashi,NAKAMURA Hideyuki,OKAMOTO Ikuo. Vaccum brazing of aluminum/titanium joints with aluminum filler metals[J]. Light Metals,1986,36(9).

[12] Lienert T J et al. Microstructural development in laser and electron beam welds on A356/SiC/15P. Conference:Processing,Properties and Applications of Cast Metal Matrix Composites. Cincinnati,Ohio,USA,7-9 Oct. 1996:33-54.

[13] Ellis M B D. Joining of aluminum based metal matrix composites[J]. International Materials Reviews,1996, 41(2):41-58.

[14] Stefanescu D M,Dhindaw B K,Kacar A S,et al. Behavior of ceramic particles at the solid-liquid metal interface in metal matrix composite[J]. Metall. Trans. ,1988,19A(11):2847-2855.

[15] 张坤,陈光南.激光作用下 $SiC_p$/A356 复合材料的快凝组织形成[J].复合材料学报,2000,17(1): 115-118.

[16] Lean P P,Gil L,Urena A. Dissimilar welds between unreinforced AA6082 and AA6092/SiC/25p composites by pulsed-MIG arc welding using unreinforced filler alloys (Al-5Mg and Al-5Si)[J]. Journal of Materials Processing Technology,2003,(143/144):846-850.

[17] Huang R Y,Chen S C,Huang J C. Electron and laser beam welding of high strain rate superplastic Al-6061/SiC composites[J]. Metallurgical and Materials Transactions A,2001,32A(10):2575-2584.

[18] Busch W B et al. Electron beam and friction welding of metal-matrix composites. 6th European Conference on Composite Materials (ECCM6),Bordeaux,France,20-24 sept. 1993. Woodhead Publishing,Abington Hall, Abington,Cambridge CB1 6AH,UK,1993:545-551.

[19] Lienert T J et al. Laser and electron beam welding of $SiC_p$ reinforced aluminum A-356 metal matrix composites[J]. Scripta Metallurgica et Materialia,1993,28(11):1341-1346.

[20] American Welding Society. Welding Handbook, Eighth Edition, Volume 3, Materials and Applications-Part1,1996.

[21] Wang H M,Chen Y L, Yu L G. 'In-situ' weld-alloying/laser beam welding of /6061Al MMC[J]. Materials Science and Engineering,2000,A293,1-6.

[22] 陈彦宾,张德库,牛济泰,等.激光焊接铝基复合材料钛的原位增强作用[J].应用激光,2002,22(3): 320-322,338.

[23] 陈永来,于利根,王华明.合金化填充材料 Ni 对 SiCp/6061Al 复合材料激光焊接焊缝显微组织的影响 [J].复合材料学报,2000,17(4):63-65.

[24] Hashim J,Looney L, Hashim M S J. The wettability of SiC particles by molten aluminum alloy[J]. Journal of Materials Processing Technology,2001,119:324-328.

[25] Pech-Canul M I,Katz R N, Makhlouf M M. Optimum parameters for wettingsilicon carbide by aluminum alloys[J]. Metallurgical and Materials Transactions A,31A:565-573.

[26] Kelly A,Mileiko S T. Handbook of Composites,vol. 4. Elsevier Science Publishers,B. V. Amsterdam,1984.

[27] Lee Jae-chul,Ahn Jae-pyoung,Shi Zhongliang,et al. Methodology to design the interfaces in SiC/Al composites[J]. Metallurgical and Materials Transactions A,2001,32A:1541-1550.

[28] 郭绍庆,袁鸿,谷卫华,等.采用非增强中间层电子束焊接 SiCp/Al[J].复合材料学报,2006,23(1),

92 – 98.

[29] 闫久春,吕世雄,许志武,等.高效铝基复合材料液相振动焊接方法.中国,ZL03111099.1［P］.2003 –
9 – 17.

[30] Chang D J,Kao W H. SiC reinforced titanium corrugated structures for high temperature Application［J］.
SAMPI Journal ,1998,Vol. 24,No. 2,P336 – 339.

[31] Hall E L,Ritter A M. Structure and behavior of metal/ceramac interfaces in Ti alloy/SiC metal matrix com-
posites［J］. Journal of Materials Research,1993,8(5):1158 – 1168.

[32] 王文新. 推比 10 一级发动机的材料和工艺分析［J］. 航空工艺技术,1996,4:39 – 41.

[33] sinqerman S A,Jackson J J. Titanium matrix composites for aerospace applications［R］. NASA contractor re-
port 1179,1996,579 – 585.

[34] Haffman E K,Bird R K,Dicus D l. Effect of braze processing on SCS – 6/β21S titanium matrix composites
［J］,Welding Research Supplement,Aug 1994,P185 – s – 191 – s.

[35] Kao W H,Chang D J. Development of SiC reinforced titanium corrugated structures［J］. Journal of Compos-
ites Technology and Research,1988,10(2):47 – 53.

[36] Chang D J,Kao W H. SiC reinforced titanium corrugated structures for high temperature applications［J］,
SAMPLE Journal,1988,March/April,13 – 17.

[37] Mda Silva A A,Meyer A,Dos Santos J F,et al. Mechanical and metallurgical properties of friction-welded
TiC particulate reinforced Ti – 6Al – 4V［J］. Composites Science and Technology,2004,64:1495 – 1501.

[38] Cox A,Baeslack III W A,Zorko S,English C. Capacitor discharge resistance spot welding of SiC fiber rein-
forced Ti – 6Al – 4V［J］. Welding Journal,October 1993,479 – 491.

[39] Craig Blue. Rapid infrared welding developed for Ti composites［J］. Advanced Materials & Processes,1996,
150(4):13 – 17.

[40] 陈波,熊华平,毛唯,等.Ti – Zr – Cu – Ni 钎料钎焊 SiC 纤维增强钛基复合材料的接头组织与性能［J］.
材料工程,2009,6:10 – 14.

# 第8章 航空发动机部件焊接修复

## 8.1 概述

　　焊接是航空发动机修理中的一项重要技术,采用焊接方法能够修复发动机零件在使用过程中形成的缺陷,恢复尺寸和功能,使故障零件能够继续使用,降低发动机维修成本。

　　航空发动机零件主要缺陷形式有外物打伤、磨损、裂纹、烧蚀等。根据零件、材料、缺陷类型的不同,可以选择不同的焊接方法和焊接材料进行修复,表8-1中列出了发动机一些零件常见缺陷类型和可以采用的补焊方法。

表 8-1　发动机零件常见缺陷类型和补焊修复方法

| 发动机部位 | 零　件 | 缺　陷　类　型 | 补　焊　方　法 |
|---|---|---|---|
| 风扇 | 叶片<br>整体叶盘 | 外物打伤、变形 | 氩弧焊、激光焊、电子束焊、线性摩擦焊 |
| 高压压气机 | 叶片 | 叶尖磨损、阻尼台磨损、打伤 | 氩弧焊、激光焊、感应钎焊 |
| | 整体叶盘 | 叶尖磨损、打伤 | 氩弧焊、激光焊、电子束焊、线性摩擦焊 |
| | 机匣 | 磨损、焊缝裂纹 | 氩弧焊、激光焊 |
| | 盘 | 榫齿磨损 | 激光焊 |
| 燃烧室 | 机匣 | 裂纹、烧蚀 | 氩弧焊、激光焊 |
| | 火焰筒 | 裂纹、烧蚀 | 氩弧焊、激光焊 |
| 涡轮 | 工作叶片 | 叶尖磨损、叶冠磨损 | 真空钎焊、氩弧焊、等离子弧焊、激光焊 |
| | 导向叶片 | 进气边烧蚀、缘板烧蚀和裂纹、排气边裂纹、进气边裂纹、缘板磨损、销钉孔磨损 | 真空钎焊、氩弧焊、等离子弧焊、激光焊 |
| | 整体铸造导向器 | 叶片密集裂纹 | 真空钎焊、氩弧焊 |
| | 封严结构 | 磨损、烧蚀 | 真空钎焊、氩弧焊、激光焊 |
| | 承力环 | 磨损 | 氩弧焊、激光焊 |
| | 机匣 | 焊缝裂纹、凸台裂纹、磨损、烧蚀 | 氩弧焊、激光焊 |
| | 盘 | 榫齿磨损 | 激光焊 |

　　航空发动机使用过程中出现的缺陷类型多种多样,同一类型缺陷在不同零件具体表现形式不同,例如机匣类零件裂纹主要出现在焊缝区域、安装凸台区域,裂

纹数量相对较少,而涡轮导向叶片多出现在进排气边、缘板,常出现龟裂现象,在整体铸造不锈钢导向器排气边则表现为密集裂纹。由于不同发动机零件设计结构、选材、工作环境温度不同,在相同位置工作的零件缺陷类型和表现形式不同,例如涡轮Ⅰ级导向叶片堵盖裂纹,在某发动机上会大量出现,而在其他发动机上则很少见,又如某发动机涡轮机匣局部裂纹缺陷率极高,而其他发动机很少出现裂纹。部分零件会同时出现多种缺陷,例如涡轮Ⅰ级导向叶片,常常会出现进气边烧蚀或龟裂、排气边裂纹、缘板裂纹或龟裂同时存在的现象。

可见,航空发动机使用过程中零件产生缺陷的多样性、表现形式的多样性、材料的多样性,决定了故障零件焊接修复的复杂性,并且航空发动机高可靠性要求也给焊接修复提出了更高的要求。

修复发动机零件常用的焊接方法有氩弧焊、等离子弧焊、激光焊、电子束焊、真空钎焊、感应钎焊、线性摩擦焊等。

氩弧焊是最通用和最常用的焊接修复方法之一,主要特点是操作灵活方便,修复成本低,适用范围广,除一些高 Al、Ti 含量的镍基铸造高温合金不易采用氩弧焊,其他多数材料均可。可以用于涡轮叶片叶尖磨损、锯齿冠磨损、机匣安装凸台磨损、机匣裂纹、导向叶片裂纹、整体导向器密集裂纹焊接修复等。不足是高 Al、Ti 含量的镍基铸造高温合金采用氩弧焊补焊容易产生裂纹,较大面积补焊焊接热应力较大,焊接变形较大。

等离子弧焊与氩弧焊相比能量密度高,补焊热输入小,焊接变形小,产生裂纹倾向性小,一般多用于涡轮工作叶片叶尖磨损部位自动堆焊。在国内采用等离子弧焊方法修复发动机零件并不多。

激光焊方法在发动机修理行业应用越来越多,主要优点在于能量密度更高,焊接热输入更小,热影响区小,焊接变形小,特别对难焊材料零件局部缺陷激光熔敷能抑制焊接裂纹。主要用于涡轮叶片尖端磨损等各类磨损缺陷熔敷修复,也可用于裂纹修复。不足是设备昂贵,操作复杂,修复成本高。

电子束焊具有和激光焊同样的优点,可采用送丝或预置粉末方式进行局部堆焊,但修复成本更高,操作更复杂,在发动机修理行业应用较少。有报道用于风扇整体叶盘叶片局部损伤补片修复。

真空钎焊是航空发动机最常用的焊接修复方法之一,该方法加热温度低于母材的熔点,能有效避免产生结晶裂纹,且整体加热无大的变形和焊接残余应力,可以同时修复不同位置的多条裂纹,特别适合高 Al、Ti 含量的镍基铸造高温合金零件裂纹和磨损修复。可用于涡轮工作叶片叶尖磨损、导向叶片缘板磨损、导向叶片裂纹和烧蚀等缺陷修复。

感应钎焊也是一种常用的焊接修复方法,采用高频感应局部加热,加热速度快,热作用时间短,对零件材料损伤小。主要用于钛合金叶片阻尼凸台耐磨层的补焊,以及各类导管类零件的补焊或焊接。

线性摩擦焊焊接接头综合力学性能好,特别焊接 α、α + β 型钛合金,焊接接头力学性能同母材基本相当,在航空发动机领域主要用于焊接钛合金整体叶盘。当整体叶盘个别叶片损伤后可以先切去损伤叶片,再采用线性摩擦焊方法焊上新叶片,实现整体叶盘修复。

可见,不同焊接方法优点不同,适应对象不同,没有哪种焊接方法能够适用于所有的缺陷,补焊时应针对具体零件、材料、缺陷类型、工作环境、性能要求选择不同的补焊方法修复。但是不管选择哪种补焊方法、采取哪种工艺规范,基本原则是高可靠性和低成本,这样航空发动机零件补焊才有意义。

北京航空材料研究院长期从事航空发动机零件焊接修复研究工作,掌握了多个型号发动机多种零件焊接修复技术,申请了多项焊接修复专利,修复的零件超过10000 件,这些零件在实际应用中表现良好。

## 8.2　航空发动机涡轮导向叶片钎焊修复

### 8.2.1　涡轮导向叶片裂纹修复

涡轮导向叶片裂纹是叶片故障的主要形式,裂纹多在进气边、排气边、叶身、缘板、堵盖等部位产生。对于进气边、排气边、叶身、缘板处裂纹,可去除裂纹表面氧化膜后采用真空钎焊、大间隙钎焊及粉末冶金等方法修复。对于堵盖裂纹,可将开裂的堵盖机加去除,再采用重新钎焊堵盖的方法修复。

1. 叶片裂纹表面氧化膜去除

氧化膜去除方法主要分为机械去除方法和化学去除方法。机械去除方法包括机械加工、电火花加工和吹砂等;化学方法包括氟化物去除法、化学溶液清理、真空净化处理等。

1) 机械去除方法

机械去除方法是含有较多 Al、Ti 镍基铸造高温合金叶片裂纹氧化膜去除的可靠方法。机械去除方法可去除单一裂纹表面的氧化膜,形成的开口可小于0.5mm,也可以去除密集裂纹,但形成的开口较大。机械去除法优点是氧化膜去除效果稳定可靠,缺点是伤及母材,待修复缺陷大,只适于产生少量裂纹的叶片,而对于产生大量裂纹的叶片,一一去除裂纹较为繁杂。另外,对于联排叶片在刀具可达性差的位置的裂纹也不适用。

图 8 - 1 是某发动机 I 级涡轮导向叶片冷却气膜孔边缘裂纹修复前后的对比图片。先采用机械方法去除裂纹表面氧化膜,形成的开口小于 0.5mm,再采用大间隙真空钎焊与粉末冶金相结合方法修复。

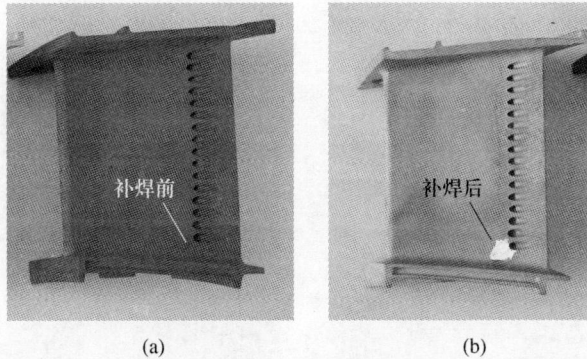

图 8-1　镍基高温合金叶片裂纹修复

(a) 焊接修复前；(b) 焊接修复后。

2) 氟化物去除方法

氟化物去除方法主要用于去除含有较多 Al、Ti 的镍基铸造高温合金叶片裂纹表面氧化膜，其原理是利用氟化物分解产生的 HF 气体，或直接通入 HF 气体，与金属氧化膜在高温下发生反应，生成产物一部分挥发，一部分高温下呈熔融状态，对钎料润湿母材无不利影响，使钎料能够润湿填缝，从而实现焊接修复。氟化物去除方法优点是：一次可去除多条裂纹表面氧化膜；不需要开口，不损伤母材，待修复缺陷小。缺点是：对于微裂纹或裂纹尖端氧化膜去除稳定性较差，形成污染产物需要专业处理，设备投资大。

北京航空材料研究院采用自制氟化物处理设备，利用氟化物分解产生的 HF 与 $BF_3$ 气体处理穿透性裂纹，能谱分析表明裂纹表面含氧量显著降低[1]，钎焊时融化钎料润湿并填满裂纹间隙，说明裂纹表面氧化膜被氟化物有效去除。

3) 化学方法综合处理

对于不含 Al、Ti 的钴基高温合金叶片裂纹，可采用化学清理和真空净化联合处理方法去除裂纹表面氧化膜。其优点是设备投资少，可一次去除多条裂纹表面氧化膜，缺点是只适宜不含 Al、Ti 的高温合金叶片。

某发动机涡轮 I 级导向叶片为三联排结构，材料为钴基高温合金，如图 8-2 所示。使用一个周期后在叶片缘板、冷却气膜孔边缘、进气边、排气边、缘板边缘、叶片与缘板转接处产生大量裂纹，在缘板边缘、叶片与缘板转接处还有龟裂现象。裂纹数量多，形态各异，如果采用机械去除方法，几乎无法实现裂纹表面氧化膜清理，而采用化学腐蚀与真空净化处理相结合的方法，能有效去除裂纹表面氧化膜。经钎焊修复后，钎料润湿并填满裂纹间隙，钎焊接头致密。图 8-2(a)、(b)、(c)、(d)分别是氧化膜去除前、去除后和钎焊后的照片。

图 8-3 是钎焊修复后焊缝组织照片，可见不管是缘板处较宽裂纹还是叶身处

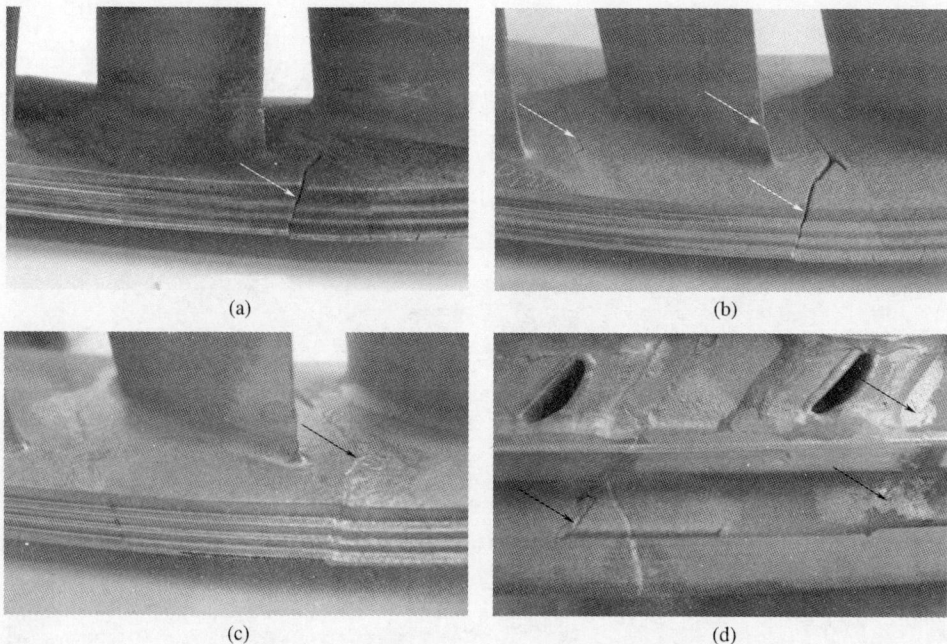

图 8-2 叶片表面氧化膜处理前、后和钎焊后

(a) 原始表面；(b) 处理后；(c) 钎焊修复后(叶片缘板)；(d) 钎焊修复后(叶片端面)。

微裂纹,钎料均润湿了裂纹表面并填满裂纹,形成了致密的钎焊焊缝,说明采用化学腐蚀与真空净化方法能够有效去除钴基高温合金微裂纹内的氧化膜。

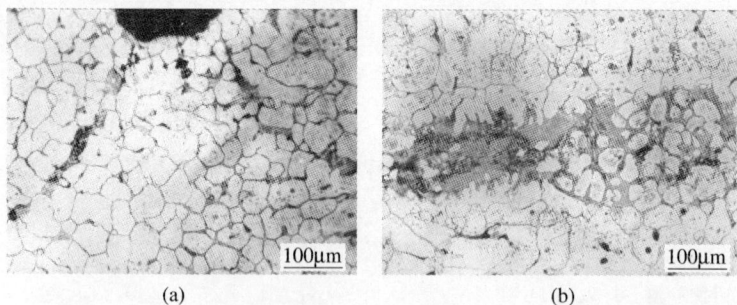

图 8-3 钎焊修复后钎缝组织

(a) 微裂纹；(b) 缘板裂纹。

## 2. 叶片裂纹修复

裂纹状态以及去除氧化膜方法不同,形成的待修复缺陷不同,需要采用不同的钎焊工艺方法修复。

### 1) 小间隙钎焊修复

采用化学方法去除氧化膜的裂纹间隙较小,一般为 $0 \sim 0.15\mathrm{mm}$,可采用常规钎焊工艺和合适的钎料进行钎焊修复。

图 8-4 是某发动机涡轮 I 级导向叶片,材料为钴基高温合金,针对冷却气膜孔处微裂纹,采用化学方法和真空净化联合方法去除氧化膜,再采用真空钎焊进行修复。采用合适的钎料和钎焊工艺,可以获得良好的钎焊接头,接头持久性能试样断于母材,力学性能同母材手册数据相当。

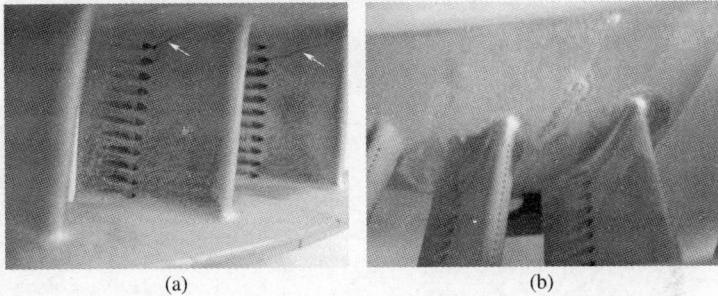

(a)           (b)

图 8-4 叶片冷却气膜孔裂纹(箭头指处为裂纹)

(a) 钎焊前;(b) 钎焊后。

2) 大间隙钎焊修复

采用机械方法去除裂纹表面氧化膜形成待修复钎焊间隙较大,需采用大间隙钎焊技术[2-4]。一般钎焊间隙大于 0.15mm 的钎焊被称为大间隙钎焊[5],大间隙钎焊技术的主要特点是由于钎焊间隙较大,对钎料失去毛细作用,通过在钎缝中加入合金粉,来增强钎料的毛细作用,形成钎焊接头。大间隙钎焊由于加入了合金粉,钎料除与母材作用外,还与合金粉相互作用[6],且合金粉表面积大[7],作用更加剧烈,因此钎焊工艺与合金粉的加入方式,是大间隙钎焊技术中的关键。

一般情况下,大间隙钎焊随着间隙增大,钎焊接头力学性能下降,因此修复叶片不同部位的裂纹时对裂纹宽度要加以控制。导向叶片叶身与叶片拐角处是受力最大的部位,对接头重熔温度与性能要求较高,因此希望钎焊接头缺陷少,力学性能好,此类采用大间隙钎焊修复的裂纹一般在 0.15mm ~ 0.5mm。导向叶片缘板,由于工作温度较低,受力较小,较大裂纹也可修复。对缘板裂纹,可以采用机加方法去除氧化膜,形成较大尺寸的 V 形缺口,缺口下方间隙控制在 0.5mm 以下。

一般采用混合方式、预置方式和烧结方式加入合金粉。混合方式是将合金粉与钎料以一定比例混合均匀,填入间隙后进行钎焊,此方法的优点是钎料比例容易确定,与合金粉混合均匀,缺点是钎焊接头易产生收缩裂纹、凹坑等缺陷。预置方式是将合金粉预先放置在待修复缺陷内,旁边放置钎料,钎焊时熔化钎料由于毛细作用流入粉末间隙形成接头,此种方法优点是钎焊接头缺陷少,缺点是钎料比例不易控制。烧结方式是将合金粉置入待修复间隙,通过烧结产生粘连,再进行钎焊,此种方式优点是接头合金粉含量不会因为钎料多而比例降低,缺点是增加一道工序。此外烧结工艺非常重要,烧结温度高,则易形成封闭空洞,钎料无法流入形成钎焊缺陷;烧结温度低,则达不到烧结的目的。

某镍基高温合金涡轮导向叶片,通过机械方法去除排气孔边缘裂纹表面氧化膜,采用预置方式钎焊修复裂纹,接头组织致密。钎焊后热处理时间对提高接头性能有重要影响[8-10],钎焊接头通过扩散处理,花纹状颗粒间化合物相逐渐变为块状、点状,当扩散至32h时,化合物消失,获得低缺陷的无化合物相钎焊接头,钎焊接头组织见图8-5,接头性能见表8-2。

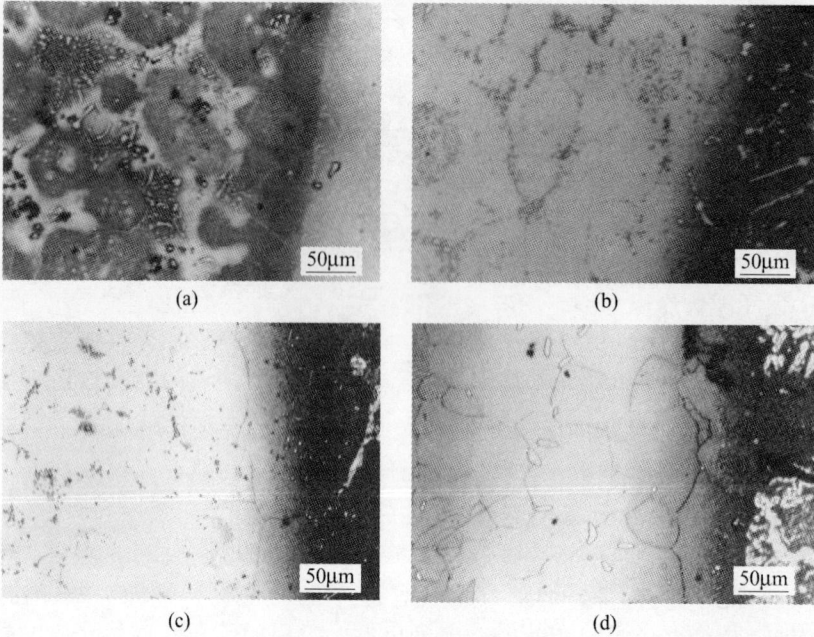

图 8-5  大间隙钎焊接头组织
(a) 4h;(b) 12h;(c) 24h;(d) 32h。

某镍基高温合金涡轮导向叶片缘板产生裂纹,采用机加方法去除氧化膜,形成 V 形缺口,缺口下方间隙小于 0.5mm,待修复缺陷较大,采用预置合金粉方式进行钎焊修复,钎焊缝组织见图 8-6,钎焊孔洞率较小,化合物少,拉伸性能数据稳定,平均值达到母材的 80%。

图 8-6  修复部位金相组织

3)镶粉末冶金块钎焊修复

镍基合金叶片缘板和进气边裂纹较多

462

表 8 – 2　大间隙钎焊接头持久性能

| 扩散时间/h | 975℃/120MPa |
| --- | --- |
| 24 | 67h30min |
| 32 | 139h30min |

表 8 – 3　室温拉伸测试结果

| 试样号 | $\sigma_b$/MPa | 平均值 $\sigma_b$/MPa |
| --- | --- | --- |
| 1 | 788 | |
| 2 | 822 | 802 |
| 3 | 796 | |

时,采用机械去除裂纹表面氧化膜,产生的待修复缺陷较大,此时可采用镶粉末冶金块的方法进行钎焊修复,其特点是由于粉末烧结块是合金粉与钎料混合均匀经加压后烧制,与大间隙钎焊相比颗粒间距小、钎料用量少、接头组织均匀、低熔点化合物少,因此与其他钎焊方法相比无需长时间扩散[11],同时孔洞也更为细小,可修复大面积缺陷,此外粉末冶金块对钎料的强烈毛细作用使其与母材连接处无明显钎缝层。镶粉末冶金块钎焊修复关键技术:一是粉末冶金块的质量;二是粉末冶金块与待修复缺陷形状吻合;三是合适的钎焊工艺保证完好连接。

　　用于不同位置的粉末冶金块,对熔点和力学性能要求不同。导向叶片进气边是出现烧蚀缺陷最多的部位,与缘板相比进气边温度高,受高温燃气冲刷最严重,因此粉末冶金镶块应有更高的熔点,更好的力学性能。

　　图 8 – 7 是合金粉与钎料粉按一定比例混合均匀后,通过压坯、烧结制成的粉末冶金块的金相组织,可见烧结块孔洞极小,远小于预置合金粉烧结体的孔洞,烧结块内只有少量点状化合物相。

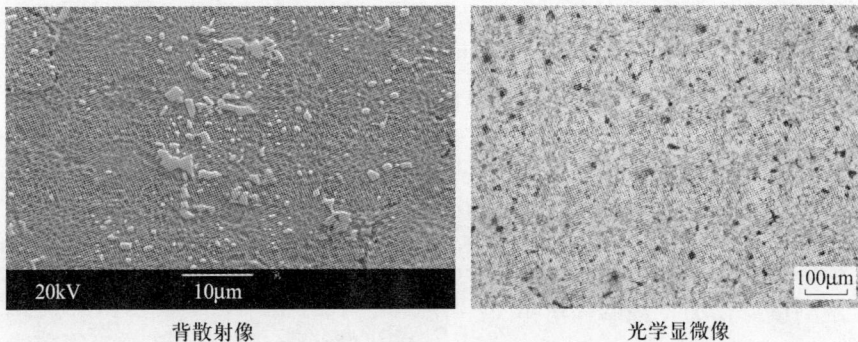

背散射像　　　　　　　　　　　　　　光学显微像

图 8 – 7　粉末冶金烧结块组织

　　粉末冶金块与待修复缺陷形状吻合目的是减小钎焊间隙,以减少钎料用量,保证接头质量。通过规范化的系列尺寸,达到形状吻合,同时降低加工难度。

　　钎焊工艺对镶粉末冶金块钎焊修复质量影响较大,由于粉末冶金块内部不可避免有孔洞存在,因此对钎料有强烈的吸附作用,如果钎焊工艺措施不当,连接处将出现较多缺陷,甚至未焊上。为保证烧结块的形状,还应注意钎焊温度不能高于粉末冶金块烧结温度。图 8 – 8 是采用某钎焊工艺将烧结块与母材进行钎焊的接头组织,可见钎焊工艺合适时可使烧结块与母材结合良好。图 8 - 9 是某发动机导向叶片进气边烧蚀后采用镶粉末冶金块修复的实例。

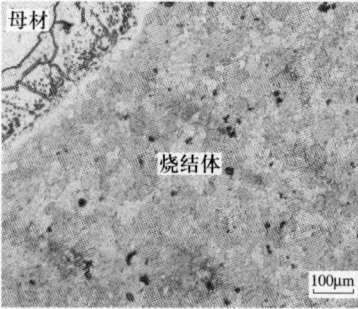

图 8 - 8  烧结块与母材
钎焊微观组织

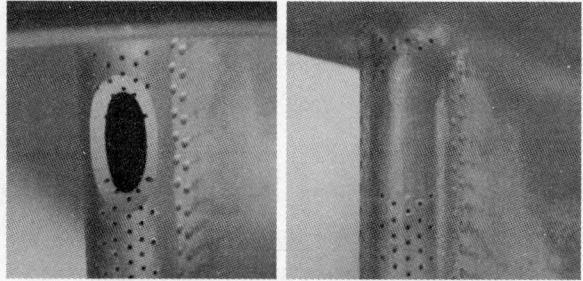

图 8 - 9  镍基合金叶片进气边镶粉末冶金块钎焊修复
(a) 补焊前;(b) 补焊后(未打孔)。

## 8.2.2  涡轮导向叶片磨损修复

某发动机低压涡轮导向叶片为 K403 合金精铸件。在发动机工作过程中,由于导向器叶片缘板与导向器外环安装面之间的摩擦振动,使部分叶片缘板厚度磨损变薄;另外,在发动机大修时,部分导向器叶片上的柱销孔变形扩大,无法保证柱销孔与柱销之间的精确配合。这两种缺陷都可以通过将缺陷处进行适当加工后,再钎焊适当尺寸的 K403 合金块,最后通过机加工恢复尺寸,使这类缺陷得到修复。

钎焊修复采用的钎料为 BNi82CrSiB 钎料,这是一种 Ni – Cr – Si – B 系钎料,在以 Si、B 作为降熔元素的镍基钎料中,其熔化温度最低(970℃ ~ 1000℃),可在较低温度下进行钎焊。同时 BNi82CrSiB 钎料熔化温度区间小,具有良好的钎焊工艺性能,广泛用于高温合金及不锈钢构件的钎焊。

图 8 - 10 为采用 BNi82CrSiB 钎料钎焊 K403 合金的接头组织。从中可以看出:钎缝基体为 γ 镍基固溶体,在其上断续分布着一些白色和灰色的块状相。图 8 - 10 中微区成分的 EDS 分析结果列于表 8 - 4。可见,母材与钎缝之间发生了一定程度的反应,母材中的 Al、Ti、Co、W、Mo 等元素扩散溶解进入钎缝中,其中 W、Mo 主要与 Cr 一起形成 Cr、W、Mo 的硼化物相(图 8 - 10 中的白块相),而 Al、Ti、Co 则主要溶入

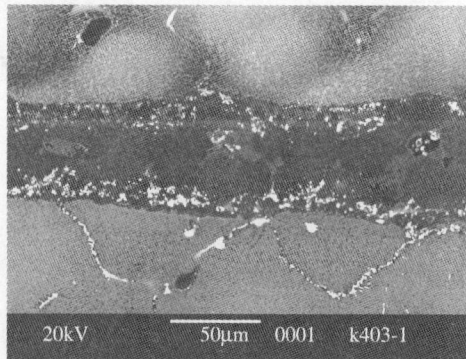

图 8 - 10  BNi82CrSiB 钎料钎焊
K403 合金的接头组织

464

钎缝的 γ 镍基固溶体中。钎缝中的灰块相可能为镍的硅硼复合化合物。

表 8 - 4   图 8 - 10 接头各相成分的 EDS 分析结果

| 分析部位 | 元 素 含 量/%（质量分数） | | | | | | | | |
|---|---|---|---|---|---|---|---|---|---|
| | Al | Si | Ti | Cr | Fe | Co | Ni | Mo | W |
| 钎缝中白色相 | 0.11 | — | 0.81 | 25.92 | 1.24 | 1.33 | 18.85 | 32.17 | 21.23 |
| 钎缝中灰色区域 | 1.46 | 0.11 | 3.08 | 2.28 | 1.28 | 2.64 | 88.31 | 0.24 | 0.59 |
| 钎缝 γ 固溶体基体 | 2.67 | 2.76 | 0.68 | 4.76 | 2.85 | 2.29 | 81.98 | 0.60 | 1.41 |
| 母材 | 4.68 | — | 1.49 | 10.96 | 0.10 | 5.14 | 67.32 | 4.08 | 6.23 |

表 8 - 5 和表 8 - 6 列出了 BNi82CrSiB 钎料钎焊 K403 合金接头力学性能的测试结果。可见采用 BNi82CrSiB 钎料钎焊 K403 合金，在室温和 900℃ 下，接头拉伸强度分别达到 770MPa 和 350MPa 以上，剪切强度分别达到 275MPa 和 195MPa 以上。接头的持久强度较低，900℃/100h 的持久强度接近 70MPa。

表 8 - 5   BNi82CrSiB 钎料钎焊 K403 合金接头的拉伸强度和剪切强度

| 试验温度/℃ | $\sigma_b$/MPa | | $\tau_b$/MPa | |
|---|---|---|---|---|
| | 测试值 | 平均值 | 测试值 | 平均值 |
| 室温 | 785,772,803 | 787 | 365,276,283 | 308 |
| 900 | 400,355,395 | 383 | 196,210,198 | 201 |

表 8 - 6   BNi82CrSiB 钎料钎焊 K403 合金接头 900℃ 持久性能测试结果

| 应力/MPa | 寿命/h | 备 注 |
|---|---|---|
| 40 | 487 | 459：30min 应力增至 50MPa |
| 50 | 289.5 | 100h 应力增至 60MPa，200h 应力增至 70MPa |

图 8 - 11 为 BNi82CrSiB 钎料钎焊 K403 合金接头室温剪切试样断口形貌，从

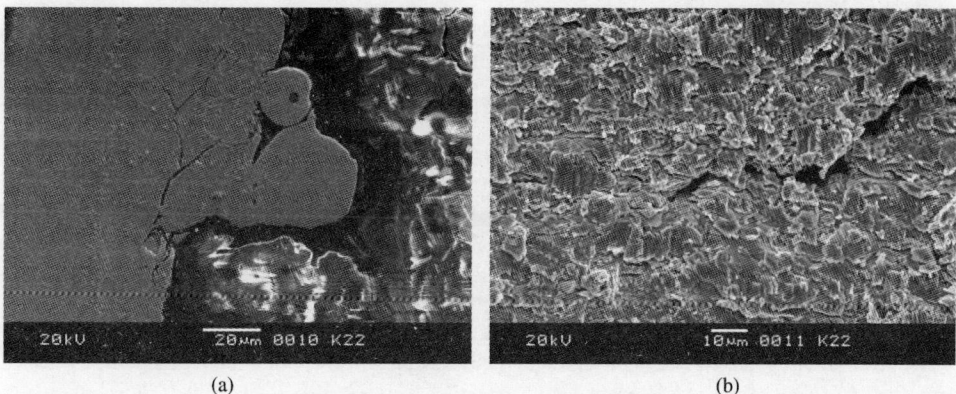

(a)　　　　　　　　　　　　　　　(b)

图 8 - 11   BNi82CrSiB 钎料钎焊 K403 合金接头室温剪切试样断口形貌

（a）与断口垂直截面；（b）断面。

图 8 – 11(a)可见在钎焊缝上有大量的裂纹,且裂纹多位于块状化合物相中或块状化合物与钎缝固溶体基体的交界处。图 8 – 11(b)的断口形貌则呈现明显的脆性断裂特征。这说明 BNi82CrSiB 钎料钎焊接头较脆,在应力作用下,钎缝内产生大量裂纹,并不断扩展,最终彼此连通,发生断裂。

图 8 – 12 为实际叶片钎焊修复处的形貌照片。可见,采用 BNi82CrSiB 钎料可实现 K403 合金涡轮导向叶片缘板磨损缺陷和柱销孔变形扩大缺陷的修复。

(a)            (b)

图 8 – 12　实际叶片钎焊修复处外貌

(a) 缘板; (b) 柱销孔。

## 8.3　航空发动机涡轮工作叶片焊接修复

### 8.3.1　涡轮工作叶片钎焊修复

某发动机涡轮工作叶片为 K465 合金精铸件,为带锯齿冠的实心结构。发动机工作过程中,由于涡轮工作叶片工作面之间的摩擦振动,使紧密接触的叶冠工作面受到磨损。在发动机大修时,可采取同前述涡轮导向叶片类似的方法对锯齿冠的磨损缺陷进行钎焊修复,以恢复尺寸。为提高叶片的翻修寿命,可在锯齿冠表面钎焊耐磨性能更优的 Ni – Al 金属间化合物基耐磨材料。

钎焊修复采用的钎料为一种 Ni – Cr – Si – B 系混合粉钎料,图 8 – 13 为叶片钎焊修复接头的显微组织,表 8 – 7 列出了图 8 – 13 接头中两种块状化合物相化学成分的 EDS 分析结果。从图 8 – 13 中可以看出,钎焊缝中靠近 K465 母材一侧,钎缝基体为 $\gamma + \gamma'$ 组织,但其成分与 K465 母材有差别(背散射电子像的颜色深浅不同),而钎缝其他部位的基体则为 $\gamma$ 固溶体,在 $\gamma$ 固溶体上也分布着一些 $\gamma + \gamma'$ 组织。此外在钎缝基体上还分布着较多的黑色块状相"1"和少量灰色块状相"2"。其中黑色块状相 1 主要含 Cr,见表 8 – 7,根据其形态及成分分析,为 $Cr_{23}C_6$ 碳化物相,包围在 $Cr_{23}C_6$ 碳化物相"1"周围的为 $\gamma + \gamma'$ 组织,在局部还形成了 $\gamma + \gamma'$ 共晶组

466

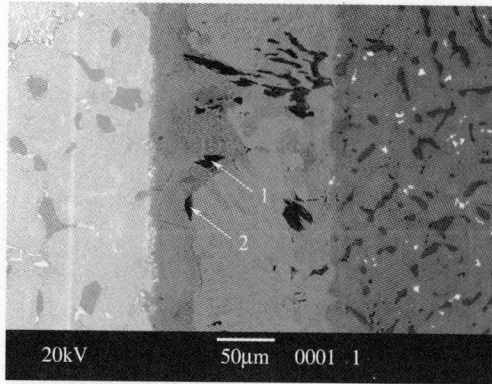

图 8 – 13　K465 合金涡轮工作叶片钎焊修复接头的显微组织

织。灰色块状相 2 主要含 Ni,且 Si 含量也较高,可能为镍的硅硼复合化合物。

表 8 – 7　图 8 – 13 中块状相成分的 EDS 分析结果

| 分析部位 | 成分/%(原子分数) | | | | | | | |
|---|---|---|---|---|---|---|---|---|
| | Al | Cr | Fe | Co | Ni | Mo | W | Si |
| 黑色相　1 | — | 94.2 | — | 0.10 | 2.24 | 1.03 | 2.20 | — |
| 灰色相　2 | 1.65 | 2.22 | 2.19 | — | 83.76 | | 0.35 | 9.84 |

表 8 – 8 列出了采用 Ni – Cr – Si – B 系混合粉钎料钎焊 K465 合金/镍铝金属间化合物基耐磨合金接头力学性能的测试结果。从中可以看出,接头拉伸强度和持久性能测试数据比较分散,这是由于所采用的混合粉末钎料适用于大间隙钎焊,而对于小间隙接头的填充能力较差,因此钎焊接头中存在未焊合缺陷。此外拉伸强度和持久性能测试试样为对接试样,为填满整个钎焊接头间隙,钎料流动长度约6mm,而剪切强度测试试样为搭接试样,其钎料流动长度只有约2mm。因此剪切强度试样钎焊质量较好,接头剪切强度测试数据也较集中,断裂基本发生在耐磨材料中。叶片工作时叶冠主要受挤压和剪切力,因此钎焊接头拉伸强度和持久性能的影响不大,而在剪切试验中,断裂基本上都发生在耐磨材料母材中,可以认为,钎焊缝剪切强度大于耐磨材料母材剪切强度,即钎焊接头剪切强度满足要求。

表 8 – 8　K465 合金/镍铝金属间化合物基耐磨合金接头力学性能测试结果

| 测试温度/℃ | $\sigma_b$/MPa | $\tau_b$/MPa | 持久性能 | |
|---|---|---|---|---|
| | | | 应力/MPa | 寿命 |
| 室温 | 372,174,183 | 155,>144*,>153* | — | — |
| 850 | 131,186,174 | >75*,>87*,>82* | 20 | 75h20min,6h37min |

注:带 * 者断于耐磨材料基体中

467

图 8 - 14 为实际叶片钎焊修复处的形貌和解剖截面的照片。从图 8 - 14(a)可见，钎缝连续光滑，成形良好，而图 8 - 14(b)表明钎缝中存在一些细微的缺陷。

图 8 - 14　K465 合金叶片叶冠钎焊修复照片
(a) 钎焊修复处外貌；(b) 钎焊修复接头的剖面。

## 8.3.2　涡轮工作叶片熔焊修复

涡轮工作叶片除了采用真空钎焊修复缺陷，还可以采用熔焊方法对叶片叶尖、锯齿冠磨损进行修复，国内外常用的熔焊方法有氩弧焊、等离子焊和激光焊。根据补焊的部位不同需选择不同的焊接材料或合金，对于涡轮工作叶片尖端磨损补焊，要求熔敷金属具有良好的高温抗氧化性能、抗腐蚀性能和力学性能，一般采用抗裂性能较好的同类型焊接材料；而对于锯齿冠接触部位补焊，除满足上述要求外，熔敷金属还需具有良好的高温耐磨性能，一般采用 Co - Cr - W、Co - Cr - Mo 或铸造镍基合金及金属间化合物焊接材料。

涡轮工作叶片尖端磨损是一种典型的故障模式，是叶片在工作过程中与封严环之间接触及高温高压燃气腐蚀冲刷形成的。由于磨损使叶尖和封严环之间的间隙变大，导致发动机推力下降。涡轮工作叶片材料通常为等轴铸造高温合金、定向凝固高温合金、单晶高温合金，均为难焊材料，极易出现焊接裂纹，同时定向凝固、单晶合金还会出现再结晶问题。

1. 涡轮工作叶片叶尖磨损氩弧焊修复

某发动机 I 级涡轮工作叶片采用 K465 合金铸造而成，为空心气冷结构，叶片端面如图 8 - 15(a)所示。工作一个翻修周期后叶盆一侧的叶尖出现磨损，导致装配间隙变大，需补焊恢复尺寸。K465 合金 Al + Ti 约为 7% ~ 9%，同时含有 W、Mo、Nb 合金元素，焊接性差。补焊该叶片需要解决以下问题：

(1) 堆焊材料。应有与母材相当的高温抗氧化性能、耐腐蚀性能；抗裂性能满足氩弧焊要求；与 K465 合金相容性良好；焊接接头有良好的高温力学性能。

468

（2）母材焊接裂纹。由于 K465 合金焊接性能差，采用氩弧焊焊接非常容易开裂，因此需解决热影响区开裂问题。

（3）焊后热处理。补焊后叶片必须进行消除应力退火处理，以消除焊接应力，防止工作过程中出现裂纹，需要制订可行的热处理工艺。

根据以上分析，可以采用手工钨极氩弧焊方法补焊，选择 Ni - Cr - W 合金作为堆焊材料。补焊后的状态见图 8 - 15(b)。

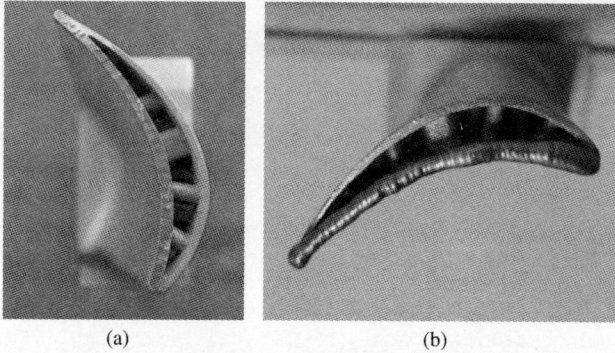

图 8 - 15　K465 合金叶片尖端氩弧焊补焊

(a) 补焊前；(b) 补焊后。

从图 8 - 16 可以看出堆焊焊缝成形良好，堆焊金属与叶片母材熔合良好，通过焊接工艺优化可以控制母材和焊缝不产生焊接裂纹。

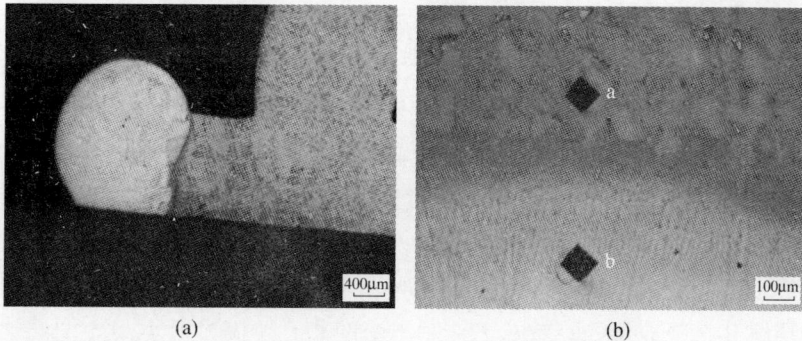

图 8 - 16　叶尖补焊焊缝形貌和组织（光学显微镜）

(a) 叶片堆焊金属形貌；(b) 熔合区组织（退火）。

表 8 - 9 是叶片补焊后焊接接头不同位置在焊态下和焊后退火状态下的维氏硬度平均值，可以看出焊态焊缝金属硬度较低，退火后硬度明显提高，表明焊缝金属退火后得到了强化。而母材退火前后硬度未发生明显变化。因此，该叶片焊后退火实现了两个目的，即消除焊接应力和提高焊缝金属强度。从表 8 - 9 中数据还

可以发现,熔合区附近不管母材一侧还是焊缝一侧,硬度值均较高,表明在这一区域出现了硬化现象。图 8-16 熔合区退火状态下 a、b 点硬度分别为 460、505。

图 8-17 是熔合线区域及母材扫描电镜组织照片,在熔合线附近有较多灰色针状相和较少白色块状相析出,见图(a)、(b),母材中也存

表 8-9　叶片补焊在焊态和
退火状态下维氏硬度

| 位置 | 焊态 | 焊后退火 |
| --- | --- | --- |
| 基体 | 400 | 406 |
| HAZ | 486 | 482 |
| 焊缝 | 236 | 356 |

在这种相,见图(c),对比可以发现熔合线附近的灰色针状相明显比母材的多,这是焊接热循环影响的结果。能谱分析表明,灰色针状相是富 Ti、Nb 的碳化物,白色块状相是富 Cr、W 的碳化物。在焊接热循环作用下,热影响区中 γ′ 相形态发生了明显变化,与原始状态相比尺度更加细小、分布相对均匀,表明 γ′ 相经历了一个回溶和重新析出的过程。但由于焊接热循环作用时间短,回溶和析出并不充分,因此 γ′ 相形状并不规则,见图(b)、(c)。可见,热影响区 γ′ 相变得细小、均匀是这一区域硬度提高的原因。

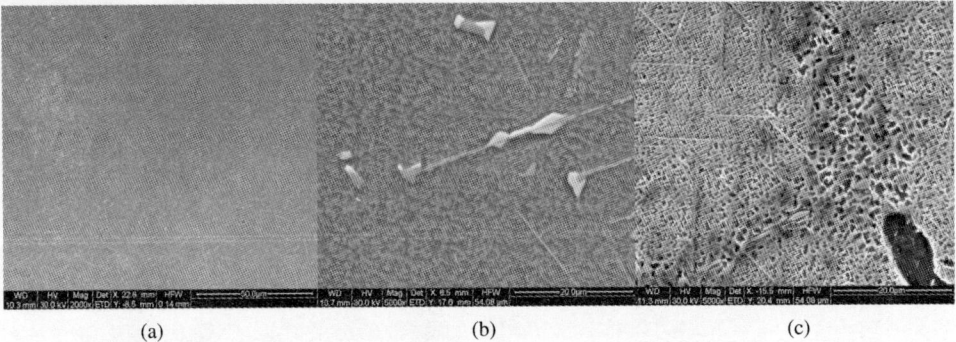

图 8-17　叶尖补焊熔合线区域及母材金相组织(扫描电镜)
(a) 熔合线;(b) 热影响区;(c) 母材。

表 8-10 是 K465 合金板材采用补焊焊丝焊接的接头高温拉伸性能,焊后经过退火处理。可见 900℃ 下焊接接头平均强度达到基体金属强度的 85%。由于堆焊金属层厚度小于 1mm,重量小,工作时承受的离心拉应力很小,远远小于焊接接头强度,因此焊接接头安全可靠。

表 8-10　K465 焊接接头 900℃ 拉伸强度

| 试　样 | 试验温度/℃ | $\sigma_b$/MPa | $\delta_5$/% | 断裂位置 |
| --- | --- | --- | --- | --- |
| 焊接接头 | 900 | 697 | 3.4 | 焊缝 |
| K465 | 900 | 820 | 5.8 | — |

### 2. 涡轮工作叶片叶冠接触面磨损氩弧焊修复

涡轮工作叶片另外一种常见失效模式是叶冠接触面磨损。叶冠侧面一般为锯齿状或平面状,工作时叶冠侧面出现接触摩擦磨损,使间隙增大,需要补焊恢复尺寸,叶冠形状见图 8 – 18,箭头所指处为接触磨损位置。修复叶冠侧面的磨损缺陷,通常选择高温下耐磨性能较好的补焊材料,常用的有 Co – Cr – W、Co – Cr – Mo 或铸造镍基合金及金属间化合物材料,具体选择哪种材料要根据发动机工作状态和要求来定。

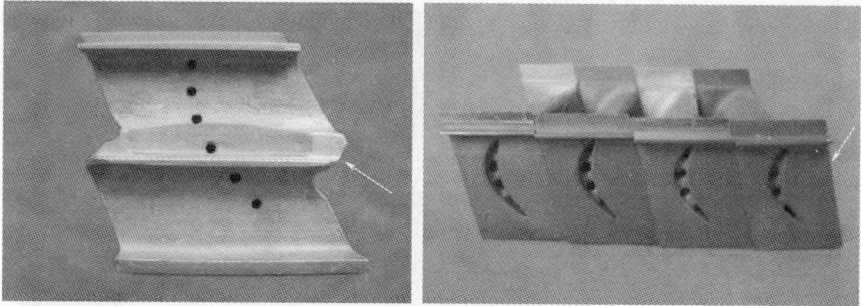

图 8 – 18　两种形式的叶冠

在 8.3.1 节中讨论了采用真空钎焊方法修复某发动机涡轮工作叶片锯齿冠磨损部位,本节探讨采用手工钨极氩弧焊方法修复同一部位。

上面已经叙述了采用手工钨极氩弧焊修复叶尖磨损时需要解决的三个问题,即焊接材料、母材焊接裂纹和焊后热处理。与补焊叶尖相比,补焊锯齿冠磨损部位更困难,主要表现在:堆焊材料要求高温耐磨,合金化程度高,本身焊接性不好,补焊时焊缝金属极易出现焊接裂纹;锯齿冠补焊部位形状为近似方形,这与叶尖细长条状不同,在补焊面积相近的情况下,方形截面更容易产生焊接裂纹。

图 8 – 19 是采用手工钨极氩弧焊在 K465 合金块上堆焊 Co – Cr – Mo 合金的焊缝低倍照片,图中显示了在母材金属和焊缝金属上产生的典型裂纹位置和形貌,通常

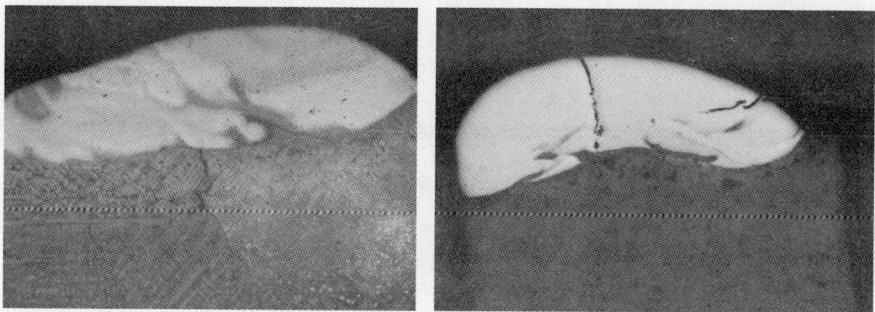

图 8 – 19　堆焊焊缝形貌

这些裂纹即使采用焊前预热也很难完全消除。研究表明即使采用600℃预热,出现裂纹的概率也超过50%。在焊缝金属上产生的裂纹经肉眼或荧光检查就可以发现,而在基体金属上出现的裂纹,采用荧光检测方法不能全部被发现,给安全带来隐患。

在K465合金块上采用手工钨极氩弧焊堆焊Co-Cr-Mo合金并适当填加焊剂,焊接接头如图8-20所示。可以看出,此方法可以完全避免焊缝金属、母材金属产生焊接裂纹。对比图8-19和图8-20,其主要差别在于焊接熔深,因此避免锯齿冠堆焊产生焊接裂纹,必须要控制焊接熔深,即严格控制焊接热输入。

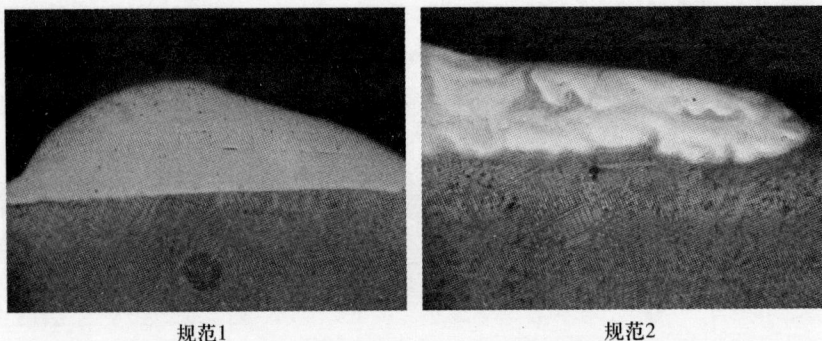

规范1　　　　　　　　　　　　　　　　规范2

图8-20　填加钎剂的焊接接头

选用K465试板,采用Co-Cr-Mo合金对接焊,得到无裂纹焊接接头,焊态测试900℃拉伸强度和延伸率,结果见表8-11。在K465试块上堆焊Co-Cr-Mo合金,堆焊金属维氏硬度见表8-12。可见采用Co-Cr-Mo合金焊接K465合金焊接接头强度约为基体的60%以上,洛氏硬度约为50。叶片工作时,堆焊金属承受的剪切应力和压应力,且堆焊金属重量很小,焊接接头强度远远大于所承受的应力。另外,堆焊金属硬度大于母材金属硬度,耐磨性能好。国内外应用表明,采用Co-Cr-Mo合金作为叶冠堆焊材料,效果良好。

表8-11　K465焊接接头900℃拉伸强度均值

| 试样 | 试验温度/℃ | $\sigma_b$/MPa | $\delta_5$/% | 断裂位置 |
|---|---|---|---|---|
| 焊接接头 | 900 | 520 | 0.9 | 焊缝 |

表8-12　Co-Cr-Mo合金堆焊金属洛氏硬度

| 堆焊材料 | 各点硬度值 | 平均值 |
|---|---|---|
| Co-Cr-Mo | 50,48,50,52 | 50 |

# 8.4　航空发动机其他涡轮部件修复

## 8.4.1　封严部件钎焊修复

如8.3.2节所述,涡轮工作叶片在工作过程中与封严环之间接触及高温高压燃气腐蚀冲刷造成叶片尖端磨损,与此同时,还会造成封严环内表面的磨损和烧蚀。可以先将磨损烧蚀面机加工,然后在机加工表面钎焊一块同种材料,实现对这种缺陷的修复。

某发动机封严环由多个扇形块组成,扇形块为 GH3044 合金锻件。对该扇形块进行钎焊修复的主要技术难点在于扇形块钎焊修复处工作温度高,钎焊接头面积大(约 2600mm²)。为此选用了一种熔化温度在 1200℃左右、合金化程度较高的镍基粉末钎料进行 GH3044 合金扇形块钎焊修复。

图 8-21 为采用这种镍基钎料钎焊 GH3044 合金的接头组织。从中可见钎缝组织的基本组成为固溶体基体上分布两种块状化合物相。表 8-13 为这两种块状化合物相化学成分的 EDS 分析结果,可见白色块状相富 Ni,并含 W、Nb、Cr、Mo 等,结合其形态分析,为 $M_6C$ 碳化物相,而灰色块状相可能为 Ni、Nb 的硅化物相。

图 8-21  GH3044 合金钎焊接头组织

表 8-13  图 8-21 中化合物相成分的 EDS 分析结果

| 分析部位 | 成分/%(原子分数) | | | | | | | | |
|---|---|---|---|---|---|---|---|---|---|
| | Al | Si | Ti | Cr | Co | Ni | Nb | W | Mo |
| 白块相 | — | 3.81 | — | 11.31 | | 34.23 | 16.13 | 27.53 | 6.99 |
| 灰块相 | 1.28 | 11.24 | 0.62 | 1.69 | 6.61 | 58.43 | 18.95 | 1.19 | — |

表 8-14 列出了钎焊接头力学性能试验结果。从中可见,钎焊接头室温拉伸强度相对较低,为 GH3044 母材性能指标的 55%~59%,而 900℃拉伸强度和持久性能均较高,达到与 GH3044 母材等强水平(GH3044 合金 900℃拉伸强度为 185MPa~195MPa,900℃/100h 持久强度为 51MPa)。

图 8-22 和图 8-23 分别为钎焊修复的扇形块和钎焊接头的超声 C-扫描无损检测图像。可见采用钎焊方法可实现 GH3044 合金扇形块磨损烧蚀缺陷的修复。

表 8 - 14　　GH3044 钎焊接头力学性能

| 测试温度/℃ | $\sigma_b$/MPa | $\tau_b$/MPa | 持久性能 | |
|---|---|---|---|---|
| | | | 应力/MPa | 寿命 |
| 室温 | 400,407,413 | 288,275,282 | — | — |
| 900 | 225,216,220 | >150①, >169①,160② | 51 | 179h45min①,217h45min① |

①试验时 GH3044 母材拉断;②断裂方式为钎缝剪断与 GH3044 母材拉断混合

图 8 - 22　钎焊修复的扇形块

图 8 - 23　扇形块钎焊修复接头的无损检测图像

## 8.4.2　承力部件熔焊修复

某发动机低压涡轮前后挡圈在长期工作中贴合端面出现磨损,整个端面高度减少 0.2mm ~ 0.5mm,出现装配间隙,需恢复尺寸。挡圈材料为 GH4698 高温合金,直径为 $\phi$450mm,端面宽约 3mm。图 8 - 24 是挡圈截面示意图,箭头指示位置为磨损端面。

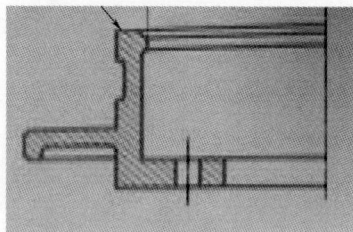

图 8 - 24　挡圈截面示意图

1. 补焊工艺分析

GH4698 是以 Al、Ti、Mo、Nb 等元素强化的镍基高温合金,在 500℃ ~ 800℃ 范围内具有高的持久强度和良好的综合性能,广泛用于航空发动机涡轮盘、压气机盘、导流片、承力环等重要承力构件,工作温度可达 800℃[12]。该合金 Al、Ti 含量大于 4% ,同时含有 2% 左右的 Nb,焊接时较易产生结晶裂纹和液化裂纹。另外需要注意的是挡圈承受压应力,端面在较高温度下存在磨损,因此补焊金属应有接近母材的硬度和较好的耐磨性能。补焊变形要符合装配要求。因此,制订补焊工艺应注意以下几个问题。

474

（1）焊接材料选择。由于 GH4698 合金较易产生焊接裂纹,应选择抗裂性能好的焊丝,抑制焊缝产生结晶裂纹,焊缝金属在焊态或经热处理后硬度应接近母材。另外,挡圈工作温度较高,焊缝金属应具有较好的抗氧化性能。

（2）焊缝成形控制。从焊缝的结构来看,焊缝是堆在壁厚为 3mm 的端面上,机加后确保堆高不少于 0.5mm。由于熔池金属是流动的,在待焊表面上铺展,且由于表面张力作用,焊缝截面为椭圆形或半圆形,因此机械加工后要实现在待焊表面升高 0.5mm 以上,就必须控制堆焊金属具有足够的高度。

（3）焊接变形控制。挡圈为整体壁厚约 3mm,直径为 $\phi$450mm 的环件。在壁厚 3mm 的端面上堆焊,机加后确保堆高不少于 0.5mm。由于焊缝为半圆形,实际堆高要远高于 0.5mm。焊接热输入可能会导致挡圈出现焊接变形,补焊后不满足装配精度要求。为防止焊接变形,必须要减少热输入。

（4）焊后热处理。由于焊缝金属是直接从高温液态下快速冷却形成的铸态枝晶,即使焊丝本身填加了强化合金元素,其强度、硬度也可能低于母材,另外挡圈焊后还存在较大的焊接残余应力。因此,为调整焊缝金属的强度和消除焊接残余应力,必须进行焊后热处理。焊后热处理制度的选择需要兼顾焊缝和母材性能,热处理不应明显的降低母材性能。

2. 组织和性能分析

根据以上分析,补焊可选择含有固溶强化及时效强化元素的镍基高温合金焊丝,采用自动钨极氩弧焊补焊。图 8-25 是焊缝、热影响区和母材焊态下的组织,可以看出焊缝金属是典型的树枝晶,焊缝金属与母材金属熔合良好,与母材组织相比热影响区组织未发生明显变化。焊接规范优化后未产生结晶裂纹,热影响区也未发现液化裂纹。

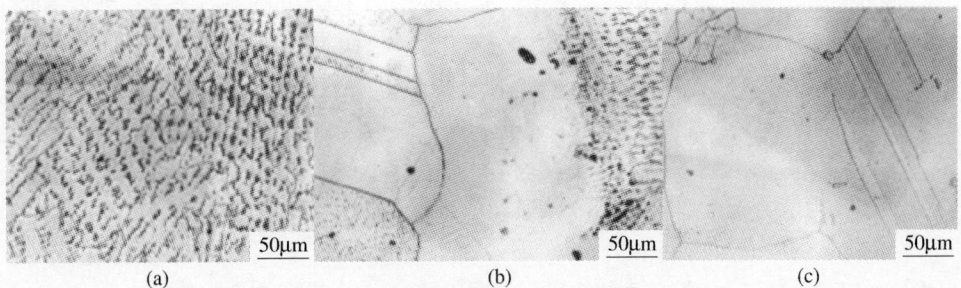

图 8-25　焊缝、热影响区和母材焊态下组织
(a) 焊缝;(b) 热影响区;(c) 母材。

图 8-26 是焊缝金属、母材焊态以及时效后的组织,从中可见随时效时间的延长,焊缝中碳化物等析出相逐渐增多,焊缝组织趋于均匀,而热影响区和母材的变化不明显。这是因为母材补焊前已经过热处理,组织已经稳定。

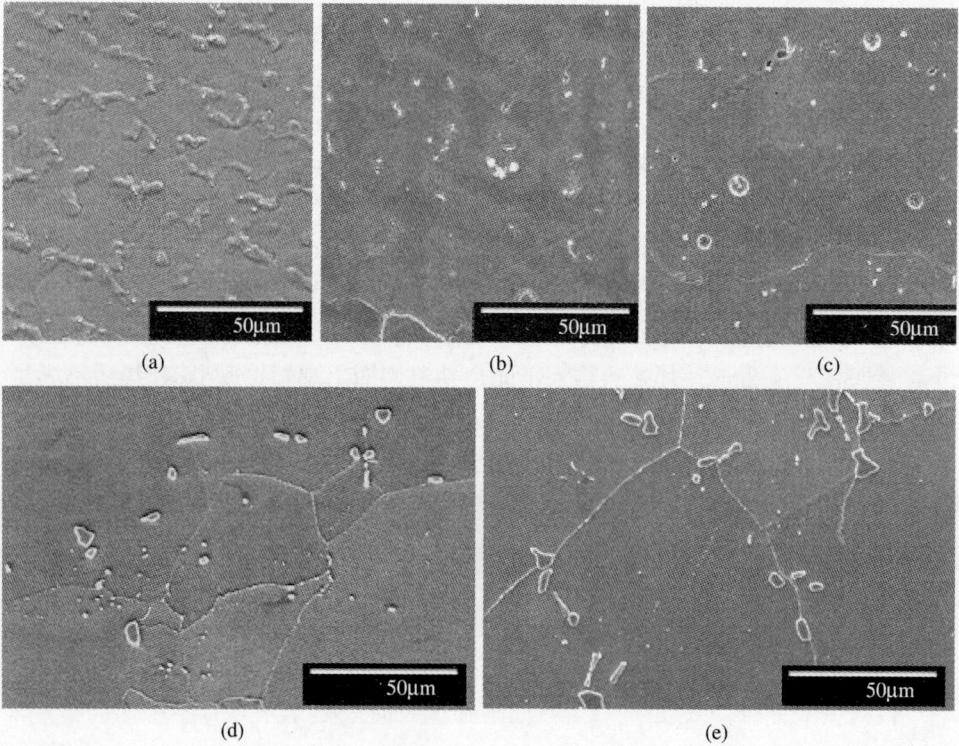

图 8 - 26  焊缝和母材不同状态下组织

(a) 焊缝焊态；(b) 焊缝经 1.5h 时效；(c) 焊缝经 16h 时效；

(d) 母材原始状态；(e) 母材经 16h 时效。

表 8 - 15 是焊缝金属和母材在焊态和 16h 时效状态下的维氏硬度，可以看出焊缝金属经时效后硬度明显升高，接近母材的硬度，而母材经 16h 时效后没有明显变化，这一结果同图 8 - 26 中的组织状态有很好的对应关系。时效明显提高焊缝金属硬度，而对母材硬度影响不大，这正是焊后热处理所希望的结果。

表 8 - 16 是焊接接头在不同状态和不同温度下的拉伸性能，可以看出同焊态相比，时效后的室温拉伸强度和 700℃ 拉伸强度都明显提高，其中 700℃ 下拉伸强

表 8 - 15  焊缝金属和母材不同状态下的维氏硬度

| 测试部位 / 状态 | 焊缝 HV | 母材 HV |
|---|---|---|
| 焊态 | 229 ~ 257 | 378 |
| 时效 16h | 330 ~ 378 | 378 |

表 8 - 16  焊接接头不同状态和不同温度下拉伸性能

| 状态 | $\sigma_b$/MPa | |
|---|---|---|
| | 25℃ | 700℃ |
| 焊态 | 912 | 540 |
| 1.5 时效 | 1027 | 722 |
| 16h 时效 | 1080 | 850 |

476

度提高更显著。经 1.5h 和 16h 时效的室温拉伸强度差别不大,而高温拉伸强度差别较大,16h 处理较 1.5h 处理,焊接接头的 700℃ 拉伸强度提高了 100MPa 以上,16h 时效后焊缝的 700℃ 拉伸强度与母材的标准性能数据基本相当。

## 8.5 航空发动机整体铸造导向器修复

### 8.5.1 整体铸造不锈钢导向器修复

一些小型航空发动机整流叶片、导向叶片、整体导向器可以采用铸造马氏体不锈钢、奥氏体不锈钢制造,如采用 ZG1Gr17Ni3、ZG1Cr11Ni2WMoV 马氏体不锈钢铸造压气机整流叶片,采用 ZGCr25Ni20 奥氏体不锈钢铸造压气机叶片、涡轮导向叶片、导向器整流窗[16],在俄罗斯曾采用 21 - 11 - 2.5 奥氏体不锈钢铸造涡轮导向器,我国也采用与之相近的 ZG2Cr21Ni11W2.5 铸造整流器。

航空发动机铸造不锈钢构件一般工作温度不超过 700℃,长期工作后会在不同部位出现裂纹。这种裂纹是在腐蚀气氛作用下产生的热机械疲劳裂纹,往往多条密级分布,同时伴有材料脆化现象,焊接修复难度大。铸造奥氏体不锈钢裂纹一般可以采用钎焊、激光焊、等离子焊、氩弧焊方法焊接修复,对于多条密级裂纹采用手工钨极氩弧焊或手工等离子焊修复更可行。下面就某发动机整体涡轮导向器裂纹焊接修复进行讨论。

某型发动机Ⅲ、Ⅳ级涡轮导向器采用同种奥氏体不锈钢整体铸造而成,发动机工作 1000h ~ 1500h 以后在导向器不同部位出现裂纹。Ⅲ级导向器在外环安装凸台、内环边缘处出现多条裂纹,裂纹在边缘起裂,沿内环、外环壁向内延伸,裂纹长度 1mm ~ 15mm,深度一般小于 1mm,个别裂纹裂穿安装凸台,叶片处无裂纹,见图 8 - 27(a)。而Ⅳ级导向器在叶片和内环上出现密级裂纹,叶片上的裂纹多分布在排气边,垂直排气边由外向内生长,少数导向器叶身上也存在大量裂纹;内环裂纹均从边缘开裂向内生长,形成穿透性裂纹,见图 8 - 27(b)、(c)。Ⅲ级导向器外环

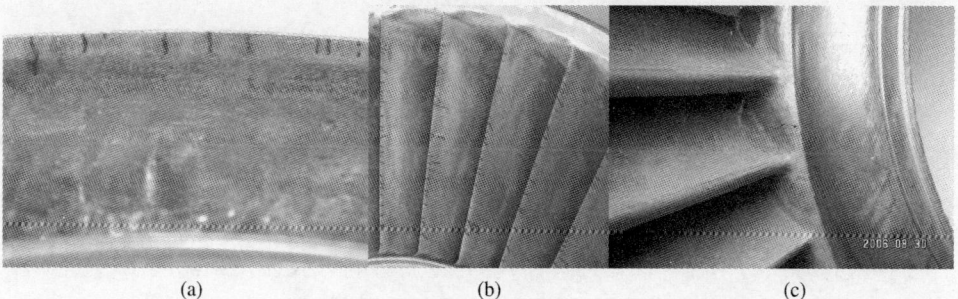

图 8 - 27 某发动机Ⅲ、Ⅳ级涡轮导向器外环、叶片、内环裂纹位置

(a)Ⅲ级导向器外环裂纹;(b)Ⅳ级导向器叶片裂纹;(c)Ⅳ级导向器内环裂纹。

安装凸台和Ⅳ级导向器叶片工作温度约440℃~550℃。

导向器材料为俄21－11－2.5铸钢,相当我国的ZG2Cr21Ni11W2.5,导向器材料化学成分实测值见表8－17。该钢属于奥氏体不锈钢,具有良好的高温抗氧化性能、热强性能,铸造性能、焊接性能良好,可采用电阻点焊、电弧焊和氩弧焊进行焊接。主要用于铸造涡轮外壳、导向器、联结管等环型零件,构件长期工作温度小于700℃。

表8－17 导向器及其相近材料化学成分

| 材 料 | Si | Cr | Mn | C | W | Ni | Fe |
|---|---|---|---|---|---|---|---|
| Ⅳ级导向器 | 1.78 | 21.48 | 0.86 | 0.18 | 2.56 | 10.58 | 基 |
| 俄21－11－2.5 | 0.6~1.5 | 20~23 | 0.6~1.2 | 0.1~0.25 | 2.4~3.0 | 10.5~12.5 | 基 |
| ZG2Cr21Ni11W3.5 | 0.6~1.5 | 2.0~23 | 0.6~1.2 | 0.1~0.25 | 2.4~3.0 | 10.5~12.5 | 基 |

1. 组织分析

图8－28(a)是Ⅳ级涡轮导向器叶片排气边裂纹,裂纹沿柱状晶晶界由外向内扩展,图8－28(b)是该导向器内环裂纹尖端,同样是沿晶开裂。此外,还有少量晶间腐蚀裂纹,如图8－28(c)所示。该导向器裂纹以图(a)、图(b)为主,图(c)裂纹全部产生在原始补焊焊点热影响区内。

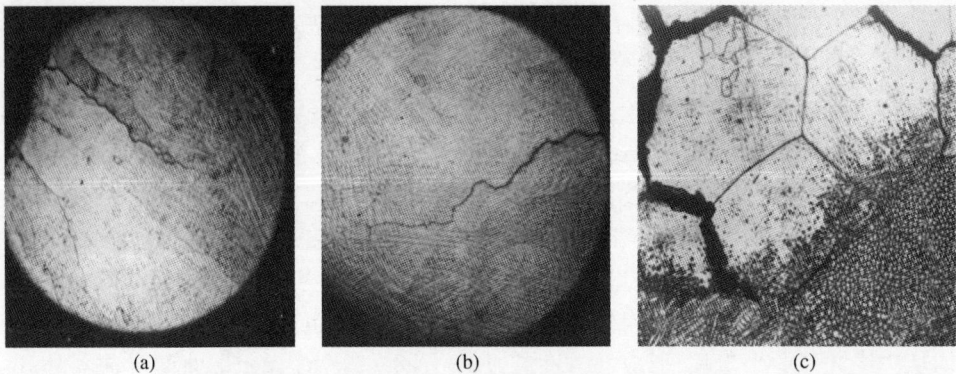

(a)　　　　　　　　　(b)　　　　　　　　　(c)

图8－28 Ⅳ级涡轮导向器叶片、内环裂纹形貌

(a)叶片排气边裂纹 10×;(b)导向器内环裂纹尖端 10×;(c)晶间腐蚀裂纹 100×。

奥氏体不锈钢焊缝热影响区产生晶间腐蚀可以用"贫铬理论"解释,这种裂纹只在不含Ti、Nb等稳定化元素的非超低碳不锈钢焊缝发生,并且随着C含量升高晶间腐蚀敏感性增加[13]。Ⅳ级涡轮导向器C含量为0.18%(质量分数),又不含有与C亲和力强的Ti、Nb稳定元素,因此焊缝热影响区极易发生晶间腐蚀。金相分析发现,导向器铸造缺陷采用了氩弧焊(或电弧焊)补焊,焊点在叶身、内外环均有分布,焊缝周围很少有宏观开裂现象。

图 8 - 29(a)、(b)、(c)是导向器叶片在扫描电镜下的显微组织照片,可以看出在奥氏体基体上存在大量的析出相。基体金属中主要存在两种形态相,一种是棒状,一种是颗粒状。棒状相长度为 $3\mu m \sim 8\mu m$,直径小于 $1\mu m$,主要分布在晶内,具有明显的方向性,如图 8 - 29(a)所示。棒状相分布不均匀,有的晶粒内部密集析出,而有的晶粒内部很少,甚至没有。棒状相的方向性与晶体滑移面滑移方向有关。颗粒状析出相在晶粒内部和晶界均有析出,在晶内呈弥散分布,在原始铸造晶界上呈链状或带状分布,在二次晶界上呈链状分布,如图 8 - 29(b)所示。在一些晶粒内部颗粒状析出相还呈方向性排列析出,颗粒排列成多条平行的直线,如图 8 - 29(c)所示。分析认为,呈方向性析出同位错滑移有关,颗粒状析出相更容易在位错点阵畸变位置析出长大。

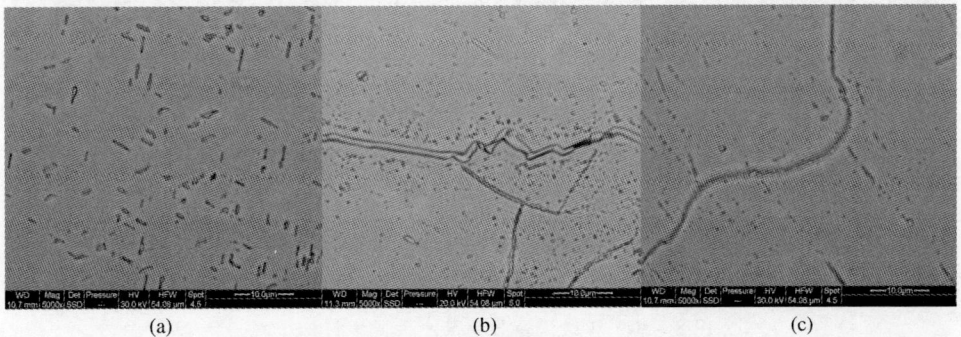

(a)　　　　　　　　　　(b)　　　　　　　　　　(c)

图 8 - 29 Ⅳ级涡轮导向器显微组织形貌

(a) 5000×;(b) 5000×;(c) 5000×。

由表 8 - 18 是析出相能谱分析结果,可以看出颗粒状相、棒状相、晶界成分基本一致,与基体相比均富 Cr、W,贫 Si、Ni,棒状相中的 Cr、W 与颗粒状相、晶界相比略低,这主要是由于棒状相直径很小,能谱分析时取样位置覆盖了棒状相周围的基体,造成实测结果偏低。用 X 衍射仪对试样表面进行分析,发现存在 WC、$Cr_{23}C_6$、$Ni_3Fe$、$Cr_{0.19}Fe_{0.7}Ni_{0.11}$ 化合物,且 $Cr_{0.19}Fe_{0.7}Ni_{0.11}$ 化合物含量很高。

表 8 - 18　析出相成分分析　　　　　　　　　%(质量分数)

| 位置 | Si | Cr | Mn | Ni | W | Fe |
|---|---|---|---|---|---|---|
| 颗粒状相 | 1.35 | 34.93 | 1.01 | 7.35 | 8.21 | 基 |
| 棒状相 | 1.01 | 31.26 | 0.90 | 8.32 | 6.17 | 基 |
| 晶界 | 1.47 | 33.48 | 0.91 | 8.08 | 6.82 | 基 |

图 8 - 30 是Ⅳ级涡轮导向器叶片冲击试样典型断口形貌,可以看出其完全不同于一般奥氏体不锈钢冲击试样断口形貌,难以区分放射区、纤维区、剪切唇,几乎找不到韧窝,表现出沿晶和穿晶混合脆性断裂形式。冲击韧性约 $30J/cm^2 \sim 50J/$

$cm^2$，不足一般铸造奥氏体不锈钢的50%，韧性大幅度下降。断口还有一个突出特征，存在类似疲劳裂纹扩展时形成的条纹，并且在每个晶粒断面或界面均有，如图8－30(b)、(c)所示。以晶界为边界，条纹在晶粒内部有大致相同的取向，有的也会越过晶界与相邻晶粒内部条纹保持大致相同的取向，条纹还表现出以一定角度交叉分布的现象。分析认为，这些条纹是各滑移带形成的断裂小台阶。叶片工作时，受热和应力作用晶粒内部各滑移面出现滑移，并形成大量位错，大量化合物在位错"点阵缺陷"处形核长大，导致位错被"钉扎"不能移动，滑移面不能相对滑移，导致材料脆化。图8－29中棒状析出相的方向性和粒状析出相呈方向性排列均与滑移面及位错滑移的方向性相关。

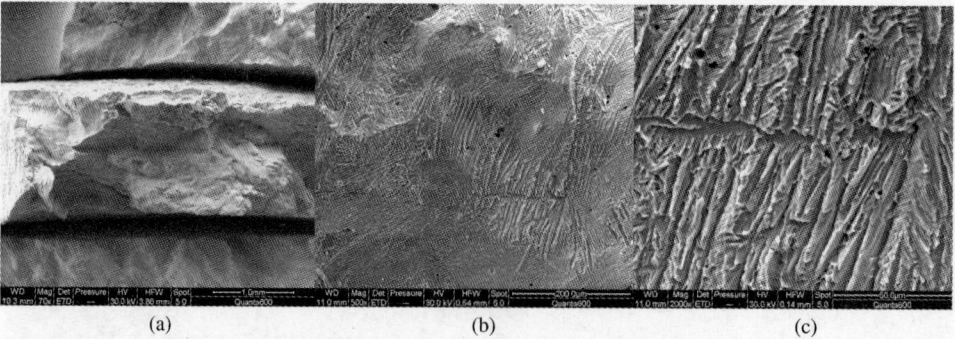

图8－30　Ⅳ级涡轮导向器冲击试样断口形貌

(a) 70×；(b) 500×；(c) 2000×。

图8－31是Ⅳ级涡轮导向器叶片裂纹断口表面形貌，可以看出除了存在少量氧化膜外，裂纹断口表面形貌与冲击断口形貌大致相同，同样存在大量断裂小台阶。在晶界处析出了大量的化合物，形成了界面清晰的化合物带，在晶粒内部存在由析出相构成的二次晶界，如图8－31(c)所示。

奥氏体不锈钢脆化有三方面原因：①σ相析出脆化；②475℃脆化；③MC、$M_6C$、

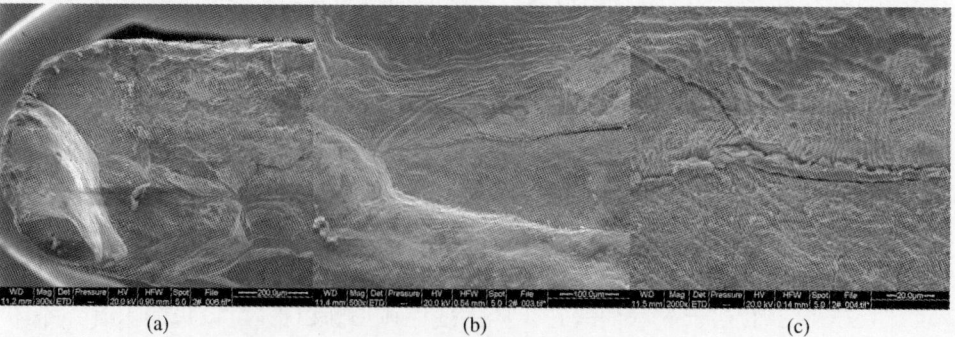

图8－31　Ⅳ级涡轮导向器叶片裂纹断口形貌

(a) 300×；(b) 500×；(c) 2000×。

480

$M_{23}C_6$ 等碳化物析出脆化。

σ 相在 Cr - Fe 合金中是由 Cr、Fe 元素组成,在含 Ni 奥氏体不锈钢中 σ 相由 Cr、Fe、Ni 元素组成。一般认为 σ 相的形成与 δ 铁素体有关,存在 δ 铁素体时有利于 σ 相的形成。另外,高 Cr 的奥氏体不锈钢中也会从 γ 中直接析出 σ 相。δ 铁素体转变为 σ 相过程迅速,而 γ 转变为 σ 相过程缓慢。另外,Si 能促进 σ 相转变[13,14]。不锈钢化学成分不同,σ 相析出温度也不同,如 20/10Cr - Ni 奥氏体不锈钢 σ 相析出温度范围约 500℃ ~ 900℃,增加 Cr、Si 使 σ 相析出更迅速[14,15]。

含有铁素体的奥氏体不锈钢,在 475℃ 退火时会发生 475℃ 脆化,随着 Cr 含量增加,475℃ 脆化趋势增加。475℃ 脆化是由铁素体偏析形成富 Fe、Cr 相引起的,铁素体含量不同脆化的倾向性不同,一般奥氏体不锈钢焊缝 δ 铁素体为 6 ~ 25FN 时,475℃ 脆化可使冲击韧性下降到原始状态 92% ~ 70%[14]。已经发生 475℃ 脆化的不锈钢,在 600℃ ~ 700℃ 加热可以恢复原有的性能[15]。

无论是 σ 相析出脆化、475℃ 脆化、碳化物析出脆化,都会降低构件的韧性。

Ⅲ、Ⅳ级涡轮导向器含有较高的 C、Si、Cr、W,容易析出碳化物和金属间化合物,两级导向器开裂位置工作温度均约 440℃ ~ 550℃,而低于或高于这个温度的部位几乎不开裂,且开裂区域叶片冲击韧性下降了 50% 以上。结合析出相成分、形态和分布以及断口形貌,分析认为导向器脆化是由三种因素综合作用导致的,脆化的材料在冷热疲劳的作用下形成裂纹。

2. 补焊工艺分析

铸造奥氏体不锈钢具有良好的焊接性,但由于脆化致使其焊接性变差。补焊研究表明,Ⅲ级外环安装凸台、Ⅳ级叶片焊接性已经严重下降,补焊后在热影响区及其以外区域极易出现冷裂纹,因此控制这些焊接裂纹是补焊的关键。

(1) 补焊方法:原则上该导向器补焊可以采用电弧焊、氩弧焊、等离子焊、激光焊,采用能量密度高的焊接方法有利于控制焊接裂纹。试验表明,针对这种多条密集裂纹的构件,采用激光焊并不合适,而采用手工钨极氩弧焊、等离子焊更可行。

(2) 焊接材料:不锈钢焊丝、高温合金焊丝均可用于铸造奥氏体不锈钢导向器补焊,根据导向器工作环境以及母材和焊丝的物理化学性能、力学性能,选择了同类型的奥氏体不锈钢焊丝。主要依据是同类型奥氏体不锈钢焊丝抗裂性能好,补焊焊缝不易产生结晶裂纹;两种材料成分接近,相容性好;线膨胀系数、抗氧化性能相当;接头抗拉强度较高,塑性好。

(3) 焊前热处理:焊前热处理目的是为了改善导向器材料塑韧性,提高抗裂性能,减少焊接冷裂纹。前面已经分析了导向器脆化的影响因素,对于 σ 相析出脆化、475℃ 脆化可以通过较低温度的热处理消除或改善,而改善因碳化物析出造成的脆化就要困难得多。图 8 - 32 是导向器材料维氏硬度与热处理温度之间的关系曲线,可以看出 700℃ ~ 750℃ 热处理能明显降低导向器硬度,这是脆性析出相回溶的结果,在这一温度范围内处理可使抗裂性能得到改善。在 1000℃ 以上处理也可以降低显微硬度,这是碳化物回溶的结果,也能改善抗裂性能。但是不管采用哪个温度处理都应尽量减少在 650℃ 附近以及 800℃ ~900℃ 区域的停留时间。

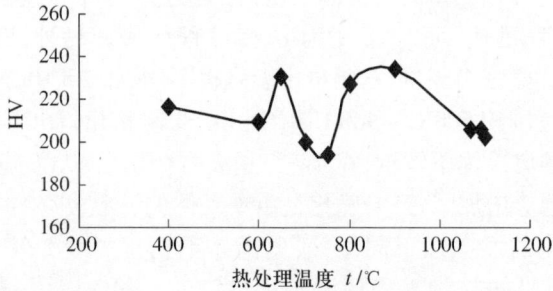

图 8-32　热处理温度与 HV 之间的关系
注:图中 400℃ 下对应的硬度为原始状态值

（4）补焊规范:不管采用等离子焊还是氩弧焊,线能量应控制在较低水平,降低焊接热应力,以降低热影响区及其以外区域的开裂。该导向器材料含 C 较高,又没有 Ti、Nb 等稳定化元素,具有较高的晶间腐蚀倾向,由于焊接热循环的作用在后续的使用过程中焊接热影响区易发生晶间腐蚀,因此也应控制线能量。

（5）焊后退火:补焊后退火是必要的,该导向器在 700℃ ~750℃ 范围内退火为宜。补焊焊缝、熔合线及热影响区见图 8-33。

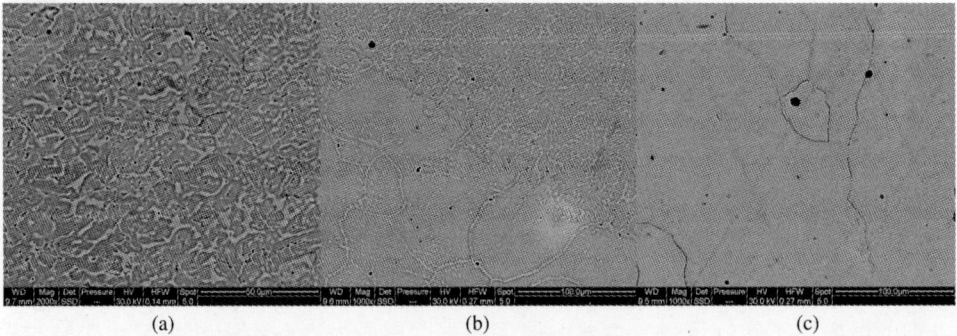

图 8-33　补焊焊缝及热影响区
(a) 焊缝;(b) 熔合线;(c) 热影响区。

## 8.5.2　整体铸造高温合金导向器修复

如前所述,铸造奥氏体不锈钢导向器一般工作温度在 700℃ 以下,只能用于工作温度较低的后级涡轮导向器或压气机的整流器制造,而对于工作温度较高的Ⅰ、Ⅱ涡轮导向器叶片或整体铸造导向器来说必须采用耐热性能更好的高温合金。如采用 K406C、K418B 制造 900℃以下工作的涡轴涡桨发动机整体涡轮导向器,采用 K423 制造 1000℃以下工作的整体铸造导向器[5]。在俄罗斯曾采用 XH65BTЮMP 合金制造涡轴发动机整体涡轮导向器。

某型发动机Ⅱ级涡轮导向器采用镍基高温合金整体铸造而成,最高工作温度为 850℃。飞行一个翻修期后,在叶片排气边、叶背及叶盆、内环与叶片型腔交汇处出现裂纹,长度 2mm ~ 10mm,这些裂纹主要是在热应力和气动应力作用下在铸造缺陷处萌生、扩展。在制造过程中,采用氩弧焊补焊铸造缺陷。图 8 - 34 是导向器局部。图(a)中叶片上的缺口是大修过程中用打磨方法排除裂纹后留下的,在一定数量范围内允许存在。图(b)叶片黑色区域是原始补焊焊点,可见在原始补焊点处已经存在掉块现象。

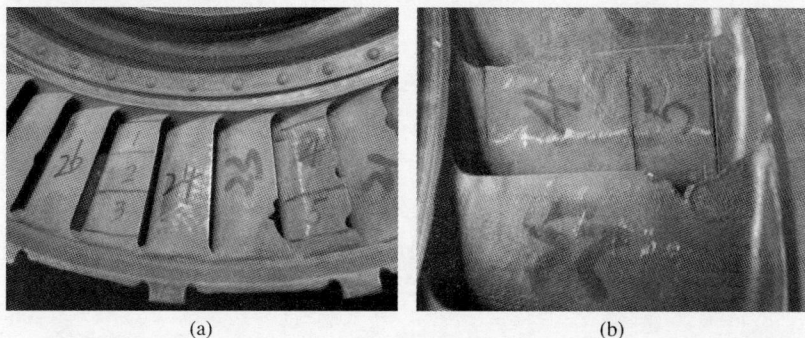

(a)                  (b)

图 8 - 34　某发动机Ⅱ级涡轮导向器

1. 组织和成分分析

图 8 - 35(a)、(b)、(c)是原始母材微观组织,在 γ 基体上分布着白色条块状、黑色三角形或方形、黑色球形相。白色条块状相主要是碳化物,在晶界、晶内都有析出,尺度从几微米到十几微米不等,如图 8 - 35(a)所示。扫描电镜下能谱分析表明白色相主要富集 Ti、Mo、W,个别的主要富集 Mo。黑色三角形或方形相是以

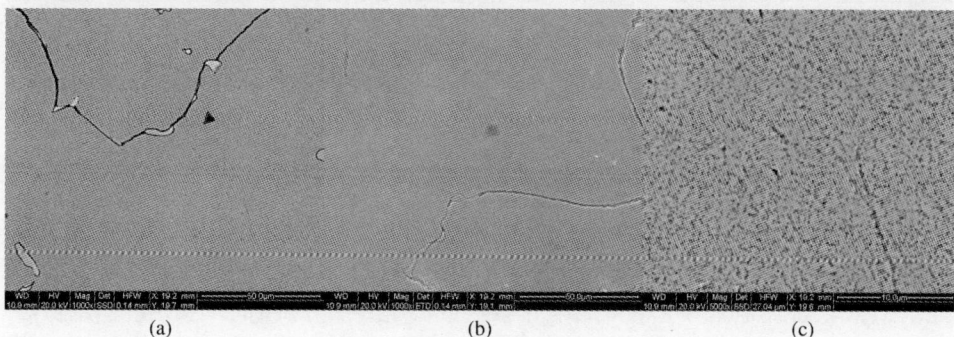

(a)            (b)           (c)

图 8 - 35　涡轮导向器微观组织

氮化物为主的化合物,尺度为几微米,如图 8-35(a)、(b)所示。黑色球状相为 γ′相,是该合金的主要强化相,如图 8-35(c)所示。可以看出,该合金中含有大量的 γ′相,分布均匀,尺度约在 100nm 以下。从微观组织可以看出该合金经长期高温使用后,未大量析出脆性相,组织稳定,完全不同于 8.5.1 节中铸造不锈钢的组织状态,有利于裂纹的补焊。

表 8-19 给出了导向器的化学成分,可见 Al、Ti 含量大于 5%,合金焊接性较差,容易产生焊接裂纹。

表 8-19　Ⅱ级涡轮导向器和原始补焊点化学成分　　　% (质量分数)

| 位置 | Al | Ti | Cr | Co | Mo | W | Fe | Ni |
|---|---|---|---|---|---|---|---|---|
| 叶片 | 2.55 | 2.78 | 17.27 | 4.44 | 4.66 | 5.40 | 0.62 | 余 |
| 补焊点 | 0.88 | 1.15 | 5.70 | 1.46 | 19.93 | 1.80 | 4.10 | 余 |

图 8-36 是原始补焊点微观组织,树枝晶特征明显,枝晶干和枝晶间存在偏析,枝晶干白色相析出较多,枝晶间 γ′相析出较多,但大小不均匀。可以看出原始补焊点较好的保留了焊态下的组织特征,说明补焊后未进行均匀化或固溶处理。表 8-19 给出了原始补焊点化学成分,原始补焊采用的是低 Cr 高 Mo 镍基固溶强化焊丝。这种焊丝的特点是抗裂性能和热强性能好,但高温抗氧化性能不佳。

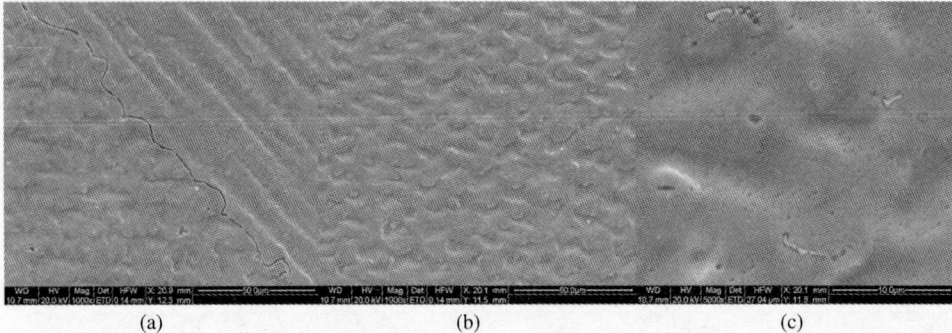

(a)　　　　　　　　　　(b)　　　　　　　　　　(c)

图 8-36　涡轮导向器原始补焊点微观组织

2. 补焊工艺分析

铸造高温合金焊接易产生三类裂纹,即结晶裂纹、液化裂纹、应变时效裂纹。结晶裂纹主要是焊缝金属凝固过程中形成的低熔共晶造成的,铸造高温合金结晶裂纹的敏感性随 B、C、Al、Ti 增加而增大,当 $w(Al+Ti)$ 达6%时裂纹敏感性显著增加[17]。液化裂纹是晶界上的低熔点化合物或低熔共晶焊接时液化形成液膜,并在热应力作用下产生的。液化裂纹产生在近缝区,具有沿晶开裂、从熔合线向母材扩展的特征。应变时效裂纹是时效强化高温合金和铸造高温合金焊接后在时效过程

484

中产生于熔合线附近的沿晶扩展裂纹，一般认为是由焊接残余应力和时效过程中的塑性损失造成的[13,17]。可见用于整体导向器的铸造高温合金，由于 Al、Ti 含量很高，补焊时易产生焊接裂纹。

综合以上分析，针对该导向器采用手工钨极氩弧焊方法补焊，选择镍基高温合金焊丝为填充材料。为了提高补焊点的高温抗氧化性能，焊丝中 Cr 含量提高到15% 以上。图 8 - 37 是涡轮导向器叶片补焊焊缝组织，图(a)、(b)为腐蚀状态，图(c)为抛光状态。可见，焊丝金属与母材金属熔合良好，焊缝未出现结晶裂纹，热影响区也未出现液化裂纹。但在多次补焊或线能量过大时易出现热影响区液化现象，如图(b)热影响区黑色区域为局部液化。热影响区的液化极易导致液化裂纹的产生，因此补焊时应严格控制焊接热输入。

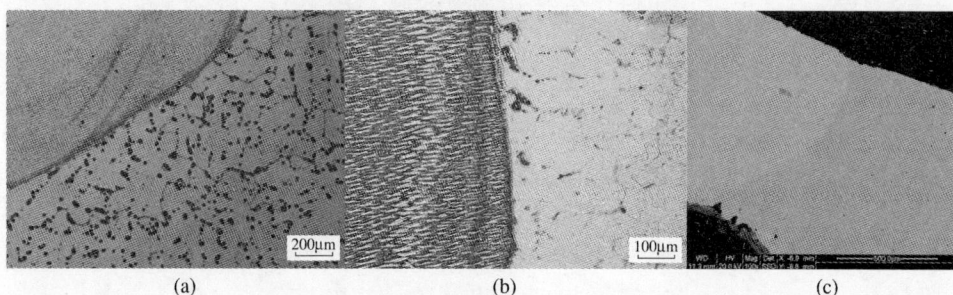

图 8 - 37　涡轮导向器叶片补焊焊缝微观组织

补焊后需经退火处理以减少或消除焊接应力，避免在使用过程中在补焊区域再次开裂。退火温度越高消除焊接应力越完全，但是过高的退火温度会给导向器性能带来损害，一方面过高的退火温度会损害被焊母材性能，另一方面导向器上其他不可拆卸的结构也不允许退火温度过高。图 8 - 38 是涡轮导向器 γ′相数量和尺度与退火温度的关系，与原始状态相比 950℃下退火 γ′相没有明显变化，退火温度提高到 1050℃时 γ′相明显减少(图 8 - 38(b))，退火温度提高到 1150℃时 γ′相几乎全部溶解(见图 8 - 38(c))。因此，焊后退火要保证 γ′相不明显减少或尺寸不明显长大，同时不能有其他有害相明显析出。

试验表明，该导向器焊接过程以及焊后在室温条件下长期放置都不出现裂纹，而消除应力退火后则极易出现裂纹。内环上的补焊点裂纹主要发生在焊缝，叶片上的补焊点裂纹主要发生在焊接热影响区。分析认为，叶片补焊点热影响区开裂机理类似于应变时效开裂；而内环补焊点位于叶片 V 形型腔尖角与内环交汇处，尖角处焊接应力集中严重，同时焊缝结晶凝固时又存在薄弱部位，在应力和高温作用下首先在结晶凝固薄弱部位开裂。也正因为焊缝开裂后释放了应力而抑制了热影响区的开裂，所以，为了控制焊后退火开裂，补焊应尽量减少热输入，降低焊接热应力，焊后退火时应尽量减少高温停留时间。

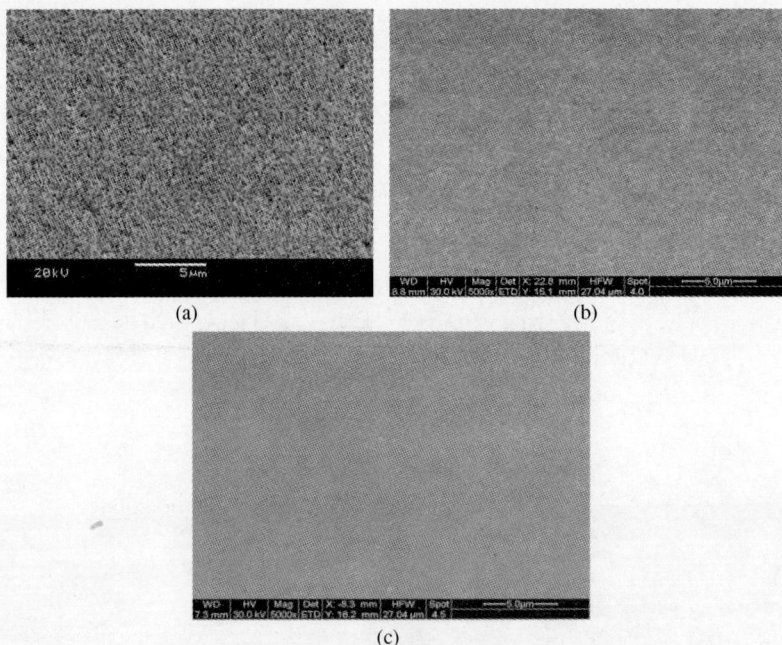

图 8-38 涡轮导向器 $\gamma'$ 相数量与退火温度的关系
(a) 950℃；(b) 1050℃；(c) 1150℃。

# 8.6 机匣及壳体修复

航空发动机机匣包括压气机机匣、涡轮机匣、附件机匣等。压气机机匣分为进气机匣、风扇机匣、低压压气机机匣、中介机匣、高压压气机机匣。压气机机匣材料根据位置不同，一般为高温合金、钛合金、不锈钢、铝合金，少数机匣也采用了镁合金和结构钢，采用锻造、铸造、焊接，或者锻造、铸造、焊接组合工艺制造。压气机机匣传递和承受转子和静子的轴向力、扭矩、振动载荷、内压力，靠近燃烧室的后段机匣还承受较高的温度，是较易发生故障的部件，其主要故障形式是变形、多区域裂纹、局部磨损。涡轮机匣材料主要为高温合金、不锈钢，采用锻造或环轧和焊接组合工艺制造。涡轮机匣除了承受复杂载荷外，还要经受高温、冷热疲劳和燃气腐蚀，因此对材料综合性能要求更高，在使用过程中也更容易发生故障，除了变形、裂纹、磨损外，局部过烧也是涡轮机匣常见故障。

## 8.6.1 涡轮轴支点机匣修复

某发动机在Ⅱ、Ⅲ涡轮之间装有安装轴承的三支点机匣，该机匣采用马氏体不锈钢和铁基高温合金拼焊而成，两侧安装边采用自动氩弧焊焊接，安装座采用手工氩弧焊焊接。在机匣外侧分布有六个安装座,其中五个连有管路,均匀分布,另一个安装座带有固定用的连接耳片。机匣最高工作温度为700℃,一个大修周期为1500h,设计寿命12000h。工作2000h～3000h后,约一半以上机匣在安装座与壳体外壁之间的焊缝处出现裂纹,裂纹主要集中在长方形安装座的焊缝拐角处,在机匣安装边以及内壁焊缝上也出现密级裂纹。图8－39是三支点机匣开裂位置。

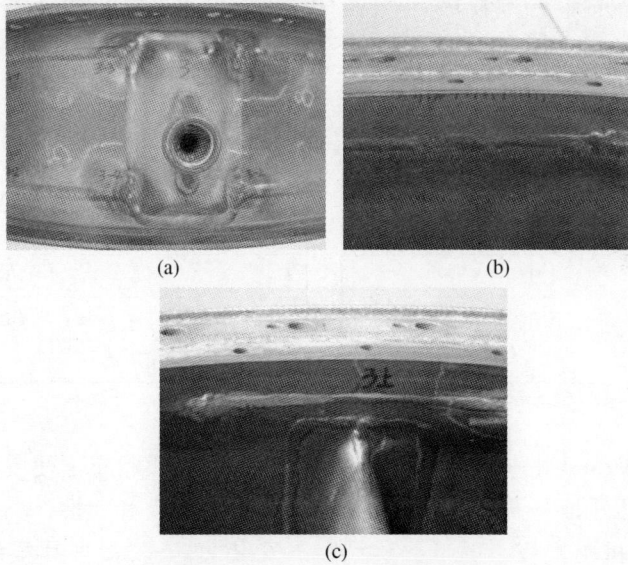

(a)                 (b)

(c)

图8－39 三支点机匣开裂位置
(a) 安装座拐角处裂纹;(b) 安装边裂纹;(c) 内壁焊缝裂纹。

1. 结构和成分分析

图8－40是三支点机匣解剖截面,可以看出机匣主体是由六部分拼焊而成,外壁焊有六个安装座,其中构件6插入构件7的凹槽中,插接处未焊接。构件1、7是上下安装边,构件4是机匣外壁,上下分别与构件1、7焊接,构件5一个带耳片的安装座以及构件8(未标出)五个带导管的安装座,周围与构件1、4、7以搭接形式焊接。构件2是上安装边上的密封部位,外侧与构件1焊接,下侧与构件3焊接,构件3、6为机匣内壁,之间为焊接。各构件材料见表8－20,各焊缝焊接材料牌号见表8－21。可见内壁是由耐温性能较好的铁基高温合金和同质焊丝制造;外壁及两端的法兰由强度较高的马氏体不锈钢和奥氏体不锈钢焊丝制造;六个安装座中带耳片的安装座采用了与外壁同质的马氏体不锈钢和相同奥氏体不锈钢焊丝制造,其他安装座采用了塑韧性及耐蚀性能较好的铁基高温合金和镍基高温合金焊丝制造。通过对三支点机匣结构和各构件材料以及焊接材料的分析,判断设计者的设计思路,这对补焊选材和制订工艺尤为重要。

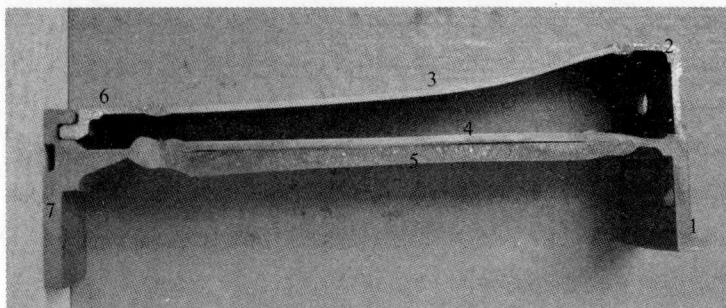

图 8 - 40　三支点机匣解剖截面

表 8 - 20　各构件相近材料牌号

| 构 件 编 号 | 相近材料牌号 |
|---|---|
| 1　4　5　7 | 1Cr11Ni2W2MoVA |
| 2　3　6 | GH1139 |
| 8 | GH1035A |
| 注:能谱分析确认 | |

表 8 - 21　各焊缝焊接材料相近牌号

| 焊 缝 | 相近焊丝牌号 |
|---|---|
| 1 +4　1 +5　4 +5　4 +7 | H1Cr21Ni10Mn6 |
| 1 +2　2 +3　3 +6 | HGH1139 |
| 1 +8　4 +8 | HGH3044 |
| 注:能谱分析确认 | |

## 2. 组织分析

1Cr11Ni2W2MoVA 马氏体不锈钢一般在淬火 + 回火状态下使用,根据零件受力情况不同可以采取不同的回火温度来调整材料的强度和塑性,以满足不同使用要求。本支撑机匣上安装边 1、外壁 4、下安装边 7,以及耳片安装座 5,均由 1Cr11Ni2W2MoVA(相近)不锈钢制成,但从图 8 - 41 照片可以看出构件 1、4、7、5 组织存在差异,外壁 4 马氏体组织形貌已经不明显,淬火过程中形成的板条或针状马氏体在较高回火温度下已大部分分解。从表 8 - 22 维氏硬度分析也可以看出,4 号构件硬度最低。构件 1、7 组织状态接近,马氏体组织形态清晰,但马氏体也出现了分解,两者维氏硬度接近。构件 5 马氏体组织形貌清晰,分解较少,维氏硬度也较高。造成这种差异原因有两种:一是制造时各部件回火温度不同;二是使用温度存在差异。根据组织和硬度分析,与构件 1、7、5 相比构件 4 产生焊接裂纹的倾向性小。构件 8 是铁基高温合金,为奥氏体组织,未出现严重析出现象,焊接性好。

表 8 - 22　原始状态下各构件维氏硬度

| 构 件 号 | HV | 构 件 号 | HV |
|---|---|---|---|
| 1 | 263 | 2 | 200 |
| 4 | 217 | 3 | 250 |
| 7 | 273 | 6 | 262 |
| 5 | 345 | 8 | 227 |

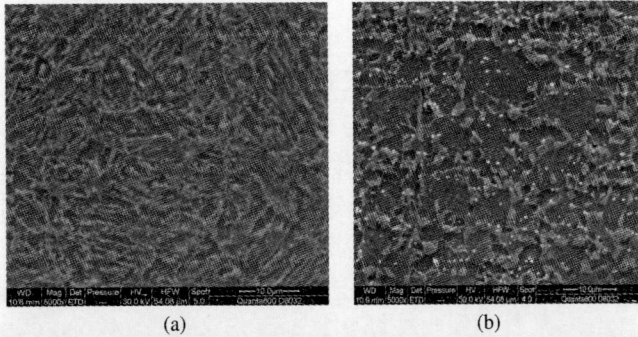

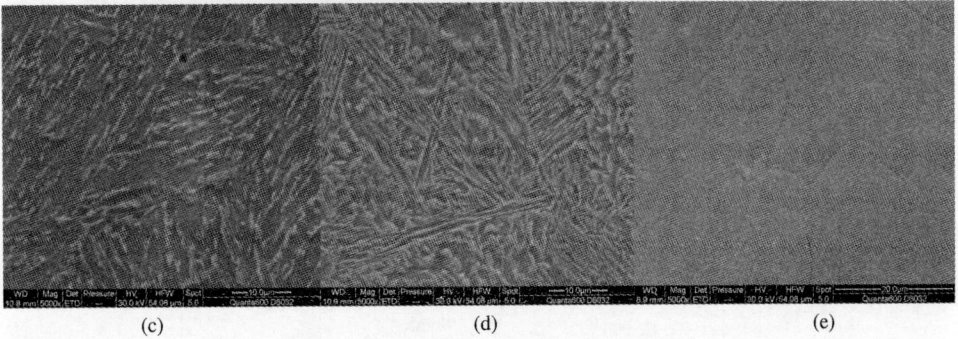

图 8-41 三支点机匣外部各材料金相组织

(a) 构件 1；(b) 构件 4；(c) 构件 7；(d) 构件 5；(f) 构件 8。

图 8-42 是构件 2、3、6 金相组织，可以看出构件 3 晶粒尺寸明显小于构件 2、6，这是由于在构件成型时方法不同或变形量不同形成的。三个构件均有较多的颗粒状、棒状相析出，在一些晶粒内部析出相呈链状排布，并且"链条"相互平行或以相同角度交叉，在晶界上析出相形成连续的析出带。析出相形态和排列特征同 8.5.1 节中铸造不锈钢导向器非常相似，这使材料严重脆化，焊接性变差。补焊试验也表

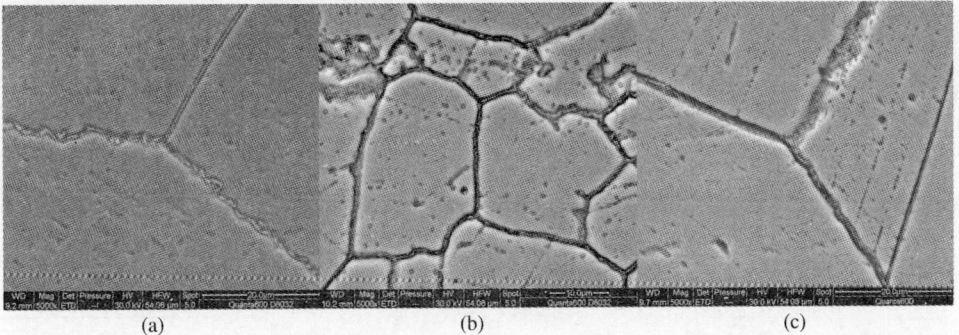

图 8-42 构件 2、3、6 金相组织

(a) 构件 2；(b) 构件 3；(c) 构件 6。

明,构件2、3、6 及其焊缝焊接性差,极易在热影响区及其以外的区域开裂。

3. 补焊工艺分析

1Cr11Ni2W2MoVA 马氏体不锈钢室温强度、持久强度均较高,有良好的韧性和抗氧化性能,适宜制造在 550℃ 以下及在潮湿条件下工作的承力构件。该钢焊接性能良好,可以采用电弧焊、氩弧焊、电阻焊等方法焊接。采用熔焊方法焊接时,根据构件对焊接接头性能要求不同可以选择相近成分的马氏体不锈钢焊丝,也可选择奥氏体不锈钢焊丝。GH1139 是铁基高温合金,在我国主要用作焊丝,作为结构件材料在航空发动机上应用较少。该合金具有良好的焊接性能,可采用多种焊接方法焊接。GH1035A 是固溶强化铁基高温合金,主要用于 900℃ 以下长期工作的涡轮发动机燃烧室及涡轮外环、排气装置的零件。合金焊接性能良好,可以采用电弧焊、氩弧焊、电阻焊等多种焊接方法焊接。

由表 8-21 可以看出,机匣制造时 1Cr11Ni2W2MoVA 马氏体不锈钢之间焊接采用了 H1Cr21Ni10Mn6 奥氏体不锈钢焊丝。用该焊丝焊接 1Cr11Ni2W2MoVA 不锈钢,接头为奥氏体组织上存在少量铁素体相,抗拉强度大于 520MPa,抗裂性能和抗晶间腐蚀性能良好。GH1139 铁基高温合金之间的焊接采用了与母材同材质焊丝,GH1139 与马氏体不锈钢之间焊接采用了 HGH1139 焊丝。目的是使焊缝金属与母材金属线膨胀系数、抗氧化性能、力学性能保持基本一致。GH1035A 与马氏体不锈钢之间焊接采用了 HGH3044 镍基高温合金。目的是提高焊缝抗裂性能,减少焊接冷、热裂纹。

可以看出,机匣制造时选择的各种材料都具有良好的焊接性,适于制造焊接构件,但使用 2000h 以后材料焊接性发生了变化。补焊试验发现,不管是安装座拐角处裂纹补焊,还是安装边、内部焊缝裂纹补焊,在焊缝和热影响区都极易出现裂纹。根据前面机匣结构和组织分析,补焊开裂的主要原因在于大量析出相导致材料脆化以及机匣结构应力。

三支点机匣补焊工艺要点:较小的焊接热输入。不管采用氩弧焊还是等离子焊,都需要将线能量控制到最低;选择抗裂性能好的焊丝。外壁裂纹可以采用镍基高温合金焊丝补焊,内部裂纹可以采用铁基高温合金补焊;焊后及时退火。焊后可采用较低温度退火,消除部分焊接残余应力。

## 8.6.2 高温合金机匣修复

某发动机高压涡轮导向器外机匣为焊接组合结构,上下安装边为 1Cr11Ni2W2MoV,中间部位及安装叶片的凸台为 GH3044。机匣设计寿命为 3000h,工作 750h 后约 60% 以上机匣在 GH3044 安装叶片的凸台位置出现不同程度的开裂,少数裂纹贯穿整个 GH3044 内壁板。裂纹起源于机匣内壁安装凸台边缘,这里温度最高,剪切应力最大。

曾经采用手工氩弧焊使用 HGH3044 焊丝对裂纹进行补焊,补焊零件使用 50h 以后约 30% 以上再次开裂,开裂位置有的靠近焊缝,有的远离焊接区域。图 8-43 是高压涡轮导向器外机匣局部解剖照片和内壁裂纹照片,裂纹几乎贯穿内壁。

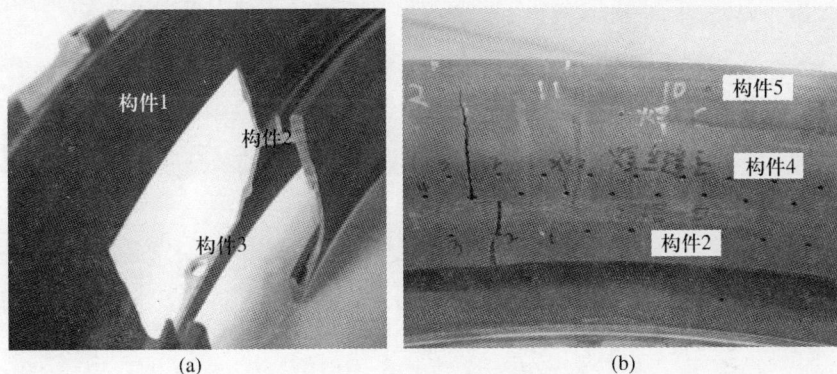

图 8-43　高压涡轮导向器外机匣局部解剖、内壁裂纹照片
(a) 机匣局部解剖; (b) 机匣内壁。

### 1. 机匣结构和组织分析

机匣分为外壁、内壁,外壁由构件 1、2、3 焊接而成,内壁由构件 2、4、5 焊接而成,整个机匣有 1+2、2+3、2+4、4+5 四条焊缝,见图 8-43。导向叶片安装在构件 2 的凸台部位。图 8-44 是机匣各构件金相组织,构件 1、3 是典型的马氏体组织,构件 2、4、5 是奥氏体组织,其中构件 2 的晶粒尺寸较大,这种差异是加工过程中形成的。可见机匣工作 750h 后,在构件 2、4、5 中有大量析出相析出,构件 2 在晶界析出相形成链状,构件 4、5 析出相相对均匀。分析表明,在晶界、晶内析出的白色块状相是富 Cr、W 的 $M_{26}C_6$、MC 碳化物,黑色块状析出相是 TiN。较多析出相存在能导致 GH3044 合金力学性能大大降低,800℃、108MPa 拉伸应力下,持续时间可下降到 29h 以下,800℃ 拉伸强度下降到原来的 90%,而 800℃ 下的屈服强度有升高趋势。因此大量析出相析出是导致安装凸台开裂和补焊后继续开裂的根本原因。如此严重的析出也说明了构件 2、4、5 工作环境温度很高。

图 8-44(f) 是图 8-44(b) 裂纹边缘靠近凸台端面处材料组织,可见由析出相组成的二次晶界连接成网状,开裂区域表面呈现过烧现象,说明了在凸台区域存在局部高温区,此时材料室温塑性下降,补焊极易开裂。

### 2. 补焊工艺分析

根据以上分析,大量析出相是导致安装凸台开裂和补焊后继续开裂的根本原因,简单的补焊消除裂纹已经不能确保机匣继续工作一个翻修期,因此补焊工艺实施应从抑制补焊区域开裂和延迟非补焊区域开裂入手。

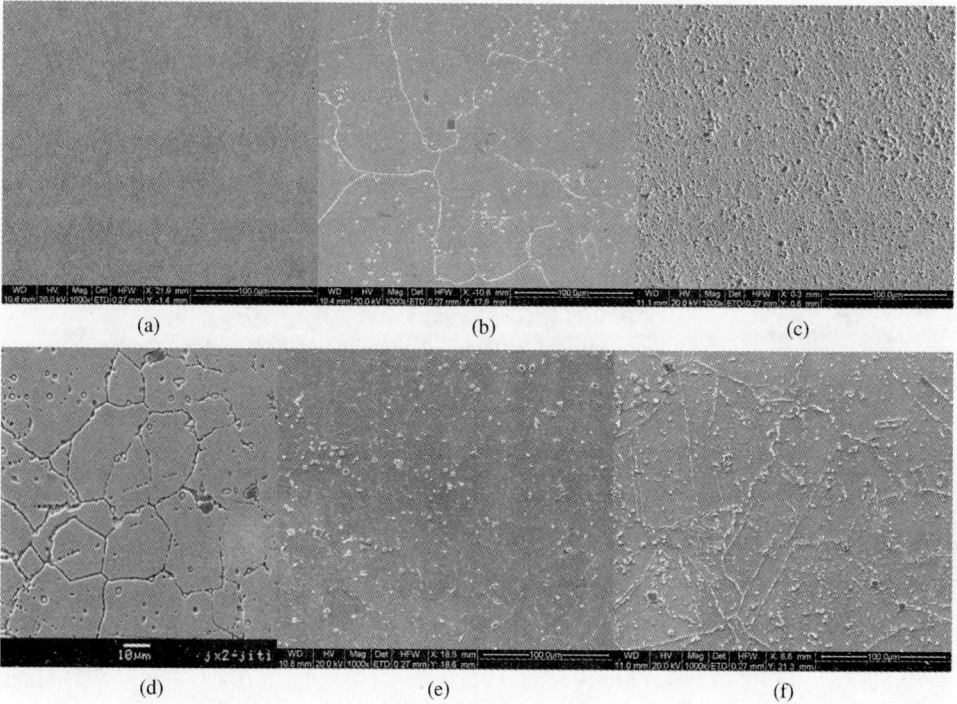

图 8-44　机匣各组成构件金相组织

（a）构件 1；（b）构件 2；（c）构件 3；（d）构件 4；（e）构件 5；（f）构件 2（过烧处）。

图 8-45 是构件 2 分别经 1200℃、1250℃、1300℃固溶处理后的金相组织，可以看出随着热处理温度提高富 Cr、W 的白色块状碳化物相数量减少，黑色 TiN 析出相外面的白色包裹层也逐渐溶解，当热处理温度达到 1300℃时，富 Cr、W 碳化物相几乎全部消失，白色包裹层也全部溶解，只留下未溶解的 TiN。上述研究表明，GH3044 材料在长期、高温下工作析出的富 Cr、W 碳化物相可以通过热处理部分或

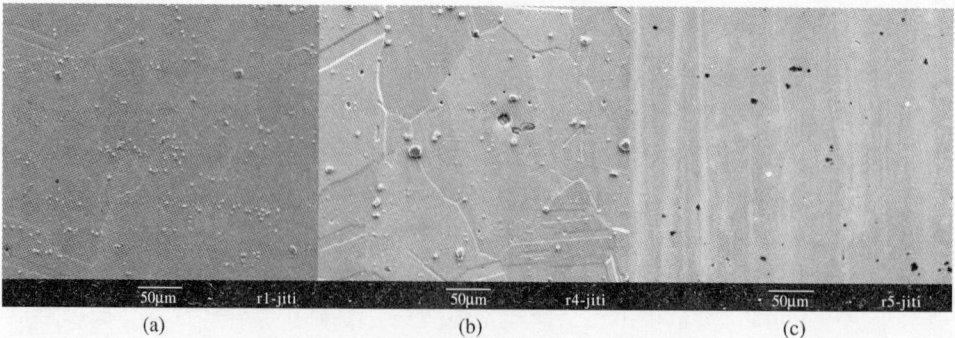

图 8-45　构件 2 经不同热处理的金相组织

（a）1200℃固溶；（b）1250℃固溶；（c）1300℃固溶。

全部消除,而 TiN 由于溶解温度高不能消除。

研究表明,存在大量析出相老化的 GH3044 板材,经热处理使部分析出相回溶,可使板材力学性能在一定程度上得到恢复,从而改善老化材料的焊接性,延缓构件开裂时间。表 8 – 23 和表 8 – 24 是老化的 GH3044 板材和老化后再经热处理的性能数据,可以看出经热处理后 800℃高温拉伸、高温持久性能明显得到恢复,与正常 GH3044 板材高温拉伸和持久性能接近。

<table>
<tr><td colspan="3">表 8 – 23　不同状态下 GH3044 板材<br>800℃高温拉伸性能数据</td></tr>
<tr><td>状　态</td><td>$\sigma_b$/MPa</td><td>$\sigma_{p0.2}$/MPa</td></tr>
<tr><td>老化</td><td>345</td><td>270.5</td></tr>
<tr><td>老化 + 热处理</td><td>385.5</td><td>225.5</td></tr>
</table>

<table>
<tr><td colspan="3">表 8 – 24　不同状态下 GH3044 板材<br>800℃高温持久性能数据</td></tr>
<tr><td>状　态</td><td>应力/MPa</td><td>持续时间</td></tr>
<tr><td>老化</td><td>108</td><td>26h15min</td></tr>
<tr><td>老化 + 热处理</td><td>108</td><td>>100h</td></tr>
</table>

综合以上研究结果,采用热处理办法消除部分析出相,可以改善高温下长期工作导致老化的 GH3044 合金的力学性能,从而改善了构件补焊焊接性,延长构件可靠工作时间。

需要注意的是该工艺的实施要充分考虑不同析出相回溶特性、回溶量与性能的关系、晶粒长大对性能的影响,以及结构变形、材料氧化、不可拆分构件不同材料热处理工艺的协调。

机匣内壁存在局部过烧,组织分析表明该区域材料已经严重老化,因此补焊前过烧区域需机械去除,然后采用镶块或局部堆焊方法恢复。焊接材料应选择抗裂性能好、高温拉伸和持久性能高、高温下长期工作组织稳定的焊丝,以满足高温下工作要求。焊接线能量同焊接其他高温合金一样要求尽量小,减少热影响区液化现象,控制液化裂纹。图 8 – 46 是补焊焊接接头组织,接头熔合良好。图 8 – 46 (c)是热影响区局部放大照片,可见存在晶界液化现象,在规范控制不当,结构应力过大时,晶界液化易发展成液化裂纹。

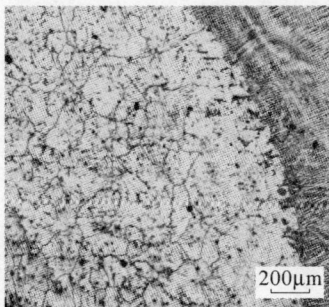
(a)

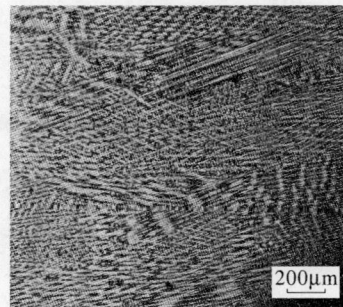
(b)

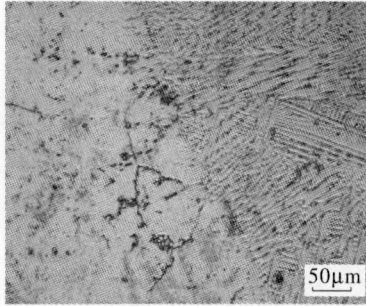

(c)

图 8 - 46　构件 2 补焊接头金相组织

(a) 热影响区；(b) 焊缝；(c) 热影响区晶界液化。

# 参 考 文 献

[1]　潘辉,刘效方,孙计生. 氟化物对 K3 合金表面氧化膜的作用. 第九届全国焊接会议论文集,1:27 - 30.

[2]　Mobley P R,Hoppinn G S. Wide-gap brazing for high-temperature service[J]. Welding Journal,1961,40(6):610 - 617.

[3]　Chasteen,J. W. ,Metzger,G. E. . Brazing of Hastelloy X with wide clearance butt joints[J]. Welding Journal,1979,58(4):111 - 117.

[4]　李晓红,钟群鹏,曹春晓. K403 与 DZ4 高温合金的大间隙钎焊[J]. 航空材料学报,2003,23(4):10 - 15.

[5]　庄鸿寿 E. 罗格夏特. 高温钎焊. 北京:国防工业出版社,1989.

[6]　赵海生,潘晖,孙计生,等. 合金粉对 K640 钎焊组织及性能的影响[J]. 电焊机,2008,38(9):46 - 49.

[7]　Lugscheider E,Schitlny T H,Halmoy E. Metallurgical aspects of additive-aided wide-clearance brazing with nickel-based filler metals[J]. Welding Journal,1989,68(1):9 - 13.

[8]　刘效方,潘辉,孙计生,等. 提高钎缝耐热性新途径[J]. 材料科学与工艺,1999,7 增刊:220 - 223.

[9]　孙计生,潘辉,张俊英,等. 扩散处理对钎缝组织和性能的影响. 第九届全国焊接会议论文集,1:31 - 34.

[10]　李大斌,梁海,孙计生,潘晖,等. 扩散处理对 K403 铸造高温合金大间隙钎焊接头组织和力学性能的影响[J]. 航空材料学报,2006,26(3):107 - 110.

[11]　Ellison K A,Lowden P,Liburdi J. Powder Metallurgy Repair of Tubine Components[J],Journal of Engineering for Gas Turbines and Power,JANUARY 1994,Vol. 116:237 - 242.

[12]　《中国航空材料手册》编辑委员会. 中国航空材料手册. (第二版) 第二卷. 北京:中国标准出版社,2002.

[13]　贺运佳. 金属材料熔焊工艺. 西安:西北工业大学出版社,1988.

[14]　[德]埃里希·福克哈德,不锈钢焊接冶金. 栗卓新,朱学军,译. 北京:化学工业出版社,2004.

[15]　陈伯蠡,周振丰,张文钺. 焊接冶金与金属焊接性. 北京:机械工业出版社,1987.

[16]　《中国航空材料手册》编辑委员会. 中国航空材料手册. (第二版) 第一卷. 北京:中国标准出版社,2002.

[17]　中国工程机械学会焊接学会. 焊接手册. (第三版)第二卷. 北京:机械工业出版社,2007.

# 第9章  航空焊接材料的制备技术及应用

本章针对航空用钛基钎料、镍基粘带钎料、低温软钎料以及熔焊焊丝、航空电焊条等做一个简要的介绍，内容偏重于近年来焊接材料的研究成果、性能指标以及北京航空材料研究院目前具备的焊接材料系列产品。

## 9.1  钎焊材料

### 9.1.1  钛基钎料

#### 9.1.1.1  钛基钎料简介

与银基、铝基钎料相比，钛基钎料钎焊接头强度更高，耐蚀性和耐热性更好，在盐雾环境、硝酸和硫酸中耐蚀性尤为优良[1]。但是，钎料本身均比较脆，加工性能差，钎料箔材制备困难。因此最初主要以粉末状态或用胶调和成膏状使用，后来又发展薄片叠层钎料。直到近 20 年来真空或惰性气体保护非晶态急冷制箔技术的进一步发展和工程化应用，才使钛基钎料的制箔问题真正得到解决。

叠层钎料在实验室有一定的可操作性，对钎料成分的调整及成分的稳定性上有一定的局限性，不利于工程应用，随着近些年的钛合金工业的整体迅速发展[2]，冶金合金化的钛基钎料粉及钛基钎料非晶箔带也得到快速发展，如 BTi92Cu、BTi75Cu、BTi50Cu、 BTi27Ni、 BTi53Pd、 BTi70CuNi、 BTi60CuNi、 BTi43ZrNi、 BTi48ZrBe、BTi49ZrBe、 BTi49CuBe、 BTi80VCr、 BTi35ZrNiCu、 BTi43ZrNiBe、 BTi57CuZrNi、BTiZrCuNi 等多种钎料都可以制成冶金合金化的钛基钎料粉和其非晶箔带。

#### 9.1.1.2  钛及钛合金钎焊性能

钛基钎料主要是 Ti 或 Ti – Zr 和 Ni、Cu、Be 组成的低熔点共晶合金。有 Ti – Cu – Ni、Ti – Zr – Be、Ti – Zr – Cu – Ni 等系列。钛基钎料本身比较脆，加工性能差，主要是采用真空或惰性气体保护非晶态制箔技术制成箔带使用，或以粉末状态使用，也有采用金属箔片构成叠层钎料使用。表 9 – 1 是采用 Ti – 14Cu – 14Ni 和 Ti – 13Cu – 14Ni – 0. 26Be 叠层钎料钎焊 TC4 合金接头的性能，同时表中还列出了 Ag – 5Al – 1Mn 钎料钎焊接头的性能以进行比较。从中可见，两种叠层钛基钎料钎焊接头的强度明显高于 Ag – 5Al – 1Mn 钎料钎焊接头，且具有良好的抗氧化和抗盐雾腐蚀性能。扩散处理后接头进一步改善[3]，与 TC4 基体性能相当。

表 9 - 1　叠层钎料钎焊 TC4 合金接头的力学性能[4]

| 钎 料 | 钎焊及扩散处理规范 | 剪切强度/MPa | | | | 拉伸强度/MPa | 冲击韧性/(J/cm²) |
| | | 室温 | | | 430℃ | | |
| | | 未腐蚀 | 430℃/100h 氧化 | 120h 盐雾腐蚀 | | | |
| Ti - 14Cu - 14Ni | 920℃/15min 钎焊 | 310.3 | 302.0 | 305.0 | 294.3 | 371.7 | 28.0 |
| | 钎焊 + 920℃/2h 扩散处理 | — | — | — | — | 870 | 31.9 |
| | 钎焊 + 920℃/6h 扩散处理 | — | — | — | — | 1100 | 44.1 |
| Ti - 13Cu - 14Ni - 0.26Be | 950℃/15min 钎焊 | 371 | 312.3 | 310 | 290.2 | — | 2.8 |
| | 钎焊 + 920℃/2h 扩散处理 | 463.8 | | | | 904.6 | 40.3 |
| Ag - 5Al - 1Mn | 钎焊 | 198.6 | 199.1 | 156.9 | 85.3 | — | — |

　　采用钛基钎料钎焊钛合金,可以获得较高的接头强度[5],甚至达到或接近母材强度,但钛合金钎焊接头一般均呈现明显的脆性[6]。如何降低钛合金钎焊接头的脆性是研究人员关注的一个问题。通过减小钎焊接头间隙和控制钎料用量,并配合施加一定的压力可减缓钛合金钎焊接头的脆性,但其适用性有限,而从钎料成分设计[7]上降低钎焊接头脆性更有效。目前在降低钛合金钎焊接头脆性的钎料成分设计方面已开展了一些研究工作,主要是在 Ti - Zr - Cu - Ni 系钎料中加元素 Co,或加微量稀土元素。

　　北京航空材料研究院在对 BTi57CuZrNi(ВПр16)钎料的成分进行分析的基础上,设计了 Ti - Zr - Cu - Ni - Co 系钛基钎料 TZCNC17,主要是加入少量元素 Co,并适当增加 Zr 含量,同时还控制 Cu、Ni、Co 三种元素的总含量,使其明显低于 BTi57CuZrNi 中 Cu、Ni 元素含量总和。TZCNC17 钎料的成分范围为 Ti - (14 ~ 28)Zr - (16 ~ 25)(Cu + Ni + Co),可在 930℃ ~ 960℃实现对钛合金的钎焊。表 9 - 2 列出了分别采用 BTi57CuZrNi 和 TZCNC17 钎料钎焊 TC4 合金接头的力学性能测试结果,可见,TZCNC17 钎料钎焊 TC4 合金接头的冲击韧性和剪切强度较同规范下 BTi57CuZrNi 钎料钎焊接头分别提高 56% 和 20% 。

　　北京航空航天大学研究了微量稀土元素对钛基钎料性能的影响[10],配制了两种钎料,分别为 1#(Ti - 34Zr - 8Cu - 6.3Ni - 6.3Co)和 2#(Ti - 34Zr - 8Cu - 6.3Ni - 6.3Co - 0.1 稀土)。研究结果表明,在钛基钎料中添加微量稀土元素,可在一定程度上降低钎料熔化温度,改善钎料在钛合金上的润湿性,并提高钎焊接头的抗拉强度和冲击韧性(见表 9 - 3)。

表 9-2　TC4 合金钎焊接头(960℃/10min)冲击韧性和剪切强度[8,9]

| 钎　料 | 冲击韧性 $\alpha_{ku}$/(J/cm²) | | 剪切强度 $\tau_b$/MPa | |
| --- | --- | --- | --- | --- |
| | 测试值 | 平均值 | 测试值 | 平均值 |
| BTi57CuZrNi | 17.2,23.3 | 20.25 | 246.0,230.2,339.7.298.5 | 278.6 |
| TZCNC17 | 33.5,29.6 | 31.55 | 361.9,340.3,325.0,308.5 | 333.9 |

表 9-3　不同钛基钎料钎焊 TC4 合金接头(890℃/60min)的力学性能[10]

| 钎　料 | 抗拉强度/MPa | | 冲击韧性/(J/cm²) | |
| --- | --- | --- | --- | --- |
| | 测试值 | 平均值 | 测试值 | 平均值 |
| Ti-34Zr-8Cu-6.3Ni-6.3Co | 142,140,180 | 154 | 2.4,2.25,2.8 | 2.48 |
| Ti-34Zr-8Cu-6.3Ni-6.3Co-0.1稀土 | 200,195,216 | 204 | 4.0,3.9,3.3 | 3.73 |

### 9.1.1.3　常用钛基钎料

钛基钎料的抗氧化性能、耐蚀性能和润湿性能良好,广泛用于钛及钛合金、难熔金属以及功能陶瓷材料的钎焊。钛基钎料的主要合金元素是 Cu、Ni、Zr、Be,Ti 与 Cu、Ni 可以形成多种共晶体,熔点低,流动性好,加入 Zr、Be 后可以提高钎焊接头强度,改善钎焊工艺性能。航空航天用钛基钎料钎焊温度多在 1000℃ 以下,使用温度可以达到 600℃。主要用于焊接各类钛合金导管、叶片、导向器等。常用钛基钎料的成分及主要性能见表 9-4。

表 9-4　常用钛基钎料的成分及主要性能[5]

| 序号 | 钎料牌号 | 化学成分/%(质量分数) | | | | | | 固/液相线/℃ |
| --- | --- | --- | --- | --- | --- | --- | --- | --- |
| | | Zr | Cu | Ni | Be | 其他 | Ti | |
| 1 | BTi92Cu | — | 8 | — | — | — | 余 | 890 |
| 2 | BTi75Cu | — | 25 | — | — | — | 余 | 870 |
| 3 | BTi50Cu | — | 50 | — | — | — | 余 | 955 |
| 4 | BTi27Ni | — | — | 28 | — | — | 余 | 955 |
| 5 | BTi53Pd | — | — | — | — | Pd=47 | 余 | 1080 |
| 6 | BTi70CuNi | — | 15 | 15 | — | — | 余 | 910~940 |
| 7 | BTi60CuNi | — | 25 | 15 | 0.5 | — | 余 | 890~910 |
| 8 | BTi43ZrNi | 43 | — | 4 | — | — | 余 | 853~862 |
| 9 | BTi48ZrBe | 48 | — | — | 4 | — | 余 | 890~900 |
| 10 | BTi49ZrBe | 49 | — | — | 2 | — | 余 | 900~955 |
| 11 | BTi49CuBe | — | 49 | — | 2 | — | 余 | 900~955 |
| 12 | BTi80VCr | — | — | — | — | V=15,Cr=5 | 余 | 1400~1450 |
| 13 | BTi35ZrNiCu | 35 | 15 | 15 | — | — | 余 | 830~850 |
| 14 | BTi43ZrNiBe | 43 | — | 12 | 2 | — | 余 | 800~815 |
| 15 | BTi57CuZrNi | 12 | 22 | 9 | — | — | 余 | 825~900 |
| 16 | BTiZrCuNi | 37 | 15 | 10 | — | — | 余 | 825~840 |

497

钛基钎料活性高，耐蚀性好，是钛合金、金属间化合物、功能陶瓷等新型材料钎焊连接的首选焊接材料。其钎焊温度与大部分钛合金能够很好的匹配，钎焊工艺性也十分优异，钎焊接头强度高，使用温度和热稳定性都很好，目前在航空航天领域中广泛应用于结构钛合金、高温钛合金、先进陶瓷材料的各种叶片、管路、构件等的真空钎焊。

图9-1、图9-2、图9-3为钛基钎料的形式及采用钛基钎料钎焊的钛合金零部件。

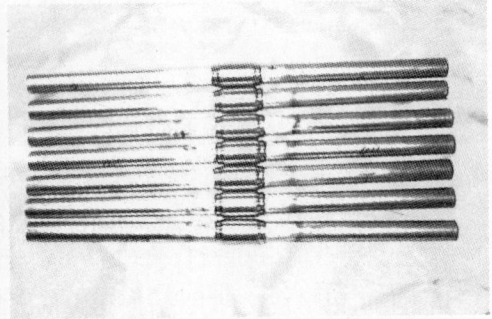

图9-1　钎焊的钛合金零部件

图9-2　钛基钎料快淬箔带

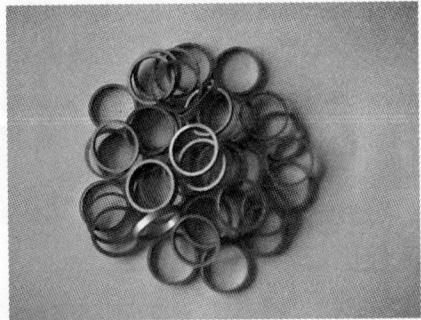

图9-3　钛基钎料环

## 9.1.2　镍基粘带钎料

### 9.1.2.1　带状及粘带钎料成分设计、使用特点及研制发展现状

镍基钎料以镍为基体，并添加铬、硅、硼、铁、磷和碳等元素。铬的主要作用是增强抗氧化、抗腐蚀能力及固溶强化；硅可以降低熔点，增加流动性；硼和磷是降低钎料熔点的主要元素，并能改善润湿能力和铺展能力；碳可以降低钎料的熔化温度而对高温强度无较大影响；少量的铁可以提高钎料的强度。镍基钎料中含有较多的硅、硼等非金属元素，组织中含有大量金属间化合物，非常脆，无法进行塑性变形

加工。因此镍基钎料通常以粉状、膏状、带状、粘带和非晶态箔形式使用[11]。

粉状钎料应用范围较广，但存在不易装配、在使用时无法实现全位置钎接，且用量不易控制的缺点。为改善粉状钎料的装配，通常与一定量的粘结剂配成钎料膏，用于复杂或不规则结构的钎料装配[12,13]。带状钎料是把钎料粉末和胶黏剂按比例均匀调和，并轧制到一定厚度(0.15mm~0.75mm)而制成的柔性带，可以任意裁剪。粘带钎料即采用带状钎料并在其衬附材料上喷制具有压敏性的胶黏剂，从而使带状钎料表面粘附胶黏剂用以粘附零件[14,15]。与常用的粉状或膏状钎料相比，带状钎料具有使用方便、操作简单、钎料用量、钎焊面积易于控制，钎焊过程易于实现自动化，钎焊质量容易得到保证等优点，粘带钎料除具有带状钎料的优点外还能够粘附工件、方便装配。因此在高温钎焊中得到越来越广泛的使用，如航空发动机列管式散热器、层板式散热器、涡轮及导向叶片的钎焊及补钎、航天器复杂零部件的钎焊及大面积大厚度结构件的钎涂等。

粘带钎料由带状钎料、胶黏剂、衬附材料及保护膜组成。图9-4为其结构示意图。保护膜和衬附材料可保护带状钎料不被污染，胶黏剂Ⅰ是粘于零件上固定钎料用的压敏胶，胶黏剂Ⅱ用以粘附保护膜，带状钎料是粘带钎料的主体部分。因此胶黏剂和轧制带状钎料的粘结剂选择和制作成为影响粘带钎料质量和保质期的关键因素。

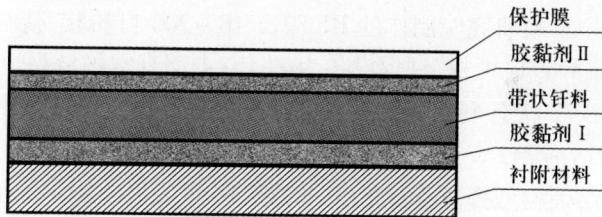

图9-4　粘带钎料结构示意图

对胶黏剂的技术要求如下：

（1）必须是有机化合物，易烧尽，熔点不高于400℃；

（2）应无毒、无腐蚀性，在钎料熔化前应挥发或烧尽，不产生残留物；

（3）不与粘结剂发生化学反应、互相渗透或爬移；

（4）不与衬附材料起作用；

（5）使用中要有足够的压敏性，良好的起膜性，易于剪切；

（6）具有合适的黏性，在一年质保期内黏性基本无变化。

对粘结剂的技术要求如下：

（1）粘结剂及其挥发物应无腐蚀性和毒性；

（2）在真空加热时，钎料熔化前全部挥发、无残留；

（3）控制用量，防止钎焊时产生飞溅、气孔或裂纹缺陷；

（4）具有足够的粘结力，制成的带状钎料易于剪切，具有柔性且有一定储存寿命。

带状钎料使用时，根据待焊工件要求剪切成所需形状置于工件表面，粘带钎料剪切后剥去衬附材料后直接粘附于待焊工件表面即可。在真空加热过程中，为保证钎料对母材良好的润湿及获得良好的钎焊质量，真空度应高于 $10^{-2}$Pa，并采用分段保温的慢速升温钎焊工艺，以使胶黏剂和粘结剂完全挥发。

美国及西欧国家早在 20 世纪五六十年代即开始研制并批量使用带状钎料。而北京航空材料研究院于 1978 年开始研制粘带钎料，经过多年的探索和研究，孙计生、张文尚等人成功研制出具有良好使用性能的粘带钎料，钎焊了某发动机Ⅱ级导向叶片的封严块，并在某厂通过了该发动机 400 多小时长期试车。同时在另一工厂钎焊了另一发动机的高压Ⅰ级涡轮叶片堵头，性能良好。目前已批量应用于航空产品的钎焊。该产品的成功研制打破了国外在该项技术上的垄断，在国内具有主导地位。

### 9.1.2.2　带状及粘带钎料钎焊工艺性特点及接头组织与性能[16]

下面以常用的 BNi82CrSiB 钎料为例，以 1Cr18Ni9Ti 不锈钢为母材，进行钎焊工艺实验。分析带状及粘带钎料钎焊工艺性及接头组织和性能，并对比粉状、膏状和带状钎料揭示粘带钎料中胶黏剂和粘结剂对接头组织、性能的影响[17,18]。

采用北京航空材料研究院制作的 BNi82CrSiB – 200 目粉状、膏状、带状和粘带钎料，母材为 1Cr18Ni9Ti 板材，钎焊设备为 ZKH – 1 型真空扩散焊炉。

3#粘结剂用于带状钎料，4#胶黏剂用于粘带钎料的面胶，其挥发曲线见图 9 – 5。可见 3#粘结剂 242℃~379℃剧烈挥发；4#粘结剂 89℃~125℃低温段挥发，392℃~438℃粘结剂剧烈挥发，至 450℃全部挥发。

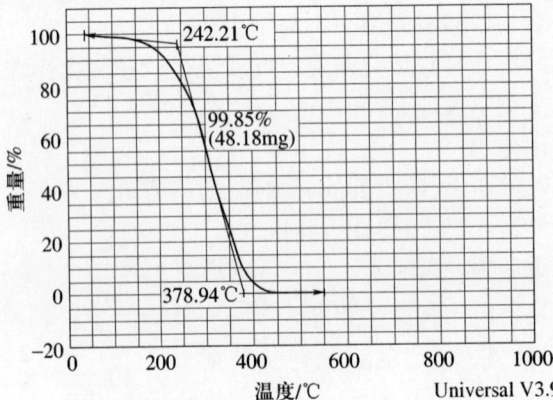

Sample: NJ-3#
Size: 48.2520mg
TGA
File: C:...\TGA\sunjisheng\20080714\NJ-3#.001
Operator: ct
Run Date: 14-Jul-08 13:30
Comment: N2 10D/min RT~1000D
Instrument: 2050 TGA V5.4A

242.21℃
100
99.85%
(48.18mg)
378.94℃

重量/%

温度/℃
Universal V3.9A TA instruments

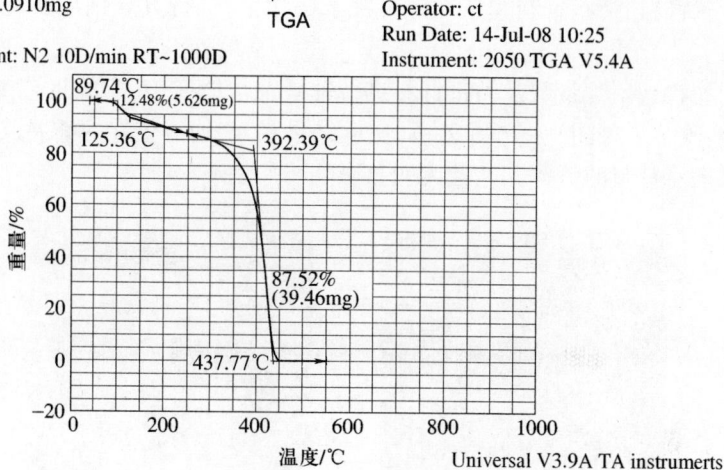

Sample: NJ-4#
Size: 48.0910mg

TGA

File: C:...\TGA\sunjisheng\20080714\NJ-4#.001
Operator: ct
Run Date: 14-Jul-08 10:25
Instrument: 2050 TGA V5.4A

Comment: N2 10D/min RT~1000D

Universal V3.9A TA instruments

图9-5 3号粘结剂和4号胶黏剂的挥发曲线[16]

将3#、4#粘结剂置于不锈钢箔片上,进行真空挥发实验,实验工艺为900℃保温10min,结果见图9-6,3#、4#粘结剂完全挥发,无痕迹。

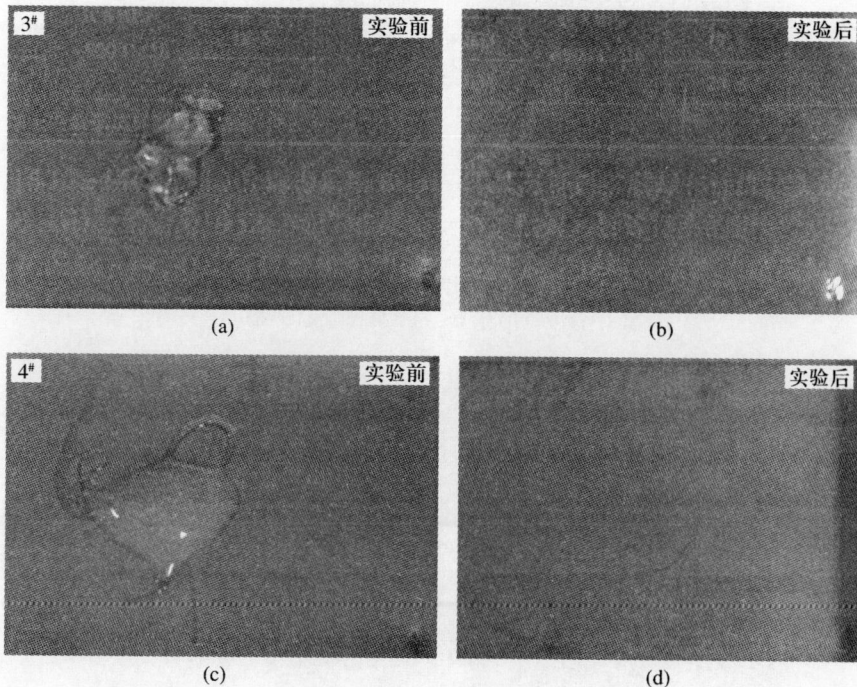

图9-6 粘结剂真空实验结果

当钎料中粘结剂含量大、升温快时，由于粘结剂的快速挥发可能引起钎料的飞溅。将膏状钎料、带状钎料和粘带钎料置于试片上，进行真空铺展实验，结果均无飞溅。

采用粉状、膏状、带状及粘带钎料进行铺展及填缝实验，实验工艺1070℃保温10min。实验结果见图9-7、图9-8，实验结果相当，均能较好的铺展及填充间隙。说明粘结剂对钎料的钎焊工艺性无明显影响。

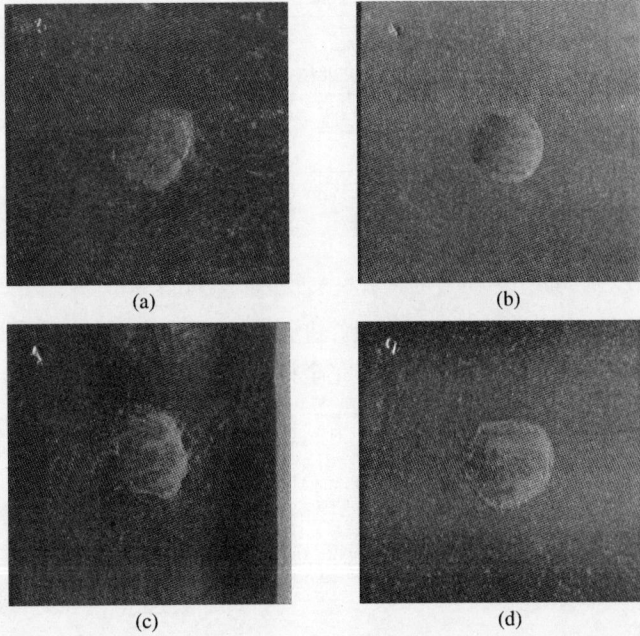

图9-7　BNi82CrSiB钎料1070℃铺展试样
（a）粉状；（b）膏状；（c）带状；（d）粘带。

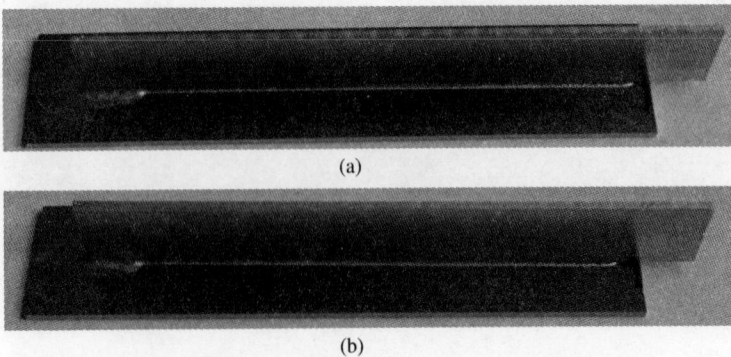

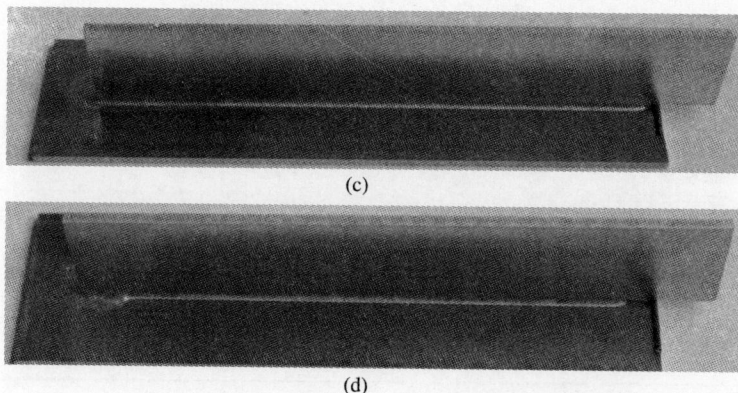

(c)

(d)

图9-8 四种状态钎料1070℃填缝实验结果

(a) 粉状；(b) 膏状；(c) 带状；(d) 粘带。

图9-9所示,接头组织经分析无明显差别,钎焊接头均分为四个区,由母材、母材靠近钎缝的扩散区(Ⅰ区)、钎缝两侧固溶体区(Ⅱ区)和钎缝中央化合物区(Ⅲ区)构成。各典型相成分分析结果见表9-5。Ⅰ区由于钎缝中B向母材扩散,存在大量的Cr与B形成的条状化合物相,Ⅱ区为镍基固溶体,Ⅲ区为B、Si的化合物相[1,10]。

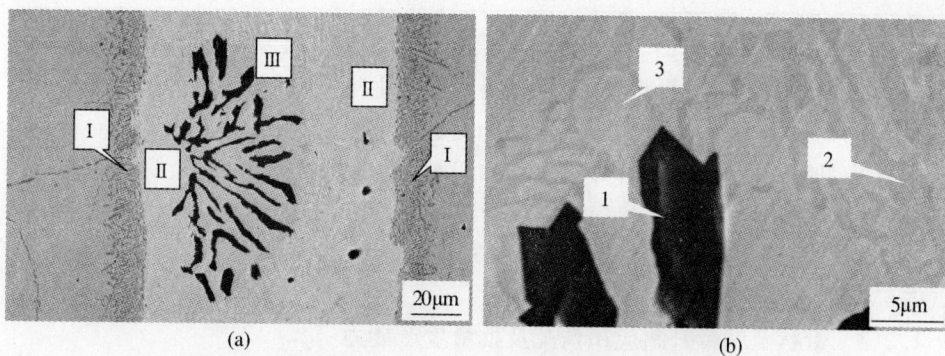

图9-9 BNi82CrSiB钎料1070℃/10min钎焊1Cr18Ni9Ti接头组织背散射像[16]

(a) 钎焊接头典型形貌；(b) 钎缝中心放大。

对不同状态钎料钎焊不锈钢搭接试样进行了室温拉剪强度测试,断裂均发生在钎缝上,结果见表9-6,粉状钎料、膏状钎料带状钎料至粘带钎料,钎焊接头强度依次略有下降。粉状钎料与膏状钎料置于钎缝一端,钎料铺展流动后填缝,粘结剂相对容易挥发;带状钎料与粘带钎料预置于钎缝中,粘结剂相对不易挥发,因此性能略下降。

表 9 - 5 钎缝典型物相能谱分析结果

| 微区形态 | 元素重量百分数/% | | | | 可能的物相 |
|---|---|---|---|---|---|
| | Ni | Cr | Fe | Si | |
| 黑色骨骼状相 | 10.4 | 84.8 | 4.0 | 0.8 | Cr、B 化合物 |
| 灰色条状相 | 81.9 | 1.7 | 2.5 | 13.9 | Ni、Si 化合物 |
| 灰色条状相 | 67.7 | 0.8 | 1.7 | 29.8 | Ni、Si 化合物 |
| Ⅱ区中的固溶体 | 76.0 | 6.3 | 11.2 | 6.5 | Ni 基固溶体 |
| Ⅰ区中的黑色条状相 | 4.9 | 27.6 | 66.1 | 0.3 | Cr、B 化合物 |

表 9 - 6 接头强度测试结果

| 钎料形式 | 强度/MPa | 平均强度/MPa |
|---|---|---|
| 粉末 | 220.6 | 228.1 |
| | 235.5 | |
| 膏状 | 221.2 | 220.3 |
| | 219.4 | |
| 带状 | 232.8 | 219.7 |
| | 206.8 | |
| 粘带 | 205.1 | 209.4 |
| | 213.7 | |

以上实验结果说明:3#粘结剂和4#胶黏剂经900℃保温10min真空实验完全挥发,无痕迹,适于真空钎焊使用,且钎料不会产生飞溅;钎料使用形式对钎料的钎焊工艺性无影响,各形式钎料均能较好的铺展及填充间隙;钎料使用形式对钎料的钎焊接头组织无明显影响,钎焊接头均由母材、靠近母材的扩散区、钎缝两侧的固溶体区和钎缝中心 B、Si 化合物区组成;钎料使用形式对钎料的钎焊接头性能略有影响,粉状钎料接头强度最高,为 228.1MPa,其次为膏状、带状,粘带最低,为 209.4MPa,降幅不超过 10%。

### 9.1.2.3 带状及粘带钎料应用情况及批量生产能力

带状钎料已广泛应用于航空发动机列管式散热器、板式散热器、涡轮及导向叶片的钎焊、补钎、航天器复杂零部件的钎焊及大面积大厚度结构件的钎涂等。目前,北京航空材料研究院拥有带状钎料专用轧机 3 台,年供货量约 500kg,0.15mm 厚带状钎料的年生产能力可达 800kg。

## 9.1.3 软钎料

软钎料通常是指熔化温度低于 450℃ 的钎料。由于这类钎料自身的强度普遍较低,因而形成的接头强度也较低。这类钎料中应用最广泛的是锡铅钎料。

#### 9.1.3.1　锡铅类钎料

锡铅钎料是最常用的低温软钎料。由于该钎料熔化温度低、耐蚀性较好、导电性能好,成本低,施焊操作方便,因此在航空、航天、汽车、能源、微电子等众多工业领域中广泛应用并发挥着重要的作用。

锡铅合金共晶温度为183℃,此时 Sn 含量为61.9%,Pb 含量为38.1%。Sn 含量为73%时,锡铅合金具有最好的力学性能。Sn、Pb 含量不同锡铅钎料的流动性能也不同,纯 Sn、纯 Pb 以及共晶成分具有良好的流动性,Sn 含量为19.5%时流动性最差。锡铅钎料钎焊接头的工作温度一般低于100℃,该系列钎料具有冷脆性,若钎料中 Pb 是主体,Sn 的含量很低时,冷脆现象不明显。为了减少液态金属的氧化,有些锡铅钎料加入少量的 Sb,以提高钎料抗氧化能力。常用锡铅基钎料的化学成分和物理性能见表9-7。

表9-7　常用锡铅基钎料的化学成分和物理性能

| 序号 | 钎料牌号 | 化学成分/% | | | | 固相线/℃ | 液相线/℃ |
|---|---|---|---|---|---|---|---|
| | | Sn | Sb | 其他 | Pb | | |
| 1 | S－Sn95PbA | 94.0~96.0 | — | — | 余量 | 183 | 224 |
| 2 | S－Sn90PbA | 89.0~91.0 | — | — | 余量 | 183 | 215 |
| 3 | S－Sn65PbA | 64.0~66.0 | — | — | 余量 | 183 | 186 |
| 4 | S－Sn63PbA | 62.0~64.0 | — | — | 余量 | 183 | 183 |
| 5 | S－Sn60PbA | 59.0~61.0 | — | — | 余量 | 183 | 190 |
| 6 | S－Sn60PbSbA | 59.0~61.0 | 0.3~0.8 | — | 余量 | 183 | 190 |
| 7 | S－Sn55PbA | 54.0~56.0 | — | — | 余量 | 183 | 203 |
| 8 | S－Sn50PbA | 49.0~51.0 | — | — | 余量 | 183 | 215 |
| 9 | S－Sn50PbSbA | 49.0~51.0 | 0.3~0.8 | — | 余量 | 183 | 215 |
| 10 | S－Sn45PbA | 44.0~46.0 | — | — | 余量 | 183 | 227 |
| 11 | S－Sn40PbA | 39.0~41.0 | — | — | 余量 | 183 | 238 |
| 12 | S－Sn40PbSbA | 39.0~41.0 | 1.5~2.0 | — | 余量 | 183 | 238 |
| 13 | SSn35PbA | 34.0~36.0 | — | — | 余量 | 183 | 248 |
| 14 | S－Sn30PbA | 29.0~31.0 | — | — | 余量 | 183 | 258 |
| 15 | S－Sn30PbSbA | 29.0~31.0 | 1.5~2.0 | — | 余量 | 183 | 258 |
| 16 | S－Sn25PbSbA | 24.0~26.0 | 1.5~2.0 | — | 余量 | 183 | 260 |
| 17 | S－Sn20PbA | 19.0~21.0 | — | — | 余量 | 183 | 279 |
| 18 | S－Sn18PbSbA | 17.0~19.0 | 1.5~2.0 | — | 余量 | 183 | 279 |
| 19 | S－Sn10PbA | 9.0~11.0 | — | — | 余量 | 268 | 301 |
| 20 | S－Sn5PbA | 4.0~6.0 | — | — | 余量 | 300 | 314 |

| 序号 | 钎料牌号 | 化学成分/% | | | | 固相线/℃ | 液相线/℃ |
| | | Sn | Sb | 其他 | Pb | | |
|---|---|---|---|---|---|---|---|
| 21 | S-Sn4PbSbA | 3.0~5.0 | 5.0~6.0 | — | 余量 | 305 | 317 |
| 22 | S-Sn2PbA | 1.0~3.0 | — | — | 余量 | 316 | 322 |
| 23 | S-Sn50PbCdA | 49.0~51.0 | | Cd:17.5~18.5 | 余量 | 145 | 145 |
| 24 | S-Sn5PbAgA | 4.0~6.0 | — | Ag:1.0~2.0 | 余量 | 296 | 301 |
| 25 | S-Sn63PbAgA | 62.0~64.0 | | Ag:1.5~2.5 | 余量 | 183 | 183 |
| 26 | S-Sn38PbZnSbA | 37.0~39.0 | 0.5~1.0 | Zn:4.0~5.0 | 余量 | 170 | 245 |
| 27 | S-Sn40PbSbA | 39.0~41.0 | 1.5~2.0 | P:0.001~0.004 | 余量 | 183 | 238 |
| 28 | S-Sn60PbSbA | 59.0~61.0 | 0.3~0.8 | P:0.001~0.004 | 余量 | 183 | 190 |

随着我国飞机和发动机的发展,近年来航空系统研制了一批航空用锡铅钎料,主要牌号及特点见表9-8。

表9-8　目前航空常用锡铅钎料

| 序号 | 国内牌号 | 相近牌号 | 特点及应用 |
|---|---|---|---|
| 1 | S-Sn85AgSb-S | ВПр6 | 接头强度60MPa~80MPa,是软钎料中接头强度较高的,使用温度可达150℃以上,用于强度及工作温度要求较高的接头 |
| 2 | S-Sn92AgCuSb-S | ВПр9 | 类似于S-Sn85AgSb-S |
| 3 | S-Pb97Ag | ПСр3 | 为含银软钎料,具有较好的接头强度、耐蚀性和工艺性,适用于滤网、仪表零件及其他要求较高的工件 |
| 4 | S-Pb92Sn5Ag2-S | ПСр2.5 | |
| 5 | S-Pb63SnCdAg | ПСр2 | |
| 6 | S-Pb83SnAg | ПСр1.5 | |
| 7 | S-Sn96BiSbCuNi | ВПр35 | 接头在-70℃~150℃下使用,具有较好的强度和优良的耐蚀性,可用于对力学性能要求较高的结构件的软钎焊 |
| 8 | S-Sn60Pb40Sb | ПОССу61-0.5 | 含Sb软钎料,较S-Sn60Pb40钎料性能略优 |
| 9 | S-Sn60Pb40 | ПОС61 | 常规近共晶成分软钎料,应用范围较广 |
| 10 | S-Sn50Pb50Sb | ПОССу50-0.5 | 含Sb软钎料,综合性能与S-Sn60Pb40Sb钎料相当 |
| 11 | S-Sn50PbCd | ПОСК50-18 | 熔点较低,具有良好的工艺性,用于对温度较敏感的接头的软钎焊或仪表配重件 |
| 12 | S-Sn02 | 02 | 纯锡铅料,工作温度较高 |
| 13 | S-Pb60Sn40 | ПОС40 | 常规软钎料,应用范围较广 |
| 14 | S-Pb60Sn40Sb-S | ПОССу40-0.5 | 一般含Sb软钎料,较S-Pb60Sn40钎料性能略优 |
| 15 | S-Pb58Sn40Sb2 | ПОССу40-2 | 一般含Sb软钎料,与S-Pb60Sn40Sb钎料性能相当 |

### 9.1.3.2 无铅类软钎料

锡基钎料还包括无铅钎料,该类型钎料是根据环保国际公约而设计的,主要是替代含铅钎料应用于电子、食品、医疗等行业。根据国际公约的规定,含铅钎料应用日期截止到 2006 年 6 月底。因此无铅钎料在 2006 年下半年开始得到广泛的应用。但是由于该系列钎料成本较高,它的强制应用将使相应的产品价格略有提高。除了表 9-8 中的无铅钎料,还有一些常用无铅钎料列于表 9-9。

表 9-9  常用无铅钎料的化学成分和物理性能

| 序号 | 钎料牌号 | 化学成分/% | | | | 固相线 /℃ | 液相线 /℃ | 抗拉强度/ MPa |
|---|---|---|---|---|---|---|---|---|
| | | Sn | Ag | Sb | 其他 | | | |
| 1 | HL605 | 96.0 | 4.0 | — | — | 221 | 230 | 53.0 |
| 2 | HLSn95Sb | 95.0 | — | 5.0 | — | 233 | 240 | 39.0 |
| 3 | HLSn92AgCuSb | 92.0 | 5.0 | 1.0 | Cu:2.0 | 250 | | 49.0 |
| 4 | HLSn85AgSb | 84.5 | 8.0 | 7.5 | — | 270 | | 80.4 |
| 5 | HLSn91Zn | 91.0 | — | | Zn:9.0 | 199 | | |
| 6 | HLSn95CuAg | 95.0 | 0.5 | 4.5 | — | 226 | 360 | |
| 7 | HLSn94SbZnAgCu | 94.5 | 0.5 | 3.0 | Zn:1.5,Cu:0.5 | 215 | 228 | |
| 8 | HLSn91SbCuAg | 91.0 | 0.5 | 5.0 | Cu:3.5 | 238 | 360 | |
| 9 | HLSn96BiCuAg | 96.0 | | | Bi:3.0,Cu:0.5 | 206 | 234 | |
| 10 | HLSn96CuBiAg | 96.0 | 0.1 | | Bi:1.0,Cu:3.0 | 215 | 238 | |
| 11 | HLSn95CuSbAg | 95.0 | 0.5 | 1.0 | Cu:3.5 | 221 | 231 | |

### 9.1.3.3 其他软钎料

其他低熔点钎料包括锌基钎料、铋基钎料、铟基钎料、镉基钎料以及镓基钎料等多种钎料体系。

锌基钎料主要用于钎焊铝合金、铜合金,钎焊铜合金时铺展性能差。在锌基钎料中加入少量 Ag、Cu、Al,能提高钎缝强度、抗腐蚀性能和工作温度,加入 Ag 还能提高钎料的润湿性能。

铋基钎料主要应用于半导体器件组装以及作为粘接合金使用。Bi 的熔点为 271℃,同其他金属易形成低熔共晶,铋基钎料焊接接头使用温度一般在 180℃ 以下。为了提高对某些金属的润湿性,钎焊前可对钎焊表面镀 Zn。

铟基钎料主要应用于玻璃和石英器件的封装等行业。In 能同 Sn、Pb、Cd、Bi 等元素形成熔点很低的二元合金,这类钎料耐碱性介质腐蚀,能润湿金属和非金属,可对热膨胀系数不同的材料进行封接。

镉基钎料主要替代锡铅基钎料用于使用温度较高的铜合金和铝合金零部件的手工钎焊。Cd 能同 Bi、Zn、Sn、Ti、Al 形成共晶合金。镉基钎料使用温度一般在

250℃以下。但是由于镉是对人体有害元素,一般情况下不推荐使用。

镓基钎料主要应用于半导体器件、芯片的组装钎焊。Ga 与 In、Zn、Sn 组成低熔点钎料,熔化温度 10.6℃ ~ 29.8℃,由于溶解扩散作用,钎焊接头工作温度可达 650℃。镓基钎料钎焊工艺性能好,接头力学性能高。

图 9 - 10 给出了采用低温钎料钎焊各种零部件的实例。

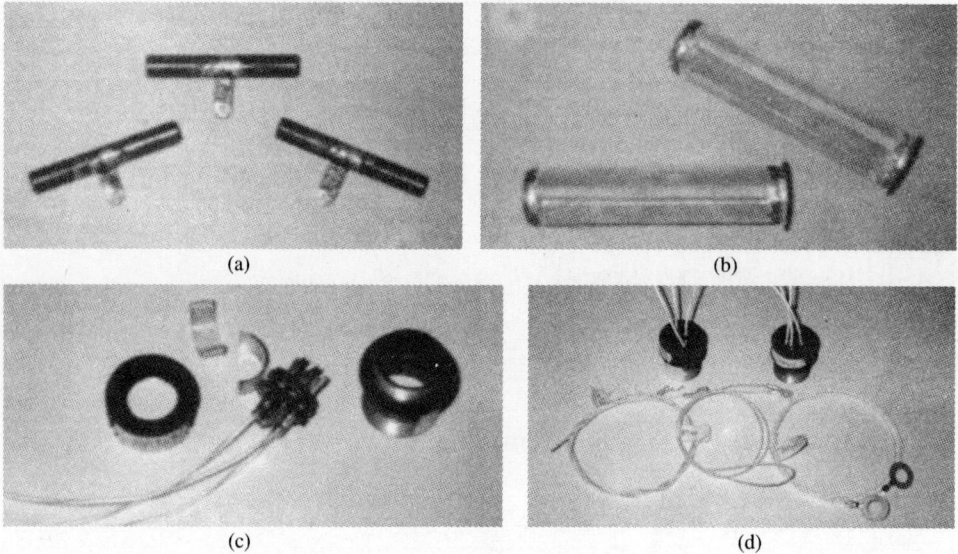

图 9 - 10　低温钎焊的零部件

# 9.2　氩弧焊焊丝

## 9.2.1　铝锂合金焊丝

### 9.2.1.1　铝合金实芯焊丝

铝锂合金存在可焊性差、接头软化问题,限制了焊接结构的应用范围,解决这些问题最有效的途径就是在焊丝中添加合金化元素来改善接头性能。微量钪(Sc)添加到铝锂合金焊丝中,通过熔滴过渡进入熔池,实现焊缝金属的合金化,可大幅度提高接头的强度,改善抗热裂、抗疲劳及抗腐蚀性能。因此,北京航空材料研究院针对 5A90(1420)铝锂合金设计了一种新型的 Al - Sc 合金焊丝[19]。

研究表明,采用该焊丝焊接,焊缝中有 Al$_3$Sc 及 Al$_3$(Sc$_x$Zr$_{1-x}$)粒子析出,结晶时利于形核,细化焊缝组织,改变焊缝的结晶形态,焊态下的焊缝组织为等轴晶,焊缝抗热裂纹能力得到提高。采用研制的焊丝焊接 5A90 合金,焊态下焊接接头强度提高约 30MPa,经焊后固溶、时效处理,强度提高约 50MPa,缺口拉伸强度提高约

55MPa。接头延伸率、冲击韧性、弯曲角均有小幅度提高。焊丝截面组织见图 9 - 11。

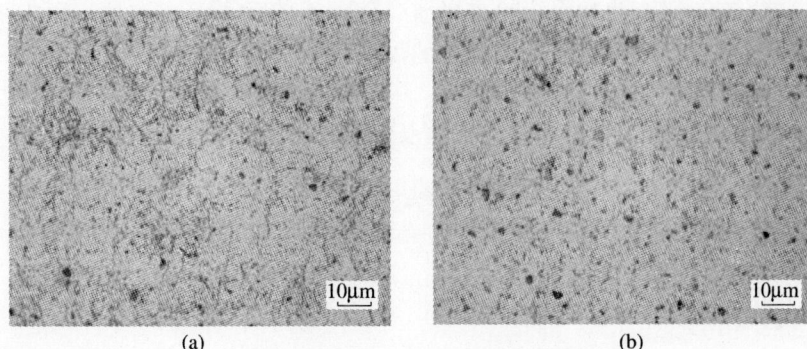

图 9 - 11　焊丝截面金相组织
(a) 不含 Sc 焊丝；(b) 含 Sc 焊丝。

焊丝合金采用真空感应 + 氩气保护方法熔炼，采用 Al - Sc、Al - Mn、Al - Ti 等为中间合金，在优于 5Pa 的真空下熔炼合金，在 700℃以上温度浇铸铸锭。采用挤压方法在 500℃温度下将铸锭挤压成 $\phi$5mm 盘条。采用变频调速拉丝机拉拔成 $\phi$1.6mm 焊丝，经去油清洗后绕成盘状。由于铝合金硬度较低，焊丝拉拔过程中要控制表面不被划伤。

焊丝中氢含量小于 0.4μg/g，Na 和 K 含量分别小于 15μg/g，焊丝杂质成分满足焊接要求。熔敷金属结晶温度区间为 72℃左右，焊接热裂纹倾向性较小。焊丝强度 400MPa ~ 450MPa，处于半硬状态，适合自动焊接。

### 9.2.1.2　铝合金药芯焊丝

采用铝合金药芯焊丝进行焊接，可方便灵活地加入合金化元素，实现焊缝金属的合金化；通过调整药粉成分，可提高熔池的流动性，增大熔深，减小热影响区，提高接头性能；药粉的去膜作用，可提高铝合金接头的熔合性，减少由于氧化膜存在而引起的未熔合缺陷；可以采用直流氩弧焊工艺焊接铝合金，实施大电流、快速度焊接，提高焊接效率。

药芯焊丝的研究开始于 20 世纪 20 年代，目前已经形成系列产品并被广泛应用，但药芯焊丝技术和产品多集中在钢用药芯焊丝上，铝及铝合金用药芯焊丝报道较少。这主要原于铝合金药芯焊丝制备不同于钢质药芯焊丝，制备技术难度大，制造成本高。制备铝合金药芯焊丝可采用的方法有包覆法、挤压法、粉末冶金法。

(1) 包覆法：将铝薄带连续轧制成 U 形，然后通过自动填粉机构填入药粉，再轧制成管，最后拉拔成丝。其过程同钢质药芯焊丝制造过程相同。这种方法主要难点是铝薄带冷作硬化明显，轧制成型困难；不容易均匀填入药粉。

(2) 挤压法：将一定规格的铝合金棒材，加工一个或多个孔，将搅拌好的药粉填入孔中,然后挤压成 φ10mm 以下的盘条,再拉拔成适合于焊接的焊丝。这种方法效率较低,成本较高。

(3)粉末冶金法:将铝合金粉与焊剂混合,采用包套挤压的方法挤压成相应的盘条,再采用拉拔方法拉拔成适宜焊接的焊丝。这种方法需要控制铝合金粉与焊剂的均匀性,焊丝制造成本高。

采用挤压法制造铝合金药芯焊丝基本工艺过程如图 9 – 12 所示。

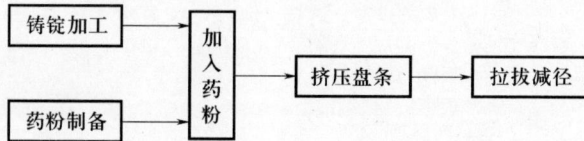

图 9 – 12　挤压法制造铝合金药芯焊丝流程图

在铸锭上加工孔的直径和个数要满足药芯焊丝药粉和金属比例要求,同时还要适于挤压和焊丝拉拔。药粉粉末粒度要足够细,要有良好的流动性,以利于挤压和拉拔过程中同步变形,使药粉在焊丝中均匀分布,药粉在加入前还应进行烘干处理,去除水分。

图 9 – 13 是采用挤压法制造铝合金药芯焊丝,铸锭为 LF6,焊剂为 101 号,药粉含量分别为 0.5%、1.0%、1.5%。

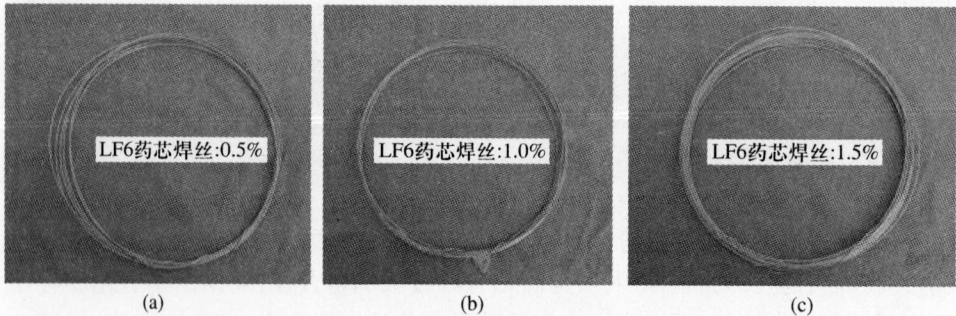

图 9 – 13　铝合金药芯焊丝实物
(a) 0.5%;(b) 1.0%;(c) 1.5%。

## 9.2.2　钢焊丝

近年来北京航空材料研究院根据国产化的需要,研制开发了多种熔焊用焊接材料丝材,其中涉及的 H00Cr12Ni9Mo2Si 焊丝、H1Cr14Ni8Mo2 焊丝、H0Cr19Ni11Mo3 焊丝和 HGH3334 焊丝主要应用于 0Cr15Ni5Cu2Ti 沉淀硬化不锈钢、1Cr15Ni4NMo3 沉淀硬化不锈钢和 1Cr11Ni2W2MoVA 马氏体热强不锈钢的焊接以及 ZG0Cr14Ni5Mo2Cu 不锈钢铸钢的焊接与补焊结构中。

#### 9.2.2.1 钢焊丝的化学成分

**1. 气体元素含量分析**

在原材料冶炼和焊丝的加工过程中都必须严格控制 N、H、O 气体元素的含量。对四种牌号焊丝中的四种规格的 N、H、O 含量分析见表 9-10。

表 9-10　四种牌号焊丝中的四种规格的 N、H、O 元素含量分析

%（质量分数）

| 焊丝牌号 | 规格/mm | O | N | H |
|---|---|---|---|---|
| 03X12H9M2C 进口料 | φ2.0 | 0.0068 | 0.014 | 0.0003 |
| H00Cr12Ni9Mo2Si | φ1.6 | 0.012 | 0.0039 | 0.0006 |
| H1Cr14Ni8Mo2 | φ2.0 | 0.014 | 0.0041 | 0.0006 |
| H0Cr19Ni11Mo3 | φ1.6 | 0.011 | 0.0047 | 0.0009 |
| HGH3334 | φ2.0 | 0.0080 | 0.0038 | 0.0004 |

**2. 焊丝的合金元素成分分析**

对国产料四个牌号 10 种规格的焊丝按照国产化技术条件作化学成分分析,对相同牌号不同规格的焊丝作复验。

复验结果见表 9-11。国产化焊丝的合金元素化学成分均能满足技术条件的要求。

表 9-11　国产焊丝合金元素的化学成分分析

| 00Cr12Ni9Mo2Si 焊丝 | | | | | | | | | | | | | %（质量分数） |
|---|---|---|---|---|---|---|---|---|---|---|---|---|---|
| | 规格/mm | Cr | Ni | B | Mn | Al | Mo | Si | Ti | C | S | P | Ca | Zr |
| Ty 14-1-3013 | | 11.60~12.00 | 8.50~8.90 | <0.003 | 0.60~0.90 | <0.10 | 1.80~2.20 | 1.40~1.70 | <0.05 | <0.03 | <0.010 | <0.010 | <0.050 | <0.080 |
| 进口料 | φ1.6 | 12.02 | 8.83 | — | 0.75 | 0.15 | 1.98 | 1.68 | 0.09 | 0.017 | 0.005 | | 0.025 | 0.05 |
| | φ3.15 | 11.64 | 8.62 | — | 0.77 | 0.16 | 2.00 | 1.58 | 0.07 | 0.015 | 0.004 | <0.015 | | 0.02 |
| 11-CL-23 | | 11.60~12.00 | 8.50~8.90 | <0.003 | 0.60~0.90 | <0.10 | 1.80~2.20 | 1.40~1.70 | <0.05 | <0.03 | <0.010 | <0.010 | <0.050 | <0.080 |
| 国产料 | φ1.2 | 11.74 | 8.20 | | 0.70 | <0.05 | 2.06 | 1.56 | 0.02 | 0.020 | 0.005 | 0.010 | — | — |
| | φ1.6 | 11.84 | 8.90 | <0.002 | 0.80 | <0.05 | 2.08 | 1.53 | 0.02 | 0.018 | 0.005 | 0.010 | — | — |
| | φ2.0 | 11.76 | 8.78 | | 0.76 | <0.05 | 2.05 | 1.57 | 0.02 | 0.019 | 0.005 | 0.0082 | — | — |
| | φ3.0 | 11.74 | 8.81 | | 0.74 | <0.05 | 2.06 | 1.56 | 0.02 | 0.018 | 0.005 | 0.0084 | — | — |

| H1Cr14Ni8Mo2 焊丝 | | | | | | | | | | %（质量分数） |
|---|---|---|---|---|---|---|---|---|---|---|
| | 规格/mm | Cr | Ni | Mn | Mo | Si | C | S | P | Fe |
| Ty14-1-997 | | 13.0~14.5 | 7.3~8.3 | <1.0 | 1.5~2.0 | <0.7 | 0.05~0.10 | <0.020 | <0.035 | 余 |
| 进口料 | φ2.0 | | | | 未到货 | | | | | |
| 11-CL-22 | | 13.0~14.5 | 7.3~8.3 | <1.0 | 1.5~2.0 | <0.7 | 0.05~0.10 | <0.020 | <0.035 | 余 |
| 国产料 | φ2.0 | 13.28 | 7.78 | 0.60 | 1.71 | 0.36 | 0.072 | 0.005 | 0.015 | |

| H0Cr19Ni11Mo3 焊丝 | | % (质量分数) | | | | | | | | |
|---|---|---|---|---|---|---|---|---|---|---|
| | 规格/mm | Cr | Ni | Mn | Mo | Si | C | S | P | Fe |
| ГОСТ2246-70 | | 18.0~20.0 | 10.0~12.0 | 1.0~2.0 | 2.0~3.0 | <0.60 | <0.060 | <0.018 | <0.025 | 余 |
| 进口料 | φ1.6 | 未到货 | | | | | | | | |
| 11-CL-24 | | 18.0~20.0 | 10.0~12.0 | 1.0~2.0 | 2.0~3.0 | <0.60 | <0.060 | <0.018 | <0.025 | 余 |
| 国产料 | φ1.6 | 18.38 | 11.70 | 1.47 | 2.39 | 0.30 | 0.028 | 0.005 | 0.010 | 余 |

| HGH3334 | | % (质量分数) | | | | | | | | | | |
|---|---|---|---|---|---|---|---|---|---|---|---|---|
| | 规格/mm | Cr | Ni | Mn | Al | Si | Ti | C | S | P | Ca | Fe |
| Ty 14-1-997-74 | | 20.0~23.0 | 72.0~78.0 | 0.2~1.5 | <0.10 | <0.6 | <0.25 | <0.25 | <0.02 | <0.03 | <0.5 | <1.7 |
| 进口料 | φ2.0 | 未到货 | | | | | | | | | | |
| 11-CL-22 | | 20.0~23.0 | 72.0~78.0 | 0.2~1.5 | <0.10 | <0.6 | <0.25 | <0.25 | <0.02 | <0.03 | <0.5 | <1.7 |
| 国产料 | φ2.0 | 21.84 | 余 | 0.96 | 0.07 | 0.30 | 0.24 | 0.18 | 0.016 | 0.0088 | — | 0.10 |
| | φ3.0 | 21.65 | | 1.00 | 0.08 | 0.25 | 0.25 | 0.18 | <0.001 | <0.015 | — | 0.33 |
| | φ4.0 | 21.66 | | 1.12 | 0.07 | 0.28 | 0.25 | 0.18 | 0.003 | 0.0087 | — | 0.014 |
| | φ5.0 | 21.66 | | 1.12 | 0.07 | 0.28 | 0.23 | 0.17 | 0.003 | 0.0084 | — | 0.11 |

#### 9.2.2.2 焊丝供应态的力学性能

技术条件对供应焊丝的力学性能没有要求。其力学性能与加工工艺和供应热状态有关。对焊丝在供应态下的常规力学性能测试旨在了解其强塑组合、确定其加工工艺的均匀性及将影响自动钨极氩弧焊送丝质量的焊丝表面硬度。焊丝在供应态下的常规力学性能测试结果见表9-12。结果表明,国产焊丝强塑组合合理,加工工艺均匀稳定,焊丝表明硬度适合自动焊工艺。

表9-12 焊丝在供应态下的常规力学性能测试结果

| 牌号 | 规格/mm | 试样编号 | $\sigma_b$/MPa | $\delta$/% $L_0=100$mm | $\psi$/% | 表面硬度/HRC |
|---|---|---|---|---|---|---|
| H00Cr12Ni9Mo2Si | φ1.2 | 111 | 1158 | 2.6 | 71.4 | |
| | | 112 | 1115 | 2.2 | 71.4 | |
| | | 113 | 1078 | 1.8 | 79.9 | 28.3 |
| | | 114 | 1100 | 2.2 | 76.7 | 28.3 |
| | | 115 | 1094 | — | — | 27.5 |
| | φ1.6 | 121 | 1279 | 2.7 | 64.8 | |
| | | 122 | 1262 | 3.0 | 64.8 | |
| | | 123 | 1262 | 2.5 | 63.2 | 32.0 |
| | | 124 | 1266 | 2.0 | 66.3 | 32.0 |
| | | 125 | 1286 | 2.4 | 61.6 | 32.8 |

| 牌　号 | 规格/mm | 试样编号 | $\sigma_b$/MPa | $\delta$/%<br>$L_0 = 100mm$ | $\psi$/% | 表面硬度/<br>HRC |
|---|---|---|---|---|---|---|
| H00Cr12Ni9Mo2Si | $\phi2.0$ | 131 | 1291 | 2.4 | 67.0 | |
| | | 132 | 1272 | 2.9 | 67.0 | |
| | | 133 | 1230 | — | — | 31.5 |
| | | 134 | 1235 | 3.8 | 68.8 | 32.8 |
| | | 135 | 1266 | 2.6 | 68.2 | 32.8 |
| | $\phi3.0$ | 141 | 1258 | 2.9 | 69.6 | |
| | | 142 | 1285 | 3.6 | 68.1 | |
| | | 143 | 1282 | 4.0 | 67.3 | |
| | | 144 | 1296 | 3.6 | 68.1 | |
| | | 145 | 1322 | 3.4 | 65.5 | |
| H0Cr19Ni11Mo3 | $\phi1.6$ | 211 | 1017 | 4.4 | 46.9 | |
| | | 212 | 1050 | 5.3 | 50.6 | |
| | | 213 | 1111 | 4.1 | 50.6 | 27.0 |
| | | 214 | 1035 | 5.8 | 50.6 | 26.5 |
| | | 215 | 1066 | — | 48.8 | 28.3 |
| H1Cr14Ni8Mo2 | $\phi2.0$ | 311 | 1066 | 2.5 | 70.6 | |
| | | 312 | 1077 | 2.9 | 70.6 | |
| | | 313 | 1049 | 2.9 | 70.6 | 24.5 |
| | | 314 | 1075 | 2.9 | 67.2 | 29.5 |
| | | 315 | 1119 | 2.0 | 66.0 | 27.5 |
| HGH3334 | $\phi2.0$ | 421 | 952 | 5.3 | 66.7 | |
| | | 422 | 893 | 9.1 | 60.6 | |
| | | 423 | 896 | — | — | 19.5 |
| | | 424 | 939 | 5.9 | 65.5 | 20.0 |
| | | 425 | 931 | 12.2 | 63.1 | 20.5 |
| | $\phi3.0$ | 431 | 885 | 13.7 | 56.4 | |
| | | 432 | 855 | 16.8 | 65.0 | |
| | | 433 | 846 | 13.6 | 67.5 | |
| | | 434 | 861 | 8.5 | 65.1 | |
| | | 435 | 870 | 10.8 | 65.8 | |
| | $\phi4.0$ | 441 | 926 | 4.5 | 54.5 | |
| | | 442 | 937 | 9.7 | 55.4 | |

| 牌 号 | 规格/mm | 试样编号 | $\sigma_b$/MPa | $\delta$/%<br>$L_0 = 100mm$ | $\psi$/% | 表面硬度/<br>HRC |
|---|---|---|---|---|---|---|
| HGH3334 | $\phi4.0$ | 443 | 939 | 10.4 | 55.1 | |
| | | 444 | 938 | 10.0 | 58.3 | |
| | | 445 | 925 | 16.7 | 54.4 | |
| | $\phi5.0$ | 451 | 885 | 14.5 | 63.3 | |
| | | 452 | 869 | 12.5 | 57.2 | |
| | | 453 | 874 | 15.0 | 65.9 | |
| | | 454 | 871 | 16.4 | 63.3 | |
| | | 455 | 879 | 14.6 | 63.4 | |

下面重点介绍 H00Cr12Ni9Mo2Si 焊丝的研究结果：

H00Cr12Ni9Mo2Si 钢为马氏体高强度不锈钢，在真空感应炉内熔炼。钢在热态和冷态下可以变形。变形温度范围1100℃~900℃；热变形后空冷。在860℃空淬后钢具有较高的塑性，冷拉时延伸率可达 60%。其主要被用作强度为1000MPa、工作温度 -196℃~300℃高强度不锈钢的焊接材料。H00Cr12Ni9Mo2Si钢焊丝丝材常以冷作硬化和热处理两种状态供应。

国产化应用研究课题中以 H00Cr12Ni9Mo2Si 焊丝为填充材料，用于0Cr15Ni5Cu2Ti 沉淀硬化不锈钢、1Cr15Ni4NMo3 奥氏体 - 马氏体过渡型不锈钢、1Cr11Ni2W2MoVA 马氏体热强不锈钢的焊接和 ZG0Cr14Ni5Mo2Cu 不锈钢铸钢的焊接与铸件补焊。下面仅以 0Cr15Ni5Cu2Ti 沉淀硬化不锈钢为基体材料简述其焊接接头的力学性能。试验用料为长 200mm、宽 100mm、厚度分别为 2.0mm 和3.0mm 的 0Cr15Ni5Cu2Ti 钢板材。0Cr15Ni5Cu2Ti 钢化学成分见表9-13。

表9-13　0Cr15Ni5Cu2Ti 钢化学成分　　%（质量分数）

| C | Cr | Ni | Cu | Mn | Ti | Si | S | P |
|---|---|---|---|---|---|---|---|---|
| 0.054 | 14.41 | 5.28 | 2.24 | 0.49 | 0.27 | 0.44 | 0.002 | 0.015 |

表9-14、表9-15 分别为 2.0mm、3.0mm 厚的 0Cr15Ni5Cu2Ti 不锈钢钨极氩弧焊接头力学性能。

表9-14　2.0mm 厚的 0Cr15Ni5Cu2Ti 不锈钢手工氩弧焊焊接接头力学性能

| | 焊丝牌号 | 热处理状态 | $\sigma_b$/<br>MPa（平均值） | $\delta_5$/<br>%（平均值） | 弯曲角<br>$\alpha$/(°)（平均值） |
|---|---|---|---|---|---|
| 接头 | 进口俄制<br>03X12H9M2C<br>$\phi2.0mm$ | 焊前淬火时效 | 976 | 4.5 | — |

| | 焊丝牌号 | 热处理状态 | $\sigma_b$/ MPa（平均值） | $\delta_5$/ %（平均值） | 弯曲角 $\alpha$/（°）（平均值） |
|---|---|---|---|---|---|
| 接头 | H00Cr12Ni9Mo2Si $\phi$2.0 | 焊后淬火时效 | 1142 | 5.7 | 41 |
| | | 焊前淬火时效 | 966 | 5.4 | 98 |
| | | 焊前淬火 焊后时效 | 1185 | 5.8 | 51 |
| | | 补焊 焊后时效 | 1217 | 6.0 | 45 |
| 基体 | — | 淬火时效 | 1278 | 11.4 | — |

注：试样去除焊缝正面和背面余高

热处理制度：淬火 950℃/50min，AC   时效：450℃/1h，AC；

非淬硬性弯曲角度（至出现裂纹为止）$R$4.0mm

表9-15   3.0mm 厚的 0Cr15Ni5Cu2Ti 不锈钢手工氩弧焊焊接接头力学性能

| 试样编号 | 焊 丝 牌 号 | 热处理状态 | $\sigma_b$ /MPa | $\delta_5$ /% | 弯曲角 $\alpha$/（°） | 断裂位置 |
|---|---|---|---|---|---|---|
| A1101 | 进口俄制 03X12H9M2C $\phi$2.0mm | | 1230 | 8.0 | 73 | 基体 |
| A1102 | | | 1204 | 9.8 | 50 | HAZ |
| A1103 | | 焊前淬火 焊后时效 | 1171 | 10.0 | 78 | 焊缝 |
| A101 | H00Cr12Ni9Mo2Si $\phi$1.2 | | 1231 | 9.1 | 67 | HAZ |
| A102 | | | 1254 | 7.6 | 56 | HAZ |
| A103 | | | 1310 | 8.6 | 64 | 基体 |
| 基体 | — | 淬火时效 | 1290 | 11.1 | — | |

注：试样去除焊缝正面和背面余高

热处理制度：淬火   950℃/50min，AC    时效：450℃/1h，AC；

非淬硬性弯曲角度（至出现裂纹为止）$R$4.5mm

从表9-14可以看出，采用国产 H00Cr12Ni9Mo2Si 焊丝，0Cr15Ni5Cu2Ti 不锈钢氩弧焊的接头强度、塑性和韧性与采用俄制 03X12H9M2C 焊丝及《俄罗斯航空材料手册》数据水平相当；焊后经时效处理，接头的强度显著增加，但韧性略有降低。与同状态的母材相比，强度接近，因近缝区粗大的铸造组织，接头的塑性下降。一次补焊对接头的综合性能影响不明显。

0Cr15Ni5Cu2Ti 不锈钢氩弧焊焊态下为熔融状态快速冷却过程中由奥氏体转变生成的粗大的马氏体和少量的奥氏体组织；由于 0Cr15Ni5Cu2Ti 不锈钢[C]含量较低，接头焊缝区域较软。经450℃时效，析出碳化物和富铜相粒子而产生沉淀硬化,因此具有很高的强度和综合力学性能,组织组成为回火马氏体和残余奥氏体。

使用国产 H00Cr12Ni9Mo2Si 钢焊丝的 0Cr15Ni5Cu2Ti 不锈钢氩弧焊接头300℃高温拉伸性能、疲劳强度极限和400℃持久强度及缺口敏感系数分别列于表9-16~表9-19。

表 9-16　0Cr15Ni5Cu2Ti 不锈钢手工氩弧焊接头 300℃高温拉伸性能

| | 板厚/mm | 焊丝规格 | 热处理状态 | $\sigma_b$/MPa | $\delta_5$/% |
|---|---|---|---|---|---|
| 接头 | 3.0 | H00Cr12Ni9Mo2Si $\phi$1.2 | 焊后时效 | 976 | 10 |
| | 2.0 | H00Cr12Ni9Mo2Si $\phi$1.6 | 焊前时效 | 900 | 6.0 |
| 基体① | 2.0~6.0 | — | 淬火时效 | 1078 | 9.0 |
| ① 数据来源于《俄罗斯航空材料应用手册》<br>热处理制度:淬火　950℃/50min,AC　　时效:450℃/1h,AC<br>注:试样去除焊缝正面和背面余高 | | | | | |

表 9-17　0Cr15Ni5Cu2Ti 不锈钢自动氩弧焊接头疲劳强度

| 类型 | $\sigma_{max}$/MPa | 疲 劳 寿 命 $N(\times 1000)$ | |
|---|---|---|---|
| | | $K_t = 1$　　$R = 0.1$　　$f = 160$ | |
| 升降法 | 350 | 921 | 指定寿命 $N = 1 \times 10^7$<br>疲劳极限 = 326.67MPa |
| | 340 | >10000　　1100 | |
| | 330 | 313 >10000　　809 | |
| | 320 | 1085 >10000　　>10000　　503 | |
| | 310 | >10000　　　>10000 | |
| 注:试样去除焊缝正面和背面余高<br>焊丝牌号规格:H00Cr12Ni9Mo2Si　$\phi$2.0mm<br>热处理状态:950℃/50min,AC→TIG→450℃/1h,AC　　板厚:2.0mm;<br>试验温度:RT　试验环境:大气 | | | |

表 9-18　0Cr15Ni5Cu2Ti 不锈钢氩弧焊接头 400℃持久强度

| 焊接材料:H00Cr12Ni9Mo2Si　$\phi$2.0 |
|---|
| 焊接方法:自动钨极氩弧焊　　　　　板厚:2.0mm |
| 热处理状态:950℃/50min,AC→TIG→450℃/1h,AC |
| 试验温度:400℃ |

| 试样编号 | 试验应力/MPa | 持续时间 | 备注 | 断裂位置 |
|---|---|---|---|---|
| A1151 | 800 | 43h45min | | 基体 |
| A1152 | 770 | 120h00min | 停止 | |
| A1153 | 790 | 120h00min | 停止 | |
| A1154 | 790 | 120h00min | 停止 | |
| A1155 | 790 | 120h00min | 停止 | |
| A1156 | 800 | 20h35min | | 基体 |
| A1158 | 780 | 120h00min | 停止 | |
| A1159 | 780 | 120h00min | 停止 | |

焊后时效接头 400℃持久强度 $\sigma_{120} = 790MPa$

焊接材料:H00Cr12Ni9Mo2Si　$\phi1.6$

焊接方法:手工钨极氩弧焊　　　板厚:2.0mm

热处理状态:热处理状态:950℃/50min,AC→450℃/1h,AC→TIG

试验温度:400℃

| 试样编号 | 试验应力/MPa | 持续时间 | 备注 | 断裂位置 |
|---|---|---|---|---|
| A3201 | 790 | 120h00min | 停止 | |
| A3202 | 830 | 120h00min | 停止 | |
| A3203 | 860 | 120h00min | 停止 | |
| A3204 | 900 | 0h00min | | |
| A3205 | 860 | 98h30min | | |
| A3206 | 850 | 120h00min | 停止 | |
| A3401 | 830 | 120h00min | 停止 | |
| A3402 | 850 | 0h10min | | |
| A3403 | 850 | 7h35min | | |
| A3404 | 840 | 12h00min | | |
| A3405 | 820 | 120h00min | 停止 | |

焊前时效接头 400℃持久强度　$\sigma_{120} = 840MPa$

母材淬火时效　300℃持久强度[1]　$\sigma_{2000} = 1060MPa$

注:试样去除焊缝正面和背面余高

[1] 数据来源于《俄罗斯航空材料应用手册》

表 9-19　3.0mm 厚 0Cr15Ni5Cu2Ti 不锈钢板材手工氩弧焊接头缺口敏感系数

| 试样编号 | 焊丝规格 | 热处理状态 | 缺口系数 $K_t$ | $\sigma_{bH}/\mathrm{MPa}$ | $\sigma_b/\mathrm{MPa}$ | $\sigma_{bH}/\sigma_b$ |
|---|---|---|---|---|---|---|
| A801 | H00Cr12Ni9Mo2Si $\phi 1.2$ | 焊后时效 | 3 | 1473 | 1265 | 1.12 |
| A802 | | | | 1360 | | |
| A803 | | | | 1417 | | |
| 注:试样去除焊缝正面和背面余高 | | | | | | |

## 9.2.3　低膨胀高温合金、高强钢焊丝

### 9.2.3.1　低膨胀高温合金焊丝

航空发动机间隙控制构件需要采用低膨胀高温合金,包括 GH907、GH909 和 GH783。这些合金为获得低的线膨胀系数,均对含铬量进行严格控制。GH907、GH909 基本不含铬,抗氧化的 GH783 仅添加 3%(质量分数)的铬。另外,这些合金均添加一定量的 Nb、Al、Ti,依靠固溶和时效获得高的强度和持久性能。

为了使焊缝获得与母材相匹配的强度、持久和抗氧化性能,原则上低膨胀高温合金的焊接应当采用与母材同质的焊丝。但在更多情况下,根据使用场合的要求国内外一般选择采用普通的高温合金焊丝,如 HGH4169、HGH738 焊丝,进行低膨胀高温合金自身及与其他合金的焊接。目前,国内外尚无专用的低膨胀高温合金焊丝标准。

为了满足发动机制造的应用需求,我们开展了普通高温合金焊丝研制,已经形成成熟的真空感应熔炼和真空自耗熔炼工艺、铸锭改锻和轧制和焊丝拉拔工艺,并实现批量供货。表 9-20、表 9-21 为 HGH4169、HGH738 焊丝标准规定的化学成分。

表 9-20　HGH4169 焊丝的化学成分　　　%(质量分数)

| 元素 | C | Cr | Ni | Si | Ti | Al | B | S |
|---|---|---|---|---|---|---|---|---|
| 典型 | 0.036 | 18.37 | 52.44 | 0.18 | 0.98 | 0.64 | 0.005 | 0.002 |
| 标准 | 0.08 | 17.21 | 50~55 | 0.35 | 0.65~1.15 | 0.2~0.8 | 0.006 | 0.015 |

| 元素 | P | Co | Cu | Mn | Mo | Nb | Ta | Fe |
|---|---|---|---|---|---|---|---|---|
| 典型 | 0.011 | 0.26 | <0.2 | <0.15 | 3.12 | 5.07 | 0.1 | bal |
| 标准 | 0.015 | 1.0 | 0.3 | 0.35 | 2.8~3.3 | Nb+Ta:4.77~5.5 | | bal |

表 9-21　HGH738 焊丝的化学成分　　　%(质量分数)

| 元素 | C | Cr | Ni | Si | Ti | Al | B | S |
|---|---|---|---|---|---|---|---|---|
| 典型 | 0.088 | 19.80 | bal | 0.056 | 3.06 | 1.44 | 0.009 | 0.001 |
| 标准 | 0.03~0.10 | 18.0~21.0 | bal | <0.15 | 2.75~3.25 | 1.2~1.6 | 0.003~0.01 | <0.015 |

| 元素 | P | Co | Cu | Mn | Mo | Nb | Ta | Fe |
|------|------|------|------|------|------|------|------|------|
| 典型 | <0.005 | 13.22 | — | <0.005 | 4.14 | Zr:0.054 | | 1.08 |
| 标准 | <0.015 | 12.0~15.0 | — | <0.1 | 3.5~5.0 | Zr:0.02~0.08 | | <2.0 |

为了供设计选用参考，对 HGH4169、HGH738 焊丝焊接 GH783 低膨胀合金的氩弧焊接头性能进行了测量，接头性能数据由表9-22、表9-23给出。

表9-22　采用普通高温合金焊丝氩弧焊 GH783 的接头拉伸性能

| 焊丝 | 试样号 | 测试温度 | $\sigma_b$/MPa | | $\delta_5$/% | |
|------|--------|----------|---------|---|-----|---|
| HGH4169 | 111 | 室温 | 1277 | 1267<br>(95.8%)① | 14.3 | 12.8 |
| | 112 | | 1269 | | 12.0 | |
| | 113 | | 1239 | | 11.6 | |
| | 114 | | 1284 | | 13.2 | |
| HGH4169 | 121 | 650℃ | 935 | 928<br>(96.7%) | 9.4 | 8.2 |
| | 122 | | 906 | | 6.8 | |
| | 123 | | 952 | | 8.5 | |
| | 124 | | 919 | | 8.1 | |
| HGH738 | 141 | 室温 | 1094 | 1170<br>(85.1%) | 6.0 | 8.1 |
| | 142 | | 1321 | | 9.4 | |
| | 143 | | 1142 | | 10.4 | |
| | 144 | | 1123 | | 6.6 | |
| HGH738 | 152 | 650℃ | 886 | 888<br>(89.4%) | 6.4 | 7.3 |
| | 153 | | 885 | | 7.2 | |
| | 154 | | 893 | | 8.4 | |
| ① 接头强度系数 | | | | | | |

表9-23　采用普通高温合金焊丝氩弧焊 GH783 接头的650℃持久性能

| 焊丝 | 试样号 | 起始应力/MPa | 持续时间 | 说　明 |
|------|--------|-------------|----------|--------|
| HGH4169 | 131 | 527 | 39h20min | 23h 后每8h增加应力34.5MPa，共加3次 |
| | 132 | 527 | 16h30min | |
| | 133 | 527 | 27h55min | 23h 后每8h增加应力34.5MPa，共加1次 |
| | 134 | 527 | 45h50min | 23h 后每8h增加应力34.5MPa，共加3次 |
| | 135 | 527 | 39h40min | 23h 后每8h增加应力34.5MPa，共加3次 |
| | 136 | 527 | 40h | 23h 后每8h增加应力34.5MPa，共加3次 |
| GH738 | 161 | 527 | 36h15min | 23h 后每8h增加应力34.5MPa，共加2次 |

| 焊丝 | 试样号 | 起始应力/MPa | 持续时间 | 说　明 |
|---|---|---|---|---|
| GH738 | 162 | 527 | 36h | 23h 后每 8h 增加应力 34.5MPa，共加 2 次 |
| | 163 | 527 | 23h5min | 23h 后每 8h 增加应力 34.5MPa，共加 1 次 |
| | 164 | 527 | 31h | 23h 后每 8h 增加应力 34.5MPa，共加 1 次 |
| | 165 | 527 | 37h30min | 23h 后每 8h 增加应力 34.5MPa，共加 2 次 |
| | 166 | 527 | 41h30min | 23h 后每 8h 增加应力 34.5MPa，共加 3 次 |

　　采用普通高温合金焊丝焊接低膨胀高温合金，由于焊缝与母材的线膨胀系数存在明显的差异，发动机工作时会在接头中造成热应力，对接头的使用性能产生不利影响。因此，应尽可能使用与母材成分接近的焊丝，以提高焊缝与母材的匹配性。

　　针对 GH783 合金，根据合金元素对焊接裂纹敏感性、线膨胀系数和力学性能的影响，在母材成分的基础上，进行焊丝成分的设计和调整，研制出抗热裂的专用焊丝。专用焊丝的裂纹倾向性、线膨胀系数及焊接 GH783 合金的接头力学性能测试结果见表 9－24。其线膨胀系数与 GH783 合金母材的线膨胀系数比较接近（$12.87 \times 10^{-6}$/K），裂纹倾向性均低于 5%，焊接 GH783 合金接头的室温和 650℃强度系数均大于 90%，同时具备较高的塑性。接头 650℃持久性能也达到了设计要求（持续时间 ⩾23h）。

表 9－24　专用焊丝的裂纹倾向性、线膨胀系数及焊接 GH783 合金的接头力学性能

| 焊丝编号 | 裂纹倾向性/% | 线膨胀系数 $a$ /($10^{-6}$/K)($25℃\sim650℃$) | 室温($\sigma_b/\delta_5$) /(MPa/%) | 650℃($\sigma_b/\delta_5$) /(MPa/%) | 650℃持久性能 | |
|---|---|---|---|---|---|---|
| | | | | | $\sigma$/MPa | $t$ |
| 2# | 3.5 | 12.6523 | 1327/16.3 | 968/22.7 | 527 | 42h42min |

#### 9.2.3.2　高强钢焊丝

　　钴—镍超高强度钢的焊接性优良，焊接裂纹倾向低。其主要问题是焊缝的韧塑性与母材相比，发生显著的降低。为确保焊缝的韧塑性，必须对焊丝的杂质和气体含量进行更为严格的控制，同时对碳、镍、铬、钴、钼等主要元素含量做必要的调整。

　　针对 16Co14Ni10Cr2Mo 钢已形成完善的焊丝熔炼和变形、拉拔工艺，制订了焊丝技术标准，对接头性能已有全面的评价，并在各类飞机结构上得到成熟应用。表 9－25 为 Q/6S 1218 规定的焊丝成分。表 9－26、表 9－27 为采用该焊丝焊接 16Co14Ni10Cr2Mo 钢的氩弧焊接头拉伸和冲击性能。

　　为改善 AerMet100 钢焊缝的韧性，根据各元素对超高强度钢强度和韧性的影响，进行了高韧性焊丝的成分设计和调整，研制出了 AerMet100 钢专用焊丝。采用该焊丝对 AerMet100 钢进行手工和自动氩弧焊，接头强度得到保持，而韧塑性显著提高。接头性能数据由表 9－28 给出。

表 9 – 25　16Co14Ni10Cr2Mo 钢用焊丝的化学成分 %（质量分数）

表 9 – 25　16Co14Ni10Cr2Mo 钢用焊丝的化学成分 %（质量分数）

| 元素 | C | Co | Ni | Cr | Mo | Si | Al |
|------|------|------|------|------|------|------|------|
| 含量 | 0.15 ~ 0.19 | 13.5 ~ 14.5 | 9.5 ~ 10.5 | 1.8 ~ 2.2 | 0.9 ~ 1.1 | ≤0.10 | ≤0.015 |
| 元素 | Mn | Ti | S | P | S + P | O | |
| 含量 | ≤0.1 | ≤0.015 | ≤0.005 | ≤0.008 | ≤0.01 | ≤0.002 | |

表 9 – 26　16Co14Ni10Cr2Mo 钢氩弧焊接头室温和低温（ –60℃）拉伸性能

| 试验温度 | $\sigma_{0.2}$/MPa | | $\sigma_b$/MPa | | $\delta_5$/% | | $\psi$/% | | 试样断裂位置 |
|---|---|---|---|---|---|---|---|---|---|
| | 单值 | 平均值 | 单值 | 平均值 | 单值 | 平均值 | 单值 | 平均值 | |
| 室温 | 1653 | | 1785 | | 13.0 | | 67.3 | | 热影响区 |
| | 1642 | 1646 | 1779 | 1781 | 11.6 | 12.5 | 67.3 | 67.1 | 焊缝 |
| | 1644 | | 1780 | | 12.8 | | 66.5 | | 热影响区 |
| –60℃ | — | — | 1893 | 1897 | 11.2 | 10.9 | 66.6 | 60.6 | 焊缝 |
| | — | | 1901 | | 10.4 | | 50.5 | | 热影响区 |
| | — | | 1898 | | 11.0 | | 64.7 | | 热影响区 |

表 9 – 27　16Co14Ni10Cr2Mo 钢氩弧焊接头室温、低温冲击性能

| 测试位置 | 室温 $\alpha_{ku}$/（J/cm²） | 低温（ –60℃）$\alpha_{ku}$/（J/cm²） |
|---|---|---|
| 焊缝 | 96.9 | 80.4 |

表 9 – 28　采用专用焊丝氩弧焊 AerMet100 钢接头的室温力学性能

| 焊接方式 | $\sigma_{0.2}$/MPa | $\sigma_b$/MPa | $\delta_5$/% | $\psi$/% | $\alpha_{ku}$/（J/cm²） | $K_{IC}$/（MPa$\sqrt{m}$） |
|---|---|---|---|---|---|---|
| 手工焊 | 1669 | 1842 (94.4%) | 10.2 | 64.0 | 88.7 | 124.17 (100%) |
| 自动焊 | 1744 | 1955 (100%) | 11.9 | 59.7 | 88.3 (100%) | 99.93 (85.1%) |

# 9.3　航空电焊条

## 9.3.1　航空焊条的分类

　　航空焊条根据焊芯化学成分可以分为结构钢焊条、不锈钢焊条、高温合金焊条三类，共计 13 个牌号，牌号和颜色标记见表 9 – 29。

　　航空焊条包括八种规格，焊芯直径分别为 1.6mm、2.0mm、2.5mm、3.0mm、3.5mm、4.0mm、5.0mm、6.0mm，为焊接不同板厚工件提供了更多选择。航空焊条分为薄药皮和厚药皮两类，薄药皮焊条药皮由矿石粉和化工产品组成，目的在于稳

定电弧。厚药皮焊条药皮作用与普通焊条相同,焊条药皮偏心度要求≤3%,较民用焊条要求更严格。航空焊条标记不同于民用焊条,采用在焊条夹持端涂敷不同颜色的耐温涂料加以区分。

航空焊条采用油压机制造,用钠水玻璃作为粘结剂,在350℃以上温度烘干,熔敷金属扩散氢含量很低。为了防止运输和存放过程中受潮,焊条采用真空包装。

表 9-29 航空焊条颜色标记

| 焊条牌号 | HTJ-1 | HTJ-2 | HTJ-3 | HTJ-4 | HTJ-5 | HTJ-6 | HTB-1 |
|---|---|---|---|---|---|---|---|
| 颜色标记 | 蓝色 | 天蓝色 | 蓝色 | 红色 | 红色 | 黄套红色 | 绿色 |
| 焊条牌号 | HTB-2 | HTB-3 | HTB-4 | HTB-5 | HTG-1 | HTG-2 | |
| 颜色标记 | 黄色 | 棕色 | 奶黄色 | 银色 | 草绿色 | 白色 | |

## 9.3.2 航空焊条特点和应用

1. 结构钢焊条

1) HTJ-1 低合金钢焊条

HTJ-1 是薄药皮碱性低合金钢焊条。焊芯为 H18CrMoA,采用直流正接,可以全位置焊接。药皮厚度为 0.015mm~0.2mm,只起稳弧作用,焊缝金属的塑性及抗裂性较差。只适用于受力不大、要求变形小以及可达性不好的薄壁构件焊接。由于药皮薄,在焊接可达性不好的位置时可以将焊条折弯,以利于焊接。适用于焊接 10A,20A、10Mn2A、12Mn2A、25CrMnSiA 及 30CrMnSiA 等牌号钢材。

2) HTJ-2 高强钢焊条

HTJ-2 是低氢型低合金高强钢焊条,焊芯为 H18CrMoA,采用直流反接。具有良好的焊接工艺性能,电弧燃烧稳定,熔深浅,焊件变形小。熔敷金属扩散氢含量低,采用甘油法测定其扩散氢含量 ≤2mL/100g。适用于焊接 25CrMnSiA、30CrMnSiA、30CrMnSiNi2A、35CrMnSiA 及 40CrMnSiMoVA 等牌号钢材。

3) HTJ-3 高强钢焊条

HTJ-3 是低氢型低合金高强钢焊条。焊芯为 H18CrMoA,采用直流反接。具有优良的焊接工艺性能,电弧燃烧稳定,飞溅少,脱渣容易,焊缝成形美观。熔敷金属扩散氢含量低,采用甘油法测定其扩散氢含量 ≤2mL/100g。适用于焊接 25CrMnSiA、30CrMnSiA、35CrMnSiA、30CrMnSiNi2A、40CrMnSiMoVA、ZG22CrMnMo、ZG35CrMnSiA 等牌号钢材。

4) HTJ-4 低碳钢焊条

HTJ-4 是薄药皮碱性低碳钢焊条。焊芯为 H08A,采用直流正接。可进行全位置焊接。药皮只起稳弧作用,焊缝金属的塑性及抗裂性较差。只适用于受力不大、要求焊件变形小及可达性不好的各种薄壁构件焊接。适用于焊接的钢材与

HTJ – 1 相同,只是焊缝抗拉强度较低。

5）HTJ – 5 低碳钢焊条

HTJ – 5 是低氢型低碳钢焊条。焊芯为 H08A,采用直流反接。具有优良的焊接工艺性能,电弧燃烧稳定,飞溅少,脱渣容易,焊缝成形美观。适用于焊接 10A, 20A、10Mn2A、25CrMnSiA 及 30CrMnSiA 等牌号钢材。焊接同种低合金钢时,HTJ – 5 较 HTJ – 3 焊缝强度低。

6）HTJ – 6 贝氏体高强钢焊条

HTJ – 6 是低氢型贝氏体高强钢焊条。焊芯为 H18Mn2CrMoBA,采用直流反接。具有优良的焊接工艺性能,飞溅少,脱渣容易,焊缝成形美观。适用于焊接 18Mn2CrMoBA(GC – 11)等牌号高强贝氏体钢。焊后不需热处理,焊接接头可与空淬后的基体等强。

2. 不锈钢焊条

1）HTB – 1、HTB – 2 奥氏体不锈钢焊条

HTB – 1、HTB – 2 为低氢型奥氏体不锈钢焊条。焊芯分别为 HOCr19Ni9、H1Cr19Ni9Ti,采用直流反接。焊接工艺性能良好,飞溅少。适用于焊接 OCr18Ni9、1Cr18Ni9、1Cr18Ni9Ti、1Cr18Ni11Nb 等牌号不锈钢。

2）HTB – 3 双相不锈钢焊条

HTB – 3 是低氢型双相不锈钢焊条。焊芯为 H1Cr19Ni11Si4AlTi,采用直流反接。焊接工艺性能良好。由于焊缝中含有较高的铁素体,故具有较好的抗裂性能。适用于焊接 1Cr19Ni11Si4AlTi 不锈钢及已淬火的 30CrMnSiA 钢。

3）HTB – 4 奥氏体不锈钢焊条

HTB – 4 是钛钙型奥氏体不锈钢焊条。焊芯为 H1Cr19Ni9Ti,可交直流两用,推荐直流反接。焊接电弧稳定,飞溅少,脱渣性能好。适用于焊接 OCr18Ni9、1Cr18Ni9、1Cr18Ni9Ti、1Cr18Ni11Nb 不锈钢。

4）HTB – 5 奥氏体不锈钢焊条

HTB – 5 为低氢型奥氏体不锈钢焊条。焊芯为 HOCr19Ni12Mo2,采用直流反接。焊接工艺性能良好,飞溅少。适用于焊接 1Cr17Ni2、1Cr18Mn8Ni5、1Cr19Ni12Mo、1Cr21Ni5Ti 也可用于焊接沉淀硬化不锈钢、马氏体不锈钢、铸造不锈钢。

3. 高温合金焊条

HTG – 1、HTG – 2 是低氢型高温合金焊条。焊芯分别为 HGH3030 及 HGH3041,采用直流反接。焊接工艺性能良好。适用于焊接铁基、铁镍基、镍基等高温合金,也可焊接已淬火的 25CrMnSiA、30CrMnSiA、30CrMnSiNi2A 及 40CrMnSiMnVA 等钢。

### 9.3.3 航空焊条焊接接头力学性能

航空结构钢焊条焊接接头性能测试采用标准中推荐的板材,焊前为供货状态,

523

焊后对试板进行标准热处理,使母材达到规定的强度。热处理前先去掉焊缝余高,再按照 HB459 中规定的图样及方法加工试样和力学性能测试,力学性能要求和典型值见表 9-30。

航空不锈钢和高温合金焊条焊接接头力学性能测试也应采用标准中推荐的板材,除 1Cr18Ni9Ti 板材焊前不需热处理外,其他板材焊前需按照标准进行热处理,使板材达到规定强度,焊后不再热处理。焊接试板去掉余高后,按照 HB462 中规定的图样及方法加工试样和力学性能测试,力学性能要求和典型值见表 9-31。

表 9-30　航空结构钢焊条焊接接头力学性能

| 焊条牌号 | 被焊钢板 | | 母材金属抗拉强度/MPa | 力学性能,不小于 | | 实测值 | |
| --- | --- | --- | --- | --- | --- | --- | --- |
| | 牌号 | 厚度/mm | | $\sigma_b$/MPa | $A_{ku2}$/J | $\sigma_b$/MPa | $A_{ku2}$/J |
| HTJ-1 | 30CrMnSiA | ≤4.0 | 1180±100 | 780 | 8 | — | — |
| HTJ-2 | 30CrMnSiA | ≥2.0 | 1180±100 | 1080 | 47 | — | — |
| | 40CrMnSiMoVA | ≤20.0 | 1860±100 | 1180 | 39 | — | — |
| | 30CrMnSiNi2A | <4.5 | 1670±100 | 1180 | 39 | — | — |
| | | 4.5~10.0 | | 980 | 47 | — | — |
| | | >10.0 | | 880 | 47 | — | — |
| HTJ-3 | 30CrMnSiA | ≥2.0 | 1180±100 | 980 | 39 | 1025~1330 | 42~70 |
| | 30CrMnSiNi2A | <4.5 | 1670±100 | 1180 | 39 | | |
| | | 4.5~10.0 | | 980 | 47 | | |
| | | >10.0 | | 880 | 47 | | |
| | 40CrMnSiMoVA | <15.0 | 1860±100 | 1180 | 39 | | |
| | | 15~20 | | 1080 | 39 | | |
| | ZG22CrMnMo | ≤5.0 | 1180±100 | 980 | 39 | | |
| HTJ-4 | 30CrMnSiA | ≤4.0 | 1180±100 | 590 | 12 | | |
| HTJ-5 | 30CrMnSiA | ≤4.5 | 1180±100 | 780 | 39 | 950~1080 | 48~69 |
| | | >4.5 | | 640 | 47 | 907~1080 | 66~68 |
| HTJ-6 | 18Mn2CrMoBA | <2 | 1180±100 | 980 | — | | |
| | | ≥2 | | 980 | 39 | | |

表 9-31　航空不锈钢和高温合金焊条焊接接头力学性能

| 焊条牌号 | 被焊钢板 | | 被焊钢板热处理状态 | 力学性能,不小于 | | 实测值 | |
| --- | --- | --- | --- | --- | --- | --- | --- |
| | 牌号 | 厚度/mm | | $\sigma_b$/MPa | $\alpha_{ku}$/(J/cm$^2$) | $\sigma_b$/MPa | $\alpha_{ku}$/(J/cm$^2$) |
| HTB-1 | 1Cr18Ni9Ti | — | 不热处理 | 490 | — | — | — |
| HTB-2 | 1Cr18Ni9Ti | — | 不热处理 | 490 | — | 566~668 | — |

| 焊条牌号 | 被焊钢板 | | 被焊钢板热处理状态 | 力学性能，不小于 | | 实测值 | |
|---|---|---|---|---|---|---|---|
| | 牌号 | 厚度/mm | | $\sigma_b$/MPa | $\alpha_{ku}$/ (J/cm²) | $\sigma_b$/MPa | $\alpha_{ku}$/ (J/cm²) |
| HTB-3 | 30CrMnSiA | ≥2.0 | 焊前基体金属淬火并回火到 $\sigma_b$=1180MPa±100MPa | 490 | 40 | — | — |
| HTB-4 | 1Cr18Ni9Ti | — | 不热处理 | 490 | — | 570~701 | — |
| HTB-5 | 1Cr21Ni5Ti | — | 焊前基体金属 960℃±10℃ 保温 15min 空冷 | 590 | 50 | 663~788 | 80~117 |
| HTG-1 | 30CrMnSiA | ≤4.5 | 焊前基体金属淬火并回火到 $\sigma_b$=1180MPa±100MPa | 590 | 80 | 593~851 | 95~129 |
| | | >4.5 | | 540 | 100 | 567~622 | 156~169 |
| | 30CrMnSiNi2A | ≤4.5 | 焊前基体金属淬火并回火到 $\sigma_b$=1670MPa±100MPa | 590 | 80 | — | — |
| | | >4.5 | | 540 | 100 | — | — |
| | 40CrMnSiMoVA | 4.5~15.0 | 焊前基体金属淬火并回火到 $\sigma_b$=1870MPa±100MPa | 540 | 100 | — | — |
| HTG-2 | 30CrMnSiA | ≤4.5 | 焊前基体金属淬火并回火到 $\sigma_b$=1180MPa±100MPa | 590 | 80 | 611~833 | 91~154 |
| | | >4.5 | | 540 | 100 | 570~725 | 130~168 |
| | 30CrMnSiNi2A | ≤4.5 | 焊前基体金属淬火并回火到 $\sigma_b$=1670MPa±100MPa | 590 | 80 | — | — |
| | | >4.5 | | 540 | 100 | — | — |
| | 40CrMnSiMoVA | 4.5~15.0 | 焊前基体金属淬火并回火到 $\sigma_b$=1870MPa±100MPa | 540 | 100 | — | — |

# 9.4 目前常用的焊接材料

近年来，随着我国航空工业的迅猛发展，以及各种型号研制与国产化项目的不断推进，北京航空材料研究院研制开发并批量加工生产多种焊接材料，并直接为我国的航空企业特提供焊接产品及技术服务。已形成的焊接材料加工生产线如下：

1. 焊条生产线

主要研制和生产航空领域、航天领域的地面设备、兵器领域的装甲战车、石油化工领域的冶炼及储运设备、舰船领域的耐腐及高强构件、核反应堆、矿山机械等行业用电焊条。主要产品有超高强度钢焊条、低杂质含量的耐热钢焊条、高韧性的低温钢焊条、高温合金焊条、耐磨堆焊焊条、铸铁焊条、超低碳不锈钢焊条、高强马氏体和双相不锈钢焊条。

2. 焊丝生产线

主要研制和生产航空工业、石油化工、舰船、核工业等行业用特种焊丝，主要产品有高温合金、不锈钢、高强钢系列焊丝，可提供钛合金、铝合金氩弧焊丝。

### 3. 钎料生产线

主要研制和生产航空航天工业用特种钎料，主要产品有钛基、镍基、银基、铜基、锡铅、锌基、铋基钎料，产品状态为丝、箔带、粘带、粉，见图 9 – 14 及图 9 – 15。

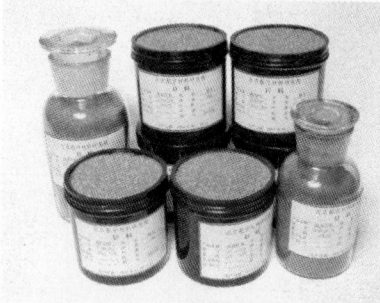

图 9 – 14  批量生产的含 Al、Ti、Zr 等
活性元素的低氧含量钎料粉末

图 9 – 15  Sn 基、Al 基、Ag 基钎料、Cu 基
高温钎料及镍基带状钎料、粘带钎料

### 4. 焊接加工

航空发动机各类散热器、蜂窝机构；导弹、火箭用微波器件、燃料箱、高压气瓶；舰船用蜂窝、齿轮结构；各类发动机、燃气轮机叶片焊接修复及成套技术和设备转让；喷丝头等民用复杂构件。

目前北京航空材料研究院批量加工生产的焊接材料产品涵盖了以下种类：

（1）高温、中温、低温钎焊材料的丝材、带材及粉末钎焊材料见表 9 – 32；

（2）多种熔化焊的填充焊丝见表 9 – 33；

（3）多种特殊用途的电焊条见表 9 – 34。

表 9 – 32  航空用钎焊材料牌号、特点及用途

| 钎料类别 | 国内牌号 | 相近牌号 | 主要化学成分 | 形式 | 特点及用途 |
|---|---|---|---|---|---|
| 含银钎料 | B – Ag40CdZnCu（Ni）– S | ПСр40 | Ag 余 Cu Zn Cd | 丝 | 具有极好的工艺性，适合于火焰钎焊、感应钎焊等 |
| | B – Cu41ZnAg – S | ПСр25 | Cu40 Zn 余 | 丝 | 无镉低银，成本较低，熔点稍高 |
| 含银软钎料 | S – Sn85AgSb – S | ВПp6 | Sn 余 Ag Sb | 丝 | 接头强度强度 60MPa ~ 80MPa，是软钎料中接头强度较高的，使用温度可达 150℃以上，用于强度及工作温度较高的接头 |
| | S – Sn92AgCuSb – S | ВПp9 | Sn 余 Ag Cu Sb | 丝 | 类似于 S – Sn85AgSb – S |
| | S – Pb97Ag | ПСр3 | Pb 余 Ag3.0 | 丝 | 为含银软钎料，具有较好的接头强度、耐蚀性和工艺性，适用于滤网、仪表零件及其他要求稍高的工件 |
| | S – Pb92Sn5Ag2 – S | ПСр2.5 | Pb 余 Sn5.5 | 丝 | |
| | S – b63SnCdAg | ПСр2 | Pb 余 Sn30.0 | 丝 | |
| | S – Pb83SnAg | ПСр1.5 | Pb 余 Sn15.0 | 丝 | |

| 钎料类别 | 国内牌号 | 相近牌号 | 主要化学成分 | 形式 | 特点及用途 |
|---|---|---|---|---|---|
| 锡基钎料 | S－Sn96BiSbCuNi | ВПp35 | Sn 余 Bi2.0 | 丝 | 接头在 -70℃ ~200℃ 下使用，具有较好的强度和优良的耐蚀性，可用于对力学性能要求较高的结构件的软钎焊 |
| | S－Sn60Pb40Sb | ПОССу61-0.5 | Sn60 Pb 余 | 丝 | 含 Sb 软钎料 |
| | S－Sn60Pb40 | ПОС61 | Sn60 Pb 余 | 丝 | 共晶成分，应用较广 |
| | S－Sn50Pb50Sb | ПОССу50-0.5 | Sn50 Pb 余 | 丝 | 含 Sb 软钎料 |
| | S－Sn50PbCd | ПОСК50-18 | Pb 余 Sn50 | 丝 | 熔点较低，具有良好的工艺性，用于对温度较敏感的接头的软钎焊或仪表配重 |
| | S－Sn02 | 02 | Sn≥99.5 | 丝 | 纯锡 |
| 铅基钎料 | S－Pb60Sn40 | ПОС40 | Pb 余 Sn40 | 丝 | 一般软钎料 |
| | S－Pb60Sn40Sb－S | ПОССу40-0.5 | Pb 余 Sn40 | 丝 | 一般含 Sb 软钎料 |
| | S－Pb58Sn40Sb2 | ПОССу40-2 | Pb 余 Sn40 | 丝 | 一般含 Sb 软钎料 |
| 铜基钎料 | B－Cu99－S | M1 | Cu≥99.9 | 丝 | 紫铜钎料，用于真空或保护气氛中高温钎焊 |
| 钛基钎料 | B－Ti57CuZrNi | ВПp16 | Ti 余 Cu | 粉带 | 钛基钎料，钎焊温度较低，接头具有满意的强度，抗蚀性，工作温度较高，可用于钛合金导管、叶片等的钎焊 |
| 铋基钎料 | S－Bi49SnPbAg | ВПp14 | Bi 余 Sn | 丝 | 熔点 85℃ ~90℃，用于对温度敏感元器件、导线等的钎焊 |
| 带状钎料 | LD－Ni | | 镍基钎料 | 带 | 利用粘结剂将粉状钎料轧成柔性带状使用，方便添加，真空加热时粘结剂完全挥发 |
| | LD－Co | | 钴基钎料 | 带 | |
| | LD－Ti | | 钛基钎料 | 带 | |
| 铝基钎料 | B－Al67CuSi | 34A | Al 余 Cu28 | 棒 | 熔化温度低（540℃），用于铝合金的火焰钎焊，补焊等 |

表 9－33　航空用熔化焊用系列焊丝特点及应用

| 类　别 | 牌　号（国外型号） | 特　点　与　应　用 |
|---|---|---|
| 不锈钢焊丝 | H1Cr19Ni9Ti | 用作气体保护焊焊丝及电焊条焊芯等，适用于焊接耐腐蚀性的同类不锈钢承力件如航空发动机机匣等构件，焊缝强度 $\sigma_b$≥550MPa |
| | H0Cr21Ni10 | 用气体保护焊丝及电焊条芯，适用于焊接耐腐蚀同类低碳不锈钢构件如石油化工设备，焊缝强度 $\sigma_b$≥550MPa |
| | H0Cr20Ni10Ti | 用作气体保护焊丝及电焊条芯等，适用于焊接耐腐蚀同类低碳不锈钢构件如石油化工设备，焊缝强度 $\sigma_b$≥580MPa |

| 类别 | 牌　号（国外型号） | 特　点　与　应　用 |
|---|---|---|
| 不锈钢焊丝 | H1Cr21Ni10Mn6 | 焊接同类型不锈钢，焊缝强度 $\sigma_b \geqslant 580MPa$ |
| | H00Cr12Ni9Mo2Si（俄 ГОСТСВ－03Х12Н9М2С－ВИ） | 沉淀硬化型超低碳不锈钢焊丝，用于焊接工作温度300℃－196℃耐腐蚀沉淀硬化不锈钢如 Cr15Ni5Cu2Ti、Cr15Ni4NMo3 及沉淀硬化不锈钢铸件的补焊，焊缝强度 $\sigma_b \geqslant 1000MPa$ |
| | H1Cr14Ni8Mo2（俄 ГОСТСВ－Х14Н8М2－Ш） | 用于焊接 Cr15Ni5CuTi、Cr15Ni4NMo3 沉淀硬化不锈钢和1Cr11Ni2W2MoVA 马氏体热强不锈钢。焊缝强度 $\sigma_b \geqslant 1000MPa$ |
| | H0Cr19Ni11Mo3（俄 ГОСТСВ－04Х19Н11М3－ВИ） | 低碳奥氏体不锈钢焊丝，高温抗氧化性好，但在焊态或缓冷后有晶间腐蚀倾向，用于涡轮压气机叶片补焊 |
| | H1Cr11Ni2W2MoV | 马氏体热强不锈钢焊丝，室温强度和持久强度均较高，并有良好的韧性和抗氧化性能，在淡水和潮湿空气中有较好的耐蚀性，适合焊接在 550℃ 以下及潮湿环境下工作构件 |
| | H0Cr17Ni4Cu4Nb | 马氏体沉淀硬化不锈钢焊丝，有较高的强度、耐腐蚀、抗氧化性能，适于焊接 400℃以下工作的高强耐蚀零件 |
| | 1Cr18Ni9Ti | 不锈钢熔断丝，软态。主要用于各类发动机连接紧固镙栓螺帽防脱保险 |
| 高强钢焊丝 | H10MnSiCrMoVA | 高强度钢焊丝，熔敷金属强度 $\sigma_b \geqslant 1000MPa$ |
| | H16Co14Ni10Cr2Mo | 超高强度钢焊丝，具有优良的综合力学性能、低温性能、中温性能，熔敷金属焊后经热处理 $\sigma_b \geqslant 1600MPa$，$K_{IC} \geqslant 140MPa\sqrt{m}$。适宜焊接高强度、长寿命构件 |
| 高温合金焊丝 | HGH3334（俄 ГОСТСВ－ХН80－Ш） | 镍基高温合金焊丝，有较好高温抗氧化性和耐腐蚀性。用于不锈钢铸件的焊接如 08Cr14Ni5Mo2Cu，以及铸件的补焊，焊缝强度 $\sigma_b \geqslant 680MPa$ |
| | HGH3367（俄 ГОСТ СВ－06Х15Н60М15） | 镍基高温合金焊丝，有较好抗氧化性和抗裂性。用于焊接固溶强化高温合金构件，焊缝强度 $\sigma_b \geqslant 730MPa$ |
| | HGH533（俄 ТУ14СВ－08Х20Н57М8В8Т3РИд）（ЭП533Ид） | 镍基高温合金焊丝，由于含有较多的 W、Mo，有很好抗裂性能。用于焊接耐高温、高强度沉淀硬化高温合金构件。焊缝强度 $\sigma_b \geqslant 1100MPa$ |
| | HGH4648（俄 ТУ14СВ－ХН50ВМТЮ6－ВИ ЭП648－ВИ） | 镍铬基高温合金焊丝，其特点是含铬量高，具有很好高温抗氧化性。用于焊接同类沉淀强化高温合金构件，焊缝强度 $\sigma_b \geqslant 780MPa$ |

| 类 别 | 牌 号（国外型号） | 特 点 与 应 用 |
|---|---|---|
| 高温合金焊丝 | HGH4033 | 添加 Al、Ti 的弥撒强化高温合金焊丝，在 700℃ ~750℃ 具有足够的高温强度，在 900℃ 以下具有良好的抗氧化性 |
| | HGH1040 | 铁镍基高温合金焊丝，用于焊接同类高温合金构件，焊缝强度 $\sigma_b$ ≥680MPa |
| | HGH3030<br>（俄 ТУ14СвХН78Т<br>（ЭИ435）） | 镍基高温合金焊丝，800℃ 以下高温抗氧化性好。用于焊接同类高温合金构件，亦可用于铸件补焊，焊缝强度 $\sigma_b$ ≥680MPa |
| | HGH3041<br>（俄 ТУСвХНЭИ） | 镍基高温合金焊丝，抗氧化性好。用于焊接同类高温合金构件，焊缝强度 $\sigma_b$ ≥680MPa |
| | HGH3044<br>（俄 ТУ14Св - ХН60ВТ<br>（ЭИ868）） | 镍基高温合金焊丝，900℃ 下抗氧化、抗热强性较好。用于焊接同类高温合金构件，焊缝强度 $\sigma_b$ ≥730MPa |
| | HGH3113<br>（ERNiCrMo - 4）<br>（AWS Hastelloy - C） | 镍基高温合金焊丝，由于含 Mo、W 较高，具有很好的抗裂性。用于焊接结构复杂的高温合金构件，亦可用于铸造高温合金的补焊，焊缝强度 $\sigma_b$ ≥690MPa |
| | HGH3128<br>（AWS Hastelloy - X） | 镍基高温合金焊丝，950℃ 下高温抗氧化、耐蚀性较好。用于焊接同类高温合金构件，焊缝强度 $\sigma_b$ ≥690MPa |
| | HGH4169<br>（AWS Incolnel718） | 沉淀强化镍铬铁基焊丝，700℃ 下具有较好的抗氧化性及热强性，深冷温度（ -253℃）下强度较高。用于焊接同种材料发动机高温部件和反应堆抗辐射结构，焊缝强度 $\sigma_b$ ≥1200MPa |
| 钛及钛合金焊丝 | TA0 - 1 | 低杂质纯钛焊丝。主要用于 TA 系列、TC 系列薄壁构件焊接，焊接接头具有较高的强度和良好的塑性、韧性 |
| | TA20 | 高强钛合金焊丝。主要用以 TC6 或同等强度钛合金焊接 |
| | TA15 - 1 | 主要用于 TA15 钛合金较大厚度的构件焊接 |
| | TC4 | 主要用于 TC4 钛合金焊接 |
| | TA1 | 低杂质纯钛铆钉，具有良好的塑性和冷加工成形性能，抗拉强度大于 350MPa。主要用于复合材料、铝合金，以及复合材料和铝合金之间的铆接 |
| | TB2 | β 钛合金铆钉，冷加工成形性能好，抗拉强度大于 850MPa。主要用于复合材料、铝合金，以及复合材料和铝合金之间的铆接 |

表 9 – 34　中所列为航空电焊条系列牌号、特点及应用

| 类　别 | 牌　号（国外型号） | 特　点　与　应　用 |
|---|---|---|
| 军用焊条 | HTJ – 3 | 低氢型高强度钢电焊条，适用于焊接 30CrMnSiA、30CrMnSiNi2A 等高强度钢构件，如飞机起落架、发动机架等，焊缝强度 $\sigma_b \geq 980MPa$，采用直流电源 |
| | HTJ – 5 | 低氢型低碳钢焊条，适用于焊接 $45^{\#}$、25CrMnSiA 等钢构件，焊缝强度 $\sigma_b \geq 780MPa$，采用直流电源 |
| | HTB – 2 | 低氢型不锈钢焊条，适用于焊接 1Cr18Ni9Ti、Cr18Ni11Nb 等不锈钢构件，焊缝强度 $\sigma_b \geq 490MPa$，采用直流电源 |
| | HT – 4a | 钛钙型不锈钢焊条，适用于焊接 1Cr18Ni9Ti、Cr18Ni11Nb 等不锈钢构件，焊缝强度 $\sigma_b \geq 490MPa$，可交直流两用 |
| | HT – 9 | 低氢型不锈钢焊条，适用于焊接 0Cr18Ni12Mo3、1Cr21Ni5Ti、Cr17Ni2、Cr18Ni15Mn8 等不锈钢构件，焊缝强度 $\sigma_b \geq 490MPa$，采用直流电源 |
| | HTG – 1（ENiCrFe – 0） | 低氢型高温合金焊条，适用于焊工作温度 800℃ 以下铁镍基、镍基高温合金，也可以焊接已淬火的 30CrMnSiA、30CrMnSiNi2A 和 GC – 4 等高强度钢构件，焊缝强度 $\sigma_b \geq 680MPa$，采用直流电源 |
| | HTG – 2（ENiCrFe – 0） | 低氢型高温合金焊条，适用于焊铁镍基、镍基高温合金，也可以焊接已淬火的 30CrMnSiA、30CrMnSiNi2A 和 GC – 4 等高强度钢构件，焊缝强度 $\sigma_b \geq 680MPa$，采用直流电源 |
| | HTG – 2A（ENiCrMo – 0） | 低氢型高温合金焊条，抗裂性好。适用于焊铁镍基、镍基高温合金，焊缝强度 $\sigma_b \geq 620MPa$，采用直流电源 |

# 参 考 文 献

[1]　曹京霞,方波,黄旭,等. 微观组织对 TA15 钛合金力学性能的影响[J]. 稀有金属,2004,4,362 – 364.

[2]　储俊鹏,张庆玲,李兴无,等. 普通退火对 TA15 合金拉伸性能的影响[J]. 金属学报,2002,9,81 – 83.

[3]　李兴无,张庆玲,沙爱学,等. 变形温度对 TA15 合金组织和性能的影响[J]. 材料工程,2004,1,8 – 11.

[4]　中国航空材料手册编辑委员会. 中国航空材料手册[M]. 第 2 版. 第 4 卷. 北京:中国标准出版社,2002.

[5]　张启运,庄鸿寿. 钎焊手册[M]. 北京:机械工业出版社,1998.

[6]　郭万林,李天文,淮军锋. TG6 钎焊工艺与接头组织分析[J]. 航空制造技术,2007,No.291,195 – 196.

[7]　鲍利索娃 E A,等. 钛合金金相学[M]. 陈石卿,译. 北京:国防工业出版社,1986.

[8]　郭万林,李天文. 钛合金钎缝中元素的扩散行为研究[J]. 稀有金属,2001,9,345 – 34.

[9]　陈波,毛唯,谢永慧,等. Ti – Zr – Cu – Ni – Co 系钎料的设计及 TC4 钎焊接头的机械性能[J]. 航空材料学报,2006,26(1):59 – 62.

[10]　吴欣,康慧,朱颖,等. TC4 钛合金真空钎焊的研究[J]. 航空制造技术. 2004,09,67 – 69.

[11] 何鹏,冯吉才,钱乙余,等.铝钎料膏的研制及其在钎焊中的应用[J].中国有色金属学报,2002,12(6):113-118.

[12] 张文尚.镍基高温粘带钎料[J].材料工程,1993,1:30-32.

[13] 李凤英.新型粘带钎料[J].热加工,1995,6:5-6.

[14] 张洪涛,陈怀宁,吴昌忠,等.不锈钢及其版翅式换热器钎焊技术[J].宇航材料工艺,2005,4:12-18.

[15] 张新平,史耀武,任耀文.镍基非晶态及晶态钎料真空钎焊工艺性能的比较[J].焊接学报,1996,17(4):203.

[16] 潘晖,赵海生,孙计生.BNi82CrSiB钎料使用形式对接头组织性能的影响[J],材料科学与工艺,2009,17(Suppl):9-11.

[17] Lugscheider E,Partz K O. High temperature brazing of stainless steel with nikel-base filler metals,BNi-2,BNi-5 and BNi-7[J]. Welding Journel,1983,62(6):161.

[18] E.罗格夏特.高温钎焊[M].庄鸿寿,译.北京:国防工业出版社,1989.

[19] 李艳,张学军,李小飞,等.Al-Mg-Sc系焊丝,专利200610152125.1.

# 第 10 章　焊接新方法研究

　　针对航空结构更强、更轻、可靠性更高的要求,除了需要研究新材料的焊接性,研究相应的焊接材料及焊接工艺之外,还需要研究焊接新方法,以提高焊接接头的性能。具有革命性的焊接新方法的出现往往还能使难焊材料和结构的焊接问题迎刃而解,例如激光焊和电子束焊以其能量密度高的特点可有效防止材料焊接时的开裂和变形等问题,并使热影响区限制在很窄的区域内,用于难焊材料、精密结构、薄壁结构以及对热影响敏感的结构的焊接,解决了飞机、发动机制造的一系列问题;摩擦焊的出现改变了以往焊接接头通常为铸造组织的概念,可以获得与基体等强的变形组织,同时适应于难焊材料或特殊结构的焊接等;近年来发展起来的搅拌摩擦焊技术用于避免可热处理强化铝合金的焊接时软化、裂纹等问题,可解决大型铝合金构件的可靠拼接问题,已用于火车、飞机、航天器等大型铝合金构件的焊接制造;国外采用线性摩擦焊技术用于航空发动机的钛合金整体叶盘结构的制造,大大降低了整体叶盘的制造成本;而瞬间过渡液相扩散焊(TLP)的应用使得在不需加压的情况下获得类似于固相扩散焊的效果,已广泛用于航空发动机叶片等关键复杂结构的焊接。

　　除了带有革命性的焊接方法之外,通过局部创新对传统焊接方法进行改造也可获得明显的效果。例如,原位生成纳米粉末中间层的低温扩散焊技术利用纳米效应可以在较低的温度下实现金属材料的良好焊接,显著地降低焊接温度,可用于对温度敏感结构的焊接;对传统的惰性气体保护焊工艺,通过采用活性焊剂,起到压缩电弧、改善熔池状态等效果,可显著提高钛合金、铝合金的焊接熔深,提高冶金质量;通过采用添加粉末的方法用于钛合金的氩弧焊,可以起到细化焊缝晶粒的效果,显著提高接头的塑形;通过在扩散焊接过程中施加压力将接头中的液相挤出,可显著改善液相扩散焊接头的组织均匀性,从而提高接头性能等。

　　本章主要介绍北京航空材料研究院"十五"、"十一五"期间在纳米扩散焊、挤出液相扩散焊、活性剂氩弧焊、焊接过程细化晶粒新方法以及线性摩擦焊等焊接新方法研究方面的研究成果。

## 10.1　原位生成纳米粉末中间层的低温扩散焊

　　一般来说,包括钎焊、扩散焊的焊接过程总伴随着材料加热的热循环过程,而经过较高温度的热循环后不可避免地带来对材料组织和性能的影响,例如发生过时效、回火软化等,使材料的强度、塑性等性能下降,对于一些功能材料更可能带来难以接受的性能损失。因此,降低焊接温度是众多材料和结构的共性需求,在较低温度下实现材料的优质连接,实现诸如磁性材料等热敏感材料的低温可靠连接,一直是焊接工作者追求的目标之一。

纳米技术是目前材料科学发展的一个热点,已经在当今新材料研究领域取得重大成果,并即将对未来经济和社会发展产生十分重要影响。利用纳米粒子的表面效应可以获得很高的表面活性,从而使其具有低温烧结特性和低熔点特性。利用这一特性,使纳米材料作为钎料或中间层实现金属材料的低温焊接成为可能。本节对以纳米粉末作为中间层的低温扩散焊技术进行了研究,采用扩散焊过程中原位生成的纳米粉末作为中间层,在同一工艺过程中完成纳米中间层的制备和扩散连接,从而避开了纳米金属粉末在常规操作过程中的难以避免的氧化、团聚等不良效应,真正发挥出纳米粉末的高活性特性,实现了金属材料的低温高质量扩散焊接。

## 10.1.1　原位生成纳米粉末扩散焊的原理、试验材料和方法

纳米材料的表面效应是指纳米粒子表面原子数与总原子数之比随粒径的变小而急剧增大后所引起的性质上的变化。利用这一特性,纳米材料可以获得较低的烧结温度,甚至可以大幅度地降低熔点,国内外已经成功实现纳米陶瓷材料和金属材料的较低温度下的烧结[1-3]。从前人的研究结果可以肯定,纳米尺度材料可以明显降低烧结温度,由此可以推断,采用纳米粉末用于扩散焊的中间层时,同样可以降低扩散焊温度。

但由于纳米金属粉末在保存、运输及操作过程中不可避免地存在氧化、团聚等有害反应,使纳米粉末高活性的表面效应消失等,不能发挥出纳米材料应有的性质,因此未能得到较好的结果。同时,高活性纳米粉末操作时的燃烧、爆炸危险等也给采用纳米粉末进行焊接造成一定的困难。为解决上述纳米粉末用于扩散焊的致命问题,真正在工艺上实现以纳米粉末为中间层的低温扩散焊接,提出了原位生成纳米粉末,在同一工艺过程中直接完成扩散连接的新概念。具体过程描述如下:

采用一种可以生成纳米金属粉末的先驱体材料作为扩散焊中间层原始添加材料,以粉末的形式施加于零件连接面中间,置于扩散焊炉内进行扩散连接工艺过程。在过程的前期,随着温度的升高,先驱体被还原生成纳米金属粉末,先驱体粉末的分散状态决定最初生成的金属粉末是超微的纳米状态,这也是制备纳米金属粉末的一种重要的技术途径[4,5]。生成的纳米金属粉末在真空或还原气氛环境中避免发生氧化反应,保持高的表面活性,可以充分发挥纳米粉末的表面效应,在随后继续升温的过程中在温度和压力的作用下实现自身及与基体界面的烧结结合或

扩散结合,在较低温度下实现金属材料的扩散连接。

从这种扩散焊接过程来看,由于作为中间层的纳米粉末是在扩散焊过程中生成的,并不接触大气,根本上避开了纳米粉末在操作、运输过程中不可避免的氧化,从而保持了纳米粉末最大的表面活性,彻底解决纳米粉末的氧化问题。同时纳米粉末团聚的过程实质上已变成扩散焊过程所需的结合过程,成为扩散焊结合机理的一部分。

根据以上低温扩散焊原理,自制 DBNY-1 先驱体材料作为扩散焊中间层添加材料,该材料为镍的一种有机酸盐,外观为绿色粉末,见图 10-1。通过热重分析(TG)、差热分析(DTA)以及烧结试验等对先驱体的性质进行了研究,确定了其还原分解条件和产物。然后将 DBNY-1 先驱体用作低温扩散焊的中间层材料进行扩散焊试验。

扩散焊基体材料选择普通碳钢(A3)。将被焊的基体材料加工成 $\phi10 \times 20mm$ 的圆柱试样,两两对接,在扩散焊炉中加温、加压完成扩散焊接。

图 10-1　低温扩散焊用的
先驱体材料

## 10.1.2　先驱体材料的特性

采用差热分析(DTA)和热重分析(TG)对 DBNY-1 在试验气氛中加热的情况进行了试验分析,热分析在 NETZSCH STA490C 分析仪上进行,样品先压成小锭,放于氧化铝坩埚中,升温速度为 $10℃/min$,升温至 $550℃$。图 10-2 为 DBNY-1 的 DTA 曲线,图 10-3 为 DBNY-1 的 TG 分析曲线。从 DTA 曲线可看出,DBNY-1 在试验气氛下加热,在 $170℃$ 左右及 $250℃$ 有两个吸热峰,前一个吸热峰对应于

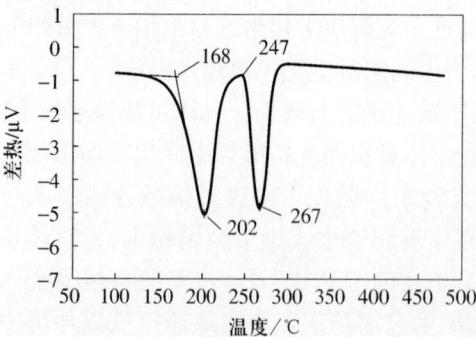

图 10-2　DBNY-1 试验气氛的
DTA 曲线

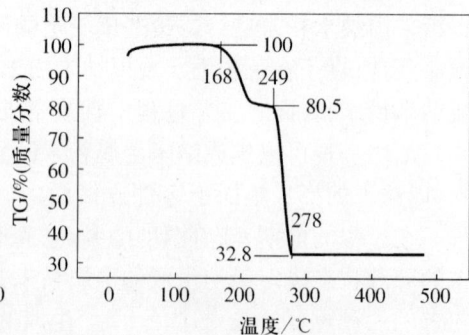

图 10-3　DBNY-1 试验气氛的
TG 曲线

DBNY-1结晶水失去的温度,后一个吸热峰对应于 DBNY-1 的还原分解温度。随后的热重分析印证了 DTA 分析结果,在160℃附近样品开始失重,失重温度的外推起始点为 168℃,到220℃左右至一稳定的平台,后一个失重温度的外推起始点为249℃,至278℃重量稳定。

由此可得出结论,DBNY-1 在试验气氛中加热,约168℃开始失去结晶水,约249℃开始分解或还原反应,约至 278℃可还原分解完毕,产物应为 Ni、CO、$CO_2$、$H_2O$、$H_2$等,气体挥发后剩余物为 Ni。对剩余物的能谱分析结果表明,剩余物99%以上为 Ni。

将 DBNY-1 压成 $\phi$4mm×4mm 的小圆柱坯锭,进行了加热试验,试验温度分别为400℃、450℃、500℃和600℃。结果表明,经过加热 DBNY-1 圆柱烧结成一个整体,见图 10-4。从400℃起均可保持完整的形状,随着加热温度的升高,圆柱锭尺寸变小,烧结趋于致密,结合强度升高。对烧结锭断后表面进行显微观察,典型 SEM 图像见图 10-5。可见 DBNY-1 经加热后生成了纳米尺度的金属颗粒,随着烧结温度的提高,纳米颗粒聚集、长大。因此,采用 DBNY-1 作为中间层在试验气氛下加热进行扩散焊,温度高于278℃后可完全得到单质镍,从而可能实现以镍为中间层的扩散连接。

图 10-4　DBNY-1 试验气氛下烧结后形貌

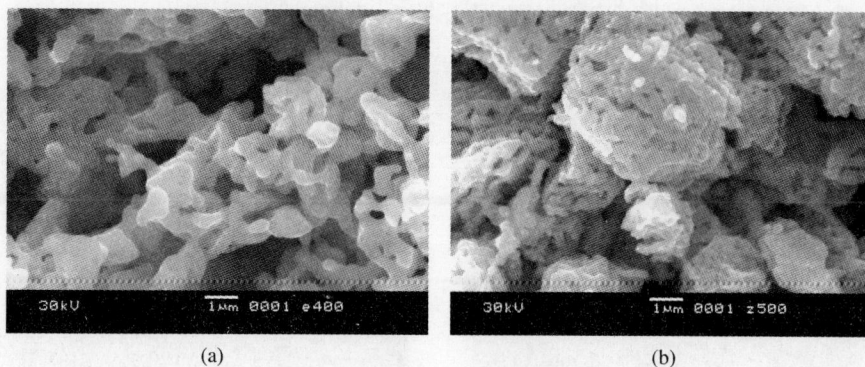

(a)　　　　　　　　　　　　　(b)

图 10-5　DBNY-1 试验气氛下加热后剩余物 SEM 图像
(a) 400℃,10min; (b) 500℃,10min。

## 10.1.3 低温扩散焊的组织和性能

采用 DBNY - 1 粉末作为中间层材料进行了扩散焊试验,扩散焊后试样形貌见图 10 - 6,试样焊接良好,表面呈白亮的金属光泽。将其加工成拉伸试样进行了性能测试,在 550℃,20MPa,1h 条件下焊接试样的性能测试结果列于表 10 - 1。接头强度测试值均在 600MPa 以上,平均强度达到 658MPa,在选定的优化工艺条件下,接头性能数据非常稳定。值得提出的是,虽然低温扩散焊焊接温度低,但由于该扩散焊形成的是以镍为中间层的固相焊接头,接头的重熔温度可以接近镍的熔点。

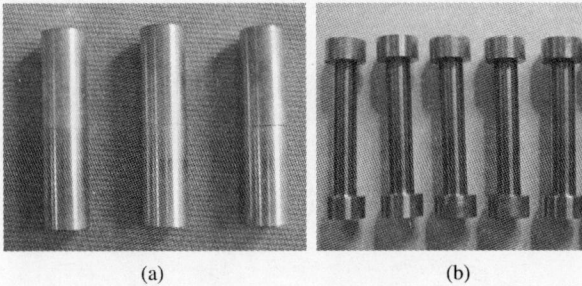

图 10 - 6  扩散焊试样
(a) 焊态;(b) 焊后加工成拉伸试样。

表 10 - 1  碳钢低温扩散焊接头强度

| 试样编号 | 抗拉强度/MPa |
|---|---|
| 19 | 652 |
| 20 | 627 |
| 21 | 619 |
| 25 | 638 |
| 26 | 773 |
| 27 | 642 |
| 扩散焊参数:550℃,20MPa,1h | |

图 10 - 7 为扩散焊的典型接头组织形貌,表现为较典型的带中间层的固相扩散焊形貌。形成的焊缝中间层厚度约 30μm,靠近母材条带为镀镍层,焊缝中部为粉末中间层,可见中间层已形成致密金属层,扩散焊界面结合良好。图 10 - 8 为扩散焊接头典型微观断口形貌,断口呈微小韧窝形貌,接头呈韧性断裂。能谱分析表明,韧窝处的化学成分为镍,说明试样断于镍中间层,韧窝变形区域基本局限于厚度很薄的镍中间层区域,由于镍中间层很薄,因此韧窝尺寸也很小。

图 10 - 7  低温扩散焊接头典型组织

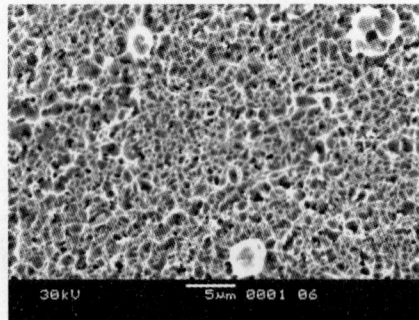

图 10 - 8  典型低温扩散焊接头断口微观形貌

## 10.1.4　工艺参数对纳米粉末扩散焊接头性能的影响

扩散焊压力是影响接头质量的重要参数。采用 5MPa、10MPa、20MPa 的扩散焊压力进行了试验,试验时保持焊接温度与保温时间参数不变,得到的接头组织见图 10-9,接头性能见图 10-10。从焊接良好的接头组织看,三种规范下均形成了较完整冶金结合,随着压力的降低,中间层组织致密度有降低的趋势,压力降低至 5MPa 时接头中间层致密程度明显变差。图中中间层的厚度差异是由于中间层的用量控制的误差所致。接头的平均抗拉强度随着焊接压力的增大而提高,强度数值也趋于稳定,20MPa 压力焊接时接头强度可稳定至 600MPa 以上(见表 10-1),5MPa 压力焊接时接头强度数据分散性增大,接头强度从 100MPa 左右到 585MPa 不等。

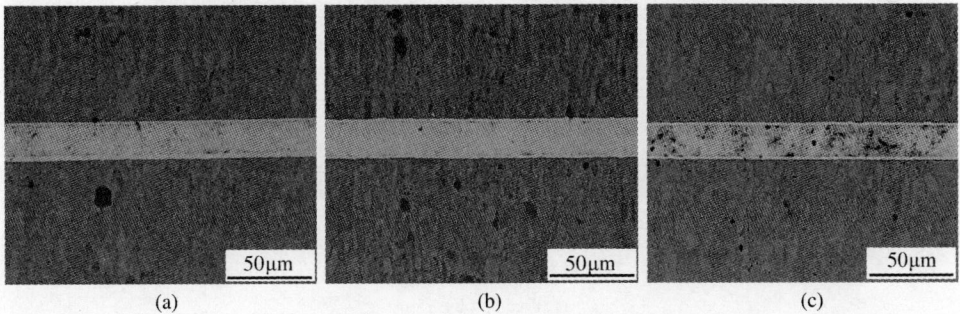

(a)　　　　　　　　　　(b)　　　　　　　　　　(c)

图 10-9　不同扩散焊压力的接头组织

(a) 550℃,60min,20MPa; (b) 550℃,60min,10MPa; (c) 550℃,60min,5MPa。

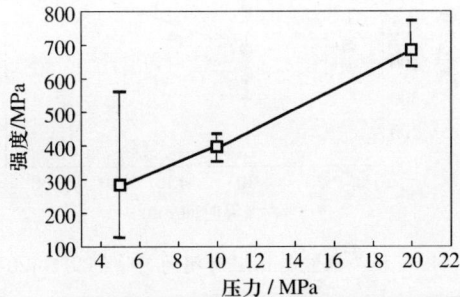

图 10-10　接头性能与扩散焊压力的关系(550℃,60min)

随着焊接压力的增大接头强度提高的原因是显而易见的,升温过程中产生的超细镍粉具有疏松的特性,自身烧结后虽可以相互结合但仍然为较疏松的结构(见图 10-5),压力的作用可以使超细镍粉结合体变得致密,同时粉末在压力的作用下具有一定的流动特性,可以使焊接装配不均匀性及焊接面本身的不平度得到补偿,从而形成致密接头。5MPa 的压力对于超细镍粉的致密结合稍显不足,而对于补偿装配时不均匀性更是不够,因此 5MPa 焊接时表现很大的数据分散性。

扩散焊保温时间长短直接影响接头质量和生产效率。图 10 - 11 为在 550℃,20MPa 条件下,15min 和 30min 保温时间得到的碳钢扩散焊接头组织,对比前面在 60min 保温时间得到的接头组织,其中并无明显区别,在 15min 和 30min 保温时间下均得到了中间层较致密的接头,中间层厚度不同是由于中间层用量误差所致。而从接头的平均强度看(见图 10 - 12),短时间保温的接头要低些,这主要是由于个别接头强度较低的影响所致,可见在 15min 和 30min 也可获得比较满意的接头,只是接头强度数据稳定性较差。

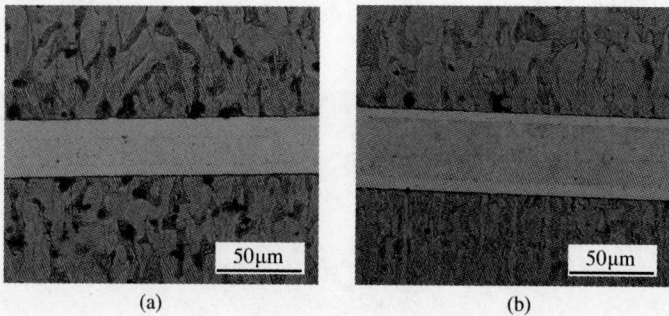

(a)                          (b)

图 10 - 11    不同保温时间的接头组织(550℃,20MPa)

(a) 30min;(b) 15min。

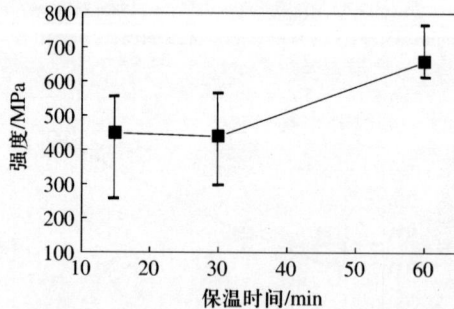

图 10 - 12    接头性能与保温时间的关系(550℃,20MPa)

由于扩散焊升温过程相对缓慢,先驱体粉末的还原分解、镍粉的结合等均在升温过程中已经完成,而这里所研究的低温扩散焊本身并不需太多的与基体间的元素扩散过程,因此认为本低温扩散焊过程在较短的时间即可完成。但延长扩散焊保温时间可以使中间层充分变形、流动,补偿粉末装配不均或焊接面不平问题,使接头性能的稳定性得到提高。

DBNY - 1 作为扩散焊中间层添加材料可以在扩散焊过程中原位生成纳米尺

538

度的镍粉,并靠其高的表面活性在温度和压力的作用下实现金属材料扩散连接,从而实现金属材料低温扩散连接。以 DBNY - 1 为中间层,在 550℃,20MPa,1h 工艺条件下的焊接 A3 碳钢接头平均强度达到 658 MPa,接头组织致密,试样表现为韧性断裂。在试验条件下,压力的提高及保温时间的延长有助于中间层烧结体的致密化并使装配不均匀性得到补偿,从而获得高强度而性能稳定的接头。

## 10.2　挤出液相扩散焊

扩散焊分为固相扩散焊和液相扩散焊两大类。其中固相扩散焊一般可获得更为接近基体的组织和性能,但固相扩散焊需在高温下施加很大的压力,对连接表面的要求也很高,因此固相扩散焊一般只适应于结构简单的接头,例如平面与平面连接等。对于整体叶盘结构,需在每个叶片沿径向施压,而且受空间和叶型结构限制,施加非常困难,制造出在高温下可以精巧传递压力而又有足够的高温强度和刚度的夹具或工装,技术难度可想而知。同时固相扩散焊因施压不均,表面质量不一致等原因,易于形成无损检测难以发现的弱结合缺陷,给结构的可靠性带来很大威胁。液相扩散焊(包括 TLP、LID 等方法)因不需施较大的压力而易于实现,避免了固相扩散焊易形成弱结合的缺点,但液相扩散焊由于液相中有害元素的存在,不同程度的降低了接头的性能,虽然可以通过扩散使有害元素浓度扩散至较低水平,但常常伴随有焊缝附近组织性能的降低,并且焊接工艺往往需长时间保温扩散,这对基体性能也常有不利影响。

为简化工艺和提高接头性能,采用了施加压力并在焊接过程中将液相挤出的扩散焊工艺,称为挤出液相的扩散焊工艺。挤出液相扩散焊技术综合了固相扩散焊和液相扩散焊的优点,其过程为:与液相扩散焊一样,需在扩散焊接头中采用中间层合金,加热保温时中间层合金熔化并对焊接面形成润湿,随后对接头施压,将焊缝内液相挤出,随后通过扩散达到接头组织性能的均匀化。与 TLP 扩散焊不同的是,挤出液相扩散焊的过渡液相将大部分被挤出,从而大大减少了需扩散的有害元素总量,缩短扩散过程,同时因有害元素总量的减少,对接头性能提高极为有利,可以得到更好性能的接头。与固相扩散焊相比,挤出液相扩散焊施压的目的是为了将过渡液相挤出,并不需要施加太大的压力,因此可以制造小巧的施压机构,多向施压可以通过灵巧的机构得以实现。同时由于过渡液相的存在,消除了固相扩散焊的弱结合隐患,从而大大提高结构的可靠性。

采用挤出液相的扩散焊工艺对 TC4 钛合金及 DZ22 高温合金进行了焊接试验。试验用中分别采用 BПp16(Ti - 13Zr - 21Cu - 9Ni)、TZCNC17(Ti - 24Zr - 9Cu - 6Ni - 8Co) 及 BNi82CrSiB 钎料作为扩散焊中间层合金,使用形式均为非晶态箔带。

## 10.2.1　TC4 钛合金的挤出液相扩散焊

表 10-2 为 TC4 挤出液相扩散焊接头抗拉强度及延伸率的力学性能试验结果，图 10-13 为试样拉断后的形貌。其中试样 A21~A24 采用 BΠp16 非晶态钎料箔带，在 930℃/30min 加压 0.8MPa 下完成焊接，然后再进行 900℃/2h 扩散处理；试样 B21~B24 采用自行研制的 TZCNC17 非晶态钎料箔带，在 960℃/30min 加压 0.8MPa 下完成焊接，然后再进行 900℃/2h 扩散处理。从表 10-2 中可以看出，TC4 挤出液相扩散焊接头的室温抗拉强度及延伸率数据较为集中，基本与母材性能相当(TC4 钛合金棒材抗拉强度($\sigma_b$)不小于 895MPa，延伸率($\delta_5$)不小于 10%)[6]。

表 10-2　TC4 扩散焊接头抗拉强度和延伸率

| 试样号 | 试样状态 | $\sigma_b$/MPa | 平均 $\sigma_b$/MPa | $\delta_5$/% | 平均 $\delta_5$/% |
|---|---|---|---|---|---|
| A21 | | 901 | | 15.1 | |
| A22 | 930℃/30min,0.8MPa | 895 | 897 | 16.4 | 15.9 |
| A23 | +900℃/2h 扩散处理 | 900 | | 16.2 | |
| A24 | | 892 | | 16.0 | |
| B21 | | 884 | | 17.2 | |
| B22 | 960℃/30min,0.8MPa | 890 | 886.8 | 13.8 | 13.6 |
| B23 | +900℃/2h 扩散处理 | 887 | | 7.9 | |
| B24 | | 886 | | 15.4 | |

注:B23 断于焊缝,其余均断于母材

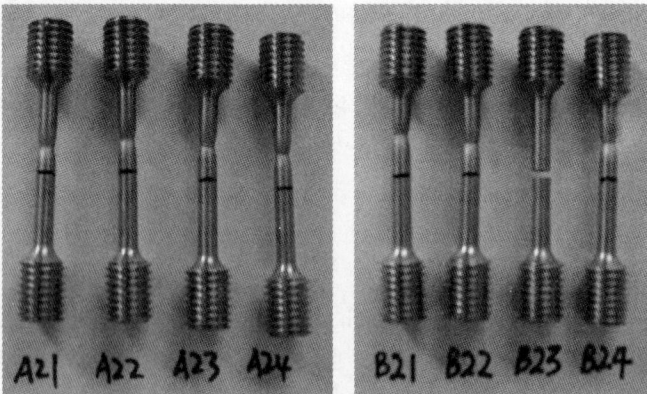

图 10-13　TC4 扩散焊接头抗拉试样拉断后形貌

试样 A11~A14、A31~A34 和 B11~B14、B31~B34 为挤出液相扩散焊的接头，试样 A41~A44 和 B41~B44 为采用常规钎焊的接头，从表 10-3 中可以看出采用挤出液相扩散焊的 TC4 扩散焊接头的冲击韧性($\alpha_{ku}$)明显高于采用常规钎焊

540

方法的接头,其中采用自行研制的 TZCNC17 非晶态钎料箔带在 960℃/30min 加压 0.8MPa 下完成焊接后,再进行 900℃/2h 扩散处理的试样 B11 ~ B14 的平均 $\alpha_{ku}$ 为 29.2J/cm² ,达到了母材的 73%(母材室温 $\alpha_{ku}$ 室温不小于 40J/cm²)[6] 。

表 10 – 3　TC4 扩散焊接头冲击试验结果

| 试样号 | 试样状态 | $\alpha_{ku}/(J/cm^2)$ | 平均 $\alpha_{ku}$ /(J/cm²) | 试样号 | 试样状态 | $\alpha_{ku}/(J/cm^2)$ | 平均 $\alpha_{ku}$ /(J/cm²) |
|---|---|---|---|---|---|---|---|
| A11 | 930℃/30min, 0.8MPa +900℃/2h | 20.9 | 17.4 | B11 | 960℃/30min, 0.8MPa +900℃/2h | 32.2 | 29.2(B12 有 缺陷,舍) |
| A12 | | 11.1 | | B12 | | 19.4 * | |
| A13 | | 20.3 | | B13 | | 30.1 | |
| A14 | | 17.2 | | B14 | | 25.3 | |
| A41 | 930℃/10min, +900℃/2h | 11.7 | 13.1 | B41 | 960℃/10min, +900℃/2h | 2.7 | 3.4 |
| A42 | | 15.4 | | B42 | | 3.1 | |
| A43 | | 12.3 | | B43 | | 4.6 | |
| A44 | | 4.9 * | | B44 | | 3.1 | |
| A31 | 930℃/45min, 0.8MPa +900℃/2h | 18.6 | 18.5 | B31 | 960℃/45min, 0.8MPa +900℃/2h | 14.8 | 17.4 |
| A32 | | 16.0 | | B32 | | 9.2 * | |
| A33 | | 18.5 | | B33 | | 17.8 | |
| A34 | | 21.0 | | B34 | | 20.3 | |
| 注:加 * 的数据试样断口有缺陷,舍去 | | | | | | | |

图 10 – 14(a)、(b)分别为采用 BΠp16 非晶态钎料扩散焊和钎焊接头的组织; 图(c)、(d)分别为采用 TZCNC17 非晶态钎料扩散焊和钎焊接头的组织。

从图 10 – 14(a)中可以看出采用 BΠp16 非晶态钎料扩散焊的接头焊缝界面 结合良好,接头连接紧密,焊缝组织均匀,结合表 10 – 4 可以确定焊缝为典型的 α + β 针片状两相组织,该组织是在母材的 α – Ti 组织基础上生长起来的;从图 10 – 14(b)中可以看出采用 BΠp16 钎料钎焊的接头组织分成三个部分,中间的钎 料残余层和与母材交接的界面扩散层,界面扩散层也为针片状 α + β 组织,结合表 10 – 4 的能谱分析结果可见焊缝中间的钎料残余层中含有较多的化合物相,不利 于接头的力学性能。

从图 10 – 14(c)、(d)中可以看出采用 TZCNC17 钎料挤出液相扩散焊和钎 焊的接头焊缝界面结合良好,接头连接紧密,焊缝为典型的 α + β 针片状两相组 织,由于焊接温度接近母材的相变温度,母材晶粒有长大的趋势,由于挤出液相 扩散焊过程中加压,在钎料熔化后液相大部分被挤出,焊缝中的一些有害相残留 少(见表 10 –4),残余液态钎料扩散也比较充分,因此其性能较钎焊接头的性 能高。

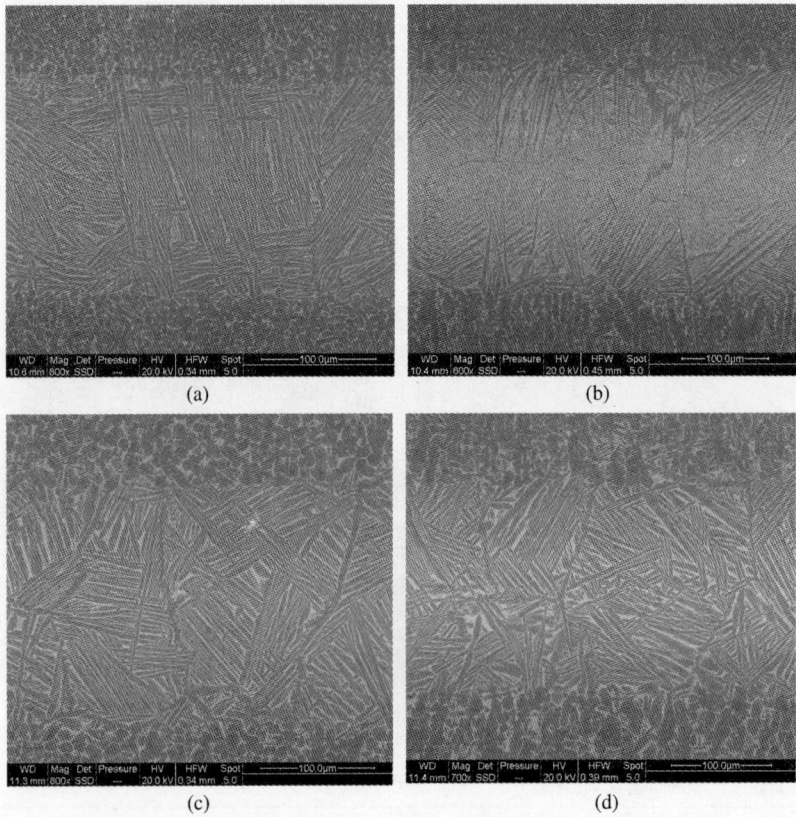

图 10 - 14　TC4 挤出液相扩散焊接头和钎焊接头的组织

（a）BПp16 钎料 930℃/30min,0.8MPa+900℃/2h；（b）BПp16 钎料 930℃/10min+900℃/2h；

（c）TZCNC17 钎料 960℃/30min,0.8MPa+920℃/2h；（d）TZCNC17 钎料 960℃/10min+920℃/2h。

表 10 - 4　能谱分析结果

| 分析部位 | 成分/%（原子分数） | | | | | | |
|---|---|---|---|---|---|---|---|
| | Ti | Al | V | Zr | Cu | Ni | Co |
| 图 10 - 14（a）中黑色相 | 87.52 | 9.09 | 1.26 | 1.05 | 1.08 | — | — |
| 图 10 - 14（a）中白色相 | 79.13 | 5.72 | 4.00 | 1.59 | 7.41 | 2.15 | — |
| 图 10 - 14（b）中黑色相 | 87.42 | 8.88 | 0.74 | 1.57 | 1.39 | — | — |
| 图 10 - 14（b）中白色相 | 80.11 | 6.59 | 2.38 | 2.74 | 6.19 | 2.00 | — |
| 图 10 - 14（c）中黑色相 | 87.36 | 8.99 | 0.93 | 2.24 | 0.49 | — | — |
| 图 10 - 14（c）中白色相 | 77.21 | 6.15 | 5.39 | 3.08 | 3.11 | 2.14 | 2.93 |
| 图 10 - 14（d）中黑色相 | 84.37 | 9.55 | 2.23 | 1.98 | 0.85 | 0.44 | 0.59 |
| 图 10 - 14（d）中白色相 | 77.11 | 4.70 | 6.91 | 3.13 | 2.67 | 2.36 | 3.12 |

事实上,用于对比的钎焊接头也采用和保持了比较小的钎焊间隙,获得了良好的扩散,组织得到了一定的均匀化。对于一般的钎焊接头,并不能保证各处均处于满意的小间隙状态,而挤出液相扩散焊由于在焊接过程中施加少许压力,可以保证焊缝各处均处于良好的小间隙或闭合间隙状态,保证接头性能的一致性,这也是所得到的液相扩散焊接头性能分散度较小的原因。

## 10.2.2　DZ22 合金的挤出液相扩散焊

表 10 - 5 和表 10 - 6 为采用 BNi82CrSiB 非晶态钎料作为中间层采用挤出液相扩散焊对等轴和定向状态的 DZ22 合金进行焊接的室温、高温抗拉强度试验结果。图 10 - 15 为等轴 DZ22 合金试样拉断后的形貌。

表 10 - 5　等轴 DZ22 抗拉强度试验结果

| 试样号 | 试样状态 | 室温 $\sigma_b$ /MPa | 备注 | 试样号 | 试样状态 | 900℃ $\sigma_b$ /MPa | 备注 |
|---|---|---|---|---|---|---|---|
| D11 | 1060℃/45min, 加压 3MPa | 853 | 断于母材 | D9 | 1060℃/45min, 加压 3MPa, 1210℃/2h + 870℃/32h | 658 | 断于焊缝 |

表 10 - 6　定向凝固 DZ22 抗拉强度试验结果

| 试样号 | 试 样 状 态 | 室温 $\sigma_b$/MPa | 平均 $\sigma_b$/MPa | 备注 |
|---|---|---|---|---|
| D1 | 定向 DZ22 | 806 | | 断口局部有缺陷 |
| D2 | 1030℃/30min, 加压 0.8MPa | 939 | 832 | 断口基本无缺陷 |
| D3 | 1210℃/2h + 870℃/32h | 751 | | 断口缺陷较多 |

从表 10 - 5 中可以看出,采用 1060℃/45min,加压 3MPa 规范进行焊接的等轴 DZ22 试样,焊后未进行热处理的室温抗拉强度为 853MPa。采用同样规范进行焊接的试样,焊后按母材的热处理制度(1210℃/2h 空冷 + 870℃/32h 空冷)[7] 进行了热处理,其在 900℃时的抗拉强度为 658MPa,约为母材性能的 73%(与定向凝固 DZ22 合金的横向力学性能指标相当)[7]。由于采用的等轴 DZ22 母材试样性能不稳定,致使多个试样出现断于母材的现象。

表 10 - 6 为定向凝固 DZ22 合金的室温抗拉强度试验结果,焊接规范为 1030℃/30min,加压 0.8 MPa,焊后按 1210℃/2h + 870℃/32h 进行了热处理,其平均室温抗拉强度为 832MPa,约为母材室温抗拉强度(1180MPa)的 71%[7]。

图 10 - 16 为等轴 DZ22 合金挤出液相散焊接头组织,其中图(a)为采用 1060℃/45min,加压 3MPa 规范进行焊接的等轴 DZ22 试样的金相组织图,图(b)为采用 1060℃/45min,加压 3MPa 规范进行焊接后再按 1210℃/2h 空冷 + 870℃/32h 空冷规范进行热处理后的试样金相组织图。由于焊接温度较低,中间层合金在焊

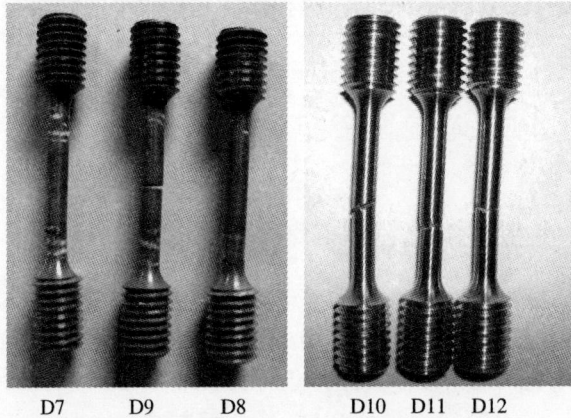

图 10 – 15　等轴 DZ22 试样拉断后形貌

态下扩散并不充分。而通过热处理后,由于经过较高温度的保温(1210℃),焊缝组织得到进一步的均匀化,接头强度也得到提高。

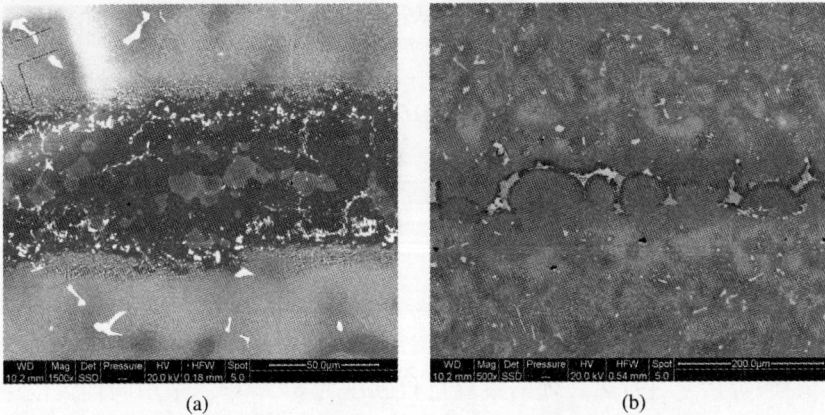

图 10 – 16　等轴 DZ22 合金挤出液相散焊接头组织
(a) 1060℃/45min,3MPa 焊接;(b) 1060℃/45min,3MPa 焊接 + 热处理。

图 10 – 17 为定向凝固 DZ22 合金挤出液相散焊试样的断口形貌,从图 10 – 17(a)中可以看出试样焊缝断面上基本无缺陷,而图 10 – 17(b)中试样 D3 焊缝断面上存在较多的缺陷,从而导致 D3 试样性能较低(室温 $\sigma_b$ 为 751MPa),其抗拉强度明显低于 D2 试样的性能(室温 $\sigma_b$ 为 939MPa)。进一步放大可以看到试样 D2、D3 的断口中均呈现一定的韧窝形貌,可以推断采用 BNi82CrSiB 对 DZ22 合金进行挤出液相扩散焊连接,对于无缺陷接头,可以获得较高的接头性能。

接头中缺陷的存在使得 DZ22 高温合金的挤出液相扩散焊没有达到预期的效果。缺陷的产生是由于焊接过程中润湿不充分造成的。按照设想,理想的挤出液

544

図 10-17　定向凝固 DZ22 合金挤出液相散焊试样的断口形貌

(a) D2 样断口；(b) D3 样断口。

相扩散焊过程应该是中间合金层在熔化状态下充分润湿母材，然后被挤出，使得焊接面中残留一层很少合金，再通过扩散达到接头组织性能的均匀化，获得具有优异性能的接头。实际焊接过程中，预先施加了一定的压力，在升温过程中，首先中间合金的低熔点相先熔化被挤出，高熔点相后熔化，这样使中间合金的润湿和液相挤出得不到充分进行，从而导致接头中缺陷的产生。可能的解决办法是在焊接过程中要加有足够量的钎料，并提高焊接温度，使钎焊润湿填缝过程得以充分进行，然后对工件或试样实现瞬间加压使钎缝中的液态相基本被挤出，最后对工件或试样进行扩散，相信通过这种工艺方法可以获得更优异接头。

## 10.3　铝合金活性剂氩弧焊

铝合金氩弧焊常见问题是易产生焊接气孔、焊接熔深不足、背面余高过高，特别是壁厚为 1.5mm 以下的铝合金薄壁导管类构件手工氩弧焊焊缝成形更不容易控制，经常出现熔深不够或者焊漏过多问题。熔深不够或焊漏过多都会影响接头综合力学性能，特别小直径较长导管构件背面焊漏无法打磨到，严重时还会影响气体或液体的流量。俄罗斯采用在焊缝背面焊前涂抹少量焊剂的方法来改善焊缝成形和减少焊接缺陷，目前已经开发了一系列用于铝合金，特别是铝锂合金的氩弧焊焊剂，能稳定焊接电弧、有效增大熔深、减少焊接缺欠、提高焊接效率。

### 10.3.1　铝合金焊剂

铝合金焊剂作用原理是通过焊剂中的还原性物质与铝合金发生化学反应，以去除母材表面氧化膜,来改善熔化金属表面张力、压缩电弧,最终改善焊缝成形。构成铝合金焊剂组分的化学试剂通常有 $NaCl$、$CaCl_2$、$NaF$、$SrF_2$、$AlF_3$、$CaF_2$、$LiF$、$MgF_2$ 等,根据性能的需要有的还会加入微量合金元素。不同化学试剂物理化学性质不同,作为焊剂组分所起到的作用也不同,同时不同配比对工艺性能也有重要影响。针对铝合金氩弧焊单面焊双面成形的焊接特点,焊剂分为涂敷正面的第一类焊剂和涂敷背面的第二类焊剂,两者工艺性能不同。

1. 第一类焊剂

涂于焊缝正面的焊剂为第一类焊剂。为研究单组分化学试剂对焊缝熔深的影响,针对第一类焊剂,采用相同的焊接规范焊接 LY12CZ 铝合金,结果见表 10-7。归纳分析试验数据、现象,可以得到以下规律:

电弧穿透力由强到弱:$AlF_3 > CaCl_2 > MgF_2 > SrF_2 > CaF_2 > NaCl > LiF > NaF$;

压缩电弧能力由强到弱:$AlF_3 > CaCl_2 > SrF_2 > NaCl > LiF > MgF_2 > CaF2 > NaF$;

焊缝表面质量由好到坏:$MgF_2 > CaCl_2 > LiF > AlF_3 > NaCl > SrF_2 > CaF2 > NaF$。

表 10-7 单组分焊剂焊接试验结果

| 焊剂 | 现象 | 焊缝正面宽度 /mm | 焊缝熔深 /mm | (深/宽) /% |
|---|---|---|---|---|
| $AlF_3$ | 电弧飘摆、焊缝弯曲、飞溅严重;鱼鳞纹细密,焊缝表面中心光亮,边缘有一层黑色物质 | 5.45 | 2.4 | 44 |
| $MgF_2$ | 电弧较稳定;鱼鳞文细密,焊缝表面及 HAT 处焊剂成灰色 | 5.8 | 1.45 | 24 |
| $LiF$ | 电弧较稳定;焊缝表面鱼鳞纹极细密,较光亮;焊剂成黑色分布在熔合线附近,过多的焊剂在焊缝表面形成黑色粘附物 | 3.85 | 0.95 | 25 |
| $CaF_2$ | 电弧较稳定;焊剂铺展性和流动性不好,熔化后仍停留在原地,造成焊道表面粘附一层黑色壳状物 | 5.2 | 1.1 | 21 |
| $SrF_2$ | 基本同 $CaF_2$ | 4.5 | 1.25 | 28 |
| $NaF$ | 电弧稳定;焊剂流动、铺展性差,粘在焊道上成灰黑色 | — | — | — |
| $CaCl_2$ | 电弧稳定;焊缝均匀,直而窄;焊剂呈黑色粘附物粘在整个焊缝表面上 | 4.7 | 1.65 | 35 |
| $NaCl$ | 基本同 $CaCl_2$ | 4 | 1.05 | 26 |

由上述试验结果可知 $AlF_3$、$CaCl_2$、$MgF_2$、$SrF_2$ 具有较好的收缩电弧和增加熔深的作用。

铝合金焊剂一般设计成多组分,以发挥不同组分的作用,获得熔深、成形、缺陷等综合焊接工艺性能良好的焊剂。在单组分焊剂试验的基础上进行多组分的成分设计及焊接试验,焊接规范与单组分相同,典型多组分焊剂焊接结果见表 10-8。

可见多组分焊剂可显著增加熔深,最大可提高 7 倍以上,焊缝深宽比也显著提高,可达到无焊剂的 6 倍以上。

表 10-8　多组分焊剂焊接试验结果

| 焊剂组分 | 现　象 | 焊缝正面宽度/mm | 焊缝熔深/mm | (深/宽)/% |
|---|---|---|---|---|
| AlF₃ + KF | 电弧稳定,焊道平直,焊缝表面呈黑色 | 4.0 | 1.6 | 40 |
| AlF₃ + CaCl₂ | 电弧较稳定 | 4.3 | 2.2 | 51 |
| AlF₃ + CaCl₂ + MgF₂ | 电弧稳定,焊道平直,焊缝表面白亮,有少许黑色点状物 | 5.2 | 1.7 | 33 |
| CaF₂ + MgF₂ + SrF₂ + LiF | 电弧周围有黄色飘弧;焊缝表面呈灰白色,鱼鳞纹细密,熔合线两侧黑色生成物呈线状分布 | 4.4 | 1.5 | 34 |
| AlF₃ + CaCl₂ + MgF₂ + SrF₂ | 电弧稳定,焊道平直,有少许黑色点状物 | 6.1 | 2.1 | 34 |
| AlF₃ + CaCl₂ + MgF₂ + SrF₂ + LiF | 电弧周围有黄色飘弧;焊缝表面呈灰黄色,鱼鳞纹细密,熔合线两侧黑色生成物呈线状分布 | 5.0 | 1.9 | 38 |
| AlF₃ + CaCl₂ + MgF₂ + SrF₂ + LiF + CaF₂ | 焊缝同上 | 5.0 | 1.9 | 38 |
| 无焊剂 | 电弧稳定,焊缝成形好 | 4.0 | 0.3 | 7.5 |

采用焊剂可大幅度降低焊接热输入,对较大厚度铝合金焊接非常有利。但同时焊剂的存在使得焊缝表面脏污,有时伴有焊接气孔产生。焊缝表面脏污物主要是焊剂反应产物,具有一定的腐蚀性,因此焊后必须清理。焊接气孔主要与溶剂有关,采用含有水的溶剂必定会给焊接区带入水分,而水分在焊接热作用下会形成水蒸气或与熔融铝合金反应生成氢,从而导致焊接气孔产生。

为考察第一类焊剂对接头性能的影响,选择两种焊剂进行对比试验,母材为 LF6。表面清理、装配及焊接规范等其他条件均相同,结果见表 10-9。可见涂敷焊剂后接头的拉伸性能同未涂焊剂的接头性能相当。图 10-18 为无焊剂和涂第一类焊剂焊接接头组织对比,可见涂焊剂后焊缝晶粒细小。图 10-19 为无焊剂和涂第一类焊剂焊接接头断口对比,可见两者断口均为细小均匀的韧窝,并无明显区别。

表 10-9　无焊剂和涂第一类焊剂焊接接头拉伸性能对比

| 焊剂编号 | $\sigma_b$/MPa | $\delta_5$/% |
|---|---|---|
| 无 | 320 | 16.7 |
| 009 | 323 | 16.5 |
| 010 | 323 | 15.6 |

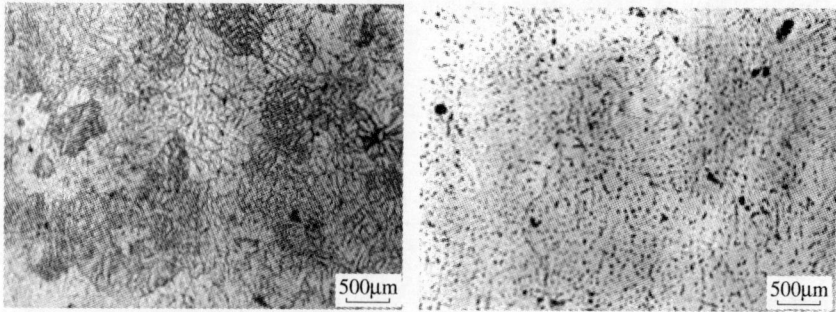

无焊剂　　　　　　　　　　　　　009焊剂

图 10 - 18　无焊剂和涂第一类焊剂焊接接头组织对比

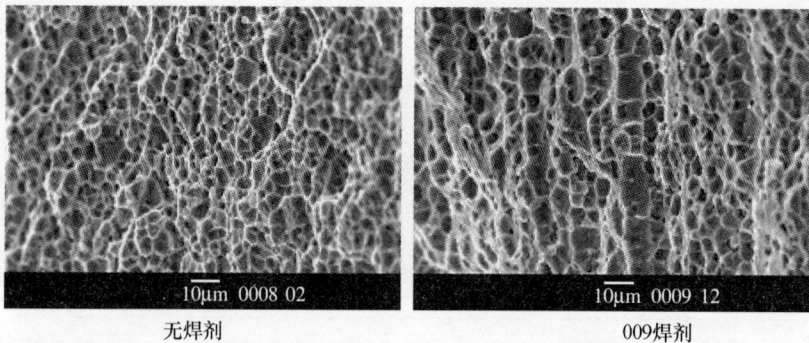

无焊剂　　　　　　　　　　　　　009焊剂

图 10 - 19　无焊剂和涂第一类焊剂焊接接头断口对比

综合上述研究结果,可得出以下结论:第一类涂于焊缝正面的焊剂应以 $SrF_2$、$MgF_2$、$AlF_3$、$CaF_2$、$CaCl_2$ 为主要成分,辅助填加其他少量化学试剂和微量元素。这类焊剂可改善焊缝表面成形,焊后焊剂反应产物相对容易清理;虽然 $CaCl_2$ 也具有很强的收缩电弧和提高电弧穿透力的能力,但由于 $CaCl_2$ 易吸潮,易使焊缝产生较多气孔,应控制加入比例;焊剂各组分必须具有足够的纯度,过多杂质、吸潮等均不利于焊剂的焊接工艺性能;焊剂的涂敷厚度、宽度均影响焊接接头质量。焊剂涂敷宽度要完整覆盖住母材焊接区域,厚度均匀。

对第一类焊剂需要解决的问题是无水溶剂,以及能使焊剂粘在待焊区不脱落且焊后易清除的粘结剂。

2. 第二类焊剂

涂于焊缝背面的焊剂为第二类焊剂。由于铝合金单面焊双面成形焊缝存在焊漏过高、对接处易出现熔合不良等问题,因此发展了涂于焊缝背面的第二类焊剂,以改善焊缝背面成形。采用 004 号焊剂焊接 LF6,$\delta = 3.0mm$,结果见表 10 - 10。可见第二类焊剂,可改善焊缝背面成形,使背面焊缝熔合良好,消除背面"黑线"。分析认为,第二类焊剂作用原理是焊剂去除了铝合金表面氧化膜,改善了熔化金属表面张力。采用第二类焊剂,用较小焊接线能量就可使对接处熔化金属迅速熔合,熔池下漏程度减轻,使背面焊缝与母材过渡平缓,减少应力集中。

另外,第二类焊剂可降低铝合金焊接前的表面清理要求,降低焊接气孔的敏感性,这对铝合金构件焊接生产特别有利。

表 10-10    第二类焊剂对焊接接头质量的影响

| 焊前清理方法 | 有无焊剂 | 试 验 结 果 |
|---|---|---|
| 机械加工端面 + 化学清洗 + 机械打磨端面及附近区域 | 无 | 成形良好,背面可见两试板结合线,焊漏较多 |
| | 004 | 成形良好,背面无结合线,焊漏少,背面过渡较平缓 |
| 化学清洗 + 机械打磨端面及附近区域 | 无 | 成形良好,背面明显可见两试板结合线,焊漏较多 |
| | 004 | 成形良好,背面无结合线,焊漏少,背面过渡较平缓 |
| 化学清洗 | 无 | 成形较好,背面结合线黑且粗,焊漏严重下凸 |
| | 004 | 成形良好,背面无结合线,焊漏少,背面过渡较平缓 |
| 仅除油 | 无 | 不能成形。加大电流,正面严重凹陷,在背面严重焊漏的情况下两试板也未熔合 |
| | 004 | 成形良好,正面较脏,背面熔合良好,过渡较平缓 |

第二类焊剂与第一类焊剂的作用原理相同,但表现不同。第一类焊剂在去除氧化膜的同时起到了压缩电弧的作用,增加了熔深。而第二类焊剂与电弧不直接作用,其主要作用是与背面的氧化膜反应并去除,改善了熔化金属表面张力,使对接处熔化金属迅速熔合,防止熔池下漏。表 10-8 中多组分焊剂均具有去除铝合金表面氧化膜的作用,但要作为第二类焊剂的使用,焊剂还必须具有相应的熔化温度。在焊接过程中,焊缝背面的温度远低于正面电弧辐射下的温度,研究表明第二类焊剂的熔点应接近被焊铝合金熔点。004 号焊剂熔化温度为 $610℃ \sim 640℃$,比 LF6 铝合金熔化温度略高。

由于第二类焊剂改善了焊缝背面成形,从而提高了焊接接头的力学性能。

2195 铝锂合金氩弧焊存在气孔、裂纹、接头软化三大问题,其中裂纹和接头软化问题极为突出,而采用钨极氩弧焊填加第二类焊剂能有效抑制焊接裂纹,提高焊接接头强度。表 10-11 是 2195 铝锂合金背面涂 004 焊剂和不涂焊剂的焊接接头性能,可见涂 004 焊剂后,接头平均强度由 358MPa 提高到了 392MPa,提高了 34MPa,且延伸率没有降低。而采用变极性等离子弧焊不去除余高的接头强度一般在 360MPa~380MPa 之间,可见焊剂对接头性能的提高具有非常重要的意义。

表 10-11    第二类焊剂对 2195 铝锂合金接头性能的影响

| 焊 剂 | $\sigma_b$/MPa | $\delta_5$/% | 强度系数 | 断裂部位 |
|---|---|---|---|---|
| 无 | 358 | 4.7 | 61.7% | 熔合区 |
| 004 焊剂 | 392 | 5.3 | 67.6% | 熔合区 |

分析涂敷焊剂对接头性能提高的原因,主要有两点:一是焊剂对焊缝成形的改善。在不去除余高时,接头一般断于熔合区。通常情况下,铝合金焊漏较高,这样在熔合区存在较高的应力集中,而使用004焊剂后,焊缝对热输入的敏感性降低,背面焊缝与母材过渡平滑,整体焊缝成形明显改善,降低熔合区的应力集中有利于接头强度提高;二是焊剂对焊缝和熔合区组织的改善。图10-20为2195合金焊接接头组织,可见涂敷004焊剂后,焊缝枝晶减少,焊缝组织明显细化。

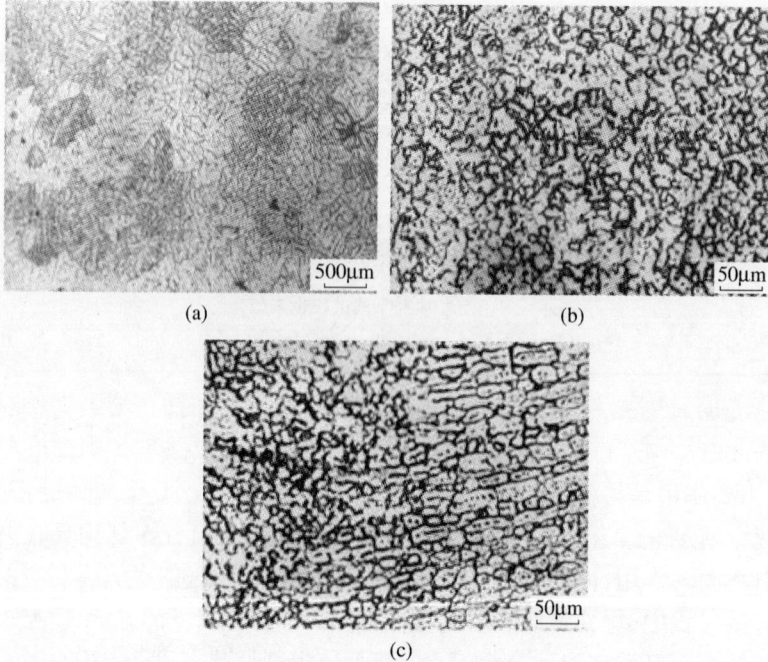

图10-20 2195合金涂第二类焊剂氩弧焊接头组织

(a) 无焊剂,焊缝中心; (b) 004焊剂,焊缝中心; (c) 004焊剂,热影响区。

综合上述研究结果,可得出以下结论:第二类焊剂的涂敷工艺较第一类宽松。焊剂涂敷区宽度可小于第一类焊剂的涂敷宽度,涂敷厚度可大于第一类焊剂;第二焊剂可降低铝合金焊前表面清理要求,降低焊接气孔等焊接缺陷的敏感性;第二类焊剂能否发挥作用的关键因素是其熔点,焊剂的熔点应接近铝合金熔点;可细化焊缝组织;明显改善焊缝背面成形,减少背面焊漏,使焊缝背面与基体的过渡平缓,有效降低背面熔合区的应力集中程度。

## 10.3.2 铝合金药芯焊丝焊接

铝合金焊剂在使用时需要与粘结剂混合然后再涂敷在焊接区域,操作不方便,而采用药芯焊丝既能实现对焊缝填加焊丝,又实现了第一类焊剂的填加,有利于工

550

程应用。采用铝合金药芯焊丝还可方便灵活地加入合金化元素,实现焊缝金属的合金化;通过调整药粉成分,增大熔深,减小热影响区,提高接头性能;药粉的去膜作用,减少由于氧化膜存在而引起的未熔合缺陷。另外,还可以采用直流氩弧焊工艺焊接铝合金,实施大电流、快速度焊接。

采用挤压法制造铝合金药芯焊丝,铸锭为 LF6,焊剂为 101 号,药粉含量分别为 0.5% 、1.0% 、1.5% 。采用自动钨极氩弧焊焊接上述三种焊丝,结果见表 10 - 12。从表中可以看出当药粉比例低于 1.0% 时,电弧稳定,焊缝成形良好;当药粉比例高于 1.0% 时,电弧稳定性下降,但此时可采用直流焊接,电弧穿透力明显增强,可显著降低焊接电流,减少焊接热输入。这对热输入敏感的高强铝合金或厚板焊接有利。采用交流焊接时随着药粉百分比的提高,焊接电流逐渐减少,而焊接电压逐渐提高,这是药粉压缩电弧的表现,提高了电弧穿透力,在一定程度上减少了焊接热输入。

表 10 - 12　药芯焊丝焊接工艺试验结果

| 药芯焊丝百分比/% | 电流类型 | 接头形式 | 焊接电流/A | 焊接电压/V | 说　明 |
|---|---|---|---|---|---|
| 0.5 | AC | 对接 | 135 | 13 | 焊缝表面有黑色点状物,电弧稳定,焊缝成形良好 |
| 1.0 | AC | 对接 | 125 | 13~14 | 焊缝表面有黑色点状物,电弧较稳定,焊缝成形良好 |
| 1.5 | AC | 对接 | 121 | 15~16 | 电弧不稳定,焊缝成形不好,焊缝表面呈黑色 |
| 1.5 | DC | 对接 | 95 | 14 | 电弧较稳定,焊缝成形较好,电弧穿透力明显增强 |

研究结果表明,同第一类焊剂一样药芯焊丝也能细化焊缝组织。比较药粉含量分别为 0.5% 、1.0% 药芯焊丝焊缝组织,药粉比例为 0.5% 的药芯焊丝焊缝组织仍可见焊缝枝晶,但枝晶的方向性已经不太明显,而药粉比例为 1.0% 的药芯焊丝焊缝组织几乎无枝晶,焊缝组织明显细化,见图 10 - 21。另外,从图 10 - 22 也可以看出,直流焊接时,当填加实心焊丝时焊缝枝晶组织方向性明显,而填加药芯焊

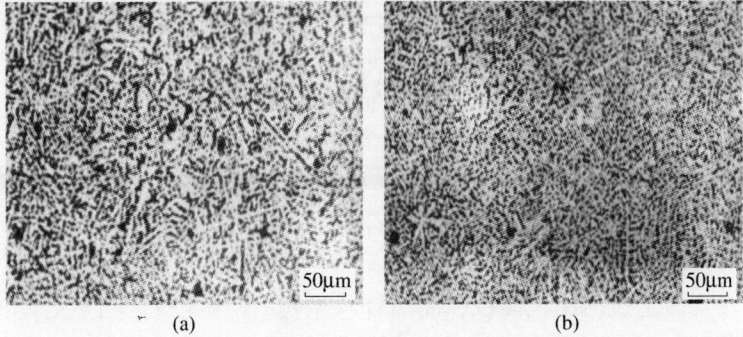

图 10 - 21　药粉比例不同的药芯焊丝焊缝组织
(a) 0.5% ; (b) 1.0% 。

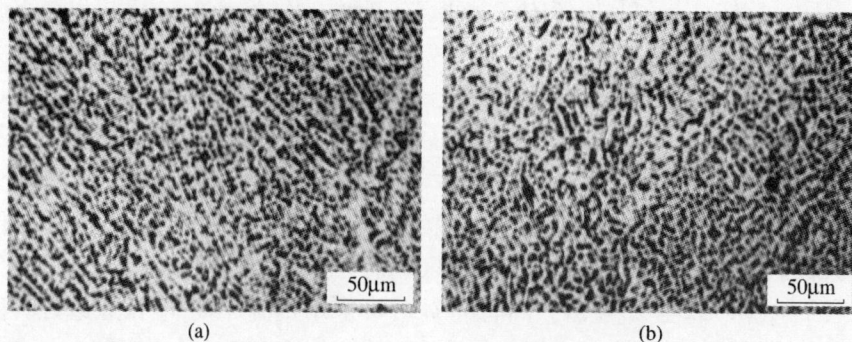

图 10-22 直流焊接时有、无药粉的焊缝组织对比

(a) 实心焊丝；(b) 1.5% 药芯焊丝。

丝时焊缝组织无明显方向性，焊缝组织也发生同样的变化。

同第一类焊剂一样药芯焊丝也能明显增加焊缝熔深。在同一个试板上采用同一焊接规范在填加药芯焊丝和不填加焊丝的情况下连续堆焊，填加药芯焊丝的熔深远远大于不填加焊丝的熔深，前者熔深是后者的 3 倍以上。

表 10-13 是填加不同焊丝的焊接接头拉伸性能和焊缝冲击韧性，可见填加药芯焊丝的焊接接头强度比填加实心焊丝的接头强度略有提高。这同填加第一类焊剂情况大体相当，但要明显低于填加第二类焊剂的提高幅度，这进一步说明药芯焊丝焊剂作用原理与第一类焊剂相同。另外，填加药芯焊丝焊缝冲击韧性得到改善，这是焊剂细化焊缝组织的结果。

表 10-13　填加不同焊丝的焊接接头拉伸性能和焊缝冲击韧性

| 焊　丝 | $\sigma_b$/MPa | $\delta_5$/% | $\alpha_{ku}$/(J/cm$^2$) |
| --- | --- | --- | --- |
| 实心焊丝 | 320 | 14.3 | 21.7 |
| 0.5% 药芯焊丝 | 331 | 13.9 | 26.7 |
| 1.0% 药芯焊丝 | 331 | 14.2 | 28.9 |

# 10.4　钛合金焊接过程细化晶粒新方法[8]

钛合金焊接普遍存在的一个突出问题是焊缝塑性降低严重。造成钛合金焊缝塑性降低的一个重要原因是焊缝初始 β 晶粒粗大，且往往以柱状晶的形式贯穿焊缝的大部分厚度。

钛合金焊接造成的粗大晶粒和晶内针状结构，很难通过焊后热处理改变。以 Ti-6242 的 GTAW 焊缝焊后热处理为例，其母材最小弯曲半径 $r_c$ 为 4.3mm，焊态 $r_c$ 为 13.0mm；低温时效（595℃）使焊缝变硬，塑性进一步降低，$r_c$ 增大为 16.5mm；

中温时效(705℃)使晶内组织开始出现粗化,塑性略有提高,$r_c$降为13.0mm;直到高温处理(900℃/650℃),晶内粗大的魏氏体上形成 α 相,焊缝塑性得到较大恢复,$r_c$降为6.0mm,但与此同时母材塑性发生明显的降低,$r_c$由初始状态的4.3mm增大至6.4mm[8]。

为控制钛合金焊缝凝固过程、细化初始 β 晶粒,人们提出了多种工艺,但效果仍不够理想。采用低热输入的高能束焊,虽能细化初始 β 晶粒,但因晶内针状结构过于细密,塑性改善并不明显[8]。

电磁搅拌作为一种细化焊缝晶粒的工艺,在铝合金、钢的焊接方面取得了成功的应用。国内殷咸青、罗键等人在 LD10CS 铝合金 TIG 焊中采用间歇交变纵向磁场对熔池进行电磁搅拌,有效地细化了焊缝结晶组织,降低了焊缝偏析程度,提高了焊缝塑性[9]。但电磁搅拌用于钛合金焊接,其细化晶粒的效果不及用于奥氏体不锈钢,原因在于钛合金液固界面前的成分过冷区窄,电磁搅拌破碎枝晶尖部的作用减弱[10]。

脉冲电流焊接作为一种细化焊缝晶粒的工艺最先成功地应用于铝合金、奥氏体不锈钢及钽的焊接,显著地细化了凝固组织并促使柱状晶向等轴晶转变[11]。Becker 等人将脉冲电流焊接用于钛合金,却发现它并未造成晶粒细化,也未影响晶内偏析和拉伸性能[12]。Mohandas 的研究甚至发现,脉冲电流焊接降低了钛合金焊缝塑性[13]。但 Sundaresan 等人的最新研究表明,直流脉冲细化了 Ti - 6 - 4 和 Ti - 6 - 2 - 4 - 2 的焊缝 β 晶粒,而交流脉冲效果更明显。初始 β 晶粒的细化明显改善了焊缝的塑性[14]。

Simpson 通过焊丝向熔池中填加 Y 元素进行变质处理,收到了细化晶粒、防止热裂纹的效果,但焊缝强度提高,塑性有所降低[15]。Nordin 进一步的研究表明,添加 Y 不能阻止晶粒从焊缝界面的联生生长,晶粒细化仅局限于焊缝中心[16]。Hallum 等人采用 Ti - 6 - 4 粉末作为变质剂,随焊填加于 Ti - 15 - 3 的 GTA 熔池尾部,获得了显著的晶粒细化,所产生的焊缝大部分区域展现细的等轴晶,与常规焊缝粗大的柱状晶形成鲜明的对比,其缺点是焊缝底部晶粒难以得到充分细化。其原因可能是采用螺杆式送粉机构,粉末进入熔池的初始速度较低,无法达到熔池下部[17]。

为提高粉末进入钛合金焊接熔池的初速度和扩大其分布范围,提出了一种气载非接触式随焊填加钛合金粉末细化焊缝组织提高焊缝塑性的新工艺[18]。图10-23 为研制的粉末填加装置结构示意图。该装置是由非接触式气载送粉控制器、送粉管路(8)、氩气瓶(26)、拖罩-粉末出口调节器、送气管路(7)组成,非接触式气载送粉控制器的壳体(11)内装有电机(24),电机(24)通过线路(23)与转速调节器(22)相连,电机(24)的旋转轴上安装一个托盘(12),托盘(12)安装于一个腔体(18)中,托盘(12)的盘面上开有环形槽(19),托盘(12)的上方设置一个漏斗(17),漏斗(17)下部插入腔体(18),腔体(18)的上侧开有一个与氩气瓶(26)相通的进气管(15),第一氩气管路(20)与进气管(15)相连,第二氩气管路(25)与氩气瓶(26)相连,第一氩气管路(20)和第二氩气管路(25)之间有一个流量计(21),从腔体(18)的内部上壁通过螺栓(14)固定一个刮板(13)于托盘环形槽(19)中,刮板(13)前侧的环形槽(19)上方设有一个吸气管(16),吸气管(16)伸出封闭腔体(18)与送粉管路(8)相接;漏斗(17)的下端口与托盘(12)上的环形槽(19)对正平齐,漏斗(17)的上端置于非接触式气载送粉控制器壳体(11)的外部并密封;拖罩-粉末出口调节器的拖罩(2)的底部为一不锈钢丝网(3)底面,拖罩内通入一个氩气管(1),氩气管(1)的上部均匀开有一排小孔(6),粉末出口(4)从拖罩(2)的上方斜插穿入拖罩(2)并从拖罩(2)的下方伸出,粉末出口(4)的上端与送粉管路(8)相连,拖罩(2)通过连接装置(9)安装于焊枪(10)的后部。

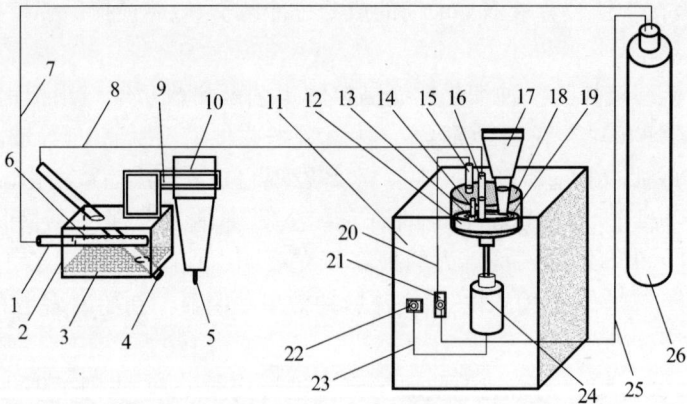

图 10-23　研制的粉末填加装置结构示意图

1—氩气管;2—拖罩;3—不锈钢丝网;4—粉末出口;5—钨极;6—小孔;7—送气管路;
8—送粉管路;9—连接装置;10—焊枪;11—壳体;12—托盘;13—刮板;14—螺栓;15—进气管;
16—吸气管;17—漏斗;18—腔体;19—环形槽;20—第一氩气管路;21—流量计;22—转速调节器;
23—线路;24—电机;25—第二氩气管路;26—氩气瓶。

其工作原理是:粉末倒入漏斗(17)后,拧紧漏斗(17)的盖子,使漏斗(17)内部和腔体(18)构成一封闭的空间,托盘(12)的转轴与腔体(18)之间采用动密封,气体只能通过进气管(15)和吸气管(16)进入该封闭的空间。粉末依靠重力作用填平托盘(12)的环形槽(19),电机(24)带动托盘(12)旋转,将粉末均匀地输送到吸气管(16)的下方,刮板(13)将粉末拦挡于吸气管(16)下方,载粉氩气从进气管(15)进入腔体(18),从吸气管(16)排出腔体,吸气管(16)下方的氩气流造成负压,将输送到吸气管(16)下方的粉末吸走,粉末通过送粉管路(8)进入粉末出口(4),从粉末出口(4)下端进入熔池后部,电机(24)的转速决定送粉速度,通过转速调节器(22)调节转速,载粉氩气的流量决定吸气管(16)下方的载粉能力,通过流量计调节载粉氩气流量。氩气通过送气管路(7)进入氩气管(1),再从氩气管

（1）上面的一排小孔（6）进入拖罩（2）内部上方，然后向下流动，通过不锈钢丝网（3）的孔眼均匀地向下流出，对熔池后方刚凝固的仍处于高温的钛合金焊缝及其近缝区提供良好的氩气保护。

拖罩保护气和载粉氩气流量单独调节，粉末出口（4）的送粉高度、宽度、角度可以调节，粉末出口（4）下端前缘与钨极（5）之间的距离也可以调节。

根据待焊钛合金的材质，确定填加粉末的材质，粉末可以与待焊钛合金同质也可以异质，以所填加粉末熔点略高于待焊材料熔点为宜；采用旋转电极法或雾化法制备粒度范围适中的粉末。通过拖罩－粉末出口调节器，设定粉末出口的角度、宽度、高度及其与钨极的距离；采用气载非接触方式在焊接过程中向焊接熔池的后半部以 1.0g/min～8.0g/min 的速度输送粉末；通过送粉控制器的转速调节器设定送粉速度，通过送粉控制器的流量计设定载粉氩气流量。

在 TA15 钛合金钨极氩弧焊过程中采用随焊填加 TC4 钛合金粉末的方法。TA15 板厚 2.5mm，TC4 粉末粒度为 － 65 目～ ＋ 80 目和 － 60 目～ ＋ 65 目两种规格，粉末出口与水平方向夹角 30°、宽度为 6mm、高度 5.5mm，粉末出口前缘位于钨极轴线后方 10mm，焊接速度为 4.3mm/s，焊接电流为 170A～190A，电弧电压为 13.0V～15.0V，焊接方式为板上堆焊，所有试板背面熔透，且背面熔宽基本一致。焊后试板进行 630℃ ×1h 退火处理，测试焊接接头弯曲角，并通过焊缝金相分析测量每平方毫米内的晶粒数，换算得到晶粒度级别。

图 10 － 24 为常规焊和随焊填加粉末的焊缝横截面金相照片，采用随焊填加粉末的工艺明显细化焊缝组织。表 10 － 14 为试验条件和试验结果。可见，与常规焊（试验 1）相比，随焊填加钛合金粉末的试验中焊缝组织均得到明显细化，焊接接头的弯曲角增大，接头塑性得到明显改善，焊缝塑性（弯曲角）也较常规焊提高 22.1%，达到母材塑性的 90.9%。

表 10 － 14　不同试验条件下焊缝晶粒度与接头弯曲角比较

| 试验编号 | 粉末粒度/目 | 送粉速度/(g/min) | 载粉氩气流量/(L/min) | 焊接电流/A | 焊缝单位平方毫米内的晶粒数 | 晶粒度级别 | 弯曲角/(°) | 接头塑性提高比例/% |
|---|---|---|---|---|---|---|---|---|
| 1 | — | | | 170 | 1.76 | － 2.14 | $\frac{29.5～35}{32.6}$ | — |
| 2 | － 65～＋80 | 4.1 | 3.3 | 175 | 8.11 | 0.07 | $\frac{35～40}{37}$ | 13.5 |
| 3 | － 65～＋80 | 3.2 | 2.5 | 185 | 9.10 | 0.23 | $\frac{35～41}{37.9}$ | 16.3 |
| 4 | － 65～＋80 | 2.4 | 2.5 | 185 | 8.08 | 0.06 | $\frac{34～44.5}{39.8}$ | 22.1 |
| 5 | － 60～＋65 | 3.2 | 3.3 | 190 | 7.44 | － 0.06 | $\frac{34～41}{36.4}$ | 11.7 |

(a)

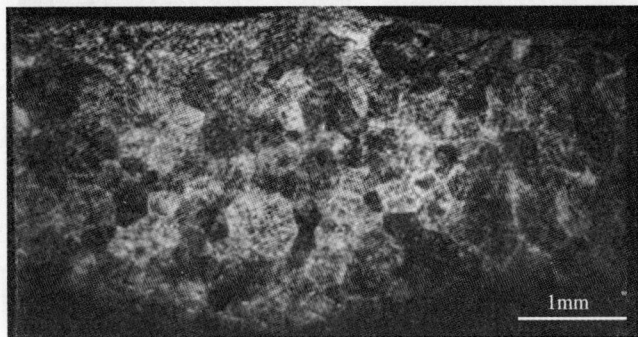
(b)

图 10 - 24  不同工艺的焊缝横截面金相照片

（a）常规焊；（b）随焊填加粉末。

图 10 - 25 为接头弯曲角与焊缝晶粒度级别的关系曲线,以弯曲角表征的接头塑性与焊缝组织的粗细具有良好的相关性。这说明,钛合金焊缝的塑性与焊缝组织的粗细密切相关,通过细化焊缝晶粒或晶内亚结构,可以有效地改善钛合金焊缝的塑性。

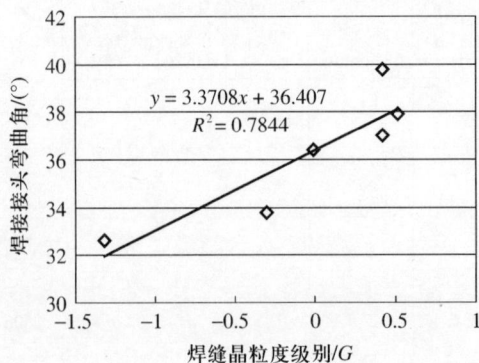

图 10 - 25  接头弯曲角与焊缝晶粒度级别的关系曲线

另外研究还表明,采用随焊填加粉末的焊缝冲击韧度均比常规焊接头有所提高,提高幅度达到 13.7%。采用随焊填加粉末的接头抗拉强度比常规焊提高 36MPa～41MPa,达到与母材相当的水平,接头延伸率也均比常规焊有所提高,提高幅度达到 20%。

# 10.5　线性摩擦焊

线性摩擦焊摩擦不同于旋转摩擦焊和搅拌摩擦焊,它是将两个待焊件表面相互接触并加以一定的压力,同时使两接触面以一定频率和振幅呈直线往复运动产生摩擦热实现焊接。线性摩擦焊基本过程是:摩擦副中的一个工件被夹具固定,另一个构件与之相对呈直线往复运动,在轴向送进机构推动下,使两个待焊表面接触并相互摩擦。随着摩擦运动和轴向送进,摩擦表面产生摩擦热,表面金属逐渐达到粘塑性状态,在轴向压力作用下产生变形并被挤出,最后停止往复运动并施加顶锻力,完成焊接。

常规的旋转式摩擦焊接多用于把圆柱截面或管截面的工件焊到相同类型的截面或板面上,而线性摩擦焊可以焊接方形、圆形、多边形截面的金属或塑料工件。线性摩擦焊接最初应用于塑料焊接,20 世纪 80 年代后期,德国 MTU 与英国罗 - 罗公司合作,开始把线性摩擦焊接用于航空发动机钛合金整体叶盘的制造,并取得成功。

采用线性摩擦焊制造整体叶盘有明显的技术优势:一是其焊接接头强度和疲劳寿命可以达到甚至超过母材的强度和寿命;二是可以实现空心叶片整体叶盘制造,实现结构减重;三是与整体锻坯和机械加工制造整体叶盘相比,线性摩擦焊可节省金属材料 88%,并大量减少加工工时;四是线性摩擦焊制造的整体叶盘的可维修性好,需要更换叶片时,可以沿焊缝切掉,重新焊上新叶片;五是摩擦焊适于焊接不同种材料,可以实现双合金双性能整体叶盘焊接,进一步改善整体叶盘的使用性能,同时进一步减轻转子的重量[19]。由于线性摩擦焊在整体叶盘制造领域有优势,近些年在航空发动机领域受到了极大关注,并且发展迅速。GE、R&R、P&W、MTU 等公司先后开展研究工作,并研制出了多个型号发动机的整体叶盘。

线性摩擦焊适合焊接多种金属材料,常规结构钢、不锈钢、钛合金、高温合金材料焊接接头综合力学性能良好,接头强度、韧性、疲劳性能同母材相当,金属间化合物材料、金属基复合材料、单晶合金也能实现良好连接。

## 10.5.1　钛合金线性摩擦焊

1. TC4 钛合金线性摩擦焊

TC4 钛合金是制造航空发动机风扇和压气机盘及叶片材料之一,具有良好的综合力学性能和焊接性能,长时间工作温度可达 400℃。图 10 - 26 是 TC4 钛合金焊接面积为 200mm² 长方形试样接头形貌和焊缝组织,在接头边缘存在摩擦和顶锻过程中形成的金属变形流线,在接头中心变形流线不明显,焊缝热影响区很窄,几乎看不到焊接热循环对母材组织的影响,未发现焊接缺陷。试样中心焊缝宽度约0.1mm,试样边缘焊缝宽度约 1mm。

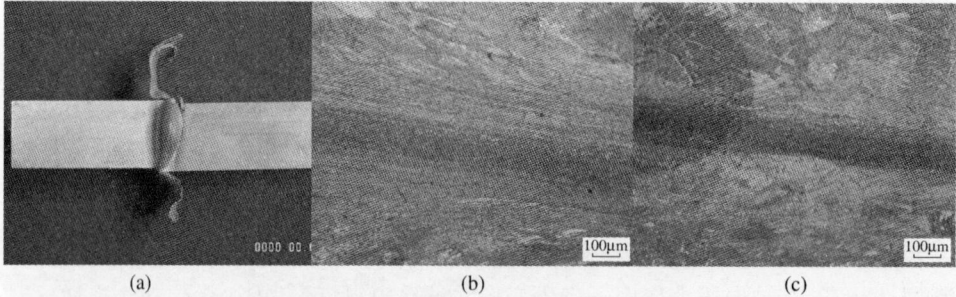

(a)       (b)       (c)

图 10 - 26　TC4 钛合金 200mm² 试样接头形貌和焊缝组织
(a) 接头形貌;(b) 接头边缘;(c) 接头中心。

　　图 10 - 27 是 TC4 钛合金焊接面积为 730mm² 的接头外观形态和低倍组织,焊缝及热影响区宽度 2mm 以下。

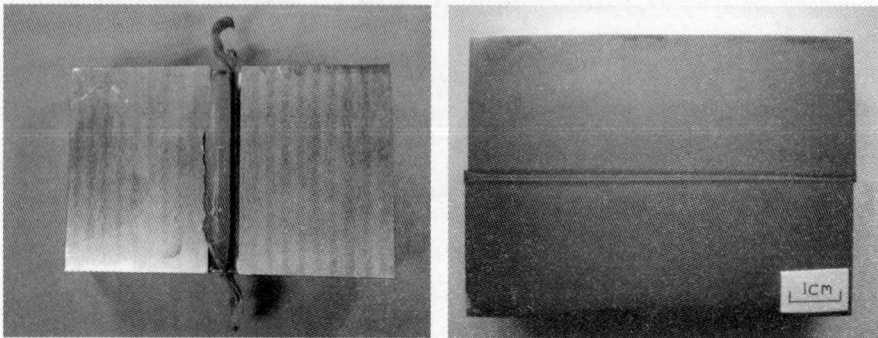

图 10 - 27　TC4 钛合金 730mm² 线性摩擦焊试样和焊缝低倍照片

　　图 10 - 28 是 730mm² 接头扫描电镜下焊接接头组织,(a) 为焊缝中心组织,(f) 为母材金属组织,(b)、(c)、(d)、(e) 是距离焊缝中心由近到远的从焊缝向母材过渡区域组织。对比图 10 - 28(a)、(f) 可以看出,母材原始的网篮组织被破碎,原始晶界和网篮结构已经不存在,焊缝晶粒细小。图 10 - 28(b)、(c)、(d)、(e) 是焊缝塑性变形区域,是在摩擦和顶锻过程中形成的,原始的网篮结构被压扁拉长,与焊接方向呈平行的流线状,但原始晶界还依稀可见。由以上可知,线性摩擦焊焊接接头大致可以分为两个区域,一是焊缝区,二是塑性变形区域。由于塑性变形区可能影响接头的塑性,因此希望该区域尽量窄。

558

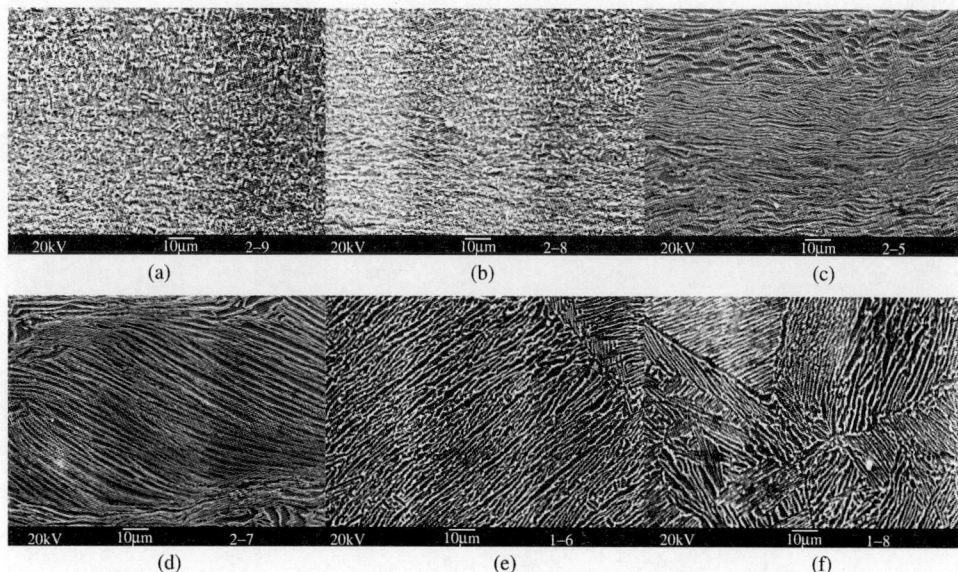

图 10 - 28　TC4 钛合金 730mm² 接头扫描电镜下的金相组织

表 10 - 15 是试样焊后经 750℃ × 1h 退火处理消除焊接应力后的室温拉伸、冲击性能,可以看出焊接接头的 $\sigma_{P0.2}$、$\sigma_b$、$\delta_5$ 与母材相当,冲击韧性同手册中的飞机锻件值相当,拉伸试样均断在远离塑性区的母材上,如图 10 - 29(a) 所示。

表 10 - 15　焊接接头室温力学性能

| 试　样 | 试验温度/℃ | $\sigma_{P0.2}$/MPa | $\sigma_b$/MPa | $\delta_5$/% | $\alpha_{ku}$/(J/cm²) |
|---|---|---|---|---|---|
| 焊接接头 | 20 | 886 | 935 | 14.13 | 58 |
| 母材 | 20 | 879 | 960 | 15.2 | — |

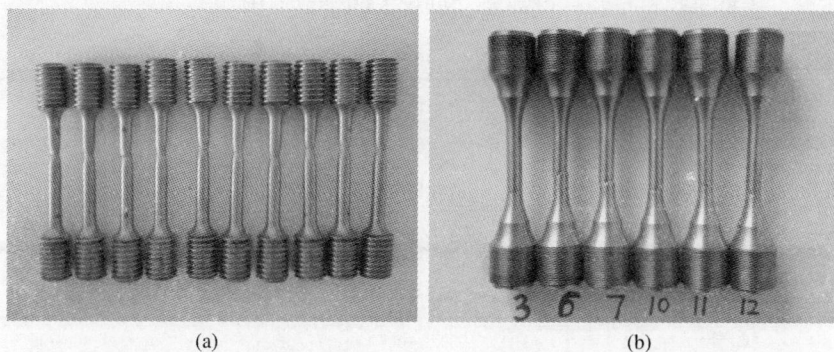

图 10 - 29　TC4 钛合金线性摩擦焊拉伸试样和疲劳试样断裂位置

表 10 - 16 是焊接接头等截面圆棒试样在 $K_t = 1$、$R = 0.1$ 条件下的疲劳性能数据,疲劳极限为 582MPa,疲劳性能同手册值相当,同样试样在远离塑性区的母材上

断裂。

表 10-16　TC4 钛合金线性摩擦焊焊接接头疲劳性能

| 试样编号 | 试验频率/Hz | 最大应力/MPa | 循 环 次 数 |
|---|---|---|---|
| 7 | 95 | 650 | $5.859 \times 10^6$ |
| 12 | 95 | 625 | $8.31 \times 10^5$ |
| 11 | 95 | 600 | $2.847 \times 10^6$ |
| 5 | 95 | 600 | $>1.0 \times 10^7$ |
| 3 | 95 | 600 | $6.513 \times 10^6$ |
| 10 | 95 | 575 | $5.814 \times 10^6$ |
| 9 | 95 | 575 | $>1.0 \times 10^7$ |
| 2 | 95 | 575 | $>1.0 \times 10^7$ |
| 6 | 95 | 575 | $7.623 \times 10^6$ |
| 8 | 95 | 550 | $>1.0 \times 10^7$ |
| 1 | 95 | 550 | $>1.0 \times 10^7$ |

综上所述,TC4 钛合金线性摩擦焊性能良好,焊接接头综合力学性能同母材相当,工艺规范优化后不产生焊接缺陷。

2. TC6 钛合金线性摩擦焊

TC6 是马氏体型 $\alpha + \beta$ 两相钛合金,450℃ 以下具有良好的热强性,主要用于制造发动机压气机盘、叶片等零件[20]。该合金线性摩擦焊接头力学性能较好,焊态下拉伸试样在远离焊缝的母材位置断裂,$\sigma_{P0.2}$、$\sigma_b$、$\delta_5$ 与母材相当,见表 10-17。焊态下焊缝冲击韧性较低,大约为母材的 65% ~ 75%。分析认为,摩擦过程结束后,焊缝金属从 $\beta$ 相区快速冷却,得到过饱和马氏体 $\alpha'$ 相,使焊缝金属硬度提高,韧性下降,这也是焊态下拉伸试样断在母材上的主要原因。表 10-18 是 TC6 钛合金

表 10-17　TC6 钛合金线性摩擦焊焊接接头拉伸性能

| 试 样 | 试验温度/℃ | $\sigma_{P0.2}$/MPa | $\sigma_b$/MPa | $\delta_5$/% |
|---|---|---|---|---|
| TC6LFW-1 | 20 | 925 | 1020 | 13.5 |
| TC6LFW-2 | 20 | 975 | 1050 | 15.0 |
| TC6LFW-3 | 20 | 965 | 1040 | 17.0 |

表 10-18　TC6 钛合金线性摩擦焊焊缝冲击韧性

| 试 样 | 试验温度/℃ | $\alpha_{ku}$/(J/cm²) |
|---|---|---|
| TC6LFW-3 | 20 | 37.5 |
| TC6LFW-4 | 20 | 40.0 |
| TC6LFW-5 | 20 | 32.5 |

线性磨擦焊焊缝冲击韧性。图 10-30 是 TC6 钛合金线性摩擦焊接头焊态下的显微硬度，可以看出焊缝和塑性变形区硬度明显高于母材。通过焊后热处理，可使 α′相分解为 α + β，改善接头韧性[20]。

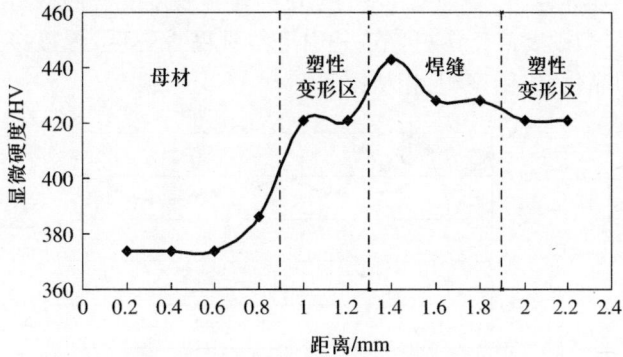

图 10-30　TC6 钛合金线性摩擦焊接头焊态下的显微硬度

### 3. TC11 钛合金线性摩擦焊

TC11 钛合金主要用于制造航空发动机压气机盘、叶片、鼓筒等零件，具有优异的热强性、较高的室温强度和良好热加工工艺性能，长期最高工作温度达 500℃。采用线性摩擦焊焊接 TC11 钛合金能获得良好的焊接接头，焊缝不易产生冶金缺陷，接头综合力学性能好。图 10-31 是 TC11 钛合金焊缝组织，其中(a)是试样边缘焊缝的低倍组织，(b)是塑性区，(c)是焊缝中心区域组织。同 TC4、TC6 钛合金一样，焊接接头大致可分为焊缝区和塑性变形区。焊缝为一细窄的白色亮带，焊缝区宽度约为 30μm。焊缝两侧为塑性变形区，其宽度约 180μm，在试样边缘宽度接近 500μm，在塑性变形区可见明显的纤维状金属流线，如图 10-31(a)所示。图 10-31(b)是塑性变形区组织，从母材到焊缝，原始状态下呈圆形的 α 相在摩擦力、摩擦热作用下，逐渐压扁变长，最后呈流线状。图 10-31(c)是焊缝中心组织，α 及 β 晶粒均十分细小，且呈等轴状，但 β 基体整体仍呈现一定的变形特征。线

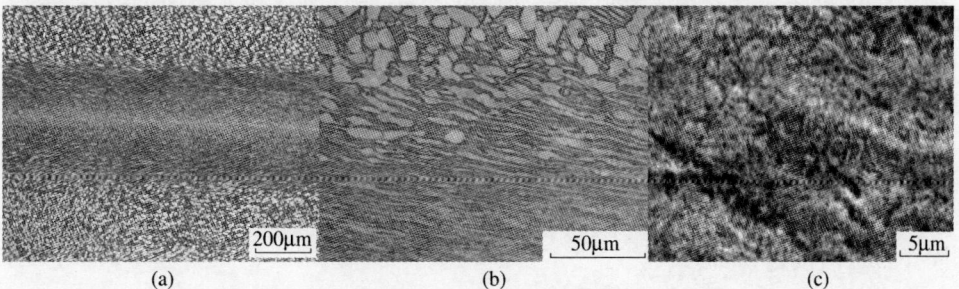

(a)　　　　　　　　　　　(b)　　　　　　　　　　　(c)

图 10-31　TC11 钛合金线性摩擦焊焊缝组织

性摩擦焊过程,不但提高了动态再结晶的形核速度及回复与再结晶的驱动力,也有效阻止了再结晶晶粒的长大,使焊缝晶粒十分细小。由于焊缝β基体仍呈现一定的变形特征,说明动态再结晶过程不完全,焊缝必然存在一定的残余应力。

图 10-32 是焊缝区、塑性变形区、母材的显微硬度变化曲线,可以看出,焊缝和塑性变形区显微硬度高于母材。这是由于线性摩擦焊后,焊接接头组织状态发生了变化,如细晶化、位错塞积、相析出等。

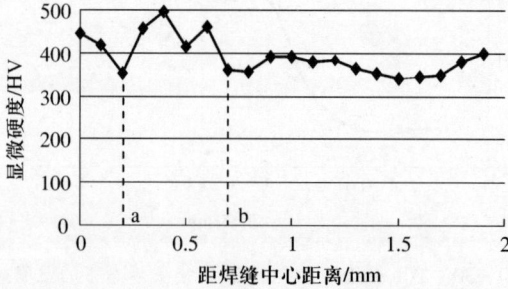

图 10-32　焊缝、塑性变形区和母材的显微硬度曲线

表 10-19 是 TC11 钛合金线性摩擦焊焊接接头力学性能,可见 TC11 钛合金线性摩擦焊接头的拉伸强度、延伸率与母材相当,冲击韧性略低于母材,拉伸试样全部断在远离塑性变形区的母材上,表现出良好的综合力学性能。冲击韧性略低,是由于线性摩擦焊过程中的变形、加热以及冷却速度非常快,接头仍存在一定的残余应力,从而造成了冲击韧性低于母材。

表 10-19　TC11 钛合金线性摩擦焊焊接接头力学性能

| 试　样 | 试验温度/℃ | $\sigma_{P0.2}$/MPa | $\sigma_b$/MPa | $\delta_5$/% | $\alpha_{ku}$/(J/cm$^2$) |
|---|---|---|---|---|---|
| 焊接接头 | 20 | 956 | 1042 | 9.2 | 23.2 |
| 母材 | 20 | 900 | 1030 | 10 | 25 |

### 4. TC17 钛合金线性摩擦焊

TC17 钛合金主要用于制造航空发动机风扇、压气机盘和大截面的锻件,最高工作温度为 427℃。同其他钛合金一样,TC17 线性摩擦焊接头也分为焊缝区、塑性变形区,焊缝也为一条白色亮带。200mm$^2$ 接头的中部亮带宽度约为 80 μm,端部亮带宽度约为 300 μm。在亮带以外是焊接接头的塑性变形区,可看到清晰的纤维状金属流线,流线在焊缝上、下及左、右两侧均呈对称分布,其流向为热塑金属的运动方向。200mm$^2$ 的 TC17 钛合金线性摩擦焊接头塑性区比 TC4 钛合金的要宽,连同亮带在内接近 2mm。

图 10-33 是 TC17 钛合金线性摩擦焊接头组织。从图 10-33(c)可以见在 β基体上弥散分布着较多细小的等轴状 α 相,母材金属在变形过程中形成的 α 及 β

条状组织已基本消失。

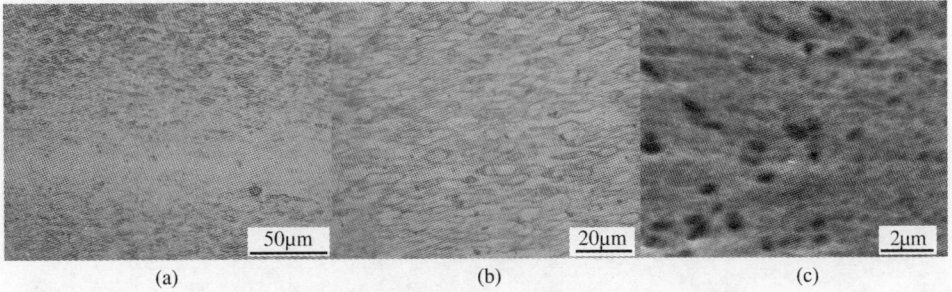

图 10 – 33　TC17 钛合金线性摩擦焊接头组织（光学）
（a）焊缝区；（b）塑性变形区；（c）焊缝区中心局部放大。

图 10 – 34 为焊缝区透射电镜下的组织。图 10 – 34（a）中，在局部发生明显回复的区域，可以清楚的看到亚晶界及位错网络，A 为亚晶界，B 为经过回复后形成的位错网络。位错塞积的形成表明，由于焊缝金属在高温停留的时间很短，变形及冷却速度很快，再加之合金元素对位错产生的钉扎作用，位错攀移的阻力较大，回复过程进行的不够充分，故 β 相中存在较高的位错密度，残余应力较大。

在连续形变过程中焊缝金属发生了 β→α 相变，此时的 α 相组织形态与母材相比，发生了十分明显的变化，即 α 相以极其细小的块状及等轴状弥散分布在 β 晶内及晶界。图 10 – 34（b）D 区域是位于多个亚晶界交汇处的块状 α 相，C 区域是 β 相，图 10 – 34（c）E 区域是位于晶界处的等轴 α 相。

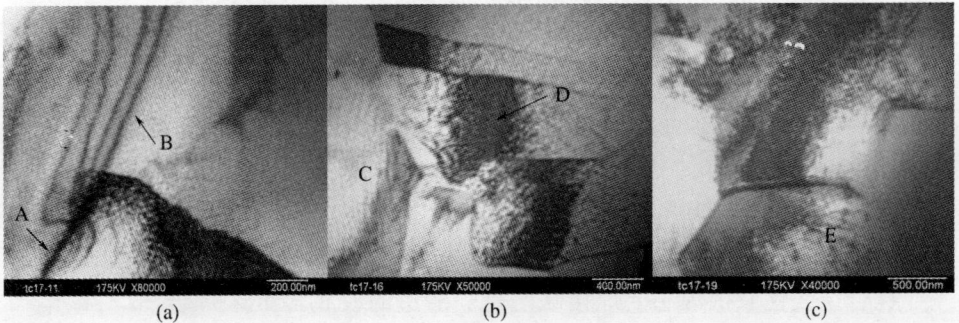

图 10 – 34　TC17 钛合金线性摩擦焊焊缝组织（透射电镜）

图 10 – 35 是塑性变形区透射电镜下的组织。从图 10 – 35（a）中可见，在发生变形的晶粒上，分布大量位错塞积群与位错缠结。由于变形区金属的加热温度较低，故位错的攀移较为困难，回复过程更难以充分进行，图 10 – 35（b）是在某些滑移线上形成的亚晶粒及析出的等轴 α 相。

在焊缝及塑性变形区中产生的 α′组织中,很难发现典型针状的组织形貌。这是因为形变过程阻碍了 α′针的切变长大过程,形成的钛马氏体更为细小。但是,在离焊缝较远的塑性变形区,则可发现一定数量的针状钛马氏体,图 10 - 35(c)是在亚晶界析出的 α′相。

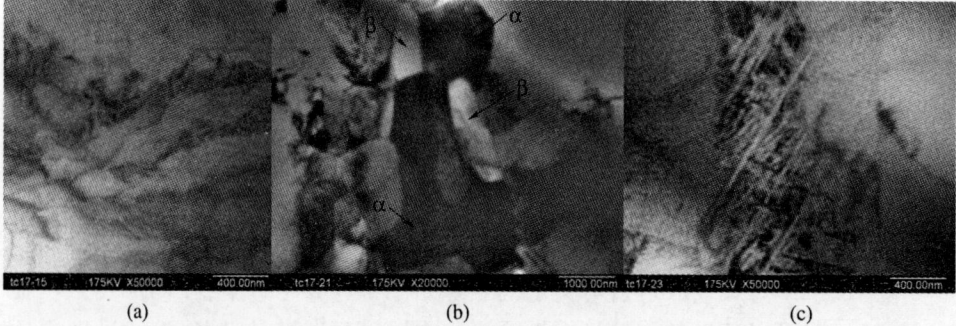

(a)    (b)    (c)

图 10 - 35　TC17 钛合金线性摩擦焊塑性变形区组织(透射电镜)

图 10 - 36 是 TC17 线性摩擦焊接头冲击韧性与热处理温度的关系曲线,可见在 530℃ ~670℃ 温度范围内,随着焊后热处理的温度升高,接头冲击韧性 $\alpha_{ku}$ 值增大。在 530℃ 下热处理,接头冲击韧性与焊态下的冲击韧性相当且远远低于母材的冲击韧性,当热处理温度达到 670℃ 时接头冲击韧性接近母材的性能,可见焊后热处理能明显改善接头的冲击韧性。这主要是因为热处理温度的升高,焊缝及热影响区再结晶过程进行的越充分,应力消除的越彻底,从而使得焊接接头的冲击韧性值明显提高。

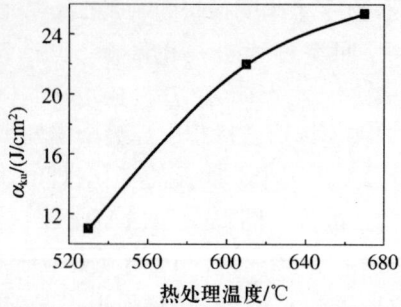

图 10 - 36　TC17 线性摩擦焊接头
冲击韧性与热处理温度的关系

## 10.5.2　钛合金线性摩擦焊缺陷

钛合金线性摩擦焊主要焊接缺陷是焊缝边缘及拐角处未焊合,这种缺陷产生的主要原因是摩擦表面摩擦生热不均匀和散热条件不同所至。摩擦焊过程中,矩形截面试样中间部位升温一般要快于边缘部位,使整个结合面中间区域温度偏高,边缘温度偏低,特别外凸拐角处更低,温度低的区域往往结合不良,形成未熔合缺陷。在焊接过程中,如果两个焊接面装配不平行,则会使焊接面摩擦生热出现先后现象,在后接触摩擦的位置容易产生未焊合缺陷。对于 L 形接头内拐角处,飞边挤出由于受到空间限制,挤出不充分,也会导致未焊合缺陷产生。

564

图 10 – 37 是钛合金矩形截面、L 形截面常见未焊合缺陷,箭头所指位置是未焊合区域。

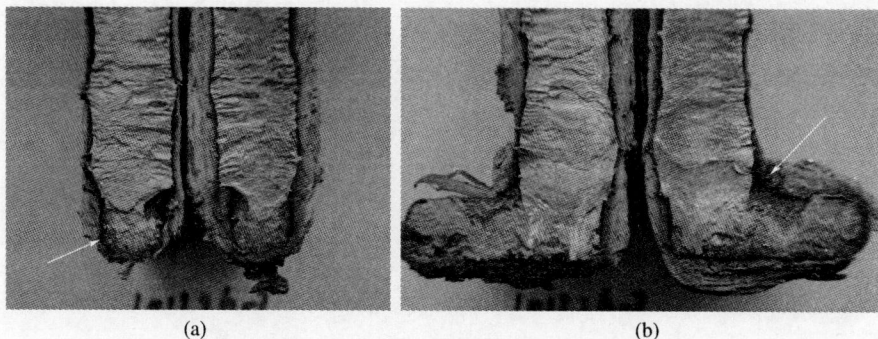

图 10 – 37　钛合金线性摩擦焊未焊合缺陷
(a) 矩形截面端部未焊合; (b) L 形截面拐角处未焊合。

存在未焊合缺陷时,在未焊合缺陷附近往往存在夹渣,这是摩擦过程中氧化物未被充分挤出的结果,见图 10 – 38(a)。可以看出,夹渣附近的金属已经出现了显著的塑性变形,但氧化物夹渣并未充分挤出。避免线性摩擦焊未焊合缺陷,首先要设计合理的焊接截面,尽量增大过渡区域的曲率半径,使截面变化平缓。其次要优化焊接工艺参数,合理匹配振幅、频率、摩擦压力等工艺参数是避免未焊合缺陷的重要手段。

钛合金线性摩擦焊接头还有一种缺陷是焊接裂纹,一般发生在室温塑性较低的钛铝金属间化合物以及钛铝与普通钛合金之间的焊接,塑性较好的钛合金线性摩擦焊一般不易出现焊接裂纹。

线性摩擦焊裂纹产生于摩擦阶段和冷却阶段。线性摩擦焊与熔焊不同,焊接

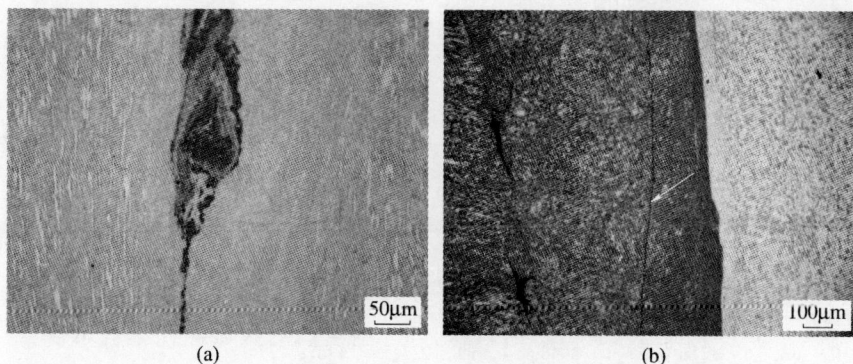

图 10 – 38　钛合金线性摩擦焊接头夹渣和裂纹
(a) 氧化物夹渣; (b) 接头裂纹。

565

过程中接头区域要承受很大的摩擦压力、顶锻压力和剪切力,摩擦面附近材料在摩擦热和力的作用下发生塑性变形,越接近摩擦表面,材料的温度越高,塑性变形能力越强,塑性变形量也越大。由于线性摩擦焊是摩擦面相对快速振动和塑性金属被快速挤出的过程,当接头某区域塑性变形能力不能满足这种变形要求时,就出现了焊接裂纹,常表现出接头碎裂或掉块现象。图 10 – 38(b)中箭头所指是裂纹。在冷却阶段,如果材料塑性不足,在热应力作用下也容易出现裂纹,严重时接头会自动断开。

# 参 考 文 献

[ 1 ] 李晓东,王兴庆,解迎芳,等. 纳米晶硬质合金进展[ J ]. 上海金属,2004,26( 3 ) :52 – 56.

[ 2 ] 马运柱,黄伯云,范景莲,等. 纳米级 90W – 7Ni – 3Fe 复合粉末的低温烧结机制[ J ]. 稀有金属材料与工程,2005,34( 10 ) :1661 – 1665.

[ 3 ] 秦明礼,曲选辉,罗铁钢,等. 纳米 AlN 粉末的低温烧结[ J ]. 稀有金属材料与工程,2005,34( 5 ) : 713 – 716.

[ 4 ] 张志琨,崔作林. 纳米技术与纳米材料. 北京:国防工业出版社,2000.

[ 5 ] 黄培云. 粉末冶金原理. 北京:冶金工业出版社,1997.

[ 6 ] 《中国航空材料手册》编辑委员会. 中国航空材料手册. 第 2 版,第 4 卷. 北京:中国标准出版社,2007.

[ 7 ] 《中国航空材料手册》编辑委员会. 中国航空材料手册. 第 2 版,第 2 卷. 北京:中国标准出版社,2007.

[ 8 ] Baeslack W A,et al. A Comparative Evaluation of Laser and Gas Tungsten Arc Weldments inHigh Temperature Titanium Alloys[ J ]. Welding Journal,1981,( 7 ) :121s – 130s.

[ 9 ] 殷咸青,罗键,等. 电磁搅拌对 LD10CS 铝合金焊接接头晶粒细化效果及其强度改善的研究[ J ]. 机械强度,1999,21( 4 ) :268 – 270.

[ 10 ] Boldyrev et al. Controlled solidfication during fusion welding. Welding production,1971,18( 6 ) :54 – 58.

[ 11 ] G. D. Janaki Ram et al. Effects of pulsed welding current on the solidification structures in Al – Li – Cu and Al – Zn – Mg alloy welds[ J ]. Practical Metallography,2000,37( 5 ) :276 – 288.

[ 12 ] Becker D W,Adams Jr C M. The role of pulsed GTA welding variables in solidification and grain refinement [ J ]. Weld. J. ,1979,58( 5 ) :143s – 152s.

[ 13 ] Mohandas T,Reddy G M. Effect of frequency of pulsing in gas tungsten arc welding on the macrostructure and mechanical properties of titanium alloy welds:A technical note[ J ]. J. Mater. Sci. Lett. ,1996,15( 7 ) : 626 – 628.

[ 14 ] Sundaresan S et al. Microstructural refinement of weld fusion zone in α – βtitanium alloys using pulsed current welding[ J ]. Materials Science and Engineering A262 ( 1999 ) 88 – 100.

[ 15 ] Simpson R P. Controlled weld pool solidification structure and resultant properties with yttrium inoculation of Ti – 6Al – 6V – 2Sn welds[ J ]. Welding Journal,1977,56( 3 ) :67s – 77s.

[ 16 ] Nordin M C et al. The influence of yttrium microadditions on titanium weld metal cracking and susceptibility and grain morphology[ J ]. Welding Journal,1987,( 11 ) :342s – 352s.

[ 17 ] Hallum D L et al. Nature of grain refinement in titanium alloys welds by microcooler inoculation[ J ]. 1990,

(9):326s – 336s.

[18] 郭绍庆,张文扬,刘文慧,等.钛合金焊接过程细化焊缝组织提高焊缝塑性的方法以及粉末填加装置.发明专利 ZL 2008 1 0172470.0,2008.

[19] 英国 Thompson 摩擦焊有限公司. 线性摩擦焊技术介绍. 航空制造技术,2008,17:65.

[20] 《中国航空材料手册》编辑委员会. 中国航空材料手册.(第二版)第四卷:北京:中国标准出版社,2002,143.